DIE VERKEHRSMITTEL
IN VOLKS- UND STAATSWIRTSCHAFT

VON

DR. EMIL SAX
O. Ö. PROFESSOR DER POLITISCHEN ÖKONOMIE I. R.

ZWEITE, NEU BEARBEITETE AUFLAGE

DRITTER BAND

DIE EISENBAHNEN

MIT ANSCHLUSS EINER ABHANDLUNG
VON PROF. DR. E. v. BECKERATH, KIEL

Springer-Verlag Berlin Heidelberg GmbH

1922

DIE EISENBAHNEN

VON

DR. EMIL SAX
O. Ö. PROFESSOR DER POLITISCHEN ÖKONOMIE I. R.

MIT ANSCHLUSS EINER ABHANDLUNG

VON

DR. E. v. BECKERATH
O. Ö. PROFESSOR AN DER UNIVERSITÄT IN KIEL

Springer-Verlag Berlin Heidelberg GmbH

1922

ISBN 978-3-642-50588-1 ISBN 978-3-642-50898-1 (eBook)
DOI 10.1007/978-3-642-50898-1

Ursprünglich erschienen bei Julius Springer in Berlin 1922

Vorbemerkung.

Die äußeren Umstände, welche schon die Verzögerung des Erscheinens des zweiten Bandes bewirkten, bestanden auch beim vorliegenden dritten Bande weiter, wenngleich in verminderter Stärke. Andererseits aber erwuchs daraus der Vorteil, die Entwicklungen im Eisenbahnwesen, die als Konsequenz der Kriegsereignisse und ihrer Folgewirkungen sich vollziehen mußten, noch in ihrer Ausgestaltung in der Darstellung berücksichtigen zu können. Soweit die Eisenbahnen unmittelbar vom Kriege betroffen wurden und dadurch sowie durch die Entwertung der Währung tarifarische Maßregeln notwendig wurden, liegt ein Übergangszustand vor, der trotz seiner einschneidenden Bedeutung für das wirtschaftliche Leben der Zeit zu theoretischen Untersuchungen keinen Anlaß gibt.

Für vielfache Förderung in der Herausgabe des Werkes bin ich Sr. Exz. Wirklichen Geheimrat Dr. von der Leyen, Honorarprofessor an der Universität in Berlin, zu Dank verpflichtet; sie bezog sich insbesondere auf Beschaffung von literarischem und statistischem Material, die bei der etwas abseitigen Lage meines Wohnsitzes und den Verkehrszuständen der Zeit Schwierigkeiten geboten hätte.

Redaktionelle Hilfe hat mir Herr Dr. Franz Hilscher geleistet, ehemals mein Schüler an der deutschen Universität in Prag, gegenwärtig Abteilungsvorstand im österreichischen Bundesministerium für Verkehrswesen. Es war mir speziell daran gelegen, die neuere Verwaltungspraxis der Staatsbahnen in den theoretischen Ausführungen in vollem Maße zu verwerten und diese durch Einzelheiten aus ihr zu beleben. In dieser Hinsicht erstreckte sich die Beihilfe des Genannten hauptsächlich auf die Abschnitte über Organisation und über Personalwirtschaft.

Die jüngere Kraft, die laut Vorrede zum ersten Bande herangezogen wurde, um die Vollendung des Werkes gegen die Zufälle des menschlichen Lebens zu sichern, Herr Professor Dr. E. v. Beckerath, brauchte nur für ein Teilgebiet der Untersuchungen zum Zwecke der Beschleunigung des Erscheinens einzutreten. Er hat das Kapitel über die Wandlungen der Wirtschaft im Zeitalter der Eisenbahnen zur Ausarbeitung übernommen. Dieser Stoff eignet sich zu einer geschlossenen, aus dem übrigen Inhalte des Werkes herausgehobenen Darstellung. Der Beitrag ist daher eine selbständige Arbeit des Verfassers, für welche dieser auch allein die wissenschaftliche Verantwortung trägt; er war lediglich zufolge der Anlage des Werkes durch die deduktive Ableitung der Entwicklungsvorgänge im ersten Bande formell und durch Raumrücksichten gebunden. Die Abhandlung steht an letzter Stelle im vorliegenden Bande, anschließend an die Geschichte der Eisenbahnen, was sich dadurch rechtfertigt, daß sie eine Zusammenfassung der wirtschaftlichen Wirkungen der vervollkommneten Verkehrsmittel insgesamt ist, die zeitlich mit der Entwicklung der Eisenbahnen, ihres Hauptfaktors, zusammenfallen.

Volosca, am 8. Februar 1922.

Emil Sax.

Inhaltsverzeichnis.

Seite

Einleitung . . . . 1—6

Begriff der Eisenbahn 1. — Wirtschaft und Technik 4.

1. Die Eisenbahnen als Gegenstand der Gemeinwirtschaft . . . 7—42

Die prinzipielle Frage 7. — Die Erfahrungen mit der Konkurrenz im Eisenbahnwesen in den maßgebenden Staaten. England 8. — Vereinigte Staaten von Amerika 13. — Aufleben der Konkurrenztheorie in Deutschland 18. — Konkurrenz in den Knotenpunkten 21. — Die privatwirtschaftliche Preisstellung volkswirtschaftlich zureichend? 23. — Konkurrenz verschiedener Frachtführer auf einer Linie 28. — Der Konkurrenzbetrieb 32. — Die Benützung einer Linie durch mehrere Betriebsverwaltungen (runing powers) 35. — Trennung der Traktion von der Spedition: Fahrverkehr 37. — Der Wagenraumtarif 41.

2. Verwaltungsaufgaben des Staates mit Bezug auf das Eisenbahnwesen 43

A. Allgemeine Übersicht der Verwaltungsmaßnahmen nach Grund und Ziel . . . . 43—124

Eisenbahnpolitik und Eisenbahnsystem 43. — Ordnung der Bahnen nach ihrer Verkehrsbedeutung 46. — Konsequenzen des Monopols 55. — Tarifwesen und Finanzprinzip 59. — Die wesentlichen Gesichtspunkte der gemeinwirtschaftlichen Preisfestsetzung und die Mittel ihrer Durchführung 66. — Fortsetzung. Insbesondere die Gleichheit der Preise für alle 70. — Öffentlichkeit, Stetigkeit, Einfachheit, Einheitlichkeit der Tarife 74. — Die Tarifeinheit insbesondere 81. — Die theoretische Bedeutung des nordamerikanischen Bundesverkehrsgesetzes 85. — Planmäßige Netzesbildung auf Grund der Verkehrsbedeutung der einzelnen Linien 90. — Einheitlichkeit der Anlage und des Betriebes 95. — Die Betriebseinheit im direkten Verkehre 98. — Frachtrecht 103. — Die Bahnpolizei 107. — Zwischenstaatliche Eisenbahnverwaltung 111. — Internationalität im weiteren Sinne 115. — Die Beschaffung der Mittel zur Ausführung der Eisenbahnanlagen 119.

Seite

B. Das Eisenbahnsystem . . . . 124—175

Privatbahn-Konzessionen 124. — Handhabung des Konzessionssystems 130. — Die finanzielle Beteiligung des Staates an Privatbahn-Unternehmungen 135. — Das Verpachtungssystem 143. — Das sog. „gemischte System“ 149. — Der Meinungstreit über Staats- und Privatbahnen 154. — Die für die Entscheidung maßgebenden Gründe 158. — Übergang zum Staatsbahnsystem und Abschluß der Entwicklung 172.

3. **Die Organisation der Eisenbahnverwaltung** . . . . 176—214

Organisation der staatlichen Verwaltung des Eisenbahnwesens 176. — Die Eisenbahn-Behörden und ihr Wirkungskreis 177. — Die Organisation des Staatseisenbahnbetriebes. Zusammenhang mit den übrigen Staatsverwaltungszweigen und seine Folgen 181. — Aufgaben und äußere Gliederung der Geschäftsleitung. Notwendigkeit von Zwischenstellen 183. — Verhältnis der Bezirks-Direktionen zur obersten Stelle. Zentralisation, Dezentralisation, Instanzen 185. — Besonderheiten der Organisation 187. — Örtliche Abgrenzung der Direktionsbezirke 193. — Arbeitsteilung und Arbeitsvereinigung im Eisenbahnbetriebe. Die Dienstzweige als organisatorische Einheiten 196. — Die Organisation der ausführenden Dienststellen 199. — Die innere Gliederung der leitenden Stellen 201. — Organisierung der Geschäftsabwicklung 204. — Anhang. Die Organisation der Privatbahnen 211.

4. **Ökonomik der Eisenbahnen** 215

A. Die Ökonomie in der Bau- und Betriebstechnik 215—317

Das technisch-ökonomische Grundverhältnis von Anlage und Betrieb 215. — Die Trassierung 219. — Maßstab der Anlagen 223. — Beeinflussung der technischen Anlage durch die gesamten wirtschaftlichen Verhältnisse des Landes und Bahngebietes 226. — Die Kostenbestandteile einer Eisenbahnanlage 231. — Hauptbahnen in Ländern und Zeiten wirtschaftlicher Hochkultur 237. — Ökonomische Gesichtspunkte der Anlage intensiver Gestaltung 240. — Bahnen in Ländern auf extensiver Wirtschaftsstufe 253. — Nebenbahnen 257. — Kleinbahnen 259. — Anlagekosten-Vergleiche. Gesamtresultate 267. — Die Kostengestaltung als Grundlage der Betriebsökonomie 271. — Verhältnis von Kapitalkosten und Betriebskosten 275. — General- und Spezialkosten der Lastleistungen 278. — Einteilung der Gesamtkosten in feste und veränderliche 287. — Kosten der Nutzleistungen 289. — Die Grundlinien der Betriebsökonomie 293. — Ökonomische Antinomien im Betriebe 297. — Die Betriebsgestaltung der verschiedenen Bahngattungen 303. — Die Frage der Fahrtgeschwindigkeit 307. — Der elektrische Betrieb und die Funktionsteilung unter den Bahnen 311. — Der elektrische Vollbahnbetrieb 315.

Seite

B. Die spezifisch wirtschaftliche Seite der Eisenbahnverwaltung 317

1. Tarifaufbau und Tarifbemessung . . . . 317—389

Betriebsökonomische Preisbildung 317. — Die Klassifikation im Güterverkehre 323. — Wagenraumtarif 328. — Staffeltarife 334. — Differentialtarife. Ausnahmetarife 340. — Personenverkehr, Zonentarif. Einheitstarif 346. — Tarifbemessung 353. — Preisbemessung im Personenverkehre insbesondere 360. — Selbstkostenrechnung für Zwecke der Tarifbemessung 366. — Nebengebühren 368. — Wettbewerbtarife und Tarifgemeinschaften 370. — Beurteilung verschiedener Tariftheorien 373. — Höhe der Tarife 384.

2. Wirtschaftliche Maßnahmen betreffend den Bau und die Betriebsführung . . . . 389—440

Die verschiedenen Systeme der Bau-Ausführung 389. — Beschaffung der Ausrüstungsgegenstände und Materialverwaltung 394. — Gegenseitigkeits- und Gemeinschafts-Verhältnisse im Betriebe 397. — Personalwirtschaft, ihre allgemeine Richtung und ihr Verhältnis zur Organisation 407. — Zusammensetzung und Kopfzahlbemessung des Personalstandes 410. — Entlohnung des Personales 415. — Aufnahme und Ausbildung des Personals. Wohlfahrtspflege 421. — Die Finanzwirtschaft 425. — Betriebsergebnisse als Früchte und Prüfstein der Verwaltung. Betriebszahl und Reinertrag 434.

5. **Übersicht der Entwicklungsgeschichte des Bahnwesens** . . . 441—532

Vorgeschichte und Entstehung der Eisenbahn 441. — Jugendzeit und Ausreifen in den europäischen Ländern: zweites und drittes Viertel des XIX. Jahrhunderts 445. — Die Entwicklung in den einzelnen Ländern. England 446. — Frankreich 453. — Belgien. Holland 460. — Preußen 465. — Die übrigen deutschen Staaten 473. — Österreich-Ungarn 475. — Italien. Schweiz 483. — Rußland 489. — Die übrigen europäischen Staaten 492. — Die Vollreife. Letztes Viertel des vorigen bis in unser Jahrhundert 494. — Die Verstaatlichungen und der Netzeausbau in den betreffenden Ländern 496. — Die Länder mit Privatbahnen 503. — Vereinigte Staaten von Amerika 507. — Die übrigen außereuropäischen Staaten 515. — Gegenwart und Zukunft 519.

6. **Wandlungen der Wirtschaft im Zeitalter der Eisenbahnen** . . 533—604

Allgemeine Charakteristik der Entwicklung 533. — Das Maß der mit der Eisenbahn gegebenen Transportvervollkommnung 536. — Vervielfältigung der allgemeinen Wirkngen einer Verkehrsvervollkommnung durch die modernen Transportmittel (Entstehung der Weltwirtschaft) 543. — Die Einflüsse der modernen Transportträger im besonderen 1. auf die Bodenproduktion 549. — Einwirkung auf die Preise landwirtschaftlicher Erzeugnisse 550. — Bedeutung dieser Entwicklung für die Gesamtgestaltung

Seite

der landwirtschaftlichen Verhältnisse (Scheidung in Rohstoff- und Industriestaaten) 555. — Einfluß auf die Höhe der Grundrente 558. — Veränderungen der Anbauverhältnisse 563. — Zustände der Landwirtschaft in den maßgebenden Staaten. England 567. — Frankreich und Belgien 569. — Preußen 571. — Österreich-Ungarn 572. — Die wichtigsten Ausfuhrländer 577. — Forstwirtschaft 579. — 2. Auf den Bergbau 581. — 3. Auf die Industrie 583. — Preisermäßigung der gewerblichen Erzeugnisse 584. — Stärkung der Tendenz zum Großbetriebe 586. — Einfluß auf die Standortsverhältnisse der Industrie 588. — Ausbildung der territorialen Arbeitsteilung 590. — Beispiele einzelner Industrien 593. — 4. Auf den Handel 596. — Vergleichender Rückblick 602.

Sachverzeichnis . . . . 605—614

Druckfehler-Berichtigung.

S. 274 in der Tabelle oben hat die Ziffer im Kopfe der zweiten Spalte zu lauten 1900, nicht 1910.

S. 280 Fußnote muß es statt „Zugenergie" heißen „Zugregie".

S. 326 Z. 5 v. o. ist nach den Worten „Behandlung als solche" einzusetzen: „mit niedrigen Beförderungspreisen".

S. 387 Z. 16 und 17 v. o. hat es statt „die wie . . . festzustellen hatten a. a. O. S. 95)" zu heißen: „die wir . . . festzustellen hatten (I. Bd. S. 95).

S. 406 Z. 10 v. o. muß es statt 1890 heißen 1896.

Druckfehler-Berichtigung zum II. Bande.

S. 17ff. Fußnoten soll der Name des Verfassers des zitierten Werkes lauten: Teubert, nicht Teuchert.

Desgleichen S. 32 statt Scheler: Schecher.

S. 188 Zeile 14 v. u. muß es bei der Darstellung des Anwachsens der Nutzlast statt 0,60 *t* heißen: 1,60 *t*.

S. 337 Zeile 9 v. o. muß es statt 32 heißen; 3%.

S. 518 Zeile 2 v. o. muß es statt „die Zustimmung" heißen: „mit Zustimmung".

Einleitung.

Begriff der Eisenbahn. Die in der Entscheidung des deutschen Reichsgerichtes vom 17. März 1879 enthaltene Definition der Eisenbahn als „Unternehmen, gerichtet auf wiederholte Fortbewegung von Personen und Sachen über nicht ganz unbedeutende Raumstrecken auf metallener Grundlage, welche durch ihre Konsistenz, Konstruktion und Glätte den Transport großer Gewichtsmassen, bzw. die Erzielung einer verhältnismäßig bedeutenden Schnelligkeit der Transportbewegung zu ermöglichen bestimmt ist und durch diese Eigenart, in Verbindung mit den außerdem zur Erzeugung der Transportbewegung benutzten Naturkräften (Dampf, Elektrizität, tierischer oder menschlicher Muskeltätigkeit, bei geneigter Ebene der Bahn auch schon der eigenen Schwere der Transportgefäße und deren Ladung), beim Betrieb des Unternehmens auf derselben eine verhältnismäßig gewaltige Wirkung zu erzeugen fähig ist" — ein Satz, der als eine gelungene Probe des Juristenstils seinerzeit die Runde durch die öffentlichen Blätter gemacht hat — entschädigt durch den Inhalt für die Form. Die Merkmale der Eisenbahn sind in der Tat ganz richtig bezeichnet und es bedarf nur geringer ergänzenden Bemerkungen. Eine solche betrifft zunächst den Umstand, daß für uns, die wir das Eisenbahnwesen vom Standpunkte der Volks- und Staatswirtschaft zu behandeln haben, nur Eisenbahnen in Betracht kommen, die für die Zwecke einer gesellschaftlich verbundenen, mehr oder minder großen Gruppe von Menschen von Bedeutung sind: die öffentlichen Eisenbahnen, hingegen Eisenbahnen, die nur für die Zwecke einzelner Wirtschafter bestimmt sind, von unserer Betrachtung ausscheiden. Das ist wohl auch durch die Bezeichnung als Unternehmen ausgedrückt, da ein Unternehmen eben eine Veranstaltung ist, die ihre Dienste Jedermann anbietet. Die Betonung der „metallenen Grundlage" ist nach einer Richtung streng zu nehmen, nach einer anderen gibt sie einer erweiternden Auslegung Raum. Streng festzuhalten ist, daß die bezeichnete Grundlage von den Fahrzeugen nie verlassen wird, d. h. daß die Fahrzeuge ihr in einer Weise angepaßt sind, welche die Zwangsläufigkeit zur Folge hat. Andererseits können Schienen (diese sind als die „Grundlage" gedacht) auch auf Gestellen angebracht sein und die in Schwebestellung aufgehängten Fahrzeuge unter ihnen hinrollen und es ist auch in dem Falle eine metallene Grundlage vorhanden, wenn aufgehängte Fahrzeuge nicht über Schienen, sondern über Drahtseile fortbewegt werden. Bezüglich eines Punktes aber herrscht nicht volle Übereinstimmung der Meinungen und kann die Definition daher nicht allseitige Zustimmung finden. Dies betrifft die bewegende Kraft. Die Definition erachtet die Art der bewegenden Kraft als nebensächlich, wenn diese nur verhältnismäßig bedeutende Leistungen vollbringt. Die aufgezählten Arten sind wohl nicht streng taxativ zu verstehen, auch hätte die menschliche Kraftleistung wegbleiben können, da die von ihr im Eisenbahnbetriebe bewirkte Bewegung von Fahrzeugen bekanntlich lediglich Hilfsverrichtungen darstellt. Eine entgegenstehende Ansicht hält allein den Betrieb durch Maschinenkraft für ein wesentliches Begriffsmerkmal. Es wird indes nicht zu bezweifeln sein, daß auch Schienenwege, auf welchen Fahrzeuge mit tierischer Kraft von Ort zu Ort bewegt werden, Eisenbahnen sind. Sie sind jedoch noch nicht vollentwickelte, sind noch unausgereifte Eisenbahnen. Erst durch Anwendung der Maschinenkraft wurde jene Vollkommenheit der Verkehrsleistungen möglich, welche die so überaus weitreichenden und tiefgreifenden Folgewirkungen der Eisenbahn herbeigeführt hat, wurden ferner erst diejenigen Gesichtspunkte in vollem Maße angeregt, die zur Gemeinwirtschaft drängen, und wurde jene technische Entwicklung angebahnt, die zum gegenwärtigen Hochstande emporführte. Bei Pferdebahnen ist eine technische Entwicklung ausgeschlossen und es ist das Maß der Vervollkommnung gegenüber den Straßenverkehrsmitteln ein geringes, aber die Zwangsläufigkeit der Fahrzeuge ist schon bei ihnen gegeben und diese ist ein Umstand, der infolge seiner wirtschaftlichen Konsequenzen dieses Verkehrsmittel vom Straßenfuhrwerke scheidet. Pferdebahnen sind also wohl Eisenbahnen, aber sie sind nicht *die Eisenbahn*, die wir meinen, wenn wir die Summe der Erwägungen erschöpfen wollen, zu welcher die vollkommenste Gestaltung des Landtransportwesens Anlaß gibt [1]). In Anknüpfung an unsere allgemeine Formulierung der wirtschaftlichen Entwicklung (1. Bd. S. 58) können wir sagen: Innerhalb der Eisenbahn stellen die Pferdebahnen die extensive, die Bahnen mit *Maschinenbetrieb* die *intensive* Gestaltung dar und die letztere ist es eben, mit der wir uns im vorliegenden Bande beschäftigen. Bei Anwendung

[1]) In der ersten Auflage des vorliegenden Buches sind die Eisenbahnen als „Anwendung des Dampfes auf das Tranportwesen zu Lande“ definiert, obwohl die Pferdebahnen als zu den Lokalbahnen gehörig erwähnt werden (II. Bd., S. 202). Es ist die gleiche Auffassung wie oben, nur daß dem damaligen Stande der Technik gemäß die Dampfkraft allein genannt ist. Niemand wird vernünftigerweise annehmen, daß damit die Einführung einer anderen Naturkraft als begriffswidrig angesehen werden wollte. Bei den sog. atmosphärischen Eisenbahnen ist die in der stehenden Dampfmaschine erzeugte Kraft das Bewegende, die Druckluft nur das Übertragungsmittel. Das nämliche gilt bekanntlich auch von der Elektrizität; wenn sie mittels Dampfkraft erzeugt wird, somit bleibt die erwähnte Erklärung eigentlich aufrecht. Nur durch andere Kraftquellen gewonnene Elektrizität stellt eine neue Bewegungskraft im Eisenbahnwesen dar.

der maschinellen Bewegungskraft wird überdies dieses Transportelement untrennbar mit den beiden anderen, dem Wege und dem Fahrzeug, verbunden und dieses Merkmal bedeutet einen Unterschied, der abermals bestimmte Konsequenzen hat.

Schon bei den Pferdebahnen führt die Zwangläufigkeit der Fahrzeuge auf fester Spur zum Monopol, und der Umstand, daß im Vergleich zum Straßenfuhrwerk erheblichere Verkehrsleistungen in Hinsicht auf Kraftbedarf und Schnelligkeit nur bei gleichmäßig ebener oder mindestens der Ebene sehr angenäherter Bahn zu erhalten sind, erfordert, wo diese Bedingung nicht örtlich erfüllt ist, einen eigenen Bahnkörper. Dadurch wird der Kapitalbedarf solcher Unternehmungen schon je nach Beschaffenheit des Geländes verhältnismäßig bedeutend und es kommen somit auch diejenigen Folgerungen in Betracht, die aus der Existenz großer stehender Kapitalien in solchen Anlagen sich ergeben. Es wurde auch in den Anfangzeiten der Eisenbahn, solange der Bau einer befriedigend arbeitenden Lokomotive nicht gelungen war, bereits an ein Netz von Pferdebahnlinien für ein Land gedacht. Man sieht: es sind wesentliche zur Gemeinwirtschaft führende Gesichtspunkte schon gegeben. Andererseits sind Pferdebahnen, als das extensive Gebilde, auch noch gegenwärtig ökonomisch angezeigt, wo es sich um verhältnismäßig sehr geringe Verkehrsleistungen handelt und die übrigen Bedingungen ihrer Anlage (ebener Boden, geringe Kosten der Zugtiere und ihrer Erhaltung) vorhanden sind.

Verweilen wir einen Augenblick bei dem Sinne der vorangestellten Begriffserklärung. Es ist ersichtlich, daß die meisten der erörterten Merkmale technischer Art sind. In ihrem Zusammenwirken aber bedingen diese technischen Momente die wirtschaftlichen Vorkehrungen und Besonderheiten, um derentwillen die Eisenbahn von Wissenschaft und Leben als ein Eigenartiges, als ein von allen anderen verschiedenes Verkehrsmittel im wirtschaftlichen Sinne anerkannt wird. Weiter ist klar, daß technische Einzelheiten, wie die Art der Betriebskraft, der Stoff, aus dem die wesentlichen technischen Bestandteile bestehen, die Breite, Lage und Bauart der festen Spur, daß auch die Art der zu befördernden Gegenstände und endlich die Person des Eigentümers oder Betriebsführers einer Eisenbahn für unseren Begriff ohne Bedeutung sind. Unterschiede in diesen Punkten ergeben zwar mehr oder minder große Abweichungen in der technischen Anlage und Ausgestaltung und in der rechtlichen Regelung, aber nicht im Wesen und in der Art der wirtschaftlichen und anderen Wirkungen der so gearteten Verkehrsmittel. Die verschiedenen technischen Arten der Eisenbahnen sind daher als solche nicht Gegenstand unserer Untersuchung [1]. Nur soweit der

[1] Eine gute, wenngleich nicht erschöpfende Übersicht der verschiedenen technischen Arten von Eisenbahnen gibt Birk, „Handbuch der Ingenieurwissenschaft". 5. Teil. Eisenbahnbau. I. Bd., S. 54ff.

Zusammenhang von Technik und Wirtschaft sich geltend macht, werden die ökonomischen Seiten bestimmter technischer Einrichtungen zu würdigen sein. Hingegen werden uns wirtschaftliche Unterschiede oder Arten der Eisenbahnen gehörigen Orts beschäftigen.

Wirtschaft und Technik. Die Verbindung von Wirtschaft und Technik in der Betätigung der Lebensfürsorge erheischt für die wissenschaftliche Untersuchung die begriffliche Trennung dieser beiden Seiten des menschlichen Zweckhandelns [1]).

Die Technik besteht in der Anwendung der Naturerkenntnis zur Erreichung bestimmter Zwecke. Die Wirtschaft geht dahin, mit dem mindesten Aufwande von Mitteln die vergleichsweise höchste Nutzwirkung zu erzielen. Wir können uns technische Betätigung denken, die diesem Grundsatze nicht entspräche. Man hat gesagt, das Vorgehen in dem bezeichneten Sinne sei ein allgemeines Vernunftprinzip, das jedes menschliche Handeln leitet, mithin auch der Technik von selbst eigen sei. Die Gebote der Vernunft sind aber keine aprioristischen Erkenntnisse, sondern aus der Erfahrung abgeleitet. Die Erfahrung hat uns gelehrt, daß überall, wo festbegrenzten Mitteln unbegrenzte oder doch über die Mittel hinausgehende Zwecke gegenüberstehen, das Bestreben dahin gerichtet sein muß, durch erreichbar geringsten Aufwand von Mitteln für den einzelnen Zweck die erreichbar größte Zahl bzw. den erreichbar größten Umfang von Zwecken zu verwirklichen, da unser Wohl nur auf solche Weise gesichert, im Gegenfalle geschmälert wird. Eine solche Beschränktheit der Mittel empfinden wir an unseren Körperkräften, die über ein bestimmtes Maß der Inanspruchnahme hinaus ihren Dienst versagen. Dasselbe Verhältnis beherrscht aber auch die Abhängigkeit unserer Lebensführung von den in der äußeren Natur gelegenen Existenzbedingungen. Die Stoffe und Kräfte, die uns die Natur zur Erhaltung und Entfaltung unseres Lebens bietet, sind fest begrenzt. Die Einverleibung dieser Naturdinge in unser Dasein ist daher dem gleichen Vernunftgebote unterworfen. Sie erfordert überdies spezielle Betätigung unserer persönlichen Kräfte (Arbeit) und es gilt somit der erwähnte

---

[1]) Durch prinzipielle Unterscheidung in diesem Sinne wird der Inhalt und der Umfang der Wirtschaftswissenschaft genau bestimmt und die Abgrenzung gegenüber der Technik vollzogen. Erst als solcher Art volle Klarheit über das Wesen des Forschungsgebietes gewonnen war — Bestrebungen, welche bekanntlich auf Hermann, „Staatswirtschaftliche Untersuchungen" zurückreichen —, konnte die Wissenschaft der Nationalökonomie jene Fortschritte machen, von welchen in der Vorrede zum ersten Bande die Rede ist und an welchen mitzuarbeiten der Verfasser sich die Aufgabe gestellt hat. Die Notwendigkeit und Wichtigkeit der erwähnten begrifflichen Scheidung von Wirtschaft und Technik, die Unterscheidungsmerkmale und ihre Konsequenzen hat er bereits im Jahre 1885 in seiner Schrift: „Das Wesen und die Aufgaben der Nationalökonomie. Ein Beitrag zu den Grundproblemen dieser Wissenschaft" darzulegen versucht. Nunmehr kommt Liefmann mit einem umfangreichen Werke: „Grundsätze der Volkswirtschaftslehre", 1917, und entdeckt Amerika noch einmal.

Grundsatz auch für diese besondere Richtung unserer Kraftentfaltung. Die Regelung von Stoff- und Arbeitsaufwand in dem bezeichneten Sinne nennen wir Wirtschaft (Ökonomie). Die betreffenden Handlungen nehmen einen so bedeutenden Teil unserer Lebensäußerung in Anspruch, daß daneben nur ein sehr enges Gebiet für die Betätigung unserer Körperkräfte zu anderen Zwecken übrig bleibt; so zwar, daß man, von dem großen, umfassenden Gebiete der Wirtschaft den Namen entlehnend, die Befolgung des gedachten Vernunftprinzips in solchen Fällen ebenfalls als Ökonomie (der Kräfte) bezeichnet hat. Wenn ich einen hohen Berg besteigen will, so muß ich mit meinen Kräften haushalten, um nicht vor Erreichung des Zieles erschöpft zusammenzubrechen. Für die technischen Handlungen der Lebensfürsorge haben aber nicht die Fälle von Betätigung der letztgedachten Art, sondern die Gebote der Wirtschaftlichkeit die Richtschnur gegeben, denn die Ur-Technik bestand darin, daß der Mensch sich Behelfe schuf, um die Körperkräfte in ihren auf Lebensfürsorge gerichteten Äußerungen zu schonen oder zu verstärken. Die vorgeschrittene und insbesondere die wissenschaftliche Technik hat es weiterhin erfaßt, daß es ihre Aufgabe ist, die Naturerkenntnis im Sinne der Wirtschaftlichkeit anzuwenden, und das ist den Technikern dermaßen in Fleisch und Blut übergegangen, daß sie in ihrem Wirken der Wirtschaft beinahe unbewußt dienen. Wir unterscheiden daher auch im Verkehrswesen einerseits rein wirtschaftliche Vorgänge und andererseits Betätigungen der wirtschaftlich geleiteten Technik, bei welchen die wissenschaftliche Untersuchung das wirtschaftliche Element bloßzulegen hat [1]).

Die Eisenbahn stellt ein Musterbild solcher Technik dar. Schon in den Bemühungen der englischen Ingenieure, welche auf Konstruktion einer Dampflokomotive gerichtet waren, ist das zu erkennen. Die Ausnützung der Reibung auf den Schienen, um eine Zugleistung zu bewirken, war sicherlich an sich ein technischer Gedanke, dessen Ausführbarkeit übrigens bekanntlich von mancher Seite bezweifelt wurde. Die Bestrebungen jener Ingenieure waren aber darauf gerichtet, nicht nur die

---

[1]) Eine umfangreiche Abhandlung im „Grundriß der Sozialökonomik“, 1914, von Fr. v. Gottl-Ottlilienfeld, sucht diese geistige Verrichtung für das Gesamtgebiet der wirtschaftlichen Technik, insbesondere auch auf dem Gebiete der Gütergewinnung, durchzuführen: bei der Vielgestaltigkeit der Technik eine schwierige Aufgabe. Es ergibt sich eine kaum übersehbare Fülle von technischen Vorgängen verschiedener Art, die auf dem in Rede stehenden Momente beruhen. Der genannte Verfasser versucht es, sie in ein System zu bringen, was nicht ohne allerlei ausgeklügelte Gedankenkonstruktionen abgeht. Der Versuch scheint uns, ungeachtet so mancher schöner Einzelheiten, nicht gelungen, näheres darüber ist aber wohl hier nicht am Platze. Die einzelnen Vorgänge stellt er als Ausflüsse jenes allgemeinen Vernunftprinzips, als Äußerungen der technischen Vernunft dar, während sie uns eben als Wirtschaft in der Technik gelten, wobei freilich im einzelnen erst Gegenstand einer genauen Untersuchung wäre, was wirtschaftlich und was technisch, d. h. schon durch die Eigenschaften des Stoffes und die Art der Kraftwirkung, bedingt ist.

Ausführbarkeit zu erweisen, sondern damit ein neues Verkehrsmittel zu schaffen, das die vorhandenen durch die Güte und die geringeren Kosten seiner Leistung erheblich übertreffe. Durch eine Reihe von Versuchen und durch Verbindung der technischen Ideen Mehrerer ist dies schließlich in der Konstruktion gelungen, welche den Namen Stephenson's trägt. Die Lösung, welche diese bot, war so vollkommen, daß an den Konstruktionsprinzipien nichts mehr geändert zu werden brauchte. Das erklärt die Tatsache, daß $^{999}/_{1000}$ der Gesamtlänge aller Eisenbahnlinien der Erde Reibungsbahnen sind und nur unter besonderen Umständen, wo solche technisch oder wirtschaftlich nicht durchführbar sind, zu anderen Hilfsmitteln gegriffen wird.

Gemäß dem Plane der vorliegenden Untersuchungen werden also hier die im ersten Bande dargestellten, die Verkehrsmittel im allgemeinen betreffenden Erscheinungen in der speziellen Gestaltung, die sie im Eisenbahnwesen annehmen, vorgeführt und dabei die wirtschaftlichen Ziele nachgewiesen werden, welche die Technik in Anlage und Betrieb der Bahnen verfolgt.

1. Die Eisenbahnen als Gegenstand der Gemeinwirtschaft.

Die prinzipielle Frage. Die Frage betreffend die Stellungnahme der Gemeinwirtschaft gegenüber den Eisenbahnen — eine Frage, welche in Gemäßheit des schon bei den übrigen Verkehrsmitteln befolgten Verfahrens nunmehr in den Einzelheiten zu erledigen ist — erscheint durch die grundlegende Feststellung der allgemeinen Gesetze des Verkehres wesentlich vereinfacht. Von unserem Standpunkte aus erkennen wir in der ehemals vielumstrittenen Frage nichts anderes als einen Sonderfall der allgemeinen Erscheinungen des Verkehrswesens, den wir, gleichwie bei den anderen Verkehrsmitteln, den Land- und Wasserstraßen, den Posten und Telegraphen, im sicheren Gleise jener grundsätzlichen Erörterungen unschwer in seine Einzelheiten und Eigentümlichkeiten verfolgen können. Damit ist für die anzustellende Detailuntersuchung nicht nur ein festes Gefüge bereits gegeben, sondern werden auch mancherlei schiefe Auffassungen oder verkehrte Gesichtspunkte vermieden, welche den Gegenstand manchmal verwirrten.

So entfällt für uns zunächst vorhinein die Auffassung, als ob es sich hier irgendwie um eine Wahl zwischen Staats- und Privat-„Industrie" handle; jene Vorstellung von dem wirtschaftlichen Wesen der Eisenbahn, die in ihrem Mutterlande anfangs die herrschende war, und damit fallen auch jene banalen Schlußfolgerungen hinweg, welche auf Grundlage des prinzipiellen Standpunktes, daß der Staat überhaupt Industrie nicht zu betreiben habe, oder auf Grund des Satzes, der Staat sei erfahrungsmäßig zur Führung solcher Betriebe mit wirtschaftlichem Erfolge nicht fähig, nur Privatbahnen als Unternehmungen, die sich von anderen in nichts unterscheiden, anerkennen wollten [1]). Eine unbefangene Anschauung des Wirtschaftslebens führt vielmehr jeden zur Erkenntnis, daß die Eisenbahnen vermöge der das Eintreten der Gemeinwirtschaft überhaupt begründenden Umstände: der Höhe und Eigenart des in ihnen

---

[1]) Vgl. die Gesichtspunkte der englischen Manchestermänner bei Cohn, „Untersuchungen über das englische Eisenbahnwesen", I, passim; noch im Jahre 1873 hervorgetreten auf dem Kongreß des Cobden-Clubs, Vierteljahrschr. f. Volkswirtsch. u. Kulturgesch., 13. Jahrg., 3. Bd., S. 18.

angelegten stehenden Kapitales, ihrer Monopoleigenschaft, ihrer Wichtigkeit als Instrument der Volkswirtschaftspflege und der Staatsverwaltung, dann der notwendigen Organisation als Bedingung fruchtbarster Wirksamkeit, der reinen Privatwirtschaft entrückt sind und daß daher, wo dieser Sachlage nicht durch gemeinwirtschaftliche Betätigung Rechnung getragen wurde, die Eisenbahnen ihren wirtschaftlichen Dienst nur unvollkommen leisten konnten. Indem wir in dieser Beziehung einfach auf die Erörterungen in Bd. I, S. 124ff. zu verweisen brauchen, genügt an gegenwärtiger Stelle die Bemerkung, einerseits: in welch' hervorragendem Grade die gedachten Momente bei den Eisenbahnen zutreffen und folglich das bei den übrigen Verkehrsmitteln Beobachtete für sie ebenfalls gilt, andererseits: daß, wie ein Blick auf den Inhalt der Eisenbahn-Konzessionen lehrt, übereinstimmend mit der theoretischen Anschauung, die Staatsverwaltung, wo sie die Privatunternehmung in bewußtem Hinblick auf die angeführten Gesichtspunkte heranzog oder walten ließ, immer nur regulierte Unternehmungen kannte, denen die Grundbedingung der Privatwirtschaft: freie Konkurrenz, nicht eigen war.

Somit können wir an Stelle der theoretischen Lehrsätze sofort die Lehren der Erfahrung sprechen lassen. Diejenigen Staaten, welche, geblendet von der irrigen Konkurrenztheorie, ihre Augen vor den Anforderungen der Gemeinwirtschaft verschlossen, haben Zustände im Eisenbahnwesen sich herausbilden sehen, die nicht nur eine erhebliche Schmälerung des Nutzens bedeuten, den die Eisenbahnen der Wirtschaft des Landes hätten bieten können, sondern dieser auch positive Schäden zugefügt haben. Es ist daher angezeigt, vor allem anderen die Lehren der Eisenbahngeschichte als Beleg für unsere Leitsätze heranzuziehen.

Die Erfahrungen mit der Konkurrenz im Eisenbahnwesen in den maßgebenden Staaten. England. Die eindringlichste Sprache reden die Erscheinungen der Entwicklung der Eisenbahnen in ihrem Mutterlande: England [1]). Ein Grundzug der englischen Eisenbahngesetzgebung und der bezüglichen Parlamentsverhandlungen ist die Verstrickung in die Irrtümer der Konkurrenztheorie, ungeachtet rechtzeitiger Warnungen, mit nur allmählicher und zu später Erkenntnis des begangenen Fehlers und unzureichenden Bemühungen das Versäumte nachzuholen, als die schädlichen Folgen bereits eingetreten waren. Die Quelle dieses Fehlgriffs lag darin, daß die Gesetzgebung über die neu aufgekommenen Eisenbahnen einfach an die alten Kanalakte anknüpfte. Man meinte,

[1]) Der mit der deutschen Eisenbahnliteratur selbst nur leichthin Vertraute weiß, daß das Werk von Cohn die beste Quelle bildet. Analog das Buch von Franqueville *Traveaux publics en Angleterre*, 1874. Vor den Genannten schon Schwabe, „Über das englische Eisenbahnwesen", 1871, S. 8ff.; E. B. (Bontoux), „Die Konkurrenz im Eisenbahnwesen", 1873.

die Frachtinteressenten würden mit eigenen Fahrzeugen ihre Transporte besorgen können, was selbstverständlich die Konkurrenz der Frachtführer, wie bei den Kanälen, ergeben hätte. Durch längere Zeit waren die Bemühungen der Techniker darauf gerichtet, Konstruktionen zu finden, die das ermöglichen sollten. Andererseits war bei Konzessionierung der Kanalunternehmungen die Frage der Zulassung oder Verhinderung von Konkurrenzlinien überhaupt nicht aufgetaucht; sehr erklärlich, weil bei der großen Abhängigkeit der Kanaltrasse von den Geländeverhältnissen und von der Wasserbeschaffung eine zweifache Kanalverbindung zwischen bestimmten Plätzen kaum je ausführbar ist. Daher kam es dem Parlamente bei den ersten Eisenbahnkonzessionen auch nicht in den Sinn, die Frage aufzuwerfen. Und als dann die Privatunternehmung hier ein reichtragendes Feld für ihr Gewinnstreben zu finden hoffte (man gab sich hinsichtlich der Ertragsaussichten des neuen Verkehrsmittels bald den überschwänglichsten Erwartungen hin), so glaubte man es getreu dem englischen Grundsatze, daß die Regierung sich in die geschäftliche Tätigkeit der Privaten so wenig als möglich einmischen solle, den Unternehmungen selbst überlassen zu sollen, ob sie sich Konkurrenz machen wollen oder nicht, ja man erwartete sogar, daß die Konkurrenz auch auf diesem Gebiete die beste und billigste Bedürfnisbefriedigung herbeiführen werde. In diesem Sinne konzessionierte das Parlament schon in der ersten großen Eisenbahn-Spekulationsperiode der 30er Jahre eine reichliche Anzahl verschiedener Eisenbahnlinien je nach den Konzessionswerbungen, mit ungenügender staatlicher Regulierung, und man verließ den Irrweg auch nicht, ungeachtet in den Untersuchungen des Eisenbahn-Ausschusses vom Jahre 1844 gerade von seiten der Eisenbahndirektoren die Konsequenzen der Konkurrenz: Erbauung überflüssiger Linien, also unnützer Kapitalaufwand, Verteuerung der Tarife in vielen Fällen, um die vermehrten Kapitalkosten hereinzubringen, und Ausbeutung dieses Sachverhaltes durch eine unlautere Spekulation, klar und nachdrücklich genug hervorgehoben wurden [1]. Im Gegenteile, die eben damals nach Überwindung der vielfachen Enttäuschungen neuerlich um sich greifende und bis zum Frühjahre 1846 anhaltende exzessive Bahnspekulation brachte eine Menge Konkurrenzlinien hervor, durch welche namentlich die direkten Verbindungen zwischen den Hauptplätzen des Landes vervielfacht wurden, weil die Spekulation eben auf Teilung des hier vorfindlichen starken Verkehres gerichtet war, die Seitengegenden aber vernachlässigt blieben. Auch schwindelhafte Gründungen kamen in erheblichem Umfange vor, die den Aktionären große Verluste brachten. Die Folgen, welche dem englischen Eisenbahnwesen dauernd anhaften, sind gewesen: eine ungeheure Kapitalvergeudung, d. i. teils vorzeitige, teils überflüssige

---

[1]) S. insbesondere Cohn, I. S. 120ff.

Kapitalaufwendung, die sich z. T. darin ausdrückt, daß, nachdem im Jahre 1846 von 115 Millionen L. St. Aktienkapital nicht mehr als 44 Mill. $5\,^0/_0$ Dividende und darüber zahlten, noch im Jahre 1876 trotz des riesig angewachsenen Verkehres von dem nicht zinsbevorrechteten Aktienkapitale mit 262 Mill. $35\,^1/_2$ Mill. gar keine, $12\,^9/_{10}$ Mill. weniger als und bis $1\,^0/_0$, $4\,^1/_3$ Mill. über $1—2\,^0/_0$, 10 Mill. nur $2—3\,^0/_0$, $26\,^2/_3$ Mill. $3—4\,^0/_0$ Verzinsung abwarfen (namentlich auch die unter dem Drucke der Konkurrenz erfolgten *extensions* erzeugten überflüssige Linien[1]); eine fehlerhafte Netzesanlage, die eine angesehene Revue[2]) zu dem, freilich zugleich den vollständigen Mangel eines Planes bei der Konzessionierung mit treffenden und wohl zu scharfen Ausspruche veranlaßte: wenn man ein paar mit Tinte befeuchtete Fliegen über die Karte von England hätte kriechen lassen, so hätten sie ein rationelleres Netz zustande gebracht[3]); häufige und weitgehende Benachteiligung eines Teiles der Frachtinteressenten durch niedrige Differentialtarife, zu denen sich die Bahnen durch die Konkurrenz in den Knotenpunkten bestimmen ließen, während sie für die nicht konkurrenzierten Zwischenstrecken den Tarif so hoch hielten als möglich[4]). Die letztgedachten schädlichen Folgewirkungen der Konkurrenz wurden dann wieder beseitigt durch Aufhebung der Konkurrenz im Wege freiwilligen Übereinkommens der Bahnen. Im Jahre 1858 fand eine Konferenz von Vertretern der englischen Eisenbahnen in London statt, welche zum Beschlusse erhob: wenn zwei oder mehrere Bahnwege zwischen zwei Orten bestehen, sollen die Tarife über beide oder alle einverständlich gleichgestellt, und wenn eine Einigung über gleiche Sätze nicht zustande komme, soll ein Schiedsgericht angerufen werden. Teilabkommen der Art waren vielfach schon früher getroffen worden; seit jenem allgemeinen Kartelle aber, darf man sagen, hat die Tarifkonkurrenz in England im wesentlichen aufgehört[5]). Freilich stellte die erwähnte Versammlung den Satz voran: die Tarife sollen so bemessen sein, daß sie den Interessen der Gesellschaften ohne Nachteil für das Publikum im erreichbaren Maße dienen, d. h. auch das auf die überflüssigen Konkurrenzlinien verwendete Kapital soll tunlichst seine Verzinsung finden; woraus folgt, daß die einverständlich festgesetzten Tarife allgemein höher sein müssen, als ohne die veranlassende Ursache notwendig wäre. Tatsächlich sind die englischen

---

[1]) John Laing, *The railway dilemma*, London 1868. Weber, „Nationalität und Eisenbahnpolitik", 1876, S. 22 leugnet dies mit Unrecht.

[2]) *Quarterly Review*, Okt. 1872.

[3]) Diese Folgen des *laissez faire* bekanntlich schon von Porter, *Progress of th. n. Sc. III, c. V* erkannt und hervorgehoben.

[4]) Bestätigung des oben Gesagten durch Aussagen von Eisenbahndirektoren bei Cohn II, S. 423, 431.

[5]) Franqueville, a. a. O., I. S. 32. L. Aucoc, *Conférences sur l'administration et le droit administratif*, 1876, III. Bd., S. 274.

Eisenbahntarife im Durchschnitte weit höher als die kontinentalen, was freilich z. T. auch noch andere Gründe hat.

Fortab konkurrierten die Bahnen untereinander nur mit dem, was sie für den Tarif boten, wozu hauptsächlich im Personenverkehre Gelegenheit ist, und Tarifkämpfe entwickelten sich nur noch sporadisch bei Entstehen neuer Linien oder bei Erweiterungen, und dauerten nur solange, bis man sich über eine den beiderseitigen Kräften entsprechende Verkehrsteilung geeinigt hatte.

Weiterem Umsichgreifen des Entstehens neuer Konkurrenzlinien hatte übrigens schon seit dem Beginne der 50er Jahre eine entgegengesetzte Bewegung vorgebeugt: die als notwendig erkannte Verschmelzung der vielen kleinen Gesellschaften in große vollständige Netze, welche außer der Vermeidung oder Aufhebung der Konkurrenz auch betriebsökonomische Zwecke, als: vollkommnere Leistungsfähigkeit und Kostenersparnis, verfolgte.

Es ist dies der bekannte Fusionsprozeß (*amalgamation*), welcher die Konkurrenztheorie gründlich *ad absurdum* führte, weshalb sich die englischen Parlamentsmitglieder mit ihm nur schwer abzufinden vermochten. Die Verbindung der Amalgamierung mit den vorgedachten Tarifabkommen ergab mehrere Verfahren der Aufhebung der Konkurrenz (insgesamt auch *consolidation* genannt), von denen einzelne als Ersatz der Verschmelzung dienen mußten, solange das Parlament letzterer widerstrebte. Daher die eingehende, aber auch abschließende Untersuchung dieser Punkte seitens des Eisenbahnausschusses von 1872, deren Ergebnisse Cohn[1]), wie folgt, zusammenfaßt: „Die Konkurrenz verschwindet im direkten Verhältnisse zu der Entwicklung der Koalition zwischen den Gesellschaften. Die erste Stufe derselben ist die, bei welcher für gleiche Tarifsätze und mitunter für gleiche Fahrgeschwindigkeit Abkommen getroffen werden; diese Art von Koalition ist die allgemein herrschende, soweit nicht schon eine höhere Stufe erreicht ist; sie kann ohne jede Sanktion seitens des Parlaments und selbst ohne vorgängige Anzeige für das Publikum, jeden Augenblick eingegangen werden, sobald sich ein konkurrierender Verkehr zwischen mehreren Gesellschaften einstellt. Eine vollkommenere Form der Koalition ist diejenige, zufolge deren die Gesellschaften übereinkommen, ihre beiderseitigen Geleise gemeinsam zu benutzen, mit der Bestimmung, daß jede von beiden den ganzen Ertrag des Verkehrs auf ihrem eigenen Geleise empfängt, oder in der Weise, daß jede Gesellschaft der anderen gestattet, ihre Züge auf der fremden Bahn fahren zu lassen, mit der Bedingung, daß die beiden Gesellschaften an dem Gewinne der so zugelassenen Züge in gewissen festen Anteilen partizipieren. Auch solche Übereinkünfte bedürfen keiner gesetzlichen Gutheißung. Eine dritte Stufe ist diejenige, bei welcher die verschiedenen Gesellschaften eine gemeinsame Kasse zu führen sich einigen, d. h. wo sie den Gewinn aus einem bestimmten Verkehr ohne Rücksicht auf die Beteiligung ihres Gleises oder ihrer Wagen untereinander in festen Verhältnissen teilen.... Die Überzeugung hervorragender Eisenbahnmänner ist es, daß diese dritte Stufe nur als Vorstufe zur völligen Verschmelzung angesehen wird. Die Unsicherheit der Rechtsgültigkeit eines solchen Abkommens (in England) veranlaßt meistens, aber nicht immer, die Gesellschaften, die Sanktion des Parlamentes nachzusuchen.... Die vierte und vollkommenste Art der Koalition ist die Verschmelzung; sie ist permanent, im Unterschiede von der dritten Stufe, läßt also keinen

[1]) a. a. O., I. S. 329ff.

Beweggrund übrig, daß etwa jede der bisher unabhängigen Gesellschaften im Hinblick auf die zukünftige Auflösung der Verbindung ein Sonderinteresse festhält und ihre eigene Bahn begünstigt; sie hebt nicht nur alle tatsächliche, sondern auch alle potentielle Konkurrenz auf. Nur eine Vorstufe, und zwar eine sehr nahe Vorstufe zur Verschmelzung, ist die Pacht kleinerer Linien durch größere, nicht selten mit dem Erfolge für die kleinen Verpächter, daß die großen Pächter durch zeitweiliges Niedrighalten der Frachtsätze den Wert der gepachteten Strecken herabbringen, um sie dann desto wohlfeiler kaufen zu können [1]."

Wenn also die Konkurrenz durch das Interesse der vermeintlichen Konkurrenten notwendig ihr Ende finden muß und schon betriebsökonomische Vorteile zur Vereinigung vieler einzelnen Linien zu einem einheitlichen Netze in einer Hand drängen: was ist die alte Theorie anderes als ein großer Irrtum? England hat ihn teuer bezahlt und sich schließlich mit dem einen Troste beschieden, daß durch die Privattätigkeit dem Lande eine raschere und ausgedehntere Entwicklung des Eisenbahnnetzes zuteil wurde als zu erwarten gewesen wäre, wenn die Regierung den Bau der Bahnen in die Hand genommen hätte.

Nachdem die Konkurrenztheorie derart an den Tatsachen zuschanden geworden war, konnte ihr auch ein verspäteter Rettungsversuch nicht mehr auf die Beine helfen. Ein solcher wurde mit einer Lehrmeinung unternommen, welche die Wirksamkeit der Konkurrenz in die Entstehung der Bahnlinien zurückverlegt. Die Konkurrenz brauche nicht gerade ein *battle in the field* zu sein: sie könne auch als *battle for the field* in die Erscheinung treten; es gebe einen Wettbewerb nicht bloß auf dem Schauplatze der wirtschaftlichen Tätigkeit, sondern auch eine Konkurrenz um den Schauplatz selbst. Eben das sei bei den Eisenbahnen der Fall: es entspinne sich ein Wettbewerb um die Konzession, der die Konzession verleihende Staat gewähre sie demjenigen, welcher die günstigsten Bedingungen anbietet, und in den Konzessionsbestimmungen werde das Ergebnis dieser Konkurrenz dauernd niedergelegt. Die Konkurrenz als Regulator des Spiels der wirtschaftlichen Kräfte sei also auch hier wirksam, nur eben in anderer Weise als sonst [2].

Diese Lehre gibt ersichtlich schon die Konkurrenz in ihrer Einwirkung auf die Netzesbildung preis und ist auch gar nicht dem englischen Wirtschaftsleben entnommen. Aber auch in ihrer eingeschränkten Bedeutung beruht sie, wie leicht einzusehen, auf einer Gleichstellung verschiedener Dinge und einer falschen Verallgemeinerung einzelner Erscheinungen. Eine Verwechslung verschiedenartiger Dinge ist es, wenn der vorgängige, abgeschlossene Wettbewerb um Zulassung einer monopolistischen Unternehmung dem dauernden Wettbewerbe mehrerer Unternehmer um eine bestimmte Bedürfnisbefriedigung und dem jederzeit möglichen Hinzutreten neuer Wettwerber gleichgestellt wird. Eine unrichtige Generalisierung aber liegt vor, insofern eine Konkurrenz unter mehreren Bewerbern um eine Eisenbahnkonzession doch nicht immer, sondern nur in gewissen Fällen vorkommt. Sie wird eintreten, wo entweder der eine ein günstigeres Angebot macht, weil er richtiger rechnet als der andere, oder weil er sich in einem tatsächlichen Irrtume über Umstände befindet, welche auf Anlage und Betrieb Einfluß haben, oder wo der eine sich mit geringerem Gewinn begnügt als der andere. In den

---

[1]) Geschichte und Beispiele der Fusionen bei Cohn, I, S. 235, 321. Vgl. hierzu auch den geschichtlichen Teil.

[2]) Edwin Chadwick im *Statistical Journal* 1859, Bd. 22, S. 381—420. S. auch Cohn, II, S. 589. Nach Deutschland wurde die Theorie namentlich von Faucher übertragen.

ersten beiden Fällen ist offenbar keine wahre Konkurrenz vorhanden. Der letztgedachte Fall aber wird nur dort platzgreifen, wo überhaupt ein Gewinn von mindestens der Höhe des landesüblichen Zinsfußes zu machen ist. Für alle Linien, bei denen das nicht der Fall, sowie bei jenen, um die tatsächlich eine wirkliche Konkurrenz sich nicht entspinnt, trifft eben die Theorie nicht zu. Es kämen mithin höchstens nur die „guten“ Linien, dann uneinträgliche bei Obwalten eines wirtschaftlich bedauernswerten Irrtumes, also nur ausnahmeweise, zustande.

Zudem läßt diese Theorie die Tatsache außer Auge, daß der Kreis der sog. Konkurrenten ein viel zu kleiner ist, um nicht eher die Verständigung unter ihnen an Stelle des Unterbietens treten zu lassen. Und da bei dergleichen Machenschaften mehr „heraussieht“, wenn das Geschäft ein gutes ist, so werden solche Abmachungen gerade bei den ertragreichen, großen Linien platzgreifen, die es leichter gestatten, den Preis für die Abstehung vom Mitwerben auf die Anlagekosten zu schlagen [1]). In Wirklichkeit wird also eine solche Konkurrenz nur in ganz vereinzelten Fällen eintreten, womit die Geltung der darauf gebauten allgemeinen Schlüsse wohl hinreichend gekennzeichnet ist. Die Theorie hat auch nur geringe Vertretung gefunden.

Eine Zeitlang glaubte man in England auch an eine wirksame Konkurrenz der Kanäle gegen die Eisenbahnen. Wie dieser Kampf mit dem Siege der Eisenbahnen endete; wie alle Versuche der Gesetzgebung, die Stellung der Kanäle zu kräftigen, erfolglos blieben und aus welchem Grunde dies der Fall war, ist den Lesern aus der Darstellung im zweiten Bande (S. 335) bekannt.

Vereinigte Staaten von Amerika. Wenn in England eine mangelhafte Regelung der Eisenbahnunternehmungen die erwähnten ungünstigen Ergebnisse zeitigte, so werden diese noch übertroffen durch die Zustände in den Vereinigten Staaten, wo nach Ablauf einer Entwicklungsperiode, in der in den einzelnen Staaten für örtliche Linien *charters* ähnlich den europäischen Konzessionen verliehen wurden, das Eisenbahnwesen einer wilden Freiheit überlassen blieb. Auch hatte sich bei den Konzessionswerbungen eine Einflußnahme von Privatinteressen auf die Legislaturen der Staaten gezeigt, die man aus politischen Gründen auszuschalten strebte. Daher entschied man sich dafür, die Erbauung von Eisenbahnen vollständig der freien Geschäftstätigkeit anheimzugeben. *Charters* wurden nun willig und ohne Beschränkungen erteilt, wie sich eben Unternehmer fanden. Die in gleichem Sinne gehaltenen Bestimmungen der ersten allgemeinen Eisenbahnakte des Staates

[1]) In den ersten Zeiten des Eisenbahnwesens in Frankreich glaubte man noch an die Kraft dieser Konkurrenz und wurde daher der Zuschlag der Konzession von vielen Seiten der Erteilung an im voraus bestimmte Konzessionäre vorgezogen. Allein man machte bald schlimme Erfahrungen. Als z. B. im Jahre 1845 die Eisenbahn von Paris nach Lyon auf diesem Wege vergeben werden sollte, fusionierten sich die verschiedenen Bewerber; Père Enfantin soll den Ratschlag erteilt haben! Seither wurde, solang man noch einzelne Linien als selbständige Unternehmungen zuließ, zwischen *adjudication publique* und *concession directe* nach Lage der Umstände gewechselt und die erstere kam nur sehr selten vor. Vgl. hierüber Aucoc, a. a. O., III. Bd., S. 300.

New York (1850) sind von anderen Staaten übernommen worden und dadurch zur allgemeinen Geltung gelangt. Mit diesem Zeitpunkte war eigentlich die Ära der schrankenlosen Konkurrenz eröffnet [1]). Nach dem Gesetze genügt es zur Gründung eines Bahnunternehmens, wenn eine Anzahl Personen zusammentritt, Betrag und Anzahl der Aktien feststellt, eine geringe Anzahlung auf die Aktien leistet und die Eintragung in das öffentliche Register erfolgt. Ob das Kapital ausreichend bemessen und seine Einzahlung gesichert; ob die Bahn zweckmäßig oder notwendig sei und ob die Trasse den allgemeinen Interessen entspreche, darum kümmerte der Staat sich fortab nicht, wenn es sich nicht im einzelnen Falle um eine Kapitalbeihilfe handelte. Die Unternehmer trachteten, auf Grund der Aktienzeichnung im Wege der Schuldaufnahme und allfälliger Beiträge von Interessenten, fremdes Geld aufzutreiben, mit dem womöglich die Bahn gebaut — oder auch nur angefangen wurde, soweit eben die Mittel reichten. Daß solcher Art Gelegenheit zu schwindelhaften Praktiken geboten war, ist einleuchtend, die Yankees haben bekanntlich nicht den Ruf, daß sie sich solche Gelegenheiten entgehen lassen. Die soliden Unternehmer, die doch die Mehrzahl bildeten, verfielen aber in eine Überschätzung der Aussichten des neuen Verkehrsmittels, das geeignet erschien, die zerstreuten Ansiedlungen des weiten, dünn bevölkerten Landes in viel vollkommnerer Weise miteinander zu verbinden, als das durch die spärlichen und mangelhaften Straßenanlagen geschehen war. Mit dem Ungestüm des amerikanischen Unternehmungsgeistes warfen sie sich auf das neue Geschäft und so konnte es nicht ausbleiben, daß, nachdem die ersten Hauptlinien gebaut waren, sie durch die Vervielfältigung der Linien in wüste Konkurrenzkämpfe untereinander gerieten. Anfangs beteiligten sich auch eine Reihe von Staaten an den Bahnunternehmungen, durch Übernahme von Aktien, selbst durch Bau einzelner Linien, aber sie erlitten durch Mißlingen der Unternehmungen erhebliche Verluste und ließen bald die Hand davon [2]).

Die einzige Maßnahme, zu welcher die Staatsgewalt sich veranlaßt sah, bestand in einer gewissen Vorsorge für die Sicherheit der Reisenden. Unter dem Eindrucke von schweren Eisenbahnunfällen haben einige Staaten der Union Eisenbahnaufsichtsämter eingesetzt, mit dem Rechte, die Ursache vorgekommener Unfälle zu untersuchen und auf Abstellung vorgefundener Übelstände sowie auf Vorkehrungen zur Erhöhung der Sicherheit für die Zukunft bei den Bahnen zu dringen; eine polizeiliche Maßnahme, die den Reisenden nicht sonderlich nützen, den Bahnen nicht sonderlich unbequem werden konnte. Diesen Eisenbahnämtern wurde später auch die Aufgabe überwiesen, im schiedsrichterlichen Verfahren Streitigkeiten zwischen den Eisenbahnen und den Interessenten

---

[1]) Sterne, *Railways in the United States*, 1912, S. 42.

[2]) Näheres im geschichtlichen Abschnitte.

zu schlichten, Entschädigungen festzustellen, Grundstücke für den Bahnbau abzuschätzen u. dgl.; eine ganz zweckmäßige Einrichtung, die aber mit den fundamentalen Fragen der Eisenbahngebarung nichts zu tun hat. Diese blieb also nach wie vor frei von jeder staatlichen Beeinflussung und es spielten sich weiterhin die Ereignisse unter dem Einflusse der englischen Ideenrichtung ganz analog der Entwicklung in England mit periodischen Spekulationszeiten und darauf folgenden Krisen ab, nur in weit größerem Maßstabe der Leistungen und der Übelstände. Die Krisis des Jahres 1873 brach aus, nachdem seit 1871 über 20000 *km*, die des Jahres 1883, nachdem in den vorausgegangenen 3 Jahren 32000 *km* neuer Linien gebaut worden waren. In den Jahren 1893 und 1894 haben in der Union Eisenbahnen in der Ausdehnung von zusammen 58500 *km* ihre Zahlungen eingestellt [1]) und vom Jahre 1876—1894 sind 593 Bahnen in der Länge von zusammen 101000 *km* dem Zwangsverkauf unterzogen worden oder sind unter Zwangsverwaltung gekommen, was übrigens auch schon früher gerade nicht selten vorgekommen ist. Von dem gesamten Aktienkapitale der Bahnen waren damals nicht weniger als 60% völlig ertraglos. Allerdings hat dazu der Umstand wesentlich beigetragen, daß nach den geübten Geschäftspraktiken die Aktien in der Regel nur als Gründeranteile mit minimaler Einzahlung, die lediglich Anwartschaft auf mögliche Erträgnisse gewähren, ausgegeben, ferner Erweiterungen, Verschmelzungen oder im Konkurs erstandene Bahnen als Unterlage von Aktienemissionen benutzt wurden, durch die man mehr oder minder fragliche Zukunftshoffnungen dadurch kapitalisierte, daß man die Papiere im Wege des Börsenschwindels zu irgend einem Preise an den Mann zu bringen suchte. (Die bekannten Verwässerungen.)

Die Konkurrenz bankrotter Bahnen wurde für die anderen im hohen Grade verderblich. Der gerichtlich bestellte Verwalter muß trachten wenigstens die Betriebskosten herauszuwirtschaften. Zu diesem Zwecke versucht er Herabsetzungen der Fahrpreise und Frachtentarife in jedem Ausmaße: Verkehr um jeden Preis. Dadurch werden konkurrierende Bahnen gezwungen, die gleichen Ermäßigungen oder noch weitergehende eintreten zu lassen, um ihren Verkehr zu erhalten. Auf diese Weise entspinnen sich Tarifkämpfe bis zum äußersten, die schließlich allerdings in einer Verständigung endigen, aber inzwischen auch Bahnen in guten Ertragsverhältnissen erheblich schädigen, wenn nicht selbst ertraglos machen. Die Wiedererhöhung der Tarife nach erfolgter Einstellung des Kampfes wird dann soweit getrieben als möglich, so daß nicht selten die Verkehrsinteressenten die Kriegskosten zahlen. Auf diese Art nahmen die Tarifkriege in den Vereinigten Staaten weit größere Ausdehnung und für das Land schädlichere Gestaltung an als in England [2]).

---

[1]) von der Leyen, „Die Finanz- und Verkehrspolitik der nordamerikanischen Eisenbahnen", 1895, 2. Aufl., S. 3, 85.

[2]) von der Leyen, „Die nordamerikanischen Eisenbahnen", 1885, S. 273ff.

„Die Wirkung der Krisis von 1873 war, das Eisenbahnnetz des Landes, insbesondere im Westen, in zwei Klassen von Bahnen zu teilen: die solventen und die insolventen. Die Hauptlinien gehörten meistens zu der ersteren, die letzteren umfaßten ebenfalls manche Hauptbahnen, jedoch mehr Zweig- und Seitenlinien. Zwischen diesen Bahnen entwickelte sich eine neue Art von Konkurrenz. Die bankrotten Linien wurden nicht auf Profit betrieben, sondern nur auf Verkehrsgewinn. Dadurch wurde die Lage der solventen Linien fast unhaltbar. Sie sahen sich gezwungen, sich zu entscheiden, ob sie ihr Geschäft ganz verlieren und an die Rivalin übergehen lassen wollen oder ob sie es selbst mit Verlust sich erhalten wollen, was schließlich ihren eigenen Ruin nach sich ziehen müßte. Diese Konkurrenz konnte nicht mit dem gewöhnlichen Tarifabkommen enden [1]).“ Als Mittel der Abhilfe erwies sich nur die Zusammenfassung der Linien in einheitliche Komplexe und es datiert von da an ein Vereinigungsprozeß ähnlich dem englischen, nur unter anderen Formen, die sich durch die Vereinigung der Aktien verschiedener Bahnen in den Händen weniger großer Spekulanten ergaben. Von anfangs loseren Verbänden, die sich gelegentlich wieder auflösten und in neuer Kombination bildeten, entwickelten sich dauernde Interessengemeinschaften in mehreren Gruppen von Bahnen, die durch den Aktienbesitz der sie beherrschenden „Eisenbahnkönige“ zusammengehalten wurden.

Die uneingeschränkte Freiheit der Frachtpreisstellung — nur für den Personenverkehr bestand ein Höchstpreis — gab den Eisenbahnen eine Macht über die Interessen aller einzelnen, die bei der plutokratischen Konzentration des Bahnbesitzes auch nicht ohne politische Gefahren war. Produzenten und Kaufleute gerieten in vollständige Abhängigkeit von ihnen [2]). Wie die Eisenbahnen dadurch zum Herrscher über die freien Amerikaner geworden waren, so vermochten sie durch Verbindung mit kühnen Unternehmern der Großindustrie auch die industrielle Struktur des Landes zu beherrschen, Industrien an einem Punkte zu fördern, an

---

[1]) *Railroads, their origin and problems.* By Charles Francis Adams, 2. Aufl., 1880, S. 149,

[2]) „Das konzentrierte Kapital erkennt durch den Instinkt des Geldsinnes, daß die Führung der Eisenbahnen ihm die Herrschaft über sämtliches Eigentum des Landes geben wird ... und daß es die Fähigkeit hat, das alles durch einen ungeheueren Druck auf die materiellen Interessen durchzuführen.“ „Daß diese Ansicht weder übertrieben noch aus der Luft gegriffen ist, zeigt die Erfahrung eines jeden Geschäftsmannes in diesem Gemeinwesen. ... Man mache den Versuch, eine Organisation zu gründen mit der Absicht, einem bestimmten Verlangen einer mächtigen Eisenbahn-Kompagnie entgegenzutreten, wie viele werden dann sagen: Ich wollte gern dabei sein, aber es würde meinem Geschäfte schaden; die Eisenbahn kann Spezialtarife aufheben oder sie kann sie meinen Konkurrenten gewähren; sie kann ihren Angestellten verbieten, mit mir Geschäfte zu machen; sie kann Kaufleute ruinieren, welche sich nicht ihren Befehlen fügen. Es würde eine Frage des Ruins, eine Brotfrage für meine Familie sein.“ Aus einer Wahlrede des Gouverneurs Booth in San Francisco 1873 (mitgeteilt von Dorn, „Aufgaben der Eisenbahn-Politik“, 1874). Die Rede trägt stark auf, wie alle demokratischen Wahlreden, stimmt aber in dem angeführten Punkte mit anderen Zeugnissen überein.

einem andern lahmzulegen, wobei stets die persönlichen Interessen der Leiter reichliche Befriedigung fanden. Ein weltbekanntes Beispiel ist die Monopolisierung der Petroleumgewinnung und des Petroleumhandels durch die *Standard Oil Company*, die nur durch Zusammengehen mit den Eisenbahnen ermöglicht wurde. *Competition led to favoritism of the grossest character ... the most irritating as well as wrongful inequalities were thus made common all over the land*[1]).

Die Zustände waren endlich so arg geworden, daß eine Reaktion aus dem Schoße der Bevölkerung selbst nicht ausbleiben konnte. Sie fand in der Tat statt im Geiste der Verfassung und in den Formen des öffentlichen Lebens in der Union. Die Farmer der Weststaaten empörten sich gegen die „Tyrannei" der Eisenbahnen: die sog. Granger-Bewegung der 70er Jahre, die namentlich in den niedrigen Differentialtarifen für die Getreideexporte aus den Hauptproduktionsgebieten in die Häfen und den im Vergleich enorm hohen Lokalfrachten ihren Grund und ihren Nährboden hatte. Eine etwas wüste Agitation erzwang Gesetze in mehreren Staaten, welche die Eisenbahnen vollständig der Willkür der Regierungen unterwarfen, insbesondere in der Tarifstellung. Da diese Gewaltmaßregeln übers Ziel schossen, auch staatsrechtlich nicht einwandfrei waren, und die Eisenbahnen schließlich ein vernünftiges Entgegenkommen zeigten, so blieben die betreffenden Gesetze zum guten Teil auf dem Papier. Damit war aber die Frage selbst nicht aus der Welt geschafft, vielmehr erhielt sie durch schwere Mißbräuche bei den Bahnen im Staate New York, die durch eine große Enquête aufgehellt wurden, neue Nahrung. Unter dem Eindrucke der Enthüllungen wurde sie in die Zuständigkeit der Bundesregierung hinübergeleitet und da einer haltbaren Lösung zugeführt. Auf Anregungen im Kongresse, die sich durch eine Reihe von Jahren wiederholten, kam schließlich ein Bundesgesetz zustande, das den Bahnen eine durchgreifende Tarifregelung durch ein eigenes Bundesorgan für den über das Gebiet eines Staates hinausgehenden Verkehr auferlegte: *Interstate Commerce law* vom Jahre 1887. Die Berechtigung für den Bund zum Erlasse dieses Gesetzes wurde aus einem dem Wortlaute nach nur auf Handels- und Zollpolitik zu beziehenden Artikel der Verfassung hergeleitet. Den Eisenbahnen wäre es wohl gelungen, im Wege der öffentlichen Agitation oder des privaten Einflusses auf Kongreßmitglieder die Ablehnung der Anträge durchzusetzen, wenn eben nicht die Zustände, die sich bei ihnen herausgebildet hatten, die öffentliche Meinung gegen sie entscheidend eingenommen hätten. Durch dieses Gesetz wurde wenigstens im Tarifwesen der gemeinwirtschaftliche Gesichtspunkt zur Geltung gebracht; im übrigen wurde an der Rechtslage und den tatsächlichen Zuständen nichts geändert, wie ja die Angaben über die Vorkommnisse der 80er

[1]) Adams, a. a. O., S. 125.

und 90er Jahre zeigen, und konnte allerdings bei Fortbestand der Privatbahnen kaum etwas geändert werden.

In mehreren Einzelstaaten hat man die unter dem Einflusse der *Granger*-Bewegung entstandenen Gesetze auf eine Mitwirkung des Eisenbahnamtes bei der Tariferstellung (Höchstsätze, Genehmigung der zu veröffentlichenden Tarife, Bewilligung von Differentialsätzen) eingeschränkt und solche Befugnisse wurden auch den in den anderen Staaten bestehenden *Commissions* verliehen. Im Betriebe scheint auch einiges durch die vermittelnde Tätigkeit der letzteren erreicht worden zu sein, im Tarifwesen blieb die Buntscheckigkeit einer im einzelnen unzureichenden Regelung wie sie war. Überdies konnte in der Tarifregelung eine Übereinstimmung oder gar ein Zusammenhang zwischen Bundesamt und den Staatenkommissionen bis auf die letzte Zeit nicht erzielt werden, ungeachtet darauf gerichteter Bestrebungen, so daß selbst ein Gegeneinanderwirken nicht ausgeschlossen war. Die unvermeidliche Begleiterscheinung der dargestellten Entwicklung ist es, daß die kapitalistische Konzentration durch Interessengemeinschaften neuestens erhebliche Fortschritte gemacht hat, wodurch Privatmonopole einer kleinen Anzahl von Bahngruppen entstanden sind, die der staatlichen Einflußnahme ein Gegengewicht bieten.

Im Laufe unseres Jahrhunderts hat der Gesichtspunkt, daß das Vorliegen eines tatsächlichen Monopoles eine gemeinwirtschaftliche Regelung zum Schutze der Verbraucher erforderlich mache, auf andere Fälle von Privatmonopolen übergegriffen und dahin geführt, die Vollmachten solcher *Commissions* auch auf andere Verkehrsmittel, wie öffentliche Lagerhäuser, Telephon- und Telegraphengesellschaften, selbst Gas- und Elektrizitätsanlagen, zu erstrecken. Beinahe in allen Staaten der Union bestehen bereits solche *General Public Utilities Commissions* und es wird bezeugt, daß die treibende Kraft der Bewegung die Erkenntnis der Wesenseinheit dieser wirtschaftlichen Gestaltungen sei [1]). So wichtig dieser Umstand in theoretischer Hinsicht ist, so kärglich scheinen vorerst die Ergebnisse der Anwendung des Grundsatzes zu sein: wenigstens im Telegraphen- und Telephonwesen sind eingreifende Maßnahmen der *Commissions* bisher nicht bekannt geworden und es sind nur einige Fälle von Klagen wegen Verletzung der Gleichbehandlung oder Weigerung einer Telegraphengesellschaft, Telegramme von einer anderen Linie weiterzubefördern, verzeichnet. Im Eisenbahnwesen sind die Vereinigten Staaten unter den Einwirkungen des Krieges zu dem Beschluß gelangt, mit der Reform bis an die Wurzel zu gehen; die betreffenden Maßnahmen finden im folgenden gehörigen Orts ihre Würdigung.

Aufleben der Konkurrenztheorie in Deutschland. Nach dem Stande der Dinge in den 70er Jahren in Amerika faßte Adams[2]) sein Urteil über die Konkurrenztheorie im Eisenbahnwesen und ihre Bewährung in den Satz zusammen: „Die ganze Theorie, auf Grund welcher man das Eisenbahnsystem sich entwickeln ließ, war ein theoretischer Irrtum und

---

[1]) Bruce Wyman, *Railway Rate Regulation*, 1915, S. 48: *The impelling forces back of this movement which has thus swept the country is the fundamental unity.*

[2]) a. a. O., S. 117.

sie war um nichts weniger ein Irrtum weil, selbst wenn er als solcher erkannt worden wäre, ihm nicht hätte abgeholfen werden können." (Mit dem Nachsatze ist gemeint, daß die staatlichen Zustände in Nordamerika einem Eingreifen der Regierung nicht günstig waren.) Eben diese durch die tatsächliche Entwicklung widerlegte Lehre wurde, gerade als denkende Beobachter zur Erkenntnis ihrer Hinfälligkeit gekommen waren, in Deutschland aufgenommen. Es geschah dies im Verfolge einer Ideenrichtung, die im politischen Liberalismus zur Herrschaft gelangt war: in einem Kreise von Persönlichkeiten, die im öffentlichen Leben eine Zeitlang großen Einfluß gewonnen und die an der staatlichen Entwicklung Deutschlands einen rühmlichen Anteil hatten. Das wirtschaftliche Glaubensbekenntnis dieser Gruppe von Politikern und Schriftstellern, eines Ablegers der englischen Freihandelschule, war der Grundsatz des *laisser faire, laisser aller*. In seiner Anwendung auf das Eisenbahnwesen gingen sie allerdings nicht ins Extrem, vielmehr wurde das Eingreifen des Staates mit Bezug auf die Anlage von Eisenbahnen stillschweigend hingenommen. Aber mit Bezug auf das Verhältnis der Eisenbahnen zu den auf sie angewiesenen Sonderwirtschaften wollte man eine Verschiedenheit von unter Konkurrenz stehenden Produktivunternehmungen nicht anerkennen, sondern verkündete die Gleichstellung mit diesen als Tatsache oder mindestens als anzustrebendes Ziel. Die betreffenden Ansichten wurden in Wort und Schrift mit Eifer und Geschick verfochten und ihre Vertreter, die an dem Dogma der freien Konkurrenz mit allen Fasern hingen, waren unermüdlich in Versuchen, seine Bewährung auch auf dem Gebiete des Verkehrswesens und speziell des Eisenbahnwesens zu erweisen. Mit Zähigkeit an ihren Überzeugungen festhaltend, gaben sie diese, wenn an einem Punkte erschüttert, nicht auf, sondern suchten sofort in anderer Richtung nach Erscheinungen, die sie in ihrem Sinne zu deuten vermöchten. Überwiesen, daß das behauptete segensreiche Walten der Konkurrenz an gewisser Stelle nicht zutreffe, entdecken sie dasselbe an anderem Orte, bis sie, schrittweise die unhaltbare Stellung aufgebend, zuletzt sich an den Strohhalm künftiger technischer Veränderungen im Betriebe der Eisenbahn klammern. Auf diese Art kommen mehrere Spielarten der Konkurrenztheorie zum Vorschein, die aber insgesamt in der Praxis keine Bestätigung oder Anwendung gefunden haben. Die Untersuchung dieser Lehrmeinungen und der Gründe ihres Versagens ist sicherlich geeignet, eine Ergänzung des Beweises für die Unzulänglichkeit der Privatwirtschaft im Eisenbahnwesen zu bieten. Zwar sind sie gegenwärtig längst überwunden, sie haben aber eine Zeitlang bedeutendes Ansehen genossen, das eine Beschäftigung mit ihnen auch heutzutage noch rechtfertigt [1]).

[1]) Ihrer Widerlegung war der einschlägige Teil der ersten Auflage dieses Werkes gewidmet. Was nunmehr eine literargeschichtliche Rückschau darstellt, war damals eine Bekämpfung zeitgenössischer Ansichten, die auch nicht ohne Wirkung geblieben ist.

Ein Hauptwortführer der Gruppe in Eisenbahnfragen war O. Michaelis, dessen Abhandlungen, sowohl wegen der vortrefflichen Darstellung als wegen der vielen richtigen Bemerkungen, die sie enthalten, noch immer lesenswert sind [1]). Auf diese wollen wir daher zunächst Bezug nehmen. Vorher müssen wir jedoch einen Blick auf die gleichzeitigen Eisenbahnzustände in Deutschland werfen, um zu sehen, inwiefern diese für die gedachten Theorien etwa ein aufnahmefähiger Boden oder selbst die Veranlassung waren.

Auch in Deutschland hatte die Konkurrenz im Bahnwesen ihren Einzug gehalten, nur daß die Folgen bei weitem nicht in gleichem Maße wie in den angelsächsischen Ländern zutage traten, weil die Zahl und Ausdehnung der Konkurrenzlinien eine viel beschränktere blieb. Immerhin hatte aber auch hier die Spekulation sich des Gebietes bemächtigt und, was in jenen Ländern hinsichtlich der Kapitalverschwendung für (nicht der Längenausdehnung, sondern ihrer Trasse nach) unnötige oder verfrühte Linien, somit hinsichtlich der Kapitalverluste und fehlerhaften Netzesanlage wahrgenommen wurde, ebenfalls in gewissem, bei den beschränkteren Wirtschaftsverhältnissen dennoch empfindlichen Grade herbeigeführt. Als unterstützendes Moment kam allerdings die staatliche Zersplitterung hinzu. Auch hinsichtlich der Tarifgestaltung sind die erwähnten Folgen aufgetreten und ebenso hat sich die Notwendigkeit der Ersetzung der Konkurrenz durch Koalition aufgedrängt. Diese aber war nur zu erreichen durch die Verbände, die eine teilweise Gemeinsamkeit unter den Bahnverwaltungen an Stelle einer durch die angedeutete Ursache in Deutschland verhinderten Verschmelzung zu großen Netzen schufen. Die Eisenbahnverbände setzten zuerst eine Konkurrenz zwischen Knotenpunkten in Szene, die im Bereiche zweier oder mehrerer Verbände gelegen waren. In dieser falschen Konkurrenz ermäßigten sie die Tarife zwischen derartigen Knotenpunkten in bedeutendem Maße, ohne daß auf die Tarifsätze für die Zwischenplätze im eigenen (Lokal-) Verkehre der dem Verbande angehörigen Verwaltungen Rücksicht genommen wurde. Der Ermäßigung des einen Verbandes folgte eine noch weitergehende des anderen auf dem Fuße und auf diese Weise kamen abnorme Tarifdifferenzen zwischen dem Verband- und dem Lokalverkehre zum Vorschein, welche eine wirtschaftliche Schädigung der Nicht-Knotenpunkte bewirkten. Der Fehler wurde indes durch die Eisenbahnen im eigenen Interesse behoben, indem zum Behufe der Verhinderung des Unterbietens in den Preisen teils größere Verbände durch Zusammenfassung mehrerer früherer Konkurrenzverbände gebildet, teils anderweitig dahin zielende Übereinkünfte getroffen wurden, so daß fortab die Verteilung des Verkehres zwischen den entfernteren Knotenpunkten über die dazwischen liegenden Eisenbahnlinien einverständlich

[1]) Gesammelt in zwei Bänden „Volkswirtschaftliche Schriften", 1873.

erfolgte. Nur vereinzelt kamen auch später noch Konkurrenzfälle vor, jedoch meist nur da, wo die Wasserstraßen sie veranlaßten.

In Österreich ergab sich anfangs der 70er Jahre hinsichtlich des inländischen Verkehres — für den Verkehr mit Deutschland gilt das eben Gesagte — das nämliche Schauspiel infolge der mehrfachen Verknüpfung bedeutender Knotenpunkte durch die eben damals unter dem Einflusse der Konkurrenztheorie und der Spekulationsperiode neugebauten Eisenbahnen. Der Konkurrenzkampf, zumeist auf dem Wege geheimer Rückvergütungen geführt, währte nicht lange, sondern wurde alsbald durch Abkommen beseitigt, welche, wo die ganze Länge je der verschiedenen Linien zwischen den Knotenpunkten je einer der Gesellschaften gehörte, als Einzelverträge *ad hoc* (Kartelle), in anderen Fällen als Verbandverträge in die Erscheinung traten. Seit Ende des erwähnten Jahrzehnts waren die Hauptrichtungen des Knotenpunktverkehres kartelliert und wurde die Verkehrsteilung grundsätzlich gehandhabt.

Konkurrenz in den Knotenpunkten. Da die Eisenbahnunternehmungen selbst die Konkurrenz zwischen den Knotenpunkten handhabten, anstatt einverständlich die Grundlagen der Verkehrsteilung: die relative Leistungsfähigkeit der zusammentreffenden Linien für den Verkehr, zu ermitteln, und solange das der Fall war, war es selbstverständlich, daß auch die Theorie hier von Konkurrenz sprach. Die Auffassung wurde aber in den Erörterungen der Öffentlichkeit festgehalten, nachdem die Eisenbahnleiter zur Erkenntnis gelangt waren, daß sie auf falschem Wege seien. Auf diese Anschauung im Verein mit der Tatsache, daß mit der Verdichtung des Eisenbahnnetzes die Zahl der Knotenpunkte fortwährend zunimmt, gründete man dann die Folgerung — und somit Forderung — die Konkurrenz sei als wirkende Grundkraft auch im Eisenbahnwesen anzuerkennen, beziehungsweise überall ins Werk zu setzen. Man erwartete, oder forderte, daß die Eisenbahnlinien sich nach und nach dermaßen vermehren, daß jeder Punkt dem Verkehrsgebiete mindestens zweier Linien angehöre; man gewärtigte dann die allseitig entsprechende Befriedigung der Transportbedürfnisse und sah sohin die Privatwirtschaft auf dem Gebiete für ausreichend, die Gemeinwirtschaft als überflüssig, wenn nicht schädlich, an.

Das war eine Schlußfolgerung, in welcher Obersatz und Untersatz gleichmäßig falsch sind. Der Irrtum in der ersten Prämisse war entschuldbar. Die theoretische Einsicht in die Voraussetzungen der Verkehrsteilung und ihre Unterschiede von der eigentlichen Konkurrenz im privatwirtschaftlichen Sinne (Bd. I, S. 128) war eben nicht vorhanden. Minder verzeihlich ist jedoch der Fehler in dem Untersatze und der Konklusion. Es war offenbar eine starke Zumutung an ein richtiges Denkvermögen, das, was in einzelnen Fällen, den Knotenpunkten, wahrzunehmen ist, sofort als ganz allgemein hinzustellen, und als bereits eingetreten anzunehmen, was erst in einer, der greifbarsten Natur der Dinge nach späten Zeitperiode erwartet werden könnte (Verwandlung aller Bahnstationen in Knotenpunkte). Man glaubte eben in den Bahnknotenpunkten die Konkurrenz walten zu sehen und ließ vollständig außer Augen, was dort geschehe oder zu geschehen habe, wo noch keine Knotenpunkte vorhanden sind. Die Einsichtigen, Bedächtigeren übersahen diesen logischen Verstoß freilich nicht und hegten daher die Forderung der (in der erwähnten Weise verstandenen) freien Konkurrenz im Eisenbahnwesen als ein Ideal für spätere, kommende Zeiten. Andere hingegen verwechselten Ideal und Wirklichkeit und verkündeten frischweg als reale Gegenwart, was bestenfalls, wenn man den angreifbaren Ausgangspunkt selbst zugibt, als fragliche Zukunft erscheinen kann. Zu den ersteren zählt auch Michaelis, aber er erwartet die Erreichung des Zieles von einer Einschränkung des staatlichen Eingreifens in die Gebarung der Eisenbahnen, somit von einer Abschwenkung in privatwirtschaftlicher Richtung [1]: „Diese Konkurrenz, welche dem „natürlichen Monopole" ein Ende macht, wird sich viel langsamer oder auch gar nicht finden, wenn durch eine die Ausnützung des natürlichen Monopols beschränkende Gesetzgebung den Eisenbahnunternehmern die Frucht ihrer Tätigkeit, die Prämie ihres Risikos, beschnitten, und die freie und vorteilhafte Ausnützung ihres Eigentums in Frage gestellt wird. Weil also die gegen die freie Ausnützung des Eigentums der Eisenbahnunternehmer gerichtete staatliche Reglementierung dem fundamentalen Interesse der Gesellschaft, der raschen Entwicklung eines möglichst reichen Angebots von Transportleistungen entgegenwirkt, so müssen wir sie, als dem allgemeinen Interesse zuwider, als unvolkswirtschaftlich verwerfen. Daß diese Politik ihre Kehrseite hat, daß mit anderen Worten die unbeschränkte Ausnützung ihres Eigentums seitens der Eisenbahnunternehmer für die Transportinteressenten so lange und so weit, als diesen keine konkurrierenden Dienste angeboten werden, mancherlei, was geleistet werden könnte, ungeleistet läßt, wollen wir nicht leugnen. Allein eine Eisenbahn, welche unvollkommene Leistungen bietet, ist immer hundertfach besser als keine Eisenbahn (!). Will man möglichst rasch möglichst viele Eisenbahnen haben, so muß man jene Unzuträglichkeiten schon in den Kauf nehmen." Also sich selbst überlassenes Monopol als unvollkommenes Übergangstadium zur Konkurrenz!

Dieses Monopol soll vollständige Tariffreiheit genießen: dann eben würde „die Verdichtung des Eisenbahnnetzes das Entstehen konkurrierender Linien für immer kürzere geographische Entfernungen in sich begreifen". Das bedeutet die Ablehnung gemeinwirtschaft-

[1]) „Die Haftungspflicht und das natürliche Monopol der Eisenbahnen", „Volkswirtschaftliche Schriften", I, S. 29. Und ebenso in dem Aufsatze: „Die Differentialtarife", am gl. O. S. 85.

licher Regelung der Tarife. Könnte aber die Anlage neuer Linien in erwünschtem Maße vor sich gehen, wenn der Staat irgendwie solche verhindert, sie nicht beliebig zuläßt? Es müßte somit auch, wenn der Zweck erreicht werden soll, der Bau von Eisenbahnen den Unternehmern, wo sich solche finden, freigegeben sein. Das bedeutet die Zulassung der freien Konkurrenz auch in der Netzesbildung; folgerichtig durchdacht, kommt also die Theorie auf die Zustände des nordamerikanischen Eisenbahnwesens hinaus. Es ist im Grunde doch die nackte privatwirtschaftliche Theorie, die sich ein Wirtschaftsgebiet ohne Konkurrenz gar nicht denken kann und diese fordert unbekümmert darum, ob sie auch in jedem Falle am wirtschaftlichsten wirke oder ob nicht ernste Gebrechen es verbieten, sie wirksam werden zu lassen. Es ist überflüssig, dabei noch zu verweilen. Michaelis spinnt aber den Faden weiter.

Die privatwirtschaftliche Preisstellung volkswirtschaftlich zureichend? Mit der erörterten Theorie war nur für die Knotenpunkte gesorgt. Michaelis unternimmt es aber, auch diejenigen Differentialtarife, welche nicht der Konkurrenz zwischen den Knotenpunkten entspringen — und somit die Differentialtarife überhaupt — als Mittel und Zeichen der „vollständigen Herrschaft der Konkurrenz“ über die Eisenbahnen zu erweisen. Seine Ausführungen bieten freilich der Kritik offenliegende Angriffspunkte [1]).

Nachdem er gezeigt hat, daß die Differentialtarife zweierlei Ursachen entstammen: einerseits der „Konkurrenz“ in den Knotenpunkten, „dem Tarifkampfe der wetteifernden Eisenbahnen“, andererseits dem Streben der Eisenbahnen, durch Tarifherabsetzung einen (wachsenden) Verkehr nach Endpunkten zu erzielen, wohin sonst der Transport nicht stattfinden könnte; nachdem er hervorgehoben, daß das letztere Motiv zu derartiger Frachtpreisstellung auch da walte, wo keine „Konkurrenz“ vorhanden, obschon, namentlich im Anfange der Entwicklung, häufig mit dieser zusammentreffend (an den großen Plätzen); nachdem Michaelis weiter dargelegt, daß die zweiterwähnte, dem eigenen Interesse der Eisenbahnen entspringende Frachtpreisstellung ganz und gar von den

---

[1]) Dabei sind vor allem jene Teile des brillant geschriebenen Aufsatzes „Die Differentialtarife der Eisenbahnen“ (Volksw. Schriften I, S. 42ff.) auszuscheiden, welche die allgemeine volkswirtschaftliche Bedeutung der Differentialtarife, dann ihre Begründung betreffen. Diese Partien der Schrift sind von bleibendem Werte. Nur um die im letzten Teile der zitierten Abhandlung durchgeführte Auffassung der Differentialtarife als Produkte und Mittel der Konkurrenz handelt es sich hier, wobei wieder die Prämissen der zu bekämpfenden Konklusion: die Motive, aus welchen die Eisenbahnen zur Erstellung von solchen Tarifen schreiten, als vollkommen richtig und vortrefflich dargestellt bezeichnet werden müssen. Dabei ist aber zu bemerken, daß Michaelis sowohl die Staffeltarife als die eigentlichen Differentialtarife im Auge hat, seine Argumentation sich auf beide bezieht, während im vorliegenden Werke unter Differentialtarifen nur diejenigen Tarife verstanden werden, bei welchen auf eine größere Entfernung ein absolut niedrigerer Preissatz zum Vorschein kommt als für die kürzere von Zwischenplätzen.

Preis- und Absatzverhältnissen der Güter an den verschiedenen Verbrauchsplätzen abhänge, die Eisenbahnen somit in gleicher Weise wie die Produzenten und Handeltreibenden an der jeweilig möglichen Ausnutzung derselben interessiert, gewissermaßen „Mitinteressentinnen, stille Teilhaberinnen des Handels der Plätze, welche sie verbinden", seien, gibt er eine ebenso lebendige als richtige Schilderung, wie unter dem Einflusse der beiden Motive, die einander in der Ausbreitung des Eisenbahnnetzes fortwährend durchschlingen, eine von den großen End- und Zentralpunkten des Verkehres zu den Zwischenplätzen fortschreitende Ermäßigung der Transportpreise vorgenommen werde, und schließt die vorstehende Entwicklung mit einer zusammenfassenden theoretischen Formulierung der gewonnenen Erkenntnisse ab. In der Formel liegt ein Fehlschluß, zu dem Michaelis verführt wird durch seine Auffassung der Verkehrsgestaltung zwischen den Knotenpunkten, welcher er hier vollends die differentielle Tarifherabsetzung im internen Verkehre einer Bahnlinie zum Zwecke der Verkehrsteigerung gleichstellt. Die bezeichnende Stelle lautet[1]: „Aller Transport bildet die notwendige Ergänzung der Arbeitsteilung, aller Transport dient in seinem Verhältnisse zu bestimmten Produzenten entweder der Zusammenführung der Erzeugnisse, welche zur Produktion gebraucht werden, oder dem Vertriebe der fertigen Erzeugnisse. Aller Transport bildet also einen Teil der Produktion. Alle Transportanstalten stehen also (!) unter der Herrschaft derselben Konkurrenz, unter deren preisregelnden Geboten die Produktion sich bewegt. Mit anderen Worten, es ist nicht wahr, daß die Eisenbahn, welche keine zweite, dieselben Punkte verbindende neben sich hat, keiner Konkurrenz unterworfen sei: Die Eisenbahnen sind in ihren Transportpreisen derselben Konkurrenz unterworfen, unter welcher die Produzenten stehen, denen sie Rohstoffe zuführen und Erzeugnisse vertreiben."

Daß dieser Schluß ein Sophisma ist, leuchtet ein. Weil die Eisenbahnen, um Transporte und Einnahmen zu gewinnen, durch Differentialtarife den Produzenten es ermöglichen, ihre Erzeugnisse auf weiteren Entfernungen konkurrierend mit den anderen Anbietenden abzusetzen; weil sie billigere Tarife machen, damit die Produzenten konkurrieren können, seien sie selbst der Konkurrenz unterworfen. Die Preisherabsetzung kann sich diese Ideenrichtung eben gar nicht anders denn als eine Frucht der Konkurrenz erklären!

Der glücklich gefundene Satz wird aber noch weiter plausibel gemacht mit folgender genetischen Entwicklung: „Dieses Gesetz, welches alle Schwierigkeiten löst (!), springt, wie alle anderen wirtschaftlichen Gesetze, nicht fertig aus dem Haupte Jupiters hervor, es kommt allmählich, im Laufe der Entwicklung zur Erscheinung. Anfangs dünkt

[1]) a. a. O., S. 90.

sich die Eisenbahn groß als monopolisierte Ausbeuterin des Handels und der Produktion, welche sie vorfindet. Sie glaubt gar den Bewegungen des Handels Gesetze diktieren zu können, und selbst noch früher, als die Konkurrenz der großen Linien, beginnt die Jagd nach direkten Transporten, welche über die ganze Länge der Bahn gehen. Es erhebt sich dann die Konkurrenz der großen Linien, und die scharf hervortretenden Tarifdisparitäten bilden das erste Symptom, daß die Unterwerfung der Eisenbahn unter die Konkurrenz beginnt. Aus der eingebildeten Herrin wird sie die auf Tantieme gesetzte Mitinteressentin und Mitarbeiterin des Handels und der Produktion der zentralen Plätze, welche sie verbindet. In der hohen Schule der Konkurrenz lernt sie die Vorteile der Wohlfeilheit schätzen, welche den Ertrag ihrer Tantiemen erhöht. Und indem sie die Vorteile der Wohlfeilheit von den Plätzen zu erringen sucht, für deren Verkehr sie noch keiner Konkurrenz ausgesetzt ist, wird sie zur bewußten Mitinteressentin dieser Plätze... Überdies rückt mit dem sich verdichtenden Netze der Eisenbahnen die Konkurrenz jeder einzelnen immer näher auf den Leib;... die Konkurrenz erzwingt die Wohlfeilheit, wo sie nicht freiwillig hergestellt wird. Die Entwicklung geht weiter. Die früher so hoch geschätzten direkten Verkehrsbeziehungen beginnen infolge der Konkurrenz wenig lohnend zu werden.... Was früher alleiniger Zankapfel war, wird jetzt angenehme Zugabe zu dem Verkehr, dessen Elemente im eigenen Gebiet der Bahn liegen, der ihr durch keine Konkurrenz entrissen werden kann. Indem sie auf diesen ihr Hauptaugenmerk richtet, kommt sie vollständig unter die Herrschaft der Konkurrenz..." *Quod erat demonstrandum.*

Daß auch in dieser Tarifstellung die Eisenbahnen vollkommen freie Hand haben müssen, wird als selbstverständlich vorausgesetzt, wie daß diese „Konkurrenz" ebenfalls nach allen Seiten hin das Füllhorn ihrer Wohltaten ausstreue. Indes war die tatsächliche Gestaltung der Differentialtarife, wie deren Geschichte lehrt, keineswegs darnach angetan, in dem Sinne als beweismachendes Argument zu dienen; im Gegenteil sind von den Zwischenplätzen in allen Ländern die heftigsten Anklagen gegen diese Tarifstellung erhoben worden und es ist der Schluß wohl sicherlich geeignet gewesen, den Eindruck und die Wirkung der ganzen Abhandlung zu beeinträchtigen. Überall wurde gegen diese „freie Konkurrenz" die Hilfe des Staates angerufen.

Die Schwäche der Beweisführung ist wohl Michaelis selbst nicht entgangen. Er kommt ihr auch noch durch ein anderes Argument zu Hilfe, das übrigens einen Grundstein seiner theoretischen Überzeugung gebildet zu haben scheint [1]). Er faßt die aus dem Grundsatze der Massennutzung entspringende Herabsetzung der Transportpreise als Konkurrenz auf, welche die Eisenbahn „sich selbst macht". Es liegt dasselbe vor, was in der Privatwirtschaft die Wirkung der Konkurrenz ist, also ist es Konkurrenz; die Logik desjenigen, der in der Konkurrenz die einzige Triebkraft der gesamten Wirtschaft erblickt.

Michaelis geht hierbei von dem Satze aus: „Das in einem bestimmten Unternehmungszweige angelegte materielle Kapital macht sich als

[1]) „Die Haftungspflicht und das natürliche Monopol der Eisenbahnen", zuerst erschienen in der Vierteljahrsschr. f. Volksw. u. Kulturgesch. 1863, später als Nr. 1 des I. Bandes der gesammelten „Volkswirtschaftlichen Schriften".

Ursache des notwendigen und möglichen Angebotes von Leistungen auf dem Markte selber Konkurrenz, einerlei, ob es in einer oder ver- verschiedenen Händen ist". Das treffe auch bei der Eisenbahn zu, da das in ihr steckende stehende Kapital zum Anstreben der erreichbar vollen Ausnutzung durch entsprechende Preisstellung führe. „Wir haben ein in einer Transportanstalt angelegtes Kapital vor uns, welches nicht wieder daraus zurückgezogen werden kann, und welches durch den Verkauf der Transportleistungen möglichst rentabel gemacht werden soll. Um rentabel zu werden, muß das Kapital seine Leistungen verkaufen und muß seine Leistungen und Preise so einrichten, daß es jene verkauft ... es kann für diese Leistungen nicht so viel fordern, wie es will, sondern nur so viel, wie es bekommen kann." Dies wird dann eben als Konkurrenz bezeichnet, welche das Kapital, die Eisenbahn, sich selbst macht. Die Schlußfolgerung soll selbstverständlich dazu dienen, die Behauptung zu begründen, diese „Konkurrenz" genüge, um die wirtschaftlich ersprießliche Funktion der Eisenbahn zu sichern. Wie leicht ersichtlich ist letzteres nicht richtig, weil in jenem Verkaufszwange weder eine Sicherung dafür liegt, daß unter gleichen Umständen gleiche Preise von allen Frachtgebern eingefordert und überhaupt die Interessen aller gleich gewahrt werden, noch für den Fall vorgesorgt ist, daß aus Gründen des allgemeinen Wohles unter jene Preisgrenze herabgegangen werden muß, beziehungsweise, daß Eisenbahnen zur Entstehung gelangen sollen, welche bei jener Preisstellung nicht rentabel sind.

Michaelis glaubt übrigens einen ununterbrochenen Druck auf die Transportpreise erweisen zu können, welcher sich durch folgende Umstände vollziehe: Der Verkehr unterliegt Konjunkturen. Das eine Jahr bringt eine Konjunktur in Getreide, das andere für Kohlen oder Eisen, das dritte für Baumaterialien. Eine Konjunktur bedeutet Vermehrung der Transporte und, um sie ausnützen zu können, sei eine rasche Vermehrung des Lokomotiven- und Wagenparkes notwendig. Die auf die Konjunktur berechneten Transportmittel können nach der Konjunktur nur beschäftigt werden, wenn man die Tarife herabsetzt; die Herabsetzung der Tarife führe zu einer neuen Konjunktur; man entschließe sich bei der zweiten Konjunktur schon ungleich leichter (wörtlich) zu einer Vermehrung der Transportkräfte und so gehe die Sache wechselwirkend weiter. — Wunderbar. Nur hat dieses Spiel fatale Ähnlichkeit mit einem *perpetuum mobile* und überdies einige Voraussetzungen, die allerdings starke Bedenken gegen das Zutreffen der geschilderten Wechselwirkungen erregen müssen. Abgesehen davon, daß diese wechselnden Konjunkturen in verschiedenen Artikeln zum Teile ja mit den nämlichen Betriebsmitteln bewältigt werden können, und abgesehen von der Fragwürdigkeit ihres regelmäßigen Eintrittes in wachsendem Maßstabe, muß sich doch der Gedanke aufdrängen, daß sie nicht überall zugleich auftreten. Eine Getreidekonjunktur wird nur gewisse Bahnen berühren, eine Eisenkonjunktur andere. Wie, wenn die Bahnleiter auf den Gedanken kämen, sich während der Zeiten solchen außergewöhnlichen Frachtandranges von anderen Bahnlinien, wo dergleichen nicht stattfindet, Betriebsmittel zu entleihen? Wo bleiben da die gesamten weiteren Folgen der Konjunktur? Eine Voraussetzung des Eintrittes jener Folgen ist ferner, daß die Tarifherabsetzung stets zu einer neuen Konjunktur führt: auch dann, wenn kein erhöhter Bedarf an dem betreffenden Artikel sich einstellt oder andere Umstände die Wirkung der Tarifermäßigung aufheben? In Wahrheit wird die Wirkung einer Tarifherabsetzung bei verschiedenen Konstellationen in hohem Grade verschieden, im allgemeinen aber um so geringer sein, je niedriger die Frachtpreise bereits sind. Endlich aber setzt die Schlußfolgerung voraus, daß die Eisenbahnleiter ziemlich beschränkte Leute seien. Wenn schon einmal die Erfahrung sie gelehrt hat, daß einer vorübergehenden Konjunktur eine Zeit folge, während welcher es nur zu weniger rentablen Preisen gelingt, für die Betriebsmittel Beschäftigung zu finden: werden sie dann wirklich bei späteren Anlässen „ungleich leichter" zu einem ähnlichen Vorgehen sich entschließen, das ihrer Anstalt ob vorübergehenden Gewinnes dauernde Lasten aufbürdet? Freilich, wenn sie die Gewißheit hätten, daß die Herabsetzung zu einer neuen Konjunktur führt, würden sie vielleicht so handeln. Da sie aber vorsichtige Leute sind, die eine falsche Verallgemeinerung nicht verlockt, so werden sie wahrscheinlich bei der zweiten Konjunktur ungleich zurückhaltender sein, und die ganze schöne Kette von Wirkung und Folgewirkung reißt entzwei. Wenn Michaelis weiter von der Anlegung eines zweiten Gleises eine Verstärkung der Wirkung behauptet, indem er meint, um das zweite Gleise rentabel zu machen, müsse der Wagenpark von neuem vermehrt werden, womit das nicht zurückziehbare Angebot von Transportleistungen abermals wachse, so steht dem nur der Sachverhalt entgegen, daß man bei doppelgleisiger Anlage *caeteris paribus* weniger Betriebsmittel braucht als bei eingleisiger mit dem vielen durch letztere bedingten Stationieren und Abwarten der Kreuzungen. Schlüsse, welche aus solchen Prämissen gezogen werden, bedürfen allerdings kaum einer Widerlegung.

Die innere Schwäche der Theorie tritt aber insbesondere in der Anwendung auf die Zwischenstationen hervor. Denn folgerichtig muß man die Möglichkeit, daß Differentialtarife unter gewissen Umständen wirtschaftlich schädlich wirken können, leugnen. Das tut denn Michaelis in der Tat, indem er zum Schlusse kommt, „daß die Eisenbahnen überall ihre Transportpreise so einrichten müssen, daß sie für Verkehr und Produktion im Großen wie im Kleinen, in der übrigen Welt wie in ihrem Gebiet am produktivsten sind!"

Es ist sonach wohl klar, daß diese „sich selbst gemachte" Konkurrenz, die höchstens als ein bildlicher Ausdruck für die Bewährung des Preisgesetzes des Verkehres zu verstehen ist, nicht ausreicht, um eine befriedigende Gestaltung des Eisenbahnwesens hinsichtlich der Transportpreise — ganz abgesehen von anderen Momenten, wie Netzesanlage usw. — herbeizuführen, und daß wir sohin in jener These wohl nur den Ausfluß eines verrannten Doktrinarismus vor uns haben, der auf außerhalb des Bannkreises der Schule Stehende seine Wirkung verfehlen mußte [1]).

In demselben Sinne wie Michaelis haben in den Vereinigten Staaten die Anhänger der freien Konkurrenz im Eisenbahnwesen argumentiert, deren es auch dort trotz der gemachten Erfahrungen noch später nicht wenige gab, und es ist interessant, die Übereinstimmung der Ideen zu verfolgen. Daß diese Ideenrichtung in erster Linie in der Knotenpunkt-Konkurrenz die Erfüllung ihrer Lehre erblickte, wird nicht wundernehmen, und es richteten sich daher auch die Ein-

[1]) Zum Herold dieser Lehre machte sich O. Wolff, „Zur Lehre von der Konkurrenz", Vierteljahrsschr. f. Volksw. u. Kulturgesch. 14. Jahrg., 3. Bd., auch auf dem Kongresse deutscher Volkswirte in Posen, 1878.

wände vonseiten Einsichtiger vor allem gegen diese Art der Konkurrenz. Zu letzteren zählt Hadley, der in seinem Buche: ***Railway Transportation, its history and its laws,*** 1885, seither in vielen neuen Auflagen, durch Aufzeigung der wirtschaftlichen Schäden, die sie anrichtet, wesentlich zur Erschütterung des Glaubens an ihre Segnungen beigetragen hat. Nachdem die Lehre dadurch in Amerika wissenschaftlich den Boden verloren hatte, kam zum Ersatz die These von der „Konkurrenz der Märkte" auf, die nichts anderes ist als die Lehre von Michaelis, wie die Eisenbahnen als Mitinteressenten der Produzenten und Händler ihres Gebietes durch Förderung der Unternehmungen dieser Wirtschaftskreise in der Richtung auf Ausdehnung ihres Absatzes in die Konkurrenz derselben verflochten werden, somit durch Herabsetzung der Tarife auch da, wo es sich nicht um Verkehr zwischen Knotenpunkten handelt, im Kampfe um die Behauptung ihrer Frachtgeber auf den Märkten sich Konkurrenz bereiten. Im Abschnitte über das Tarifwesen wird zur Würdigung dieser Konkurrenz der Märkte hinsichtlich ihres Einflusses auf die Tarife Anlaß sein. Die Verteidiger der Konkurrenztheorie konnten ihre Sache nur dadurch stützen, daß sie in der Förderung dieser Marktkonkurrenz durch die Eisenbahnen eine vollständige Übereinstimmung der Interessen zwischen den Frachtgebern und den Bahnen und sohin eine Förderung der allgemeinen volkswirtschaftlichen Interessen erblickten. Noch in neuerer Zeit sind Stimmen in diesem Sinne laut geworden. Daß die Realität der Dinge solchen Optimismus keineswegs rechtfertigt, war aber auch in Amerika schließlich nicht zu verkennen. Ein neuerer Autor[1]) führt den Nachweis, daß eine Tarifbildung, beherrscht durch die Rücksicht auf die Konkurrenz der Märkte, von volkswirtschaftlichen Schäden begleitet sei: daß sie dazu verleitet, schwache, der Erhaltung unwerte wirtschaftliche Kräfte aufrecht zu halten, den für die wirtschaftliche Entwicklung nützlicheren Konkurrenten Hindernisse zu bereiten, ferner bestehende Marktverhältnisse ohne Rücksicht auf Änderungen in der Wirtschaftslage zu konservieren strebt, also den wirtschaftlichen Fortschritt zu hemmen geeignet ist, und kommt zu dem Ergebnisse: ***the question whether market competition affords in itself a guarantee of fairley reasonable rate adjustment*** (***reasonable*** im Sinne von volkswirtschaftlich förderlich verstanden) ***seems answered decidedly in the negative*** (a. a. O., S. 88). Indes auch wenn solche Nebenwirkungen nicht festzustellen wären, so ist doch ersichtlich, daß die betreffende Einwirkung auf die Tarifbemessung nichts weniger als eine wirkliche Konkurrenz bedeutet und daß damit die Wirkungen der Konkurrenz in anderer Hinsicht als im Tarifwesen nicht ausgeschaltet sind.

Konkurrenz verschiedener Frachtführer auf einer Linie. Als die Idee der Konkurrenz durch Parallelbahnen und Vervielfältigung der Knotenpunkte zuerst praktisch und dann theoretisch Schiffbruch litt, vermochte die Manchesterschule trotzdem den Glauben an das Dogma nicht aufzugeben. Der Gedanke — zum Teil vielleicht mehr noch das Wort — „Monopol" erschien ihr so entsetzlich; die Vorstellung, es wäre irgendwo im Wirtschaftsleben ohne die geliebte „freie Konkurrenz" auszukommen, so unfaßbar, daß sie begierig verschiedene Vorschläge ergriff, die einen Ausweg zu bieten und geeignet schienen, das entthronte Idol im Triumphe wieder in sein altes Reich einzuführen. Die bezüglichen Vorschläge traten zugleich sämtlich mit der Absicht und dem Vorgeben

---

[1]) John Maurice Clark, *Standard of reasonableness in local freight discrimination,* 1910; eine Schrift, die unter der Leitung des Vaters des Verfassers, des bekannten hervorragenden Wirtschaftstheoretikers, entstanden ist.

auf, durch eine radikale Reform der gesamten Gestalt des Eisenbahnbetriebes gleichzeitig die jeweilig beklagten konkreten Übelstände im Eisenbahnwesen zu beheben. Dadurch erlangten sie in den Kreisen des nichtfachmännischen Publikums ein gewisses Ansehen und fanden bei dem leidigen Umstande, daß im Eisenbahnwesen, namentlich in Deutschland und Österreich, eine gewisse Zeit hindurch der Dilettantismus in der öffentlichen Meinung das große Wort führte, daselbst auch in gesetzgebenden und beratenden Körperschaften ihre Vertreter. Mit Rücksicht hierauf erscheint es nicht unangebracht, den gedachten Reformplänen rückschauend etwas nähere Würdigung angedeihen zu lassen.

Der Kern der betreffenden Vorschläge ist übereinstimmend: an Stelle der, wie man sich überzeugt hatte, wirtschaftlich verwerflichen Konkurrenz der verschiedenen Schienenwege eine Konkurrenz verschiedener Frachtführer auf einem und denselben Schienenwege setzen zu wollen. „Die Konkurrenz muß auf die Schiene selbst hingetragen werden, wenn sie ihre volle Macht soll entfalten können, und das Motto der Zukunft im Eisenbahnwesen muß nicht Konkurrenzlinie, sondern Konkurrenz auf der Linie heißen" — so formulierte der entschiedenste Wortführer des neuen Glaubens [1]) seine Überzeugung. „Die Konkurrenz auf der Schiene" soll sich also nur auf die beiden Transportelemente „Fahrzeug" und „Motor" erstrecken, der „Weg" wird von ihr nicht berührt, womit natürlich die bezüglich des letzteren auftauchenden Fragen entweder offen bleiben oder bei näherem Betrachte eben auf die Gemeinwirtschaft verwiesen sind, wie denn auch der eben erwähnte radikale Verfechter der Idee folgerichtig den Übergang aller Bahnen in den Staatsbesitz fordert [2]). Von dieser eingeschränkten Konkurrenz wird nichtsdestoweniger die Lösung aller Fragen und Schwierigkeiten erhofft und prophezeit. Sieht man genau zu, so findet man freilich, daß eben nur die Transportpreisstellung und die Transportleistungen gemeint sind, zufolge des eben hinsichtlich des Schienenweges Erwähnten auch nur gemeint sein können, und es begegnet somit diese Lehre dem Einwande [3]), daß bei ihr die ganze Eisenbahnfrage in der Tariffrage aufgehe; daß sie also eben nur einen Teil der für die Frage: ob Privatwirtschaft oder Gemeinwirtschaft im Eisenbahnwesen, in Betracht kommenden Momente ins Auge faßt, somit eine genügende Antwort auf diese überhaupt nicht zu geben vermag.

Ein anderer Umstand, welcher *a priori* gegen sie entscheiden oder mindestens starken Verdacht erwecken muß, betrifft ihren Ursprung. Sie ist nichts anderes als ein verspäteter Nachkomme jener Vorstellungen bei Entstehung der Eisenbahnen, welche, an die Transportweise auf Land-

---

[1]) Alex. Dorn, „Aufgaben der Eisenbahn-Politik", 1874.

[2]) Dorn, a. a. O., S. 69ff.

[3]) Schon von Wagner, Finanzwissenschaft, I. Bd., S. 589, erhoben.

straßen und Wasserwegen anknüpfend, auch auf der neu erfundenen Eisenbahn in kurzem eine freie Zirkulation der Fahrzeuge in gleicher Weise gewärtigte, wenn erst nur die Technik des neuen Verkehrsmittels entwickelt sein werde [1]). Die Technik hat es bekanntlich nicht dahin gebracht, ein beliebiges seitliches Ausweichen der Fahrzeuge zu gestatten, und die gesetzlichen Bestimmungen, welche den Niederschlag jener ursprünglichen Vorstellungen darstellen, fanden nur in dem Sinne Anwendung, daß bei zersplittertem Linienbesitze Verträge der Bahnverwaltungen untereinander über gemeinsame Benützung gewisser Bahnstrecken zustande kamen [2]).

Die neue Konkurrenzlehre behauptete freilich, daß ihr Ahn keines natürlichen Todes gestorben sei, mit anderen Worten, daß aus den erwähnten gesetzlichen Bestimmungen sich nur deshalb nicht die Konkurrenz verschiedener Frachtführer gleich von Anfang an entwickelt

---

[1]) Die Akte der Liverpool-Manchester Bahn vom Jahre 1826 und danach die folgenden englischen Eisenbahnacts enthalten die Klausel, es solle jedermann berechtigt sein, die Bahn mit geeignet konstruierten Maschinen und Wagen zu benützen. Für das für die Benützung der Bahn der Gesellschaft zu zahlende Wegegeld sind in den Konzessionen Höchsttarife festgesetzt, neben denjenigen, welche die von der Bahngesellschaft ausgeführten Transporte betreffen. Cohn, I. S. 35, 45. Aus jenen Konzessionen ist die Bestimmung auch in die *Railway Clauses Consolidation Act* vom Jahre 1845 übergangen. „Seitdem aber wird die alte gesetzliche Vorstellung nur noch als ein archaistisches Kuriosum betrachtet und keiner ernsthaften Erörterung mehr unterzogen." „Von einem Verlangen nach Verwirklichung des alten Gedankens habe ich in dem reichhaltigen Material, das ich durchgelesen, keine Spur gefunden." Cohn, II, S. 46, 47. Das preußische Eisenbahngesetz vom 3. November 1838 enthält in § 27 die Bestimmung: „Nach Ablauf der ersten 3 Jahre (des Bestehens der Gesellschaft) können zum Transportbetriebe auf der Bahn außer der Gesellschaft selbst auch andere gegen Entrichtung des Bahngeldes oder (wenn Anschlußbahnen dieses Recht in Anspruch nehmen, § 45) der zu regulierenden Vergütung die Befugnis erlangen, wenn das Handelsministerium nach Prüfung aller Verhältnisse angemessen findet, denselben eine Konzession zu erteilen." Die §§ 28—31 regeln genau die Bemessung des Bahngeldes, § 45 die der in jenem Falle anstatt des Bahngeldes zu bestimmenden „Vergütung". Diese Vorschriften des so umsichtigen Gesetzes erhalten das richtige Relief durch die bereits erwähnte Tatsache, daß Mitte der 30er Jahre das Bestreben, den Eisenbahnapparat derart zu verbessern, daß er ein beliebiges Ausweichen der Fahrzeuge gestatte, die Techniker lebhaft beschäftigte, einzelne solche Erfindungen auch bereits gemacht haben wollten. Die zitierten Bestimmungen des Gesetzes waren wesentlich berechnet für den Fall, daß sich diese Erfindungen bewähren. In der französischen Gesetzgebung machte sich der Gedanke ebenfalls geltend. Ausfluß desselben war die durchgängige Trennung der Konzessionstarife in *droits de péage* (Weggeld) und *prix de transport* (Transportgebühr), die auch in den späteren Konzessionen, obschon längst als bedeutungslos erkannt, beibehalten wurde.

[2]) Die erwähnte allgemeine Klausel der englischen Acts bezog man alsbald auf die konkrete, derzufolge die Bahnen gehalten waren, Zweigbahnen der benachbarten Grundbesitzer zu gestatten, welch letztere (Kohlengruben, industrielle Etablissements) dann auch häufig eigene Wagen stellten; ferner auf *running powers* im Durchgangsverkehre angrenzender Bahnen (worüber sogleich später). Der § 27 des preußischen Eisenbahngesetzes fand nur die in § 45 in Aussicht genommene Anwendung, d. i. ebenfalls Mitbenützung durch Anschlußbahnen, und das gleiche gilt von Frankreich, wo in § 61 der allen Bahnen auferlegten *cahiers des charges* ganz ähnliche Bestimmungen wie in § 45 des preußischen Gesetzes hinsichtlich der Verpflichtung, den Anschlußstrecken den Durchgangsverkehr über die eigene Bahn mit ihren (der Anschlußbahn) Betriebsmitteln offen zu halten, getroffen sind.

habe, weil nicht Sorge für genügende Ausführungsmaßregeln, insbesondere für zwangsweise Durchführung gegen den Willen der Bahneigentümer, getroffen war, die Bahngesellschaften mithin in der Habgier des Monopoles die Absichten des Gesetzes zu nichte gemacht hätten. Abgesehen, daß dies sich nur auf die englische Gesetzgebung bezieht [1]), und vorbehaltlich der Nachweisung des Sachverhaltes, die sogleich im nachstehenden erfolgt, genügt zur Widerlegung die Bemerkung, daß, wenn die Konkurrenz verschiedener Frachtführer wirklich ausführbar gewesen und von den Wirkungen hätte begleitet sein können, welche ihre Anhänger von ihr voraussetzten, es im eigensten Interesse der Bahneigentümer gelegen wäre, ihr ohne Rücksicht auf gesetzliche Bestimmungen — also auch da, wo ähnliche nicht vorhanden waren — in jeder Weise entgegen zu kommen. Es wäre ja doch für die Bahneigentümer viel bequemer gewesen, einen eigenen Fahrpark, dann Kosten und Arbeit des Abfertigungsgeschäftes zu ersparen und von den sich Konkurrenz machenden Frächtern ein eben durch diese Konkurrenz sich steigerndes Bahngeld einzuheben, wobei, wenn die Konkurrenz gegenüber der „Ausbeutung“ und „Unterdrückung“ des Verkehres durch das Monopol eine mächtig vermehrte Transportmenge im Gefolge gehabt, die Bahnen ja von dem Bahngelde für die weit zahlreicheren Fahrten einen entsprechend höheren Ertrag gezogen hätten. Wenn dessen ungeachtet die Konkurrenz der Frachtführer sich nirgends herausbildete, so müssen doch wohl tiefere, innere Gründe die Ursache sein, denen gegenüber auch der Ableger jener bei Beginn der Eisenbahnära durch die Neuheit der Sache erklärlichen Anschauung nicht aufkommen konnte, wenngleich er in der populären Eisenbahnliteratur der 70er Jahre und den Verhandlungen volkswirtschaftlicher Vereinigungen in Deutschland sich breit und laut machte [2]).

An Mitteln der Durchführung zur Verwirklichung der Idee wurden mehrere in Aussicht genommen, wobei sie zugleich mit höchst schwankender Terminologie nicht selten durcheinander geworfen oder verbunden gedacht wurden. Gemeinsam ist allen solchen Projekten außer dem theoretischen Ursprunge aus dem Schoße der Urmutter, der privatwirtschaftlichen Doktrin, die äußerliche Begründung als Heilmittel für die jeweiligen Eisenbahnzustände, die Anpreisung als großartige, zukunftbeherrschende Reform, und die Versicherung, daß jedes Bedenken,

[1]) Vgl. Cohn, I, S. 73. Dorn, a. a. O., S. 43. Nach der preußischen und französischen Gesetzgebung und insbesondere bei dem Verhältnisse, in welchem die preußischen und französischen Bahnen zur Staatsgewalt standen, wäre es ohne weiteres möglich gewesen, die Zulassung der Konkurrenz im Betriebe zu erzwingen und solche vor Schikanen der Bahneigentümer genügend zu sichern. Auch die Bemessung des Bahngeldes schloß kein faktisches Hindernis in sich. Die §§ 28—31 des preußischen Gesetzes schreiben eine sorgsame Ausmittlung des Bahngeldes vor nach den tatsächlichen „Kosten der Unterhaltung und Verwaltung der Bahn (mit Ausschluß der das Transportunternehmen angehenden Betriebs- und Verwaltungskosten), den hierauf entfallenden allgemeinen Auslagen (Reservefondsrücklagen, Steuern) und dem Zinsbedarfe des die bloße Anlage der Bahn betreffenden Teiles des Kapitales. Das Verhältnis der *droits de péage* und *de transport* der französischen Konzessionen ist ein der Konkurrenz noch günstigeres: im Personenverkehr wie $^2/_3 : ^1/_3$, im gewöhnlichen Frachtenverkehr I. Klasse 9:7, II. Klasse 8:6, III. Klasse 6:4, IV. Klasse im Mittel 3:2.

[2]) Denkschrift der Eisenbahnkommission des deutschen Handelstages 1871, Verhandlungen des Kongresses deutscher Volkswirte zu Danzig 1872, Wien 1873, Krefeld 1874. Sogar in den Bericht der preußischen Untersuchungskommission über die Mängel des Konzessionswesens hat sich die Idee eingeschlichen und wird dort ohne weiteres gebilligt.

welches dagegen laut wird, nur der geistigen Trägheit des Anhängens an das Hergebrachte oder dem egoistischen Widerstande des um seine Herrschaft besorgten Monopols entstamme [1]). Die wissenschaftliche Behandlung kann sich begreiflicherweise hierauf nicht einlassen und muß auch die einzelnen Wandlungen des Grundgedankens klar auseinanderhalten.

Der Konkurrenzbetrieb. Diese Bezeichnung wäre am passendsten derjenigen unter den gedachten Theorien beizulegen, welche in den Mitteln der Durchführung des Prinzips am weitesten geht. Gewöhnlich in minder zutreffender Weise — für den nächstfolgenden Fall — angewendet, charakterisiert das Wort gewiß kurz und gut jene Anschauung, welcher zufolge der gesamte Eisenbahnbetrieb in Konkurrenz beliebig vieler Frachtführer stattzufinden habe. Jeder, der Lokomotive und Wagen besitzt, soll auf der Bahn zu fahren berechtigt sein und seine Dienste als Frächter dem Publikum anbieten. Für eine prinzipielle Reform im Eisenbahnwesen sei es vor allen Dingen notwendig, die Verschiedenheit der Funktionen zu beachten, welche jetzt in der Hand der Eisenbahnverwaltung vereinigt zu sein pflegen: Unterhaltung und Bewachung des Schienenweges, Traktion und Spedition. Während der Schienenweg die Eigenschaft einer im öffentlichen Interesse geschaffenen Verkehrstraße hat, fallen die beiden letzteren Verrichtungen unter den Gesichtspunkt des Gewerbebetriebes [2]) und seien daher — in Erfüllung der in die Begründung gelegten *petitio principii* — sofort der Privatunternehmung in freier Konkurrenz zu übergeben. In diesem Radikalismus liegt das, für manche im ersten Augenblick Bestechende, liegen aber auch die bei näherer Untersuchung sofort in die Augen fallenden Blößen des Planes.

Vor allem drängen sich die praktischen Schwierigkeiten der Durchführung des Konkurrenzbetriebes auf. Die Apostel des letzteren glaubten, es wäre zu erreichen, sie durch eine entsprechende Betriebsordnung zu besiegen. Eisenbahn-Fachmänner vermochten und vermögen den Glauben nicht zu teilen [3]), indem die vielfachen Schwierigkeiten, die schon bei einer gemeinsamen Bahnhofsverwaltung oder bei gemeinsamem Betriebe einer kurzen Strecke seitens nur zweier Bahnleitungen auftauchen, ihrem Urteile zur Grundlage dienen. In der Tat ist die Verbindung zwischen den drei Transportelementen Weg, Fahrzeug und

---

[1]) Vgl. insbesondere die Reden auf dem Kongresse deutscher Volkswirte zu Wien 1873, wo die Wortführer der „Reform" mit vollem Aplomb auftraten. Auf dem Kongreß zu Krefeld meinte daher ein Redner mit der hochtrabenden Phrase einer *expropriatio usus* zu wirken.

[2]) Beschlüsse des eben erwähnten volkswirtschaftlichen Kongresses zu Wien, Pt. I.

[3]) Erwiderung von Scheffler, „Stat. Beitr. zur Eisenbahntariffrage", 1873, S. 16. Ebenso Perrot, „Eisenbahnreform", S. 36, 40.

motorischer Kraft bei der Eisenbahn eine zu enge, als daß sich ein Zerreißen dieses Zusammenhanges in der Verwaltung durchführen ließe; allerdings nach Ansicht der Vertreter der neuen Konkurrenzart ein bloßes „Vorurteil", von welchem man sich freimachen müsse! Es soll indes hierauf kein Gewicht gelegt, sondern zur Abkürzung der Erörterung angenommen werden, es ließen sich jene Schwierigkeiten beheben. Auch dann stehen dem Plane nicht mindere Bedenken entgegen; Einwände prinzipieller Natur, die als solche unter der gemachten Annahme um so reiner hervortreten.

Wo jetzt ein Frühzug ein gewisses Transportbedürfnis befriedigt, würden z. B. vier Konkurrenten vier Züge ablassen, die natürlich nur in gewissen Zeitintervallen verkehren könnten, so daß der eine Unternehmer dem anderen nicht mehr ganz gleichgestellt, jener, dessen Zug am spätesten abgeht, vielleicht tatsächlich kein Konkurrent des Eigentümers des ersten Zuges wäre. Aber abgesehen hiervon würden folglich für denselben Zweck, welcher gegenwärtig mit einer Lokomotive und, sagen wir, 10 Wagen erreicht wird, 4 Lokomotiven mit vielleicht 20 Wagen und somit entsprechend mehr Betriebspersonale notwendig. Dieses kurze Beispiel genügt, um den Satz zu begründen, daß der Konkurrenzbetrieb eine namhafte Erhöhung der Anlagekapitalien und der Betriebskosten bedeuten würde, und zwar in um so höherem Grade, je mehr Konkurrenz vorhanden wäre. Für die vervielfachte Zahl der Betriebsmittel würden die bestehenden Bahnhofanlagen nicht genügen, und da ferner auf einer Bahn je nach deren Anlage jeweils nur eine Höchstzahl von Zügen laufen kann, so müßte unter Umständen wegen des Konkurrenzbetriebes eine eingleisige Bahn in eine doppelgleisige verwandelt, müßten zu einer doppelgleisigen weitere Gleise hinzugefügt werden, wo bei der „hergebrachten" Betriebsweise die einfachere Anlage genügt; es würde sich also die Kapitalsteigerung nicht bloß auf die Fahrzeuge und Motoren, sondern selbst auf den Schienenweg, namentlich das Kapitel „Bahnhöfe", erstrecken. Wie aber der Konkurrenzbetrieb zu einer Ermäßigung der Transportpreise führen solle, wenn er die Transportkosten erhöht, bleibt unerfindlich. Auf die Betriebsmittel entfällt beiläufig $^1/_6$—$^1/_5$ der Gesamt-Anlagekosten der Eisenbahnen. Es ist nicht abzusehen, wie es der Konkurrenz möglich sein solle, die Transportpreise herabzudrücken, wenn — eben infolge der Konkurrenz — dieser Anlagekostenteil mehrfach verzinst sein will, zugleich eine Steigerung des Kapital- und somit Zinsbedarfes für den Schienenweg und überdies eine Erhöhung der Betriebsauslagen Platz greift. Der Effekt einer vernünftigerweise vorauszusetzenden Verkehrsteigerung auf die Transportkosten durch Verteilung des Zinsbedarfes für die übrigen Kapitalsteile auf eine größere Menge von Transporteinheiten würde dadurch sicher mindestens aufgehoben.

Kann also der Konkurrenzbetrieb schon hinsichtlich der Höhe der Transportpreise nicht leisten, was man von ihm verspricht, so ebensowenig in bezug auf die Gleichmäßigkeit der Preisstellung den verschiedenen Frachtgebern gegenüber. Die Feststellung des Frachtpreises wäre Sache jedesmaliger Vereinbarung und es ist daher wirklich geradezu komisch, wenn die Befürworter der Konkurrenz als Erlöserin von den Übeln der jetzigen Gestaltung des Eisenbahnwesens auch die Verworrenheit der Tarife mit viel Emphase unter jenen Übeln anführten.

Das völlige Unzureichen der Konkurrenz zeigt sich aber hinsichtlich des Grades und der Bedingungen ihrer Ausbreitung über die verschiedenen Linien.

Auf den sehr guten Linien ist das Zustandekommen eines Konkurrenzbetriebes mindestens theoretisch denkbar. Der reiche Ertrag dieser Verkehre ließe sich immerhin auf mehrere Unternehmer verteilen, die aber, wie wir sahen, keinesfalls billigere Preise machen könnten. Bei den mittelmäßig rentierenden Linien, das sind solche, deren Rentabilität sich dem landesüblichen Zinsfuße nähert, könnte sich ein Konkurrenzbetrieb nur unter der Bedingung finden, daß der Eigentümer des Schienenweges auf die Verzinsung seines Kapitales ganz oder zum größten Teile verzichte; denn nur unter dieser Annahme könnte der gleichbleibende oder bestenfalls einer geringfügigen Steigerung fähige Ertrag die erhöhten Betriebskosten und das Mehrfache des früheren Zinsbedarfes für das Betriebsmittelkapital decken. Da diese Kostensteigerung mit der Zunahme der Konkurrenz parallel ginge, so wäre hiermit eine faktische Einschränkung der Konkurrenz gegeben — also nur der Schatten einer Konkurrenz — und jener Verzicht auf die Verzinsung der Kapitalien des Schienenweges, der natürlich nur dem Staate zugemutet werden könnte, hätte gar keine andere Wirkung, als ohne irgend einen Nutzen für die Gesamtheit (gleichbleibende Frachtpreise!) eine bedeutende Menge von Kapital und Arbeit, die für den mehrfachen Fahrpark und die vervielfachten Betriebsleistungen notwendig wäre, anderweitiger fruchtbringender Verwendung entzogen zu haben. Um ein solches wirtschaftlich beklagenswertes Resultat herbeizuführen, müßten die Kapitalkosten der Schienenwege auf die Steuerzahler übernommen werden. Für die unrentablen Linien würde sich natürlich kein Transportunternehmer finden; Linien solcher Art könnten nicht zustande kommen, bzw. müßten gesperrt werden.

Die wirkliche Gestaltung der Sache wäre endlich folgende: Die wenigen Unternehmer, auf welche der Kreis der Konkurrenten selbst bei den guten Linien eingeschränkt wäre, würden bald herausfinden, daß sie vorteilhafter arbeiten, wenn sie sich koalieren [1]), da eben in der Zusammenfassung der Leistungen die mögliche Transportkostenerniedrigung liegt, und das Ende der Entwicklung wäre, wenn solche überhaupt versucht würde, unfehlbar — das Monopol. Bedarf es weiterer Argumente gegen eine Idee, von welcher jeder, der einmal das Treiben in einer frequenten Anschlußstation gesehen hat, das Gefühl haben mußte, daß sie betriebstechnisch ein Unding ist? [2]).

---

[1]) „Die Eisenbahn als öffentliche Straße" von Güter-Verwalter Weizmann, 1875, zeigt, daß die Koalition mit zwingender Notwendigkeit eintreten müßte.

[2]) In England hat schon das Eisenbahnkomitee des Jahres 1839 den Gedanken einer Konkurrenz verschiedener Frachtführer als praktisch unausführbar erklärt. Der Untersuchungsausschuß des Jahres 1844 widmet ihm eine ausführ-

Die Benützung einer Linie durch mehrere Betriebsverwaltungen (running powers). Den erhobenen Einwänden meinte man Rechnung zu tragen, wenn man die gedachte Konkurrenz auf die Eisenbahnverwaltungen einschränkte, derart, daß nicht mehr dritte Besitzer von Betriebsmitteln einander auf den neutralisierten Schienenwegen, sondern verschiedene Eisenbahnverwaltungen je der Eigentümerin des einzelnen Schienenweges auf letzterem Konkurrenz machen sollten. Zu dem Zwecke müßte selbstverständlich jeder Verwaltung auferlegt sein, jeder anderen, direkt oder durch Zwischenbahnen anschließenden Verwaltung zu gestatten, ihre (der ersteren) Bahn genau so wie sie selbst zu benützen, und unter der Voraussetzung solcher gegenseitiger Fahrrechte dachte man sich dann das Verhalten der verschiedenen Eisenbahn-Unternehmungen als ein *bellum omnium contra omnes* mit allen den Wirkungen der gepriesenen Konkurrenz.

Diese Variante ist, wie auf den ersten Blick erhellt, im Grunde wenig abweichend von der vorbesprochenen, nur noch naiver. Während jene wenigstens eine Lösung angibt, bei welcher die Eigentümer des Schienenweges unbeteiligt der Konkurrenz der Transportunternehmer gegenüberstünden, wird hier der Bahnverwaltung, welche mit eigenen Fahrzeugen den Verkehr ihrer Strecken zu besorgen sucht, zugemutet, in evangelischer Selbstverleugnung jeden, den es gelüstet ihr auf ihrem eigenen Gebiete Konkurrenz zu machen, mit offenen Armen aufzunehmen, ihm keinerlei Hindernisse zu bereiten, und sich für den Entgang höchstens dadurch schadlos zu halten, daß sie sich in gleicher Weise bei ihm zu Gaste bittet. Dieses Entgegenkommen müßte so weit gehen, daß sie den Konkurrenten zuliebe sogar Bahnhofgleise, Heizhäuser, Güterspeicher usw. baut, die bei dem Stande der eigenen Betriebsmittel nicht erforderlich sind! Daß hier die Klippe, woran auch diese Idee in der Wirklichkeit scheitert, leuchtet ein. Eben so klar ist, daß ihr die nämlichen prinzipiellen Mängel ankleben, wie der Vorgängerin: Erfordernis eines erhöhten Anlagekapitals, schon allein für das benötigte Vielfache der Betriebsmittel, die Transportkostenerhöhung, die praktische Einschränkung der angeblichen Konkurrenz auf einige wenige und somit das unvermeidliche Wiedererstehen des totgeglaubten Monopoles als Endresultat eines etwa versuchten Konkurrenzkampfes.

Einer besonderen Erwähnung bedarf daher diese Art der geträumten Konkurrenz auf der Schiene nur wegen der eigentümlichen Begründung durch Berufung auf vorhandene Erscheinungen des Betriebes, welche ihre Verkündiger für sie ins Feld führten. Wahrheit und Irrtum sind da un-

---

liche Widerlegung. Das *Cardwell*-Komitee 1853 wiederholt die Erörterung in gleichem Sinne. Die Kommission von 1867 behandelt die Idee als abgetan und der Ausschuß des Jahres 1873 in einer geschichtlichen Übersicht nur noch sarkastisch. In den Vereinigten Staaten hat Hudson, *The Railway and the Republic*, 1886, den Vorschlag für die amerikanischen Verhältnisse aufgenommen, ohne indes bei dem praktisch veranlagten Volke den mindesten Anklang zu finden.

mittelbar miteinander verschmolzen und es ist eben darauf zu achten, beide zu scheiden.

Richtig ist — worauf die Verteidiger des Gedankens viel Gewicht legten — daß die gleichzeitige Benützung einer Bahnlinie durch mehrere Betriebsverwaltungen ja in gewisser Ausdehnung möglich ist, im Gegensatze zu Behauptungen, welche das bezweifeln oder nur auf ein sehr geringes Maß zurückführen wollten [1]; richtig ist ferner, daß bei zersplittertem Bahnbesitze die Anwendung solcher Betriebsweise das Mittel bietet, die Erbauung an sich überflüssiger Parallelstrecken zu vermeiden. Zutreffend ist daher auch, wenn die zu seltene Anwendung dieses Auskunftmittels in Deutschland getadelt und verlangt wurde, daß davon ausgedehnterer Gebrauch gemacht werde [2]). Die fehlerhafte Linienkonkurrenz, das rivalisierende Bestreben verschiedener Verwaltungen, den auf sie entfallenden durchgehenden Verkehr zwischen bedeutenden Knotenpunkten vollständig in der eigenen Hand zu haben, führte zu manchen überflüssigen Durchgangslinien, während die wirtschaftlich richtige Netzesanlage erst die Abästung an einem Gabelungspunkte der einen ausreichenden Linie erheischt hätte, bis zu welchem der Durchgangsverkehr auf Grund gemeinsamer Benützung der letzteren zu besorgen war.

Ein Irrtum aber ist es, darin eine Konkurrenz zu erblicken. Die in der Art, mit Vermeidung von Parallellinien, vorgenommene Regelung des Durchgangsverkehrs ist ja gerade das Gegenteil: ein Ausschluß der Konkurrenz, und es sind die verschiedenen Orts bestehenden Fälle eines solchen Gemeinschaftsverkehres meist auf Basis von Kartellen zur Vermeidung schädlicher Konkurrenz zustande gekommen. Es ist daher auch irreführend, diese gleichzeitige Benützung einzelner Bahnstrecken durch zwei oder mehr Verwaltungen „Konkurrenzbetrieb" zu nennen, wie es seitens technischer Schriftsteller geschehen ist [3]). Solcher Beispiele gibt es in allen Ländern, selbst bei den so abgerundeten Bahnnetzen Frankreichs (*traités de péage* [4]); vor allem in England, wo derlei durch die Konkurrenztheorie in weiteren Kreisen bekannt gewordene Betriebsverträge die Bezeichnung *running powers* (und *working arrangements*) führen. Es ist aber unerklärlich, wie man darin den Keim einer großen Neugestaltung des Eisenbahnwesens zu suchen vermochte. Man übersieht dabei nebst anderem, daß eine Verallgemeinerung ja gerade die Wirkung aufheben müßte, um derentwillen die richtige Ansicht diese Einrichtung in den eben bezeichneten Fällen verlangt. Es soll das Kapital an Linien gespart werden. Wenn aber jede Linie nicht nur für sich selbst, sondern auch zum Behufe der Konkurrenz auf allen anderen Linien Betriebsmittel anschaffen sollte: würde da nicht eben wieder jene Kapitalverschwendung herbeigeführt, die vermieden werden soll?

Ein Irrtum ist es weiter, zu meinen, dergleichen Mitbenützungsfälle ließen sich beliebig vermehren. Schwierig sind die betreffenden Arrangements immer und je stärker der Gesamtverkehr, desto weniger Verwaltungen können natürlich an einem solchen Gemeinschaftsbetriebe über eine Linie bei den gegebenen Betriebseinrichtungen teilnehmen. Und vollständig irrtümlich ist es schließlich, anzunehmen, wenn solche Mitbenützungsfälle durch freiwilliges Übereinkommen geschaffen wurden, könnten sie ebensowohl erzwungen, jedem Bahneigentümer gegen sein Interesse aufgenötigt werden, und wenn vollends die Eisenbahngeschichte Englands als Beleg dafür zitiert wird. Darauf gibt Cohn (II, S. 69ff.) die treffende Antwort: „Schon im Jahre 1853 wurde vor dem Komitee des Unterhauses ein reichhaltiges Zeugnis darüber niedergelegt. Rob.

---

[1]) Dorn, a. a. O., S. 47.

[2]) Diesen Zweck verfolgten die §§ 6 und 7 des ersten Entwurfes eines deutschen Reichseisenbahngesetzes.

[3]) Z. B. Schwabe, Englische Eisenbahnen, S. 12.

[4]) Auf Grund des Art. 61 der *Cahiers des charges.* Vgl. Jacqmin, *De l'exploitation des chemins de fer*, I, S. 20.

Stephenson erklärte: Ich habe solche erzwingbare *running powers* vom ersten Tage meiner Eisenbahnerfahrungen aus Gründen der Sicherheit und der zweckmäßigen Verwaltung aufs stärkste verurteilt. Die sämtlichen anderen Zeugen jener Untersuchung mit Ausnahme eines einzigen stimmen hiermit überein.... Neunzehn Jahre später haben sich in gleicher Weise die Aussagen gegen dieses Aushilfsmittel erklärt. Allport und Price, der Direktor und der Präsident der Midland, wünschen die erzwingbaren *running powers* für die Midland (was jene wohl bemerken mögen, die auf die Aussagen der genannten so nachdrücklich hinweisen). Beide verwahren sich dagegen, daß sie allgemein einzuführen seien... Auf ein reichhaltiges Zeugenmaterial sich stützend, wobei sich mit geringen Nuancen fast dieselben Worte, gewiß aber dieselben Ansichten wiederholen, kommt der Ausschußbericht von 1872 zu dem kaum anfechtbaren Resultate: es liege absolut kein Fall vor, wo jemals solche Befugnisse, wie streng auch immer gefaßt, wirksam geworden seien, wenn die Eigentümerin der Bahn ihnen widerstrebt hätte; im Gegenteil bewiesen alle bisherigen Versuche die Vergeblichkeit solcher Bemühungen. Obendrein könne es auf längeren Strecken nur dann im Interesse einer anderen Gesellschaft liegen, die fremde Bahn zu befahren, wenn sie auch den Lokalverkehr neben dem Durchgangsverkehr zu besorgen berechtigt wäre... Gelänge es indes wirklich, so würde dies regelmäßig eine große Vergeudung von Beförderungskosten einschließen, da mehrere Unternehmer das täten, was jetzt ein einziger zu tun imstande ist. Der Bericht der königlichen Kommission von 1867 sprach sich in ähnlichem Sinne aus."

Trennung der Traktion von der Spedition: Fahrverkehr. Eine andere, der früheren gegenüber konservativere Ansicht hofft die Konkurrenz verschiedener Frachtführer dadurch zu erreichen, daß eine völlige geschäftliche Trennung zwischen der Sammlung der Transportobjekte in die Fahrzeuge und der Fortbewegung der Züge durchgeführt werde, die letztere, die Traktion, allein der Eisenbahn verbleibe, die erstere hingegen, die Spedition, der freien Konkurrenz privater Unternehmer überlassen werde. Der eigentliche Beruf der Eisenbahn trete dadurch reiner hervor, werde auch bei Beschränkung darauf vollkommener erfüllt werden, die Konkurrenz in der Spedition aber stelle die bisher vergeblich gesuchte Konkurrenz der Frächter auch auf der Eisenbahn her und damit sei die Frage gelöst[1]). Es sind indes abermals zwei Unterarten dieser Lösung zu unterscheiden. Die eine wird in der Richtung angestrebt, daß die Eisenbahn nur die Zugkraft zu stellen habe, die Wagen dagegen sollen von den Versendern bzw. Frachtunternehmern beigestellt werden. Die beiden Transportelemente Weg und Motor blieben bei der Eisenbahn, die

[1]) Die Worte „bisher vergeblich gesuchte Konkurrenz der Frächter" beziehen sich auf die Linienkonkurrenz, nicht auf die unmittelbar vorher besprochenen extremen Vorschläge. Letzteren gegenüber haben die Vorschläge einer Trennung der Spedition von der Traktion die zeitliche Priorität. Zuerst, wenngleich noch in unbestimmter Weise, von Michaelis angedeutet (Schluß des Aufsatzes über die Haftungspflicht und das natürliche Monopol der Eisenbahn. Volksw. Schriften, I, S. 40), wurde der Idee in bestimmter Anregung gleichzeitig von Hartwich (Ztg. d. Vereins D. Eisenb.-V. 1865, Nr. 71, wiederholt in den „Aphoristischen Bemerkungen über das Eisenbahnwesen" usw. 1874) und Perrot (Ztg. d. V. D. E. V. 1865, Nr. 32) das Wort geredet, nur in verschiedenem Sinne. Darauf fußend die Beschlüsse des deutschen Handelstages von 1865, 1868 und seiner Eisenbahnkommission von 1871.

Fahrzeuge würden der Privatunternehmung überwiesen. Die Eisenbahn hätte demnach nur zu fahren, mit der Verfrachtung jedoch nichts zu tun. Es erscheint daher der Ausdruck „Fahrverkehr", den man in ungenauer Terminologie wohl für eine andere Art der „Konkurrenz auf der Schiene" gebraucht findet, bezeichnend und allein anzuwenden für diesen erstgedachten Unterfall einer Trennung der Traktion von der Spedition[1]), den wir hier auf seine allgemein-wirtschaftliche Qualifikation zu untersuchen haben.

Selbstverständlich müssen die gleichen Bedenken aufstoßen, welche die früher behandelten Fälle einer Konkurrenz verschiedener Frachtführer erregen. Nur gelangen sie mit Bezug auf die praktische Betriebsgestaltung anders zum Ausdruck. Auch hat man in der Regel nur den Güterverkehr im Auge.

Wie aber jene Bedenken sich praktisch aufdrängen, darüber hat ein Betriebstechniker die Reformatoren belehrt: Reitzenstein[2]), der wieder unterscheidet, ob der Eisenbahn als Traktionsleisterin selbst die Konkurrenz mit anderen Wageneigentümern gestattet wäre oder nicht. „Wenn Derartiges eingerichtet würde, könnte man unmöglich die Verpflichtung der Eisenbahnen, alle ihnen zum Transport angebotenen Güter anzunehmen, daneben aufrecht halten; denn sonst müßten sie, um für alle Fälle gerichtet zu sein, ihren ganzen Apparat von Personal, Wagen, Güterböden, Gleisanlagen usw. in völlig unverändertem Maße beibehalten, obgleich er tatsächlich oft genug unbeschäftigt sein würde. Dürften sie aber unter den angebotenen Gütern eine Auswahl treffen, so würden sie natürlich nur den rentableren Verkehr annehmen, so daß die kleineren Stationen mit schwächerem und unregelmäßigerem Verkehr aufs äußerste vernachlässigt würden. Daß ein Spediteur dort existiert, wäre gewiß eine Ausnahme und würde sicher nach dorthin auch nur selten ein Wagen geschickt, wenigstens nur, wenn eine volle Ladung dafür allmählich angesammelt wäre (oder zu sehr hohem Preise)... Hört die Versendung in eigenen Wagen der Eisenbahn ganz auf, so gestaltet sich das nur noch schlimmer... Daß eine wesentliche Konkurrenz der Spediteure untereinander eintritt, ist nach Lage der tatsächlichen Verhältnisse kaum möglich. Um eine einflußreiche Position zu gewinnen, müßte jemand schon eine größere Anzahl Wagen haben, und dazu ist immerhin ein bedeutendes Kapital, wie es nicht jedem zur Verfügung steht, nötig. Wenn ein Wagen 1000 Taler kostet, kosten 100 Wagen 100 000 Taler. Außerdem muß der Betreffende ein in direkter Gleisverbindung mit dem Bahnhofe stehendes Grundstück mit Güterspeichern, womöglich mit einer kleinen Reparaturwerkstatt, vor allem aber mit ziemlich ausgedehnten und deshalb kostspieligen Gleisanlagen besitzen, auf welchen die unbeschäftigten Wagen stehen können. Daß die großen Schwankungen des Verkehrs jemals aufhören werden, läßt sich nicht annehmen; um aber 100 Wagen aufzustellen, sind mindestens 2400 Fuß Gleise nötig.

Die Forderung, daß etwa die Eisenbahn auf ihrem Bahnhofe für den mit ihr selbst konkurrierenden Spediteur den nötigen Gleisraum für Aufstellung der Wagen und das Ladegeschäft, die erforderlichen Güterspeicher usw. anlegt, wäre doch wohl etwas naiv. Wer die Umgebungen

---

[1]) Ungeschickt ist der Ausdruck: Trennung des Fahrverkehrs „vom Frachtenverkehr". Mit letzterem ist ja nur die Spedition gemeint, das Beladen der Wagen ist aber noch kein „Verkehr".

[2]) „Die Gütertarife der Eisenbahnen usw.", 1874, S. 48ff. Übereinstimmend damit Scheffler, a. a. O., S. 17, auch Perrot, „Eisenbahnreform" S. 37.

der gegenwärtigen verkehrsreicheren Bahnhöfe ins Auge faßt — in die freie Bahn Anschlußweichen zu legen, verbietet die Rücksicht auf die Betriebssicherheit — wird zugeben, daß die Zahl der tatsächlich möglichen derartigen Anschlußetablissements nicht groß ist. Der Vorschlag, die Eisenbahn solle größere Teile ihres Bahnhofsterrains abtreten, scheitert daran, daß sie keineswegs von der Versendung in eigenen Wagen ausgeschlossen werden kann, und mithin alle jene Anlagen, wenn sie sie auch nicht mehr so voll ausnutzt, doch in wenig beschränkterem Maße haben muß; daß endlich das Rangiergeschäft geradezu wächst, wenn die Wagen von den verschiedenen Anschlüssen her zusammengeholt, bezüglich dorthin gebracht werden müssen. Es wird jetzt schon die zu weite Ausdehnung der Bahnhöfe in großen Städten getadelt, die Schuld an der herrschenden Wohnungsnot mit darauf geschoben; wie würde die Sache sich dann erst gestalten?

Wenn der Spediteur in Berlin einen Wagen nach Breslau schickt, muß er ihn an einen dortigen, ein Anschlußetablissement besitzenden Spediteur adressieren, damit er auf dem letzteren entladen und wiederbeladen werden kann. Bei der Wiederbeladung tritt er offenbar mit dem Breslauer Spediteur in Konkurrenz, der das Interesse hat, die von Breslau zu versendenden Güter für seine eigenen Wagen zu gewinnen, und um die erstere überhaupt zu ermöglichen, muß er mithin eine Art Kartellvertrag mit jenem schließen. Auch wenn er wirklich, wie nicht zu erwarten, auf den Gleisen der Eisenbahn entladen und wieder beladen dürfte, wäre dies nur zu umgehen, sofern er mit jedem Wagen einen Begleiter schicken oder an jedem Orte einen Agenten haben will, welcher die Wiederbeladung besorgte und vor allem für Gewinnung von Ladung tätig wäre. Soll der Wagen nicht länger müssig stehen, was im Interesse des Raums auch weder die Eisenbahn noch ein Privatanschlußetablissement dulden könnte, so muß letztere schon vorher gesichert sein. Wenn die verhältnismäßig geringe Zahl der eine größere Menge Wagen besitzenden Spediteure ihnen die natürlich jedem von ihnen wünschenswerte Verständigung zum Ausschluß der Konkurrenz schon erleichtert, so müssen die übrigen angeführten Momente gleichfalls in dieser Richtung wirken; und es läßt sich kaum anders erwarten, als daß binnen kurzem die Spediteure aller bedeutenderen Stationen sich zu einem einheitlichen und engen Verband zusammenschließen würden. Man muß eben bedenken, daß sie, weil ihre Wagen überall laufen, auch alle miteinander konkurrieren, und daß, wenn einer sich ausschließen wollte, ihm nur übrig bliebe, auf allen wichtigeren Stationen Anschlußetablissements und besondere Agenturen anzulegen. (Also wieder vermehrte Anlagen, vermehrte Betriebskosten und schließlich unvermeidliche Selbstaufhebung der angenommenermaßen eingetretenen Konkurrenz.)

Die Eisenbahnen würden in Mangel einer anderen Waffe die Privatwagen tunlichst langsam befördern, so schlecht wie möglich behandeln, zumal ihre Haftpflicht dabei billigerweise auch vermindert werden müßte, und überhaupt in jeder Beziehung gegen ihre eigenen zurücksetzen; eine Quelle endloser Streitigkeiten und Beeinträchtigungen des Verkehrsinteresses im ganzen. — Wenn schon jetzt darüber geklagt wird, daß die Eisenbahntarife nicht übersichtlich, kein sicherer Boden für die Kalkulation seien, wie dann, wenn der Spediteur seinen Tarif überhaupt nicht publiziert? Der Versender muß dann jedesmal vorher mit ihm verhandeln; und wenn etwa die Eisenbahnen gar nicht mehr in eigenen Wagen transportieren, dann gibt es für seine, nicht der staatlichen Genehmigung bedürfenden Preise gar keine Beschränkung mehr.

Es kommt noch in Erwägung die Sicherheit des Eisenbahnbetriebes. Es ist unmöglich, daß jeder Privatwagen bei der Aufgabe seitens der Eisenbahnverwaltung in allen Teilen ganz genau untersucht wird, und wenn auch anfangs oder periodisch eine staatliche Revision derselben stattfände, so könnten doch in der Zwischenzeit immerhin schon Fehler eingetreten sein, von denen der Privateigentümer selbst gar nichts erfahren hat. Die ihm aufzulegende Haftung für den aus jenen Fehlern und den dadurch herbeigeführten Unglücksfällen entstehenden Schaden ist deshalb keine wirksame Korrektur, weil gerade bei so entstandenen Eisenbahnunfällen die Ursache meist nicht bestimmt zu erweisen ist...

Was speziell den Fall betrifft, daß der Eigentümer der Frachtgüter selbst die Wagen beschafft, so ist zu erwägen, daß in einem einzelnen Geschäft wohl nur von Rohprodukten hierfür ausreichend große und regelmäßige Transporte vorkommen werden. Gerade jene Rohproduktenverkehre bewegen sich fast überall nur in einer Richtung, und der Eigentümer würde, da Regelmäßigkeit der Wagenzuführung in diesen Verkehren von größter Bedeutung ist, voraussichtlich von Gewinnung anderer Rückfracht absehen und nur schnellen wenn auch leeren Rücklauf seiner Wagen wünschen. Die Eisenbahn mit ihrem sehr viel größeren Wagenpark kann regelmäßige Wagengestellung für die einzelnen Kohlengruben usw. auch bei vorkommender Rückfracht weit eher ermöglichen; und da sie nur das Transportinteresse, nicht wie der Grubenbesitzer daneben noch das überwiegende Interesse am Kohlengeschäft selbst hat, wird sie auf Gewinnung der letzteren (der Rückfracht) mehr Wert legen, so daß die Zahl der Leerfahrten, entsprechend dem allgemeinen Verkehrsinteresse, in diesem Falle sich geringer stellt.

Mit einem Worte: von allen aus der Konkurrenz für das Publikum gehofften Vorteilen wird nichts, zumeist gerade das Gegenteil eintreten. Eine größere Garantie für einen ausreichenden Wagenpark, als durch die jetzt in dieser Beziehung der Aufsichtsbehörde zustehende Befugnis, wird ebenfalls nicht gegeben und die Anschaffung von Wagen für eigene Frachtgüter endlich ist im ganzen nur für Rohprodukte in der schon bisher gestatteten Form einer Vermietung an die Eisenbahn zu erwarten."

Man hat in gewissen Betriebseinrichtungen auf den Bahnen der Vereinigten Staaten von Amerika den Beweis und das Vorbild einer allgemeineren Durchführung der Trennung der Traktion von der Spedition finden wollen. Es sind dies die Expreß- und die Transportgesellschaften, die in dem Mangel an Einheitlichkeit im Eisenbahnwesen der Union ihren Ursprung hatten. Man hatte es unterlassen, für die Bedürfnisse des über die Gebiete mehrerer Eisenbahngesellschaften sich erstreckenden Verkehres vorzusorgen, wie dies anderwärts durch die Bestimmung geschehen ist, daß Sendungen von einer Bahn auf die andere direkt aufgegeben werden können, ohne daß es beim Übergange einer Vermittlungsadresse bedarf, und daß die am Transporte beteiligten Bahnen eine einheitliche Haftung übernehmen. Wo Güter über eine Anzahl zusammenhängender Bahnen befördert werden mußten, fanden es Aufgeber und Empfänger daher fast unmöglich, mit mehreren Gesellschaften zugleich geschäftlich zu verhandeln, da die Verantwortlichkeit einer jeden von ihnen an der Grenze ihrer eigenen Linie aufhörte. Diese Tatsache gab der Entwicklung solcher *Expreß-* oder *Dispatch-* und *Transportation-Companies* Vorschub. Die ersteren waren ursprünglich nur für den Paketverkehr, in Ermanglung postalischer Einrichtung hierfür, und für Wertsachen bestimmt; die letztgenannten vermitteln die Beförderung von Gütern aller Klassen. Die Gesellschaften unternahmen es, unter steter eigener Verantwortung für Sicherheit und pünktliche Lieferung Güter in Empfang zu nehmen und sie über mehrere Bahnen nach ihren Bestimmungsorten zu befördern. Die Expreß-Gesellschaften besitzen kein eigenes Rollmaterial, sondern verwenden das, was die einzelnen Bahngesellschaften zur Verfügung stellen, und schlagen auf die von ihnen an die Eisenbahn zu zahlende Fracht einen mit der Eisenbahn vereinbarten Prozentsatz auf. Die *Transportation-Companies* besitzen meist eigene Wagen, die sie den Bahnen vermieten, oder lassen auf Grund von Verträgen eigene Züge über bestimmte Linien laufen. Die Bahnen erhalten die üblichen Frachtsätze für die transportierten Güter gegen Zahlung des ausbedungenen Meilengeldes für den Gebrauch der Wagen, und nur mit gewissen Bahnen ist eine bestimmte Summe für Überlassung der Spedition an die Gesellschaft in speziellen Verträgen vereinbart. Nur Fälle der letzteren Art könnten als Beispiele einer Überlassung der Spedition an Private angeführt werden, aber eine Konkurrenz im Sinne der Reformvorschläge ist auch da tatsächlich so wenig wie bei den Expreß-Gesellschaften vorhanden, weil die Gesellschaften ihre Geschäftsgebiete gegeneinander abgegrenzt haben.

Auch die in größerem Umfange in England platzgreifende Wagenbeistellung seitens einzelner Versender von Schwergütern, insbesondere der Kohlengrubenbesitzer, mußte als Beleg dafür herhalten, daß die angebliche Reform damit schon im Keime gegeben sei. Solche Wagen werden nur von den Eigentümern benutzt; überdies ist ihre umfangreichere Verwendung in betriebsökonomischer Hinsicht ungünstig und die englischen Bahnen haben sie daher zum Teil den Eigentümern abgekauft, zum Teil sind die Bahnen nur durch die damit gegebene Kapitalersparnis bewogen worden, dies nicht in noch größerem Maßstabe zu tun.

Der Wagenraumtarif. Die zweite Art des Fahrverkehres vertrat in Deutschland seit 1865 Perrot, der, erkennend, „daß ein Konkurrenzbetrieb verschiedener Wageneigentümer auf derselben Bahn unter Benützung der Zugkraft der Bahneigentümer ebenso unmöglich ist wie ein Konkurrenzbetrieb verschiedener Unternehmer mit eigenen Lokomotiven und Wagen“, die Trennung der Traktion von der Spedition in der Weise durchgeführt wissen will, daß die Bahn ihre Wagen einfach dem Rauminhalte nach zur beliebigen Ausnützung vermietet. Es würden dann die Spediteure vermittelnd inzwischen treten, indem sie die Frachtgüter sammeln und in der bestmöglichen Ausnützung des Wagenraumes ihren geschäftlichen Vorteil suchen; die Eisenbahn hätte mit der Befrachtung der Wagen nichts mehr zu tun.

Der genannte Autor hat den Wagenraumtarif mit wahrem Feuereifer verfochten, indes immer nur aus betriebsökonomischen Gründen, deren Würdigung nicht hierher gehört. Eine Rettung des Konkurrenzprinzipes als Regulator des Eisenbahnwesens hat er damit weder ausdrücklich noch *implicite* angestrebt: im Gegenteile, P. zählte zu denjenigen, welche die gemeinwirtschaftliche Verwaltung der Eisenbahnen nur im Staatsbetriebe verwirklicht glauben. Erst dem Kongreß Deutscher

Volkswirte war es vorbehalten, auch im Wagenraumtarif wieder eine Konkurrenz verschiedener Frachtführer mit der im Früheren besprochenen Bedeutung zu finden. „Um die Konkurrenz im Frachtverkehre zur Geltung zu bringen" — lautet die bezügliche Stelle der Kongreßbeschlüsse [1]) — „erscheint als der einfachste Weg die Einführung des ... Wagenraum- und Kollo-Tarifs, bei welchem die Bahn alternativ die Leistung des Frachtführers und des bloßen Transportunternehmers anbietet und dafür eine entsprechende Gegenleistung fordert, ohne dem Moment des Wertes des Frachtgutes willkürliche Bedeutung beizulegen."

Eine Begründung dieses Ausspruches sind jedoch die Redner des Kongresses der Welt schuldig geblieben. Es ist dies auch leicht zu erklären. Man kann, wenn man will, dem Wagenraumtarife alle erdenklichen Vorteile in betriebsökonomischer Hinsicht zuschreiben: wie aber mit ihm eine „Konkurrenz auf der Schiene" gegeben sein soll, bleibt unbegreiflich. Der Tarif selbst begrenzt ja doch gerade die Wirksamkeit der Spediteure. Es würde sich höchstens an großen Orten eine Konkurrenz mehrerer Spediteure darin entwickeln, wer den Frachtgebern den geringsten Aufschlag auf den nach dem Tarife der Eisenbahn entfallenden Frachtpreis berechnet, aber auch dieses ist durch den notwendigen Geschäftsgewinn bestimmt, außer man müßte annehmen, es vermöchte der eine unter dem Sporne der Konkurrenz mehr in einen Wagen zu laden als der andere! Die Sache ist wirklich zu plan, als daß es eines längeren Verweilens dabei bedürfte. In den Kongreßverhandlungen ist auch in der Tat, so viel von den angeblichen Vorteilen des Wagenraumtarifs die Rede war, die logische Brücke zu der zitierten These von niemand geschlagen worden, und so bleibt die letztere mit ihrem an sich unverständlichen Wortlaute ein sprechendes Zeugnis der Verwirrung, welche die Konkurrenzidee in den Köpfen angerichtet hatte.

Hiermit waren die möglichen Varianten der Konkurrenztheorie erschöpft. Alle die betreffenden Lehrmeinungen sind unter dem Schwergewicht der gegen sie sprechenden Gründe auch alsbald verstummt und es steht seitdem die gemeinwirtschaftliche Führung des Eisenbahnwesens theoretisch unbestritten in Geltung.

---

[1]) Verhandlungen des Kongresses zu Wien, Pt. 4 der Beschlüsse, Prot. S. 105.

2. Verwaltungsaufgaben des Staates mit Bezug auf das Eisenbahnwesen.

A. Allgemeine Übersicht der Verwaltungsmaßnahmen nach Grund und Ziel.[1])

Eisenbahnpolitik und Eisenbahnsystem. Die leitenden Gesichtspunkte der Eisenbahnverwaltung werden nach deutschem Sprachgebrauch häufig als „Eisenbahnpolitik" bezeichnet, im gleichen Sinne wie man von „Münz- und Bankpolitik" usw., auch von „Volkswirtschaftspolitik" zu sprechen pflegt. Der Gebrauch des Wortes in diesem Sinne hat indes das Bedenken gegen sich, daß damit auch Maßregeln der Verwaltung einbezogen sind, die mit Politik im eigentlichen Sinne nichts zu tun haben, und dadurch gerade die Beziehungen zwischen dieser und den Eisenbahnen verdunkelt werden. Bei genauer Abgrenzung der Begriffe wäre somit unter Eisenbahnpolitik im wahren Sinne des Wortes nichts anderes als die Verfolgung politischer Zwecke mittels der Eisenbahnen zu verstehen. Die Einwirkungen, welche dieses vollkommene Verkehrsmittel auf alle Gebiete des staatlichen und wirtschaftlichen Lebens äußert, sowie der Gebrauch, den die Verwaltung von ihm machen kann, stempeln es zu einem besonders wirksamen Machtmittel und eben die bewußte Verwendung als solches von seiten einer Staatsregierung stellt die politische Seite des Eisenbahnwesens dar. Die Eisenbahnen kommen hier als Werkzeuge (Mittel) der Staatspolitik in Betracht.

In dieser Hinsicht ist zwischen dem Dienst der Eisenbahnen für die auswärtige und für die innere Politik zu unterscheiden. Die Wichtigkeit der Eisenbahnen in ersterer Richtung ist jedermann geläufig; hat doch die Erbauung und zweckentsprechende Ausstattung strategischer Bahnen in den Rüstungen der europäischen Staaten gegeneinander, die zuletzt zur Katastrophe geführt haben, eine hervorragende Rolle gespielt. Für die innere Politik sind die vielfältigen Beziehungen der Eisenbahn zu den

---

[1]) Verwaltung bedeutet hier den auf irgend einem Lebensgebiete handelnden Staat, der sich einer aus seinem Wesen und der Natur des Gegenstandes erwachsenen Technik bedient, und begreift Gesetzgebung und Ausführung in sich. In einem anderen Sinne ist Verwaltung bekanntlich gleichbedeutend mit Geschäftsführung oder geschäftsführender Körper. In diesem letzteren Sinne wurde das Wort schon im vorhergehenden, und wird es im nachfolgenden, insbesondere in den Abschnitten über die Ökonomik, regelmäßig gebraucht.

verschiedenen Seiten des Staatslebens bedeutsam, welche den jeweils Herrschenden die Möglichkeit bieten, durch den Bau und die Art und Weise des Betriebes der Eisenbahnen gewisse beabsichtigte Einwirkungen auf die Bevölkerung zu üben.

Eine vollständige systematische Darstellung der verschiedenen Fälle politischer Verwendung und Nutzbarmachung des Eisenbahnwesens ist wohl nicht ausführbar, wäre auch mit der Natur der Politik schwer vereinbar. Die Maßnahmen der Staatskunst haben sich immer den Umständen des einzelnen Falles und der zeitlichen Veränderung der Gegenstände der Staatsbetätigung anzupassen. Es läßt sich daher allgemein eigentlich nicht mehr sagen, als daß die Eisenbahnen von seiten der Staatslenker jeweils den politischen Zwecken dienstbar gemacht werden, die sich aus den wechselnden Anlässen ergeben und die sie unter den Umständen von Zeit und Ort zu fördern geeignet erscheinen. Das Eingehen in Einzelheiten kann somit nur in Anführung von Beispielfällen bestehen.

Für die auswärtige Politik können die Besitzverhältnisse der Eisenbahnen von Wichtigkeit werden. Große Hauptlinien des Netzes im Besitz auswärtiger Geldkräfte gewähren dem Staate, dem diese angehören, einen gewissen Einfluß auf die Gebarung der betreffenden Bahnanstalten, was je nach Umständen dem Staate, in dem die Eisenbahnen gelegen sind, politisch bedenklich oder erwünscht sein kann und sonach zu verhindern oder zu erreichen gesucht werden mag. Ein Staat kann derart, indem er das Eigentum an einem Bahnnetze in einem anderen Staate offen oder verschleiert erwirbt, auf dem Umwege über die wirtschaftliche Botmäßigkeit die staatliche Abhängigkeit des betreffenden Gebietes erreichen, was durch den Beschönigungsnamen der *pénétration pacifique* heuchlerisch verhüllt wird.

Die innere Staatspolitik kann auf die Anlage von Eisenbahnlinien mannigfach von Einfluß sein. So kann in einem Staate, der sich eben erst durch Verbindung früher selbständiger Gebiete gebildet hat, der staatliche Verschmelzungsprozeß durch beschleunigten Ausbau oder Umbildung durchgehender Hauptlinien oder eines weitverzeigten Netzes von Nebenlinien befördert und daher ein Eisenbahnbauplan mit Rücksicht auf den erwähnten politischen Zweck ins Werk gesetzt werden, der aus volkswirtschaftlichen Gründen allein in gleicher oder halbwegs gleicher Ausdehnung nicht gerechtfertigt wäre. Oder es kann in einem Einheitstaat eine kräftige Zentralisation zum Regierungsgrundsatz erhoben sein und danach beim Entwurfe oder der Vervollständigung des Bahnnetzes auf kürzeste und beste Verbindung der einzelnen Landesteile mit dem Sitze der Regierung einseitig Bedacht genommen, die Verbindung der Teile untereinander nicht in gleichem Maße gepflegt werden. Föderalistische Strömungen mögen die Bildung des Bahnnetzes in entgegengesetztem Sinne beeinflussen. Die Bewilligung einzelner Bahnlinien zur Belohnung oder Gewinnung politischer Dienste bestimmter Personen oder Körperschaften ist ein den Regierungen wohlvertrauter Behelf.

Der interessanteste Beispielfall ist wohl der Reichseisenbahnplan des Fürsten Bismarck [1]). Wenngleich zunächst als Mittel der Vereinheitlichung der deutschen Eisenbahnen in tarifarischer Hinsicht in Aussicht genommen und alsbald auf die Erwerbung der preußischen Eisenbahnen eingeschränkt, war der Plan doch geeignet, durch die für die Zukunft

[1]) Aktenmäßige Darstellung von Dr. von der Leyen, „Die Eisenbahnpolitik des Fürsten Bismarck", 1914.

vorauszusehende unaufhaltsame Ausdehnung auf ganz Deutschland dem Reiche auf vorliegendem Gebiete eine Stellung zu verleihen, wie sie einem Einheitstaat eigen ist, und dadurch die Eisenbahnen zu einem Werkzeug der nationalen Festigung des Reiches auszugestalten. In solcher Weise wurde die Vorlage auch in den Kreisen der Politiker aufgefaßt, während die amtlichen Äußerungen sich Zurückhaltung auferlegten. Der Plan ist bekanntlich an dem Widerstande einzelner Mittelstaaten gescheitert. Infolge der politischen Umwälzung nach dem Weltkriege ist nunmehr das, was er bezielte: die Übernahme der Eisenbahnen auf das Reich, zur Tatsache geworden.

In einer Darstellung der Verwaltung des Eisenbahnwesens hat die Eisenbahnpolitik zum Zwecke einer erschöpfenden Erfassung der Erscheinungen des Staatslebens zwar Platz zu finden, kann aber eben in der angedeuteten Weise nur gestreift werden.

Für die Verwaltung selbst sind die Eisenbahnen nicht Mittel, sondern Gegenstand der Betätigung. Der in Deutschland verbreitete Gebrauch des Wortes „Eisenbahnpolitik" zielt jedoch gerade auf Betätigung in eben dieser Hinsicht. Gegen die hierin gelegene Gleichstellung des Sinnes mit „Verwaltung" wurden bereits im I. Bande (S. 7) Einwendungen erhoben. Indes ist bei jenem Wortsinne, genau besehen, doch ein Unterschied mitgedacht — wenngleich nur unklar — in dem eine Rechtfertigung der erwähnten Redeweise zu finden ist. Wenn man von der Regierungspolitik in diesem oder jenem Verwaltungszweige spricht, so meint man die konkreten Ziele, welche die Regierung eines bestimmten Landes zu gegebener Zeit unter den vorliegenden besonderen Umständen des Staatslebens sich vorsetzt. Die Darstellung der Verwaltung hat sich mit den verschiedenen aus der Natur des Gegenstandes folgenden Zielen und den unter verschiedenen Verhältnissen möglichen Durchführungsmitteln zu befassen. Dieser Gesamtheit von Zwecken und Mitteln entnimmt die Politik diejenigen, welche — die Zwecke wieder als Mittel der Erreichung der allgemeinen Staatszwecke verstanden — jeweils im gegebenen Falle zur Anwendung gelangen sollen. Unter Eisenbahnpolitik hätten wir also, kurz gesagt, die Konkretisierung der Eisenbahnverwaltung zu verstehen. Diese aber bildet nicht den Gegenstand einer allgemeinen Darstellung, wie auch die allgemeine Staatspolitik nicht Gegenstand einer theoretischen Wissenschaft, sondern höchstens einer Kunstlehre sein kann.

Von der Eisenbahnpolitik in diesem Sinne ist das Eisenbahnsystem zu unterscheiden. Die Namen könnten in gleichem Sinne verstanden werden, da wir ja unter System eine logische Verbindung von Leitsätzen begreifen und die Eisenbahnpolitik eben auch von obersten Leitsätzen getragen sein muß. Das Wort findet aber im Eisenbahnwesen als Terminus eine andere Verwendung. Man pflegt unter „Eisenbahnsystem" die grundsätzliche Entscheidung der Frage zu verstehen, ob und inwieweit der Staat die Anlage und den Betrieb der Eisenbahnen durch seine eigenen Organe durchführen oder hierzu die Privatunternehmung heranziehen will; also die Wahl zwischen der unmittelbaren und der delegierten Verwaltung. In der Jugendzeit des Eisenbahnwesens konnte die Frage selbst als die Entscheidung zwischen Privatwirtschaft und Gemeinwirtschaft aufgefaßt werden. Für uns ist sie nur mehr die Frage der Verwaltungsform, also ein Punkt aus der Reihe der Verwaltungsprinzipien. Dennoch kann sie als Systemfrage bezeichnet werden, weil die Entscheidung den Beschluß über eine Reihe zusammenhängender Maßregeln in sich schließt. Eine Verengung des Sinnes von „Eisenbahnpolitik" ist es, wenn man darunter nur die Wahl des in einem Staate zu befolgenden Eisenbahnsystems mit den entsprechenden Durchführungsmaßregeln versteht, wie das in manchen Darstellungen geschieht.

Auf die Wahl des Eisenbahnsystems nimmt die Politik gar wesentlichen Einfluß, der sogar der eigentlich entscheidende sein kann.

Es ist leicht ersichtlich, daß die Eigenverwaltung der Bahnen einerseits, die Überlassung an Privatunternehmungen andererseits, eigenartige Verwaltungsmaßnahmen erfordern, um die gleichen Aufgaben auf verschiedenem Wege zu erfüllen. Voran stehen allgemeine Maßnahmen der Verwaltung, die in beiden Fällen durchzuführen sind, für welche daher die Wahl des Systems nur Verschiedenheiten der Ausführung mit sich bringt. Die Gruppe dieser Maßregeln wird uns zuerst beschäftigen. Die Wahl der Verwaltungsform mit den Gründen, welche sie bestimmen, und den Maßregeln, die sie bedingt, bildet ein zusammenhängendes Ganze von Erwägungen, das gesonderter Erfassung und Darstellung bedarf. Damit ist uns der Plan des vorliegenden Abschnittes unserer Untersuchungen vorgezeichnet.

Ordnung der Bahnen nach ihrer Verkehrsbedeutung. Die Eisenbahnen weisen in ihrer vom Richtungsgesetze beherrschten Verzweigung über das Staatsgebiet eine ähnliche Abstufung der Verkehrsbedeutung der verschiedenen Linien auf wie die Landstraßen, womit zugleich, wie wir wissen, im allgemeinen Verkehr eine analoge Abstufung ihrer Intensität zusammenfällt. Wir finden auch hier den gleichen Unterschied von Hauptlinien, Nebenlinien und schließlich Anlagen von eng-örtlicher Bedeutung. Es läge nahe anzunehmen, daß hieraus auch bei den Eisenbahnen ein ähnliches Verhältnis der Verwaltungszuständigkeit zwischen den abgestuften Gemeinwirtschaftsverbänden folge. Dem steht jedoch die technische und wirtschaftliche Natur der Eisenbahn entgegen. Nicht nur, daß die Verwaltung sich bei ihr auch auf die Transportelemente Fahrzeug und Motor erstreckt und die Zusammenfassung der Verkehrsakte eine weitaus umfangreichere ist als bei den Straßen, bewirkt das Maß ihrer Bedeutung für die allgemeinen Staatszwecke und insbesondere die Stärke der volkswirtschaftlichen Wirkungen der Eisenbahnen, daß der Gesamtverband an der vollständigen und gleichmäßigen Ausbreitung eines zusammenhängenden Netzes von Linien interessiert ist, soweit diese die Allgemeinheit der Nutzwirkungen für das gesamte Staatsgebiet herbeiführen. Innerhalb dieser Allgemeinheit der Nutzwirkung ergibt jedoch die Verschiedenheit der Verkehrsbedürfnisse einen Gradunterschied der Verkehrsbedeutung zwischen den Linien. Zunächst werden bestimmte Linien zur Verbindung der Brennpunkte des staatlichen, kulturellen und wirtschaftlichen Lebens notwendig, welche die Nutzwirkung der Eisenbahnen in allgemeinstem und umfassendstem Maße bieten, und schon dieser Umstand stellt die Linien dieser Art an die erste Stelle, hebt sie als Hauptbahnen hervor. Sie dienen den qualitativ und quantitativ stärksten Verkehrsbedürfnissen und bilden das Rückgrat des Bahnnetzes des Landes.

Ihnen stehen Linien gegenüber, die geringeren Verkehrsbedürfnissen zu genügen haben. Von solchen sind drei Fälle zu erkennen.

Zunächst schließen sich an die Hauptbahnen Linien, die das Bedürfnis seitwärts gelegener Ansiedlungsmittelpunkte engerer Gebiete nach Verbindung mit den erwähnten Zentralpunkten des Staatslebens gemäß der Ökonomie der Netzesbildung (Bd. I, S. 71) unter Ausnützung einer Strecke der Hauptbahn befriedigen (Zweigbahnen, Flügelbahnen). Das Verkehrsbedürfnis ist hier quantitativ schwächer: es begreift Verkehrsleistungen für die verschiedensten Zwecke des Staats- und Wirtschaftslebens, aber in geringerer Zahl in sich. Das bedeutet einen Gradunterschied, der durch die Kennzeichnung der betreffenden Linien als Nebenbahnen Ausdruck findet.

Daneben gibt es speziell mit Beziehung auf den Güterverkehr Gebiete, deren Verkehrsbedürfnis durch die Hauptbahnen nur zum Teil befriedigt wird. Das beruht auf dem Umstande, daß die Beförderung mittels der an die Bahnen sich anschließenden Straßenzüge im Winkelwege nur je bis zu einer bestimmten Grenze wirtschaftlich möglich ist und die mannigfachen Güterarten sich in dieser Hinsicht in zwei verschiedene Gruppen teilen. Die eine umfaßt Güter, die schon mit den alten, minder vollkommenen Verkehrsmitteln auf vergleichsweise weitere Entfernungen transportfähig waren oder gegenwärtig mit den Straßenfuhrwerken transportfähig sind, die andere besteht aus Gütern, die infolge ihrer Schwere und ihres geringen Tauschwertes mittels Fuhrwerkes nur auf kürzere Strecken befördert werden können. Selbstverständlich ist diese Abgrenzung nicht scharf zu ziehen und mit den wirtschaftlichen Umständen in gewissem Umfange wandelbar. Aber die Zusammenfassung der geringwertigen Roh- und Hilfstoffe verschiedener Produktionszweige (für weitentlegene Gebiete mit ungünstigen Straßenverhältnissen auch landwirtschaftlicher Erzeugnisse zur Ausfuhr in normalen Zeiten) in eine Gruppe, gegenübergestellt den Halb- und Ganzfabrikaten und den Genußmitteln, mag im ganzen den Unterschied praktisch genügend bezeichnen, zumal es sich nicht um eine allgemein gültige genaue Maßbestimmung handelt, sondern die konkrete Beurteilung nach Maßgabe der einschlägigen Umstände den Entscheid zu fällen hat. Für Güter der ersten Gruppe wird folglich Versand oder Bezug im Winkelwege nur auf eine kurze seitliche Entfernung von der Bahn möglich sein, wogegen die übrigen Güter seitlich unbeschränkt in Verkehr gelangen. Dadurch ergibt sich für die Eisenbahn ein engeres und ein weiteres Verkehrsgebiet. Im weiteren Verkehrsgebiete, jenseits der Grenzen des engeren, ist die Wirkung der Eisenbahnen eine eingeschränkte, gegen den Wirtschaftszustand des engeren Gebietes zurückstehende. Im einzelnen Falle ist das in den wirtschaftlichen Folgen zu erkennen. Es ist z. B. festzustellen, daß vorhandene Produktionsmöglichkeiten nicht ausgenützt werden können, weil der Bezug der Kohle zu teuer kommt; daß das Holz der Waldungen nicht ausgeführt werden kann, Steinbrüche oder Erzlager ungenützt bleiben müssen, weil das Produkt, an die Bahn gestellt, die Konkurrenz im Preise nicht aushält; daß die Landwirtschaft aus gleichem Grunde nur für den Eigenbedarf der Gegend, nicht auch für die Ausfuhr arbeiten kann, usw. Folglich bedürfen solche Gebiete, um der Vollwirkung der Eisenbahn teilhaftig zu werden, einer Bahnlinie quer durch das engere Verkehrsgebiet, die sie mit der bestehenden Bahn verbindet. Diese seitliche Abzweigung, die den Winkelweg auf der Schiene herstellt und entsprechend verbilligt, verdient ebenfalls den Namen einer Nebenbahn; sie kann auch als Verlängerung einer bereits bestehenden Flügelbahn in die Erscheinung treten. Zugleich dienen Bahnen dieser Art im Personenverkehr der Einfügung der betreffenden Gebiete, insbesondere ihrer Mittelpunkte als Standort staatlicher Organe, in die Verkehrsbeziehungen der Hauptbahnen.

Endlich zeigt sich das Bedürfnis nach unmittelbarer Verbindung der Mittelpunkte der Seitengebiete untereinander, um die im Winkelwege über die Hauptbahnen gelegenen Umwege zu vermeiden (Querverbindungen, Transversalbahnen).

Es ist ersichtlich, daß die Linien aller der unterschiedenen Fälle ebenso notwendig sind, zur erwünschten Allgemeinheit der Nutzwirkung der Eisenbahn, wie die Hauptlinien und daher die Gesamtheit angehen, nicht bloß die Bewohner der betreffenden Teile des Landesgebietes. Daraus folgt: Die Zentralverwaltung wird für Haupt- und Nebenbahnen ohne Unterschied zuständig.

Nur in zweifacher Hinsicht hat der Gradunterschied bestimmte Folgen. Die Nebenbahnen stehen für die Verwaltung zeitlich in zweiter Linie, und zwar mit Rücksicht auf die verfügbaren Mittel. Ist es schon nicht möglich, das Netz der Hauptlinien von Anfang an mit einem Male zu schaffen, so müssen aus dem bezeichneten Grunde die Nebenbahnen vollends zurückstehen, bis es durch sie zu erreichen ist, daß kein Gebiet des Staates außerhalb des weiteren Verkehrsbereiches der Eisenbahn bleibe, und bis alle wichtigen allgemeinen Verkehrsbeziehungen je nach Zeitaufwand und Kosten günstigerweise hergestellt sind. Zweitens erfordert die geringere Verkehrsintensität der Nebenbahnen, ebenfalls vom ökonomischen Gesichtspunkte, die entsprechende Bemessung der Anlage in technischer Hinsicht [1]).

Die Folge der gekennzeichneten Bestimmung der Nebenbahnen ist, daß sie die Intensität der Hauptlinien steigern und insbesondere im Falle der Aufschließung von Seitengebieten einen Frachtenverkehr schaffen und ihnen zubringen, der vor ihrem Bestande nicht vorhanden war. Dieser Umstand wird zu einem charakteristischen Merkmale für sie und verstärkt die Gründe für die Zuständigkeit der Zentralverwaltung. Deren Zuständigkeit begreift also gleichmäßig Haupt- und Nebenbahnen hinsichtlich der Mittelbeschaffung und einheitlicher Regelung nach den Gesichtspunkten der Gemeinwirtschaft, insoweit sich nicht die Folgen des erwähnten graduellen Unterschiedes geltend machen.

Die Selbstverwaltungskörper haben mithin an sich keinerlei Verwaltungsaufgaben mit Bezug auf die Nebenbahnen. Das schließt aber nicht aus, daß ein Mitinteressierungsverhältnis der betreffenden Landesteile hinsichtlich des Zustandekommens bestimmter Linien solcher Art im gegebenen Zeitpunkte und einzelnen Falle platzgreift. Allgemein ist ein solches indes nicht zu bestimmen. Es wird allfällig durch spezielle Abmachungen mit der Zentrale zum Ausdruck gebracht, ohne im übrigen den Gang der Verwaltung zu beeinflussen.

Es frägt sich nunmehr, welche Stellung die unterste Stufe in der Dreiteilung einnimmt: die den Gemeindewegen zu vergleichenden Bahnen örtlicher Verkehrsbedeutung im strengen Sinne des Wortes. Von solchen sind zwei Gruppen zu unterscheiden. Die eine umfaßt die wesentlich dem Personenverkehre, der sich im Bereiche der örtlichen Siedelung bewegt, dienenden Anlagen, die ohne Zusammenhang mit dem Gesamtbahnnetze diesen örtlichen Verkehr durch die Hilfsmittel der modernen Technik zu erleichtern und zu verbilligen bestimmt sind. Die Voraussetzung für letzteres ist eine entsprechende Stärke des durch die Anlage und durch die Ausdehnung der Ansiedlung gesicherten Verkehrs. Die Hauptbahnstation in der Ansiedlung ist hier nur ein Zielpunkt des Ortsverkehres. Untergeordnet findet sich bei diesen Bahnen auch ein (örtlicher) Güterverkehr, hauptsächlich im Anschlusse an den Personenverkehr, in neuester Zeit namentlich zur Erleichterung der Versorgung der großen Städte mit Nahrungs- und Heizstoffen, auch für den Postverteilungsdienst. Hierher zählen Stadtbahnen, Vororte- und Nachbarschaftsbahnen, Personenaufzüge zwischen Stadtteilen verschiedener Höhenlage, Bergbahnen. Es ist einleuchtend, daß Anlagen dieser Art nur die betreffenden Gemein-

[1]) Offenberg („Konjunktur und Eisenbahnen“, S. 14) nimmt bei den Verkehrsverhältnissen der preußischen Bahnen an, daß diese Nebenbahnen auf 1 *km* Bahnlänge höchstens den dritten Teil des Verkehres der Hauptbahnen aufweisen.

wesen angehen, die Staatsgesamtheit lediglich mit dem sehr verdünnten Interesse berühren, das diese an dem Gedeihen jedes einzelnen aller ihrer Teile nimmt.

Die Bahnen der zweiten Gruppe dienen dem Güter-Fernverkehr, der im Ortsbereiche entsteht oder endigt. Bei diesem handelt es sich demnach im Unterschiede von den Nebenbahnen nur um Anlagen innerhalb des engeren Verkehrsgebietes bestehender Bahnen zu dem Zwecke, dem vorhandenen Verkehre bessere und billigere Bedienung durch das vollkommnere Transportmittel zu ermöglichen, was auch hier von ausreichender Stärke des gegebenen Verkehrs abhängt. Bahnen dieser Art, welche sohin den Zweck haben, den von den Straßenverkehrsmitteln besorgten Verkehr von und zur Bahn zu übernehmen, und daneben auch den sich etwa innerhalb des Ortsbereiches bewegenden Güterverkehr zu besorgen, heißen wir Lokalbahnen oder Kleinbahnen. Das Schwergewicht ihrer Nutzung wird offenbar auf Massengütern liegen, die durch die Kosten der Achsbeförderung eine vergleichsweise bedeutende Verteuerung erfahren. Die Besorgung des in diesem engen Gebiete vorfindlichen Personenverkehrs ist in der Regel eine untergeordnete Nebenleistung. Diese Ortsbahnen führen den Fernlinien unmittelbar vermehrten Verkehr nicht zu. Es kann sich wohl ereignen, daß neue Unternehmungen gegründet werden, die schon trotz der Kosten des Achstransportes hätten bestehen können. Der durch sie bewirkte Verkehrszuwachs ist dann aber nicht der Lokalbahn zuzuschreiben. Aber es kann nach Lage der Dinge die Transportkostenminderung auf der Lokalstrecke eine Steigerung der Gütererzeugung durch Erweiterung bestehender oder Bildung neuer Unternehmungen herbeiführen. Insoferne derart die verkehrschaffende Wirkung der Eisenbahn zutage tritt, erfolgt ein Anwachsen des Verkehres auf der Anschlußbahn, was aber eben je nach Gestaltung der bedingenden Umstände sich zeigt oder ausbleibt. Eine solche Wirkung der Anlagen verknüpft sie mit dem allgemeinen Interesse, während dasselbe an und für sich durch Lokalbahnen nicht anders berührt wird wie durch jede Ersparung an Produktionskosten, die eine Anzahl Wirtschafter in ihren Unternehmungen auf welche Art immer, z. B. durch Anwendung vollkommnerer Maschinen, erzielt. Wenn und wo jener Zusammenhang mit der wirtschaftlichen Entwicklung des Landes im bestimmten Falle tatsächlich erkennbar ist, erscheint eine Mithilfe höherer Verbände zum Entstehen und Bestande der Lokalbahn in jenem Ausmaße begründet, das von der wirtschaftlichen Lage der betreffenden Kreise erfordert ist.

Die Bahnen des ausschließlichen Personenortsverkehres und die Lokalgüterbahnen zusammenfassend, ist für diese Art von Eisenbahnen der Mangel der Allgemeinheit der Nutzwirkung im gesamten Staatsgebiete und die Beschränkung auf örtliche Gemeinwesen im strengen Sinne festzustellen. Für die Personenbahnen findet die Gemeinde den

Anlaß zur Einbeziehung in ihren Wirkungskreis, die Lokalgüterbahnen stehen der Privatwirtschaft am nächsten, je nach der Anzahl und der wirtschaftlichen Bedeutung der Beteiligten, bis herab zu dem Falle, in welchem die Transpostverbilligung nur einem einzigen Unternehmen zugute kommt. Die Zuständigkeit der Zentralverwaltung tritt auch für diese Bahnen ein: allgemein, soweit es sich um Beurteilung der öffentlichen Nützlichkeit mit der Konsequenz des Enteignungsrechtes und um polizeiliche Sicherung der Benützer und der Anwohner handelt. Darüber hinaus hängt es in jedem Lande von den wirtschaftlichen Zuständen und dem Geiste der Verwaltung ab, inwieweit diese die von der Wirtschaftlichkeit gebotenen Maßnahmen in Anpassung an den einzelnen Fall den Beteiligten überlassen will oder regelnd und mittelbeschaffend einzugreifen sich bestimmt sieht. Wir finden daher in dieser Hinsicht eine Stufenleiter von Verwaltungsmaßnahmen, ausgehend von England, das vor dem Jahre 1896 lediglich bauliche Erleichterungen für Lokalbahnen mit einfachen Verkehrsverhältnissen zugestand, bis zu einzelnen deutschen Staaten, die auch die Lokalbahnen in ihrem Gebiete selbst ausgebaut haben.

Für die Verwaltung stehen sonach Haupt- und Nebenbahnen zusammen als „Bahnen höherer Ordnung" den eigentlichen Ortsbahnen oder „Kleinbahnen" mit bestimmten Konsequenzen der Unterscheidungsmerkmale gegenüber[1]).

Jede Bahn höherer Ordnung leistet im Ortsverkehr die Dienste einer Lokalbahn. Das führt mitunter zu gegenseitiger Beeinträchtigung des Verkehres. Beispielsweise ist der Lokalpersonenverkehr für Hauptbahnen in Großstädten, sobald er in einem gewissen Umfange zugenommen hat, eine Last und seine Übernahme durch eine eigene Ortsbahn bedeutet eine bessere Bedienung desselben. Nebenbahnen versehen im engeren Verkehrsgebiete der Anschlußbahn die Aufgabe einer Lokalbahn. Wenn wir uns im abstrakten Bilde eine Lokalbahn von der Anschlußstation bis zur Grenze des engeren Verkehrsgebietes vorgeschoben denken, so würde eine solche Bahn an ihrem Endpunkte Transporte auf den Straßen im Halbkreise anziehen und abgeben, die dem weiteren Verkehrsgebiete angehören. Hier liegt ein Mischfall vor. Ebenso wenn eine Lokalbahn mit einer verhältnismäßig kleinen Strecke in das erwähnte Verkehrsgebiet hineinreicht[2]).

[1]) Der Name „Kleinbahn" ist durch das preußische Gesetz vom Jahre 1892 eingeführt worden. Streng genommen ist das wirtschaftliche Wesen dieser Kategorie von Bahnen, die auch die Personenbahnen der Großstädte in sich begreift, mit dem Namen nicht einwandfrei bezeichnet. Denn es fallen, wie eben bemerkt, auch Anlagen unter den Begriff, die nach ihrem Kapitale und ihren Bauverhältnissen nichts weniger als klein zu nennen sind, z. B. die große Berliner Straßenbahn. Da der Name aber durch die Praxis und im Schrifttum aufgenommen ist, so ist damit seine Verwendung gegeben.

[2]) Der amtliche Sprachgebrauch in Preußen bezeichnet alle Kleinbahnen nach dem Gesetze vom Jahre 1892, welche nicht Straßenbahnen sind, als „neben-

Aus dem Wesen der Lokalbahnen folgt, daß es ein „Netz“ von Lokalbahnen gleich dem der Bahnen höherer Ordnung nicht geben kann, sondern jede solche Anlage ein für sich bestehendes Zweckmittel ist. Es können sich allerdings in Gebieten mit reicher Industrie eine Anzahl Linien auf engem Raume häufen und dabei einzelne Fälle von Berührung, auch gemeinsamer Benutzung kurzer Strecken ergeben, aber es ist nicht die gegenseitige Verbindung zwischen verschiedenen Unternehmungen, sondern wesentlich die Verbindung aller mit der Hauptbahn bezweckt. Dann weiters: Es ist ersichtlich, daß die Lokalbahnen erst einem vorgeschrittenen Entwicklungstadium der Wirtschaft angehören. Das Merkmal, einen an ein vollkommneres Verkehrsmittel anschließenden Straßenverkehr zu ersetzen, trifft aber auch zu, wo das vollkommene Verkehrsmittel eine Wasserstraße ist und diese Aufgabe konnte die Eisenbahn schon in den Anfangszeiten erfüllen. In der Tat hatte manche der ersten Eisenbahnen, wie auch schon ihre Vorläufer, die Pferdebahnen in den Bergwerkdistrikten Englands, diesen Charakter. Industriebahnen, wenn öffentlich, sind nichts anderes als spezialisierte Lokalbahnen; wenn nur dem Betriebe eines einzelnen Unternehmens dienend: Privatanschlußgleise. Letztere sind den Privatwegen zu vergleichen. Ihre Anlage und die Kosten der Bestreitung des von der Bahnanstalt besorgten Zu- und Abfuhrdienstes sind durchaus Sache der Besitzer solcher Anlagen. Zwischen diesen und der Bahnanstalt besteht ein Privatvertrag; nur die vom Zwecke bestimmten technischen Bedingungen der Anlage und der Zuschubdienst erfordern Maßnahmen der Gemeinwirtschaft. Hierher zählen auch die (verlegbaren) Feldbahnen für land- und forstwirtschaftliche oder Minenbetriebe, wenn sie an eine Eisenbahn Anschluß haben. Andernfalls treten sie aus der Privatwirtschaft nicht heraus.

Im Schrifttum hat es an der erforderlichen Klarheit in dem soeben besprochenen Punkte vielfach gemangelt. Teils kam der Gedanke, daß es sich um eine Abstufung der Bahnlinien nach ihrer Verkehrsbedeutung handle, nicht zum richtigen Ausdruck; teils hat man sich in den Unterschieden vergriffen, und zwar entweder in ihrem Ausmaße oder in ihren Merkmalen. Häufig wurden sie lediglich als Unterschiede der Intensität aufgefaßt und diese in technischen Äußerlichkeiten allein gesucht, wobei entweder zu viel oder zu wenig Abstufungen herauskamen. So gingen meist die Techniker vor: die einen unterscheiden Bahnen erster, zweiter, dritter, vierter, ja selbst fünfter Kategorie, andere nahmen nur eine Zweiteilung vor. Letzteres geschah in der Weise, daß Nebenbahnen und Lokalbahnen zusammen als „Bahnen untergeordneter Bedeutung“ oder „Sekundärbahnen“, „Vizinalbahnen“, den Hauptbahnen gegenübergestellt wurden. Das war sogar erklärlich, solange die Zeit der Lokalbahnen noch nicht gekommen war. Wer aber die Nebenbahnen nicht übersehen wollte, sprach von Hauptbahnen ersten und zweiten Ranges oder von „Verbindungsbahnen“, „Landesbahnen“. Die Herleitung des

---

bahnähnliche Kleinbahnen“. Dieser Name bezieht sich also keineswegs auf Mischfälle und Übergangsgebilde der oben erwähnten Art, schließt aber die Anerkennung des Unterschiedes zwischen Nebenbahnen und Kleinbahnen ein.

Einteilungsgrundes von der technischen Ausgestaltung der Bahn, z. B. von der zulässigen Fahrgeschwindigkeit, der Spurweite, der Stärke des Oberbaues, bzw. der Betriebsmittel, beruht, wie leicht einzusehen, auf einer Verwechslung von Grund und Folge. Eine Bahn ist nicht eine „leichte" Bahn (*light railway*), weil sie leicht gebaut ist, sondern sie ist so angelegt, weil ihre Verkehrsbedeutung es gestattet und erfordert. Bei einzelnen Einteilungen sind verschiedene Einteilungsgründe, wirtschaftliche und technische, durcheinandergeworfen, wie z. B. wenn Schmalspurbahnen oder Straßenbahnen, oder sogar Feldbahnen als eigene Bahnklassen angeführt werden. Ganz verfehlt sind selbstverständlich Einteilungen, welche auf einer Verbindung von wirtschaftlichen, juristischen und technischen Gesichtspunkten aufgebaut sind, während allerdings Einteilungen nach jedem dieser Gesichtspunkte gesondert möglich, freilich für unsere Zwecke größtenteils überflüssig sind. Es erscheint nicht geboten in die Schwächen der Aufstellungen bei einzelnen Schriftstellern des näheren einzugehen.

Gegenwärtig herrscht wohl Übereinstimmung der Ansichten darüber, daß Bahnen höherer Ordnung diejenigen sind, welche als Glieder eines einheitlichen, den Staatskörper durchziehenden Netzes ihre Verkehrsbedeutung von allgemeinem Interesse erlangen, wenngleich mit einem gewissen Gradunterschiede der Linien; Bahnen niederer Ordnung dagegen als gesonderte Anlagen entweder ohne Zusammenhang mit dem Gesamtnetze, oder nur im Anschlußverkehr mit diesem den engörtlichen Verkehrsbedürfnissen dienen und nur bedingt Gegenstand eines allgemeinen Interesses werden. Es ergibt sich nur die Schwierigkeit, die für die beiden Gruppen bezeichnenden Merkmale kurz, insbesondere nach der üblichen Definitionsweise in einem Satze, zum Ausdruck zu bringen. Als Beleg sei die Definition von Ulrich[1]) angeführt, der die öffentlichen Bahnen einteilt in „a) solche von allgemein wirtschaftlicher Bedeutung, welche außer dem örtlichen Verkehr der von ihnen berührten Gegend auch den direkten und Durchgangsverkehr mit anderen Bahnlinien und den von diesen durchzogenen Gebietsteilen vermitteln, b) solchen von örtlich (lokal) wirtschaftlicher Bedeutung, welche ausschließlich dem örtlichen (lokalen) Verkehr der von ihnen durchzogenen Gebietsteile dienen."

Das Unterscheidungsmerkmal wird, wie man sieht, im „örtlichen Verkehre" gesucht: je nachdem nur dieser bedient werde oder darüber hinaus ein durchgehender Verkehr platzgreife. „Örtlich" ist aber ein relativer Begriff und es bedarf erst einer Maßbestimmung zu seiner Abgrenzung. Eine solche Maßbestimmung ist begrifflich mit dem „engeren Verkehrsgebiete" unserer Darstellung gegeben. In der Definition Ulrich's ist als Maßbestimmung offenbar die Ansiedlung gemeint, aber bei a) und b) in verschiedenem Sinne: bei a) ist Verkehr von Ansiedlung zu Ansiedlung, bei b) Verkehr innerhalb einer Ansiedlung gedacht. Dem Wortlaute nach wäre sohin z. B. der Verkehr

[1]) Archiv für Eisenbahnwesen, herausgegeben im Ministerium der öffentlichen Arbeiten, Berlin, 1884, S. 90ff. (fortab als „Archiv" zitiert).

zwischen Wien und Triest und allen Zwischenstationen „örtlicher Verkehr der von der Bahnlinie Wien-Triest berührten Gegend" und diese Bahnlinie keine Bahn höherer Ordnung, wenn sie nicht auch Verkehr über Wien und Triest hinaus vermittelte, was Ulrich selbstverständlich gar nicht gemeint hat. Andererseits findet bei lokalen Frachtenbahnen häufig ein „direkter und Durchgangsverkehr mit anderen Bahnen" statt und wird darauf speziell von Großindustrien der Kostenersparnis wegen großer Wert gelegt. Diese wären also nach dem Wortlaute der Definition Bahnen von allgemein wirtschaftlicher Bedeutung[1]).

[1]) Ulrich hat aber auch a. a. O. an unserer Begriffsbestimmung der Nebenbahn und der Lokalbahn, wie sie bereits in der ersten Auflage enthalten war, Kritik geübt, die, weil von einem so hervorragenden Fachmanne ausgehend, nicht mit Stillschweigen übergangen werden darf. Zunächst erhebt er zwei Einwände, die — keine Einwände sind. Er meint, die Einteilung wäre zum Teil auf reine Zufälligkeiten begründet, nämlich auf die Priorität der Entstehung einer Bahn. „Wenn er (Sax) so als Bahn zweiter Ordnung alle diejenigen erklärt, welche eine nur in den weiteren Verkehrsrayon einer Hauptbahn fallenden Gegend auch in den engeren Rayon des Eisenbahnverkehres einbezieht...., so würde eine Parallelbahn einer Hauptbahn, welche in den.....weiteren Verkehrsrayon derselben fällt, unter allen Umständen als eine Bahn zweiter Ordnung anzusehen sein, was jedoch gewiß nicht immer zutrifft." Das ist nur ein Sophisma, da außer acht gelassen ist, daß eine Bahn niederer Ordnung einen noch nicht vorhandenen oder von anderen Transportmitteln besorgten Verkehr an die Eisenbahn heranzieht, eine Parallelbahn dagegen einen schon vorhandenen Eisenbahnverkehr zu übernehmen bestimmt ist! Weiter heißt es: „Andererseits würde... eine jede, vielleicht schmalspurige, mit dem übrigen Eisenbahnnetz nicht zusammenhängende und für den großen Verkehr gar nicht geeignete Lokalbahn, welche in einem, auch dem weiteren Rayon der Eisenbahn noch nicht angehörigen Gebiete angelegt wird, als Bahn erster Ordnung zu betrachten sein." Das ist keine Widerlegung, sondern eine Bestätigung. Eine solche Bahn ist in der Tat eine Bahn erster Ordnung im volkswirtschaftlichen Sinne, wenn sie über den rein örtlichen Verkehr eines engbegrenzten Bezirkes hinausreicht und das Verkehrsbedürfnis eines umfassenden kollektivistischen Verbandes befriedigt. So waren die bosnischen Schmalspurbahnen, ungeachtet des Mangels eines Wagenüberganges auf die ungarischen Staatsbahnen. eine Hauptbahn, weil sie dem Verkehrsbedürfnisse eines ziemlich großen Landes und zugleich der früheren Gesamtmonarchie zu dienen bestimmt und geeignet waren. Als ein Einwand wäre die Bemerkung anzuerkennen, daß „der Begriff eines weiteren und engeren Verkehrsgebietes ein unbestimmter und in der Praxis kaum zu verwendender sei, da die Transportfähigkeit von Gut zu Gut verschieden ist und infolge örtlicher und zeitlicher Verhältnisse sich ändert." Der Einwand träfe zu, wenn jene Abgrenzung der Verkehrsgebiete so zu verstehen wäre, daß in ihr schon ein Maßstab für den konkreten Fall gegeben sei, während doch erst aus der konkreten Sachlage die Abgrenzung sich ergibt. Gewiß sind „im Flachlande die Güter auf der Landstraße auf doppelte und mehrfache Entfernung transportfähig als im Gebirgslande; bei besonderen Handelskonjunkturen, Notständen usw. werden schwere Güter über längere Strecken auf der Landstraße transportfähig als sie gewöhnlich sind." Deshalb wird im Flachlande der engere Rayon eben seitlich weiter reichen als im Gebirge, und in einem entlegenen Gebiete, aus dem infolge großer Teuerung einmal ausnahmeweise Getreide versendet werden konnte, wird das Bedürfnis bestehen bleiben, durch eine Nebenbahn in die Lage versetzt zu werden, regelmäßig, also auch in normalen Zeiten zu exportieren. Dieser Punkt war allerdings in der ersten Auflage nicht des näheren klargelegt. Weiter gründet Ulrich eine Einwendung gegen unsere Abgrenzung zwischen Lokalbahn und Nebenbahn auf die Fälle des Übergangs- oder Mischverhältnisses mit Nebenbahnen, das er als Widerspruch auffaßt. Hier ist er durch den amtli hen Terminus der „nebenbahnähnlichen Kleinbahn" widerlegt: Als ob solche Unterschiede praktisch haarscharf zu ziehen wären. Endlich

Konsequenzen des Monopols. Die für die Einbeziehung in die Gemeinwirtschaft so entscheidende Monopoleigenschaft des Eisenbahnbetriebes ergibt für die Verwaltung bestimmte Aufgaben im Interesse der auf die Eisenbahn angewiesenen Sonderwirtschaften. Bei Staatsbahnen sind die Verkehrsinteressenten in dieser Hinsicht durch das Verhältnis des Staates zu seinen Angehörigen gesichert, außer in Fällen von Pflichtwidrigkeit auf seiten der ausführenden Organe. Bei Privatbahnen mangelt es an einer solchen Beziehung. Das diesen verliehene rechtliche Monopol verstärkt noch ihre tatsächliche Monopolstellung gegenüber den einzelnen, in dem Maße, daß sie als eine absolute bezeichnet werden kann. Die Schutzvorkehrungen gegen Mißbrauch des vorliegenden Machtverhältnisses, deren Notwendigkeit schon im allgemeinen Teile betont wurde (I. Bd., S. 129) erfordern daher volle Wirksamkeit und sie betreffen auch den Personenverkehr. Außerdem ist aber auch mit dem Falle zu rechnen, daß eine Bahnanstalt es unterlasse, für eine Ausstattung ihrer Linien mit Betriebsmitteln in einem Ausmaße zu sorgen, wie es der Verkehr in seinem regelmäßigen Umfange erfordert. Hier würde den Interessenten jene Sicherheit der Befriedigung ihrer Verkehrsbedürfnisse fehlen, die in der Privatwirtschaft die Konkurrenz zu bieten pflegt. Aus der Sachlage erwächst der Verwaltung die Aufgabe, für die Verkehrsinteressenten durch geeignete Sicherungsmaßregeln vorzusorgen. Diese bestehen in der Auflage eines Transportzwanges an die Verkehrsanstalt und der Auflage der Pflicht der Gleichbehandlung aller Verkehrsakte in den Beförderungsbedingungen. Das den Transportunternehmungen eigene Streben nach Erzielung der größmöglichen Nutzung scheint wohl einen Zwang zum Transport überflüssig zu machen. Zu einem solchen kann in der Tat nur für seltene Ausnahmefälle Anlaß sein, in welchen zufolge eines ins Spiel kommenden anderen Motives die Vornahme von geforderten Verkehrsakten verweigert würde. Ungeachtet der Seltenheit solcher Fälle scheint doch die ausdrückliche Feststellung und Sicherung des Rechtes auf die Verkehrsleistung für die Interessenten geboten, weil sie sonst den ausführenden Organen der

findet er „unrichtig und den tatsächlichen Verhältnissen widersprechend" den Satz: daß die Lokalbahn (von uns als Frachtbahn verstanden) „im wesentlichen keinen neuen Verkehr erzeuge", und sieht abermals als Widerspruch an, wenn zugegeben wird, „daß die Lokalbahn auch latenten Verkehr anregt und durch Transportverbilligung auf raschere Entwicklung des Verkehres und durch Ersparung von Transportkosten kapitalvermehrend wirke." Die Einwendung richtet sich somit nicht gegen die Sache, sondern gegen den Ausdruck des Gedankens in der ersten Auflage. Klarer ist der Ausdruck jetzt damit gegeben, daß eine Nebenbahn notwendigerweise unmittelbar neuen Verkehr erzeugt, eine Lokalbahn mittelbar bei Vorhandensein gewisser Bedingungen. Diese Verschiedenheit der Wirkung ist übrigens ein nebensächlicher Umstand. Solche Bedenken wurden wohl dadurch angeregt, daß die Darstellung der ersten Auflage das in Rede stehende Moment zu sehr als das allein bestimmende hervortreten ließ, was den Tatsachen nicht entspricht. Die Ausführungen der internationalen Eisenbahn-Kongresse unterscheiden nicht genügend zwischen Neben- und Kleinbahnen.

Bahn gegenüber sich in einer zu schwachen Stellung befänden, die zu den ärgsten Mißbräuchen führen kann, wie wir dies bei den englischen Kanälen gesehen haben. Die ersten englischen Eisenbahnakte sprechen die Berechtigung der Verkehrtreibenden nur für die Benutzung der Bahn mit eigenen Maschinen und Wagen der Versender aus, die man damals bekanntlich als die zu erwartende Betriebsweise der Eisenbahn ansah. Bezüglich der von der Bahn mit eigenen Betriebsmitteln zu leistenden Transporte verließ man sich darauf (wenn man überhaupt daran dachte), die Beförderungspflicht vorkommendenfalls aus dem Grundsatze der Gleichbehandlung zu folgern. Das preußische Gesetz über die Eisenbahnunternehmungen v. J. 1838 verpflichtet schon die Bahnen „für die angesetzten Preise alle zur Fortschaffung aufgegebenen Waren... ohne Unterschied des Interessenten zu befördern", womit der Transportzwang und die Gleichbehandlung in einem Satze ausgesprochen sind.

Die österreichische Eisenbahnbetriebsordnung vom Jahre 1851 fordert die Erlassung einer Fahrordnung, eines Fahrpreistarifes für Personen und Sachen, von Bestimmungen über die Aufnahme der Personen, dann über die Übernahme der zur Beförderung geeigneten Sachen, über die Haftung für diese, die alle „sorgfältig zu beobachten sind", endlich die Beförderung aller aufgenommenen Gegenstände in der Ordnung, in der sie aufgegeben wurden, ohne Bevorzugung einer Partei. Gegenwärtig ist die Anordnung in die Fassung gekleidet: „Die Beförderung kann nicht verweigert werden, wenn 1. den geltenden Beförderungsbedingungen und den sonstigen allgemeinen Anordnungen der Eisenbahn entsprochen wird; 2. die Beförderung nicht nach gesetzlicher Vorschrift oder aus Gründen der öffentlichen Ordnung verboten ist; 3. die Beförderung mit den regelmäßigen Beförderungsmitteln möglich ist; 4. die Beförderung nicht durch Umstände verhindert wird, die als höhere Gewalt zu betrachten sind" (§ 3 des österreichischen Betriebsreglements und der deutschen Verkehrsordnung, sachlich übereinstimmend mit der Gesetzgebung fast aller Länder). Somit greift, abgesehen von solchen Ausnahmefällen allgemein die Beförderungspflicht Platz. Gewisse Personen und Güter sind jedoch wegen der Gefahr oder Beschwerde, die sie der Bahn, ihren Benützern und anderen Gütern bereiten, oder wegen ihres ungewöhnlich hohen Wertes von der Beförderung ausgeschlossen oder nur unter bestimmten Vorsichten, das ist bedingungsweise zugelassen. Diese Ausnahmen bekräftigen die Regel.

Darauf, daß die Bahn ausreichende Betriebsmittel anschaffe, sollte man sich ja wohl im Hinblicke auf das eigene Interesse der Bahn verlassen können, das sie doch dazu leitet, sich Verfrachtungen durch Ungenügen der Beförderungsmittel nicht entgehen zu lassen. Die in allen Ländern (auch Staatsbahnländern) immer wieder erhobenen Klagen der Verkehrtreibenden über Wagenmangel beweisen aber, daß die Staatsverwaltungen Anlaß haben zu einem Eingreifen auch in diesem Punkte. Solches erfolgt überall schon bei der Genehmigung (Konzession) der Bahn und bei Staatsbahnen zumeist in dem für die Erbauung der Bahn nötigem Verwaltungsakte — Gesetz — oder bei der Bewilligung der Geldmittel, indem die zur Bewältigung des schätzungsweise erhobenen Verkehrs nötige Anzahl von Betriebsmitteln eingestellt und weiterhin indem durch Geltendmachung des Aufsichtsrechtes die Ergänzung des Wagenstandes nach Zahl und Art der Wagen gefordert wird, um dem Verkehrsbedürfnisse seine Befriedigung im regelmäßigen Umfange zu verbürgen.

Allerdings ist in den meisten Staaten dem einzelnen ein Rechtsmittel zu unmittelbarer Erzwingung seiner Beförderung nicht gegeben. Zumeist wie in Deutschland und Österreich, der Schweiz usw. steht ihm ein Anspruch auf Schadenersatz gegen die Eisenbahn unter gewissen Bedingungen oder eine Verwaltungsbeschwerde zu, durch die die Eisenbahn im öffentlich-rechtlichen Verwaltungsverfahren zur Rechtfertigung oder zur Beschaffung der nötigen Beförderungsmittel verhalten wird. In Österreich könnte z. B. sogar die Sequestration verhängt werden.

Es ist indes einleuchtend, daß eine solche Sicherung für den Interessenten nur dann von Nutzen ist, wenn sie ihm die Ausführung des Transportes innerhalb der dem Verkehrszwecke entsprechenden Zeit verbürgt. Der wechselnden Menge der Verkehrsakte steht ein jeweils gegebenes Ausmaß des Transportapparates gegenüber. Die Schwierigkeit, welche hieraus fließt, ist beim Güterverkehr unschwer zu überwinden, da dieser zum allergrößten Teile einen gewissen Aufschub in der Durchführung zuläßt. Die Sicherung der zeitgerechten Durchführung der Transporte ist daher in der Weise zu erreichen, daß gewisse Fristen bestimmt werden, bis zu deren Ablauf der Verkehrsakt vollzogen sein muß: die bekannten Lieferfristen. Die Befristung in einer allgemeinen Formel, wie in England durch die Bestimmung, daß der Transport binnen einer „angemessenen Zeit“ (*reasonable time*) vollzogen sein müsse, macht die richterliche Beurteilung und Entscheidung jedes einzelnen Falles notwendig. Die englischen Richter entnehmen dem Grundsatze der Gleichbehandlung zum Zwecke des Entscheides die Vergleichung mit der tatsächlichen regelmäßigen Dauer der Transporte in den nämlichen Verkehrsbeziehungen. Im Personenverkehre erheischt der Verkehrszweck eine sofortige Durchführung im Zeitpunkte, in welcher der Verkehrsakt gefordert wird. Das kann nicht in jedem einzelnen Falle unbedingt verbürgt werden. Bei der überaus wechselnden Stärke dieser Verkehrsart wäre die Bereithaltung eines auch dem größten Andrange jederzeit gewachsenen Verkehrsapparates ein Ding der Unmöglichkeit, weil mit Kosten verbunden, die einen unerschwinglichen Fahrpreis ergäben. Bis zu einem gewissen Grade bietet die Elastizität des Apparates durch die Möglichkeit wechselnder Zugstärke und der Einlegung von Zügen Abhilfe. Die Sicherung der Verkehrsinteressenten kann somit nur darin gefunden werden, daß der Eisenbahn eine Ausstattung mit Fahrbetriebsmitteln in dem Umfange auferlegt wird, welcher für nicht ganz außergewöhnliche Umstände ein Ausreichen des Apparates in der erwähnten Weise ermöglicht, im übrigen aber den Reisenden das Recht auf einen Platz gewährt wird, soferne ein solcher im Zuge vorhanden ist.

In Deutschland und Österreich lautet die reglementarische Bestimmung: „Zur Beförderung dienen die regelmäßig nach bestimmtem

Fahrplan und die nach Bedarf verkehrenden Züge. Die Ausführung einer Sonderfahrt auf Bestellung unterliegt dem Ermessen der Eisenbahn.“ Aus dem Fahrplane müssen Gattung, Wagenklassen und Abfahrzeiten der Züge zu ersehen sein. In Ausübung des staatlichen Aufsichtsrechtes überwacht die Staatsverwaltung, ob die Fahrpläne dem regelmäßigen Verkehrsbedürfnisse der Bevölkerung genügen (Vorbehalt der Genehmigung der Fahrpläne) und fordert als Grundlage für ihre Einhaltung deren ordnungsmäßige Veröffentlichung. „Der Anspruch auf eine Fahrkarte erlischt 5 Minuten vor der Abfahrt des Zuges.“

Der Grundsatz der Gleichbehandlung wurde vom Anfang an beinahe als selbstverständlich angesehen und fand — abgesehen von ausdrücklicher Erklärung in diesem und jenem legislativen Akte — seine Durchführung mittels des Frachtrechts, das die Beziehungen zwischen Verfrachter und Eisenbahn für alle gleich verbindlich, also auch alle gleich berechtigend, regelt. Die wichtigste unter den Transportbedingungen, in denen allgemeine Gleichheit für alle Transportinteressenten herrschen soll, betrifft den Beförderungspreis und auf diesen wurde der Grundsatz daher auch hauptsächlich bezogen, wie das in der zitierten Bestimmung des preußischen Eisenbahngesetzes v. J. 1838 geschieht. Dieser Punkt wird sogleich im Zusammenhange der die Tarife betreffenden Gesichtspunkte näher zu behandeln sein.

In England war der Grundsatz der Gleichbehandlung in seiner Allgemeinheit und Unbestimmtheit aus der Kanalgesetzgebung auf die Eisenbahngesetzgebung übernommen worden. Es blieb dem Einzelnen überlassen, vorkommenden Falles im gerichtlichen Wege die Befolgung des Grundsatzes für sich durchzusetzen, wobei wir nicht vergessen dürfen, daß der Befund über den Sachverhalt der Jury anheimgegeben war. Im Geiste dieser Anschauungen bestimmte die Akte vom Jahre 1845, jede Eisenbahn sei verpflichtet, im Lokal- und Durchgangverkehre alle gebührenden und billigen Erleichterungen, *due and reasonable facilities* der Beförderung zu gewähren und jede ungebührliche Bevorzugung einzelner Personen oder Transporte zu unterlassen, welches letztere, zunächst für ein und dieselbe Bahnlinie unter gleichen Umständen ausgesprochen, durch Akte vom Jahre 1854 auf Verbot einer ungleichen Behandlung „in irgend einer Beziehung“, *in any respect whatsoever*, ausgedehnt wurde. Die Unzulänglichkeit dieser Rechtshilfe führte im Jahre 1873 zur Einsetzung einer *Railway Commission* mit dem Rechte der Untersuchung und Entscheidung erhobener Beschwerden, also eines Fachtribunals, das zunächst von Jahr zu Jahr neubestellt, v. J. 1884 dauernd eingerichtet wurde. Es ist kein Zufall, daß man dazu erst schritt, als die Konkurrenz zwischen den Bahnen aufgehört hatte: vordem hatte wohl die lebhafte Konkurrenz den Interessen der Befrachter im vorliegenden Punkte ausreichend gedient.

In den Vereinigten Staaten haben vor der gesetzlichen Regelung Gerichtshöfe aus dem Grundsatze des *common law*, daß der *carrier* jeden ihm angetragenen Transport zu vernünftigen Bedingungen übernehmen müsse, also aus dem Transportzwange, die Unstatthaftigkeit ungleicher Frachtbedingungen für verschiedene Versender mit dem Argumente gefolgert, daß anderenfalls der Frachtführer durch beliebige Preisstellung sich tatsächlich die Kunden auswählen könne, welche er zu bedienen gewillt sei.

Ein spezieller, hier einschlägiger Punkt ist die Gestattung der Einmündung von Privatanschlußgleisen und Schleppbahnen an die öffentlichen Bahnen und die Sicherung ihres Betriebes unter gleichen

Bedingungen für alle Anschlußgleisbesitzer, da es für den heutigen Großbetrieb in der Gütererzeugung von Wichtigkeit ist, den unmittelbaren Zuschub von Güterwagen zu und von der Betriebstätte zu besitzen und jede Unternehmung das Interesse hat, in dieser Hinsicht nicht schlechter zu stehen als der Konkurrent. Eine gesetzliche Verpflichtung, solche Anschlüsse unbedingt zu gestatten, besteht wohl kaum irgendwo, da ja im einzelnen Falle unüberwindliche technische und betriebliche Hindernisse entgegenstehen können. Auch die Gleichbehandlung aller Anschlußwerber ist nicht gesetzlich sichergestellt. Die meisten Staatsbahnen, in neuerer Zeit auch die Privatbahnen, haben jedoch durch Veröffentlichung von allgemeinen Bedingnissen für Erbauung und Betrieb solcher Schleppbahnen diese letztere Verpflichtung auf sich genommen. Wichtig ist auch gleichmäßige Wagenzuteilung bei Wagenknappheit.

In England wurde durch Gesetz vom Jahre 1904 die Verpflichtung der Bahnen zur Gewährung von *reasonable facilities* auch auf Anschlußgleise ausgedehnt. Die amerikanische Gesetzgebung folgte nach.

Tarifwesen und Finanzprinzip. Daß die Preisbildung unter den Gesichtspunkten der Verwaltung einen ganz hervorragenden Platz einnimmt, gilt für die Eisenbahnen genau so wie für die anderen Verkehrsmittel. Hier wird aber die Scheidung zwischen den durch die Betriebsökonomie bedingten Maßnahmen einerseits, in welchen die allgemeinen Preiserscheinungen des Verkehrswesens die besondere Gestaltung des vorliegenden Gebietes zeigen, und dem Verhalten des Staates zu der Preisbildung andererseits wichtig, das in dem Verhältnis der Eisenbahnen zur Gemeinwirtschaft begründet und erfordert ist. Die betriebswirtschaftlichen Erwägungen, die sich um Wert und Kosten bewegen, würden die gleichen bleiben, wenn wir uns die Eisenbahnen von Privatmonopolisten betrieben denken. Demgegenüber hat die staatliche Verwaltung die Gesichtspunkte der gemeinwirtschaftlichen Preisbildung zur Geltung zu bringen, die wir als für alle Verkehrsmittel gültig erkannt haben (I. Bd., S. 146ff.). Der Aufbau der Tarife auf Grund der Wert- und Kostengestaltung bei den Eisenbahnen wird einen Abschnitt der Betriebsökonomie bilden: die gemeinwirtschaftliche Regelung der Tarife ist im Kreise der Verwaltungsaufgaben an dieser Stelle zu untersuchen [1]).

Die Vorfrage bildet auch hier die Wahl des Finanzprinzips, wie bei anderen Verkehrsmitteln, nur ist sie hier leichter zu beantworten.

---

[1]) Dieses scheinbare Zerreißen eines zusammenhängenden Gegenstandes ist mit einem ganz erheblichen Gewinn an Klarheit verbunden, was sich weiterhin hoffentlich erweisen wird.

Die betonte Scheidung ist übrigens auch schon für den im II. Bande behandelten Stoff wichtig. Bei der im Privatbetriebe befindlichen Schiffahrt kommen nur die Preisbildungen unter den Gesichtspunkten der Betriebsökonomie vor. Daher gelangen bei ihr auch die im Folgenden dargestellten gemeinwirtschaftlichen Gesichtspunkte der Preisgestaltung nicht zur Verwirklichung oder nur in einem Maße, welches den Interessen der Unternehmungen entspricht. Vgl. hierzu Giese, „Das Seefrachttarifwesen“, S. 132ff.

Die Verwaltung der Eisenbahnen als öffentliches Gebrauchsgut ist ein Gedanke, der, wie man wohl sagen kann, ernsthaft noch nicht aufgeworfen wurde und eine eingehende Erörterung auch nicht beansprucht. Die außerordentliche Verschiedenartigkeit der Verkehrsfälle hinsichtlich ihrer Veranlassung und ihrer Wirkung auf die Wirtschaftsführung der Einzelnen, schließt ersichtlich eine Durchschnittsbehandlung, wie sie die Zulassung eines allgemeinen, unvergoltenen Gebrauches bedeuten würde, im vorhinein aus. Wenigstens ist das beim Güterverkehr unbestreitbar der Fall. Für den Personenverkehr wäre die allgemeine Benützbarkeit der Eisenbahnen ohne Einforderung eines Preises für die einzelne Nutzung (also mit Kostendeckung durch eine Pauschalvergütung — Steuer) vielleicht denkbar. Indes sind doch die Einwände, die gegen einen Vorschlag in diesem Sinne sprechen, schon bei flüchtigstem Nachdenken so offenliegend, daß es wahrlich keiner langen Rede bedarf. Welche Unmasse unwirtschaftlicher Verkehrsleistungen würde bei solchem unvergoltenen Gebrauche beansprucht! Die ohnehin an sich schon starke Ungleichmäßigkeit des Personenverkehres würde nicht nur nicht vermindert, sondern gesteigert werden, und wie in einer allgemeinen Pauschalvergütung eine nur halbwegs angemessene Kostendeckung seitens der Benützer gefunden werden könnte, ist nicht abzusehen [1]).

Es kommen für die Führung der Eisenbahnen also nur die beiden Prinzipien der öffentlichen Unternehmung und der öffentlichen Anstalt in Betracht. Bei beiden wird, wie wir wissen (vgl. I. Bd., S. 162—176) jeder einzelne Verkehrsfall von den einzelnen Wirtschaftsubjekten, die ihn veranlassen, mit einem Preise bezahlt.

Den Unterschied der beiden Finanzprinzipien betrifft die für die Bemessung der Höhe des geforderten Preises maßgebenden Umstände. Denn da als öffentliche Unternehmung nur die, aber auch alle die öffentlichen Betriebe verwaltet werden können und sollen, die Leistungen darbieten, welche für die Wirtschaft oder die Wohlfahrt der einzelnen nicht gleichmäßig erforderlich sind, also diese in verschiedenem Ausmaße fördern, so kann und muß auch die Gegenleistung (der Preis)

[1]) Der Vorschlag ist nur vereinzelt als eine der Segnungen angepriesen worden, die die Welt dem sozialistischen Zukunftstaate zu verdanken haben wird; hat aber auch in dieser Aufmachung nicht viel Eindruck gemacht, so daß man ihn wohl als abgetan ansehen kann. Indes man darf nichts verreden, namentlich wenn man bedenkt, was alles die sozialistisch-kommunistische Revolution des Proletariates an Ideen und Maßregeln aufs Tapet gebracht hat. Wenn erst das von dem französischen Sozialisten verkündete *droit de paresse* (Guesde) staatsgrundgesetzlich gewährleistet sein wird, wird das Bedürfnis, die Zeit totzuschlagen, für die (dann so genannten) arbeitenden Klassen ein so mächtiges werden, daß dem im Wege der unentgeltlichen Eisenbahnfahrt wird Befriedigung geboten werden müssen. Und das würde vom Standpunkte des herrschenden Proletariats eine Zeitlang ausführbar sein, wenn die Kosten der Allgemeinheit oder — noch besser — der Minderheit der Besitzenden (falls solche dann noch vorhanden sein sollten) aufgebürdet werden.

grundsätzlich die volle Kostendeckung einschließlich Verzinsung und Tilgung sowie eine angemessene wirtschaftliche Förderung des Leistenden — einen Gewinn — bringen, was allerdings nicht im Hinblick auf jede einzelne Leistung, sondern mit Rücksicht auf den Gesamteingang an Preisen gegenüber den Gesamtkosten verstanden ist. Die öffentliche Anstalt hat dagegen Leistungen zu bieten, die jedem einzelnen aus Gründen der Gemeinwirtschaft oder des Gemeinschaftslebens in einer gewissen, für das Gedeihen und die Entwicklung der Gesamtheit erforderlichen Ausmaße zukommen sollen, die aber doch zugleich eine ausscheidbare Förderung des Leistungsempfängers bedeuten. Der zu fordernde Preis hängt daher hier von der Leistungsfähigkeit des letzten einzelnen ab, dem eine solche Leistung im Interesse der Gesamtentwicklung noch zugute kommen soll. Die Kostendeckung oder gar die Erzielung eines Gewinnes ist also hier eine erst nachträglich durch die Gestaltung des Preisaufkommens gegenüber den Leistungskosten (wieder als Gesamtkosten verstanden) sich ergebender rein tatsächlicher Umstand.

Die Preisfestsetzung der öffentlichen Unternehmung geht bei allen Verkehrsmitteln in der zeitlichen Entwicklung dem Gebührenprinzipe der öffentlichen Anstalt voran. Im Eisenbahnwesen hat sie eine weit größere Rolle gespielt als bei den anderen Verkehrsmitteln. Zufolge unvollständigen Durchdringens der Gemeinwirtschaft ist sie anfangs aus der Privatunternehmung hervorgegangen, und es sind die Voraussetzungen ihrer Anwendbarkeit bis in die Gegenwart vorhanden geblieben. Dies gilt in gleicher Weise beim Privatbahn- wie beim Staatsbahnsystem: es ist ein Irrtum, bei letzterem das Gebührenprinzip als notwendig gegeben anzusehen, sei es das Gebührenprinzip überhaupt oder in dem besonderen Sinne der Kostendeckung.

Solange also das Prinzip der öffentlichen Unternehmung im Eisenbahnbetriebe gilt, wird bei der Frage der Ermäßigung eines Tarifes für bestimmte Verkehrsfälle immer erwogen, ob durch diese ein Erträgnisausfall herbeigeführt und dadurch der Gesamtertrag in unzulässigem Maße geschmälert würde, wobei als ein solcher Ertrag der Überschuß über die zur Kostendeckung, zur Verzinsung und Tilgung des Anlagekapitales (bei Staatsbahnen der staatlichen Eisenbahnschuld) sowie zur Ansammlung der notwendigen Reserven erforderlichen Summe anzusehen ist. Die Bundestarifbehörde der Vereinigten Staaten von Amerika hat grundsätzlich erklärt, daß eine Eisenbahn unlohnende Tarife, also Verlustpreise, zugunsten von Frachtinteressenten nicht auf sich zu nehmen brauche: die Kommission sieht hier das gleichberechtigte Privateigentum auf beiden Seiten. Bei einem Staatsbahnnetze mag es vorkommen, daß einzelne Tarife unter der Kostengrenze gehalten werden, wenn das zur Erreichung eines vorliegenden gemeinwirtschaftlichen Zweckes für notwendig erachtet wird. In dem Gesichtspunkte der Unternehmung ist freilich eine Schranke gegen die Verallgemeinerung dieses Vorganges enthalten. Es erscheint übrigens nicht ausgeschlossen, daß regulierten Privatbahnen von seiten des Staates ebenfalls unter den betreffenden Voraussetzungen ein Tarif dieses Ausmaßes auferlegt werde, falls die Unternehmung irgendwie verpflichtet ist, sich solcher Regelung zu unterwerfen. Da letzteres bei den amerikanischen Eisenbahnen nicht der Fall ist, so erscheint der Standpunkt der *Commission* richtig und es liegt hier ein, allerdings untergeordneter Punkt vor, in dem die nachträglich unternommene Tarifregelung seitens der Union den Tarifmaßnahmen der europäischen Eisenbahnverwaltung doch nicht völlig gleichkommt.

Mit Bezug auf den Ertrag des Unternehmens hängt in den Eisenbahntarifen offensichtlich jeder einzelne Preis mit allen anderen Preisen zusammen. Es wäre daher gar nicht möglich, einen solchen Tarif im gegenwärtigen Umfange erstmals neu aufzubauen. Das hat sich tatsächlich auch nie begeben. Die Eisenbahntarife sind in Anknüpfung an die bestehenden Verkehrsverhältnisse entstanden. Die ersten Eisenbahnen haben für eine geringe Anzahl von Güterarten rentable Preise durch mäßige Preiserniedrigung gegenüber den alten Verkehrsmitteln erzielt. Mit der Entwicklung der Volkswirtschaft unter dem Einflusse der Eisenbahnen sind dann neue Artikel hinzugekommen. Die Frachten der überkommenen Verkehre konnten dann mit zunehmender Verkehrstärke und somit Kostenminderung herabgesetzt werden und so hat sich die einträgliche Frachtpreishöhe der einzelnen Frachtgegenstände erfahrungsgemäß herausgebildet. Es handelt sich da immer nur um geringfügige Änderungen an diesem Komplexe, wenn nicht ganz außergewöhnliche Änderungen des ganzen Staats- und Wirtschaftslebens einen völligen Umsturz nötig machen, wie wir dies eben erleben.

Bei einem ganzen Netze bleiben — auch für Staatsbahnen — die Voraussetzungen der öffentlichen Unternehmung bestehen, solange das Netz nicht in allen seinen Teilen gleichmäßig über das Land ausgebreitet ist. Insbesondere ist bei den Hauptbahnen der Umstand zu beachten, daß den Bewohnern ihrer Verkehrsgebiete bis zum Ausbau der Nebenbahnen ein so namhafter wirtschaftlicher Vorteil zufällt, daß es nicht zulässig erscheint, die wirtschaftlich zurückgesetzten Bewohner der der Eisenbahn noch entbehrenden Gebiete den Ausfall mittragen zu lassen, der durch Tarife auf den Hauptbahnen entstünde, die nicht dem vollen Werte der Bahnnutzung für die Interessenten entsprächen. Vor dem vollständigen Ausbau des Netzes und überdies der Deckung von Ausfällen früherer Wirtschaftsperioden ist mithin das Unternehmungsprinzip keineswegs aufzugeben.

Es wirft sich nun noch die Frage auf, ob etwa nach Eintritt der bezeichneten Voraussetzung das Gebührenprinzip überhaupt oder nur im Sinne der Betriebskostendeckung anzunehmen sei. Die Gleichmäßigkeit der Netzesanlage in allen Teilen eines Landes brächte dann wohl eine gewisse Gleichmäßigkeit der Teilnahme am Nutzen der Eisenbahn für alle mit sich. Allein die unmittelbaren wirtschaftlichen Wirkungen der Eisenbahn sind doch für die einzelnen Wirtschafter zu stark und zu verschieden, als daß man eine auf dem Wege der Überwälzung bewirkte Gleichmäßigkeit der Bahnnutzung mit Sicherheit als vorhanden annehmen dürfte [1]). Es ist vielmehr als gewiß anzunehmen, daß durch die Anwendung des Gebührenprinzips die Einkommenverteilung zuungunsten der großen Mehrheit der ärmeren, am Verkehr weniger beteiligten Bevölkerung noch mehr verschoben würde. Für den Frachtenverkehr wird daher das Prinzip der öffentlichen Unternehmung auch weiterhin noch seine Geltung bewahren und höchstens unter Umständen eine Abschwächung in der Richtung auf volle Kostendeckung erfahren.

Dagegen kann das Gebührenprinzip hinsichtlich des Personenverkehres in Frage kommen; für die gedachte Entwicklungsphase ist das wohl zu behaupten: für die Gegenwart kann es strittig sein. Man mag die weitestgehende Förderung des Personenverkehres durch Verbilligung der Fahrpreise wegen der verschiedenen sozialen und außerwirtschaftlichen (kulturellen) Wirkungen als einen anzustrebenden Gemeinzweck ansehen. Von anderer Seite wird übertriebenen Erwartungen in dieser Hinsicht die Gegenwirkung finanzieller Maßnahmen entgegengehalten, die durch die Ertragsausfälle und durch die zum Zwecke jener Verkehrsförderung notwendig werdende Erweiterung der Anlagen bedingt wären. Es liegen denn auch bezüglich des Personenverkehres schon Verwaltungsmaßnahmen in jenem Sinne vor, von denen man bei der Beschlußfassung wußte, daß diese Tarife die Kosten nicht hereinbringen können.

Für die Dienste der Eisenbahn im Nachrichtenverkehr ist das Gebührenprinzip bereits durchgeführt (mit Ausnahme Englands), indem Staats- wie Privatbahnen die Postbeförderung im Durchschnitte gegen Vergütung der Eigenkosten (Entschädigung), ja sogar unentgeltlich zu besorgen gehalten sind [2]).

Alles Vorstehende bezog sich auf die Bahnen höherer Ordnung. Kleinbahnen sind ihrem Wesen nach vom Gebührenprinzip unbedingt ausgenommen.

---

[1]) Die Wortführer der unmittelbaren Frachtinteressenten pflegen allerdings die indirekten Wirkungen von Tarifermäßigungen unter dem Namen der Gemeinnützigkeit mehr oder minder zu übertreiben und die Forderung solcher Ermäßigung durch die *petitio principii* des Gebührenprinzipes zu begründen. Dem berechtigten Widerspruche dagegen dankt die Schrift von Weichs-Glon, „Das finanzielle und soziale Wesen der modernen Verkehrsmittel", 1894, ihr Entstehen, doch verfällt der Verfasser wieder nach der andern Richtung ins Extrem.

[2]) Man erinnere sich aus dem II. Bande des hohen Kostensatzes, der in den englischen Posttaxen enthalten ist, wogegen in anderen Ländern diese Kostenquote eben auch nach dem Gebührenprinzipe bemessen ist. Insoweit den Bahnen unentgeltliche Transportverpflichtungen auferlegt sind, wird dadurch bewirkt, daß die Deckung der bezüglichen Kosten durch den Gebührenertrag der Postsendungen selbst die Form von Überschüssen der Postverwaltung annimmt, denen die nicht gedeckten Beförderungskosten der Eisenbahnen gegenüberstehen.

Die öffentliche Unternehmung rechnet mit langen Zeiträumen, die Erreichung des angestrebten Ertrages ist daher nicht auf die jeweilige Gegenwart, sondern auf staatswirtschaftliche Zeiträume zu beziehen. In solchen spielt die Entwicklungszeit der Bahnlinien und ihres Netzes die bekannte Rolle. Es sind aber auch entgegenstehende wirtschaftliche Umstände, die den Ertrag schmälern können, nicht zu übersehen, so daß eine Tarifhöhe, die bestimmt wäre, die Folgen solcher Ereignisse wett zu machen, keineswegs zu fordern ist. Es kann ja eine Eisenbahnunternehmung selbstverständlich ebenso ertraglos bleiben wie eine Produktivunternehmung. Zur Beurteilung der Angemessenheit der Rente wären übrigens die Anlagekapitalien von Bahnlinien, die allgemeinen Staatszwecken zu dienen haben (strategische Bahnen!), außer Ansatz zu bringen. Eine genaue Ausscheidung wird freilich kaum je möglich sein, es genügt indes eine annähernde Aufstellung.

Wenn der Ertragsüberschuß im Laufe der Entwicklung eine Höhe erreicht, die den landesüblichen Zinsfuß langfristiger Anlagen übersteigt, so ist das Mehr keinesfalls als Steuer anzusehen, wie manche gemeint haben. Nur wenn die bestehenden Tarife mit der Absicht aufrecht erhalten werden, um eine im übrigen angezeigte Ermäßigung zum Zwecke der Erhaltung des Ertrages in jener Höhe nicht eintreten zu lassen, läge eine staatswirtschaftliche Handlung jener Art vor.

Sind bei einem Staatsbahnnetze die Einnahmen so hoch, daß nach Deckung aller Betriebsauslagen, der Verzinsung, der Tilgungsanteile des Anlagekapitales und Speisung für nötig erachteter Fonds (Erneuerungs-, Reserve-, Dispositionsfonds) noch Überschüsse verbleiben, so taucht die Frage ihrer Verwendung auf. Die einen meinen, daß solche Überschüsse zunächst zur baulichen und betrieblichen Ausgestaltung der Bahn selbst zu verwenden und sodann durch Tarifermäßigungen zum Verschwinden zu bringen seien. Die anderen verlangen ihre Heranziehung zur Deckung von Staatsausgaben allgemeiner Art. Dazwischen gibt es Mittelmeinungen. Nach dem Grundsatze der öffentlichen Unternehmung kann es wohl nicht zweifelhaft sein, daß nach voller Kostendeckung im bezeichneten Sinne zunächst die bauliche und betriebliche Ausgestaltung der Bahnen aus den erzielten Überschüssen zu bestreiten ist. Allerdings aber nur in dem Ausmaße, daß hierdurch die von der allgemeinen Wirtschaftslage des Staates und dadurch bedingten Entwicklung des Verkehres für absehbare Zeit erforderte Intensität der Bahnanlagen nicht überschritten wird. Denn sonst würde eine höchst unwirtschaftliche Hypertrophie eintreten, die mit größter Wahrscheinlichkeit über kurz oder lang schwere Rückschläge im Ertrage mit sich bringen müßte. Verbleiben nach dieser wirtschaftlich richtigen Ausgestaltung der Anlagen noch weitere Überschüsse, dann sind allerdings die Tarife daraufhin zu untersuchen, ob nicht zu hohe Preise gefordert werden. Hierbei darf auch nur die allgemeine Wirtschaftslage den Ausschlag geben, also die Frage, ob die Höhe der

Tarife dieser Wirtschaftslage bzw. dem Wertstande der Bahnbenützer und etwa vorhandenen besonderen staatswirtschaftlichen Zielen entspricht. Ist dies der Fall und soweit es bei den einzelnen Güterarten zutrifft, darf keine Herabsetzung der Tarife eintreten, da die Folge davon nur eine ungesunde und oft geradezu gefährliche Überhitzung des Wirtschaftslebens wäre. Solche noch verbleibende Überschüsse müssen vielmehr aufrecht erhalten werden und sind unbedenklich zur Deckung anderer, allgemeiner Staatsausgaben zu verwenden, da ja auch — die Kehrseite — Einnahmenausfälle, die durch gerechtfertigte Tariferhöhungen nicht beseitigt werden können, durch die allgemeinen Staatseinkünfte (Steuern) gedeckt werden müssen [1]). Preußen und die deutschen Mittelstaaten haben von der öffentlichen Unternehmung bei ihren Staatsbahnen gerade in diesem Punkte einen sehr zweckmäßigen Gebrauch gemacht, an dem wiederholt recht unverständige Kritik geübt wurde. Preußen hat von solchen Überschüssen in den Jahren 1895—1912 zusammen 2198 Mill. Mk., d. i. im Durchschnitt jährlich 162 Mill. Mk. für allgemeine Staatszwecke verwendet; desgleichen in ansehnlichen Beträgen Bayern, Baden, Württemberg und Sachsen.

Für die Personentarife ergibt der Umstand eine Schwierigkeit, daß die Verbindung der beiden Verkehrszweige in der einheitlichen Anlage eine genaue Bezifferung der Kosten jedes der beiden ausschließt, somit die Beziehung auf diese nicht mit voller Sicherheit erfolgen kann. Im allgemeinen führen die Erwägungen und annähernden Berechnungen zu dem Ergebnisse, daß man in den europäischen Festlandstaaten den Personenverkehr als ertraglos, selbst als passiv ansehen kann. Angesichts dessen kommt es bei der Entscheidung über die Tarifhöhe sehr darauf an, ob im Frachtenverkehre ein reichliches Erträgnis gegeben sei, das einen Ausfall decke (wenn man eine solche Überwälzung von einem Verkehrszweig auf den andern für zulässig erachtet). Wo jenes nicht der Fall ist, dort sind der Tarifermäßigung für den Personenverkehr Schranken gezogen, die eine gute Staatswirtschaft nicht außer acht lassen sollte. Personentarife, wie sie Österreich und Ungarn auf ihren Staatsbahnnetzen in den 90er Jahren des vorigen Jahrhunderts sich gestatten zu können meinten, sind als staatswirtschaftlicher Leichtsinn zu bezeichnen, bei milderer Auslegung als unentschuldbarer Sanguinismus, in dem befangen man einen derart riesigen Aufschwung des Verkehres als Folge der niedrigen Tarife erwartete, daß die entsprechende Verminderung der Kosten das Gegengewicht geboten hätte, was aber nicht eintrat.

---

[1]) Schon im I. Bande, S. 147, hatten wir Anlaß die mit dem Rüstzeuge mathematischer Beweisführung verfochtene These Launhardt's zurückzuweisen, der zufolge die gemeinwirtschaftlich richtigsten Tarife diejenigen seien, die nur die Betriebskosten decken. Da aber Launhardt selbst einräumt, daß ihre Durchführung bei den Eisenbahnen unmöglich ist, so ist wohl ein weiteres Eingehen auf die Frage nicht erforderlich.

Die wesentlichen Gesichtspunkte der gemeinwirtschaftlichen Preisfestsetzung und die Mittel ihrer Durchführung. Die Gemeinwirtschaft schöpft im Verkehrswesen aus ihrem Verhältnisse zu den von ihr umfaßten Sonderwirtschaften das Motiv zu Maßnahmen bezüglich der Preisbildung, die, nach ihren wesentlichen Merkmalen charakterisiert, allgemein bezwecken: 1. angemessene Preise, das sind Preise, welche die Gegenseitigkeit und Verhältnismäßigkeit des Nutzens des Verkehrsaktes für beide Teile erkennen lassen, 2. gleiche (gleichmäßige) Preise, das will sagen bei Verkehrsinteressenten in gleicher wirtschaftlicher Lage und gleichen Umständen Gleichheit des Preissatzes.

Die angemessenen Preise im bezeichneten Sinne sind wirtschaftlich richtige Preise, die eben wegen dieser ihrer Eigenschaft als gerecht empfunden werden und die in ihren Folgewirkungen dem wirtschaftlichen Gedeihen aller Sonderwirtschaften des Verbandes dienen. Die Preisgleichheit bedeutet den Ausschluß einer Vorzugstellung für einzelne gegenüber anderen wirtschaftlich Gleichgestellten, der schon aus dem allgemeinen Grundsatze der Gleichbehandlung folgt.

Die Gemeinwirtschaft kann aber auch durch einzelne Preisbildungen besondere Zwecke verfolgen, die neben dem erwähnten Zwecke der allgemeinen Förderung der Staatsangehörigen die Verkehrsmittel in dieser oder jener besonderen Richtung dem Gemeinleben dienstbar machen [1]).

Es wird zu untersuchen sein, wie diese für alle Verkehrsmittel geltenden Leitsätze in der Betätigung des Staates im Eisenbahnwesen zum Ausdrucke gelangen.

Hiermit tritt die öffentlich-rechtliche Feststellung der Preise ins Gesichtsfeld. Während das Finanzprinzip nur einen allgemeinen Grundsatz über die Höhe der Preise mit Bezug auf ihre Gesamtheit in sich schließt, handelt es sich nunmehr um die Höhe des einzelnen Preises, und zwar eben mit Rücksicht auf die einzelnen Wirtschafter, welche die Verkehrsakte in Anspruch nehmen. Die Absicht ist, die aus dem Preisgesetze des Verkehres fließende betriebsökonomische Preisbildung auf ihre Übereinstimmung mit den gemeinwirtschaftlichen Zwecken zu prüfen und sohin entweder zu bestätigen oder abzuändern. Das ist die Aufgabe, welche die staatlichen Organe hier zu erfüllen haben. Sie setzt selbstverständlich die genaue Kenntnis der zugrunde liegenden Tatsachen des Wirtschaftslebens voraus. Es ist einleuchtend, daß bei der ungeheuren Menge der Einzelfälle die Handhabung des Grundsatzes nur durch Aufstellung von allgemeinen, für die wirtschaftliche Durchschnittslage berechneten Tarifen durchführbar ist, wobei für die Anpassung der einzelnen Preise an die so mannigfachen und wechselnden

[1]) Zu solchen besonderen Zwecken können namentlich auch politische Zwecke des Staates zählen, in welchem Falle die Maßregel recht eigentlich den Namen Tarifpolitik verdient. Übereinstimmung mit der Handels- und Zollpolitik ist ein hierher zählendes Moment.

Umstände dem wirtschaftlichen Ermessen der erforderliche Spielraum eröffnet sein muß. Der Änderung der wirtschaftlichen Verhältnisse muß durch periodische Neugestaltung der allgemeinen Tarife Rechnung getragen werden.

Bei Privatbahnen wird der Zweck durch Auflage von Höchstpreisen erreicht. Zugleich kann schon die allgemeine Ermäßigung der Höchstpreise unter im voraus bestimmten Voraussetzungen ausgesprochen sein. Der Grundsatz der Gleichbehandlung gebietet wieder die Tarife unterhalb der Maximalhöhe für alle unter gleichen Umständen gleichzuhalten, so daß sie auch als solche die Gestalt allgemeiner Tarife annehmen. Die Durchführung erfordert eine ständige Aufsicht, sohin die Genehmigung jedes solchen Tarifes von seiten der Staatsverwaltung als Bedingung seiner Giltigkeit und Anwendbarkeit. Bei Tarifen innerhalb der Höchstgrenze kann sich die Prüfung des Tarifentwurfes nur darauf erstrecken, ob die Preissätze nicht die Höchstgrenze überschreiten. Eine Einflußnahme auf den konkreten Betrag des Preissatzes steht hier der Staatsverwaltung nur zu, wenn besondere Bestimmungen (sei es allgemeiner Gesetze, Verordnungen oder Konzessionsurkunden) zur Anwendung gelangen können. Andernfalls werden beabsichtigte Änderungen im Wege der Vereinbarung durchzusetzen sein, wofür es den Staatsverwaltungen an Mitteln nicht fehlt. Die Preisbestimmung muß zwecks voller Wirksamkeit sich auch auf die Nebengebühren erstrecken.

Das preußische Eisenbahngesetz v. J. 1838 beschränkte die Eisenbahnen in der Tariffestsetzung lediglich durch die Anordnung, daß die von ihnen einmal ermäßigten Tarifsätze ohne regierungsseitige Genehmigung nicht wieder erhöht werden dürfen. Da die neuen Bahnen alsbald das Interesse hatten, ihre ursprünglichen Tarife herabzusetzen, so wirkte die Klausel im Endergebnisse in gleicher Weise wie Höchsttarife.

Wenn die Preisfestsetzung besonderen Zwecken der Gemeinwirtschaft dienen soll, so wird sie eine von der allgemeinen abweichende. Es kann eine Erhöhung des Tarifsatzes erforderlich sein, wie z. B. wenn die Einfuhr gewisser Güter gehemmt werden soll, falls man die Bahnfrachten für solche Maßnahmen überhaupt heranziehen will. In der Regel wird eine Ermäßigung des Tarifsatzes das Mittel für einen besonderen Zweck sein, so in allen Fällen, in denen bestimmte Warensendungen zwischen bestimmten Örtlichkeiten ermöglicht werden sollen, die nach dem allgemeinen Tarife nicht durchführbar wären. Dies geschieht durch Ausnahmetarife oder spezielle Tarifbildungen, die eine große Ausdehnung angenommen haben, wo der Staat sich die Aufgabe zuerkennt, eine ins einzelne gehende Beeinflussung des wirtschaftlichen Lebens ins Werk zu setzen. Es kommt hier nur die Tatsache solcher Zwecksetzungen in Betracht, ohne daß über diese ein Urteil abgegeben werden soll. Durch solche Beeinflussungen sollen Preisbildungen der Eisenbahnen (einerlei ob Privat- oder Staatsbahnen) verhindert werden, die den staatlichen Bestrebungen auf Schutz der eigenen Wirtschafter vor fremdem Wettbewerb oder auf Förderung derselben innerhalb des eigenen Wirtschaftsgebietes oder beim Wettbewerbe auf fremden Märkten entgegenstehen. Denn es ist nicht ausgeschlossen, daß eine Eisenbahn, um Gütersendungen für ihre Linien zu gewinnen, Tarife erstellt, welche eine der staatlich beabsichtigten entgegengesetzte Wirkung oder doch eine mehr oder minder bedeutende Abschwächung des staatlichen Schutzes oder der staatlichen Förderung herbeiführen können.

Bismarck hat erstmals im Jahre 1879 eine solche Übereinstimmung der staatlichen Eisenbahntarifpolitik mit der Zoll- und Handelspolitik gefordert. In Rußland wurden in den 80er Jahren des vorigen Jahrhunderts eine Reihe von Tarifen (für Getreide, Kohle, Eisen und Stahl usw.) unter diesem ausgesprochenen Gesichtspunkte revidiert und neu aufgestellt. Auch Italien ist in gleicher Richtung vorgegangen, Rumänien, Ungarn, Österreich und andere Länder sind nachgefolgt.

Das Anwendungsgebiet solcher Fälle ist indes kaum als sehr umfangreich anzusehen. Wichtiger sind Tarifmaßnahmen, die in gewünschtem Sinne positiv wirken: z. B. den Bezug von Rohstoffen oder den Versand der einheimischen Erzeugnisse erleichtern oder es ermöglichen, bestimmte wirtschaftlich bedrängte Industrien, Orte, ja selbst ganze Gegenden zu unterstützen, die in- oder ausländischen Wettbewerb auszuschließen, anzuregen oder zu erleichtern bestimmt sind. Die Maßnahmen dieser Art schlagen auch in die Betriebsökonomie ein, insofern sie sich mit dem Bestreben der Eisenbahnen nach Gewinnung von Sendungen für die eigenen Linien oder Festhaltung von bedrohten Verkehren verknüpfen. Hier waren sie als Mittel und Ziele der verwaltungseitigen Förderung der Volkswirtschaft zu erwähnen [1]).

Noch weiter zu gehen und die Eisenbahntarife geradezu als Mittel der Handelspolitik gleich den Zöllen oder an Stelle der Zölle zu verwenden, ist eine Übertreibung, die sich durch ihre Folgen in der praktischen Anwendung verbietet.

Nach Seidler und Freud [2]) sollen die Eisenbahntarife grundsätzlich derart erstellt werden, daß die heimischen Produktionsbedingungen tunlichst ausgenützt und verstärkt, die fremdländischen geschwächt und wenn möglich wirkungslos gemacht werden, was natürlich den Bruch mit dem Vertragsgrundsatze der Gleichbehandlung (Paritätsprinzip) und eine völlig individualisierende Behandlung voraussetzt. Noch intensiver soll der Eisenbahntarif zur Förderung der Ausfuhr herangezogen werden. Eine Verwendung des Eisenbahntarifes im Sinne der Genannten würde selbstverständlich Gegenmaßregeln der anderen Staaten zur Folge haben, mit der Wirkung, daß kein durchgehender Tarif, ja kein Handelsvertrag mehr möglich wäre und der Tarifkampf mit allen seinen üblen Folgen eine ständige Einrichtung würde [3]).

---

[1]) Über die Bemessung der Bahntarife im Hinblick auf Vermeidung einer Durchkreuzung oder auf Ergänzung der Handelspolitik klar und maßvoll Wirminghaus, Jahrb. f. Nat. und Stat. 1918, III. Folge, Bd. 56.

[2]) „Die Eisenbahntarife in ihren Beziehungen zur Handelspolitik", 1904.

[3]) Gegen Seidler und Freud auch Elsas, „Die Ausnahmetarife im Güterverkehr der preußisch-hessischen Eisenbahngemeinschaft", 1912, S. 148: „In diesem Vorschlag liegt eine Unterschätzung der außerordentlichen Schwierigkeiten, die

In Verbindung mit den Fällen, in denen Abweichungen von den allgemeinen Tarifen eintreten müssen, weil letztere auf die konkreten wirtschaftlichen Verhältnisse bestimmter Verkehrsinteressenten nicht passen, hat sich durch diese Tarifmaßnahmen eine so weite Ausbreitung der Ausnahmetarife bei manchen Staatsbahnen ergeben, daß ihre Handhabung gegenüber den allgemeinen Tarifen in der Sache auf dasselbe hinausläuft wie die Unterschreitung der Maximaltarife bei den Privatbahnen [1]). Anderwärts wird der wirtschaftspolitische Zweck durch spezielle Tarifbildungen im Tarifaufbau angestrebt.

Ob die Aufstellung der allgemeinen Tarife im Wege der Gesetzgebung erfolgen solle, ist eine Frage der politischen Zweckmäßigkeit, wenn sie nicht etwa in einem Staate durch verfassungsrechtliche Bestimmungen oder sonst durch Gesetz vorhinein entschieden ist, wie das z. B. in einzelnen deutschen Mittelstaaten für die Staatsbahnen der Fall war. Die Erteilung der Konzession an Privatunternehmungen mittels Gesetzes entscheidet die Frage für das Privatbahnwesen. Für ein ganzes Netz erscheint beim Frachtenverkehre die Heranziehung der Gesetzgebung nicht rätlich. Bei der ersten Aufstellung des Tarifes könnte die Beschlußfassung doch nur den Anschein eines selbständigen, fachlicher Kompetenz entsprungenen Willensaktes haben, notwendig gewordene Abänderungen des Tarifes würden dann aber durch die Schwerfälligkeit des Apparates stark gehindert sein, was unter Umständen schädliche Folgen haben könnte. Bei den Personentarifen ist eine Mitwirkung des gesetzgebenden Körpers eher möglich: ob empfehlenswert, mag dahingestellt bleiben.

Bei den Bestrebungen einer Tarifregelung in Deutschland während der 70er Jahre dachte man daran, dem Reichstage die Beschlußfassung über Tarife vorzubehalten. Bismarck selbst wollte die Feststellung der Normaleinheitsätze dem Bundesrate übertragen wissen. Dagegen leisteten die Vertreter der Mittelstaaten mit eigenem Staatsbahnbesitze aus politischen Gründen erfolgreichen Widerstand, infolgedessen auch die betreffende Gesetzesvorlage scheiterte. Durch das Gesetz über die Beiräte vom Jahre 1882 wurde in Preußen doch die Erhöhung der bestehenden Normaltarife an die Zustimmung der Gesetzgebung gebunden; in Österreich ist neuestens durch Gesetz vom 13. IV. 1920 die Mitwirkung eines Ausschußes der Nationalversammlung bei der Neufestsetzung der Tarifgrundlagen der Staatsbahnen und der von diesen betriebenen Privatbahnen für Personen und Reisegepäck und für die allgemeinen Güterklassen und für jene Artikel, für die in der allgemeinen Güterklassifikation nichts vorgesehen ist, vorgeschrieben worden. Im Bundesgesetze be-

---

sich bei Durchführung der Kontrolle über die Einhaltung solcher Eisenbahntarifverträge herausstellen müßten, besonders dann, wenn der eine Vertragsgegner ein Land mit überwiegendem Privatbahnsysteme wäre... Auch wird übersehen, daß eine vertragliche Bindung auf kurze Perioden mit Rücksicht auf die gleichmäßige Entwicklung der Volkswirtschaft, auf lange Perioden aber mit Rücksicht auf die Notwendigkeit die Eisenbahntarife neu auftretenden wirtschaftlich wirksamen Momenten anpassen zu können, unmöglich wäre."

[1]) Wegen des Zusammenhanges mit den betriebsökonomischen Gesichtspunkten ist beim Tarifwesen Anlaß, auf die Ausnahmetarife zurückzukommen.

treffend das Tarifwesen der schweizerischen Bundesbahnen (1901) sind die Höchstsätze festgestellt, Abweichungen von der Genehmigung des Bundesrates abhängig gemacht. Ein einzig dastehender Fall ist es, daß ein Tarifsatz sogar verfassungsmäßig festgestellt war, indem Art. 45 der früheren deutschen Reichsverfassung für den Transport von Kohlen, Koks, Erzen, Steinen, Salz, Roheisen, Düngemitteln und ähnlichen Gegenständen auf große Entfernungen einen ermäßigten Tarif von 1 Pfennig für die Zentnermeile als nach Tunlichkeit einzuführen vorgeschrieben hat. Tatsächlich ist diese Bestimmung niemals praktisch geworden.

Fortsetzung. Insbesondere die Gleichheit der Preise für alle. Den Abschluß der in Rede stehenden Maßnahmen bildet die Sicherung der Einhaltung der Tarife und der Gleichbehandlung aller Interessenten seitens der Eisenbahnen. Die Pflicht der Einhaltung der Tarife wird als selbstverstädnlich behandelt, indem den Interessenten das Recht auf Rückforderung zu Ungebühr bezahlter Preise eingeräumt ist. Das gewährt gegen Zuwiderhandeln den Bahnbenützern ausreichenden Schutz, obschon in Wirklichkeit die Reklamationen sich wohl nur gegen unbeabsichtigte Anrechnung unrichtiger Gebühren richten werden. Für den angenommenen Fall einer beabsichtigten Überhaltung im Preise ist dem Geschädigten die Abhilfe durch den Rechtssatz geboten, demzufolge der volle Schaden zu ersetzen ist, der durch böse Absicht oder grobe Fahrlässigkeit der Eisenbahn oder ihrer Leute herbeigeführt wurde.

Der Sicherung der Gleichbehandlung dient ein ausdrückliches Verbot jeder individuellen Bevorzugung im Frachtpreise oder in den Beförderungsbedingungen. Schon die ersten französischen Konzessionen enthalten die Vorschrift: *La perception des taxes devra se faire par la compagnie indistinctement et sans aucune faveur.* Die englische *Railway clauses act* v. J. 1845 gestattet die Änderung der Tarife unterhalb der Höchstsätze, jedoch unter Wahrung des Grundsatzes der Gleichberechtigung. Erst durch Gesetz v. J. 1888 wurde das Prinzip wirksam ausgestaltet, indem in Fällen der Beschwerde wegen ungleicher Behandlung einzelner Verkehre oder Versender der Eisenbahn der Beweis auferlegt wurde, daß „keine ungehörige Bevorzugung" vorliege. Daß die deutschen Staaten und Österreich den Grundsatz der Gleichbehandlung in diesem Sinne von allem Anfang an ausgesprochen und gewahrt haben, wurde bereits im früheren erwähnt. Das Prinzip wird unwirksam, wenn nicht auf die Nebengebühren ausgedehnt.

Die Bevorteilung einzelner Personen wurde insbesondere in Form von Rückvergütung eines Teiles der tarifmäßigen Fracht (Bonifikation, Refaktie) geübt, wodurch, wenn insgeheim gewährt, die Gleichbehandlung verletzt wird.

In den Ländern des Konkurrenzsystems, England und den Vereinigten Staaten, wurde die Gleichbehandlung durch die geheimen Frachtabkommen geradezu illusorisch, insbesondere im Großverkehre, da der Wettbewerb erklärlicherweise in solchen seine beste Waffe fand. Aber auch auf dem europäischen Festlande hat die Refaktie, in dieser Weise gehandhabt, in der Entwicklung des Tarifwesens eine große Rolle gespielt.

Die allmähliche Ermäßigung der Frachtsätze von der ursprünglich den Frachtkosten auf den alten Verkehrsmitteln angepaßten Höhe vollzog sich in der Art, daß Frachtinteressenten, die nicht in der Lage zu sein glaubten, oder es vorgaben, zu den tarifmäßigen Sätzen Güter befördern zu lassen, an die Geschäftsleitung mit dem Antrage herantraten, für dieses oder jenes besondere Geschäft Ermäßigungen zu gewähren, oft zugleich mit dem Angebote, im Falle der Gewährung der angesprochenen Preissätze eine gewisse Mindestmenge von Gütern aufzugeben. Auf solche Angebote wurden Frachtkontrakte für einzelne Warengattungen, Stationsverbindungen und für eine gewisse Zeit geschlossen, und zwar eben in Form der Refaktie. Die Kontrakte blieben geheim und zeigten zuweilen für einen Artikel und ein und dieselbe Stationsverbindung verschiedene Sätze je nach der geschäftlichen Stellung des Frachtgebers, und es wickelte sich eine Zeitlang ein großer Teil des Verkehres in dieser Art ab. Schließlich ergab sich mit Rücksicht auf die große Zahl solcher Sonderbegünstigungen die Notwendigkeit, diese Sätze in den allgemeinen Tarif aufzunehmen. Rank [1]) bezeugt, daß während des langwierigen Konkurrenzkampfes um die Teilung des Verkehres zwischen Ungarn einerseits, Deutschland, Belgien, Holland und Frankreich andererseits, dessen Wirkung sich in der Herabsetzung der Frachtsätze der beteiligten österreichischen und ungarischen Bahnen bis auf ungefähr ein Drittel ihrer normalen Höhe äußerte, kein einziger der wirklich angewendeten ermäß'gten Sätze veröffentlicht wurde und die Ermäßigung gleichzeitig für Händler oder Spediteure von größerer oder geringerer geschäftlicher Bedeutung verschieden war.

Es ist begreiflich, daß die nicht begünstigten Versender überall gegen die ihnen zugefügte Benachteiligung sich heftig zur Wehr gesetzt haben, mit dem Erfolge, daß solche geheime Refaktien in Europa allgemein verboten wurden. So in Preußen ausdrücklich i. J, 1855, in Frankreich 1860. Zugelassen sind Refaktien in einzelnen Staaten, z. B. Österreich, wenn ihre Bedingungen so gestellt sind, daß sie unter gleichen Verhältnissen von jedermann erfüllt werden können, und wenn sie ordnungsmäßig veröffentlicht sind.

Eine besondere Gruppe bilden die Refaktien, deren Auszahlung an die Bedingung geknüpft ist, daß innerhalb einer gewissen Zeit eine bestimmte Mindestmenge von Gütern in einer bestimmten Stationsverbindung aufgeliefert werde. Hier liegt eigentlich dasselbe vor wie bei den Rabattarifen im Seeverkehre, obschon im Binnenverkehre, wo sich Groß- und Kleinunternehmungen gegenüberstehen, die Verhältnisse einigermaßen anders liegen (vgl. Bd. II, S. 222). Es wäre gegen solche Rabatte trotzdem nichts einzuwenden, wenn sie nicht dazu benützt würden, das Verbot persönlicher Vergünstigung zu umgehen. Das geschieht dann, wenn der Preisnachlaß absichtlich an derart gefaßte Bedingungen geknüpft ist, daß sie nur von bestimmten Personen erfüllt werden können. Wenn man daher auch solche Refaktien gänzlich verbietet, so ist das zutreffend, weil der Zweck, dem sie betriebsökonomisch richtig dienen, durch Tarifmaßnahmen anderer Art erreicht werden kann.

[1]) „Das Eisenbahntarifwesen in seinen Beziehungen zu Volkswirtschaft und Verwaltung", 1895, S. 275.

Im Handelsvertrage zwischen Österreich-Ungarn und Deutschland vom Jahre 1878 verpflichteten sich beide Teile, die Anwendung nicht publizierter Tarife auf den Eisenbahnen zu untersagen; zugleich wurde bestimmt, daß die publizierten Tarifsätze überall und für jedermann unter Ausschluß von nicht veröffentlichten Rückvergütungen (Rabatten, Refaktien u. dgl.) gleichmäßig zur Anwendung zu bringen sind. Demgemäß wurde in beiden Ländern die Veröffentlichung aller solchen Tarifermäßigungen vorgeschrieben und nur ausnahmeweise die Geheimhaltung genehmigt, wenn die Nachlässe für öffentliche oder Wohltätigkeitzwecke gewährt werden oder für solche Gütersendungen, deren Geheimhaltung aus politischen oder militärischen Rücksichten von der Aufsichtsbehörde für notwendig erachtet wird, oder endlich, wenn die Nachlässe auf Grund von geltenden Gesetzen erteilt werden müssen (Österreichische Verordnung über Tarifnachlässe). Die Bestimmung ist in den späteren Handelsverträgen (auch zwischen anderen Staaten) wiederholt und noch schärfer gefaßt worden.

In gleichem Sinne hat das Bundesverkehrsamt der Vereinigten Staaten, nachdem es durch ein das *interstate commerce law* ergänzendes Gesetz vom Jahre 1906 eine wesentliche Verstärkung seiner Vollmacht erlangt hatte, mit Strenge denselben Grundsatz zur Geltung gebracht. Beispielsweise war es früher bei den Eisenbahnen der Union gang und gäbe, nach ihrem Belieben Versendern Wettbewerbsätze, die in den Tarifen nicht aufgenommen waren, zukommen zu lassen. Das Verkehrsamt hat das abgestellt und für die Einräumung solcher Sätze die Aufnahme in die Tarife und somit die gleichmäßige Zugestehung an jedermann zur Bedingung gemacht. Das Gesetz und die Kommission richteten ihre Bemühungen überhaupt darauf, die geradezu raffinierten Versuche zu vereiteln, welche die Bahnen immer wieder unternahmen, um die gesetzliche Vorschrift durch Einräumung von Vorteilen allerlei Art an einzelne Begünstigte zu umgehen, z. B. Gestattung falscher Inhalts- oder Gewichtsangaben der Sendungen, Zahlungen unter fingierten Titeln u. a. m. Großen Umfang hatte die begünstigte Beförderung von Frachtgütern angenommen, die Erzeugnisse von Unternehmungen sind, an welchen die Bahngesellschaften selbst direkt oder indirekt interessiert sind (insbesondere Bergbau- oder Fabriksunternehmungen, die sie selbst betreiben oder deren Aktien sie besitzen). Eine Einschaltung in das Gesetz vom Jahre 1906 glaubte durch die radikale Maßregel des Verbotes, solche Artikel überhaupt zu befördern, Abhilfe schaffen zu können: die sogenannte *Comodities Clause*. Der Oberste Gerichtshof hat aber auf Anfechtung der Gesetzesbestimmung durch die Eisenbahnen entschieden, daß sie zwar rechtsgültig sei, aber nicht Anwendung finde, wenn die Eisenbahn die betreffenden von ihr selbst hergestellten Güter vor der Beförderung veräußert hat, oder wenn sie an einem Unternehmen, welches die zu befördernden Güter erzeugt, nur durch einen gewissen Aktienbesitz beteiligt ist. Durch diese Auslegung war die Klausel zum größten Teile ihrer Wirkung entkleidet.

Die Nichteinhaltung des Verbotes wird zumeist im Wege der Staatsaufsicht im Verwaltungsverfahren verfolgt, z. B. in Österreich schon seit der Eisenbahnbetriebsordnung v. J. 1851 durch Disziplinarstrafen gegen die schuldtragenden leitenden Beamten und durch Geldstrafen gegen die Unternehmung, unter Umständen sogar durch Sequestration der Bahn. Ein zivilrechtliches Sicherungsmittel ist die bereits erwähnte Haftpflicht der Eisenbahn für den durch böse Absicht herbeigeführten Schaden des durch eine Frachtbevorzugung anderer Versender benachteiligten Frachtgebers. In den Vereinigten Staaten hat man hohe Geld- und selbst Gefängnisstrafen für jeden Übertretungsfall für notwendig erachtet.

Ein besonderer Fall der Unvereinbarkeit mit dem Grundsatze der Gleichbehandlung liegt vor in den Differentialtarifen im eigentlichen Sinne, durch welche gegenüber weiteren Relationen die Frachtinteressenten in zwischenliegenden Strecken in einer bestimmten Verkehrsrichtung tarifarisch ungünstiger gestellt werden. Hier kommt ein berechtigtes Interesse der Eisenbahn, die Frequenz durch Frachten zu vermehren, welche nur durch solche Tarifermäßigungen zu gewinnen sind, verbunden mit dem Interesse eben dieser Befrachter, mit dem allgemeinen öffentlichen Interesse der Wahrung des Grundsatzes der Gleichbehandlung in Widerstreit. Eine Entscheidung kurzweg zugunsten des letzteren wäre in einem Verbote solcher Preisstellung gelegen. Allein dabei bliebe außer Betracht, ob nicht im einzelnen Falle die Schädigung durch die ungleiche Behandlung tatsächlich Null oder äußerst gering sei, die Schädigung der Eisenbahn hingegen und der erwähnten Interessenten aber ins Gewicht falle. Die Ausgleichung bietet sich darin, daß die Anwendung des gedachten Tarifes gestattet, jedoch die Berechnung des billigeren Tarifes der weiteren Strecke für alle Stationen der Zwischenstrecke bis zur Erreichung des allgemeinen Tarifes zur Bedingung gemacht wird (sog. „Rückwirkungsklausel"). Diese war in der Formel eingeschlossen, welche das preußische Handelsministerium im Erlaß vom Februar 1863 anläßlich einer den Bahnen gewährten freieren Bewegung in den Tarifen des Transitverkehres und der Verbandverkehre als unverrückbaren Grundsatz festhielt: daß „nach einer vorliegenden Station niemals mehr an Gesamtfracht erhoben werden darf, als nach einem darüber hinaus liegenden entfernteren Bestimmungsorte".

In sehr vielen Fällen wird der Eisenbahn durch diese Beschränkung nur ein geringer Entgang an der durch den Tarif erzielbaren Einnahmen bereitet; in anderen Fällen mag die Wirkung der Klausel eine stärkere sein, dermaßen, daß die Eisenbahn es vorzieht, auf den zu erlangenden Verkehr der weiteren Relation ganz zu verzichten. Es drängt sich nur die Frage auf, wie die Staatsverwaltung sich verhalten soll, wenn die betreffende Preisstellung nicht vom Willen der in Betracht kommenden Eisenbahn abhängt, wie in Knotenpunkten, denen die fragliche Preisstellung anderweitig gesichert ist, so daß beim Ausscheiden jener Bahnlinie die Interessenten ihrer Strecke dem höheren Preise nicht entgehen. Die Sachlage findet sich „bei Konkurrenz von Wasserstraßen oder ausländischen Bahnen, und wenn der Tarif eines bestimmten Bahnweges durch den billigeren ordentlichen Tarif einer dieselben Endpunkte bzw. beim Seefrachtverkehre einer denselben Knotenpunkt mit einem anderen Hafen verbindenden Bahnlinie bedingt ist". In solchen Fällen müssen Ausnahmen von der Rückwirkungsklausel gemacht werden. Denn, wenn die betreffende Bahnlinie infolge der Klausel auf die Mitbedienung des Knotenpunktes verzichtet, ist die Lage der Befrachter der Zwischenstrecke nicht geändert. Solche Ausnahmen sind insbesondere unvermeidlich, wo und solange infolge eines zersplitterten Bahnbesitzes die Knotenpunktkonkurrenz den Bahnbetrieb beherrscht.

Die Bestimmungsgründe zu Ausnahmen von der Regel lassen sich wohl zutreffend auf die unter Anführungszeichen gesetzte Formel zurückführen. Diese dankt den Verhandlungen des österreichischen Reichsrates über die Regelung des Frachtentransports (1877/78) ihr Entstehen und stimmt im wesentlichen mit der gleichzeitigen Übung des preußischen Handelsministeriums überein, nur daß diese bloß den Konkurrenztarif einer kürzeren Linie als eine Ausnahme von dem angeführten Grundsatz rechtfertigend zuließ. Auch das französische Ministerialreskript v. J. 1868 war in ähnlichem Sinne gehalten, wenngleich nicht ausreichend. Das amerikanische Bundestarifgesetz, das die Klausel aus den Gesetzesbestimmungen einzelner Gliedstaaten übernommen hat, stellt ebenfalls die Regel auf und ermächtigt das Bundesverkehrsamt Ausnahmen zu gestatten, ohne daß etwas Näheres über die Begründung solcher Ausnahmen gesagt ist. Selbstverständlich machte das dem Amte viel Kopfzerbrechen und veranlaßte weitwendige Erörterungen, die nicht erforderlich gewesen wären, wenn die Gesetzgeber berücksichtigt hätten, was anderswo in dem Punkte schon vorgekehrt war. In seiner ursprünglichen Fassung hatte das Bundesverkehrsgesetz das Verbot der niederen Tarife für weitere Strecken ausgesprochen als geltend „unter wesentlich gleichen Umständen und Bedingungen“. Die Eisenbahnen legten diese Bestimmung so aus, daß sie selbst vorerst zu beurteilen hätten, ob Gleichartigkeit der Umstände vorliege, und nicht an das Amt zu gehen brauchten, wenn nach ihrer Meinung Ungleichheit der Umstände vorhanden war. Als solche betrachteten sie die Konkurrenz, der sie in den Knotenpunkten begegnen und die die Zwischenplätze nicht trifft. Damit war, da die Rechtsprechung dem Gesichtspunkte der Eisenbahnen beipflichtete, die Gesetzesvorschrift erklärlicherweise illusorisch gemacht. Erst durch eine Novelle v. J. 1910 wurde der einschränkende Zusatz beseitigt und zugleich bestimmt, daß Durchgangsfrachtsätze nicht höher sein dürfen als die Sätze der Lokalfrachten der betreffenden Relation (was eigentlich mit dem Fragepunkte nichts zu tun hat). Nunmehr hing es vom Tarifamte ab, zu entscheiden, ob im einzelnen Falle die Konkurrenz in den Knotenpunkten eine Ausnahme von der Rückwirkungsklausel rechtfertige. Das Amt hat sich in dieser Hinsicht den Eisenbahnen sehr entgegenkommend gezeigt und insbesondere die Konkurrenz der Wasserwege als Ausnahmegrund anerkannt. Letztere spielt dort in den großen Weltrouten eine weit belangreichere Rolle als in Europa. Der in Rede stehende Punkt ist überhaupt in Amerika von größerer Tragweite als in Europa. Da der Wettbewerb als das Lebenselement des Bahnverkehrs angesehen wurde, so ergaben sich zwischen den zahlreichen Konkurrenzlinien unzählige Wettbewerbpreise, die bis zu den niedrigsten Sätzen, in den Fällen der Tarifkriege bis unter die Selbstkosten herabgingen. Diesen gegenüber waren die Lokaltarife hoch und wurden so hoch als möglich gehalten, um Entschädigung für die geringen Einnahmen oder Verluste des Wettbewerbverkehres zu bieten. Durch diesen großen Abstand der Höhe der Wettbewerb- und der Binnentarife, der einen charakteristischen Zug des Wettbewerbsystems bildet, wurde die Handhabung der Rückwirkungsklausel schwieriger. In Preußen und Österreich und im gesamten Deutschland ist infolge Durchdringens des Staatsbahnsystems der Grundsatz, abgesehen von Fällen ausländischen Wettbewerbes, streng zur Durchführung gelangt.

Öffentlichkeit, Stetigkeit, Einfachheit, Einheitlichkeit der Tarife. Die mit diesen Merkworten bezeichneten Anforderungen hinsichtlich Vervollkommnung der Tarife durch Eingreifen der staatlichen Verwaltung sind teils durch leicht begreifliche Zweckmäßigkeitserwägungen veranlaßt und durch ebensolche Maßnahmen zu erfüllen, teils fußen sie auf der wirtschaftlichen und staatlichen Entwicklung, gerade unter dem

Einfluß der Eisenbahnen, die zur Zusammenfassung und Einheitlichkeit hindrängt.

Die Öffentlichkeit erleichtert nicht nur die Benützung der Bahn, indem sie die Einziehung von Erkundigungen über die Tarife durch mündliche Nachfrage oder Brief erspart, sondern ist geradezu erforderlich, um den Verkehrtreibenden die Kontrolle darüber zu ermöglichen, ob dem Gebote der Gleichbehandlung nicht irgendwie zuwidergehandelt wird. Naheliegend ist, durch eine amtliche Ausgabe der gedruckten Tarifbücher die Authentizität der Veröffentlichung zu verbürgen. Wie ein Gesetz nur dann verbindlich ist, wenn es gehörig kundgemacht ist, so muß die Anwendbarkeit von Tarifen von einer als verbindlich anerkannten Veröffentlichung abhängig gemacht sein. Die in gleicher Weise erfolgende Verlautbarung aller Abänderungen muß es jedermann ermöglichen, immer regelmäßig in Kenntnis der Preise zu gelangen, mit denen er jeweils zu rechnen hat.

In Preußen hat das schon wiederholt genannte Eisenbahngesetz v. J. 1838 vorgeschrieben, daß alle Tarife und deren spätere Änderungen sofort bei ihrem Inkrafttreten, im Falle der Erhöhung aber schon sechs Wochen vor diesem Zeitpunkte, der Regierung anzuzeigen und öffentlich bekannt zu machen seien. In den Konzessionsurkunden behielt sich die Regierung zumeist das Recht der Genehmigung vor, nach der die Veröffentlichung zu erfolgen hat. Der Bekanntmachungsfrist unterliegen auch Aufhebungen und Einschränkungen von direkten Tarifen, wenn damit eine Tariferhöhung verbunden ist. Genaue Bestimmungen regeln die Form der Veröffentlichung, die hiefür zu benützenden Zeitungen usw. Ähnlich in anderen deutschen Staaten.

Für sämtliche am Berner Internationalen Übereinkommen über den Eisenbahnfrachtverkehr beteiligten Staaten und Eisenbahnen ist durch Art. 11 die „gehörige“ Veröffentlichung der Tarife Pflicht, bei sonstiger Rechtsungültigkeit für den internationalen Verkehr. Was als gehörig anzusehen ist, bestimmen die Vorschriften der einzelnen Staaten. In Österreich war übrigens schon sowohl in den Konzessionsurkunden als in der Eisenbahnbetriebsordnung v. J. 1851 und im Konzessionsgesetze v. J. 1854 die Veröffentlichung der Tarife vorgeschrieben, gleichwie in den französischen Konzessionen, die als Vorbild gedient hatten. Eine ausführliche Verordnung des österreichischen Eisenbahnministeriums zuletzt aus dem Jahre 1905 regelt alle einschlägigen Fragen.

England begnügte sich lange Zeit mit der Vorschrift, daß für den Güterverkehr auf jeder Station ein Buch, welches alle im Verkehr der Station geltenden Tarifsätze, auch die auf Grund besonderer Verträge gewährten, unter Beisatz der Entfernungen zu enthalten hat, während der Geschäftstunden zur kostenfreien Einsicht für jedermann ausliege, und daß für den Personenverkehr bei der Fahrkartenausgabestelle gedruckte oder geschriebene Listen mit den Preisen aller dort ausgegebenen Fahrscheine an einer in die Augen fallenden Stelle aushängen. Das Ausreichen dieser Vorkehrung bezüglich der Gütertarife ist wohl nur dadurch erklärlich, daß der Geschäftsmann sich nur um die Tarife, die seinen Betrieb betreffen, kümmert, die Kleinsendungen des Alltagverkehres aber zum allergrößten Teile durch Vermittler (Spediteure) besorgt werden.

Die Vereinigten Staaten von Amerika befolgten zuerst den englischen Vorgang. Erst das Bundesverkehrsgesetz regelte die Veröffentlichung der Tarife in eingehender Weise und das oben erwähnte Nachtragsgesetz hat den Grundsatz der Öffentlichkeit aller Tarife und die Verpflichtung der Bahnen, das gesamte Tarifmaterial, soweit es den zwischenstaatlichen

Verkehr betrifft, der Behörde vorzulegen, mit aller Strenge durchgeführt. Das Verkehrsamt hat danach die Form der neu herauszugebenden Tarife auf das Einläßlichste in allen Einzelheiten festgestellt und auch die Beibringung aller Unterlagen, von deren Prüfung die Genehmigung der zu veröffentlichenden Tarife abhängt, genau geregelt.

Die Stetigkeit ist bei dem großen Einflusse der Eisenbahntarife auf die Preis- und Wettbewerbsverhältnisse ein wichtiger Gesichtspunkt. In den ersten Zeiten der Eisenbahnentwicklung trat er nicht in solchem Maße hervor, und die rasch aufeinanderfolgenden Umgestaltungen waren ja auch ein Ausfluß der Entwicklung selbst. Sobald aber ein gewisser Reife- und Ruhezustand eingetreten ist, kommt der Grundsatz zur Geltung, die Tarife nicht ohne zwingende Gründe und auch da nur mit möglichstem Aufschub des Termines einer Änderung zu unterziehen. In diesem Sinne kann die Stetigkeit durch Verwaltungsmaßregeln gefördert werden, wie: die Vorschrift, daß einmal eingeführte Tarife eine gewisse Zeit hindurch bestehen bleiben müssen (z. B. in der Schweiz die Personentarife 6 Monate, Gütertarife 1 Jahr, herabgesetzte Personentarife 3 Monate, herabgesetzte Gütertarife 1 Jahr) und Änderungen erst eine bestimmte Zeit nach erfolgter Veröffentlichung in Kraft treten dürfen.

Schon die ersten französischen Konzessionen aus den 40er Jahren des vorigen Jahrhunderts ordneten an, daß eine Tarifänderung erst ein Monat nach ihrer Verlautbarung in Kraft trete und daß herabgesetzte Tarife vor Ablauf von 3 Monaten nicht wieder erhöht werden dürfen. Durch das österreichische Eisenbahnbetriebsreglement v. J. 1910 wurde, gleichwie in Deutschland, die Frist für Erhöhungen und Erschwerungen der Beförderungsbedingungen auf 2 Monate (früher 6 Wochen) festgesetzt. Demselben Zwecke dient schon in gewissem Maße die Vorschrift des gewöhnlichen Genehmigungsweges mit Vorlage genauer Begründung. Im Lande der Tariffreiheit wurde, bevor für Tarifänderungen eine bestimmte Frist vorgeschrieben war, die Einführung von Tarifen, die man nur einen Tag in Geltung ließ (sog. *midnight tariffs*) als Mittel zur Begünstigung einzelner Versender benutzt. Die Eingeweihten konnten an diesem Tage zu dem herabgesetzten Tarife ihre schon vorbereiteten Frachten aufgeben, während die übrigen Bahnkunden nicht die Zeit fanden, von der Tarifermäßigung Gebrauch zu machen.

Durch den Gesichtspunkt der Stetigkeit ist eine allgemeine Tariferhöhung nicht ausgeschlossen, die infolge von durchgreifenden dauernden Änderungen der Preisverhältnisse notwendig wird. Eine solche bildet indes eine prinzipielle Frage, die nur nach eingehender Erörterung der einwandfrei festzustellenden Voraussetzungen zu entscheiden ist, wobei die Frage des Maßes nicht geringere Schwierigkeiten bereitet als die Frage des Ob. Bei eigenem Bahnbesitz wird der Staat die Entscheidung für sich treffen. Ob Privatbahnen eine solche zusteht, hängt davon ab, inwieweit sie an die Tarifgenehmigung seitens der Regierung gebunden sind. Dies ist bekanntlich ein Punkt, der soeben die Gegenwart beschäftigt. Es wird nicht zu bestreiten sein, daß, wenn der Krieg nicht ausgebrochen wäre, die Frage hätte längst aufgeworfen werden müssen. Die großen Preis- und Lohnerhöhungen, die gegen Ausgang des vorigen, und zu Beginn unseres Jahrhunderts sich vollzogen, haben die Kosten des Bahnbetriebes dermaßen gesteigert, daß nach Ablauf der günstigen Geschäftskonjunktur nach Ende des ersten Dezenniums es unvermeidlich geworden wäre, mit den Tarifen der allgemeinen Änderung der Preislage zu folgen. Durch den Krieg ist die Maßregel nur beschleunigt und zu abnormen Verhältnissen gesteigert worden. Die Tariferhöhungen, in welchen die Geldentwertung zum Ausdruck kommen mußte, sind ein Übergangszustand. Das endgültige Ausmaß der Erhöhung ist durch die Wiederkehr des normalen Ganges der Wirtschaft mit dem dann zutage tretenden Unterschiede des künftigen durchschnittlichen Preisniveaus von dem der Vergangenheit bedingt. Der gemeinwirtschaftliche Leitstern einer solchen Regelung kann kein anderer sein als der, das Gleichgewicht aller Wirtschaftsfaktoren in den Preisverhältnissen zu wahren.

Die Einfachheit, mit anderen Worten: Klarheit und Übersichtlichkeit der Tarife ist eine Anforderung, die bei Personentarifen leicht, bei Gütertarifen dagegen nur in beschränktem Maße zu verwirklichen ist. Sie ist aber gerade bei den Gütertarifen auf jede mögliche Weise anzustreben, weil nur damit den Frachtgebern die Sicherheit der Anwendung des richtigen Tarifes gegeben ist. Je mehr sich die Verkehrsbeziehungen mit der Entwicklung der Eisenbahnen ausbreiten und je mehr die verschiedenen Anforderungen der Wirtschaft durch besondere Tarifgestaltungen berücksichtigt werden müssen, desto verwickelter werden unausweichlich die Gütertarife, weshalb die Betriebstechnik alle Hilfsmittel der Darstellung in Anwendung bringt, die das Auffinden des einzelnen jeweils anzuwendenden Tarifsatzes und womöglich auch die Berechnung des zu zahlenden Frachtbetrages erleichtern.

Die Massigkeit solcher Tarifbücher pflegt bei Laien einen ganz falschen Eindruck hervorzurufen. Der im Geschäftsleben Tätige lernt sie leicht gebrauchen und findet sich nach einiger Übung in ihnen bequem zurecht. Dabei ist nicht zu übersehen, daß, wie schon im allgemeinen bemerkt wurde (Bd. I, S. 152) der größte Teil des Bahnverkehres sich durch Vermittler abspielt, denen die Tarife in allen Einzelheiten geläufig werden. Es ist daher auch in keiner Weise geboten, bloß der erwünschten Vereinfachung wegen etwa zu einer Tarifform zu greifen, wie z. B. dem Wagenraumtarif, der zwar diese Eigenschaft besitzt, in anderer Hinsicht aber einen mangelhaften Tarifaufbau darstellt.

Ein wirklicher Mangel aber entsteht in der erörterten Hinsicht, wenn infolge von Zersplitterung der Bahnnetze Knotenpunktkonkurrenzen mit lebhaftem und vielfachem Linienwettbewerb eintreten, so daß ein Wirrnis von Preisbildungen zutage tritt, die nebeneinander hergehen oder einander zum Teil aufheben und häufig eine sichere Berechnung der Fracht ausschließen [1]). Hiegegen ist aber die Abhilfe nicht von den

[1]) Anfang 1882 bestanden auf 39 Bahnen Österreichs für den Güterverkehr 46 Lokaltarife mit 36 Nachträgen und 14 Spezial- und Ausnahmetarifen, 75 interne

Tarifen aus, sondern nur durch Behebung der Ursache der Zersplitterung zu gewinnen. In diesem Falle wird mit Recht der Ruf nach Vereinheitlichung der Tarife erhoben. Diese ist aber dann eine Maßnahme, deren Begründung tiefer reicht und mit dem bloß formalen Grunde der Vereinfachung allein keineswegs gegeben wäre. Hier hat die Verwaltung Gelegenheit einzugreifen.

Die Einheitlichkeit der Tarife bei Bestand und für den Bereich mehrerer Bahnverwaltungen ist ein Erzeugnis der Entwicklung. Sie weist eine Abstufung auf, die für ihre Begründung und Wirkung ganz wesentlich ist. Eine niedere Stufe ist bezeichnet durch Übereinstimmung im Tarifaufbau, in den betriebsökonomischen Tarifgrundlagen — formale Tarifeinheit. Die höhere Stufe fügt die Übereinstimmung der Preissätze hinzu, — also gleiche Höhe der Preise, was man als materielle Tarifeinheit bezeichnet hat. Beim Staatsbahnsystem ist, wenn nicht das Gebiet gar zu groß und wirtschaftlich ungleichartig ist, die materielle Tarifeinheit die Regel.

Die formale Einheitlichkeit umfaßt namentlich die Klassifikation und die Nebenbestimmungen und sie dient schon damit ersichtlich in weitem Maße der Vereinfachung. Diese Rücksicht auf die Verkehrsinteressenten ist jedoch nicht der einzige Bestimmungsgrund; ein solcher liegt vielmehr ebenso sehr in der inneren Zweckdienlichkeit für den Betrieb bei Ausbreitung des Verkehres über die Linien verschiedener Bahnanstalten und schließlich der Verdichtung des Verkehres über das Netz des ganzen Landes. Jede Geschäftsleitung einer Bahnanstalt, auch wenn in dieser verschieden geartete Linien zusammengefaßt sind, baut von Anfang an ihre Tarife auf bestimmten, den Durchschnittsverhältnissen ihres Netzes entsprechenden Grundlagen auf. Der „durchgehende“ Verkehr, welcher von einem Netze auf das andere übergeht, erfordert eine Übereinkunft hinsichtlich der formalen Tarifgrundlagen, auf welchen er abgewickelt werden soll, was schon Übereinstimmung für

---

Verbandtarife mit 55 Nachträgen und 56 Getreide- und Kohlentarifen, 186 Auslandtarife mit 441 Nachträgen und 134 Getreide- und Kohlentarifen, dazu noch 2869 Refaktien. Der Zustand in Deutschland ungefähr zur selben Zeit ist im Berichte über die Ergebnisse des Betriebes der preußischen Staatsbahnen 1880/81, S. 233 wie folgt, geschildert:

„Die Tarifhefte der einzelnen Verwaltungen und Verbände erreichten bald wieder einen enormen Umfang und erhielten eine Menge von Nachträgen, welche die durch den Reformtarif vom Jahre 1877 angebahnte Übersichtlichkeit nahezu vollständig wieder aufhoben. Nach einer vom Reichseisenbahnamte im Dezember 1879 aufgestellten Übersicht bestanden damals — 2 Jahre nach dem Beginn der Durchführung der Tarifreform — für den Verkehr der deutschen Eisenbahnen 63 Lokaltarife, 184 Verbandtarife und 351 Spezialtarife für einzelne Artikel. Hierzu traten für den direkten Verkehr mit dem Auslande noch weitere 199 allgemeine Tarife und 314 Spezialtarife für einzelne Artikel. Einzelne Verbandtarife waren wieder in zahlreiche Hefte zergliedert. So bestand der West- und Nordwestdeutsche Verbandtarif Ende 1880 aus 206 Heften mit 863 Nachträgen, der mitteldeutsche Verbandtarif aus 33 Heften mit 374 Nachträgen usw.“

diesen Teil des Verkehres mit sich bringt. Mit der fortschreitenden Entwicklung wird dieser Teil des Verkehres immer bedeutsamer, umfaßt immer mehr Betriebe, dehnt sonach die Übereinstimmung über immer weitere Gebiete aus. Abweichungen dieser Tarifgestaltungen von den Tarifen im eigenen Bereiche jeder Bahnanstalt (Binnen- oder Lokalverkehr) machen sich jedoch störend geltend und die Vervielfachung der Verbände vermehrt die Abweichungen in einem Maße, daß die Vereinfachung durch Gleichstellung schließlich zur Notwendigkeit wird.

Dies war der Fall bei den Eisenbahnzuständen, wie sie sich in Deutschland bis Anfang der 70er Jahre des vorigen Jahrhunderts herausgebildet hatten. Die Motive zum Entwurf eines Reichseisenbahngesetzes (1874) berichten hierüber folgendes: „Man geht in der Annahme nicht fehl, daß innerhalb einer jeden Verwaltung soviel Verbandklassifikationen mit größeren oder geringeren Abweichungen zur Anwendung kommen, als Verbände bestehen, an denen die betreffende Verwaltung beteiligt ist. Wird dabei berücksichtigt, daß Ende 1873 auf den deutschen Eisenbahnen außer den 57 Lokaltarifen mit 5—10 Klassen 571 Verbandtarife mit einer nicht minder großen Zahl von Klassen bestehen, und daß die geographischen Gebiete der einzelnen Verbände selbst auf den nämlichen großen Routen vielfach übereinandergreifen, so daß eine bestimmte Strecke oft zu mehreren Verbänden gehört, in denen jeder die betreffende Strecke mit anderen zu der nämlichen größeren Route gehörigen Bahnstrecken in Verbindung bringt, so kann es nicht auffallen, daß die verschiedenen Klassifikationen einen solchen Zustand der Verworrenheit herbeigeführt haben, daß dadurch nicht nur dem Publikum die Einsicht in die Tarife und die Orientierung in denselben erschwert, sondern auch ihre Wirksamkeit wesentlich beeinträchtigt und es selbst geübten Expeditionsbeamten unmöglich gemacht wird, die Tarife in zweckentsprechender Weise anzuwenden.“

Auf diese Weise ergibt sich die formale Einheitlichkeit der Tarife als betriebsökonomische Einrichtung von selbst, auch ohne Eingreifen der staatlichen Verwaltung. Auch Länder mit eigentlichem Privatbahnwesen sind auf die bezeichnete Art zur Gleichförmigkeit ihrer Bahntarife gelangt, obschon vielleicht nicht immer mit der den Frachtgebern erwünschten Beschleunigung. Ein Staat, der das gesamte Bahnnetz seines Gebietes in Händen hat, zeigt die Einheitlichkeit selbstverständlich von Anfang an. Wo Staats- und Privatbahnen nebeneinander bestehen, kann der Staat erklärlicherweise durch die Geschäftsleitung seiner Linien auf die Entwicklung Einfluß nehmen und selbst eine öffentlich-rechtliche Festlegung der Tarifgrundlagen vornehmen. Das geeignete Mittel zur Herbeiführung und Sicherung der Gleichförmigkeit ist eine allgemeine Verbandstelle, welcher auch die weitere Fortbildung der Tarife obliegt.

Bezeichnend in der Hinsicht ist die Tatsache, daß dem *Clearing house*, das die englischen Eisenbahnen als solche Verbandstelle im Tarifwesen (nebst anderen den gemeinsamen Verkehr betreffenden Aufgaben) geschaffen haben, das Korporationsrecht verliehen wurde, da es einen dauernden Verband darstellt, in dem die jeweilige Minderheit sich den Beschlüssen der Mehrheit zu unterwerfen hat.

Auch indirekt nimmt der Staat in der erwähnten Hinsicht Einfluß, indem er bei der Konzessionierung auf Bildung umfassender Netze dringt, dann auf das Zustandekommen großer Verbände hinwirkt.

Die Notwendigkeit der Vereinheitlichung wird übrigens eindrucksvoll durch das Verhältnis erwiesen, in welchem der durchgehende Verkehr zum Eigenverkehr jedes Bahnbetriebes steht. In Deutschland entfielen z. B. i. J. 1912 von dem Gesamtverkehre aller Verwaltungen (473,9 Mill. Tonnen) 160,5 Mill. $t = 34\%$ auf den Binnenverkehr der einzelnen Verwaltungen und 313,4 Mill. $t = 66\%$ auf den Verkehr mit fremden Bahnen (245,3 Mill. t Inland, 68,1 Mill. t Ausland). Im selben Jahre stellte sich das Verhältnis auf den vormaligen österreichischen Staatsbahnen wie folgt: Gesamtverkehr 84,2 Mill. t, davon 40,6 Mill. $t = 48{,}2\%$ Binnenverkehr, 43,6 Mill. $t = 51{,}8\%$ mit fremden Bahnen (18,6 Mill. t Inland, 25 Mill. t Ausland). Das richtige Bild würde sich allerdings erst ergeben, wenn die Zahl und Art der Sendungen bekannt wären, oder die in den einzelnen Verkehrsarten eingehobene Fracht. Wo große Bahngebiete bestehen, deren Verkehr überdies von einem Zentralpunkte beherrscht wird, wie in Frankreich und England, macht der direkte Verkehr erklärlicherweise einen geringeren Teil aus. Kleine Länder, über die sich ein starker Durchzugverkehr bewegt, weisen wieder einen hohen Prozentsatz des durchgehenden Verkehres auf.

Über ein je größeres Gebiet die formale Tarifeinheit sich erstreckt, bzw. je mehr Bahnunternehmungen sie umfaßt, desto mehr müssen sich die Fälle häufen, in welchen sie den Bedürfnissen der einzelnen Bahnunternehmungen teilweise zuwiderläuft. Eine Güterklassifikation, die mit der Durchschnittsbehandlung, die sie vollzieht, der Verkehrsbedeutung jedes einzelnen Artikels nicht genau gerecht werden kann, muß diesen unvermeidlichen Mangel, wenn sie für Unternehmungen mit verschiedenem Wirtschaftscharakter gilt, verstärkt aufweisen. Daraus ergeben sich zwingende Anlässe für tarifarische Ausnahmemaßregeln, welche die strenge Gleichförmigkeit einschränken, so daß es bei einem gewissen Punkte fraglich sein kann, ob die weitere Ausdehnung der formalen Tarifeinheit sich wirklich empfehle.

In Deutschland wurde im Güterverkehre die formale Tarifeinheit i. J. 1877 durch einen unter dem Drucke der Regierung zustande gekommenen Beschluß sämtlicher Eisenbahnen erreicht, indem der sog. Reformtarif eingeführt wurde, der ein gemeinsames Tarifschema mit übereinstimmenden Tarifklassen brachte und in den Grundzügen noch heute gilt. Zu seiner Fortbildung wurde eine ständige Tarifkommission eingesetzt, gebildet aus Vertretern der deutschen Staats- und Privatbahnen und aus einem Ausschuß von Verkehrsinteressenten. Sie hat die Aufgabe der Vorberatung von Beschlüssen, welche von der Generalkonferenz der deutschen Eisenbahnen gefaßt werden, die alljährlich einmal vom Minister der öffentlichen Arbeiten in Berlin einberufen wird.

In Österreich-Ungarn wurde schon 1876 von allen damaligen Hauptbahnen (mit Ausnahme der Südbahn) die formelle Tarifeinheit erreicht durch einen Tarif, der ebenfalls im Wesen noch heute besteht. Für seine Fortbildung (insbesondere der gemeinsamen Güterklassifikation) sorgte bis zum Zusammenbruch i. J. 1918 das Tarifkomitee der sog. gemeinschaftlichen Direktorenkonferenz, in dem allerdings, zum Unterschiede von Deutschland, die Frachtinteressenten nicht vertreten waren. Im Jahre 1893 wurde durch Hinzutritt der Südbahn, die bis dahin ihren Tarif nach französischem Muster aufgebaut hatte, die formelle Tarifeinheit im ganzen Reiche verwirklicht. Über die Vereinigten Staaten sehe man den Paragraph „Wettbewerbtarife und Tarifgemeinschaften", Kapitel 4, Abschnitt B.

Die Weiterführung der Einheitlichkeit bis zur Gleichstellung der Preise wird zunächst durch die Entwicklung der Eisenbahnen selbst angeregt, die bei Einbeziehung aller Teile eines Verwaltungsgebietes in das Netz eine gewisse Ausgleichung der wirtschaftlichen Verhältnisse herbeiführt. Dieser entspricht auch eine Annäherung der Preise. Aber die erwähnte Richtung auf Abgleichung geht über eine gewisse Annäherung nicht hinaus. Es bleiben immer Verschiedenheiten bestehen, die auf den natürlichen Grundlagen der Wirtschaft beruhen, die eben örtlich verschieden gestaltet sind. Im Personen- und Güterverkehre der Eisenbahnen sind selbst nach dem gegenwärtigen Stande der Dinge die Kostenverschiedenheiten in den einzelnen Gebieten eines Landes, dann die Abweichungen in den ökonomischen Verhältnissen verschiedener Landesteile und in der Verteilung der Wirkungen dieses Verkehrsmittels über die einzelnen Gruppen der Bevölkerung zu durchgreifend, um die materielle Tarifeinheit als unbedingtes Gebot der Wirtschaftlichkeit erscheinen zu lassen (Bd. I, S. 153f.). Eine Gleichstellung im Preise schließt hier eine Durchschnittsbehandlung ein, für die nur in dem Kollektivgefühle des staatlichen Verbandes eine Begründung gefunden werden kann.

Das Ausgeführte bezog sich auf die Bahnen höherer Ordnung. Die Kleinbahnen scheiden auch in dieser Hinsicht aus dem Gesichtskreise der Verwaltung, da ihr Tarif selbständig nach den örtlichen Verhältnissen gebildet werden muß.

Die Tarifeinheit insbesondere. Die Frage, inwieweit die materielle Tarifeinheit als Forderung der Gemeinwirtschaft zu gelten habe, erheischt eine noch etwas nähere Untersuchung. Kennzeichnend für die Sachlage ist der Umstand, daß die vollständige Tarifeinheit innerhalb eines Landes immer nur gefühlsmäßig begründet wird. Der beste Beweis hierfür ist, daß in Kundgebungen der Interessenten, namentlich was den Frachtenverkehr betrifft, ihre Notwendigkeit stets nur behauptet, nie mit Gründen belegt wird. Sie wird als Ausfluß der Gleichbehandlung angesehen und daher kurzweg gefordert, wie etwas Selbstverständliches, und es wird regelmäßig die Forderung des Staatsbahnsystemes darauf gebaut, weil man sie mit diesem als von selbst gegeben ansieht.

Hierbei ist ein wichtiger Punkt zu beachten. Die Preisgleichheit wird nur in dem Sinne verstanden, in welchem sie oben (S. 66) als Konsequenz der Gemeinwirtschaft hingestellt wurde: als relative, nicht als absolute Preisgleichheit; als Gleichheit nach Maßeinheit (Einheitssatz), nicht als Gleichheit des Preises selbst. Nur ganz vereinzelte Stimmen haben sich erhoben, um die Weiterführung der Vereinheitlichung bis zu einem Einheitstarife im eigentlichen Sinne zu befürworten. Sie haben jedoch nirgends die öffentliche Meinung für sich gewonnen. Die Erklärung hierfür liegt darin, daß die Berufung auf die analogen Erscheinungen im Tarifwesen der Nachrichtenverkehrsmittel versagt. Bei diesen Verkehrsmitteln waren es, wie wir gehörigen Ortes gesehen haben, nicht prinzipielle Gründe der gemeinwirtschaftlichen Betriebsführung allein, sondern zugleich in der eigentümlichen Beschaffenheit der betreffenden Verkehrsbedürfnisse und Verkehrsmittel gelegene Ursachen, welche die Entwicklung im gedachten Sinne bestimmten. Diese Umstände finden sich bei den Eisenbahnen nicht vor, und es erwies sich daher die versuchte Begründung der betreffenden Vorschläge als unhaltbar.

Somit blieb nur diejenige Durchschnittsbehandlung der Verkehrsakte als gemeinwirtschaftliche Forderung übrig, bis zu der schon die alten Transportmittel, die Posten, gelangt waren, nämlich die Vernachlässigung der örtlichen Kostenunterschiede innerhalb je eines Verwaltungsgebietes bei der Preisbestimmung. Aber auch dieses Prinzip ist in vollständiger Allgemeinheit im Tarifwesen der Eisenbahnen nicht unanfechtbar. Die örtlichen Kostenunterschiede sind doch bei der Eisenbahn weit belangreicher als beim alten Postbetrieb, schon weil bei letzterem die Anlagekosten des Weges nicht in Frage kommen, und eine auf vollständiger Vernachlässigung dieser Unterschiede beruhende Preisstellung erscheint keineswegs notwendig mit dem Eintreten der Gemeinwirtschaft verbunden. Dies zeigt das Beispiel von Staaten, in welchen große Privatbahnnetze mit verschieden hohen Tarifen bestanden oder bestehen, ohne daß diese Tarifverschiedenheiten als Widerspruch mit dem wirtschaftlichen Wesen des Staates empfunden, oder als der Volkswirtschaft abträglich angesehen würden[1]). Beim Staatsbahnsystem wird in einem kleinen Lande mit ziemlich gleichmäßigem Wirtschaftszustande und regem Verkehre seiner Bewohner untereinander Tarifgleichheit sicherlich am Platze sein. In einem Staate mittleren Umfanges mit zwar regem Verkehre, jedoch erheblich abweichenden Wirtschaftszuständen seiner Teilgebiete würde die formale Tarifgleichheit den Zwecken der Gemeinwirtschaft ausreichend Genüge leisten. Aber hier mag leicht das Staatsgefühl die materielle Einheitlichkeit fordern; insbesondere unter Umständen, wie sie in Preußen beim Übergange zum Staatsbahnsystem

[1]) Wer unbefangen die wirtschaftlichen Zustände der verschiedenen Staaten betrachtet, wird doch kaum z. B. für England und Frankreich eine auf die Tarifverschiedenheiten der Bahnen zurückzuführende Rückständigkeit in wirtschaftlicher Hinsicht behaupten können. Man wird daher in der Äußerung Ulrich's („Die Klassifikation der Eisenbahnen", Archiv für Eisenbahnwesen, 1884, S. 109) dahin gehend, „daß die Verschiedenheit der Einheitsätze der Privatbahntarife durchaus den allgemeinen Interessen widerspricht", eine einseitige Anschauung erblicken können, die ja auch in dem weiterfolgenden Satze Ausdruck findet: „Vor allem verlangt das Prinzip der Gerechtigkeit und der gleichen Behandlung aller Landesteile und Landesangehörigen eine einheitliche Festsetzung des Tarifsystems und der Einheitsätze und die möglichste Beschränkung aller ausnahmeweisen Tarifbildungen. ....Gerade der Umstand, daß eine den allgemeinen Interessen entsprechende einheitliche Regelung des Tarifwesens erfahrungsgemäß beim Privatbahnsystem nicht zu erreichen ist, hat vielfach einen entscheidenden Grund für die Annahme des Staatsbahnsystems abgegeben." Das letztere ist eine Tatsache, aber dem Bestimmungsgrunde kann objektiv die Eigenschaft eines wirtschaftlichen Axioms nicht beigemessen werden, da für ihn vielmehr nur die politische Geistesrichtung die Erklärung bietet.

herrschten: hatte doch schon die deutsche Reichsverfassung dem Reiche die Kontrolle über das Tarifwesen im Hinblicke auf tunlichste Gleichförmigkeit und Herabsetzung der Tarife übertragen und die Tarifgleichheit selbst mit dem „Pfennigtarif" für Kohle und die billigsten Schwergüter prinzipiell vollzogen. Diese Vereinheitlichung kann sogar der politischen Einigung dienen, wie das z. B. in Italien der Fall war. Für den Personenverkehr kann das Verlangen nach gleichen Tarifsätzen in höherem Maße als berechtigt anerkannt werden als im Güterverkehre, bei dem tatsächlich doch durch Ausnahmetarife den wirtschaftlichen Verschiedenheiten Rechnung getragen werden muß, die Einheitlichkeit also nur eine teilweise ist [1]).

Einer der wichtigsten Zwecke, welche die preußische Regierung mit den Ausnahmetarifen verfolgt hat, bestand in der Herbeiführung möglichster Geichstellung aller Produktionsgebiete des Landes in der Wettbewerbfähigkeit untereinander. Durch solche Tarife wird aber die Tarifeinheit des gemeinwirtschaftlichen Zweckes wegen durchbrochen. Hier wird also die wirtschaftliche Gleichstellung der Staatsangehörigen gerade durch ungleiche Tarife herbeigeführt. Es ist interessant, daß die amerikanische *Interstate Commission* bisher den Grundsatz festgehalten hat, daß es nicht Sache der Eisenbahn sei, die durch natürliche Umstände gegebenen Unterschiede in den Wettbewerbverhältnissen der verschiedenen Landesteile durch künstliche Maßregeln zu ändern. Nur für nicht zu weite Gebiete wird Konkurrenz der Märkte begünstigt. Preußen ist freilich nur ein solches engeres Gebiet amerikanischen Maßstabes.

Daß in großen Staaten die Einheitlichkeit an der Natur der Sache ihre Grenze findet, wird nicht bezweifelt werden. Im Zaristischen Rußland wurden mit Recht drei Gruppen von Bahnen unterschieden, die Tarifverschiedenheiten — freilich nicht gar beträchtlichen Maßes — aufwiesen. Der Tarif v. J. 1893 ist in der Vereinheitlichung weiter gegangen. Falls in den Vereinigten Staaten von Amerika einmal die Überleitung der Bahnen in den Staatsbesitz erfolgen sollte, wird wohl niemand erwarten, daß dies unter Zugrundelegung eines einheitlichen Tarifes für das Gebiet der ganzen Union geschehe.

Eine Vereinheitlichung um jeden Preis läßt auch leicht die Grenzen übersehen, welche sich in finanzieller Hinsicht geltend machen können. Wenn die Einheitspreise nicht der wirtschaftlichen Lage der ungünstigt gestellten Gebiete oder Linien angepaßt sind, so kann ein Ertragsausfall für diese die Folge sein, der mit dem Finanzprinzip der Verwaltung in Widerstreit kommt. Das Mittel, sie dennoch durchzuführen, ist bis zu einem gewissen Maße damit gegeben, daß Zuschläge auf den allgemeinen Tarif berechnet werden, wie für Nebenbahnen, für Linien mit besonders hohen Selbstkosten („Bergzuschläge") usw.

---

[1]) In Preußen werden 60% aller Sendungen (in *tkm*) nach Ausnahmetarifen gefahren. Der Eindruck dieser Ziffer ist indes ein trügerischer, weil eine Anzahl der Ausnahmetarife für das ganze Verwaltungsgebiet Geltung haben, also nur dem Namen nach Ausnahmetarife sind. Immerhin aber ist der Anteil örtlich beschränkter Tarife im gesamten Verkehre ein bedeutender.

Im Personenverkehre ist die Entwicklung meist bis zur vollständigen Vereinheitlichung oder wenigstens annähernder Gleichstellung der Tarifsätze gediehen. Die Verschiedenheiten in den Personentarifen der deutschen Staatsbahnen, die sich auch auf Gepäck- und Nebenbestimmungen bezogen, wurden durch eine Tarifreform im Jahre 1907 ausgeglichen, derzufolge in Deutschland ein einheitliches Tarifsystem mit Einheitsätzen besteht, von welch letzteren vorerst nur ganz vereinzelte Ausnahmen aufrecht erhalten blieben. Infolge der Übernahme der Eisenbahnen auf das Reich ist vollständige Gleichheit eingetreten. In Österreich bestand seit dem Jahre 1877 für die Privatbahnen ein gesetzlicher Höchsttarif, der in gewissem Sinne ausgleichend wirkte. Der 1890 auf den Staatsbahnen eingeführte Zonentarif wurde nach und nach von einzelnen Privatbahnen übernommen und es wurde dadurch eine ziemlich weitreichende Tarifgleichheit angebahnt. Im deutschösterreichischen Staate findet sich auf dem übrig gebliebenen Staatsbahnnetze selbstverständlich nur ein Tarif. In Ungarn besteht der Staatsbahntarif seit 1889. Italien weist seit 1885 Tarifeinheit auf, mit ganz geringfügigen Abweichungen auf privaten Nebenlinien. Eine Zeitlang bestand auf den kostspieligen Strecken des Apenninüberganges ein Tarifzuschlag: er wurde als der Gleichbehandlung zuwiderlaufend aufgehoben. Belgien und Holland haben auf ihren Staatsbahnnetzen selbstverständlich Tarifeinheit. Desgleichen die nordischen Staaten, wieder mit Ausnahme einzelner Nebenbahnen. In Rußland bestand seit 1894 für alle Staats- und Privatbahnen ein einheitlicher Normaltarif, von dem nur wenige Linien ausgenommen waren. Die französischen Privatbahnen haben in ihren Konzessionen zwar verschiedene Höchsttarife, es hat sich aber eine weitgehende Angleichung der wirklich eingehobenen Sätze herausgebildet. In England und den Vereinigten Staaten nur formale Einheitlichkeit, die eingehobenen Fahrpreise bewegen sich aber nur um ein geringes oberhalb oder unterhalb gewisser Durchschnittsätze. Bezeichnend für den Fragepunkt ist es, daß in Nordamerika ursprünglich eine Anzahl Staaten übereinstimmend den gleichen Einheitsatz für den Personenverkehr vorschrieben (3 cents per mile) und andere Bahnen auch späterhin bei voller Tariffreiheit denselben Satz annahmen.

Im Güterverkehre der deutschen Eisenbahnen wurde bereits im Jahre 1880 Übereinstimmung der Beförderungsgebühren erreicht. Dagegen blieben bei den Abfertigungsgebühren (gerade dem untergeordnetsten Punkte!) geringfügige Abweichungen zwischen den Tarifen der Staatsbahnnetze bestehen. Die „Verreichlichung“ wird vollständige Tarifeinheit herbeiführen. Im alten Österreich konnte die materielle Tarifeinheit nicht erreicht werden. Nur in den Nebengebühren bestand sie, wenngleich durch vereinzelte Abweichungen durchbrochen. In Belgien und Holland haben Staats- und Privatbahnen die gleiche Güterklassifikation und gleiche Einheitsätze. In Holland sind nur für den inneren Verkehr jeder Bahn eigene Ausnahmetarife vorbehalten. In Frankreich besteht nur formelle Tarifeinheit; indes mit geringen Abweichungen der Einheitsätze bei den verschiedenen Gesellschaften. Italien besitzt seit 1907 vollständige Tarifeinheit für den inneren Verkehr seines Staatsbahnnetzes und den Wechselverkehr mit den Privatbahnen. Die *Clearing house Classification* der englischen Bahnen galt ursprünglich nur für den direkten Verkehr, wurde später aber auch auf den Binnenverkehr ausgedehnt. Neuestens ist man dort zu einheitlicher Klassifikation und einheitlichen Sätzen für die Höchsttarife gelangt, was eine Vereinheitlichung nur insoweit bedeutet, als diese zur Anwendung gelangen.

Das Extrem der Vereinheitlichung würde mit einer Tarifgestaltung erreicht, die auch von Unterschieden in der Bewertung der Transportakte seitens der Empfänger absieht, wenn also jeder Klassifikationsunterschied im ganzen Bereiche des Landes fallen gelassen würde. Im Personenverkehre würde das auch eine Einheitlichkeit der Leistung ergeben. Ob etwa die demokratische Entwicklung dazu führen werde, darüber mag sich jeder seine eigene Meinung bilden. In den Vereinigten Staaten, wo der Personenverkehr ursprünglich doktrinär nach diesem Gesichtspunkte angelegt war, wurde das Prinzip bekanntlich durch Einstellung der „Pullmannwagen" aufgehoben. Im Güterverkehre würde das Aufgeben der Werttarifierung keineswegs vom gemeinwirtschaftlichen Standpunkte gefordert. Die Ansicht, daß die Werttarifierung dem privatwirtschaftlichen Gewinnstreben entsprungen sei, ist gänzlich unhaltbar, vielmehr kommt, wie wir wissen, gerade diesem Tarifierungsmodus vermöge der höheren Belastung der Leistungsfähigeren und der dadurch ermöglichten Verbilligung des Beförderungspreises für die Güter des allgemeinen Verbrauches eine ausgesprochen sozialpolitische Bedeutung zu.

Die theoretische Bedeutung des nordamerikanischen Bundesverkehrsgesetzes. Das *Interstate Commerce Law* verordnet im § 1, daß alle Frachtsätze und Gebühren im zwischenstaatlichen Eisenbahnverkehre „gerecht und vernünftig" sein müssen (*just and reasonable*), enthält jedoch keine Angabe darüber, nach welchem Merkmale es zu beurteilen sei, ob ein Tarif unter diesen Begriff falle oder nicht. Es ist den mit der Handhabung des Gesetzes betrauten Organen überlassen, sich hierüber eine Meinung zu bilden. Indes liefert die Entstehungsgeschichte des Gesetzes Anhaltspunkte für die Auffassung, welche den Gesetzgeber geleitet hat. Die gesetzliche Maßregel reicht in ihren Bestimmungsgründen auf die Farmerbewegung der 70er Jahre zurück. Diese erregte und umfassende Volksbewegung in den Weststaaten der Union wurde, wie schon früher zu erwähnen war, durch rücksichtslosen Mißbrauch des tatsächlichen Monopoles der Privatbahnen ausgelöst. Die Bahnen hielten die Frachten nach Willkür so hoch als sie konnten. Die Getreidefrachten setzten sie allerdings stark herab, einerseits um die Ausfuhr nach dem Osten und Europa zu befördern, andererseits unter dem Drucke eines wilden Konkurrenzkampfes. Dafür entschädigten sie sich aber durch um so höhere Lokalfrachten. Die öffentliche Meinung in den Interessentenkreisen, die sich hiergegen auflehnte und Abhilfe von den Staaten forderte, bediente sich kräftiger Argumente. Die in den Versammlungen beschlossenen Tagesordnungen besagten, daß die Eisenbahnen von der Macht, die ihnen ihr Monopol verleiht, einen Gebrauch machen gleich den Raubrittern des Mittelalters, die auf den Straßen, die sie beherrschten, die Kaufleute ausplünderten. Die Eisenbahnen hätten allerdings Anspruch auf einen Gewinn aus ihren Unternehmungen, aber die Frachtpreise müßten doch so erstellt sein, daß auch die Frachtgeber dabei bestehen können; die Frachten müßten gerecht und billig (*equal* zugleich mit dem

Doppelsinne „gleichmäßig") bemessen sein, d. h. sie müßten den Interessen beider Teile entsprechen. Dann dürfte es aber auch nicht vorkommen, daß nach einem entfernteren Platze weit niedrigere Frachten erhoben werden als nach einem näher gelegenen, so daß man häufig, um eine billigere Fracht zu genießen, das Gut vorerst nach dem entfernteren Platze schicken und es dann gegen neue Frachtzahlung nach der zwischengelegenen Station zurücksenden müsse; ja daß sogar, wenn man ein nach der entlegeneren Station aufgegebenes Gut in einer Zwischenstation abladen will, die Bahn eine Aufzahlung verlangt. Das sei doch wider alle Vernunft, daß derart für eine Leistung, die geringere Kosten macht, höhere Preise und für Transporte, die höhere Kosten verursachen, geringere Preise berechnet werden. Diese Mißbräuche habe die Staatsgewalt abzustellen, indem sie den Eisenbahnen Tarife auferlege, die gerecht und vernünftig seien.

In diesem Gedankengange bewegten sich auch die Erörterungen in der Bundesgesetzgebung, als sie die Frage für den zwischenstaatlichen Verkehr aufnahm, freilich mitbeeinflußt durch die Verwaltungsmaßnahmen der europäischen Staaten und insbesondere die englische Klausel der *due and reasonable facilities*, was ja auch im Wortlaute des Gesetzes durchleuchtet. Es kann sonach über den inneren Sinn der vorangestellten Gesetzbestimmung kein Zweifel bestehen. In ihr ist das *justum pretium* zur Geltung gebracht und in naiver Fassung der Erkenntnis Ausdruck gegeben, daß die Gemeinwirtschaft eine Preisbildung erstrebt, welche die Gegenseitigkeit und Verhältnismäßigkeit des Nutzens auf beiden Seiten sichert. Das ist der theoretische Gehalt der Anschauung, die dem Tarifgesetze zugrunde liegt.

In ihrer Wurzel reicht die Anschauung bis in die Zeiten der mittelalterlichen Wirtschaftsordnung zurück. Diese brachte vielfach örtliche Monopolverhältnisse mit sich, welche die einen betreffs Erlangung bestimmter Güter oder Dienste von anderen abhängig machten. Man fühlte die Notwendigkeit von obrigkeitlichen Preisfestsetzungen, die einen Schutz gegen Ausbeutung für die einen mit der Sicherung eines auskömmlichen Gewerbeverdienstes für die anderen verbanden. Selbst ein Zwang zum Verkauf oder zur Leistung wurde als erforderlich erkannt, insbesondere auf dem Gebiete des Verkehrswesens traten solche Verhältnisse zutage. Es war schon bei den Wasserstraßen Gelegenheit, auf die „Reihenfahrt" und die Preistaxen der Schiffer hinzuweisen. Auf den unsicheren Pfaden des mittelalterlichen England hatten die *carriers*, die mit ihren Packpferden, häufig in Gemeinschaft, den Verkehr besorgten, ein tatsächliches Monopol. Das *common law* verhielt sie, die ihnen angetragenen Transporte gegen Vergütung zu übernehmen, so wie der Inhaber einer Herberge einen Reisenden nicht zurückweisen und der Schmied sich nicht weigern durfte, ihm ein Pferd zu beschlagen. Wer an einer Wasserstraße einen Landeplatz besaß, den er andere gegen Entgelt benutzen ließ, wurde als verpflichtet angesehen, dessen Nutzung niemand zu verweigern, und daher auch nicht mehr als eine „angemessene" Vergütung zu beanspruchen [1]). Diese Rechtsanschauungen nahmen die Kolonisten in die neuen Länder mit, und in England fanden sie in dem verschwom-

[1]) Vgl. das erste der in der nächsten Fußnote zitierten Werke.

menen Formulare der Eisenbahnacts Ausdruck. So verknüpft die „Einheit des Gesetzes“ die einfachen Verhältnisse der Vergangenheit mit den mächtigen Gestaltungen des modernen Wirtschaftslebens und die alten Worte bewahren unter neuen Umständen ihren Sinn und ihre Berechtigung.

Die zweite Grundforderung der Gemeinwirtschaft im Tarifwesen: die Gleichheit für alle, finden wir im Gesetze an anderer Stelle *implicite* aufgestellt und gesichert.

Mit dem mehr gefühlsmäßigen Merkmale des gerechten Preises verbindet sich alsbald das verstandesmäßige, daß der Preis in seinem Ausmaße nicht bloß der wirtschaftlichen Lage beider Parteien, sondern auch den wirtschaftlichen Bestimmungsgründen des einzelnen Falles, insbesondere auch den Kosten, entsprechen müsse. Der Preis muß an sich „vernünftig“ sein. Den Gesetzgebern ist freilich die Unterscheidung der beiden Merkmale schwerlich genau bewußt gewesen; vielmehr wurden, wie auch in der Auslegung, die beiden Adjektiva als zusammengehörig oder selbst als synonym betrachtet, so daß die Bezeichnung „vernünftig“ auch allein als ausreichend erschien. Damit war aber ein wichtiger Unterschied verwischt. Während mit dem gerechten Preise der angemessene Preis im gemeinwirtschaftlichen Sinne bezeichnet werden sollte, bezieht sich das „vernünftig“ auf die betriebsökonomisch richtige Preisbestimmung. Es ist ein Mangel der wissenschaftlichen Bearbeitung, die das Tarifgesetz gefunden hat, diesen Umstand nicht scharf erfaßt zu haben.

Die Kommission hatte festzustellen, was im einzelnen Falle als ein gerechter bzw. ein vernünftiger Preis anzuerkennen sei. Es stand ihr aber hierzu keine andere Handhabe zu Gebote, als die unklare Vorstellung von dem Begriffsinhalte, mit der die Gesetzgebung selbst sich beschieden hat. Das nämliche gilt von den Erörterungen vor den Gerichtshöfen, an welche gegen Entscheidungen der Kommission appelliert werden kann. Es fanden daher Erwägungen von Fall zu Fall statt, die, von der Subjektivität der Urteilenden beeinflußt, sehr verschieden in ihrem geistigen Gehalte waren und oft genug unter gleichen Voraussetzungen widersprechende Ergebnisse zeitigten. Auf diese Art wickelte sich die Handhabung des Gesetzes in einer zersplitterten Kasuistik ab, die keine feste Theorie zur Grundlage hatte. Die Kommission in ihrer halb richterlichen Funktion und die Gerichte waren derart gezwungen zu theoretisieren: die allgemeinen Sätze erst zu finden, die auf den einzelnen Fall anzuwenden seien. Erklärlicherweise war das für die Frage der gerechten Preisbemessung leichter als für die Frage der ökonomisch richtigen Preisbestimmung, denn für letztere bilden ökonomische Grundverhältnisse die Prämissen, die verschiedener Auffassung zugänglich sind und bezüglich welcher auch die Theorie bisher keineswegs zu allgemein anerkannten Ergebnissen gelangt war. Das lohnt die Mühe, das Durchdringen der Ideen durch die Wirrnis der Einzelfälle zu verfolgen[1]). Es zeigt sich, daß hinsichtlich der gemeinwirtschaftlichen Anforderungen die Gesichtspunkte der Gesetzgeber und Gesetzanwender mit dem übereinstimmen, was wir in den Wirtschaftshandlungen der europäischen Staatsverwaltungen als leitende Grundsätze vorfinden. In betriebsökonomischer Hinsicht ist allerdings, bei ganz beachtenswerten Ergebnissen, eine geschlossene Tariftheorie nicht zu erkennen und es wird bei der kasuistischen Methode wohl geraume Zeit dauern — wenn es überhaupt gelingt — zu einer solchen zu gelangen, welche die feststehende Grundlage der Entscheidungen zu bieten vermöchte. Eine Berücksichtigung der deutschen Wirtschaftstheorie hätte den Gesetzgebern eine wesentliche Abkürzung des Weges zeigen können, das gewählte Vorgehen entsprach aber vollkommen dem Volkscharakter, demgemäß der Amerikaner voraussetzungslos und unbeeinflußt von Theorien aufs Ziel losgeht.

Im Vergleich mit der europäischen Tarifregelung ist festzustellen, daß die beiden elementaren Anforderungen der Gemeinwirtschaft: die Angemessenheit und die Gleichheit der Preise in dem oben bestimmten Sinne, auch im amerikanischen Gesetze zur Geltung gebracht sind. In dieser Hinsicht ist die Formel *just and reasonable* von Bedeutung, was in der Regel übersehen wird. Das *just* enthält eine Maßbestimmung, die den nach betriebsökonomischen Gesichtspunkten sich ergebenden Preis, den *reasonable price*, modifizieren kann. Wenn letzterer sich im gegebenen Falle als ein solcher erwiese, der dem Bahnbenützer keinen oder keinen entsprechenden Nutzen gewährt, so ist die Kommission berechtigt und verpflichtet, einen geringeren Preis anzuordnen, der im Sinne des gerechten Preises angemessen erscheint. Dagegen ist eine gemeinwirtschaftliche Tarifbestimmung nach den besonderen Zwecken des staatlichen Verbandes nicht vorgesehen. Das bildet einen Unterschied von den europäischen Zuständen; ein Überbleibsel der alten Grundauffassung der Eisenbahn als Privatunternehmen wie jedes andere. Nur soweit eine Maßnahme in solcher Richtung, z. B. Förderung der Ausfuhr durch besonders billige Tarife, mit dem eigenen Interesse der Bahnverwaltungen zusammenfällt, nach dem betriebsökonomischen Gesichtspunkte der Verkehrssteigerung angezeigt ist, kann eine Einflußnahme der Kommission platzgreifen. Indes gibt es wohl auch hier Rücksichten, die den Bahnen ein *accommodement avec le ciel* rätlich erscheinen lassen. Ein solcher Fall mag mit der allgemeinen Gewährung eines 25%igen Tarifnachlasses für Ausfuhrsendungen vorliegen.

Im Lichte der vorstehenden Erwägungen gewinnt das *Interstate Commerce Law* für uns erhöhte theoretische Bedeutung. Sein Grundgedanke erweist sich aber auch für die praktische Durchführung als folgenreich. Es liegt in ihm der Hinweis auf das geschäftliche Erträgnis der Bahnunternehmungen, mit Rücksicht auf welches die Tarife zu bemessen sind, um eben auch den Interessen der Bahneigentümer

---

[1]) Man sehe z. B. *Railroad Rate Regulation* by I. H. Beale and Bruce Wyman, 2. Ed., 1915; ein Wälzer von 1164 Paragraphen und Appendices auf 1200 Seiten, in dem die Ableitung der Verwaltungsgrundsätze aus den Entscheidungen von hunderten vor Gericht verhandelter Einzelfälle dargestellt ist. Ferner M. B. Hammond, *Railway rate theories of the Interstate Commerce Commission*, 1911, Untersuchung der Entscheidungen des Verkehrsamtes auf die ihnen zugrunde liegenden theoretischen Anschauungen.

angemessen zu sein. Dadurch wurde die Kommission *implicite* berechtigt, die Erträgnisse der Bahnunternehmungen zu erheben und mit Rücksicht auf sie die Tarife festzustellen. Da aber der Rechtsboden dieser Konsequenz des Tarifgesetzes bestritten werden konnte, so sah sich die Gesetzgebung veranlaßt, ihrerseits ausdrücklich diese Konsequenz zu ziehen: sie sah sich gedrängt, die Kommission mit der Untersuchung und Feststellung der finanziellen Lage der Bahnen zu betrauen. Die betreffende Novelle zum Tarifgesetz (1910) wurde durch die Logik erzwungen und auf diese Weise kam schließlich die Kommission zu dem Rechte, frei zu ermessen, ob das tatsächliche Erträgnis der Eisenbahnen jeweils eine Herabsetzung der Tarife angezeigt erscheinen lasse oder etwa eine Erhöhung erfordere. Dadurch erscheinen die *Commissioners* mit einer Macht der Tarifregelung ausgestattet, die in dieser Hinsicht über diejenige hinausreicht, welche den europäischen Staatsverwaltungen gegenüber den Privatbahnen zustand, bzw. zusteht; sie sind zu Schiedsrichtern über Tarif und Erträgnis geworden, deren Spruch die Eisenbahnen sich zu unterwerfen haben [1]). Im Zusammenhange mit den eingehenden Bestimmungen, die das Tarifgesetz über die Veröffentlichung der Tarife, ihre Änderung, über die Gleichmäßigkeit der Anwendung, Verbot von Begünstigungen und die Rückwirkung enthält, erscheint die mit ihm ins Werk gesetzte Tarifregelung als derjenige gesetzgeberische Akt, mit dem die Union hinsichtlich der gemeinwirtschaftlichen Preisbildung im Eisenbahnwesen alles nachgeholt hat, was vordem versäumt wurde.

Im englischen Gesetze v. J. 1881, dessen Vorbereitung und Erlassung mit den Beratungen über das Bundestarifgesetz zusammenfällt, findet sich ein Anklang an dieses, der offenbar auf Gedankenaustausch beruht. Es ist dort den Interessenten das Recht eingeräumt, das Handelsamt anzurufen, wenn sie sich durch zu hohe oder ungerechtfertigte Frachten oder durch drückende und unbillige Behandlung seitens einer Eisenbahn beschwert glauben. Da aber diese unbestimmten Ausdrücke keinerlei Beziehung auf irgend etwas enthalten, das als Anhaltspunkt für die Angemessenheit eines Frachtsatzes oder für billige Behandlung dienen könnte, so hat man es mit einer hohlen Bestimmung zu tun, bei der aber jedenfalls der Begriff des *justum pretium* unklar vorschwebte. Sie konnte daher auch zu keinem praktischen Ergebnisse führen. Ein solches ist es sicherlich nicht, daß das Handelsamt vorgebrachte Beschwerden zu prüfen und sich zu bemühen habe, eine gütliche Einigung zwischen den Parteien herbeizuführen. Diese Einschränkung auf den einzelnen Fall macht einen durchschlagenden Unterschied von dem amerikanischen Gesetze aus, höchstens daß der Auftrag an das Handelsamt, von Zeit zu Zeit dem Parlament Bericht zu erstatten, als Vorsatz einer allfälligen, allgemeinen Regelung gedeutet werden könnte. Eine solche ist indes — abgesehen von der oben erwähnten Höchstpreisregelung — nicht erfolgt.

---

[1]) Eine jüngste Ergänzung des Gesetzes (die freilich ein Musterbild von Unklarheit und Oberflächlichkeit darstellt) sucht den Bahnen ein Erträgnis von bestimmter Höhe zu sichern, mit Rücksicht auf welches also die Tarife zu bemessen wären.

Planmäßige Netzesbildung auf Grund der Verkehrsbedeutung der einzelnen Linien. Die wirtschaftliche Bedeutung einer planmäßigen Netzesanlage nach dem Richtungsgesetze des Verkehres tritt bei den Eisenbahnen wegen des großen Kapitalaufwandes, den sie erfordern, besonders augenfällig zutage. Was in dieser Hinsicht für alle Verkehrsmittel gilt, findet auf die Eisenbahnen in hervorragendem Maße Anwendung. Eine solche Netzesanlage vermeidet jene Mängel, die bei Überlassung der Bahnen an die Privatwirtschaft unabwendbar erscheinen, wie: überflüssige Linien in den Hauptrichtungen des Verkehres, die nur auf Wettbewerb um diesen Verkehr angelegt sind; Herausgreifen der ertragreichen Linien; also Vernachlässigung der Seitenverbindungen und der uneinträglichen Linien; vorzeitige oder verspätete Ausführung von einzelnen Netzesteilen je nach geschäftlichen Konjunkturen oder anderen besonderen Einflüssen auf die handelnden Personen; unrichtiges Ausmaß der Intensität der Anlagen usw.

Die im früheren (S. 46) entwickelte Unterscheidung der drei Arten von Bahnen wird hier als Richtschnur des staatswirtschaftlichen Handelns praktisch. Die Verwaltung hat auf Grund systematischer Ordnung der Linien entsprechend der örtlichen und zeitlichen Gestaltung der Verkehrsbedürfnisse (Klassifikation) ihre Vereinigung zum Gesamtnetze vorzusehen, was erklärlicherweise nur von der alles überschauenden, alle Interessen der Staatsgemeinschaft vertretenden Zentralstelle aus geschehen kann. Aufgabe der Zentralverwaltung ist somit die Aufstellung eines die Bahnen höherer Ordnung umfassenden Eisenbahnbauplanes, der die Trassen- und Bauzeitbestimmung sowohl der Haupt- als der Nebenbahnen im Rahmen des Gesamtnetzes enthält. Hierbei ist auf Bildung geschlossener Netze zu achten, in welchen ertragreiche Hauptlinien und verkehrschwache Nebenlinien verwoben sind. Die Rücksicht auf die jeweils verfügbaren Mittel macht eine zeitliche Planmäßigkeit notwendig, und es kann selbstverständlich nicht gemeint sein, daß die Festlegung des gesamten Netzes von allem Anfang an bis zum Abschluß der Entwicklung zu erfolgen habe. Vielmehr kann jeweils nur ein Entwurf für eine gewisse Zeitspanne mit Bezug auf die vorhandenen und voraussehbaren Verkehrsbedürfnisse gemacht werden, der für die Fortbildung des Netzes die Ansätze offen läßt. Hiernach ergibt sich die Notwendigkeit wiederholter Aufstellung eines solcherart begrenzten Planes, der jeweils dem Weiterbau auf der begonnenen Grundlage, nicht selten mit Behebung früherer Mängel und Berücksichtigung inzwischen eingetretener wirtschaftlicher oder staatlicher Veränderungen, gewidmet ist. Die Hauptlinien des Netzes stehen wohl vermöge der wirtschaftlichen und allgemeinstaatlichen Zwecke, denen sie zu dienen haben, von Anfang an fest, auf die Eingliederung von Nebenbahnen aber werden vielfach wirtschaftliche Ereignisse, die sich mitunter selbst erst unter der Einwirkung der Eisenbahnen vollziehen, von Einfluß sein. Auch politische

Umgestaltungen bringen Aufgaben für die Verwaltung in dieser Richtung mit sich.

Daß beim Staatsbahnwesen sich solche Planmäßigkeit von selbst ergibt, ist naheliegend. Sie hat aber auch beim Privatbahnwesen in gleicher Weise geübt zu werden, um eben die Fehler hintanzuhalten, in welche die Privatbahnunternehmung, sich selbst überlassen, verfällt. Der Eisenbahnbauplan bezeichnet hier die Linien nach Klasse und Bauzeit, welche durch Konzessionen an Gesellschaften vergeben werden sollen.

Kleinbahnen brauchen in die Netzespläne nicht einbezogen zu werden. Bei diesen braucht sich die Zentralverwaltung nur ein Einspruchsrecht gegen die von den örtlichen Interessenten geplanten Linien vorzubehalten, die eine beabsichtigte oder unbeabsichtigte Störung des Gesamtnetzes herbeizuführen geeignet wären, und es bedarf einer weitergehenden Einflußnahme nur für die Fälle, in welchen eine Kleinbahn mit der Richtung einer künftigen Nebenbahn zusammenfällt. Die öffentlichrechtliche Form, in welcher die Zentralverwaltung zu den einzelnen Lokalbahnplänen Stellung nimmt, ist wirtschaftlich von untergeordnetem Interesse: sie hängt vom Staatsrechte des betreffenden Landes ab (förmliche Konzession oder nur Erklärung der öffentlichen Nützlichkeit u. a.).

Die hier vorliegende Verwaltungsaufgabe wurde in den Privatbahnländern meist nur mangelhaft erfüllt. Daß für sie bei dem englischen Konzessionsverfahren nicht einmal ein Platz war, ist uns bekant. Wenn ein Konzessionsgesuch vom Parlament abgelehnt wurde, so geschah es nicht mit Rücksicht auf einen Netzesplan, sondern aus nebensächlichen Gründen. Man wurde des Mangels allerdings auch in England inne, als die fehlerhafte Netzesbildung durch die Konzessionierung von Fall zu Fall sich in groben Mißständen zeigte. Allein nachdem die Kuh einmal aus dem Stalle war, konnte man sie natürlich nicht mehr einsperren: Von Amerika kann in diesem Punkte nicht einmal die Rede sein. Von den festländischen europäischen Staaten hat nur Frankreich die Planmäßigkeit in der Anlage des Netzes der Bahnen höherer Ordnung von Anfang an, und zwar in vorbildlicher Weise beobachtet und an ihr auch im weiteren Verlaufe festgehalten: so schon im ersten Entwurf v. J. 1838, dann im Eisenbahngesetze v. J. 1842 und weiterhin in den Eisenbahnkonventionen mit den Gesellschaften vom Jahre 1859 mit ihrer systematischen Unterscheidung zwischen den Linien des *premier (ancien) réseau* — Hauptbahnen — und solchen des *second (nouveau) réseau* — Nebenbahnen —, weiter konsequent im Freycinet'schen Bauplan v. J. 1878 und in neuen Konventionen v. J. 1883, die ein umfangreiches Netz von Ergänzungslinien zum Gegenstande hatten. In Österreich und Preußen überließ man die Bestimmung der Grundlinien des Netzes anfangs den sich bildenden Privatunternehmungen, denen immerhin bei ihren Konzessionswerbungen der spätere Zusammenschluß der Hauptlinien zu vollständigen Netzen vorschwebte. Doch schon i. J. 1841 wurde in Österreich der Plan eines systematischen Ausbaues der Hauptlinien durch den Staat selbst gefaßt. Nach Rückkehr zum Privatbahnsystem abermals ein umfassender Eisenbahnbauplan im Jahre 1854. In Preußen strebte die Heydt'sche Verwaltung eine planmäßige Ergänzung und Entwicklung des Netzes an. Fernerhin riß aber in beiden Staaten wieder ein sporadischer ungleichmäßiger Bau in ursächlichem Zusammenhange mit einem mangelhaft gehandhabten Privatbahnsystem ein. Auch in anderen

Staaten in ähnlicher Weise Anläufe, gelegentlich neue Pläne, aber kein folgerichtiges Fortschreiten auf dem eingeschlagenen Wege.

Von Kleinstaaten ging Belgien mit seinem planmäßigen Staatsbahnbau allen Staaten voran (Gesetz v. J. 1834), und es war dieses Beispiel hauptsächlich für mehrere deutsche Mittelstaaten maßgebend. Von den 80er Jahren an, nach der allgemeinen Verstaatlichung, wurde in Preußen das Netz durch wiederholte Gesetzesvorlagen planmäßig ergänzt und ausgebildet. Hierbei unterlief aber die schon im früheren gerügte mangelhafte Scheidung zwischen Nebenbahnen und Lokalbahnen, die eine Verschiebung des angemessenen Verhältnisses zwischen Zentral- und Selbstverwaltung in sich schloß.

Das Königreich Italien hat durch seinen Werdegang, die Verschmelzung der nationalen *disjecta membra* zu einem politischen Ganzen, eine Aufgabe erhalten, die es durch in gleichem Sinne konzipierte Eisenbahnbaupläne entsprechend den Phasen der nationalen Zusammenfassung zu erfüllen suchte.

Als eine schwache Seite so mancher solcher Eisenbahnbaupläne hat sich die Bestimmung der Baukosten erwiesen, wenn diese, sei es wegen der budgetären Durchführung oder um die finanziellen Bedingungen für Privatkonzessionen festzulegen, gleichzeitig (einerlei ob in einem Akte oder gesondert) platzgreift. Insbesondere in den ersten Zeiten des Eisenbahnbaues, aber auch später bei minder sorgsamem Vorgehen, namentlich bei eiligen Gesetzesvorlagen, hat sich das gezeigt: die angesetzten Baukapitalien waren zu niedrig gegriffen, und das hat dann die Ausführung des Planes verzögert oder auch vereitelt. Bei auf längere Zeiträume berechneten Bauplänen kam auch die Änderung von Preis- und Lohnverhältnissen hinzu, welche die Rechnungsgrundlagen verrückte. Später wurde nach bitteren Erfahrungen durch Anwendung größerer Sorgfalt der Veranschlagung der Fehler vermieden. Die preußischen Vorlagen von den 80er Jahren an haben sich in dem Punkte ausgezeichnet. Ganz besonders folgenschwer machten sich jene unzureichenden Anschläge geltend, wenn eine Beteiligung von Interessenten an den Baukapitalien in Aussicht genommen war und diese dann Leistungen verweigerten, die über das ursprünglich bestimmte Maß hinausgingen.

So war die ungenügend sorgfältige Veranschlagung der Hauptmangel des großen italienischen Bauplanes v. J. 1879. Dieser umfaßte neben einer Anzahl Hauptbahnen auch Bahnen 2., 3. und 4. Kategorie (letztere als Lokalbahnen gedacht) mit Beitragsleistung der örtlichen Interessenten und Verbände. Die beschlossenen Bauten konnten aber nur zum geringsten Teile ausgeführt werden.

Anschließend ist noch eines Punktes Erwähnung zu tun, der für eine richtige Netzesbildung in Betracht kommt. Das in der Vollkommenheit der Leistungen gelegene natürliche Monopol ist bei eigenem Bahnbesitze des Staates ausreichend, die zur wirtschaftlichen Vollwirkung erforderliche Zusammenfassung der Verkehrsakte für bestimmte Linien zu sichern. Wenn die Linien so angelegt werden, daß die Attraktionskraft einer jeden voll zur Wirkung gelangen kann, kommt die gedeihlichste Netzesgestaltung zum Vorschein. Mit anderen Worten: indem die Staatsverwaltung vermeidet, sich mit ihren Linien selbst Konkurrenz zu machen, wird mit der mindesten Bahnlänge der höchste Verkehrsnutzen erreicht. Bei Privatbahnen ist durch die Erteilung des rechtlichen Monopoles das gleiche zu bewirken. Eine Verwicklung ergibt sich indes durch die mit der Verdichtung des Netzes eintretende Verknüpfung der Linien in Knotenpunkten. Bei einem Staatsbahnnetze vollzieht sich hier die rationelle Verkehrsleitung von selbst. Bei Privatbahnen ist, wenn die Linien verschiedener Unternehmungen in Knotenpunkten zusammentreffen, der Antrieb zum Wettbewerb zu stark, als daß ihm nicht in den meisten Fällen nachgegeben würde: es entstehen Wettbewerbskämpfe um den Verkehr der Knotenpunkte, die schließlich nach längerer oder kürzerer Dauer durch eine Verkehrsteilung beendet werden. Ein Teil der Verkehrsmenge wird aber zunächst der älteren Linie durch die neu hinzugekommene entzogen und es entsteht die Frage, ob dies mit ihrem Monopole vereinbar sei. Das Monopol kann aber nicht in solcher Unbedingtheit verstanden werden, daß es die Verdichtung des Netzes hindern dürfe, umgekehrt darf auch die Netzesverdichtung wieder das Monopolrecht nicht wirkungslos machen. Eine Lösung ergibt sich zunächst tatsächlich dadurch, daß die Entwicklung des Bahnnetzes eine gewisse Zeit braucht, während welcher es zu solcher Verknüpfung der Linien nicht kommt, sowie dadurch, daß bei verständiger Netzesanlage die Verdichtung der Linien vorerst je im Bereiche einer Verwaltung vor sich geht. Wenn aber einmal der eben erwähnte Zeitpunkt der Verknotung gekommen ist, dann ist zu fordern, daß nur solche neue Linien zugelassen werden, die in den zwischen den Knotenpunkten gelegenen Gebieten ein selbständiges Verkehrsgebiet gewinnen, also einen Verkehr zu bedienen haben, um dessentwillen allein ihre Errichtung gerechtfertigt ist, wobei im vorhinein eine Aufteilung des vorhandenen und künftigen Verkehres bedungen werden kann, welche den Interessen der alten Linie Rechnung trägt. Dieser Gesichtspunkt ist freilich kaum je nach Gebühr beachtet worden. Irregehende Staatsverwaltungen haben Wettbewerblinien zugelassen, die es hauptsächlich auf Gewinnung von Verkehren der Knotenpunkte abgesehen hatten und keine oder nur eine untergeordnete eigene Verkehrsbedeutung besaßen. Das ergab Fehler der Netzesanlage. Das Gesagte ist allerdings schwer in eine gesetzliche Formel zu fassen, hat vielmehr einen Leitsatz erleuchteter Praxis zu bilden. Ein in dieser Weise gesichertes Monopol bewirkt die ersprießliche Netzesbildung.

Auf der andern Seite aber ist, wie bereits bemerkt, Sorge zu tragen, daß das Monopol die Verdichtung des Netzes nicht erschwere oder behindere. In dieser Hinsicht hat die Verwaltung in manchen Ländern von Anfang an ein Einspruchsrecht gegen den Anschluß von Zweigbahnen oder Fortsetzungslinien ausdrücklich ausgeschlossen und sogar einen Zwang zur Gestattung der Mitbenützung von Anschlußbahnhöfen und selbst von einzelnen Teilstrecken der Bahnlinien verfügt, damit nicht in einzelnen Fällen die Kostspieligkeit eines eigenen Bahnhofes oder der Anlage einer Bahnstrecke, die durch Benützung einer bestehenden Anlage zu ersparen wäre, tatsächlich das Zustandekommen einer neuen Linie hindere.

Das preußische Eisenbahngesetz v. J. 1838 hat die Bahnkonzessionäre verpflichtet, anderen Unternehmern die Mitbenützung der Bahn gegen ein Fahrgeld zu gestatten und schon die frühesten *cahiers des charges* der französischen Bahnen behalten den Zweig- und Fortsetzungslinien ein solches Mitbenützungsrecht auf der Linie der Stammbahn vor, allerdings aber auch dieser gegenüber jenen. Eine englische allgemeine Eisenbahnakte v. J. 1845 verpflichtete die Konzessionäre einer Bahn, auf ihren Schienen Lokomotiven und Wagen der anderen Gesellschaften verkehren zu lassen, unter Festsetzung der Höchstsätze der Vergütung, welche die Konzessionäre einzuheben berechtigt sind. Die beiden erwähnten gesetzlichen Bestimmungen entsprangen freilich, wie schon erwähnt, der Vorstellung, daß eine solche Benützung der Bahn durch eigene Fahrzeuge anderer Unternehmer die regelmäßige Betriebsweise der Eisenbahnen sein werde, und das englische Gesetz wurde mit Absicht zum Zwecke der Anfachung des Wettbewerbes unter den Bahnen geschaffen. Aber es kann von diesen Bestimmungen auch ein ersprießlicher Gebrauch gemacht werden, um Lücken im Eisenbahnnetze in wirtschaftlicher Weise auszufüllen und durch solche Ergänzungen die Netzesgestaltung zu verbessern. Noch in einer anderen Richtung ist durch Ausschluß der Konkurrenz für richtige Netzesbildung zu sorgen. Die Notwendigkeit der Anlage von Lokalbahnen ergibt sich von Fall zu Fall und wird erst in einem Zeitpunkte offenbar, in welchem das Netz der Bahnen höherer Ordnung bereits ziemlich entwickelt ist. Das eröffnet die Möglichkeit einer Störung der Netzesanlage durch Lokalbahnen: sie kann zur Tatsache werden durch solche Bahnen, die durch ihre Linienführung Verkehr von den Bahnen höherer Ordnung abzulenken geeignet sind oder die absichtlich im Hinblicke darauf geplant werden, um den Aufkauf durch die bedrohten Interessenten zu erzwingen. Vorkommnisse solcher Art sind mehrfach zu verzeichnen gewesen. So hatte ein schlauer Geschäftsmann in Belgien zwei Lokalbahnen zustande gebracht, die den Staatsbahnen unbequem und daher dem Unternehmer abgekauft wurden. Dieses gelungene Geschäft wollte er daraufhin in Frankreich in größerem Maßstabe wiederholen und er war schon dahin gelangt, ein förmliches Netz von Nebenbahnen zu kombinieren, die sich in das bestehende Bahnnetz einschoben und Wettbewerbslinien bildeten. Durch eine große Geschäftskrise wurde aber die Spekulation zunichte. Die Verwaltung hat aus dem Vorfalle die Lehre gezogen, der Zentralverwaltung ausreichende Vollmachten hinsichtlich der Bewilligung von Lokalbahnen vorzubehalten, um sie in die Lage zu versetzen, Linien, bei welchen die erwähnte ungünstige Folge zu gewärtigen wäre, zu verhindern. (In Frankreich Gesetz v. J. 1880, laut dessen die Konzessionserteilung für Bahnlinien *d'interêt local* immer durch ein Gesetz erfolgt; ebenso Konzessionsvorbehalte für die Zentralverwaltung in anderen Ländern: in Preußen für Kleinbahnen mit Maschinenbetrieb, für den Regierungspräsidenten im Einvernehmen mit der vom Minister zu bezeichnenden Eisenbahnbehörde). In Belgien, wo bei der Engmaschigkeit des Bahnnetzes Lokalbahnen in den meisten Fällen Querverbindungen bestehender Linien bilden, hat man den Zweck durch Wahl der Schmalspur erreicht, die bei zweimaliger Umladung wohl tatsächlich die Wettbewerbsfähigkeit ausschließt. Überdies hat man aber für Fälle einer dennoch zutage tretenden Verkehrsablenkung gegenüber Hauptbahnen dem Staate das Recht vorbehalten, die Tarife der betreffenden Kleinbahn zu erhöhen [1]).

---

[1]) Es ist auch vorgekommen, daß Lokalbahnkonzessionen von einer Regierung, der die Konzessionierung von Lokalbahnen überlassen war, mißbräuchlich dazu

Einheitlichkeit der Anlage und des Betriebes. Jede Eisenbahnunternehmung, privat oder staatlich, beruht auf Einheitlichkeit der technischen Anlage und des Betriebes, die sie zunächst in ihrem eigenen Gebiete durchführen muß. Doch ist es von der Anfangszeit der Eisenbahnen an — abgesehen von verhältnismäßig wenigen Fällen von Kurzsichtigkeit — den Unternehmungen gegenwärtig gewesen, daß sie einem über das einzelne Bahngebiet hinausreichenden Verkehrsbedürfnisse zu dienen haben werden und daher auf eine gewisse Einheitlichkeit der Anlage und des Betriebes für einen durchgehenden Verkehr vorhinein bedacht zu sein haben. Das genügte jedoch nicht, die Einheitlichkeit in jenem vollen Umfange zu verwirklichen, der das ersprießlichste Arbeiten der Eisenbahnen verbürgt. Es können nicht nur bei den Geschäftsleitungen der Bahnanstalten verschiedene Ansichten über die einschlägigen technische Fragen herrschen, sondern es können der Einheitlichkeit auch Sonderinteressen einzelner Unternehmungen entgegenwirken, welche auf eine eigenartige Anlage ohne Rücksicht auf die Gesamtinteressen gerichtet sind. Hierdurch wird das Eingreifen der Staatsverwaltung zur Notwendigkeit, wenn eine vollendete Organisation des Eisenbahnwesens erreicht werden soll. Außerdem können Anforderungen an die Einheitlichkeit der Anlage und des Betriebes in bestimmten Einzelheiten durch allgemein-staatliche Zwecke gegeben sein, die eben nur die Gemeinwirtschaft zur Geltung bringen kann.

Der technisch-wirtschaftliche Kardinalpunkt ist die Spurweite des Gleises, die für die Abmessungen des Unterbaues und der Fahrbetriebsmittel maßgebend wird, und sohin der durch Einheit der Spurweite ermöglichte Übergang der Betriebsmittel in dem vom Verkehrsbedürfnisse erforderten Umfange. Das bildete den für die Betätigung der Staatsverwaltung in dieser Hinsicht entscheidenden Gesichtspunkt. Alsbald kamen Vorsichten mit Bezug auf die Betriebsicherheit hinzu. Auf diese Weise ergab sich als Aufgabe der Verwaltung eine Regelung der Abmessungen und der technischen Beschaffenheit der Anlagebestandteile im Sinne der Einheitlichkeit: die Normalisierung. Die Nutzbarmachung der Eisenbahnen für militärische Zwecke brachte

benutzt wurden, die Einschaltung neuer Netzesglieder höherer Ordnung der Gesetzgebung zu entziehen. Das geschah auf Grund von Gesetzesbestimmungen, die derart unbestimmt gefaßt waren, daß es in das Belieben der Regierung gestellt war, welche Linien sie als Lokalbahnen erklären wollte. Dadurch konnte es geschehen, daß nicht nur Nebenbahnen von beträchtlicher Ausdehnung, sondern vereinzelt selbst Ergänzungslinien des Hauptnetzes als Lokalbahnen konzessioniert wurden. Man könnte solche Linien falsche Lokalbahnen nennen. Wenn nun ein Ministerium durch Erteilung solcher Konzessionen parteimäßige oder gar persönliche Gefälligkeiten üben konnte, so war selbst eine Störung der richtigen Netzesbildung nicht ausgeschlossen. Hierfür hat in Österreich eine gewisse Regierung den Belegfall geliefert. Der Mißbrauch hat indes eine übermäßige Ausdehnung nicht angenommen, weil ein pflichtgetreuer Abteilungsvorstand, der nicht zu beseitigen war, nach Tunlichkeit Widerstand leistete. Das Zeugnis in diesem Sinne hat ihm der witzige Minister selbst ausgestellt, der erklärte, „es sei schwer zu dienen unter dem Sektionschef W....“.

weiterreichende, über die Anforderungen des allgemeinen Verkehres hinausgehende besondere Vorkehrungen mit sich.

Die Einheit der Spurweite hat das ganze Netz der Bahnen höherer Ordnung zu umfassen, mit Ausnahme einzelner abgelegener Netzesteile, insbesondere Nebenbahnen, deren geringe Verkehrsdichte eine sehr bedeutende Erniedrigung der Anlagekosten durch Anwendung einer engeren Spur erfordert, so daß die darin gelegene Erschwernis des „gebrochenen" Verkehres in Kauf genommen werden muß. Für Kleinbahnen ist die Einheit oder Abweichung der Spurweite, also Wagenübergang oder Umladung an der Anschlußstelle, eine lediglich von ihrem Standpunkte aufzuwerfende Frage der Kosten, außer wo ein Mischfall mit einer Nebenbahn vorliegt oder die künftige Einbeziehung in das Netz der Bahnen höherer Ordnung in Aussicht genommen wird.

Die Vorgänge, welche zu der jetzt als Regelspur (Normalspur) geltenden Spurweite von 1,435 *m* geführt haben, sind für das Vorstehende beweismachend. Bekanntlich ist dies die von Stephenson angewendete Spurweite von 4,8 $^{1}/_{2}$" englisch. Andere englische Ingenieure hielten jedoch eine weitere Spur hauptsächlich zwecks Erhöhung der Leistungsfähigkeit und Standfestigkeit der Lokomotiven für notwendig. Es fanden sich daher in kurzer Zeit in England 7 verschiedene Spurweiten, bis zu 7' engl. (= 2,134 *m*). Auf den Zusammenschluß der Bahnunternehmungen zu einem Netze war nicht Bedacht genommen worden. Die Beschwerden über die hierin gelegenen Verkehrserschwernisse bestimmten das Parlament schon v. J. 1845, eine Fachkommission zur Prüfung der Frage einzusetzen. Der Bericht der Kommission gipfelte in dem Antrage, die Regierung möge vorschreiben, daß alle im Bau befindlichen und künftig zu erbauenden Eisenbahnen die gleiche Spur, und zwar die Stephenson'sche, die bei den meisten Bahnen bestand, zu erhalten hätten, und daß die bereits im Betriebe stehenden Bahnlinien mit breiterer Spur entweder umzubauen seien oder daß anderweitige Vorkehrungen für den Übergang von Normalwagen getroffen werden müssen. Bezeichnend ist es, daß die Notwendigkeit der einheitlichen Spur nicht bloß mit den allgemeinen Verkehrsinteressen, sondern auch mit Rücksichten auf die Landesverteidigung begründet wurde, für die eine schnelle und ununterbrochene Beförderung der mit Truppen besetzten Züge ein Erfordernis sei. Das Parlament beschloß die einheitliche Spurweite, nahm aber davon Abstand, den Umbau der breitspurigen Bahnen vorzuschreiben, angeblich um Entschädigungsansprüche der betreffenden Eisenbahnen zu vermeiden. Die Eisenbahnen haben sich jedoch im eigenen Interesse nach und nach veranlaßt gesehen, die Regelspur anzuwenden, oder doch durch Einlage einer dritten Schiene den Wagenübergang zu ermöglichen. Für Irland, wo der Frage noch nicht vorgegriffen war, wurde die Spurweite von 5,3" (= 1,6 *m*) vorgeschrieben.

Auf dem europäischen Festlande nahm man die Einrichtungen der Stephenson'schen Eisenbahnen als Muster und führte demnach auch ihre Spurweite ein. Zunächst geschah dies durch freien Entschluß der Eisenbahnunternehmungen, alsbald auch nach staatlicher Anordnung in den Konzessionen. In Österreich wurde schon bei den Vorberatungen der ersten Konzessionsnormen (1837) die Notwendigkeit einheitlicher Spurweite festgestellt. In Preußen sprach sich das Staatsministerium ebenfalls bereits i. J. 1837, entgegen militärischen Anregungen, dahin aus, daß die Spurweite der zu erbauenden Eisenbahnen derjenigen der Bahnen des Auslandes, im besonderen Belgiens und Frankreichs, nach welchen Ländern damals schon Anschlüsse in Frage standen, gleichgehalten werde, da sonst die Interessen des Handels und Verkehres in empfindlicher Weise geschädigt würden. Das bedeutete die Wahl der Stephenson'schen Spur. In Frankreich nahm man allerdings eine kleine Abweichung vor, die jedoch den Übergang der Fahrzeuge nicht hindert. Die Fortschritte der Technik im Bau der Maschinen und Wagen ließen die Stephenson'sche Spurweite auch den gesteigerten Anforderungen vollkommen gewachsen erscheinen. Ganz vereinzelte Fälle von Breitspur in Mitteleuropa (Baden, Niederlande) konnten nicht lange Bestand haben und wurden durch Umbau beseitigt.

Die „technischen Vereinbarungen des Vereins Deutscher Eisenbahnverwaltungen für den Bau und die Betriebseinrichtungen der Hauptbahnen", weiterhin auch die „Grundzüge für den Bau und die Betriebseinrichtungen der Nebenbahnen und für vollspurige Lokalbahnen", später die „Normen für den Bau und die Ausrüstung der Eisenbahnen Deutschlands" und die „Bahnordnung für die Nebenbahnen Deutschlands" (1893) sanktionieren eigentlich nur den tatsächlichen Zustand, indem sie die Spur, zwischen den Schienen gemessen, im graden Gleise mit 1,435 *m* bestimmen und nur als Folge des Betriebes Abweichungen bis zu 3 *mm* darunter und 10 *mm* darüber zulassen.

In Rußland wurde für das große Bahnnetz die Spur von 5' engl. (= 1,524 *m*) vorgeschrieben, und zwar auf Rat eines amerikanischen Technikers, der die Stephenson'sche Spur aus den erwähnten Gründen und überdies mit Rücksicht auf ein günstigeres Verhältnis zwischen Nutzlast und toter Last der Wagen als zu eng ansah. Bei den Geländeverhältnissen der russischen Ebene hatte dies auch keine ins Gewicht fallende Verteuerung der Anlagen zur Folge, und nachdem einmal eine Anzahl von Linien in dieser Weise gebaut war, verblieb es zweckmäßigerweise auch für die Verdichtung des Netzes dabei. In Spanien und Portugal wurde ebenfalls unter dem Einflusse der erwähnten Anschauungen eine Breitspur von 1,672 *m* für die Hauptbahnen zur Anwendung gebracht.

In den Vereinigten Staaten blieb die Spurweite selbstverständlich ganz dem Belieben der Unternehmer anheimgegeben, und es wurden infolge der erwähnten Meinungsverschiedenheiten der Techniker Bahnen von sehr abweichenden Spurweiten, darunter solche von 5'—6' engl. gebaut. Am meisten wurde neben der Stephenson'schen die Spurweite von 5' angewendet, die insbesondere in den Südstaaten Verbreitung erlangte. Mit dem Fortschreiten des Zusammenschlusses der Bahnlinien und der Anforderungen des durchgehenden Verkehres wurde eine gewisse Einheitlichkeit durch Vereinbarungen der Bahnunternehmungen hergestellt. Dabei kam in weitem Umfange eine Vermittlungsspur von 4,9" (= 1,448 *m*) zur Anwendung.

Von engeren Spurweiten stehen ebenfalls verschiedene in Gebrauch, bis zu 0,6 *m* herab. In abgeschlossenen Gebieten mit schwachem Verkehre, in Gebirgsländern ohne Durchzugverkehr sind sie auch für das ganze Netz am Platze. Bei einer gewissen Entwicklungsmöglichkeit des Verkehres ist aber auch für ein solches Netz eine Spur unter 1 *m* oder 0,95 *m* technisch und wirtschaftlich nicht angezeigt, obwohl durch die Fortschritte der Technik im Baue der Betriebsmittel ihre Leistungsfähigkeit auch in den beschränkten Abmessungen außerordentlich gehoben wurde, wofür die bosnisch-herzegowinischen Schmalspurbahnen (0,76 *m*) ein treffliches Beispiel bilden.

In den außereuropäischen Ländern hat die Staatsverwaltung wie in der nordamerikanischen Union die Angelegenheit meist dem Gutdünken der Bahneigentümer überlassen oder bei Staatsbesitz dem Ermessen der Bautechniker im einzelnen Falle. Es finden sich daher allerlei Unterschiede der Spurweite, die bei künftiger Netzesverdichtung ihre ungünstigen Folgen zeigen werden.

Die weitere Entwicklung in technischer Hinsicht bringt Anforderungen hinsichtlich übereinstimmender Schienenstärke und des Querschnittes der Kunstbauten mit sich. Zunächst wird diesen durch die

Einsicht der Techniker entsprochen. Die Staatsverwaltung greift zweckmäßigerweise unterstützend durch Vorschriften über Mindestmaße ein, die sie bei eigenem Bahnbesitz selbst einhält, bei Konzessionen den Unternehmern auferlegt. Die Intensitätsabstufung zwischen Haupt- und Nebenbahnen gestattet und bedingt einen Unterschied in den bezüglichen Maßbestimmungen, der jedoch nicht so weit gehen darf, den Übergang der Wagen zu behindern.

In voller Unmittelbarkeit leistet die Herstellung der Einheitlichkeit den Bahnbenützern ihre Dienste im Betriebe, indem der sachliche und persönliche Apparat der Verkehrsanstalt dem regelmäßigen Vollzuge der Verkehrsakte in zeitlicher und gegenständlicher Zusammenfassung mit stetem Hinblicke auf Kosten und Güte der Leistungen gewidmet wird.

Bei der Massenhaftigkeit und Vielseitigkeit der Verkehrsbeziehungen in einem Eisenbahnnetze wird die Ordnung des Betriebsdienstes von großer Wichtigkeit. Sie wird erreicht durch die einheitliche Regelung von einer obersten Stelle aus, die aber jeweils nur einen gewissen Bezirk zu übersehen vermag, dessen Ausdehnung von der Möglichkeit wirtschaftlicher Gebarung begrenzt ist. Bei Staatsbahnbesitz ist diese Einheitlichkeit des Betriebes von selbst gegeben. Beim Bestande von Privatbahnen kann die Staatsverwaltung durch Hinwirken auf Bildung von Betrieben entsprechenden Umfanges mit geschlossenem Wirkungsgebiete die Einheitlichkeit in erwünschtem Maße herbeiführen. Der integrierende Zusammenhang des Gesamtnetzes erheischt jedoch eine weiterreichende Einheitlichkeit für den Verkehr, der die Grenzen eines Betriebsbezirkes überschreitet.

Die Betriebseinheit im direkten Verkehre. Ursprünglich wurde der von einer Bahn auf die andere übergehende Verkehr jedesmal als ein neuer Verkehrsakt behandelt: Frachten mußten an der Übergangstelle von den Versendern oder Spediteuren zur Weiterbeförderung neu aufgegeben werden. Es bot ersichtlich ein reiches Feld für die Tätigkeit der Spediteure, die Transportkosten eines über mehrere Bahnlinien zu befördernden Gutes aus den von jeder der Bahnen für ihr Gebiet aufgestellten Tarifen zu berechnen und dem Versender aufzugeben. Hierbei war für jede Bahn mit der Übergabe des Gutes an die Nachbarbahn und mit der Einziehung der auf dem Gute haftenden Gebühren das Transportgeschäft abgeschlossen. Derselbe Verladungs- und Abfertigungsvorgang mußte sich so oft wiederholen, als die Sendung Grenzstationen zu durchlaufen hatte. Bei einer gewissen Verdichtung des Verkehres erwies sich aber diese Abfertigungsart wegen der Zeitverluste und Kosten, die sie mit sich brachte, als höchst unwirtschaftlich, im Personenverkehre auch als eine Minderung der Qualität der Leistung. Es ergab sich folglich das Bedürfnis, jeden Akt des Übergangsverkehres, insbesondere im Güterverkehr jede solche Sendung bis zu ihrer Beendigung, als eine einheitliche Leistung zu behandeln und nicht auf mehreren Abteilungen des Gesamtnetzes die gleiche Arbeit wiederholt zu verrichten. Dies erforderte eine ineinandergreifende Betriebstätigkeit der anschließenden Bahnen zur Beförderung von Personen, Gepäck und Frachtgütern mit für den ganzen Weg ausgestellten Fahrkarten, Gepäckscheinen und Frachtbriefen: den durchgehenden (direkten) Verkehr, für den selbstverständlich die Einheitlichkeit der Anlage die Vorbedingung bildet. Im Frachtenverkehre bedang dies die Beförderung der Güter in durchlaufenden Wagen, direkte Abfertigung und Kartierung gegen Abrechnung der Unternehmungen untereinander. Den vollen Nutzen für die Wirtschaft ergab dann die Aufstellung direkter Tarife für solche Verkehre, an Stelle des Aneinanderstoßens der Lokaltarife.

Die Bahngesellschaften hatten allerdings ein gewisses Interesse, durch solche Einrichtungen den Verkehr zu heben. Allein dieses Interesse war doch nur da wirksam, wo es in einer erheblichen Vermehrung der Einnahmen Ausdruck fand, und reichte nicht aus, den Bahnbenützern die Einrichtung im vollen Umfange zu sichern. Das Eingreifen der Staatsverwaltung erwies sich somit auch in dieser Hinsicht notwendig. Es wurde den Bahnen eines Landes damit eine Art Zwangsgemeinschaft auferlegt.

In Deutschland und Österreich wurde zuerst durch freie Vereinbarungen der Bahnen innerhalb des Vereins Deutscher Eisenbahnverwaltungen und dann später durch die staatlichen Betriebsreglements bestimmt, daß der Transport von Gütern von und nach allen für den Güterverkehr eingerichteten Stationen erfolge, ohne daß es behufs des Überganges von einer Bahn zur anderen einer Vermittlungsadresse bedarf. Für den Personenverkehr wurden ineinandergreifende Fahrpläne verlangt, und bei der Fahrplangenehmigung auf ausreichende Anschlüsse und Führung durchlaufender Wagen gedrungen. In Deutschland wurden später die Bahnen durch die Reichsverfassung verpflichtet, „die für den durchgehenden Verkehr und zur Herstellung ineinander greifender Fahrpläne nötigen Personenzüge mit entsprechender Fahrgeschwindigkeit einzurichten, ferner direkte Abfertigung im Personen- und Güterverkehr mit Gestattung des Überganges der Betriebsmittel zu gewähren". In Österreich war durch das Eisenbahnkonzessionsgesetz vom Jahre 1854 bestimmt daß „die Eisenbahnunternehmungen sich mit den angrenzenden Eisenbahnen in betreff der Fahrordnung, der wechselseitigen Benützung der Bahn und der Betriebsmittel und überhaupt bezüglich der Ordnung der wechselseitigen Verkehrsverhältnisse einzuverstehen haben. Sollte ein gütliches Übereinkommen nicht zustande kommen oder die getroffene Verabredung den öffentlichen Interessen nicht entsprechen, so hat das zuständige Ministerium die erforderlichen Verfügungen von Amtswegen zu treffen." Ähnlich das schweizerische Eisenbahngesetz v. J. 1872 und die Gesetze mehrerer anderer Länder. In Frankreich verpflichten schon die Bedingnishefte die Eisenbahnen zur Einführung des direkten Verkehres innerhalb des Landes. In England wurde bereits i. J. 1840 ein auf den direkten Verkehr bezüglicher Antrag gestellt, und durch das Gesetz v. J. 1854 auf den Verkehr von Eisenbahn zu Eisenbahn ohne Erschwerung und Aufenthalt gedrungen. Die Gesetzesbestimmungen bezogen sich aber hauptsächlich darauf, daß in der Kombination solcher direkter Züge nicht Bevorzugungen der einen Bahn gegenüber einer anderen stattfinden.

Ein Gesetz v. J. 1873 setzte an Stelle der ordentlichen Gerichte, welche wegen solcher Bevorzugung angerufen werden konnten, die schon erwähnte *Railway Commission* ein und ordnete an, daß durch diese Kommission die Bildung direkter Verkehre einer Eisenbahn auf Antrag einer anderen Bahn zwangsweise auferlegt werden könne, soferne dadurch eine zweckdienliche Erleichterung des Verkehres im öffentlichen Interesse erzielt werde. Das Gesetz war indes, nachdem die großen Netze gebildet waren, von geringer Bedeutung.

Nach dem amerikanischen *Interstate Commerce*-Gesetz haben die ihm unterworfenen gemeinen Frachtführer „alle vernünftigen, geeigneten und gleichmäßigen Erleichterungen für den Verkehr zwischen ihren Linien, sowie für den Empfang, die Beförderung und die Ablieferung von Personen und Gütern nach und von ihren Strecken und Anschlußbahnen zu gewähren und den letzteren dieselben Frachtsätze und Gebühren zu berechnen, die sie für ihre eigenen Strecken erheben"; sehr dehnbare Bestimmungen, die lediglich durch die Auslegung im einzelnen Falle seitens der *Interstate Commission* einen greifbaren Inhalt erhalten. Eine Verpflichtung der Bahn zur Aufnahme von Gütern im direkten Verkehre über ihre Linien hinaus (mit den betreffenden Rechtsfolgen wie in unserem Betriebsreglement) bestand jedoch nicht. Erst durch das sogenannte Carmack-Amendement wurde diese frachtrechtliche Norm eingeführt.

Mancherlei Anlaß hat die Verwaltung, bezüglich der Betriebsmittel auf die Eisenbahnunternehmungen Einfluß zu nehmen. Denn von der Anzahl, guten Beschaffenheit und Verwendung dieser hängt in regelmäßigen und noch mehr in Zeiten eines Wirtschaftsaufschwunges der flotte Güterumsatz ganz wesentlich ab. Daß die dem Verkehrsbedürfnisse entsprechende Anzahl von Lokomotiven und Wagen aller Art vorhanden sei, wird durch Bestimmungen in den Konzessionen — bei Staatsbahnen durch das Gesetz über den Neubau —, und daß sie auch späterhin fortlaufend dem Bedarfe entsprechen, durch Ausübung der Staatsaufsicht zu erreichen gesucht. Bei Staatsbahnen übt in dieser Richtung die öffentliche Meinung und das Parlament den nötigen Druck aus, wenn schon das eigene Interesse der staatlichen Bahnverwaltung nicht hinreichen sollte, die erforderlichen Aufwendungen zu machen. Denn der in Zeiten großen wirtschaftlichen Aufschwunges öfter auftretende Wagenmangel bringt höchst lästige Behinderungen des Güterversandes und damit sehr große wirtschaftliche Schäden mit sich.

Abgesehen von dem Gesichtspunkte der Betriebsicherheit hat die Verwaltung auch Anlaß, sich um die Beschaffenheit der Betriebsmittel vom Standpunkte des Zollinteresses zu kümmern. Die Wagen müssen so gebaut sein, daß sie zollsicheren Verschluß gestatten und nicht den Warenschmuggel (durch geheime Behältnisse) ermöglichen.

Endlich besteht ein Interesse der Allgemeinheit, daß Einrichtungen und Vereinbarungen geschaffen werden, die technisch und betriebswirtschaftlich den ungehinderten Übergang der Wagen auf die Linien anderer Verwaltungen und Staaten sichern. Das bedingt Vereinbarungen über die Bauart und die Verwendung der Wagen, über die Vergütung für die Benützung fremder Wagen, über die Wiederherstellung beschädigter fremder Wagen usw., von denen insbesondere die Vereinbarungen des Vereins Deutscher Eisenbahnverwaltungen (Vereinswagenübereinkommen) in jeder Richtung den ersten Platz einnehmen. Für die englischen Bahnen hat das schon mehrfach erwähnte *Clearing house* ähnliche Bestimmungen erlassen. In Amerika sorgt für Einheitlichkeit die Vereinigung der Wagenbauer. Die Regierungen haben sich in dieser Richtung allerdings zumeist auf die Aufstellung allgemeiner Vorschriften beschränkt (teils in Gesetzen und Verordnungen, teils in den Konzessionen) die den Bahnen die Verpflichtung auferlegen, derartige Vereinbarungen zu treffen und für ungehinderten Wagendurchlauf zu sorgen.

Die höchste Steigerung erfährt die Einheitlichkeit des Betriebes für den Kriegsfall und im Kriege. Schon im Frieden müssen, wenn man für einen plötzlichen Ausbruch des Krieges gerüstet sein will, für das ganze Netz die Kriegsfahrpläne entworfen und alle Einrichtungen getroffen sein, die ihre Durchführung sichern. Bei Ausbruch des Krieges übernimmt die militärische Macht den Betrieb des Netzes oder mindestens die Kontrolle über diesen, soweit sie es für notwendig findet: nötigenfalls wird der sog. Zivilbetrieb ganz eingestellt. Diese Befugnis wird als ein Ausfluß des Staatsnotrechtes angesehen, wo sie nicht ausdrücklich in Gesetzesakten vorbehalten ist. So selbst in den Vereinigten Staaten während des Weltkrieges. Im Bürgerkriege war 1862 dem Präsidenten die Vollmacht vom Kongreß erteilt worden, die Eisenbahnen und Telegraphen auf Kriegsdauer in Besitz zu nehmen. Die militärische Betriebsführung stellt die Kriegszwecke in erste Linie und ordnet diesen alle übrigen Verkehrsbedürfnisse unter. Wenngleich hierbei die Gesichtspunkte ökonomischer Betriebsführung in den Hintergrund treten, so bringt doch die Zusammenfassung der Betriebe und die Einheitlichkeit der Leitung Vorteile gegenüber einem früheren Zustande der Zersplitterung oder Sonderung mit sich, die nach Aufhören des Kriegszustandes als Beweggrund zum Beharren auf diesem Stande der Organisation wirken. Diese Einsicht ist gegenwärtig als Nachwirkung des großen Krieges in den Weststaaten Europas und in Amerika zu verzeichnen.

Lokalbahnen sind in die Bestimmungen über den direkten Verkehr und die Betriebseinheitlichkeit nicht zwangsweise einzubeziehen, sondern es muß ausschließlich die Ökonomie hierfür maßgebend sein. Bei Betriebsführung durch die Anschlußbahn ist allerdings die Einheitlichkeit in gewissem Maße gegeben.

Die Einheitlichkeit in Anlage und Betrieb ist nicht mit einem Male fertig und vollendet gewesen, vielmehr war sie nur in fortschreitender Entwicklung zu erzielen. Diese Aufgabe war den Eisenbahnvereinen zugefallen, die in freien Vereinbarungen das jeweils Wünschenswerte und Erreichbare an Vereinheitlichung schufen („Verein Deutscher Eisenbahnverwaltungen", schon 1846/47 entstanden, „Direktorenkonferenzen" der österreichischen und der ungarischen Eisenbahnen, „*Railway Clearing house*" in England, „Vereinigung schweizerischer Eisenbahnen", „Kongreß der russischen Eisenbahnen", Vereinigung der Betriebsdirektionen der Eisenbahnen in der nordamerikanischen Union" usw.). Die von den dem Vereine Deutscher Eisenbahnverwaltungen angehörigen Bahnen auf Grund der Vorschläge der bau- und betriebstechnischen Fachmänner angenommenen Bestimmungen bereiteten die Akte der Staatsverwaltungen vor, soweit diese einzugreifen für nötig erachteten. Deutschland und Österreich haben die für die Bahnen des Vereines geltenden Reglements für den Güter- und Personenverkehr mit unwesentlichen Abänderungen als staatliche Betriebsreglements aufgestellt; Deutschland infolge der betreffenden Bestimmungen der Verfassung des Norddeutschen Bundes mit Geltung vom 10. VI. 1870, Österreich auf Grund des 1867er Ausgleiches mit Ungarn durch Verordnung vom 1. VII. 1872.

In gleichem, aber eingeschränkterem Maße wirkten die Eisenbahnverbände zufolge ihres Zweckes als Vereinigungen je einer Anzahl von Bahnanstalten zur Einführung und Förderung des direkten Verkehres. Die Notwendigkeit solcher Verbände stellte sich vornehmlich dort heraus, wo eine Zersplitterung des Bahnnetzes in zahlreiche kleinere Bahnanstalten bestand, deren Linien kein für sich abgeschlossenes Verkehrsgebiet bilden, insbesondere in Deutschland und Österreich. Das Schwergewicht ihrer Wirksamkeit fanden sie in der Herstellung des direkten Verkehres, sie dienen jedoch häufig zugleich der Vereinheitlichung des Betriebes durch Aufstellung ineinandergreifender Fahrpläne, Ausgabe direkter Fahrkarten und Gepäckscheine, durch Bestimmungen über die Wegleitung der Güter, über gegenseitige Wagenbenutzung u. dgl. In dieser Art bereiteten zahlreiche regionale Verbände einer umfassenden Regelung den Boden.

Das englische *Clearing house* war ursprünglich ein eigentlicher Verband zur Pflege des direkten Verkehres, zugleich Tarifverband, nur eben nach einer kurzen Entwicklungszeit beinahe sämtliche englische und schottische Bahnen umfassend, und hat seine Wirksamkeit darüber hinaus nur auf die Vereinheitlichung in betrieblicher Hinsicht erstreckt, nicht auch auf die technische Einheit. Dadurch unterscheidet es sich vom deutschen Eisenbahnverein, der gerade in letzterer Hinsicht Hervorragendes geleistet hat, dagegen das Tarifwesen nicht in seinen Aufgabenkreis einbezog [1]).

Der Betriebseinheit dienen schließlich die Verschmelzungen, durch die bei fehlerhafter Netzesbildung die Konsequenzen der Zulassung zersplitterter Linien in kleinen Gebieten gutgemacht werden. Die Herbeiführung der Vereinheitlichung des Betriebes ist eben das Motiv, aus welchem die Bahnunternehmungen im eigenen Interesse die Zusammenlegung zu gerundeten Netzen anstreben. Insofern hätte der Staat allen Grund, diese Bestrebungen zu fördern. Indes hat sich gezeigt, daß die staatliche Verwaltung nicht immer dieses Sinnes war. Wo eine Abänderung der Konzessionsbestimmungen der zu vereinigenden Unternehmungen erforderlich war, wurde die Gelegenheit benutzt, Unterlassungen früherer Konzessionsakte durch Auflage neuer Verpflichtungen an die Bahnen gutzumachen. Insoweit das in einem Maße geschah, daß die berechtigten Interessen der Unternehmungen nicht verletzt wurden, war es gewiß höchlich am Platze. Allein dieses Maß wurde nicht immer eingehalten, was die Bahnen dazu bewog, von mancher beabsichtigten Verschmelzung abzustehen oder solche in der loseren Form freier Vereinbarungen durchzuführen, die einer staatlichen Genehmigung nicht

[1]) Die Verbände kommen hier nur als Vorläufer und Vorbereiter der staatlichen Verwaltung in Betracht, ihre Wirksamkeit an sich gehört in die Betriebsökonomie.

bedurften, wie Pachtverträge oder andersartige Betriebführungsverträge. In Österreich hat das Parlament sich in dieser Hinsicht im gegebenen Falle als kurzsichtig gezeigt. In Preußen wurde dem Umsichgreifen einer Verschmlezungsbewegung, deren Anfänge bereits zu bemerken waren, durch den Übergang zum Staatsbahnsystem der Boden entzogen und die Vereinheitlichung eben durch letzteres ins Werk gesetzt. In England haben Besorgnisse vor der Ausbildung von Privatmonopolen durch Verschmelzungen größeren Umfangs das Parlament zu einer ablehnenden Haltung bestimmt, die nur in einzelnen Fällen durch Aufwendung aller Mittel seitens der beteiligten Bahngesellschaften zu überwinden war. Die Furcht vor den *trusts* hat im *Interstate Commerce*-Gesetz der Vereinigten Staaten darin Ausdruck gefunden, daß Vereinbarungen auf Bildung von Betriebsgemeinschaften (*pooling*) verboten wurden, trotzdem man die Schäden der Bahnkonkurrenz klar erkannt hatte. Die Bestimmung konnte keinen andern Erfolg haben als den, die Bahnen zur Umgehung des Gesetzes zu veranlassen.

In Staaten mit eigenem Bahnbesitz werden die betriebsökonomischen Gesichtspunkte, die zur Vereinheitlichung drängen, für die Staatsverwaltungen selbst bestimmend und wird daher die Betätigung in der in Rede stehenden Hinsicht eine besonders nachdrückliche.

Frachtrecht. Anschließend erheischen die Aufgaben der Verwaltung betreffend das Eisenbahnfrachtrecht Erwähnung, wobei auch die Rechtsverhältnisse des Personenverkehres mitverstanden sind. Die Anwendung des Gewohnheitsrechtes oder des kodifizierten Frachtrechtes der Voreisenbahnzeit auf die im und aus dem Eisenbahnverkehre entstehenden Rechtsverhältnisse im Wege der Rechtsprechung kann erklärlicherweise nur höchst unbefriedigende Ergebnisse aufweisen. Dessen ungeachtet ist es in den angelsächsischen Staaten dabei verblieben, mit Ausnahme der Bestimmungen zum Schutze der Bahnbenützer gegen Mißbrauch der Monopolstellung der Bahnen, die sich überall von selbst aufdrängten und den Eisenbahnbenützern ein Recht auf Beförderung und auf Gleichbehandlung gewährten. Auf dem europäischen Festlande erkannte man jedoch nach kurzem Bestande der Bahnen die Notwendigkeit, das Verhältnis zwischen der Eisenbahn und ihren Benützern durch ein den Eigentümlichkeiten des Eisenbahnbetriebes angepaßtes Frachtrecht zu regeln. Die betreffenden reglementarischen Bestimmungen, welche die ersten Eisenbahnunternehmungen von allem Anfang an als Grundlage für die mit den Reisenden und Frachtgebern abzuschließenden Beförderungsverträge aufzustellen sich bemüßigt fanden, erfuhren alsbald durch Verbandverträge eine Ausdehnung über weitere Gebiete. Daß eine solche Einseitigkeit in der Feststellung der Vertragsgrundlagen durch eine der Vertragsparteien, lediglich als vereinbartes Recht, mit dem Interesse der Allgemeinheit nicht verträglich sei, war nicht zu verkennen [1]). Es erkannte sohin der Staat es als seine Aufgabe, besondere, für den Eisenbahnverkehr geltende Rechtssätze aufzustellen. In Deutschland und Österreich geschah dies durch das Handelsgesetzbuch vom Jahre 1862. Mit den Bestimmungen dieser, obschon noch unzulänglichen Rechtsordnung mußten die inzwischen durch Übereinkommen der Bahnen im Verein Deutscher Eisenbahnverwaltungen (1850) zu einer gemeinsamen Angelegenheit erhobenen reglementarischen Bestimmungen in Einklang gebracht werden. Ein weiterer Fortschritt ergab sich dann damit, daß ein staatliches Betriebsreglement zur Einführung gelangte, wie schon im früheren aus Anlaß der Vereinheitlichung des Betriebes bemerkt wurde. Der Inhalt der aufgestellten Frachtnormen ist im folgenden kurzen Überblicke wiedergegeben.

Der dem ganzen zugrunde liegende Vertragszwang bezieht sich zunächst darauf, daß die Eisenbahn verpflichtet ist, den Beförderungsvertrag mit jedermann sofort und ohne Rücksicht auf den Bestimmungsort abzuschließen, wenn auch mehrere Bahnen an der Beförderung beteiligt sind: das frachtrechtliche Korollar des direkten Verkehres [2]). Dieser allen fortgeschrittenen Frachtrechten eigene Grundsatz der Einheitlichkeit des Geschäftes gegenüber dem Verfrachter — die sog. „Beförderungsgemeinschaft" — verpflichtet jede nachfolgende Bahn zur Übernahme des Gutes von der Vorbahn und zur gemeinsamen Haftung, gibt ihr aber auch das Rückgriffsrecht bei Entschädigungszahlungen gegen die an der Beförderung beteiligten Eisenbahnen.

Die Pflicht der Gleichbehandlung umfaßt, außer der bereits erörterten tarifarischen Gleichbehandlung, auch die Pflicht, den Frachtvertrag genau nach den allgemein geltenden eisenbahnfrachtrechtlichen Bestimmungen, d. h. mit jedem unter gleichen Voraussetzungen vollkommen gleich, ohne Bevorzugung oder Benachteiligung einzelner, abzuschließen. Abweichungen von den Bestimmungen des Frachtrechtes sind daher ungültig, soferne sie nicht von der Regierung zugelassen und ordnungsmäßig veröffentlicht sind. Das Eisenbahnfrachtrecht ist insoweit zwingendes Recht. Die Sicherung der Einhaltung der bezeichneten Pflicht liegt in dem jedem durch die Nichteinhaltung Geschädigten zustehenden Rechte auf Schadenersatz, sowie in den im Verwaltungswege anzuwendenden Zwangsmitteln und aufzuerlegenden Strafen. Die

---

[1]) Der Rechtszustand in den Vereinigten Staaten zeigt das deutlich. Dort gilt für das Rechtsverhältnis zwischen Eisenbahn und Verfrachter das *Common law*. Die Eisenbahnen haben untereinander einen „einheitlichen" Frachtbrief vereinbart, welcher ihnen eine günstigere Stellung als nach dem gemeinen Recht einräumt, insbesondere mit Bezug auf die Haftung. Die Verwendung dieses uniformen Frachtbriefs seitens der Versender wird dadurch erzwungen, daß andernfalls eine 20 %ige Frachterhöhung eintritt.

[2]) Welche Folgen in den Vereinigten Staaten der Mangel einer frachtrechtlichen Verpflichtung der Bahnen in diesem Sinne gehabt hat, war schon an früherer Stelle (S. 40) zu erwähnen Anlaß.

Gleichheit der Beförderungsverträge wird übrigens durch die Massenhaftigkeit sich immer wiederholender Verkehrsakte auch rein tatsächlich erzwungen, die für besondere Vertragsverhandlungen und abweichende Festsetzungen des Vertragsinhaltes gar nicht die notwendige Zeit freiläßt. Daraus erklärt sich auch die Erscheinung, daß nur einige wenige Arten des Beförderungsvertrages unterschieden werden: Personen-, Gepäck- und Güterbeförderungsvertrag, und daß es auch nur ganz wenige innerdienstliche Abfertigungsarten gibt, weil nur dadurch die bei der Massenhaftigkeit und Eile ganz unerläßliche Einfachheit, Raschheit und Durchsichtigkeit des Abfertigungsverfahrens möglich wird.

Eine im neueren Eisenbahnfrachtrechte, zuerst in Deutschland und Österreich, den Eisenbahnen auferlegte, von dem allgemeinen Frachtrechte besonders abweichende Verpflichtung ergibt sich aus dem Umstande, daß es bei der Vielheit und schwierigen Beherrschbarkeit der Tarife für die Verfrachter mit Umständen verbunden ist, den seinen jeweiligen Interessen entsprechenden Tarif und Beförderungsweg der Eisenbahn vorzuschreiben, d. i. die Anordnung, daß die Eisenbahn nur die tarifmäßigen Gebühren und allfällige bare Auslagen in Rechnung stellen darf und daß sie, wenn der Absender Tarif und Weg nicht vorgeschrieben hat, verpflichtet ist, die dem Verfrachter günstigste Beförderungsweise zu wählen.

Aus der Notwendigkeit, daß der Reisende sich, und der Verfrachter sein Gut der Eisenbahn anvertraue, ohne die Möglichkeit zu besitzen, in die Abwicklung der Beförderung irgendwie einzugreifen, und daß er wehrlos den durch die Bewegung so riesiger Kräfte, wie sie ein fahrender Eisenbahnzug entwickelt, entstehenden Gefahren preisgegeben ist, und endlich fast nie in die Lage kommt, selbst oder durch Zeugen festzustellen, ob im Falle eines Ereignisses im Betriebe ein Verschulden der Eisenbahn vorliege oder nicht, haben fast alle Gesetzgebungen den Anlaß abgeleitet, den Eisenbahnen eine ganz besonders strenge Haftung aufzuerlegen. Hierher gehören die in mehreren Staaten aus Anlaß schwerer Unglücksfälle erlassenen Gesetze über die Haftung der Eisenbahnen für Verletzungen und Tötungen von Personen (Österreich 1869, Deutschland 1871, Ungarn 1874, Schweiz 1875, Belgien 1891 und 1903, Frankreich 1898, Holland 1875, Schweden 1886, England 1880), deren Mehrzahl die Haftpflicht den Eisenbahnen als sog. Erfolghaftung, also ohne Rücksicht auf Verschulden auferlegt, und ihnen eine Haftbefreiung nur bei Vorliegen gewisser Haftausschließungsgründe (höhere Gewalt, eigenes Verschulden des Beschädigten usw.) zubilligt.

Im übrigen ist aber die Haftung der Eisenbahnen für die Ausführung des Personenbeförderungsvertrages noch nicht genügend gesichert. Dagegen ist die Haftung im Güterfrachtvertrage fast in ganz Europa bis in die kleinsten Einzelheiten geregelt und zwar dahin, daß für jede unterbliebene, nicht gehörige oder nicht rechtzeitige Erfüllung des Vertrages

Ersatz geleistet werden muß. Der Ersatz bemißt sich nach dem gemeinen Handelswerte, den die beschädigte, geminderte oder verlorene Ware am Tage der Absendung und zur Zeit der Annahme zur Beförderung hatte, zuzüglich des für Zoll, Barauslagen und Fracht gemachten Aufwandes: ein Haftgrundsatz, der davon ausgeht, daß das Frachtgut überwiegend Handelsgut ist, dessen Preis dem Empfänger durch Faktura zugerechnet wird, was den Beweis über die Höhe des Schadens erheblich erleichtert.

Eine besondere Erwähnung verdient die Sicherung, die dem Verfrachter in bezug auf Einhaltung einer angemessenen Beförderungszeit durch die Bestimmungen über die Lieferfrist geboten ist, zunächst in der Richtung, daß auch in dieser Beziehung völlige Gleichbehandlung aller Verfrachter gewährleistet ist, und daß die Lieferfristen der Eigenart der Beförderungsgegenstände entsprechend bemessen werden. Es sind daher für Eilgüter, Frachtgüter, lebende Tiere usw. je besondere Lieferfristen vorgeschrieben, die sich aus Abfertigungs- und Beförderungsfrist im eigentlichen Sinne des Wortes zusammensetzen. Die Dauer der Lieferfrist steigt mit der zurückzulegenden Entfernung, wozu einzelne Zuschläge kommen. Die Entschädigung für Nichteinhaltung ist, je nachdem ein Schaden entstanden ist oder nicht, und ob das Interesse an der Lieferung angegeben ist oder nicht, verschieden hoch: In Österreich und Deutschland nach der Anzahl der Tage, um welche die Frist überschritten ist, und nach Zehnteln der Fracht bis zu gewissen Höchstbeträgen.

Erwähnung verdient, daß bereits die Frage aufgeworfen wurde, ob es der Natur des Eisenbahngeschäftes nicht angemessener wäre, die Ersatzleistung für Schäden beim Gepäck- und Güterbeförderungsvertrage ganz von der Frage des zivilrechtlichen Schadenersatzes loszulösen und sie vielmehr als Schadenversicherung auszubauen: eine Frage, die bei fortschreitender Verdichtung des Eisenbahnverkehres sicher nicht von der Hand zu weisen ist.

Die Massenhaftigkeit der Verkehrsakte, die notwendige Eile, die Beteiligung sehr vieler in ihrer Tätigkeit nicht überwachbarer Leute, die Gefahr des Eingreifens dritter Personen, die Möglichkeit den anderen Vertragsteil nicht aufzufinden und dadurch, wie auch in anderen Fällen, um die Frachteinnahme zu kommen, die Pflicht ohne weiteres für das Verschulden der Vorbahnen einzustehen, alle diese Umstände geben wieder Anlaß, Sicherungsmaßnahmen auch für die Eisenbahnen aufzurichten; z. B. die Pflicht des Absenders, für seine Angaben in der Frachturkunde, für die Ungefährlichkeit des aufgegebenen Gutes und für die Richtigkeit und Vollzähligkeit der notwendigen Begleitpapiere zu haften; die Fracht für gewisse (z. B. leicht verderbliche) Güter sofort bei der Aufgabe zu bezahlen, für die Folgen nachträglicher Verfügungen über das Gut aufzukommen, die Eisenbahn für unverhältnismäßige Inanspruchnahme ihrer Wagen- und Lagerräume zu entschädigen usw. Besonders zu erwähnen ist hier das der Eisenbahn zustehende Faustpfandrecht am

Gute zur Deckung ihrer Ansprüche, die kurz bemessene zeitliche Begrenzung ihrer Haftpflicht, indem unter gewissen Voraussetzungen bestimmte Ersatzansprüche ohne weiteres und sofort bei Beendigung der Beförderung erlöschen, und indem für die Geltendmachung aufrechter Ersatzansprüche ganz kurze Verjährungsfristen gesetzt sind. Denn das Geschäft wäre nicht aufrecht zu erhalten, insbesondere wäre eine geregelte Finanzwirtschaft für die Eisenbahn unmöglich, wenn sie den gewöhnlichen langen Verjährungsfristen für jeden einzelnen Beförderungsfall ausgesetzt wäre. Hierher gehört auch die Einschränkung der sog. Passivlegitimation, falls mehrere Eisenbahnen an der Beförderung beteiligt sind, auf drei dieser Bahnen (Versand-, Empfangsbahn und Bahn, in deren Bereich der Schaden entstanden ist). Aus denselben Gründen erklärt sich auch die Tatsache, daß namentlich in den mitteleuropäischen Ländern der Frachtvertrag als Formalvertrag konstruiert ist, um jederzeit und für beide Teile den über seinen Inhalt zu erbringenden Beweis einfach durch die Frachturkunde liefern zu können.

Aus dem Dargestellten ist ersichtlich, wie gerade beim Eisenbahnfrachtrechte der Zusammenhang zwischen Wirtschaft und Recht sich bis in die letzten Einzelheiten verfolgen läßt. Unsere flüchtige Übersicht wird auch hinreichen, um den Nutzen einer guten, d. h. den Verkehrsbedürfnissen entsprechenden Regelung des Frachtrechtes ohne weiteres klar zu machen. Denn die Güter, die tagtäglich durch die Hand der Eisenbahn gehen, stellen ihrem Werte und ihrer Menge nach sehr erhebliche Teile des Volksvermögens dar. Ihre rasche und namentlich sichere Beförderung ist für die Volkswirtschaft von ganz besonderer Wichtigkeit, weil abgesehen von den Frachtkosten Schäden durch Verlust, Beschädigung oder zu lange Laufzeit für Gütererzeugung und Verbrauch die Kosten erhöhen, für die Eisenbahnen die Einnahmen schmälern würden [1]).

Die Bahnpolizei. Die polizeiliche Seite der Verwaltung findet im Eisenbahnwesen ein besonders reiches Feld ihrer Betätigung: teils vorbeugend, um möglichen Beschädigungen oder Gefährdungen entgegenzuwirken, teils um bei bereits eingetretenen Schädigungen oder Gefährdungen durch Ermittlung und Bestrafung der Schuldigen die Fortsetzung oder Wiederholung solcher Vorkommnisse zu verhindern. Die Fürsorge erstreckt sich sowohl auf die Anlage als auf den Betrieb, mit dem vornehmlichsten Ziele der Schaffung und Wahrung der Betriebsicherheit

[1]) Wie weit das gehen kann, wenn in Zeiten allgemeinen Niederganges Diebstähle usw. überhandnehmen, zeigen die gegenwärtig (1920) in Europa herrschenden Zustände, unter denen jeder Verfrachter sein Gut nur mit Bangen der Eisenbahn anvertraut, die von den Eisenbahnen zu zahlenden Entschädigungen einen wesentlichen Teil der gesamten Frachteinnahmen aufzehren und Bestechungen der Bahnbediensteten durch die Versender an der Tagesordnung sind, um ihre Frachten überhaupt zur Beförderung zu bringen oder gewisse Vorteile gegenüber anderen Verfrachtern zu erlangen.

für die Bahnbenützer, die Anlieger und die Bediensteten, und verbindet sich, wie wir wissen, mit den dem Gesichtspunkte der Vereinheitlichung entspringenden Rücksichten zu einem Ganzen von Vorschriften, das wir eben die Bahnpolizei nennen können, da bei den meisten der eigentlich polizeiliche Gesichtspunkt der allein bestimmende, bei anderen die Einheitlichkeit zugleich die Bedingung ihrer Wirksamkeit ist, wie z. B. beim Signalwesen.

Die Bahnbaupolizei umfaßt die Normen über die technischen Einzelheiten der Bauten hinsichtlich ihres Maßes und ihrer Beschaffenheit, ferner die Vorkehrungen zur Einhaltung der allgemeinen baupolizeilichen Bestimmungen und die Überwachung der Arbeitsverhältnisse beim Bau.

Die Vorschriften der Betriebspolizei erstrecken sich erstens auf den Zustand, die Unterhaltung und Bewachung der Bahn, zweitens auf die Beschaffenheit, Unterhaltung und regelmäßige Untersuchung der Betriebsmittel, drittens auf die Handhabung des Betriebes, viertens auf eine Reihe von Personalverhältnissen, fünftens auf das Verhalten der Bahnbenützer. Es wird genügen die wichtigsten der bezüglichen Maßnahmen hervorzuheben.

Zum ersten Punkt zählen die Bestimmungen über die Erhaltung der Bahn in fahrbarem Zustande, die Sicherung der Verkehrsbewegung durch Signale und Verständigungsmittel aller Art, über die Bauart der Weichen und anderer beweglicher Vorrichtungen sowie der Bahnkreuzungen, über die Einfriedungen, die Bewachung der Bahnlinie, die Unterhaltung eines geordneten Schrankendienstes, über die Bevorrätigung mit Betriebstoffen und deren Beschaffenheit usw.

In der zweiten Hinsicht kommen in Betracht: Bestimmungen über die Beschaffenheit der Lokomotiven und Wagen, über die Revision der Maschinen nach Zurücklegung einer bestimmten Anzahl von Kilometern und über Kesselproben, über die Revision der Wagen nach einer gewissen Laufzeit, über die Bremsen, über den Verschluß und die Beleuchtung der Personenwagen, zollsicheren Verschluß der Güterwagen usw.

Zum dritten Punkte gehören u. a. die Vorschriften über das zu benützende Gleis bei doppel- und mehrspurigen Linien, die Bestimmungen über die zulässige Achsenzahl, Zusammensetzung, Bremsung, Kuppelung der Züge, über die gestattete größte Geschwindigkeit, über das Vorfahren und Kreuzen der Züge, über Hilfeleistung bei Unfällen, über die Handhabung der Signale, über die Verständigung der Zugmannschaften unter sich, über die Bedienung und Führung der Lokomotiven usw.

Unter Punkt 4 gehören zahlreiche Vorschriften über die Eigenschaften der Bediensteten: das Verlangen, daß die Bediensteten Staatsbürger des betreffenden Staates sein müssen (um für den Kriegsfall gesichert zu sein und um den eigenen Staatsbürgern die Verdienstmöglichkeiten, die die Eisenbahnen bieten, zu wahren), daß sie eine bestimmte Schärfe des Gesichtes und Gehöres besitzen, frei von gewissen körperlichen und geistigen Mängeln sein müssen, eine bestimmte Vorbildung und fachliche Ausbildung, die durch Prüfungen festzustellen ist, haben müssen. Daß die Vorsorge für ein körperlich und geistig geeignetes Personal als Mittel zur Verwirklichung der erreichbaren Vollkommenheit, insbesondere der Sicherheit des Bahnbetriebs, anzusprechen ist, wird keiner Ausführung bedürfen. Wesentlich von sicherheitspolizeilichen Absichten eingegeben ist auch eine Regelung der Arbeits- und Ruhezeiten im Betriebsdienste, die bezweckt, einer Überanstrengung der Bediensteten vorzubeugen, die durch Abschwächung der Aufmerksamkeit die Ursache von Unfällen sein kann (französisches, deutsches, österreichisches Gesetz). Es werden ferner für das Zugpersonal verschiedene Schutzvorkehrungen verlangt, z. B. geschlossene Bremsersitze und Führerstände, und es finden die Gesetze über die Kranken-, Unfall- und Invalidenversicherung auf die Bediensteten der Bahnen Anwendung. Solche und andere Vorschriften sind in den einzelnen Ländern sehr verschieden, fehlen aber auch da und dort, z. B. in Amerika keine vorgeschriebene Vorbildung, keine Versicherungspflicht.

Punkt 5 regelt die Verpflichtung der Bahnbenützer zur Beobachtung der verschiedenen Vorsichten, welche zur Verhinderung von Beschädigungen der Bahn und der Betriebsmittel und der Gefährdung von Reisenden getroffen sind, einschließlich der Bestimmungen, welche die Aufrechterhaltung der Ordnung in den gemeinsam benützten Fahrzeugen, Wartesälen usw. zum Zwecke haben.

Bei Nebenbahnen und vollends bei Kleinbahnen sind mit Rücksicht auf die geringere Zuggeschwindigkeit und den schwachen Verlehr Erleichterungen der Vorsichten sowohl für den Bau wie für den Betrieb möglich und daher zulässig, während für die Hauptbahnen in den verkehrsintensivsten Gebieten eine weitere Steigerung der Sicherheitsmaßnahmen zur Notwendigkeit wird.

Zur Handhabung der Betriebspolizei sind nicht nur staatliche Organe bestellt, sondern auch Angestellte der Bahn, welch letzteren zu diesem Zwecke die Eigenschaft polizeilicher Funktionäre beigelegt wird. Den Reisenden und anderen nicht zum Bahndienste gehörenden Personen gegenüber haben diese demnach eine vom Zwecke umschriebene Polizeigewalt: sie sind befugt, zuwiderhandelnde Personen aus dem Zuge und den Bahnräumen zu entfernen, in manchen Ländern sogar bestimmte Geldstrafen für Ordnungswidrigkeiten zu verhängen, bei Handlungen, die unter das allgemeine Strafgesetz fallen, die Schuldigen der Obrigkeit zu übergeben. Es müssen jedoch auch Vorsorgen gegen Mißbrauch ihrer Befugnisse getroffen sein.

Das eigene Interesse der Bahnanstalt in der Richtung auf Herbeiführung der größtmöglichen Sicherheit von Leib und Leben sowohl der Reisenden als der Angestellten, wird durch die bereits besprochene strenge Haftpflicht angeregt. Diese Strenge besteht einerseits in Aufstellung der Vermutung, daß ein Unfall im Betriebe durch Verschulden der Bahn oder durch ein von ihr zu vertretendes Verschulden ihrer Organe verursacht sei, solange sie nicht den Beweis erbringt, daß das Ereignis auf Umstände zurückzuführen ist, die zu beheben nicht in ihrer Macht stand. Andererseits wird die Schadenersatzpflicht auch auf entfernte Folgen der eingetretenen Verletzung oder Tötung von Personen, und nicht nur für diese, sondern auch für versorgungsberechtigte Angehörige bezogen.

Schon das preußische Eisenbahngesetz v. J. 1838 hat im § 25 den Grundsatz dieser Betriebs-(Erfolg-)haftung ausgesprochen, das Reichshaftpflichtgesetz v. J. 1871 hat sie näher bestimmt und auch die erwähnte weite Umgrenzung des Ersatzumfanges umschrieben. Das österreichische Gesetz über die Haftpflicht der Eisenbahnen für Verletzungen und

Tötungen von Personen v. J. 1869 beruht im wesentlichen auf demselben Grundsatze. In Frankreich würden die Rechtsgrundsätze des *Code civil* eine Auslegung im Sinne der deutschen und österreichischen Gesetzgebung gestatten. Das englische Recht schreibt vor, daß der Bahnunternehmer alle diejenigen Vorkehrungen treffe, welche vernünftigerweise die Beschädigung Dritter zu verhindern geeignet sind. Daß diese Vorkehrungen im einzelnen Falle nicht getroffen waren, muß der Ersatzansprechende beweisen. Da aber schon die geringste Vernachlässigung (*culpa levissima*) genügt, um den Anspruch zu begründen, so mag die freie Beweiswürdigung wohl in vielen Fällen den gleichen Erfolg haben wie die festländische Erfolghaftung. Der Familie eines Getöteten wurden erst durch ein Gesetz vom Jahre 1846 ein Schadenersatzanspruch und wirksame Rechtshilfe zu seiner Durchsetzung zuerkannt.

So sehr die bezeichneten Haftpflichtbestimmungen prozessualischem Mißbrauche ausgesetzt sind, so erscheinen sie doch durch die besonderen Gefahren des Eisenbahnbetriebes geboten und haben sich tatsächlich als wirksamer Ansporn zum Ergreifen der weitestgehenden Sicherungsmaßnahmen erwiesen.

Die Handhabung der Bahnpolizei setzt eine ständige Kontrolle durch ein fachliches Aufsichtsorgan voraus, vielfach die Inspektion genannt. Sie muß mit dem Rechte der Überwachung der Anlagen und des Betriebes durch beliebigen Augenschein und mindestens dem Rechte der Abstellung vorgefundener Mängel in dringenden Fällen ausgestattet sein, während im übrigen die Verfügung der obersten Verwaltungstelle vorbehalten bleibt. Die Inkraftsetzung solcher Verfügungen geschieht bei Staatsbahnen auf Grund ihrer Anzeigen und Anträge einfach durch Verwaltungsbefehl, bei Privatbahnen durch diejenigen Zwangsmittel, die je nach dem konkreten Verwaltungsrechte und den Konzessionen dem Staate gegen Privatbahnunternehmungen zustehen.

Die bahnpolizeilichen Bestimmungen wurden am Festlande alsbald in einheitlichen Bahnpolizeigesetzen und in den Konzessionen der Privatbahnen niedergelegt.

In Deutschland: „Normen für die Konstruktion und die Ausrüstung der Eisenbahnen" v. J. 1855, zuletzt „Eisenbahnbau- und Betriebsordnung" v. J. 1904, in Österreich: Eisenbahnbetriebsordnung v. J. 1851, in Frankreich Gesetz v. J. 1845 mit nachgefolgtem Reglement v. J. 1846, überall mit zahlreichen späteren Ergänzungen durch Einzelverordnungen. In Italien erfolgte die einheitliche Ordnung zuerst durch das *Regolamento* v. J. 1873, in der Schweiz durch das Bundesgesetz v. J. 1878, in Rußland durch das Eisenbahngesetz v. J. 1885. In England wurden die bahnpolizeilichen Bestimmungen für die Bahnbenützer in den Fahrplänen als Spezialbestimmungen der einzelnen Bahnen veröffentlicht unter Bezugnahme auf die konzessionsmäßige Befugnis zum Erlasse solcher Vorschriften, die jedoch der Bestätigung durch das Handelsamt unterlagen. Es hat sich im Laufe der Zeit eine weitreichende Übereinstimmung ihres Inhaltes herausgebildet. An bau- und betriebspolizeilichen Normen hat es dagegen dort lange gefehlt, da man in England wie in Amerika sich auf das eigene Interesse der Bahnunternehmungen verlassen zu können glaubte. Inzwischen sah die Gesetzgebung sich aber doch veranlaßt, die Untersuchung über Eisenbahnunfälle dem Handelsamte oder eigenen Kommissionen zu übertragen, damit die Ursachen der Unfälle festgestellt, allfälliges Verschulden der Bahnen ermittelt und unter dem Drucke der öffentlichen Meinung die Bahnen zu Vorkehrungen gezwungen werden, welche eine erhöhte Sicherung des Bahnbetriebes zu gewährleisten geeignet wären. Auf diese Weise hat sich in England doch ein maßgebender Einfluß des Handelsamtes in sicherheitspolizeilicher Hinsicht herausgebildet, der schließlich soweit reichte, die Eröffnung einer Bahn zu verhindern, wenn ihr baulicher Zustand nicht den gestellten Anforderungen entsprach. Insoferne ist also die Meinung nicht mehr zutreffend, daß es in England an einem Eingreifen der Verwaltung in dem in Rede stehenden Punkte mangelt. Neuestens sind die Bahnen sogar zur Einführung des Blocksystems und durchgehender Bremsen verhalten worden.

Die nach außen hin eindrucksvollste Seite der Bahnpolizei betrifft die Wahrung und Steigerung der Betriebsicherheit. Der jeweils erreichte Grad dieser Sicherheit kommt am sinnfälligsten in der Zahl, der Art, den Gründen und den Folgen der Betriebsunfälle zum Ausdruck. Über diese Umstände werden in allen Kulturstaaten seit langem nach staatlicher Anordnung mehr oder minder eingehende Statistiken geführt. Theoretiker und Praktiker verfolgen dieses Gebiet unausgesetzt mit voller Aufmerksamkeit, da die vergleichende und forschende Beobachtung der Einzelheiten des Kausalzusammenhanges jeden Falles die Anhaltspunkte für die zu ergreifenden Maßnahmen ergibt, um den noch immer nicht vollständig befriedigenden Zustand zu bessern. Die aus guter Quelle [1]) geschöpften Zahlen lassen erkennen, daß die Bahnen Deutschlands für das Jahrzehnt 1900—1909 absolut und vergleichsweise den höchsten Stand der Betriebsicherheit auf der ganzen Welt einnehmen, die nordamerikanischen Bahnen den tiefsten.

Zwischenstaatliche Eisenbahnverwaltung. Auch im Eisenbahnwesen äußert sich mit der Vervielfältigung der Verkehrsbeziehungen in steigendem Maße ein über die Grenzen des einzelnen Staates hinausweichender Einheitsdrang in der Richtung auf territoriale Ausdehnung der

[1]) Ludwig Stockert, „Die Eisenbahnunfälle", 1913, Neue Folge 1920, ein sorgsam gearbeitetes Werk, dem die folgenden Zahlen entnommen sind.

Jahr	Betriebsunfälle auf je 10 Mill. Zugkilometer					Verunglückte Reisende auf je 10 Mill. beförderte Reisende				
	Deutschland	Österreich-Ungarn	England	Frankreich	Nord-Amerika	Deutschland	Österreich-Ungarn	England	Frankreich	Nord-Amerika
1900	73	114	—	80	—	8	6	28	6	75
1901	63	115	—	49	—	5	10	25	8	87
1902	61	101	—	45	—	6	8	28	12	108
1903	55	95	—	17	—	5	9	30	4	123
1904	60	101	—	36	—	5	9	30	8	133
1905	61	107	—	37	—	5	18	28	4	149
1906	61	149	—	39	—	6	23	29	11	139
1907	63	161	—	42	—	7	28	29	10	156
1908	53	166	—	38	—	5	25	27	10	134

Noch aufschlußreichere Einblicke gewähren die Daten, geschieden nach Personengattungen und nach Art des Unfalles, die in dem angeführten Werke nachgesehen werden können.

Vereinheitlichung von Anlage und Betrieb. Im ersten Entwicklungstadium ebenfalls wieder durch Vereine und Verbände angebahnt, ergeben sich alsbald Aufgaben für die Verwaltung, die durch Verträge des einen Staates mit seinen Nachbarn zu erfüllen sind. Andererseits wird hierdurch in Staatenverbindungen die Abgrenzung der Zuständigkeit zwischen Bund und Gliedstaaten bestimmt, die eben die ersprießlichste Ordnung der einheitlichen Verwaltung bezielt.

In der ersteren Hinsicht gehören hierher: Übereinkommen betreffend Bahnanschlüsse und gemeinschaftliche Anschlußstationen und ihren Betrieb, über gemeinschaftliche Herstellung von Grenzbrücken oder Grenztunnels, Verträge über den Bau bestimmter Fortsetzungslinien, Vereinbarung übereinstimmender Betriebsvorschriften, wie z. B. die Erlassung des bis auf wenige Einzelheiten gleichlautenden Betriebsreglements in Deutschland und Österreich mit der Ermöglichung des durchgehenden Verkehres zwischen allen Eisenbahnstationen beider Länder, der selbstverständlich Vereinbarungen zwischen den Bahnanstalten über die gegenseitige Wagenbenützung, Haftung und Abrechnung voraussetzt, die wieder durch eine gewisse technische Einheitlichkeit der Betriebsmittel und Übereinstimmung der Abfertigungsbestimmungen bedingt ist.

Ein Ausfluß der in Rede stehenden Entwicklungstendenz ist auch die vertragsmäßige Zusicherung der Gleichbehandlung der Angehörigen fremder Staaten mit den eigenen im Eisenbahnverkehre und insbesondere der tarifarischen Gleichbehandlung der Transporte des Wechselverkehres mit dem eigenen Verkehre: „Paritätsklausel" in persönlicher und sachlicher Fassung[1]). Im deutsch-österreichischen Zoll- und Handelsvertrag v. J. 1853 verpflichteten sich die Vertragstaaten, Angehörige eines Vertragstaates und deren Güter hinsichtlich Zeit, Art und Preis der Beförderung nicht ungünstiger als die eigenen Angehörigen zu behandeln und insbesondere für die Durchfuhr keine höheren als die Frachtsätze erheben zu lassen, welchen auf derselben Bahn die im eigenen Gebiete auf- und abgeladenen Güter verhältnismäßig unterliegen. In einem gewissen Sinne gehören auch die gegenseitigen Erleichterungen bezüglich des Zollverfahrens im Eisenbahnverkehre hierher.

Gleiche Bestimmungen wurden weiterhin in verschiedenen Staatsverträgen vereinbart; so im Handels- und Zollvertrage zwischen Österreich-Ungarn und dem norddeutschen Bunde v. J. 1868, im Handels- und Schiffahrtsvertrage zwischen Österreich und Italien v. J. 1867. Die Fassung des Gedankens wurde in den späteren Verträgen der mittel-

---

[1]) Dr. Curt Rosenthal, „Die Gütertarifpolitik der Eisenbahnen im Deutschen Reiche und der Schweiz", 1914, S. 40—53. Rosenthal bezeichnet die allgemeine, auf die „Angehörigen" der Vertragstaaten bezügliche Vereinbarung als handelspolitische, die auf die Tarife bezügliche als eisenbahnpolitische Paritätsklausel und die Verbindung der beiden als die „große" Paritätsklausel. Er weist nach, daß das Urbild dieser Vereinbarungen in den Staatsverträgen zwischen Hannover und Braunschweig v. J. 1837 und 1841 vorliege.

europäischen Staaten immer bestimmter und mehr ins einzelne gehend, so insbesondere in den Verträgen Österreich-Ungarns mit dem Deutschen Reiche, mit den Balkanstaaten (*Convention à quatre*). Besonders ausführlich ist der Artikel 15 des Handelsvertrages Österreich-Ungarns mit dem Deutschen Reiche aus den Jahren 1891 und 1905, der gleichlautend auch in andere zur selben Zeit abgeschlossene Handelsverträge (z. B. Deutschland-Belgien, Deutschland-Rußland) übergegangen ist. Auch in den Ausgleichsberatungen Österreichs mit Ungarn, zuletzt v. J. 1907, sind eingehende Regelungen bezüglich des gegenseitigen Eisenbahnverkehres enthalten. Die Fassung des österreich-ungarisch-deutschen Handelsvertrages v. J. 1905 lautet: „Auf Eisenbahnen soll sowohl hinsichtlich der Beförderungsweise, als der Zeit und Art der Abfertigung kein Unterschied zwischen den Bewohnern der Gebiete der vertragenden Staaten gemacht werden. Namentlich sollen die aus dem Gebiete des einen Teiles in das Gebiet des anderen Teiles übergehenden oder das letztere transitierenden Transporte weder in bezug auf Abfertigung, noch rücksichtlich der Beförderungspreise ungünstiger behandelt werden als die aus dem Gebiete des betreffenden Teiles abgehenden oder darin verbleibenden Transporte". Im Schlußprotokoll heißt es, über diese formelle Regelung weit hinausgehend: „Die vertragschließenden Teile werden auf dem Gebiete des Eisenbahnwesens, insbesondere auch durch Herstellung direkter Eisenbahntarife einander tunlichst unterstützen. Dieselben sind darüber einig, daß die Frachttarife und alle Frachtermäßigungen oder sonstigen Begünstigungen, welche, sei es durch die Tarife, sei es durch besondere Anordnungen oder Vereinbarungen, für Erzeugnisse der eigenen Landesgebiete gewährt werden, soweit es sich nicht um Transporte zu milden oder öffentlichen Zwecken handelt, den gleichartigen, aus dem Gebiete des einen Teiles in das Gebiet des anderen Teiles übergehenden oder das letztere transitierenden Transporte bei der Beförderung auf derselben Bahnstrecke und in derselben Verkehrsrichtung in gleichem Umfange zu bewilligen sind. Demgemäß sind insbesondere die auf der Beförderungsstrecke bei gebrochener Abfertigung auf Grund der Lokal- bzw. Verbandtarife sich ergebenden Frachtsätze auf Verlangen des anderen Teiles auch in die direkten Tarife einzurechnen." Die Einschränkung „auf derselben Bahnstrecke und in derselben Verkehrsrichtung" ist ein Ausfluß der Schutzzollpolitik, der es ermöglicht, für die Ausfuhr gewährte Tarifermäßigungen der Einfuhr aus anderen Staaten vorzuenthalten. In dem öst.-deutschen Wirtschaftsabkommen vom 1. September 1920 sind die Klauseln noch mehr spezialisiert, insbesondere durch Ausdehnung der Gleichbehandlung auf Sendungen, die mit anderen Beförderungsmitteln über die Grenze gebracht und dann der Eisenbahn aufgeliefert wurden, und durch Aufzählung der Bedingungen für Tarifbegünstigungen, die für gleichartige Sendungen aus dem Gebiete des andern Teiles unwirksam sein sollen.

Bei Verträgen über die Erbauung von Anschluß- oder Durchzugslinien haben die Staaten Anlaß, die Tarifparität im besonderen zu bedingen, was nach der Verkehrslage die Form der Meistbegünstigung annehmen kann, wie auch im Gotthardvertrage v. J. 1910 infolge der Verstaatlichung durch die Schweiz.

Was die Ordnung der Zuständigkeit in Bundesstaaten betrifft, so ist sie durch die Anforderungen der einheitlichen Verwaltung bedingt; soweit letztere reichen, ist die Zentralgewalt zur Betätigung berufen. Hier macht die Abstufung der Bahnen nach ihrer Verkehrsbedeutung ihre Konsequenzen geltend, insbesondere sind durch diese die Bahnen niederer Ordnung vorhinein den Gliedstaaten zugewiesen. Die folgerichtige Ordnung der Zuständigkeit erschiene hiernach etwa in nachstehender Gliederung verwirklicht. Der Zentralstelle für ein Bundesgebiet, das, wie in Deutschland, größere Mittelstaaten umfaßt, fallen anheim: Die Obsorge für diejenigen Netzesglieder, welche den Aufgaben und Interessen des Bundes, insbesondere den militärischen Zwecken und der Beteiligung an den Hauptrichtungen des Welthandels zu dienen bestimmt sind, mit Einspruchsrecht gegen Erbauung von Wettbewerblinien seitens der Gliedstaaten; die Tarifobergewalt in materieller und formeller Hinsicht und das Frachtrecht; die Normalisierung der Anlagen und des Betriebes und die Bahnpolizei in den von der notwendigen Einheitlichkeit bedingten Grundzügen, mit Vorbehalt näherer Ausführung nach den konkreten Verhältnissen für die Einzelstaaten; endlich, wenn erforderlich, auch die Aufwendung von Bundesmitteln für die vorerwähnten Bahnbauten. Schwierigkeiten (politischer Natur) bereitet allerdings die Frage der Durchführung und der Kontrolle gegenüber den Gliedstaaten, für welche eine eigene Bundesbehörde geschaffen werden muß, in deren Verhältnis zu den Landesbehörden die Gefahr unliebsamer Reibungen liegen kann.

Die deutsche Reichsverfassung v. J. 1871 hatte in dieser Beziehung im großen und ganzen wohl das Richtige getroffen, wenngleich sie infolge der politischen Zustände Deutschlands nicht völlig in jenem Geiste zur Durchführung gelangte, in welchem sie gedacht war.

Dem Reich stand verfassungsmäßig zu: die Aufsicht und Gesetzgebung über Eisenbahnen im Interesse der Landesverteidigung und des allgemeinen Verkehrs, insbesondere das Recht, einheitliche Normen für die Konstruktion und Ausrüstung der für die Landesverteidigung wichtigen Bahnen aufzustellen, und das Recht, Eisenbahnen im Interesse der Landesverteidigung oder des gemeinsamen Verkehres auch gegen den Widerspruch der Bundesstaaten auf deren Gebiet anzulegen oder zu konzessionieren; sodann als oberer Instanz über den Einzelstaaten (Bayern ausgenommen) die Sorge für einen die nötige Sicherheit gewährenden Zustand der Bahnen und für die erforderliche Ausrüstung mit Betriebsmitteln; die Aufsicht über Erfüllung der Pflicht der Bahnen zu einer den Verkehrsbedürfnissen entsprechenden Organisation des Betriebs und die Tarifkontrolle; weiter die Befugnis, die Benutzung der Bahnen zum Zwecke der Verteidigung Deutschlands zu verlangen, und eine gewisse vermittelnde Wirksamkeit im Sinne der Vereinheitlichung, wie: die Hinwirkung auf Herbeiführung übereinstimmender Betriebsreglements, dann möglichster Gleichmäßigkeit und Herabsetzung der Tarife, insbesondere des Einpfennigtarifs für Massengüter. Die Ausnahmestellung Bayerns hatte Deutschland im Eisenbahnwesen verhängnisvoll in ein Deutschland mit und ein Deutschland ohne Bayern getrennt. Der Hauptmangel der Verfassungsbestimmungen war jedoch die Unbestimmtheit ihrer Fassung: es fehlte die Sanktion durch Strafen gegen Eisenbahnen, welche sich nicht fügen, sowie jeder Hinweis darauf, durch welche Mittel das Reich die anzustrebenden Ziele seiner Einwirkung durchsetzen könne. Es waren *leges imperfectae*[1]) und das trat insbesondere hinsichtlich der grundlegenden Norm zutage, der zufolge die deutschen Eisenbahnen wie ein einheitliches Netz zu verwalten seien.

---

[1]) Anonymus (von der Leyen), „Zehn Jahre Preußisch-deutscher Eisenbahnpolitik", 1876.

Mit Gesetz v. J. 1873 wurde dann das Reichseisenbahnamt als Aufsichts- und Fachbehörde des Reichs eingesetzt, welche die dem Reich zustehenden Aufsichtsbefugnisse sowohl über die Reichsbahnen als über die Staats- und Privatbahnen in den Einzelstaaten auszuüben hatte; seine Verfügungen sollten gegenüber den Privatbahnen durch Vermittlung der Landesregierungen, gegenüber Staatsbahnen im reichsverfassungsmäßigen Wege, gegenüber den Reichsbahnen durch den Reichskanzler vollstreckt werden. Auch der Wirksamkeit des Reichseisenbahnamtes war durch den Wortlaut der Verfassungsbestimmungen sowie durch die Abhängigkeit von der Mitwirkung der Landesbehörden ein Hemmschuh angelegt. Dessen ungeachtet gelang es dem Amte, einen gewissen Einfluß im Sinne der Vereinheitlichung zu üben, seine Bemühungen um das Zustandekommen eines Reichseisenbahngesetzes, das die als ein Programm angesehenen Artikel der Verfassung auszugestalten den Zweck gehabt hätte, sind jedoch nicht von Erfolg gewesen. Es blieb daher ein als unbefriedigend empfundener Zustand bestehen, der nur durch das entgegenkommende Verhalten aller Bundesglieder gemildert wurde. (Das Amt wurde 1920 aufgehoben.)

Sind die Gliedstaaten von hinlänglicher Ausdehnung, um im Eisenbahnwesen selbständig dazustehen, wie in der nordamerikanischen Union, so schrumpft die Bundeszuständigkeit begreiflicherweise zusammen. Sind dagegen die Bundesglieder so wenig umfangreich wie in der Schweiz, so muß sie hier die Befugnisse der Zentralverwaltung eines Einheitsstaates annehmen. Aus diesem Grunde hat sich in der Eidgenossenschaft der Übergang der Verwaltung des Bahnwesens von den Kantonen auf den Bund vollzogen. In den Vereinigten Staaten ist die Bundesverwaltung erst zur Betätigung herangezogen worden, als es sich um die das ganze Bundesgebiet durchziehenden Überlandbahnen, die Pazifiklinien, handelte, die der Bund durch eigene *Charter* konzessionierte und durch große Landschenkungen unterstützte, und weiterhin als dem Lande die Aufgabe zum Bewußtsein kam, den Schädigungen durch den wilden Linienwettbewerb mittels staatlicher Tarifregelung ein Ende zumachen. In anderen außereuropäischen Bundesstaaten hat die vorliegende organisatorische Frage wohl noch keine befriedigende Lösung gefunden. Selbstverständlich ist nicht ausgeschlossen, daß unter dem Einflusse politischer Strömungen selbst in einem großen Bunde das Staatsbahnsystem als Bundessache aufgenommen wird.

Internationalität im weiteren Sinne. Der Drang nach Vereinheitlichung erstreckt sich weiter, und zwar auf die Gebiete mehrerer selbständiger Staaten, über welche die von den Eisenbahnen in ihrer Entwicklung erzeugten Verkehrsbeziehungen sich ausdehnen, bis an die Grenzen ganzer Kontinente. Insbesondere ist dies dort der Fall, wo, wie in Zentraleuropa, die betreffenden Staaten nur von mäßigem Umfange sind.

Bei der Anlage hat hierzu die ausdrücklich oder stillschweigend einverständliche Innehaltung gleicher Spurweite den Grund gelegt. Hieran schließen sich Vereinbarungen zwischen Nachbarstaaten über die

Richtung, die Anschlüsse und Anlageverhältnisse von Bahnfortsetzungen im Hinblick auf zusammenhängende Linien, die einen ganzen Weltteil durchziehen sollen, wie die Kap-Kairo-Bahn Afrika, die *Intercontinental Railway* Amerika von Kanada bis Argentinien. Erforderlich wird hierzu unter Umständen die gemeinsame Beschaffung der Kapitalien für ungewöhnlich kostspielige Durchzugstrecken. In Europa hat der Vertrag zwischen Deutschland, Italien und der Schweiz über die Gotthard-Bahn das Beispiel gegeben.

Weit gediehen sind schon die Bestrebungen zur Herbeiführung der technischen Einheit im Bau der Betriebsmittel. Hier hat vorerst wieder der Verein Deutscher Eisenbahn-Verwaltungen bahnbrechend gewirkt, indem er durch die Ausdehnung auf österreichische, ungarische, holländische, belgische, polnische und rumänische Bahnen die Vereinbarungen seiner technischen Fachkommissionen in diesen Bahngebieten zur Anerkennung brachte. Das Werk wurde fortgesetzt durch Vereinbarungen zwischen den Regierungen. Auf Einladen des Schweizerischen Bundesrates hat erstmals i. J. 1882 eine Konferenz von Vertretern Deutschlands, Österreich-Ungarns, Frankreichs und Italiens in Bern stattgefunden, welche die Festsetzung von Normen für Ermöglichung des Überganges der Wagen auf die mitteleuropäischen Eisenbahnen zur Aufgabe hatte. Der aus diesen Beratungen hervorgegangene Staatsvertrag, betreffend die technische Einheit, vom 5. VI. 1886 gilt seit 1. IV. 1887; revidiert i. J. 1907. Die meisten europäischen Staaten sind dem Vertrage nachträglich beigetreten. Seine Festsetzungen beziehen sich auf die einzuhaltende Spurweite, die Bauart der Eisenbahnwagen, auf den zollsicheren Raumabschluß der Wagen usw. Durch die Friedenschlüsse von Versailles und St. Germain wurden diese Vereinbarungen aufrecht erhalten. Im Sinne dieser Betriebseinheit werden die Fahrpläne der internationalen Züge (meist Schnellzüge) für den Personenverkehr nach ihrer Zeitlage, ihren Anschlüssen und ihrer Wagenausstattung auf den „Europäischen Fahrplan- und Wagenbeistellungskonferenzen“ beraten und beschlossen. Seit 1872 finden diese Konferenzen statt, an denen sich die meisten europäischen Eisenbahnunternehmungen (auch Schiffahrtsgesellschaften), seit 1879 auch die Regierungen der einzelnen Länder beteiligen. Durch den Krieg unterbrochen, wurden sie neuestens (Ende 1920) auf Anregung der Schweiz wieder aufgenommen. Derart ist auch im Betriebe die Internationalität bereits zur Tatsache geworden.

Auch im kommerziellen Dienste hat die internationale Vereinheitlichung längst Boden gewonnen. Zunächst haben internationale Verbände den durchgehenden Verkehr über weitere Gebiete ausgedehnt.

Beispielsweise wurden Verbände geschaffen: für den englisch-belgisch-niederländisch-deutsch-italienischen Verkehr; den französisch-schweizer-österreich-ungarischen Verkehr; den österreich-ungarisch-deutsch-nordischen Verkehr; österreich-ungarisch-russischen Verkehr; deutschösterreichisch-serbisch-bulgarisch-türkischen Verkehr u. a. Unter dem Namen Internationaler Tarifverband besteht seit 1891 ein Verband zwischen den österreich-ungarischen Eisenbahnen einerseits, den deutschen, luxemburgischen, belgischen und niederländischen Bahnen andererseits.

Eine Vereinheitlichung der Tarife in formeller Hinsicht wurde von Fachkommissaren Deutschlands, Österreichs und Ungarns als ein Bestandteil des seinerzeit vorbereiteten mitteleuropäischen Wirtschaftsplanes erörtert. Ob in Zukunft etwas dergleichen zu gewärtigen sein wird, ist derzeit wohl eine müssige Frage.

Die Konsequenz des durchgehenden Verkehres in internationaler Ausweitung mußte auch auf dem Gebiete des Frachtrechtes gezogen werden. Soweit die internationalen Verbände sich nur auf Bahnen des Vereines Deutscher Eisenbahn-Verwaltungen erstreckten, war die Einheitlichkeit des Frachtrechtes für diese Verkehre mit dem Vereinsbetriebsreglement gegeben. Bei Verbandverkehren, die weiter ausgriffen, mußte eine gewisse, wenngleich beschränkte, einheitliche frachtrechtliche Grundlage mit den direkten Tarifen verbunden werden, die jeweils *ad hoc* vereinbart wurde [1]). Eine bemerkenswerte, sehr weite Gebiete umfassende übereinkommengemäße Regelung des Frachtrechtes waren die (durch den Krieg hinfällig gewordenen) Betriebsreglements für den deutsch-orientalischen und österreich-ungarisch-orientalischen Verkehr, die im wesentlichen mit dem Betriebsreglement des Vereines Deutscher Eisenbahn-Verwaltungen übereinstimmten. Den Abschluß bildete das über Anregung zweier schweizerischer Rechtsanwälte nach langen gründlichen Beratungen von einer Reihe von Staaten als Staatsvertrag vereinbarte und dann in den einzelnen Vertragstaaten als Gesetz kundgemachte Internationale Übereinkommen über den Eisenbahnfrachtenverkehr vom 14. Oktober 1890, seither wiederholt ergänzt und geändert. Es gilt, nachdem es den Krieg überdauert, zur Zeit in Italien, Österreich, Ungarn, Rußland, Deutschland, Dänemark, Schweden, Norwegen, Holland, Belgien, Luxemburg, Frankreich, der Schweiz, Rumänien, Serbien und Bulgarien [2]). Der durchgehende Frachtbrief, die gleiche Haftung, die Durchsetzbarkeit des von einem Gerichte irgend eines Vertragstaates gefällten Urteiles in jedem anderen, die Zwangsgemeinschaft aller ihm unterstehenden, in einer besonderen Liste verzeichneten Eisenbahnen mit dem Übernahmezwang und der Geschäftseinheitlichkeit in der Abwicklung der Be-

[1]) Der Verfasser erinnert sich, i. J. 1875 an einer Beratung, wenn auch nur in der bescheidenen Stellung eines Schriftführers teilgenommen zu haben, die in einer Tagung von zwei Wochen den ersten Verbandverkehr der Eisenbahnlinien der heutigen Ukraine über Österreich und Bayern mit der Schweiz schuf, wobei eben die Ausarbeitung einer gewissen frachtrechtlichen Grundlage die meiste Zeit erforderte.

[2]) Die Länge der ihm unterstellten Eisenbahnen betrug 1919: 257 630 *km* (laut Angabe des Berner Zentralamtes, Nr. 1 der Zeitschr. f. d. Intern. Eisenb.-Transport, 1920, die Zahl ist jedoch unsicher). Der Beitritt der noch außenstehenden europäischen Staaten ist wohl nur eine Frage der Zeit.

förderung, sind die für den Frachtverkehr wichtigsten günstigen Wirkungen dieses Vertragswerkes. Es stellt eine Vermittlung zwischen den Bestimmungen verschiedener Rechte, speziell des deutsch-österreichischen und des französischen dar und gilt zunächst nur für den zwischenstaatlichen Verkehr. Indes wurde im Laufe der Jahre das innere Recht einzelner Staaten mehr oder minder weitgehend mit ihm in Einklang gebracht, und es bleibt der Zukunft die Herstellung einer vollständigen Übereinstimmung für den inneren und den auswärtigen Verkehr vorbehalten[1]); desgleichen die (bereits im Entwurfe vorliegende) Vereinbarung eines einheitlichen Personen- und Gepäckbeförderungsrechtes.

Weiter ausgebaut wurde die Vereinheitlichung der die Güterbeförderung im internationalen Verkehr regelnden Bestimmungen durch mehrere Übereinkommen der Bahnverwaltungen Belgiens, Dänemarks, Deutschlands, Frankreichs, Polens, Luxemburgs, der Niederlande, Österreich-Ungarns, Rumäniens und der Schweiz unter der Bezeichnung „Einheitliche reglementarische Bestimmungen für den internationalen Eisenbahntransport“, die in den Jahren 1907—1913 in Geltung getreten sind. So das Übereinkommen betreffend die Güterübergabe und -übernahme, sowie die Verteilung der Entschädigungen im internationalen Eisenbahn-Frachtenverkehr; ... betreffend die Erledigung von Frachterstattungsansprüchen; .... betreffend die Frankaturrechnungen und Nachnahmen; .... betreffend die Verschleppung von Gütern; .... betreffend die .... infolge unrichtiger Berechnung oder Erhebung uneinbringlichen Frachten, Nachnahmen und Nebengebühren; sämtlich Übereinkommen, die, wie ersichtlich, das gegenseitige Verhältnis der Eisenbahnen, den Rückgriff usw. und die Abwicklung des zwischenstaatlichen Verkehres regeln.

Weiter sind bereits Fälle zu verzeichnen, in welchen die Staatsbahnen mehrerer Länder die Knotenpunktkonkurrenz ausgeschaltet und einheitliche Bedienung des Verkehres auf Grund einer Verkehrsteilung an die Stelle gesetzt haben. Beispielsweise die Übereinkunft zwischen den österreichischen, bayerischen und schweizerischen Bahnen, betreffend die Regelung des Verkehres über und um den Bodensee. Anzureihen ist die sog. Transvaal-Konvention v. J. 1905: der Versuch einer Regelung des Verkehres von den Hafenplätzen über die Wettbewerblinien nach dem Konsumgebiete des Transvaal. Wenn in Mitteleuropa das wirtschaftliche Chaos, das infolge des Kriegsausganges ausgebrochen, dauernd einer wiederkehrenden Ordnung gewichen sein wird, werden die neuentstandenen Staaten zu solchen Tarif- und Verkehrsleitungs-Verträgen ihrer Staatsbahnen vielfach Anlaß haben. Eine noch weitergehende Aufgabe betrifft die Regelung des Verkehres der ehemaligen österreichischen Südbahn, deren Linien unter vier Staaten verteilt sind. Die wirtschaftliche Vernunft gibt nur ein Mittel an die Hand, die Zerreißung dieses Wirtschaftskörpers halbwegs gutzumachen, das ist eine

---

[1]) Die Literatur über das Frachtrecht, insbesondere nach dem internationalen Übereinkommen, ist eine ungemein reichhaltige, liegt aber, weil ausschließlich fachjuristischer Natur, unserem Aufgabenkreise ferne. Als eines der besten Werke aus jüngster Zeit gilt: Rundnagel, „Beförderungsgeschäfte“ 1915.

einheitliche Betriebseinrichtung, die einer Internationalisierung gleichkommt. Weitere Anwendungsfälle können sich ergeben.

Der Friedenskongreß von Paris glaubte für die Wiederaufnahme und Fortbildung des internationalen Eisenbahnverkehres Vorsorge treffen zu sollen. Die bezüglichen Bestimmungen sind Deutschland und Österreich gegenüber, die in dieser Beziehung immer in erster Linie standen, überflüssig.

Das Beispiel Europas hat bereits in Südamerika Nachahmung gefunden. Der i. J. 1910 abgehaltene Kongreß südamerikanischer Republiken hat eine permanente Kommission eingesetzt und außer einer einheitlichen Statistik auch die Schaffung der technischen Einheitlichkeit beschlossen; außerdem wurde das Zustandebringen eines einheitlichen Frachtrechtes nach dem Muster des Berner Übereinkommens angeregt. Eine im Frühjahre 1921 in Barcelona abgehaltene Konferenz des Völkerbundes, betreffend die Regelung des freien Durchzugverkehres, stellt den ersten, noch zaghaften Schritt zur Anbahnung internationaler Eisenbahnverwaltung über den Erdkreis dar, der zunächst nur in Befürwortung von Grundsätzen bestehen konnte [1]).

Mit der normativen Betätigung der Verwaltung verbindet sich — zum Teil schon als ihre Voraussetzung — eine umfassende pragmatische, die besteht, einerseits in der Schaffung der erforderlichen Organe für die vorliegende staatliche Betätigung, wie sie durch die Eigenart des Verkehrsmittels bedingt sind, andererseits in der Verwendung materieller Mittel für die jeweils sich ergebenden konkreten Zwecke des Aufgabenkreises. Die auf die Organisation bezüglichen Darlegungen bleiben einem eigenen Abschnitte vorbehalten. Hier sind noch die Fragen der Mittelbeschaffung zu erörtern.

Die Beschaffung der Mittel zur Ausführung der Eisenbahnanlagen. Die Verwaltung kann die zur Herstellung der Bahnen jeweils erforderlichen Güter nur dem Kapitalbestande der Volkswirtschaft entnehmen. Das geschieht im Wege des Kredits. Die so beschafften und in den Eisenbahnen angelegten Kapitalien müssen in dieser Verwendung einen höheren Nutzen abwerfen als in anderen Verwendungen. Ob das im einzelnen Falle eintreten werde, das zu beurteilen ist die Aufgabe der Verwaltung mit Bezug auf den Eisenbahnbau. In diesem Sinne gehen die Privatbahnen vor, indem sie durch Aktien und Obligationen die Anlagekapitalien aufbringen, wobei die Kapitalverwendung nach dem Gesichtspunkte der privatwirtschaftlichen Rentabilität vollzogen wird.

---

[1]) Für die Höhe der Durchfuhrtarife wird der Grundsatz aufgestellt, daß sie *équitable* sein sollen, was in demselben Sinne von „wirtschaftlich angemessen" verstanden ist, dem wir bei den Erörterungen der nordamerikanischen Tarifregelung begegnet sind. Die von den Regierungen für ihre Staatsbahnen erstellten Tarife gelten als *équitable*, womit *implicite* das Verbot einer höheren Bemessung der Durchfuhrtarife ausgesprochen erschiene.

Für Staatsbahnen nimmt der Staat eine Eisenbahnschuld auf und es ist die Bedingung der wirtschaftlichen Kapitalverwendung dann erfüllt, wenn der Ertrag des Bahnnetzes — abgesehen allenfalls von einer Entwicklungsperiode oder von Linien ausgesprochen staatswirtschaftlicher Rentabilität — mindestens die Zinsen der Eisenbahnschuld deckt. Es ist auch denkbar, die Baukapitalien den Sonderwirtschaften durch Steuern zu entnehmen und sie in den Bahnen auf Zins anzulegen. Allein bei der großen Kapitalmenge, die ein Eisenbahnnetz zu seinem Ausbau erfordert, verbietet sich dieser Vorgang von selbst, und es wäre überdies, ihn als ausführbar angenommen, die Gefahr vorhanden, daß Kapitalien der Privatwirtschaft entzogen würden, die in dieser eine bessere Verwendung fänden. Es ist daher auch ein ganz vereinzelter Ausnahmefall geblieben, daß Holland, als es sich zufolge der Stockung des Privatbahnbaues entschloß den Staatsbahnbau aufzunehmen, die notwendigen Gelder durch eine Reihe von Jahren aus den laufenden Einnahmen bestritten hat. Etwas anderes ist es, wenn gelegentlich vor Betreten des Kreditweges einstweilen Baugelder aus dem laufenden Staatshaushalte vorgeschossen werden, was sich empfehlen kann, wenn augenblicklich irgend ein finanzielles oder politisches Hindernis der Aufnahme einer Eisenbahnschuld im Wege steht. Diese Finanzmaßnahmen der staatlichen Eisenbahnverwaltung bewegen sich also durchaus im Rahmen der bewährten Finanzgebarung und geben daher zu weiteren Erwägungen allgemeiner Natur keinen Anlaß.

Beim Privatbahnwesen hat die Gemeinwirtschaft das Interesse, daß die Kapitalbeschaffung durch die Bahnunternehmer in gedeihlicher Weise, mit Vermeidung wirtschaftlicher Fehlgriffe vor sich gehe und es erwächst der staatlichen Verwaltung dadurch die Aufgabe einer geeigneten Kontrolle. In den Konzessionsurkunden wird daher sowohl die Höhe wie auch die Zusammensetzung des Anlagekapitales (Aktien, Schuldverschreibungen) und alle späteren Änderungen der Genehmigung durch die Regierung unterworfen. Meist wird auch eine die günstige Kapitalbeschaffung fördernde richtige Finanzgebarung, wie: die planmäßige Tilgung des Anlagekapitales innerhalb der Konzessionsdauer sowie die Anlage von Erneuerungs- und von Reservefonden zu Zwecken des Ertragsausgleiches zwischen guten und schlechten Jahren, Deckung von Verlusten und Schäden, vorgeschrieben. Zur Überwachung werden häufig besondere staatliche Stellen (Kommissäre) bestellt, denen das Recht eingeräumt ist, den Sitzungen des Verwaltungsrates der Privatbahnen beizuwohnen, alle nötigen Auskünfte zu verlangen, Akteneinsicht zu nehmen, Beschlüsse zu verbieten usw.

Wenn und insoweit die Privatunternehmungen tatsächlich nicht in der Lage sind, die für den Bahnbau erforderlichen Mittel zu beschaffen, sieht der Staat sich veranlaßt, durch Beihilfen die Ausführung der Anlagen zu ermöglichen. Es ist dies in weitestem Umfange geschehen und bildet einen wichtigen Punkt in der Verwaltung des Privatbahnwesens, welcher im folgenden Abschnitte zur Erörterung gelangt. Auch für diese Zuwendungen sind die allgemeinen Regeln des Staatshaushaltes maßgebend, insbesondere in der Richtung, ob im einzelnen Falle die betreffenden Geldleistungen als außerordentliche Ausgabe zu behandeln oder bei regelmäßig wiederkehrenden Zuschüssen aus den laufenden Einnahmen zu bestreiten sind.

Das gleiche gilt von den Maßnahmen der im gliedlichen Zusammenhange mit dem Staate und seinem Leben stehenden Selbstverwaltungskörper, sofern sie zur Kapitalbeschaffung für Nebenbahnen beitragen und Kleinbahnen selbst ausführen oder sich an solchen Unternehmungen beteiligen.

Es ist bereits der Versuch gemacht worden, das Verhältnis der Mitinteressierung einzelner Landesteile an Nebenbahnen für die Mittelbeschaffung systematisch auszunützen, was erklärlicherweise nur bei Staatsbahnen ausführbar ist. Das italienische Eisenbahngesetz v. J. 1879 hat in dem Bauplane eine größere Anzahl von Nebenlinien, die es in zwei Gruppen unterschied, aufgeführt, und für diese einen Zwangsbeitrag der beteiligten Provinzen von 10 und 20% des Anlagekapitales gefordert. Überdies waren Lokalbahnen in einer bestimmten Gesamtlänge in Aussicht genommen unter der Bedingung einer Beitragleistung der Gemeinden von $^4/_{10}$ des Baukapitals bis zu 80000 L. kilometrischer Anlagekosten und einem etwas geringeren Beitrage zu den übersteigenden Kosten. Bei einer solchen Verpflichtung kommt es schließlich darauf hinaus, daß die betreffenden Teile des Anlagekapitales durch Steuern aufgebracht werden. Bei Geringfügigkeit der Summen wäre dagegen vielleicht nichts einzuwenden. Aber es sind in der allgemeinen Norm sicherlich Fälle eingeschlossen, in denen eine Bereitwilligkeit der betreffenden Landesteile vielleicht aus triftigen Gründen nicht besteht, und es ist auch keine Gewähr dafür geboten, daß das allgemeine Ausmaß des Betrages sich im einzelnen Falle nicht als zu hoch oder zu niedrig erweise; mit einem Worte, es klebt dem Vorgange der Mangel der Schablonisierung an. Es besteht ja wohl die Möglichkeit, vor Erlaß des Gesetzes mit den in Betracht kommenden Selbstverwaltungskörpern das Einvernehmen zu pflegen; allein das gewährt noch keine Bürgschaft für die Andauer der Zahlungswilligkeit. Wenn erst die gewöhnliche Überschreitung der Kostenanschläge eintritt, so werden die Beitragpflichtigen kaum bereit sein, die höhere Last auf sich zu nehmen. Wenn ferner die Ausführung der Bauten sich verzögert, wie das so häufig geschieht, so pflegt die Geneigtheit zur Einhaltung der auferlegten oder übernommenen Verpflichtungen sich abzuschwächen. Der Staat kommt dann in die unangenehme Lage, die Beiträge einzutreiben oder auf sie ganz oder teilweise verzichten zu müssen. Erfahrungen solcher Art haben daher auch bewirkt, daß das italienische Gesetz in dem erwähnten Punkte ein toter Buchstabe blieb (wozu allerdings der Umstand beitrug, daß die Überschreitungen und Verzögerungen sehr bedeutend waren). Anderswo hat man das italienische Beispiel nicht nachgeahmt.

Ein Gegenstück hat Österreich geboten. Dort hat man von der Interessentenbeteiligung der Selbstverwaltungskörper an Nebenbahnen Gebrauch gemacht, soweit sie ihrem eigenen Antriebe entsprang: das war ein richtiges Vorgehen. Aber die bezüglichen Verwaltungsmaßnahmen wurden in eine Form gekleidet, die zu Mißverständnissen und Abirrungen Anlaß gab, und die auch eines politischen Beigeschmackes nicht entbehrte. Dieses Interessentenverhältnis wurde von seiten der Landesvertretungen geltend gemacht, und zwar in einer vorgerückten Phase der Entwicklung des Bahnnetzes, als es sich um Linien schwächerer Intensität handelte. Vordem waren solche Nebenbahnen unter dem Titel von Lokalbahnen in verhältnismäßig nicht geringer Zahl von Privatunternehmungen mit staatlicher Beihilfe, in einigen Fällen sogar als Staatsbahnen gebaut worden. Als aber die Provinzen inne wurden, daß eine weitere Verdichtung des Netzes durch den Bau solcher Nebenbahnen ohne ihre Unterstützung nicht zu erwarten sei, traten sie als Mittler zwischen der Privatunternehmung und dem Staate auf. Sie machten die Aufbringung eines bestimmten Teiles des Anlagekapitales seitens der Interessenten zur Bedingung ihrer Beteiligung, während der Staat sich die finanzielle Unterstützung in jedem einzelnen Falle vorbehielt.

Die betreffenden Linien wurden als Lokalbahnen bezeichnet, sind aber größtenteils Nebenbahnen in unserem Sinne. Den Anstoß und das Vorbild gab Steiermark 1890; es folgten Böhmen 1892, Galizien 1893, Salzburg, Mähren, Niederösterreich, Schlesien, Oberösterreich und Krain. Der Inhalt des steirischen Gesetzes, dem die Gesetze der anderen Länder mit geringen Abweichungen nachgebildet sind, ist im wesentlichen folgender. Das Land erwirbt die Konzession für die betreffende Linie oder bringt die von einem Privatunternehmen erworbene zur Ausführung. Zu diesem Zwecke wird ein Landeseisenbahnfonds durch eine Anleihe aufgebracht. Dieser Fonds kann zum Baue solcher Linien verwendet werden, wenn die Interessenten oder der Staat oder beide zusammen wenigstens ein Drittel des Gesamterfordernisses *à fonds perdu* oder durch Übernahme von Stammaktien zum vollen Nennwert zusichern, oder wenn von ihnen die Verpflichtung übernommen wird, für den Fall, daß die Betriebsüberschüsse zur Deckung einer 4%igen Verzinsungs- und Tilgungsrate nicht hinreichen, Zuschüsse bis zu $^3/_8$ des Gesamterfordernisses zu leisten. Andere Länder fordern einen 25%igen Beitrag von den Interessenten. Böhmen gewährt, wenn es den Bau nicht selbst ausführt, eine 4%ige Zinsengarantie für die Prioritätsobligationen, deren Gesamtbetrag 70% des Bauerfordernisses nicht überschreiten darf, oder ein verzinsliches Darlehen bis zur selben Höhe und behält sich vor, außerdem bei voraussichtlich genügendem Ertrage auch die zur Ergänzung des Bauaufwandes auszugebenden Prioritätsaktien zu garantieren. Auch Galizien und Niederösterreich haben sich die Durchführung des Baues durch das Land vorbehalten. Hierfür wurde ein eigenes Landeseisenbahnamt geschaffen, das auch den Betrieb zu führen oder zu überwachen hat, unbeschadet des staatlichen Aufsichtsrechtes. In der Regel ist der Betrieb den Bahnen, an welche die Linien angeschlossen sind, übertragen.

Die Zentralverwaltung hatte von ihrem finanziellen Standpunkte aus gegen solche Willfährigkeit der Länder nichts einzuwenden, waren ihr ja doch durch diese die Lasten abgenommen, die sie sonst für solche Linien hätte selbst übernehmen müssen. Das sind die „Landesbahnen" der ehemaligen österreichischen Kronländer. In Wirklichkeit waren sie Bestandteile des gesamtstaatlichen Eisenbahnnetzes und unterschieden sich, abgesehen von der Mittelaufbringung, in nichts von den anderen Bahnlinien. Aber es war nicht zu verkennen, daß sie an eine Föderalisierung des Bahnwesens streiften und es führte die Anwendung der erwähnten Landesgesetze auch zu unwirtschaftlichen Ergebnissen. Denn ungeachtet der Konzessionierung durch die Zentralverwaltung war es doch schwer zu vermeiden, daß angesichts der Kostenübernahme durch die Länder und die unmittelbaren Interessenten bei Auswahl und Trassenbestimmung der Linien dem Kirchturmstandpunkte und parteipolitischen Machenschaften zu viel Spielraum eingeräumt werde.

In Italien war auch beabsichtigt worden, Verbände der beteiligten Provinzen und Gemeinden zur Beschaffung der Mittel für die sie treffenden Baukostenanteile bei Nebenbahnen oder Lokalbahnen zu bilden. Das stimmt überein mit einem Gedanken, den schon M. M. v. Weber geäußert hat. Die Analogie mit den Zwangsverbänden im Straßenwesen liegt nahe. Indes ist es nirgends zur Verwirklichung des Vorschlages gekommen. Der Grund mag darin zu suchen sein, daß eben im Wege des freiwilligen Zusammenschlusses überall das erwünschte Ziel erreicht wurde.

Man ist nunmehr übereinstimmend dahin gelangt, es den örtlichen Interessenten, darunter vorwiegend Gemeinden und Bezirken, anheimzugeben, das Maß ihres Interessenanteils zu bestimmen, und erst auf Grund der auf solche Art gegebenen finanziellen Unterlagen des einzelnen Falles staatliche Beihilfe nach Bedürfnis eintreten zu lassen.

Den Abschluß bildet die Frage der Heranziehung jener Interessenten zur Mittelbeschaffung, die vermöge ihres Grundbesitzes durch den Eisenbahnbau eine über das allgemeine Maß hinausreichende Förderung ihrer Wirtschaft erfahren; eine Maßnahme, der wir analog bei den Land- und Wasserstraßen begegnen. Die Verwaltung ist außerstande, jeden einzelnen unmittelbar zu erfassen und es handelt sich vor allem darum, den Kreis der unter den Gesichtspunkt fallenden genau abzugrenzen. In dieser Hinsicht ist an dasjenige zu erinnern, was im allgemeinen Teile über die vermittelnde Ursache des betreffenden Einflusses auf die Wirtschaft festgestellt wurde. Die für die Heranziehung zu den Anlagekosten vorausgesetzte spezielle Gestaltung der Grundrente betrifft nur jene in unmittelbarer Nähe der Bahnlinie und insbesondere der Stationen befindlichen Grundstücke, bei welchen unter allen Umständen zufolge ihrer Lage eine von der allgemeinen Werterhöhung durch die Bahn ausscheidbare Wertsteigerung wahrnehmbar ist. Eine solche beruht auf Umwandlung in Bauplätze, Errichtung gewerblicher Anlagen, Ersparung von Zu- und Abfuhrkosten, Vermehrung der Bevölkerung an den Stationen u. dgl. Nur diesem engeren Kreise von Wirtschaftern kommt jene Eigenschaft zu, die man unter dem Namen der „Anlieger" („Adjazenten") zu begreifen pflegt und die eben die in Rede stehende Beitragspflicht begründet. Über den Grundsatz wird keine Meinungsverschiedenheit bestehen. Die Ausführung hingegen kann zu Zweifeln Anlaß geben und ist jedenfalls nicht leicht. Eine zwar rohe, aber für die Praxis genügende Bestimmung bietet die Verpflichtung der von der Bahnlinie unmittelbar durchzogenen Gemeinden, den gedachten Beitrag aufzubringen, und das richtige Maß desselben hat man bei Beginn der Eisenbahnzeit häufig in der unentgeltlichen Beistellung des für die Bahnanlage erforderlichen Bodens erblickt. Freilich trifft diese Annahme nicht immer zu, und die Maßregel wurde dadurch undurchführbar, daß man auch entlegene Gemeinden und selbst Provinzen in die Leistungspflicht einbezog. So kam es, daß man erst später wieder auf den Gedanken zurückgreifen mußte. Das Maß des von den Gemeinden zu übernehmenden Beitrages ist sicherlich allgemein nicht zu bezeichnen, sondern hängt von der konkreten Sachlage ab, wäre also, wenn man genau sein will, im einzelnen Falle durch Untersuchung und Verhandlung festzustellen. Indes bietet aber die Höhe der Grunderwerbungskosten doch einen Anhaltspunkt, da sie ja mit dem Grade der Wohlhabenheit und der wirtschaftlichen Entwicklung des Bahngebietes im Verhältnis steht und einen gewissen mäßigen Betrag nicht überschreitet, der den Interessenten als Leistung zugemutet werden kann. Die Gemeinden sind dann in der Lage, die Aufteilung auf die einzelnen, insbesondere durch die Wertzuwachssteuer, in zutreffender Weise durchzuführen. Es ist daher durchaus als richtiger Vorgang zu erklären, daß die preußischen Gesetzvorlagen über die Erbauung von Nebenbahnen von den Adjazenten stets die unentgeltliche Beistellung des Bahngrundes verlangen und es ist nur zu fordern, daß dieser Grundsatz bei Bahnen jeder Kategorie und überall befolgt werde.

B. Das Eisenbahnsystem.

Privatbahn-Konzessionen. Die Überlassung der Eisenbahnen an Privatunternehmungen hat den Zweck, durch diese die gemeinwirtschaftlichen Ziele der Eisenbahnverwaltung zu erreichen. Das erfordert eine Regelung der Unternehmungen in ihrem Geschäftsbetriebe, welche die Freiheit ihres Handelns insoweit beschränkt, als sie dem bezeichneten Zwecke abträglich werden könnte. Im vorgezeichneten Gange unserer Untersuchung gelangen wir nunmehr dazu, uns die hierauf berechneten Maßregeln in ihrem inneren Zusammenhange vor Augen zu führen. Die Gesamtheit dieser Maßregeln bildet das Privatbahnsystem. In der heutigen Auffassung bezeichnet es eine Verwaltungsform: die übertragene Verwaltung, im Wortsinne gehört es der Geschichte an. Von letzterem seinen Ausgang nehmend, hat dieses System die Entwicklung des Eisenbahnwesens durch eine lange Zeit beinahe ausschließlich beherrscht. Im Anfange, unter den einfacheren Umständen der Wirtschaft, konnte es auch befriedigende Ergebnisse zeigen, im Laufe der Entwicklung ergaben sich aber immer verwickeltere Verhältnisse, so daß seine Durchführung mit gesteigerten Schwierigkeiten verbunden war. Die Versuche, die Verwaltungsmaßnahmen diesen anzupassen, sind nicht immer und überall geglückt, teils aus Mangel an Einsicht seitens der leitenden Personen, teils aus sachlichen Gründen. Andererseits wurden manchenorts die Verwaltungszwecke selbst nicht richtig erfaßt, infolgedessen die Anwendung des Systems unvermeidlich zu ungünstigen Ergebnissen führen mußte, die aber eben nicht dem System zur Last geschrieben werden dürfen.

Vergegenwärtigen wir uns vorerst die Vorgänge und den Inhalt derjenigen Verwaltungsakte, durch welche die Privatunternehmungen zu der ihnen übertragenen Aufgabe berufen werden: der Eisenbahn-Konzessionen. Hierbei wird die Übereinstimmung in der Regelung der wesentlichen Punkte in den Gesetzgebungen der verschiedenen Länder ins Auge zu fassen sein. Abweichungen in untergeordneten Einzelheiten können außer acht gelassen werden.

Die Berufung zur übertragenen Verwaltung tritt auf als Verleihung des Rechtes zum Baue und Betriebe einer Eisenbahn an eine bestimmte Unternehmung, wobei der Gegenstand des Unternehmens genau bezeichnet wird und die Rechte und Pflichten des Unternehmers im einzelnen festgestellt werden. Die letzteren können allgemein in einem Konzessionsgesetze aufgeführt sein, das *eo ipso* in jedem Falle zur Anwendung gelangt, oder sie werden von Fall zu Fall normiert oder es wird das Konzessionsgesetz fallweise durch besondere Bestimmungen abgeändert oder ergänzt.

Die Erteilung der Konzession ist ein Akt des freien Ermessens, sowohl mit Bezug auf den Gegenstand der einzelnen Konzession als mit Bezug auf die Eignung des Konzessionswerbers.

Die betreffende Eisenbahn kann schon in einem staatlichen Eisenbahnbauplan vorgezeichnet sein oder sie wird vom Konzessionswerber in Vorschlag gebracht. Im letzteren Falle ist eine Darstellung der wirtschaftlichen Grundlagen der geplanten Bahn erforderlich, über welche die Verwaltung sich ein Urteil bildet. Der Konzessionserteilung müssen technische Vorarbeiten vorausgehen, welche die Ausführbarkeit und die ökonomisch beste Durchführung der Anlage, also die Richtungs- und übrigen Anlage-Verhältnisse sowie die Kosten zur Darstellung bringen. Zweckmäßigerweise werden die in dieser Hinsicht zu stellenden Anforderungen durch allgemeine Vorschriften bestimmt. Zur Ausführung dieser sog. generellen Vorarbeiten (Vermessung, Trassierung) sind häufig

Eingriffe in fremdes Eigentum nötig (Betreten von Grundstücken, Abholzen u. dgl.) und es ist daher für sie in den meisten Staaten eine besondere Bewilligung vorgesehen (Vorkonzession). Wo eine solche fehlt, wie in der Schweiz, in England, können die Projektsarbeiten eben vorerst nur soweit es durch freiwilliges Gewähren der Grundbesitzer möglich ist, ausgeführt werden. Die Bewilligung zu den Vorarbeiten schließt kein Vorrecht auf die Konzession in sich. Die bezeichneten wirtschaftlichen und technischen Unterlagen werden von den Fachorganen der Verwaltung geprüft, zweckmäßigerweise auf Grund eines Augenscheins (kommissionelle Besichtigung).

Das Ermessen mit Bezug auf den Konzessionswerber richtet sich hauptsächlich darauf, ob die Aufbringung des Kapitals gesichert ist, wofür in der Regel verläßliche Nachweise hinsichtlich Bildung einer Aktiengesellschaft gefordert werden.

Die staatsrechtlichen Besonderheiten in den verschiedenen Ländern in der Hinsicht, ob die Erteilung der Konzession durch ein Gesetz oder auf Grund des Gesetzes durch ein staatliches Organ erfolgt, sind wirtschaftlich gleichgültig, sofern sie nicht bezwecken, die Störung des Netzes durch Lokalbahnen zu verhüten. Nebensächlich ist auch, ob die Konzessionsbedingungen in der Konzessionsurkunde selbst oder schon im Konzessionsgesetze enthalten sind oder in einem abgesonderten Bedingnishefte, das indes rechtlich einen Bestandteil der Konzession ausmacht und, wo es nach einem allgemeinen Formular abgefaßt ist, eigentlich ein Konzessionsgesetz darstellt. Das Enteignungsrecht ist entweder gesetzlich mit einer Konzession verbunden oder es wird in oder neben der Konzession ausdrücklich verliehen. In England fällt die Konzession mit der Inkorporation der Gesellschaft und Erteilung des Enteignungsrechts in dem *Private Act* zusammen; die *charter* in den Vereinigten Staaten bedeutet dasselbe.

Die Dauer der Konzession ist als eine übertragene Verwaltung zeitlich beschränkt. Solange man die Bahnen als eigentliche Privatunternehmungen ansah, wurde die Konzession auf unbeschränkte Dauer verliehen. Die ersten österreichischen Konzessionen gewährten den Erbauern der Bahn zwar volles Eigentum an der Anlage samt Zubehör, jedoch nur ein zeitlich eingeschränktes Betriebsrecht in Form eines Privilegiums, das nach Ablauf, im Falle der Nützlichkeit des Unternehmens, erneuert werden sollte. In den übrigen Ländern — später auch in Österreich — hat man entweder die Dauer der Konzession zeitlich nicht begrenzt, aber dem Staate das Recht des Ankaufs der Bahn nach Ablauf einer gewissen Zeit vorbehalten oder überhaupt den Bestand der Bahn als Privatunternehmung auf eine bestimmte, längere, Zeitdauer eingeschränkt (meist 80, 90—99 Jahre), nach deren Ablauf die Anlage dem Staate heimfällt, oder überdies im letzteren Falle auch ein Einlösungsrecht für einen früheren Termin ausbedungen, um dem

Staate schon zu diesem die Möglichkeit offen zu halten, zum Eigenbetrieb überzugehen. In England sind die Konzessionen unbefristet und wurde ein staatliches Einlösungsrecht erst durch Gesetz v. J. 1844 für neu entstehende Bahnen eingeführt; ähnlich in einzelnen Staaten der nordamerikanischen Union oder es wurde in anderen vereinzelt das Betriebsrecht auf eine bestimmte Zeit verliehen wie in den ersten österreichischen Konzessionen.

Für den Eintritt des Einlösungsrechtes muß ein Termin angesetzt werden, der eine angemessene Entwicklungsperiode für das Bahnunternehmen offen läßt. Der Kaufpreis kann für Bahnen des allgemeinen Netzes, die mit diesem eine voraus unbestimmbare Entwicklung erfahren, nicht anders als mit Kapitalisierung des Durchschnittsertrages einer Reihe von Jahren, welche der Einlösung vorangehen, festgesetzt werden (in mehreren Konzessionsgesetzen nach Ausscheidung der zwei mindestgünstigen).

In Fällen andersgearteter Sachlage kann der Kostenwert der Anlage samt Zubehör, allenfalls mit einem bestimmten Zuschlage, als Einlösungspreis bedungen werden. Die Grundlagen der Berechnung müssen vorhinein festgestellt und für den Fall mangelnder Einigung muß ein fachlicher Schiedspruch vorgesehen sein [1]). Die Ausübung des in Rede stehenden Rechtes begegnet aber häufig erheblichen Schwierigkeiten. Der Einlösungstermin kann bei mehreren Linien eines Netzes zu verschiedenem Zeitpunkte fällig sein, so daß die Geltendmachung des Rechtes die Zerreißung eines einheitlichen Betriebes zur Folge hätte. Wenn das Einlösungsrecht einzelne Linien eines Netzes trifft, andere nicht, wie z. B. in England zufolge seiner nachträglichen Einführung, so ist seine Ausübung unmöglich, wenn nicht gesonderte Rechnung geführt würde, die ihrerseits wieder Schwierigkeiten bereitet. In der Regel werden sich Kontroversen ergeben. Die Folge ist, daß die Klausel nicht praktisch wird, sondern eintretendenfalls eine freie Vereinbarung getroffen werden muß. In Preußen hatte das Gesetz v. J. 1838 anstatt des Heimfallsrechtes eine Eisenbahnsteuer in Aussicht genommen, deren Erträgnis zur Amortisation des in den Unternehmungen angelegten Kapitales verwendet werden sollte. Diese Bestimmung gelangte jedoch auf die Dauer nicht zur Ausführung, so daß der Staat auf den Rückkauf im gütlichen Wege angewiesen blieb.

Dem Baurechte, das die Konzession der Unternehmung verleiht, stehen entsprechende Verpflichtungen gegenüber. Die Bahn ist innerhalb einer bestimmten Frist nach den einschlägigen Bestimmungen der Konzession und den allgemeinen Vorschriften auszuführen. Auf

[1]) Die in der Schweiz durch das Bundesgesetz über das Rechnungswesen der Eisenbahnen i. J. 1896 verfügte Aufhebung der konzessionsmäßigen Schiedsgerichte unter Verweisung der betreffenden Streite vor das Bundesgericht setzt voraus, daß letzteres den Beteiligten Garantien der Sachlichkeit und Unparteilichkeit biete, an die man anderwärts nicht felsenfest glauben würde.

Nichteinhaltung des Bautermines ist entweder die Entziehung der Konzession oder, wenn eine Kaution verlangt wird, ihr Verfall gesetzt, oder es ist dem Staate das Recht vorbehalten, die Anlage zur öffentlichen Versteigerung zu bringen oder durch einen Dritten vollenden zu lassen oder sie auf Staatskosten auszuführen. Die Baupläne unterliegen der Genehmigung seitens der staatlichen Fachorgane, die Einzelheiten des Baues der Bahn und der Betriebsmittel sind entweder in den allgemeinen Anordnungen, die der Konzessionär zu befolgen hat, oder in den Bedingnisheften vorgeschrieben. Die ordnungsmäßige Ausführung des Baues wird nach Vollendung durch amtliche Untersuchung (Abnahme) festgestellt, beanstandete Mängel sind vor Betriebseröffnung zu beheben.

Mit dem Betriebsrechte ist die Betriebspflicht verbunden: die Verpflichtung, die Bahn während der Konzessionsdauer in regelmäßigem Betriebe zu halten und diesen in Gemäßheit der Konzessionsbedingungen und der allgemeinen Betriebsvorschriften zu führen. Im Falle der Nichterfüllung dieser Verpflichtung ist dem Staate das Recht vorbehalten, den Betrieb durch einen Sequester für Rechnung des Konzessionärs zu besorgen.

Die Tarifstellung nach gemeinwirtschaftlichen Gesichtspunkten wird durch die Bindung an Höchstpreise ausbedungen, mit dem Vorbehalte einer Abänderung unter gewissen Voraussetzungen. Meist wird die Herabsetzung der jeweils eingehobenen Tarife bei Eintritt besonderer Umstände, wie Notzeiten, normiert, ferner eine allgemeine Ermäßigung der Höchstpreise bei Erreichung eines bestimmten Erträgnisses vorbehalten (in Österreich anfangs 15%, später 10%, in England 10%). Vereinzelt sind dem Staate weitergehende Befugnisse eingeräumt, die auf Festsetzung der Tarife nach eigenem Ermessen hinauslaufen. Das setzt voraus, daß der Bahnunternehmung in irgendeiner Form Sicherung gegen materielle Schädigung geboten werde (allgemeine Ertragsgarantie oder spezielle Entschädigung im einzelnen Falle).

Bezüglich der Betriebsleistungen sind meist wohl nur allgemein gehaltene Weisungen in die Konzessionen aufgenommen, wie: Pflicht, jeweils die erforderlichen Betriebsmittel anzuschaffen, die nötigen Stationserweiterungen vorzunehmen, unter bestimmten Voraussetzungen ein zweites Gleis anzulegen. Der Vorbehalt der Genehmigung der Fahrpläne durch die staatliche Verwaltung gibt dieser die Handhabe, auf die Verkehrsleistungen einzuwirken. Ein Unikum gegenüber der gänzlichen Außerachtlassung dieses Punktes in den englischen Konzessionen war die Auflage der Pflicht durch die Akte des Jahres 1845, täglich einen Zug dritter Klasse zu einem besonders ermäßigten Preise zu fahren.

Der Gesichtspunkt einer ersprießlichen Netzesgestaltung ergibt die Erteilung eines Alleinrechtes (Monopols), sei es durch ausdrücklichen

Ausschluß der Konkurrenz, also von Parallelbahnen, sei es durch Zulassung einer Bahnunternehmung als einzige in einem Lande oder in einem abgegrenzten Teilgebiete desselben. Das preußische (1838) und das österreichische Konzessionsgesetz (1854) haben diesen Punkt zutreffend geregelt: Das erste verbietet durch 30 Jahre „die Anlage einer zweiten Bahn durch andere Unternehmer, die neben der ersten in gleicher Richtung auf dieselben Orte mit Berührung derselben Hauptpunkte fortlaufen würde", nach dem österreichischen Gesetze ist „niemand gestattet, eine andere Eisenbahn zu errichten, welche dieselben Endpunkte ohne Berührung neuer strategisch, politisch oder kommerziell wichtiger Zwischenpunkte in Verbindung bringen würde". Es war ein Ausfluß der Konkurrenztheorie, als die Verfassung des norddeutschen Bundes und sohin die Verfassung des Deutschen Reiches jene Bestimmung des preußischen Gesetzes aufhob und es bezeichnet die Blüte der Konkurrenzwirtschaft, daß das englische Parlament sich jederzeit und ohne Ausnahme die volle Freiheit zur Bewilligung von konkurrierenden Eisenbahnlinien vorbehalten hat.

Die Bedachtnahme auf die Verdichtung des Netzes veranlaßt die Verpflichtung der Bahnen zur Gestattung des Anschlusses anderer Bahnen mit gemeinsamen Anschlußbahnhöfen und der Mitbenützung einzelner Bahnstrecken. Zuweilen ist auch die Verpflichtung zum Bau von Ergänzungslinien bei Eintritt bestimmter Bedingungen ausgesprochen.

Eine Selbstverständlichkeit ist die Unterwerfung der Bahnen unter die Staatsaufsicht und die Pflicht, den Anordnungen der betreffenden Behörde innerhalb der Grenzen ihrer amtlichen Befugnisse Folge zu leisten. Eine erfolgreiche Ausübung der Staatsaufsicht macht es auch nötig, der Staatsgewalt einen Einfluß auf die Organisation der Bahngesellschaften und selbst ihre Geschäftsführung zu wahren. Das Maß dieses Einflusses kann freilich ein sehr verschiedenes sein. Es finden sich diesfalls in den Konzessionsurkunden Vorschriften über die Einwirkung der staatlichen Verwaltung auf die Bildung des Vorstandes, die Gesellschaftstatuten, die Besetzung wichtiger Stellen der Betriebsleitung, Teilnahme an den Beratungen des Vorstandes, Bestätigung gewisser Beschlüsse, endlich Zwang zur Rechnungslegung. Letztere ist ein sehr wichtiges Kontrollmittel, das außerdem anderweitig, für Steuer- und statistische Zwecke, dient, für diese aber Ausführlichkeit und Einheitlichkeit verlangt.

Endlich werden allgemein den Bahnbetrieben Leistungen zugunsten der staatlichen Verwaltung auferlegt: unentgeltliche oder kostengemäße Beförderung der Post und ebensolche Beförderung von Personen und Gütersendungen für die verschiedenen Zweige des Staatsdienstes, insbesondere der militärischen Verwaltung, unentgeltliche Fahrt für Arme, zuweilen Beiträge für gemeinnützige Zwecke.

Die rechtliche Natur der Konzessionen macht es erforderlich, daß, soweit der Konzessionär seine Verpflichtungen erfüllt, er auch in seinen Rechten geschützt sei. Die vorliegende Vereinigung von öffentlichem und Privatrecht je nach dem positiven Rechte eines Staates zu konstruieren, ist Sache der Fachwissenschaft. Es ist ein eines Staates unwürdiger Zustand, wenn, wie es in Österreich der Fall war, das Zivilgericht sich zur Entscheidung über Klagen auf Grund von Konzessionen als nicht zuständig erklärt und das Verwaltungsgericht solche Klagen zurückweist mit der Begründung, daß Konzessionsfragen Sache des freien Ermessens der Staatsverwaltung seien.

Handhabung des Konzessionsystems. Der Überblick der Konzessionsbestimmungen läßt diese in ihrer Gesamtheit wohl als geeignet erscheinen, dem Erwerbsinne der Privatunternehmungen die durch die gemeinwirtschaftlichen Rücksichten erforderten Schranken zu ziehen und überdies den Geschäftsleitungen der Eisenbahnen durch positive Vorschriften, wie die der Bahnpolizei, eine Betätigung in bestimmtem Sinne aufzuerlegen. Dennoch hat das System, wie die Blätter der Eisenbahngeschichte berichten, vielfach nicht befriedigend gewirkt. Eine Verallgemeinerung dieser Aussage würde aber der Wirklichkeit nicht entsprechen. Vielmehr haben sich in den verschiedenen Ländern ungünstige Ergebnisse hier in der einen, dort in einer anderen Hinsicht gezeigt, was in besonderen Umständen des einzelnen Falles seinen Grund hat. Die Fehlerquellen sind nicht überall die gleichen und ihre Folgen nicht von gleichem Belange: sie können in der Hauptsache auf die im nachstehenden aufgezeigten Umstände zurückgeführt werden.

Die verbreitetste und wohl auch folgenschwerste Irrung bestand darin, durch die Konzessionen die Konkurrenz im Eisenbahnwesen verwirklichen, sogar befördern zu wollen. Am weitesten ging man in diesem Punkte, wie wir wissen, in den Vereinigten Staaten, wo die Konzessionen so bedeutungslos wurden, daß man im Lande geradezu es nur mit Privatunternehmungen zu tun zu haben meinte. In England war der Irrtum minder ausgesprochen, doch nicht minder nachhaltig. In kontinentalen Staaten folgte man erst später nach und es hatten die Fehlgriffe hier auch geringeren Umfang und geringere Tragweite.

Durch solche Konkurrenz-Konzessionen wurden die gemeinwirtschaftlichen Ziele von der Verwaltung selbst ins Gegenteil verkehrt. Die Kapitalverschwendung durch den Bau überflüssiger Linien, die dann durch den Wettbewerb um den vorhandenen Verkehr ihre Erträgnisse herabdrückten; die Vernachlässigung der Seitengebiete usw., kurz: diejenigen wirtschaftlichen Schäden, die eben durch Ausschließen der Konkurrenz zu vermeiden sind, wurden vom Staate selbst herbeigeführt. Die Verwaltung dachte auch nicht daran, den Ausschreitungen der Spekulation, die sich in Konjunkturperioden auch auf den Eisenbahnbau wirft, ein Hemmnis zu bereiten, sanktionierte sie vielmehr durch die Konzessionierung und wurde so mitschuldig an den Vorkommnissen, die so häufig als Ausfluß des Privatbahnsystems angesehen werden.

Durch die Förderung der Konkurrenz arbeitete die Verwaltung einleuchtenderweise auch ihren eigenen Zwecken hinsichtlich der Tarife entgegen.

Insbesondere grell trat das in England zutage. Solange das Parlament jede Konkurrenzbahn bewilligte, waren die bestehenden Bahnen gezwungen, sich selbst gegen die Konkurrenzbestrebungen zur Wehr zu setzen, ob es sich nun um einen ernsten Plan oder nur um Projekte, die lediglich auf Abkauf zielten, handelte. Das Mittel der Abwehr boten die Tarife. Die Maximaltarife bezogen sich meist nur auf die eigentlichen Beförderungspreise, für die Abfertigung in den Stationen und für Nebenleistungen war nur mit einem allgemeinen Ausdrucke „angemessene" Höhe vorgeschrieben. Zu den Nebenleistungen gehören auch die Vergütungen für die Ab- und Zufuhr der Stückgüter, die in England von den Bahnen selbst besorgt wird. Diese sog. *terminals* entzogen sich jeder Kontrolle, da eine Beschwerde wegen ungebührlicher Höhe derselben nur im gerichtlichen Wege erhoben werden konnte, die erklärlicherweise fast niemals zum Ziele führte. Auf diese Art waren die Bahnen in der Lage, drohende Konkurrenz durch Herabsetzung der Tarife zu vereiteln, durch welche einerseits die Entbehrlichkeit der neuen Linie bewiesen, andererseits der künftigen Unternehmung ihre Unrentabilität vor Augen geführt wurde, und entstandene Bahnen durch Schleudern mit den Tarifen zu ruinieren und zur Kapitulation zu zwingen. War die Gefahr überwunden, stand nichts im Wege, die Tarife wieder hinaufzusetzen. Diese Waffe aus der Hand zu geben, waren die Eisenbahndirektoren nicht bereit und der Einfluß der Eisenbahnen brachte es in der Tat dahin, daß die Frage der *terminals* sich endlos in der öffentlichen Erörterung hinzog und, solange Konkurrenz bestand, nicht zur parlamentarischen Lösung kam. Wiederholt erklärten einzelne Eisenbahnvertreter, daß sie bereit wären, sich der staatlichen Regelung zu unterwerfen, wenn sie nicht mehr die Zulassung von Konkurrenzunternehmungen zu besorgen hätten. Endlich kam das Parlament doch zur Erkenntnis der Verkehrtheit, aber da hatten die Eisenbahnen schon durch Verständigung untereinander (die *Amalgamations*) der Konkurrenz ein Ende bereitet.

Erst die i. J. 1873 als richterliche Behörde eingesetzte Eisenbahnkommission erhielt die Berechtigung, auf Antrag eines Interessenten von einer Eisenbahn zu fordern, daß im Tarifbuche der Station angeführt werde, wieviel von jedem Tarifsatz für die eigentliche Beförderung und wieviel für andere Leistungen gerechnet werde, wobei die Beschaffenheit dieser letzteren angegeben werden muß, und überdies das Recht, im Streitfall über die Höhe der *terminals* im Sinne einer billigen und vernünftigen Vergütung für die betreffenden Leistungen zu entscheiden.

Auf dem Kontinente ergaben sich ebenfalls unbefriedigende Zustände im Tarifwesen. Diese hatten aber weniger in der Konzessionierung von Konkurrenzbahnen als in einem anderen Umstande ihren Grund, der sogleich zur Sprache kommen wird.

Es ist eine häufig gehörte Behauptung, daß die Maximaltarife der Bahnkonzessionen ihren Zweck verfehlt hätten, weil sie zu hoch bemessen und die tatsächlich zur Einhebung gelangten Tarife immer unterhalb der Höchstsätze geblieben seien. Daß im Laufe der Entwicklung nicht selten weit unter die Maxima gegangen wurde, insbesondere aus dem Grunde, weil bei der Verkehrsteilung in den Knotenpunkten die Tarife der billigsten Linie maßgebend wurden, ist doch kein Beweis gegen das Zureichen der Maßregel während der Zeit, als noch andere Verhältnisse obwalteten, wenn nur die Maxima von Anfang dem zu erreichenden Zwecke entsprechend bemessen waren. Das war in der Tat der Fall und es haben die Maxima in manchen Bahngebieten durch längere Zeit als tatsächliche Preise bestanden, und sie haben bei Erhöhungen immer wieder die Grenze gebildet. Daß die Maxima keineswegs bedeutungslos, dafür kann auch als Beleg die Tatsache angeführt werden, daß in Frankreich und Österreich der Personenverkehr genau nach den konzessionsmäßigen Sätzen tarifiert wurde und einzelne österreichische Bahnen in den 70er Jahren eine Erhöhung der bezüglichen Maxima erwirken mußten, als man eine Vereinheitlichung der Tarife anstrebte. Ebenso unrichtig ist es, wenn man meint, die Klausel, welche eine Herabsetzung der Tarife bei Erreichung eines bestimmten Erträgnisses der Bahn anordnet, sei unwirksam geblieben. Sie wurde es, wenn durch Erbauung von Zweigbahnen das Ansteigen des Erträgnisses verhindert wurde, aber damit kam sie den Frachtinteressenten der Nebenbahnen zugute, die andernfalls mit höheren Tarifen zu rechnen gehabt hätten. In Österreich ist sie in einzelnen Fällen zur Anwendung gelangt. Die Wirksamkeit dieser Konzessionsbestimmungen wird übrigens wesentlich dadurch unterstützt, daß auch ein Privatunternehmer als Monopolist bis zu einem gewissen Punkte in seinem Interesse das gleiche Motiv zur Herabsetzung der Preise für die dessen bedürftigen Transporte hat wie die Gemeinwirtschaft selbst. Sollte für außergewöhnliche, in der Konzession nicht vorgesehene Fälle eine weitergehende Preisermäßigung notwendig werden, zu welcher die Privatunternehmung sich nicht bereit findet, so kann durch Übernahme des infolge einer solchen Tarifherabsetzung tatsächlich entstehenden Einnahmeausfalles auf den Staatsäckel der Ausweg gefunden werden. Eine hierauf bezügliche Bestimmung ist nur vereinzelt in Konzessionsgesetzen zu finden (Holland, Italien) und man muß sich in solchen Fällen schließlich auf den nicht in Paragraphen gekleideten Einfluß der Regierung verlassen, den sie auf die Leiter von Privatbahnen zu üben in der Lage ist, wie das ja auch bei anderen, schwer genau zu bestimmenden Anforderungen, z. B. hinsichtlich der Verkehrsleistungen und der Erfüllung von Wünschen des Publikums, platzgreift. Der Ehrgeiz der Eisenbahnleiter, Patriotismus und Rücksichten verschiedener Art kommen hier ins Spiel und werden für sie Beweggründe, zu leisten, was jeweils billigerweise verlangt werden kann. Für Titel und Orden sind die Eisenbahnleute sehr empfänglich gewesen.

Aber in anderer Hinsicht haben sich Mängel in der Handhabung des Systems gezeigt, die von ernsteren Folgen begleitet waren. Ein solcher Fehler war, daß auf Bildung geschlossener Netze je im Besitze einer Unternehmung nicht im erforderlichen Maße geachtet und hingewirkt wurde. Anstatt dessen wurden Konzessionen für Nebenbahnen als selbständige Unternehmungen erteilt. Dadurch wurde die Zusammenlegung von ertragreichen Hauptlinien und ertragschwachen Nebenbahnen in eine Unternehmung versäumt. Die Folge war, daß die Hauptbahnen im gesicherten Besitze eines einträglichen Verkehres sein weiteres Ansteigen untätig abzuwarten das Interesse hatten und sich daher gegen Erweiterung des Betriebes durch Nebenbahnen passiv, selbst widerstrebend, verhielten. Die schwachen Nebenbahnunternehmungen aber hatten bei den kargen Erträgnissen einen schweren Stand in finanzieller Hinsicht, wenn sie nicht, wie es vorkam, überhaupt ertraglos blieben oder selbst mit Betriebsabgängen zu kämpfen hatten. Daß unter solchen Umständen ihre Betriebsleistungen vieles zu wünschen übrig lassen mußten, ist verständlich.

Diese Zersplitterung brachte also in die Entwicklung des Bahnnetzes Störungen und die Vielheit der Unternehmungen machte den Betrieb des Gesamtnetzes weitläufiger, ungleichmäßiger und vor allem kostspieliger als bei entsprechender Beachtung des Gesichtspunktes der Zentralisation, wie solche in einheitlichen Staatsbahnnetzen, aber auch in analog abgerundeten Privatbahnnetzen gegeben ist. Sie wurde auch zur Ursache jener Buntscheckigkeit im Tarifwesen, die zu berechtigten Klagen Anlaß gab.

Eine befriedigende Ordnung dieser Frage der Netzesgestaltung hängt übrigens mit einer anderen Seite des Gegenstandes zusammen, auf die sogleich einzugehen sein wird.

In den europäischen Staaten hat in diesem Punkte eigentlich nur das französische Konzessionssystem durchaus befriedigende Zustände aufzuweisen.

Hieran schloß sich eine andere Unterlassungsünde. Man ließ außer acht, daß eine Eisenbahn bei der fortschreitenden Entwicklung mit einer fortwährenden Vergrößerung des Anlagekapitals zu rechnen hat. Die Steigerung des Verkehres macht eine entsprechende Vermehrung der Betriebsmittel und Erweiterung der Anlagen erforderlich. Die graduelle Erhöhung des relativen Intensitätsmaximums bedingt von Zeit zu Zeit eine Kapitalbeschaffung größeren Umfangs, weil das neue

Ausmaß der Anlagen für eine allmähliche Ausfüllung des erweiterten Rahmens vorgesehen sein muß. Es ergeben sich auch allgemeine Geschäftskonjunkturen, die ein plötzliches Anschwellen des Verkehrs mit sich bringen, und es sind die technischen Verbesserungen mit Kostensteigerung verbunden. In den Konzessionen war aber in der Regel für diesen wiederkehrenden Kapitalbedarf über die Höhe des Anfangskapitales hinaus nicht vorgesorgt. Unternehmungen in günstiger Finanzlage konnten die benötigten Kapitalien sich beschaffen, schwache Unternehmungen dagegen sahen sich in dieser Hinsicht sehr gehemmt. In Zeiten ungünstiger Kreditverhältnisse waren sie nicht selten selbst zu bedenklichen Finanzoperationen gezwungen und sie kamen mitunter in eine völlig hilflose Lage, aus der sie nur durch ein in den Konzessionen nicht ins Auge gefaßtes Einschreiten des Staates befreit werden konnten. Dieser Mangel an Voraussicht seitens der Verwaltung hat der gedeihlichen Wirtschaftsführung der Privatbahnen erheblich geschadet; ein Umstand, der viel zu wenig beachtet wird. Nur die französischen Konzessionen haben auch hier wieder ein (anderwärts nicht befolgtes) Muster geboten, indem sie auf eine regelmäßige Erweiterung des Anlagekapitals unter staatlicher Aufsicht Bedacht nahmen.

Beim Herannahen des Termines des Rückkaufrechtes und weiterhin, solange der Staat von dem Rechte nicht Gebrauch macht, hat die mangelnde Vorsorge für Erweiterungen der Bahnanlagen besonders schädliche Folgen. Die Bahnunternehmungen würden zu kurz kommen, wenn der nach voraus feststehenden Grundlagen bemessene Einlösungspreis sich auf ein durch solche Erweiterungen vermehrtes Kapital verteilen würde. Somit haben sie ein Interesse daran, jede solche Ausgabe zu vermeiden. Daher bleibt nichts anderes übrig, als den vorhandenen Apparat bis aufs äußerste auszunutzen, um mit ihm das Auslangen zu finden. Das Ergebnis ist, daß, wenn schließlich die Einlösung stattfindet, der Staat eine heruntergekommene Anlage zu übernehmen hat. Bei den Verstaatlichungen in Österreich durch Geltendmachung des Einlösungsrechtes haben sich diese Folgen unverständiger Verwaltungsmaßnahmen in vollem Maße gezeigt.

Schließlich ist die Unvollkommenheit der Regelung in so manchen Punkten als Ursache mangelhafter Bewährung des Systems nicht zu übersehen. Dies gilt insbesondere für die Anfangszeit. Wenn eine Anordnung nur in einem allgemeinen Ausdrucke erlassen, die Auslegung und Anwendung aber offen gelassen ist, so kann ein Versagen nicht wundernehmen. Erinnern wir uns der Vorschrift der Gleichbehandlung: diese war zwar zur Pflicht gemacht, aber es war keine genügende Vorsorge gegen Zuwiderhandeln getroffen. Erst die Erfahrung gab das Verbot der geheimen Rückvergütungen und die Rückwirkungsklausel an die Hand. So war es auch in einzelnen Ländern bezüglich der Sicherheitsvorkehrungen, obschon in dieser Hinsicht das eigene Interesse der Bahnen die Lücke weniger empfindlich machte. Von der Verwaltung in den Ländern des kontinentalen Europas kann das nicht behauptet werden, hier hat man eher zu viel reglementiert. In England und Amerika hingegen verließ man sich darauf, daß die Bahnen im Interesse ihres Geschäftes und im Wettbewerbe um Heranziehung des Personenverkehres die erforderlichen Vorkehrungen im Bau und Betriebe treffen würden. Bei manchen Unternehmungen traf das auch zu, andere jedoch, namentlich in den Vereinigten Staaten, fanden, daß das Risiko der Schadenersätze nach Unfällen sich geschäftlich rentiere. Erst nachdem die Zustände in dieser Hinsicht arg geworden waren, setzten die Staaten der Union die erwähnten Eisenbahn-Kommissionen ein, welche Beschwerden der Bahnbenützer entgegennehmen, die Ursachen von Unfällen untersuchen und namens der öffentlichen Meinung von den Eisenbahnen im gütlichen Wege die Abstellung von Übelständen erwirken oder die Gerichte anrufen sollten. Einiges scheint mittels dieser Einrichtung doch erreicht worden zu sein. In England hatte man die gleiche Aufgabe dem *Board of Trade* übertragen, aber ihm nicht sogleich die entsprechenden Vollmachten verliehen. Das *Board* selbst zeigte nicht einmal viel Neigung, von seinen Vollmachten Gebrauch zu machen. Endlich trat aber doch ein Umschwung ein und es ist, wie im früheren bereits bemerkt, ein gewisses Maß von polizeilicher Regelung durchgesetzt worden durch Vorschriften, ohne deren Erfüllung die Eröffnung einer Bahn nicht gestattet wird. Man muß also wohl das System von mangelhafter Durchführung im einzelnen Falle unterscheiden, um zu einem richtigen Urteile zu gelangen.

Die finanzielle Beteiligung des Staates an Privatbahn-Unternehmungen. Eine besonders wichtige und schwierige Seite des Konzessionssystems bildet überdies die Kapitalbeteiligung des Staates an Privatbahnen, die überall mit Ausnahme Englands als notwendig erkannt wurde.

Der Grund der Beteiligung ist ein zweifacher: einerseits hat diese die Übernahme desjenigen Teils der Kapitalkosten auf die Gesamtheit zu vollziehen, welcher auf die nicht privatwirtschaftlich rentablen Nutzungen für Staatszwecke (z. B. strategische Linien) entfällt. Solches kann entweder in einem vorhinein festgesetzten Maße geschehen — Subvention mit einem bestimmten Wertbetrage — oder es kann das Verhältnis vorläufig unbestimmt gelassen und erst von der tatsächlichen Gestaltung des Verkehrs abhängig gemacht werden, was in Form einer Zinsbürgschaft erfolgt, durch welche der Staat einem Eisenbahnunternehmen den (vorläufig nicht sicher zu berechnenden) von den Erträgnissen des Betriebes nicht aufgebrachten Teil der Anlagekapitalzinsen jährlich *à fonds perdu* zuschießt, allenfalls mit Begrenzung der Zuschüsse auf einen Höchstbetrag.

Andererseits sind derartige Beihilfen des Staats erforderlich, um die ausreichende Beteiligung der Kapitalbesitzer an Eisenbahnunternehmungen zu sichern, welche während einer gewissen Entwicklungsperiode keinen oder doch nur einen den Kapitalisten nicht genügenden Reinertrag abwerfen, also um die delegierte Unternehmung unter allen Umständen möglich zu machen. Das geeignetste Mittel hierzu ist eine *vorschußweise Zinsengarantie* für die gedachte Zeit, bei welcher die geleisteten Zuschüsse aus den Überschüssen späterer Betriebsperioden rückersetzt werden, mithin nur eine zeitliche Ausgleichung der Erträgnisse vorgenommen wird. Nicht selten fließen die beiden unterschiedenen Fälle der Garantie durcheinander, wie namentlich dann, wenn bei Bahnen von unzureichender privatwirtschaftlicher, aber entschieden staatswirtschaftlicher Rentabilität die vorläufig unbestimmt gelassene Kapitalbeteiligung des Staats in der Weise Platz greift, daß zwar rückzahlbare Garantiezuschüsse gewährt werden, jedoch mit der Bedingung, daß, was an solchen bei Erlöschen der Konzession (oder früherem Rückkauf) nicht rückerstattet sein sollte, erlassen wird, also eben den Anteil des Staats an den Kapitalkosten ausmacht. Streng geschieden hat das französische Konzessionssystem, welches Kapitalsubventionen neben Garantievorschüssen kennt.

Die Kapitalbeihilfen können entweder in Naturalbeistellungen (Herstellung des Bahnkörpers, der Kunst- und Hochbauten, wie eben nach dem französischen Eisenbahngesetz v. J. 1842) oder in Geld- oder Landschenkungen, wie z. B. in Amerika, bestehen.

Auch in diesem Punkte sind Irrtümer und Verstöße bei Handhabung des Systems vorgekommen und sie waren nicht nur für die Wirksamkeit des Privatbahnsystems selbst, sondern auch für die Staatsfinanzen besonders verderblich.

Zwei *Hauptfehlerquellen* können wir unterscheiden: *erstens* die Verbindung des Garantiesystems mit *unrichtiger Netzesbildung* und insbesondere dem *falschen Konkurrenzprinzip*. Anstatt wie in England sich der entfesselten Linienkonkurrenz gegenüber wenigstens passiv zu verhalten, feuerte man diese in einzelnen kontinentalen Staaten noch durch Konzessionierung von eigentlichen Konkurrenz-, ja Parallelbahnen mit Zinsengarantie förmlich an und gewährte für Nebenbahnen gesonderte Garantien, ohne an die Ertragskombination mit den Hauptlinien, die man häufig eigenen Gesellschaften überließ, zu denken. Wie sehr dadurch der Staat in Nachteil kommen mußte, ist klar. Den Gipfelpunkt der Schädigung bezeichnet es wohl, wenn selbst eine Hauptbahn, die von einem Verkehrszentrum z. B. bis zur Landesgrenze sich hinzieht, in Teilstücken konzessioniert und für die später gebauten Strecken, welche der Stammlinie doch massenhaft Verkehr zubringen, eine vollständig selbständige Zinsengarantie verliehen wurde, die fortläuft, auch wenn die Stammbahn, eben infolge des Baues der Fortsetzungslinien, längst sehr hohe Erträge über den durchschnittlichen Kapitalzins hinaus abwirft. Preußen, das hinsichtlich der Netzesbildung gleichfalls Fehler beging, hob diese zum Teile dadurch auf, daß es sich von den garantierten Hauptlinien einen Anteil am Reinertrage von einer gewissen Höhe an ausbedang, wodurch die Zinszuschüsse für gesondert konzessionierte und garantierte Nebenlinien Deckung fanden. Frankreichs Konzessions- und Garantiesystem wurde noch folgerichtiger angelegt. Es teilte das Land in eine kleine Anzahl abgerundeter Netze, deren Hauptlinien mit den Achsen der Hauptverkehrsrelationen zusammenfallen und planmäßig festgestellte Nebenstränge von sich entsenden. Die Hauptlinien waren ungarantiert, wohl aber in der oben erwähnten Weise subventioniert. Diejenigen Nebenlinien, welche nicht von ausreichender eigener Rentabilität befunden und für welche die Kapitalien durch Ausgabe von Obligationen beschafft wurden, sind mit festem Zins (und Amortisation) garantiert worden, und zur Ergänzung des eigenen Ertrages derselben hatten die Gesellschaften diejenigen Summen zu verwenden, welche über eine bestimmte Dividende (8%) der Aktien für die Hauptlinien hinaus von letzteren einkommen. Erst den noch fehlenden Restbetrag schoß die Staatskasse verzinslich vor und erst nach Rückstattung dieser Vorschüsse, welche zu beginnen hatte, wenn die eigenen Einnahmen der Nebenbahnen (des sog. *second réseau*) samt dem Übertrage von dem Hauptnetze den garantierten Prozentsatz übersteigen, konnten die Aktien des letzteren eine höhere Dividende erzielen, wobei jedoch von einem bestimmten Zeitpunkte an wieder eine Beteiligung des Staates an solchen Mehrerträgen vorbehalten war. Es ist also irrig, das Garantiesystem schlechtweg als „dem Staatschatze abträglich“ zu bezeichnen. Das französische System hatte sich vielmehr in der Weise bewährt, daß bereits in den 70er Jahren Rückzahlungen auf die Garantievorschüsse des zweiten Netzes stattfanden, welche wesentlich größeren Umfangs gewesen wären, wenn nicht die Folgen des Krieges entgegengewirkt hätten, und daß endlich durch neuerliche Konventionen mit den Gesellschaften (Ende 1883) diese Garantie überhaupt fallen gelassen werden konnte. In diesen neuen Verträgen, welche vom Staate geschlossen wurden, um die budgetären Folgen eines von der Republik ins Werk gesetzten überstürzten Staatsbaues von Neben- und Lokalbahnen (Gesetz Freycinet) zu beseitigen, übernahmen die Gesellschaften diese vom Staate gebauten Linien, sowie die Verpflichtung des Baues eines „dritten Netzes“ mit Aufwendung von 50000 Frcs. das *km* für Rechnung der Gesellschaft (während allfällige Mehrkosten vom Staate den Gesellschaften in langjährigen Fristen ersetzt werden), wogegen sie der Staat gegen die Schmälerung der Aktiendividende durch die Ertragsausfälle der neuen Linien durch Garantie einer gewissen Minimaldividende sicherte, gegen die Gegenleistung, daß überschießende Erträge wieder ihm zu $^{2}/_{3}$ zufließen. Zunächst war der Erfolg für den Staat allerdings höchst ungünstig, wegen Ertraglosigkeit der sehr teuren Nebenlinien. Doch trat bereits seit Mitte der 90er Jahre eine starke Verminderung der Garantieansprüche der Gesellschaften ein und in unserem Jahrhunderte haben diese mit der Rückzahlung der Vorschüsse begonnen. Nur eine Gesellschaft (die Westbahn) nahm i. J. 1908 noch einen Garantievorschuß in Anspruch.

Die zweite der gedachten Fehlerquellen besteht in der mit den Zinsgarantien in einem gewissen Umfange verbunden gewesenen Übervorteilung des Staats und schwindelhafter Ausbeutung der kleinen Kapitalisten, wofür die Eisenbahngeschichte Rußlands und Österreichs Beispiele liefert. Im letztgenannten Staate hat man seinerzeit, den mit den ersten Garantiekonzessionen der 50er Jahre eingeschlagenen richtigen Weg verlassend, Garantiebestimmungen gewählt, welche dem Gründungsunwesen vollen Spielraum eröffneten. In jenen Konzessionsurkunden war eine bestimmte Zins- (5%) und Amortisationsquote von dem „wirklich verwendeten und gehörig nachgewiesenen" Anlagekapital, mit oder ohne Festsetzung einer Maximalsumme, gewährt, wobei 5% Interessen während der Bauzeit in das Anlagekapital eingerechnet werden durften (sog. Interkalarzinsen). Natürlich hätte die Bauführung unter steter fachtüchtiger Aufsicht der Staatsverwaltung vor sich gehen sollen, um die Höhe der wirklich und notwendigerweise aufgelaufenen Baukosten nach Fertigstellung des Baues sicher zu bestimmen. Anstatt dessen war die Staatskontrolle beim Bau in der schlaffsten Weise gehandhabt worden und wurden erst nach Beendigung der Bauführungen eine Menge von Bemängelungen erhoben, die zu den lästigsten Weiterungen und Streitigkeiten Anlaß gaben. Um dem auszuweichen, hielt man es bei späteren Bahnkonzessionen für angezeigt, die Baukosten zu pauschalieren; ein selbst bei redlichster Gebarung gefährlicher Vorgang, durch welchen bei entsprechender Vorsicht der Konzessionäre der Staat leicht zu kurz kommt, oder im Gegenfalle die Aktionäre geschädigt werden, was dem Staate bei garantierten Bahnen wieder Unannehmlichkeiten verursacht. Dazu kam dann die Notwendigkeit der Erhöhung des wirklich verwendeten auf ein Nominal-Kapital, dessen 5% Zinsen bei Ausgabe der Aktien und Schuldverschreibungen unter *pari* denjenigen höheren Zinsfuß ergaben, welcher damals eben die Kapitalbeschaffung ermöglichte. Dieser Spielraum zwischen Effektiv- und Nominalkapital gab Gelegenheit zu ungerechtfertigten Gründungsgewinnen, einerlei, ob (was nur verschiedene Formen der Pauschalierung sind) ein Gesamtkapital für die ganze Bahn oder eine gewisse Summe für die Längeneinheit derselben oder ein in absoluter Ziffer bestimmter Reinertrag für die Längeneinheit garantiert war. Auch die Feststellung eines Minimalemissionskurses von seiten des Staats änderte sachlich nichts, da man ihn eben niedrig genug ansetzte. Als vollends Konzessionäre, Bauunternehmer und Emissionstelle (Bank) dieselben Personen waren, welche in ihren verschiedenen Eigenschaften Verträge mit sich selbst abschlossen, ohne daß die Staatsverwaltung eine mehr als scheinbare Kontrolle übte, da mußte wohl das Garantiewesen zum Herde des Schwindels und der Ausbeutung werden. Alles das ist unmöglich, wenn, wie es in Frankreich und Preußen geschah, stets nur die wirklichen Baukosten (inkl. Interkalarzinsen) der Garantiebemessung zugrunde gelegt, durch öffentliche Vergebung der Bauarbeiten in kleineren Losen an Bauunternehmer festgestellt und ausreichende Vorsichten gegen unlautere Gebarung bei der Geldbeschaffung geübt werden [1]). Die geschilderten Übelstände bei den Zinsgarantien sind also nur tatsächliche, nicht notwendige, und können somit abermals keinen Einwurf gegen die delegierte Verwaltung an sich abgeben.

Ein selbstverständliches Erfordernis des bei dem Garantieverhältnisse berührten Interesses der Staatskasse ist eine ständige und wirksame Einflußnahme auf die ökonomische Gebarung der Bahnunternehmung beim Bau und Betriebe. Es entsteht da gleichsam eine Art Gesellschaftsverband zwischen dem Staat und der Unternehmung, welcher eine zweckentsprechende rechtliche bzw. vertragsmäßige Ordnung und folglich auch ein weitergehendes Tarifbestimmungsrecht der Regierung erheischt als bei ungarantierten Bahnen.

Ein gutes Beispiel bieten die preußischen Garantieverhältnisse auf Grund der Kab.-Ordre v. J. 1843 und die mit den betreffenden Bahngesellschaften abgeschlossenen Verträge. Die Regierung entsandte einen stimmberechtigten Kommissär in die Generalversammlung und behielt sich die Bestätigung der Oberbeamten, der Tarife und Fahrpläne sowie die Befugnis vor, falls der Staat in fünf aufeinander folgenden Jahren genötigt wäre, einen Zuschuß zu leisten, oder in einem Jahre mehr als 1,5% zuschießen müßte, den Betrieb der Bahn auf so lange selbst zu übernehmen, bis der Reinertrag durch drei Jahre mehr als 3,5% des Aktienkapitals beträgt. In Österreich durch das sog. Sequestrationsgesetz v. J. 1877 nachgeahmt; freilich mit Gewalt, ohne Einverständnis mit den Konzessionären. Später wurde vorhinein der Betrieb durch den Staat zur Bedingung gemacht.

[1]) Auch in Frankreich sind einzelne Unlauterkeiten dieser Art vorgekommen, es ist aber unrichtig, wenn Kolb in den früheren Auflagen seiner Statistik durchschimmern läßt, daß sich dadurch die Anlagekosten der Bahnen so hoch gestellt hätten. Der eine von ihm angeführte Fall bezieht sich auf eine mit großem Gewinn weiterbegebene Generalentreprise, von der erstens nicht gesagt ist, ob nicht die schließlichen Unternehmer Verlust hatten und die zweitens zu denjenigen Vorgängen gehört, auf Grund deren eben die im Text erwähnte Maßnahme ergriffen wurde. Der andere Fall betrifft die Gründung des *Grand Central*; eine wirklich schmutzige Affäre, die von den Anhängern des zweiten Kaiserreiches, voran dem edlen Morny, eingefädelt wurde zum großen Verdrusse Napoleons III., der sie mit dem Wortspiele *Grand Scandal* sehr richtig charakterisierte und bestrebt war, sie durch Übertragung der Linien der genannten Gesellschaft an die zwei angrenzenden Gesellschaften aus der Welt zu schaffen. Das ist eine Ausnahme, die zwar die Napoleonische Herrschaft bloßstellte, nicht aber dem befolgten Eisenbahnsysteme zur Last zu legen ist. Wer aber behaupten wollte, jenes Eisenbahnsystem sei eben ein Bestandteil des Napoleonischen Herrschaftsystems gewesen, würde sehr irren, denn die Republik hat an demselben bekanntlich konsequent festgehalten.

Es kam indes noch ein Übelstand zu den vorerwähnten hinzu. Die mangelnde Vorsorge für die Steigerung der Intensität der Anlagen mit vorschreitender Entwicklung des Verkehres wurde bei garantierten Bahnen besonders verhängnisvoll. Bei eintretendem Bedarf nach Kapitalvermehrung muß die Subvention oder der Garantiebetrag entsprechend erhöht werden. Die hierzu erforderliche Bewilligung der Volksvertretung ist nicht immer leicht zu erlangen: es kann über den Umfang der Erhöhung Meinungsverschiedenheit herrschen, ein geringerer Betrag bewilligt werden als tatsächlich notwendig ist, oder gar die Bewilligung aus politischen Gründen versagt werden. Schlimm wird es, wenn eine einsichtslose Kammer sich der Notwendigkeit solcher periodischer Garantieerhöhungen überhaupt verschließt, unbekümmert um die Folgen. Da das Geld doch beschafft werden muß, so wird eine Verkürzung der Aktionäre in ihren Zinsbezügen unvermeidlich. Dadurch wird der Eisenbahnkredit des Staates erschüttert. Garantiezusicherungen dieses Staates gelten fortab als unverläßlich und die Aufbringung von Kapitalien für neue Bahnunternehmungen ist abgeschnitten oder mindestens in hohem Maße verteuert. Auch in diesem Punkte boten die französischen Garantiebestimmungen in betreff der *travaux complémentaires* ein Beispiel, das anderwärts nur nachzuahmen gewesen wäre, was aber nicht geschah.

In Österreich steigerte man den Fehler noch durch Auslegung der Garantiepflicht als nur auf den Kapitalzinsbedarf, nicht aber auch auf ein Betriebsdefizit bezüglich!! Es ist kaum möglich, einen größeren Widersinn im Hinblick auf Zweck und Wesen der Garantie, wie auf die allseitige Auffassung der Verpflichtung bei Eingehung des Verhältnisses und zugleich eine für den Staats- und Eisenbahnkredit verhängnisvollere Rabulisterei zu finden, wie immer der Wortlaut der betreffenden Konzessionstelle gefaßt sein möge. Das war in der Tat eine würdige Krönung des Werkes! Wir wissen nicht, ob die Urheber des Gedankens am Ende gar die ostindischen Konzessionen im Auge hatten. Die indischen Eisenbahngarantien, die die Verwaltung unbeeinflußt von dem abweichenden Verwaltungssysteme des Mutterlandes gewährte, beziehen sich nur auf ein fest bestimmtes Kapital; ein Betriebsdefizit ist in die Garantie nicht einbezogen. Aber das ist ganz deutlich in den Konzessionen gesagt und war den Titresbesitzern vorhinein bewußt. Den gerügten Fehler zu beheben, war mit der Zweck des erwähnten österreichischen Gesetzes v. J. 1877.

Bei richtiger Durchführung des Garantieverhältnisses werden daher die gegen dasselbe häufig erhobenen Einwände hinfällig. Solche sind: daß den Bahnverwaltungen infolge der Garantie der Antrieb zu ökonomischer Gebarung und zur Entwicklung des Verkehres fehle (schon der Wunsch, aus dem lästigen Verhältnisse womöglich herauszukommen, verleiht solchen Ansporn, ganz abgesehen von der fortlaufenden Kontrolle und Einflußnahme der Staatsverwaltung, und gerade die Garantie ermöglicht Tarifexperimente); daß die Verwaltungen, weil sie nicht gezwungen werden können, neue Linien zu bauen, das Netz nicht ausdehnen (als ob es dem Staate diesfalls an geeigneten Mitteln fehle!); daß die Privatverwaltungen auf Kosten des Staates beliebig wirtschaften können (der Einfluß, wie ihn Österreich und Rußland nach den gemachten Erfahrungen auf garantierte Bahnen nahmen, beweist das Gegenteil). So sind selbst in dem letztgenannten Staate durch Vereinbarungen der 80er Jahre die Bahnverwaltungen unter Staatsgarantie in ein so strenges Abhängigkeitsverhältnis zur Staatsverwaltung gebracht worden, daß diese in tarifarischer und finanzieller Hinsicht fast dieselben Machtbefugnisse besitzt wie auf den eigenen Staatsbahnen. In vielen Fällen ist von der Zinsbürgschaft ein ganz zweckmäßiger Gebrauch gemacht worden [1]).

Die vorstehend erörterten Ertragsgarantien waren bzw. sind für Konzessionsdauer erteilt, da sie die Amortisation des Anlagekapitals während der Konzessionsdauer einschließen. Es pflegen aber auch Garantien auf kürzere Zeiträume gegeben zu werden und es ist eine zeitliche Begrenzung solcher Art insbesondere dann erforderlich, wenn die Konzession auf unbestimmte Zeit lautet, wie in so manchen Fällen nach englischem Muster in außereuropäischen Ländern. Es sind in der Regel auch englische Unternehmer, welche bei solchen Konzessionen ihre Rechnung fanden. Wenn Garantieverhältnisse dieser Art das Risiko des Staates zeitlich einschränken, so ist darum die Wahrung der finanziellen Interessen des Staates durch die geeigneten Vorschriften nicht minder notwendig, da die Versuchung für den Unternehmer besteht, durch zugerichtete Betriebsrechnungen die staatlichen Zuschüsse womöglich in ihrer vollen Höhe heranzuziehen. So konnte es in Brasilien geschehen, daß eine Bahngesellschaft die Garantie stets voll in Anspruch nahm, im ersten Jahre nach Endigung des Garantieverhältnisses aber sofort einen ansehnlichen Reinertrag aufwies.

Eine im allgemeinen untergeordnete Form der Subvention an Bahngesellschaften ist schließlich die Übernahme von Obligationen oder eines Teiles der Aktien seitens des Staats, insbesondere mit Nachstehen im Dividendenbezuge oder Verzicht auf einen solchen, sowie die Befreiung von Steuern und Gebühren oder der Erlaß von anderen konzessionsmäßig auferlegten Leistungen. Für die Bahnen höherer Ordnung haben nur Preußen und Rußland die Übernahme von Titeln in größerem Umfange gehandhabt.

Auch die Gewährung von Darlehen fand — besonders in Österreich — nicht selten statt, doch waren dies meist nur Beihilfen als Bauvorschüsse, die später refundiert wurden. Die Übergabe von Titeln im Ausmaße der Darlehen bezweckte nur deren Deckung.

Auch die Staaten der nordamerikanischen Union haben — außer durch die bekannten Landschenkungen — die Anlage von Bahnen in großem Umfange durch Übernahme von Titeln der Gesellschaften

[1]) Welch enorme finanzielle Opfer jedoch das fehlerhafte Garantiesystem früher Österreich und Ungarn gekostet hat, zeigt eingehend Dr. A. Eder, „Die Eisenbahnpolitik Österreichs nach ihren finanziellen Ergebnissen". 1894. (Eine gründliche, doch in ihrer Tendenz einseitige Schrift.) Daselbst auch die ziffermäßigen Daten für Rußland und Frankreich. Selbst in Frankreich haben ungeachtet der richtigen Anlage des Garantiesystems und strenger Kontrolle die Garantievorschüsse nach den Verträgen von 1883 durch geraume Zeit den Staat stark belastet, da man sich betreffs der Ertragsaussichten der neuen Linien sanguinischen Erwartungen hingegeben hatte. S. hierüber v. d. Leyen, „Die Erträge der Eisenbahnen und der Staatshaushalt", im J. f. G.V. 1892.

gefördert. Dort haben auch viele Grafschaften und Gemeinden auf diese Weise ihre Einbeziehung in das Eisenbahnnetz angestrebt, so daß die Schuldaufnahme zum Zwecke solcher Subventionen sogar als ein öffentlicher Übelstand erkannt wurde, was sich durch die Zustände jener Privatunternehmungen erklärt.

Bei Lokalbahnen ist die Beihilfe durch Beteiligung am Anlagekapital neuerdings vielfach zur Anwendung gelangt und hat insbesondere dadurch Boden gewonnen, daß in steigendem Maße die Selbstverwaltungskörper sich die Anlage solcher Bahnen angelegen sein lassen. Das Vorbild gab Frankreich mit dem Gesetze v. J. 1865, das für Bahnen *d'intérêt local* einen Staatsbeitrag von $^1/_2$—$^1/_3$ der Baukosten gewährte. Der Kapitalbeitrag ist wohl als unangemessen hoch zu bezeichnen. Dessenungeachtet hatte das Gesetz vorerst geringen Erfolg, wozu allerdings der Umstand beitrug, daß man in der Bauausführung dem Lokalbahncharakter noch nicht Rechnung zu tragen verstand. Auch ist es richtiger, den Kostenbeitrag nicht derart schablonenhaft, sondern von Fall zu Fall nach den konkreten Umständen zu bemessen. So geschah es in Österreich, indem die aufeinander folgenden Lokalbahngesetze, welche die Regierung zur Konzessionserteilung mit baulichen und anderen Erleichterungen ermächtigen, die Gewährung einer Kapitalbeihilfe je nach Bedarf vorbehalten. Auch das englische Gesetz v. J. 1896 ist in diesem Sinne gehalten: es ist eine Kleinbahnkommission eingesetzt, an die sich der Grafschaftsrat um Konzessionierung einer Kleinbahn und Bewilligung finanzieller Beihilfe wenden kann, welche je nach den örtlichen Umständen im Ausmaße der Beteiligung des Grafschaftsrates, jedoch nicht über $^1/_4$ der Baukosten gewährt werden kann. Den Kleinbahnen in Preußen gewährt der Staat ebenfalls Beihilfen, in der Regel in der Höhe des Beitrages der Provinz und nicht *à fonds perdu*. Sie machen insgesamt fast 20% des Anlagekapitales der unterstützten Kleinbahnen aus.

Eine andere Form der finanziellen Beteiligung des Staates an Lokalbahnen ist insbesondere in Italien in weitem Umfange angewendet worden, auch für Nebenbahnen. Sie besteht in Gewährung von Jahreszuschüssen mäßigen Betrages auf lange Dauer, selbst bis zum Ablauf der Konzessionen. Solche haben den Zweck, den Unternehmungen als Unterlage für private Kapitalbeschaffung durch Kapitalisierung dieser gesicherten Zuflüsse zu dienen und haben sich in dieser Hinsicht auch vollständig bewährt.

In gleichem Sinne wurde die Ertragsgarantie im Lokalbahnwesen mit Erfolg aufgenommen. Hierher zählt vor allem das belgische Gesetz v. J. 1884 und 1885. Der Lokalbahngesellschaft gewährleisten Staat, Provinzen und Gemeinden für jede ihr zu konzessionierende Linie je in gewissem Verhältnisse zusammen einen bestimmten Ertrag, welchem Verhältnisse entsprechend die genannten Beteiligten Aktien jeder Linie *franco valuta* erhalten. Auf Grund der Aktienzeichnung und der zugesicherten Renten gibt die Gesellschaft Obligationen aus, für welche der Staat den Inhabern Bürgschaft leistet. Es ist einleuchtend, daß dadurch die Kapitalbeschaffung in günstigster Weise ermöglicht ist. Die Beteiligung für die gesamte Linienlänge betrug (1910): 45% Staat, 26,2% Provinzen, 27,5% Gemeinden. Außerdem 1,3% Private, jedoch ohne Teilnahme an der Ertragsgarantie.

Eine versteckte Ertragsgarantie ist es, wenn die Staatsbahnverwaltung die Betriebsführung von Lokalbahnen zu einem bestimmten, hinter den Kosten zurückbleibenden Teile der Einnahmen übernimmt, z. B. 50%, während die wirklichen Betriebskosten voraussichtlich wesentlich höher sind, vielleicht sogar die Einnahmen übersteigen. Dieses Verfahren wurde insbesondere in Österreich und in Ungarn geübt. Es war ein Mittel, die Bewilligung des Parlamentes zu umgehen. Da aber alle Parteien die Anwendung desselben zu ihren Gunsten erwarteten, so ging man mit Stillschweigen darüber hinweg. Es ist klar, daß die Gefahren der „falschen Lokalbahnen" für den Staatsäckel dadurch gesteigert wurden.

Anschließend sind noch zwei Spielarten des Konzessionsystems zu erörtern, von welchen man sich mitunter besondere Erfolge versprochen hat, ohne daß die Erfahrung die Erwartung bestätigt hätte.

Das Verpachtungsystem. Man hat geglaubt, eine Form der delegierten Unternehmung finden zu können, welche diese in noch höherem Grade von der Staatsverwaltung abhängig mache als die üblichen Konzessionen, ohne ihre Gebarung in der Eigenschaft und dem Sinne eines Privatunternehmens aufzuheben, und welche zugleich, wo es sich um Neubauten handelt, die eben besprochenen Mängel dadurch vermeidet, daß der Bau dem Staate selbst vorbehalten und nur der Betrieb der Privat-Unternehmung übertragen wird. Dieses System unterscheidet sich also von den Konzessionen auf den ersten Anblick wesentlich durch die Beschränkung der Unternehmung auf den Betrieb und soll überdies bei letzterem den bezeichneten Zweck einer gelungeneren Vermittlung zwischen staatlicher Regelung und privater wirtschaftlicher Tätigkeit verwirklichen. Es ist für solche Betriebsverträge mit treffender Analogie die Bezeichnung „Pacht" bräuchlich geworden. Bisher sind Betriebsverträge dieser Art als Eisenbahnsystem eines Staates nur vereinzelt in Anwendung gekommen. Zu einer gewissen Zeit hat das System in den Eisenbahnplänen der italienischen und der französischen Regierung einen hervorragenden Platz eingenommen und ist auch wohl in einzelnen Äußerungen der deutschen Presse als das Ei des Kolumbus in der Frage der Verwaltung des Eisenbahnwesens erklärt worden.

Die Beurteilung des Systems wird leicht, wenn man Bau und Betrieb auseinanderhält. Hinsichtlich des Baues ist natürlich nicht zu leugnen, daß bei systematischer und in der Durchführung ökonomischer Anlage der Linien durch den Staat selbst die gerügten Fehler schlechter Konzessions- und Garantiesysteme vermieden werden. Allein dieser Punkt ist, wie bei näherem Zusehen sofort klar wird, kein unterscheidendes Merkmal des Systems. Auch beim Konzessionsysteme kann der Staat selbst bauen; auf Grund des französischen Eisenbahngesetzes v. J. 1842 ist dies in großem Umfange geschehen, so daß die Bahngesellschaften eigentlich nur die Schienen zu legen und die Betriebsmittel anzuschaffen hatten. Der Schwerpunkt liegt in der Betriebführung und das Charakteristische des Unterschiedes zwischen Verpachtung und Konzessionierung läßt sich da am besten vielleicht durch einen Vergleich mit der Verpachtung von Grundstücken bezeichnen. Es ist ein ähnlicher Unterschied wie zwischen Teilpacht und der gewöhnlichen Verpachtung auf angemessen lange Frist. Bei der Eisenbahn-Verpachtung stellt der Betriebspächter den Fahrpark und das Betriebskapital bei, der Staat erhält für seinen Kapitalteil einen gewissen Anteil am Jahres-Ertrage und das Vertragsverhältnis ist in kürzeren Zeiträumen aufhebbar. Dem gegenüber erscheint eine Konzession wie ein gewöhnliches Pachtverhältnis längerer Dauer, nur daß der Pachtzins in den heimfallenden Anlagen kapitalisiert ist, wenn nicht überdies etwa ein Anteil am Reinertrage dem Staate vorbehalten wurde. Hiermit ist auch das Urteil über das in Rede stehende System gesprochen.

Die kurze Dauer des Pachtverhältnisses, wobei der Betriebspächter mit den fremden Anlagen schaltet und waltet, ohne an deren guter Erhaltung oder Verbesserung ein Interesse zu haben, ist eine Quelle der ärgsten Mißstände, die durch Vertragsklauseln, seien diese noch so streng und umfassend, kaum überwindbar scheinen. Man wird sicherlich das unumgänglich Notwendige tun, allein eine so sorgfältige Instandhaltung der Anlagen wie bei einem Konzessions-Betriebe wird nie und nimmer erfolgen. Die Mehrauslagen gegenüber notdürftiger Erhaltung wären ja dem Unternehmen selbst zugefügte Verluste, und auch eine zu dem Ende vorgesehene staatliche Einflußnahme kann zwar viel Weiterungen und Kosten verursachen, aber das Erwähnte nicht gründlich verhüten.

Nicht minder schädlich wirkt der kurze Pachttermin auf die Tarifstellung. Der Pächter hat keinen Beweggrund zu solchen Tarifermäßigungen, welche sich erst nach und nach in späteren Jahren bezahlt machen. Die Feststellung der Tarife kann aber nicht dem Staate vorbehalten bleiben, ohne dem Pächter Entschädigung für Verluste durch Ermäßigungen zuzusichern; eine Klausel, deren Anwendung große praktische Schwierigkeiten bereitet. Wollte man dem aber durch Eingehung entsprechend langer Pachtdauer entgegenwirken, so verwischt sich der Unterschied von den Betriebsverhältnissen bei einer Konzession und der verpachtende Staat wäre überdies der Unternehmung zu sehr preisgegeben. Denn — und das ist eben die eigentliche Schwierigkeit des Ganzen — es ist unmöglich, die Pachtbedingnisse hinsichtlich des zu entrichtenden Pachtzinses auf lange hinaus festzusetzen; beide vertragschließenden Teile werden sich dazu nicht verstehen, ohne enormes Risiko zu laufen, da die Änderung, welche die Verkehrsverhältnisse und die Kosten in einer etwas entlegeneren Zukunft erfahren können, nicht mit Sicherheit vorauszubestimmen ist. Endlich tritt auch hier wieder die Frage der Verbesserungen und Erweiterung der Anlagen auf, die eine Quelle steter Reibungen zwischen Staat und Pächter bilden kann.

Das Pachtsystem wurde zuerst in den Niederlanden versucht und die Erfahrungen, welche dort gemacht wurden, bestätigen das Gesagte vollinhaltlich. Wiederholte Umformungen haben allerdings gewisse Verbesserungen ergeben, bis schließlich ein leidlicher Ausweg mit Ausbedingung einer runden Pachtsumme samt Ertragsanteil des Staates bei einem über einen gewissen Betrag hinausgehenden Erträgnisse gefunden wurde, was aber erst möglich wurde, als die Verkehrsverhältnisse nach langen Jahren eine gewisse Stabilität angenommen hatten.

Nach dem Gesetze vom 3. Juli 1863 wurde dort die Verpachtung des Staatsbahnnetzes an eine Betriebsgesellschaft in Aussicht genommen und noch im Laufe desselben Jahres auf 50 Jahre, kündbar von 10 zu 10 Jahren, vollzogen. Die Pachtsumme wurde in der Weise ausgemittelt, daß von dem Bruttoerträgnisse zuerst ein bestimmter Prozentsatz als Betriebskosten der Unternehmung in Abzug gebracht und der auf solche Weise gefundene Reinertrag im Verhältnis von $^1/_5 : {^4/_5}$ zwischen Pächter und Staat geteilt wurde. Jenes Betriebskostenprozent wurde bei einer Einnahme von 3000 holländischen Gulden für 1 *km* mit 100, von 3001 Gulden an stufenweise in bei zunehmendem Reinertrage fallender Skala mit 95—35% festgesetzt. Zur Anlage eines Erneuerungsfonds für den Oberbau war jährlich ein gewisser Betrag beiseite zu legen, und es oblag der Gesellschaft die gewöhnliche Instandhaltung der Anlagen, sowie des von ihr beigeschafften Fahrparkes. Die finanziellen Ergebnisse des Pachtverhältnisses waren für den Staat wie für die Gesellschaft gleich ungünstig. Der Staat erhielt an Gewinnanteil nur geringfügige Summen, welche nie $1^1/_2$% des ausgelegten Kapitales erreichten; die Gesellschaft erzielte in den ersten Jahren ihres Bestandes eine bescheidene Dividende, die jedoch mit der Zunahme des Verkehres fortwährend sank und in den Jahren 1874 und 1875 Null wurde. Es war dies nur durch die Skala der Betriebskostenberechnung zu erklären, durch welche sich bei Ausbreitung des Betriebes und Steigerung der Bruttoempfänge das danach zu berechnende Betriebskostenprocent in so unverhältnismäßigem Maße verkleinerte, daß bei steigenden Bruttoeinnahmen die Reingewinne der Gesellschaft immer tiefer sanken. Eine Erleichterung der Lasten des Unternehmens war daher nur auf weitere Kosten des Staates möglich, worüber langwierige Verhandlungen stattfanden. Für einen anderen, kleinen Teil der Staatsbahnlinien, der einer zweiten Gesellschaft zum Betriebe überlassen worden war, ergriff man (1880) den Ausweg einer festen von Jahr zu Jahr steigenden Pachtrente. Natürlich vermehrt solches nur das Risiko des Pächters, wenn er sich zu einer belangreichen Pachtsumme entschließen soll, und müßte daher wieder eine Regelung für den Fall vorgesehen werden, als die tatsächliche Steigerung der Einnahmen hinter den Erwartungen zurückbleibt, welche dem Ausmaße des Pachtzinses als Grundlage dienten. Die Auffindung eines beiderseits befriedigenden Maßstabes auf längere Zeit hinaus ist eben beinahe unmöglich, außer man nähme wieder zu einer Garantie seitens des Staates — also gewissermaßen einer Rückgarantie — Zuflucht. Ein i. J. 1876 mit der Betriebs-Gesellschaft abgeschlossener neuer Vertrag vermochte einen anderen Modus nicht aufzufinden, als dem Staate wieder lediglich einen bescheidenen Anteil am Bruttoertrage und ein Plus erst dann zu sichern, nachdem die Betriebspächter eine gewisse Verzinsung ihrer

Kapitalien erreicht haben. Der Staat erhielt nämlich nach diesem Vertrage für ältere Strecken 20% der Bruttoeinnahme nach Abzug einer gewissen Rücklage für 1 *km* in den Erneuerungsfonds; für neue Linien weniger, und es wurde überdies der Gesellschaft ein Minimalbetrag von 4800 Gulden als Bruttoertragsanteil zugesichert. Von dem ihr zufallenden Anteile hatte die Gesellschaft alle Auslagen einschließlich der vorgeschriebenen Dotierung eines Reservefonds zu bestreiten und es verblieb ihr der Nettoertrag bis $4^1/_2$% des Gesellschaftskapitales. Allfällige höhere Überschüsse waren zwischen Staat und Gesellschaft zu teilen. Diese Pachtbedingnisse waren ersichtlich für die Gesellschaft vorteilhaft, wie sie ihr in der Tat bereits sofort im ersten Betriebsjahre zu einer Dividende von 5,17% verhalfen.

Dagegen fand der Staat dabei nicht seine Rechnung. Auch ergaben sich wiederholt Differenzen über die Ausführung von Erweiterungsanlagen, deren Kosten der Staat zu tragen hätte, über die Frage, inwieweit bei Beschädigungen der Anlagen „höhere Gewalt" als Ursache anzusehen sei u. dgl. Das führte endlich abermals zu einer neuen Vereinbarung mit Vertrag v. J. 1890, der die Schwierigkeiten des Verhältnisses nicht anders zu beheben weiß als durch Überlassung aller Einnahmen an die Pachtgesellschaft gegen Entrichtung einer festen Pachtsumme von seiten dieser mit Ertragsteilung von einer bestimmten Höhe des Erträgnisses an [1]).

Die Bewährung der Verträge blieb auch jetzt im Lande nicht unbestritten: es wurde die zu große Selbständigkeit der Gesellschaften im Betriebe, in der finanziellen Gebarung und gegenüber dem Personale hervorgehoben und von einer politischen Partei die Einführung des staatlichen Eigenbetriebes verlangt. Im Jahre 1908 ist eine Kommission zur Prüfung der Frage eingesetzt worden; in ihrem Berichte (1911) hat sie jedoch den Staatsbetrieb nicht in Vorschlag gebracht, sondern sich für die Übergabe der gesamten Staatsbahnlinien an eine Betriebs-Gesellschaft ausgesprochen.

Frankreich kam nach sorgfältiger Erwägung zum Beschlusse, von einer Nachahmung des holländischen Beispiels abzusehen. In Italien dagegen meinte man durch wohldurchdachte Verbesserungen doch zu einem Vertragsverhältnis gelangen zu können, welches den Interessen beider Teile entspreche und es ermögliche, die aus Rücksicht auf die Staatsfinanzen erwünschte Heranziehung des Privatkapitals in großem Maßstabe zum Betriebe, aber auch zur raschen Ergänzung des Staatsbahnnetzes ins Werk zu setzen. Auf Grund dessen kamen i. J. 1885 Verträge mit zwei Pachtgesellschaften für die Bahnen des Festlandes und einer dritten für die Bahnen auf der Insel Sizilien zustande, auf die große Hoffnungen gesetzt wurden. Die Erwartungen wurden jedoch auch da enttäuscht und es ist lehrreich, die Gründe hiervon im einzelnen zu verfolgen. Die Verträge wurden auf 60 Jahre abgeschlossen, mit beiderseitigem Kündigungsrecht nach je 20 Jahren, das Pachtverhältnis hat aber den ersten Kündigungstermin nicht überdauert.

---

[1]) Eingehende Darstellung der stattgehabten Wandlungen im holländischen Eisenbahnwesen in den Aufsätzen von H. Claus, Archiv, 1883, S. 571ff., 1892, S. 459ff., S. 756ff. u. 929ff.

Die Gesellschaften übernahmen das gesamte Rollmaterial käuflich vom Staate gegen eine bestimmte Vergütung und erhielten als Ersatz der Betriebskosten einen Prozentsatz der Roheinnahmen, und zwar (absehend vom sizilischen Netz) getrennt für Hauptlinien und Nebenlinien und für die ersteren 62,5 % bis zur Erreichung einer bestimmten Einnahmesumme, die man als Anfangsertrag voraussetzte, für Mehrerträge bis 50 000 Lire für 1 *km* 56 %, darüber hinaus 50 %, für die Nebenlinien außer einer festen Summe von 3000 Lire für 1 *km* 50 % der Roherträge, jedoch sollten diese Nebenlinien für die Rechnung dem Hauptnetze einverleibt werden, sobald ihr Rohertrag 15 000 Lire für 1 *km* erreicht.

Schon diese, dem Anscheine nach wohlbegründete Scheidung in Haupt- und Nebenlinien und Abstufung der Betriebskostenvergütung hat sich nicht bewährt. Sie hatte zur Folge, daß die Gesellschaften darauf bedacht waren, den Verkehr, soweit möglich, auf die Hauptlinien zu konzentrieren, weil sie hier die höhere Vergütung erhielten und um zu verhindern, daß die Roheinnahmen auf den Nebenlinien die letztbezeichnete Summe übersteigen, wodurch infolge der Einbeziehung in das Hauptnetz den Gesellschaften ein Verlust erwachsen wäre, da sie sich mit Rücksicht auf den festen kilometrischen Beitrag mit den 50 % besser standen. Dadurch litt der Verkehr auf den Nebenlinien. Die Verminderung des Betriebskostenentgeltes bei Steigerung der Roheinnahmen hielt überdies die Gesellschaften ab, sich auf erheblichere Tarifermäßigungen oder auf Tarifreformen einzulassen, von welchen sie bei Steigerung der Roheinnahmen eine Verminderung ihrer Reineinnahmen besorgten. Aus diesem Grunde hat das Tarifwesen während der Vertragsdauer beinahe stagniert, im Gegensatz zu den Erwartungen, die man gerade in dem Punkte von Privatbetrieben gehegt hatte.

Die wichtigste Verbesserung glaubte man in der Richtung gefunden zu haben, durch Verpflichtung zu entsprechenden Rücklagen die Erhaltung der Bahnen in gutem Zustande und die mit dem Verkehre schritthaltende gesteigerte Ausstattung sicherzustellen. Zu diesem Zwecke wurden vier Fonds geschaffen, die Eigentum des Staates blieben, aber von den Gesellschaften verwaltet wurden. Aber auch hier blieb die Enttäuschung nicht aus, teils wegen zu knapper Bemessung der Rücklagen, teils aus anderen Ursachen. Der erste Reservefonds sollte zur Ersatzleistung für durch höhere Gewalt entstandene Schäden dienen. Die jährliche Rückstellung betrug 200 Lire für 1 *km*, aber die Kosten der Behebung der Schäden überstiegen die hiernach verfügbaren Mittel und es wurde der Fehlbetrag noch dadurch vergrößert, daß die Gesellschaften so viel als möglich Auslagen, die eigentlich Erhaltungskosten waren und von ihnen hätten bestritten werden sollen, als durch höhere Gewalt veranlaßt, auf den Fonds überwälzten. Das wäre nur durch einläßlichste Staatsaufsicht zu verhindern gewesen. Der zweite Fonds, für die Erneuerung des Schienengleises bestimmt, wurde mit einer Rücklage von 150 Lire für 1 *km* eingleisiger, 250 Lire für 1 *km* zweigleisiger Bahn gespeist und es floß ihm überdies $^1/_2$ % der über den Anfangsertrag hinausreichenden Roheinnahmen zu. Auch diese Dotierung war zu karg, insbesondere, da die Steigerung der Einnahmen weit hinter den Ansätzen zurückblieb, die der Rechnung zugrunde lagen. Infolgedessen stellte sich auch bei diesem Fonds ein bedeutender Fehlbetrag heraus. Überdies sollen die Gesellschaften, um an Erhaltungskosten zu sparen, unnötigerweise zu Erneuerungen gegriffen haben. Der dritte Reservefonds hatte die Kosten für den Ersatz des Rollmaterials zu tragen. Die Dotierung bestand in der Hauptsache aus einer Rücklage aus den Roherträgen, und zwar in der Höhe von $1^3/_4$ % des Anfangsertrages und $^1/_2$ % von den Mehreinnahmen für die Hauptlinien und $^1/_2$ % des Gesamtertrages für die Nebenlinien. Auch dieser Fonds wies einen sehr beträchtlichen Fehlbetrag auf, infolge der bereits erwähnten Ursachen und weil die Dauer der Betriebsmittel zu hoch angesetzt worden war und überdies die Preise stiegen.

Der vierte Fonds hatte den Zweck, die für Erweiterung der Anlagen und die Vermehrung der Betriebsmittel erforderlichen Kapitalbeträge anzusammeln. Das sollte durch Ausgabe von rückzahlbaren Obligationen geschehen, für welche eine Fondskasse die Verzinsung und Tilgung zu tragen hatte. Zu diesem Behufe erhielt sie 15% der über den Anfangsertrag hinausreichenden Einnahmen. Da letztere aber so weit hinter den Erwartungen zurückblieben, während einiger Krisenjahre sogar abnahmen, so konnte die Kasse die Zinsen und Tilgungsraten nicht decken und mußte der Staat mit Zuschüssen einspringen.

Endlich mußte die ganze Einrichtung geändert werden und der Staat bewog die Gesellschaften, ihm zur Anschaffung von neuem Rollmaterial 150 000 Lire gegen 5% Zins vorzuschießen. Die Absicht, die allmählich steigenden Roheinnahmen zur Deckung der Schuldkapitalien für die gesteigerte Ausrüstung der Bahnen zu verwenden, wurde also nicht erreicht, vielmehr das Staatsbudget, das man den Wechselfällen des Eisenbahnbetriebes entzogen zu haben meinte, in Mitleidenschaft gezogen. Unter solchen Umständen ließ die Ausstattung der Bahnen erklärlicherweise vieles zu wünschen übrig, und das war die Ursache unbefriedigender Verkehrszustände, die selbst über die Landesgrenzen hinaus notorisch wurden.

Die Tarife waren in einer Beilage zu den Verträgen festgesetzt worden. Die Regierung hatte sich das Recht vorbehalten, Ermäßigungen anzuordnen und sich verpflichtet, allfällige Verluste aus solchen Tarifherabsetzungen den Gesellschaften zu erstatten. Von dieser Vertragsbestimmung wurde jedoch nur in beschränktem Maße Gebrauch gemacht, weil die Regierung die finanziellen Opfer scheute. Auch war die Bestimmung, wenngleich der ihr zugrunde liegende Gedanke richtig, unglücklich gefaßt, da sie eigentlich den Gesellschaften die Anfangstarife für die ganze Vertragsdauer garantierte.

Die Folge der Verträge und ihrer mangelhaften Bewährung waren unaufhörliche Reibungen zwischen der Regierung und den Gesellschaften, sowie eine gesteigerte Einmischung des Staates in das Gebaren der Gesellschaften. Das Ergebnis war, daß die Regierungsaufsicht „statt einen guten Betrieb zu sichern, ihn hemmte und man schließlich eine Verwaltung hatte, die weder Staats- noch Privatbetrieb war, mit allen Fehlern und keinem der Vorteile, die jedem dieser Systeme für sich eigen sind“ [1]).

Es kamen noch andere Umstände hinzu, die Lage unhaltbar zu machen; teils ohne Verschulden der Gesellschaften, teils durch deren eigene Schuld, wie z. B. durch ein ebenso unkluges als unwürdiges Verhalten gegenüber dem Personale, so daß die Regierung geradezu gezwungen war, energisch einzugreifen.

Die Erfahrungen haben also auch in Italien, trotzdem die Vertragsbedingungen mit dem geschäftlichen Scharfsinne, der den Italiener auszeichnet, von den besten Köpfen ausgeklügelt worden waren, gegen das Verpachtungsystem entschieden [2]).

Die Verpachtung ist somit als System unbrauchbar, und nur als Mittel der Betriebskonzentration bei zersplittertem Bahnbesitz hat

[1]) Carlo Ferraris *Ferrovie* im Sammelwerke *Cinquanta anni di Storia Italiana* (1861—1910).

[2]) Bresciani, „Die Eisenbahnfrage in Italien“, Archiv 1905.

sie ihren Wert. Einen Beispielfall großen Stiles liefert zur Zeit Kanada, das die bereits vor dem Kriege vorhandenen, durch Ankäufe während des Krieges vermehrten Staatsbahnlinien (gegenwärtig zusammen 21250 *km*) durch eine Gesellschaft verwalten läßt. Hierher zählt auch die Betriebsgesellschaft der orientalischen Eisenbahnen, die ursprünglich den Zweck hatte, die türkischen Bahnlinien nach europäischer Art zu betreiben und diese späterhin mit den anschließenden Linien der aufstrebenden Balkanstaaten zu einem einheitlichen Betriebsnetze zu vereinigen.

Die Übernahme des Betriebes einer Linie durch eine angrenzende Verwaltung auf Konzessionsdauer gegen eine feste, den Bahneigentümern die Verzinsung ihres Kapitales sichernde Summe oder unter anderen Bedingungen, die auf dasselbe hinauskommen, unterliegt selbstverständlich vom Standpunkte der Bahneigentümer keinem der besprochenen Bedenken. Auch als Mittel zur Erleichterung des Zustandekommens von Lokalbahnen, insbesondere von seiten des Staates, hat sich ein Pachtbetrieb dieser Art bewährt. Das erklärt sich dadurch, daß hier eben alle Verhältnisse weit einfacher und geringeren Veränderungen unterworfen sind als beim Hauptbahnnetze.

Das sog. „gemischte System“. Zum Schlusse ist noch einer ganz absonderlichen Theorie zu gedenken, welche in einem absichtlichen und dauernden Nebeneinander von Eigen- und delegierter Verwaltung im Gesamtbahnnetze eines Landes das Mittel zur Herbeiführung der erreichbar besten Verwaltung erblickt: das sog. „gemischte“ System. Sein literarischer Hauptvertreter war M. v. Weber[1]); es hat jedoch die Ansicht auch in offiziellen Kundgebungen von hervorragender Bedeutsamkeit Ausdruck gefunden, wie im Motivenberichte zum ersten Entwurf eines Reichseisenbahngesetzes für Deutschland, wo das System als letztes Ziel der im Deutschen Reiche einzuschlagenden Eisenbahnpolitik hingestellt wurde, ferner in den Motiven zum Gesetzentwurfe, betreffend die Übertragung der preußischen Staatsbahnen auf das Reich, wo, zwar schon gedämpft, doch noch unverkennbare Anklänge an diese Parole vorkommen. Mit Rücksicht auf so gewichtige Vertretung beansprucht die Anschauung wohl spezielle Beachtung. Sie läuft im Kerne — abgesehen von den in der Behandlung der Eisenbahnfrage in Deutschland üblich gewesenen Übertreibungen und Schiefheiten, die sich auch in den angeführten amtlichen Schriftstücken vorfinden — auf folgendes hinaus: Während auf der einen Seite die Staatsbahn-Verwaltung bezw. -Verwaltungen, wenn mit den Privat-Unternehmungen zu einem Netze verflochten, infolge der ununterbrochenen gegenseitigen Berührung und der wechselseitigen Einwirkungen aufeinander zu ihrem

---

[1]) Insbesondere „Nationalität und Eisenbahnpolitik“, ferner „Privat-, Staats- und Reichsbahnen“.

eigenen Vorteil genötigt würden, die Grundsätze, Formen und Einrichtungen kaufmännischen Gebarens anzunehmen, und dadurch von der dem Eisenbahnwesen widerstrebenden bureaukratischen Geschäftsführung abgehalten würden, hätte die Staatsregierung andererseits die Macht, durch die Staatsbahn-Direktionen auf die Privatbahnen jenen Druck zu üben, welchen sie in Hinsicht auf Tarife und Verkehrseinrichtungen eben im allgemeinen Interesse jeweilig zu üben für gut finde. Aus dieser unablässigen und unmittelbaren Wechselwirkung ergäbe sich jene glückliche Mischung und Verbindung der Vorzüge der Staatsverwaltung und der Privatverwaltung, welche das „gemischte System" zur vollkommensten Lösung des Eisenbahnproblems stemple.

Das Bild ist auf den ersten Anblick vielleicht verlockend und es hat z. B. in Preußen der Staat auf diesem Wege tatsächlich einen merkbaren Einfluß auf die Einrichtungen des Eisenbahnverkehres, insbesondere im Tarifwesen erlangt [1]). Allein, solange der Zweck nicht das Mittel heiligt, bleibt es doch höchst fraglich, ob der hier eröffnete Weg indirekten Zwanges der Privatbahnen zu jedem von der Regierung beliebten Wunsche mit der Würde des Staates vereinbar sei. Genau besehen, ist es eigentlich ein durch und durch unmoralisches Prinzip, auf welches da die Eisenbahn-Verwaltung des Staates gegründet werden soll: das Prinzip der Gewalttätigkeit. Denn was heißt es anders, als eine Vergewaltigung üben, wenn der Minister eine Privatunternehmung zu einer Maßregel, welche zu verlangen in dem gesetzlichen Aufsichtsrechte des Staates kein Anhalt gegeben ist und zu welcher sich jene aus irgend einem Grunde nicht entschließen kann, dadurch zwingt, daß die anstoßende Staatsbahn angewiesen wird, der widerstrebenden Privatbahn bei einer Anschlußfrage oder der Erstellung eines direkten Tarifes usw. einen Schabernack zu spielen? Eben darauf läuft, wenn man den Dingen auf den Grund geht, jener von dem gemischten System verheißene „Einfluß" der Staatsbahnen auf die Privatbahnen hinaus. Denn zur Durchführung derjenigen Maßnahmen, welche die staatliche Aufsichtsbehörde als solche auf Grund der Gesetze anzuordnen imstande ist, braucht man ja nicht — und wäre es auch im höchsten Grade tadelnswert — zu ihm zu greifen. Es kann sich also bloß um Dinge handeln, die zu fordern der Staat kein Recht hat und die er eben dann auf dem Umwege durch jene Hintertür zu erreichen die Macht besäße. Sind aber die Befugnisse der Aufsichtsbehörde nicht ausreichend, um dem Staate den ihm gebührenden Einfluß auf die Privatbahnen in vollem Maße zu sichern, so erweitere man diese offen und auf gesetzlichem Wege, strebe aber nicht nach einem Mittel, das mit der idealen Auffassung des Staates als eines sittlichen, über den Privatinteressen stehenden Wesens doch sicherlich nicht vereinbar ist.

---

[1]) Wehrmann, „Die Verwaltung der Eisenbahnen", 1912, S. 25.

Hierzu kommt ein Einwand spezifisch wirtschaftlicher Natur. Es ist klar, daß, wenn jener in seiner ethischen Begründung zweifelhafte Einfluß seine volle Wirkung äußern soll, welche man von ihm erwartet, die Staats- und Privatbahnen als Konkurrenz-Linien im wahren Sinne des Wortes nebeneinander angelegt sein müßten. Nur wenn das in allen Hauptrichtungen des Verkehrs der Fall wäre, könnte sich die gehoffte Botmäßigkeit der Privatbahnen verwirklichen, wie denn auch das zitierte offizielle Aktenstück eine „gesunde Entwicklung des Verkehrswesens nur durch ein ebenbürtiges Nebeneinanderbestehen beider Systeme“, d. h. unter der Voraussetzung herbeiführbar glaubt, „daß für alle Hauptlinien sowohl Privat- als Staatsbahnen bestehen“. Die konsequente Durchführung des „gemischten Systems“ ist also nur denkbar, wenn das in seinen wirtschaftlichen Schattenseiten allseitig erkannte Konkurrenz-Prinzip in neuer Form wieder auflebt. Man sieht: die Anhänger des „gemischten Systems“ sind bereit, diese Konsequenz ihrer Theorie zu ziehen. Denn tun sie dies nicht, so erweist sich letztere als eine Halbheit, die nicht entfernt das zu halten imstande ist, was man von ihr verspricht, und jedenfalls auf den Namen eines „Systems“ keinen Anspruch hat. Räumen sie aber die Notwendigkeit der Konkurrenz ein, so stehen sie einerseits vor dem Einwurfe, ob es sich mit dem Wesen und der Hoheit des Staates vertrage, daß er seinen eigenen Untertanen Konkurrenz mache, und müssen andererseits die enormen Schäden der Linienkonkurrenz in Kauf nehmen.

So und nicht anders ist auch die tatsächliche Sachlage, wo in diesem Geiste vorgegangen wurde.

Es entgeht Weber auch keineswegs, in welch ungünstigem Lichte die Staatstätigkeit diesfalls erscheint. „Der Staat tritt hier, in seiner Eigenschaft als Bahneigentümer, als Konkurrent der industriellen Unternehmungen seiner Steuerträger auf, und in seiner anderen Qualität, als Oberaufsichtführer über das Eisenbahnwesen des ganzen Landes, erscheint er als Richter in eigener Sache bei allen Anlässen, wo Angelegenheiten von Privatbahnen zugleich in Frage kommen. Nur administrativ so exemplarisch organisierte, vom Vertrauen der Staatsbürger in politischer, wirtschaftlicher und sittlicher Beziehung fest getragene Regierungen, finanziell so wohlsituierte Länder wie Preußen und Sachsen können die Schwierigkeiten zeitweilig und faktisch weniger peinlich hervortreten lassen. . . . .“ Weber widerlegt sich also schließlich selbst; denn auch in den genannten Ländern, wie in Bayern, sind die Unzuträglichkeiten dieses Verhältnisses in der Praxis so grell hervorgetreten, daß sie zum Aufgeben des „Systems“ geführt haben. In den 70er Jahren ist keine Session des preußischen Landtages vorübergegangen, in der nicht von der einen oder anderen Seite auf die Schäden des gemischten Systems hingewiesen wurde. Beispielsweise baute der preußische Staat nur aus Wettbewerbsrücksichten eine Fortführung seiner westfälischen Linie ins wichtige Emschertal, um dort mit der Rheinischen Eisenbahngesellschaft in Verbindung zu treten und mit ihr, der Magdeburg-Halberstädter Gesellschaft, eine dritte unabhängige Linie gegenüber der Köln-Minderer und der Bergisch-Märkischen Bahn aus dem Kohlenrevier nach Berlin zu bilden. Der Staat trat hierdurch in scharfen Wettbewerb mit der von ihm selbst verwalteten Bergisch-Märkischen Bahngesellschaft, der er vorher gestattet hatte, seiner eigenen westfälischen Linie den Verkehr nach Thüringen und Berlin durch eine Neubaustrecke zu entziehen [1]). Schließlich hatte das „Mürbemachen" der Privatbahnen durch die Maßnahmen der Staatsbehörde in Preußen eine höchst unliebsame Gestalt angenommen [2]). Das war in Wahrheit das „Unleidliche" an den preußischen Eisenbahnverhältnissen jener Zeit, aus dem die von den Konkurrenzlinien des Staates umklammerten Privatgesellschaften selbst schließlich sehr erklärlicherweise durch Überlassung ihrer Linien an den Staat herauszukommen ein Interesse hatten. Es wiederholte sich dort dasselbe, was sich früher schon in Belgien abgespielt hat. Belgien hatte das reine Staatsbahnsystem, bis unter den Einflüssen der Konkurrenztheorie die Regierung eine Anzahl von Privatlinien konzessionierte, bei denen es wesentlich auf Konkurrenz mit den Staatsbahnen abgesehen war. Das unvermeidliche Ergebnis war, daß der Staat alsbald vor der Alternative stand, entweder diese, zum Teil überflüssigen Linien zu übernehmen, oder es auf einen ruinösen Tarifkrieg ankommen zu lassen. Er wählte seit 1870 das erstere, soweit die Lage der Privatlinien es mit sich brachte, und in der belgischen Kammer ist der Stab über das gemischte System gebrochen worden. Ihm verdankt es Belgien, daß in sein ursprünglich so wohl geplantes Eisenbahnnetz Verwirrung gebracht und die Rente der Staatsbahnen erheblich geschmälert worden ist.

Die Verteidigung des „gemischten Systems" ist nichts als eine Anpreisung der Systemlosigkeit und der Linienkonkurrenz in ihrer verwerflichsten Gestalt. Etwas anderes ist ein tatsächliches Nebeneinander von Staats- und Privatbahnen in abgegrenzten Bezirken ohne Konkurrenz. Dergleichen kann als Produkt geschichtlicher Vorkommnisse oder als ein Übergangszustand bestehen, ohne indes die Bedeutung eines besonderen Systems zu besitzen und ohne eine andere Einwirkung der verschiedenen Verwaltungen aufeinander als jene, die sich eben immer aus der Berührung mehrerer Individualitäten ergibt.

Keine Anwendung des Systems ist es, wenn ein Staat einzelne Zweiglinien zum Anschluß an sein Bahnnetz der Privatunternehmung überläßt, sie vielleicht sogar als Zubringerlinien subventioniert, und noch weniger die vollständige Anheimgabe des Kleinbahnwesens an die Selbsttätigkeit der örtlichen Interessenten und der privaten Unternehmer in einem Staatsbahnenlande. Man könnte hier nicht unangemessen von einem „kombinierten System" sprechen, das von den Mängeln des gemischten Systemes frei ist und dem sogar gewisse Vorzüge hinsichtlich der Netzesentwicklung zuzuschreiben sind, wenn nur jede Konkurrenz in Anlage und Betrieb vermieden wird.

In ähnlichem Sinne sind die „gemischt-wirtschaftlichen Unternehmungen" zu verzeichnen, die für die Verwaltung von Ortsbahnen des Personenverkehres neuerdings zur Anwendung kommen. Für Bahnen dieser Art war die Privatunternehmung als Pionier vorange-

[1]) Wehrmann, a. a. O., S. 24.

[2]) Man sehe z. B. die seit 1876 beobachteten Grundzüge hinsichtlich der Verkehrsdirigierung, die darauf hinausgingen, die Privatbahnen von jedem Verkehr zwischen Staatsbahnen auszuschließen, dagegen die Staatsbahnen beim Verkehr zwischen Privatbahnen konkurrierend teilnehmen zu lassen. Nach ergangenen Reklamationen vom Handelsminister allerdings anfangs 1878 zurückgenommen.

gangen und hierauf hat die gemeinwirtschaftliche Verwaltung in der Gemeinde den Übergang vom delegierten zum Eigenbetriebe in vielen Fällen vollzogen. Mit Rücksicht auf die durch den elektrischen Betrieb bewirkte Vervollkommnung dieser Bahngattung, insbesondere die Straßenbahnen, war schon im ersten Bande Anlaß auf die Sachlage hinzudeuten. Ungeachtet sowohl der Betrieb durch Konzessionäre wie der Eigenbetrieb der Gemeinden sich bewährt haben, wurde mehrfach eine Verbindung des Privatbetriebes mit der gemeindlichen Verwaltung ins Werk gesetzt, welche die guten Seiten der beiden Verwaltungsformen vereinen soll. Die Ergebnisse scheinen befriedigend. Die Gemeinde übernimmt die Herstellung der Anlage, eine Privatgesellschaft liefert die Betriebsmittel und übernimmt den Betrieb auf eigene Gefahr, allenfalls mit einer Ertragsgarantie seitens der Gemeinde. Es ist eigentlich dasselbe, was anfänglich der französische Staat bei seinen Bahnen durchgeführt hat, nur daß hier geringere Schwierigkeiten vorliegen, da beide Teile das Maß des erforderlichen Kapitalaufwandes, somit ihres Risiko, vorhinein annähernd genau zu bemessen vermögen. Namentlich bei den elektrischen Bahnen in den Großstädten hat man neuestens zu diesem Verfahren gegriffen. Es bietet den Vorteil, den Betrieb den Ausartungen der Parteiherrschaft, die in den Gemeindeverwaltungen nicht selten zutage treten, zu entziehen. Anders wäre seine Anwendung auf ein ganzes Staatsbahnnetz (z. B. aus Anlaß der Elektrisierung) zu beurteilen. Diese würde im Wesen wieder auf Verpachtung hinauskommen. Meinte man etwa eine solche durch gleichberechtigte Vertretung der beiderseitigen Interessen im Verwaltungskörper gedeihlich gestalten zu können, so wäre vielmehr eine gegenseitige Hemmung in der Verwaltung die Folge, wie sie zweckwidriger nicht ersonnen werden könnte. Eine private Stromlieferung allein — ein finanzieller Notbehelf — würde den Namen eines Betriebsystems nicht verdienen.

Auch in Holland hatte der Gedanke des gemischten Systems Wurzeln gefaßt; in der Weise, daß man unter dem Drucke des Verlangens nach Konkurrenz eine Anzahl von Linien konzessionierte, die mit der Betriebsgesellschaft der Staatsbahnen, aber auch mit der holländischen Eisenbahngesellschaft, die ebenfalls einzelne Staatsbahnlinien im Betriebe hatte, in Wettbewerb traten. Insbesondere die niederländische Rheineisenbahngesellschaft machte mit einzelnen Erweiterungslinien den Staatsbahnen eine heftige Konkurrenz. Die daraus hervorgegangenen Mißstände bestimmten die Regierung zum Ankaufe der Rheineisenbahn (1890). Bei der danach ins Werk gesetzten Neuordnung der Eisenbahnnetze und der Betriebsverträge wurde die Zusammenlegung der verschiedenen Linien zu geschlossenen Netzen durchgeführt und damit das gemischte System wieder beseitigt. Gleichzeitig wurde aber den beiden Betriebsgesellschaften für eine Anzahl von Relationen sowohl im Verkehre zwischen den Häfen und der Landesgrenze als im Binnenverkehre zwischen wichtigen Plätzen ein Gemeinschaftsbetrieb auferlegt, der eine Konkurrenz zwischen Staatsbahnlinien selbst in sich schloß. Eine Enquete-Kommsision hatte i. J. 1881—82 diese nach dem Muster der englischen Bahnen gedachte Einrichtung vorgeschlagen: offenbar ein Nachhall des Konkurrenz-Gedankens. Nach den Anträgen der Kommission wurde bei der Neuordnung vorgegangen. Schließlich hat doch der Widersinn zu einer wirklichen Betriebsgemeinschaft geführt, allerdings unter Mitwirkung äußerer Umstände und wurde jüngst durch vollständigen Zusammenschluß der Gesellschaften in finanzieller Hinsicht (unter Aktienübernahme seitens des Staates) die Entwicklung zu einem ersprießlichen Abschluß gebracht.

Der Meinungstreit über Staats- und Privatbahnen. Wenn je eine Frage eine *vexata quaestio* genannt werden kann, so ist es sicherlich die Systemfrage: Staats- oder Privatbahnen? Sie drängt sich alsbald nach Entstehung der Eisenbahn auf, und wurde durch Dezennien immer wieder erhoben. Sie wurde von Staatsmännern und in Volksvertretungen erörtert, von Theoretikern und von Praktikern des Verkehrswesens, in amtlichen Denkschriften und in wissenschaftlichen Werken, rein akademisch oder mit Bezug auf unmittelbare staatswirtschaftliche Betätigung. Ihre Lösung wurde vielfach erschwert durch schiefe Fragestellung und durch unterlaufene Fehlschlüsse; in der ersteren Hinsicht durch den Umstand, daß man lange Zeit in den Privatbahnen eigentliche Privatunternehmungen vor sich zu haben glaubte. Insbesondere irreleitend war die von manchen gehegte Anschauung, als handle es sich um eine unbedingte, für alle Umstände gültige Entscheidung; ein Irrtum, den freilich die deutsche Wissenschaft nicht geteilt, dem sie vielmehr von Anfang an die Relativität der Lösung entgegengehalten hat. Die Frage war auf die richtige Basis gestellt, als die Begriffsbestimmung der delegierten Verwaltung erkannt war und die Entscheidung nur für jeweils gegebene Umstände von Zeit und Ort gesucht wurde.

Allein auch danach verblieb eine starke Verwirrung in der Kontroverse, indem über die Eignung der regulierten Unternehmung zu der ihr überwiesenen Funktion aus den Tatsachen entgegengesetzt irrige Schlüsse gezogen wurden. Von der einen Seite wurde die Privatunternehmung bezüglich der gegebenen Aufgabe der Eisenbahnverwaltung als dem Staat schlechtweg überlegen hingestellt, von der anderen Seite wurden die Schwächen der Privatunternehmungen, speziell der Eisenbahngesellschaften, als dermaßen ausschlaggebend angesehen, daß sie diese zu dem ihnen übertragenen Wirkungskreise geradezu ungeeignet machten. Beides falsche Verallgemeinerungen konkreter Erscheinungen. Verwaltungseinrichtungen, wie sie in einem bestimmten Lande in diesem oder jenem Zweige bestehen (z. B. der Bureaukratismus im schlimmen Sinne des Wortes) und die allerdings auf die Eisenbahn nicht übertragen werden dürfen, werden da als mit dem Staate untrennbar verwachsen, als etwas, wovon dieser sich nie befreien könne, betrachtet, und auf der anderen Seite wieder werden Fehler, welche in gewissen Zeitumständen bei den Privatbahnen vorgekommen sind, als ihnen unter allen Umständen anhaftend erklärt oder wirklich vorhandene Schwächen in ihrer Tragweite — mit Außerachtlassung der gegenwirkenden Momente — überschätzt. Namentlich aber wird häufig der theoretische Verstoß begangen, zutage getretene Mängel, welche auf eine unzureichende Regulierung der Privatbahnen seitens der Staatsgewalt zurückzuführen sind, den betreffenden Unternehmungen und in weiterer Folge verallgemeinert den Privatgesellschaften überhaupt und allein zuzuschreiben, anstatt zu untersuchen, ob nicht durch ein wohldurchdachtes Konzessionsystem eine befriedigende Wirksamkeit der Privatbahnen zu erreichen sei.

Schließlich hat es zur Trübung des Urteils beigetragen, daß sich zu Zeiten die scheinwissenschaftliche Streitschriftenliteratur und die Tagespresse im Dienste von Parteien der Frage bemächtigt hat, wo es dann an sorgsamer Feststellung der Tatsachen und objektiver Erwägung gar sehr mangelte. Die wissenschaftliche Behandlung der Frage kommt nach unbefangener Gegenüberstellung der Schwächen und der Vorzüge der Eigenverwaltung und der delegierten Verwaltung, nach Erforschung der Ursachen der einen und der anderen in den bereits vorliegenden Erfahrungstatsachen aus allen Ländern, sowie der daraus abzuleitenden Lehren hinsichtlich zweckentsprechender Regulierung von Privatbahnen und Vermeidung früher begangener Fehlgriffe, zu dem oben erwähnten Ergebnisse: daß die Entscheidung nur für den konkreten Fall unter Anbetracht aller einschlagenden tatsächlichen Umstände zu gewinnen ist, wobei im allgemeinen unter der Voraussetzung wohldurchgeführter Regelung des Privatbahnwesens *Pro* und *Contra* sich aufwiegen dürften[1]).

---

[1]) In dieser Weise objektiv und umsichtig schon Knies, „Die Eisenbahnen und ihre Wirkungen", 1853, u. zw. schon auf Grund des damals doch noch unzureichenden Tatsachenmaterials. Ebenso echt wissenschaftlich Mohl, Rau, Roscher. Einseitig, prinzipiell gegen Privatbahnen, Cohn und Wagner. Letzterer insbesondere leugnet die Möglichkeit entsprechender Regulierung der Privatbahnen und hält seine diesen ungünstige Anschauung auch in der 3. Aufl. der Fin. Wiss. (gegen unsere Einwände in den „Verkehrsmitteln", I. Aufl.) und weiterhin in der „Sozialökonomik" aufrecht. Gegen Wagner, I. Bd., S. 179. Cohn ist gemäßigter in seiner Gegnerschaft gegen die Privatbahnen indem er (Jahrb. f. Nationalökon. u. Stat., Nr. 33, S. 15) in ihnen „schlechterdings einen Notbehelf erblickt, welcher, so fehlerhaft er ist, nicht vermieden werden kann, wo die Staatsverwaltung aus irgend einem Grunde nicht so beschaffen ist, diese große öffentliche Pflicht in die Hand zu nehmen", wie es denn nach seiner Ansicht „eine politische Not war und nicht eine ökonomische Tugend und noch viel weniger eine politische Tugend: wenn je nach dem Zwange der eigentümlichen Verfassungs- und Verwaltungszustände der englische Staat, die Schweiz, Frankreich und vollends die Staaten des Ostens das erste Menschenalter der Eisenbahnen in den Händen von Aktiengesellschaften hingehen ließen", und es „durchaus eine positive Frage der besonderen Staatszustände ist, wenn heute oder fernerhin, hier oder dort, die Entscheidung zu treffen ist, ob die Zeit für die Staatsverwaltung der Eisenbahnen gekommen ist oder nicht". Hiermit ist doch wohl zugegeben, daß hier keine Prinzipien-, sondern eine Zweckmäßigkeitsfrage vorliegt. Vielmehr ist es eine *petitio principii*, allgemein nur die Eigenverwaltung im Verkehrswesen, insbesondere den Eigenbetrieb von Eisenbahnen, durch den Staat als das allein Richtige, den Privatbetrieb in richtig verstandenem Sinne als einen Mißgriff, eine Verirrung anzusehen. Hervorragende ältere deutsche Nationalökonomen (Hansemann, Nebenius, Hermann, Hansen u. a.) ent-

Eine Übersicht der Entscheidungsgründe in dem einen und dem anderen Sinne ergibt vorerst eine Gruppe von Argumenten, welche überhaupt nicht als beweismachend angesehen werden können, sei es, weil sie auf falscher prinzipieller Grundlage ruhen, oder weil sie als ungerechtfertigte Generalisierung konkreter Erfahrungen einen tatsächlichen Irrtum darstellen oder endlich für die Entscheidung der Frage an sich nebensächlich sind. Wenn diese sogleich ausgeschieden werden, gewinnt die Erörterung an Klarheit. Es genügt wohl auch eine ganz kurze Aufzählung der Gründe dieser Art und eben solche Widerlegung, soweit letztere nicht bereits in dem ganzen Gange der Untersuchung gegeben ist. Hierher gehören die Behauptungen:

1. daß die Eisenbahnen privatwirtschaftliche Unternehmungen (ein „Gewerbe", eine „Industrie wie jede andere") darstellen, welche der Staat entweder überhaupt nicht, jedenfalls aber nicht in Konkurrenz mit seinen Untertanen betreiben solle, und

2. das Widerspiel dieser These: daß die Eisenbahn eine „öffentliche Straße" sei wie die Flüsse und Wege und daher *eo ipso* vom Staate zum allgemeinen Gebrauche bereitgestellt werden müsse. Hierüber bedarf es keines Wortes mehr.

3. daß, nach den einen die Privatgesellschaft, nach den anderen der Staat „naturgemäß" ökonomischer baue und betreibe, der Staat also seiner Natur nach minder berufen oder im Gegensatze gerade weit besser geeignet erscheine, die Eisenbahnen mit dem größten ökonomischen Erfolge zu verwalten.

„Je mehr der Transportdienst einer großen Verkehrsanstalt aus der regelmäßigen Wiederholung gleicher einzelner Tätigkeiten besteht und sich auf ziemlich feste mechanische Regeln zurückführen läßt; je mehr in Konsequenz hievon der Spielraum des spekulativen Momentes eingeengt wird; endlich je mehr wegen der Natur, Ausdehnung und Größe der Verkehrsanstalt der Betrieb mittels eines großen Beamtenmechanismus durchgeführt werden muß (eben dies gilt von der Eisenbahn); desto gleichartiger betreibt der Staat und betreiben private Erwerbsgesellschaften und desto weniger steht der Staatsbetrieb wegen seiner sonstigen, ihm etwa anklebenden Mängel hinter dem Privatbetrieb technisch und ökonomisch zurück." (Wagner).

---

sprechend den Verhältnissen der deutschen Partikularstaaten für Staatsbahnen, die Anhänger der Freihandelschule für Privatbahnen (Ausnahmen S. 29), die Theoretiker der sozialpolitischen Richtung in Konsequenz ihres Standpunktes und unter dem Einflusse des von Bismarck Ende der 70er Jahre vollzogenen politischen Umschwunges für Staatsbahnen; desgleichen die Sozialisten. Beispiele politischer Tendenzschriften sind: Kaizl, „Die Verstaatlichung der Eisenbahnen in Österreich", 1885, und Neményi, „Die Verstaatlichung der Eisenbahnen in Ungarn", 1890, beides Schriften im Dienste nationaler Parteien. Bücher kompilatorischer Mache bieten kein Interesse. Picard, *Traité des chemins de fer*, 1887, 3. Bd., objektive Abwägung des *Pro* und *Contra* mit dem Schlusse, daß für Frankreich Privatbahnen vorzuziehen sind. Ausführliches Literaturverzeichnis mit besonderem Bezug auf die Systemfrage bei Dr. Moritz Kandt, „Über die Entwicklung der australischen Eisenbahnpolitik nebst einer Einleitung über das Problem der Eisenbahnpolitik in Theorie und Praxis", 1894.

4. daß sich „erfahrungsgemäß" ein Vorzug der Privat-, resp. der Staats-Verwaltung — je nach dem Standpunkte des Urteilenden — erweisen lasse. Ein solcher Nachweis läßt sich allgemein nicht erbringen. Denn statistische Beweise für das eine oder das andere sind entweder irrig, weil billigere Bau- oder Betriebskosten auf seiten bestimmter zum Vergleiche herangezogener Privat- bzw. Staatsbahnen auf mannigfachen anderen Umständen (Terrainschwierigkeiten, Bauzeit, verschiedenen Anlageverhältnissen, Unterschieden des Verwaltungsbezirks, der Preise und Löhne usw.) beruhen, oder sind unzulässig, weil nur für bestimmte konkrete Verhältnisse, nicht aber allgemein gültig [1]).

Der zu 3 zitierte Satz ist daher auch nur für Länder mit guter Verwaltung zutreffend und kann insbesondere keineswegs auf solche mit unentwickelten oder verfallenen Staatszuständen Anwendung finden. Die ungünstigen Betriebsergebnisse, welche der Staatsbetrieb

---

[1]) Ein solcher Erfahrungsbeweis wäre, wenn irgendwo, nur für ein Land zu erbringen, in dem Staats- und Privatbahnen unter im allgemeinen gleichen Verhältnissen nebeneinander bestehen. Das war noch in den 70er Jahren in Preußen der Fall. Mit Bezug hierauf war in der ersten Auflage auf Grund der verläßlichen Angaben der preußischen Statistik eine solche Vergleichung durchgeführt. Es sind dort die Staatsbahnen in eigener Verwaltung, die Privatbahnen unter Staatsverwaltung und die Privatbahnen in eigener Verwaltung durch fünf aufeinanderfolgende Jahre mit den ziffermäßigen Daten ihrer Verkehrsleistungen und ihrer Betriebsverhältnisse einander gegenübergestellt und es ist untersucht, ob in einer oder der andern Hinsicht ein Vorzug für eine der Bahngruppen festzustellen sei. Das Ergebnis der Untersuchung ist ein durchaus negatives. Es zeigt sich stets, daß, wenn für eine Seite ein günstigeres Ergebnis zum Vorschein kommt, Erklärungsgründe dafür vorhanden sind, die mit dem Betriebsysteme nichts zu tun haben. Die Untersuchung mußte sehr ins einzelne gehen, sie kann daher hier nicht wieder vorgeführt werden, sondern es muß genügen, auf sie (a. a. O., II. Bd., S. 258ff.) zu verweisen.

Obwohl man also Beweisführungen der in Rede stehenden Art als abgetan ansehen sollte, kommen sie in Amerika gelegentlich immer wieder in Anwendung. So z. B. hat das Presseorgan der nordamerikanischen Eisenbahnen i. J. 1913, als ein zur Untersuchung der Eisenbahnfrage betreffend Alaska vom Kongreß eingesetzter Ausschuß sich für Ausführung auf Kosten der Union ausgesprochen hatte, diesen Antrag durch den Hinweis darauf bekämpft, daß Staatsbahnen meist teuerer in der Anlage seien, wofür eine Gegenüberstellung der kilometrischen Anlagekosten der schweizerischen Bundesbahnen und der spanischen Privatbahnen, der preußischen Staatsbahnen und der Eisenbahnen der Vereinigten Staaten (!), der kanadischen Staatsbahnen und der argentinischen Privatbahnen, der Staatsbahnen von Neusüdwales und der kanadischen Privatbahnen als Beleg beigebracht wurde, sowie durch den Hinweis, daß die Privatbahnen billiger betreiben, was durch Beispiele bewiesen werden sollte wie folgendes: Während die Verkehrsdichte der im Privatbetriebe befindlichen Staatseisenbahnen Hollands um 43% größer ist als bei den dänischen Staatsbahnen, die vom Staate selbst betrieben werden, sind die Betriebsausgaben auf 1 *km* nur um 23% größer, und so weiter in dieser Art. In Amerika kann man also offenbar dergleichen der Öffentlichkeit noch bieten. Mit einer gewissen Berechtigung könnte der teuerere Betrieb der französischen Staatsbahnlinien im Vergleich mit den Betriebskosten der Privatbahnen für die Frage herangezogen werden. Aber dieser Erfahrungsbeweis hätte für ein anderes Land keine Geltung, da der französische staatliche Bureaukratismus sich ersichtlich für eine erfolgreiche Geschäftsführung nicht eignet.

in Peru, Chile, Argentinien, Brasilien[1]) aufwies, können sicherlich für Staaten mit anderen Zuständen des öffentlichen Lebens nicht als beweismachend angesehen werden. — Insofern für konkrete Umstände ein Vorzug der einen Verwaltungsweise vor der anderen tatsächlich gegeben ist, fällt das Argument in die folgende Gruppe.

5. daß die Notwendigkeit der Expropriation von Grund und Boden und darauf bezüglichen Privatrechten den Staatsbetrieb begründe, weil so diese Eingriffe in das Privateigentum ausschließlich im öffentlichen Interesse erfolgen. (Kann schon darum nichts beweisen, weil das öffentliche Interesse auch bei der anderen Verwaltungsform vorliegt, die Expropriation übrigens auch an Private, z. B. nach dem Bergrecht, zulässig ist.)

6. daß der Staatsbetrieb nicht nach rein gewerblichen Gesichtspunkten vor sich gehe, insbesondere bei ihm beliebig das Verwaltungsprinzip geändert, also zum Gebührenprinzip übergegangen werden könne. Auch darüber ist nichts weiter zu bemerken; wir wissen, daß Privatbahnen infolge angemessener Regulierung nicht „rein" privatwirtschaftlich handeln können und ein „beliebiger" Übergang zum Gebührenprinzip sogar antiökonomisch wäre.

7. daß strategische Rücksichten den Staatsbetrieb erfordern. Dieselben lassen sich beim Privatbetrieb in ganz gleichem Grade wahren und wurden auch beinahe allerorten vollauf gewahrt.

Die für die Entscheidung maßgebenden Gründe. Eine zweite Gruppe von Argumenten umfaßt diejenigen, welche mit Fug als Für und Wider angeführt werden können und daher für den einzelnen je nach der Anschauung, welche er sich bezüglich ihres relativen Gewichtes gebildet hat, entscheidend werden, nach der hier vorgetragenen Meinung aber eben im großen und ganzen einander das Gleichgewicht halten. Sie betreffen folgende Punkte:

1. Die Bildung des Bahnnetzes und Wahl der einzelnen Linien. Die Privatbahnen leisten in dieser Beziehung nach Ansicht ihrer Gegner durchaus Unbefriedigendes. Sie wählen in der Regel, namentlich im Beginne des Eisenbahnbaus, nur die besten oder am leichtesten zu bauenden Linien aus, während die unrentablen Linien ungebaut bleiben und später dem Staate zur Last fallen. Dies ergebe auch ein zersplittertes Netz, mit seinen ungünstigen Folgen für das Land wie für die Verwaltung der Bahnen selbst. Der Staatsbahnbau verbürge demgegenüber eine vollständige und systematische Netzes-

[1]) Nähere Angaben bei Lionel Wiener, *Les chemins de fer du Brésil*, 1912, S. 8. Bei der Sobralbahn, welche die brasilianische Regierung i. J. 1881—1897 mit Betriebsdefizit von 125—250 % betrieben hatte, fiel der Koeffizient nach ihrer Konzessionierung auf 70 %.

bildung, zumal die Überschüsse der guten, ertragreichen Linien die Ausfälle der minder rentablen oder Defizit-Linien, wenn in der Hand des Staats vereint, decken.

Dieser Einwand gegen Privatbahnen trifft ersichtlich nur bei einem mangelhaften Konzessionswesen zu, wenn planmäßige Konzessionierung und die angemessene Verbindung der Haupt- und Nebenlinien in je ein einheitliches Netz versäumt wird. Übrigens hat der Staat auch andere Mittel, die Überschüsse der großen Hauptlinien dem Bau der schwachen Nebenlinien beim Privatbahnsystem gleichfalls zuzuwenden: Ausbedingung eines Anteils am Reinertrage oder entsprechende Spezialbesteuerung der rentierenden Hauptbahnen, um dadurch die Mittel zur Subventionierung der Nebenbahnen zu erlangen.

Dem Staatsbahnsystem schreiben andererseits seine Gegner ebenfalls eine ungünstige Seite in bezug auf den vorliegenden Punkt zu. Da bei Feststellung des Netzes seitens der Regierung und Volksvertretung andere Momente mitentscheiden (z. B. Rücksicht auf die Staatsfinanzen oder politische Rücksichten, wie mechanisch-gleichmäßige Bedachtnahme auf alle Landesteile, um keine Klage wegen Zurücksetzung hervorzurufen, oder Erfüllung von Anforderungen oder Versprechungen anläßlich der Wahlen usw.), so entsteht die Gefahr, das Bahnnetz entweder zu wenig zu entwickeln oder es übermäßig auszudehnen. Obschon für beide Fälle Erfahrungen vorliegen (auch in Deutschland), so ist doch auch hierin kein dem Staatsbahnwesen notwendig anklebender Mangel zu erblicken. Eine weise Verwaltung kann den Fehler vermeiden.

2. Zeitliche Entwicklung des Bahnnetzes. Der Privatbahnbau hänge weit mehr als der Staatsbahnbau von der jeweiligen Lage des Geldmarkts ab und komme in größerem Umfange nur periodisch in Spekulationszeiten in Gang, wie die verschiedenen Eisenbahnmanien beweisen. Daher entwickle sich das Privatnetz nur sprungweise; bald stocke der Bau, selbst guter Strecken, bald werden durch den Einfluß von Privatinteressen unwichtige Linien vorzeitig gebaut, bald zeige sich eine wahre Bauwut mit der für die Volkswirtschaft so schädlichen Folge der plötzlichen Deplacierung großer Kapitalien, die überdies zum Teile schlecht angelegt würden. Der Staat könne den Bau viel gleichmäßiger im Gang halten.

Auch diese Fehler lassen sich beim Privatbahnsystem verhindern: durch planmäßige, wohlgeleitete Konzessionierung, welche je nach Umständen anregt oder zurückhält und sich Privatinteressen nicht zugänglich erweist. Die tatsächlichen Vorkommnisse der Eisenbahngeschichte, aus welchen jener Einwurf abgeleitet ist, gehören den Zeiten mangelnder Erfahrung an und waren nur bei unzureichender Regulierung der Privatbahnen möglich. (Die Geschehnisse in dem jeder Regulierung entbehrenden, geradezu auf Konkurrenz angelegten Eisenbahnwesen der Vereinigten Staaten kommen für unseren Vergleich nicht in Betracht.) Die unleugbare größere Abhängigkeit der Privatbahnen von den Wechselfällen des Geldmarkts und der Spekulation (die auch nur im allgemeinen und nicht bezüglich großer wohlfundierter Gesellschaften gilt) ist somit kein ausschlaggebender Umstand; nichts hindert übrigens den Staat, den Privatbahnen, wenn erforderlich, zeitweilig mit seinem Kredite zu Hilfe zu kommen.

Selbst wenn, was die vorstehenden Punkte 1 und 2 betrifft, den Freunden des Staatsbahnsystems eine gewisse Überlegenheit desselben gegen das Privatbahnwesen zugegeben wird, so ist diese doch weder an sich bedeutend noch gegenüber anderen, später zu erwähnenden Momenten überwiegend. Und der Voraussetzung, an welche das Eintreten der Vorzüge des Staatsbahnsystems geknüpft erscheint: Vorhandensein einer vorzüglichen Verwaltung mit guter Volksvertretung und Finanzkontrolle, muß auf der anderen Seite die Voraussetzung gleicher Art bezüglich der Einrichtung des Privatbahnwesens gegenüberstehen. Übrigens ist eine gewisse Schwäche selbst gut regierter Staaten hinsichtlich der Berücksichtigung parlamentarischer Parteiwünsche beim Bau von Nebenbahnen und insbesondere beim Bau von Lokalbahnen auf Staatskosten nicht zu leugnen. Selbst Staaten mit exemplarischer Korrektheit der Verwaltung sind davon nicht ausgenommen. Bezüglich Bayerns z. B. ist das nicht zu bestreiten: gar manche seiner Lokalbahnen danken dem ihre Entstehung [1]) und auch bezüglich Preußens wäre es wohl als ein Fall übermenschlicher Vollkommenheit anzusehen, wenn bei den wiederholten Vorlagen über die Ergänzung des Staatsbahnnetzes durch Neben- und Lokalbahnen nicht parteimäßige Rücksichten auf die Interessen der herrschenden Agrarier einigermaßen mitgespielt hätten.

3. Kapitalbeschaffung. Bezüglich dieser wird gegen Privatbahnen zweierlei angeführt. Einerseits, daß sie zu unlauteren Börsenmanövern und zur Nährung der Agiotage Gelegenheit geben, deren Quelle man durch das Staatsbahnsystem verstopfe. Jedermann wird die Ausschreitungen, welche im Laufe der Eisenbahngeschichte in verschiedenen Ländern vorkamen, verurteilen, allein es dürfte schwer sein, dem Staate die Fähigkeit abzusprechen, auch anderweitige Vorbeugungsmaßregeln (entsprechendes Aktiengesetz, Staatsaufsicht) zu treffen, welche wenigstens bis zu einem in menschlichen Dingen unvermeidbaren Vollkommenheitsfehler wirksam werden. Daß die Titel der bestehenden Privatbahnen der Spekulation ein Material bieten, wird nur derjenige als Argument betrachten, welcher die Spekulation prinzipiell verwirft; es berühren übrigens die Kursschwankungen der bei einem guten Konzessionsysteme wohlfundierten Eisenbahnpapiere den ernsten Kapitalisten wenig und sie sind im Entgegenhalte zu den so zahlreichen

---

[1]) Sogar die Witzblätter haben sich des Stoffes bemächtigt. Man sieht z. B. auf einem Bilde einen biederen Landmann vor dem Prachtbau des Stationsgebäudes einer Lokalbahn stehen, der den Portier fragt, warum denn die längst fertige Bahn nicht eröffnet werde. Antwort: Das weiß doch ein jeder. Der Staat erspart doch um so viel mehr, je länger die Bahn nicht eröffnet wird.

Konjunkturen, welche Staatspapiere betreffen, im großen Durchschnitte — sehr wenig Staaten ausgenommen — kaum als wesentlich belangreicher zu erweisen.

Andererseits glaubt man zuweilen die Kapitalbeschaffung von seiten des Staats als eine günstigere bezeichnen zu können. Dies trifft jedoch allgemein nicht zu, vielmehr ist hier alles relativ. Gegenüber einem Staate mit zerrütteten Finanzen kann die Verzinsung von Prioritätsobligationen und Aktien aus den eigenen Erträgen der Bahnen größere Sicherheit bieten, und Privatbahnen, von welchen das feststeht oder angenommen wird, werden da folglich zu einem niedrigeren Zinsfuße Kapitalien beschaffen als dem gleichzeitigen des Staatskredits. Bei Staaten von ausgezeichneten Finanzverhältnissen wird das umgekehrte der Fall sein: hier werden Staatspapiere, wenigstens in der Regel, einen besseren Kurs erzielen als gleichverzinsliche Bahneffekten von augenblicklich gleicher Sicherheit. Auch bietet die Staatsgarantie von Privatbahnen, indem sie das Risiko bei diesen äußerstenfalls jenem des Kredits an den garantierenden Staat gleichgestellt, das Mittel, den Kurs der Eisenbahneffekten auf gleiche Höhe mit dem der Staatspapiere zu stellen. So liegt zuletzt eine *quaestio facti* vor, die bei Zerrüttung der Staatsfinanzen, wie selbst Wagner hervorhebt, wegen erheblich günstigerer Kapitalbeschaffung durch Privatgesellschaften sogar zur Wahl des Privatbahnwesens zwingen kann.

Dies ist natürlich auch bei der Frage einer „Verstaatlichung" der Eisenbahnen zu beachten, die deshalb in einem Staate eine finanziell nützliche und angezeigte Maßnahme sein kann, während sie gleichzeitig in einem anderen Lande durch finanzielle Rücksichten nicht begründet, ja sogar ausgeschlossen erscheint. So hat z. B. Frankreich in den 80er Jahren mit Rücksicht auf den Zustand der Staatsfinanzen von dem auch dort lebhaft und von einflußreicher Stelle (Gambetta) befürworteten Staatsbahnsystem Abstand genommen.

Zahlreiche, mit dem allgemeinen Resultate im Widerspruch stehende Einzelfakta der Entwicklung des Eisenbahnwesens sind auf andere Umstände als: zersplitterte Konzessionen, die zugelassene oder selbst von Staats wegen geförderte Linien-Konkurrenz, Nichtbeachtung der Lehren der Eisenbahn-Spekulationszeiten und -Krisen seitens der Gesetzgebung usw. zurückzuführen. Da solche Mängel an sich ausgeschlossen sein sollten, so sind sie bei einem Vergleiche auch nicht dem Privatbahnwesen als notwendig anhaftend zur Last zu legen, was auch bezüglich anderer Vergleichspunkte im Auge zu behalten ist.

4. Kosten und Beschaffenheit der Anlage und der Betriebsleistungen. Für die Jugendzeit des Eisenbahnwesens wird in dem Punkte den Privatbahnen zufolge des ganzen Charakters privater Unternehmungstätigkeit im Gegensatze zu der schwerer beweglichen, bureaukratischen staatlichen Gebarung wohl eine gewisse Überlegenheit nicht abzusprechen sein; ein Umstand, der gegenwärtig bei der vorgeschrittenen Ausbildung der Bau- und Betriebstechnik, der allgemeinen Vertrautheit mit der Natur des Eisenbahnwesens und den eingetretenen

Reformen in der Staatsverwaltung nicht mehr von entscheidender Bedeutung ist[1]).

[1]) „Der Staatsbeamte ist stets in mehr oder minder bedeutendem Maße dem Formalismus der Verwaltungsmaschinerie unterworfen; er ist mehr gebunden an Grundsätze und Vorschriften, die wegen der notwendigen Allgemeingültigkeit, welche die Handhabung von einem Punkte für ein umfangreiches Gebiet erheischt, den Eigentümlichkeiten des Einzelfalles mehr oder minder häufig nicht gerecht werden; die Geltendmachung des konkret Angezeigten, selbst soweit sie jenen starren Mächten gegenüber von Erfolg sein kann, erfordert die Einsetzung der Persönlichkeit, was teils der Bequemlichkeit zuwiderläuft, teils unter Umständen für den Betreffenden selbst von unliebsamen Konsequenzen sein kann, wenn die Eitelkeit oder andere Momente der Subjektivität bei den Vorgesetzten berührt werden. Der Techniker in Diensten des Staates ist also nicht selten unfreier in der Bewegung und persönlich-gestaltendem Schaffen, gehemmter in der Anpassung seiner Maßnahmen an die konkreten Verhältnisse, mit einem Worte, er ist gehalten, mehr nach bureaukratischer Schablone als nach individueller Initiative zu arbeiten, und daraus geht unverkennbar ein gewisser Nachteil für die Ökonomie der Bahnanlagen hervor, den wir allgemein nicht zu hoch anschlagen wollen, aber doch anzudeuten nicht unterlassen können.

Den besten Beweis für die dem Wesen der Staatsadministration innewohnende Schwäche in dieser Hinsicht bildet die Tatsache, daß der Staat auch als Aufsichtsbehörde bei Regulierung der Privatbahnen bisher häufig ganz in gleicher Weise gebarte. Es tritt daher bei absolutem Staatsbahnsystem leicht eine gewisse Schwerfälligkeit in der Anwendung von Neuerungen, der Benützung konkreter Vorteile und Abweichungen vom allgemein Vorgezeichneten u. dgl. bei der Projektierung ein.

Mehr als bei der Anlage fallen jene Einflüsse der staatlichen Administrationsweise beim Betriebe von Bahnen durch Organe des Staates ins Gewicht. Hier, wo eine fortlaufende Kette von Leistungen für die wechselnden Bedürfnisse des Publikums, eine ungeheure Menge von Geschäftsakten der verschiedensten Natur, eine umfangreiche Kassabewegung, die Leitung und Überwachung eines zahlreichen Personales platzgreift, zeigt der bureaukratische Geschäftsgang mit seinem Schreibwerk, seiner Zentralisationstendenz und den vielfältigen Kontrollen unverkennbare Schwächen, die sich, weil in der Natur der staatlichen Verwaltung gelegen, zwar mit bewußtem Hinarbeiten auf das Ziel etwas vermindern, sicher aber nie völlig beseitigen lassen. Demgegenüber besitzt die Privatverwaltung unstreitig eine gewisse Überlegenheit, die abermals nicht, wie von Seite der unbedingten Anhänger der Privatbahnen geschieht, übertrieben, aber gegen die von seiten der Privatbahngegner in unstichhaltiger Weise beliebte Leugnung gebührend betont werden soll. Auf Grund dessen muß der Betrieb durch Privatgesellschaften mindestens für die Entwicklungsperiode des Eisenbahnwesens als geeigneter überall da anerkannt werden, wo die staatliche Administration unfähig wäre, die bezeichneten Mängel in weitem Unmfage abzustreifen. Ein Bureaukratismus, wie er in England in den Staatsämtern herrscht — Deutsche, die von dort nur das vielbewunderte *self-government* kennen, haben von dem im Lande selbst so gefürchteten *red-tapeismus* in der Regel nichts gehört — oder wie er in dem absolutistischen Österreich blühte, erscheint mit dem Wesen des Eisenbahnbetriebes unvereinbar. Es erklärt sich daher ebenso die in England oft gehörte Äußerung, die eine direkte staatliche Verwaltung der Eisenbahnen mit Hinweis auf das unpraktische Gebaren der Heeresverwaltung und der Admiralität zurückweist, wie die Tatsache, daß der Versuch, den Österreich in den 50er Jahren mit dem Staatsbetriebe machte, unbefriedigend ausfiel. Auch Frankreich hatte von 1849 bis 1852 eine kurze Periode teilweisen Staatsbahnbetriebes und die ergötzlichen Einzelheiten welche Jacqmin (*Revue des deux mondes* 1878) über die Geschäftsgebarung der zwei Staatsbahndirektionen nach den Sitzungs-Protokollen mitteilt, lehren, wie schwer sich der Geist der Staatsadministration mit den Anforderungen der Bahnverwaltung vereinbaren ließ. Solche Vorkommnisse erklären wohl mit, warum man nicht bloß in Ländern, wo soviel als möglich der Privattätigkeit überlassen ist, sondern auch in Frankreich, einem Lande, wo man alles vom Staate zu erwarten gewohnt war, doch bei dem Eisenbahnwesen zur delegierten Unternehmung griff und davon nicht abging." (1. Aufl., II. Bd. S. 154—157.)

Die zuweilen gehörte Ansicht, daß Privatbahnen (um des schnöden Gewinnes willen) weniger solid bauen und betreiben, also namentlich an Sicherheit den Staatsbahnen nachstehen, setzt mangelhafte polizeiliche Regelung und mangelnde Pflichterfüllung der Aufsichtsorgane voraus, hat folglich nichts mit dem Systeme an sich zu tun. Dasselbe gilt von unlauterer Erhöhung der Anlagekosten durch ungebührliche Zwischengewinne bei einzelnen Privatbahnen, insbesondere durch übermäßige Ausdehnung der Anlagekapitalien zum Zwecke der bei Ausgabe der Titel ermöglichten Spekulationsgewinne der leitenden Persönlichkeiten [1]).

Weitverbreitet ist die Meinung, daß insbesondere die Kosten des Betriebes sich bei Staatsbahnen wegen der einheitlichen Verwaltung großer geschlossener Netze niedriger stellen als bei den zahlreichen kleineren Privatbahnen. Dies trifft wieder nur bei uneinsichtig gehandhabtem Konzessionswesen: bei Zersplitterung des Netzes in eine Menge von Privatverwaltungen, zu. Wenn man gesagt hat, die

---

[1]) Wenn gesagt wird (Wagner): „Oft ist es geradezu das Interesse der Oberleitung (einer Aktiengesellschaft), mit dem anfangs aufgenommenen Kapitale nicht auszukommen. An neue Aktien- oder Anleihe-Emissionen und an die dabei so leicht abfallenden „Nebengewinste" der Eingeweihten knüpft sich das pekuniäre Interesse einer Privatbahnverwaltung oftmals bekanntlich sehr, ebenso wie an das möglichst lange Offenhalten des Baukontos" — so liegt in dieser schlimmen Meinung von den Bahngesellschaften im allgemeinen doch ein Extrem, das der objektiven Richtigkeit entbehrt. Fälle, wo absichtlich verschwenderisch gebaut wurde, um aus dem gedachten Grunde neue Titel ausgeben zu können, sind doch wohl kaum vorgekommen. Die innere Wahrscheinlichkeit spricht zu laut dagegen. Zum Zwecke solcher Emissionen hat man hier und da vielleicht unnötige Anschlußlinien gebaut, aber auch das ist eben nur in der Hochflut des Schwindels in Ländern mit unzureichender staatlicher Regulierung, namentlich in den Vereinigten Staaten von Amerika, möglich gewesen. Es mag gewiß Fälle gegeben haben, wo in gleichen Zeiten die Ausdehnungsbestrebungen unter dem Einflusse der Konkurrenztheorie minder skrupellosen Leitern einzelner Privatbahnen nicht unwillkommen waren, allein es ist gewiß ungerecht, das Walten der angedeuteten Motive selbst in der Richtung als häufig und als eigentliche Ursache solcher Erweiterungsbauten ansehen zu wollen. Ebenso wird das beanstandete Offenhalten des Baukontos ganz mißverständlich als unsolid angesehen. Die solideste Bahn muß bei korrekter Buchung den Anlagekonto solange offenhalten, als noch irgend welche Gleise- oder Betriebsmittelvermehrung, Zubauten oder Inventarerhöhungen notwendig werden, und wenn Mißbräuche damit vorkamen, so waren solche durch unverständige Garantiebestimmungen ermöglicht oder veranlaßt und war ihnen durch entsprechende Prüfung der Baurechnungen leicht zu begegnen. Was aber schließlich die Möglichkeit einer erfolgreichen Versuchung der Bauaufsichts- und Abrechnungsorgane durch Bauunternehmer betrifft, so darf wohl gefragt werden, ob, wenn solche Fälle während der mehr erwähnten, die Laxheit in Geldsachen befördernden Periode sich ereignet haben, sie bei dem anderen Systeme ausgeschlossen gewesen wären, da sie ja doch von dem durchschnittlichen Niveau der Sittlichkeit, der Beschaffenheit des Kollektiv-Gewissens abhängen, und darf ferner, da es sich hier ja um allgemein zu ziehende Schlüsse handelt, jener Staaten nicht vergessen werden, in denen Privatgesellschaften zweifellos eine bessere Garantie gegen die Allgewalt des Bakschisch gewähren. Oder man denke an die Korruption des öffentlichen Dienstes in den Vereinigten Staaten: wird man behaupten wollen, daß dort ein Staatsbahnwesen nicht Betrügereien des nämlichen Umfanges aufweisen würde, wie dergleichen bei den dortigen Privatbahnen vorgekommen sind? (1. Aufl. II. Bd. S. 153.)

verschiedenen Abmachungen über direkte Verkehre, wechselseitige Benützung von Betriebsmitteln usw., Konferenzen über Fahrpläne und Verbände, Abrechnungen gemeinsamer Einnahmen, Ersätze u. dgl. erhöhen die Kosten des Privatbahnbetriebs verhältnismäßig in beträchtlichem Maße, so ist es richtig, daß ein Teil dieser Arbeiten beim Staatsbetrieb entfällt.

Demgegenüber machen sich jedoch beim Staatsbahnsystem einesteils die Natur der Staatsverwaltung, andernteils die mit der Zunahme des Netzesumfangs wachsende Komplikation der Verwaltungseinrichtungen kostensteigernd geltend. Tatsächlich hat sich gezeigt, daß die Organisation der Staatsbahnverwaltung, insbesondere in einem großen Staate, auch unökonomisch und sachlich mangelhaft sein kann. Indes hat das öffentliche Leben in diesem Punkte wohl nach und nach den erwünschten Zustand erreichbarer Vollkommenheit mit sich gebracht.

In Preußen suchte man in der Organisation der Staatsbahnenverwaltung v. J. 1872 durch Bildung von Eisenbahn-Kommissionen der übermäßigen Zentralisation zu steuern, indes, wie von kundiger Seite sogleich behauptet wurde, nicht mit Glück und jedenfalls auf Kosten der Ökonomie. Es wurden neben den 9 Staatsbahn-Direktionen bei 5 größeren Verwaltungen, worunter eine vom Staate verwaltete Privatbahn, 27 Eisenbahn-Kommissionen als Zwischeninstanz eingesetzt. Das Resultat war, daß die allgemeine Verwaltung auffallend kostspieliger wurde als die der Staatsbahnen der anderen deutschen Staaten, auch teurer als im Durchschnitte bei den Privatbahnen. Das wurde später behoben.

Die Verwaltung der belgischen Staatsbahnen, deren Betriebsergebnisse sich in unserem Jahrhunderte sehr ungünstig gestaltet haben, wird gegenwärtig als nicht auf der Höhe stehend bezeichnet (Denkschrift des Instituts Solvay „*L'autonomie des chemins de fer de l'état belge*" 1919). Das sehr hohe Anlagekapital sei auf verschiedene, der direkten Verwaltung durch den Staat entsprungene Umstände zurückzuführen, wie: zu teurer Grunderwerb, teure Beschaffung des Eisenbahnbedarfs, letzteres, weil aus politischen Gründen der Wettbewerb nichtbelgischer Lieferanten fast ausgeschlossen worden ist, u. a. Insbesondere aber seien die Betriebskosten zu hoch. Der Lokomotivenstand sei zu groß, fast doppelt so hoch als bei den preußischen Staatsbahnen, weil die einzelnen Lokomotiven zu schwach waren. Die Unterhaltung des Fahrparks sei zu teuer, weil den Lokomotiven und Wagen die einheitliche Bauart fehle. Der Brennstoffverbrauch sei zu groß, weil ungeeignete Kohlen zu hohen Preisen gekauft werden. Die Lokomotiven würden nicht genügend ausgenutzt. Damit hänge es auch zusammen, daß das Zugbegleitungspersonal nicht nach seiner vollen Leistungsfähigkeit in Anspruch genommen werde. Die Arbeiter im Werkstätten und Bahnerhaltungsdienst würden nicht mit genügender Sorgfalt ausgewählt. Die Beamten hätten zu wenig Selbständigkeit usw. Die Beseitigung dieser Übelstände wird davon erwartet, daß die Staatsbahnen als selbständiges wirtschaftliches Unternehmen gestaltet würden, das sowohl den Einwirkungen der Regierung als auch politischen Einflüssen entzogen ist: es ist hierbei an den Betrieb durch einen Verwaltungsrat gedacht.

Es kann daher bezüglich der Kosten der allgemeinen Verwaltung keineswegs behauptet werden, daß ein großes Staatsbahnnetz notwendigerweise eine geringere Kostensumme der Zentralverwaltung aufweisen müsse als die addierten Kosten der einzelnen Verwaltungen, die beim Privatbahnsystem das nämliche Netz bilden würden. Dagegen ergibt schon die theoretische Überlegung, daß ein großes Staatsbahnnetz ein günstigeres Verhältnis der allgemeinen zu den gesamten Betriebskosten zeigen müsse als einzelne Privatverwaltungen, weil das überhaupt vom Großbetriebe gegenüber kleinen Unternehmungen gilt. Da aber die allgemeine Verwaltung nur einen geringen Teil der Gesamtkosten ausmacht, so können Unterschiede in diesem Verhältnisse nicht von Bedeutung sein, mindestens nicht von einer solchen, welche irgendwie gegen das Privatbahnsystem den Ausschlag geben würde. In Deutschland beansprucht die allgemeine Verwaltung bei den Privatbahnen 4,99 % des Personales und 9,4 % der gesamten Ausgaben, bei den Staatsbahnen 4,56 % des Personales und 9,7 % der gesamten Ausgaben. Die Privatbahnen weisen eine etwas größere Kopfzahl bei etwas geringerer Ausgabe auf. Da die Privatbahnen in Deutschland nur noch wenige und kleine Unternehmungen sind, so wäre gegenüber den großen Staatsbahnnetzen eigentlich eine weit höhere Kopfzahl zu erwarten, die Statistik spricht also nicht gegen sie.

Hinsichtlich des Maßes und der Beschaffenheit der Transportleistungen neigen im ganzen Privatbahnen zu größerer Sparsamkeit, Staatsbahnen zu größerer Willfährigkeit gegenüber Wünschen des Publikums. Von Ausartungen in beiden Richtungen abgesehen — da sich solche verhindern lassen — ist es Ansichtsache, welchem Momente man mehr Gewicht beimißt. Schließlich rühmt man bezüglich der Betriebseinrichtungen dem Staatsbahnsystem die Einheitlichkeit und Gleichmäßigkeit und sagt dem Privatbahnwesen Buntscheckigkeit nach. Das erstere trifft ja zu, das letztere ist, wie wir wissen, nur bedingt richtig, da der Staat und die Entwicklung des Verkehres auch bei Privatbahnen auf Vereinheitlichung hinwirken. Es frägt sich nur, ob die Gefahr unökonomischer Schablonisierung oder übertriebener Individualisierung das Bedenklichere ist.

5. Tarifwesen. Was soeben vom Betriebe bemerkt wurde, findet speziell betreffs der Transportpreise Anwendung. Was in dieser Hinsicht falsche Linienkonkurrenz und verkehrte Netzesbildung (Zersplitterung) tatsächlich an schädlichen Folgen mit sich gebracht haben, ist nicht gegen das Privatbahnwesen in richtiger Gestaltung zu verwerten. Die sicherlich stets vorhandene größere Kompliziertheit der Tarife unter dem Privatbahnsystem wird in ihrer Bedeutung für die Geschäftswelt häufig sehr übertrieben: Einheitlichkeit und Stetigkeit des Tarifwesens unter Staatsbahnverwaltung kann nach der entgegengesetzten Richtung ebenso antiökonomisch werden, wenn sie einförmige Schablone und Durchschnittsbehandlung an Stelle ersprießlicher Anpassung der Tarifsätze an die Erfordernisse des einzelnen Falles und des lokalen Wirtschaftslebens setzt.

Die Forderung, es dürfe nicht der Willkür von Privatgesellschaften anheimgegeben sein, welche Frachtpreise festgesetzt werden, ist gewiß begründet, aber es bedarf zu ihrer Erfüllung nicht unbedingt der Eigenverwaltung des Staates: auch bei delegierter Verwaltung läßt sich, wie wir zeigen konnten, den Unternehmern diejenige Beschränkung in der Tarifbestimmung auferlegen, also diejenige Einwirkung der Staatsregierung auf diese handhaben, welche die volkswirtschaftlichen Gesamtinteressen erheischen. Es ist somit, was die Höhe der Tarife betrifft, bei richtig geführter Verwaltung von Befolgung des „rein gewerblichen Standpunkts" auch seitens der Privatbahnen keine Rede. Richtig ist, daß beim Staatsbahnsystem der Regierung eine beliebige Regelung des Tarifwesens freisteht! Sie erlangt dadurch ein überaus machtvolles Mittel, die wirtschaftlichen Verhältnisse des Landes zu beeinflussen, und es ist erklärlich, daß sich Strömungen geltend machen können, welche aus diesem Gesichtspunkte das Staatsbahnsystem, namentlich als Instrument der Handelspolitik, fordern. Ist ein im Weltverkehr belangreicher Staat einmal in dieser Richtung, mit künstlicher Hemmung der Einfuhr und Förderung der Ausfuhr, vorgegangen, dann mag es für andere Staaten selbst unvermeidlich werden, den Kampf mit der gleichen Waffe aufzunehmen. Ob diese Seite im Endergebnisse, die weltwirtschaftliche Entwicklung ins Auge gefaßt, als ein Vorzug des Staatsbahnwesens gerühmt zu werden verdient, darüber können die Meinungen wohl geteilt sein, aber für konkrete Zeitläufte kann der Umstand für die Wahl des Eisenbahnsystems — ähnlich wie für die Wahl des Schutzzollsystems — der ausschlaggebende werden. Die Entwicklung ist in den Staaten Mitteleuropas tatsächlich diesen Weg gegangen.

Bezüglich der zu diesem Punkte an erster Stelle angeführten Momente ist allgemein in der öffentlichen Erörterung der Frage eine bedauerliche Herrschaft des Schlagwortes wahrzunehmen. So z. B. konnte man hören, daß die Privatbahnen mit den Tarifen „ein bedenkliches Monopol ausüben", oder daß nur das Staatsbahnsystem den „entsetzlichen Tarifwirren" ein Ende machen könne oder daß nur bei ihm die „Tarifhoheit", welche dem Staate gebührt, gewahrt sei, oder daß die Notwendigkeit eines „uniformen" Tarifes dasselbe bedinge[1]) (über die

[1]) Hierzu war in der ersten Auflage bemerkt (S. 177ff.): „Großes Gewicht wird in solchen Äußerungen in Deutschland auf die „Verwirrung" im Tarifwesen gelegt; jedenfalls nicht mit Glück, nachdem sich herausgestellt hat, daß durch Vereinbarung unter den Bahnanstalten die durch die Linienkonkurrenz und die Zersplitterung der Bahnlinien herbeigeführte ökonomisch schädliche Vielgestaltigkeit und Wandelbarkeit der Tarife beseitigt wurde. Eine gewisse Vielgestaltigkeit und Wandelbarkeit der Tarife muß, welches Eisenbahnsystem immer herrsche, so lange bestehen bleiben, als die wirtschaftlichen Verhältnisse, denen jene sich anzupassen haben, nicht uniform und stabil geworden sind. Diese „Komplikation" durch ein Staatsbahnsystem vor Eintritt der gedachten Voraussetzung abschaffen zu wollen, wäre ein arger Fehlgriff, und wenn Privatbahnen derartigen Bestrebungen einen stärkeren Widerstand entgegensetzen als ein Staatsbahnsystem, dann wären sie gerade aus dem Grunde vorzuziehen. Namentlich die populären Agitationsschriften leisten Großartiges im Ausmalen des vermeintlichen Übelstandes mit voll-

Vereinheitlichung s. S. 79). Hierher gehört auch der Satz, daß Privatbahnen nicht eine „gemeinwirtschaftliche“ Tarifstellung vornehmen, sondern die angeblich schädliche privatwirtschaftliche Tarifpolitik befolgen (Ulrich, Tarifwesen). Hier wird wieder die regelnde Einwirkung des Staates als nicht vorhanden behandelt. Es ist daher auch nicht zutreffend, wenn die Denkschrift zur ersten preußischen Verstaatlichungsvorlage v. J. 1879 behauptet: Nur in dieser Form (dem reinen Staatsbahnsystem) bietet sich die Möglichkeit einfacher, billiger und rationeller Transporttarife, die sichere Verhinderung schädlicher Differentialtarife.

Wenn das Staatsbahnsystem gefordert wird, damit nicht die Absichten der Zollpolitik durch Tarifmaßnahmen von Privatbahnen durchkreuzt werden, so ist zu bedenken, daß letzteres einerseits nur durch sehr weitgehende Herabsetzung der Tarife für die Einfuhr geschehen könnte. Ganz abgesehen davon, daß Vertreter des Staatsbahnsystems den Privatbahnen immer nachsagen, daß sie die Tarife hoch halten und Ermäßigungen widerstreben, kann wohl jede Regierung leicht Mittel finden, die Privatbahnen von solchen Tarifherabsetzungen abzuhalten! Wenn man aber andererseits zu hohe Tarife für die Ausfuhr von Privatbahnen besorgt, so wäre das ein Selbstwiderspruch, da nicht einzusehen, warum Privatbahnen nur zu Tarifermäßigungen bei der Einfuhr geneigt sein sollten und nicht auch bei der Ausfuhr. Was dagegen die Beeinflussung der Einfuhr und Ausfuhr durch Tarifmaßnahmen von Staatsbahnen betrifft, so ist nicht zu übersehen, daß solche, wenn sie der Wirksamkeit ausgiebiger Zölle gegenüber nicht tatsächlich nur von geringer Wirkung sind, schließlich in Handelsverträgen durch die Klausel der Gleichbehandlung der fremden mit den heimischen Transporten ausgeschlossen werden und daß, wenn eine solche Vertragsbestimmung besteht, gerade Staatsbahnen am strengsten gebunden wären bzw. sich gebunden erachten sollten. Aber freilich, auch Staatsbahnen wissen ein Hintertürchen zu finden, indem sie für spezielle Frachtbegünstigungen Bedingungen aufstellen, die *de facto* nur von Inländern erfüllbar sind.

Die Befürchtung liegt schließlich beim Staatsbahnsystem nahe, daß bei finanzieller Bedrängnis in Erhöhung der Tarifsätze eine Einnahme für den Staatschatz gesucht werden könnte. Dem läßt sich

---

ständigem Verkennen oder Verschweigen des Umstandes, daß der einzelne Geschäftsmann den Frachtkonjunkturen des einen oder der wenigen Artikel, welche sein Geschäft umfaßt, gerade so gut oder übel folgen kann wie den Warenpreiskonjunkturen. Hierher gehören z. B. die Broschüren des unermüdet sich selbst abschreibenden Perrot, die überhaupt ein wunderliches Gemisch von Wahrem und Falschem, Sachlichem und Phrasenhaftem, Realem und Ideologischem darstellen. Das wahre Relief erhalten die erwähnten Klagen jedoch meist durch einen Tarifreformplan, dem sie als Folie dienen sollen. ... Es darf daher als ein höchst zweifelhafter Vorzug der Staatsbahnen betrachtet werden, wenn man von ihnen rühmt, daß sie Tarifexperimenten in diesem Sinne zugänglicher wären. Speziell der Fall mit dem elsässisch-lothringischen Tarifsysteme, auf den man sich bei letzterem Argumente stützt, sollte zur Warnung dienen. Es ist eine nicht hinwegzuleugnende Tatsache, daß durch Einführung und Förderung dieses Tarifsystems seitens der deutschen Reichsbahnen das Zustandekommen der von den deutschen Bahnen aus eigener Initiative angebahnten einheitlichen Güterklassifikation um mehrere Jahre verzögert wurde. ... Aus der sachlich wohlmotivierten Opposition der Privatbahnen eine Waffe gegen sie zu schmieden, ist nur bei vollständiger Verkennung der wahren Bedeutung des elsässischen Tarifsystems möglich. Mit weit mehr Recht könnte der Vorfall als Beleg dafür angesehen werden, daß Staatsbahnen leicht zu unklaren Tarifexperimenten mißbraucht werden können, für welche es ja an Projektanten wahrlich nicht mangelt.“

indes wohl einigermaßen durch gesetzliche Kautelen vorbeugen. Eher scheint die Gefahr vorhanden, daß mit der Herabsetzung der Tarife unter dem Drucke politischer Einflüsse (z. B. Agitationen einflußreicher Interessenkreise, welchen die Regierung oder die Abgeordneten nachgeben müssen) hier und da zu weit gegangen oder eine richtige Tarifbildung aufgegeben werde.

Beispielsweise hatte die bayerische Staatsbahnenverwaltung Ende der 70er Jahre sich durch die agrarische Agitation bestimmen lassen, die Durchzugstarife für Getreide aus den Donauländern und Rußland nach Württemberg und der Schweiz aufzuheben. Das Getreide nahm einen anderen Weg, hauptsächlich zur See, nicht ein Zentner Getreide wurde aus Bayern mehr ausgeführt als früher, aber die Einnahmen der Staatsbahnen erfuhren eine Schmälerung um mindestens 1 Mill. Mk. jährlich. Die Eröffnung der Arlbergbahn bewog aber dann die Verwaltung doch zu Anstrengungen, einen Teil dieses Verkehres wieder zu gewinnen. Der Einfluß der nämlichen Interessen bewog i. J. 1893 und 1894 die preußische Regierung dazu, den seit 1891 bestehenden ermäßigten Staffeltarif für Getreide und Mühlenerzeugnisse, der auch der Einfuhr russischen Getreides nach den westlichen Provinzen und Süddeutschland zugute gekommen wäre (mit Zustimmung der Mehrheit des Landeseisenbahnrates!) wieder aufzuheben; mit der Wirkung, die Einfuhr auf dem Seeweg nach dem Rhein zu drängen. Die Süddeutschen hatten ihre Zustimmung zum Handelsvertrage mit Rußland davon abhängig gemacht [1]).

6. Die politische und sozialpolitische Seite der Frage. Der Zusammenhang der Wirtschaft mit den übrigen Seiten des sozialen Lebens kann schließlich diesem außerwirtschaftlichen Momente einen Anteil, mitunter vielleicht sogar den hervorragendsten, an der Entscheidung verleihen. Derart kann sie unter konkreten politischen Umständen in dem einen Lande für, in dem anderen gegen Staatsbahnen ausfallen, weil in jenem es sich um Stärkung des Einflusses der Regierung handelt oder von einer solchen Besorgnisse nicht gehegt werden, während in dem andern Lande gerade das Entgegengesetzte eintritt.

So ist das Votum der italienischen Eisenbahn-Enquête v. J. 1881 hauptsächlich aus politischen Gründen gegen den unmittelbaren Staatsbetrieb ausgefallen. Man befürchtete nach den italienischen Verhältnissen die gefährlichen Folgen des politischen Klientelwesens auf das Bahnpersonal, dann die Beeinflussung der Wahlen durch die Bahnbeamten oder umgekehrt Wahlumtriebe der bei Bewerbung um Bahnbedienstungen von der Regierung Abgewiesenen, die mannigfachen Gefahren für die Verwaltung, welche aus dem notwendigen Streben der Regierung nach Popularität, dann aus dem häufigen Wechsel der Ministerien und somit der leitenden Verwaltungsprinzipien hervorgehen, das Ungenügende der parlamentarischen Kontrolle usw. — 25 Jahre später hat man sich in Italien durch solche Bedenken nicht abhalten lassen, zum Staatsbetriebe überzugehen.

---

[1]) „Berlin und seine Eisenbahnen“, 1896, S. 302. Ulrich, „Staffeltarife und Wasserstraßen“, ferner „Die preußische Verkehrs- und Finanzpolitik“, 1904, S. 26.

Wie das Streben nach Popularität zu finanziell schädlichen Maßnahmen verleiten kann, dafür bieten die im früheren schon erwähnten Personentarife (Zonentarife) der österreichischen und der ungarischen Staatsbahnen ein lehrreiches Beispiel.

Noch eine politische Gefahr in anderer Hinsicht wurde vom Staatsbahnsystem befürchtet, und zwar für die Gesundheit des Parlamentarismus selbst. Da in einem großen Staate eine wirkliche ernste Kontrolle der Staatsbahngebarung durch das Parlament nicht möglich sei, so werde sich der parlamentarische Einfluß zum kleinlichen Einfluß der einzelnen Abgeordneten auf die Verwaltung gestalten. Das Bedürfnis der Regierung, sich die Majorität zu erhalten, werde dahin führen, daß auf die Wünsche bestimmter Abgeordneter in bezug auf Anlegung von Stationen, Tarife, Anstellung von Beamten usw. Rücksicht genommen werde, und auf diese Weise würde nicht nur die Verwaltung selbst, sondern auch die parlamentarische Vertretung korrumpiert [1]). Daß sich derartige Beziehungen zwischen Abgeordneten und den Ministerien herausbilden, ist sicherlich nicht zu vermeiden, sie werden aber nur da eine ernstliche Schädigung der Verwaltung herbeiführen, wo es aus allgemeinen staatlichen Ursachen der Regierung an der erforderlichen Festigkeit gebricht [2]). Eine Gefahr für das parlamentarische Regierungsystem selbst ist wohl kaum zu gewärtigen. Die Kontrolle der Öffentlichkeit gegenüber den Abgeordneten ist doch eine zu kräftige. Auch ist ja wohl in den in allen Staatsbahnländern eingesetzten Beiräten ein Gegengewicht geschaffen; eine Einrichtung, auf die seinerzeit

---

[1]) Prof. E. Nasse, Kongr. Deutscher Volksw. 1876, ebenso Weber, „Privat-, Staats- und Reichsbahnen“.

[2]) Wie sehr unter den staatlichen Zuständen im alten Österreich die Verwaltung der Staatsbahnen litt, schildert Bruno R. v. Enderes, Unterstaatssekretär im Staatsamte für Verkehrswesen, in einem Vortrage über die Neuordnung der österreichischen Staatsbahnverwaltung (Zeitung d. V. D. E., 19. März 1919): „Noch ein anderer Übelstand frißt am Körper der Staatsverwaltung. Es war das die alles Maß überschreitende Einmischung der Volksvertretung in die Verwaltung. Die Zeiten, in denen der selige Reichsrat versammelt war, waren eine wahre Marter für die Ministerien. Nicht die berechtigte Kritik und die verfassungsmäßige Überwachung der Volksvertreter hatten die Staatsbeamten zu fürchten, wohl aber jene Zettel, die täglich zu Dutzenden ins Haus flogen und die Wünsche der einzelnen Abgeordneten bekanntgaben. Da wollte der eine einen Zug um Mitternacht auf einer Lokalbahn haben, der schon tagsüber fast überflüssig war, und zwar in Wirklichkeit nur zu dem Zweck, daß er damit ein paarmal im Jahre den bequemsten Anschluß an den Schnellzug der Hauptbahn fand. So sollten, scheinbar im öffentlichen Interesse, viele tausende von Zugskilometern zur Bequemlichkeit einzelner gefahren werden. Aber derartige Dinge waren noch nicht das Schlimmste. Viel bedenklicher war die Einmischung in die Beförderungs- und Vorrückungsverhältnisse der Bediensteten aller Zweige und in sonstige rein dienstliche Verfügungen, die Verhinderung vieler die Disziplin sichernden Maßnahmen, wobei immer wieder die nationale Würde und ähnliche Schlagwörter herhalten mußten. Und schließlich gab es Abgeordnete, die für ihre Söhne, Neffen, Schwiegersöhne und Patenkinder ganz kleine Wünsche hatten, ganz kleine unscheinbare Wünsche, die aber das Vertrauen der Bediensteten in eine gerechte, von Protektion unberührte Personalwirtschaft zu gefährden drohten. Ein ganz dunkles Kapitel betrifft jene

Schaelffe mit Nachdruck hingewiesen hat[1]). Es hat sich der Einfluß maßgebender Personen auf die Verwaltung von den Kammern in etwas auf diese beratenden Körperschaften verschoben. Freilich setzt das voraus, daß nicht Politiker zugleich in den Beiräten die führende Rolle spielen, wie das in Österreich der Fall war. Die gedachte Nebenwirkung des Systems, wo sie überhaupt zu verzeichnen ist, erscheint also nicht in dem Maße bedeutsam, um gegen das System den Ausschlag zu geben, wenn es anderweitig seine Begründung findet.

In gleichem, vielleicht noch in höherem Maße, gibt das Privatbahnwesen zu politischen Bedenken Anlaß. In dieser Hinsicht ist auf die bedeutende Anzahl von Vertretern des Eisenbahn-Interesses hingewiesen worden, die in den Privatbahnländern in den Parlamenten zu finden waren. Das war nur durch die betreffenden Wahlordnungen möglich, und es ist ein Mißbrauch solcher parlamentarischer Stellungen wohl auch nur in beschränktem Maße zu verzeichnen gewesen[2]). Aber

---

Fälle, in denen Volksvertreter für politische Dienste durch Stellen in verschiedenen Staatsdienstzweigen belohnt werden mußten." Übereinstimmend (und ergänzend) schon Krakauer, Archiv 1915, 3. Heft: „Für die Besetzung eines Postens mit dem einer bestimmten Nation angehörenden Bediensteten mußte eine andere (manchmal eigens geschaffene) „Vakanz" mit dem Angehörigen eines anderen Volksstammes ausgefüllt werden... auch der Posten eines Schaffners, Weichenwärters, Lokomotivführers usw. ist als ein des nationalen Kampfes würdiges Ziel befunden worden. Welche Schwierigkeiten dadurch der Verwaltung erwachsen mußten, kann leicht ermessen werden. Nimmt man die ganze Schar der Beamtenschaft als einen einheitlichen Körper, so können für gewisse Stellen viele geeignete Bedienstete in Betracht kommen. Das reiche Reservoir, aus dem man schöpfen könnte, verschwindet jedoch, wenn der zu Ernennende nicht nur einer bestimmten Nationalität, sondern zugleich auch einer bestimmten Partei angehören und überdies anderen Nationen und Parteien, sowie Kommunen, gewissen Würdenträgern usw. genehm sein soll. Die an und für sich nicht leicht von einer Stelle geleitete Personalpolitik mußte sich mit der Zeit zu einer alle möglichen Verhältnisse in Betracht ziehenden Personaldiplomatie verwandeln. .... Aber auch abgesehen von der Personalwirtschaft hat der Parlamentarismus auch auf zahlreichen anderen Gebieten der Staatsbahnen verwaltungsnachteilige Folgen gehabt. So z. B. war die Errichtung unrentabler Lokalbahnen in den häufigsten Fällen einem von außen kommenden Drucke zuzuschreiben."

[1]) Zeitschr. f. d. ges. Staatsw. 1876. „Bau und Leben des sozialen Körpers", III. Bd., S. 194. Sch. gewärtigte von der buraukratisch zentralisierten Verwaltung noch größere Mißstände als beim Privatbahnwesen, wenn nicht eine nach Verkehrsgebieten gegliederte Vertretung der Verkehrsinteressenten geschaffen werde, wobei er indes keineswegs eine lediglich begutachtende Körperschaft im Auge hatte.

[2]) „Es ist eben nicht wahr, daß die Vertreter der Eisenbahnen im Parlamente notwendigerweise einen ungebührlichen Einfluß privater Interessen auf die Gesetzgebung ausüben. Die öffentliche Stellung eines Deputierten oder Oberhausmitgliedes wird vielmehr ebensowohl das Medium des Einflusses öffentlicher Interessen auf die Bahnverwaltungen, deren Mitglieder im Parlamente sitzen, und die hohe Achtbarkeit der Personen in solcher Stellung wird häufig zu einem erwünschten Bande zwischen den beiden Interessensphären. Sicherlich sind unerfreuliche Ausnahmen hiervon vorgekommen, aber diese waren, wenn man gerecht sein will, doch Ausflüsse einer trüben Zeitströmung und wenn die Inhaber der Staatsgewalt zu schwach waren ihnen zu steuern, so trifft ein Teil der Schuld auch sie." (1. Aufl., II. Band, S. 186).

der Einfluß von Volkskreisen, welche in diesem und jenen Staate eine beherrschende Stellung einnehmen, auf die Regierung hat im Konzessionsysteme selbst arge Schäden angerichtet. In Österreich und in Ungarn hat der Großgrundbesitz und sein Anhang seinen Einfluß zur Erlangung von Bahnkonzessionen auszubeuten verstanden, die nicht nur Gründungsgewinne abwarfen, sondern auch in der Trassenführung privaten Interessen entsprachen. Dieselben Kreise wußten allerdings auch nach Übergang zum Staatsbahnsystem ihre Rechnung zu finden[1]).

Schließlich hat man vom Privatbahnsystem eine Stärkung des mobilen Kapitals in einem der bürgerlichen Freiheit und der gesunden Gestaltung der sozialen Verhältnisse gefährlichen Maße befürchtet. „Man zeigt auf das drohende Ungetüm der Bankokratie, der leichtsinnig ein neues großes Feld überantwortet wird; man warnt vor dem Staate im Staat, den die industrielle Geldmacht mit einer so wichtigen Handhabe zweifelsohne nur immer unerträglicher ausbilden werde“ [2]). Diese Voraussicht hat sich in der Tat bei unzureichender Regulierung der Privatbahngesellschaften in gewissem Maße bewahrheitet. Die Plutokratie, deren sich England und vollends die Vereinigten Staaten erfreuen und die dort die gerühmte Demokratie fälscht und zu einem leeren Scheine herabdrückt, ist zu einer starken Macht herangewachsen, wenngleich ja wohl die Eisenbahnen bei weitem nicht ihren einzigen Nährboden gebildet haben. Daß diese Macht durch ihre Einflüsse dazu beigetragen hat, die rechtzeitige Umkehr vom falschen Wege im Privatbahnwesen zu verhindern, wird kaum zu bezweifeln sein. Der erste Versuch einer Reaktion gegen sie war jene Volksbewegung in den Vereinigten Staaten, die in ihrer Auswirkung zum Bundesverkehrsgesetze geführt hat. Ein starker Gegner aber ist ihr nun im Sozialismus erwachsen, der im Staatsbahnsystem eine wirksame Waffe gegen sie erblickt. In diesem Sinne hat er in beiden Staaten die Überleitung der Privatbahnen in den Staatsbetrieb als Forderung erhoben. Anschließend auch in Frankreich. Mit der Verstaatlichung gedenkt der

---

[1]) Eine Anekdote ist manchmal lehrreicher als lange Auseinandersetzungen. War da einmal in Fiume eine Konferenz österreichischer und ungarischer Eisenbahnleute. Der Generaldirektor der ungarischen Staatsbahnen wandelte am Hafenkai mit einem österreichischen Eisenbahndirektor auf und ab. Der Österreicher wollte seinem ungarischen Kollegen etwas Angenehmes sagen und beglückwünschte ihn zu den schönen Erfolgen seiner Tätigkeit. Der aber wehrte bescheiden ab: „Ich danke Dir, lieber Freund, aber Du mußt bedenken, daß ich jeden ungeratenen Sohn von ganz Ungarn muß anstellen!“ Aber, begann der Österreicher wieder, der Güterverkehr ist doch so lebhaft und einträglich. und wies dabei auf die lange Reihe von Wagen hin, die mit Getreide für die Ausfuhr beladen, am Kai der Entladung ins Schiff harrten. „Schön, schön, lieber Freund, aber was wirst Du erst sagen, wenn Du bedenkst, daß ich für jeden Wagen, den Du da siehst, 10 Gulden muß aufzahlen!“ Die ungarische Gentry, die die innere Politik beherrschte, hatte es eben verstanden, die Staatsbahnidee ihren Interessen dienstbar zu machen.

[2]) Knies, a. a. O., S. 39.

Sozialismus selbstverständlich die eigene Suppe zu kochen. Das Staatsbahnsystem wird eben stets von denjenigen Klassen und Parteien auf den Schild gehoben, die in ihm ein Mittel zur Ausübung oder Stärkung ihrer politischen Macht erblicken. So ist ja eigentlich schon in der Forderung der Verstaatlichung mit Bezug auf das Tarifwesen der politische Beweggrund mitbestimmend. Das Verlangen nach Förderung der heimischen Volkswirtschaft durch die konzentrische Macht des Staates, in welchem aber diejenigen Volkskreise, denen solche Förderung in erster Linie zugute kommt und die diese in bestimmter Richtung zu lenken hoffen, die herrschende Stellung einnehmen, war in mehreren Ländern Zentraleuropas die treibende Kraft im Systemwechsel. Der Sozialismus befolgt nur das Beispiel der bürgerlichen Parteien, wenn er die politische Macht, zu der er durch die Revolution gelangt ist, im Sinne seiner Interessen anwendet. Wie die Verwaltung beschaffen sein wird, wenn er die Forderung durchsetzt, an ihr durch Vertreter des Personales mit maßgebendem Einfluß teilzunehmen oder sie gar berufsgenossenschaftlich allein zu führen, ist eine andere Sache. Eine Abkehr vom Staatsbahngedanken wäre indes durch diese Aussichten nicht begründet, denn wenn überhaupt mit einer dauernden Herrschaft der Sozialdemokratie im Sinne ihrer gegenwärtigen Phase zu rechnen wäre, würden ihr auch die Privatbahnen nicht entgehen.

Die deutschen Volkswirte der sozialpolitischen Richtung waren dem Sozialismus auf halbem Wege entgegen gekommen. Die Forderung nach „Einengung des Gebiets privatwirtschaftlicher Spekulation“ und der „Vermehrung des öffentlichen gegenüber dem privaten Eigentum“ ist erklärlicherweise für diejenigen, welche sie vertreten, gleichfalls ein in die Wagschale fallendes Motiv für das Staatsbahnsystem.

Übergang zum Staatsbahnsystem und Abschluß der Entwicklung. Die zusammenfassende Erwägung der erörterten Gesichtspunkte ergibt wohl die Bestätigung des vorangestellten Ausspruches: daß zu einem bestimmten Entscheide für das eine oder das andere System nur in jedem einzelnen Falle zu gelangen ist. Handelt es sich hierbei um den Übergang von einer Verwaltungsform zur anderen, so geben eben die verglichenen konkreten Umstände, wie: befriedigende oder unbefriedigende Gebarung der Privatbahnen, bestehende hohe und gewünschte niedrige Tarife, geeignete oder ungeeignete Staatsadministration, gute oder schlechte Finanzen usw. den Ausschlag. Die preußische Denkschrift v. J. 1879 nimmt allgemeinen Staatsbetrieb als das Endziel der Entwicklung in Aussicht und begründet diese These — mit zwar unbestimmten, doch für uns nicht inhaltleeren Ausdrücken: „Wann diese letzte Entwicklungsphase des Eisenbahnwesens in den einzelnen Staaten eintritt, hängt von den Besonderheiten des Landes und der Staatsform, von dem Maße des Bedürfnisses und davon ab, ob die Vorbedingungen für die Konzentration des Eisenbahnwesens in der Hand des Staates sich mehr oder weniger günstig gestalten."

Überblickt man die einschlägigen Umstände in den verschiedenen Staaten, so kann für den unbefangenen Beobachter kein Zweifel darüber herrschen, daß der Entwicklungsgang in der Tat diese Richtung nimmt, sowie über die Gründe, welche ihn bestimmen.

Daß das Staatsbahnsystem unter allen Umständen — entsprechende Staatszustände vorausgesetzt — besser ist als ein schlechtes Konzessionssystem, wird niemand verkennen.

Ebensowenig, daß es leichter ist, ein verfehltes Konzessionsystem durch Übergang zum Staatsbetrieb zu beseitigen, als es aus sich heraus zu bessern. Auch ist ersichtlich, daß es für gewisse Fälle, wie das gemischte System und ein unhaltbares Pachtsystem, keine andere Lösung als den Ersatz durch den Staatsbetrieb gibt. Schon diese Erwägungen haben in einem gewissen Umfange zum Staatsbahnsystem geführt. Hierzu kommt eine staatliche Entwicklungstendenz allgemeiner Natur, welche die Gegenwart beherrscht. Das Kollektivleben zeigt einen Drang nach Steigerung im intensiven Sinne und diese vollzieht sich am kräftigsten durch den Staat. Daher das übereinstimmende Vorgehen der Kulturvölker, den Staat mit immer umfassenderen Aufgaben und einem steigenden Einflusse auf das Leben des einzelnen Staatsangehörigen auszustatten. In diese Richtung fällt eben die Überführung der Eisenbahnen in den unmittelbaren Staatsbetrieb: die Verstaatlichung. Die „Sozialisierung" ist hiermit längst gegeben, freilich nicht im parteimäßigen Sinne des Schlagwortes des zur Herrschaft gelangten Sozialismus. Die Zusammenfassung und Steigerung der Einzelkräfte in jener Kollektivisierung hat aber im Ringen um die äußeren Existenzbedingungen eine egoistische Spitze gegen andere Verbände gleicher Art. Das Vorgehen von einer Seite regt zu gleichem von anderer Seite im Sinne des Wettkampfes an und auf diese Weise ist die Verstaatlichung in mehreren Staaten die Folge des von einer Seite gegebenen Beispiels gewesen.

Der Ausbau des Netzes der Haupt- und Nebenbahnen und der im Vorschreiten der Entwicklung sich vollziehende Ausbau der Wirtschaft des Landes auf den gegebenen natürlichen Grundlagen und innerhalb der durch diese gezogenen Grenzen bewirken eine Erleichterung der Verwaltungsaufgaben gegenüber dem Zustande im Flusse der Entwicklung; eine gewisse Vereinfachung (vielleicht bezeichnet das Wort Stabilisierung den Gedanken besser), und nachdem auch die Technik zu einem Reife- und Vollendungszustande gelangt ist, wird die Verwaltung des Bahnwesens dem Gebaren in den übrigen Zweigen der Staatstätigkeit verwandter, so daß die Schwierigkeiten, welche in dieser Hinsicht früher etwa bestanden haben mögen, ferner nicht mehr mitspielen. Die Eisenbahn-Verwaltung wird auch dann der Verwaltung von Post und Telegraph nicht gleichzustellen sein, aber eine gewisse Annäherung in der berührten Hinsicht wird sich einstellen.

Dieser Entwicklungsgang nötigt jedoch Staaten, die mit ihrem Konzessionsystem zufrieden sind, keineswegs zu vorzeitigem Aufgeben desselben. Vielmehr können sie den Ablauf der Konzessionen mit Rücksicht auf den darin gelegenen finanziellen Vorteil abwarten. Bei Eintritt jenes Zeitpunktes erfolgt dann der Übergang zum Staatsbahnsystem selbsttätig. Das gleiche gilt selbstverständlich für Staaten, welche Konzessionen für Zweigbahnen, die an die Staatsbahnlinien anschließen, verliehen haben.

Eine Einschränkung in zeitlicher Hinsicht von vorläufig unabsehbarer Dauer ist nur bezüglich derjenigen Staaten zu machen, deren innere Struktur den Aufgaben der eigenen Verwaltung der Eisenbahnen nicht gewachsen ist, wie z. B. in orientalischen Ländern. Hier steht dem Konzessionsystem noch auf unbestimmte Zeit ein Geltungsgebiet offen. In Staaten, in welchen mit den wechselnden Regierungen auch die Grundsätze der Verwaltung wechseln und die Verwaltung nicht durch festangestellte, berufsmäßig vorgebildete, sondern durch Beamte, welche die jedesmalige Regierungspartei ohne Rücksicht auf ihre Befähigung anstellt, geführt wird, wäre die Einführung des Staatsbahnsystems höchst bedenklich. Es müßte vorher mit diesem Regierungssystem gebrochen, mindestens die Eisenbahnverwaltung davon ausgenommen werden. Undurchführbar erscheint das wohl nicht, wenn anders anzunehmen ist, daß die Bevölkerung die Früchte dieser „Demokratie“ endlich satt bekommen werde. Hier wird indes voraussichtlich die Macht der arbeitenden Klassen, wenngleich im einseitigen Partei-Interesse, die Lösung erzwingen.

Die Entwicklung ist schon weit vorgeschritten. Zu Beginn des zweiten Jahrzehnts unseres Jahrhunderts waren von dem Eisenbahnnetze des kontinentalen Europa rund 60% der Linienlänge Staatsbahnen. Scheidet man Frankreich aus, woselbst die Staatsbahnlinien nur 18% des Gesamtnetzes ausmachen, so stellt sich das Verhältnis für die übrigen Staaten auf 70%. Wenn wir auch diejenigen Staaten einschließen, welche das Kleinbahnwesen der Privatunternehmung überlassen oder an ihr Staatsbahnnetz anschließende Nebenbahnen in geringer Ausdehnung konzessioniert haben, so zählen zu den Staatsbahnländern: Belgien, Bulgarien, Dänemark, Deutschland, Italien, Niederlande, Norwegen, Rumänien, Schweiz, Serbien. In dem ehemaligen Österreich-Ungarn war die Verstaatlichung schon weit gediehen und ihre vollständige Durchführung nur eine Frage der Zeit, in Rußland umfaßten die Staatsbahnen ca. $^3/_5$ des Gesamtnetzes. Spanien, Griechenland und die Türkei wiesen zu dem bezeichneten Zeitpunkte noch keine Staatsbahnen auf.

Von außereuropäischen Ländern kommen in vorliegender Hinsicht hauptsächlich die englischen Kolonien in Betracht. In diesen hat die Regierung schon frühzeitig sich entschlossen, in die Entwicklung des Eisenbahnnetzes, soweit sie durch die Privatunternehmung, je nach den im einzelnen Falle entscheidenden Ursachen, nicht im erwünschten Maße vor sich ging, durch Staatsbau einzugreifen, unbeirrt von den Eisenbahnverhältnissen des Mutterlandes, deren Unanwendbarkeit bei den wirtschaftlichen und Finanz-Zuständen der Kolonien nach anfänglichen Versuchen alsbald zutage trat. Daß in den australischen Kolonien, in welchen die wirtschaftlichen Unterlagen für Privatbahnunternehmungen insbesondere ungünstig waren und eine sozialistisch gefärbte Demokratie die Herrschaft erlangt hat, in Kürze das Staatsbahnsystem beinahe ausschließlich zur Durchführung gelangte, wird niemand wundernehmen.

Die Einzelheiten betreffend die übrigen außereuropäischen Staaten und die genauen Daten der Entwicklung in den europäischen Ländern sind aus dem geschichtlichen Abschnitte zu entnehmen.

3. Die Organisation der Eisenbahnverwaltung.

Organisation der staatlichen Verwaltung des Eisenbahnwesens. Wir haben nunmehr eine Übersicht der verwaltungstechnischen Einrichtungen zu gewinnen, mittels deren sowohl die staatliche Betätigung auf dem Gebiete des Eisenbahnwesens in ihrer Gesamtheit vor sich geht, als auch jedes einzelne Eisenbahnunternehmen seine Zwecke nach dem Gesichtspunkte der Wirtschaftlichkeit zu erreichen sucht [1].

Wenn wir von Organisation sprechen und darunter — in Ermangelung einer besseren Begriffserklärung — eine Einrichtung verstehen, die durch planmäßige Wechselbeziehung von Zwecken und Mitteln in allen ihren Einzelheiten den höchsten Gesamterfolg im Sinne des gesteckten Zieles herbeizuführen geeignet ist (Bd. I, S. 138), so drängt sich uns die Wahrnehmung auf, daß die Verwaltung im Verkehrswesen, insbesondere auch im Eisenbahnwesen, einerseits Organisation leistet, andererseits Organisation bedarf. Im voranstehenden Kapitel (S. 90ff.) haben wir bei Erörterung der Planmäßigkeit der Anlage und der Einheitlichkeit von Anlage und Betrieb die Verwaltung solcherart Organisation leisten sehen; hier handelt es sich nun darum, daß die Verwaltung ihrerseits durch Organisation in den Stand gesetzt wird, ihren Aufgaben mit dem erreichbar höchsten Grade von Vollkommenheit zu entsprechen; hier bildet den Gegenstand der Untersuchung, wie die Verwaltung organisiert wird. Solches geschieht durch wohlbedachte, vom Zweck bestimmte Einrichtungen und ebenso berechnete Abgrenzung des Wirkungskreises der erforderlichen Dienststellen auf Grund planmäßiger Bereitstellung der nötigen persönlichen und sachlichen Mittel. Das Erfordernis einer Organisation in diesem Sinne besteht sowohl für den Staat, wie überhaupt für seine Wirksamkeit, so auch für diese auf dem besonderen Gebiete, als auch für jede einzelne Eisenbahn, die als eigenes Unternehmen den der Verkehrsleistungen Bedürftigen gegenübertritt.

Die Organisation, an sich eine verwaltungstechnische Maßnahme, erhält durch den Einfluß, den sie auf die gedeihliche Funktion der Eisenbahnen ausübt, zugleich den Charakter einer wirtschaftlichen Maß-

[1] In der Kapitelüberschrift ist also das Wort Verwaltung im Doppelsinne gebraucht, auf den S. 43 aufmerksam gemacht wird.

nahme. Somit bildet sie das Bindeglied zwischen Verwaltung und Ökonomik und ihre Darstellung hat daher als Abschluß der ersteren und Einleitung zur letzteren die richtige Stelle.

Ihr Inhalt ist vorgezeichnet. Es gilt darzustellen: erstens die Einrichtungen der staatlichen Verwaltung des Eisenbahnwesens, zweitens die Gliederung und Zuständigkeit und die Vorsorgen für die Geschäftsabwicklung der Dienststellen, die den Betrieb einer Eisenbahn (Eisenbahnverwaltung im engeren Sinne des Wortes) zu führen haben. Entsprechend der allgemeinen Anlage unserer Untersuchungen haben wir vornehmlich die inneren Bestimmungsgründe der hier in Betracht zu ziehenden Einrichtungen und ihren Zusammenhang mit der gesamten Wirtschaft zu erörtern.

Kaum der Erwähnung bedarf es, daß für jede solche Organisation die gegebenen Bedingungen verfassungsrechtlicher, staatsfinanzieller, sozialer, nationaler, wirtschaftlicher und geographischer Natur in jedem Lande genauestens zu beachten sind. Ferner darf nie vergessen werden, daß eine richtige Organisation einer Unternehmung der inneren Wesenheit, dem örtlichen und geschäftlichen Umfange und den arbeitstechnischen Anforderungen des bestimmten Betriebes, der gegebenen Intensitätstufe der gesamten Wirtschaft und der konkreten Unternehmung, sowie den fortwährend sich ändernden Verhältnissen angepaßt werden muß. Daraus erhellt ohne weiteres, daß es keine für alle Umstände, Länder, Betriebe und Zeiten passende, ideale Organisation geben kann, daß vielmehr auch in dieser Beziehung „Individualisierung“, d. h. die Anpassung an den gegebenen einzelnen Fall, unerläßlich ist. Nur darf nicht die seit dem Kriege üblich gewordene Überschätzung der Wirkungen einer Organisation die Oberhand behalten. Denn schließlich kommt es für den Erfolg eines Konzertes mehr auf den Geiger an als auf die Geige. Die Handhabung durch einen tüchtigen pflichtgetreuen Beamtenkörper unter einer auf der Höhe ihrer Aufgabe stehenden Leitung ist vielmehr die unumgängliche Voraussetzung der Bewährung einer Organisation und vermag selbst eine minder gelungene bis zu einem gewissen Grade zu ersetzen.

Die Eisenbahn-Behörden und ihr Wirkungskreis. Die zur Bewältigung der Aufgaben der staatlichen Verwaltung des Eisenbahnwesens zu schaffenden Einrichtungen dienen: der staatlichen Willensbildung auf dem Gegenstandsgebiete (Erlassung von Gesetzen und Verordnungen), der Überwachung der Durchführung dieser staatlichen Anordnungen und der Sicherung der den Absichten der Staatsverwaltung entsprechenden Gebarung der vorhandenen Eisenbahnunternehmungen. Man faßt häufig diese drei oder auch nur die beiden letzten Richtungen staatlicher Einflußnahme auf das Eisenbahnwesen als „Ausübung der staatlichen Eisenbahnhoheit“ zusammen.

Bezüglich der organisatorischen Fürsorge für die Ermöglichung der bindenden staatlichen Willensbildung bedarf es nur der Bemerkung, daß diese Tätigkeit selbstverständlich den durch die geltende Staatsverfassung hierzu berufenen Stellen vorbehalten sein muß. Es kann sich aber empfehlen, zur Vorbereitung der Gesetzentwürfe und zur Erlassung der Durchführungsverordnungen über das Eisenbahnwesen (oder auch das gesamte Verkehrswesen eines Landes) eine besondere Behörde, und zwar eine solche obersten Ranges (Ministerium, Staatsamt oder sonstwie benannt) zu errichten, der dann auch die beiden anderen Zweige der staatlichen Eisenbahnhoheit entweder unmittelbar oder durch Schaffung besonderer Hilfsstellen zur Wahrnehmung übertragen werden.

Ob ein besonderes Eisenbahnministerium zu errichten sei, wird in der Praxis von der etwa überwiegenden Bedeutung des Eisenbahnwesens gegenüber den anderen Zweigen der Verkehrsmittelverwaltung und namentlich von etwa vorhandenen politischen Rücksichten abhängen. Grundsätzlich ist wohl die Vereinigung sämtlicher im Staate vorhandenen Verkehrszweige in einer obersten Stelle (Verkehrsministerium) das richtigste, weil nur so die Einheitlichkeit der staatlichen Willensbildung und die gleichmäßige Wahrnehmung aller Verkehrsbedürfnisse gewährleistet ist. Für kleine Verhältnisse wird aber die Angliederung einer besonderen Verkehrs- (Eisenbahn-) Abteilung an eine andere oberste wirtschaftliche Staatsbehörde genügen.

Wenn man unter „Verkehrs- (Eisenbahn-) Politik" alle Betätigungen eines Staates versteht, welche die Verkehrsmittel (die Eisenbahnen) unter den konkreten Zeitumständen seinen politischen, militärischen, Kultur- und Wohlfahrtszwecken dienstbar machen sollen, so kann man kurz als die Aufgabe einer solchen obersten Verkehrsbehörde die Bestimmung und Durchsetzung der staatlichen Verkehrs- (Eisenbahn-) Politik bezeichnen, wozu natürlich ihr Leiter als Mitglied der Regierung berufen ist.

Ministerien für das gesamte Verkehrswesen oder doch für die Mehrzahl der Verkehrszweige bestehen: in Deutschland das neue Reichsverkehrsministerium, in England das Ende 1919 errichtete Verkehrs-Ministerium, in Österreich auch seit 1919 das Staatsamt für Verkehrswesen (dem nur das Straßenwesen nicht untersteht), in Frankreich das Ministerium der öffentlichen Arbeiten, in Belgien das Ministerium für Eisenbahnen, Post und Telegraphie, das auch die Schiffahrt verwaltet. In kleinen Staaten mancherlei Besonderheiten: So war z. B. in Deutschland vor dem Übergange der Eisenbahnen an das Reich (1920) in Sachsen das Eisenbahnwesen dem Finanzministerium, in Baden bis 1911 und Bayern bis 1906 dem Ministerium des regierenden Hauses und der auswärtigen Angelegenheiten angegliedert. In Schweden besorgt das Ministerium des Innern die Eisenbahnangelegenheiten. In Österreich bestand bis zum Jahre 1896 und in Ungarn besteht noch jetzt im Handelsministerium eine besondere Eisenbahnabteilung.

In Ländern, in denen ein an Umfang halbwegs bedeutendes Privatbahnnetz vorhanden ist, muß für die Wahrnehmung der Staatsaufsicht, d. i. für die Überwachung der Befolgung der allgemeinen und der eigentlichen Eisenbahngesetze, insbesondere aber der Sicherheit des Bauzustandes und der Betriebsführung der einzelnen Eisenbahnunternehmungen, ferner der Einhaltung der den Eisenbahnen in den Konzessionen auferlegten besonderen Verpflichtungen, sowie für die Überwachung der durch Subventionen, Garantien oder Gewinnbeteiligung des Staates u. dgl. entstandenen finanziellen Beziehungen zwischen Eisenbahnen und Staat organisatorisch besonders vorgesorgt werden. Dies kann entweder durch Errichtung einer eigenen staatlichen Aufsichtsbehörde oder durch Betrauung einer Abteilung der obersten Eisenbahnbehörde mit diesen Aufgaben geschehen. Welches von beiden, hängt lediglich von dem Umfange dieser Geschäfte ab, der natürlich seinerseits wieder von der Ausdehnung und der Verkehrsdichte der bestehenden Privatbahnen und einer Reihe anderer Umstände bedingt ist (politische Einflüsse, selbst Volkscharakter usw.). Für die durchgreifende Wirksamkeit einer solchen Behörde ist nebst dem ihr durch Gesetz zuzuweisenden Wirkungskreise die Einräumung genügender Handhaben, Zwangsmittel zur Durchsetzung ihres Willens, also eine gewisse administrative Zwangsgewalt, unerläßlich. Hiervon hängt ganz wesentlich die ersprießliche Funktion der Privatbahnen als delegierte Unternehmung ab. Aus dem Mangel solcher Befugnisse ist der durch lange Zeit beklagte geringe Erfolg der englischen und nordamerikanischen Einrichtungen (*Board of Trade, Interstate Commerce Commission*) zu erklären.

Eigene Ämter solcher Art waren: in Deutschland das Reichseisenbahnamt, dem auch ein Aufsichtsrecht über die Staatsbahnen der einzelnen Bundesstaaten zustand), im früheren Österreich die General-Inspektion der österreichischen Eisenbahnen (die seit 1920 infolge der Kleinheit der nach dem „Friedensschlusse" verbliebenen Privatbahnen aufgelöst wurde, und deren Geschäfte seither vom Staatsamte für Verkehrswesen durch die einzelnen (sachlich zuständigen) Departements besorgt werden). Die amerikanischen *Railroad Commissions*, deren Wirksamkeit wiederholt berührt wurde, zählen ebenfalls hierher. Sie unterscheiden sich von den europäischen Einrichtungen dadurch, daß, wie wir wissen, gegen ihre Verfügungen an die Gerichte appelliert werden kann und sie erst nach und nach mit einer gewissen Vollzugsgewalt, ja darüber hinausgehend sogar mit einem gewissen Anordnungsrechte ausgestattet wurden; beispielsweise also nicht bloß zu überwachen haben, ob die geltenden Höchsttarife eingehalten werden, sondern berechtigt sind, solche Tarife selbst aufzustellen. In England bestand bis zum Jahre 1919 im *Board of Trade* eine besondere Abteilung für die Staatsaufsicht, die allerdings auch erst im Laufe der Jahre durch eine große Anzahl von besonderen Gesetzen sowohl ihrem Inhalte als ihrem Umfange nach geregelt wurde.

Schon aus der Zweckbestimmung solcher Behörden folgt, daß ihrem Aufsichtsrechte nur die Privatbahnen zu unterstellen sind. Dessen Erstreckung auch auf den eigenstaatlichen Eisenbahnbetrieb erscheint als Aufsicht des Staates über sich selbst, ist zumindest dort überflüssig, wo die Staatseisenbahnverwaltung sich ihrer Aufgaben bewußt ist und sie auch erfüllt. Anders verhält es sich in einem Bundestaate, in dem die Eisenbahnen nicht Bundesbahnen, sondern Eigentum der Gliedstaaten sind. Dort ist sehr wohl eine besondere Reichsaufsichtsbehörde als Kontrollorgan, das über den einzelnen Staatsbahnverwaltungen der Gliedstaaten steht, denkbar und nötig. Die Eisenbahnzustände in Deutschland nach der früheren Verfassung haben die praktischen Schwierigkeiten eines solchen Verhältnisses gezeigt. In dieser Beziehung bietet auch die schweizerische Eisenbahngeschichte ein lehrreiches Beispiel, da es Jahrzehnte dauerte, bis sich der Bund den nötigen Einfluß auf die der Kantonalgewalt unterstehenden Eisenbahnen sichern konnte [1]).

Betreffend die innere Gliederung der obersten staatlichen Eisenbahnbehörde in dem bisher im Auge behaltenen Sinne genüge der Hinweis, daß für die Wahrnehmung der Eisenbahnpolitik zumeist nur wenige, allerdings sehr erfahrene Männer genügen, daher keine oder nur sehr wenige Abteilungen (Departements) erforderlich sind, deren Geschäftskreis sich natürlich nach den gegebenen Verhältnissen der einzelnen Länder und nach dem Umfange der einem solchen Amte durch die Gesetzgebung übertragenen Aufgaben richtet.

Für die Wahrnehmung der Staatsaufsicht im eigentlichen Sinne des Wortes aber ist zumeist ein zahlreiches Personal nötig, das nach den verschiedenen fachlichen Richtungen, auf die sich die Aufsichtstätigkeit zu erstrecken hat, in Gruppen, Abteilungen usw. zusammenzufassen und für die Ausübung seiner Aufsichtsbefugnisse mit weitgehender Selbständigkeit auszustatten ist. Bei sehr ausgedehntem Privatbahnnetze kann sich sogar eine gewisse örtliche Verteilung der Aufsichtsstellen über das ganze Netz empfehlen, wie solche z. B. in Frankreich besteht.

In Ländern mit Staatsbahnbetrieb neben Privatbahnen ist die richtige Abgrenzung des staatlichen Hoheitsrechtes von der obersten Führung des Staatsbahnbetriebes innerhalb der obersten Eisenbahnbehörde eine schwierige und heikle Aufgabe. Denn in dieser Behörde müssen die beiden wesensverschiedenen Funktionen in gewissem Sinne und Maße zusammenlaufen, weil eben eine große Reihe von Betriebsgeschäften der Staatsbahnen durch dieselbe oberste Eisenbahnbehörde besorgt werden muß; eine Notwendigkeit, die sich unvermeidlich aus der finanziellen und parlamentarischen Verantwortlichkeit des Leiters dieser Behörde ergibt. Es kann da leicht der äußerst mißliche und dem Ansehen dieser Behörde und ihrer Verfügungen abträgliche Zustand eintreten, der durch das Schlagwort „Richter und Partei in einer Person" hinreichend bezeichnet ist. Bei der Vielheit rechtlicher und

---

[1]) Darüber Weißenbach, „Das Eisenbahnwesen der Schweiz", 1913/14, und „Die Eisenbahnverstaatlichung in der Schweiz", 1905 und 1912.

finanzieller Beziehungen, geschäftlicher Verknüpfungen und dienstlicher Berührungen, die sich zwischen den Staatsbahnen und Privatbahnen infolge des durchgehenden Verkehres und anderer Gründe ergeben, kann bei der Wahrnehmung der Interessen des Staatsbetriebs und des staatlichen Hoheitsrechtes durch ein und dieselbe Behörde, z. B. bei der Genehmigung oder Ablehnung von zwischen den beiderseitigen Betrieben geschlossenen Verträgen, ein unlöslicher Widerstreit zwischen der vom Standpunkte der Wahrung der Eigeninteressen des Staatsbetriebes und der vom Standpunkte der Wahrung des Allgemeininteresses gebotenen Haltung eintreten: es tritt dann leicht die Versuchung an die Behörde heran, ihre aufsichtsbehördliche Entscheidung durch die Interessen des Staatseisenbahnbetriebes beeinflussen zu lassen. In den meisten Ländern wird daher gefordert, daß die Aufsichtstätigkeit von der Betriebsführung zumindest durch Bildung besonderer Geschäftsabteilungen getrennt gehalten werde, damit nicht im Ministerium derselbe Beamte nach beiden Richtungen hin zu arbeiten und zu entscheiden hat.

Als Beispiel sei die Geschäftseinteilung des neuen deutschen Reichsverkehrsministeriums erwähnt, das neben den Abteilungen für die oberste Geschäftsführung des Reichseisenbahnbetriebes eine besondere „Aufsichtsabteilung“ besitzt. Im österreichischen Eisenbahn-Ministerium war, und seinem Nachfolger, dem Staatsamt für Verkehrswesen, ist die bedenkliche Zusammenlegung der beiden Geschäftsrichtungen vorhanden, weshalb dort die Öffentlichkeit auf Beseitigung dieses Zustandes drängt.

Die meiste Gewähr in der in Rede stehenden Richtung bietet jedenfalls die Errichtung einer ganz selbständigen Stelle, der gesetzlich die Ausübung des staatlichen Aufsichtsrechtes im engeren Sinne übertragen wird.

Die Organisation des Staatseisenbahnbetriebes.[1]) **Zusammenhang mit den übrigen Staatsverwaltungszweigen und seine Folgen.** Für den Staatseisenbahnbetrieb können, soweit die Organisation der Eisenbahnverwaltung aus dem Wesen der Eisenbahn und den Anforderungen einer Geschäftsführung sich ergibt, keine anderen Bestimmungsgründe in Frage kommen als für Privatbahnen. Nur soweit der Staatsbesitz seine Konsequenzen geltend macht, zeigen sich notwendigerweise Unterschiede. Abgesehen von letzteren gilt daher die folgende Darstellung für Eisenbahnen überhaupt. Es ist jedoch den Ausführungen die Verwaltung der Staatseisenbahnen zugrunde gelegt worden, um eben jene Eigentümlichkeiten zu berücksichtigen, die aus dem Staatsbesitze sich ergeben.

---

[1]) Unter „Betrieb“ ist hier ersichtlich die gesamte Tätigkeit der Verwaltung der Bahnen als Unternehmen verstanden. In einem engeren Sinne des Wortes wird es im Gegensatz zum Bau gebraucht, wie in der Überschrift des nächsten Kapitels und auch alsbald hier im folgenden Texte. Eine noch engere Bedeutung des Namens wird im Gange unserer Erörterungen hervorzuheben sein.

In dieser Hinsicht wird der Zusammenhang der vorliegenden Betätigung mit den übrigen Verwaltungszweigen und der Staatspolitik maßgebend. Besonders eng ist der Zusammenhang des Staatsbahnbetriebes mit der Finanzverwaltung. Gehen doch seine Erträge in die staatlichen Einnahmen und seine Ausfälle in die Staatsausgaben ein, seine Anlagen bilden in den meisten Ländern den Hauptteil des staatlichen Finanzbesitzes, seine Schulden den Hauptteil der Staatschulden. Der Einfluß des Finanzbedarfes der Staatsbahnen auf den allgemeinen Staatskredit ist daher sehr bedeutend. Selbstverständlich ist demnach, daß allen Staatsverwaltungszweigen, namentlich aber der Finanzverwaltung ein mehr oder minder weitgehender Einfluß auf die Gebarung des Staatsbahnbetriebes eingeräumt werden muß. Hierfür das richtige Maß zu finden, ist aber schwierig. Geht er zu weit in die Einzelheiten des Betriebes, z. B. wie in manchen Ländern bis auf die Bestellung und Besetzung einzelner Bedienstetenposten u. dgl., dann tritt eine schwere Hemmung der fachlichen Betätigung, aber auch eine ebensolche Einschränkung der Verantwortlichkeit der Eisenbahnverwaltung ein. Ist er nicht weit genug, dann kann sich leicht eine zu einseitige Betonung des sog. Betriebstandpunktes einstellen mit Hintansetzung der nötigen finanziellen Schranken.

Daher haben in der ersten Richtung die Schweiz und Italien ihrem Staatsbahnbetriebe eine weitgehende Unabhängigkeit (Autonomie) vom Finanzamte eingeräumt, desgleichen Deutschland bei der „Verreichlichung" seiner Staatsbahnen. In jedem Falle aber ist durch die gebotene Einordnung des Staatsbahnbetriebes in die Gesamtheit der staatlichen Verwaltung eine Beschränkung der Gebarung insoweit unvermeidlich, als diese der parlamentarischen Kontrolle in gleicher Weise unterworfen sein muß, wie die übrigen Verwaltungszweige. Die Staatseisenbahnverwaltung ist gehalten, für jede Wirtschaftszeitspanne einen genauen Voranschlag (Haushaltsplan) aufzustellen und ist zur Einhaltung des von der Gesetzgebung genehmigten Anschlages (Budgets) verpflichtet. All dies ergibt die Notwendigkeit, daß für den Staatsbahnbetrieb ein Mitglied der Regierung die Verantwortung hinsichtlich der Führung und Gebarung dieses Verwaltungszweiges übernehme, was nur dann, ohne in bloße Schaumschlägerei zu verfallen denkbar ist, wenn ihm der hierzu unentbehrliche Einfluß auf die Leitung und Überwachung des Betriebes selbst gesichert ist.

Die organisatorische Aufgabe besteht somit darin, ein Amt von derartiger Stellung und mit derartigem Wirkungskreise zu schaffen, daß seinem Inhaber die Übernahme der gedachten Verantwortlichkeit auch wirklich möglich wird. Es ist klar, daß dies nur ein Amt obersten Ranges, wie andere derartige Staatsämter, sein kann, da es geeignet sein muß, dem Inhaber die für seine Willensbildung, also die oberste Leitung, nötigen Unterlagen zu schaffen und die für die Überwachung der unteren Stellen erforderlichen persönlichen und sachlichen Hilfen zu bieten — also ein Ministerium. In einem solchen ist die Vereinigung der beiden Aufgaben der staatlichen Eisenbahnverwaltung (Bestimmung und Durchsetzung der staatlichen Eisenbahnpolitik und Führung der obersten Verwaltung des staatlichen Eisenbahnbetriebes) unter parlamentarischer Kontrolle vollzogen. Die Wirksamkeit der letzteren kann allerdings fraglich sein.

Zu einer gedeihlichen Verwaltung gehört indes auch persönliche Eignung und Unabhängigkeit des Inhabers der obersten Stelle. In Preußen haben die Verkehrsminister (Minister der öffentlichen Arbeiten), die in den letzten Jahrzehnten zumeist ausgezeichnete Fachmänner waren, jeder viele Jahre lang an der Spitze der Geschäfte gestanden und hatten dadurch Zeit und Gelegenheit, ihre Wirksamkeit voll zu entfalten, ohne durch Rücksichten der Parteipolitik gehindert zu sein. Was für Schäden Dilettantismus und parteimäßige Ausübung der Amtsgewalt eines Ministers anrichten können, war anderwärts (z. B. zeitweise im alten Österreich) mit Schaudern zu beobachten.

Aufgaben und äußere Gliederung der Geschäftsleitung. Notwendigkeit von Zwischenstellen. Für die weitere Gestaltung und Gliederung der Eisenbahnverwaltung kommt die bei jedem Unternehmen, insbesondere größeren Maßstabes, vorfindliche Scheidung zwischen der allgemeinen Geschäftsleitung und den einzelnen Betätigungen im Zweckbereiche des Unternehmens zur Geltung. Die erste ist der Bildung und der Sicherung regelmäßiger Betätigung des betreffenden Wirtschaftskörpers mit stetiger Anpassung an die wechselnden Bedingungen seines Weiterbestandes und seines Gedeihens gewidmet. Die zweite Gruppe von Tätigkeiten umfaßt alle die wiederkehrenden Wirtschaftsakte, mit denen der Wirtschaftskörper zu den übrigen Sonderwirtschaften in Tauschbeziehungen tritt, im vorliegenden Falle also die Ausführung der einzelnen Verkehrsakte.

Der Leitung, Geschäftsführung der Eisenbahn ist damit ein spezifischer Wirkungskreis vorgezeichnet. Von der leitenden Stelle müssen die allgemeinen, von allen ausführenden Stellen gleichmäßig zu befolgenden, einheitlichen Dienstanweisungen ergehen, sie hat für die den Verkehrsbedürfnissen entsprechende Anlage, Ausrüstung und betriebsichere Erhaltung der ganzen Bahn, für die Anstellung und Ausbildung der nötigen Bediensteten, für die Aufstellung des Wirtschaftsplanes, die Überwachung seiner Durchführung, die Bereitstellung der Geldmittel, Erfüllung der geldlichen und sonstigen Verpflichtungen des Unternehmens, für die stete Bereitschaft aller notwendigen Betriebstoffe, für die Erstellung der einzuhebenden Beförderungspreise, für die richtige Geldgebarung und die Überwachung der richtigen Einnahmen- und Ausgabenverrechnung sowie der gesamten Dienstesausübung der ausführenden Stellen usw. zu sorgen.

Außerdem hat sie diejenigen Einzelgeschäfte selbst auszuführen, die, ohne zur obersten Leitung oder Anordnung zu gehören, notwendig für das *ganze* Unternehmen (Netz) von *einer* Stelle besorgt werden müssen, wenn die erforderliche Wirtschaftlichkeit und Planmäßigkeit gewahrt werden soll. Solche Geschäfte sind z. B. die Aufstellung der technischen Normen und Typen, die laufende Anschaffung der wichtigsten Einrichtungs- und Verbrauchsgegenstände für den Betrieb wie: Fahrbetriebsmittel, Schienen, Schwellen, Kohlen usw., der Abschluß von allgemeinen Vereinbarungen mit anderen Verkehrsanstalten, einzelne Zweige der Personalwirtschaft, die Aufstellung der Grundzüge der durchgehenden Fahrordnungen für Personen und Güter, die oberste Verfügung über den vorhandenen Wagenstand u. a., Abrechnung über die für die Benützung fremder Wagen im durchgehenden Verkehr zu zahlenden oder fordernden Beträge, die Feststellung und Abrechnung und Ausgleichung der Einnahmen aus dem durchgehenden Personen- und Güterverkehre, die ziffermäßige Erstellung der Tarife samt allen Nebenarbeiten (Anteilstabellen, Wegleitungsvorschriften), die Verwaltung einzelner Fonds (z. B. der Alters-Versorgungsanstalten, Krankenkasse usw.).

Es kommt nun auf die Größe des Unternehmens (Netzes) und den durch die zu bewältigende Verkehrsdichte gegebenen Geschäftsumfang an, ob nicht zwischen diese oberste geschäftsführende Stelle und die ausführenden Stellen (Stationen usw.) eine oder mehrere Zwischenstellen, zumeist Direktionen, Betriebsdirektion usw. benannt, eingeschoben werden müssen. Die Notwendigkeit hierzu tritt dann ein, wenn der Umfang des Netzes und die Verkehrsdichte eine gewisse Grenze überschreiten, jenseits deren die leitenden Männer infolge der Begrenztheit der menschlichen Leistungsfähigkeit nicht mehr imstande sind, den nötigen Überblick über die anfallenden Geschäfte zu behalten. Die Erfahrung hat ergeben, daß bei der in wirtschaftlich fortgeschrittenen Ländern im Durchschnitte vorhandenen Verkehrsdichte eine Längenausdehnung von ungefähr höchstens 2000 *km* die Grenze für den Bereich eines von *einer* leitenden Stelle aus zu übersehenden Eisenbahnbetriebes darstellt. Bei größerer Verkehrsdichte muß unter Umständen unter diese Grenze beträchtlich herabgegangen, überschritten kann sie nur werden, wenn der Direktion gewisse Hilfsstellen zur Besorgung von Angelegenheiten minderer Bedeutung und zur Überwachung kleinerer örtlicher Gebiete beigegeben werden (Inspektionen u. ähnl.), die sich aber leicht zu für die Geschäftsführung abträglichen besonderen Instanzen auswachsen können und daher mit Vorsicht eingerichtet werden müssen.

Dies gilt für jede Eisenbahnunternehmung, weil aus der Natur des Betriebes fließend, und es bewirken die Eigentumsverhältnisse (Staats- oder Privatbahnen) in dieser Hinsicht keinen Unterschied. Für Staatsbahnnetze wird jedoch die Einrichtung von Betriebsdirektionen meist durch ihren Umfang nötig.

Von der preußisch-hessischen Staatsbahnverwaltung hat man vor dem Kriege oft gesagt, daß sie der größte industrielle Betrieb der Welt sei mit ihren 40 000 *km* Betriebslänge, 400 000 Bediensteten, 52 000 Millionen geleisteten Tonnenkilometern, 3500 Millionen Mark Verkehrseinnahmen und 3000 Millionen Mark Ausgaben, alles in runden Ziffern. Die neuen deutschen Reichseisenbahnen umfassen gar das Riesennetz von 53 102 km Ausdehnung. Es ist ohne weiteres klar, daß solche Unternehmungen in mehrere Teilbetriebe zerlegt werden müssen.

Bei der Neuorganisation der preußischen Staatsbahnen i. J. 1895 wurden rund 1400 *km* als das richtige Ausmaß der einer Direktion zuzuweisenden Linien angenommen; desgleichen auch in Bayern 1907. In Preußen ist allerdings seither durch die Verdichtung des Netzes die Zahl der Kilometer der meisten Direktionen beträchtlich darüber hinausgewachsen (an 2000 *km*). Im früheren Österreich galt theoretisch dieselbe Meinung. In Wirklichkeit schwankte die Betriebslänge der zuletzt bestandenen 16 Staatsbahndirektionen zwischen 392 und 1894 *km*; Ziffern, die ohne weiteres auf eine ganz irrationelle Bezirkseinteilung und das Hereinspielen äußerer Bestimmungsgründe weisen. Der österreichischen Staatsbahnverwaltung waren freilich diese Umstände wohl bekannt. Allein die Politik und die Furcht vor nationalen Weiterungen hielt sie ab, diesen Widersinn abzustellen.

Verhältnis der Bezirks-Direktionen zur obersten Stelle. Zentralisation, Dezentralisation, Instanzen. Ganz wesentlich ist selbstverständlich die Frage, wie das Verhältnis dieser Teilbetriebe (Direktionen) zur obersten Geschäftstelle zu gestalten sei. Sie dürfte allgemein in folgender Weise zu beantworten sein: Den Bezirksverwaltungstellen fallen naturgemäß einerseits alle Geschäfte der Leitung und Überwachung zu, die sich örtlich auf die nach den weiter unten darzulegenden Gesichtspunkten zu bildenden geographischen Teilgebiete des ganzen Betriebsumfanges einschränken lassen, und andererseits alle Betätigungen rechtlicher, wirtschaftlicher und betrieblicher Art, die über den Rahmen und die Aufgabe der rein örtlichen ausführenden dienststellen (Stationen, Heizhäuser usw.) hinausgehen, ohne selbst zur obersten Leitung zu gehören. Nur ist die Einschränkung zu machen, daß sie in allen rechtlichen Beziehungen zwischen Bahn und Bahnbenützern sowie ihrer Bediensteten nicht endgültig zu entscheiden haben, da in dieser Richtung der Weg zu den ordentlichen Gerichten und auch eine Vorstellung bei der obersten leitenden Stelle offen stehen muß. Dagegen erfordert die Führung der eigentlichen Betriebsgeschäfte ihres Bezirkes volle Selbständigkeit, selbstverständlich im Rahmen der von der obersten Stelle ausgehenden leitenden Grundsätze und Anordnungen, verbunden mit voller Verantwortlichkeit. Zu solchen Betriebsgeschäften gehören z. B. die Fürsorge für die örtlichen Verkehrsbedürfnisse innerhalb der zur Verfügung stehenden Mittel, also die Aufstellung der Detailfahrpläne für die Personen- und Güterzüge ihres Bezirkes, die Mitwirkung bei derselben Tätigkeit bezüglich des durchgehenden Verkehrs, die Ermittlung, die Anforderung und Aufteilung der Fahrbetriebsmittel, der Heizstoffe usw., die Ermittlung des Bedarfes, die Aufnahme und Ausbildung der Bediensteten höherer Rangstufen, die unmittelbare Verwendung und Nachprüfung der ihnen zugewiesenen Kredite, die Entwürfe und Ausführung kleinerer Erhaltungs-, Umgestaltungs- und Neubauten, die Leitung des Zugverkehres im Bezirke, die Verwaltung der für den Betrieb nötigen Vorräte und Verbrauchstoffe, die Überwachung der gesamten Dienstführung der ausführenden Stellen, insbesondere der Frachtberechnung, der Geldabfuhr und der Verrechnungen über alle Betriebseinnahmen und -Ausgaben der ausführenden Stellen usw. Um die oberste leitende Stelle in Kenntnis von allen Vorgängen wichtiger Art zu halten, ihr einen fortlaufenden Überblick über die finanziellen Ergebnisse des Betriebes zu ermöglichen und sie über alle durch unmittelbare Berührung mit den Verkehrtreibenden gewonnenen Erfahrungen und wahrgenommenen Verkehrsbedürfnisse allgemeiner Art unterrichtet zu erhalten, müssen sie endlich durch Berichte, Vorlagen und Anträge mit der obersten Stelle in fortwährender Verbindung stehen. Dem Leiter einer solchen Bezirkstelle (Direktion) kommt offensichtlich eine für die erfolgreiche Führung des Betriebes äußerst wichtige Stellung zu.

Im einzelnen ist allerdings die Abgrenzung der Geschäfte zwischen den beiden Arten von Verwaltungstellen eine Frage der Zweckmäßigkeit und der Erfahrung, ja auch der nationalen Eigentümlichkeiten der in Frage kommenden Bevölkerung und selbst politischer Verhältnisse, so daß ganz allgemein gültige Sätze hierüber kaum aufzustellen sind. Immerhin kann gesagt werden, daß dem wirtschaftlichen Wesen der Eisenbahnverwaltung als eines geschäftlichen Unternehmens, um mit dem Schlagworte des Alltags zu reden, die „Zentralisation“ der Willensbildung und grundsätzlichen Leitung an einer obersten Stelle, dagegen die „Dezentralisation“ aller Verwaltungsgeschäfte, die sich auf gewisse größere Bezirke einschränken lassen, somit der unmittelbaren Leitung und Überwachung des gesamten ausführenden Dienstes, auf eine Anzahl von Direktionen entspreche. Wenn man von „Instanzen“ als einander übergeordneten und untergeordneten Dienststellen reden will und dabei als Verwaltungstellen nur die oberste Stelle (Ministerium) und die Direktionen im Auge hat, so kann man von einem „Zwei-Instanzensystem“ sprechen, als der für die Eisenbahn am meisten geeigneten hierarchischen Gliederung ihrer Verwaltung [1]). Nur darf mit dem Worte „Instanz“ nicht der Begriff verbunden werden, daß alle Geschäfte nacheinander beide Instanzen zu durchlaufen haben. Vielmehr entspricht dem rasche

---

[1]) So insbesondere Hoff, „Fünfundzwanzig Jahre Eisenbahn-Verwaltungsordnung“, 1920. Auch Seydel, „Die Organisation der preußisch-hessischen Staatsbahnen“. 1919.

Arbeit unbedingt erfordernden Verkehre nur eine solche Geschäftseinteilung, bei der eine möglichst große Anzahl von Betriebsanordnungen und selbstverständlich alle Betriebsverrichtungen nur von einer einzigen Stelle ausgehen und von ihr endgültig unter eigener Verantwortung erledigt werden. Für diese reinen Betriebsvorgänge ist also nur das „Ein-Instanzensystem" am Platze, daneben dann für die bereits angedeuteten Geschäftsfälle das Zwei-Instanzensystem, wobei nur einerseits nicht so weit gegangen werden darf, wie es prinzipienreitende Praktiker nicht selten tun, die Lieferung von Unterlagen für die Entscheidung der höheren Stelle schon als Ausfluß des Mehrinstanzensystemes anzusehen, und andererseits festzuhalten ist, daß die tatsächlich vorhandene zweite Instanz nur auf Anrufen eines Beteiligten in Tätigkeit zu treten hat, so daß, wenn ein solches Anrufen nicht erfolgt, eben die Entscheidung der ersten Stelle endgültig wird. Wir kommen mithin zu dem Ergebnis, daß nicht ein „Entweder — oder", sondern ein „Und", d. h. beide „Systeme" nebeneinander, jedes für die Geschäftsfälle, für die es angemessen, für die Organisierung eines Eisenbahnbetriebes das richtige ist.

Besonderheiten der Organisation. Anschließend ist einiger Besonderheiten der Organisation zu gedenken, welche Einzelheiten betreffen, ohne den grundsätzlichen Aufbau der Organisation zu berühren. Sie haben in speziellen Umständen ihren Grund, sind daher keineswegs allgemein vorfindlich und ihre ersprießliche Wirksamkeit ist an die Bedingung geknüpft, daß eben die entwickelten Grundsätze einer richtigen Organisation durch sie nicht beeinträchtigt werden. Ihre kurze Anführung ist des Verständnisses wegen notwendig.

a) Verwaltungsrat. In einigen Fällen hat man versucht, die oberste Willensbildung für den Staatsbahnbetrieb im allgemeinen oder doch bezüglich der allerwichtigsten Geschäftsfälle einer durch Stimmenmehrheit beschließenden Körperschaft zu übertragen und hiermit eine Einrichtung nachzuahmen, die bei den Privatbahnen die Folge ihres juristischen Aufbaues als Gesellschaft (Aktiengesellschaft) ist: eine Anwendung des sogenannten Kollegialsystems (worüber später). Der Zweck, den man durch eine solche Einrichtung, die natürlich in verschiedener Gestalt verwirklicht werden kann, verfolgt, ist: die überwältigende Machtfülle und Verantwortung, welche die Leitung eines größeren Staatsbahnbetriebes mit sich bringt, nicht einem einzigen Manne oder einer Anzahl bureaukratisch denkender und arbeitender Beamten anzuvertrauen und aufzuerlegen (so in Italien) oder, dem vorherrschenden Zuge des ganzen Gemeinwesens folgend, gewählten Vertretern der Bevölkerung einen unmittelbaren Einfluß auf die Verwaltung der Staatsbahnen einzuräumen (so in der Schweiz). Wird die Einrichtung tatsächlich in diesem Sinne getroffen und gehandhabt, so liegt nichts anderes vor, als eben nur eine besondere Stelle für die Willensbildung, für welch letztere allerdings die fachlichen Vorarbeiten durch die oberste Geschäftstelle (Ministerium, Generaldirektion) geleistet werden müssen — immerhin eine gewisse Erschwerung und Verzögerung der Geschäftsabwicklung, aber doch keine neue „Instanz" im eigentlichen Sinne des Wortes, weil eben für die ihr zustehenden Geschäfte keine andere unter- oder übergeordnete Stelle zuständig ist. Für die Frage der Bewährung eines solchen Rates kommt es nur darauf an, ob nicht die erwähnten Erschwerungen und Verzögerungen zu groß werden, oder ob nicht notwendig Doppelarbeiten dadurch entstehen, so daß der theoretisch unleugbar vorhandene Vorteil in der Praxis aufgehoben wird, indem sich wirklich eine neue höhere Instanz für ein und dieselbe Sache herausbildet. Die Schweizer Einrichtung hat sich insofern nicht bewährt, als bisher der Verwaltungsrat einen Zwitter von Interessenvertretung und Geschäftsleitung darstellte.

b) Beiräte. Nicht zu verwechseln mit diesen beschließenden sind die in vielen Staaten auf Grund gesetzlicher Bestimmungen oder im Verwaltungswege eingesetzten beratenden Körperschaften, deren Aufgabe es ist, in regelmäßig wiederkehrenden Zusammenkünften der Staatsverwaltung in wichtigen Verkehrs-, insbesondere Tarif- und Fahrplanangelegenheiten, beirätliche Mitwirkung zu leisten. Sie sind Hilfsorgane, die der obersten Stelle oder auch den Direktionen mit ihren im praktischen wirtschaftlichen Leben gewonnenen Erfahrungen zur Seite stehen, die Wünsche der Verkehrtreibenden zu vermitteln und Gutachten über die Wirkung von Verwaltungsmaßnahmen auf die wirtschaftlichen Verhältnisse abzugeben haben. Für die Regel bezieht sich ihr Wirkungskreis auf bestimmte Maßnahmen der Staatsbahnverwaltung, vereinzelt werden sie aber auch in anderen Angelegenheiten zu Rate gezogen, z. B. betreffend die Organisation der Staatsbahnverwaltung oder die Beförderungsbestimmungen, soweit sie Verkehrsinteressen berühren. Formell ist die Eisenbahnverwaltung an ihre Beschlüsse nicht gebunden, es ergibt sich aber von selbst, daß diese die weitestgehende Berücksichtigung finden. Wenn die Einrichtung ihren Zweck erfüllen soll, so muß die Berufung der Mitglieder wesentlich der Wahl durch die Verkehrsinteressenten (Handelskammern, Landwirtschaftskammern usw.) anheimgegeben sein.

Solche Beiräte bestehen in Preußen seit 1882, und zwar der „Landeseisenbahnrat" als beratende Körperschaft des Ministeriums für öffentliche Arbeiten (zuletzt 47 Mitglieder) und die „Bezirkseisenbahnräte" bei den Staatsbahndirektionen. Sie wurden teils durch Wahl seitens gewisser öffentlicher Körperschaften, teils durch Ernennung seitens der Regierung zusammengesetzt. Auch die übrigen deutschen Bundesstaaten hatten solche Beiräte. Dem neuen Reichsverkehrsministerium steht provisorisch ein freigewählter Ausschuß zur Seite solange, bis auf Grund des Art. 93 der Verfassung die beirätlichen Körperschaften (Reichseisenbahnrat, Bezirksräte, wie früher) errichtet sind, worüber zur Zeit ein Gesetzentwurf dem Reichstag vorliegt. Außerdem besteht als selbständige Körperschaft neben dem Reichstag der Reichswirtschaftsrat mit einschlägiger Kompetenz.

In Österreich bestand seit 1889 der „Staatseisenbahnrat" mit ähnlicher Aufgabe und Zusammensetzung wie in Preußen, mit zuletzt 128 Mitgliedern. Seine fachliche Wirksamkeit war in den letzten Jahren vor dem Kriege durch das Eindringen politischer und nationaler Elemente und durch das übermäßige Hereinziehen rein örtlicher untergeordneter Fragen fast lahmgelegt worden.

In Frankreich besteht seit 1878 im Ministerium der öffentlichen Arbeiten ein „*Comité consultatif des chemins de fer*", berufen zur Abgabe von Gutachten über Gesetze, Tarifentwürfe, Verträge, Ausgabe von Teilschuldverschreibungen usw. Daneben ein *Conseil du Réseau de l'Etat.* Beide Körperschaften sind hauptsächlich aus hohen Staatsbeamten und Parlamentsmitgliedern und nur in untergeordnetem Maße aus Vertretern des Handels, der Landwirtschaft usw. zusammengesetzt. In Italien wurde 1907 bei der Generaldirektion der Staatsbahnen ein „allgemeiner Verkehrsbeirat" und bei den Bezirksdirektionen je ein Bezirksverkehrsausschuß eingesetzt; in Schweden 1907 ein „Eisenbahnrat".

c) Bestellung eines Staatssekretärs als fachlichen Vertreter des Ministers. Bleibt die Geschäftsführung der Staatbsahnen beim Wirkungskreise des Ministeriums, so kann es wünschenswert erscheinen, den Minister nicht in eigener Person mit der Leitung des Bahnbetriebes zu befassen. Dies ist in zweierlei Formen durchführbar.

Die eine ist die, daß dem Minister ein fachmännischer Stellvertreter (Staatssekretär) an die Seite gegeben wird, der, dem politischen Getriebe entrückt, lediglich die rein fachliche Seite des obersten Bahnbetriebes wahrzunehmen hat und dem die nötigen fachlichen Mitarbeiter zugewiesen sind, während die Bearbeiter der politischen und staatshoheitlichen Angelegenheiten unmittelbar dem Minister unterstellt sind, so daß auf diese Weise die Trennung von staatsaufsichtsbehördlichen und reinen Verwaltungs-Geschäftsangelegenheiten gewährleistet ist. Eine solche Einrichtung stellt sich als nichts anderes als eine persönliche Entlastung des Ministers dar, bringt auch Stetigkeit in die Verwaltung selbst, soll aber keine besondere „Instanz" darstellen. So einfach dies klingt, so schwer ist es durchführbar, namentlich wenn einer oder der andere Funktionär oder gar beide tatkräftige, ideenreiche und zielbewußte Männer sind. Denn wenn die parlamentarische Verantwortlichkeit des Ministers auch für den Staatsbahnbetrieb einen Sinn behalten soll, muß er sich doch mindestens in den großen und richtunggebenden Fragen der Staatseisenbahnverwaltung eine gewisse Einflußnahme vorbehalten und Doppelarbeit und Meinungsverschiedenheiten mit allen ihren bösen Folgen sind unvermeidlich. Für eine solche Einrichtung ist überdies nur bei großen Verwaltungen Raum und sie kann sich auch dort nur bewähren, wenn durch ganz genaue zwingende Zuständigkeitsabgrenzung und einen dem ganzen Amtskörper innewohnenden strammen Ordnungsinn Reibungen und Streitfragen möglichst ausgeschaltet sind.

d) Generaldirektion als oberste Verwaltungsstelle. Eine zweite Form der Entlastung des Ministers ist die Errichtung einer zwar dem Minister verantwortlichen, aber doch mit weitgehender Selbständigkeit ausgestatteten leitenden Verwaltungsstelle für den staatlichen Bahnbetrieb außerhalb des Ministeriums: einer Generaldirektion im eigentlichen Sinne des Wortes. Dem Ministerium kommt dann nur die Eisenbahnpolitik, das staatliche Hoheits- und Aufsichtsrecht, ferner als Ausfluß der parlamentarischen Verantwortlichkeit eine gewisse Überwachung des staatlichen Bahnbetriebes zu, wie dies z. B. in Italien, auch in Ungarn der Fall ist und in Österreich vor dem Jahre 1896 (bis zur Errichtung des Eisenbahnministeriums) der Fall war. Freilich ist die Aufgabe, für diese Gestaltung die richtige sachgemäße Geschäftsabgrenzung zu finden und die ständige Beachtung und Handhabung der einmal eingeführten Abgrenzung zu sichern, ebenfalls recht schwierig, wie insbesondere die Erfahrungen in Österreich bewiesen haben[1]). Es können sich bei dieser Organisation mit der Zeit drei Instanzen herausbilden (Ministerium, Generaldirektion, Direktionen). Die Generaldirektion zeigt nur zu leicht die Neigung, Geschäfte, die eigentlich den Direktionen zukommen, das Ministerium wieder die Neigung, Geschäfte, die der Generaldirektion zustehen, an sich zu ziehen; Schwerfälligkeit, Unsicherheit, Langsamkeit und Kostspieligkeit der Geschäftsabwicklung sind die Folge. Die oberen Stellen verlieren dann die unmittelbare Fühlung mit dem lebendigen Wirken der unteren und untersten Stellen, Weltfremdheit und Starrheit der Anschauungen und Entscheidungen statt ununterbrochener Anpassung an die fortschreitende Entwicklung und an die wechselnden Anforderungen aller Art stellen sich ein, gleichzeitig aber auch eine geradezu lähmende „Vielregiererei", die jede Selbstinitiative und das selbstbewußte Verantwortungsgefühl der unteren Stellen ertötet. Der Beamtenkörper wächst ununterbrochen und trotzdem wird der ganze Betrieb immer zweckwidriger und erfolgloser.

e) Zentralämter für einzelne Geschäfte. Es zeigt sich, daß die beiden eben besprochenen Organisationsformen nicht sicher zum Ziele führen. Nun kann sich aber doch bei der von uns als richtig erkannten Zentralisation der Geschäfte der obersten Leitung an einer Stelle (Ministerium) bei Verwaltungen mit einem sehr großen Netze und großem Verkehrsumfange eine solche Überfülle von Geschäften ergeben, daß eine Entlastung zur Notwendigkeit wird, weil den leitenden Männern dann der Überblick und die Wahrnehmung der großen Gesichtspunkte nicht mehr möglich ist.

Die Abhilfe liegt in dem Falle in der Abstoßung jener Geschäfte, von denen bei der Bestimmung des Geschäftskreises der obersten Stelle

---

[1]) Darüber insbesondere A. Buschmann, „Die Dienstorganisation der österreichischen Staatsbahnen und ihre Reform". Wien 1912, S. 19ff.

zu bemerken war, daß sie von dieser nur aus dem Grunde zu führen seien, weil sie zur Wahrung der erforderlichen Einheitlichkeit und Wirtschaftlichkeit notwendigerweise von einer Stelle für das ganze Netz besorgt werden müssen, ohne an sich, streng genommen, zur obersten Geschäftsleitung (Willensbildung) zu gehören. Organisatorisch läßt sich dies auf zweierlei Art ausführen: entweder durch Errichtung besonderer Ämter (Zentralämter) für einzelne sachlich zusammengehörige Geschäfte der bezeichneten Art, deren örtlicher Wirkungskreis sich aber auf den ganzen Umfang des Netzes erstreckt, oder durch Bestimmung von sog. Gruppen-Direktionen oder geschäftsführenden Direktionen.

Die erwähnten Zentralämter müssen aber, wenn aus ihnen nicht Zwischeninstanzen zwischen oberster Stelle und Direktionen werden sollen, bezüglich der ihnen zugedachten ganz genau zu bezeichnenden Zuständigkeit einerseits mit voller Selbständigkeit ausgerüstet werden, so daß ihre Entscheidungen und Verfügungen keinesfalls einer weiteren regelmäßigen Überprüfung durch das Ministerium unterliegen (was aber selbstverständlich die gelegentliche Überprüfung und Überwachung ihrer Geschäftsführung durch das Ministerium nicht ausschließt und auch nicht ausschließt, daß ein solches Amt gewisse Geschäfte als Hilfsstelle des Ministeriums vorzuarbeiten hat), andererseits aber auch so gestaltet werden, daß sie in die Selbständigkeit der Direktionen hinsichtlich der diesen nach dem Grundsatze der Dezentralisation zukommenden Geschäfte nicht eingreifen können. Die organisatorische Aufgabe besteht also darin, daß durch solche Zentralämter das von uns gekennzeichnete Zwei- bzw. Ein-Instanzensystem für die zu ihren Befugnissen gehörenden Geschäfte nicht durchbrochen wird.

In Preußen wurde i. J. 1907 aus dem oben erwähnten Grunde das „Eisenbahn-Zentralamt“ in Berlin errichtet, dem eine große Anzahl von, allerdings nicht in organischem Zusammenhange stehenden Geschäften überwiesen wurde. Richtiger ist Bayern bei der Reorganisation i. J. 1907 vorgegangen, wo für gewisse gleichartige, sachlich zusammengehörige Geschäfte eine Anzahl (10) von solchen Zentralämtern gebildet wurde. In Österreich hatte man bei den Verhandlungen und Studien über die geplante Reform der Staatseisenbahnverwaltung (1908 ff.) auch die Errichtung solcher Ämter ins Auge gefaßt. Der von vielen Seiten, hauptsächlich bei der vom Staatseisenbahnrate über die Reform abgehaltenen Umfrage [1]) erhobene Widerstand entsprang teils der aus nationalen Gründen immer mehr und mehr erstarkenden Bekämpfung jeglicher, der „Zentralisierung“ = „Germanisierung (!) verdächtigen Maßnahme, teils der Befürchtung, daß sich aus diesen Ämtern neue Zwischeninstanzen entwickeln würden. Übrigens bestehen dort schon seit der Errichtung des Eisenbahn-Ministeriums (1896) zwei Ämter mit ähnlicher Gestaltung und Aufgabe: das Tariferstellungs- und Abrechnungsbureau und das Hauptwagenamt (ursprünglich „Zentralwagendirigierungsbureau“ genannt), die beide in den letzten Jahren eine unseren Ausführungen ungefähr entsprechende organisatorische Ausgestaltung erfahren haben. Bei der gegenwärtig (1920) im Zuge

[1]) Vgl. Czedik, „Der Weg von und zu den österreichischen Staatsbahnen“. II. Bd.

befindlichen Neugliederung der österreichischen Staatsbahnen ist die Errichtung einiger solcher ganz nach diesen Anschauungen gestalteten Ämter geplant (ein Tarifamt für den kommerziellen Dienst, ein Verkehrs-Einnahmenamt für den Kontroll- und Abrechnungsdienst und ein Material-Beschaffungsamt und die gleichsinnige Ausgestaltung des Hauptwagenamtes).

f) Geschäftsführende oder Gruppendirektionen. Eine Spielart dieser organisatorischen Einrichtung ist die Bestimmung einer oder mehrerer der vorhandenen Direktionen (mittleren Verwaltungsstellen) zur „geschäftsführenden Direktion" für den Bereich des ganzen Netzes oder doch mehrerer Direktionsbezirke, aber nur für gewisse einzelne wichtige, das ganze Netz oder diese mehreren Bezirke gleichmäßig berührenden und daher einheitlich zu führenden Geschäfte, z. B. für den durchgehenden Zugverkehr, für den Wagenverfügungs-(Dirigierungs-)dienst, für die Anschaffung gewisser Dienstgüter (Kohlen, Schwellen, Dienstkleider usw.). Die mit solchen geschäftsführenden Direktionen gemachten Erfahrungen sind recht verschieden. In Preußen ist man im allgemeinen von solchem Vorgehen wieder abgekommen [1]). Bei den österreichischen Staatsbahnen hat sich der Vorgang bei dem allerdings eng gesteckten Rahmen ziemlich bewährt.

g) Oberdirektionen. Eine weitere Abart der in Rede stehenden Organisationsform ist die Errichtung von besonderen Zwischenstellen zwischen dem Ministerium und den Direktionen — Oberdirektionen —, zumeist auch unter der Bezeichnung „Generaldirektionen", denen für eine Gruppe von Direktionen gewisse zentral zu behandelnde Geschäfte, sowie die Überwachung der Dienstführung dieser Direktionen und der ausführenden Dienststellen zugewiesen werden. Wenn solchen Generaldirektionen hinreichende Selbständigkeit eingeräumt wird, ohne daß die Direktionen in den ihnen nach dem Grundsatze der Dezentralisation zukommenden Geschäften beschränkt werden, dann kann diese Form sich aus Gründen, die nicht so sehr im Eisenbahndienste als in anderen Rücksichten, z. B. politischer Art liegen, empfehlen und braucht sich auch nicht zu einer dritten Instanz auszuwachsen. Die Gefahr liegt aber doch ungemein nahe, so daß jedenfalls ganz besondere Vorsicht bei der Geschäftszuweisung und bei der weiteren Amtsführung nötig ist.

In Deutschland sind bei der Übernahme der Eisenbahnen durch das Reich die obersten Verwaltungsstellen der ehemaligen Staatsbahnen der einzelnen Bundestsaaten, allerdings nur bis zur vollen Ausgestaltung

---

[1]) Siehe Hoff, a. a. O., S. 33: „Die mit diesen Geschäften betrauten Eisenbahndirektionen (in Preußen) waren natürlich zu allererst um die Betriebsführung ihres eigenen Bezirkes besorgt und befaßten sich erst in zweiter Linie mit den Geschäften zentraler Art, die ihnen ferner lagen. Bedenkliche Rückstände in der Geschäftserledigung waren die Folge. Noch bedenklicher waren die unaufhörlichen Klagen, daß die geschäftsführenden Direktionen, z. B. bei der Wagenverteilung, Fahrzeug- und Materialbeschaffung, Stellenbesetzung usw. parteiisch und ungleichmäßig verfuhren."

des Reichsverkehrsministeriums, als solche Zwischenstellen unter dem Namen: „Reichs-Verkehrsministerium, Zweigstelle (z. B. Bayern)“, beibehalten worden, denen in dieser Zeit auch eine Reihe ministerieller Geschäfte obliegen.

h) Inspektionen. Aber nicht nur bei der obersten Stelle, auch bei den Direktionen kann sich, wenn durch den fortschreitenden Ausbau des Netzes, Verstaatlichung innenliegender Privatbahnen, Angliederung fremder Staaten, das Netz oder durch den steigenden Verkehr der Geschäftsumfang so groß geworden ist, daß die leitenden Männer nicht mehr in der Lage sind, die örtliche Überwachung und Leitung des ausführenden Dienstes mit der notwendigen Leichtigkeit, Raschheit und Sicherheit durchzuführen und die unmittelbare Fühlung mit den Verkehrtreibenden ihres Bezirkes zu behalten, das Bedürfnis nach Abhilfe in der Gestalt von Dienststellen herausbilden, denen die erwähnten Aufgaben je für besondere kleinere Bezirke (300—500 *km*) übertragen werden. Für solche Stellen ist fast überall der Name: Inspektionen, „Inspektorate“, gebräuchlich geworden. Einen bestimmten Zeitpunkt anzugeben, wann diese Notwendigkeit eintritt, ist natürlich allgemein nicht möglich. Dies muß der Erfahrung und Beurteilung der Praxis überlassen bleiben. Theoretisch ist nur zu fordern, daß durch solche Inspektionen nicht eine Zwischeninstanz inmitten der Direktion und der ausführenden Dienststellen geschaffen werde, was unvermeidlich zu einer Erschwerung der Dienstabwicklung, also zum Gegenteil der beabsichtigten Wirkung führen würde. Sehr nahe liegt diese Gefahr, wenn bei den einzelnen Inspektionen alle oder mehrere Dienstzweige unter einem Vorstande vereinigt werden, aus welchem Grunde die preußischen Staatsbahnen ihre Inspektionen (seit 1910 „Ämter“ genannt) nur für je einen Dienstzweig aufgestellt haben. Die Bewährung dieser preußischen Inspektionen wird allerdings verschieden beurteilt, von den einen höchlich beteuert, von anderen lebhaft bestritten [1]). Theoretisch ist die Einrichtung einwandfrei, wenn sie richtig getroffen und gehandhabt wird. Einschaltend sei darauf verwiesen, daß sie bei großen Privatbahnen überall bestanden und nach dem Urteile der meisten Praktiker gut gewirkt hat. Es ist aber speziell bei Staatsbahnen eine Frage des Kostenaufwandes, ob nicht die Verkleinerung der Direktionsbezirke sparsamer und sicherer zum Ziele führe.

Örtliche Abgrenzung der Direktionsbezirke. Zur Herbeiführung eines vollen Erfolges des Eisenbahnbetriebes ist auch die örtliche Abgrenzung der Bezirks-Verwaltungstellen und die richtige Bestimmung des Standortes dieser Stellen wichtig. Auch dieser Punkt der Organisationsfrage hat in mehreren Ländern mannigfache Erörterungen und

---

[1]) Darüber viele Artikel in der Zeitung des Vereins Deutscher Eisenbahn-Verwaltungen. Jahrg. 1919 und 1920.

Versuche veranlaßt. Sowohl im Schrifttum als auch in den Beratungen parlamentarischer und anderer öffentlicher Körperschaften sind in dieser Beziehung zwei verschiedene Anschauungen vertreten worden. Nach der einen sollen die Bezirke so gebildet werden, daß die durch die Linien des großen durchgehenden Verkehrs gegebenen geographischen Gebiete je einer solchen Stelle (Direktion) unterstellt werden, sog. Rutensystem (Rutendirektionen), die naturgemäß langgestreckte, mehr oder minder schmale Landstriche umfassen und bei denen die Direktion ihren Sitz gewöhnlich in einem der verkehrlich und politisch wichtigen Anfangs- oder Endpunkte der Linie hat. Nach der anderen Meinung sollen tunlichst abgerundete Gebiete jeder Direktion zugewiesen werden, in deren Mittelpunkt (selbstverständlich nicht wörtlich aufzufassen) die Direktion ihren Sitz zu nehmen habe: Territorialsystem (konzentrische Direktionen, ganz unzulänglich auch Gebietsdirektionen genannt).

Für das erste System wird geltend gemacht, daß dadurch die Wahrnehmung der sich über die ganze durchlaufende Verkehrslinie erstreckenden Betriebsvorgänge — z. B. Verfügung über die zugeteilten Betriebsmittel und Zugmannschaften, Erstellung der Fahrpläne, Beseitigung von Verkehrstörungen usw. — in einer Hand vereinigt wird und daher einheitlich, kosten- und arbeitsparend durchgeführt werden kann; daß solche Direktionen befähigt seien, sowohl in administrativer wie in betriebstechnischer Beziehung, wie namentlich in kommerzieller Beziehung, rasche, rationelle und selbständige Verfügungen zu treffen, was ganz besonders im Kriegsfalle von höchster Bedeutung sei [1]). Für das zweite wird angeführt, daß es die örtliche Leitung und Überwachung des ausführenden Dienstes sehr erleichtere, daß Reisekosten und Zeit erspart werden und daß solche Direktionen den wichtigen Nahverkehr besser pflegen können, weil sie die örtlichen Verkehrsbedürfnisse besser kennen und weil eine enge und unmittelbare Fühlungnahme mit den Verkehrtreibenden und dadurch eine wirksamere Förderung des Betriebserfolges erzielt werden könne usw. [2]).

Die für diese Gestaltungen ins Feld geführten Gründe berücksichtigen nur wirtschaftliche und betriebstechnische Umstände, von denen jedoch keiner so unbezweifelbar ist, als daß er den Ausschlag für die Wahl eines oder des anderen Gestaltungsgrundsatzes abgeben könnte. Bei der Gebietseinteilung einer Eisenbahn kommen noch eine Reihe anderer Bestimmungsgründe in Frage, die neben den rein wirtschaftlichen und eisenbahnbetrieblichen mitberücksichtigt werden müssen, wenn freilich auch die wirtschaftlichen den ersten Rang einnehmen

[1]) So insbesondere Buschmann in der bereits zitierten Schrift.

[2]) So insbesondere Czedik in seinem Gutachten für die Enquête des österreichischen Staatsbahnrates über die Reform der österreichischen Staatsbahnen im Jahre 1910. Auch Hoff und Völcker in ihren Gutachten für dieselbe Enquete. Abgedruckt in Czedik, a. a. O., II. Bd.

sollen, entsprechend der wirtschaftlichen Aufgabe einer Eisenbahn. Von solchen anderweitigen Bestimmungsgründen wären zu erwähnen: in erster Linie politische Verhältnisse und Rücksichten, die eine bestimmte Zusammenfassung oder auch eine Zerspaltung der Linien gewisser Gebiete erheischen können; militärische Rücksichten, die zwingend die Unterstellung der für den Aufmarsch, den Nachschub oder die Verteidigung nötigen Eisenbahnlinien unter eine Verwaltungstelle, ohne Rücksicht auf die wirtschaftliche oder politische Zugehörigkeit der einzelnen Linien, fordern können; nationale Bestrebungen, denen entweder Vorschub oder Widerstand geleistet werden soll; die geographische Gestaltung des Landes, die räumliche Ausdehnung und Form etwa im Lande vorhandener besonders charakterisierter Wirtschaftsgebiete, die eine vorzugsweise Pflege ihrer eigenartigen Verkehrsbedürfnisse erheischen, z. B. Gebiete der auf Kohle und Erze gegründeten Montanindustrie (Ruhr-, Saargebiet, Oberschlesien), ausgedehnte reine Ackerbaugebiete u. ähnl. Nicht zuletzt spielt auch die geschichtliche Entwicklung des Eisenbahnwesens in den einzelnen Ländern, die Art der Entstehung des Staatsbahnnetzes aus einer mehr oder minder großen Anzahl von Privatbahnen verschiedener Verkehrsbedeutung und Ausdehnung eine große Rolle.

Es ist daher eine für alle Länder und Verhältnisse passende Richtlinie für die Bildung der Direktionsbezirke überhaupt nicht vorhanden. Allgemein läßt sich nur sagen, daß, wenn eine durchgreifende Neueinteilung eines Staatsbahnnetzes einmal in Frage kommt, die jeweils wichtigsten unter den angedeuteten Bestimmungsgründen sorgfältig festzustellen und sodann der Abgrenzung zugrunde zu legen sind. Ob sich dadurch Rutendirektionen neben konzentrischen ergeben oder nur die eine oder andere Art, ist an sich weder als Fehler noch als Vorzug zu betrachten, wenn nur die dem Lande und seinen Verhältnissen angemessensten Bestimmungsgründe richtig erkannt und berücksichtigt sind und wenn, was ganz besonders wichtig ist, der örtliche Bereich der vorhandenen Intensitätstufe der Volkswirtschaft im allgemeinen und der Verkehrsbewegung im besonderen so angepaßt ist, daß die Bewältigung der dadurch für solche Verwaltungstellen bedingten Aufgaben rationell möglich ist.

Der Standort für den Sitz der Direktion ist dann zumeist von selbst gegeben. Man wird selbstverständlich den politisch und wirtschaftlich oder eisenbahnbetriebstechnisch wichtigsten Ort des Gebietes wählen, wobei nicht zuletzt auch Rücksichten auf das Vorhandensein der erforderlichen Amtsräume und Wohnungen für das zumeist ziemlich zahlreiche Personal, von Schulen und anderen Anstalten den Ausschlag geben können. Die Lage dieses Ortes innerhalb des Direktionsgebietes ist von minderer Wichtigkeit, wenn nicht ganz besonders gestaltete Verhältnisse vorliegen, z. B. die Zusammensetzung des Netzes aus vorwiegend verkehrschwachen, daher zugarmen Linien, Nähe eine politisch oder militärisch bedenklichen Grenze.

In den meisten Ländern mit Staasbahnbetrieb sind die Direktions bezirke entweder ausschließlich oder doch vorwiegend konzentrisch abgegrenzt; so durchaus in Deutschland, überwiegend im frühere Österreich, ausschließlich in Ungarn, in der Schweiz und Italien, in welch letzten zwei Ländern freilich die besonderen geographischen Gegegebenheiten einige Abweichungen erzwungen haben. Das Rutensystem herrscht dagegen fast ausschließlich in Ländern mit Privatbahnen, indem die einzelnen Unternehmungen die Gestalt ihres Netzes meist in diesem Sinne angelegt haben, geleitet von dem Streben, die großen Linien des durchgehenden Verkehres zwischen den Hauptorten des Handels und des Großgewerbes zu beherrschen. Besonders augenfällig und mustergültig ist dieses System bekanntlich in Frankreich durchgeführt. In Österreich war übrigens die Abgrenzung der Bezirke höchst mangelhaft. Die Linien einzelner dieser Direktionen durchkreuzten sich gegenseitig, oder die Grenzen anderer Bezirke durchschnitten wieder die kla gegebenen Hauptlinien und Verkehrsrichtungen in willkürlicher Weise. Die Folge davon war, daß von solchen Direktionen weder den wirtschaftlichen Verhältnissen je ihres Bezirkes, noch den Anforderungen eines einfach und zweckentsprechend zu organisierenden und zu leitenden Betriebes entsprochen werden konnte, woraus sich sicherlich zum Teil die Mißerfolge der früheren österreichischen Staatsbahnverwaltung erklären.

Arbeitsteilung und Arbeitsvereinigung im Eisenbahnbetriebe. Die Dienstzweige als organisatorische Einheiten. Wir gelangen nunmehr zur Untersuchung, inwieweit die Ausführung der einzelnen Verkehrsakte eine Grundlage der Organisation abgibt. Die unmittelbare Betätigung der Eisenbahn zur Vollziehung der einzelnen Verkehrsfälle im Dienste der Bahnbenützer besteht aus einer Kette von persönlichen Dienstleistungen, verbunden mit Sachaufwand, die nach der wirtschaftlichen Grundregel auszuführen sind und eine ganz bestimmte Einrichtung der diese Dienstleistungen vollziehenden Stellen bedingen.

Die zwei wirtschaftlichen Bestimmungsgründe dieser Einrichtung und Gliederung sind die Arbeitsteilung und die Arbeitsvereinigung. Sie beherrschen den Eisenbahndienst von der untersten ausführenden bis zur höchsten leitenden Stelle. Kaum bei einem anderen Großbetriebe sind die technischen und wirtschaftlichen Vorbedingungen der Arbeitsteilung und Arbeitsvereinigung in so hohem Maße vorhanden wie beim Eisenbahngeschäft. Denn es wiederholen sich bei allen seinen Stellen buchstäblich unzählige, ganz gleichartige und gleiche Verrichtungen, mit dem zunehmenden Verkehre in immer steigendem Umfange, infolgedessen die ausschließliche Beschäftigung zahlreicher Bediensteter mit einer und derselben Verrichtung so nahe liegt, daß sich bei den Eisenbahnen der ganzen Welt die gleichen Erscheinungen herausgebildet haben. Bei keinem anderen Großbetriebe finden wir auch nur annähernd so vielerlei Beschäftigungen (Verwendungsgruppen, Arbeitssparten u. ähnl. benannt) als wie bei der Eisenbahn.

Beispielsweise seien genannt: Oberbauarbeiter verschiedener Art, Bahnwächter, Bahnrichter, Bahnmeister, Brückenschlosser, Gebäudemeister, Lampenwärter, Beleuchtungsmeister, Putzer, Heizer, Lokomotivführer, Maschinenmeister, Magazinarbeiter verschiedener Art, Magazinaufseher, Ladescheinschreiber, Ladearbeiter, Wagenmeister, Verschieber (Rangierer), Oberverschieber, Platzmeister, Stationsarbeiter, Stationsaufseher, Weichenwärter, Blockwärter, Weichenkontrolleur, Wagenschreiber, Wagenschlosser, Wagenaufseher, Wagenmeister, Werkmänner, Werkmeister, Oberwerkmänner (der verschiedenen technischen Richtungen), Bremser, Güterzugschaffner, Personenzugschaffner, Ladeschaffner, Zugführer, Zugaufsichtschaffner, Kartanten, Kalkulanten, Kassierer verschiedener Art, Rechnungsführer, Rechnungsleger der verschiedenen Dienstzweige, Wagenbeamte, Stationsbeamte, Fahrdienstleiter, Tarifbeamte, juristische und technische Beamte verschiedenster Art, Vorstände und deren Stellvertreter usw. usw. . . . . Die österreichischen Staatsbahnen haben bis Mitte 1920 bloß bei den Unterbeamten und Dienern (das waren Erstangestellte niederen Ranges) ungefähr 60 verschiedene Verwendungsgruppen unterschieden, ohne daß aber damit die tatsächlich vorhandenen Unterschiede in der Beschäftigung auch nur annähernd richtig beziffert wären.

Selbstverständlich ist, daß sich auch in dieser Beziehung das Intensitätsgesetz durchsetzt. So geht die in Rede stehende Arbeitsteilung, d. h. die Zerteilung der nach außen hin und in ihrem Gesamterfolge eine Einheit bildenden Verkehrsabwicklung in zahlreiche, besondere Arbeitsverrichtungen bei einer verkehrschwachen Neben- oder Kleinbahn kaum über die Anfänge hinaus, sie muß aber bei verkehrsreichen Hauptbahnen bis in die letzten Einzelheiten durchgeführt werden. So können auf einer verkehrschwachen Kleinbahnstation einem und demselben Bediensteten alle oder beinahe alle Verrichtungen übertragen werden, die dort überhaupt vorkommen, auf einer verkehrsreichen Station wird dagegen die Arbeitszeit und -kraft vieler Bediensteter lediglich durch die Ausführung einzelner an und für sich ganz geringfügiger Teilvorgänge vollkommen ausgenützt, z. B. bei der Güterabfertigung bloß durch die Anfertigung von Ladelisten über die in den einzelnen Wagen verladenen Güter oder durch die Bedienung einiger weniger, aber ununterbrochen benützter Weichen, in der Einnahmenkontrolle durch das Ordnen der eingelangten Fahrkarten, bei der Zugförderung durch das Putzen der Lokomotiven usw.

Die durch diese Arbeitsteilung geschaffenen Einzelbetätigungen müssen aber, wenn der Betrieb klaglos abgewickelt werden soll, durch eine streng-planmäßige Arbeitsvereinigung zu der Leistungseinheit zusammengefaßt werden, als die sich der Eisenbahnbetrieb darstellen muß. Dies vollzieht sich in zwingender Weise dadurch, daß die äußerst zahlreichen, verschiedenen Dienstverrichtungen eine Anzahl von durch ihren besonderen Zweck und ihre arbeitstechnischen Eigenheiten zusammengehaltenen Gruppen ergeben, die sich ihrerseits wieder zu höheren Einheiten zusammenschließen, deren höchste der „Dienstzweig", d. h. je ein besonderes Teilgebiet des Eisenbahnbetriebes, ist. Und alle diese Dienstzweige müssen miteinander nach einer und derselben Richtung, sich gegenseitig ununterbrochen unterstützend, zusammenarbeiten, damit der Enderfolg sowohl für die Gesamtheit als auch für jeden einzelnen Bahnbenützer einerseits und für die Unternehmung und ihre Bediensteten andererseits der jeweils erreichbar höchste werde.

Die Kunst der erfolgsicheren Organisation eines Eisenbahnbetriebes liegt nun darin, die der gegebenen Verkehrsdichte und Verkehrsart genauest angepaßte Zergliederung — Arbeitsteilung — und die vom Arbeitszwecke geforderte Gruppenbildung — Arbeitsvereinigung — aufzufinden und durchzuführen.

Die geschilderte Einteilung in Dienstzweige liegt so sehr im Wesen der Eisenbahn, daß sie mit geringen, nebst anderen auch durch den vorherrschenden Volkscharakter und eigens geartete örtliche Verhältnisse bedingten Abweichungen, auf der ganzen Welt zu finden ist.

Fast alle Eisenbahnen unterscheiden an solchen Dienstzweigen: allgemeine Verwaltung (Personalwirtschaft, Rechtssachen, Wohlfahrtsangelegenheiten, Steuer- und Gebührensachen, Beziehungen zu anderen staatlichen Verwaltungszweigen, vielfach auch die Finanz- und Budgetangelegenheiten umfassend usw.), Bahnerhaltung und Bahnaufsicht, Zugförderung, Werkstättendienst, kommerziellen und Verkehrs- (d. h. Zugabfertigungs- und Zugleitungs-) dienst [1]), endlich den Neubaudienst. Viele heben auch die Dienstgüterbeschaffung und -Verwaltung (auch Materialverwaltung genannt), ferner den finanziellen Dienst, den Verkehrseinnahmendienst (Erhebung, Verrechnung, Abfuhr und Kontrolle der Verkehrseinnahmen) als besondere Dienstzweige heraus. Manche wieder verbinden einzelne dieser Zweige in eine Einheit, z. B. den Bahnerhaltungs-, Bahnaufsichts- und Verkehrsdienst (so Preußen in den Betriebsämtern), den Zugförderungs- und Werkstättendienst, Teile des kommerziellen Dienstes mit dem Verkehrsdienst, insbesondere bei den ausführenden Stellen (Stationen) usw.

Diese in der Betriebsökonomie zur vollsten Bedeutung und Wirksamkeit kommende Unterscheidung der Dienstzweige ist nun auch organisatorisch von höchster Wichtigkeit, da sie den ausschlaggebenden Gesichtspunkt für die Bildung und Aufgabenbestimmung der ausführenden Dienststellen und für die innere Gliederung der leitenden Verwaltungsstellen abgibt. Denn jeder solche Dienstzweig für sich und

---

[1]) Der Ausdruck „Verkehrsdienst" ist hier, wie auch andernorts in diesem Buche, in dem in Österreich üblichen Sinne gebraucht, gemäß dem er alle Geschäfte der Zugbildung und Zugabfertigung in den Stationen und der Leitung dieses Dienstes bis zu den obersten Stellen begreift, während man in Deutschland dies mit dem Worte „Betriebsdienst" bezeichnet und unter „Verkehrsdienst" die in Österreich „kommerzieller Dienst" oder „Betrieb" genannten Geschäfte der Personen- und Güterabfertigung versteht; ein Umstand, der beim Studium der Dienstvorschriften und des Schrifttums wohl zu beachten ist. Dieses ist die engste Bedeutung des Wortes Betrieb, auf die früher hingewiesen wurde.

innerhalb desselben jede ihm zugehörige Arbeitsgruppe bildet (oder kann bilden) eine organisatorische Einheit, deren örtlicher Bereich und sachliche Aufgaben bestimmend für die Art, Anzahl und gliedliche Einordnung der mit ihm bzw. ihnen zu befassenden Dienststellen werden, um reibungslose, kostensparende Arbeit zu bewirken.

Die Organisation der ausführenden Dienststellen. Hieraus ergeben sich zunächst die Grundsätze für die Bildung der ausführenden Dienststellen, das sind die in Unterordnung unter die leitenden Verwaltungsstellen zur Vollziehung der einzelnen Verkehrs-Beförderungsfälle in unmittelbarer Berührung mit den Bahnbenützern bestimmten Stellen. Die nächste Folge der arbeitstechnischen Verschiedenheit der Dienstzweige ist organisatorisch die Errichtung und Bestimmung besonderer Stellen für jeden bei der Vollziehung der Beförderung notwendig mitwirkenden Dienstzweig: zunächst Dienststellen für die Aufnahme, Abfertigung der Reisenden und Güter, für die Begleitung der Züge und für die Geschäfte, welche die Beendigung der Beförderung erfordert — Stationen; sodann Dienststellen, denen die Bewirkung der Ortsveränderung selbst samt allen Vorbereitungs- und Abschlußarbeiten obliegt, also die Bestellung der Zugkraft und Lokomotivmannschaft — Heizhäuser; ferner Dienststellen für die betriebsichere Erhaltung des Bahnkörpers und der Stationsanlagen und Hochbauten und aller Anlagen zur Sicherung des Zugverkehres auf der Strecke — Streckenleitungen (auch Bahnmeistereien genannt); ferner Stellen für die betriebsichere Erhaltung und Wiederherstellung aller Fahrbetriebsmittel und sonstigen mechanischen Einrichtungen — Werkstätten; endlich Stellen für die Vorrathaltung und Ausgabe der nötigen Betriebstoffe an die verbrauchenden Dienststellen — Materialmagazine, Vorratslager, die für einzelne dieser Stoffe mit den Verbrauchstellen selbst zweckmäßig verbunden werden, z. B. die Kohlenlager mit den Heizhäusern, Schienen- und Schwellenlager mit der Streckenleitung usw.

Jede solche ausführende Dienststelle bildet für sich organisatorisch eine Arbeitsvereinigung, muß aber nach den bei ihr vorkommenden Arten von Dienstleistungen mehr oder minder reich gegliedert werden, so die Stationen nach den zahlreichen Verrichtungen des Verkehrsdienstes einerseits und den nicht minder zahlreichen Verrichtungen der Personen- und Güterabfertigung andererseits, wobei es von dem Umfange der einzelnen Dienstgeschäfte abhängt, ob hierfür organisatorisch besondere, mehr oder minder selbständige Abteilungen oder nur losere Bedienstetengruppen zu bilden sind. Gibt es doch Bahnhöfe, auf denen mehrere hundert und selbst mehrere tausend Bedienstete beschäftigt sind. In Einzelheiten einzugehen, würde zu weit führen, gehört vielmehr in eine Betriebslehre, wo die Sache allerdings von größter Wichtigkeit ist.

Was die Anzahl, den Standort und den örtlichen Bereich dieser untersten Dienststellen anbelangt, so ergeben die Siedlungs- und Wirtschaftsverhältnisse eines Verkehrsgebietes und der wirtschaftliche Zweck der Eisenbahn die selbstverständliche Regel, daß für den Verkehr mit dem Publikum, d. h. für den Zu- und Abgang von Personen und Gütern, so viele örtliche Dienststellen verschiedener Bedeutung und Anlage und Ausgestaltung (Bahnhöfe aller Art, Haltestellen, Haltepunkte, einfache Ladestellen) zu schaffen sind, als es die förderlichste Bedienung dieses Verkehres erfordert, soweit nicht die Rücksicht auf die dadurch entstehenden Kosten eine Schranke auferlegt. Es bedarf keiner weiteren Ausführungen, daß die Standorte dieser Stellen so gewählt werden müssen, daß der Zu- und Abgang von Personen und Gütern nach und von den vorhandenen Wohn- und Produktionstätten soviel als möglich erleichtert wird. Daneben spielen selbstverständlich noch andere Rücksichten, z. B. auf die Standorte der staatlichen Behörden, Schulen, militärische Bedürfnisse, namentlich aber auch auf die technische Abwicklung des Betriebes, mit, die insbesondere eine gewisse Höchstentfernung der Stationen voneinander, die Anlage von Wasserstationen zur Versorgung der Lokomotiven, bloßer Betriebsausweichen usw. bedingen.

Diese und andere Betriebsrücksichten beherrschen fast ausschließlich die Wahl der Standorte und die Ausdehnung des örtlichen Bereiches für die übrigen ausführenden Dienststellen. Organisatorisch wichtig ist die Forderung, daß mehrere dieser ausführenden Stellen an ein und demselben Orte, und zwar eines größeren Bahnhofes unterzubringen sind, damit das ununterbrochen nötige Zusammenarbeiten dieser Stellen soviel als nur möglich erleichtert wird, z. B. im Bereiche eines günstig gelegenen größeren Bahnhofes auch eine Streckenleitung (Bahnmeisterei) und ein Heizhaus. Der örtliche Bereich dieser Dienststellen wird ausschließlich durch die betriebstechnischen Anforderungen und Bedingungen bestimmt. Es mag beispielsweise nur erwähnt sein, daß der örtliche Bereich eines Heizhauses sich über eine beträchtliche Zahl von Kilometern und eine größere Zahl von Stationen erstrecken muß, weil sonst weder die richtige Ausnützung der Zugkraft noch der Lokomotivmannschaften möglich wäre, in welcher Richtung unter anderem die vorgeschriebenen Ruhezeiten der Mannschaften, der durch den Zustand der vorhandenen Lokomotiven und die Lage der Bekohlungs- und Wasserversorgungsanlagen erreichbare weiteste Weg usw. von entscheidender Bedeutung sind. Selbstverständlich ist, daß die technisch richtigste und der Intensitätstufe der Bahn am besten entsprechende Anlage und Ausstattung dieser Dienststellen für das wirtschaftliche Ergebnis des Betriebes die größte Bedeutung hat, da eben die Betriebskosten davon zu einem großen Teile abhängen.

Bei den österreichischen Staatsbahnen bestehen als ausführende Dienststellen: die Stationsämter für den Verkehrs- und kommerziellen Dienst[1]), die Streckenleitungen (früher Bahnerhaltungsektionen genannt) für den Bau- und Bahnerhaltungsdienst; die Heizhausleitungen für den Zugförderungsdienst (einzelne große verbunden mit sog. Betriebswerkstätten für kleinere Ausbesserungsarbeiten an Wagen); die Werkstätten für Erhaltungs- und Wiederherstellungsarbeiten an Lokomotiven und Wagen (der Neubau dieser Fahrbetriebsmittel wird in der Regel an die Privatindustrie vergeben); die Materialmagazine (Dienstgüterlager), endlich die Signalwerkstätten für die Aufstellung und Erhaltung der Signal- und Sicherungseinrichtungen. Für die von den Staatsbahnen betriebenen und die eigenen Lokalbahnen sind „Betriebsleitungen" eingerichtet, bei denen alle oder einzelne der ausführenden Dienstzweige vereinigt sind.

Ähnlich in Deutschland und den meisten anderen Eisenbahnländern.

Die innere Gliederung der leitenden Stellen. Die Gliederung der ausführenden Stellen wird erklärlicherweise für die innere Gliederung der oberen Stellen maßgebend. Die dargestellte Arbeitsgliederung wiederholt sich daher in grundsätzlich gleicher Weise bei den leitenden Verwaltungstellen, nur mit der Abweichung, daß bei jeder solchen alle Dienstzweige, also auch die bei den ausführenden Stellen naturgemäß nicht vertretenen, zu einem insbesondere nach außen als einheitliches Ganzes erscheinenden Amte vereinigt sind.

Bei der Vielheit, Wichtigkeit und Verschiedenartigkeit der von diesen Ämtern wahrzunehmenden Geschäfte liegt es auf der Hand, daß ebenfalls eine strenge Arbeitsteilung durchgeführt werden muß, wofür zwingend eben wieder die Dienstzweige mit ihrer Verästelung in größere und kleinere Geschäftsgruppen und schließlich Einzelgeschäfte die einzig mögliche Grundlage bilden.

Bei einem staatlichen Bahnbesitze mäßigen Umfangs, bei dessen Verwaltung zur Leitung des ausführenden Dienstes Zwischenstellen nicht erforderlich sind, erfolgt die innere Gliederung der Geschäftsführung derart nach Dienstzweigen, entsprechend der Gliederung des ausführenden Dienstes. Die Vorstände dieser Abteilungen, welchen die Bearbeitung aller Geschäfte je eines der angenommenen Dienstzweige mit Hilfe einer zu einem engeren Dienstverbande zusammengeschlossenen Gruppe von Bediensteten übertragen ist, tragen die formell-sachliche Verantwortlichkeit für alle in der Abteilung nach ihren Anordnungen geleisteten Arbeiten und führen die Dienstaufsicht. Innerhalb der Abteilungen wird dann nach Unterabteilungen (Gruppen, Bureaux, Departements usw. benannt) weiter gegliedert, je nach dem

[1]) Von denen einzelne große, in gewissen Abständen voneinander gelegene Dispositionstationen (Befehlsbahnhöfe) heißen, mit der Aufgabe für die Einleitung der über die ihnen zugewiesene Strecke laufenden Züge, insbesondere der Güterzüge, und für die richtige Auslastung durch die auf ihrer Strecke vorhandenen Frachten zu sorgen.

Erfordernis der Art und des Umfanges der zu bewältigenden Geschäfte. Diesen Abteilungen und Fachgruppen sind auch alle zur Bewältigung der einfacheren und gewisser sog. Kanzleiarbeiten nötigen Hilfskräfte zugeteilt. Für die einheitliche Behandlung aller Geschäfte innerhalb der Abteilung ist, wie erwähnt, der Vorstand persönlich verantwortlich, wobei aber ohne weiteres eine mehr oder minder große Reihe von weniger wichtigen Geschäften einem Stellvertreter, den Gruppenvorständen und selbst einzelnen Bearbeitern zur selbständigen Erledigung überlassen werden kann.

Bei großen Staatsbahnnetzen muß diese Gliederung nach Dienstzweigen einleuchtenderweise sowohl bei der obersten Stelle als den Zwischenstellen durchgeführt sein, nur daß bei der obersten Stelle eine Zusammenfassung verwandter oder einander berührender Zweige eintreten kann. Letzteres schließt eine Verminderung der Abteilungen ein, die den erwünschten Nebenerfolg hat, die Tätigkeit der betreffenden Vorstände mit den Angelegenheiten allgemeiner und grundsätzlicher Natur auszufüllen, während die Besonderheiten und die Einzelheiten der laufenden Verwaltung den Zwischenstellen obliegen. Das ergibt Einheitlichkeit in der obersten Geschäftsleitung und verhindert eine nachteilige Zersplitterung.

Eine eigentümliche Einrichtung wurde in Preußen durch die Organisation v. J. 1895 eingeführt. Sie besteht darin, daß selbständige „Dezernenten" zur Bearbeitung und Entscheidung der nach einer recht weit gehenden Arbeitsteilung (Geschäftsplan) gebildeten Arbeitssparten bestellt sind, die unmittelbar unter dem Präsidenten der Direktion die Geschäftstücke bearbeiten, wenn erforderlich, im Einvernehmen mit einander. Die Verantwortlichkeit gegenüber der obersten Leitung trägt der Präsident. Es besteht also hier keine Zusammenfassung aller zu einem und demselben Dienstzweige gehörigen Untergruppen durch einen einzigen leitenden Beamten (Vorstand) wie beim Abteilungssystem. Der Direktionspräsident überprüft nur die Erledigung derjenigen Geschäfte, die ihm durch allgemeine Anordnung oder durch von ihm ausgegangene besondere Verfügung vorbehalten sind; alle anderen Angelegenheiten gehen mit der endgültigen Unterschrift der Dezernenten hinaus, doch haben diese die Verpflichtung, von allen wichtigen Vorfällen, insbesondere grundsätzlicher Natur, den Präsidenten durch mündlichen Vortrag in Kenntnis zu setzen. Daß sich eine gewisse Spezialisierung nach Fächern herausstellt, ist selbstverständlich (Hochbau, Unterbau, Maschinen, Betrieb usw.).

Zur Unterstützung bei größerem Geschäftsumfange sind diesen Dezernenten nur ganz wenige (1—2) Mitarbeiter beigegeben, während alle vorbereitenden Hilfsarbeiten und alle minder wichtigen laufenden Arbeiten durch große „Bureaux" bearbeitet werden, deren Vorständen nur die Dienstaufsicht, aber kein sachlicher Einfluß auf die zu leistende

Arbeit zusteht, der nur von den verschiedenen Dezernenten ausgeübt wird.

Dieser Verwaltungsform werden gegenüber der Geschäftsgliederung nach Abteilungen gewisse Vorteile nachgesagt. Indessen, wenn die Organisation der Geschäftsabwicklung (siehe folgenden Paragraphen) und ihre Handhabung richtig ist, dann kann sowohl die eine wie die andere Verwaltungsform entsprechen. Ein grundsätzlicher Vorzug läßt sich für keine von beiden feststellen[1]). Jedenfalls haben die preußischen Staatsbahnen bei ihrem Dezernentensystem sich ganz ausgezeichnete, an selbständige Arbeit gewöhnte Fachmänner mit kraftvoller Initiative erzogen und große geschäftliche Erfolge errungen. Ob aber diese letzteren ausschließlich oder vorzugsweise dem in Rede stehenden System zuzuschreiben sind, läßt sich schwer beurteilen. Es bürdet jedoch dem Präsidenten, wenn er seiner Aufgabe, die Einheitlichkeit und Zielstrebigkeit der Verwaltung aufrecht zu erhalten, nachkommen will und seine Dezernenten nicht durchwegs auf voller Höhe stehen, eine ungeheure Arbeitslast auf, was dann auch tatsächlich zur Bestellung von mehreren (bis zu 4) Vertretern geführt hat, denen gewisse im vorhinein bezeichnete Geschäfte zur ständigen Beaufsichtigung und Leitung übertragen sind, während man beim Abteilungsystem ganz gut mit einem (höchstens 2) Vertretern des Direktors (Präsidenten) auskommt.

Für die Einrichtung der obersten Stelle mag noch der Notwendigkeit gedacht werden, die Gewähr zu schaffen, daß in allen Fällen, in denen mehrere Dienstzweige durch eine Angelegenheit berührt werden, die Anforderungen aller gleichmäßig berücksichtigt werden und daß die Geschäftsführung auch in der Zeitfolge stetige, widerspruchslose Entscheidungen und Verfügungen aufweise, was durch gemeinsame Beteiligung an der Entscheidung (Fachberatungen, Bestellung von sog. Korreferenten) herbeigeführt wird.

Es ergibt sich weiter aus dem Wesen als oberster Stelle die organisatorische Forderung, daß die Abteilungen nur im allerengsten Rahmen in Unterabteilungen oder besondere Dezernate (Referate) zergliedert werden sollten, weil hier Spezialisten nicht am Platze sind und sonst eine die allgemeinen großen grundsätzlichen Zielpunkte im Auge behaltende Leitung unmöglich würde.

Weiter in Einzelheiten einzugehen, liegt außerhalb der Aufgabe dieses Werkes. Die wenigen Sätze dürften zur Beurteilung der in den abweichendsten Formen dem Beobachter sich darbietenden Gliederungen der oberen Stellen hinreichen. Nur die eine Bemerkung mag noch Platz finden, daß man vorhinein sicher sein kann, daß schlecht verwaltet wird, wenn ein oberstes Amt über den knappsten Rahmen hinaus ge-

---

[1]) Über die in Preußen mit den „Abteilungen“ gemachten Erfahrungen, die zu ihrer Abschaffung i. J. 1895 geführt haben, siehe insbesondere Seydel, a. a. O., S. 371, über Dezernenten, S. 43ff.

gliedert ist und über einen vielköpfigen Beamtenstand verfügt. Denn dies beweist ohne weiteres, daß viele Sachen, die zu den unteren Stellen gehören, von dieser obersten Stelle selbst wahrgenommen werden, was mit großen Kosten, Verzögerungen usw. verbunden sein muß.

Zwei beweiskräftige Beispiele hierfür aus unmittelbarer Nachbarschaft: Österreich und Bayern. In Bayern (seit der Organisation von 1907) eine geradezu musterhafte Einfachheit und Klarheit der Gliederung, sparsamste Besetzung, rasche, billige und zielsichere Arbeit — in Österreich das gerade Gegenteil: eine unübersehbare Zersplitterung in Sektionen, Departements, Bureaux und Referate, oft von zwerghafter Kleinheit, manche auf die persönlichen Bedürfnisse einzelner Beamten zugeschnitten, das ganze Amt mit einem riesigen Beamtenstande, schwankende, unsichere Geschäftsbehandlung, daher Schwerfälligkeit und Langsamkeit und unverhältnismäßig große Kosten.

Organisierung der Geschäftsabwicklung. a) Kollegial- und Direktorialsystem. Der Unterschied zwischen der Geschäftsleitung und dem ausführenden Bahndienste zeigt sich auch in den verschiedenen Anforderungen, welche diese beiden Gruppen von Dienstbetätigungen an die Art und Weise der Geschäftsabwicklung stellen. Die oberste Geschäftsleitung erfordert Erwägungen, die zu Beschlüssen führen sollen, der ausführende Dienst besteht im Handeln nach gegebenen Richtlinien, häufig nach augenblicklichen Entschlüssen, die das Handeln der jeweils gegebenen Sachlage anpassen müssen. Diesem grundlegenden Unterschied muß auch organisatorisch Rechnung getragen werden. Beim ausübenden Dienste muß die Einzelpersönlichkeit, auf sich selbst gestellt, unbehindert durch fremde Meinung, sofort in den Lauf der Begebenheiten eingreifen können, bei der Geschäftsleitung ist bedächtige Überlegung und die Geltendmachung vielseitiger Erfahrung am Platze, was die Betätigung einer Mehrheit von Personen mit Vorteil gestattet. Es wirft sich daher nun die Frage auf, ob und wo das sog. „Kollegialsystem" in der Eisenbahnverwaltung anwendbar und rätlich ist. Es gibt zwar Stimmen, die diese Verwaltungsweise für die Eisenbahnverwaltung überhaupt verwerfen, doch ist dies ersichtlich im vorhinein nur für den ausführenden Dienst im engsten Sinne des Wortes zuzugeben, der zwar Entschlüsse, aber keine Beschlüsse zu fassen, der, wie oben bemerkt, im Sinne allgemeiner Richtlinien (Dienstvorschriften) oder besonderer Einzelverfügungen zu handeln hat.

Anders in allen Fällen, in denen erst Beschlüsse zu fassen, neue allgemeine Richtlinien aufzustellen sind, und in denen über Ansprüche weittragender Art oder Grundsätzlichkeit zu entscheiden ist. Verwaltungsakte dieser Art bedingen eine stetige Anpassung an die wechselnden Verhältnisse, erfordern Kenntnisse mannigfacher Art und Beurteilung der unterschiedlichsten Tatsachen des Wirtschaftslebens, häufig auch technische Erfahrungen in den verschiedensten Zweigen, über die nicht immer eine Person verfügt, und erheischen

Erwägungen, die unter dem Aufeinanderwirken der Gedankenwelt und Geistesverfassung einer Mehrheit von Personen höhere Bürgschaft der Vollständigkeit und Verläßlichkeit bieten als die Erwägung eines einzelnen, wenn auch noch so tüchtigen Fachmannes. Die Erledigung von Verwaltungsgeschäften der geschilderten Art durch einen aus sachverständigen Personen zusammengesetzten Rat (Kollegium) hat sich daher bewährt. In den Verwaltungsräten (Administrationsrat, Vorstand) der Privatbahnen hat das Eisenbahnwesen vom Anfang an die Einrichtung besessen. Durch dieses Beispiel ist zugleich angedeutet, für welche Stellen und welche Geschäfte diese Einrichtung in der Staats-Eisenbahnverwaltung paßt. Italien, die Schweiz, auch Rumänien, (bis 1901 auch Belgien) haben denn auch tatsächlich für die Geschäfte, die dem Verwaltungsrate einer Privatbahn in der Regel durch die gesetzlichen Bestimmungen über die Aktiengesellschaften und auf Grund dieser durch die gesellschaftlichen Satzungen vorbehalten sind, der obersten Geschäftstelle ihrer Staatsbahnen solche aus Fachmännern und anderen geschäftskundigen Personen zusammengesetzte Verwaltungsräte beigegeben. Damit ist einerseits nicht gemeint, daß die ganze oberste Geschäftstelle einer Eisenbahn nach diesem Kollegialsystem eingerichtet sein müsse oder solle — bildet doch einen Teil derselben die oberste Leitung des ausführenden Dienstes, die immer in einer Person verkörpert ist — und schließt andererseits auch nicht aus, daß auch eine Geschäftstelle im Betriebe über gewisse Angelegenheiten als wirkliches Kollegium entscheidet oder sogar auch beschließt. So entscheiden z. B. die Mitglieder der preußischen Staatsbahndirektionen über gewisse Rechtsansprüche der Beamten ihres Bezirkes nach Art der richterlichen Senate.

Die Verwaltungsform des Beschlusses aller stimmberechtigten Mitglieder ist ferner im Verkehre mehrerer Eisenbahnen miteinander überall in Anwendung, wo in festgefügten Körperschaften, Vereinen u. dgl. die Verwaltungen als solche Beschlüsse über gemeinsame oder gleichartige Einrichtungen, zu übernehmende Verpflichtungen zu Leistungen, Zahlungen usw. zu fassen haben, z. B. im Verein Deutscher Eisenbahnverwaltungen und anderen solchen Vereinen, in den Tarif- und anderen Verbänden.

Nicht zu verwechseln mit diesem Kollegialsystem sind Beratungen mehrerer oder selbst aller leitenden Beamten einer Verwaltungstelle über fragliche Angelegenheiten, die mehrere Dienstzweige berühren, bei Dienststellen, die nach dem sog. Direktorialsystem organisiert sind, d. h. Stellen, bei denen der oberste Leiter, Vorstand, Präsident allein die Verantwortung für alle Betätigungen seines Amtes trägt. Solche Beratungen haben nur den Zweck, eine Sache von allen in Betracht kommenden Seiten fachmännisch zu beleuchten, und ihre Beschlüsse dienen dem allein entscheidenden obersten Leiter (Minister, Präsident, Direktor) nur als Ratschlag, ohne ihn zu binden.

Man hat dem Kollegialsystem selbst dort, wo es am Platze ist, Schwerfälligkeit und schädliche Verzögerung der Geschäfte vorgeworfen. Das kann konkret zutreffen, beweist aber nur, daß die Einrichtung da nicht umsichtig ausgestaltet ist, denn für dringliche Fälle muß eben anders vorgesorgt und dem Kollegium höchstens eine nachträgliche Kenntnisnahme und Genehmigung vorbehalten sein. Vollberechtigt ist der Tadel in allen Fällen, wo auch für die Abwicklung der reinen Betriebsgeschäfte dieses System eingeführt ist, wie dies in Preußen vor der Organisation vom Jahre 1895 der Fall war, wo die Direktionen kollegial organisiert waren. Was für schädliche Wirkungen dieser organisatorische Fehler mit sich brachte, ist in dem mehrmals genannten Buche von Seydel ausführlich dargestellt.

Dem Kollegialsystem wurde auch entgegengehalten, daß es selbst bei den Verwaltungsräten der Privatbahnen auf eine leere Förmlichkeit hinauslaufe, da der Wille einer überragenden Persönlichkeit, insbesondere des Geschäftsleiters (Generaldirektors) in fast ausnahmeloser Regel entscheide. Allein schon der Zwang für diesen, seinen Vorschlag mit Gründen zu belegen, verhindert Mißbräuche, z. B. in wichtigen Personalsachen, und die Notwendigkeit der Zustimmung eines Kollegiums ist stets eine vorbeugende Schranke, die namentlich in der Geldgebarung von bedeutendem Werte erscheint.

Damit soll aber nicht gesagt sein, daß die Behandlung der ins Auge gefaßten Geschäfte durch eine Einzelperson unausführbar oder ungeeignet sei. Wird doch die oberste Leitung der Staatsbahnverwaltung in der Mehrzahl der Länder nach dem Direktorialsystem gehandhabt (die ministerielle Verwaltung).

b) Bedingungen und Merkmale ersprießlichen Dienstbetriebes. Zu einer erfolgreichen Organisation gehört auch eine Einrichtung des Dienstverhältnisses, die geeignet ist, dem Einzelnen Motive zu voller Anspannung seiner geistigen und körperlichen Kräfte einzuflößen und Hemmungen der Arbeitsleistung zu beseitigen, die aus dem Zusammenarbeiten oder aus äußeren Umständen entspringen können. Im Vordergrunde steht ein psychologisches Moment, das schon wiederholt gestreift wurde. Die Durchführung der Betriebshandlungen erfordert ein Einsetzen der Persönlichkeit, erfordert ein raches Erfassen der Lage und ebenso rasches Ausführen eines gefaßten Entschlusses. Dies bedingt organisatorisch die Besetzung der in Frage kommenden Dienststellen mit der zur Bewältigung der Geschäfte erforderlichen Anzahl von fachlich vollkommen ausgebildeten und entschlußkräftigen Personen, aber auch die Ermächtigung dieser zu selbständigem, unter eigener Verantwortung vor sich gehendem Handeln. Das bedeutet nicht, daß nur der Vorstand einer solchen Dienststelle mit solchem

Rechte und solcher Pflicht auszustatten ist, sondern daß jeder einzelne Bedienstete in allen den Fällen, in denen die erwähnten Voraussetzungen vorliegen, mit der erforderlichen Selbständigkeit zu handeln befugt sein muß, wenn eine schlagfertige Geschäftsabwicklung erzielt werden soll.

Eine ganz wesentliche Anforderung an eine richtige, gut funktionierende Organisation ist mithin das Selbständigstellen aller mit betriebswichtigen Geschäften betrauten Bediensteten. Dieser Punkt berührt sich übrigens auf das engste mit der angemessenen Dezentralisation der Geschäfte, der Zuweisung ganz bestimmter Aufgaben an die einzelnen Stellen unter eigener Verantwortung für die Ausführung. Es genügt hier, auf das hierüber bereits Gesagte zu verweisen. Als Beispiel möchten wir nur die verunglückte Organisation der italienischen Distriktsdirektionen v. J. 1905 anführen, die genötigt waren, auch in unbedeutenden Dingen die Verfügung oder Entscheidung der Generaldirektion einzuholen. Sie hatten z. B. nicht das Recht, ohne diese Genehmigung selbst untergeordnete Hilfskräfte von einem Bahnhofe ihres Distriktes zu einem anderen zu versetzen; sie durften nicht über die Wagen verfügen, selbst wenn sie in einer Station zwecklos herumstanden und gleichzeitig von einer anderen dringend benötigt wurden.

Eine sehr wichtige, schon gestreifte Voraussetzung für eine erfolgsichere Geschäftsabwicklung ist ferner die Herstellung und stetige Aufrechterhaltung eines reibungslosen Zusammenarbeitens der vorhandenen Abteilungen, Dezernenten und sonstigen verantwortlichen Bediensteten innerhalb der einzelnen Dienststellen und der gleichgestellten, aber an einzelnen Geschäften mitbeteiligten Dienststellen untereinander sowie endlich der Dienststellen in ihrem Verhältnisse der Über- und Unterordnung. Dies kann durch bindende Vorschriften und namentlich durch den Einfluß der Leiter der Dienststellen erzielt werden, die unausgesetzt auf alle in Betracht kommenden Personen die Nötigung ausüben, bei Angelegenheiten, die mehrere Dienstzweige oder mehrere Gruppen von Dienstgeschäften berühren, das erforderliche Einvernehmen auf kürzestem Wege zu pflegen, d. h. die Berücksichtigung der Anforderungen der beteiligten Dienstzweige jedenfalls herbeizuführen.

Eine wesentliche Bedingung für solches zielsichere Zusammenarbeiten ist die Schaffung und Einhaltung einer dem Wesen des Dienstes im allgemeinen und der gewählten Organisationsform im besonderen genau entsprechenden Zuständigkeitsordnung (Geschäftsplan usw.). Damit sie sich als so beschaffen erweise, muß sie klar und unzweideutig den Wirkungskreis jeder Art von Dienststellen sachlich und örtlich umschreiben. Diese Forderung ist rücksichtlich der ausführenden Dienststellen leicht zu erfüllen, denn hier läßt die scharfe, von der Sache selbst gegebene Arbeitsteilung nach Dienstzweigen und Verwendungsgruppen nur selten einen Zweifel entstehen.

Schwierigkeiten sowohl bei der grundsätzlichen Regelung wie bei der Durchführung stellen sich dagegen leicht und häufig bei der Geschäftsabgrenzung der oberen Stellen ein, und zwar sowohl unter diesen Stellen untereinander als auch unter den Abteilungen, Dezernaten, Gruppen usw. Erfahrungsgemäß ist die sicherste und am leichtesten zu handhabende Abgrenzung die genaue und durch scharfe Begriffe ausgedrückte Aufzählung der der obersten Stelle vorbehaltenen und der der untersten Stelle (Inspektionen) zukommenden Geschäfte, während der Mittelstelle (Direktion) alles bei diesen beiden nicht Genannte obliegt. Werden für einzelne zentral zu behandelnde Geschäfte besondere Zweck- (Zentral-) ämter geschaffen, dann muß für jedes einzelne eine ebenso genaue und scharf umrissene Aufzählung eintreten und zugleich angeordnet werden, bei welchen Geschäften jedenfalls eine Mitwirkung mehrerer und welcher Stellen stattzufinden hat und in welcher Art sie auszuüben ist. Gute Beispiele hierfür sind die Geschäftspläne der bayerischen und der preußischen Staatsbahnen.

Von besonderer Wichtigkeit für die Güte einer Zuständigkeitsordnung ist, daß die Zuständigkeit sowohl der einzelnen Dienststellen, wie auch der Abteilungen usw. und der selbständigen Beamten so gestaltet werde, daß kein Verwischen der Verantwortlichkeit eintreten kann und daß jedem mit einem genau abgrenzbaren Geschäfte betrauten Bediensteten soviel Selbständigkeit eingeräumt, aber auch auferlegt wird, daß keine gegenseitige Abhängigkeit und Behinderung, aber auch kein gegenseitiges „Sichdecken" eintritt. Dies setzt allerdings ein gut ausgebildetets, pflichttreues Personal voraus, bewirkt aber energische, schaffensfreudige Arbeit und damit den erreichbar höchsten Erfolg. Dazu gehören auch geschäftsgewandte Vorgesetzte, die mit hinreichender Befehls- und Vollzugsgewalt ausgestattet sind, um auftretende Reibungen und bemerkbaren Zwiespalt in der Dienstführung sofort abstellen zu können.

Ein unentbehrlicher Bestandteil der Organisation bei einem Geschäftsbetriebe wie dem der Eisenbahn ist die Kontrolle. Sie hat überall einzusetzen, wo es sich um ausführenden Dienst (im weiteren Sinne des Wortes) handelt, also auch gegenüber den Direktionen, insofern sie allgemeine oder besondere Weisungen der obersten Stelle auszuführen haben. Die Einrichtung und noch mehr die zweckentsprechende Führung dieser Kontrolle muß so beschaffen sein, daß sie den vorangestellten Gesichtspunkten nicht abträglich wird, und das ist allerdings eine schwierige Aufgabe für den Praktiker. Es muß jedes Zuviel wie jedes Zuwenig vermieden werden. Selbstverständlich ist, daß die Kontrolle den Eigenheiten des zu kontrollierenden Dienstes auf das allergenaueste angepaßt sein muß. Viel kommt in dieser Beziehung auch auf die allgemeinen Eigenschaften und Fähigkeiten der Bevölkerungskreise an, aus denen die Bediensteten, die zu kontrollieren sind, genommen werden. Hier ist die fachtechnische Kontrolle gemeint. Etwas anderes ist die Kassenkontrolle mit der Einrichtung wie bei jedem Unternehmen, das zerstreute Dienststellen mit Geldgebarung hat [1]).

Eine einschlägige Frage ist endlich, wie die oberen Stellen, namentlich die oberste Stelle, trotz der den dargestellten Grundsätzen entsprechenden Dezentralisation mit dem fortwährend in lebendigstem Flusse befindlichen und daher fortwährend neue Anforderungen erzeugenden ausführenden Dienste und dem wirtschaftlichen Leben in Fühlung erhalten werden können, ohne die unbedingt notwendige Selbständigkeit der unteren Stellen zu beschränken, da ohne solche Fühlung zu leicht „wirklichkeitsfremde" Anschauungen sich festsetzen und daher undurchführbare Anordnungen und Entscheidungen ergehen. Als Mittel hierzu stehen zu Gebote: die Abverlangung und das Studium ständiger Berichte und Nachweisungen über die in dieser Beziehung für wichtig gehaltenen Vorgänge, der Vorbehalt eines Genehmigungsrechtes für gewisse wichtige, durch ganz genaue Merkmale, z. B. Wertgrenzen, zu bezeichnende Geschäfte, Inspektionsreisen, die Bearbeitung von Beschwerden und Vorstellungen gegen die Geschäftsführung der unteren Stellen und endlich ein planmäßiger Wechsel der Bediensteten der unteren und oberen Stellen [2]).

---

[1]) In Preußen war man nach der Organisation v. J. 1895 mit der Dienstüberwachung durch die damals geschaffenen „Inspektionen" zufrieden. Sie waren noch durch Kontrolleure für einzelne bestimmte Geschäfte als Gehilfen der Dezernenten bei den Direktionen ergänzt. Seit 1910 heißen diese Inspektionen „Ämter". Den Vorständen ist nur ein sehr sparsam bemessenes Hilfspersonal beigegeben; sie sind verpflichtet, ihre Geschäfte in fortwährender unmittelbarer Berührung mit den ausführenden Dienststellen tunlichst an Ort und Stelle zu erledigen und den Zusammenhang mit dem verkehrtreibenden Publikum zu pflegen. Es sind ihnen übrigens auch einige minder wichtige laufende Verwaltungs-Geschäfte zur erstinstanzlichen Erledigung zugewiesen. In den letzten Jahren, insbesondere im und nach dem Kriege sollen sich Übelstände dieser Einrichtung gezeigt haben. Hierüber enthält die Zeitung des Vereins Deutscher Eisenbahnverwaltungen, Jahrg. 1919 und 1920, eine große Reihe von Aufsätzen.

Viel erörtert ist eine Frage, die besonders für die Neuorganisation in Deutschland aufgeworfen wird. Sollen diese Mittelstellen zwischen den Direktionen und den örtlichen Dienststellen hinsichtlich des Umfanges ihres Aufgabenkreises dem süddeutschen oder dem preußischen Muster nachgebildet werden? Der Unterschied besteht darin, daß bei den preußischen „Betriebsämtern" Bau und Betrieb (im Sinne des deutschen Sprachgebrauchs) in einer Hand vereinigt sind und besondere „Verkehrs"-Ämter gebildet wurden, während in den süddeutschen Staaten (Bayern, Württemberg und Baden) eigene Bauinspektionen bestehen, dagegen Betrieb und Verkehr von einer Stelle geleitet werden. Es werden für das eine wie für das andere plausible Gründe geltend gemacht.

[2]) Von Schriften über die Organisation seien noch genannt: Bresciani, „Die Eisenbahnfrage in Italien", Archiv 1905. — Ritter, „Die Neuordnung der italienischen Staatseisenbahnverwaltung", Archiv 1913. — Hoff, „Zur Wiederkehr des 10. Jahrestages der Neuordnung der preußischen Staatsbahnverwaltung",

Nicht zu übersehen ist in diesem Zusammenhange eine Einrichtung, die als Errungenschaft des Sozialismus in Österreich erst kürzlich in die Organisation der Eisenbahn eingeführt wurde. Wir meinen die „Personalbetriebsaufsichten", Vertretungen des Personals, die neben den zur Wahrung der Interessen der Bediensteten berufenen Ausschüssen eingesetzt wurden mit der Aufgabe, eine „auf gegenseitiger Achtung beruhende Disziplin" zu schaffen und „die Verwaltung bei Erfüllung ihrer Pflicht zu unterstützen, die größtmögliche Leistungsfähigkeit der Eisenbahnen mit dem mindesten Aufwande an Kraft und Mitteln zu erzielen". Es ist dies die Anwendung des „Betriebsrätesystems" auf die Eisenbahnen. Da eine genaue Abgrenzung der Zuständigkeit dieser Betriebsräte nicht vorliegt, die unbestimmte Allgemeinheit ihrer Aufgabe vielmehr ihre Einmischung in die Leitung wie in den ausführenden Dienst nach Belieben ermöglicht, so ist damit eine Instanz geschaffen, die schädliche Hemmung bewirken kann, und um so gefährlicher ist, als sie die Macht besitzt, jedwede Forderung durch Androhung eines Streiks des Personals zu erzwingen. Wie von solchen Körperschaften eine Einwirkung auf die Wirtschaftlichkeit des Betriebes zu gewärtigen sein soll, wo die persönlichen Interessen der Vertretenen berührt werden, ist ein Rätsel. Da schon die von früher bestehenden Ausschüsse, welche die Interessen des Personals im Dienstverhältnisse vertreten, die Verträge über die Lohnhöhe, Arbeitszeit usw. abschließen, in Lohnstreitigkeiten eingreifen, mannigfach Gelegenheit haben auf die Verwaltung Einfluß zu nehmen, so wird man nicht fehlgehen, wenn man in dieser politisch orientierten Neuerung das Gegenteil einer gedeihlichen Organisation erblickt.

Schließlich ist als einschlägig die Anforderung zu erwähnen, die äußeren Formen der Organisation tunlichst zu vereinfachen, damit jeder nicht unbedingt nötige Verwaltungsaufwand vermieden und die Geschäftsabwicklung so viel als möglich beschleunigt werde. Der Zweck wird erreicht durch Ausschließung der persönlichen Förmlichkeiten im Dienstverkehre, durch Ausschaltung unnützer Schreiberei und Verwendung aller zu Gebote stehenden zeitersparenden Vorrichtungen (z. B. Schreib- und Rechenmaschine, Vordrucke usw.); — Gebiete, die betriebsamen Köpfen ein weites und wirtschaftlich ergiebiges Feld stets zu erneuernder Tätigkeit bieten, auf die einzugehen hier selbst-

---

Archiv 1905. — Exner, „Studien über die Verwaltung des Eisenbahnwesens mitteleuropäischer Länder", 1906. — Völker, „Verwaltungsreformen im Bereiche der deutschen Staatseisenbahnen". in Österreich. Eisenbahn-Ztg. 1912. — Wittek, „Leitende Grundsätze der Staatsbahnverwaltung", in Österreich. Eisenbahn-Ztg. 1913. — Wienecke, „Staatsbahnorganisation und Wirtschaftsleben: von Aufsichtsverwaltung zu Betriebunternehmung", in „Technik und Wirtschaft" 1919. — Ruelle, *„Contrôle des chemins de fer et des tramways"*, Bulletin des Intern. Congreß-Verbandes 1903. — *Compte rendu général du Congrès international des chemins de fer*, V. Session 1905, III. Bd., S. 1—309. Question XIII: *Organisation des services.*

verständlich nicht der Ort ist[1]). Hier berührt sich die Organisation mit der Ökonomie im Betriebe, und die von diesen Gesichtspunkten geleitete äußere Gestaltung des Dienstbetriebes ist auch meist gemeint, wenn den Staatsbahnen empfohlen wird, ihre Geschäftsführung in kaufmännischem Geiste einzurichten.

Anhang. Die Organisation der Privatbahnen. Die im vorstehenden aus der Natur der Eisenbahnen und den Anforderungen einer Geschäftsführung überhaupt abgeleiteten Grundlinien der Organisation gelten einleuchtend auch für die Privatbahnen. Darauf wurde vorhinein hingedeutet und auch im einzelnen Bezug genommen. Es kann sich mithin nur darum handeln, inwieweit für diese aus der Eigenschaft der Privatunternehmungen sich Besonderheiten ergeben, die einen Unterschied von den Staatsbahnen mit sich bringen. Als ein solcher Unterschied fällt hauptsächlich der äußere ins Auge, daß für die gesellschaftliche Verwaltung im engeren Sinne des Wortes Vorsorge getroffen sein muß, wobei wir von dem weitaus überwiegenden Zustande ausgehen, daß Privatbahnen im Eigentume und Betriebe von Aktiengesellschaften stehen. Jede solche Privatbahn muß die den Gesetzen des betreffenden Staates entsprechenden Gesellschaftsorgane (Aktienverein mit Hauptversammlung, Verwaltungsrat) besitzen, denen gewisse, durch Gesetz, staatliche Verordnungen und durch die gesellschaftlichen Satzungen bestimmten Beschlußfassungen vorbehalten sind. Ein innerer Unterschied ist, daß bei Privatbahnen zufolge ihrer Natur als privatwirtschaftliche Unternehmungen, die auf möglichste Gewinnerzielung berechnet und für die Kapitalbeschaffung durch Aktien und Schuldaufnahme auf den Kreditmarkt angewiesen sind, das finanzielle Moment mehr hervortritt und diesem auch organisatorisch Rechnung getragen wird. Das zeigt sich namentlich in dem Bestande besonderer finanzieller Abteilungen, denen eine Reihe von Geschäften übertragen ist, die bei Staatsbahnen entweder gar nicht vorkommen oder nur eine geringere Rolle spielen, so eben alle mit der Aktiengebarung und dem Prioritätendienste zusammenhängenden Geschäfte.

Dem von den Aktionären gewählten Verwaltungsrate obliegt die eigentliche Geschäftsführung. Er regelt das Finanzwesen der Gesellschaft, bewilligt die Baumittel für neue Anlagen, Erweiterungen und die Ausrüstung der Bahn, stellt die Beamten an, bestimmt die Gehalte und Löhne, erteilt allgemeine Weisungen über den Dienstbetrieb usw. Bei größeren Bahnunternehmungen werden für die verschiedenen Verwaltungszweige besondere Ausschüsse bestellt, die sich mit den ein-

[1]) Die Fachzeitschriften aller Länder enthalten fortlaufend hierauf bezügliche Abhandlungen. Manche Verwaltungen fordern ihre Angestellten unter Zusicherung von Belohnungen auf, Verbesserungsvorschläge für den Dienstbetrieb zu erstatten.

schlägigen Geschäften fortlaufend befassen, in eigenen Sitzungen Beschlüsse fassen und diese in Vollsitzungen zur Genehmigung vorlegen. Bei Gesellschaften mäßigen Umfangs genügt ein einziger Ausschuß (Exekutivkomitee). Das Finanzgebaren des Verwaltungsrates wird alljährlich durch einen von den Aktionären bestellten Prüfungsausschuß kontrolliert.

Die Ausführung der Verwaltungsratsbeschlüsse und die Leitung des ausübenden Dienstes geschieht durch eine nach dem Direktorialsystem gebildete oberste Stelle, die in ihrem Aufbau nach den fachlichen Gesichtspunkten gegliedert ist, welche im vorstehenden entwickelt wurden. Zweckmäßig zerfällt sie in eine bau- und betriebstechnische und eine Verkehrs- (geschäftliche) Abteilung unter einem obersten Leiter (Direktor, Generaldirektor, *general manager*). Die weitere Gliederung in den Fachabteilungen hängt von dem Umfang des Unternehmens ab. Bei Kleinbahnen wird die Zusammenfassung der verschiedenen Verrichtungen in der Leitung gerade so zur Notwendigkeit wie beim ausübenden Dienste.

Der obersten Leitung des ausführenden Dienstes ist ein Sekretariat gleichgeordnet, das mit den das Gesellschaftsverhältnis betreffenden Angelegenheiten betraut ist. Die Stellung der Privatbahnen inmitten des geschäftlichen Lebens und gegenüber den Staatsbehörden macht in der Regel eine Abteilung für Rechtsachen erforderlich.

Ein Unterscheidungsmerkmal gegenüber den Staatsbahnen ist eine größere Freiheit der Gebarung im Rahmen des Dienstes.

Einer besonders freien Stellung erfreuen sich die Vorstände der amerikanischen Eisenbahnen in ihrer Geschäftsgebarung. Die einzelne Persönlichkeit tritt dort mehr an die Stelle der Ausschüsse, wenn nicht formell, so tatsächlich. Dem Präsidenten ist die ständige Leitung bestimmter Geschäfte vorbehalten und daneben ist überdies die Führung anderer einem oder mehreren Vizepräsidenten übertragen. Es hängt durchaus von den Personen ab, ob und wieweit sie sich durch die formelle Unterordnung unter den Verwaltungsrat in ihren Entschließungen beeinflussen lassen. Das erklärt auch die Fälle arger Mißwirtschaft.

Auf eine von den europäischen Bahnen abweichende Einrichtung wird von fachlicher Seite[1]) aufmerksam gemacht. Die kassenmäßige Behandlung der Einnahmen und Ausgaben scheint allgemein von der wirtschaftlichen Behandlung getrennt zu sein in der Art, daß der an der Spitze der Rechnungsabteilung stehende *Comptroller* als Hilfsorgan des Präsidenten oder Vizepräsidenten neben der Obsorge für die buchmäßige Ordnung auf alle Einzelheiten wirtschaftlicher Geschäftsführung sein Augenmerk richtet. Zu vollem Erfolge dieser Tätigkeit gehört es freilich, daß der Betreffende alle Zweige der Betriebstechnik beherrscht, was gewiß nicht immer zutrifft. Für die eigentliche Führung des Buchungswesens ist in der Regel eigens ein Oberbeamter bestellt.

Bei Bahnnetzen von besonders großer Ausdehnung tritt (wie bei Staatsbahnen) die Notwendigkeit von Zwischenstellen der Verwaltung

---

[1]) Hoff und Schwabach, „Nordamerikanische Eisenbahnen, ihre Verwaltung und Wirtschaftsgebarung", 1905, S. 115.

ein, und zwar meist unter dem Privatbahnwesen eigentümlichen Umständen. Es wird nämlich bei großen Bahnnetzen, die durch Vereinigung (Konsolidation) mehrerer selbständiger Unternehmungen entstanden sind, der in Rede stehende Gesichtspunkt durch andere Rücksichten bestärkt, welche die Aufrechterhaltung der früheren Betriebsverwaltungen angezeigt erscheinen lassen. Das größte Eisenbahnunternehmen dieser Art ist die *Canadian Pacific Railway*, die außer ihren Stammlinien in Kanada, der Überlandbahn, mehrere Eisenbahn-Unternehmungen sich angegliedert hat, deren Linien größtenteils in den Vereinigten Staaten liegen und zusammen 6936 *km* umfassen. Ihr Gesamtnetz hat eine Länge von 25 982 *km* (i. J. 1911).

Die loseste Vereinigung von Privatbahnen ist bekanntlich die Gemeinschaftlichkeit des Geschäftsinteresses, welches große Banken und andere Handelshäuser an bestimmten Bahnen haben, im amerikanischen Sprachgebrauche *Concern* oder Bahn-System genannt. Hier bleibt die Selbständigkeit jeder Bahn vorhinein gewahrt und nur hinsichtlich der finanziellen Gebarung greift ein *Controlling interest* Platz. Wenn dieses durch Vertreter der betreffenden Häuser in den Verwaltungen der in den *Concern* einbezogenen Bahnen Ausdruck findet, so beschränkt sich die Einflußnahme dieser Personen auf Angelegenheiten, welche das rein finanzielle Interesse berühren. Hierher zählen die großen Eisenbahn-„Systeme", in welchen die Eisenbahnen der Union zu einer Anzahl abgerundeter Netze zusammengefaßt wurden.

Andererseits eignet sich die Form der Aktiengesellschaft zu einer weitreichenden Vereinfachung der Organisation, wie sie die Ökonomie bei den kleinen Unternehmungen der Lokalbahnen erfordert. Hier wird die gesamte Geschäftsführung und Betriebsleitung durch Zusammenfassung aller Agenden wie im ausübenden Dienste so an der obersten Stelle in den Wirkungskreis einer Person mit wenig Hilfskräften gebracht und der Verwaltungsrat übt seine Funktionen im Ehrenamte aus in steter persönlicher Berührung mit dem Betriebsleiter.

Eine Eigentümlichkeit der Organisation bei den englischen Eisenbahnen hat den Fachleuten von jeher Interesse geboten. Dort hat der Generalverwalter in der Regel zwei Oberbeamte an seiner Seite, die sich in den Betriebs- und den Verkehrsdienst in einer Weise teilen, die nicht anders als mit Verquickung zu bezeichnen ist. Der eine, der Liniensuperintendent, leitet den gesamten Zugdienst, hat aber auch den Personenverkehr unter sich einschließlich der Beförderung derjenigen Güter, die mit Personenzügen befördert zu werden pflegen. Der andere, der Obergüterverwalter, dem die einzelnen Zweige des Verkehrsdienstes, soweit der Güterverkehr in Frage kommt, unterstehen, leitet auch die Zusammenstellung der Güterzüge in den Stationen, arbeitet an den Güterfahrplänen mit und leitet die Wagenverteilung. Der Liniensuperintendent ist daher zwar für den Lauf der

Güterzüge und ihre Behandlung während der Fahrt verantwortlich, seine Machtbefugnisse erstrecken sich aber nicht auf die Güter- und Rangierbahnhöfe, auf die Güterabfertigung und die Bildung der Güterzüge. Diese Einrichtung ist nur durch die Zustände in den Anfangszeiten der Eisenbahn in England zu erklären, in welchen der Personenverkehr weitaus überwog, der Bahnbetrieb auf ihn zugeschnitten war, und in der weiteren Entwicklung durch den massenhaften Handelsgüterverkehr, der mit kleinen schnellen Zügen in den Personenzugsverkehr eingeschaltet wird, so daß es dem konservativen Sinne des Landes möglich war, die alte Einrichtung aufrecht zu erhalten. In der neueren Verkehrsentwicklung hat sich indes doch gezeigt, daß das Unlogische der Geschäftsteilung sich praktisch in Unzukömmlichkeiten übersetzt, und haben daher die englischen Bahnen angefangen, die Organisation im Sinne einer richtigen Scheidung zwischen Betriebs- und Verkehrsdienst abzuändern [1]).

---

[1]) Hierüber Frahm, „Das englische Eisenbahnwesen", S. 18.

4. Ökonomik der Eisenbahnen.

A. Die Ökonomie in der Bau- und Betriebstechnik.

Das technisch-ökonomische Grundverhältnis von Anlage und Betrieb. Wenn wir uns nunmehr die Wirtschaftshandlungen im einzelnen vor Augen führen wollen, in denen die Betätigung der Eisenbahnunternehmung sich abspinnt, um sie in ihrem Zusammenhange und ihren Bestimmungsgründen zu erfassen, so scheiden sich zunächst als eine eigene Gruppe die wirtschaftlichen Gesichtspunkte aus, welche die technischen Vorgänge der Herstellung, Erhaltung und Nutzbarmachung der Anlage beherrschen. Sie gründen sich auf die Eigenart des Wesens der Verkehrsmittel, die wir als das Kostengesetz des Verkehres kennen gelernt haben, in der besonderen Gestaltung, welche diese bei der Eisenbahn annimmt zufolge des Umstandes, daß bei der Eisenbahn auch der Weg in das stehende Kapital der Unternehmung einbezogen und der Zusammenhang der drei Transportelemente ein innigerer ist als bei anderen Verkehrsmitteln.

Das Streben der Eisenbahntechniker muß darauf gerichtet sein, schon von allem Anfang die Anlage so zu gestalten, daß sie nicht nur durch die Beschaffenheit der Betriebsleistungen, welche sie bietet, die Verkehrsbedürfnisse in der nach dem Stande der Technik erreichbaren Vollkommenheit befriedigt, sondern auch die konkret möglichen geringsten spezifischen Kosten der Transportakte aufweist. Die Aufgabe besteht nun darin, dieses letztere Ziel durch ein geeignetes Verhältnis zwischen den Kapitalkosten und den Betriebskosten zu verwirklichen. Auf dieses Verhältnis, dessen grundlegende Bedeutung wir für alle Verkehrsmittel erkannt haben (1. Bd., S. 86ff.) sind bei Eisenbahnen einige Momente ihrer technischen Natur von maßgebendem Einfluß, die denn auch in der Praxis des Eisenbahnwesens sich den Fachleuten sofort aufgedrängt haben.

An erster Stelle steht die Abhängigkeit des Bedarfes an Bewegungskraft und anderer Kosten verursachender Umstände von den Steigungen und Krümmungen der Bahnlinie, die sich in weit stärkerem Maße als bei den Straßen geltend macht. Die Fachtechniker haben hierüber die genauesten Beobachtungen und Messungen angestellt und deren Ergebnisse in mathematische Formeln gekleidet.

Bei den Dampfbahnen sind Steigungen in einem Ausmaße, daß auf der Talfahrt noch Zugkraft aufgewendet werden muß, im Betrieb nicht teurer als ebene Strecken, da sich im Durchschnitt der beiden Fahrtrichtungen genau der Bedarf an Zugkraft wie auf horizontaler Strecke ergibt. Dieses Ausmaß kann bei Normalbahnen mit 4—5 pro mille beziffert werden. Von diesem Punkte an wächst der Bedarf an Zugkraft, und zwar anfangs gelinde, weiterhin mit zunehmender Steigung rasch ansteigend, bis er so bedeutend wird, daß die Maschine keine Zugleistung mehr auszuüben vermöchte. Für die Anforderungen des großen Verkehres ist, selbst bei den vervollkommneten Maschinen, bei Steigungen von 25—35 pro mille die Höchstgrenze der Leistungsfähigkeit erreicht. Das bedeutet die entsprechende Erhöhung der Betriebskosten. In Gefällen hat die Vorsorge für Bremsvorrichtungen und deren Betätigung analoge Wirkung.

Bei Krümmungen des Gleises greift mit Abnahme ihres Halbmessers ein ähnliches Verhältnis Platz wie bei zunehmenden Steigungen der Linie. Zu der Steigerung des Zugkraftbedarfes tritt hier noch die vermehrte Abnutzung der Schienen, die durch das Anstreifen des führenden Rades und bei größerer Geschwindigkeit durch die Fliehkraft bewirkt wird. Die Grenze der Anwendbarkeit bildet bei scharfen Krümmungen die Entgleisungsgefahr. Das Herabgehen zu kleinen Krümmungshalbmessern kann entweder durch Verminderung der Fahrgeschwindigkeit ermöglicht werden, was gegenüber bestimmten Verkehrsbedürfnissen eine Schmälerung der Qualität des Transportes und Verminderung der Leistungsfähigkeit der Bahn bedeutet, oder erfordert entsprechend engen Radstand der Fahrbetriebsmittel oder andere bauliche Einrichtung derselben, wie z. B. Drehgestelle, was wieder nach anderer Richtung auf Steigerung der Betriebskosten einwirkt.

Es gibt Strecken, auf welchen infolge der natürlichen Beschaffenheit des Geländes erwünscht günstige Betriebsverhältnisse sich mit wohlfeiler Anlage leicht vereinigen lassen. In der Mehrzahl der Fälle wird jedoch durch die zur Vermeidung von zu starken Steigungen und unzulässigen Krümmungen notwendigen Erdarbeiten und Kunstbauten eine Erhöhung der Anlagekosten herbeigeführt und es kann dies je nach den örtlichen Verhältnissen bekanntlich in ganz enormem Maße der Fall sein, wie bei weitgehender künstlicher Linienentwicklung oder Unterfahrung von Gebirgszügen durch Tunnels. Soweit eine Verlängerung der Bahnlinie notwendig wird, ist dies mit einer entsprechenden Vermehrung der Bahnerhaltungs- und der Fahrdienstkosten verbunden, die als Abzugspost von der relativen Ersparnis an Zugkraftkosten ins Auge zu fassen wäre.

Hiermit verknüpft sich ein anderer Umstand. Die technische Natur der Eisenbahnen gestattet eine Abstufung des Maßes der Anlagen, die ebenfalls in der in Rede stehenden Beziehung bedeutsam wird. Die Anwendung einer engeren Spur als der allgemeinen bringt eine Verringerung der Abmessungen aller Anlagebestandteile mit sich, zwar nicht genau im Verhältnisse der Spurweiten, aber doch in einem Ausmaße, das in einer erheblichen Kostenminderung seinen Ausdruck findet. Dazu kommt, daß die engere Spur schärfere Krümmungen des Gleises zuläßt, was ein inniges Anschmiegen der Bahnlinie an die gegebenen Terrainverhältnisse ermöglicht und daher unter Umständen eine sehr weit reichende Ermäßigung der Anlagekosten herbeiführt. Dadurch sind die Eisenbahntechniker in den Stand gesetzt, eine starke Verringerung der Kapitalkosten eintreten zu lassen. Voraussetzung hierfür ist allerdings, daß der verminderte Maßstab der Anlage auch dem Ausmaße des vorliegenden Verkehrsbedürfnisses entspreche. Aber Abstufungen des Verkehrsbedürfnisses sind doch tatsächlich in weitem Umfange gegeben. An und für sich ist mit der Verengung der Spur eine Erhöhung der Betriebskosten nicht verbunden, obschon tatsächlich in der ersten Zeit der Erbauung von Schmalspurbahnen infolge der Art der Ausführung, z. B. mit zu schwachem Oberbau oder mit zu geringen Abmessungen der Wagen, die einleuchtend verhältnismäßig mehr Erhaltungskosten verursachen, höhere Betriebskosten zum Vorschein kamen. Die geringeren Verkehrsleistungen, die in Hinsicht auf Zuggeschwindigkeit und Zuglast verlangt werden, gestatten aber vielfach die Anwendung stärker geneigter Rampen als bei Vollbahnen: der dadurch bewirkten Ersparnis an Anlagekosten, wo sie beabsichtigt wird, steht dann die entsprechende Steigerung der Betriebskosten gegenüber. Eine weitere Steigerung muß eintreten, wenn, wieder mit Rücksicht auf die Anlagekosten, Krümmungshalbmesser angewendet werden, deren Verkürzung bei ungeändertem Radstand der Betriebsmittel über das Verhältnis der Spurweiten hinausgeht. Daß für übergehende Güter die Umladung einen Kostenpunkt bildet, ist bekannt. In den vorerwähnten Fällen ist die Betriebskostenerhöhung nicht auf diesen Punkt beschränkt.

Einer Verminderung des Maßstabes der Anlagen steht auch bei normaler Gleisweite die Verminderung der Zugsgeschwindigkeit teilweise gleich, insofern sie an die Massigkeit und Widerstandsfähigkeit bestimmter Anlagebestandteile geringere Ansprüche stellt, was mit Kostensparung gleichbedeutend ist.

Wie schon zu erwähnen Anlaß war, hat in der Jugendzeit der Eisenbahnen eine Steigerung der Anlageverhältnisse über das Maß der allgemein üblichen Spurweite ihre Vertretung gefunden. Es wäre irrig anzunehmen, daß sie mit irgend einer Beziehung auf die Betriebskosten in Verbindung gebracht wurde. Vielmehr waren es wesentlich konstruktive Gesichtspunkte, die zur Begründung dienten. Diesen konnte allerdings nach dem damaligen Stande der Technik eine gewisse Berechtigung nicht abgesprochen werden. Indes haben die Fortschritte der Technik dahin geführt, auch bei der normalen Spurweite diejenigen Anforderungen an die Fahrbetriebsmittel in ausreichendem Maße zu erfüllen, um derentwillen die breitere Spur von den betreffenden Fachmännern als notwendig angesehen wurde.

Weiter bietet die Technik im Eisenbahnwesen wie bei anderen Verkehrsmitteln hinsichtlich des Baues der Fahrzeuge und Motoren dem Fortschritte ein weites Feld in der Richtung, eine gesteigerte Menge von Verkehrsleistungen mit einem bestimmten Quantum von Arbeit zu vollbringen und sie innerhalb kürzerer Zeit, fortschreitend bis zu einem gewissen Grenzpunkte, zu vollziehen, andererseits den Verbrauch von Betriebstoffen für die Einheit der Betriebsleistung zu vermindern. Wenngleich zufolge der Bindung an das Gleis die Entwicklung durch Größensteigerung bei weitem nicht in jenem Maße vor sich gehen konnte wie bei der Schiffahrt, und ebenso die Verminderung des Kohlenbedarfes aus technischen Gründen der Lokomotivkonstruktion nicht so weit gehen konnte wie bei den Schiffsmaschinen, so hat doch in dieser Hinsicht und überdies in anderen, der Eisenbahn eigentümlichen Fällen, in weitem Maße eine Steigerung der Anlagekosten, die durch die betreffenden Konstruktionen bedingt war, zu Betriebsvorteilen geführt, die eine Minderung des Aufwandes an umlaufendem Kapitale bedeuten. Die Wirtschaftlichkeit hängt von dem Verhältnisse im einzelnen Falle ab.

Endlich spielt bei Eisenbahnen die Ökonomie der Dauergüter eine hervorragende Rolle, da die Anlagen nicht bloß den Einflüssen der Naturgewalten, sondern auch der zerstörenden Einwirkung der wuchtigen Massenbewegung ausgesetzt sind und die letztere wieder den schädigenden Natureinflüssen Angriffspunkte schafft. Das Produkt dieser Kräfte ist eine starke Abnutzung der Anlagebestandteile, die sich auch auf den Weg erstreckt, diesen sogar in besonders starkem Maße betrifft. Die notwendige Folge sind verhältnismäßig namhafte Aufwendungen für Erneuerung und ebenso beträchtliche für die laufende Erhaltung. Die Minderung dieser Aufwendungen durch größtmögliche Dauerhaftigkeit der Anlagen zu erreichen, ist eine naheliegende technische Aufgabe, die aber wieder die ökonomische Seite hat, ob die hierfür auflaufenden Kosten zu dem erzielbaren Ergebnisse im richtigen Verhältnisse stehen. Über ein gewisses Mindestmaß von Standfestigkeit hinaus, mit welchem die Anlagen ausgestattet sein müssen, wenn die Bahn überhaupt betriebsfähig sein soll, ist mithin den Eisenbahntechnikern jeweils die Erwägung anheimgestellt, ob und in welchem Maße sie die gewünschte Widerstandsfähigkeit der Anlagebestandteile durch erhöhte Kapitalkosten bewirken oder die Last der Abnutzung dem Betriebe auferlegen wollen.

Durch die angeführten Momente, jedes für sich und in ihrem Verein, ergibt sich eine bestimmte Charakteristik des Verhältnisses zwischen Anlage und Betrieb: Steigerung oder Verminderung der Kosten für Anlage und Betrieb stehen in umgekehrtem Verhältnis zueinander. Das will sagen: in gewisser Beziehung und gewissem Maße wird Steigerung oder Verminderung der Kapitalkosten die Ursache der entgegengesetzten Gestaltung der Betriebskosten. Innerhalb der gedachten Grenzen steht daher die Wahl: entweder durch Verminderung der Anlagekosten den Betrieb zu verteuern oder ihn durch Erhöhung der Anlagekosten zu verbilligen. Im konkreten Falle wirft sich somit die Frage auf: wie und wo ist zwischen beiden in entgegengesetzter Richtung zielenden Gesichtspunkten die richtige Mitte zu finden?

Die Technik wird durch dieses ökonomische Grundverhältnis in vielfacher Hinsicht beeinflußt: sie wird nicht nur zur Wahl zwischen verschiedenen Konstruktionen und Materialien gedrängt, sondern ihre Verfahrungsweisen in Anlage und Betrieb erfahren hierdurch eine grundsätzliche Bestimmung.

Die elektrische Betriebsweise ändert einiges an den Einzelheiten des Verhältnisses, das Verhältnis als solches wird jedoch dadurch nicht berührt.

Auch mit bezug auf Menge und Qualität der Verkehrsleistungen besteht eine Gegenseitigkeit zwischen Anlage und Betrieb. Die schon technisch bedingte Abhängigkeit der beiden Seiten der Eisenbahnverwaltung von einander wird ökonomisch in dauernd bestimmter Weise gestaltet. Die Anforderungen des Betriebes stellen der Anlage technische Aufgaben, die sie nach ökonomischer Möglichkeit zu erfüllen hat, und der Betrieb ist an die ökonomisch begründete tatsächliche Beschaffenheit der Anlage gebunden. Dadurch werden technische Fortschritte im Bahnwesen angeregt, aber andererseits lösen Neuerungen, die durch den allgemeinen technischen Fortschritt ermöglicht sind, das Spiel jener wechselseitigen Abhängigkeit von Anlage und Betrieb von Fall zu Fall aus. Die Äußerungen dieser Entwicklung richten sich entweder auf Verbesserung der Beschaffenheit der Transportleistung, unter Umständen nur mit erhöhten Kosten erreichbar, oder auf Steigerung der Menge der Verkehrsleistungen, häufig gleichzeitig mit verminderten Kosten. —

Das beschriebene technisch-ökonomische Grundverhältnis von Anlage und Betrieb ist schon maßgebend für die erste, bei Erbauung einer Eisenbahnlinie notwendige Verrichtung: die Planung und Richtungsfestsetzung.

Die Trassierung. Die allgemeine Richtung jeder einzelnen Bahn linie ist durch die ihr innewohnende Verkehrsbedeutung nach denjenigen Gesichtspunkten gegeben, welche die Klassifikation in der amtlichen Verwaltung bestimmen. Wie die Eisenbahngeschichte jedes Landes nachweist, war man sich sofort über die Grundzüge des Eisenbahnnetzes im klaren, mochte die Anlage von Regierungsseiten oder durch Gesellschaften erfolgen. Erst bei der Verdichtung des Netzes wird die Aufgabe schwieriger, indem sie sich dahin zuspitzt, ob bestimmte Gebiete durch seitliche Angliederung an eine Bahn erster Ordnung in den Bahnverkehr einbezogen oder unmittelbar durch eine gerade Linie mit einem Hauptknotenpunkte verbunden werden sollen. Die Lösung wird von verschiedenen staatlichen Verhältnissen und von den in Geltung stehenden Verwaltungsgrundsätzen beeinflußt. Die Frage wurde, wie wir wissen, vielfach (England, z. T. Österreich) nicht glücklich gelöst, da man in Überschätzung des Verkehrsbedürfnisses der großen Knotenpunkte und unter dem Einflusse des Konkurrenzgedankens zu viel konvergierend auf jene zu baute, wodurch überflüssige Verbindungen der Hauptplätze, bei gleichzeitigem Mangel von Querverbindungen entstanden. In Deutschland verfiel man infolge der staatlichen Dezentralisation, welche die Nebenpunkte zugleich zu politisch wichtigen Örtlichkeiten stempelte, in dieser Hinsicht anfangs in den entgegengesetzten Fehler; in Frankreich entspricht das Ausstrahlen des Bahnnetzes von Paris nach den provinziellen Knotenpunkten und den Hauptrichtungen der Windrose bis zur Landesgrenze den bei Ausbildung des Eisenbahnnetzes vorhandenen staatlichen Verhältnissen und ist die Eingliederung der seitlichen Gegenden durch Nebenlinien in ökonomischer Weise durchgeführt.

In der Ökonomik handelt es sich um die endgültige Festlegung einer konkreten Bahnlinie innerhalb des Gebietes ihrer allgemeinen Richtung. Die Trassierung hat die genaue Lage der Linie ausfindig zu machen, welche das günstigste Verhältnis zwischen Anlage und Betrieb ergibt. Hier sind die technische und die kommerzielle Trassierung zu unterscheiden, wie bei den Straßen und in demselben Sinne, in welchem diese beiden Seiten der Verrichtung bei der Erörterung dort auseinandergehalten wurden [1]).

Für die technische Trassierung sind dem Ingenieur die Daten vorgezeichnet: er weiß, bzw. er hat im einzelnen Falle zu erheben, welche Höchstneigung der Linie mit Rücksicht auf die künftigen Verkehrs-

---

[1]) Nach Launhardt, „Theorie des Trassierens“, 1887 und 1888. Auf den grundlegenden Ausführungen Launhardt's fußen Kreuter, „Die Linienführung der Eisenbahnen“, 1900, und die Art. in der Enzyklopädie. Das Werk von Wellington, *The economic theory of the location of Railroads*, 1893, war dem Verf. nicht zugänglich. Die Bezugnahme auf Launhardt gilt nur für die von ihm aus physikalischen und technischen Voraussetzungen abgeleiteten Folgerungen und die Formeln, in welche diese gekleidet sind. Dagegen sind die aus den wirtschaftlichen Anschauungen Launhardt's gezogenen Schlüsse großenteils abzulehnen, weil manche der betreffenden Prämissen nicht standhalten. Schon im I. Band war Anlaß, auf solche hinzuweisen (S. 21 und 147). Ferner ist zu bemerken, daß Formeln, in deren Ableitung Daten aus den Betriebskostenverhältnissen eines bestimmten Bahnnetzes zu bestimmter Zeit verwendet werden (wie dies in den Ausführungen Launhardt's geschieht) auf unbedingte Gültigkeit nicht Anspruch machen können.

leistungen und auf die Zugkraft der Maschinen zulässig ist und welche Bogen im Gleise angewendet werden dürfen; um wie viel die Höchststeigung, also die „maßgebende Steigung", in den Krümmungen und in Tunneln aus technischen Gründen zu vermindern ist; ferner welche Erdarbeiten und Kunstbauten in der Richtung der Bahntrasse erforderlich werden, er berechnet ihr Ausmaß und ihre Kosten. Insoweit ist seine Tätigkeit an sich technischer Natur. Es ist ihm aber auch die Aufgabe gestellt, innerhalb der gegebenen Grenzen die günstigste Gestaltung in Hinsicht sowohl der Anlage- als der Betriebskosten in ihrem Verhältnis zueinander aufzufinden und dieses ist die ökonomische Seite seiner Tätigkeit. Die technische Trassierung ist also nicht reine Technik, sondern zugleich Ökonomie.

Die kommerzielle Trassierung hat für die Planung der Linie die Unterlage zu bieten, indem sie die Bewegungsmassen erhebt und die Richtung bestimmt, in welcher das Maximum der konkret gegebenen Transporte mit dem Minimum an Aufwand zu bewältigen ist. Hier wird der die Eisenbahnen von den Straßen unterscheidende Umstand wichtig, daß bei ihnen die Beförderung nur von und zu bestimmten Stellen der Linie erfolgen kann: den Stationen. Es muß daher jeweils eine Anzahl Verkehrsorte in Gruppen zusammengelegt und für jede dieser Gruppen der Verkehrschwerpunkt, das ist derjenige Punkt bestimmt werden, von wo aus das Verkehrsbedürfnis aller Orte der Gruppe durch untergeordnete Verkehrsmittel mit dem geringsten Aufwande von Kosten zu bestreiten ist. An solche Verkehrschwerpunkte sind die Bahnstationen zu verlegen, so daß also hinsichtlich der Aufsuchung der vollkommensten Trasse nicht bloß die Verkehrskosten auf dem Hauptverkehrswege, sondern auch die sämtlicher Anschlußwege innerhalb des richtig zu berechnenden Verkehrsgebietes in Betracht kommen. Die in dieser Weise nach Lage und Umfang bestimmten Stationen bilden die kommerziellen Fixpunkte der Linie. Die kommerzielle Trasse wird nur selten für eine große Länge zu suchen sein, da meistens außer den Endpunkten noch Zwischenpunkte gegeben sind, durch welche die Linie unter allen Umständen zu führen ist. Solche feste Zwischenpunkte können durch eine größere Stadt, durch die Station einer zu kreuzenden anderen Bahn, durch die Geländeverhältnisse, wie z. B. einen zweckmäßigen Flußübergang, Gebirgspässe oder Einmündung von Tälern, die zu solchen führen, u. dgl. bestimmt sein. Die kommerzielle Trasse zerfällt durch solche Punkte, die man als technische Festpunkte bezeichnen kann, in Teilstrecken, die jede für sich festzulegen sind.

Hierbei sind wieder verschiedene ökonomische Momente, als billigster Grunderwerb, bester Baugrund, leichteste Erdarbeit, überhaupt günstigste Bodenverhältnisse usw. im Auge zu behalten.

Wenn auf einer Strecke die Verkehrschwerpunkte beiderseits der geraden Mittellinie erheblich von dieser entlegen sind, so kommt durch

Verbindung derselben eine gewundene Trasse zum Vorschein. Eine solche stellt eine entsprechende Verlängerung der Linie dar. Über ein gewisses Maß kann diese Verlängerung sowohl der Anlagekosten wegen als wegen der vermehrten Betriebskosten sich ökonomisch verbieten. Letzteres wird insbesondere dann der Fall sein, wenn bei einer Bahn der Fernverkehr überwiegt, der unter den gesteigerten Betriebskosten leiden würde. Je mehr eine Bahn höherer Ordnung dem Durchgangsverkehr dient, desto weniger seitliche Abbiegungen von der theoretischen Mittellinie sind gerechtfertigt, mit der örtlichen Bedeutung einer Bahn nimmt der Ablenkungspielraum für die betreffende Trasse zu. Gefehlt ist es daher, eine vielfach gewundene Trasse, soweit sie nicht von dem Gelände bedingt ist, mit den Zwecken einer großen Transitlinie verbinden zu wollen. Würde sich nach den Verkehrsverhältnissen eine solche Trasse ergeben, dann ist dies ein sicheres Zeichen, daß die seitliche Angliederung einer oder mehrerer Bahnstrecken niederer Ordnung angezeigt ist. Es hat übrigens Fälle einer „politischen Trassierung" gegeben, in denen eine Trasseführung der angedeuteten Art im Interesse einflußreicher Persönlichkeiten angeordnet wurde, deren Wohnsitz oder Unternehmensstätte in den Bahnverkehr einbezogen werden mußte.

Es ist vonseite der Techniker bekanntlich angestrebt worden, den Einfluß der Neigungs- und Krümmungsverhältnisse auf die Betriebskosten durch Zurückführung auf die Längenausdehnung einer wagerechten Bahn zum Ausdruck zu bringen, gleichwie bei Straßen (II. Bd., S. 138): virtuelle Länge. Hierher zählen die Arbeiten von Ghega, F. Hoffmann, Pius Fink, Th. Pontzen, Baum, Freycinet, A. Lindner, Launhardt u. a. Das bezügliche Längenverhältnis sollte für Anlage und Betrieb Verwendung finden, in ersterer Hinsicht also speziell bei der Trassierung. Launhardt schlägt jedoch den Nutzen für diesen Zweck gering an, weil die konkreten Betriebskosten doch in jedem Falle genau ermittelt werden müssen, die Rechnung mit der virtuellen Länge mithin nur überflüssige Arbeit sei. Zu einer annähernden Bestimmung durch Vergleich mit den Betriebskosten einer ähnlichen im Betriebe befindlichen Bahn kann die virtuelle Länge allerdings dienen, aber auch das hat keine sonderliche Bedeutung, weil es nur einen Bestandteil der Betriebskosten, die Zugskosten betrifft. Launhardt unterläßt es wohl auch aus dem angeführten Grunde, eine Klasseneinteilung in Flachlandbahnen, Hügelbahnen usw. auf die virtuelle Länge zu begründen, wie er das bei den Straßen durchführt. Über die Anwendung der virtuellen Länge im Betriebe später am geeigneten Orte.

Die angeführte Theorie der Trassierung ist dem Einwande ausgesetzt, daß das Verfahren „unpraktisch", in Wirklichkeit nicht durchzuführen wäre. Dem entgegnet Launhardt: „Kann die genaue Größe der Verkehrsmengen und anderer Zahlenwerte für die Trassierung nicht ermittelt werden, so lassen sich diese Werte doch mit genügender Schärfe in Grenzen einschließen. Man rechne dann einmal mit der unteren, ein zweites Mal mit der oberen Grenze, und man wird zwei Trassen erhalten, welche einen Terrainstreifen von mehr oder minder großer Breite einschließen, innerhalb dessen die beste Trasse sicher liegen muß. Wenn man bei der Konstruktion von Futtermauern und bei den unbedeutendsten Eisenkonstruktionen auf Grund eingehender Rechnungen jeden Kubikmeter Mauerwerk, ja jedes Kilogramm Eisen zu sparen sucht, soll man da bei der Trassierung von Verkehrswegen, welche Millionen erfordern, von wissenschaftlicher Behandlungsweise zurückscheuen und sich ferner mit einem unklaren Abschätzen begnügen, welches man als „praktischen Blick“ oder „bewährte Erfahrung“ in biedermännischer Genügsamkeit zu preisen sucht?“ Wir fügen hinzu: Je mehr sich das Netz verdichtet, man es also nicht mehr mit den großen, in der Hauptsache von den Richtungen des durchgehenden Verkehres bestimmten Linien zu tun hat, und je weniger das Terrain im konkreten Falle aus technischen Gründen maßgebend für die Trassenführung ist, desto mehr macht sich die Notwendigkeit genauer kommerzieller Trassierung nach den bezeichneten Gesichtspunkten geltend.

Maßstab der Anlagen. Auch für die Eisenbahn gilt der Satz, daß eine technische Gestaltung der Anlagen, in welcher der jeweilig angezeigte Grad der Intensität des Verkehrsmittels verkörpert ist, das günstigste Kostenverhältnis mit sich bringt. Dies bedeutet die technische Anpassung der Anlage an das gegebene Verkehrsbedürfnis. Das Verkehrsbedürfnis weist örtlich große Verschiedenheiten auf. Wenn wir je eine Bahnlinie mit ihrem Verkehrsgebiete ins Auge fassen, so finden wir im Vergleich der verschiedenen Linien eine weite Abstufung der Verkehrsgestaltung. Um die Anlage ihr in jedem Falle anzupassen, ist schon bei der Planung der Linie das Ausmaß der zu gewärtigenden Transporte sorgfältig zu erheben und mit Einschluß der vorauszusehenden künftigen Entwicklung zu berechnen. Daß hierbei Irrtümer unterlaufen können, ist offenbar und es sind solche in der Geschichte der Eisenbahnen in der Tat nicht wenig zu verzeichnen gewesen. Die zunehmende Erfahrung hat aber doch genügende Anhaltspunkte geliefert, um diese Vorarbeit in ausreichend verläßlicher Weise ausführen zu können.

Der genauen Bemessung der Anlage jeder einzelnen Linie nach dem konkreten Verkehrsbedürfnisse steht jedoch ein Umstand entgegen, der auch von allem Anfang erkannt wurde. Durch den Zusammenhang jeder einzelnen Linie mit dem Gesamtnetze und durch die zeitliche Entwicklung der einzelnen Bahn wie des gesamten Netzes drängt sich die Notwendigkeit einer Vereinheitlichung auf, die uns bereits bei der Verwaltung beschäftigt hat. Sie erstreckt sich auf alle diejenigen Netzesglieder, die wir als Hauptbahnen und Nebenbahnen unterschieden haben. Dieser Unterschied schließt eine Intensitätsabstufung ein, was vorhinein begrifflich festzustellen war. Er kann in der Anlage der Nebenbahnen nur soweit zur Geltung gelangen, als es die Rücksicht auf den Gesamtverkehr des Netzes gestattet. Damit ist die Grenze für die Verminderung der Dimensionen der Nebenbahnen bezeichnet. Bei normalspuriger Anlage kann diese nur so weit reichen, daß ein Wagenübergang zwischen Haupt- und Nebenbahn möglich bleibt. Bei schmalspuriger Anlage von Nebenbahnen innerhalb eines normalspurigen Netzes ist der Einfluß der Einheitstendenz auf eine derartige Gestaltung der Anlage gerichtet, daß hinsichtlich der Schnelligkeit und Annehmlichkeit des Personenverkehrs nur ein mäßiger Abstand von den anderen Netzesgliedern obwalte, die Beförderungsmöglichkeit der Güter aber unter gleichen technischen Transportbedingungen wie auf der Normalbahn gesichert sei. Bahnen örtlicher Bedeutung empfangen ihr Gepräge ausschließlich von der konkreten Örtlichkeit und haben daher auch in ihrer Anlage von dieser den Maßstab zu empfangen.

Innerhalb des Gebietes der Schmalspur wäre eine vielfache Abstufung der Anlagen durch Anwendung abweichender Spurweiten möglich. Es hat sich jedoch herausgestellt, daß geringfügige Unterschiede der Spurweite praktisch bedeutungslos sind, was ja auch an sich naheliegt. Es sind mithin nur Unterschiede mit weiteren Abständen wirtschaftlich begründet. Solche stellen sich bei Bahnen allgemeinen Verkehres beiläufig im Verhältnis von $^2/_3$, $^1/_2$ und $^2/_5$ der Normalspur. Auch da kommt wieder die Einheitlichkeit in der Richtung ins Spiel, daß sie auf ein genaues Maß für jede dieser Abstufungen hinweist: 1 *m*, 75 *cm*, 60 *cm* gegenüber 1,435 *m* der Normalspur; Maße, deren übereinstimmende Anwendung sich teils für Bahnlinien, die miteinander in Verbindung stehen, teils wegen der Vorteile typischer Herstellung der Ausrüstung empfiehlt. Abweichungen von den genannten Maßen um wenige Zentimeter sind auf äußere Umstände zurückzuführen und haben, wenn einmal vorhanden, weitere Berechtigung auch wieder nur, soweit es sich um Einheitlichkeit einer Anzahl von Linien in einem geschlossenen Umkreise handelt.

Auch bei den Hauptbahnen tritt ein gewisser Intensitätsunterschied zutage. Diejenigen Linien, welche die Hauptbrennpunkte des staatlichen und wirtschaftlichen Lebens eines Landes und mehrerer Länder miteinander verbinden, zeichnen sich durch einen hervorragend starken Verkehr aus, der insbesondere im Personenverkehre eine aufs höchste gesteigerte Fahrgeschwindigkeit beansprucht. Sie werden als Hauptbahnen ersten Ranges bezeichnet. Die Einheitstendenz muß hier von der gegebenen Spurweite auf andere technische Momente übergreifen.

Aus dem Dargestellten ergibt sich: der Grundsatz der Maßbestimmung der Anlagen nach Intensitätsabstufungen hat nur mit bezug auf eine Anzahl von Klassenunterschieden Geltung. Die Eigenart der einzelnen Linie kommt somit für ihre Einreihung in eine der unterschiedenen Klassen in Betracht.

Die ökonomisch gebotene Abstufung in der Maßbestimmung der Bahnanlag n wurde anfangs nicht nach Gebühr beachtet. Allerdings war aber auch in der Entwicklungszeit der Eisenbahn noch nicht jene Scheidung der Verkehrsbedürfnisse vorhanden, die sich erst nach einigem Bestande der Eisenbahnen ergeben konnte, nachdem vorerst die Bedürfnisse des großen allgemeinen Verkehres alle Aufmerksamkeit und alle Mittel in Anspruch genommen hatten. Als aber die Entwicklung soweit gediehen und die Einsicht gereift war, verfiel man theoretisch in den entgegengesetzten Fehler, indem man die Anwendung des Grundsatzes in übertreibender Auffassung auf jede einzelne Linie für sich forderte. Als das Prinzip der „Individualisierung" von mancher Seite mit Nachdruck verkündet, so besonders lebhaft von M. M. v. Weber in seinen populären Eisenbahnschriften [1]), wurde die Lehrmeinung doch mehr im Munde geführt, in der Praxis der Eisenbahnverwaltung aber nicht wortgetreu verwirklicht. Die Anforderungen der Einheitlichkeit standen eben entgegen [2]). Immerhin war die Betonung des Grundsatzes verdienstlich gegenüber antiökonomischer Schablonisierung, die vordem sowohl unter dem Einflusse der staatlichen Verwaltung als im freien Schaffen der Eisenbahntechniker waltete. Bezeichnend für jenen Zustand des Bahnwesens ist es, daß z. B. die technischen Vereinbarungen des Vereins deutscher Eisenbahnen erst seit dem Jahre 1873 Sekundärbahnen von Hauptbahnen unterscheiden und erst im Jahre 1886 Grundzüge für den Bau und Betrieb von Lokalbahnen enthalten, was die Tatsache wiederspiegelt, daß die Ökonomie in dem in Rede stehenden Punkte bei dem Bau eines Teiles des deutschen und österreichischen Bahnnetzes gegenüber der Technik eine untergeordnete Rolle gespielt hat. In den Weststaaten Europas war es übrigens nicht anders.

Der Ausfluß der Vereinheitlichung ist die Übereinstimmung bestimmter Verhältnisse zwischen den Abmessungen und der technischen Beschaffenheit der verschiedenen Anlagebestandteile. Solche betreffen insbesondere die Kronenbreite des Bahnkörpers, die Böschungen, das Maximum der Neigung und das Minimum der Krümmungsradien, die Tragfähigkeit der Brücken, die Schienenstärke, die Stärke und Zahl der Schwellen für eine Längeneinheit Gleis, den Radstand, die Tragfähigkeit und Abmessungen der Betriebsmittel, das Profil des lichten Raumes usw., ev. den Sicherheitsapparat des Bahnverkehres selbst. Die erörterten Klassenunterschiede ergeben nun entsprechende Gruppen und Abstufungen dieser rechnerischen Beziehungen, die zum Teile in Minimalgrößen festgesetzt werden, bei welchen der Gesichtspunkt der Sicherheit mitspielt. Die betreffenden technischen Maßnahmen, bzw. Vorschriften haben also auch nach der ökonomischen Seite ihre Begründung.

Innerhalb der einzelnen Klasse ergibt das Verkehrsbedürfnis äußere Größenunterschiede der Anlagen, also Unterschiede, wie sie z. B. zwischen

[1]) Insbesondere „Die Individualisierung und Fortentwickelbarkeit der Eisenbahn", 1875.

[2]) Dies ist selbst Weber anzuerkennen genötigt, der in einer seiner früheren Schriften sagt: „Jede Linie (der Normalspurbahnen) ist in ihren Gesamteinrichtungen mehr oder weniger abhängig von der Allgemeinheit des Netzes, dem sie angehört. Dadurch muß sie von dem individuellen Charakter, der ihr durch die Natur des ihr vorherrschend eigentümlichen Verkehres vielleicht aufgedrückt werden würde, um so mehr verlieren, je größer der Anteil ist, den sie am großen durchgehenden Weltverkehre nimmt. Eine Normalspurbahn kann nur dann, wenn sie ganz lokalen Zwecken dient, den Charakter einer spezifischen Kohlen-, Getreide-, Holz-, Schiefer- usw. Transportbahn annehmen und selbst in diesen Fällen wird sie ihr Betriebsmaterial derart gestalten müssen, daß es, bei gegebener Gelegenheit auch zu anderen Zwecken auf die benachbarte Hauptbahn übergehend, weithin Verwendung finden kann. („Die Praxis des Baues und Betriebes der Sekundärbahnen", 1873, S. 96.)

verschiedenen Exemplaren einer Tier- oder Pflanzenart vorkommen. Das Ausmaß der Anlagen in dieser Hinsicht (also Anzahl der Gleise, Umfang der Bahnhöfe und Baulichkeiten, Anzahl der geeigneten Fahrbetriebsmittel) dem konkreten Verkehrsbedürfnisse anzupassen, ist ein so selbstverständlicher Akt der Wirtschaftsführung, daß es einer näheren Erörterung nicht bedarf. Wenn man auch das Individualisierung nennen will, so wäre dagegen nur das eine einzuwenden, daß damit der Klarheit der Einsichten nicht gedient ist.

Beeinflussung der technischen Anlage durch die gesamten wirtschaftlichen Verhältnisse des Landes und Bahngebietes. Für die Ökonomie der Anlage und des Betriebes ist die Stufe der wirtschaftlichen Gesamtentwicklung des Landes, in welchem die einzelne Bahn zur Entstehung gelangt, wichtig, da jene Gestaltungen, die man den Unterschied extensiver und intensiver Wirtschaft genannt hat, im Zusammenhange mit den Begleiterscheinungen des Bevölkerungstandes und der Ansiedlungsverhältnisse einen entscheidenden Einfluß auf die Verkehrsbedürfnisse und auf die Kosten ausüben. Die theoretische Erörterung kann nur auf Auseinanderhalten des Anfang- und des Endstadiums der gedachten Entwicklung fußen, welche die kennzeichnenden Merkmale in ausgesprochenem Maße zeigen und doch beide je eine Gruppe von Gradunterschieden in einem einheitlichen Gesamtcharakter einschließen. Es ist gegenwärtig wohl keinem Mißverständnis mehr ausgesetzt, wenn die beiden Stadien damit gekennzeichnet werden, daß in dem ersten der Naturfaktor, im letzten das Kapital die Wirtschaft beherrscht und der Übergang von einen zum anderen durch die Entfaltung der Arbeit bewirkt wird. (Vgl. hierüber 1. Bd. S. 58.)

Die charakteristischen Merkmale für Länder auf extensiver Wirtschaftstufe sind: Mangel an Kapital, folglich ein hoher Zinsfuß; teuere Preise aller einem Fabrikationsprozesse entstammenden Materialien, dagegen Unentgeltlichkeit oder Billigkeit von Grund und Boden und niedrige Preise aller Rohmaterialien. Das Entgegengesetzte findet sich in Ländern der vorgeschrittenen wirtschaftlichen Entwicklung. Zwischen den Ländern extensiver Wirtschaft muß aber noch der Unterschied gemacht werden, ob sie Länder alter Kultur oder Gebiete sind, welche aus den Ländern mit intensiv entwickelter Wirtschaft besiedelt werden. Dieser Unterschied äußert sich in der Stärke der relativen Bevölkerung. Länder alter Kultur haben, soweit nicht ungünstige Naturbeschaffenheit entgegensteht, eine dichte Bevölkerung, daher niedrigen Arbeitslohn, neubesiedelte Länder eine dünne Bevölkerung, daher hohe Löhne, insbesondere für die beim Eisenbahnwesen erforderliche qualifizierte Arbeit. In Ländern intensiven Wirtschaftscharakters herrschen ungeachtet dichter Bevölkerung hohe Löhne, sowohl dem Stande des Zinsfußes gegenüber als im Vergleich zu den Gebieten des gegensätzlichen

Wirtschaftszustandes. Ungeachtet des eben erwähnten Unterschiedes zwischen den Verhältnissen der verschiedenen Länder auf extensiver Wirtschaftstufe können diese dennoch als solche zusammengefaßt und den Ländern mit intensiver Wirtschaft gegenübergestellt werden, denn im Ausschlaggebenden, dem Kapital, waltet eben die erwähnte tiefgreifende Verschiedenheit zwischen beiden Ländergruppen ob.

Es ist indes nicht zu übersehen, daß die Eisenbahnen selbst im Verein mit den Seefrachten die Schärfe der wirtschaftlichen Gegensätze gemildert haben. Durch ihre ausgleichende Wirkung auf Preise, auf Arbeitslohn und Kapitalzins sind die Kontraste der in Rede stehenden wirtschaftlichen Erscheinungen etwas abgeschwächt worden. Die Folgerungen aus den Eigentümlichkeiten der unterschiedenen Wirtschaftstufen kamen daher insolange zu voller Geltung, als jene Eigentümlichkeiten noch in unberührter Ursprünglichkeit vorhanden waren: das ist also für die Anfangszeit der Eisenbahnentwicklung in dem ziemlich langen Zeitraume, bis die Ausbreitung der Bahnen über die wichtigsten Länder erfolgt war. Als dann später die Anlage von Eisenbahnen in überseeischen Gebieten durch kapitalistische Kolonisation vor sich ging, ist in weitem Umfange mit dem Anlagekapitale auch die Bauweise aus dem Mutterlande übertragen worden, nur mit Modifikationen, welche die klimatischen Verhältnisse anzeigten. Selbstverständlich ist auch, daß der Änderung des Wirtschaftscharakters bestimmter Gebiete auch die Eisenbahnen sich anpassen mußten, mithin ihre Ökonomik hier in der Gegenwart nicht mehr die gleiche ist wie in der Vergangenheit.

Neben den Wirtschaftszuständen treten die klimatischen Verhältnisse hinsichtlich des ökonomischen Einflusses auf die Eisenbahnen in den Hintergrund. Immerhin sind die Gestaltungen der technischen Anlagen und Vorkehrungen, welche sie erfordern oder ermöglichen, nicht ohne ökonomische Bedeutung, beispielsweise läßt das milde Winterklima Englands vielfach leichte oder offene Bahnhofräumlichkeiten zu, die am Kontinente nicht am Platze wären. Auch Eigentümlichkeiten des Volkscharakters, sofern sie sich im Ortswechsel äußern, machen sich geltend. Die allgemeine Abneigung in den angelsächsischen Ländern, Speisen und Getränke in öffentlichen Räumen anders als in Eile einzunehmen, und das Streben nicht durch Warten auf den Zug Zeit zu verlieren, ermöglichen es den Bahnen dort, die Warte- und Speiseräume in ihren Größenverhältnissen einzuschränken und ihre Ausstattung einfachst zu halten. Wenn die Bahnhöfe überdies als reine Nützlichkeitsbauten unter Absehen von jedem architektonischen Schmuck mit äußerster Ökonomie der aufzuwendenden Mittel hergestellt werden, so gibt das einen unverkennbaren Gegensatz zu den umfangreicheren und in gewissem Maße luxuriöseren Hochbauten, wie sie im deutschen Bahnwesen üblich waren. Solche Nebendinge und Äußerlichkeiten sind es meist, die den Besuchern fremder Länder auffallen und unter dem Titel der „Nationalität“ im Eisenbahnwesen geschildert wurden.

Die den Entwicklungstufen entsprechenden Produktionsverhältnisse in Wechselwirkung mit den Bevölkerung- und Ansiedlungsverhältnissen bringen analoge Abstufungen der Verkehrsdichte mit sich. Der Parallelismus zwischen der Wirtschaftsintensität des Bahngebietes und der

Verkehrsintensität der einzelnen Bahnlinien ist jedoch nur ein allgemeiner und reicht nicht bis zum letzten Ende. Einerseits weist ein Land nicht völlige Gleichheit der Wirtschaftszustände in seinem gesamten Territorium auf, sondern umschließt manchmal Gebiete von ganz verschiedenem Wirtschaftscharakter. Bei den Einflüssen, welche der Staatsverband auf alle seine Teile in ausgleichendem Sinne ausübt, werden hier die Unterschiede etwas verwischt. Andererseits erfahren die im vorhergehenden unterschiedenen Bahnklassen, die an sich als Repräsentanten abgestufter Verkehrstärken in einem Lande vorkommen können, eine gewisse Einschränkung. Zunächst ist einleuchtend, daß wo die Verkehrsintensität an sich gering ist, die Unterschiede zwischen solcher auf verschiedenen Bahnen nicht sehr belangreich sein können.

Diesem Umstande entspringt es, daß in Ländern auf extensiver Wirtschaftstufe der Unterschied zwischen Hauptbahnen und Nebenbahnen bei weitem nicht so scharf hervortritt, wie in hochentwickelten Ländern. Durch lange Zeit ist dort jede Bahn eine Bahn erster Ordnung, und es sind für die erstentstehenden Nebenbahnen häufig zunächst nicht die Zwecke des Gütertausches ausschlaggebend. Selbst sofern solche zur Existenz gelangen, kann der Abstand gegen eine Hauptbahn nicht sehr groß sein, da eben die Verkehrsintensität auf letzterer selbst dort eine geringe ist.

Sodann kommen die Bahnen rein örtlicher Verkehrsbedeutung nur in Gebieten hochentwickelter Wirtschaft zum Entstehen, weil eben nur dort die Voraussetzung für die Anwendung der Maschine im Landtransport gegeben ist. Auf extensiver Wirtschaftstufe ist nicht die erforderliche Dichte der Bevölkerung und des Verkehres vorhanden, welche die notwendige Kapitalinvestierung als begründet erscheinen ließe; dort sind die alten Verkehrsmittel, oft in primitiven Stadien, noch ausreichend. Die Bahnen dritter Ordnung sind daher nur in intensiv entwickelten Ländern und im größeren Umfange auch da wieder nur auf den höheren Entwicklungstufen vorfindlich.

Für den Personenverkehr gibt das Abstufungen, die bis zu den größten Verkehrstärken reichen können (die Ortsbahnen in den Weltstädten), aber nach unten zu bald eine Grenze erreichen, welch' letztere allerdings nunmehr durch die Elektrizitätstechnik in nicht geringfügigem Maße hinausgeschoben worden ist. Die Lokalgüterbahnen dagegen weisen stets einen im Vergleich zum allgemeinen Netze schwachen Verkehr auf, so daß sie da als Typen der unteren Bahnklassen erscheinen. Bei normalspuriger Anlage ist indes der Abstand von Nebenbahnen gering und zwar mitunter nicht ausreichend, um in den technischen Maßverhältnissen zum Ausdruck gelangen zu können.

Mit Rücksicht auf die angeführte Einschränkung ergibt sich für die theoretische Erörterung des Einflusses der Wirtschaftstufe auf die Bahnanlagen eine Dreiteilung der Bahnen, die je eine Kombination von Verkehrstärke und Wirtschaftszustand zeigt. Derart ist die Vielfältigkeit der einschlägigen Umstände und sohin der anzustellenden Erwägungen auf jene Allgemeinheit zurückgeführt, welche die theoretische Darstellung erfordert.

Wir scheiden daher zum Behufe der Ableitung der aus den allgemeinen Grundsätzen zu folgernden Maßregeln der Ökonomie der Anlage:

1. Bahnen erster Ordnung, mit starkem Verkehre in Gebieten mit hochentwickelter Volkswirtschaft, bzw. in Gebieten, welche alle Vorbedingungen zu solcher Entwicklung in günstigster Weise in sich bergen und eben infolge der Eisenbahnen sehr rasch den Übergang zu intensiver Wirtschaft vollziehen. Eingeschlossen die Lokalpersonenbahnen.

2. Bahnen mit dünnem Verkehre, in Ländern mit extensiven Wirtschaftsverhältnissen.

3. Nebenbahnen und Güterlokalbahnen in wirtschaftlich intensiv entwickelten Ländern.

Die Untersuchung nach diesem Schema wird uns die erwünschte Klarheit bieten [1]).

Die Statistik verzeichnet die vielfachen Abstufungen der Verkehrstärke, die als die Folgewirkung des jeweiligen Wirtschaftszustandes und seiner Wechselbeziehungen zu den Bevölkerungs- und Ansiedelungsverhältnissen in der konkreten Gestaltung in den verschiedenen Ländern oder Bahngebieten erscheinen. Diese Zustände finden ihrerseits als Produkt der geographischen Verhältnisse (im weitesten Sinne des Wortes) und der geschichtlichen Entwickelung ihre Erklärung. Den verschiedenen Staaten Europas entsprechen in dieser Hinsicht die 10 Bahnbezirke der nordamerikanischen Union, welche die offizielle Statistik seit Beginn der 90er Jahre bis 1910 unterschieden hat. Während die bloße Nennung des Namens genügt, bei den europäischen Staaten die einschlägigen Tatsachen ins Gedächtnis zu rufen, wird für die Aufteilung des großen kontinentalen Bahngebietes der Vereinigten Staaten in diese Bezirke, die teils je mehrere Staaten umfassen, teils einzelne mit ihren Grenzen durchschneiden, die bildliche Darstellung erforderlich. Man sehe umstehende Karte.

Das ziffermäßige Verhältnis der in den Betriebsergebnissen erscheinenden Verkehrsdaten gibt jedoch kein richtiges Bild, wenn es als genauer Ausdruck des Grades der Wirtschaftsintensität der betreffenden Bahngebiete aufgefaßt würde. Es kommt die Vermehrung der Verkehrsmengen in Betracht, welche die Zusammendrängung der Welthandelsbewegung auf bestimmten Bahnrichtungen bewirkt, andererseits die Verminderung des Bahnverkehres, die infolge der geographischen Gestaltung mancher Länder durch den Wasserweg herbeigeführt wird. Überdies enthalten die Gesamtzahlen für ganze Länder die Nebenbahnen und die Bahnen örtlicher Bedeutung, wodurch in Ländern mit vorgeschrittener Entwickelung die Durchschnittsziffer herabgedrückt wird. Sie ist folglich für die Hauptbahnen zu niedrig, während in Gebieten minder intensiven Charakters die Verkehrsziffern der Hauptbahnen, die den Ausschlag geben, den Anschein einer höheren Intensität

[1]) Dasselbe wurde schon in der ersten Auflage zugrunde gelegt. Dabei war aber der Besonderheit der Personenbahnen nicht ausdrücklich gedacht, und es konnte daher die Charakteristik der Lokalbahnen als relativ verkehrschwach (was nur für Güterbahnen dieser Art zu verstehen ist) vielleicht als nicht zutreffend erscheinen.

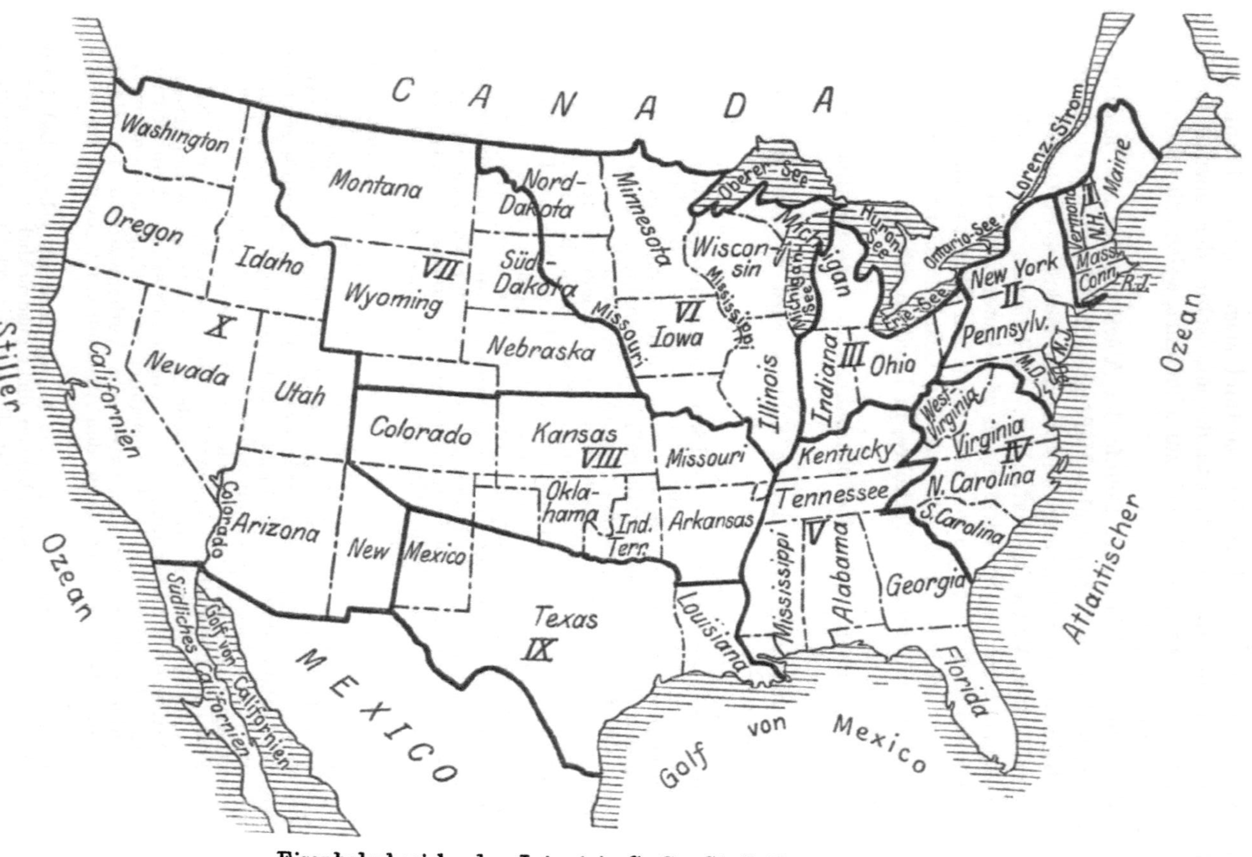

Eisenbahnbezirke der *Interstate C. C.* Statistik 1891–1910.

erzeugen. Diese Umstände sind bei ziffermäßigen Vergleichen im Auge zu behalten. In diesem Sinne ist nachstehende Übersicht, die indes durch den Mangel an Daten aus einzelnen Ländern beschränkt ist, zu beachten.

Bahngebiet		Personen-*km* auf 1 *km*		Tonnen-*km* auf 1 *km*	
		1875[1])	1910[2])	1875[1])	1910[2])
Europa	Belgien . .	?	994 733	?	1 024 917
	Holland . .	226 674	440 000	81 229	450 080
	Frankreich .	245 000	405 677	386 000	529 508
	Deutschland	229 551	616 524	390 000	993 899
	Österreich[3])	118 916	334 110	237 807	666 908
	Rußland . .	?	306 059	?	801 178
	Schweiz . .	254 179	452 645	165 490	256 005
	Ungarn . .	—	200 928	—	371 973
	Rumänien .	—	210 124	—	369 957
	Dänemark .	?	405 677	?	529 508
	Schweden. .	?	109 580	?	176 797
	Norwegen. .	?	113 700	?	99 518
		1891/92	1909/10	1891/92	1909/10
Vereinigte Staaten	Bahnbezirk I	255 567	375 048	381 933	786 492
	„ II	204 842	314 187	1 342 854	2 517 309
	„ III	91 930	157 573	786 278	1 818 702
	„ IV	41 377	82 260	302 634	908 227
	„ V	47 513	79 224	323 235	644 398
	„ VI	57 075	114 737	388 872	816 247
	„ VII	37 548	114 586	237 078	709 334
	„ VIII	37 982	89 567	258 795	509 229
	„ IX	35 783	70 368	218 169	378 747
	„ X	72 660	143 342	196 974	527 526

Die Kostenbestandteile einer Eisenbahnanlage. Für die Ökonomie einer Eisenbahnanlage ist die Eigenart ihrer verschiedenen Bestandteile und deren Kostenverhältnis von Bedeutung.

Das Anlagekapital einer Eisenbahn umfaßt außer den eigentlichen (speziellen) Anlagekosten mancherlei Kapitalaufwand, der vorerst notwendig ist, damit die Bahnlinie existent werde, wie: die Kosten der geistigen Vorarbeiten, die Ausstattung der Bahn mit einem Betriebsfonds, die Verzinsung des Baukapitales während der Bauzeit und die wirklichen Geldbeschaffungskosten (Ausgaben für Aufbringung des Kapitales: Bankierkommission, Anfertigung der Titel, Publizistik u. dgl.). Dieser Teil des Anlagekapitals, der bei Staatsbahnen meist nicht in die Erscheinung tritt, ist für die ausführenden Techniker ohne Interesse.

Die „eigentlichen" Anlagekosten unterscheiden sich nach den einzelnen technischen Anlagebestandteilen, begreifen aber auch einige

[1]) Aus der ersten Auflage der „Verkehrsmittel".
[2]) Entnommen der „Enzyklopädie des Eisenbahnwesens", 2. Aufl., Art. „Betriebsergebnisse" (fortab als Enzyklopädie oder abgekürzt zitiert).
[3]) Die Zahlen für 1875 gelten für Österreich-Ungarn.

der Art in sich, welche, obschon unmittelbar durch die Anlage bedingt, doch nicht einzelnen ausscheidbaren Teilen derselben, sondern der gesamten Anlage im übertragenen und wörtlichen Sinne zuzuschreiben sind. Wir nennen sie „Vorauslagen".

Die Analyse dieser eigentlichen Anlagekosten kann mehr oder minder ins einzelne gehen; allein wenn man eine Anzahl von Objekten zusammennimmt, welche entweder in der Technik ihrer Herstellung oder durch ihre Natur und ihren äußeren Zusammenhang gemeinsame Merkmale an sich tragen, so ergibt sich eine kleinere Anzahl von Hauptbestandteilen, die dann auch als Titel in den Statistiken wie in den Büchern der Bahnanstalten aufgeführt werden. Es sind dies nachstehende:

1. Vorauslagen,
2. Grunderwerb,
3. Erd- und Kunstbauten,
4. Hochbauten (einschl. Schutzvorrichtungen),
5. Oberbau samt Zubehör (fixes Material),
6. Betriebsmittel (Rollmaterial und Einrichtungsgegenstände).

Zu 1 gehören außer der Trassierung und den Planarbeiten die Bauverwaltung und verschiedenen Voreinleitungen. Diese Arbeiten bilden sohin keinen selbständigen Teil der Anlage, wohl aber wegen ihrer schweren Repartitionsfähigkeit einen eigenen Kostenteil. Hierbei ist zu bemerken, daß derselbe zuweilen unter dem Titel von „allgemeinen Auslagen" oder „Diversen" mit den vorerwähnten nicht-technischen Vorauslagen in eins zusammengezogen wird, was zu ungenauen Vergleichen der Baukosten Anlaß geben kann.

Zu den Hochbauten rechnen wir hier auch die Einfriedungen, welche häufig gesondert aufgeführt sind, jedoch ihrem Zwecke und ihrer ganzen Herstellungsweise nach in diese Abteilung einzureihen sind.

Der Oberbau begreift in sich außer dem Schienenwege der laufenden Bahn alle Stationsgleise (Manipulations- und tote Gleise), Drehscheiben, Weichen. Das Zubehör bildet die Gesamtheit jener Vorrichtungen, welche den Schienenweg erst praktikabel machen; wir zählen hierher also auch die Signale für verkehrende Züge, einschließlich Telegraphen, die häufig gesondert sind.

Unter die Betriebsmittel gehören, richtig aufgefaßt, auch die Maschinen und Werkzeuge, welche zum Funktionieren des Fahrparkes, dann zu dessen Instandhaltung notwendig sind (Wasserspeisung, Ladevorrichtungen, Werkstätteneinrichtung, Requisiten usw.), dann die vielfachen „Einrichtungsgegenstände" (das Inventar). Nicht immer werden diese Zubehörobjekte in vorstehender Weise gebucht, daher, wenn sie nicht ausgeschieden verrechnet, sondern bloß die Hauptposten: Hochbauten (denen häufig die Einrichtungsgegenstände zugerechnet werden), Oberbau, rollendes Material, aufgeführt sind, die betreffenden Ziffern nicht genau dasselbe bezeichnen, was bei Vergleichung allgemein gehaltener statistischer Daten wohl zu beachten ist.

Die Kosten des Grunderwerbes, die der Techniker als gegeben vorfindet, regen seine wirtschaftliche Betätigung insofern an, als er bei der Trassierung zu kostspielige Grundflächen womöglich zu meiden trachtet und in Städten die tunlichste Ausnutzung des teueren Baugrundes durch geeignete Anordnung der Bahnhofräume und Bahnhofgebäude erstrebt. Die Knappheit und die dadurch bedingte kompendiöse Anordnung der Empfangsgebäude bei den englischen Bahnen werden auf diesen Bestimmungsgrund zurückgeführt.

Von den Posten, welche zugleich äußerlich unterscheidbare Anlagebestandteile darstellen, lassen sich 2—4 unter der gemeinsamen Bezeichnung „Bau“, 5 und 6 als „Ausrüstung“ zusammenfassen, indem man unter letzterer den spezifischen Eisenbahnapparat versteht und diesem die Gesamtheit dessen gegenüberstellt, was ihm als Basis und Schutz dient: den Weg und die zugehörigen Baulichkeiten. (Nach anderem, dem üblichen Sprachgebrauche begreift man unter Ausrüstung lediglich das Zubehör des Schienenweges und die Betriebsmittel, nicht auch den Schienenweg selbst.) Von dem Zusammenstimmen von Rechnungstitel und technischem Zwecke zeigt sich nur die Ausnahme, daß die Holzschwellen des Schienenweges, ferner das „Legen“ des Oberbaues zum Bau gehören, dagegen wieder die Eisenkonstruktionen der Brücken der „Ausrüstung“ zuzuzählen sind, da sie mit den Objekten dieser die Technik gemein haben.

Diese beiden Hauptteile einer Bahnanlage zeigen mehrfache ökonomisch wichtige Eigentümlichkeiten. Der „Bau“ in unserem Sinne besteht in Herstellungen, bei welchen die Beschaffenheit des Geländes und die Arbeit, und zwar die Handlanger- und Professionistenarbeit, die weitaus überwiegende Rolle spielen. Die „Ausrüstung“ umfaßt dagegen wesentlich Fabriksprodukte, Erzeugnisse des Hüttenwesens und Maschinenbaues. Diese sind in ihrem Minimalmaße für jede Längeneinheit einer Bahnlinie von der jeweiligen Stärke des Verkehres bedingt und in ihren Kapitalkosten jeweils in letzter Linie durch die Weltmarktpreise des Rohmaterials bestimmt, die Kosten des Baues hingegen hängen von den örtlichen Verhältnissen, von der Terraingestaltung, wie von den örtlichen Material- und Arbeitspreisen, ab und zeigen daher von Bahnlinie zu Bahnlinie die größten Abweichungen.

So verschieden hiernach bei einzelnen verglichenen Bahnlinien die Kosten der Anlagebestandteile sein können, so zeigt sich beim Vergleich ganzer Bahnnetze eine ziemlich weitgehende Übereinstimmung des Verhältnisses dieser Kostenbestandteile. Perdonnet[1]) beziffert

---

[1]) *Traité élémentaire des chemins de fer* I, S. 383ff.

die Anlagekosten der **französischen** Hauptbahnen für die Zeit der ersten 50er Jahre im großen Durchschnitt mit

für	Francs für 1 *km*		% der Ges.-Summe
1. Administrations- und Gen.-Kosten . .	17 000	=	3,7
2. Grunderwerb	65 000	=	14
3. Erdarbeiten und Kunstbauten	150 000	=	32,4
4. Hochbauten.	48 000	=	10,4
5. Schienenweg (Doppelgleise)	122 000	=	26,3
6. Betriebsmaterial.	61 000	=	13,2
	463 000		100

5 und 6 stellen hiernach rund 40% der Gesamtkosten dar, während freilich eine andere Berechnung, welche derselbe Autor für Fälle mit geringeren Grunderwerbungskosten und geringeren Terrainschwierigkeiten mitteilt, zu einem Satze von rund 36% für den Schienenweg samt Zubehör und von 14% für das Rollmaterial, sonach zum Satze von 50% für die Ausrüstung gelangt.

Nach deutschen Verhältnissen treffen gegenwärtig in runden Ziffern, die für alle größeren Bahnverwaltungen gelten [1]), vom Anlagekapitale

auf Grunderwerb	9%
Erd- und Kunstbauten. . . .	31%
Hochbauten	16%
Oberbau inkl. Signale	27%
Fahrbetriebsmittel	17%.

Auch diese Verhältniszahlen zeigen für „Bau“ und „Ausrüstung“ annäherndes Gleichmaß.

Die bezeichnete Eigenart der beiden Gruppen von Anlagebestandteilen ist bedeutsam für die Unterscheidung zwischen derjenigen Betätigung, welche vom Zwecke **technisch bedingt** ist, und derjenigen, die auf größtmögliche **Kostensparung** zielt. Wenn wir nun dem Schaffen der Eisenbahntechniker in letzterer Hinsicht nähertreten wollen, so kann dabei von allen Einzelheiten selbstverständlich nicht die Rede sein: nur die Hauptrichtungen dieser ökonomischen Technik sind zu bezeichnen.

So finden wir im **Baue** das Bestreben, die zur Herstellung des Bahnkörpers zu bewegenden Erdmassen auf das erreichbare Mindestmaß zurückzuführen; die wohlberechnete Einrichtung ihrer Bewegung mit tunlichster Minderung des erforderlichen Transportaufwandes; die sorgfältige Auswahl der geeignetsten Materialien nach den Gesichtspunkten der Kostengestaltung; die Anwendung der technisch wie ökonomisch erprobten Methoden des Tiefbaues und Hochbaues, insbesondere auch die Ausbildung der förderlichsten Verfahrungsweisen des Tunnelbaues, bei welchen sich mit den Anforderungen der technischen Zweckmäßigkeit die Bedachtnahme auf die Kosten und auf die erreichbare Beschleunigung

[1]) Enzyklopädie, 2. Aufl., I. Bd., S. 172.

der Ausführung behufs Vermeidung von Zinsverlust verbindet. Ein Spezialfall ist die Wahl zwischen der Ausführung von Überbrückungen in Stein oder Eisen oder nach der neueren Betontechnik, wofür die Kostenrechnung im einzelnen örtlichen Falle entscheidet.

Ein ausgezeichnetes Beispiel der Wirtschaftstätigkeit in der Eisenbahntechnik bildet die Tränkung der Holzschwellen, die ausschließlich den Zweck hat, die Dauerhaftigkeit der Schwellen in einem die Kosten lohnenden Maße zu verlängern und daher auch nur insoweit angewendet wird, als der ökonomische Zweck tatsächlich zu erreichen ist. Die Tränkung unterbleibt bei Eichenholzschwellen, solange diese noch niedrig im Preise stehen, weil die Dauerverlängerung bei solchen verhältnismäßig am geringsten ist und daher ein kostspieliges Verfahren nicht lohnt, wogegen bei hohem Preise auch eine geringe Erstreckung der Dauerfrist genügt, die Mehrkosten aufzuwiegen. Irgend eine technische Verbesserung des Oberbaues ist mit der Tränkung der Schwellen nicht verbunden, höchstens kann die Vermeidung früherer Auswechslung als Betriebsvorteil in Betracht kommen.

Sonst überwiegen bei den Bestandteilen der Ausrüstung im allgemeinen die Gesichtspunkte der Technik. Hier handelt es sich um Konstruktionen, die den Zweck in erwünscht vollkommener Weise erfüllen müssen, die technische Zweckmäßigkeit also an oberster Stelle steht. Aber auch hier werden, soweit damit vereinbar, die Gesichtspunkte der Wirtschaftlichkeit nicht vernachlässigt: stets werden zugleich die geringsten Kosten durch tunlichste Reduktion der Metallmasse, die größte Dauerhaftigkeit durch Material und Stärke, die wohlfeilste Unterhaltung durch Einfachheit und sinnreiche Anordnung aller Teile im Auge behalten.

Bei den Schienen haben die Techniker alle Errungenschaften der Metallurgie in der Richtung ausgenützt, jede mit der Rücksicht auf die erforderliche Widerstandsfähigkeit vereinbare Materialverminderung durch geeignete Form und Abmessungen zuwege zu bringen. Bei den Breitfußschienen wurde genau untersucht, ob der Steg einen Millimeter schwächer oder niedriger gehalten werden könne. Es wurde eben bei Ausgestaltung der Schienenform den wirtschaftlichen Gesichtspunkten nicht minderes Augenmerk zugewendet als der technischen Zweckmäßigkeit, da sich zeigte, daß nicht die Stärke der Schiene allein für ihre Dauerhaftigkeit entscheidend ist, sondern sehr wohl eine schwerere Schiene unter Umständen einer minder schweren an wirtschaftlicher Güte nachstehen kann.

Der Lokomotivbau hat sich alle Fortschritte des Maschinenbaues zunutze gemacht, doch bereitete die Beengung durch das Gleis erhebliche Schwierigkeiten. Die Eigenart der Lokomotive schloß gewisse ökonomische Erfolge aus, die bei der Schiffsmaschine wie überhaupt den stehenden Dampfmaschinen erzielt werden konnten. Eine Reduktion des Gewichtes war selbstverständlich schon aus dem Grunde nicht möglich, weil es für die Adhäsion nötig ist, doch ist ein günstigeres Verhältnis des Gesamtgewichtes zum Adhäsionsgewicht erreicht worden. Es trat nur eine geringe Steigerung des Dampfdruckes ein, da schon die ältesten Lokomotiven mit hohen Drücken arbeiteten, und es hatte auch die Steigerung der Abmessungen keine Verminderung des relativen Dampfverbrauches, somit Kohlenverbrauches, zur Folge. Zweck und Ergebnis der Steigerung der Abmessungen war lediglich die Erhöhung der Leistungsfähigkeit, die es ermöglichte, dem Anwachsen des Verkehres zugleich mit betriebsökonomischen Vorteilen zu entsprechen. Eine Verminderung des Verbrauches von Betriebstoffen, vornehmlich der Kohle, wurde jedoch erstrebt und erreicht, zuvörderst durch Einführung der Verbundwirkung, indes noch nicht in bedeutendem Maße, neuestens und ausgiebig durch Einführung der Überhitzung des Dampfes. Durch letztere sind 25—30, in manchen Fällen bis 50% Dampfersparnis, sohin Kohlenersparnis, erzielt worden. Neuerdings wird zu gleichem Zwecke auch die Erwärmung des Speisewassers durch den Auspuffdampf versuchsweise angewendet. Von weiteren Neuerungen, die dem gleichen Ziele dienen sollen, wird berichtet. Diese auf Ersparnis an Betriebstoffen zielenden Neuerungen im Lokomotivbau sind ausgesprochene Beispiele von ausschließlich durch ökonomische Rücksichten angeregten technischen Maßnahmen. Eine Lokomotive kann ohne Überhitzer dieselbe Zuglast ziehen, verbraucht aber eben mehr Wasser und Kohle und würde unter Umständen mit ihren Vorräten nicht auskommen. So manche Konstruktionsdetails verbinden technische Zwecke mit dem ökonomischen: beispielsweise die zentrale Ölschmierung, Verbesserungen an Schiebern, Stopfbüchsen, Steuerungen, Rädern usw. In Amerika fängt man an, mechanische Rostbeschickung zum Zwecke der Schonung und Vermeidung von Vermehrung des Personals einzuführen. Alle diese Neuerungen haben die Kompliziertheit der modernen Konstruktionen sehr gesteigert, was besondere technische Aufgaben ergab mit Bezug auf Anordnung der Teile, welche die Zugänglichkeit und Bedienung ermöglicht und erleichtert.

Erwähnung verdient noch der wirtschaftliche Gesichtspunkt, durch Vereinheitlichung der Konstruktionen die Herstellung im Massenbetriebe zu ermöglichen und dadurch eine belangreiche Verbilligung zu erzielen. Geraume Zeit hindurch wurde dieser Gesichtspunkt nicht beachtet und er konnte wohl auch nicht zur Geltung kommen, solange die technische Entwicklung der Eisenbahn noch im Flusse war. Aus der geschichtlichen Zersplitterung der Bahnverwaltungen und den Experimenten ihrer Techniker gingen aber auch geringfügige Abweichungen in Form und Material hervor, die in dem erwähnten Punkte durchaus wirtschaftswidrig waren. Nachdem diese Versuche ihren technisch-wissenschaftlichen Zweck erreicht haben, steht einer weitgehenden

Normung längst nichts mehr im Wege. Wie beim Oberbau, so bei den Wagenbestandteilen und im Lokomotivbau muß die Herstellung nach Typen das Endziel der Entwicklung sein; eine Erkenntnis, welcher die Techniker sich immer weniger verschließen. Für den Betrieb bringt die einheitliche Bauart der Fahrbetriebsmittel den Vorteil mit sich, daß ihre Umlaufsfähigkeit auf die weitesten Gebiete ausgedehnt wird, in welchen überall die gleichen Ersatzteile die Reparaturen erleichtern und verbilligen, was insbesondere bezüglich der Güterwagen wichtig ist.

Im Jahre 1868 waren bei den Bahnen des Deutschen Reiches, einschließlich der späteren Reichsbahnen, etwa 50 verschiedene Schienenformen in Anwendung [1]). Durch die Bildung der großen Staatsbahnnetze ist innerhalb dieser die Vereinheitlichung eingetreten. Bei diesem Stadium wird es nicht sein Bewenden haben. Das gleiche gilt von den Wagen. Die Lokomotiven betreffend soll in Amerika der Plan gefaßt worden sein, künftig nur 6 Typen zu bauen, in Deutschland sind Bestrebungen im Gange eine Einheitslokomotive je für die verschiedenen Maschinengattungen und die Abstufungen der erforderlichen Leistungsfähigkeit einzuführen.

Hauptbahnen in Ländern und Zeiten wirtschaftlicher Hochkultur. Die erste Bahnkategorie, welche nunmehr in den Einzelheiten hinsichtlich der Ökonomie der Anlage zu untersuchen ist, umfaßt die Bahnen erster Ordnung in Ländern wirtschaftlicher Hochkultur, beziehungsweise jene Erscheinungen, welche den Übergang zu solchen Zuständen darstellen. Auf Grund des Parallelismus der intensiven Gestaltung sowohl der wirtschaftlichen Verhältnisse des Bahngebietes als des Bahnverkehres an sich, charakterisieren sich die für die Anlage hier maßgebenden Umstände, wie folgt: Grund und Boden, der aufs sorgfältigste ausgenützt ist und bereits eine mehr oder minder hohe Grundrente trägt, hat einen bedeutenden Wert, insbesondere in Städten und deren Umgebung, in Industriebezirken und Gegenden mit Anbau von Handelsgewächsen. Landwirtschaftliche Produkte stehen relativ hoch auf der Preisskala. Die Folge ist, daß sowohl der Arbeitslohn hoch steht als auch die für Eisenbahnbauzwecke nötigen Rohprodukte des Bodens (Holz, Steine) teuer sind. Ungeachtet der dichten Bevölkerung hat der Arbeitslohn eine Tendenz zu fortwährendem Steigen, weil einerseits die bereits erfolgte und die fortschreitende Kapitalansammlung auf den Zinsfuß ermäßigend und nach bekanntem volkswirtschaftlichen Gesetze auf den Arbeitslohn bis zu einer gewissen Grenze steigernd einwirkt, andererseits die Arbeiter selbst durch ihre Organisation die Hochhaltung der Löhne bewirken. Produkte, bei deren Erzeugung das Kapital eine große Rolle spielt, sind relativ billig im Preise; hierher zählen für vorliegende Zwecke namentlich die Produkte des Bergbaues und Hüttenwesens, dann der Maschinenfabrikation. Die dichte, in vielen Zentren des Gewerbefleißes angehäufte Bevölkerung unterhält einen regen persönlichen Verkehr ihrer

---

[1]) „Das deutsche Eisenbahnwesen der Gegenwart", 1912, I. Bd., S. 61.

Glieder und ein umfangreicher Güterumsatz vollzieht sich in den mannigfachsten Waren und Richtungen. Der Bahnverkehr ist also nicht nur ein starker, sondern es sind die an ihn gestellten Anforderungen in qualitativer Hinsicht strenger. Es wird im Personenverkehre namentlich große Schnelligkeit und häufigere Fahrgelegenheit verlangt. Die hohe allgemeine Kultur stellt den Wert eines Menschenlebens über alles und heischt die erreichbar größte Sicherheit, deren Verwirklichung begreiflicherweise mit der Intensität des Verkehres schwieriger wird. In dem an sich starken Frachtenverkehre herrscht ziemliche Regelmäßigkeit, jedoch Vielseitigkeit nach den Transportobjekten, Auf- und Abgabeort, und auch da zeigt sich das Bedürfnis beschleunigter Versendung. Viele nahe beieinander gelegene Stationen unterbrechen den Lauf der Züge. Für einen solchen Verkehr kommt mithin alles besonders in Betracht, was die Fahrgeschwindigkeit zu erhöhen, die Expedition in den Stationen abzukürzen, Hemmnisse und Zufälligkeiten zu beseitigen vermag. Die Kreuzung des Bahnverkehres mit dem übrigen, gleichfalls dichten Verkehre bedingt in dieser Beziehung gewisse Anforderungen an die Anlage. Die Stärke des Verkehres ergibt ferner Schwierigkeiten und Kostspieligkeit von Reparaturen und Rekonstruktionsarbeiten, sowie eine gesteigerte Abnutzung der Anlagebestandteile.

Die geschilderte Verkehrsgestaltung stellt bestimmte Ansprüche an die Größenverhältnisse der Anlage. Der intensive Verkehr ist von einer gewissen Grenze an mit einer eingleisigen Bahn nicht mehr zu bewältigen und erfordert auf seinen Höhepunkten ein Hinausgehen über die Doppelbahn, ein drittes, viertes Gleis, in einzelnen Fällen noch mehr. Für die Bahngebiete und Bahnnetze, die wir im Auge haben, ist es daher ein bezeichnendes Merkmal, daß die Hauptbahnen von Anbeginn der Mehrzahl nach zweigleisig angelegt werden und für die schwächeren unter ihnen die Umwandlung der eingleisigen Anlage in eine zweigleisige nach Ablauf der Entwicklungsperiode vorhinein ins Auge gefaßt wird.

Auf die Wahl des Zeitpunktes für die Umwandlung sind jedoch gewisse ökonomische Momente von Einfluß. Die eingleisige Anlage bedingt im Vergleich zu einer gleich verkehrstarken zweigleisigen Bahn die Errichtung umfangreicherer Stationen, da diese zum Abwarten der Kreuzungen mit reichlicheren Seitengleisen versehen sein müssen, stellt bei lebhafter werdendem Verkehre gesteigerte Anforderungen an den gesamten Sicherungsapparat, und erhöht die Betriebskosten überdies durch den mit dem Abwarten der Kreuzung verbundenen Mehraufwand an umlaufendem Kapitale (Dampfhalten, Verlängerung der Fahrzeit der Züge, sohin Mehrauslagen für Personalkosten). Von einem gewissen Grade der Verkehrsintensität angefangen wird es daher, wenngleich mit der eingleisigen Bahn noch das Auslangen zu finden wäre, wirtschaftlicher, zur Anlage einer Doppelbahn zu greifen, und zwar um so früher, je verschiedenartigere Anforderungen der Verkehr stellt (Eilzugsverkehr neben starkem Lokalpersonenverkehre und Lastentransporte).

Das Maß des Mehrbedarfes an Kapital infolge doppelgleisiger Anlage ist hinsichtlich des Grunderwerbes, dann des Unterbaues mit beiläufig $^1/_4$—$^1/_5$ der betreffenden Posten bei eingleisiger Anlage bezeichnet. Für den Oberbau erwachsen selbstverständlich *ceteris paribus* die doppelten Kosten einfacher Bahn, jedoch nur der kurrenten Strecke, während in den Stationsgleisen eine relative Ersparung eintritt und somit für die gesamten Gleise etwa ein Mehrerfordernis von 1,85 anzusetzen ist [1]). Die gesteigerte Leistungsfähigkeit der Betriebsmittel übersetzt sich in eine relative Verminderung ihrer Anzahl, die praktisch allerdings nur in einer künftigen Ersparnis bei weiter gesteigertem Verkehre zum Ausdruck gelangt und als solche von der bemerkten Anlagekostenerhöhung in Abzug zu bringen wäre. Aus den angeführten Verhältniszahlen geht hervor, daß dort, wo die Kosten des Unterbaues infolge der natürlichen Beschaffenheit des Bahngebietes geringe sind, bei niedrigem Zinsfuße die zweigleisige Anlage weit eher sich empfiehlt als anderswo, namentlich wenn auch der Oberbau wegen billiger Materialpreise relativ niedrig zu stehen kommt.

Es kommt aber auch ein Umstand ins Spiel, der sogleich bei der ersten Anlage eine Vorsorge für den künftigen Umbau gebietet. Die Verhältniszahlen hinsichtlich des Grunderwerbes, der Erd- und Kunstbauten gelten unbedingt nur für die erste Anlage, nicht aber für den Umbau, wenn durch den Bestand der Bahn selbst die Bodenpreise gestiegen sind, und gelten ferner nicht für Erbreiterung der Kunstbauten und schwieriger Erdarbeiten: die Ausweitung eines Tunnels, der Umbau eines Viaduktes oder gemauerten Durchlasses, die Erbreiterung der Pfeiler und Widerlager einer Holz- oder Eisenbrücke usw. sind mit namhaft höheren Kosten verbunden. Wo die Steigerung der Bodenpreise durch die Existenz der Bahn voraussichtlich eine sehr bedeutende sein wird und Kunstbauten in belangreicher Ausdehnung in der Bahnlinie vorkommen, gebietet daher die Ökonomie die Berechnung der in Rede stehenden Kostenbestandteile auf eine Doppelbahn gleich bei der ersten ursprünglichen Anlage auch dann, wenn hinsichtlich der übrigen Anlagebestandteile eine Doppelbahn noch nicht erforderlich ist, jedoch nur für den Fall, daß die dadurch entstehende Vorbelastung der Anlage an Zinsen gegenüber dem Aufschube der erhöhten Kosten auf spätere Zeiten eine Ersparnis darstellt. Das wird natürlich um so mehr der Fall sein, je früher die Umwandlung in eine Doppelbahn eintreten müßte, je rascher also die zu gewärtigende Entwicklung eines intensiven Verkehres vor sich gehen wird, je niedriger der Zinsfuß in dem Lande steht und je

[1]) Vgl. über diese Verhältniszahlen Pleßner, „Anleitung zur Veranschlagung von Eisenbahnen", 1873, S. 4.

kostspieliger und schwieriger die Kunstbauten in der konkreten Anlage sind. Aus letzterem Grunde erschien z. B. unter unseren kontinentalen Verhältnissen für die in Rede stehenden Bahnen die Fundamentierung größerer Brücken und die Aufmauerung der Pfeiler is zur Hochwasserlinie auf zwei Gleise **immer**, **häufig** auch der Ausbruch der Tunnels und die Anlage von Viadukten auf den Querschnitt einer Doppelbahn ökonomisch geboten [1]).

Es wird sonach keiner Erklärung bedürfen, daß es ebenso ökonomisch richtig war, wenn England (im eng. S.) anfänglich beinahe nur doppelgleisige Bahnen baute und erst später mit den Nebenbahnen mehr eingleisige Bahnen erhielt, wie wenn in Deutschland, Österreich das Entgegengesetzte der Fall war und Belgien, Frankreich in dieser Hinsicht eine Mittelstellung einnehmen. Hier wird der Umstand nicht zu übersehen sein, daß in den ersten Zeiten des Eisenbahnwesens vor Anwendung des elektrischen Telegraphen zu Bahnzwecken bei den ernsten Hindernissen, welche das englische Klima den optischen Signalen bereitet, die zweigleisige Bahn dort aus **technischen** Gründen notwendig war, wo sie es unter gleichen Umständen heute nicht wäre.

Von 2114 *miles* Bahnen waren im eigentlichen England i. J. 1843 nur 120 *miles* eingleisig, dagegen von der Meilenlänge des Jahres 1875 immerhin bereits 37,8%; mit Einbeziehung Schottlands und Irlands, woselbst die eingleisigen Bahnen überwogen, betrug der Prozentsatz der doppelgleisigen Bahnen i. J. 1855 noch 78%, 1875 nur mehr 53,4%. In Preußen dagegen waren doppelgleisig von der Gesamtlänge i. J. 1845 erst 16,45%, 1855 27,47%, 1865 39,08%, 1875 38,92%. In Frankreich waren von dem alten Netze der Hauptbahnen i. J. 1871 im ganzen nur 26% eingleisig, und zwar beinahe ausschließlich in der südlichen Hälfte des Landes, während die Nordbahn, Ostbahn und Westbahn nur wenige Kilometer eingleisige Strecken aufwiesen. Gegenwärtig sind im eigentlichen England von der im Besitze von 15 größeren Gesellschaften und der Londoner Stadt- und Vorortebahnen befindlichen Linienlänge von zusammen 23650 *km* 6225 *km* eingleisig, d. i. 26%. Im ganzen Vereinigten Königreiche war 1909 die Länge der Hauptgleise in runden Ziffern: erstes Gleis 36370 *km*, zweites Gleis 20440 *km*, drittes 1660 *km*, viertes 2050, fünftes 250, sechstes 140, siebentes bis dreizehntes Gleis 110 *km* [2]). Die größte Gleisezahl wird erklärlicherweise dort erfordert, wo sich auf den in die Weltstädte eindringenden Linien der Hauptbahnen mit ihrem Fernverkehre ein interner Stadt- und ein Vorortverkehr vereinigt. In Preußen waren 1913 von den unter Staatsverwaltung stehenden Bahnen (39087 *km*) 22438 *km* Hauptbahnen, von diesen 17455 zwei- und mehrgleisig, das sind 79%.

Ökonomische Gesichtspunkte der Anlage intensiver Gestaltung. Aus den angeführten Momenten ergeben sich bestimmende Einflüsse auf alle Bestandteile der Anlage; vor allen den Bahnkörper.

---

[1]) Nähere Details und Ratschläge für deutsche Verhältnisse bei **Pleßner**, a. a. O. Darauf bezügliche Vorschriften in den Konzessionsurkunden der französischen Bahnen, auch der späteren österreichischen Hauptbahnen.

[2]) **Frahm**, a. a. O. S. 9.

Die Anforderungen an den Betrieb, welche aus der dargestellten Beschaffenheit des Verkehres entspringen, und die Rücksicht auf die Abnutzung machen es zum maßgebenden Gesichtspunkte der Trassierung, die tunlichste Annäherung an die Horizontale und die Gerade anzustreben. Die dadurch in einem Terrain, welches der Durchführung dieser Trassierungsgrundsätze natürliche Hindernisse bereitet, bedingte Steigerung des Anlagekapitals kommt bei dem billigen Zinsfuße weniger in Betracht als eine Erschwernis des Betriebes durch stärkere Steigungen und scharfe Krümmungen, und es ist daher m. e. W. die möglichste Erleichterung — und dadurch Verbilligung — des Betriebes selbst auf Kosten einer Erhöhung des Anlagekapitales zur Richtschnur zu nehmen. Hinsichtlich der Erleichterung des Betriebes liegt das Hauptgewicht auf der dadurch gewährten Möglichkeit der Massennutzung, die Verbilligung steht in zweiter Linie. Bei letzterer handelt es sich um Vermeidung der durch stärkere Steigungen und Krümmungen verursachten Verringerung der Leistungsfähigkeit der Betriebsmittel. Bei dem starken Verkehre müßte in Vermehrung der Züge das Gegenmittel gesucht werden, was zunächst eine Vermehrung der Betriebsmittel, also wieder des Anlagekapitales, nur in einem anderen Posten, bedeuten würde, dann aber auch über ein gewisses Maß hinaus seine Grenze findet und gleichzeitig eine Steigerung des Aufwandes an umlaufendem Kapitale (größerer Kohlen- und Schmiermaterialbedarf, vermehrtes Personal beim Zugdienst) mit sich bringt. Andererseits kommt die Abnutzung der Anlage in Betracht. Diese wächst von einem gewissen Punkte an bei schärferen Steigungen und Krümmungen bedeutend, so zwar, daß bei einem so intensiven Verkehre die jährliche Abnutzungsquote derjenigen Anlagebestandteile, welche wir unter „Ausrüstung" zusammenfassen, eine sehr hohe werden müßte, was nicht nur in einer entsprechenden Erhöhung der Betriebskosten seinen Ausdruck fände, sondern auch in anderer Hinsicht namentlich wegen der Schwierigkeiten der „Auswechslung" des Oberbaues bei regem Verkehre (ferner hoher Reparaturstand der Fahrbetriebsmittel, Verringerung der Sicherheit) seine sehr bedenklichen Seiten hätte.

Es steht also der Vergleich: Zunahme des Zinserfordernisses für das Anlagekapital auf der einen Seite, Erzielung niedrigerer Betriebskosten auf der andern Seite. Die Ökonomie gebietet die Beobachtung der bezeichneten Gesichtspunkte bei der Trassierung, sobald die Verzinsung für das Plus an Anlagekapital, welches das Anstreben ebener und gerader Trasse mit sich bringt, geringer ist als der kapitalisiert gedachte Mehraufwand an Betriebskosten im entgegengesetzten Falle. Je niedriger der Zinsfuß, je höher die Arbeitslöhne und je stärker der Verkehr, desto früher sinkt die Wagschale zugunsten der ersten Alternative.

Von diesem Standpunkte aus erklären sich die Trassenführung und die hohen Anlagekosten der Hauptbahnen in den hier ins Auge gefaßten

Ländern in befriedigender Weise. Der graduelle Unterschied, welcher hinsichtlich der Verkehrsintensität zwischen England einerseits, dem Kontinente andererseits zu Zeiten des Beginns der Eisenbahnära obwaltete, rechtfertigt, daß namentlich die Deutschen vom Anfang an schärfere Kurven und stärkere Steigungen anwandten als die Engländer. Daß aber daraus mit der raschen Entwicklung der Wirtschaft in Deutschland unter dem Einflusse der Eisenbahnen kein Nachteil erwuchs, ein Umbau der früheren Anlagen also nur selten notwendig wurde, ist dem Fortschreiten der Technik zu danken, welches die betriebstechnisch-vorteilhafte Überwindung von Steigungen und Kurven ermöglichte, die bei der Erfindung und ersten Anwendung der Lokomotive in England für unzulässig galten. Der Begriff „starke Steigung", „scharfe Kurve" hat eben gegen die Anfangstadien des Eisenbahnwesens eine Veränderung erfahren. Ökonomie und Technik gingen also bei Werken der deutschen und österreichischen Ingenieure Hand in Hand [1]). Es war aber ebenso richtig, daß die Engländer bei ihrer ursprünglichen Bauweise verblieben.

Aus unseren ökonomischen Prämissen folgt weiter ein bestimmender Einfluß auf die Stabilität der Kunst- und Hochbauten und die Disposition der Bahnhofanlagen. Ein niedriger Zinsfuß und billige Materialien eröffnen die Ökonomie, durch Wahl stabiler, dauerhafter Konstruktionen die jährliche Abnutzung auf ein Minimum herabzudrücken, so daß die eingetretene Verringerung der Abnutzungsquote kapitalisiert sich höher bewertet als die Mehrkosten an Anlagekapital, welche die solidere Konstruktion verursachte. In welchem Maße niedriger Zinsfuß und Stärke des Verkehres die Rechnung beeinflussen, ist aus dem für den analogen Fall beim Straßenbaue angeführten Beispiel (Bd. II, S. 145) zu ersehen.

Daß unter den billigen Materialien nach den Verhältnissen der Länder, die in Rede stehen, vornehmlich das Eisen gemeint und somit auf Eisenkonstruktionen an Stelle von Holzkonstruktionen oder Mauerwerk hingedeutet ist, liegt nahe. Unter besonderen örtlichen Verhältnissen kann jedoch die Anwendung von Steinmauerwerk für Kunstbauten

---

[1]) Nach diesem Stande der Technik und den Erfahrungen der Praxis faßt Pleßner 1873 die einschlägigen Verhältnisse dahin zusammen: „Bei Bahnen in ganz ebenem Terrain mag immer noch $^1/_{200}$ als rationelles Maximum (der Steigung) gelten. Im Hügellande lege man ohne stärkere Maschinen zu gebrauchen, immerhin Steigungen von $^1/_{120}$ ein, im Gebirgslande und dem Gebirge entlang möge man bis auf $^1/_{70}$ herabgehen, bei Überschreitung höherer Bergrücken aber selbst Steigungen von $^1/_{36}$ dem Betriebe mit Seilrampen oder dem Einlegen einer unverhältnismäßig großen Zahl von Tunnels vorziehen. Die Kurven bis zu 1000 *m* Radius sind fast gar nicht hinderlich. In der Horizontale oder in Steigungen, die geringer als $^1/_{400}$, machen sich auch Kurven bis zu 300 *m* Radius bei dem Betriebe noch ziemlich gut. Bei stärkeren Steigungen gehe man nicht unter 500—600 *m* Halbmesser, es sei denn, daß man auf der betreffenden Strecke von Haus aus mit stärkeren Gebirgsmaschinen arbeiten will, von denen Kurven bis 200—300 *m* Radius in Steigungen von $^1/_{50}$ wohl noch anzuwenden sind." Seither hat die Technik noch weitere Erleichterungen der Linienführung an die Hand gegeben. Beispielsweise ist bei der Arlbergbahn als höchste Steigung 31,4 ‰ angewendet. Die Ausbildung der Zahnradbahnen ist in dieser Hinsicht hervorragend bedeutsam: sie ermöglichen ohne Unterbrechung der Betriebsweise dasjenige, was man in den Anfängen der Eisenbahnzeit nur mit Seilrampen erreichen konnte. Die großen Kosten des Zahnstangenoberbaus regen wieder die wirtschaftliche Vergleichsrechnung an.

dem gedachten Zwecke am besten dienen und die moderne Technik hat bekanntlich im Beton eine neue Alternative an die Hand gegeben. Hinsichtlich der Hochbauten gilt das nämliche für die Wahl von solidem Mauerwerk gegenüber leichten (namentlich Holz-) Bauten, insbesondere bei den steigenden Preisen des letztgedachten Materiales.

Unter unseren mitteleuropäischen Wirtschaftszuständen erscheint eine derartige Konstruktionsart ökonomisch dermaßen begründet, daß wir in rascher abnutzbaren Bauten nur „Provisorien" zu erblicken pflegen, die für die Entwicklungsperiode einer neuen Bahn berechnet sind. Es gibt Beispiele, daß unzweckmäßige Konzessionsbestimmungen, insofern sie auf spätere, durch Auswechslung derartiger provisorischer gegen definitive Konstruktionen bedingte Vermehrung des Anlagekapitales keine Rücksicht nahmen, zu unökonomischer, weil vorzeitiger Anwendung allzu solider Bauweise veranlaßten. Ebenso verkehrt war es, wenn das Konzessions- und Garantiewesen so gehandhabt wurde, daß es dem rechtzeitigen Übergange zu stabilen Bauten im Wege stand. Daß durch eine Verschiebung des Preisverhältnisses zwischen Holz und Eisen, sowie durch Ermäßigung des Zinsfußes der ökonomische Effekt der Maßnahme gesteigert und ihr Anwendungsgebiet auch für relativ niedrigere Intensitätsgrade des Verkehres ausgedehnt wird, ist ersichtlich und es bedarf sonach keiner weiteren Erklärung dafür, daß die Weststaaten Europas sowohl zeitlich als umfänglich mit Recht in stabilen, namentlich Eisenkonstruktionen Deutschland und Österreich voraus waren. Später haben sich die Dinge wie bekannt mit ihren wirtschaftlichen Voraussetzungen geändert.

Der Unterschied der wirtschaftlichen Verhältnisse zwischen England und Zentraleuropa genügt, auch das Entstehen eines markanten Unterschiedes in der Art und Weise der Bahnhofanlage mit zu rechtfertigen, welcher zwischen den Eisenbahnen der bezeichneten Länder anfangs obwaltete und der auch in populären Schriften erörtert worden ist: das Vorwalten des Drehscheibensystems in England, des Weichensystems in Deutschland und Österreich [1]). Ersteres (übrigens nur für den Magazingüterverkehr vornehmlich angezeigt) gestattet bekanntlich eine beschränktere Ausdehnung der Stationsfläche und eine raschere Manipulation beim Zusammensetzen und Zerlegen der Züge. Beides erheischten die wirtschaftlichen Verhältnisse Englands; jenes der hohe Preis des Bodens in den Standorten der größeren Stationen, den Städten und Fabrikorten, letzteres die enorme Dichte des Verkehres, welche die weitestgehende Beschleunigung der Transporte nicht bloß auf dem Wege, sondern auch beim Beladen und Entladen der Züge erfordert. Es kommt der Umstand hinzu, daß in England auch die klimatischen Vorbedingungen für dieses System vorhanden sind: der milde Winter der Küstenländer des atlantischen Meeres. Das kontinentale Klima beschränkt während des monatelangen harten Winters die Dienstfähigkeit von Drehscheiben in so hinderlicher Weise (Verschneien, Einfrieren), daß es nicht angeht, hinsichtlich der Ursachen des Beharrens anderer Länder beim Weichensystem dieses Umstandes zu vergessen. Für den

[1]) Weber, „Schule des Eisenbahnwesens", 3. Aufl., S. 264.

Rohgüterverkehr wurde auch in England die Bahnhofanlage auf Grund des Weichensystems durchgeführt und da dieser Verkehrszweig mit seiner Massenhaftigkeit auf $^2/_3$ des gesamten Güterverkehrs angewachsen ist, so tritt auch dort die Drehscheibe in den Bahnhofanlagen zurück.

Die hohen Bodenpreise in den Städten geben zu intensiver Ausnutzung der Area auch hinsichtlich der Bahnhofhochbauten Anlaß. In Verbindung mit den Bedürfnissen des Verkehres führt dies zur Trennung der Güter- und Personenbahnhöfe und entsprechender Verschiedenheit in der räumlichen Disposition beider. Die Rücksicht auf die Ökonomie des Betriebes führt übrigens auch dort, wo die Schranke des Raumes sich nicht gebieterisch geltend macht, dahin, die Bahnhofanlagen hinsichtlich Anordnung der baulichen Räume und der Gleisverbindungen sorgfältigst in der Richtung zu berechnen, die mindeste, zugleich die Sicherheit und Bequemlichkeit der Reisenden wahrende Zugbewegung, je nach den Zwecken, welchen ein bestimmter Bahnhof dient, zu ermöglichen. Die Technik der Bahnhofanlagen hat in dieser Hinsicht in letzter Zeit bedeutende Fortschritte gemacht. Hierher gehört endlich noch die Vorsorge für die Anlage der kleineren Anhaltestellen an der Bahnlinie, deren Anzahl mit dem Anwachsen des Verkehres zunimmt. Wo solches zu gewärtigen steht, ist durch Anbringen von wagrechten oder nahezu wagrechten Strecken an jenen Punkten, wo künftig dergleichen Halteplätze voraussichtlich notwendig werden, die ökonomische Befriedigung dieses Verkehrsbedürfnisses zu sichern.

Die „Ausrüstung" anlangend, haben die mehrerwähnten ökonomischen Verhältnisse bei allen Bestandteilen dem technischen Entwicklungsgange eine ausgesprochene Richtung verliehen. Hinsichtlich des Schienenweges, den wir zunächst ins Auge fassen, läßt sich diese als die gleiche bezeichnen, wie sie soeben bei den Kunst- und Hochbauten bemerkt wurde: erreichbarste Dauerhaftigkeit, ungeachtet der dadurch bedingten Anlagekostenerhöhung. Auf die Abnutzung, deren Verminderung das angestrebte Ergebnis dieses Vorganges ist, hat hier die Gestaltung des Verkehres einen größeren, nämlich abweichend von den früher besprochenen Anlagebestandteilen, einen unmittelbaren und der natürlichen Zerstörung gegenüber vorwiegenden Einfluß. Daher wird der Gesichtspunkt bei den Bahnen des starken Verkehres besonders wichtig. Die Befolgung des Grundsatzes drückt sich sowohl in der Stärke als in dem Materiale aus. Das gilt schon von der Unterlage des Gleises: der Bettung, die, um die erreichbar lange Fahrbarkeit des Gleises unter den sie gefährdenden physikalischen Einwirkungen zu gewährleisten, eine ausreichende Höhe und richtige Zusammensetzung (womöglich Kies, am besten Steinschlag aus festem Gestein) erhalten muß, ungeachtet bedeutender Kosten, welche in vielen Fällen hierfür erwachsen. Die Konstruktion des Gleises selbst in ihren Einzelheiten ist wohl wesentlich von der technischen Zweckmäßigkeit geleitet. Eine Vergleichung der verschiedenen Schienensysteme (Profile, Befestigungsmittel) würde also unser Gebiet überschreiten, obschon ja unstreitig ökonomische Gesichtspunkte auch da mitspielen, wie: größere Dauerhaftigkeit, Materialersparnis, Erleichterung des Ersatzes, Einfluß auf geringere Abnutzung der Betriebsmittel usw. Das sind indes allgemeine und nicht bloß die hier in Erörterung stehenden Bahngattungen betreffende Aufgaben der Technik, die vom Standpunkte der Ökonomie, als Zwecke, keiner weiteren Begründung bedürfen, in bezug auf die Mittel ihrer Verwirklichung aber eben der Technik angehören.

In betreff der Schienen an sich finden wir die Anwendung der angeführten Gesichtspunkte in der Tat verwirklicht entsprechend der anwachsenden Stärke des Verkehres durch Übergang zu immer massiveren und von einem gewissen Punkte an zu stofflich widerstandsfähigeren Schienen auf Kosten des Anlagekontos. Es werden vorerst stärkere Eisenschienen auf Holzschwellen (vereinzelt anderen Unterlagen), dann Stahlschienen, endlich auch Eisenunterlagen (eiserner Oberbau) angewendet. Das erste begann schon in den 40er Jahren, freilich häufig in indirektem Kausalzusammenhange mit der Verkehrsgestaltung, nämlich als Folge der analogen Entwicklung des rollenden Materiales, welche in dieser Richtung voranging. Das zweite war noch in den 60er Jahren für viele Eisenbahnen eine „Frage", weil damals der Preisunterschied zwischen Eisen und Stahl ein so bedeutender war, daß nur bei den verkehrsintensivsten Bahnlinien der ökonomische Vorteil und sohin die Zulässigkeit der mit der Wahl von Stahlschienen verbundenen Steigerung des Anlagekapitales einleuchtete [1]). Die Erfolge der Stahlfabrikation haben in kurzer Zeit den Preisunterschied bekanntlich so vermindert, daß die Anwendbarkeit von Stahlschienen bald eine weit umfänglichere, bei Neuanlagen und Auswechslungen geradezu allgemein geworden ist. Diese Fortschritte der Technik kamen selbstverständlich den Bahnen jeder Kategorie zugute, haben aber bei den Bahnen intensiver Gestaltung nach kurzem Zwischenstadium den Gesichtspunkt der Massigkeit keineswegs verdrängt. (Vorübergehend war sogar für Stahlschienen ein geringeres Gewicht angewendet worden als für Eisenschienen.) Schließlich kam der Oberbau mit Eisenschwellen in Frage, nachdem eine entschiedene Preisverschiebung zwischen Eisen und Holz sich vollzogen und die technischen Schwierigkeiten der Konstruktionen überwunden schienen. Obwohl der Gedanke bis in die ersten Zeiten des Eisenbahnbaues zurück-

[1]) Flachat hatte in seiner *Étude sur l'usure et le rénouvellement des rails*, Paris 1864, die Dauer der Eisenschienen (37 *kg* 1 *m*) nach den damaligen Verkehrsleistungen bei den frequenteren Strecken auf 12 Jahre, im Durchschnitte des französischen Netzes auf 15 Jahre berechnet und nachgewiesen, daß mit der Steigerung des Verkehres eine stärkere Abnutzung die Folge sein müsse, der nur durch Verbesserung der Qualität, durch Fortschritte der Metallurgie, dann durch weitere Steigerung des Gewichtes entgegengearbeitet werden könnte. Damals begann bekanntlich der Bessemerstahl seine Rolle zu spielen.

reicht, so waren erst in den 60er Jahren die ökonomischen Voraussetzungen soweit gegeben, daß sich die Techniker mit verschiedenen „Systemen“ an die Aufgabe heranmachen konnten. Die Bauart als Langschwellen hat sich betriebstechnisch für starken Verkehr nicht bewährt, bezüglich der Querschwellen hingegen war nach den durch die Erfahrung angegebenen Verbesserungen ein Unterschied in der technischen Zweckmäßigkeit gegenüber Holzschwellen nicht zu finden, so daß schließlich die Entscheidung ausschließlich auf wirtschaftliche Erwägungen gestellt blieb. Vielseitige Berechnungen, insbesondere die der Erfinder solcher Konstruktionen, schienen außer Zweifel zu stellen, daß zufolge der längeren Dauer der Eisenschwellen und mit Rücksicht auf den bei ihnen möglichen Rückgewinn des Altmaterials sowie auf geringere Erhaltungskosten der höhere Anschaffungspreis mit Vorteil aufgewendet werde. Die Erfahrung hat jedoch das Konklusum nicht voll bestätigt. Die Dauer der Schwellen bzw. der Zeitraum bis zur notwendig werdenden Auswechslung des Oberbaues erwies sich nicht als auf so lang hinausreichend als angenommen worden war. Auch hatte man im Vergleich die Dauer der Holzschwellen etwas zu gering angesetzt. Die Erprobung auf einzelnen Strecken, die von den meisten Bahnen ins Werk gesetzt wurde, hat im Endergebnis nirgends zur allgemeinen Einführung des eisernen Oberbaues geführt; selbst England, wo doch die Voraussetzungen seiner Anwendbarkeit im vollsten Maße gegeben wären, ist für den größten Teil des Netzes beim Holzschwellenoberbau verblieben. Es kommt hinzu, daß die erwartete größere Stabilität des Gleises nicht zu erweisen war und man im Betriebe auch einzelne technische Mängel bei diesem und jenem System gefunden haben will; z. B. Wandern des Gleises, weshalb manche Bahnverwaltungen von der Verwendung auf offener Strecke abgekommen sind. Immerhin sind in Deutschland von der Gesamtlänge der durchgehenden Gleise 55 754 *km* mit Holzschwellen, 23 297 *km* mit eisernen Oberbau ausgeführt. Einzelne Verwaltungen hatten eine Vorliebe für letzteren gefaßt, oder es kamen Rücksichten auf die Eisenindustrie des Landes ins Spiel. Ob nicht die der Zukunft vorbehaltene Gestaltung des Preisverhältnisses zwischen Holz und Eisen noch eine Änderung der Sachlage im Gefolge haben werde, ist vorläufig nicht abzusehen. Daß in gewissen Klimaten das Eisen vorzuziehen ist, braucht wohl nur nebenher bemerkt zu werden.

In Deutschland hatte in der letzten Zeit ein sehr lebhafter Meinungsstreit über die Frage zwischen den Technikern stattgefunden, der auf Grund neuer theoretischer Untersuchungen und der erwähnten praktischen Versuche geführt wurde [1]). Überdies haben die Interessenten der Forstwirtschaft und des Holzhandels einerseits, der Montanindustrie andererseits einen förmlichen Kampf um „Holz oder Eisen“ in Szene gesetzt. Das Ergebnis der mit allem Eifer gepflogenen Erörterungen war für den unvoreingenommen Urteilenden ein *non liquet.*

---

[1]) Nähere Angaben in der Enzyklopädie, 2. Aufl., Art. Oberbau.

Auch die Systemfrage des Oberbaues, ob Doppelkopf oder Breitfuß-Schiene, entbehrt nicht eines ökonomischen Einschlages, gerade in der uns hier interessierenden Richtung. Das englische System des Stuhl-Oberbaues mit Doppelkopfschienen ist kostspielig, aber wohl stärkerer Beanspruchung gewachsen als die Vignole-Schiene.

Indes hat man auch bei letzterer mit Anwendung von stühlenähnlichen Befestigungskonstruktionen das gleiche erreicht, freilich auch wieder mit gleichem Kostenaufwande.

Ein ziffermäßiges Bild der fortschreitenden Verstärkung des Oberbaues gibt nachstehende Tabelle betreffend die sächsischen Bahnen[1]).

Hauptbahnnetz.

Vignoleschienen	Einführungsjahr	Gewicht des lfd. *m*	Material
Profil I	1837 [2])	27,5 *kg*	Eisen
Profil II	1844 (sächsisch-bayrische Bahn)	28,8	„
„	1852 (Leipzig-Dresdner Bahn)	28,8	„
Profil III	1855	30,7	„
„	1864 [3])	30,7	Eisen mit Stahlkopf
„	1865 [3])	30,7	Stahl
Profil IV	1869	36,5	Eisen oder Eisen mit Stahlkopf
Profil V	1881	34,4	Stahl
Profil VI	1892	45,7	„

Oberbau von letztbezeichneter Stärke gestattet Achsdrücke von 18 Tonnen und eine Fahrgeschwindigkeit über 100 *km* in der Stunde. Diese Schienenstärke ist in der Bau- und Betriebsordnung v. J. 1905 allen Hauptbahnen Deutschlands für den Oberbau der Hauptgleise auf besonders stark beanspruchten Strecken als Mindestmaß vorgeschrieben (9 *t* Raddruck), während im allgemeinen auf Hauptbahnen 7,5 *t* Raddruck und für Hauptgleise 8 *t* min. genügen. Eine weitere Verstärkung ist für die in Europa für absehbare Zeiten zu erwartenden Fahrbetriebsmittel bis zu 20 *t* Achsdruck in Aussicht zu nehmen, wofür die Strecken des großen internationalen Verkehres in Betracht kommen, mithin einverständliche Maßnahmen der beteiligten Verwaltungen erforderlich werden. Die größeren Leistungen bedingen zugleich eine Verstärkung der eisernen Brücken. Da bei diesen mit einer Bestanddauer von etwa 80 Jahren zu rechnen ist, gegen 15—20 Jahre beim Oberbau, so muß die künftige Entwicklung zu noch größeren Achsdrücken im Auge behalten werden, was einer Berechnung der Brückenkonstruktionen bis zu 25 *t* Achsdruck (gegenwärtig 20 *t*) erfordert; eine sehr bedeutende Auslage, die auf das Konto der Oberbauverstärkung zu setzen ist.

Auch dem Laien leuchtet ein, daß die Widerstandsfähigkeit des Oberbaues nicht allein von der Stärke der Schienen und der entsprechen-

---

[1]) Die Daten sind der „Geschichte der Königl. Sächs. Staatseisenbahnen, herausgegeben von der Generaldirektion der Staats-Eisenbahnen", 1889, entnommen.

[2]) Nachdem die anfänglich von der Leipzig-Dresdner Eisenbahn angewandte Flachschiene und die englische Stuhlschiene von 24,5 *kg* sich als zu schwach erwiesen hatten.

[3]) Vorerst nur Einführung in beschränktem Umfange.

den Stärke der Schwellen, sondern auch von Unterstützung durch letztere in möglichst geringen Zwischenräumen abhängt. Die Begleiterscheinung der Steigerung in den Abmessungen ist daher eine Vermehrung der Schwellenzahl auf die Längeneinheit Gleis. In Deutschland hat im Durchschnitt auf den durchgehenden Gleisen v. J. 1903—1908 eine Vermehrung der Holzschwellen von 1259 auf 1322 für 1 *km* stattgefunden, die preußischen Staatsbahnen sind neuerdings bis zu 1675 Schwellen auf stark befahrenen Hauptbahnen, 1608 für die übrigen Schnellzugstrecken, 1504 für Hauptbahnen ohne Schnellzüge (1500 und 1416 für Nebenbahnen) gegangen. Nicht minder drängt sich die Erwägung auf, daß eine knappe Bemessung der Oberbaubestandteile streng im Ausmaße des technisch Notwendigen bei der nie ruhenden Entwicklung, gerade in diesen vorgeschrittenen Verkehrsgebieten, ein wirtschaftswidriges Vorgehen wäre: die Ersparung an Anlagekapital würde bald durch rasch anwachsende Erhaltungs- und Erneuerungskosten überboten. Eine reichliche Vorsorge für die weitere Entwicklung in der gedachten Hinsicht erscheint hier, insbesondere bei niedrigem Zinsfuß, sachlich angezeigt.

Die nämlichen Gesichtspunkte wie beim Oberbau gelten auch hinsichtlich der Fahrbetriebsmittel, nur daß da das Moment der Konstruktion noch mehr im Vordergrunde steht. Das durch die Anforderungen des intensiven Verkehres gegebene ökonomische Ziel war: die Steigerung der Leistungsfähigkeit der Lokomotiven mit der geringstmöglichen Erhöhung der Kosten zu erreichen. Die Technik löste diese ihre Aufgabe durch größtmögliche Abmessung der Mechanismen und durch höchste Ausnutzung des Materials und der Konstruktion. Gleichzeitig führten technische Erwägungen zur Berechnung der Konstruktion je nach dem Maße und der Art der von dem Mechanismus beanspruchten verschiedenen Leistungen, d. i. zur Ausbildung mehrerer Gattungen von Maschinen, die der Eigenart der verschiedenen Betriebsleistungen angepaßt sind. Dies ergab begreiflicherweise die erhöhte Vollkommenheit für den speziellen Zweck, bedingte aber die Anschaffung einer größeren Gesamtzahl von Maschinen, wofür nur im Vorhandensein eines lebhafteren Verkehres die ökonomische Voraussetzung gegeben ist.

Die Funktionsteilung unter den Maschinen ergab schließlich als Typen: Schnellzuglokomotiven für große Entfernungen (nur schwere Züge), Personenzuglokomotiven für schwere und für leichte Züge auf große Entfernungen und Maschinen der gleichen Art für kurze Entfernungen (Tenderlokomotiven), Lastzugmaschinen für schwere und für leichte Züge, endlich Lokomotiven für Verschubzwecke. Diese Spezialisierung ist an sich zweifellos eine Betätigung technischer Zweckmäßigkeit, ihre Ausführung aber ist eben an die erwähnte ökonomische Voraussetzung geknüpft.

Die Anwendung der Elektrizität als Triebkraft ändert bekanntlich die Sachlage dadurch, daß sie einerseits gestattet, jedes Fahrzeug mit einem Motor zu versehen, ohne Beeinträchtigung, sogar mit Erhöhung der Vollkommenheit des Transportes (Triebwagen), andererseits für Lokomotiven des Vollbahnbetriebes keine weitere Spezialisierung als die Ausscheidung von Maschinen für den Schnellverkehr erfordert.

Die Steigerung der Abmessungen zeigt folgende Tabelle.

Übersicht einiger Hauptabmessungen der Personenzug- und Schnellzuglokomotiven der sächsischen Staatseisenbahnen[1]).

Jahr	Dienst-Gewicht *t*	Heizfläche *qm*	Rostfläche *qm*	Nutz-Pferdestärken	Zuggewicht *t* bei Steigung 1:200 und 50 *km*/St.	Bemerkungen
1843	18,8	58	1	200	75	
1848	25,5	81	1	200	75	
1854	29,2	102	1,28	350	140	
1866	35	104	1,11	350	115	Naßdampf
1870	38	94	1,32	400	140	
1871	38	91	1,60	500	179	
1886	43	102	1,82	620	260	Naßdampfverbund
1891	49	123	2,33	700	270	Naßdampfzwilling
1897	54,3	117,5	2,3	770	330	Naßdampfverbund
1900	57	129 (Überhitzer)	2,3	770	336	Naßdampfverbund
1906	73,3	146 (44)	2,77	1300	509	Heißdampfzwilling
1908	74,5	146 (41)	2,75	1400	620	Heißdampfverbund
1918	99,8	226 (74)	4,5	2300	1009	Heißdampfverbund

Eine Verminderung der Anlagekosten für eine Pferdekraft der Maschine ist durch die Vergrößerung der Abmessungen nicht eingetreten, da die Kosten beiläufig dem Gewichte der Lokomotive proportional sind und zu diesem wieder das Ausmaß der Rostfläche, von welcher die Leistungsfähigkeit abhängt, im Verhältnis steht. Die Einführung der Verbundwirkung und weiterhin der Überhitzung hat jedoch die Leistungsfähigkeit über das eben erwähnte Verhältnis hinausgehoben, was auch aus der Tabelle zu ersehen ist. Somit kommt den bezeichneten technischen Verbesserungen auch eine ökonomische Bedeutung in betreff der Anlagekosten zu.

Die ähnliche Entwicklung bei den Güterwagen zeigt eine Größensteigerung innerhalb bestimmter durch die Abhängigkeit vom Gleis und durch die Verkehrsverhältnisse gezogener Grenzen, zum Zwecke der relativen Kostenminderung und der Erhöhung der Ladefähigkeit. Die ältesten bedeckten Wagen hatten nur eine Tragfähigkeit von 4 *t* bei einem Eigengewichte von 4,5—5 *t*. Bei den offenen Wagen war das

[1]) Mitteilungen eines der Verwaltung angehörigen Fachmannes.

Eigengewicht bei größerer Tragfähigkeit geringer. Bis in die 50er Jahre war man bei den bedeckten Wagen mit Eigengewicht und Tragfähigkeit auf etwa 5 *t* gegangen. Von da ab beginnt eine konsequente Steigerung sowohl des Eigengewichtes als der Tragfähigkeit mit fortschreitender Verbesserung des Verhältnisses beider. In den 70er Jahren war die Tragfähigkeit auf 10 *t* gestiegen und es wurden alle Neuanschaffungen in dieser Type gemacht, die fortab als der Normaiwagen galt. Für den Massenverkehr in Rohgütern hat der in Rede stehende Gesichtspunkt in den 90er Jahren zur Erhöhung des Ladegewichts über 10 *t* geführt, wobei insbesondere die verhältnismäßige Verminderung der Anlagekosten hervortrat. Die Wagen wurden vorerst für 12, 13 *t*, später für 15, neuestens für 20 *t* gebaut; die höhere Kategorie als offene Wagen für Schwergüter. In einer Anzahl von Fällen ist man noch darüber hinausgegangen, in Amerika jedoch in großem Umfange bis zu 40 und 45 *t*.

Die genauen Daten dieser Entwicklung in Deutschland sind in folgender Tabelle enthalten, die aus den jeweils vorhandenen Wagen den Durchschnitt zieht, bis zum Jahre 1875 (einschließlich) jedoch nur die preußischen Bahnen betrifft [1]).

Jahr	Bedeckte Wagen			Offene Wagen		
	Eigengewicht	Ladegewicht	Ladegewicht / Eigengewicht	Eigengewicht	Ladegewicht	Ladegewicht / Eigengewicht
1857	5,39	5,31	1,91	4,15	6,31	1,52
1867	6,04	7,41	1,23	4,89	8,89	1,82
1875	6,58	9,01	1,37	5,33	9,69	1,85
1880	6,74	9,35	1,39	5,51	9,78	1,78
1885	6,81	9,45	1,39	5,79	9,99	1,73
1890	7,01	9,68	1,38	6,03	10,44	1,73
1895	7,39	10,81	1,46	6,38	11,68	1,83
1900	8,01	12,10	1,59	6,77	12,54	1,85
1905	8,51	13,01	1,53	7,09	13,12	1,85
1909	8,94	13,51	1,51	7,49	13,92	1,86
Deutscher Staatsbahnwagenverband	9,70	15,00	1,54	8,50	15,00	1,87
Preuß. Kohlenwagen aus gepreßten Blechen				9,25	20	2,06
Plattformwagen				19,40	40	2,16

Die betriebsökonomischen Vorteile der hochtragfähigen Wagen, die nur durch Verwendung des Eisens zum Bau ermöglicht wurden, sind hauptsächlich folgende. Weil die Bruttolast eines Zuges relativ geringer wird, wird auch der Bedarf an Zugkraft bei gleichem Ladegewicht geringer. Folglich werden die Züge kürzer, so daß Ladegleise und Güterschuppen geringere Abmessungen erfordern. Außerdem ver-

[1]) „Das deutsche Eisenbahnwesen der Gegenwart", I. Bd., S. 166.

mindern sich stark die Erhaltungskosten. Die Wagen älterer Konstruktion verursachen solche in wesentlich höherem Maße, weil sie meistens aus Holz gebaut sind und verhältnismäßig viel Material in den Zug-, Stoß- und Lauf-Vorrichtungen führen, die am meisten Beschädigungen ausgesetzt sind. Die Bewältigung großer Massenverkehre mit Beschleunigung der Ladung und Entladung durch geeignete Konstruktionen ist leicht ersichtlich.

Diese Änderung in dem Verhältnisse zwischen Gewicht und Tragfähigkeit der Wagen, die dem Techniker als solchem gleichgültig ist, bildet abermals einen hervorragenden Fall von technischer Betätigung aus wirtschaftlichem Motive.

In den Vereinigten Staaten wurden von Anfang an großräumige Wagen auf Drehgestellen auch im Güterverkehr verwendet, wofür teils die eigenartigen Verkehrsverhältnisse in der Union, teils die im späteren sogleich zu erörternden Anlageverhältnisse der Bahnen bestimmend waren. Mit der Zunahme des Verkehres, insbesondere in Massengütern, konnten auch die Abmessungen gesteigert werden und das ging vornehmlich in demjenigen Gebiete der Oststaaten vor sich, welches sich durch intensiven Verkehrscharakter vom Gesamtterritorium der Union abhebt. Der Fahrpark der amerikanischen Bahnen besteht daher aus Wagen von wesentlich höherer Tragfähigkeit als jener der europäischen Bahnen und es haben die Wagen geringerer Tragfähigkeit fortschreitend stark abgenommen. Im Jahre 1913 gab es im Gesamtbestande von 2 273 289 Güterwagen nur noch 8671 Wagen bis zur Tragfähigkeit von $13{,}_{62}$ *t*, dagegen von Wagen bis $18{,}_{160}$ *t* 58 074, bis $22{,}_{7}$ *t* 83 454, bis $27{,}_{24}$ *t* 766136 Stück; von Wagen bis $31{,}_{780}$ *t* 43 408, bis $36{,}_{320}$ *t* 691 078, bis $40{,}_{860}$ *t* 7572, bis $45{,}_{4}$ *t* 568 823 Stück; bis $49{,}_{940}$ *t* immer noch 44 544 Stück. Wagen noch höherer Tragfähigkeit in vereinzelten Exemplaren als Spezialwagen; 871 339 sind Kohlenwagen, davon 469 366 solche von $45{,}_{4}$—$49{,}_{94}$ *t* [1]).

Entsprechend ist auch das Zuggewicht gestiegen: Im allgemeinen Durchschnitte von 175 *t* i. J. 1890 auf 383 *t* i. J. 1911. Die verkehrsintensiven Bahnen weisen weit höhere Ziffern auf. Die Pennsylvania-Bahn verzeichnet 1901 ein durchschnittliches Zuggewicht von 454 *t*, i. J. 1910 von 607 *t*. Die Züge des speziellen Massengüterverkehrs zeigen weiter erhöhte Zahlen. Während z. B. auf der New York-Zentral-Bahn das durchschnittliche Zuggewicht 322 *t* betrug, waren die durchgehenden Züge der Hauptlinien 750 *t* schwer. Die Erztransporte von den Seen nach Pittsburg weisen die doppelte Zugstärke auf. Die Illinois-Zentralbahn hat neuerdings für ihren Rohgüterverkehr nach dem Golf Lokomotiven gebaut, die 2000 *t* ziehen. Die New York-Zentralbahn verwendet Lokomotiven, die 80 Wagen (zu 30 *t*) befördern, seit 1900 bringen Züge von 80 und selbst 100 Wagen Ladungen von 3600—4000 *t* Fracht [2]).

Daß diese Größensteigerung der Maschinen und Wagen eine ungemein rasche Zerstörung, ja die völlige Unbrauchbarkeit des alten, auf

---

[1]) Nach fachmännischem Urteil ist mit diesen Abmessungen wohl die Grenze des ökonomisch Angezeigten erreicht, da auch hier das Verhältnis der gegenseitigen Bedingtheit von Anlage und Betrieb sich geltend macht. **Hoff** und **Schwabach**, „Nordamerikanische Eisenbahnen", 1905 (S. 258 ff.) heben die Schwierigkeiten und Übelstände hervor, die im Betriebe mit diesen ganz großen Wagen hervortreten.

[2]) **Ripley**, *Railroad rates and regulation*, 1913, S. 91. Die Zuggewichte sind offenbar in amerikanischen Tonnen (= 908 *kg*) ausgedrückt. Der 30 *t*-Wagen ist ein Wagen mit $27{,}_{24}$ metrische Tonnen Tragfähigkeit.

solche Kraftäußerungen nicht berechneten Oberbaues zur Folge haben mußte und mithin der nämliche Anpassungsprozeß bei beiden Anlagebestandteilen auch aus technischen Gründen gleichzeitig vor sich gehen mußte, ist klar. Unterläßt es eine Verwaltung, mit der Verstärkung des Oberbaues jener Entwicklung genau zu folgen, so werden die Lokomotiv-Ingenieure, wenn eine Steigerung des Raddruckes ausgeschlossen ist, dennoch höhere Leistungen erzielt werden sollen, zu gewagten Konstruktions-Experimenten veranlaßt, die sich weder technisch noch ökonomisch bewähren.

Stehende Anlagen zum Ersatz von Menschenkraft beim Betriebe. Der Gesamtcharakter der besprochenen Bahnen und Bahngebiete macht es endlich ökonomisch geboten, die menschliche Arbeit für die Herstellung der Transportleistungen nach Tunlichkeit einzuschränken, und es greift diese Maßregel natürlich in um so weiterem Umfange Platz, je größer der Intensitätsgrad des zu bewältigenden Verkehres und der Volkswirtschaft des konkreten Landes ist, je höher also insbesondere der Arbeitslohn im Vergleich zum Kapitalzinse steht. Dieser Grundsatz findet Anwendung schon beim „Baue", vornehmlich aber bei der „Ausrüstung" der Bahnen.

Das hervortretendste Beispiel in ersterer Richtung geben die Kreuzungen mit Wegen höherer und niederer Ordnung, insofern es sich als ökonomisch erweist, die fortlaufende Ausgabe der Bewachung von Wegübergängen im Gleichen durch die stehenden Kapitalanlagen der Wegüberbrückung oder Unterfahrung auch da zu ersetzen, wo nicht der rege Straßenverkehr allein schon letztere erheischt. Wenn daher die bekannte Tieflage der englischen Bahnen im Terrain vollständig gerechtfertigt ist[1]), so war im größten Teile Deutschlands zu ähnlichem Vorgehen anfänglich kein Anlaß.

[1]) „Auch selbst auf weniger verkehrreichen Bahnen in Wales und Schottland fanden wir Niveauübergänge nur in verhältnismäßig geringer Anzahl und dann fast nur bei Kulturwegen, die durch Tore verschlossen gehalten werden, während bei Chauseen und dergleichen Straßen die Bahn darunter oder darüber geführt ist. Das einzige uns bekannt gewordene Beispiel einer in betreff der Wegeübergänge nach deutscher Anschauungsweise angelegten Bahn in die an der Ostküste durch eine ziemlich ebene (landwirtschaftliche) Gegend führende *North Eastern* und der nördliche Teil der *Great Northern*. Wenn in England die große Zahl der Personenzüge, die auch selbst bei den untergeordnetsten Bahnen erheblich größer als in Deutschland ist, die Verbindung mit dem lebhaften Straßenverkehr zunächst die Vermeidung der Niveau-Übergänge bedingt hat (die bezüglichen gesetzlichen Vorschriften nicht zu vergessen, Cohn I, S. 46) und dieses Prinzip überdies durch die wegen Höhe der Löhne notwendige Einschränkung der Bahnbewachung auf ein Minimum unterstützt wurde, so ist doch nicht zu verkennen, daß in vielen Fällen lediglich die Rücksichtnahme auf die zukünftige Verkehrsentwicklung die englischen Ingenieure veranlaßt hat, Niveauübergänge zu vermeiden." Schwabe, „Über das englische Eisenbahnwesen", S. 20. Nach der Mitteilung Weber's („Technik des Eisenbahnbetriebes" usw. 1854, S. 59) betrugen die Kosten der Einzäunung und Vermeidung von Niveauübergängen bei den englischen Bahnen mindestens 15% der Anlagekosten, wogegen aber auch gegen Deutschland nicht die Hälfte des Bahn-Bewachungspersonales benötigt wird. In neuerer Zeit ist das durch das Hinzukommen von Nebenbahnen im Gesamtdurchschnitte etwas geändert worden.

Hervortretend ist der Gesichtspunkt bei den Bestandteilen der Ausrüstung, wo das Genie des Technikers Gelegenheit findet, durch mechanische Anlagen die Menschenarbeit zu ersetzen und dadurch zugleich den angestrebten Zweck in vollkommnerer Weise zu erreichen. Hierher zählen namentlich die sinnreichen Sicherungsapparate mit selbsttätiger Signalisierung und Kontrolle, die maschinellen Anlagen zum Rangieren, Beladen und Entladen der Wagen, die Ausstattung des Fahrparkes mit Arbeit sparenden, Sicherheit mehrenden Bedienungsvorrichtungen u. dgl. Anlaß, auf diesem Gebiete voranzugehen, hatten wieder die englischen Techniker mit den mehrgeschilderten Verhältnissen ihres Landes und des von ihnen zu bewältigenden Verkehres. Für die Hauptbahnen anderer Länder wurde die angewachsene Verkehrsintensität vielfach Ursache der Nachfolge, die sich auch in originalen, den klimatischen und anderen einschlägigen Verhältnissen angepaßten Konstruktionen äußerte.

Den Beleg bieten die zentralen Weichenstellungen, welche ganze Gruppen von Wechseln eines Bahnhofes von einem Punkte durch 1 oder 2 Leute zu bedienen gestatten und die richtige Stellung bezüglich ihrer Übereinstimmung mit den Signalen automatisch kontrollieren: die Kraftstellwerke, entweder durch Druckwasser oder, wie neuestens überwiegend, durch Elektrizität betrieben; die vielfachen mechanischen Lade- und Manipulationsbehelfe in den großen Güterstationen, insbesondere beim Umschlag zwischen Bahn und Wasserweg, über den die größten Massentransporte von Schwergütern gehen; die durchgehenden Bremsen, welche die Hemmung des Zuges von einer Stelle aus bewirken, wobei aber die Ersparung an Personal nur ein Nebenpunkt, die Erhöhung der Sicherheit das Hauptziel ist, mit dem sich zugleich Betriebsvorteile verbinden (Zeitgewinn).

Der Sprachgebrauch der Praxis begreift die Anwendung der betreffenden maschinellen Vorrichtungen häufig unter dem Eisenbahn-„Betrieb“, was wörtlich unrichtig ist, aber sich eben daraus erklärt, daß solche Anlagen der Rücksicht auf die Betriebsverhältnisse unter den angegebenen Bedingungen entspringen.

Bahnen in Ländern auf extensiver Wirtschaftstufe. Nach dem Vorangegangenen wird es kaum einer Darstellung der Erscheinungen bedürfen, welche uns in den Bahnen und Bahngebieten, die als solche von extensivem Verkehrs- und Wirtschaftscharakter zu bezeichnen sind, entgegentreten. Durch den Gegensatz bestimmen sich die maßgebenden Merkmale gewissermaßen von selbst. Es genügt daher, vielleicht nur das äußere Bild der betreffenden Bahngebiete sich zu vergegenwärtigen, mit welchem die einschlägigen Vorstellungen von der Verkehrsgestaltung der Bahnen sich unwillkürlich verknüpfen. Wir fassen hier die großen Ländergebiete Osteuropas, das Territorium der nordamerikanischen Union mit Ausnahme der Neuengland- und der Mittelstaaten im Osten [1]) und überhaupt die überseeischen Länder zu der Zeit ins Auge als die Eisenbahnen in ihnen Eingang fanden. Seither ist durch die Ausbreitung der Eisenbahnen selbst der wirtschaftliche Charakter dieser Ländergebiete soweit verändert worden, daß die Gegenwart nicht mehr ganz dem Bilde der Vergangenheit gleicht. Aber gerade in der raschen Entwicklung von den primitivsten Verkehrszuständen infolge der da zu drastischer Wirksamkeit gelangenden verkehrschaffenden Kraft der Eisenbahnen liegt eines der Merkmale, welche für die Ökonomie der Anlage entscheidend sind, und es ist bei dem Umstande, daß die bezügliche Entwicklung noch nicht weit zurückliegt, erklärlich, daß die betreffenden Bahnen noch vielfach Spuren der früheren extensiven Gestaltung an sich tragen, in ihrer Beschaffenheit also häufig eine Mittelstufe, den Übergang aus dem einen in das andere Entwicklungstadium, darstellen.

Es ist einleuchtend, daß für Bahnen von solch gestaltetem extensiven Verkehrscharakter die Ökonomie der Anlage auf anderem Wege ihrem Ziele zusteuern muß, als bei den Bahnen intensiver Gestaltung. Hauptgrundsatz muß hier sein: Anlagekapital um jeden Preis zu ersparen und es erst vom Anwachsen des Verkehres abhängig zu machen, die infolge jenes Bestrebens nur notdürftig hergestellte Bahnanlage zu konsolidieren und auszubilden. Daß eine solche Anlage auf die Betriebskosten ungünstig einwirkt, ist kein Gegenmotiv; denn die Betriebskostensteigerung ist geringer als die bei dem spärlichen Verkehre auf die Leistungseinheit entfallende Quote der bei andersartigem Bau erforderten höheren Kapitalverzinsung, wenn, was der dünne Verkehr ja auch gestattet, durch entsprechende Einrichtung des Betriebes die Betriebskosten nach Möglichkeit niedrig gehalten werden. Selbst daß früher die Sicherheit in gewissem Grade unter solch flüchtiger Anlage litt, vermochte kein Gegengewicht abzugeben. Als einer der Präsidenten der Vereinigten Staaten angegangen wurde, Gesetzesvorlagen zu machen, welche die Sicherheit des Eisenbahnverkehres durch Vorschriften für soliden Bau begründen sollten, äußerte er sich ungefähr dahin: Müssen Eisenbahnen sehr solid gebaut werden, so werden sie teuer. Die Folge davon ist, daß weniger gebaut werden. Von der schnellen Ausdehnung des Eisenbahnwesens hängt aber das Wohl, die Größe, der Fortschritt des nordamerikanischen Volkes ab. Besser, daß jährlich einige hundert Menschen das Leben verlieren, als daß dieser Fortschritt einen Moment lang aufgehalten werde. Ein Krieg, der die Nation nicht so viel an Macht fördert als der rasche Zuwachs seiner Verkehrsanstalten, würde weit mehr Menschen kosten, darum mag es immerhin bei dem dermaligen Bausystem bleiben [1]). Übrigens sind in diesem Punkte unsere Vorstellungen vielfach

[1]) Also etwa die Bahnbezirke IV bis X der Karte S. 230.

[2]) M. M. v. Weber, „Die Technik des Eisenbahnbetriebes mit Bezug auf die Sicherheit desselben", 1854, S. 8.

unrichtig übertriebene, und hat die neuere Eisenbahntechnik die Mittel längst gefunden, und auch dort zur Anwendung gebracht, welche den Gefahren einer solchen Anlage wirksam begegnen.

Die technischen Momente, in welchen sich das vorangestellte ökonomische Prinzip ausprägt, sind mit wenig Worten zu bezeichnen. Vor allem inniges Anschmiegen an das Terrain bei den Erdarbeiten, also ohne Rücksicht auf stärkere Steigungen und Krümmungen, wo die Bodenbeschaffenheit solche mit sich bringt. Eingleisiger Bau, soweit es irgend der Verkehr zuläßt. Provisorien bei Oberbau, Hochbau und, wo die natürlichen Vorbedingungen dafür vorhanden sind, auch bei den Kunstbauten des Unterbaues, berechnet auf die kurze Dauer einer Entwicklungsperiode. Mithin Anwendung leichter, minder dauerhafter Materialien und Konstruktionen, insofern nicht etwa die klimatischen Einflüsse dauerhaftes Material erheischen, insbesondere allgemeine Verwendung von Holzkonstruktionen für Tal- und Flußübersetzungen, im Oberbau und Hochbau, wo dieses Material in reicher Fülle zu den billigsten Preisen, vielleicht um wenig mehr als die Fällungs- und Bearbeitungskosten zu haben ist. Größte Vereinfachung und Reduktion des Sicherungsapparates (Bahnabschlüsse, Signalwesen), was ja der ganze Verkehrscharakter jener Gegenden gestattet, und Berechnung des ganzen Mechanismus auf die roheren, ursprünglicheren Verhältnisse. Freilich kommt bei dünner Bevölkerung der Gesichtspunkt möglichster Arbeitsparung beim Betriebe auch in Betracht, aber ohne zu teuerer Anlage zu berechtigen, außer wo, wie z. B. bei der Konstruktion der Fahrbetriebsmittel, der Anwendung kontinuierlicher Bremsen, es sich gleichzeitig darum handelt, aus Rücksicht auf die Qualität des Verkehres die Mängel anderer Anlagebestandteile dadurch auszugleichen.

Es bietet sohin keine Schwierigkeit, die häufig ausschließlich auf den Nationalcharakter oder auf schmutzige Spekulation und ähnliches zurückgeführten Eigentümlichkeiten der Bahnbauten in überseeischen Ländern nach ihren wirtschaftlichen Ursachen zu würdigen. Insbesondere gilt dies von den ehemals viel beschriebenen nordamerikanischen Bahnen, welche ja schon ihrer Ausdehnung nach das bedeutsamste Beispiel für die hier besprochene Bahngattung bilden. „Sehen wir im Osten einen soliden, dem europäischen in nichts nachstehenden Unter- und Oberbau mit schweren Schienen, definitive (eiserne) Brücken und schöne Steinobjekte, verhältnismäßig gut gebaute Stations- und andere Hochbauten mit sorgfältiger Erhaltung, ein sehr gutes, meist dem englischen nachgeahmtes Signalwesen, so sehen wir auf den westlich gelegenen Bahnen einen leichten Oberbau, bei dem jedoch an Schwellen nicht gespart wird (wenigstens eine Schwelle auf 2 Fuß Gleis), schlechte oder gar keine Beschotterung — denn die Schwellen liegen meist bloß — sehr leicht und kühn gebaute hölzerne Brücken, das sogenannte *Trestle Work*, das allerdings später nachgeschüttet werden soll, sowie eine sehr spärliche Signalisierung.“ Es mag daran erinnert sein, daß in den 30er und 40er Jahren das Holz selbst im Oberbau vorherrschte, der einen förmlichen Rost von Quer- und Langschwellen bildete, auf welche letzteren Flachschienen von rechteckigem Querschnitt einfach angenagelt wurden (der beim Beginne des Bahnbaues in Europa viel erörterte und mit Recht nicht unverändert angenommene „amerikanische“ Oberbau). Speziell von den Pazifikbahnen wird berichtet: „Bei dem ganzen Baue vermied man möglichst alle höheren Einschnitte und Dämme, und legte im günstigen Terrain häufig die Schwellen direkt auf den Boden, wodurch man oft Gegensteigungen und Gegenfälle erhielt, so daß man in geraden Strecken oft 2—3 Scheitelpunkte sehen kann. Die Steigungen sind etwa bis 1 : 50, die Kurven (Kontrekurven ohne dazwischen liegende Grade) mit etwa 800—900 Fuß Radius. Die Objekte sind fast durchwegs provisorische, also alles Holzbauten, von zumeist staunenswerter Kühnheit, oft über 150 Fuß hoch und mehrere 100 Fuß lang. In der neueren Zeit gibt sich jedoch das ernsthafte Bestreben kund, den Bahnzustand zu verbessern. Hunderte der emsigen Chinesen legen Schienen, wechseln Schwellen aus, schütten das *Trestle Work* nach usw. Die Hochbauten sind mit Ausnahme der Werkstättenanlagen höchst primitiv; Stationsgebäude gibt es, mit Ausnahme in einigen wenigen Hauptpunkten, keine. Da es auf den Strecken weder Bahn- noch Weichenwächter gibt, so muß bei Ausweichgleisen der Kondukteur absteigen, worauf er den Wechsel mit einem Schlüssel aufsperrt, umstellt und nachdem der Zug passierte, wieder in seine frühere Lage zurückbringt, damit der Gegenzug passieren kann. Bei allen Bahnen überhaupt aber gibt es Wächterhäuser nach unserer Art keine, es sind anstatt derselben nur Holzbuden, welche auch den Bahnarbeitern Schutz gewähren sollen. Die Bahnhöfe sind in der Regel geräumig angelegt und die Stationsgebäude im allgemeinen mit Ausnahme in größeren Städten ziemlich primitiv [1]." Der Mangel von Bahnabschlüssen an den allgemein üblichen Niveaukreuzungen — abgesehen von den frequentesten Punkten in großen Städten — ist oft hervorgehoben worden. Auch Bahnlinien kreuzen unbedenklich in Schienenhöhe. In Chicago kreuzten sich noch i. J. 1893 vier Hauptbahnen, eine mit sechs, eine mit vier und je eine mit zwei Gleisen an einer Stelle in Dreieckform, *Grand Crossing* genannt [2]). Die Fahrbetriebsmittel, auch die Lokomotiven, sind weniger spezialisiert und mehr nach feststehenden Typen gebaut als bei uns. Die Beschaffenheit des Oberbaues war für die amerikanischen Eisenbahnfachleute der Bestimmungsgrund, von Anfang große, auf zwei Drehgestellen laufende Wagen in Verkehr zu setzen, welche die scharfen Krümmungen glatt durchfahren. In solcher Art wurden nicht nur die Personenwagen gebaut, wobei die Erhöhung der Annehmlichkeit für die Reisenden in Betracht kam, sondern auch die Güterwagen, und zwar letzteres in bewußtem Gegensatz zu England unter dem Einflusse der ganz anders gearteten Verkehrsverhältnisse (Zusammendrängen großer Massenverkehre in Rohprodukten auf weite Entfernungen zwischen Hauptplätzen), womit die Möglichkeit der Ausnutzung solcher großräumiger Wagen gegeben war.

Das Streben nach weitestgehender Ermäßigung der Anlagekosten findet in der Schmalspur unter den uns bekannten Umständen das geeignete Mittel. Das erklärt die weite Verbreitung, welche das Schmalspursystem in den überseeischen Ländern aufweist.

Beinahe selbstverständlich ist unter den in Rede stehenden Verhältnissen die eingleisige Anlage. Von den Bahnen der Vereinigten Staaten sind noch gegenwärtig 85 % der Gesamtlänge eingleisig. Die zwei- und mehrgleisigen gehören den Industriestaaten des Ostens an.

---

[1]) P. F. Kupka, „Amerikanische Eisenbahnen", 1878. Die amerikanischen Bahnen sind überhaupt vielfach in solcher Weise beschrieben worden. Reiseberichte von Ingenieuren würdigten nicht immer die ökonomischen Gründe dieser „Inferiorität".

[2]) Kreuter, a. a. O., S. 111.

Nebenbahnen. Für die Ökonomie der Bahnen zweiter Ordnung in Netzen intensiver Gestaltung wird der am Anfang festgestellte Gradunterschied (S. 47) gegenüber den Hauptbahnen maßgebend. Es kommen auf der einen Seite die relativ geringe und nach Durchlaufen der Entwicklungsperiode nurmehr wenig veränderliche Stärke des Verkehres, auf der andern Seite die Ausflüsse der intensiven Wirtschaft des Bahngebietes ins Spiel. In der richtigen Vermittlung zwischen den nach beiden Richtungen sich ergebenden ökonomischen Konsequenzen liegt die Aufgabe der Ökonomie in diesem Falle. Worin diese Vermittlung zu suchen sei, kann nicht fraglich sein. Es wird allerdings die tunlichste Niedrighaltung des Anlagekapitales bei den Entwürfen im Vordergrunde stehen müssen, doch nicht mehr mit jener Ausschließlichkeit wie bei den Bahnen in Ländern extensiver Wirtschaft, sondern in manchen Einzelheiten der Anlage teilweise aufgewogen durch die erwähnten Einflüsse der intensiveren Gestaltung der wirtschaftlichen Verhältnisse des Bahngebietes. Es werden also, um die Anlagebestandteile der Reihe nach zu erörtern, für den Betrieb ungünstigere Steigungs- und Krümmungsverhältnisse gewählt werden können als bei Hauptbahnen, wenn dadurch eine namhafte Ermäßigung der Baukosten erzielt wird; der schwache Verkehr gestattet es. Aber man wird einerseits zu einer derartigen Trasse sich zu entschließen keinen Anlaß haben, wenn die Ersparung an Anlagekapital nicht sehr bedeutend ist, und wird andererseits zu ungünstige Rampen und Kurven immerhin durch den Aufwand mäßiger Kunstbauten oder Linienverlängerung vermeiden, da das relativ billige Kapital eine gewisse Erhöhung des Anlagekontos zuläßt. Der Unterbau wird selbstverständlich für e i n Gleis berechnet. Ob bei einzelnen größeren Objekten für die künftige Umwandlung in eine Doppelbahn sogleich vorzusorgen wäre, hängt von der Entfernung des Zeitpunktes, in welchem das Ungenügen eines Gleises zu gewärtigen ist, ab. Bei den Kunst- wie bei den Hochbauten wird mit den bescheidensten Größenverhältnissen, zum Teil mit Provisorien, das Auslangen gesucht werden müssen, indes führen die Preisverhältnisse schon zu umfassenderer Anwendung von Stein und Eisen, namentlich bei günstign Preiskonjunkturen des letzterwähnten Materiales, mithin zu stabilen Bauten. Zu jenen Ausflüssen der intensiven Verkehrsgestaltung, wie wir sie bei den Hauptbahnen im Oberbau, dem Fahrparke und Zubehör kennen lernten, ist kein Anlaß, obschon die wirtschaftlichen Verhältnisse des Bahngebietes und der Zusammenhang mit dem Netze der Hauptbahnen in dieser Hinsicht manche Forderungen (an die Stärke der Schienen, den Sicherheitsapparat, die Konstruktion der Wagen mit Hinblick auf den Wagenübergang) stellen — aber auch deren Erfüllung ermöglichen — die der Verkehr der Nebenbahn an sich nicht bedingen würde. Es hat sich also in Bau und Ausrüstung jenes Mittelwesen zwischen intensiver und extensiver Gestaltung auszudrücken, als welches uns die Bahnen zweiter Ordnung erscheinen, und es ist ein Verstoß gegen die Ökonomie, wenn, wie es nicht selten geschah, die Anlageweise der Hauptbahnen ohne entsprechende Abänderung oder Abschwächung auf Nebenbahnen übertragen wird. Ursache solcher Mißgriffe waren teils falsche Vorstellungen von der Stellung einer bestimmten Bahn (also unrichtige Klassifikation infolge überschwenglicher Anschauungen über die „Aufschwungfähigkeit" des Verkehres im allgemeinen oder mangelhafter kommerzieller Trassierung), teils ungenügende Erfassung der entwickelten ökonomischen Leitpunkte seitens der Erbauer, teils zu weitgehende Uniformierungstendenzen der Verwaltung, welche die ökonomisch schädlichen Folgen nicht beachteten, die aus unzureichender Ausprägung jenes Unterschiedes zwischen Haupt- und Nebenbahnen entspringen.

Im großen und ganzen fällt es auf, daß bisher in den Ländern, wo die delegierte Verwaltung in freierer Bewegung herrschend war, die Ökonomie bei der Anlage von Nebenbahnen nach vorstehenden Gesichtspunkten richtiger und entschiedener gehandhabt wurde als in Ländern mit Eigenverwaltung oder viel-reglementierten Privatbahnen. Namentlich die deutschen Staatsbahnen sind ehedem in diesem Punkte nicht selten zu wenig ökonomisch vorgegangen. Desgleichen sind in Frankreich die Bahnen des neuen Netzes infolge schablonenhafter Unterordnung unter das Bahnpolizeigesetz v. J. 1845 und 1846 zu sehr nach Art der Hauptbahnen gebaut. Erst infolge der Anträge der Enquête-Kommission von 1862 wurden die strengen Bestimmungen dieses zum Teil auf übertriebenen Vorstellungen von der Gefahr der Eisenbahnen, teils auf dem noch unvollkommenen Stande der Technik beruhenden Gesetzes in bezug auf Gleisezahl, Niveauübergänge, Einfriedungen, Kurven und Steigungen usw. für Nebenbahnen etwas gemildert. Aber auch bei den Privatbahnen in Preußen und Österreich waren hier und da ähnliche Verstöße gegen die Ökonomie zu verzeichnen. Seither ist über die Bedingungen und Merkmale des zu beobachtenden Unterschiedes wohl eine allgemeine Übereinstimmung der Ansichten erkennbar geworden[1]). Dieser findet jetzt in der deutschen Bau- und Betriebsordnung vom Jahre 1904 durchgreifende Berücksichtigung.

Andererseits darf aber mit Leichterhaltung der Anlage wieder nicht zu weit gegangen werden, was ebenfalls vorgekommen ist. Speziell bezüglich der Widerstandsfähigkeit des Oberbaues ist mit Rücksicht auf

---

[1]) Als Beleg wird es genügen, auf den Motivenbericht zu dem Gesetzentwurfe vom Jahre 1877, „die Vervollständigung des bayerischen Staatseisenbahnnetzes betreffend", zu verweisen, woselbst im § 2 als Punkte, wodurch sich Lokalbahnen (d. h. nach den betreffenden Bauvorlagen zum Teile eigentlich Bahnen zweiter Ordnung) von den Hauptbahnen unterscheiden, aufgeführt sind: Die Sekundärbahnen haben möglichst viele Orte zu berühren, wenn sie dadurch auch mäßig verlängert werden; sie lassen ohne wesentlichen Nachteil für den Betrieb größere Steigungen und schärfere Kurven zu; es wird nur ein Gleise auf kurrenter Bahn vorgesehen; die Kronenbreite des Bahnkörpers kann namhaft verschmälert werden; es genügen leichtere Schienen oder auch ausgewechselte alte der Hauptbahn; Einfriedungen und Schranken lassen sich auf eine geringere Anzahl reduzieren; nur die frequentesten Überfahrten erhalten Bahnwächter; die Stationen können nach Maßgabe des geringeren Verkehres kleiner, die Gebäude beschränkter, die Ausweichgleise ganz entbehrt oder kürzer gehalten, Drehscheiben ebenfalls fast ganz weggelassen werden; es ist weniger und, was die Lokomotiven betrifft, auch billigeres Fahrmaterial anzuschaffen."

die andauernd wachsenden Raddrücke der Betriebsmittel bedächtig vorzugehen und der ökonomische Vorteil mehr in der billigeren Unterhaltung und längeren Bestanddauer des Oberbaues als in Ersparung von Anlagekapital zu suchen. Es wird daher als wirtschaftlich anzusehen sein, zum mindesten den Schwellenabstand nicht zu groß zu bemessen und die Ansprüche an die Bettung nicht zu niedrig zu stellen [1]).

Kleinbahnen. Es muß an die Begriffsbestimmung erinnert werden, die auf der eigentümlichen Verkehrsbedeutung dieser Lokalgüterbahnen beruht und die Unterscheidung von den Nebenbahnen begründet (S. 56).

Maßgebend ist die Stellung solcher Lokalbahnen im gesamten Bahnnetze eines Landes als Ersatz der anderen Verkehrsmittel zur Ausführung von Transporten im engeren Verkehrsgebiete von Bahnen höherer Ordnung oder gleichwertiger Wasserstraßen. Es wird vorausgesetzt, daß die vollkommneren Transportmittel bereits zur Wirksamkeit gelangt sind, die dadurch gegebenen Verkehrsmengen in einzelnen Örtlichkeiten innerhalb des Bereiches jener aber eine solche Höhe aufweisen, daß sie für eine Schienenstraße das genügende Maß von Leistungen bieten, um eine Verminderung der Transportkosten, resp. Verbesserung des Transportes, gegenüber den Verkehrsmitteln minderen Grades zum Vorschein zu bringen. Nur um diese Transportverbesserung für einen bereits gegebenen Verkehr handelt es sich bei einer Lokalbahn, nicht um die Einbeziehung des betreffenden Gebietes in den Wirkungsbereich der Eisenbahnen überhaupt; denn letzteres muß bereits vorliegen, wenn an eine Lokalbahn gedacht werden soll. Es ist mithin keine Lokalbahn, sondern eine Bahn zweiter Ordnung, wenn eine bisher vom großen Verkehr, also für uns Binnenländer vom Bahnverkehr entlegene Gegend erst „aufgeschlossen", d. h. aus dem weiteren in den engeren Verkehrsrayon versetzt werden soll, infolgedessen dann Transporte in größerem Umfange entstehen, die vordem nicht bestanden. Daher kann von Lokalbahnen eben nur in Ländern und Gegenden von intensiv entwickelter Wirtschaft die Rede sein, und wird der ökonomische Effekt, also der Bedarf einer solchen Bahn, nur in Örtlichkeiten sich geltend machen, wo insbesondere die Industrie (unter dem Einflusse der Eisenbahnen höherer Ordnung) entstanden und hoch entwickelt ist. Nur unter diesen Bedingungen wird es wirtschaftlich sein, die Achsfracht durch die Schiene zu ersetzen; andernfalls ist eine Lokalbahn, weil sich für das zu investierende fixe Kapital nicht die erforderliche Ausnützungsmöglichkeit bietet, verfrüht. Mithin werden auch alle die im früheren bezeichneten Einflüsse intensiver Wirtschaftstufen auf die Bahnanlage hier zur Geltung gelangen.

Der Verkehr einer solchen Lokalbahn ist seinem Maße und seiner Richtung nach ein vorhinein feststehender; er ist immer ein umfänglich bestimmter und ein Seitenverkehr zu einem Verkehrsmittel höherer Ordnung. Es kann daher auch als ein äußerliches Kennzeichen zur Unterscheidung einer Lokalbahn von einer Nebenbahn bezeichnet werden, ob der Verkehr auf der konkreten Linie einer namhaften Entwicklung fähig und ob die spätere Fortsetzung derselben bis zu einem zweiten Bahnanschlusse (folglich ein Transitverkehr) in Aussicht zu nehmen ist. Ist das erstere oder beides der Fall, so liegt der Anfang einer Bahn zweiter Ordnung vor. In den meisten Fällen, wenngleich nicht ausnahmslos, genügt auch das zweite angeführte Merkmal allein, um den Stamm einer Bahn zweiter Ordnung zu bezeichnen. Es kommt diesfalls auf die Gesamtlage der konkreten Bahn gegenüber dem benachbarten Netzesteile an. Stets ist der Verkehr einer solchen Bahn gegenüber der von der Eisenbahn erforderten Kapitalfixierung schwach zu nennen. Er muß

[1]) „Das deutsche Eisenbahnwesen der Gegenwart", I. Bd., S. 72.

allerdings ein für die weniger vollkommenen Verkehrsmittel starker, vielleicht schon zu starker sein, erscheint aber wegen der höheren Leistungsfähigkeit der Eisenbahn für diese stets als gering, meist als im hohen Grade gering, so zwar, daß die Lokalbahn die unterste Stufe der Bahnverkehrsdichte darstellt.

Aus dieser Eigenart leiten sich einige für die in Rede stehende Bahngattung spezifische Gesichtspunkte der Anlageökonomie ab.

Zunächst folgt hieraus schon ein ganz bemerkenswerter Grundsatz für die kommerzielle Trassierung, der einen Gegensatz zu dem bei den Bahnen höherer Ordnung Beobachteten ergibt. Da die verkehrschaffende Wirkung der Eisenbahnen schon durch die Einflüsse der Bahnen höherer Ordnung, in deren Bereich die Lokalbahn entstehen soll, sich geäußert hat, so kann für letztere nur der vorhandene (faktische und latente) Verkehr in Anschlag gebracht, keineswegs aber auf namhafte Entwicklung desselben durch die Bahn gerechnet werden. Nur jene allmähliche Zunahme, welche in dem allgemeinen Vorschreiten der Wirtschaft gegeben ist, kann in Betracht kommen, diese ist aber innerhalb einer selbst längeren Periode zu geringfügig, um die momentane Anlage, die für jenen Spielraum genug bietet, zu beeinflussen. Ferner kommt die gegeringere „Konkurrenzfähigkeit" der Eisenbahn bei so kurzer Linienausdehnung gegenüber den alten Verkehrsmitteln und gegenwärtig den Kraftwagen ins Spiel, was einesteils auf die Stärke des Verkehres einwirkt, andernteils zu gewissen, von den Bahnen höherer Ordnung abweichenden Vorkehrungen bei der Anlage Anlaß gibt, welche geeignet sein können, diesen Mangel abzuschwächen.

Man hat dies anfänglich bei der Projektierung mancher Lokalbahnen übersehen, indem man annahm, der zu gewärtigende Verkehr werde sofort gleich oder größer sein als der bestehende Verkehr mittels Fuhrwerken, oder die gewohnten Vorstellungen von der „Gewinnung neuer Transporte" von Bahnen höherer Ordnung einfach hierher übertrug. Daher manche sehr unliebsame Enttäuschungen und daher auch der Beifall, als von fachlicher Seite auf den Sachverhalt aufmerksam gemacht wurde.

Auf Grund des festgestellten Sachverhalts lassen sich daher für einige nach den Wirtschafts- und Bevölkerungsverhältnissen zu unterscheidende Bahngebietsklassen in einem Lande Durchschnittszahlen des Personen- und Güterverkehrs solcher Bahnen berechnen, die Mittelwerte darstellen, um welche die jährliche tatsächliche Gestaltung des einzelnen Falles in nicht weitem Maße schwanken kann und die daher zur Kontrolle örtlicher Erhebungen gute Dienste leisten können. In diesem Sinne hat L. J. Michel auf Grund statistischer Untersuchungen für Frankreich [1]) berechnet, daß auf einen Einwohner jährlich im Durchschnitt entfallen

[1]) *Annales des ponts et chaussées.* Jahrgang 1868. Auszugsweise mitgeteilt in der Ztg. d. V. D. E. V. 1869, Nr. 21, ferner Schübler, a. a. O., S. 37, und Emile Level, *De la construction et de l'exploitation des chemins de fer d'interêt local,* 1870, S. 79. Einige Verbesserungen der Aufstellungen Michels in der *Revue générale d. ch. d. f.* 1879. Ch. Baum in den *Annales des p. e. ch.* über Bahnen landwirtschaftlichen Charakters. Neuere Aufstellungen von einzelnen französischen Gesellschaften. Picard, *Traité,* 4. Bd. S. 1062.

in einem Industrie-Bezirke	6,5 Reisende	und	2,1 *t*	Fracht
in einem Ackerbau-Distrikt	5,5 „	„	1,5 *t*	„
in einer Weinbaugegend . .	6,5 „	„	3 *t*	„

Im einzelnen zeigte sich, daß das Verhältnis zwischen der Anzahl Reisender und der Einwohnerzahl der Stationsorte zwischen 4—9 schwankt. Wenn also das Mittel 6,5 bei Verkehrsermittlungen für neue Linien angenommen wird, so kann der Fehler höchstens $^1/_3$ des Resultates ausmachen. Die Güterbewegung beträgt im großen Durchschnitt 2 *t* Fracht und es ist bei diesem Mittel abermals nur ein geringer Fehler möglich.

Nach diesem Vorbilde rechnete A. Campiglio[1]) für Italien auf 1 Einwohner jährlich

	Personen	Güter
in sehr gewerbreichen Gegenden.	5,52	1,32 *t*
in verkehrsreichen und mittelmäßig industriellen Distrikten	3,30	0,70 *t*
in Gegenden mit Weinbau und Kleingrundbesitz . . .	1,98	0,50 *t*
in Ackerbaugegenden mit Großgrundbesitz	1,44	0,40 *t*

Für Deutschland und Deutsch-Österreich gibt Pleßner auf Grund von Ermittlungen über einige und 30 kleinere Zweigbahnen, in deren Gebiet 80 Menschen auf je einem Quadratkilometer wohnen, die betreffenden Erfahrungsdaten an:

in rein landwirtschaftlichen Gegenden	8 Reisende	und	2 *t*	Fracht
in Gegenden gemischten Charakters .	10 „	„	$2^1/_2$ *t*	„
in Industrie-Gegenden	12 „	„	3 *t*	„

setzt aber außerdem in die Michel'sche Formel noch $^1/_{10}$ aller Einnahmen von den Nebenerträgnissen (Gepäck, Lagergeld, Post, Pachtungen usw.), dann einen Bruch, welcher die Bevölkerungsdichtigkeit der Gegend angibt, und zwar für die genannten Länder $\frac{B}{80}$ ein, welcher Bruch ein echter, sonach das Resultat verkleinernder ist, wenn nicht 80 Menschen auf dem Quadratkilometer wohnen, und ein unechter, also vergrößernder, wenn deren mehr sind. Die Daten werden sich bis zur Gegenwart nicht stark geändert haben. Es ist einleuchtend, daß für ein Bahngebiet von gegebenem Umfange mit Zugrundelegung bestimmter Tarifsätze die Einnahmen mit annähernder Sicherheit zu berechnen sind, sowie daß damit auch eine ziemlich sichere Vorausberechnung der Betriebskosten ermöglicht ist, da die Leistungen *a priori* gegeben sind[2]).

Ein zweiter aus dem Wesen der uns beschäftigenden Bahnart folgender Zielpunkt der Anlageökonomie, der einer weiteren Begründung wohl nicht bedarf, ist die Einschränkung der gesamten Anlage auf jenes, gegenüber den Bahnen höherer Ordnung so geringe Maß von Leistungsfähigkeit, welches der Lokalbahnverkehr beansprucht. Die Mittel hierzu sind vielfach von seiten einzelner Autoren, wie von korporativen Ver-

---

[1]) Il Politecnico 1872, S. 169—182.

[2]) Pleßner, l. c., stellt für die Betriebsausgaben auf Basis von zahlreichen Erfahrungsresultaten nach deutschen Verhältnissen die Formel auf

$$A = (0{,}60\,n + 7500\sqrt{k} + [4000 + 200\,k])$$

wobei n die jährlich zu leistenden Nutzkilometer, k die Kilometerlänge der Bahn und A in Mark zu verstehen ist. Das erste Glied der Formel drückt die gesamten eigentlichen Transportkosten (inkl. Personal und Instandhaltung der Betriebsmittel) aus und gilt bis zu Steigungen von 10‰; für solche von 10—25‰ ist 0,70 n, für noch steilere 0,80 n zu setzen. Das zweite Glied stellt die Stations- und Bahnerhaltungskosten, das dritte die allgemeinen Verwaltungskosten dar.

einigungen bezeichnet worden [1]). Den Anstoß aber und das erste Beispiel gaben einzelne mit wohldurchdachter Ökonomie durchgeführte Lokalbahnen, vor allem die schottischen *economic railways*, welche durch die Beschreibung in der französischen Eisenbahn-Enquête 1862 allgemeiner bekannt wurden, wodurch angeregt die elsässischen und einzelne deutsche Repräsentanten dieser Bahngattung entstanden [2]).

Die Hauptmomente, in denen die Ökonomie der Anlage hier wirksam wird, sind: Weitestgehendes Anschmiegen der Schienenunterlage an das natürliche Terrain, zum Teil, soweit nicht schon die viel geringere Zugbelastung dies in ausreichendem Maße gestattet, ermöglicht durch besonders hierfür berechnete Konstruktion der Fahrbetriebsmittel [3]); Wegfall oder äußerste Einschränkung aller jener Bahnbestandteile, welche nur durch die größere Geschwindigkeit des Zugverkehres bei den Bahnen höherer Ordnung notwendig werden, als: Einfriedungen, Weg-Über- oder -Unterführungen, Signalapparate vollkommnerer Art; Beschränkung aller auf Komfort hinzielenden Einrichtungen und Anlagen, gestattet durch die kurze Dauer der betreffenden Bahnfahrten, und Anwendung jener extremen „Einfachheit" bei Ausmaß und Konstruktion der Hochbauten, wie sie eben diese einfachsten Verkehrsverhältnisse zulassen; leichter Oberbau, entsprechend der geringen Beanspruchung; leichteres Rollmaterial. Ein Bild dessen, was hier als wirtschaftlich angestrebt werden muß, bieten also eigentlich in den äußeren Umrissen die ersten Eisenbahnbauten mit ihren schwachen, niedrigen Schienen, den kleinen Maschinen, den leichten Wagen einfachster Bauart, der in unseren Augen dürftigen Ausstattung usw., nur daß eben jene später zu Hauptlinien gewordenen Bahnen unter den bekannten Einflüssen auf fortwährende Verstärkung und Vervollkommnung des Oberbaues und der Betriebsmittel, auf fortwährende Vergrößerung aller Dimensionen angewiesen waren, während bei den Lokalbahnen begrifflich ein der-

---

[1]) Es sei hier nur auf diejenigen Schriften hingewiesen, welche erstmals den Gegenstand aufnahmen. Die eingehendste Darstellung bei **Heusinger**, Handbuch V. Bd., 1877, und in dem französischen Spezialwerke von **Oppermann**, *Traité complet des ch. d. f. économiques* 1873. Die weiter folgenden Zitate aus der schon damals reichhaltigen Literatur (vollständig mitgeteilt bei **Heusinger**, S. 283ff.) betreffen einige der in Deutschland und Österreich meist bekannten Schriften. Kurz zusammenfassend der Bericht der von dem französischen Bautenminister mit dem Studium der Frage betrauten Ingenieure, 1878, Ztg. d. V. D. E. Nr. 80. In Deutschland die „Grundzüge für die Gestaltung der sekundären Eisenbahnen", aufgestellt von der Technikerversammlung des V. D. E. V.

[2]) *Enquête sur l'exploitation et la construction des chemins de fer* 1862. Bericht der Ingenieure **Lan** und **Bergeron**. Reproduktion der ziffermäßigen Angaben dieser Berichte über die schottischen Lokalbahnen bei **H. Schwabe**, „Über Anlage sekundärer Eisenbahnen in Preußen", 1865, S. 7. Vgl. ferner **Fried. Schüler**, „Über die Erbauung von Lokalbahnen in Österreich", 1867, S. 16ff.

[3]) S. hierüber insbesondere **Ferd. Pleßner**, „Die Herstellung billiger Lokal- und Nebenbahnen in Norddeutschland", 1870, S. 9, 11, 15. Die objektive Würdigung des von diesem Gesichtspunkte aus eine Zeitlang reklamenhaft angepriesenen Fairley-Lokomotiv-Systems bei **Weber**, „Praxis usw.", S. 56ff.

artiger, den großen Verhältnissen gegenüber „primitiver" Zustand bleibend ist, und daß ferner die vorgeschrittene Technik für letztere im Vergleich mit dem mechanischen Apparat der ersten Eisenbahnen weit ökonomischere Konstruktionen gefunden hat.

In betreff des Rollmateriales ist speziell hervorzuheben: daß das Gewicht der Lokomotiven nicht erheblich größer als das Gewicht höchst belasteter Güterwagen der Hauptbahnen (mit Rücksicht auf den Übergang der letzteren auf die Lokalbahn) gehalten werde, um nicht den Oberbau bloß mit Rücksicht auf die Belastung der Lokomotivräder stärker halten zu müssen; daß ferner die Gesamtkonstruktion in ökonomischester Weise den einförmigen Verkehrsbedürfnissen entspreche [nur eine Maschinengattung, Tendermaschinen mit besonders für den Zweck berechneter Anordnung][1]; daß die Berechnung der Konstruktion auf mindere Schnelligkeit in größerer Zugkraft adäquaten Ausdruck finde; daß schließlich insbesondere für den schwächsten Personenverkehr in der Vereinigung von Lokomotive und Wagen zu einem Fahrzeug die ökonomischeste Gestalt dieses Anlagebestandteiles gefunden wurde (Triebwagen; mit Dampfbetrieb jedoch nicht in erwünschtem Maße vorteilhaft auszugestalten).

Nach Ermittlungen aus den Erfahrungssätzen von einer großen Anzahl normalspuriger Lokalbahnen von 12—100 *km* Länge (also wohl manche Nebenbahnen eingeschlossen) in Mittelverhältnissen (ohne Straßenbenutzung) ergaben sich bis in die 90er Jahre für das Bahnkilometer folgende Anlagekosten:

1. Vorauslagen und insgemein (ohne Geldbeschaffung)	Mk.	3 200	=	6 %
2. Grunderwerb	Mk.	7 000	=	13 %
3. Erd- und Kunstbauten einschließlich Übergängen usw.	Mk.	14 150	=	26,2 %
4. Hochbauten	Mk.	5 000	=	9,3 %
5. Oberbau	Mk.	18 650	=	34,4 %
6. Betriebsmittel	Mk.	6 000	=	11,1 %
	Mk.	54 000	=	100 %

Die Grenzwerte, welche dieses Mittel einschließen, beziffern sich mit 40000—75000 Mk.[2]). Die bayerischen Sekundärbahnen hatten bis zur bezeichneten Zeit 34000—42500 Mk. gekostet.

Je geringere Fahrgeschwindigkeit genügt, um so weiter reicht die Möglichkeit einer Vereinfachung und Verbilligung der Anlage. Offenbar wäre bei Bahnen, welche gar keinen oder nur einen verschwindenden Personenverkehr haben, oder bei denen angesichts ihrer kurzen Strecke es auf eine Verlängerung der Fahrzeit nicht ankommt, hiermit ins Extrem zu gehen und wäre letzteres mit Bahnen bezeichnet, deren höchste Fahrgeschwindigkeit 12 *km* in der Stunde nicht überschreitet. Bahnen

---

[1]) Grundzüge Pt. 47—77, Level, a. a. O., S. 239, ferner die bei den Straßenbahnen zur Anwendung gelangten „Tramway-Lokomotiven". S. Th. Lutz, „Straßen-Eisenbahnen, Benutzung des Dampfes als Zugkraft", 1878, S. 252 ff.

[2]) Art. Lokalbahnen in der Enzykl., 1. Aufl., S. 2276.

solcher Art wurden daher auch in den „Grundzügen" gesondert behandelt und ergeben in der Tat eine Anlage von so drastischer Einfachheit, daß man der Schilderung Weber's in seiner dieser Bahnspezies gewidmeten Gelegenheitsschrift wie seiner Versicherung unbedingt zustimmen kann, der zufolge die Ermäßigung der Anlagekosten einer solchen Bahn gegenüber einer Bahn gewöhnlicher Ausstattung im Flachlande, wo die Anlage auch im letzteren Falle sehr billig, 25—30%, im Hügellande 30—40%, im Gebirge 50—60% der Normalkosten betragen würde. Die Voraussetzung, auf welcher alles dieses beruht: das Aufgeben der eisenbahnmäßigen Geschwindigkeit, würde jedoch in den meisten Fällen dieses Verkehrsmittel zu unvollkommen machen, und es muß dann, wenn eine ähnliche Verminderung der Anlagekosten wie die eben bezeichnete notwendig ist, das Mittel hierzu anderweitig gesucht werden. Als ein solches Mittel wurde anfänglich die Benutzung von Straßen als Unterbau angesehen und vielfach versucht. Es hat sich jedoch bei Güterbahnen mit Normalspur infolge von Betriebserschwernissen nicht bewährt; nur ganz ausnahmsweise da, wo die Straßenbreite die förmliche Abtrennung eines Streifens zu ausschließlicher Benutzung durch die Bahn gestattete.

Von entscheidender Tragweite für die Ermäßigung der Anlagekosten ist die Verengung der Gleisspur. Daß das Schmalspursystem für Bahnen des geschilderten Verkehrscharakters besonders geeignet sei, liegt auf der Hand. Zur Zeit, als sich die Notwendigkeit solcher Bahnen aufdrängte, bestand jedoch gegen die Schmalspur in weiten Kreisen ein Vorurteil. Dieses beruhte, wie jetzt klar zu erkennen ist, auf Einwendungen, die gegen Schmalspurbahnen mit Rücksicht auf ihre Anlage als Bestandteile des allgemeinen Bahnnetzes mit einer gewissen Berechtigung erhoben worden waren, aber bezogen auf Bahnen örtlicher Gestaltung gegenstandlos werden [1]).

[1]) Ein Beispiel: M. M. v. Weber, „Praxis des Baues und Betriebes der Sekundärbahnen mit normaler und schmaler Spur. Kritische Erörterungen auf ausgeführten Bahnen gesammelter Tatsachen", 1873; in populärer Darstellung wiedergegeben in der Broschüre „Normalspur und Schmalspur", Nr. 1 der pop. Erört. von Eisenb.-Zeitfragen, 1876. Die Schlußfolgerungen, in denen Weber die Summe seiner Erörterungen zieht (S. 118), laufen darauf hinaus: Schmalspurbahnen sind für Lokalbahnen geeignet; denn die Beschaffenheit des Verkehres, welche dort als Bedingungen der Anwendbarkeit derselben erklärt ist, macht eben den Charakter des Lokalbahnverkehres aus. Nur ist die Fassung der Schlußergebnisse, wie öfters bei Weber, etwas verschwommen, zu elastisch, in sich zum Teil widersprechend. An einer Stelle heißt es: „Der Personen- und Tierverkehr, dann die militärische Leistung sind dem Schmalspursystem inkongruent." Es ist offenbar, daß das Schmalspursystem darum für Lokalbahnen noch nicht ungeeignet wird. Viehtransport und militärische Leistungen kommen eben bei Lokalbahnen nicht in Betracht; der Viehtrieb ist selbst auf relativ längerer Strecke billiger als die Eisenbahn und für militärische Leistungen sorgen die Bahnen höherer Ordnung. Der Ausspruch betreffend den Personenverkehr war schon unrichtig als Weber schrieb. Es ist ersichtlich, daß der in dem zitierten Satze gelegene Einwand auf Schmalspurbahnen als Glieder des Hauptnetzes, insbesondere als Nebenbahnen zu beziehen ist. Die

Schließlich hat sich aus der lebhaften, lange Jahre währenden Erörterung auf Grund praktischer Erfahrungen doch das Konklusum ergeben, daß die engere (d. h. die beträchtlich von der normalen abweichende) Spur eine Anlage mit sich bringt, welche, allerdings weniger leistungsfähig als die Normalbahn, vollkommen geeignet ist, den geringeren Ansprüchen eines Verkehres von der charakterisierten Art zu entsprechen, und die Frage stellte sich nun dahin: ob die Anwendung einer engeren Spurweite eine derartige Verminderung der Anlagekosten gegenüber normalgleisiger Anlage in sich schließe, daß eine Betriebsverteuerung, dann die Unbequemlichkeiten und Kosten der Umladung an der Übergangstelle mehr als kompensiert erscheinen. Damit war die Frage aus einer technischen Kontroverse eine ökonomische *quaestio facti* geworden, die eine genaue Beantwortung in jedem einzelnen Falle gestattet und erfordert. Über das Maß der Kostenverminderung, welches die einzelnen Anlagebestandteile durch die Schmalspur erfahren, sind freilich mitunter ganz absonderliche Meinungen verbreitet gewesen, die indes durch eine Reihe gediegener Untersuchungen, worunter seinerzeit insbesondere die von M. M. v. Weber in Deutschland und Österreich vielleicht die meiste Beachtung fanden, richtiggestellt wurden. Nicht nur, daß man zuweilen der Schmalspur zuschrieb, was auf das Konto der Verkehrsgestaltung bei Lokalbahnen überhaupt gehört und daher auch erreicht werden kann, wenn solche Bahnen normalspurig ausgeführt werden, wie: Weglassung von Sicherheitsmitteln, Leichterhalten des Oberbaues und des rollenden Materiales; es wurden der Schmalspur Eigenschaften zugeschrieben, die sie aus physikalischen Gründen gar nicht besitzen kann, z. B. Bewältigung größerer Steigungen (*ceteris paribus*) — die, wenn bei konkreten Schmalbahnen tatsächlich vorhanden, von Normalspurbahnen auch bewältigt würden — und dadurch die Frage natürlich sehr verwirrt [1]). Der wirkliche, Kosten mindernde Einfluß, welcher der Schmalspur an sich zukommt, kann, wie aus neueren Untersuchungen hervorgeht, im ganzen — nicht auch bei jedem einzelnen Anlagebestandteile — proportional der Verkleinerung der Spurweite angenommen werden. Weitaus der überwiegende Teil hiervon betrifft die Verringerung des Querschnittes des Erdkörpers und der

übrige Literatur, die schon in den 70er Jahren nicht geringen Umfang angenommen hatte, war in diesem Punkte wie hinsichtlich der Billigkeit der Schmalspurbahnen zum Teil tendenziös; sie übertrieb oder unterschätzte je nach dem Parteistandpunkte, wie geradezu gesagt werden muß, da sich in dieser, doch rein tatsächlichen Frage eine Zeitlang förmliche Parteien gebildet hatten, welche mit allem Aufwande von irrig aufgefaßten oder irrig dargestellten Sachverhalten, Vergleichen ungleicher Größen u. dgl. Hausmittelchen heftiger Meinungsstreite ihre Sache verfochten. In der Beleuchtung solcher Behauptungen und in vorurteilsfreier Erforschung des objektiv Richtigen lag der Wert der Weber'schen Schrift.

[1]) So ehemals in dem *battle of the gauges* in Nordamerika, worüber bei Pontzen, „Das Eisenbahnwesen in den Vereinigten Staaten" recht treffende Bemerkungen, S. 58ff.

Kunstbauten, sowie die Vermeidung von letzteren. Da nun die Kosten dieser Anlagebestandteile mit ungünstigem Terrain wachsen und in gebirgigen Gegenden die höchste Ziffer erreichen, so folgt daraus, daß auch für Lokalbahnen der Wert des Schmalspursystems hinsichtlich der Ökonomie der Anlage in solchen Gebieten bedeutend, in ebenem Terrain gering ist. Der ökonomische Vorteil schmalspuriger Anlage vermindert sich unter Umständen durch die Notwendigkeit der Anschaffung eines eigenen Fahrparkes, dann nämlich, wenn letzterer infolge der Kürze der Strecke oder der Geringfügigkeit des Verkehres weniger ausgenutzt werden kann, als wenn der Fahrpark der anschließenden Bahn mit benützt wird. Dieser Umstand ist bei sehr kurzen Bahnstrecken ziemlich ausschlaggebend, bei längeren wird er durch ein darauf Bedacht nehmendes Betriebsystem abgeschwächt.

Der Ersparung an Anlagekapital sind gegenüberzuhalten: zunächst eine gewisse relative Steigerung der Betriebskosten (ein von den Enthusiasten des Schmalspursystems erklärlicherweise bestrittener oder verschwiegener Punkt[1]), sodann die Kosten und Verkehrserschwernisse, welche der Umschlag in der Anschlußstation der breitspurigen Hauptbahn verursacht und die kapitalisiert mit der Ersparnis an Anlagekapital durch die Schmalspur verglichen werden müssen. Von den Anhängern der Schmalspur als irrelevant angesehen, von den Gegnern als ein höchst störender und kostspieliger Punkt betont, ist die Umladung in ihrem Einflusse auf den Verkehr und mit Beziehung auf den konkreten Fall genau zu beurteilen; im allgemeinen aber scheint uns in der Tat ihre Einwirkung auf die Betriebskosten von vielen, selbst von Weber, zu hoch angeschlagen zu werden, namentlich im Hinblicke auf den Um-

---

[1]) Höhere Erhaltungskosten des Oberbaues zufolge stärkerer Krümmungen (und event. Steigungen), höherer Aufwand für Zugkraft infolge relativ geringerer Leistungsfähigkeit und anderer Schwächen der Lokomotiven aus konstruktiven Gründen. Selbst der glühende Apostel des Schmalspur-Systems R. F. Fairley gibt zu („*Railways or no railways*", S. 39): *It must be clearly understood that, unless for a very small traffic combined with very low speeds, I do not, nor have ever recommended a gauge narrower than 4 ft. $8^1/_2$ inc, if the ordinary type of engine be employed, because, and apart from the fact that the oscillations and unsteadiness of the ordinary engines increase as the gauge is diminished, the width of the gauge limits the power of the engine, in as much as it limits the fire-box, and the seize of the boiler, and as the loss of power increases even in a greater ratio than the diminution of the gauge.* Freilich schreibt er seiner Maschine die Befreiung von diesen Mängeln zu, wogegen sie — selbst ihre Vorzüge in dieser Hinsicht zugegeben — wieder andere Schattenseiten aufweist. Die geringere Leistungsfähigkeit der Wagen auf Schmalspurbahnen bedeutet jedoch praktisch noch keine Erhöhung der Betriebskosten in diesem Punkte, weil das Verhältnis zwischen dem Eigengewichte der Fahrzeuge und dem tatsächlichen Gewichte der Ladung ein besseres als bei Normalspurbahnen sein kann; ein Umstand, den Weber ignoriert, Fairley mit Recht betont. Vgl. „Die richtige Praxis der Schmalspurbahnen", übersetzt von Brunner, 1873. Die technischen Fortschritte haben aber die Leistungsfähigkeit der Fahrbetriebsmittel der Schmalspurbahnen ganz außerordentlich erhöht, so daß diese jetzt denjenigen der Normalbahnen in nichts nachstehen.

stand, daß sich durch einfache Vorrichtungen die Arbeit beschleunigen und für die Transportgegenstände minder gefährlich machen läßt[1]).

Bei den sächsischen Schmalspurbahnen betrugen in den 90er Jahren die durchschnittlichen Umladekosten für die Tonne bei Stückgut 50 Pfg., bei Wagenladungsgütern 12 Pfg. Der Berichterstatter auf dem Petersburger internationalen Eisenbahnkongreß setzte die Umladungskosten mit 18 Centimes für die Tonne an.

Ohne indes auf dieses Detail näher einzugehen, ist jedenfalls der Satz gerechtfertigt: daß in einer Menge von Fällen in der Anwendung einer von der normalen nicht unwesentlich abweichenden engeren Spurweite ungeachtet der (auf ihren Kapitalwert zurückgeführten) entgegenstehenden Betriebsmomente eine beträchtliche Ökonomie zu finden ist, die sohin für die Anlage nach diesem System entscheidend sein muß, wobei nur stets der Begriff einer Lokalbahn festzuhalten und jedes Zusammenwerfen mit Bahnen zweiter Ordnung zu vermeiden ist. Als die billigste Schmalspurbahn in Deutschland gilt die Bahn Weimar-Rastenberg mit nur 15690 Mk. Anlagekapital für 1 *km*.

Eine besondere Gattung der Kleinbahnen bilden diejenigen, bei welchen aus technischen oder wirtschaftlichen Gründen die Reibungsbahn aufgegeben werden muß: Zahnradbahnen, Seilbahnen. Sie dienen stets eigenartigen Verkehren, welchen auch die Anlagen nach der wirtschaftlichen Seite anzupassen sind.

Anlagekosten-Vergleiche. Gesamtresultate. Ziehen wir aus den vorhergegangenen Erörterungen die Summe in betreff der tatsächlichen Gestaltung der Anlagekosten der einzelnen Bahnen der verschiedenen Länder, so ist das Ergebnis ein zweifaches: einerseits bestimmte gesetzmäßige Erscheinungen infolge angemessener Beachtung der entwickelten Grundsätze der Anlageökonomie, andererseits die Erkenntnis der Bedingungen, unter welchen der tatsächliche Kapitalaufwand im ganzen oder in seinen Teilen einer Kritik der Handhabung der Ökonomie seitens der Bahnleiter zum Anhalte dienen kann.

Die erstgedachten Erscheinungen sind unschwer und an dieser Stelle ohne weitere Erläuterung festzustellen: Es müssen die Anlagekosten der Bahnen intensiver Gestaltung, der extensiven und Nebenbahnen, endlich der Lokalbahnen in weiten Abständen fallende Ziffern aufweisen, und im allgemeinen mit dem Anwachsen des Verkehres steigen. Dieses Gesetz findet dann zeitlich und örtlich ziffermäßig Ausdruck.

Die ersten Bahnen folgen den bestehenden Hauptrichtungen des Verkehres, also im allgemeinen den Wasserstraßen und Talniederungen;

---

[1]) Vgl. Nördling, „Stimmen über schmalspurige Eisenbahnen", mit mathematischer Formulierung der Vergleichspunkte, dann recht sachlich Level, a. a. O., S. 427ff. Je kürzer die Lokalbahn und je belangreicher die Umladungskosten nach Menge und Art der Waren, sowie nach den Kosten der dadurch verursachten Anlagen, desto geringer wird erklärlicherweise der Vorteil der Schmalspur.

sie waren daher relativ billig zu bauen und wurden auch billig gebaut, wo die richtige Ökonomie waltete. Aber sie erlangen rasch einen intensiven Verkehr und müssen diesem mit namhafter Erhöhung der Anlagekosten angepaßt werden. Die gebauten Bahnen erhöhen aber die Kosten der zu bauenden mit der allgemeinen Hebung des Standes der Wirtschaft, insbesondere durch die gestiegenen Grundpreise, Holzpreise und Arbeitslöhne. Für die verkehrsintensiven Bahnen wird die auf den Preis einwirkende Erleichterung der Herstellung und des Bezuges der Hüttenprodukte wieder aufgewogen durch die steigende Massigkeit der Ausrüstungsobjekte. Gleichzeitig wächst der Intensitätsgrad des Verkehres überhaupt. Die Folgeerscheinung ist ein allgemeines, alle Bahngattungen betreffendes stetiges Anwachsen der Anlagekosten im Verlaufe der Entwicklung, ganz abgesehen von Zwischenursachen, wie Geldwertänderungen u. dgl.

Solches zeigt die folgende Ziffernreihe.

Anlagekosten für 1 *km* Linie der Preußischen Bahnen: i. J. 1845 (bei 16 % Doppelgleis) 120 240 Mk., 1850 155 562 Mk., 1855 166 878 Mk., 1860 191 418 Mk., 1865 210 738 Mk., 1870 220 287 Mk., 1875 247 711 Mk., 1880 259 652 Mk., 1885 253 479 Mk., 1890 244 083 Mk., 1895 245 065 Mk., 1900 250 928 Mk., 1905 260 597 Mk., 1910 288 881 Mk., 1915 322 732 Mk. (bei 40 % Doppelgleis ohne Kleinbahnen)[1].

Nach der Statistik der *Interstate C. Commission* ist das Anlagekapital der nordamerikanischen Eisenbahnen (umgerechnet) 1891/92 bis 1909/10 von 166 476 Mk. auf 199 617 Mk. das *km* angewachsen.

Diesem Ansteigen der Anlagekosten nach den Bahnklassen und mit der zeitlichen Verdichtung des Netzes entspricht eine örtliche Abstufung nach dem jeweiligen gleichzeitigen Intensitätsverhältnisse des Bahnverkehres verschiedener Länder. Wir wissen, welche Richtung diesfalls die Stufenfolge in den Kontinenten zu beiden Seiten des atlantischen Ozeans einschlagt und können daher als im allgemeinen gültig den Satz aufstellen: Die Anlagekosten der Eisenbahnen müssen in Europa in der Richtung von Osten nach Westen, in Nordamerika von Westen nach Osten zunehmen. Ausnahmen, also Abweichungen, sind selbstverständlich durch die Gestaltung der Geländeverhältnisse verursacht und es kann überhaupt der Vergleich schlüssig nur zwischen Ländern platzgreifen, die nicht zu weitgehende Verschiedenheiten ihrer Bodenbeschaffenheit aufweisen.

Das verwendete Anlagekapital auf 1 *km* in Mark war am Ende des ersten Jahrzehnts unseres Jahrhunderts[2]); in den nördlichen Ländern Europas Schweden 84 967, Norwegen 108 854, Dänemark 144 710, in einer mittleren Zone Rußland 212 478, Deutschland 292 753 (Niederlande 280 000), Frankreich 375 019, Belgien 488 796, England 901 821; im Süden Rumänien 246 967, Ungarn 170 843, Österreich 309 991, Schweiz 373 405, Italien 360 708.

---

[1]) Nach 1880 tritt infolge der starken Zunahme der billigeren Nebenbahnen ein Rückgang ein, der sich bis 1895 fortsetzte. Von da ab steigen die kilometrischen Anlagekosten wieder.

[2]) Nach Art. „Betriebsergebnisse", Enzyklop., 2. Aufl.

In den Vereinigten Staaten ist seit 1910/11 eine statistische Zusammenfassung der Bahngruppen in 3 Bahngebiete vorgenommen worden. Die verkehrsintensivsten Bezirke I, II, III mit Einschluß eines anstoßenden Teiles von Bezirk IV sind zu einem Ostbezirk zusammengelegt, die Bezirke IV und V bilden eine Südgruppe, alle übrigen Bezirke zusammen den Westbezirk. Ein Blick auf die Intensitätsabstufungen, welche die Tabelle S. 231 zur Anschauung bringt, belehrt über den Zweck der Zusammenfassung. Die Anlagekapitalien stellen sich in runder Summe: für den Ostbezirk auf 300 000 Mk 1 *km*, den Südbezirk 154 000, den Westbezirk 180 000. Die Ziffern für den Ostbezirk gegenüber dem Westbezirk bestätigen die gemachte Voraussetzung: die widersprechende Zahl betreffend den Süden erklärt sich durch die diesem eigenen wirtschaftlichen und Bodenverhältnisse. Den Norden allein ins Auge gefaßt, zeigen (1909/10): Bezirk II 388 319 Mk., Bezirk III 240 803, Bezirk VI 156 231, Bezirk VII 196 169, X 245 931 M.

Es ergibt sich also im großen und ganzen eine Übereinstimmung zwischen dem deduzierten Ergebnisse und den statistischen Daten[1]).

Abweichungen von der bezeichneten allgemeinen Richtung der Entwicklung und Verschiedenheiten der Abstufung im einzelnen sind außer durch die erwähnte natürliche Ursache durch konkrete allgemein wirtschaftliche Umstände bedingt, oder sie sind die Folgen unzureichender Ökonomie. In welchem Maße eines oder das andere zu dem tatsächlichen Ergebnisse beigetragen — damit kommen wir auf den zweiten Punkt — ist nur auf Grund detaillierter Untersuchung festzustellen und es bieten Gesamtziffern hierfür nur eine höchst mangelhafte Unterlage des Urteiles. An sich kann, wie sich aus unserer Darstellung ergeben muß, ein hohes Anlagekapital je nach den natürlichen und den Verkehrsverhältnissen ebensowohl ein Zeichen guter wie ungenügender Ökonomie sein. Wenn schon etwas aus allgemeinen Daten entnommen werden soll, so müssen mindestens die Bahnen verschiedener Gattung gesondert, dann Gebiete von großer Verschiedenheit der Verkehrsintensität, selbst innerhalb eines Landes, auseinandergehalten werden. Auffallende Gestaltung der An-

---

[1]) Die Bezirke V und IX weisen 1909/10 gegen 1891/92 eine Verminderung der Anlagekapitalien auf, für die in der Statistik eine Erklärung nicht zu finden ist, scheiden mithin vom Vergleiche aus. Bezirk I hat, wie S. 231 ersichtlich, einen weitaus schwächeren Frachtenverkehr als II (in dem sich übrigens New York befindet). Das Anlagekapital beträgt (entsprechend) 257 023, so daß es annähernd mit dem des III. Bezirkes, 240 803, zusammenfällt. Die Ziffer für den gesamten Ostbezirk wird dadurch herabgedrückt. Die Bezirke VI bis einschließlich IX zeigen keine bedeutenden Abweichungen voneinander. X, die Bahngruppe der Pazifikländer, weiter westlich gelegen, hat wieder höhere Anlagekapitalien. Die Ursache liegt einerseits in schwierigen Bauverhältnissen, andererseits darin, daß diese Bahnen größtenteils erst in jüngster Zeit entstanden, also bei höheren Preisen und Löhnen gebaut sind und ihr Anlagekapital besonders stark verwässert ist. Im allgemeinen sind die berechneten Zahlen wenig verläßlich, weil es nicht möglich ist festzustellen, wieviel vom Anlagekapital auf die bekannten Finanzgeschäfte entfällt. Die Statistik für 1909/10 enthält einen Durchschnittsbetrag für das Anlagekapital sämtlicher Bahnen nach Abzug desjenigen Kapitals, welches sich auf anderes Eigentum bezieht. Danach ergibt sich ein wirkliches Eisenbahnanlagekapital von 62 657 Dollar für 1 *mile* = 163 552 Mark für 1 *km*, d. i. um 18% weniger als das Gesellschaftskapital. Um einen solchen Prozentsatz wären demnach beiläufig die besprochenen Anlagekapitalien für die Zwecke unseres Vergleiches zu kürzen.

lagekosten wird dann wohl auf mangelhafte Ökonomie schließen lassen, vornehmlich aber zu einer speziellen Untersuchung hinsichtlich der Ökonomie in den einzelnen Anlagebestandteilen auffordern, von welcher allein ein sicheres Urteil abhängt. Durchschnittsziffern für die Bahnnetze ganzer Staaten, wie die in der obenstehenden Tabelle können eben nur dazu ausreichen, das allgemeine Gesetz der Anlagekostenhöhe annähernd und verschwommen auszudrücken.

Bei Staaten, welche Gebiete von stark abweichenden wirtschaftlichen Verhältnissen einschließen, wie Deutschland und Österreich, muß die Durchschnittsziffer sehr an Wert einbüßen, und muß das gegenwärtig um so mehr der Fall sein, als Nebenbahnen und Lokalbahnen in größerer Längenausdehnung entstanden sind.

Von Kostenziffern für die verschiedenen Bahnkategorien innerhalb eines Landes können die betreffenden Daten aus Frankreich wegen der ziemlich homogenen Beschaffenheit des größten Teiles seines Gebietes wohl als Beispiel zitiert werden. Es kosteten Ende 1874 die Bahnen des alten Netzes 441 000 Frcs., die des neuen Netzes 370 000 Frcs. 1 *km*, während die durchschnittlichen Anlagekosten eines Kilometers Lokalbahn etwa mit 135 000 Frcs. sich bezifferten. Man sieht in den beiden letzten Zahlen die zu geringe Ökonomie infolge zu weit getriebener Uniformierung.

Die Verwaltung der bayerischen Staatsbahnen verzeichnet als Kilometer-Anlagekosten gegen Ende der 90er Jahre

Hauptbahnen.	274 227 Mk.
Vizinalbahnen (bis 1910).	92 316 Mk.
Vollspurige Lokalbahnen.	58 722 Mk.
Schmalspurige Lokalbahnen (im Gebirge) . . .	71 210 Mk.

Der Einfluß, welchen die Terrainbeschaffenheit auf die Anlagekosten übt, muß sich insbesondere im Vergleiche einzelner Bahnen untereinander aufdrängen. Die Vielgestaltigkeit der Verhältnisse gestattet übrigens bei den gegenwärtig vorliegenden reichen Erfahrungen auch da wenigstens eine gewisse Kategorisierung und Durchschnittsbehandlung nach der den Technikern wohlbekannten Einteilung in: Bahnen im Flachlande, im Talgebiete, in welligem Hügellande, leichte Gebirgsbahnen, schwere Gebirgsbahnen. Insbesondere der „Bau“ weist in den Kostenziffern seiner Bestandteile nach diesem Schema abgestufte Sätze auf.

Die in den Jahren 1858—1878 erbauten Linien der österreichischen Südbahn haben für 1 *km* durchschnittlich gekostet:

Flachlandbahnen	121 000 Mk.
Bahnen im Hügelland	164 000 Mk.
Gebirgsbahnen	241 000 Mk.
Schwere Gebirgsbahnen (Brennerbahn)	416 000 Mk.

Was für die Staatsverwaltung aus den erörterten Grundzügen der Anlageökonomie folgt, liegt auf der Hand. Es ist ihre Pflicht, ihrer Befolgung nicht hinderlich in den Weg zu treten und somit schon bei Nebenbahnen Erleichterungen der baupolizeilichen Anforderungen soweit zu gewähren, als die Aufrechthaltung des Netzzusammenhanges hinsichtlich aller Bahnzwecke gestattet, vollends aber bei Kleinbahnen die freieste Gestaltung eintreten zu lassen. Die Kritik konkreter einschlägiger Maßnahmen ist in allgemeiner Hinsicht mit den vorstehenden Erörterungen von selbst gegeben, hinsichtlich der technischen Einzelheiten nicht weiter unsere Sache.

Die Kostengestaltung als Grundlage der Betriebsökonomie. Für die Ableitung der wirtschaftlichen Vorgänge des Betriebes auf gegebener Anlage bildet die Kostenanalyse, wie sie allgemein (I. Bd., S. 76 ff.) und bei den im II. Bande behandelten Verkehrsmitteln durchgeführt wurde, auch bei den Eisenbahnen den Ausgangspunkt der Erörterung.

Die Kapitalkosten setzen sich zusammen aus Zins bzw. Tilgung und der Erneuerung. Der Zinsbedarf für das tatsächlich aufgewendete Kapital ist jeweils eine gegebene Größe, solange noch eine Amortisation nicht stattgefunden hat oder soweit nach dem Finanzprinzip der öffentlichen Unternehmung ein Ertrag erstrebt wird. Der Aufwand für Erneuerung hängt davon ab, in welchem Zeitraum, trotz fortlaufender Aufwendung von Material und Arbeit zur Erhaltung der Anlagebestandteile in gebrauchsfähigem Zustande, ihre vollständige Vernutzung je nach dem Maße ihrer Beanspruchung durch den Betrieb und zufolge ihrer natürlichen Beschaffenheit erfolgt, wobei eine mehr oder minder sorgfältige Erhaltung auf die Erstreckung der Bestanddauer von Einfluß ist.

Man kann die Erhaltung und die Erneuerung auch unter einem gemeinsamen Gesichtspunkte betrachten. Jene ist der Ersatz einer teilweisen Abnützung, diese der Ersatz nach vollständigem Verbrauche. Beide können also wohl zusammengefaßt, der betreffende Kostenaufwand als Abnutzungsquote bezeichnet werden. Diese wird sohin als ein Bestandteil der Betriebskosten in Rechnung gestellt. An sich richtiger ist es, die Erneuerung als Kapitalkosten zu behandeln, indem die Aufwendungen für Erneuerung als Abschreibungen oder Amortisation nicht aus den Betriebseinnahmen bestritten werden, sondern aus dem nach Deckung der Betriebskosten verbleibenden Reinertrage, was in Form jährlicher Rücklagen in Erneuerungsfonds geschieht. Wenn dieses Vorgehen von den Gesichtspunkten richtiger Finanzgebarung geboten erscheint, so empfiehlt sich die Einbeziehung unter die Betriebskosten, wenn es sich um Bestimmung der Beförderungspreise mit Bezug auf diese handelt. Überdies hat letztere Auffassung auch den Umstand für sich, daß damit ein bestimmtes Betätigungsgebiet in der Bahnverwaltung umschrieben ist, dessen Wichtigkeit, soweit sie in den Kosten ihren Ausdruck findet, sich nach dem Verhältnis der Größe des Aufwandes bemißt. Man kann derart den Erhaltungsaufwand und den übrigen Betriebsaufwand unterscheiden, letzteren vielleicht nicht unpassend den Leistungsaufwand nennen. Für die Mitte der 70er Jahre haben wir die Abnutzungsquote in diesem Sinne nach der preußischen Eisenbahnstatistik auf rund $^1/_4$ der Gesamtbetriebsauslagen berechnet [1]) und diese Relativziffer kann sich seither nur wenig geändert haben. Mit einem solchen Zahlenverhältnis ist freilich die Wichtigkeit des Verwaltungszweiges für die Betriebsökonomie nur ungenügend gekennzeichnet. Sie ruht bekanntlich nicht minder in dem Zwecke, durch stete Erhaltung des Bahnapparates im technisch erforderlichen Zustande Betriebstörungen, Schädigungen und Unfälle zu vermeiden. Was über den Ersatz der Abnutzung beim stehenden Kapitale hinausgeht, also Zubauten, Mehrwert neuerer Konstruktionen oder von Umbauten gegen den Anfangswert der alten, Vermehrung der Betriebsmittel usw. gehört nicht den Betriebskosten, sondern der Anlage zu. Da nun eine Eisenbahn in der Regel fortwährend wächst, so wächst entsprechend ihr Anlagekapital und es muß richtigerweise das Anlagekonto immer für derlei Zuschreibungen „offen" bleiben, wenn nicht eine sachlich ungenaue Überweisung dieser Posten auf den Betrieb stattfinden soll.

Die Betriebskosten werden in den Geschäftsrechnungen der Bahnunternehmungen und in den amtlichen Eisenbahnstatistiken mehr oder minder eingehend nach technischen Betriebszweigen zergliedert, entsprechend der Dienstesgliederung, die uns bei der Organisation beschäftigt hat. Die Verhältniszahlen (%) der Kosten dieser Hauptdienstzweige berechnen sich gegenwärtig annähernd wie folgt [2]):

	Allgemeine Verwaltung	Bahnaufsicht und Bahnerhaltung	Abfertigungs- und Zugdienst	Zugförderung und Werkstätten
Belgische Staatsbahnen . .	1,5	18	27	51
Französische Hauptbahnen .	9,0	15	25	43
Italienische Eisenbahnen . .	13,0	16	29	40
Österreichische Eisenbahnen.	2,0	20	39	38
Russische Eisenbahnen . . .	13,0	21	21	45
Schweizerische Eisenbahnen .	4,0	17	34	44
Ungarische Staatsbahnen . .	8,0	18	28	39

Die Abweichungen zwischen den Bahnnetzen verschiedener Länder sind auffällig. Dies ist offenbar darauf zurückzuführen, daß die Zusammenfassung der einzelnen Ausgabeposten nicht überall genau die gleiche ist, beispielsweise die Erneuerungskosten als Erhaltung gebucht werden oder nicht, und daß andererseits in der Beschaffenheit des Landes

[1]) „Verkehrsmittel", 1. Aufl., II. Bd., S. 362.
[2]) Nach Enzyklopädie, 2. Aufl., II. Bd., S. 294.

oder in der Verwaltung begründete Abweichungen ihre Folgen haben. Es ist daraus ersichtlich, wie leicht bei solchen Betriebskostenvergleichen nicht genau Vergleichbares gegenübergestellt wird und daß diese Verhältniszahlen für die Betriebsökonomie eigentlich keinen Wert haben.

Von wesentlicher Bedeutung ist dagegen das Verhältnis der beiden großen Kostengruppen, die gebildet sind durch die Aufwendungen für die Bezüge des Personals einerseits, den Wertbetrag der zur Vorbereitung und Vollbringung der Transporte verbrauchten Stoffe andererseits: Arbeitsquote — Materialquote.

In den Jahren 1900 und 1910 haben diese Kostengruppen von den Gesamtkosten beansprucht:

	die Arbeitsquote		die Materialquote	
	1900	1910	1900	1910
in Deutschland [1]) .	46,11%	49,83%	53,89%	50,17%
„ Österreich . .	66,00 „	69,49 „	34,00 „	30,51 „
„ Ungarn	62,60 „	62,85 „	37,40 „	37,15 „
„ der Schweiz . .	52,72 „	55,30 „	47,28 „	64,70 „
„ Italien	58,10 „	55,25 „	47,90 „	44,75 „
„ Rußland . . .	49,24 „	52,79 „	50,76 „	47,21 „

Diese Zahlen beleuchten einigermaßen die für die Ökonomie der Betriebsführung in den verschiedenen Ländern maßgebenden Umstände: sie sind auf niedrigere Löhne oder höhere Materialpreise in dem einen Lande im Vergleich zu einem anderen zu deuten. Einen verläßlichen Rückschluß auf erfolgreiche oder unbefriedigende Gebarung der Verwaltung lassen sie hingegen an und für sich nicht zu.

Wenn man in größter Verallgemeinerung gegenwärtig die Personalausgaben mit 60% der Gesamtkosten beziffert, so kann dies nur mit den Vorbehalten gelten, die bei solchen runden Durchschnitten überhaupt gemacht werden müssen. Bei Einrechnung der Erneuerung in die Materialquote wird das Verhältnis ein anderes [2]).

Die Veränderungen, welche speziell die persönlichen Ausgaben infolge des Ansteigens der Entlohnungen jeder Art erfahren haben und die insbesondere, wie bekannt, seit den 90er Jahren, noch verstärkt in unserem Jahrhunderte zutage traten, sind in folgender Zusammenstellung verzeichnet. Es betrugen die Personalkosten:

[1]) In der Buchung der deutschen Eisenbahnen sind die persönlichen Ausgaben nur für die Gesamtverwaltung, ohne Nachweis für die einzelnen Dienstzweige, ausgewiesen. Hierin liegt der Grund, aus welchem Deutschland in der vorher angeführten Zusammenstellung der Verhältniszahlen der Kosten der Dienstzweige fehlt.

[2]) In der ersten Auflage war das Verhältnis der in Rede stehenden Kostengruppen nach Ausscheidung einer Abnutzungsquote, welche die Kosten der Bahnerhaltung inbegriff, berechnet, das hiernach sich ergebende Verhältnis zwischen Material- und Arbeitsquote war beiläufig 1 : 2, kann daher für die Aufteilung der Gesamtkosten nicht zutreffen.

Bahnnetz	Im ganzen in Millionen Mark		Zunahme seit 1900	Bei gleichzeitigem Anwachsen der Linienlänge
	1900	1910		
Deutschland	596,262	1030,635	72,8 %	in jedem der vier
Österreich	196,018	341,681	74,32 „	erstangeführten
Ungarn	79,460	148,875	87,35 „	Staaten um annähernd 20%,
Schweiz	31,225	55,867	78,91 „	in den beiden
Italien	115,440	189,036	63,75 „	letzten Staaten
Rußland	407,600	697,507	70,15 „	um ca. 25%.

Die gleiche Aussage in betreff des Maßes der Lohnsteigerung ergibt der Umstand, daß v. J. 1895 bis zum Jahre 1908 die Kopfzahlen des von den deutschen Eisenbahnen beschäftigten Personales um 61,91%, die Ausgaben für das Personal aber um 101,88% gestiegen sind [1]).

Die Andauer der Lohnbewegung im zweiten Jahrzehnt bis zur Gegenwart bedarf wohl nur der Erwähnung, wobei die abnormen Zustände während und infolge des Krieges für die Theorie füglich außer Betracht bleiben können.

Das Verhältnis zwischen dem Erhaltungsaufwande und dem Leistungsaufwande kann für die verschiedenen Bahnen und in verschiedenen Ländern nicht übereinstimmend sein. Die natürliche Beschaffenheit des Bahngebietes und die Verkehrstärke haben auf die Erhaltungskosten großen Einfluß — Abweichungen der Buchung nicht zu vergessen —; auf die Relativzahl wirken aber überdies die mannigfachen Umstände, welche den Leistungsaufwand betreffen, ein. Aus der angeführten Übersicht ergibt sich, daß der Erhaltungsaufwand von 15% bis 20% des gesamten Betriebsaufwandes schwankt. In den Jahren 1904—1908 hatte der Prozentsatz bei den Bahnen des Deutschen Eisenbahnvereines 25% betragen.

Erst ziemlich spät hat man angefangen, die Erneuerung von der Erhaltung zu scheiden und sie als Kapitalkosten zu behandeln. Genaue Beobachtungen haben schließlich für die zu unterscheidenden Bestandteile der Anlage (S. 232) unter zentraleuropäischen Anlage- und Verkehrs-Verhältnissen der Gegenwart als jährliche Entwertung ergeben [2]):

	% des Buchwertes [3])
für Erdarbeiten und Kunstbauten .	0,67
„ Oberbau	6,70
„ Stationen	2,50
„ Signale u. dgl.	5,00
„ Fahrbetriebsmittel.	3,00

[1]) „Deutsches Eisenbahnwesen d. Gegenw.“, I. Bd., S. 474.

[2]) Enzyklopädie, 2. Aufl., 1. Bd., S. 26.

[3]) Bei den Fahrbetriebsmitteln des Wertes im Anschaffungsjahr, was auf das gesamte Betriebsmittelkapital einen kleineren Prozentsatz gibt.

Für die Gesamtanlage resultiert ein Durchschnitt von rund 2,50% des jeweiligen Anlagekapitales. Bei sorgfältiger Rechnung wäre dieses Verhältnis als Erneuerungsquote zu buchen. Bisher wurde indes der bezügliche Vorgang nur mit Beziehung auf den Oberbau und die Fahrbetriebsmittel eingehalten.

Verhältnis von Kapitalkosten und Betriebskosten. Infolge des für die Eisenbahn so charakteristischen Überwiegens des stehenden Kapitales gegenüber dem in ihr verwendeten umlaufenden Kapitale sind die Kapitalkosten des Betriebes so bedeutend, daß sie zu den Betriebskosten in einem anderen Verhältnisse stehen als demjenigen, das wir bei den übrigen Verkehrsmitteln kennen gelernt haben. In dieser Beziehung weisen die einzelnen Bahnen untereinander einleuchtenderweise erhebliche Abweichungen auf: wir können uns zwei Bahnen mit gleichen Betriebsverhältnissen denken, auf deren eine ein Vielfaches der Baukosten der anderen verwendet wurde. Es kann daher für die allgemeine Erörterung nur mit Durchschnitten gerechnet werden. Auf solche Durchschnitte für ganze Länder sind vielfache Umstände wirtschaftlicher Natur von Einfluß, so daß die Erklärung in Unterschieden der Verkehrsgestaltung allein nicht gesucht werden darf. Außerdem bringt die wirtschaftliche Entwicklung Veränderungen mit sich, die im Auge behalten werden müssen. Im großen Durchschnitte aller Länder bewegte sich das Verhältnis der beiden Kostenteile in den 70er Jahren bei den Bahnen höherer Ordnung um den Satz von 50% der Gesamtkosten. Es betrugen nämlich im Jahre 1875 für 1 Kilometer in Mark[1]):

	unter Zugrundelegung eines Zinsfußes von	die Verzinsung des Anlagekapitales	die Betriebskosten[2]	sonach erstere in % der Selbstkosten
in England	4%	19 208	25 248	43
„ Belgien	4 „	11 356	19 813	36
„ Holland	4 „	9 530	9 848	49
„ Frankreich	4 „	14 755	15 725	48
„ Deutschland	5 „	12 822	18 480	41
„ Österreich-Ungarn	5 „	13 497	11 643	53
„ Italien	5 „	12 171	9 721	55
„ Rußland	6 „	12 693	15 603	45
„ Gesamt-Europa	5 „	15 422	16 486	48
„ Nordamerika	6 „	9 408	11 062	46

[1]) 1. Aufl. S. 368 auf Grund der Ziffern der Tabelle von Stürmer in der Ztg. d. V. D. E. V. 1877, S. 1157 und der Zeitschr. d. Preuß. Stat. Bureau 1877, Heft IV.

[2]) In den Betriebskosten ist Erneuerung inbegriffen, insoweit sie überhaupt stattfand. Bis zu jener Zeit waren am Kontinente noch wenig Erneuerungen von Betriebsmitteln erforderlich gewesen und wurde die Neuanschaffung solcher sowie der Ersatz der Schienen durch neue, stärkere durch Kapitalvermehrung bestritten.

Während die Länder mit extensiven Verkehrsverhältnissen wegen des geringeren Anlagekapitales der Bahnen mit dem Prozentsatze der Kapitalkosten unter der Hälfte zurückbleiben, bei Ländern mit der intensivsten Verkehrsgestaltung die Steigerung der Betriebskosten in ihrer absoluten Höhe dasselbe bewirkt, stellt sich für Gesamteuropa und jene Staaten, welche in ihrem Bahnnetze als Mittelstufe zwischen den früher gedachten Ländern gelten könnten, annähernd das Gleichgewicht beider Selbstkostenbestandteile heraus. Abweichungen sind durch besondere Umstände, wie z. B. die Einwirkung der schwierigen Terrainverhältnisse in Österreich auf die Anlagekosten, zu erklären [1]).

Die wirtschaftliche Entwicklung beeinflußt das Verhältnis der Kostenteile außer durch die Steigerung der Verkehrstärke durch Änderungen in den Preis- und Lohnverhältnissen in ganz entscheidender Weise. Diese wirken auch auf die Anlagekosten für neue Linien bzw. Erweiterungen und da auf die Kapitalkosten, doch nur im Maßstabe des Zinses zum Kapital, während bei den Betriebskosten die volle Wirkung zutage tritt. Auf der andern Seite kommt für die Kapitalkosten ein Sinken des Zinsfußes in Betracht. Das Anwachsen der Anlagekosten zufolge der Steigerung der Verkehrsintensität kommt übrigens im Durchschnitte der Netze ganzer Länder nicht in vollem Maße zum Ausdruck, weil die Verdichtung des Netzes in vorgeschrittenen Entwicklungstadien hauptsächlich durch Hinzutreten von Nebenbahnen sich vollzieht, deren geringere Anlagekosten den Durchschnitt herabdrücken.

Auf 1 *km* Bahnlänge betrugen:

	das Anlagekapital Mark		Zunahme in %	die Betriebskosten Mark		Zunahme in %
	1879 [2])	1909		1879	1909	
Preußische Staatsbahnen	303 638	309 150	1,37	15 877	37 479	136,80
Badische Staatsbahnen	303 037	506 646	67,19	13 085	43 557	232,87
Sächsische Staatsbahnen	307 800	393 678	27,90	17 425	37 779	116,82
Württembergische Staatsbahnen	279 261	405 445	45,18	9 356	28 019	199,58
Deutsche Eisenbahnen insgesamt	260 736	313 462	20,69	13 357	34 750	160,47
Österreichische Staatsbahnen	120 788	265 198	119,96	5 099	24 116	372,96

[1]) Die ganz abweichenden Ziffern betreffend Deutschland sind auf die ungünstige Gestaltung der Betriebskosten zurückzuführen, die damals teils aus unzureichender Betriebsökonomie, teils durch vorübergehende Preis- und Lohnerhöhungen eingetreten war. Zum Beweise dessen die Tatsache, daß das Vergleichsjahr 1865 ein Zinserfordernis von 14 755 und eine Betriebskostensumme von 11 502, somit ein Verhältnis des ersteren über der Hälfte der Gesamtkosten zeigte.

[2]) Für Preußen beziehen sich die Daten auf 1881.

Vorstehende Ziffern für Deutschland und Österreich zeigen, in welch bedeutenderem Maße die Betriebkosten gegenüber den Anlagekosten bis in unser Jahrhundert gestiegen sind, auch in den meisten anderen Staaten ist die Entwicklung ähnlich gewesen. Das starke Sinken des Zinsfußes ist bekannt. Es hat daher jedenfalls bis in unser Jahrhundert ein Herabdrücken der relativen Höhe der Kapitalkosten stattgefunden. Für die weitere Entwicklung wird indes eine Änderung des Zinsfußes in entgegengesetztem Sinne zu seiner Bewegung während des letzten Viertels des vorigen Jahrhunderts nicht zu übersehen sein. In unserem Jahrhundert war bereits vor dem Kriege ein Steigen des Zinsfußes für langfristige Anlagen bemerkbar. Die Folge der Kapitalzerstörungen durch den Krieg muß ein erhebliches Steigen des Zinsfußes auf unabsehbare Zeit sein. Dadurch wird das Verhältnis wieder im Sinne der Steigerung der Kapitalkosten beeinflußt.

Wenn wir die statistischen Betriebsergebnisse gegen Ende des ersten Dezenniums zugrunde legen und als Zinsfuß für England, Frankreich, Belgien $3^1/_2{}^0/_0$, Deutschland und Österreich $4^0/_0$, Rußland $5^0/_0$ rechnen, so ergeben sich als die Verhältniszahlen der Kapitalkosten in der angeführten Reihenfolge: 38, 38,5, 30, 25,36, 36,5, $32^0/_0$ [1]).

Im Ergebnis können wir also als runden Durchschnitt in dem Sinne, in welchem er für die Daten des Jahres 1875 verstanden wurde, den Anteil der Kapitalkosten gegenwärtig auf $^1/_3$ beziffern.

Eine ergänzende Erläuterung zu demjenigen, das über die Grundlagen des Durchschnitts bemerkt wurde, bietet noch die Tatsache, daß für Nebenbahnen infolge des schwächeren Verkehres ein Überwiegen der Kapitalkosten zu verzeichnen ist. Den Beleg liefern ziffermäßige Nachweisungen von den französischen Eisenbahnen, allerdings Daten aus zurückliegender Zeit, die aber durch neuere, wenn solche zu erlangen wären, nur volle Bestätigung erfahren könnten. Die folgende Tabelle [2]) zeigt die Kosten in ihrer Übertragung auf die Nutzleistungen. Es berechneten sich nämlich i. J. 1874 für 1 *tkm* Fracht — sämtliche Transporte auf Gütertransport *à petite vitesse* zurückgeführt — im Durchschnitt der sechs großen Bahnen:

---

[1]) Für Schweden berechnen Dr. Ahlberg und Dr. Norrman: „Die Betriebskosten der Eisenbahnen und ihre Bedeutung für die Tarifbildung" (Archiv 1916, 1917, 1919) nach den Betriebsergebnissen des Jahres 1910 bei einem Zinsfuße von $3{,}726^0/_0$ die Kapitalkosten mit $23^0/_0$ (für Deutschland im selben Jahr mit $24^0/_0$). Für Schweden liegt die Erklärung nebst dem niedrigen Zinsfuße in dem außerordentlich niedrigen Anlagekapitale von 84 967 Mk. für 1 *km*; ein Anlagekostenbetrag, der seine Beleuchtung durch den Vergleich mit den Anlagekosten der deutschen nebenbahnähnlichen Kleinbahnen erhält, die rund 69 500 Mk. betragen. Betreffs Deutschlands ist nicht zu übersehen, daß in der preußisch-hessischen Gemeinschaft die Betriebskosten nicht nur die sämtliche Erneuerung, sondern überdies Ergänzungen des Inventars und der baulichen Anlagen in einem nicht angegebenen Betrage enthalten, wodurch die berechnete Ziffer unrichtig wird, etwas zu erhöhen wäre. Abnorme Verhältnisse zeigen sich in Dänemark (Staatsbahnen), wo die Ausgaben i. J. 1909/10 nicht weniger als $16^0/_0$ des Anlagekapitales ausmachten (gegen 6 bis $7^0/_0$ in andern Staaten, $11^0/_0$ in Deutschland). Diese können als dauernde nicht angesehen werden.

[2]) „Verkehrsmittel", 1. Aufl., II. Bd., S. 380.

	Die Betriebskosten	Die Interessen- und Amortisationsquote
Altes Netz mit	2,66	2,13 Cent.
Neues „ „	3,96	5,49 „

Das Überwiegen der Kapitalkosten bei den Nebenbahnen ist augenfällig; einen Anteil daran mag ein zu großer Bauaufwand haben. Ob die in Anwendung gebrachte Berechnungsweise die richtigen Kostenziffern lieferte, kann dahingestellt bleiben, die vergleichsweise Höhe derselben wird aber durch sie nicht berührt.

General- und Spezialkosten der Lastleistungen. Der Ausdruck Transportleistungen begreift doppelsinnig in sich: Nutzleistungen, das sind die beförderten Personen und Güter, und Lastleistungen, d. i. die zum Behufe der Beförderung stattfindende Betätigung des Bahnapparates und der Arbeitskräfte. Man kann auch bezeichnend von Aktivleistungen und Passivleistungen im gleichen Sinne sprechen [1]).

Für die Lastleistungen ist nun die Unterscheidung der Kosten in feste und veränderliche oder — wie wir aus Gründen der Klarheit zu sagen vorziehen — General- und Spezialkosten von Wichtigkeit. Generalkosten sind jene Güteraufwendungen, welche von der Gesamtheit der Lastleistungen ununterscheidbar verursacht werden, Spezialkosten jene, welche unterscheidbar durch Leistungseinheiten hervorgerufen werden. Die Spezialkosten stehen in unmittelbarer Beziehung zu den einzelnen Lastleistungen, indem sie entweder durch bestimmte von diesen oder durch eine Reihe solcher verursacht werden,

[1]) Der Begriff „Kosten" kann entweder auf die Nutzleistungen oder auf die Lastleistungen der Eisenbahn bezogen werden. Diese Einteilung der Leistungen beruht auf dem Doppelsinne des Wortes, mit dem es sowohl das Geleistete als die Tätigkeit des Leistens umfaßt. Die Nutzleistungen sind das Geleistete, die Summe der Verkehrsakte; der Betrieb leistet. Unter „Verkehrsleistungen" verstehen wir Nutzleistungen. Die Lastleistungen nennen wir auch Betriebsleistungen. Die Kostenanalyse im I. Bande beginnt mit dem Hinweise auf die Eigenart der Kosten der Nutzleistungen im Verkehre (S. 76 bis 79 einschl.) und es folgt eine kurze Zergliederung der Lastleistungskosten (S. 80, 81 und 85). Die Lastleistungen selbst bilden die Kosten der Nutzleistungen. Die Lastleistungen sind technische Vorgänge, die wirtschaftlich Kosten darstellen: die Aufwendung von Gütern für einen bestimmten Zweck, und zwar die Aufwendung je einer sehr zusammengesetzten Gütermenge, die als Ganzes je einer Vielheit von Nutzleistungen dient. Uns hat hier die Zusammensetzung dieser Gütermenge zu beschäftigen. Für die Leser des Eisenbahnfachkreises kann eine Terminologie störend wirken, die in Deutschland üblich geworden ist. Man versteht jetzt unter „Verkehr" im amtlichen Sprachgebrauche dasjenige, was früher „Betrieb" genannt wurde (vgl. S. 198), was Betriebsreglement hieß, heißt jetzt Verkehrsordnung. Es ist somit nicht ausgeschlossen, daß jene Leser bei den „Verkehrsleistungen" von Bd. I, S. 76, an die Lastleistungen denken. Das gäbe eine unheilbare Verwirrung und würde die Ausführungen des I. Bandes geradezu unverständlich machen. Es braucht wohl nicht erst betont zu werden, daß, wenn im Laufe einer längeren Erörterung einmal ein minder bestimmter Ausdruck, etwa „Leistungen" schlechthin, gebraucht ist, der Zusammenhang der Rede über den Sinn entscheidet. Der Sprachgebrauch der Betriebspraxis begreift unter „Nutzkilometer" eine Passivleistung, allerdings eine solche, welche im Unterschiede von anderen, von Lokomotiven zurückgelegten Fahrten (Rangieren, Hilfsfahrten usw.) zugleich Nutzleistungen bietet.

in letzterem Falle also in einer Durchschnittsgröße die Leistungseinheit belasten. Die Generalkosten sind durch die Anlage und die ständige Betriebseinrichtung in ihrer jeweils vorhandenen Ausdehnung verursacht und stehen daher zu den einzelnen Lastleistungen nur in der mittelbaren Beziehung der Aufteilung. Der Unterschied dieser Aufteilung von dem Falle der eben erwähnten Durchschnittsrechnung bei Spezialkosten besteht darin, daß im letzteren Falle die Gesamtsumme der betreffenden Kosten durch das Maß der Lastleistungen bestimmt wird, bei den Generalkosten dagegen ein Einfluß des Maßes der Lastleistungen innerhalb einer gegebenen Intensitätstufe nicht stattfindet. Vollkommen genau trifft das letztere allerdings nicht zu, vielmehr ergeben erheblichere Änderungen (Steigerung) der Betriebsleistungen immerhin eine gewisse Änderung der Gesamtsumme der betreffenden Kosten. Diese ist jedoch in der Regel verhältnismäßig so geringfügig, daß sie für Kostenrechnungen von einer Betriebsperiode zur anderen vernachlässigt werden kann [1]).

Als Leistungseinheit, welche jene Verschiedenheit der Kostenbestandteile erkennen läßt, ist nun zunächst der auf eine Wegeinheit beförderte einzelne Zug (Zug-Kilometer) anzunehmen. Diese Einheit ist allerdings ungleich für die verschiedenen Gattungen des Verkehres und auch innerhalb der einzelnen Zuggattungen ergeben sich durch daß Maß der mechanischen Leistung kostenbeeinflussende Abweichungen. Für eine genaue Selbstkostenrechnung muß der Durchschnitt aus diesen Abweichungen erst berechnet werden [2]), für den vorliegenden Zweck genügt jedoch die Zugeinheit unter Absehen von den gedachten Verschiedenheiten. Denn letztere bewirken nur Abweichungen in den Spezialkosten, auf die später zurückzukommen ist, und bezüglich einzelner Teile der Generalkosten, die im Personenverkehre gegenüber dem Güterverkehr zum Vorschein kommen, berühren aber den zugrundeliegenden Unterschied der Ursächlichkeit nicht [3]).

---

[1]) Es ist nicht zu übersehen, daß die Einteilung in feste und veränderliche Kosten im Sinne von General- und Spezialkosten sich auf das innerhalb des relativen Intensitätsmaximums mögliche verschiedene Maß der durch den Verkehr bedingten Lastleistungen in ihrer Gesamtheit bezieht. Ein durch eine bestimmte Lastleistung verursachter Kostenaufwand ist jeweils eine gegebene Größe und kann daher als fest bezeichnet werden, aber im Sinne der Einteilung ist er ein veränderlicher Kostenteil, weil die Anzahl der betreffenden Lastleistungen sich verändert. Beispielsweise steht es genau fest, wie viel Kohle eine Lokomotive unter bestimmten Umständen verbraucht, dennoch zählt der Kohlenverbrauch eines Bahnbetriebes zu den veränderlichen Kosten, weil er von der Anzahl, der Stärke und der Streckenlänge der Züge abhängt. Ohne volle Klarheit in dem Punkte sind Mißverständnisse möglich.

[2]) Das Kilometer „Durchschnitts"-Zug (Schnell-, Personen-, Güterzug getrennt) ergibt sich aus den tatsächlich gefahrenen Lokomotivkilometern und Wagenachskilometern unter Berücksichtigung des Leistungsanteiles der einzelnen Lokomotiv- und Wagengattungen.

[3]) Mangels einer allgemein anerkannten Terminologie behalf man sich bisher zur Bezeichnung der Spezialkosten eines Zuges mit verschiedenen Ausdrücken,

Welches die Kostenteile sind, die speziell durch den einzelnen Durchschnittszug (im bezeichneten Sinne) verursacht werden, ist nur auf Grund weitestgehender Detaillierung der Betriebskostenzweige und da nicht überall mit unbedingter Genauigkeit festzustellen. Letzteres deshalb, weil bei manchen Ausgabeposten es nicht zu unterscheiden sein kann, in welchem Ausmaße sie vom gegebenen Betriebsapparate und in welchem von einer Anzahl solcher Leistungen zusammen veranlaßt sind, überdies weil die Wirkungen der Zugbewegung auf den Bahnkörper und den Oberbau noch nicht in allen Punkten hinreichend festgestellt sind und weil endlich in manchen Fällen die Aufteilung der Gesamtsummen bestimmter Ausgaben nach irgend einem Schlüssel erforderlich wird, der mehr oder minder zutreffend sein kann und über dessen Angemessenheit sich Meinungsverschiedenheiten ergeben. An der Hand von eingehenden Statistiken läßt sich für unseren Zweck nachstehende Betriebskosten-Spezifikation aufstellen:

Bahnverwaltung:
1. Allgemeine Verwaltung,
2. Zentralleitung für Bahnerhaltung und Bahnaufsicht,
3. Bahnaufsicht,
4. Unterbau- }
5. Oberbau- } Erhaltung,
6. Gebäude- }
7. Außerordentliche Auslagen (Elementarschäden, Schneeentfernung usw.),

Transportverwaltung:

8. Zentralleitung für den Verkehrsdienst (9 und 10),
9. Stationsdienst (exkl. Heizhausdienst, welcher unter 12 gehört),
10. Fahrdienst (exkl. Maschinendienst, 12),
11. Zentralleitung für Zugförderung und Werkstätten),
12. Zugförderung,
13. Werkstätten.

Von vorstehenden Posten sind 1, 2, 7, 8, 11 selbstverständlich Generalkosten, 4 und 6 werden von den einzelnen Zügen, jedoch in nicht meßbarem Maße berührt. Das Einstellen ihres Gesamtbetrages als Generalkosten kann daher unter dem Vorbehalte geschehen, den kleinen hierbei unterlaufenden Fehler durch einen entgegengesetzten auf anderer Seite auszugleichen. Bei den übrigen Posten muß weiter in die Einzelheiten ihrer Zusammensetzung eingegangen werden.

Von 3 sind auszuscheiden: die Beleuchtung der Signale, die in ihrer Dauer sich nach der Zahl der Züge richtet, und die Kosten für

wie: „reine“ Zugkosten, „eigentliche“ Zugkosten, „Zugenergie“. Eigensprachlich kann man die Generalkosten gemeinsame Kosten nennen. Der Gegensatz wäre Sonderkosten, wir brauchen jedoch letztere Bezeichnung nur mit Bezug auf Nutzleistungen.

Aushilfswächter, wenn solche bei größerer Zahl von Zügen behufs Ermöglichung normaler Ruhezeit für die Wächter notwendig werden. Der Betrag dieser Spezialkosten ist durch Rechnung aus den Aufschreibungen des konkreten Betriebes zu finden. Im übrigen sind die Kosten der Bahnaufsicht Generalkosten.

Von 5 kann angenommen werden, daß diese Kosten sich proportional der Zahl der Züge verhalten in der Weise, daß die bei einer tatsächlich geleisteten Anzahl von Zügen sich ergebende Kostenziffer eines Zugkilometers als Spezialkosten des einzelnen Zuges angesehen werden kann [1]). Der Fehler, welcher hier durch Aufteilung der natürlichen Abnutzung auf die Züge entsteht, diene als Ausgleichung der Fehler bei 4 und 6.

Bei 9 sind die Kosten für die Benutzbarkeit der Bahnhofräume (Beheizung, Beleuchtung usw.), dann die Verschiebekosten, Wagenbedienung und Gütermanipulation auszusondern, auf 1 Personen- und Lastzug zu berechnen und gleich dem Früheren als durchschnittliche Spezialkosten zu behandeln. Die übrigen Stationskosten sind mit einem kleinen Fehler als Generalkosten anzunehmen.

---

[1]) „H. Tilp (Ztg. d. V. D. E. 1878, Nr. 16 u. 17), dem wir in diesem Punkte zum Teile folgen, begründet dies, wie folgt: „Bei der Kalkulierung der durch Abnutzung des Oberbaues entstehenden Kosten ist zu erwägen, daß dessen Erhaltung zerfällt: in die Abnutzung der Schienen, dann der Schwellen, endlich und hauptsächlich in die Herstellung der Gleisnormen und des deplazierten Schotters sowie in dessen Ersatz; jene des Kleineisenzeugs mag in die der Schienen einbezogen werden. Die Abnutzung der Schienen resultiert aus der darübergerollten Last und mag die geringere Last der Eilzüge durch die Fahrgeschwindigkeit vielleicht in gleichem Grade abnutzend wirken als jene eines Lastzugs; die Abnutzung der Schwellen, durch Wettereinflüsse bedingt, wird doch durch die Fahrkilometer insoferne beschleunigt, als die Nägel durch die Züge gelockert, die Löcher vergrößert werden und der begünstigte Wassereintritt den Prozeß des Verwitterns beschleunigt. Wie gering man indes auch beides veranschlagen mag, so bewirkt der Zugverkehr doch ganz direkt alle jene Kosten, welche durch Ausrichten der Schienenstränge, Befestigen der Schrauben, Laschen und Nägel, Unterkrampen des Schotterbettes entstehen, und diese ununterbrochen nötigen Arbeiten verursachen bekanntlich den größten Teil ($^2/_3$ und mehr) der Bahnerhaltungsauslagen und Löhnungen, denn Stahlschienen und imprägnierte Schwellen geben sehr geringe Auswechslungsprozente pro Jahr. Die Lockerung der Nägel und des Schotterbettes entstehen zweifelsohne überwiegend durch das periodische seitliche Anlaufen der Räder, insbesondere der Lokomotiven (also die Züge ohne Unterschied der Wagenzahl); jedes Anlaufen oder Anprallen an die Schienenstränge geschieht mittels der Kraft, bestehend in einem Produkte aus der Geschwindigkeit, mit welcher das Rad sich gegen die Schienen bewegt (und wieder abgewiesen wird) und aus dem auf dem Rade lagernden Drucke; letzterer ist bei den neueren Personen- und Eilmaschinen nicht kleiner als bei Gütermaschinen, die Beschleunigung des Anlaufens ist aber entschieden viel größer, es ist also anzunehmen, daß die Gesamtwirkung der die Gleise zerstörenden Kräfte bei Eilzügen größer sei als bei Güterzügen" (was dann durch einen, indes noch nicht feststehenden, mehr abzuschätzenden Koeffizienten in Anschlag zu bringen ist. Ob wirklich ein Verhältnis wie die Quadrate der Geschwindigkeiten einzubeziehen ist, wie Barychar „Berechnung der Kosten usw.", 1877, annimmt, wollen wir nicht untersuchen)." „Verkehrsmittel", 1. Aufl., II. Bd., S. 372.

Unter 10 sind begriffen die Bezüge aller Art des Zugbegleitungspersonales, welche auf die Einheit der Zugstrecke und Zugfahrtdauer, dann die Kosten der Signalbeleuchtung an den Wagen sowie der Beleuchtung und Beheizung von Personenwagen, die für alle Zuggattungen auf 1 Zugstunde zu berechnen wären. Diese Post zählt also zu den Spezialkosten.

Zu 12 lassen sich gleichfalls die Kosten für einen Zug als Spezialkosten durch Berechnung der tatsächlichen Zugförderungskosten auf Zugfahrtdauer und Zugstrecke feststellen, desgleichen von 13 durch Aufteilung der Erhaltungskosten auf das Kilometer Fahrt der einzelnen Fahrbetriebsmittel. Hierbei unterläuft allerdings eine unvermeidliche Ungenauigkeit, da bei 12 ein Teil der Heizhauskosten Generalkosten ist und bei 13 wieder die zerstörenden Natureinflüsse in Betracht kommen, infolge deren die Erhaltungskosten auf 1 Kilometer Fahrt nicht genau mit der Bewegung der Fahrbetriebsmittel wachsen. Mit diesem, bei größerer Frequenz durch die Höhe des Divisors kleinen Fehler können also die Zugförderungs- und Werkstättenkosten nach Ausscheidung aller Kosten leitender Arbeit als Spezialkosten bezeichnet werden. (Wie man sieht, ergäben sich insbesondere bei den letzten paar Posten für eine genaue Selbstkostenrechnung unbrauchbare Durchschnitte.)

Eine nach vorstehendem Schema mit den Betriebskosten der österreichischen Nordbahn durchgeführte Rechnung ergab im Jahre 1877 als Spezial-(Zug-)kosten eine Ziffer, die mit einer den erwähnten Fehlern Rechnung tragenden Abrundung auf 50% der Gesamtkosten angesetzt werden konnte [1]). Die genannte Bahn war damals die verkehrstärkste Bahn des österreichischen Netzes, ihre spezifische Frequenz konnte also als ein Mittelwert im europäischen Eisenbahnwesen angesehen werden. Das gefundene Verhältnis war mithin wohl als runder Durchschnittsatz allgemein zu bezeichnen und war auch nur als solcher zu verstehen.

„Bei minder verkehrsreichen Bahnen werden die Generalkosten nicht in gleichem Maße mit den bei der schwächeren Frequenz entsprechend geringeren Spezialkosten sich verringern, daher in stärkerem Prozentsatze erscheinen, wenn nicht der geringere Intensitätsgrad des Verkehres auch bei ihnen sich in der Anlage entsprechend geltend

---

[1]) Was mit der von Tilp, a. a. O., mit Zugrundelegung eines nicht näher bezeichneten konkreten Falles im Detail aller Ausgaben durchgeführten Rechnung übereinstimmt. Auch englische Berechnungen aus weiter zurückliegenden Jahren können zum Beleg herangezogen werden. Eine solche Rechnung ergab als entfallende Kosten einer Zugmeile im Personenverkehre 2 s., im Frachtenverkehre 3 s. 2 d. Rob. Stephenson bezifferte in einer Eröffnungsadresse der *Institution of civil engineers* die Kosten eines neu eingelegten Zuges, also die „reinen Zugskosten", im Durchschnitte beider Verkehrszweige auf 1 s. 3 d., was zwar vielfach als zu hoch angesehen wurde, aber mit dem bezeichneten beiläufigen Verhältnis der Spezialkosten zusammenstimmt.

machen kann. Bei stärkerem Verkehre wird der Anteil der Generalkosten geringer werden, wie dies z. B. aus der Betrachtung der gleichzeitigen englischen Betriebskostenaufstellung ungeachtet ihrer nicht zureichenden Detailierung hervorgeht, bei welcher die Posten *Maintenance of way, Locomotive Power, Repairs and renewals of Waggons* schon gegen 55% ergaben, wozu noch ein leider unausscheidbarer Teil der *traffic charges* kommt" [1]).

Änderungen in den Preis- und Lohnverhältnissen haben eine Änderung des Verhältnisses der beiden Kostenteile nicht zur Folge, weil sie beide gleichzeitig beeinflussen. Dagegen kann die allgemeine Entwicklung des Verkehres, die Intensitätssteigerung, welche sich bis zur Gegenwart vollzogen hat (beispielsweise hat die spezifische Frequenz der deutschen Eisenbahnen im Frachtverkehr von 390 000 *tkm* in den 70er Jahren auf 993 399 *tkm* i. J. 1910 sich gehoben), nicht ohne Einfluß geblieben sein. Sie ist so bedeutend, daß man aus ihr auf eine nicht unbeträchtliche Steigerung des Verhältnisanteiles der Spezialkosten schließen könnte. Dem stehen aber wieder Umstände entgegen: einerseits die Verminderung der Zugkosten durch die Fortschritte der Technik in der Konstruktion der Betriebsmittel, andererseits die gesteigerten Kosten der Erhaltung des schweren Oberbaues und vielleicht manches andere, das sich im einzelnen nicht überblicken läßt. Trotzdem wird man nicht fehlgehen, wenn man für die Hauptbahnen allgemein eine verhältnismäßige Steigerung der Spezialkosten annimmt [2]). Auf den Durchschnitt ganzer Netze wirken aber die Nebenbahnen auch in dieser Hinsicht ein: in welchem Maße, ist natürlich allgemein nicht zu bestimmen. Man kann daher wohl kaum eine genauere Aussage wagen, als daß im großen Durchschnitte das Verhältnis zwischen den Generalkosten und den Spezialkosten der Lastleistungen noch gegenwärtig annähernd das der Gleichheit sei, vielleicht mit einigem Überwiegen der letzteren. Es ist aber auch noch folgendem Umstande Rechnung zu tragen. Die in die Betriebskosten einbezogenen Auslagen für Erneuerung sind, gleich der Erhaltung, zum Teile von den Einflüssen der Betriebsbeanspruchung unabhängig. Insoweit das der Fall, gehören sie zu den General-

[1]) 1. Aufl., II. Bd., S. 374. Dieses Zitat aus der ersten Auflage beweist, daß sogleich von Anfang die Abweichungsfälle gegenüber dem allgemeinen Durchschnitte hervorgehoben wurden, über die Bedeutung des Durchschnittsatzes also wohl kein Zweifel obwalten konnte. Entgegenstehende Auffassungen beruhen mithin auf Mißverständnis. Es kann keinem Zweifel unterliegen, daß Ulrich, der den Satz aufnahm („Das Eisenbahntarifwesen", 1886), ihn im richtigen Sinne verstanden hat. Andernfalls hätte ein so gründlicher Kenner des Eisenbahnbetriebes wohl seine Einwände erhoben.

[2]) Eine für das Jahr 1900 durchgeführte Vergleichsrechnung nach den Betriebsergebnissen der österreichischen Nordbahn ergab ein Verhältnis von 55% Spezialkosten, also eine Steigerung gegenüber den 70er Jahren. Allerdings ist die Rechnung infolge geänderter Kontierung und geringeren Eingehens in die Einzelheiten im Geschäftsberichte nicht ganz verläßlich.

kosten. Auch ohne eine bestimmte Bezifferung dieses Teiles muß man daher den Verhältnisanteil der Generalkosten erhöhen und das wirkt vollends in der Richtung auf Herstellung des Gleichmaßes.

Fortsetzung. Eine kleinere Leistungseinheit, die für unseren Zweck in Betracht kommt, ist mit den einzelnen Wagen gegeben. Die Wagen sind innerhalb großer Gruppen einander vollständig gleich. Für Größenverschiedenheiten unter den Gruppen gibt die Zahl der Achsen einen Maßstab: ein 2achsiger Wagen ist kleiner als ein 3achsiger, wenngleich in beiden das auf eine Achse entfallende Volumen oder Gewicht nicht das ganz gleiche ist. Ein 4achsiger Wagen kann im Durchschnitt zwei 2achsigen Wagen gleichgesetzt werden. Die erübrigenden Abweichungen in Volumen und Gewicht sind so geringfügig, daß sie hinsichtlich ihrer Wirkung auf Kostenverursachung, abgesehen von Ausnahmefällen, vernachlässigt werden können. Somit gibt die Wagenachse, befördert auf eine Wegeeinheit, d. i. das Achskilometer, eine als vollständig gleich zu behandelnde Einheitsleistung. Es ist nun vorhinein klar, daß diese ebenso zur Unterscheidung der Kostenbestandteile nach der in Rede stehenden Hinsicht herangezogen werden kann, aber auch ersichtlich, daß sie zugleich für die Berechnung der Selbstkosten eine geeignete Grundlage abgibt. Ein einziger Unterschied der Wagen ist von Bedeutung, nämlich die verschiedene Beschaffenheit der Personen- und der Güterwagen. Sowohl in den Anlagekosten als in den Betriebskosten weisen die beiden Fahrzeuggattungen starke Abweichungen voneinander auf, die selbstverständlich betriebsökonomisch zu beachten sind. Es kann daher eine Personenwagenachse nicht ohne weiteres einer Güterwagenachse gleichgesetzt werden, sondern es muß bei gemischtem Betrieb ein Verhältnis gesucht werden, das freilich nicht leicht mit genügender Sicherheit zu bestimmen ist [1]). Dieser Umstand ist jedoch nur für die Selbstkostenberechnung wichtig, nicht auch für die Klassifizierung der Kostenbestandteile. Was nun eben diese betrifft, so kann die Aufteilung der Generalkosten in gleicher Weise vor sich gehen wie bezüglich der Züge. Bei den Spezialkosten macht sich aber die Ungleichheit der Züge, die größere oder geringere Anzahl der in einem Zuge vereinten Wagen, geltend. Bei näherem Zusehen zeigt sich alsbald, daß es Kostenteile gibt, die vom Zuge als ganzem, hauptsächlich von der Lokomotive veranlaßt sind. Solche bleiben unveränderlich, ob mehr oder weniger Wagen im Zuge enthalten sind. Man hat sie „feste Zugskosten" genannt. Ein nicht unerheblicher Teil des Kohlenverbrauchs einer Lokomotive dient lediglich ihrer eigenen Fortbewegung; eine bestimmte Kohlenmenge ist erforderlich, um den Verdampfungspunkt zu erreichen; es kommt Kohlenverbrauch für Dampfhalten auf Neben-

---

[1]) Auf die Folgen des Sachverhalts wird im Tarifwesen zurückgekommen.

gleisen und für Anhalten und Wieder-in-Gang-setzen des Zuges hinzu. Man kann 35—50% der Kohlenkosten als solche feste Zugkosten ansetzen. Die Löhnung des Maschinen-Personales, des Zugführers und Packmeisters, ist für Züge verschiedener Länge die gleiche. Das nämliche ist von den Erhaltungs- und Erneuerungskosten der Lokomotive zu sagen. Diese nicht unbeträchtlichen Kostenbeträge sind auf die tatsächlich im Zuge gefahrenen Wagen bzw. Wagenachsen aufzuteilen. Das ergibt eine Ähnlichkeit mit den Generalkosten. Man könnte daher versucht sein, sie den letzteren anzureihen, so daß gewisse Kostenteile, die auf den Zug bezogen, Spezialkosten sind, in bezug auf das Achskilometer die Natur von Generalkosten annähmen. Indes würde man damit irre gehen. Der bezeichnete Umstand hat lediglich die Folge, daß die betreffenden Kosten auf 1 Achskilometer bei größerer Wagenzahl geringer werden als bei kleineren Zügen und das regt ein bestimmtes Vorgehen der Betriebsökonomie an [1]). Damit wird aber die Art der Kosten nicht geändert. Es ergibt sich schließlich in jedem Betriebe eine bestimmte Anzahl Wagen, die durchschnittlich mit einer bestimmten Anzahl von Zügen befördert werden müssen, deren jeder eine Lokomotive erfordert: dadurch entfällt ein bestimmter Durchschnittsbetrag jener Kosten auf jede Wagenachse, der sich mit den übrigen von den Wagen an sich verursachten Kosten summiert. Je mehr solcher Betriebseinheiten mit Rücksicht auf das Verkehrsbedürfnis ins Werk zu setzen sind, desto mehr entsprechende Kosten laufen auf: sie sind eben Spezialkosten. Ähnlich verhält es sich mit den Spezialkosten der Bahnerhaltung. An der Abnutzung des Gleises hat zweifelsohne die Lokomotive jedes Zuges den größten Anteil, den die Wagenachsen in der Kostenrechnung mittragen. Dessenungeachtet bleiben sie Spezialkosten, selbst wenn sie rechnungsmäßig ausscheidbar wären. Somit kommen wir zum Schluß, daß ungeachtet des hervorgehobenen, betriebsökonomisch wichtigen Umstandes, für die Unterscheidung der Betriebskosten in General- und Spezialkosten die Beziehung auf das Achskilometer an dem Verhältnisse der beiden Kostengattungen nichts ändert, und es bleibt der Satz aufrecht, daß im allgemeinen Durchschnitte die beiden Betriebskostenteile ungleiche, jedoch von der Gleichheit nicht weit entfernte Hälften darstellen.

Einen nicht geringen Einfluß auf das Verhältnis der beiden Kostenarten kann es haben, in welchem Maße die Abnutzung der Anlagebestandteile, insbesondere des Bahnkörpers und des Oberbaues, also die

[1]) Zur Erläuterung mag auf das bekannte Streben der Betriebstechniker, tunlichst lange Züge zu bilden, hingewiesen sein. Die bayerische Staatsbahnverwaltung berechnet („Das Deutsche Eisenbahnwesen der Gegenwart", I. Bd., S. 309) die eigentlichen Zugförderungskosten eines Durchschnitts-Lastzuges auf 1 *km* mit 184,92 Pfg., wovon 97,03 auf die Lokomotivkraft, 87,89 auf den Wagenzug entfallen. Die Verteilung der Lokomotivkraftkosten auf die Wagenachse zeigt einen Unterschied von nahezu 1 Pfg., je nachdem ein Zug z. B. 50 oder 100 Achsen führt.

bezüglichen Erhaltungs- und Erneuerungskosten von anderen wirksamen Kräften als von den Kraftäußerungen des Zugsverkehres abhängt. Die Meinungen hierüber sind sehr geteilt. In unserer Aufstellung war angenommen, daß die „natürliche" Abnutzung des Oberbaues sich mit der Abnutzung des Unterbaues und der Gebäude durch den Verkehr kompensiere. Eine abweichende Meinung schreibt der natürlichen Abnutzung weit größere Wirkung zu. So z. B. nimmt Ripley [1]) nach amerikanischer Quelle an, daß von den Erhaltungskosten der Schienen das Ganze, der Schwellen $^1/_3$ und von den übrigen Bahnerhaltungskosten nur $10^0/_0$ dem Einfluß des Verkehres zuzuschreiben sei, und rechnet demnach von den Bahnerhaltungskosten nur $^1/_3$ als Spezialkosten. Bezüglich der Erhaltung des Fahrparkes meint er, daß wahrscheinlich nicht über die Hälfte der betreffenden Ausgaben mit der Verkehrstärke sich verändert. Acworth führt zwei englische Bahnen an, von welchen bei gleicher Linienlänge (beiläufig 53,0 Meilen) die eine den 40fachen Verkehr der anderen hat und nur das 8fache der Bahnerhaltungskosten der ersteren aufweist, und schätzt im allgemeinen die veränderlichen Ausgaben dieses Titels auf etwa $^2/_4$. Die Anhänger dieser Meinung kommen damit zu einer etwas höheren Verhältniszahl für die Generalkosten. Im selben Sinne spricht es, wenn in einem Bahngebiete wiederholt kostspielig zu beseitigende Betriebshindernisse auftreten, z. B. schwere Schneefälle, oder öfter zerstörende Naturgewalten mit größerer Wucht den Bahnkörper treffen, wodurch die allgemeinen Kosten eine ungewöhnliche Höhe erreichen. Der letzterwähnte Umstand tritt in einzelnen Ländern ganz ausgesprochen zutage [2]).

Eine noch kleinere Leistungseinheit als die bewegte Wagenachse stellt die Einheit der in einem Wagen enthaltenen Beförderungsfähigkeit dar: bei den Personenwagen ein Platzkilometer, bei den Güterwagen die Gewichtseinheit der Tragfähigkeit (Tonne). Diese Einheit für die Zergliederung der Betriebskosten zu verwenden, hat allgemein keinen Zweck: nur da wird es angezeigt, wo es sich darum handelt, Unterschiede, die in dieser Hinsicht zwischen Wagengattungen bestehen oder durch darauf angelegte Bauart herbeigeführt werden können, betriebsökonomisch auszuwerten [3]).

Hier ist noch auf die Einteilung der Kosten in Stations- und Streckenkosten im Sinne von Abfertigungs- und Beförderungskosten Bezug zu nehmen. Diese Scheidung ist bei den Eisenbahnen annähernd

---

1) *Railroads rates and regulation,* 1913.

2) Ripley beziffert in einer Zusammenfassung die Betriebskostenbestandteile in Prozenten (unter Ausscheidung der Erhaltung des Fahrparks aus der Transportverwaltung nach dem Vorgange der amerikanischen Statistik):

Bahnerhaltung	20,	davon	13,4	fest,	6,6	veränderlich.
Erhaltung des Fahrparks .	20,	„	10	„	10	„
Eigentliche Transportkosten	56,	„	28	„	28	„
Allgemeine Verwaltung . .	4,	„	4	„	—	„
	100,	davon	55,4	fest,	44,6	veränderlich.

Allerdings gelangt Ripley zu dem höheren Anteile der festen Kosten nur dadurch, daß er, wie der Zusammenhang seiner Darstellung ergibt, die „festen Zugkosten" als Generalkosten rechnet.

3) Hierher zählt die Kostenminderung durch Erzielung einer verhältnismäßig größeren Tragfähigkeit bei den Güterwagen, die schon bei der Anlage (S. 250) des Zusammenhanges wegen erwähnt werden mußte und nun hier ihre vollständige Erklärung findet.

durchführbar, obschon beispielsweise die Kosten der Zugmanipulation in Zwischenstationen auch der Beförderung dienen. Die Einteilung hat für die Tarifbildung Bedeutung und wird bei dieser zu erörtern sein. Im gegenwärtigen Teile der Ausführungen ist nur zu betonen, daß die Einteilung keineswegs als mit der in General- und Spezialkosten gleichbedeutend angesehen werden darf. Es sind weder die Stationskosten sämtlich Spezialkosten noch die Streckenkosten sämtlich Generalkosten. Die Feststellung der Einzelheiten in dieser Hinsicht ist an dieser Stelle nicht erforderlich: es genügt, der Verwechslung der beiden Einteilungen vorzubeugen.

Die im vorstehenden erfolgte Feststellung beleuchtet einen interessanten Unterschied der Eisenbahn von den anderen Verkehrsmitteln. Während die Betriebskosten bei Post und Telegraph beinahe sämtlich Generalkosten sind, bei der Schiffahrt mit geringen Ausnahmen als Spezialkosten erscheinen, sehen wir die Eisenbahn in diesem Punkte eine Mittelstellung einnehmen, die in letzter Linie in ihrem technischen Wesen begründet ist.

Einteilung der Gesamtkosten in feste und veränderliche. Nunmehr bereitet es keine Schwierigkeit, die Unterscheidung von festen und veränderlichen Kosten, befreit von der nicht selten vorfindlichen Unklarheit im Gebrauche dieser Begriffe, durch Beziehung auf die Gesamtkosten zu einer für die Betriebsökonomie entscheidenden Prämisse zu machen und das Maßverhältnis der beiden Kostenbestandteile festzulegen. Die Kapitalkosten und die Generalkosten des Betriebes bilden zusammen die festen Kosten, ihnen stehen als veränderliche die Spezialkosten des Betriebes gegenüber. Das gilt je innerhalb einer Betriebsperiode, in welcher Änderungen im Ausmaße der Generalkosten durch Änderungen im Leistungsmaße nicht oder nur in verhältnismäßig geringfügigem Maße eintreten. Das Verhältnis dieser Kostenteile im allgemeinen Durchschnitte ist mit den vorangegangenen Ausführungen gegeben. Solange Kapital- und Betriebskosten sich annähernd das Gleichgewicht hielten, kam, da von den letzteren die Hälfte als Spezialkosten anzusprechen ist, ein Verhältnis der festen zu den veränderlichen Kosten von beiläufig 75 : 25% zum Vorschein. Dieses Maßverhältnis stand bis in die 70er Jahre des vorigen Jahrhunderts in Geltung. Mit den 80er Jahren beginnt, wie wir gesehen haben, ein Umschwung im Verhältnisse zwischen Kapital- und Betriebskosten, der mit der Fortdauer bis zur Gegenwart die Zahlenwerte entsprechend verändert. Machen wir wieder die Durchschnittsrechnung. Wenn nach Abzug von $^1/_3$ als Kapitalkosten die Betriebskosten hälftig geteilt werden, so ergibt sich für die veränderlichen Kosten im Mittel ein Verhältnisanteil von $^1/_3$ der Gesamtkosten, mit einem geringen Spielraum nach auf und ab. In runder Ziffer ausgedrückt, sind also die veränderlichen Kosten von $^1/_4$ auf $^1/_3$ der Gesamtkosten gestiegen. Auch dieses ist eine für die vorliegenden Zwecke dienliche, genügend verläßliche Feststellung. Sie ermöglicht auch sogleich eine Schlußfolgerung: Offenbar ist diese Veränderung keine dermaßen weitreichende, daß sie für die Betriebsökonomie von wesentlicher Bedeutung erschiene. Von einer Veränderung wieder in entgegengesetztem Sinne infolge der Zinsfußsteigerung kann dasselbe gesagt werden [1]).

---

[1]) Ein anscheinend gründlicher Aufsatz in der Ztg. d. V. D. E. 1918, Nr. 68, sucht den Nachweis zu erbringen, daß 50—52,5% der Gesamtkosten veränderlich seien. Die Beweisführung stützt sich darauf, daß das Verhältnis zwischen Generalkosten und Spezialkosten des Betriebes ein erhebliches Überwiegen der letzteren zeige, und zwar ein Ausmaß bis zu 70%. Für diese Behauptung werden Gewährsmänner angeführt. Abgesehen davon, daß die von diesen angestellten Berechnungen auf abweichenden Ansichten über die Verteilung verschiedener einzelner Ausgabeposten auf die eine oder andere Kostenart beruhen können, erweisen sich die angerufenen Zeugen nicht als für die Aussage beweismachend. Die Schätzung von Schübler (Archiv 1887): 65—75% veränderliche Kosten, wurde mit Richtigstellung einer von Nördling („Die Selbstkosten des Eisenbahntransports und die Wasserstraßen") ausgeführten Rechnung, die 44,8 zu 55,2 ergab, begründet, welche Korrektur Nördling (Archiv, ebenda) als unzutreffend zurückwies. Die Rechnung von Rank („Das Eisenbahntarifwesen", S. 291ff.): 69,8 veränderliche, 30,2 feste Betriebskosten, geht darauf aus, die Betriebskosten in Streckenkosten und Stationskosten zu zerlegen. Daß das nicht gleichbedeutend ist mit Generalkosten und Spezialkosten, wurde oben hervorgehoben. Übrigens legt Rank seiner Rechnung die Betriebsergebnisse eines Bahnunternehmens zugrunde, das einen verhältnismäßig sehr bedeutenden Durchzugverkehr bei geringem Lokalverkehr hatte: das muß sich in der Höhe der Streckenkosten äußern. Auf ähnlicher Grundlage ruhen die Berechnungen von Toth, die der Artikel nach der Anführung bei Rank zitiert. Von Launhardt wird gesagt, daß er i. J. 1890 die veränderlichen Kosten mit 66% bezifferte. Gemeint ist offenbar der Aufsatz „Theorie der Tarifbildung der Eisenbahnen" im Archiv 1890, S. 928. Bei dieser Rechnung nimmt Launhardt die ganzen Kosten der Transportverwaltung als von der Verkehrsmenge abhängige, also veränderliche an. Das ist zweifellos unzutreffend; in der bezüglichen Rechnung von Rank sind etwa $^3/_{10}$ der Kosten der Transportverwaltung als feste Kosten behandelt und der Abschlag eines so bedeutenden Teiles würde die angeführte Verhältnisziffer wesentlich herabdrücken.

Der Verfasser sucht überdies im Leser den Eindruck zu erwecken, als ob in der ersten Auflage der „Verkehrsmittel" die annähernde Gleichheit der Kapitalkosten und der Betriebskosten aus einer Berechnung nach den Ergebnissen eines Rechnungsabschlusses der österreichischen Nordbahn gefolgert worden wäre, und sucht den Eindruck noch dadurch zu verstärken, daß er hervorhebt, das betreffende Verhältnis bei der genannten Bahn sei tatsächlich nicht 1 : 1, sondern 11 : 19 gewesen. In Wirklichkeit wurde auch in der ersten Auflage das Verhältnis zwischen Kapital- und Betriebskosten nur als Durchschnittsatz der verglichenen Bahnnetze mehrerer Länder berechnet; dieselben Rechnungen, die hier S. 275 wieder angeführt sind. Solche Art Kritik richtet sich selbst und es darf wohl der Hochmut des Verfassers zurückgewiesen werden, der erklärt, er habe an einem Beispiele zeigen wollen, „was eine oberflächliche Kenntnis des technisch-wirtschaftlichen Wissensgebietes und eine urteilslose Wiedergabe von gewissen daraus hervorgegangenen Lehrsätzen für Folgen zeitigen kann". Ein weiterer Beleg dafür, wie der Verfasser mit der Wahrheit umspringt, ist der Satz, in welchem er, um in einem handgreiflichen Fall zu zeigen, wie willkürlich Sax bei seinen Annahmen und Voraussetzungen vorgehe, behauptet, daß er (Sax) die Stationskosten als feste annahm. Man sehe das oben bei Zahl 9 Bemerkte, das genau aus der ersten Auflage herübergenommen ist: es ist da ein ersichtlich nicht geringer Teil der Stationskosten ausdrücklich als Spezialkosten erklärt. Die vermeintliche Sachlichkeit

Man kann versucht sein, zwecks der Selbstkostenberechnung die vorgängige Scheidung von Kapitalkosten und Betriebskosten fallen zu lassen und anstatt ihrer die Verzinsung der verschiedenen Anlagebestandteile, je nach deren Funktion, den festen oder den veränderlichen Kosten zuzurechnen. Beispielsweise vertreten einzelne Schriftsteller die Ansicht, daß die Verzinsung der Fahrbetriebsmittel den veränderlichen Kosten anzureihen sei, ohne die Folgerung zu ziehen, daß die Verzinsung der übrigen Anlagebestandteile dann eben den konstanten Kosten zuzuzählen ist. Diesem Vorgehen kann entgegengehalten werden, daß die Verzinsung des Wagenkapitales für die Zeit, während welcher die Wagen nicht in Benutzung stehen, jedenfalls den konstanten Kosten zugerechnet werden müßte. Das ergäbe eine äußerst umständliche Berechnung, die erst nachträglich ausführbar wäre. Andererseits kann man wieder hervorheben, daß die Bestanddauer des Bahnkörpers und des Oberbaues durch die mechanischen Einwirkungen des Zugverkehres in entschiedener Weise beeinflußt wird, daher nicht die ganzen Zinskosten des Baukapitales, sondern nur ein entsprechender Teilbetrag, als konstante Kosten anzusehen wären. Insbesondere kann das Gesagte von der Lebensdauer der Schienen behauptet werden. Allein Schienenbrüche werden auch durch Witterungseinflüsse oder unter Mitwirkung solcher bewirkt. Man müßte also jeder der beiden Ursachen einen Teil der betreffenden Kapitalkosten zuschreiben: welchen, nach welchen Anhaltspunkten? Man sieht: bei Berechnung in dieser Art kommt man notwendigerweise ins Unsichere und zu Tüfteleien, die praktisch, d. h. für auf solche Rechnungen zu gründende Wirtschaftshandlungen, wertlos sind.

Kosten der Nutzleistungen. Die Zergliederung der Kosten ist, wie wir schon bei den anderen Verkehrsmitteln gesehen haben, von besonderer Wichtigkeit für die Preisbildung. Da Kosten und Preis in einem wechselseitigen Verhältnis zueinander stehen, so werden die Kosten der einzelnen Nutzleistung mit Rücksicht auf den für diese einzufordernden Preis ein Gegenstand des Interesses für die Betriebsführung. Sie bestehen, wie von Anfang (I. Bd., S. 77) festgestellt wurde, in einem Anteile an den Kapitalkosten und den Kosten der Lastleistungen, die für je eine Anzahl Nutzleistungen notwendig werden. Somit hängen die Kosten der Nutzleistungseinheit davon ab, welche Anzahl solcher Verkehrsleistungen als Divisor der Kapitalkosten und der Kosten der betreffenden Lastleistungen erscheint.

Nutzleistungseinheiten sind die Person und die Gewichtseinheit Sachgut, auf die Wegmaßeinheit befördert, wobei Unterschiede der Transportqualität und der Geschwindigkeit, die wesentlich zur Leistung gehören und die Kosten beeinflussen, besonderer Behandlung vorbe-

des Aufsatzes ist also recht fadenscheinig. Durch solches Verhalten des Verfassers wird übrigens das, was richtig in dem Aufsatze ist, beeinträchtigt, nämlich die Würdigung der eingetretenen Veränderung im Verhältnisse von Kapital- und Betriebskosten als Entwicklungserscheinung, und durch die unerwiesene Aufstellung über das Verhältnis von General- und Spezialkosten der Betriebsleistungn kommt er eben zu einem zu hohen Satze für die veränderlichen Kosten. Bei dem Range, den die Fachzeitschrift einnimmt, in welcher der Aufsatz abgedruckt ist, erschien es angezeigt, durch diese Erwiderung die Ausführungen des Textes zu stärken.

halten bleiben: Personenkilometer und Tonnenkilometer oder (ehemals) Zentnermeile. Die auf eine solche Leistungseinheit entfallenden Kapitalkosten einerseits, die Kosten des Wagenachskilometers, verteilt auf die auf eine Achse entfallenden Personen und Güter andererseits, bilden die beiden Bestandteile, aus welchen sich die Nutzleistungskosten zusammensetzen. Ein Beispiel hierfür liefert die S. 278 mitgeteilte Berechnung betreffend die französischen Bahnen [1]).

Es können aber zu Zwecken von Sebsltkostenrechnungen die Betriebskosten auch allein ins Auge gefaßt werden, um zu sehen, wie General- und Spezialkosten sich auf die Nutzleistungen verteilen. Dies ist gemeint, wenn man die Einteilung der Kosten in feste und veränderliche auf die Nutzleistungen bezieht und dasselbe besagt die Formel der Unterscheidung der von der Verkehrsmenge unabhängigen und der von ihr abhängigen, zu ihr proportionalen Kostenteile. Das ist aber nichts anderes als eine Übertragung von den Lastleistungen auf die Nutzleistungen und man muß sich bewußt bleiben, daß es eine Übertragung ist. Sie ist übrigens in der letztbezeichneten Formel nur möglich durch den Doppelsinn des Wortes Verkehr oder dadurch, daß man bei dem Zusammenhange von Nutz- und Lastleistungen letztere in ihrer Ausdehnung proportional den ersteren annimmt, was aber nicht genau zutrifft, denn ein gesteigerter Verkehr kann bis zu einem gewissen Maße durch die gleiche Anzahl Wagen oder Züge besorgt werden wie der frühere schwächere [2]).

Der beste Beweis für die vorliegende Übertragung ist, daß Kostenrechnungen, die unter dem Leitpunkte des Verhältnisses zur Verkehrsmenge angestellt werden, tatsächlich stets zu einer Einteilung der Kosten der Lastleistungen führen. Aber es tritt in den bezüglichen Erörterungen in der Regel nicht mit genügender Deutlichkeit hervor, daß eben eine Übertragung vorliegt und es unterläuft selbst eine Hereinziehung von Umständen, die nur auf die Nutzleistungen Bezug haben.

Wenn man sich die Tatsache der Übertragung nicht mit voller Klarheit vor Augen hält, sondern die Einteilung in feste und veränderliche Kosten unmittelbar auf die Nutzleistungen bezieht — etwa auch unter der Bezeichnung General- und Spezialkosten —, so ergibt sich eine weitreichende Verschiebung des Umfangs dieser Kostenkategorien. Denn da die Kosten der Nutzleistungen sich bestimmen durch Aufteilung der jeweils in ihrer tatsächlichen Höhe gegebenen Last-

---

[1]) Dem Leser sind übrigens Beispiele solcher Verteilung der Kapital- und Betriebskosten auf die Nutzleistungen schon bezüglich der Wasserstraßen aus dem I. Bande (S. 83) und dem II. Bande (S. 266) bekannt. Bei den Wasserstraßen ist sie freilich einfacher als bei den Eisenbahnen.

[2]) Man kann, wenn man will, in die Formel auch die Aufteilung der Kapitalkosten einbeziehen (z. B. „Das deutsche Eisenbahnwesen d. G.“, Art. „Gütertarife“, S. 387). Der Klarheit ist dies indes nicht förderlich, weil diese nur innerhalb des Intensitätsmaximums von der Verkehrsmenge unabhängig sind.

leistungskosten, so erscheinen die Betriebskosten der Eisenbahn bis auf einen verschwindenden Bruchteil als feste Kosten: dann sind nicht nur selbstverständlich die Kapital- und die Generalkosten der Lastleistungen feste Kosten, sondern auch der größte Teil der Spezialkosten. Es zählen dann beinahe sämtliche Löhne und verbrauchten Betriebstoffe, sowie die sachlichen Erhaltungskosten zu den festen Kosten und es bleibt etwa höchstens die Vergütung für das Laden und Ausladen der Güter als Spezialkosten übrig [1]). Es ist ersichtlich, daß damit die Einteilung eigentlich hinfällig, ja für die Erfassung der betriebsökonomischen Vorgänge geradezu schädlich wird.

An dem Beispiele einer Selbstkostenrechnung möge das vorhin Bemerkte verdeutlicht werden. Launhardt [2]) hat die Kosten der Nutzleistungseinheit lediglich nach den Spezialkosten der Lastleistungen berechnet. Er führt eine solche Rechnung für die preußischen Staatsbahnen (Jahre 1884/85) durch, indem er die Kosten der Transportverwaltung als mit der Verkehrsmenge veränderlich auffaßt (was, wie kurz vorher zu erwähnen war, zum Teil unrichtig ist) und die Zinsen des Kapitals der Fahrbetriebsmittel hinzuschlägt. Aus der Summe werden nach der Zahl der Züge und der in den Zügen geführten Wagenachsen die Kosten für einen Zug und eine Achse berechnet (wobei Personen- und Güterverkehr geschieden werden auf Grund von Voraussetzungen, die eine Untersuchung für sich erfordern würden) und mit Bezug auf die tatsächlich erfolgte Ausnützung der Wagen werden schließlich die Kosten eines Personenkilometers und eines Tonnenkilometers gefunden. Daß die betreffenden Ziffern nicht die Gesamtkosten, also die wirklichen Kosten darstellen, ist nicht zu bestreiten, da sie eben von den Generalkosten absehen. Der Fehler wird allerdings durch den hohen Ansatz bei den veränderlichen Kosten und durch Einbeziehung der Verzinsung der Fahrbetriebsmittel ziffermäßig vermindert, bleibt aber sachlich bestehen. Die Einbeziehung der Verzinsungskosten, die doch aufgeteilte Kapitalkosten sind, in die veränderlichen Kosten geschieht hier, wie von anderen Schriftstellern, zum Zwecke, die Tarifbestimmung ausschließlich auf die so berechneten Kosten zu gründen. In anderen Hinsichten, bei Vergleichung der Kosten verschiedener Verkehrszweige, ist allerdings die Berücksichtigung der Kapitalkosten angebracht.

Sind wir über jene Übertragung der Kosten von den Last- auf die Nutzleistungen im klaren, so drängt sich unr die Frage auf, ob es Umstände gibt, die darauf von Einfluß sind, daß eine größere oder geringere Zahl von Nutzleistungseinheiten auf die Lastleistungseinheit und deren Kosten entfällt. Solche Umstände können nur in der Art der Transportobjekte gelegen sein oder in den abweichenden Bedingungen ihrer Beförderung im einzelnen Falle. Es handelt sich also darum, ob eine größere oder geringere Zahl von Personen in einem Wagen fährt und ob gewisse Frachtsendungen einen Güterwagen ganz oder teilweise ausfüllen. Je nach der tatsächlichen Gestaltung in dieser Hinsicht

---

[1]) In der ersten Auflage (S. 370) konnte an dem Beispiele der Darstellung eines so hochstehenden Schriftstellers wie Schaeffle gezeigt werden, daß die in Rede stehende Unklarheit dahin führte, die Abnutzung, die Löhne und Betriebsmaterialien an einer Stelle als Spezialkosten, an einer anderen als Generalkosten des Eisenbahnbetriebes zu bezeichnen.

[2]) „Theorie der Tarifbildung der Eisenbahnen". Archiv 1890.

erwachsen geringere oder größere Kosten für die Nutzleistungseinheit. Ferner können die Bedingungen, unter welchen bestimmte Transporte zu erfolgen haben, höhere Spezialkosten der bezüglichen Lastleistungen mit sich bringen als die durchschnittlichen. Somit hat die Untersuchung das Maß dieser Kostenverschiedenheiten festzustellen [1]). Diese Feststellung hat dann für die Bestimmung des Beförderungspreises Bedeutung. Wir sehen in der Tat, daß alle Untersuchungen über die Kosten, welche auch dieses Moment in ihren Bereich ziehen, mit dem ausdrücklichen Hinweis auf den Zweck unternommen werden, Grundlagen für die Tarifbestimmung zu bieten. Dabei unterläuft nur zuweilen der Irrtum, die Kostengestaltung als allein maßgebend anzusehen.

Für die Kosten der Nutzleistungen kommt es schließlich in Betracht, inwieweit die Veränderung ihrer Zahl, also insbesondere eine Vermehrung der Verkehrsakte, die Lastleistungen und ihre Kosten selbst beeinflußt, was also zutreffenderweise hierüber ausgesagt werden könne. Hier sind wieder die Kapitalkosten und die Betriebskosten zu unterscheiden. Die Steigerung der Kapitalkosten durch eine Verkehrsteigerung, welche die Hebung der Anlagen auf eine höhere Intensitätstufe erfordert, ist uns mit ihren Folgen von Anfang an geläufig (I. Bd., S. 79). Dieser Fall ist auch immer rechnungsmäßig zu erfassen. Anders steht es bei den Betriebskosten, soweit nicht vermehrte Lastleistungen beansprucht werden. Eine Steigerung der Belastung der Fahrzeuge bzw. der Züge, welche durch die Verkehrsvermehrung bewirkt wird, muß ja physikalisch ihre Wirkung haben, aber diese ist in ihrem Maße so wenig genau bestimmbar und in der Verteilung auf die einzelne Leistung ersichtlich so geringfügig, daß sie meist vernachlässigt werden kann. Die Steigerung der Erhaltungskosten der Wagen oder der Einfluß auf die Bahnerhaltungskosten aus dieser Ursache ist kaum zu berechnen. Daher kann eine Steigerung der auf die Lastleistungseinheit entfallenden Generalkosten allgemein verneint werden. Ein gleiches ist von einzelnen Spezialkosten zu behaupten. Eine belangreichere Vermehrung der Verkehrsakte kann eine Vermehrung der in einem Zuge zu führenden Wagen mit sich bringen, die durch die Verteilung der festen Zugkosten eine Kostenminderung des Achskilometers einschließt. Daher ist, insoweit gesteigerter Verkehr mit der gleichen Anzahl Wagen — bei besserer Ausnutzung — oder mit der gleichen Anzahl Zügen — mit vermehrter Wagenzahl — bewältigt werden kann, der Satz, daß die veränderlichen Selbstkosten stets den gleichen Teilbetrag in ihrer Verteilung auf die beförderten Tonnenkilometer ergeben müssen, nicht genau zutreffend.

---

[1]) Betreffend diese Aufteilung der Lastleistungskosten auf die verschiedenen Nutzleistungen allgemein schon I. Bd., S. 102.

Die Grundlinien der Betriebsökonomie[1]**.** Aus den dargestellten Kostenverhältnissen ergeben sich zunächst allgemeine Folgerungen für die Betriebsökonomie. Durch sie erfährt der Grundsatz der Massennutzung, welcher den Eisenbahnbetrieb genau so beherrscht wie die anderen Verkehrsmittel, bestimmten Inhalt und Begrenzung. Der hohe Kapitalbedarf für die Anlagen gibt ihm besonderen Nachdruck, und da die Steigerung des Verkehres eine entsprechende relative Minderung der festen Kosten, d. i. des überwiegenden Teiles der Gesamtkosten, bewirkt, so erscheint es angezeigt, die notwendigen anderen Kosten solange anfzuwenden, bis der dadurch resultierende Kostensatz gegenüber dem Beförderungspreise keinen Vorteil mehr erkennen läßt.

Der hiermit gegebene Leitsatz bestimmt die Vorkehrungen, welche als Mittel seiner Verwirklichung ins Werk zu setzen sind.

Zunächst wird eine ausschließlich ökonomische Betätigung angeregt. Nach dem Preisgesetze des Verkehres ist es das geeignete Mittel für den Zweck, dem Verkehre vorhinein dasjenige zu bieten, was als Folge der Massennutzung zu gewärtigen steht: die durch die Rückwirkung auf die Kosten ermöglichte angemessene Preisstellung für jeden Verkehrsakt. Wie wir wissen, kann eine solche unter Umständen für die Entwicklungszeit des Verkehres selbst das Herabgehen unter die Kostengrenze erfordern. Hier wird das verschiedene Verhalten der Nutzleistungen zu den Kosten der Lastleistungen ein maßgebender Umstand. Die Bestimmung der Beförderungspreise unter dem in Rede stehenden betriebsökonomischen Gesichtspunkte wird im folgenden Gegenstand einer gesonderten Darstellung sein, was sowohl durch die erwünschte Übersichtlichkeit der Erörterung als durch die Wichtigkeit und den Umfang der bezüglichen Einsichten und der auf diesen beruhenden Maßnahmen sich empfiehlt. Für den großen allgemeinen Verkehr ergibt dies in der Arbeitsgliederung der Eisenbahnverwaltung ein eigenes Fach, während allerdings unter einfachen Verhältnissen örtlicher Bahnen, insbesondere bei Personenbahnen, dem Betriebsleiter auch die Preisbestimmung, deren Voraussetzungen er beherrscht, obliegt.

Die richtige Preisstellung ist jedoch nur die eine Seite der Sache: sie bedarf, um wirksam zu sein, einer Ergänzung in anderer Richtung. Ihr Korrelat bildet die Darbietung der Transportleistungen in derjenigen Beschaffenheit, welche die Verkehrsbedürfnisse in ihrer außerordentlichen Vielfältigkeit erfordern, mit anderen Worten die Anpassung der Lastleistungen des Betriebes nach Art und Menge an die durch sie zu erreichenden Nutzleistungen. Kein Betriebstechniker wird im Zweifel darüber sein, welche Aufgabe ihm in dieser Hinsicht

[1]) Es bedarf wohl kaum eines Hinweises darauf, daß das Wort hier, wie schon früher, im engeren Sinne gebraucht ist; im Gegensatze zu einem weiteren, in dem es auch die Ökonomie der Anlage in sich schließt.

gestellt ist. Aber er wird alsbald der Grenzen inne, die ihm hierbei gesteckt sind, und damit ist jene Beschränktheit der Mittel gegenüber den darüber hinausreichenden Zwecken gegeben, die den Untergrund der Ökonomie ausmacht.

Die gedachten Grenzen bestehen einerseits in der Beschaffenheit der vorhandenen Anlagen mit Bezug auf das relative Intensitätsmaximum des Verkehres, auf das sie berechnet sind, und andererseits in den Selbstkosten der Lastleistungen. Innerhalb der durch den konkreten Umfang des Unternehmens gezogenen Grenzen sind dem Verkehre durch tunlichste Ausnutzung der Anlagen und der Arbeitskräfte die nötigen Betriebsleistungen zu bieten. Negativ hat man das durch den Satz ausgedrückt: „Der Betriebstechniker muß dahin streben, möglichste Vermeidung der toten Zeit (des Unbenutztseins der baulichen Anlagen und des Stillstehens der Betriebsmittel), des toten Gewichtes (der ertraglosen Last des rollenden Materials) und der toten Kraft (der unausgenutzten Kraft des Personales) zwecks Heranziehung des größtmöglichen Massenverkehres zu erzielen“ [1]).

Es kann somit als Gebot der Betriebsökonomie bezeichnet werden, das relativ mögliche Höchstmaß an Qualität und Quantität der Lastleistungen den Betriebsmitteln abzugewinnen. Selbstverständlich sind hiermit nur Lastleistungen verstanden, die zur Ausführung der Nutzleistungen notwendig sind, und in dem Umfange, in welchem sie notwendig sind. Dasselbe besagt die Wendung (1. Aufl., II. Bd., S. 374), es sei ein „naheliegendes Vorgehen der Betriebsökonomie, durch tunlichste Einschränkung der Passivleistungen an Spezialkosten zu sparen“, indem das „tunlichst“ eben jene Begrenzung bezeichnet, welche durch die Notwendigkeit gegeben ist, dem Verkehre die zur Erzielung der Massennutzung dienlichen Betriebsleistungen nicht vorzuenthalten. Das ist die ökonomische Triebfeder jenes wichtigen Teiles der Betriebstechnik, der in der Aufstellung der Fahrpläne und in der planmäßigen Verwendung der Betriebsmittel besteht.

Ist der Verkehr an der Grenze des relativen Intensitätsmaximums angelangt, so ist, wie bei allen Verkehrsmitteln, für eine weitere Steigerung desselben durch Erweiterung der Anlagen, die unter Umständen auch eine Ausdehnung des Verwaltungsapparates bedingt, vorzusorgen. Die darin gelegene Erhöhung der Gesamtkosten kann vorübergehend auch eine entsprechende Erhöhung der spezifischen Kosten mit sich bringen, bis der Fortgang der Verkehrsteigerung den Ausgleich herbeiführt. Auf die Preisstellung darf jedoch, da der leitende Betriebsgrundsatz in Geltung bleibt, der bezeichneten Kostengestaltung kein Einfluß eingeräumt werden: es kann vielleicht ungeachtet der gestiegenen Kosten eine Preisherabsetzung angezeigt sein, um die Verkehrsentwicklung und damit die Überwindung dieses Zwischenstadiums zu beschleunigen.

---

[1]) „Verkehrsmittel“, 1. Aufl., II. Bd., S. 366.

Die Selbstkosten der Lastleistungen ergeben, wie bemerkt, eine Grenze für die Darbietung der betreffenden Betriebsleistungen an dem Punkte, an welchem der Ertrag der betreffenden Transporte nicht ausreichen würde, diese Kosten zu decken.

Je größer die Zahl der Betriebsleistungen unter gegebenen Verkehrsumständen wird, desto geringer werden — die Spezialkosten addiert mit dem sich mindernden Anteile der Generalkosten und der Kapitalkosten — die Selbstkosten für die Einheit der Leistung. Die Betriebsleitung findet darin den Antrieb, die zur Besorgung des Verkehres erforderlichen Lastleistungen so lange beizustellen, als die erzielbaren Beförderungspreise noch Kostendeckung (einschließlich Zins) abwerfen. Die Kostenminderung ermöglicht entsprechend geringere Beförderungspreise mit diesem Ergebnisse und zeigt daher eine solche Preisstellung an, wo sie zur Gewinnung des Verkehres notwendig ist. Wir können daher sagen: Die Betriebsökonomie gebietet, mittels geeigneter Preisstellung die Zahl der vom Verkehre geforderten Lastleistungen bis zur Kostengrenze zu steigern. Diese Begrenzung kann eine engere sein als die des möglichen Höchstmaßes der Leistungen. Im Falle des Überganges von einer Intensitätstufe zu einer höheren kann zufolge der Kostenerhöhung vorübergehend ein Zurückbleiben hinter der Kostengrenze stattfinden, was jedoch, wenn in dieser die normale Verzinsung inbegriffen ist — wie in der Regel — nur in einer Minderung des Zinses sich äußert. Bei einem höheren Ertrage erfährt nur dieser eine Verminderung bis zur Ausgleichung.

Aus der vorangegangenen Analyse der Betriebskosten ist ersichtlich, daß schon das Verhältnis zwischen den General- und den Spezialkosten des Betriebes genügt, dem Grundsatze der Massennutzung mit den abgeleiteten Folgesätzen allen Nachdruck zu verleihen, daß es dazu der Verteilung der Kapitalkosten auf die einzelnen Transporte nicht erst bedürfte, die aber einleuchtend um so wirksamer ist. Daraus folgt, daß die Grundsätze der Betriebsökonomie unverändert bleiben, wenn oder solange tatsächlich Kapitalkosten in die Preise nicht eingerechnet werden, wie bei ertraglosen Bahnen, oder wenn etwa infolge des Verwaltungsystems von der Berechnung von Kapitalzinsen abgesehen würde. Wie ersichtlich, erzwingt die Betriebsökonomie das sorgsamste Augenmerk der Betriebstechniker für die Selbstkosten des Betriebes. Diese haben daher auch den Gegenstand zahlreicher Erörterungen im Schrifttume gebildet. Indes hat man sich in der Praxis häufig mit Abschätzungen begnügt, was möglich war, da der erfahrene Betriebsleiter jeder Bahn wohl für die Spezialkosten der Lastleistungen ein ziemlich sicheres Gefühl hat. Mit der Entwicklung der Bahnnetze bewirkt übrigens die fortschreitende Ausgleichung der Verkehrsverhältnisse, sowie der Preise und Löhne, eine Durchschnittsgestaltung, die den bezüglichen Berechnungen eine gewisse allgemeine Gültigkeit verleiht. Darauf konnten die Betriebstechniker sich immer mehr verlassen.

Mit den beiden angeführten Richtlinien der Ökonomie vereint sich der, die Verwaltung der Eisenbahn wie jedes Unternehmen allgemein beherrschende Gesichtspunkt der Ökonomie im engeren Sinne: das Bemühen, die Kosten der einzelnen Leistung an sich erreichbar niedrigst zu stellen. Die betreffenden Maßnahmen beziehen sich einesteils auf die Spezialkosten der Lastleistungen. bei welchen weitestgehende Ersparung an Arbeitskräften und an Betriebstoffen sowie die Erzielung des höchsten Nutzeffekts ihrer Verwendung angestrebt wird, und andererseits auf tunlichste Schonung der baulichen Anlagen und der Betriebsmittel zwecks Minderung der Abnutzung. Die Steigerung der Nutzwirkung der Betriebsmaterialien und der Arbeitskräfte und die Erzielung der geringsten Abnutzung aller Anlagebestandteile wird wieder durch Betätigungen der Technik angestrebt, für welche sie also Motiv und Richtung abgibt. Die Einsparung von Aufwand ist hingegen ein rein ökonomischer Gesichtspunkt, der seine eigenen Maßnahmen erfordert. Für die vielfachen, im einzelnen zuweilen unscheinbaren, in der Gesamtwirkung aber weitreichenden Betätigungen in der ersteren Hinsicht (Konstruktionen, Wahl der Materialien mit Rücksicht auf besondere Eigenschaften usw.) kann hier eben nur der allgemeine ökonomische Grundzug zum Ausdruck gebracht werden. Die Maßregeln in der letztgedachten Hinsicht werden später im geeigneten Zusammenhange ihre Stelle finden. Ein Beispiel mag zur Erläuterung genügen. Ein wichtiger Kostenbestandteil ist der Verbrauch von Brennstoff. Bei den Fortschritten des Lokomotivbaues war es ein mitsprechender Gesichtspunkt, eine Verminderung des Brennstoffverbrauches für die Leistungseinheit zu erzielen. Wie weit die Fortschritte in dieser Richtung gediehen sind, haben wir schon im früheren gesehen (S. 236). Das gleiche gilt von anderen Betriebstoffen. Die Betriebsleiter ihrerseits haben die Aufgabe, durch geeignete Vorschriften und Maßnahmen auf tunlichste Verminderung des Brennstoffverbrauches hinzuwirken, von den verfügbaren Brennstoffen diejenigen auszuwählen, die unter den gegebenen Umständen den günstigsten Heizeffekt bieten, und die Beschaffung zu den jeweils billigsten Preisen zu bewerkstelligen. Die bezüglichen Maßregeln finden in dem Abschnitte über die spezifisch-wirtschaftliche Seite der Eisenbahnverwaltung ihre Stelle. Es kann auch zu diesem Punkte auf dasjenige verwiesen werden, was in der Ökonomik der Schiffahrt in gleichem Sinne ausgeführt wurde.

Zusammenfassend kann mithin der Inhalt des obersten Grundsatzes der Betriebsökonomie in den Satz gekleidet werden: Zielpunkte der Eisenbahnbetriebsökonomie sind, mit dem geringsten Aufwande materieller Mittel einen den Bedürfnissen des Verkehres in jeder Hinsicht entsprechenden Komplex von Betriebsleistungen zu bieten und dadurch sowie durch angemessene Preisstellung, insbesondere im Sinne der Preisermäßigung, die in jedem einzelnen Falle erreichbare Massennutzung zu gewinnen.

Ökonomische Antinomien im Betriebe. In Befolgung des formulierten Leitsatzes ist dem ökonomischen Betriebe die Aufgabe gestellt, eine bestimmte Verkehrsmenge je mit dem Minimum an Lastleistung zu bewältigen, also auf bestausgenützte und billigste Lastleistungen das Augenmerk zu richten, andererseits das relativ mögliche Maximum solcher Lastleistungen dem Verkehrsbedürfnisse zur Verfügung zu stellen. Die Verbindung der beiden Gesichtspunkte, die sich gegenseitig bedingen, bewirkt die Herbeiführung des jeweilig erreichbaren günstigsten Verhältnisses zwischen Lastleistungen und Nutzleistungen. Die Verwirklichung dieses Betriebszieles begegnet jedoch mannigfachen Schwierigkeiten, welche darauf zurückzuführen sind, daß bei der Vielfältigkeit und Vielgestaltigkeit der Verkehrsbedürfnisse Betriebsmaßnahmen, die einem bestimmten Zwecke dienen, mit einem anderen in Widerstreit geraten können, und daher die Erreichung des einen mehr oder minder auf Kosten des anderen geht. Die Aufgabe des Betriebstechnikers ist es, eine Wahl zu treffen oder zu versuchen, ob und in welchem Maße eine Vereinigung zu erreichen wäre. Dies geschieht wiederum auf Grund ökonomischer Erwägungen, bei welchen die Konsequenzen einzelner Kostenmomente eine Rolle spielen.

Das günstigste Verhältnis liegt in der Zusammenfassung des größtmöglichen Maßes von Nutzleistungen in die Einheit der Passivleistung: den einzelnen Zug. Bei höheren Intensitätsgraden des Verkehres leicht durchführbar, schmälert diese Zusammenfassung bei schwachem Verkehre die Qualität des Transportes und wird dadurch von einem gewissen Punkte an ohne Beeinträchtigung des Nutzens der Eisenbahn und selbst der Frequenz undurchführbar. Solche Schmälerung der Qualität tritt ein: hinsichtlich der Zahl der Züge, was im Personenverkehre die Transportgelegenheit verkürzt, im Frachtenverkehre die Transportdauer (Lieferzeit) ausdehnen kann, dann hinsichtlich der Befriedigung der besonderen Ansprüche der verschiedenen Transportarten, wenn solche, der Ökonomie halber, in einem Zuge geführt werden müssen. Hierher zählen vornehmlich die gleichzeitige Beförderung von Personen und Gütern in einem Zuge (gemischte Züge), dann die Beförderung von Reisenden, welche auf größtmögliche Schnelligkeit der Fahrt Gewicht legen, zugleich mit solchen, welche diese Anforderung, sei es vermöge ihrer Einkommensverhältnisse, sei es wegen der Kürze der Fahrstrecke, nicht stellen, und das analoge Verhältnis beim Sachentransporte. Je mehr der Verkehr zugweise nach Transportarten spezialisiert werden kann, desto vollkommener werden die verschiedenartigen Transportbedürfnisse befriedigt, es ist dies aber nur dann ökonomisch möglich, wenn sich aus dem dichten Gesamtverkehre die einzelnen auf verschiedene Behandlung Anspruch machenden oder verschiedene Einrichtungen erheischenden Unterarten in hinreichender Stärke herausheben, um sie in gesonderte Leistungseinheiten zusammenfassen zu können. Je dünner der Verkehr ist, desto mehr hindert die in Rede stehende ökonomische Rücksicht diese Spezialisierung. Ferner hemmt überhaupt die möglichst günstige Gestaltung des Verhältnisses zwischen Aktiv- und Passivleistungen die Schnelligkeit des Verkehres, da bekanntermaßen bei bestimmter Gesamtleistungsfähigkeit das Gewicht des Zuges mit gesteigerter Fahrgeschwindigkeit abnehmen muß und eine ausführbare Geschwindigkeit-Steigerung vermehrten Aufwand von Betriebstoffen erfordert. Je mehr Wert nun im allgemeinen auf schnelle Fahrt gelegt wird, desto weniger ökonomisch kann der Betrieb sein, und umgekehrt, je ökonomischer er geführt werden muß, desto geringer wird die Fahrgeschwindigkeit sein können.

Nicht selten gehen die Ansprüche des Verkehres an die Eisenbahnen über das ökonomisch Angezeigte hinaus, insbesondere im Personenverkehre. Es muß dies entweder notwendigerweise in höheren Transportpreisen seinen Ausdruck finden, wie in England, wo man mit den durchschnittlich bedeutend höheren Tarifen den Wert bezahlt, den man ungeachtet der kurzen Bahnstrecken größter Schnelligkeit des Bahntransportes beilegt. Oder es greift ein „Transportluxus" Platz, bei welchem die Ökonomie des Betriebes übertriebenen Bequemlichkeitsrücksichten der Reisenden geopfert wird, obschon ja doch wieder in letzter Linie das Publikum die Kosten bestreitet, unter Umständen sogar die Allgemeinheit, diejenigen eingeschlossen, welche keinen Gebrauch von solchen Betriebseinrichtungen machen.

Indem wir aus dieser Erkenntnis einerseits den Schluß ziehen, daß die höheren Qualitäten des Transportes entsprechend ihren ungünstigen Rückwirkungen auf die Passivleistungen zu bezahlen sind, erinnern wir andererseits an den schädlichen Einfluß, welchen ein falsches Verwaltungsystem auf die Ökonomie in diesem Punkte haben kann und tatsächlich gehabt hat. Unter dem Einflusse der „Konkurrenz" sind in England, in Deutschland zum Teile überdies vielleicht auch in zu großer Willfährigkeit der Staatsbahnverwaltungen gegen öffentlich laut werdende Wünsche, überflüssige oder besondere beschleunigte Züge eingelegt und dadurch unökonomische Ansprüche der Reisewelt angewöhnt worden, gegen welche nachträglich anzukämpfen sehr schwer ist [1]). Bekannt ist, daß die französischen Bahnen, im Gegensatze hierzu,

[1]) Hierfür trat ein mit vielem Nachdrucke und voller Sachkenntnis R. Menz: „Der Transportluxus, wirtschaftliche Studien über Deutschlands Eisenbahnwesen", 1878. Er konstruiert einen statistischen Begriff „Personenstunde", d. i. eine Stunde Arbeitsmöglichkeit, berechnet deren beiläufigen Durchschnittswert nach den Einkommensverhältnissen Deutschlands und vergleicht nun die Wertgrößen, welche an Personenstunden durch schnellere Fahrt oder das frühere Abfahren infolge größerer Anzahl der Züge gewonnen werden, mit den Spezialkosten der betreffenden Züge. Das Fazit ist ein Defizit, welches entweder durch andere Verkehrszweige gedeckt werden muß oder auf die Gesamtheit der Steuerleister fällt. Die Rechnung ist freilich allgemein nicht zutreffend, da der Wert der Personenstunde für umfassende Kategorien von Wirtschaftsubjekten weit den Durchschnitt überragt. Neuerdings wieder manche Ausführungen in der g'e chen Richtung im deutsch(n Schrifttum. Über die Zustände bei den englischen Eisenbahnen in ihren Rückwirkungen auf die Ökonomie des Betriebes Frahm, a. a. O., S. 286ff.

bei Ersparung von Passivleistungen im Personenverkehre vielleicht bis über die angemessene Grenze, in früheren Zeiten, wie manche behaupten wollten, so weit gegangen sind, daß das Reisen dadurch verleidet oder mindestens nicht gefördert wurde. Etwas anderes ist die Steigerung der Qualität des Transportes im Personenverkehr, die eine Vervollkommnung darstellt und nur mit Aufwendung höherer Kosten zu erreichen war. Der größere Raum und die verschiedenen Annehmlichkeiten, welche den Reisenden in den neueren Wagen, insbesondere den Durchgangs-, den Schlaf- und Speisewagen geboten werden, erfordern eine große räumliche Ausdehnung und Schwere der Wagen, verbunden mit feinerer Ausstattung, wodurch sich für die Einheitsleistung (Personenkilometer) stark erhöhte Betriebskosten ergeben.

Im Frachtenverkehre ist die Ökonomie hinsichtlich der Vermeidung toten Gewichtes auch keine einfache Sache. Zwar hat die vervollkommnete Konstruktion der Wagen, wie wir wissen, das Verhältnis des Eigengewichts zur Tragfähigkeit der Wagen, also zur Nutzlast, gebessert. Im Gesamtergebnis bedeutet dies die Ermöglichung vermehrter Frachtleistungen mit einer bestimmten Zahl von Fahrzeugen. Die Fortschritte im Maschinenbau haben zugleich die Vereinigung der Wagen zu größeren Zugeinheiten ermöglicht. Dem steht indes die Unregelmäßigkeit des Güterverkehres nach Linien nach Zeit, Richtung und Gegenstand der Transporte als erschwerender Umstand gegenüber. Vielfach ist infolgedessen die volle Ausnutzung der Wagen-Tragkraft, bzw. der Leistungsfähigkeit eines Zuges, tatsächlich nicht zu bewerkstelligen oder es muß, um sie einigermaßen zu erreichen, eine Ansammlung der Frachten stattfinden, was mit Zeitverlust und Kostenaufwand verbunden und bei vielen Transporten aus entgegenstehenden Gründen nicht durchführbar ist. Die zunehmende Stärke des Verkehres erleichtert die Sachlage, insofern sich, wie vorhin erwähnt, einzelne Verkehrszweige von eigenartiger Beschaffenheit und ausreichender Stärke aussondern, die eine abweichende Behandlung gestatten: hauptsächlich der Stückgüterverkehr und der Verkehr in sog. Handelsgütern oder Magazinsgütern einerseits, der Massenverkehr in Rohprodukten andererseits. Bei dem ersterwähnten Verkehrszweige erfordert die Zusammenfassung der Transporte zu größeren Leistungsmengen ausgedehnte Lagerräume, um die nach Richtung und Gegenstand so vielfältigen Sendungen zu Wagenladungen zu vereinen. Hier ist also die Ökonomie durch geeignete Anordnung der Manipulationsräume anzustreben, welche die tunlichste Beschleunigung der Ladevorrichtungen und der Zugzusammenstellung ermöglicht, die durch Zuhilfenahme von maschinellen Einrichtungen noch zu steigern ist. Wo schneller Abtransport der Güter verlangt wird, kann die Ausnutzung der Wagen nur eine geringe sein. Für solche Verkehrsverhältnisse erscheint eine hohe Tragfähigkeit der Wagen überflüssig, ja der Ökonomie abträglich. Nur dort, wo volle Ausnutzung durch Zusammenladen zu erzielen ist oder die in Rede stehenden Verkehre selbst so stark sind, daß sie volle Ausnutzung auch bei höherer Tragfähigkeit der Wagen ergeben, ist die letztere vollständig zu ökonomischer Wirkung zu bringen. Im Rohproduktenverkehre als Massenverkehre dagegen ist die Steigerung der Tragfähigkeit der Wagen ein Gebot, dem nachzukommen keine Schwierigkeit bereitet: sie kann im selben Verhältnis vorschreiten wie die Stärke der betreffenden Verkehre selbst. Freilich eine Entwicklung bis zu amerikanischen Verhältnissen ist an die Verkehrszustände gebunden, wie sie eben dort bestehen: Transport von Kohlen und anderen Rohstoffen in gewaltigem Umfange, großenteils in geschlossenen Zügen, woneben auch der übrige Verkehr zwischen den noch immer wachsenden Millionenstädten bedeutende Gütermengen gleicher Art umfaßt; weitgehende Zentralisation der Gütererzeugung.

Es ist ersichtlich, daß, wo die vorbezeichneten Voraussetzungen nicht erfüllt sind, wo also die Wagen abwechselnd den verschiedensten Verkehrszwecken dienen müssen, nur eine mangelhafte Ausnutzung zutage treten kann.

Im Personenverkehre ist die Ausnutzung der Wagenräume eine insbesondere ungünstige, weil dem festen Zugturnus ein fortwährendes Schwanken des Verkehres nach Jahreszeit, Tagen und Tageszeit gegenübersteht, eine bessere Ausnutzung der Fahrzeuge daher mit einer erheblichen Minderung der Qualität des Transportes verbunden wäre.

Überdies steht einer von der Zunahme des Verkehres zu erwartenden Besserung der Ausnutzung der Züge der Umstand entgegen, daß die Einlegung neuer Züge in den Hauptlinien auch Anschlußzüge auf Seitenlinien mit sich bringt, da solche von der Bevölkerung unbedingt verlangt werden, diese Anschlußzüge aber immer nur schwach besetzt sind. Dadurch wird die Besserung der Ausnutzung der Hauptbahn aufgewogen und im Endergebnisse bleibt die Ausnutzung von Wagen und Lokomotive allgemein ungeachtet der Steigerung des Verkehres gleich oder sie nimmt mindestens nicht im Verhältnis zur Steigerung der Verkehrsintensität zu, und es zeigt sich schließlich, daß im Vergleich zwischen Bahnen mit dichtem, vielverschlungenem Netze und Linien in dünn bevölkerten Gegenden bei ersteren die Zugzahl im Verhältnis zur Verkehrstärke am größten und die Belastung der einzelnen Züge am schwächsten ist, bei dem schwächsten Verkehre dagegen die günstigste Ausnutzung der Züge zutage tritt.

Die bezeichnete Eigentümlichkeit des Personenverkehres hat im Tarifwesen ihre speziellen Folgewirkungen.

Wo ein sehr dichter Verkehr sowohl von Personen als Gütern besteht und die Frachtenzüge, um sie zwischen den häufigen Personenzügen hindurchzubringen, gleichfalls mit entsprechender Schnelligkeit gefahren werden müssen, geht letzteres aus dem obenerwähnten Grunde auf Kosten der Ökonomie im vorliegenden Punkte. Auf diese Weise entsteht bei besonders intensivem Verkehre *eo ipso* wieder ein gewisses Gegengewicht gegen den der Ökonomie förderlichen Umstand, welcher in der Stärke des Verkehres an sich gelegen ist. Für den betriebsökonomischen Kalkül kommt indes wieder der Zeitgewinn mit dem Ergebnisse der Einsparung von Arbeitskosten in Betracht.

Am ungünstigsten steht es mit der Vermeidung toter Zeit bei Ausnutzung des Fahrparkes, eine in den weiten Kreisen der Öffentlichkeit bekannte Tatsache. Diese ist das Ergebnis einer nicht einfachen Sachlage. Die wichtigste Ursache liegt in den zeitlichen Schwankungen des Verkehres, im Güterverkehre infolge des Wechsels der Geschäftskonjunkturen, infolge welcher der vorhandene Wagenbestand periodisch nicht voll in Anspruch genommen wird, somit ein um so größerer Teil desselben unbeschäftigt bleibt, je reichlicher mit dem Wagenvorrate für die Zeiten des lebhaften Verkehres vorgesorgt ist. Außer der Zeit des Leerstehens wird ein Teil der Lebensdauer der Wagen von den Reparaturen in der Werkstätte ausgefüllt. Je mehr die Wagen im Verkehre laufen, desto öfter tritt die Notwendigkeit von Reparaturen ein. Drittens bleibt jeder Güterwagen dem Verkehr auf der Strecke durch den notwendigen Aufenthalt in den Stationen für die Ladung oder Entladung und für die Zugbildung entzogen. Dabei gerät der Zweck guter Ausnutzung der Ladefähigkeit mit dem der Ausnutzung der Zeit in Widerstreit, insoferne es erforderlich wäre, die Wagen auf Beladung warten zu lassen: das widerstreitet jedoch der Notwendigkeit, die Wagen im Zugsturnus auch leer laufen zu lassen, um sie an den Ort des Bedarfes zu schaffen. Überdies bringt der lebhaft und kompliziert gewordene Verkehr eine belangreiche Vermehrung der Rangierfahrten mit sich, was sich zugleich im Lokomotivdienste als eine Passivpost geltend macht. Den Bahnverwaltungen erwächst sonach die Aufgabe, die Zeit des Leerstehens der Wagen, der Reparaturen und des Aufenthaltes in den Stationen, soweit es irgend erreichbar, zu verkürzen. Zum Teil ist hierauf bereits bei der Anlage Bedacht zu nehmen: Konstruktionen der Wagen; Stationsanlagen, welche das Rangieren erleichtern. Es liegt hier wieder ein Fall der Steigerung der Anlagekosten zugunsten des Betriebes vor. Zum anderen Teile haben betriebsökonomische Maßnahmen im engeren Sinne dem Zwecke zu dienen, die noch in anderem Zusammenhange zu erwähnen sein werden. Ungeachtet aller Bemühungen der Betriebstechniker ist jedoch der Erfolg nur ein bescheidener.

Nach Rechnung eines Fachmannes legen die englischen Eisenbahnen beiläufig 14 Meilen ($22^1/_2$ km) im Tage zurück, im Laufe sind sie etwa $43^1/_2$ Minuten während 24 Stunden, davon 27 Minuten beladen, $16^1/_2$ Minuten unbeladen. Wenn die Dauer eines Wagens mit 17 Jahren angenommen wird, so sind die Wagen während ihrer Bestandzeit nur 6 Monate in Bewegung, $16^1/_2$ Jahre stehen sie auf Nebengleisen oder in Reparatur oder werden sie rangiert [1]). Die preußisch-hessischen Staatsbahnen weisen (1906) eine Tagesleistung der Güterwagen von

---

[1]) *Journal of the R. Statistical Society* 1912, S. 737.

48,5 *km* auf, davon 30% im Leerlauf. Der Amerikaner Ripley beziffert die tatsächliche tägliche Laufzeit auf $1^1/_4$ Stunde (bei Durchlauf einer Tonne von ca. 230 *km*). Auch versuchte gesetzliche Maßnahmen, die Zurückhaltung der Wagen durch die Frachtgeber zu verhindern (die sog. *demurrage*-Gesetze) blieben wirkungslos [1]). Bei den Lokomotiven kamen im deutschen Eisenbahnverein Mitte der 70er Jahre auf je 100 *km* Zugfahrt 49 *km* tote Fahrt, davon 44 *km* Rangierfahrten. Gegenwärtig (1910) auf 100 Gesamt-*km* 61 *km* Leerlauf [2]).

Die bezeichneten Umstände ergeben die leitenden Gesichtspunkte für die Regelung der Verladung und der Zugbildung im Güterverkehr, in welchem dem Betriebstechniker größere Freiheit der Wagenverwendung als im Personenverkehre gegeben ist. Die Ökonomie gebietet, soviel als möglich, vollständige Wagenladungen zwischen je zwei Stationen in erreichbar großer Zahl in einem Zuge zu vereinigen. Im Rohgütermassenverkehre ist das in weitestem Maße, und zwar meist auf große Entfernungen und in geschlossenen Zügen ausführbar, indes häufig, insbesondere bei dem wichtigsten Artikel, der Kohle, mit der Notwendigkeit des leeren Rücklaufs verbunden. Für den Stückgüterverkehr leisten den gleichen Dienst Züge, die nur auf den wichtigsten Stationen, namentlich Knotenpunkten, halten und dort Wagen auswechseln (Durchgangsgüterzüge). Zum Zwecke der erreichbar vollen Ausnutzung solcher Züge werden die Stückgüter an einzelnen Plätzen gesammelt, in welchen sie zu vollen Wagenladungen vereint werden (Umladestationen, deren zweckdienliche Anlage dem Techniker wieder eine spezielle Aufgabe stellt). Es erübrigt der Nahverkehr, der in geeigneten Zügen vor sich geht, die in allen Stationen halten, um Güter abzugeben und einzunehmen, und auch die Zubringung der Wagen an die Umladestationen besorgen. Auf Nebenbahnen vollzieht sich sämtlicher Verkehr in dieser Gestalt, einschließlich der Wagenladungsgüter, als Anschlußverkehr mit der Hauptbahn. die Anschlußstation ist Umladestation für Stückgüter. Die Ansammlung der Stückgüter zwecks Zusammenladung findet ihre Grenze einerseits an den verfügbaren Magazinsräumen, andererseits an dem Erfordernisse rechtzeitiger Lieferung. Es hängt von der Stärke und der Lebhaftigkeit des Verkehres

---

[1]) Diese in 21 Staaten der Union eingeführten Gesetze bezweckten einerseits, die Gleichbehandlung der Verfrachter hinsichtlich der Freizeit für Ladung und Entladung und der Verzögerungsgebühr für deren Überschreitung zu sichern. Andererseits aber wollten sie auch betriebsökonomisch wirken, indem sie Bahnen mit Strafen belegen, welche nicht eine bestimmte Zahl von Wagen in bestimmter Zeit beistellen, oder deren Wagen nicht einen vorgeschriebenen Mindestdurchlauf täglich aufwiesen, oder die Wagen nicht in bestimmter Frist zurückstellen. Die Weisheit dieser Anordnungen wird angezweifelt: in Zeiten reichlichen Wagenvorrats sind sie überflüssig, bei Wagenmangel nützen sie nichts, denn es hat sich herausgestellt, daß die Ziffer der Tagesleistung der Wagen auch in solchen Zeiten keine erhebliche Steigerung zeigt; wohl der beste Beweis der vorliegenden sachlichen Schwierigkeit. Johnson and Huebner, *Railroad Traffic and Rates*, 1911.

[2]) Hierbei sind in der Statistik nicht nur die Rangierfahrten, sondern auch die Zeit der Bereitschaft nach einem bestimmten Schlüssel als Fahrtkilometer angeschlagen.

ab, in welchem Maße die Regel eingehalten werden kann, alles Gut, welches an einem Tage aufgegeben wird, noch im Laufe desselben Tages, erforderlichenfalls mit Zuhilfenahme der Nachtstunden, abzufertigen und zu verladen. Nach diesen Grundsätzen ist das Abfertigungs- und Ladeverfahren betriebstechnisch ausgebildet. Voraussetzung seiner Durchführung ist die Planmäßigkeit der Wagenausnutzung innerhalb weiter Gebiete und in erreichbarer Vollkommenheit der direkte Verkehr mit seinem Korrelate, dem Wagenübergang.

Die tunlichste Steigerung der Ausnutzung des Fahrzeugbestandes in der Zeit — insbesondere auch beim Personenverkehre — weist auf die Frage der Fahrtgeschwindigkeit. In dieser spielen jedoch betriebsökonomische Momente anderer Art die Hauptrolle. Immerhin aber ist festzustellen, daß eine Steigerung des allgemeinen Maßes der Geschwindigkeit unter gleichen Umständen der Ausnutzung der Fahrbetriebsmittel zugute kommt. Im letzten Viertel des vorigen Jahrhunderts ist die Entwicklung infolge des technischen Fortschrittes diesen Weg gegangen.

Die Betriebsgestaltung der verschiedenen Bahngattungen. Unter dem Einflusse der dargelegten ökonomischen Momente ergeben sich für die Betriebsführung bei den verschiedenen Graden der Verkehrsintensität und der allgemeinen wirtschaftlichen Entwicklung ganz bestimmte Richtlinien, die zu wohl unterscheidbaren Betriebsweisen führen. Oft beobachtet und beschrieben, wurden diese doch nicht immer ihren tieferliegenden Ursachen nach richtig aufgefaßt, sondern, wenn überhaupt, meist durch Zufall, Gewohnheit, Nationalcharakter und andere doch nur nebensächlich und äußerlich wirkende Ursachen erklärt.

Mehr als bei der Anlage machen sich hier die zahlreichen Abstufungen der Verkehrstärke geltend, denen der Betrieb jeder einzelnen Linie angepaßt sein muß, doch genügt es für theoretische Zwecke vollkommen, auch hier der Untersuchung nur die unterschiedenen Bahngattungen zugrunde zu legen. Nur daß hier für Nebenbahnen in intensiv entwickelten Ländern und für Bahnen in Ländern auf extensiver Wirtschaftstufe wesentlich das gleiche gilt, weil die Verschiedenheit der allgemeinen wirtschaftlichen Verhältnisse gegenüber der Übereinstimmung der beiden Bahnklassen in der Verkehrsgestaltung für die Betriebsökonomie in den Hintergrund tritt. Einen gewissen Unterschied bedingt nur die Notwendigkeit des Anschlußverkehres bei unseren Nebenbahnen, wodurch der Betriebsweise der Hauptbahnen ein Einfluß auf die der Nebenbahnen erwächst.

Wenn wir demnach hier die besonders verkehrsreichen Bahnen, dann die Bahnen mit schwachem Verkehre und die Lokalbahnen (abgesehen von Personenbahnen) auseinander halten, so, finden wir, entsprechen diesen drei merklich verschiedene Betriebsweisen, die sich in der Hauptsache charakterisieren, wie folgt.

Die Bahnen intensiver Gestaltung zeichnen sich aus durch viele, schwächere und rasch verkehrende Züge, sowohl im Personenverkehre, der mit besonderer Beschleunigung befördert wird, als im Güterverkehre. Gleichzeitig ist der Verkehr in hohem Grade nach Zuggattungen spezialisiert und ist im allgemeinen die Wagenausnutzung sowie das Wagengewicht nicht sehr hoch, abgesehen von besonderen Rohproduktenmassenverkehren.

Nach ihrem Hauptrepräsentanten kann man diese Betriebsart als die englische bezeichnen. Sie fand etwas abgeschwächt in Belgien und einem Teile Frankreichs Eingang. Das Gegenstück bietet die Betriebsweise, welche im deutschen (und österreichischen) Eisenbahnwesen in den Perioden des anfänglichen schwachen Verkehres sich herausgebildet hat und daher die deutsche genannt werden kann, wenn man mit dieser Benennung mehr die Erinnerung an den Ursprung als die Vorstellung von der Gegenwart verbindet, welch' letztere in Mitteleuropa bereits eine gewisse Annäherung an die englischen Verhältnisse zeigt, dieser Betriebsgestaltung sonst aber noch weite Anwendungsgebiete offen hält. Sie kennzeichnet sich durch wenige, aus einer großen Anzahl Wagen zusammengesetzte und daher im allgemeinen weniger rasch verkehrende Züge. Auf hohe Nettoleistung, also auf große Tragfähigkeit der Wagen und ihre möglichst günstige Ausnutzung wird besonders Gewicht gelegt, ferner werden insbesondere die Güterzüge mit namhaft geringerer Fahrgeschwindigkeit befördert und greift zum Teile, namentlich auf den minder frequenten Linien, eine Verbindung des Personenverkehres mit dem Lastenverkehre Platz.

Das Betriebsystem der Kleinbahnen endlich vereint die der Frequenz und zum Teil der Ökonomie ungünstigen Seiten beider Betriebsweisen; die kleinen, schwach besetzten und ungünstig ausgenutzten Züge können nur spärlich, mit ermäßigter Geschwindigkeit und meist ohne Trennung des Personenverkehres vom Frachtentransporte verkehren. Dies schließt jedoch wieder anderweitige Ökonomie (auch in den Generalkosten) ein.

Es ist ein in seinen finanziellen Folgen sehr fühlbarer Verstoß gegen die Betriebsökonomie, wenn eine Linie nicht in der ihrem Charakter entsprechenden Weise betrieben wird.

Hiernach sind auch die tatsächlichen Erscheinungen zu beurteilen. Die durch wiederholte Schilderung von fachmännischer Seite [1]) in weiteren Kreisen bekannt gewordenen Eigentümlichkeiten des Bahnbetriebes in England sind hierdurch erklärt, wenn die auf der Wechsel-

[1]) Insbesondere Weber, „Schule des Eisenbahnwesens", Schwabe, Reitzenstein, Gutmann u. a., dann zahlreiche Artikel in deutschen Fachzeitschriften. Von fremden Werken: Malézieux, *rapport de mission* 1873.

wirkung mit den Anlageverhältnissen beruhende ursprüngliche Lade- und Rangiermethode in ihren oben skizzierten Voraussetzungen und Konsequenzen erkannt ist [1]).

Die Betriebsweise der Bahnen mit schwachem Verkehre gelangt in den intensiven Bahngebieten in dem Unterschiede zur Anschauung, den der Betrieb der Nebenbahnen gegenüber den Hauptbahnen in der entsprechenden Abstufung hinsichtlich geringerer Zahl, langsameren Fahrens, abnehmender Spezialisierung der Züge zeigt. Die Notwendigkeit der Anschlüsse an die Züge der Hauptbahn bringt indes manche betriebsökonomisch nicht erwünschte Annäherung an den Hauptbahndienst mit sich. Bei den Bahnen (auch Hauptbahnen) in extensiven Wirtschaftsgebieten herrscht die beschriebene Betriebsweise unein-

---

[1]) Eine Schilderung aus den 70er Jahren (1. Aufl., II. Bd., S. 382) lautet: „Die englischen Passagierzüge sind im Durchschnitte nach beiläufigen Beobachtungen nur mit 50 Personen besetzt, die Güterzüge — mit Ausnahme der Kohlen- und Mineralienzüge — haben etwa nur 50 *Tons* Ladung. Die Güterwagen besitzen nur eine Tragfähigkeit bis 160 Zentner, selten mehr. Bei einzelnen Bahnen sind viele Maschinen selbst auf ebenen Linien nur auf Mitnahme von 25 bzw. bei Kohlenzügen von 22 beladenen Wagen berechnet, während die stärksten Güterzugmaschinen nur 40, bei Kohlenzügen 35 beladene Wagen mit sich führen. Die Eingliederung des Güterverkehres in den Personenverkehr geschieht dadurch, daß in den Ausgangs- und Konzentrationspunkten die meisten Güterzüge in den späten Abendstunden ankommen und rasch entladen werden, in der zweiten Hälfte der Nacht die abgehenden Sendungen geladen und die Züge in den frühen Morgenstunden expediert werden, was natürlich eine höchst ausgebildete Arbeitsorganisation, die auf dem mehrerwähnten Rangiersysteme, dann der Verwendung offener Wagen beruht, und die bahnseitige An- und Abfuhr der Güter voraussetzt. Die Spezialisierung des Verkehres ist sehr ausgebildet, auch im Güterverkehre, der durchaus vom Personenverkehre getrennt ist. Sie erfolgt teils nach dem Ziel, teils nach der Gattung, teils nach der Abfertigungsweise der Güter. Wir finden vielfach besondere Marktzüge, besondere Züge für Zweigrouten, Züge für durchgehendes Gut, besondere Ausladezüge, Kohlen-, Vieh-, Fleisch-, Fisch-, Milchzüge, Eilgüter-, Leerzüge u. dgl. Die *fast goods trains* und die *express goods trains*, von welchen erstere den Verkehr der Anschlußrouten untereinander vermitteln, während letztere Durchgangsgut für weitere Distanzen führen, legen die weitesten Entfernungen im allgemeinen in kaum 2 Minuten pro Kilometer zurück" (Gutmann). Die große Fahrgeschwindigkeit im Personenverkehre ist bekannt (Daten z. B. bei Schwabe, S. 64). Auf den Hauptbahnhöfen der großen Städte, voran Londons, auch abgesehen von den Londoner Lokalbahnstrecken, findet ein beinahe unausgesetztes Ankommen und Abgehen von Personenzügen statt. Nach Fleming (*Our railway system*) betrug das durchschnittliche Zeitintervall zwischen zwei Zügen (Tag und Nacht gerechnet) im eigentlichen England i. J. 1875 32 Minuten." Der enorm angewachsene Verkehr konnte bis zur Gegenwart nur das ändern, daß die Züge noch häufiger, aber auch länger werden mußten, so daß sie im Rohgüterverkehre die stärksten Maschinen benötigen. Um die Jahrhundertwende hatten die Stückgüterzüge auf der Hauptlinie der *London and North Western* im Durchschnitt 40 Wagen mit je 3 *t* Ladung, bei der *North Eastern* im Durchschnitt aller Linien des Netzes nur 29 Wagen mit 2 *t* Ladung (Frahm, a. a. O., S. 298). Im Personenverkehre ist eine weiter reichende Umwandlung eingetreten. Nach den Geschäftsberichten der *North Western* ist das Zuggewicht der Personenzüge von 75 *t* i. J. 1874 auf 350 *t* i. J. 1914 und weiterhin während des Krieges bis 500 *t* gestiegen. Die hauptsächlichste Ursache der Erhöhung liegt in der Einführung der großen 4achsigen Wagen; ein Personenwagen, der i. J. 1874 durchschnittlich 9,4 *t* wog, war i. J. 1898 schon 26,65 *t* schwer; gegenwärtig 44,75 *t*.

geschränkt und es macht nur in Einzelheiten der Betriebsführung einen Unterschied, ob sie mit hohen Löhnen bei dünner Bevölkerung oder niedrigem Arbeitslohn bei dichter Bevölkerung zu rechnen haben. Im ersteren Falle kann es sich empfehlen, sich Maßnahmen des intensiven Betriebes zwecks Ersparung von Arbeit anzuschließen. Die Einführung durchgehender Bremsen seitens der amerikanischen Bahnen kann als Belegfall angeführt werden.

Die Zwischen- und Übergangstufen von hoher zu geringerer Verkehrsintensität sind, wenigstens was die Zahl der Züge betrifft, mit folgenden statistischen Durchschnittsziffern der täglichen Zugfrequenz der verschiedenen Bahnnetze illustriert.

Belgien (Staatsbahnen)	50,59
Großbritannien und Irland[1]	48,24
Preußisch-hessische Staatsbahnen	38,48
Holland (Betriebsgesellschaft)	37,48
Schweiz (Gesamtnetz)	28,36
Frankreich (Hauptbahnen)	26,97
Österreichische Staatsbahnen	22,23
Italien (Staatsbahnen)	21,38
Dänemark (Staatsbahnen)	20,15
Ungarn (Staatsbahnen)	16,95
Rußland (Gesamtnetz)	15,90
Schweden (Staatsbahnen)	15,24
Norwegen (Gesamtnetz)	11,02

Vereinigte Staaten (1909/10):	
II. Bezirk	28
I. „	22
III. „	20
VI. „	12
IV. „	11
V. „	11
VII. „	10
VIII. „	10
X. „	9
IX. „	8
Gesamtdurchschnitt	14

Bei den Lokalgüterbahnen (Kleinbahnen) macht die Kürze des Weges und die äußerste Spärlichkeit des Verkehres es zum Gebote der Ökonomie, mit nur einer oder wenig Lokomotiven, einer sehr geringen Anzahl Wagen und einem entsprechend schwachen Personalstande die kleinen Verkehrsmengen in ununterbrochenem Tagewerke, aber deshalb auch mit geringerer Fahrgeschwindigkeit, hin- und herzuschaffen. Ein oder zwei ganz kurze Züge fahren hin und her; der zweite Zug geht erst ab, nachdem der erste zurückgekommen ist, und es können auf diese Weise 2—4 gemischte Züge täglich in jeder Richtung verkehren. Die schottischen Lokalbahnen haben seinerzeit mit dieser Betriebsweise das Vorbild gegeben. Bei Verwendung von Triebwagen kann der Omnibusbetrieb auf den Personenverkehr beschränkt werden, wogegen im Frachtentransporte selbst nur ein Zugverkehr nach Erfordernis ohne Rücksicht auf Lieferzeit einzurichten wäre, insbesondere für Sendungen, welche von oder zur Hauptbahn übergehen. Die geringe Geschwindigkeit und die Kürze der Strecke gestatten jene Gemächlichkeit der Abwicklung des Zugverkehres, die den Witzblättern einen beliebten Stoff lieferte, vom ökonomischen Standpunkte aber eine andere Beurteilung zu erfahren hat, als zu welcher jene Karikaturen verleiten können. Die Einfachheit der Betriebsverhältnisse ermöglicht die Zusammenfassung sonst getrennter Arbeitsverrichtungen in den Dienst-

[1]) England allein überragt Belgien in der Zugfrequenz sicherlich ganz namhaft.

pflichten je einer Person, was schon bei Darstellung der „Organisation" zu erwähnen war. Das Personal kann auf das äußerste eingeschränkt werden. Bei kurzen Linien, bis etwa zu 25 km Länge, mag man mit 2 Schaffnern, 2 Führern und 2 Heizern das Auslangen finden, wobei jeder dieser Angestellten in den Zwischenzeiten seines normalen Dienstes verschiedene Arbeiten, wie Reinigen, Putzen, kleine Reparaturen der Fahrbetriebsmittel usw. zu leisten hat. An Haltepunkten kann die Fahrkartenausgabe oder auch die Aufnahme von Gütern etwa von einem Handelsmanne, Buchführung und Verrechnung kann unter Umständen bei besonders einfachen Verkehrsverhältnissen vielleicht von jemand im Nebenamte besorgt werden, und es bietet überhaupt der Kleinbahnbetrieb für die Ökonomie im engsten Sinne ein ergiebiges Feld, auf dem praktisch veranlagte Köpfe in Kleinigkeiten, die aber für das finanzielle Gesamtergebnis gar nicht zu verachten sind, Ersprießliches zutage bringen können. In den Fachzeitschriften ist dieser Seite der Kleinbahnverwaltung volles Augenmerk geschenkt. Die Jahreskosten eines Betriebes dieser Art können mit 2—3000 Mk. für 1 *km* angesetzt werden (für die Vergangenheit!).

Höhere Kosten treten bei Bahnen zutage, die sich mehr den Nebenbahnen nähern oder tatsächlich — bei größerer Längenausdehnung — Nebenbahnen sind, oder wo der Betrieb im Stile der Hauptbahnen eingerichtet wurde, wie anfangs bei den elsässischen Lokalbahnen. Auf der anderen Seite sind Fälle zu verzeichnen, in welchen Nebenbahnen, die als solche gebaut wurden, in Wirklichkeit Lokalbahncharakter hatten. Bei solchen war es angezeigt, den Betrieb auf die Lokalbahnweise umzuwandeln, was in Verbindung mit Beseitigung der Wegschranken die entsprechende Ökonomie ergab. Hauptbahnen, welche den Betrieb von Lokalbahnen führen, vermögen ihre Leute häufig nicht auf die ihrer Übung zuwiderlaufende Betriebsweise einzustellen, außer wenn etwa eine Staatsbahn eine größere Anzahl solcher Bahnen zu betreiben hat. Der ungünstige wirtschaftliche Erfolg wird durch Pauschalvergütung meist verschleiert.

Die Frage der Fahrtgeschwindigkeit. Bei der Schiffahrt spielt, wie wir gesehen haben, die Frage der Fahrtgeschwindigkeit eine wichtige Rolle (II. Bd., S. 188). Auch bei den Eisenbahnen gibt sie zu betriebsökonomischen Erwägungen Anlaß, indes mit denjenigen Abweichungen, welche auf der technischen Natur der Eisenbahn und der Eigenart des Eisenbahnverkehres beruhen. Der Punkt betrifft eine Seite des Betriebes, die zusammenhängender Darstellung vorbehalten werden mußte.

Auch bei der Eisenbahn wächst der Kostenaufwand selbstverständlich mit zunehmender Fahrtgeschwindigkeit im Verhältnis zum Mehrverbrauch an Energie. Die Erzeugungskosten der verbrauchten

Energie stehen zu ihrem Ausmaß in geradem Verhältnis. Der Widerstand des äußeren Mediums, der bei der Schiffahrt sich so stark geltend macht, d. i. bei der Eisenbahn nur der Luftwiderstand, tritt erst bei den höheren Graden der Geschwindigkeit in anrechenbarem, geringem Maße auf. Bei der Eisenbahn kommen jedoch die schnellfahrenden Züge mit weiten Stationsentfernungen in Vergleich mit denjenigen langsam fahrenden Zügen, die in allen Stationen anhalten und bei letzteren verursacht das öftere Bremsen und nachfolgende Anfahren einen Kraftverbrauch in einem Ausmaße, daß er den Kraftbedarf bei den Schnellzügen erreicht oder selbst überwiegt. Bei Güterzügen kommt unter den zentraleuropäischen Betriebverhältnissen noch das häufig lange Warten auf Überholungen mit dem langen Dampfhalten hinzu und bedingen die großen Zugbelastungen an sich einen großen Kraftbedarf. Verschiedene Untersuchungen der Techniker erweisen einen Mehrbedarf an Kohle usw. für Güterzüge gegenüber Schnellzügen, im Vergleich zwischen diesen und Personenzügen jedoch eine geringe Verminderung oder (nach anderen) eine Steigerung des Verbrauches.

Ein bei der Schiffahrt nicht vorfindlicher Umstand liegt bei der Eisenbahn darin, daß die Geschwindigkeit der Fahrt einen Einfluß auf die Erhaltungskosten des Weges (des Gleises) ausübt. Über die Beschaffenheit dieser Einwirkungen und ihr Ausmaß gehen die Meinungen der Techniker auseinander. Nach älteren Ansichten erfolgt die Abnutzung der Schienen im quadratischen Verhältnisse zur Geschwindigkeit und diese Ansicht wird noch gegenwärtig von manchen Verwaltungen geteilt. Andere meinen, daß die Abnutzung nur im linearen Verhältnis der Geschwindigkeit vor sich gehe. Eine dritte Ansicht geht dahin, daß auf die Beanspruchung des Gleises überhaupt eine höhere Fahrtgeschwindigkeit in gewisser Hinsicht sogar günstig, in anderer Hinsicht unleugbar ungünstig einwirke [1]). Im Endergebnisse kommt danach kein erheblicher Unterschied zu ungunsten der Schnellzüge zum Vorschein, während das allerdings nach der ersterwähnten Ansicht der Fall ist. Aber auch in dem Punkte sei das Bremsen beim Anhalten in den Stationen bei den Personenzügen und das öfter notwendig werdende Bremsen der Güterzüge auf der Strecke wegen der Abnutzung der Lauffläche der Schienen ein für die Kosten ins Gewicht fallender Umstand. Jedenfalls sind die Gleiserhaltungskosten für einen Zug beim Schnellverkehr höher als bei Personenzügen, am höchsten bei Güterzügen, sie werden aber bei letzteren, gleichwie die Brennstoffkosten, durch die Verteilung auf die große Anzahl Wagen eines Zuges, auf eine Achse bezogen, am geringsten.

---

[1]) Eine eingehende Untersuchung in diesem Sinne Dr. ing. R. Esch: „Über den Einfluß der Geschwindigkeit der Beförderung auf die Selbstkosten der Eisenbahnen“, 1911.

Was den Einfluß auf die Fahrbetriebsmittel betrifft, so sind die Erhaltungskosten der Schnellzug-Lokomotiven höher als die der anderen Maschinen, jene haben auch bei größeren Anschaffungskosten kürzere Lebensdauer. Dennoch erfordern sie, weil sie die doppelte Anzahl Kilometer in der Zeiteinheit zurücklegen, keine höhere oder nur wenig höhere Aufwendung für Erneuerung. Die Erhaltungskosten der Wagen sind in allen Zuggattungen annähernd gleich, die Erneuerungskosten, auf 1 Achskilometer bezogen, sind bei Schnellzügen höher, weil die großen 4achsigen Wagen eben höhere Anschaffungskosten erfordern.

Wichtige Rechnungsposten sind die Entlohnung des Lokomotiv- und Zugpersonales und schließlich die Verzinsung des Kapitales der Betriebsmittel. Diese Ausgaben verteilen sich auf eine um so größere Zahl von Leistungseinheiten, je länger die vom Zuge in der Zeiteinheit zurückgelegte Strecke ist. Dadurch entfällt auf Schnellzüge eine geringere Lohnquote als auf Personenzüge und es werden durch die weitere Verwendung der Wagen, der Lokomotiven und des Personals während der durch die schnelle Fahrt gewonnenen Zeit Ersparnisse erzielt. Auch der auf 1 Zugkilometer entfallende Anteil an der Kapital-Verzinsung der Betriebsmittel wird um so geringer, je größer die im Jahresdurchschnitt von Lokomotiven und Wagen zurückgelegten Strecken sind, wobei allerdings die höheren Anschaffungskosten in Betracht kommen. Die geringere Lohnquote trägt wesentlich dazu bei, daß im Endergebnisse die Kosten der Leistungseinheit bei Schnellzügen sich nicht erheblich von denjenigen bei Personenzügen unterscheiden; je nach den konkreten Verhältnissen in einem gewissen Maße höher oder auch etwas niedriger oder gleich sein können. Das erste dürfte aber bei der überwiegenden Mehrzahl der Fälle platzgreifen. Die übrigen Kostenbestandteile können bei der Vergleichung als indifferent außer Ansatz bleiben.

Das gewonnene Ergebnis hat für die Betriebsökonomie ausgesprochene Bedeutung. Im Personenverkehre ist die Schnelligkeit der Fahrt durch das Verkehrsbedürfnis einerseits, die Leistungsfähigkeit der Betriebsmittel und die Beschaffenheit der Linie andererseits den Bahnverwaltungen vorgezeichnet, mit geringem Spielraume auf oder ab. Es kommt hierbei nur der Umstand in Betracht, daß für die Bahnbenutzer der durch Steigerung der Reisegeschwindigkeit erzielbare Zeitgewinn um so kleiner wird, je größer die Geschwindigkeit schon ist, und daher die Gegenüberstellung der Fahrtmehrkosten der Steigerung eine wirtschaftliche Grenze zieht. Für die Bahnverwaltung handelt es sich nur noch darum, für die derart bestimmten Leistungen die richtigen Preise zu finden; eine Maßnahme, die uns im folgenden Abschnitte beschäftigen wird.

Anders im Frachtenverkehre. Weil die Beförderungszeit der Güter durch die Fahrtgeschwindigkeit der Güterzüge in viel geringerem Maße beeinflußt wird als durch die notwendigen Nebenleistungen, wie:

Rangieren, Bereitstellen, Beladen und Entladen der Wagen, Sammeln und Verwiegen der Güter, Umbildung der Züge auf Verteilungsbahnhöfen, so kann die Eisenbahn ohne Nachteil für die Bahnbenutzer und ohne Überschreitung der Lieferzeit die Güterzüge mit derjenigen Geschwindigkeit verkehren lassen, welche die geringsten Kosten ergibt. Somit drängt sich der Verwaltung die Frage auf, bei welcher Geschwindigkeit unter gegebenen Verhältnissen die Kosten der Leistungseinheit die geringsten werden. Die Beantwortung der Frage ergab sich bei den preußisch-hessischen Staatsbahnen wie folgt [1]):

Eine Güterzuglokomotive vermag bekanntlich bei voller Ausnutzung sowohl einen schweren Zug mit geringer Geschwindigkeit als einen leichten Zug mit größerer Geschwindigkeit innerhalb gewisser, durch ihre Bauart gesetzten Grenzen zu befördern. Die vorteilhafteste Geschwindigkeit wäre demnach diejenige, bei welcher das Produkt aus Wagennutzlast und in der Zeiteinheit zurückgelegter Strecke das größte ist. Bei der Beschaffenheit der Lokomotiven der bezeichneten Verwaltung ergibt sich, daß bei 25—26 *km/std.* die Zahl der geleisteten Tonnenkilometer ein Maximum wird.

Diese Geschwindigkeit ist aber nicht die vorteilhafteste, weil die unterschiedenen Kostenelemente sich gegenüber einer Steigerung der Geschwindigkeit verschieden verhalten. Von dem Einflusse auf die Gleiserhaltung kann bei Güterzügen angesichts der geringen Unterschiede der Geschwindigkeit, zwischen denen die Wahl zu treffen ist, abgesehen werden.

Die Kraftkosten steigen, wie wir sahen, mit der Geschwindigkeit. Vom Gesichtspunkte des Kohlenverbrauches wäre es daher angezeigt, möglichst schwere Güterzüge mit geringer Geschwindigkeit verkehren zu lassen. Nun ist aber bekanntlich die Länge der Güterzüge durch die deutsche Betriebsordnung auf 120 Achsen mit einer Höchstbelastung von 1100—1200 *t* beschränkt, der eben erwähnte Gesichtspunkt kann daher darüber hinaus nicht zur Wirkung gelangen. Dagegen hängen die Ausgaben für das Lokomotivpersonal, wie wir sahen, von der durch die Zugfahrt in Anspruch genommenen Zeit ab. Diese Kosten und desgleichen die für Verzinsung sind in einer Stunde nahezu unveränderlich. Sie belasten demnach das Tonnenkilometer um so weniger, je größer die Zahl der in einer Stunde beförderten Leistungseinheiten ist. Bei den Personalkosten kommt noch der Umstand in Geltung, daß mit wachsender Geschwindigkeit die Zahl der zu bremsenden Achsen zunimmt, also eine größere Zahl von Bremsern erforderlich wird. Auf Grund von Versuchsfahrten angestellte Berechnungen zeigen, daß mit wachsender Geschwindigkeit von 20 auf 40 *km* die Verzinsungskosten infolge besserer Ausnutzung der Lokomotiven nicht unerheblich

[1]) Nach Esch, a. a. O., insbesondere S. 58ff.

sinken, ferner daß die Lohnausgaben bei 30 *km* Geschwindigkeit geringer sind als bei 20 *km* und daß sie bei einer Steigerung der Geschwindigkeit auf 40 *km* infolge der günstigeren Personalausnutzung noch weiter sinken, obwohl eine größere Bremserzahl notwendig wird, wogegen erst bei 50 *km* wegen der höheren Bremsbesetzung eine höhere Lohnquote herauskommt. Diese Ersparnisse an Personalkosten im Verein mit der Ersparnis an Verzinsungskosten sind so bedeutend, daß sie den Mehraufwand an Material (Kohle usw.) überwiegen, und die Rechnung führt zu dem Schlusse, daß bei 30 *km* Grundgeschwindigkeit sich die geringsten Kosten herausstellen.

Hiermit stimmt es überein, daß die preußisch-hessischen Staatsbahnen für ihre vollbelasteten Güterzüge in der Regel eine Geschwindigkeit von 30 *km* in der Wagrechten zugrunde legen. Die immer dichter werdende Zugbelegung verkehrsreicher Strecken nötigte jedoch dazu, die Geschwindigkeit der Güterzüge, die erhebliche Überholungsaufenthalte erlitten und eine beständige Belästigung für die glatte Durchführung des Personenverkehres bildeten, zu steigern, so daß die bei Aufstellung der Fahrpläne jetzt zur Anwendung kommende Grundgeschwindigkeit in vielen Fällen 40 *km/std.* beträgt. Die Erfahrung ergab, daß angesichts der Überholungsaufenthalte bei den 30 *km*-Zügen, die 40 *km*-Züge billiger werden, was aber eben nur für Strecken von dem bezeichneten Verkehrscharakter gilt. Gütereilzüge, die erst bei hoch intensiver Verkehrsgestaltung ein Bedürfnis werden, müssen nach dem Vorerwähnten des nötigen Bremserpersonals wegen höhere Kosten aufweisen. Wenn diese bei Anwendung der durchgehenden Zugbremse wegfallen, so treten die Anlagekosten dieser Einrichtung an ihre Stelle. Das zeigt zugleich, wie es die Entwicklung mit sich bringt, daß bei allgemeiner großer Verkehrsdichte eine Annäherung der Fahrtgeschwindigkeit der Güterzüge an die der Personenzüge, also jene Verkehrsweise, wie sie in England frühzeitig durchdrang, sich betriebsökonomisch durchsetzt.

So bewährt sich auch in der besprochenen Einzelheit des Betriebes, wie überhaupt bezüglich der voranstehenden Ausführungen, daß die wissenschaftliche Untersuchung uns die Bestimmungsgründe und den Zusammenhang von Maßnahmen mit Sicherheit enthüllt, zu welchen die rohe Empirie nur tastend gelangt ist.

Der elektrische Betrieb und die Funktionsteilung unter den Bahnen. Die Nutzbarmachung der Elektrizität im Eisenbahnwesen zur Fortbewegung der Fahrzeuge, nicht bloß für Hilfsapparate des Betriebes, ein so großes neuerschlossenes Gebiet der Technik sie ergab, ist für die Ökonomie in einige wenige Gesichtspunkte zu fassen.

Am meisten springt die Verbesserung der Qualität des Transportes, insbesondere für den Personenverkehr, in die Augen, welche die neue

Technik in sich schließt. Mit dieser verknüpfen sich eine Anzahl von Betriebsvorteilen, die sich in Steigerung der Leistungsfähigkeit und Kostenminderung umsetzen. Sie sollen sogleich im nachfolgenden dargestellt werden, soweit sie durch die doch bereits zu einem gewissen Abschluß gekommene spezielle Technik entwickelt und unzweifelhaft festgestellt sind. Die vielfachen Vorteile kommen im Motorwagenbetrieb ausschlaggebend schon zur Geltung, wenn selbst die Kosten der Kraft durch die notwendigen Anlagen zu ihrer Gewinnung und Zuleitung sich höher stellen als bei Erzeugung durch Brennstoffe in der Lokomotive. Der Kostenpunkt wird aber bekanntlich dadurch von besonderer Bedeutung, daß die elektrische Betriebsweise es ermöglicht, die durch Ausnutzung von Wasserkräften oder anderweitig zu gewinnende billige Kraft für den Bahnbetrieb heranzuziehen. Die Folge des Zusammenwirkens der angeführten Umstände ist es, daß die Gesichtspunkte der Ökonomie zunächst unter den verschiedenen Bahngattungen auf ein bestimmtes Anwendungsgebiet für die neue Betriebs weise hinwiesen und daß weiterhin die allgemeine Einführung des elektrischen Betriebes zum Zwecke der erwähnten Kostenminderung gegenüber dem Kohlenbetrieb aufs Tapet kam.

In der erstgedachten Hinsicht ist die Eignung des elektrischen Betriebes für den städtischen Personenverkehr uns allen wohl bekannt. Erst mit dieser Betriebsweise, die es ermöglicht, den Verkehr mit lauter kleinen und kleinsten Zugeinheiten abzuwickeln, war dem betreffenden Verkehrsbedürfnisse in vollem Maße entsprochen, und zufolge der sich dadurch ergebenden enormen Steigerung des Verkehres wurden solche Anlagen auch in kleineren Städten und deren Umgebung wirtschaftlich ausführbar, was vordem nur in den größten Hauptstädten der Fall war. Wir sehen daher auch die elektrischen Bahnen geradezu einen Siegeszug in diesem Gebiete des Gesamtverkehres antreten: überall entstehen elektrische Straßenbahnen, die bereits vorhandenen Pferdebahnen und Dampftramways werden auf elektrischen Betrieb umgewandelt und in den Großstädten werden elektrische Bahnen als Untergrund- oder als Hochbahnen gebaut. Für die Führung der Linie unter der Bodenfläche bieten sie den Vorteil, daß der Querschnitt des Tunnels sehr eingeschränkt werden kann, mithin die Anlagekosten stark vermindert werden. Aus analogen Gründen wie bei den Straßenbahnen wird die elektrische Betriebsweise auch für Bergbahnen ökonomisch besonders geeignet und hat auch hier die gleich rasche Entwicklung gezeigt, wozu überdies die im Gebirge in der Regel mögliche Gewinnung billiger Kraft an Ort und Stelle wesentlich beitrug.

Aber auch für den zwischenstädtischen Verkehr, wo er die höchsten Intensitätsgrade erreicht hat oder ihnen entgegengeht, erscheinen die elektrischen Bahnen ausnehmend geeignet. In dieser Hinsicht wäre die Aussicht eröffnet, auch im Großverkehre zu einer Funktionsteilung zwischen den Bahnen zu gelangen und somit einen Vorschlag zu verwirklichen, der bereits die Fachkreise beschäftigt hat und unter besonderen Umständen auch in den Anfängen der Verwirklichung steht, nämlich die Trennung des Personen- und des Güterverkehres durch eigene Anlagen für jeden der beiden Verkehrszweige.

Der Gedanke ist ursprünglich von W. Hartwich ausgegangen, der die Erbauung von eigens für den Güterverkehr bestimmten Bahnen anregte [1]). Hartwich ging dabei von der Tatsache aus, daß die Eisenbahnanlagen intensiver Gestaltung überwiegend von den Rücksichten auf den Personenverkehr bedingt sind, während der Güterverkehr an sich dergleichen nicht benötige. Durch die Rücksicht auf Erreichung der größten Geschwindigkeit und Sicherheit für den Personentransport werde hauptsächlich die Kosten mehrende Anlagebeschaffenheit erfordert: die vielen Erdarbeiten zur Erzielung mäßiger Steigungen und flacher Bögen; der starke Oberbau, der raffinierte Sicherheitsapparat. Die Einschiebung der Güterzüge in den Personenverkehr bringe keineswegs eine erhöhte Vollkommenheit des Gütertransportes mit sich: durch die Fahrpläne der Personenzüge bedingt, müssen auch die Güterzüge mit großer Geschwindigkeit von Station zu Station geschafft werden, ohne daß die Güter in gleichem Maße schneller vom Absender zum Empfänger gelangen, da die Güterzüge auf den Stationen oft lange Zeit auf das Vorbeifahren der Personenzüge warten müssen, so daß die in hohem Grade gesteigerten Kosten der Schnellfahrt eigentlich umsonst aufgewendet sind. Dieses Einschieben des Güterverkehres in den Personenverkehr sei überdies auf geringe Ausnutzung der Frachtwagen von Einfluß, ferner infolge der den Personendienst in erster Linie berücksichtigenden Anlage der Bahnhöfe auch von einer Erhöhung der Rangierkosten begleitet usw. Alle diese, die Anlage- und Betriebskosten steigernden Momente kämen nach Hartwich's Ansicht in Wegfall, wenn spezielle Güterbahnen angelegt würden, welche, auf ganz langsames, gleichmäßiges Fahrtempo berechnet, infolgedessen in allen Teilen der Anlage weit einfacher gehalten sein könnten, mit tunlichstem Anschmiegen des Bahnkörpers an das natürliche Terrain, mit weitgehender Verminderung der Bewachung und Signalisierung.

Im gleichen Sinne wurde von anderer Seite [2]) der vollständig ausgearbeitete Plan einer Güterbahn für den Massengüterverkehr des rheinisch-westfälischen Industriegebietes mit dem Osten vorgelegt, der, in manchen Einzelheiten Verbesserungen gegenüber dem Vorschlage Hartwich's enthaltend, überdies schon von den neueren Fortschritten des hohen Ladegewichtes, der Selbstentladung usw. Gebrauch machen konnte und dadurch zu einem Selbstkosten-Niveau gelangte,

---

[1]) S. hierüber „Verkehrsmittel", 1. Aufl., II. Bd., S. 326.

[2]) „Massengüterbahnen", von Dr. Walter Rathenau und Prof. Wilhelm Cauer, 1909.

das Tarife gleich den Wasserfrachten ermöglicht hätte, bei einer vielfach größeren Leistungsfähigkeit als die des damals erst geplanten Kanals. Nur die für den Bau des Kanals sprechenden Gründe haben gegen die Bahn entschieden.

Es ist einleuchtend, daß unter den gegenwärtigen Verhältnissen eine solche Anlage nur für Stationsverbindungen von ausnahmeweise hoher Verkehrsintensität in Frage kommen kann. So hat z. B. die Pennsylvania-Bahn seit dem Jahre 1900 parallel zu ihrer 4gleisigen Strecke Philadelphia-Pittsburg eine 2gleisige Frachtenbahn gebaut, die mit geringstmöglichen Steigungen nur für Massentransporte bei geringer Geschwindigkeit bestimmt ist, während die 4gleisige Strecke zur Bewältigung des Personen- und des Frachtenschnellverkehres dient.

Auch in England dient von einzelnen 4- oder 6gleisigen Strecken ein Gleispaar speziell dem Frachtenverkehre. Daß aber bis zur Gegenwart von dem Vorschlage sonst kein Gebrauch gemacht wurde, wo es ausführbar gewesen wäre, ist wohl dadurch zu erklären, daß man bei der Verdichtung des Netzes eben die Rücksicht auf den Personenverkehr unter dem Einflusse der Interessenten an der Trasse jeder neuen Bahn nicht hintansetzen zu können glaubte. Und es ist auch ersichtlich, daß im allgemeinen in der Entwicklungsperiode der Bahnnetze die Erbauung gesonderter Güterbahnlinien eine Ökonomie nicht bedeutet hätte, weil dann eben zwei Anlagen an Stelle der einen, für den Verkehr ausreichenden Kapital erfordert hätten. Für einen vorgeschrittenen Ausbau des Bahnnetzes in Ländern von intensiver Verkehrsgestaltung erscheint nun aber eine teilweise Durchführung des Grundgedankens durch Einrichtung des elektrischen Betriebes in den Bereich der Möglichkeit gerückt. Wenn zwischen den bedeutendsten Plätzen eines solchen Bahngebietes je mindestens zwei Bahnverbindungen bestehen, kann es wohl zur Erwägung stehen, die eine von diesen, die kürzere oder sonst geeignetere, dem Personenverkehre mit elektrischem Betriebe und allen von diesem gebotenen Vorteilen zu widmen, die andere Linie dem Frachtenverkehre anzupassen, sei es ebenfalls mit elektrischer oder mit der bisherigen Betriebsweise. Daß je der andere Verkehrszweig für die Zwischenpunkte mit schwacher Frequenz mitbesorgt werden müßte und das Vorgehen nur ausführbar ist, wenn letzteres durch die Verkehrsgestaltung einer Linie ermöglicht wird, ist selbstverständlich. Auch einzelne neu anzulegende, ausschließlich für große Schnelligkeit des Personenverkehrs berechnete Linien kämen in Frage. Auf diese Art würde die gedachte Funktionsteilung zwischen den Bahnen in Gebieten, wo ihre Voraussetzungen gegeben sind, vollzogen.

Eine Einzelheit des Betriebes, die aber eine erhebliche Verbesserung darstellt, ist die Ermöglichung der Besorgung des örtlichen Verkehres durch die Bahnen höherer Ordnung mittels elektrischer Triebwagen, die ihre Kraft durch Aufspeicherung oder durch Gewinnung im Wagen selbst mit flüssigem Brennstoff erhalten. Die Besorgung des Lokalverkehres durch diese Bahnen in ihrem Bereiche war bisher mit der Unvollkommenheit behaftet, daß entweder schwach besetzte Züge speziell für diesen Zweck in Lauf gesetzt werden mußten oder die Einwohner auf die meist in weiteren Zwischenräumen gelegenen Fernzüge angewiesen waren, bei welchen sie häufig auf kurze Strecken Platz beanspruchten, der im weiteren Lauf des Zuges nicht ausgenutzt war. Die Triebwagen treten im Intervall der Fernzüge mit großer Kostenersparnis an Stelle jener kleineren Züge und ergeben somit eine bessere und billigere Befriedigung des Verkehrsbedürfnisses, sie wären auch das geeignete Mittel zur Besorgung des Personenverkehres auf Frachtenbahnen.

Der elektrische Vollbahnbetrieb. Der Ersatz der Dampflokomotive durch die elektrische Lokomotive auf den bestehenden Eisenbahnen ist gegen Ende des ersten Jahrzehnts unseres Jahrhunderts allgemein ausführbar geworden, nachdem eine technische Lösung gefunden war, die sowohl den Anforderungen des praktischen Betriebes als den ökonomischen Gesichtspunkten vollständig entsprach. Die Betriebsweise bietet in dieser Hinsicht eine Reihe von Vorzügen gegenüber dem Dampfbetriebe, die zum Teil mit denjenigen zusammenfallen, welche, einleuchtend allgemein gültig, schon für die Anwendung der Elektritizät für Triebwagen im Personenverkehre entscheidend waren. Eine Übersicht der betreffenden Betriebsmomente stellt somit den Inhalt der Ökonomik des elektrischen Bahnbetriebes dar. Eine solche ist in ebenso knapper als lichtvoller Darstellung in der Denkschrift gegeben, mit der die preußische Staatsregierung i. J. 1909 die Geldbewilligung für die erste Anlage begründete, welche die Reihe dieser Vollbahnbetriebe eröffnen sollte. Wir können nichts Besseres tun als die Ausführungen — etwas gekürzt — hier wiedergeben[1]). Als die ökonomisch wirksamen Betriebsvorzüge der elektrischen Bahnen werden bezeichnet:

Geringeres Gewicht der Antriebseinrichtungen, bezogen auf die Einheit der Leistung.

Wesentliche Ersparnisse an Brennstoff bei dichter Zugfolge, kurzen Abständen der Haltepunkte, schwerem Verkehr und großer Fahrgeschwindigkeit, sowie auf Strecken mit großen und langen Steigungen.

Die Möglichkeit, Wasserkräfte und minderwertige Brennstoffe, wie Braunkohlen und Torf, zur Zugbeförderung nutzbar zu machen.

Rückgewinnung von Arbeit auf Gefällen, womit unter Umständen eine ansehnliche Ersparnis an Brennstoff und wegen Einschränkung an Radbremsung eine wesentliche Verminderung der Abnutzung der Radreifen und Schienen verbunden ist.

Geringere Unterhaltungskosten der Triebfahrzeuge.

---

[1]) S. auch „Deutsches Eisenbahnwesen d. G.", I. Bd., S. 211.

Geringere Aufwendungen für Fahrmannschaft, da elektrische Fahrzeuge nur mit einem Mann besetzt zu werden brauchen; auch kann die Fahrmannschaft besser ausgenutzt werden, weil Vorbereitungs- und Abschlußdienst erheblich kürzer sind als bei Dampflokomotiven, die Lokomotiven vielfach besetzt werden können und jeder Fahrer unbedenklich im Güter-, Personen- und Schnellzugsdienst verwendbar ist.

Geringerer Raddruck der Triebfahrzeuge und daher geringere Beschaffungs- und Unterhaltungskosten des Oberbaues, weil die Anzahl der Triebachsen weniger beschränkt ist als bei Dampflokomotiven.

Auch lassen sich elektrische Lokomotiven leistungsfähiger als Dampflokomotiven und in solcher Bauart herstellen, daß sie enge Krümmungen ohne wesentlichen Zwang durchfahren können. Hierdurch wird es möglich, bei Anlage neuer Bahnen diese besser dem Gelände anzupassen als Dampfbahnen. Ferner läßt sich ein vorhandenes Bahnnetz besser ausnutzen, da gegenüber Dampfbetrieb die Zugfolge mehr verdichtet, die Zugbelastung und Geschwindigkeit erhöht werden können und auch Bahnen mit ungünstigen Steigungs- und Krümmungsverhältnissen dem großen Verkehr, dem sie sonst schwer zugänglich sind, dienstbar werden.

Hierzu treten Ersparnisse durch Wegfall der Kohlenlager, Bahnwasserwerke, Gasanstalten und besonderer Elektrizitätswerke zur Beleuchtung und Kraftversorgung der Bahnhöfe und Werkstätten.

Auch ist es möglich, den Lokomotivbestand wegen der kürzeren Betriebsaufenthalte und Ruhepausen besser auszunutzen und die Anzahl der Lokomotivgattungen einzuschränken, weil die elektrische Ausrüstung bei Güter- und Personenzugslokomotiven die gleiche ist und nur für den Schnellzugsdienst besondere Lokomotiven notwendig sind.

Endlich läßt sich die Betriebsicherung verbessern, indem die Züge zur Streckensicherung herangezogen werden.

Den Betriebsvorteilen steht die Vermehrung des Anlagekapitals gegenüber, welche die Kraftwerke und Leitungen erfordern. Der Mehrbedarf an Kapital ist sehr bedeutend; er war beispielsweise bei der Berliner Stadtbahn einschließlich der Motoren auf 123 Millionen Mark angeschlagen.

Den bezüglichen Kapitalkosten an Zinsen und Rücklagen ist die kapitalisierte Betriebskostenersparnis gegenüberzustellen. Was bei jeder einzelnen Anlage eine Sache genauer Rechnung ist, kann in einer theoretischen Erörterung nur in einen allgemeinen Satz gekleidet werden. In der Denkschrift geschieht dies durch die Folgerung: „daß ein solcher Betrieb auf Bahnen mit schwachem Verkehr wegen schlechter Ausnutzung der kostspieligen Anlagen dem Dampfbetriebe wirtschaftlich nachsteht, wenn nicht, was vorkommen kann, ein Ausgleich durch Abgabe elektrischer Arbeit für Nebenzwecke erzielbar ist.“ Positiv gewendet, ergibt sich der Schluß: „In erster Linie ist der elektrische

Betrieb daher für Bahnen mit erheblichen Leistungen ins Auge zu fassen, und zwar namentlich für solche, wo die elektrische Arbeit aus Wasserkräften oder billigen Brennstoffen gewonnen werden kann. Hierbei wird der Mehraufwand an Zinsen und Rücklagen mehr als ausgeglichen durch Ersparnisse an Kohlen und persönlichen Ausgaben, und zwar in um so höherem Maße, je stärker der Verkehr ist."

Für Maßnahmen in diesem Sinne käme die Verbindung mit der erörterten Scheidung von Personen- und Frachtenlinien wohl sicherlich in Erwägung.

Die Angelegenheit hat indes neuestens noch eine andere Seite angenommen. Die Folgen des Krieges, welche die Kohlengewinnung und den Kohlenpreis betreffen, haben die Elektrisierung des Bahnverkehrs in ein neues Licht gerückt, auch abgesehen von der vorübergehenden Gestaltung, die unter der unmittelbaren Einwirkung der Valutaentwertung zutage trat. Nunmehr kann die allgemeine Einführung der elektrischen Betriebsweise mit Bezug auf den Zweck in Frage stehen, ein Bahnnetz bzw. ein Land, das auf den Bezug der Kohle aus dem Auslande angewiesen ist, aus dieser unsicheren Lage zu befreien. Diese Rücksicht kann mit dem Gesichtspunkte der Verbilligung des Betriebes zusammenfallen oder es kann die Erlangung der Unabhängigkeit selbst um den Preis allfällig höherer Kosten angestrebt werden. Der Ausblick in die Zukunft mit der vorschreitenden Erschöpfung der Kohlenlager wäre als einziges Motiv wohl derzeit vorläufig noch nicht entscheidend. Dagegen käme die Verbindung mit der gemeinwirtschaftlichen Bewirtschaftung der Elektrizität für die gesamten Zwecke der Volkswirtschaft in Betracht, die bereits im I. Bande ihre Erörterung gefunden hat.

B. Die spezifisch wirtschaftliche Seite der Eisenbahnverwaltung.

1. Tarifaufbau und Tarifbemessung[1]).

Betriebsökonomische Preisbildung. Die rein wirtschaftliche Betätigung in der Eisenbahnverwaltung findet ihr Hauptgebiet in der Aufgabe, für die unzähligen, im Betriebe zum Vollzug gelangenden

[1]) Hauptwerke: Ulrich, „Das Eisenbahntarifwesen im allgemeinen und in seiner besonderen Entwicklung in Deutschland, Österreich-Ungarn usw.", 1886 (ergänzend: „Personentarifreform und Zonentarif", 1892, „Staffeltarife und Wasserstraßen", 1894). — Rank, „Das Eisenbahntarifwesen in seiner Beziehung zu Volkswirtschaft und Verwaltung", 1895. — Pauer, „Leitfaden des Eisenbahntarifwesens", 1894. — Picard, *Traité des ch. d. f.* III. Bd. — Colson, *Transport et tarifs*, 1890, 3. Aufl. 1907. — Acworth, *The elements of railway economy*, 1905. — Tajani, *Tariffe ferroviarie*, 1909. — Emory R. Johnson and Grover G. Huebner, *Railroads Traffic and Rates*, 1911. — Ripley, *Railroads rates and regulation*, 1913. — Schneidewind, *Teoria de las tarifas*, 1906.

Verkehrsakte die richtigen Preise nach den Gesichtspunkten der Wertung und der Kostenverursachung zu bestimmen. Die Vielfältigkeit der Transportobjekte nach Umfang, Eigenart und Verkehrsziel bedingt vorhinein eine grundsätzliche Regelung. Solche vollzieht sich durch Einordnung der Transportakte nach Gleichartigkeit oder Verwandtschaft in bestimmte Gruppen und durch die Preisbestimmung für jede Gruppe als Norm, die für alle in ihr begriffenen Fälle zur Anwendung gelangt. Diese Gruppenbildung ist geleitet von dem Grundsatze der Nivellierung, der indes hier kein gleich ausgedehntes Anwendungsgebiet hat wie bei den Nachrichtenverkehrsmitteln. Da die allen Verkehrsmitteln gemeinsamen Preisbestimmungsgründe auch hier die Grundlage bilden, so ergibt sich eine logische Verbindung von Grundsätzen oder Normen, welche die allgemeinen Preiserscheinungen in der von der Eigenart unseres Verkehrsmittels bedingten Besonderheit zeigen: der *Tarifaufbau*. Auf seiner Grundlage erfolgt die ziffermäßige Bestimmung des Preises im konkreten Falle unter dem Leitsterne des Unternehmungsprinzips: die *Tarifbemessung*. Die Gesamtheit der Erwägungen in diesem Sinne erfassen wir als die betriebsökonomische Preisbildung.

Wir haben die gemeinwirtschaftliche Tarifregelung von ihr geschieden und vorangestellt. Der verschiedene Ursprung der betreffenden Bestimmungen rechtfertigt dies, ja gebot es. Die gemeinwirtschaftlichen Tarifmaßnahmen gehören der staatlichen Verwaltung an, während die betriebsökonomischen Maßnahmen vom Standpunkte der Eisenbahnunternehmung konzipiert sind. Die Gesichtspunkte der Gleichheit des Tarifes für jedermann, der Öffentlichkeit, Stetigkeit, Einfachheit und Einheitlichkeit der Tarife haben an sich mit dem Tarifaufbau nichts zu tun: wir können sie uns auf jeden beliebigen Tarif angewendet denken. Die Erfüllung der bezüglichen Anforderungen unter der Einwirkung der Staatsverwaltung kann jedoch die Tarifgestaltung beeinflussen und es können insbesondere die beiden letzterwähnten Momente unter Umständen auch eine betriebsökonomische Seite gewinnen. Eine bestimmte Tarifhöhe kann, wie wir wissen, durch gemeinwirtschaftliche Zwecke angezeigt sein und es geht daher die Tarifbemessung innerhalb der hierdurch gezogenen Grenzen vor sich. Das Auseinanderhalten der beiden Seiten des Tarifwesens ist sehr wichtig für die klare Erfassung der Wirtschaftsvorgänge.

Dem Tarifaufbau liegt zunächst die Scheidung zwischen *Personen- und Güterverkehr* zugrunde. Die Eigentümlichkeiten der beiden Verkehrsgattungen ergeben Verschiedenheiten in der Durchführung der allgemeinen Grundsätze.

Im Personenverkehre findet die *Werttarifierung* in der Preisabstufung nach den bekannten Klassen Ausdruck, wobei es dem Reisenden selbst überlassen ist, diejenige Wagenklasse zu wählen, deren

Benutzung ihm preiswert erscheint. Beim Güterverkehr wird der Preis für je ein bestimmtes Gut festgesetzt, so daß, wenn er über den Wert des Transportes für bestimmte Wirtschaftsubjekte hinausgeht, seitens dieser auf den Verkehr verzichtet wird. Angesichts der Verschiedenheit und Vielfältigkeit der Güterarten ist die Werttarifierung nur mittels Klassifikation auszuführen, wobei immerhin für einzelne besonders wichtige Güter Artikeltarife angeschlossen werden können.

Bezüglich der Kostenverursachung, die für den Tarifaufbau in ihrem Verhältnisse bei den unterschiedenen Verkehrsgruppen in Betracht kommt, besteht zwischen Personen- und Güterverkehr ein Unterschied. Für beide Verkehrszweige ergibt sich bei der Eisenbahn wie bei jedem anderen Transportmittel eine Abstufung der Kosten und sonach der Preise nach dem Maße, in welchem „tote Last" befördert werden muß, um die Transportobjekte, die „Nutzlast", an ihren Bestimmungsort zu bringen. Diese tote Last nennen wir die „Tara". Im Personenverkehr hängt die Tara davon ab, wieviel Raum in den Wagen auf einen Reisenden entfällt, beim Güterverkehr kommt es nebst dem Raumbedarf auf das Gewicht der verschiedenen Güter an.

Diesen Taraverhältnissen ist in der Tarifierung angemessen Raum zu geben, denn bei den Eisenbahnen ist das Verhältnis zwischen toter Last und Nutzlast ungünstiger als bei anderen Verkehrsmitteln: beträgt doch auf den deutschen Eisenbahnen nach der durchschnittlichen Wagenausnutzung die Tara im Personenverkehre beiläufig das 20fache, im Güterverkehre das 1,3fache der Nutzlast; in England ist das Verhältnis im Güterverkehre noch weniger befriedigend. Von der Tara hängt es ab, auf wie viele Nutzleistungseinheiten sich die Kosten eines Achskilometers verteilen.

Für die Kostenverursachung der einzelnen Verkehrsakte kommt aber noch ein der Eisenbahn eigentümlicher Umstand ins Spiel. Der Eisenbahnverkehr spinnt sich in einem Zugturnus ab. Daher ist es von entscheidendem Einfluß auf die Kosten, in welchem Maße der Fassungsraum der im Verkehrsturnus zu bewegenden Fahrzeuge in jedem einzelnen Falle tatsächlich von den vorhandenen Transportobjekten in Anspruch genommen wird. Transportobjekte bedeutet sowohl Güter als Personen. Je weniger der verfügbare Raum jeweils ausgenutzt ist, desto größer ist die auf die Nutzlast entfallende tote Last bzw. der auf das Personenkilometer und Tonnenkilometer entfallende Kostensatz. Mit Rücksicht hierauf können wir unterscheiden: eine absolut notwendige — kurz „absolute" — Tara, welche, die volle Ausnutzung des Fassungsraums der Fahrzeuge vorausgesetzt, vom spezifischen Gewichte der verschiedenen Güter und von den Einrichtungen der verschiedenen Wagenklassen beim Personenverkehr abhängt, und die relativ notwendige oder „relative" Tara, welche durch die Abweichungen der tatsächlichen von der, mit dem konkret notwendigen Zugturnus als möglich gegebenen Frequenz bedingt ist.

Die absolute Tara der verschiedenen Güterarten läßt sich unmittelbar bestimmen. Im Personentransport zeigt das Verhältnis der Sitzezahl in den unterschiedenen Wagenklassen das Verhältnis der absoluten Tara an. Die relative Tara hängt bei beiden Verkehrszweigen von den Einzelheiten der jeweiligen Verkehrsgestaltung ab und muß für die Berücksichtigung bei der Tarifierung bestmöglich auf einen durchschnittlichen Ausdruck gebracht werden. Es beeinflußt wesentlich die Höhe der relativen Tara, wenn die der Bahn zur Beförderung übergebenen Güter ohne Rücksicht auf ein genügendes Quantum zur Füllung der Wagen abtransportiert werden müssen, wie dies beim Reisegepäck, bei den Paketen (Expreßgut) und den Eilgütern der Fall ist, die zu bestimmter Zeit zu befördern sind, einerlei ob nur wenige Stücke oder die betreffenden Wagen voll ausnutzende Mengen davon vorhanden sind. Die relative Tara ist bei diesen Gütern eine ungemein schwankende, im Durchschnitte immer sehr bedeutende, und zwar in dem Grade, daß Unterschiede der absoluten Tara dagegen gar nicht ins Gewicht fallen. Die Selbstkosten dieser Transporte sind daher ausscheidbar höhere als die des allgemeinen Güterverkehrs, und es gründet sich hierauf die Unterscheidung in den Tarifen zwischen Gepäck, Expreßgut und Eilgut einerseits und den gewöhnlichen Frachten andererseits.

Nur wo Eilgüter in solcher Menge regelmäßig vorkommen, daß sie ganze Züge oder Teile solcher (Wagenladungen) ergeben, ist wegen Erniedrigung der relativen Tara ein ermäßigter Tarif angezeigt, wie auch Ausnahmefälle einer besonders beträchtlichen absoluten Tara, wie z. B. bei Pferden oder Autos welche Reisende mit sich führen, Leichen (für die ein eigener Wagen erforderlich ist), durch Tarifstellung berücksichtigt werden. Der Unterschied zwischen Expreßgut (welches übrigens nicht von allen Bahnen befördert wird) und Eilgut besteht darin, daß ersteres mit dem der Aufgabe folgenden Personenzuge befördert wird, letzteres dagegen nur an eine bestimmte kurze Lieferfrist gebunden ist, einerlei, mit welchem Zuge der Transport erfolgt.

Bei den gewöhnlichen Frachten kann, gerade entgegengesetzt, die relative Tara im großen allgemeinen Verkehr als durchschnittlich gleich angenommen werden. Die Unterschiede der absoluten Tara kommen vollkommen zur Geltung, wenn nach dem von den Gütern eingenommenen Wagenraume tarifiert würde. Das wäre indes mit einer unerträglichen Erschwernis für die Versender verbunden, wäre günstigstenfalls nur für einen Teil des Verkehres praktisch ausführbar. Doch ist die Berücksichtigung des Volumens neben dem Gewicht in einer weitgehenden Durchschnittsbehandlung möglich. Es wird einerseits eine Kategorie der voluminösesten Güter ausgeschieden, für die eine allgemein durchschnittliche Erhöhung der Kosten und Preise angesetzt wird: die „sperrigen“ Güter, und im übrigen werden, soweit sich belangreichere Unterschiede des Raumbedarfes bei verschiedenen Güterarten zeigen, letztere in entsprechend abgestufte Tarifklassen eingereiht [1]).

Beispielsweise war in den 60er Jahren in Österreich die Klassifikation derart getroffen, daß nach den damals bestehenden drei Stückgutklassen die Güter der I. Klasse die Ausnutzung der Wagentragkraft zur Hälfte, die Güter der II. Klasse sie zu $^1/_3$, der III. Klasse sie zu $^1/_4$ gestatteten, die Güter der sog. begünstigten Klasse, die Tragkraft voll ausnutzende Massengüter, hingegen den Wagenraum zu $^2/_3$ ausnutzten. Das bedeutete eine absolute Tara in der I. Klasse von 1,292, in der II. Klasse von 1,938, in der III. Klasse von 2,580 und in der begünstigten Klasse von 0,862 [2]).

Im Gütertransporte wirkt die Tara nicht bloß auf die Beförderungskosten, sondern auch auf die Expeditionskosten ein. Belangreich ist in dieser Hinsicht der Unterschied zwischen Gütern, die in Mengen einer Wagenladung aufgegeben werden, und Einzelgütern, „Stückgütern". Bezügliche Unterschiede zwischen den Stückgütern selbst sind nicht faßbar. Andere die Spezialkosten beeinflussende Momente der spezifischen Beschaffenheit verschiedener Güterarten kommen auch neben der Tara vor, sind jedoch zu geringfügig in ihrer Wirkung, als daß sie in den Transportpreisabstufungen zum Ausdruck gebracht werden könnten, z. B. die Verschiedenheit hinsichtlich Abnutzung der Fahrzeuge u. dgl. Eine indirekte Berücksichtigung des Volumens findet dadurch statt, daß bei Wagenladungsgütern auf Grund des Verhältnisses zwischen Tragkraft und Fassungsraum beim Normalwagen der Frachtpreis für eine ganze oder eine halbe Wagenladung berechnet wird, wie immer sich der Fassungsraum des Wagens zu dem verladenen Gewichte stellt. In der beschriebenen Weise enthält die Preisstellung eine klassifikatorische Berücksichtigung dieser Kostenverhältnisse.

Eine besondere Behandlung erfordern die Vieh-Transporte, die nach dem Raumbedarf zu tarifieren sind, und die Beförderung von auf eigenen Rädern laufenden Fahrzeugen. Der Raumbedarf bei den Viehtransporten ist praktisch nicht durch genaues Ausmaß, sondern

---

[1]) Giese, „Das Seefracht-Tarifwesen", macht (S. 293) auf den Unterschied aufmerksam, welcher hinsichtlich des Verhältnisses von Tragkraft und Fassungsraum der Fahrzeuge zwischen Seeschiffahrt und Eisenbahn besteht. Während beim Schiff, Gewichtstonne und Raumtonne als Maßeinheiten einander gleichgesetzt, das Verhältnis zwischen beiden höchstens 1 : 1,75 ist, sind bei den Eisenbahnwagen Bauarten mit dem Verhältnisse von 1 : 3, neuestens infolge besonderer Anordnungen, für spezifische Güter bestimmt, selbst von 1 : 5 technisch möglich. Die Bahnen sind daher in der Lage, den Versendern Wagen je von entsprechender räumlicher Ausdehnung zur Verfügung zu stellen, so daß eine Wagenladung stets in einem Wagen Platz finden kann. Wo Wagen geeigneter Bauart nicht oder nicht in ausreichendem Maße vorhanden sind, ist eine minder wirtschaftliche Gebarung die Folge.

[2]) Nach der Broschüre „Beiträge zur Eisenbahntarif-Reform in Österreich", 1869; der Schrift eines anonymen Betriebstechnikers, die gerade die Taraverhältnisse erstmals lichtvoll behandelt.

durch äußere Behelfe, wie Stückzahl oder Durchschnittsgewicht, zu bestimmen.

Im *Personenverkehre* herrscht bezüglich der absoluten Tara, bzw. der betreffenden Wagenklassen, zwischen den meisten Bahnen Europas annähernde Übereinstimmung. Die relative Tara (unvollständige Besetzung der Plätze), auch an sich sehr bedeutend, wächst mindestens im gleichen Verhältnisse wie die absolute in der Richtung von der untersten zur ersten Wagenklasse. Die Proportion in den Personentarifen hat sonach auch in dem entsprechenden Verhältnisse der Betriebskosten vollen Grund.

Zu den Unterschieden der Betriebskosten kommen noch solche in den Kapitalkosten, die durch die Gestehungskosten der Wagen nach Größe und Bauart hervorgerufen werden.

Der Umstand, daß in besonderen Fällen die relative Tara im Vergleich zu ihrer Durchschnittsziffer eine belangreiche Verminderung erfährt, also die Kosten in faßbarem Maße geringer werden, führt zu *spezieller Behandlung einzelner Verkehre* in entsprechendem Sinne, z. B. im Frachtenverkehr: wenn bei allgemein schwachem Verkehr Güter in ganzen Wagenladungen zum Transport aufgegeben werden, bei welchen solches nicht ihrer Natur nach gemeiniglich geschieht (ermäßigte Wagenladungsätze); wenn ganze Zugladungen aufgegeben werden oder wenn in schwachen Verkehrsrelationen die Versender sich längere Lieferfristen als die allgemein vorgeschriebenen gefallen lassen, was größere Ansammlung der Ladung ermöglicht (früher in Frankreich sehr in Anwendung). Im Personenverkehre analog die gute Besetzung bestimmter Züge.

Zweitens übt die *Distanz* der Transporte auf die Selbstkosten bei den Eisenbahnen einen wesentlichen Einfluß infolge des Verhältnisses der Stations- zu den Streckenkosten, welch letztere eben mit der Transportweite, wenngleich nicht genau im Verhältnis, zunehmen. Man kann im allgemeinen die Stationskosten insgesamt mit $^{1}/_{4}$—$^{1}/_{3}$, die Streckenkosten mit $^{3}/_{4}$—$^{2}/_{3}$ der Gesamtkosten beziffern. Wenn ein so bedeutender Teil der Kosten sich mit der Weglänge der Transporte steigert, so muß dies auch in den Preisen Ausdruck finden, soweit die Wertung es gestattet. Allerdings aber ergibt die erwähnte nicht genau proportionale Zunahme, also relative Abnahme der Streckenkosten mit der Transportweite, vollends aber die Zusammenziehung der gleichbleibenden Stationskosten mit den Streckenkosten in einen Preissatz ein relatives Zurückbleiben der gesamten Selbstkosten der einzelnen Transporte hinter dem Verhältnisse ihrer Distanzen. Ein Beispiel möge dies beleuchten. Unter konkreten Verhältnissen sind die Selbstkosten für eine Person III. Klasse Personenzug, die für 10 *km* 13,8 betrugen, für 100 *km* mit 71,4 (ca. dem siebenfachen, doch nicht zehnfachen), für 200 *km* 135,4 (ca. dem zehnfachen, doch nicht zwanzigfachen) berechnet worden. In dem konkreten Falle, welchem dieses Beispiel entnommen ist, betrugen für eine Tonne Frachtgut die Selbstkosten auf 10 *km* 25,6, auf 100 *km* 85,0 (d. i. ca. das $3^1/_2$fache), auf 200 *km* 151,0 (d. i. das 6fache). Der Unterschied gegenüber dem Personenverkehr erklärt sich dadurch, daß die Stationskosten für eine Person wesentlich geringer sind als für eine Tonne Fracht.

Hieraus folgt, daß jene Vernachlässigung des Unterschieds der Streckenkosten, welche bei der Preisstellung im Nachrichtenverkehre so entscheidend in Betracht kommt, beim Eisenbahntransporte nicht eintreten kann.

Außerdem sind noch andere, die Selbstkosten beeinflussende Leistungsunterschiede zu beachten.

Ein solches Moment ist im Personentransport der Schnellzugsverkehr unter bestimmten Umständen und in einem freilich minder bestimmten Ausmaße und dieser wird insofern auch mit Fug von einer speziellen Preiserhöhung betroffen. Im Güterverkehre ergibt die Eilgutbeförderung mit Personenzügen ein Analogon, d. i. eine abgesehen von der Tara in Betracht kommende Kostenerhöhung. Ferner zählen hierher: das verschiedene Maß des Komforts in den Personenwagen (teuere Ausstattung der höheren Klassen), die der Beschaffenheit der Güter angemessene Sicherung derselben in den Fahrzeuggattungen (offene, bedeckte und Spezial-Wagen), Unterschiede im Risiko der Haftung.

Daß die Rückwirkung von Preisermäßigungen auf die Kosten der Leistungseinheit im Wege der Verkehrsteigerung einen geradezu fundamentalen Gesichtspunkt der betriebsökonomischen Preisstellung abgibt, wurde bereits (S. 293) hervorgehoben. Auch spezielle betriebsökonomische Rücksichten können bestimmte Preisbildungen anregen.

Die Gesamtheit der Grundsätze, nach welchen die Gruppenbildung unter den vorstehend entwickelten Gesichtspunkten vorgenommen und die Bedingungen für die Anwendung der Beförderungspreise samt Nebengebühren aufgestellt werden, pflegt man das Tarifsystem zu nennen. Die erwähnten Normen für die Anwendung der Tarife werden Tarifvorschriften genannt.

Die äußere Anordnung der Preisgruppen im Tarife wird als Tarifschema bezeichnet.

Mit vorstehendem sind die Grundlinien des Tarifaufbaues bezeichnet. Es erheischen nunmehr die Einzelheiten nähere Beleuchtung.

Die Klassifikation im Güterverkehre. Die Frachtgüter-Klassentarife sind, wie wir sahen, eine Kombination der Tara- mit der Werttarifierung; ein Umstand, dessen Übersehen zu ganz irrigen Urteilen Anlaß gegeben hat. Dabei ist festzuhalten, daß der Wertgesichtspunkt den Ausschlag gibt. Daher können Güter von verschiedener Tara sich in einer Klasse zusammenfinden und es erscheinen Güter mit gleichen Taraverhältnissen in verschiedene Klassen eingereiht. In gewissem Umfange geht jedoch die Stufenfolge nach beiden Gesichtspunkten parallel. Die Klassen können mehr oder minder umfangreich sein und es können selbst einzelne Artikeltarife notwendig werden. Häufig wird für Kohle, den wichtigsten Frachtgegenstand der Eisenbahnen, oder für Getreide und Mahlprodukte, ein eigener Tarif erstellt. Die sog. allgemeinen Ausnahmetarife, die dem deutschen Tarife beigefügt wurden, sind nichts anderes als Tarifklassen, welche durch die große Weite der Klassen in diesem Tarifsysteme erforderlich geworden waren.

Der gemeinsame Gesichtspunkt der in Rede stehenden Tarifierungsweise ist: durch die den wirtschaftlichen Umständen angemessene Preisstellung die konkret mögliche weiteste Ausdehnung des Absatzes, sohin des Verkehres jeder Güterart zu bewirken und dadurch insgesamt den erreichbaren Massenverkehr zu erzielen. Das wichtigste Kriterium für die Abstufung der Tarifsätze in diesem Sinne bildet der Handelswert der verschiedenen Güter in der Durchschnittsgestaltung längerer Zeit. Innerhalb eines Produktionszweiges deckt sich die Werttarifierung häufig mit einer Tarifabstufung nach den Stadien des Produktionsvorganges: Rohprodukt, Halbfabrikat, Ganzfabrikat, jedoch bei geringen Wertunterschieden nicht notwendigerweise. Auch muß der Einfluß von Vorprodukten auf den Preis des Endproduktes im Auge behalten werden, so daß unter Umständen, um das Endprodukt nicht zu verteuern, ein Vorprodukt niedriger tarifiert werden muß, als seinem Handelswerte entspräche. Von Bedeutung ist ferner der Umstand, ob unter konkreten Verhältnissen eines Bahngebietes die Ausdehnung des Absatzes bestimmter Güter zu gewärtigen ist. Die Menge, in welcher dieses oder jenes Gut tatsächlich in den Verkehr gelangt oder gelangen kann, ist daher für die Klassifikation ebenfalls wichtig, insofern Güter, für welche dieser Gesichtspunkt nicht in Betracht kommt, übergangen oder als nebensächlich behandelt werden können. Mit Rücksicht auf solche Gründe weisen auch die Klassifikationen in verschiedenen Ländern Abweichungen auf, ungeachtet im allgemeinen das Wertverhältnis der Güterarten zueinander ein annähernd übereinstimmendes ist, bzw. unter dem Einflusse der Eisenbahnen geworden ist.

Das Verhältnis der Preisabstufung in den Klassen entspricht keineswegs dem Verhältnisse der Warenwerte, muß vielmehr hinter letzterem zurückbleiben. Bei einer Steigerung im gleichen Maße käme für weitere Entfernungen eine so erhebliche Erhöhung der Güterpreise zum Vorschein, daß die Absatzfähigkeit eingeschränkt würde. Im Nahverkehr wäre die Preiserhöhung möglich, aber da begegnet die Eisenbahn bekanntlich der Konkurrenz anderer Verkehrsmittel, die sie durch niedrige Tarife ausschließen muß.

Die Unkenntnis der Tatsache, daß in der Güterklassifikation eine Verbindung von Tara- und Werttarifierung vorliegt, führte zu dem Vorwurf, die Wertklassifikationen der Eisenbahnen seien inkonsequent, denn es komme vor, daß die billigere Ware X in einer teuereren Klasse sich vorfinde als die wertvollere Ware Y, und darin wollte man ein Argument gegen die Wertklassifikation gefunden haben!

Einer Zuhilfenahme der Assekuranzprämie zur Begründung der Wertklassen bedarf es nicht. Denn es kann die Assekuranzprämie allgemein als Nebengebühr ausgeschieden sein oder, wo der Geldwert der Haftung ohne spezielle Wertversicherung auf einen Durchschnittsbetrag für die Gewichtseinheit beschränkt ist, die Einrechnung einer nach der Gewichtseinheit für alle Güter gleichen Assekuranzprämie in die Tarife erfolgen oder von der Anrechnung einer Assekuranzprämie überhaupt abgesehen werden [1]).

Für die Fälle, in welchen Rohprodukt und Endprodukt das eine Mal gleich, das andere Mal verschieden klassifiziert erscheint, liefert die Tarifierung von Getreide und Mehl das meist besprochene Beispiel. Es ist an sich nicht erforderlich, Mehl höher zu tarifieren als Getreide, wohl aber kann dies der Fall sein, je nach der Mengen-Bedeutung des ersteren Gutes als Verkehrsgegenstand und den Preisverhältnissen. Von dem Augenblicke an, wo die höhere Tarifierung des Mehles eine Niederhaltung der Entwicklung des Verkehres in dem Artikel bedeuten würde, ist es geboten, den Tarif herabzusetzen, während im Gegenfalle dazu kein wirtschaftlicher Anlaß vorhanden ist. Die Tarife der österreichisch-ungarischen Bahnen, wie sie in den 70er Jahren bestanden, wo ein Teil der Zerealienproduktion nur in Form von Mehl zur Ausfuhr gelangen konnte, gegenüber den ersten 60er Jahren, wo das Mehl noch eine höhere Fracht „vertrug", sind ein bekannter Beleg.

Der Wertunterschied, welcher zu verschiedener Tarifbehandlung führt, findet zuweilen in äußerlichen Momenten, z. B. der Verpackung, seinen Ausdruck, wie wenn wertvollere, feinere Spezies einer Warengattung in sorgfältiger Emballage, rohe, geringwertige Waren derselben Gattung nur in ordinärer Verpackung oder selbst ohne solche zum Transporte gebracht werden. Es ist ein praktisches Vorgehen, solche Anhaltspunkte für die Klassifikation zu benützen, und es fällt überdies zuweilen auch mit Taraverschiedenheiten zusammen. Witzeleien über derlei scheinbare Subtilitäten sind daher eben so unverständig wie jene, welche auf Hervorhebung einzelner selten vorkommender Artikel in den Warenverzeichnissen fußen, wobei den weisen Kritikern gar das Malheur passiert, nicht zu wissen, daß ein von ihnen bespöttelter Artikel in einzelnen Gebieten Gegenstand eines ganz bedeutenden Handels ist. Hiermit soll nicht gesagt sein, daß man nicht hier und da tatsächlich in dieser Hinsicht vielleicht zu weit ging und auf Nebendinge zu viel Gewicht legte, obwohl genaue Spezialisierung sicherlich nie schadet. Allein solche Mängel der Handhabung beweisen nichts gegen das Prinzip, um so weniger, wenn sie, wie es tatsächlich geschehen, durch Verweisung aller nebensächlichen Artikel in eine Klasse der nichtbenannten Artikel, infolge deren die namentliche Aufführung entfällt, vermieden wurden [2]).

Für Güter, welche nur in kleinen Gewichtsmengen versendet werden, ist die Wertberücksichtigung dadurch überflüssig, daß der Frachtpreis an sich einen geringen Betrag ausmacht, daher einer Durchschnittsbehandlung dieser Sendungen zu einem allgemeinen höheren Tarife nichts im Wege steht. Das Absehen vom Werte solcher Sendungen wird

[1]) Die Haftungspflicht spielt aber mitunter gleichfalls in der Klassifikation mit, z. B. in den alten englischen Tarifen mit dem Unterschiede zwischen *iron damageable* und *undamageable*.

[2]) „Verkehrsmittel", I. Aufl., II. Bd., S. 421.

schon dadurch unvermeidlich, daß eine Untersuchung dieser zahllosen Sendungen auf ihren Inhalt praktisch unmöglich erscheint. Daher entfällt die Werttarifierung bei Eilgütern und im Paketverkehre (sofern solcher von den Eisenbahnen selbst betrieben wird), ausgenommen Eilgüter, bei welchen die Behandlung als solche zu ihrem kommerziellen Vertriebe gehört, z. B. gewisse Approvisierungsartikel und verderbliche Güter, die durch ermäßigte Eilguttarife größtmöglicher Ausdehnung ihres Verkehres zugeführt werden. Solche Tarifermäßigung kann auch mit dem Taragesichtspunkte zusammenstimmen. Auch für Stückgüter des gewöhnlichen Frachtenverkehres ist aus dem gleichen vorerwähnten Grunde die Tarifierung ausschließlich nach Gewicht bis zu einer gewissen (niedrigen) Grenze angezeigt. Dies ist jedoch dort nicht nötig, wo die staatliche Paketpost diese Sendungen von den Bahnen fernhält. Für die größeren Sendungen solcher Güter kann entweder die allgemeine Klasseneinteilung gelten oder sie können mit starker Durchschnittsbehandlung in nur zwei Klassen eingeordnet werden, wovon aus praktischen Gründen die eine als Sammelbecken der unbenannten Güter. Das Aufgeben jedes Unterschiedes im deutschen Tarife v. J. 1877 war ein Mißgriff, gegen den ja auch alsbald die Geschäftskreise ihre Vorstellungen erhoben. Die Unsicherheit der Kontrolle des Inhaltes der Sendungen ist in Kauf zu nehmen, da die größeren Sendungen wesentlich von Geschäftsfirmen aufgegeben werden.

Es kann indes auch bei Stückgut für Mengen im Ausmaße einer halben oder ganzen Wagenladung vom Wertunterschiede abgesehen werden, wobei ein entsprechend geringerer Tarifsatz berechnet wird. Diese Maßregel hat lediglich den betriebsökonomischen Zweck, eine gute Wagenausnutzung herbeizuführen und Abfertigungskosten bei Aufgabe und Abgabe der Sendungen zu ersparen. Sie gestattet auch das Zusammenladen von Gütern verschiedener Art zum gleichen Preise und rechnet diesfalls mit dem Dazwischentreten von Vermittlern (Spediteuren), die Stückgüter von mehreren Versendern zu Wagenladungen vereinigen und, um dies zu ereichen, den Versendern einen Teil der Ersparnis am Frachtpreise abgeben (Sammelladungen). Es ist ersichtlich und wird noch näher ins Auge zu fassen sein, daß hierzu nur in den Relationen der Großverkehres Gelegenheit sein kann. Mit Bezug auf Güter, die direkt von den Frachtinteressenten aufgegeben werden, ist die Maßregel eine Wagenladungsprämie für ungenannte Güter, kann also bei einer ausgebildeten Klassifikation nicht großen Umfang annehmen. Die Tragweite dieser Tarifmaßnahme ist nicht selten überschätzt worden.

In der allgemeinen Wagenladungsklasse des deutschen Tarifes (A_1 und B) wurden i. J. 1880/81, dem ersten Jahre der Geltung, der Tonnenzahl nach 3,7 %, an Tonnenkilometern 5,5 % des gesamten Frachtverkehres befördert. Dieser Wagenladungsverkehr hat relativ abgenommen, und zwar bis zum Jahre 1890/91 auf 2,9 % der Tonnenzahl,

4,5 % der Tonnenkilometer, und die Abnahme hat sich bis 1913 fortgesetzt bis auf 2,4 % der Tonnenzahl, 2,9 % der Tonnenkilometer. Dieser Verkehr ist geringer als der Frachtstückgutverkehr, der (1913) 3,5 % bzw. 4,4 % der Gesamtfrachten ausmachte.

Es wäre erst zu untersuchen, ob die betriebsökonomischen Vorteile nicht von dem Ausmaße der Tarifermäßigung überwogen werden. Rank (a. a. O., S. 381) rechnet allerdings mit einer sehr bedeutenden Kostenverminderung in den Wagenladungen, aber nur unter der Annahme, daß die Durchschnittsausnutzung der Stückgutsammelwagen der Eisenbahn nicht mehr als eine Tonne für die Achse betrage.

Das Verständnis der erörterten Tarifmaßnahmen der Eisenbahnen war längere Zeit durch theoretische Irrtümer getrübt, da man teils den bei den Verkehrsmitteln bestehenden eigentümlichen Zusammenhang von Preis und Kosten nicht in seiner Tragweite erkannte, teils das Wesen und die Rolle des Wertes in der Wirtschaft nicht richtig erfaßte. Insbesondere seit den 60er Jahren durch etwa ein Dezennium wurde in den Fachkreisen darüber gestritten. Schon damals hat der Verfasser durch eine Abhandlung: „Die Berücksichtigung des Güter-Wertes bei der Eisenbahn-Tarifierung" (Viertelj. f. Volksw. u. K. 1874, Bd. I) den Streitpunkt im Sinne der gegenwärtigen Auffassung, wenngleich noch nicht in allen Einzelheiten durchweg befriedigend, behandelt, ebenso in den „Verkehrsmitteln", 1. Aufl., II. Bd., S. 10 und 419). In der Darstellung der „allgemeinen Verkehrslehre" hat der Gegenstand nunmehr eine ungeachtet der Kürze vollständige Erledigung gefunden, und es ist daher kein Anlaß mehr, weiter bei der theoretischen Begründung zu verweilen. Indes ist noch jetzt ein Nachklang der überwundenen Theorien in einer Anschauung zu bemerken, die nach dem Vorgange von Ulrich („Eisenbahntarifwesen" und Enzyklopädie, 1. und 2. Aufl., Art. „Gütertarife") in Deutschland vertreten wird. Es ist dies eine Darstellung in dem Sinne, als wenn die Tarifierung nach der Tara und die Werttarifierung je ein eigenes Tarifsystem darstellten und erst eine Verschmelzung der beiden zu einem „gemischten System" stattgefunden hätte.

Es wird die Einteilung der Güter in Eilgut, sperriges und nicht sperriges Stückgut, sowie ganze und halbe Wagenladungen als Ausfluß und Merkmal des „Wagenraumsystems" hingestellt, welche Einteilung in den Güterklassifikationen ein vom Raumsystem herübergenommener Bestandteil sei. Das ist eine schiefe Ansicht. Gewiß ist jene Scheidung unter den Gütern ein Taragesichtspunkt, aber diesen hat eben die Klassifikation von Anfang als Kostengesichtspunkt zugrunde gelegt. Die Tarife der englischen Eisenbahnen, „eine ausgedehnte Wertklassifikation", welche angeblich „die Grundsätze der Taraklassifikation nicht berücksichtigt", hatten seit jeher die 1½fache Frachtzahlung für sperrige Stückgüter (*parcels*), sowie die ganzen und halben Wagenladungen für bestimmte Güter, und zwar in der Bestimmung, daß der billigste Satz der Rohgüterklasse nur bei Auflieferung von mindestens 4 *t* oder Zahlung der Fracht für dieses Gewicht, der nächsthöhere Satz der „Spezialklasse" bei Auflieferung von 2 *t* gewährt wird, Sendungen der Rohgüterklasse unter 4 *t* zum Satz der Spezialklasse und die der letzteren unter 2 *t* zum Satze der niedrigsten Stückgutklasse berechnet werden — 4 *t* war aber eben die normale Tragkraft der alten englischen Wagen. Die bekämpfte Darstellung ist auf den Zweck zurückzuführen, den deutschen Tarif als ein „gemischtes" System zu charakterisieren, wozu ein geschichtlicher Anlaß bestand, der im folgenden sogleich zu erwähnen sein wird.

In der oben zitierten Abhandlung und in der I. Auflage hatte Verfasser die Meinung geäußert, die Wertklassifikation könne in einem Stadium höchster Verkehrsentwicklung aufgegeben werden, da die Einnahme aus den hochwertigen Einzelgütern im Verhältnis zuletzt derart untergeordneter Natur werde, daß auf das Plus der betreffenden Erträgnisse verzichtet werden kann, wenn triftige Gründe für eine dies bedingende Änderung des Tarifsystems sprechen. Ein solcher Grund sei der Übergang zum Gebührenprinzip. Diese Auffassung ist nicht aufrecht zu halten. Mit dem Gebührenprinzip ist die Erzielung eines Ertrages keineswegs unvereinbar und es kann das Hervortreten des sozialen Gesichtspunktes im Eisenbahnwesen eher noch eine Ausbildung des Wertprinzips im Sinne einer stärkeren Heranziehung der wohlhabenderen Schichten der Bevölkerung durch Belastung der wertvolleren Güter an die Hand geben.

Doch kann unter Umständen in Fällen, in welchen ein reger Wettbewerb die einträglicheren Beförderungspreise herabgedrückt und den anderen angenähert hat, bei Verkehrsteilungen lediglich nach Eilgut, Stückgut, Wagenladungen in bedeckten und in offenen Wagen gerechnet werden, welche Durchschnittsbehandlung eine große Vereinfachung der Abrechnung mit sich brächte, oder es kann die Konkurrenz einer Wasserstraße die Handhabung des Wertprinzips einschränken.

Da der Tarif den Handelspreis der Güter beeinflußt und von diesem vermöge des Zusammenhangs der Produktionsvorgänge wieder der Kostenpreis anderer Güter beeinflußt wird, die sonach als Objekte der Tarifierung in Betracht kommen, so ist bei der Klassifikation im Hinblick auf bestimmte Tarifsätze stets der Wechselzusammenhang dieser Maßnahmen im Auge zu behalten. Da ferner mit dem Fortschreiten der Produktionstechnik stets neue Güterarten und neue Verwendungen auftauchen, so ergibt sich die Nötigung, diesen Änderungen in der Klassifikation Rechnung zu tragen. Auf diesen Umständen beruht die Notwendigkeit einer regelmäßigen Umbildung und Ausbildung der Klassifikation in ihren Einzelheiten; eine Verrichtung, die das Zusammenwirken vielfacher wirtschaftlicher und technischer Erfahrung erfordert. Daraus und durch die Zweckmäßigkeit genauer Spezialisierung an Stelle von Gattungsbezeichnungen erklärt sich die stets zunehmende Anzahl der „Positionen" im Güterverzeichnisse.

Wagenraumtarif. Es verlohnt sich, die allgemein geübte Tarifierungsmethode an ihrem Gegenstück zu messen, das eine Zeitlang im Schrifttum als bedeutsamer Fortschritt empfohlen, vereinzelt auch der praktischen Erprobung unterzogen wurde: dem Wagenraumtarif, dessen schon im Zusammenhange mit den unklaren Vorstellungen von einer Trennung von Traktion und Spedition zu gedenken war (s. S. 41). Im Lichte dieser letzterwähnten Auffassung wurde ihm vornehmlich von Tarifreformern der Publizistik das Wort geredet; mit Argumenten, die keiner Widerlegung wert sind. Aber auch manche Eisenbahn-Fachmänner wurden diesem Vorschlage geneigt. Dabei ließen sie sich von ernst zu nehmenden betriebsökonomischen Erwägungen leiten, die unsere Aufmerksamkeit verdienen. Einen größeren Anstoß erhielten diese Bestrebungen durch die während der 60er Jahre in Deutschland herrschend gewesene Verworrenheit der Tarifverhältnisse, deren Ursachen uns bekannt sind (S. 77). Die erwünschte Vereinfachung und Vereinheitlichung herbeizuführen, konnte das Aufgeben der Wertklassifikation als das geeignete Mittel erscheinen; denn es blieb dann nur die Taraklassifikation übrig, die selbstverständlich allgemein die nämliche ist. Für Massengüter böte sie die denkbar einfachste Tarifbemessung, indem nichts weiter als ein bestimmter Fahrpreis für jeden dem Versender zur Verfügung gestellten Wagen für die Wegeinheit berechnet zu werden brauchte. Einzelsendungen, Stückgüter müßten, um die Preisberechnung nach Kubikmaß zu vermeiden, etwa in zwei Klassen: sperrige und gewöhnliche Güter, geteilt werden, wobei eben die Nivellierung der Volumensverschiedenheiten durch Berechnung der Fracht nach Gewichtseinheiten platzgreift. Es blieb somit nur *implicite* eine Preisverschiedenheit nach Abstufungen des Verkehrswertes der Güter insoweit aufrecht, als sie mit Taraverschiedenheiten zusammenfiele, und selbst das würde bei Stückgütern zum Teil beseitigt. Die Unterschiede der relativen Tara ergäben außerdem einen Eilgutsatz. Dazu käme noch eine Tarifabstufung nach Wagenladungen von 100 Ztr. und 200 Ztr., die durch äußere Umstände Begründung findet. Sehen wir zu, welche betriebsökonomischen Gesichtspunkte die Vorkämpfer eines solchen Raumtarifs ihm abgewannen. Vor allem konnte es ihnen nicht entgehen, daß eine bedeutende Verminderung der Verkehrseinnahmen die nächste Folge seiner Einführung sein müßte. Entweder man legt einen Durchschnitt zwischen den bisher in Geltung gewesenen Tarifen für die höher- und die minderwertigen Güter dem Tarife zugrunde: dann würde die Transportfähigkeit der letztgedachten Gütergattungen eingeschränkt, somit der Verkehr vermindert, wodurch zugleich die Selbstkosten der Bahn sich erhöhen müßten. Dem steht überdies vom Standpunkte der Volksgesamtheit der Einwand entgegen, daß dadurch ein Teil der durch die Eisenbahnen auf die Volkswirtschaft ausgeübten Wirkungen rückgängig gemacht und bestehende Wirtschafts- und Einkommensverhältnisse vielfach störend betroffen würden. Oder man entschließt sich, um diese Wirkung zu vermeiden, die bisher für die mindestwertigen Güter eingehobenen Tarife als allgemeine auf den Raumtarif zu übernehmen. Das bedeutet wieder einen erheblichen Ausfall in den Einnahmen der Bahn. Eine Verminderung der Erträgnisse ist also in jedem Falle die unausbleibliche Folge, wenn nicht eine Gegenwirkung vom Tarife selbst ausginge.

Eine solche Gegenwirkung glaubten die erwähnten Fachmänner in der Tat in Aussicht nehmen zu können. Es werde eine starke Verminderung der Betriebskosten eintreten, und zwar in zweifacher Richtung. Erstens durch eine weit bessere Ausnutzung des Wagenraumes. Da die bestmögliche Ausnutzung des Wagenraumes durch den Tarif in das Interesse der Versender gelegt ist, werde tatsächlich eine weit bessere Ausnutzung stattfinden als unter dem Klassifikationstarife. Schon das würde die Transportkosten in ausgiebigem Maße vermindern. Das Argument ist scheinbar sehr einleuchtend, verliert aber bei näherem Zusehen beinahe alle Geltung.

Zunächst kann es offenbar doch nur für jene Güter Anwendung finden, welche nicht ohnehin in Wagenladungen aufgegeben werden. Bleibt also nur der quantitativ kleinste Teil des Verkehres: der Stückgutverkehr. Für letzteren hat ein Wagenraumtarif erklärlicherweise die Folge, daß, im Falle der Abstand zwischen dem Stückgutsatze und dem Wagenladungsatze bedeutend ist, in größeren Städten die Spediteure als Gütersammler auftreten, und wenn sie hinreichend dergleichen Sendungen an je einen und denselben Ort angesammelt haben, solche als Wagenladung zur Aufgabe bringen. Für alle kleineren Stationen (von und nach denselben) kann diese Sammeltätigkeit der Spediteure nicht eintreten. Auch die Erlangung des Wagenladungssatzes durch Vereinigung der Frachtgeber zu gemeinsamer Versendung in Wagenladungen — ein Fall, der ohnehin neben der Spediteursvermittlung nur vereinzelt vorkommen wird — könnte nur in größeren Städten praktisch werden. Das Resultat ist also nach der einen Seite zunächst eine mehr oder minder erhebliche Beeinträchtigung aller jener Versender gegenüber solchen in größeren Städten, sodann die Aufhebung der Lieferzeit und der Sicherheit der Frachtberechnung für die Stückgutversender, welche sich der Spediteure bedienen, da letztere die Güter eben so lange lagern müssen, bis sie selbe zu vollen Wagenladungen ansammeln, und in der Abgabe eines Rabattes ganz ungebunden und unkontrollierbar sind. Auf Seite der Bahn aber kann das Ergebnis kein anderes sein, als daß möglicherweise zwischen einigen Hauptplätzen einige Wagen weniger laufen, und selbst das nicht, wenn nicht die Warenbewegung eine in beiden Verkehrsrichtungen völlig gleichmäßige ist. Man übersehe doch nicht, daß eine noch weit bessere Gütersammelstelle als die einzelnen Spediteure die Aufnahmestelle der Eisenbahn selbst ist. Diese bringt vielleicht je eine Wagenladung Stückgüter für bestimmte Stationen an einem Tage zusammen, wozu der einzelne Spediteur z. B. eine Woche braucht, und die Vorschriften für die Wagenbeladung sind doch auf erreichbar beste Wagenausnutzung durch entsprechende Zusammenladung gerichtet. Es trifft also zu, was andere Fachmänner sofort bei Auftauchen der Idee erklärten: daß der Erfolg des Wagenraumtarifes auf Verbesserung der Wagenausnutzung „kühn als Null bezeichnet werden kann“ [1]). Die Wagenausnutzung würde auch beim Stückgüterverkehre von selbst eine um so befriedigendere, je dichter der Verkehr an sich wird, wenn es sich nicht gleichzeitig um tunlichste Steigerung der Schnelligkeit der Versendung handeln würde. Bei einem lebhaften Verkehre die Waren erst der Lagerung behufs Sammlung zu unterziehen, wäre eine beträchtliche Verminderung der Qualität des Transportes, die mit den Bedürfnissen

---

[1]) Scheffler, „Statistischer Beitrag zur Eisenbahntariffrage“. Braunschweig 1873, S. 14.

des Verkehres völlig unvereinbar erschiene. Wer einmal die Organisation des Stückgüterverkehres auf den englischen Bahnen gesehen hat, wird es sofort erfassen, daß die auf die Wagenausnutzung durch den Raumtarif bezüglichen Vorstellungen dem innersten Wesen eines intensiven Eisenbahnverkehres widerstrebend waren.

Etwas mehr begründet ist der zweite Vorteil, welcher dem Wagenraumtarife nachgerühmt wurde, nämlich, daß die Bahn an Abfertigungspersonal und überhaupt Abfertigungskosten erspare. Ebenfalls sehr erklärlich, da eine Wagenladung mit einem Frachtbriefe von einem Absender an einen Empfänger aufgegeben, vielmal weniger Expeditionsarbeit verursacht als dieselben Güter, von verschiedenen Absendern an verschiedene Adressaten aufgegeben. Allein dafür wird ja eben die Wagenladungsprämie auch bei Werttarifierung gehandhabt, und auch der Vorteil, soweit er beim Raumtarif etwa in höherem Grade zu erreichen wäre, wurde ungemein überschätzt. Er kann nach dem Vorhergehenden doch nur in größeren Plätzen zur Geltung kommen und selbst da nur in schwachem Maße, weil das Expeditionspersonal doch für die direkte Stückgutaufgabe seitens des Publikums vorhanden sein muß. Der möglichen Ersparnis steht übrigens ein Mehraufwand gegenüber, welcher durch den Wagenraumtarif dadurch herbeigeführt wird, daß es sich für Frachtgeber an einem kleineren Orte rentieren würde, sobald es sich um Versendungen auf größere Entfernungen handelt, die Güter als Stückgüter an den mindestfordernden Spediteur in einem größeren Orte zu senden, damit dieser sie von da zu vereinbarter Wagenladungs-Fracht an den Bestimmungsort schaffe. Und schließlich, wird denn die betreffende obenerwähnte Arbeit überhaupt erspart? Doch nur scheinbar. Sie wird ja nur an eine andere Stelle verlegt: aus den Bahnräumen in die Geschäftslokale der Spediteure, die dafür bezahlt sein wollen. Wenn aber der Verkehr sehr dicht wird, so wird die Vermittlung des Spediteurs unabwendbar zurückgedrängt, nachdem es an großen Plätzen als dringendes Gebot der Betriebsökonomie sich herausstellt, die An- und Abfuhr der Stückgüter seitens der Bahn selbst in die Hand zu nehmen, um in sie diejenige Regelmäßigkeit und Zeiteinteilung zu bringen, die für die glatte Abwicklung des Ladegeschäftes notwendig ist. Auch in diesem Punkte haben uns die praktischen Engländer den Weg gezeigt und es ist nicht einzusehen, warum sie nicht bei der absolut und relativ bedeutenden Rolle, welche der Magazinsgüterverkehr dort spielt, längst die so naheliegende Maßnahme der Betriebsökonomie ergriffen hätten, wenn dieselbe nicht zum weitaus größten Teil illusorisch, im übrigen aber nur auf Kosten der Promptheit und der Anforderungen des Verkehres durchführbar wäre.

Die dem Wagenraumtarif nachgerühmten betriebsökonomischen Vorteile schrumpfen also bei näherem Zusehen fast auf nichts zusammen und der finanzielle Mißerfolg ist unausbleiblich. Auch eine Vermehrung des Verkehres, welche von Befürwortern des Tarifes in Aussicht gestellt wurde, kann nicht eintreten, soweit nicht der Tarif Preisermäßigungen enthält: dann ist sie aber eben die Wirkung dieser letzteren, nicht der Tarifform.

Der Versuch tatsächlicher Durchführung des Tarifes hat das Gesagte vollauf bestätigt. Den ersten, noch unvollständigen Versuch machte der Tariffachmann der Nassauischen Staatsbahnen i. J. 1867 mit einem Tarife, der neben einer Stückgut- und einer allgemeinen Wagenladungsklasse für Sendungen von mindestens 100 Zentner eine Wagenladungsklasse für bestimmte Artikel in Ladungen zu 200 Zentner und außerdem verschiedene Spezialtarife enthielt. In beabsichtigter Fortbildung dieses Tarifes wurde dann im neubegründeten Deutschen Reiche von seinen elsässisch-lothringischen Bahnen ein Tarif erstellt (1871), der allgemeine Wagenladungsklassen für 100 und 200 Zentner, überdies im Satze abgestuft für bedeckte und für offene Wagen, mit einem Spezialtarife für die in der Reichsverfassung mit dem Pfennigtarif begünstigten Güter vereinte. Die Badischen und Pfälzischen Bahnen waren zufolge der Lage ihrer Linien zu den Reichsbahnen genötigt, den Tarif ebenfalls anzunehmen. Weitere Nachfolge hat er nicht gefunden, abgesehen von einer unvernünftigen Nachahmung seitens der ungarischen Staatsbahnen, die nicht lange Bestand hatte. Die Ergebnisse des Tarifes auf den Reichsbahnen waren: ein in Anbetracht ihrer Verkehrsgrundlage ungeheim niedriges Erträgnis, derart, daß man es schon i. J. 1874 durch eine nicht unerhebliche Erhöhung des Tarifes aufzubessern suchte; eine die Erwartungen gründlich enttäuschende Wagenausnutzung, die in ihrem Ausmaße von einer Reihe deutscher und österreichischer Bahnen, insbesondere solchen mit einem ähnlichen Massengüter- und Kohlenverkehr wie die Reichsbahnen, mit den alten Tarifen ebenfalls erreicht und selbst übertroffen wurde.

Der Tarif enthielt aber auch in sich einen Widerspruch mit seinem eigenen Prinzipe. Durch den niedrigen Spezialtarif für die bezeichneten Güter, die zusammen die Hälfte des Verkehres ausmachten, war der gleiche Wagenraum verschieden tarifiert, während doch grundsätzlich nur e i n Preis bestehen sollte. Überdies war in den allgemeinen Wagenklassen das Übergewicht über 100 Zentner nach Zentner und Meile tarifiert. Dadurch kamen bei Wagen mit voller Tragfähigkeit (200 Ztr.) für verschiedene Gütermengen von 100 Zentner an, die in solchen verladen wurden, abweichende Frachtpreise heraus: abermals ein Bruch des Prinzips. Endlich beeinträchtigte ein Nebenumstand erheblich den Tarif: die Abstufung der Tarifsätze für bedeckte und offene Wagen. Diese war im ersten Tarife im Verhältnis von $33^1/_3$—40% gehalten und wurde im erhöhten Tarife auf 25% herabgemindert. Man wollte sie durch die Selbstkosten erklären, die Rechnung ergab aber, daß sowohl eine Berücksichtigung der Verzinsung und Tilgung der Anschaffungskosten als eine Bemessung im Verhältnis der Wagenausnutzung nur eine Abweichung um wenige Prozente gerechtfertigt hätte. Es lag somit in dieser Tarifbestimmung eine Begünstigung der schweren Massengüter vor, die offenbar beabsichtigt war. Da diese Güter aber zugleich in der Regel die mindestwertigen sind, so ergab das eine unbeabsichtigte Werttarifierung.

Ungeachtet seiner Mängel erlangte jedoch der Tarif der Reichsbahnen eine über sein unmittelbares Geltungsgebiet hinausreichende Bedeutung dadurch, daß er den dilettantischen Raumtarifideen ein gewisses Relief gab und dem unter der Autorität des neuen deutschen Reiches eingeführten Tarife Anhänger zuführte, ferner die Tarifwirren in Deutschland noch steigerte, damit die deutschen Tarifzustände verschlechterte, endlich das damals eben im Gange befindliche Zustandebringen einer Tarifeinheit für ganz Deutschland zuvörderst verzögerte, zuletzt aber durch die eben bezeichnete Folgewirkung auf die gesamten Tarifverhältnisse in gewissem Maße doch wieder förderte. Um Verbandtarife mit den Bahnnetzen des alten Tarifsystems zu bilden, hätten die verwickeltsten Tarife aufgestellt werden müssen, da bei vollständiger Kombination eine Anzahl Klassen notwendig geworden wäre, die dem arithmetrischen Produkte aus der Zahl der Klassen auf beiden Seiten sehr nahe gekommen wäre. Die Tarifzustände in Deutschland wurden dadurch geradezu unhaltbar. Das wäre nun selbstverständlich nur ein Einwand gegen das Fortbestehen beider Tarife nebeneinander gewesen, nicht aber gegen die ausschließliche Einführung des Raumtarifes.

Zur Prüfung der Sachlage und Antragstellung wurde daher i. J. 1875 eine Fachenquête nach Berlin einberufen, die dem Gegenstand die eingehendsten Beratungen widmete. Die Anträge der Kommission lauteten keineswegs auf Einführung des Raumtarifs. Warum?

Im Berichte der Kommission werden dem Raumtarife allerlei Vorzüge zugeschrieben, wie sie von seinen Anhängern vorgebracht worden waren. Demgegenüber war die Wertklassifikation in den Verhandlungen nur schwach verteidigt worden, in ihren positiven Grundlagen nicht entsprechend gewürdigt, mehr durch Zurückweisung unhaltbarer Bemängelungen gestützt [1]). Dennoch wurde nicht die allgemeine Einführung des Raumtarifs, wie man hätte erwarten sollen, beantragt, vielmehr ein Tarif, der im Wesen die Wertklassifikation der Massengüter beibehält und mit dieser lediglich eine einzige Stückgutklasse (mit Frachtzuschlag für sperrige Güter) und die allgemeine Wagenladungsklasse für halbe und ganze Ladungen verbindet. Die einzige Stückgutklasse mußte auf Andrängen der Frachtinteressenten wieder aufgegeben werden und die allgemeine Wagenladungsklasse

[1]) Wer noch gegenwärtig für die Einzelheiten der Erörterung Interesse hat, findet diese nach dem Enquête-Bericht in den „Verkehrsmitteln", I. Aufl., II. Bd., S. 450ff. kurz dargestellt.

ist jene Prämie auf gute Wagenausnutzung, deren geringe Bedeutung im früheren gekennzeichnet wurde. Das wurde als ein Kompromiß zwischen beiden Systemen dargestellt: man hätte ebensogut, eher noch mit mehr Recht, von der Beibehaltung des Klassifikationsystems mit angeblicher Verbesserung sprechen können, wenn man schon die erwähnten beiden Tarifbestimmungen als solche und als wesentlich ansah.

Der Grund des Verhaltens ist ersichtlich. Man konnte der Reichsregierung bei dem Nimbus, der sie damals umgab, nicht zumuten, ihren Tarif unverhüllt aufzugeben, man mußte ihr eine Rückzugsbrücke bauen und dazu mußte der Raumtarif der bestehenden Klassifikation als gleich begründet, wenn nicht sogar mit Vorzügen ausgestattet, gegenübergestellt und die Herübernahme der beiden Tarifbestimmungen als Verschmelzung der Systeme hingestellt werden.

In Deutschland war damals soeben die formale Tarifvereinheitlichung im Gange. Bis dahin hatte sich in Norddeutschland einerseits, Süddeutschland andererseits eine gewisse Übereinstimmung der Verbandklassifikationen herausgebildet, die i. J. 1868 für Norddeutschland zur Bildung des „Tarifverbandes" mit Annahme einer gemeinsamen Klassifikation führte. Hierauf hatte die Mehrzahl der Deutschen Bahnen nachdem ein Versuch der Tarifeinigung für das ganze Vereinsgebiet auf Grund dieser Klassifikation des Tarifverbandes an dem Widerspruche hauptsächlich der Reichsbahnen und preußischen Staatsbahnen gescheitert war (Frankfurter General-Versammlung des Vereines i. J. 1873), gelegentlich der Verhandlungen über die Tariferhöhung sich über ein neues System verständigt (nach dem Konferenzorte das Braunschweigsche genannt, 1874), welches außer einer Stückgut- und zwei allgemeinen Wagenladungsklassen (für 5000 und 10000 *kg*) vier Wagenladungsklassen für bestimmte Güter enthielt und welches auch mit Bundesratsbeschluß vom 11. Juni 1874 neben dem Elsaß-Lothringschen als zur Einführung geeignet anerkannt worden war. Diese Klassifikation gelangte als offizieller „Reformtarif" mit Beschränkung auf drei Wagenladungsklassen für bestimmte Güter zur Annahme (1877).

Die Ausbildung dieses Tarifes erfolgte ausschließlich im Sinne der Werttarifierung: der beste Beweis seines wahren Charakters! Die allgemeinen Klassen blieben im wesentlichen unverändert, die drei ursprünglichen „Spezialtarife" sind jedoch auf neun vermehrt worden, mit starker Erweiterung ihres Inhalts, und es sind, genau genommen, auch noch die „allgemeinen" Ausnahmetarife als Tarifklassen anzureihen.

Staffeltarife. Das bereits erwähnte Verhältnis der Stationskosten zu den Streckenkosten erfordert wegen seiner Konsequenzen für den Tarifaufbau nähere Beleuchtung. Das ziffermäßige Verhältnis ist durch Rechnung aus den Aufzeichnungen über die Betriebskosten festzustellen, wobei es wesentlich darauf ankommt, welche Aufwendungen als zu der einen oder der anderen Kostenkategorie gehörig angesehen werden. Die unseres Wissens eingehendste Betriebskostenrechnung mit Bezug auf die in Rede stehende Einteilung der Kosten findet sich bei Rank[1]), der nach den Betriebsverhältnissen einer bestimmten Bahn eine in ihren Einzelheiten begründete Zerlegung der Betriebskosten in Stations- und Streckenkosten durchführt, wobei er zu dem Verhältnis von 30,2 : 69,8, also rund 30 : 70 gelangt, ein Verhältnis, das auf allgemeine unbedingte Gültigkeit keinen Anspruch machen kann.

Die Summe der auf den Güterverkehr entfallenden Stationskosten, geteilt durch die Anzahl der beförderten Tonnen, und die Streckenkosten, geteilt durch die Anzahl der Tonnenkilometer, ergeben die auf jede Tonne Fracht entfallenden Stationskosten und Streckenkosten für die Wegeinheit. Die Kosten jeder Sendung für 1 *t* setzen sich zusammen aus den Stationskosten und den mit den Wegeinheiten der betreffenden Transportstrecke multiplizierten Streckenkosten. Durch Preisbestimmung in diesem Sinne wird den von den einzelnen Sendungen verursachten Kosten Rechnung getragen. Hierauf gründet sich die Einforderung des Preises für jeden Transport durch Anrechnung einer in ihrem Betrage feststehenden Abfertigungsgebühr (Expeditions-, Manipulationsgebühr) und eines im Verhältnis zu der Transportweite stehenden Streckenpreises.

In den Tarifen der erst entstandenen Eisenbahnen war diese Tarifbildung noch nicht durchgeführt. Unter den einfachen Verhältnissen eines Verkehres, der sich nur über kurze Linien erstreckte, lag hierzu kein Anlaß vor, zumal die Bahnen den Verkehr vorerst nach Art des Frachtfuhrwerks oder der Schiffahrt besorgten. Die Scheidung der beiden Kostenelemente wurde aber erforderlich, als der direkte Verkehr seinen Anfang nahm. Da ergab sich die Notwendigkeit, die Gesamt-Einnahmen auf die an solchen Verkehren beteiligten Bahnen nach Maßgabe ihrer Leistungen aufzuteilen und es drängten sich die Leistungen bei Einleitung und bei Endigung des Transportes als ausscheidbarer Kostenteil auf, für den diejenigen zu entschädigen seien, welchen jene erwachsen, während eine Bahnlinie, auf welcher das Frachtgut nur im Durchgangsverkehre befördert wird, hieran keinen Anteil hat, sondern nur ihren Anteil nach Verhältnis der Streckenkosten erhält. In Ausführung des Gedankens wurde eine Expeditionsgebühr berechnet, welche im direkten Verkehre zwischen Aufgabe- und Empfangsbahn geteilt wird, im eigenen Verkehre selbstverständlich der Bahn verbleibt, auf welcher sowohl die Aufgabe- als die Abgabebehandlung der Fracht

---

[1]) a. a. O., S. 191ff. Mit dieser Anführung sollen keineswegs alle Einzelheiten betreffend die Aufteilung verschiedener Rechnungsposten gebilligt sein. Über manchen der gewählten Schlüssel läßt sich streiten, mehrfach sind Einwendungen erhoben worden (insbesondere von Cassel, „Grundsätze für die Bildung der Personentarife“, Archiv 1900, S. 116ff.),

vor sich geht. Für die Frachtgeber ist diese Berechnungsweise gleichgültig, hat vielmehr nur der Gesamtfrachtpreis Bedeutung.

Die Summierung der Expeditionsgebühr zum Streckenpreise zeigt für die in ihrer Transportweite verschiedenen Sendungen einen mit Zunahme der Weglänge fallenden Preis für die Gewichts- und Wegeinheit. Nach dem oben bezeichneten Verhältnisse der Stations- zu den Streckenkosten gibt die Aufteilung der ersteren auf diese bei kurzen Transportstrecken einen raschen Kosten- bzw. Preis-Abfall, bei längeren Transportweiten in ihrem Fortschreiten einen im Ausmaße abnehmenden. Die Tarifsätze würden demnach, in einem Verkehrsgebiete für alle Entfernungen von Kilometer zu Kilometer (und früher nach Meile) berechnet, von einem Punkte an sehr geringe Abweichungen aufweisen. Es ist daher für die Preisberechnung praktisch, im Tarife die Aufteilung nicht vorzunehmen, sondern getrennt die Expeditionsgebühr und den Streckenpreis als Entfernungstarif aufzuführen, der für alle Entfernungen den gleichen Faktor ergibt.

Man kann jedoch der Entfernung einen weitergehenden Einfluß auf die Tarifgestaltung in der Weise einräumen, daß der Streckenpreis mit abgestuften Sätzen für verschiedene Entfernungen bemessen wird. Dies sind die Staffeltarife. Wird das letztbezeichnete Vorgehen gewählt, dann ist kein Grund mehr vorhanden, die Expeditionsgebühr im Verkehre getrennt zu berechnen, während sie allerdings in der Abrechnung der direkten Verkehre bestehen bleibt. Es kann aber die Expeditionsgebühr neben dem Staffeltarife beibehalten werden und es erscheint in diesem Falle schon der Streckenpreis als Tarif mit fallenden Einheitsätzen.

Für dieses Verfahren gibt es besondere Gründe. Einerseits in der Kostengestaltung. Es wurde oben (S. 322) bereits erwähnt, daß die Streckenkosten nicht genau im Verhältnis der durchfahrenen Weglängen zunehmen, was auf eine relative Abnahme hinausläuft. Dies gründet sich darauf, daß die eigentlichen Zugförderungs- und Fahrdienstkosten bei Zügen auf weite Entfernungen relativ geringer werden als bei Zügen kürzerer Distanz, und das hängt damit zusammen, daß die Unterbrechungen bei kürzeren Distanzen eine weniger gute Ausnutzung der Lokomotive und des Personales mit sich bringen. Stellen wir uns zwei Bahnen mit gleichen Verkehrsmassen vor, von denen die eine die Hälfte der Tonnenzahl der anderen auf die doppelte Entfernung zu befördern hat, so wird diese letztere geringere Beförderungskosten zeigen. Aber die Verringerung kann nicht bedeutend sein und sie ist jedenfalls nicht genau zu ermitteln, und da sie nur einen Kostenbestandteil trifft, so entzieht sich der angeführte Umstand praktischer ziffermäßiger Auswertung. Er kann nur als Nebenumstand mit in Betracht kommen, ein belangreicher Kostenabfall ist durch ihn allein nicht zu begründen. Um so nachdrücklicher wirkt dafür ein anderes

Moment, nämlich der Wertgesichtspunkt. Unter diesem kann eine Abminderung des Beförderungspreises mit zunehmender Weglänge angezeigt sein, soweit die Absatzfähigkeit der Güter durch die bei einer gewissen Transportweite eintretende Preishöhe geschmälert oder aufgehoben würde. Eine Preisermäßigung von diesem Punkte an ist also die Anwendung der Werttarifierung auf die Transportweite und sie zeigt einen stärkeren Preisabfall, als eben nach dem Kostenverhältnisse zutage kommt. Vielfach wird die Preisminderung sogar recht bedeutend sein, wo sie es sein muß, um den Zweck zu sichern. Meist wird es sich darum handeln, Güter von geringem Tauschwerte auf größere Entfernungen zum Absatz zu bringen, als ein Entfernungstarif ermöglichen würde. Das erklärt die Tatsache, daß wir die Staffeltarife hauptsächlich bei Gütern der niedrigen Wertklassen angewendet finden. Der Wertgesichtspunkt würde also allein genügen, sie zu begründen, wenn selbst die Kostengestaltung nicht im gleichen Sinne spräche. Es war daher eine irrige Ansicht, die Staffeltarife ausschließlich durch letztere erklären zu wollen.

Im vorstehenden war das ziffermäßige Verhältnis der beiden Kostenteile nur auf die Betriebskosten bezogen. Es ist aber auch ins Auge gefaßt worden, die Kapitalkosten einzubeziehen. Man hat in dieser Hinsicht bezüglich der Stationskosten auf die Verzinsung und Tilgung des in den Wagen steckenden Kapitales verwiesen mit Rücksicht darauf, daß für die Expedition das Zu- und Abschieben der erforderlichen leeren Wagen, deren Gestellung zur Verladung und Entladung, diese selbst und das Rangieren in den Zügen die Wagen eine geraume Zeit den Beförderungsleistungen entzieht. Auch die Verzinsung und Tilgung der Bahnhofgleise käme in Betracht. Stellt man diese Posten in die Rechnung ein, so würde ein wesentlich erhöhter Betrag der Stationskosten zum Vorschein kommen. Ob aber daraus etwas Bestimmtes für das Verhältnis zu den Beförderungskosten folge, ist damit noch nicht gesagt, da ja auch für letztere die Kapitalkosten eingerechnet werden müßten [1]).

Angesichts des Ausschlaggebens der Wertung ist für die Betriebsökonomie eine genaue Berechnung des Ausmaßes der Stations- und der Streckenkosten von untergeordneter Bedeutung. Die Expeditionsgebühren wurden auch erstmals mehr nach einem beiläufigen Anschlage der Abfertigungskosten angesetzt und dieser Ansatz hat auf ihr Ausmaß lange nachgewirkt. Die tatsächliche Höhe der Expeditionsgebühren ist daher auch hinsichtlich ihrer Begründung mancher Anzweiflung ausgesetzt. Das verschlägt jedoch nichts, wenn nur der Gesamtbetrag der Fracht in jedem Falle einen angemessenen Preis darstellt. Immerhin aber ist es angezeigt, wenn die Stationsgebühren im Tarife erscheinen, sie rationell zu bemessen. So wird für Wagenladungen eine geringe, für Stückgüter eine höhere Gebühr begründet sein, ein Unterschied

[1]) Es war daher ein Fehlgriff, wenn Michaelis (in der Abhandlung über die Selbstkosten der Eisenbahnen) die Staffeltarife ausschließlich mit den in der eben bezeichneten Weise erläuterten Kosten der Abfertigung begründet.

der Gebührenhöhe zwischen Sendungen der verschiedenen Güterklassen dagegen nicht. Eine Abstufung der Gebührensätze nach Entfernungen ist ein begrifflicher Widerspruch, ganz abgesehen von Erschwernis der Frachtberechnung. Dies trifft insbesondere die mit der Entfernung steigenden Expeditionsgebühren des deutschen Tarifes[1]). Nur ein Umstand wäre zugunsten dieser Einrichtung anzuführen, nämlich daß die niedrigeren Ansätze für die geringen Entfernungen einen zu hohen Gesamtfrachtsatz verhindern sollen, der dem Verkehre abträglich wäre. Die kleinen Abweichungen in den an sich niedrigen Abfertigungsgebühren der deutschen Staatsbahnnetze waren bei einheitlichen Streckensätzen lächerlich. Man wird doch wohl dahin kommen, dem Beispiele der amerikanischen Bahnen zu folgen, Abfertigungsgebühren nicht in die Tarife aufzunehmen, sondern in diesen nur die ausgerechneten Frachtbeträge zu veröffentlichen.

Die tariftechnische Durchführung des Staffeltarifes pflegt in zweifacher Weise zu erfolgen: entweder es wird für verschiedene Entfernungen je ein bestimmter Einheitsatz der Wegeinheit festgesetzt, der für die ganze Strecke berechnet, „durchgerechnet" wird, oder es werden Entfernungsgruppen gebildet, für deren jede ein bestimmter, nur innerhalb dieser Gruppe gültiger Einheitsatz in Anrechnung kommt, so daß der Gesamtfrachtsatz sich durch Zusammenziehen der einzelnen Gruppensätze ergibt (Anstoß). Im ersten Falle kommen Ungehörigkeiten für diejenigen Transporte zum Vorschein, deren Entfernung in der Nähe der für die Tarifermäßigung maßgebenden Grenzen liegt: die Beförderung auf weitere Entfernung würde weniger kosten als die auf eine kürzere. Um das zu vermeiden, wird entweder der Tarif für die weitere Entfernung rückwirkend auf die kürzeren angewendet oder es gilt das Preismaximum der geringeren Strecke als Minimum für die weiteren. Die erstere Berechnungsweise ist in Frankreich, die letztere in England üblich.

Eine theoretische Berechnungsart des Streckenpreises ist es, wenn dieser durch einen festen Betrag, vervielfältigt mit der Wurzel aus der jeweiligen Weglänge, gebildet wird. Diese mathematische Form sollte den richtigen Abfall des Preises zum Ausdruck bringen. Man hat einen solchen Staffeltarif einen parabolischen genannt, was auf Launhardt zurückgeht, der ihn als parabolischen Differentialtarif bezeichnet („Theorie des Trassierens", I. Heft, S. 76). Schon Launhardt selbst hat aber den Einwand erhoben, daß „zur richtigen Bemessung der Verminderung des kilometrischen Frachtsatzes der „Versendungswert" der Güter, d. i. die mögliche Absatzweite, bekannt sein muß und daher für jedes einzelne Gut die Verminderung verschieden bemessen sein muß (a. a. O., S. 86). Derjenige Abfall des Preises, welcher genau der Formel entspricht, kann für bestimmte Güter unter bestimmten Umständen angemessen sein: für andere muß die Allgemeinheit der Formel einen

[1]) Wehrmann, „Die Verwaltung der Eisenbahnen", 1913 (S. 203ff.) erklärt diese Einrichtung geschichtlich. Die deutschen Bahnen, anfänglich Privatbahnen, hätten bei den Verbandtarifen, um diese ausreichend niedrig zu halten, vorerst nur eine Abfertigungsgebühr eingerechnet und erst mit den wachsenden Entfernungen der Verbandverkehre sei man zum doppelten Satze aufgestiegen. Das sei der Ursprung der bis 100 km aufwärts steigenden Abfertigungsgebühren im Tarifschema der preußischen Staatsbahnen, die an sich unbegründet sind und vollends im Widerspruch stehen zu Streckenfrachten, die schon innerhalb der ersten 100 km fallen.

unrichtigen Tarif ergeben. Wollte man dem aber dadurch vorbeugen, daß man den konstanten Faktor für die verschiedenen Güter und für einzelne Fälle verschieden hoch ansetzt, so wäre das nur ein Umweg, denn die Größe dieser Konstanten könnte man doch nur aus dem angemessenen Gesamtfrachtsatze, über den man sich vorher klar sein müßte, bestimmen. Eine Tarifbildung dieser Art ist also nur ein theoretischer Aufputz und es ist eine zweifelhafte Theorie, die ihr zugrunde liegt.

Der Staffeltarif wurde in Deutschland im „Reformtarif" mehr als Ausnahme behandelt, während er in anderen Ländern zum mindesten für Massengüter beinahe allgemein zur Anwendung gelangte. Erst der Ende 1920 in Kraft getretene neue deutsche Tarif hat den Übergang zum Staffeltarif in allen Klassen durchgeführt.

Wenn nicht für jede Wegeinheit innerhalb einer Staffel der gleiche Einheitsatz, sondern wenn ein einziger Tarifsatz für jede Staffel angesetzt wird, so übergeht der Staffeltarif in einen Zonentarif.

Bekanntlich wird unter „Zonentarif" überhaupt eine Tarifform verstanden, bei welcher nicht nach der Wegeinheit des Kilometers (oder der Meile), sondern nach größeren Einheiten gerechnet wird. Wenn als solche auch erheblichere Maße gewählt werden, z. B. je 25, je 50 oder je 100 km, so liegt der Sache nach ein Entfernungstarif vor. Diese Durchschnittsbehandlung kann jedoch betriebsökonomische Vorteile, wie bezüglich Abfertigung, bieten, welche die betreffende Tarifform empfehlen. Hierher zählt z. B. der deutsche Gepäcktarif von 1907, dem ein Preis von 25 Pfg. für je 25 kg und 50 km zugrunde liegt[1]). Von einem solchen Tarife unterscheidet sich dann ein in die gleiche Form gekleideter Staffeltarif eben durch die Preisfestsetzung für die einzelnen Zonen und die Bestimmungsgründe hierfür. Es wäre angezeigt, diesen Unterschied auch durch geeignete Namen festzuhalten, Tarife der letztgedachten Art etwa als eigentliche Zonentarife zu bezeichnen (vgl. II. Bd., S. 404). Eine landläufige Vorstellung verbindet damit überdies das Merkmal einer sehr weitreichenden Vernachlässigung der Entfernungsunterschiede in der Preisstellung.

Im Personenverkehre, in welchem die Anrechnung einer Abfertigungsgebühr niemals erfolgte, gilt für die Begründung der Staffeltarife die vorstehende Argumentation in sinngemäßer Anwendung. Hierbei macht sich jedoch ein wichtiger Unterschied der beiden Verkehrsarten geltend. Bei den Frachten ist die Frage, ob und inwieweit die Absatzfähigkeit der Güter durch Herabsetzung des Tarifes sich ausdehne, für die einzelnen Güter jeweils rechnungsmäßig zu beantworten. Im Personenverkehre dagegen, wo ein Preis für alle gemacht werden muß, kann die Frage, inwieweit der Wertgesichtspunkt eine Fahrpreis-

[1]) Eine interessante Form ist ein in den Vereinigten Staaten zur Anwendung gelangter Gütertarif, der die Preisabstufungen nicht in absoluter Ziffer nach Wegmaßen, sondern für bestimmte Örtlichkeiten in %-Bruchteilen des Tarifsatzes der Endstation zum Ausdruck bringt. Siehe hierüber nächsten Abschnitt.

ermäßigung mit Zunahme der Entfernungen erheische, nicht mit gleicher Bestimmtheit beantwortet werden, vielmehr zeigt sich in dieser Hinsicht eine Eigenartigkeit des Personenverkehres, die im weiteren ins Auge zu fassen sein wird.

Differentialtarife. Ausnahmetarife. Von den Staffeltarifen sind zu unterscheiden die Differentialtarife: der Mangel solcher Unterscheidung hat die Klarheit der Einsichten längere Zeit beeinträchtigt. Bei den Staffeltarifen ist der Gesamtfrachtsatz für weitere Entfernungen stets höher als für geringere, wenngleich nicht im Verhältnis der Wegeinheiten. Wenn jedoch auf eine bestimmte Entfernung für einen Transport unter sonst gleichen Bedingungen ein Beförderungspreis angesetzt wird, der niedriger ist als der Tarif für nähere Verkehrspunkte, so haben wir einen Differentialtarif. Dieses Preisverhältnis ist das Unterscheidungsmerkmal [1]).

Ein Differentialtarif kann in der Form eines Staffeltarifes auftreten, bei welchem die Abminderung der Einheitsätze in dem Maße angesetzt ist, daß von einem bestimmten Punkte an bei Durchrechnung ein geringerer Gesamtbetrag an Fracht zum Vorschein kommt als bis dahin. In der Regel besteht der Differentialtarif in einem für bestimmte Stationsverbindungen speziell festgesetzten Preise, der niedriger ist als der in dem gleichzeitig geltenden Normaltarif enthaltene.

Die betriebsökonomische Begründung der Differentialtarife ist auf zwei Gruppen von Fällen zurückzuführen. Der häufigste Fall ergibt sich durch K o n k u r r e n z in K n o t e n p u n k t e n, sei es gegenüber Wasserstraßen oder gegenüber Eisenbahnen, wo und solange letztere besteht. Eine Linie, welche den Knotenpunkt mit einem höheren Tarife erreicht als eine andere, muß, um einen Teil des betreffenden Verkehres zu be-

---

[1]) Die Einbeziehung der Staffeltarife unter die Differentialtarife hat den Umstand gegen sich, daß sie die Konsequenzen des erwähnten Unterscheidungsmerkmals übersieht. Sie findet sich noch immer auch in fachlichen Ausführungen, so selbst bei U l r i c h (abermals im Art. „Gütertarife“ in der Enz., 1. und 2. Aufl.) auf Grund der Begriffserklärung, derzufolge unter Differentialtarif „jede nicht den Beförderungsmengen entsprechende ungleichmäßige Tarifbildung verstanden“ sei. Diese Lehrmeinung muß dann zu einem „Differentialtarif im engeren Sinne“ kommen, d. i. eben unser Differentialtarif. Die Staffeltarife seien als absolut differentielle Tarifbildung zu bezeichnen, weil in demselben Tarif für verschiedene Transportlängen verschieden hohe Einheitsätze eingerechnet werden, wogegen eine relativ differentielle Tarifbildung dann vorliege, wenn eine ungleichmäßige Tariffestsetzung in zwei verschiedenen Tarifen sich findet, da sich eine solche dann erst durch die Vergleichung der beiden Tarife ergibt. Wenn beide Tarife innerhalb derselben Eisenbahnverwaltung oder desselben Verbandes in Gültigkeit sind, so sei der von dem regelmäßigen Tarife abweichende Tarif ein Differentialtarif im engeren Sinne. Diese Unterscheidung zwischen absolut und relativ differentieller Tarifbildung ist nicht nur logisch angreifbar und sachlich wertlos, sondern auch verwirrend, weil sie eben, wie man sieht, wieder Staffeltarif und Differentialtarif zusammenwirft. In der ersten Auflage der „Verkehrsmittel“ (II. Bd., S. 427) war eine klare Scheidung noch nicht vollzogen, in Übereinstimmung mit der Berliner Enquête des Jahres 1875.

halten, auf den Tarif der anderen herabgehen, auch wenn dieser niedriger ist als ihr Tarif für Zwischenstationen. Die einschlägigen Erscheinungen des Tarifwesens und der Tarifgeschichte, die uns bereits aus dem 1. Kapitel bekannt sind, geben für die Betriebsökonomie zu weiteren Erörterungen nicht Anlaß; außer zu der Bemerkung, daß die Unwirtschaftlichkeit dieser Tarifkonkurrenz zu ihrem Ersatze durch rationelle Verkehrsteilung drängt. Es darf behauptet werden, daß seitens der Verwaltungen nicht selten auf Mitbedienung von Knotenpunktverkehren selbst durch weite Umweglinien zu viel Gewicht gelegt wurde, sowohl zu Zeiten eigentlicher Linienkonkurrenz, als auch bei Abmachungen über Verkehrsteilung.

Eine zweite Gruppe begreift die Fälle, daß die Eisenbahnen ohne Linienkonkurrenz zu einer besonderen Herabsetzung des Tarifes genötigt sind, um Transporte zu erlangen, die zum normalen Tarife nicht ausführbar sind. Voraussetzung hierfür ist zugleich die volle Ausnutzung der Fahrzeuge, weil nur durch diese diejenige Ermäßigung der Kosten herbeigeführt wird, welche den niedrigen Tarif ermöglicht. Hier ist der Wertgesichtspunkt mit Bezug auf die Transportweite, die schon beim Staffeltarif sich geltend macht, in ausgedehnterem Maße zur Anwendung gebracht, also auf Strecken, für welche die relative Abminderung des Beförderungspreises nicht den erforderlich niedrigen Tarifsatz ergäbe. Mit Rücksicht auf die Ausnutzung der Betriebsmittel sind die Rückladungstarife erstellt, ermäßigte Tarife, die bei Rückbeladung sonst leer laufender Wagen zwischen bestimmten Stationen gewährt werden, ferner die sog. Saisontarife, welche die Verwendung von Betriebsmitteln, die zu gewissen Zeiten unbeschäftigt sind, herbeiführen sollen, wie z. B. Sommertarife zu dem Zwecke, um einen Teil des Verkehres, namentlich den Kohlenverkehr, aus dem Herbst, wo in der Regel starker Andrang ist, in die Sommermonate zu verlegen. Der Umstand, daß ohne den niedrigen Tarif die Transporte eben nicht vor sich gingen, ist auch hier wesentlich.

Zu den Transporten der zweiten Gruppe zählen insbesondere solche, welche durch Konkurrenz von Verkehrsgebieten hervorgerufen werden: wenn die Preisermäßigung notwendig ist, um einem Produktionsgebiete oder einer bestimmten Produktionstätte die Beteiligung an der Versorgung von Verbrauchsgebieten, die aus verschiedenen Richtungen erfolgt, zu ermöglichen oder um für einen Verbrauchs- oder Handelsplatz den Bezug von Waren aus Lieferungsgebieten, die als konkurrenzfähig in Betracht kommen, in die Wege zu leiten. Hier ist es, wo die Eisenbahnen als Mitinteressenten am Gedeihen der betreffenden Gebiete oder Plätze durch Gewinnung oder Erhaltung des bezüglichen Verkehres auftreten. Es können in dieser Hinsicht allerdings Meinungsverschiedenheiten darüber obwalten, in welchem Maße die Konkurrenz verschiedener Erzeugungs- und Verbrauchsgebiete räumlich ins Werk gesetzt werden solle. Ob in einem Lande allgemeine Konkurrenzfähigkeit der von ihm umfaßten Erzeugungs- und Verbrauchsplätze untereinander zu ermöglichen ist, wird von dem Umfange des Landes abhängen. Auch kann die Frage entstehen, inwieweit gegebene Produktionsvorteile bzw. verkehrsgeographische Verhältnisse berührt oder unangetastet bleiben sollen. Diese Frage des Ausmaßes der inneren Konkurrenz drängt sich erklärlicherweise in einem Verkehrsgebiete von der Ausdehnung der Vereinigten Staaten nachdrücklich auf. Ob den Eisenbahnen der Beruf zustehe, durch extrem niedrige Tarife den allgemeinen Austausch in solchem Umfange tatsächlich oder annähernd herbeizuführen, ist eine Frage, die vom Standpunkte der Betriebsökonomie kaum zu bejahen wäre. Der Gesichtspunkt erstreckt sich auch auf die internationalen Handelsbeziehungen. Die Tarifmaßnahmen der nordamerikanischen Bahnen waren darauf berechnet, dem Getreide der Union am Weltmarkte in Liverpool den Wettbewerb um die Versorgung Europas mit dem indischen, argentinischen, südrussischen Getreide zu sichern.

Wenn die in die Konkurrenz der Märkte einbezogenen Örtlichkeiten hervorragende Produktions- oder Handelsplätze in verhältnismäßig geringer Anzahl sind, wie in den Vereinigten Staaten, so kann das eine eigenartige Tarifbildung ergeben, nämlich einen Einheitstarif, der auf eben diese Verkehrsbeziehungen beschränkt ist, mit deutlicher Sonderstellung gegenüber den allgemeinen Tarifen. Diese eigenartige Tarifbildung finden wir bei den sog. Transkontinentalen Tarifen, die eine Anzahl Hafenplätze an der pazifischen Küste mit Fabriks- und Handelszentren der nordöstlichen Gebiete der Union verbinden und für alle die Bezugs- oder Absatzbedingungen gleichstellen (auf welche Entfernung!). Ferner bei dem Tarifsysteme des Staates Texas, das neben einem Entfernungstarif für den Verkehr im Lande einen gleichen Tarifsatz für Landesprodukte (insbesondere Baumwolle) nach den Ausfuhrhäfen und andererseits gleiche zwischenstaatliche Tarife von nördlichen, westlichen und südlichen Plätzen der Union nach einem großen Teile des Landesgebietes (dem sog. *common point territory*) aufweist, von denen der erstere die Ausbreitung der Produktion über das ganze Land und die letzteren die Verteilung der Handelsplätze über dasselbe mit Verhinderung der Bildung großer Zentralpunkte bewirkt haben. Mitwirkender Grund für diese Tarifgestaltung ist die Wasserkonkurrenz, die die Seetarife aus den Gebieten am atlantischen Ozean nach allen Häfen des Golfes und des Pazifik gleich hält.

Zu den lediglich betriebsökonomisch zu beurteilenden Differentialtarifen treten andere, bei welchen ein gemeinwirtschaftlicher Erfolg in Betracht kommt. Letzteres kann auf zweierlei Weise der Fall sein. Entweder es ist der gemeinwirtschaftliche Erfolg die für die Bahnverwaltung indifferente Wirkung eines von ihr nach dem betriebsökonomischen Gesichtspunkte erstellten Tarifes, oder es ist ein gemeinwirtschaftlicher Zweck das Motiv zur Erstellung des Tarifes, bei welchem dann der betriebsökonomische Erfolg (Gewinnung oder Erhaltung der betreffenden Transporte) als Wirkung erscheint. Tarife der letzteren Art können von Staatsbahnen auch erstellt werden, wenn der betriebsökonomische Gesichtspunkt die Bahnverwaltung nicht zu ihrer Einführung veranlassen würde. Bei Privatbahnen kommen Tarife ohne solche Motivierung nicht vor, außer wenn sie ihnen durch die Staatsverwaltung auferlegt werden. Somit treten lediglich die von Staatsbahnen zu gemeinwirtschaftlichen Zwecken erstellten Tarife als eine weitere Gruppe auf, wobei aber nicht zu übersehen ist, daß Staatsbahnen sich auch durch betriebsökonomische Gründe allein zu Differentialtarifen bestimmt finden können. Letzteres ist sicherlich bei Tarifen der Fall, für welche die Begründung: „gegen Wettbewerb der Wasserstraße“ oder „auswärtiger Bahnen“, oder „zur Gewinnung der Transporte“ angegeben ist.

Die durch gemeinwirtschaftliche Zwecke begründeten Differentialtarife haben steigende Wichtigkeit erlangt, seitdem die Staaten den Umfang ihrer Betätigung auf die Förderung der Wirtschaft ihrer Angehörigen in allen Einzelheiten ausgedehnt und die Eignung der Eisenbahntarife als Mittel hierzu erkannt haben. Diese Tarife empfangen sonach ihre Bestimmung durch konkret verfolgte Zwecke der Staatsverwaltung, welche durch die geltenden allgemeinen Tarife nicht erreicht werden, und erhalten dadurch ihr Gepräge, das in einer durch die verschiedenen konkret gesetzten Zwecke bedingten sachlichen und örtlichen Einschränkung besteht. Der Grund und somit der Grad der Einschränkung kann ein sehr verschiedener sein. Es gibt solche Tarife, die von allen Stationen eines Netzes nur nach bestimmten Plätzen gelten, im Entgegenhalt zu anderen, die nach allen Stationen des betreffenden Verwaltungsgebietes, jedoch nur von einzelnen Versandstationen aus in Geltung stehen; Tarife von einer Anzahl Stationen nach einer Anzahl Stationen; ferner Tarife, die tatsächlich für bestimmte Versender oder Empfänger berechnet sind; endlich Tarife, welche an die Bedingung einer bestimmten Verwendung des beförderten Gutes im Produktionsprozesse oder im Güterumsatz geknüpft sind. In den letzteren Fällen sind genaue, auf der Natur der Sache und Zweckmäßigkeitserwägungen beruhende Anwendungsbedingungen vorgeschrieben, deren Ausbildung der Tariftechnik eine willkommene Aufgabe bot.

Den Differentialtarifen sind begrifflich verwandt die **Ausnahmetarife**. Vielfach werden beide als gleichbedeutend angesehen. Indes kommt für den Tarifaufbau doch eine gewisse Verschiedenheit der Begriffe in Betracht, wenngleich sie sich in weitem Maße überdecken. Der Gegensatz zum Normaltarif kann den Ausnahmetarif in dem Sinne ergeben, daß dieser entweder 1. den wirtschaftlichen Verhältnissen eines **beschränkten Gebietes** entsprechen soll, auch wenn diese Verhältnisse „dauernde“ sind, während der Normaltarif für das ganze Gebiet des Tarifsystems ohne Einschränkung gilt, oder 2. Umständen von **beschränkter Zeitdauer** Rechnung tragen soll, auch wenn diese sich allgemein über das ganze Tarifgebiet erstrecken [1]). Der zweite Fall ist der der sog. Notstandstarife, die zur Linderung einer ungünstigen Wirtschaftslage der Bevölkerung, die durch äußere Einwirkungen entstanden ist, bestimmt sind. Tarifmaßnahmen zu diesem Zwecke sind daher auf die Dauer des Notstandes befristet und haben altruistischen Charakter, stehen also außer aller Beziehung zur Betriebsökonomie. Sie greifen daher bei Privatbahnen auch nur auf Grund besonderer Verpflichtungen Platz. In der Regel wird eine bedeutende Ermäßigung der Normalsätze, meist in prozentualer Form, verfügt. Wenn die ungünstige Wirtschaftslage keine allgemeine ist, sondern nur einzelne Wirtschaftszweige betrifft, Maßregeln also nur zugunsten dieser getroffen werden, so verwischt sich der Unterschied vom ersten Falle bis auf das Merkmal der Befristung.

Die Tarifmaßnahmen der erstgedachten Fälle charakterisieren sich als Differentialtarife, fallen also nur mit diesen begrifflich zusammen. Es ist daher ganz zutreffend, wenn die „örtliche Gebundenheit" als das wesentliche Merkmal der Ausnahmetarife bezeichnet wird [2]). Doch sondern sich innerhalb der Ausnahmetarife wieder die gemeinwirtschaftlichen Ursprungs durch die im vorstehenden angeführten Eigentümlichkeiten aus und es wäre erwägenswert, ihnen als Ausnahmetarife im engeren Sinne oder eigentliche Ausnahmetarife eben einen besonderen Platz im Tarifaufbaue anzuweisen. Daß die „allgemeinen" Ausnahmetarife des preußischen und deutschen Tarifsystems in Wirklichkeit Tarifklassen oder allgemeine Artikeltarife sind, war schon an früherer Stelle hervorzuheben: der Name darf nicht irreführen.

Unter den gemeinwirtschaftlichen Bestimmungsgründen für Ausnahmetarife stehen einige im Vordergrunde. Hierher gehören die Ein- und Ausfuhrtarife, ferner Tarife zur Unterstützung bestimmter Industrien oder Örtlichkeiten nach den Gesichtspunkten, welche bei der staatlichen Tarifregelung bezeichnet worden sind (S. 68 f.). Ein hervorragendes Beispiel sind die deutschen Seehafentarife, die zugunsten hauptsächlich der Nordseehäfen berechnet waren, teilweise aber auch eine Industrieförderung für gewisse Gebiete bezweckten [3]).

[1]) Dr. Curt Rosenthal, „Die Gütertarifpolitik der Eisenbahnen des Deutschen Reiches und der Schweiz", S. 126. Das Buch ist die erste vollständige Darstellung der Ausnahmetarife, ihrer Veranlassung und Anlage, insbesondere der Anwendungsbedingungen.

[2]) Herrmann, „Gütertarife" im Handwörterb. d. Staatsw. III. Aufl.

[3]) E. v. Beckerath, „Die Seehafenpolitik der Deutschen Eisenbahnen und die Rohstoffversorgung", 1918. Das Buch gibt eine ausführliche Schilderung der Voraussetzungen, der Durchführung und der Wirkungen der Seehafen-Ausnahmetarife. Wenngleich ihre Anwendung fortab zufolge des sog. Friedensvertrages entfallen muß, so mindert dies nicht das Interesse, welches die betreffende Verwaltungsmaßregel an sich gewährt. Wie hoch man ihren Dauererfolg einschätzt, ist eine andere Sache. Unten den Seehafentarifen befanden sich solche, bei welchen der betriebsökonomische Gesichtspunkt der guten Wagenausnutzung nicht mitsprach, was ihren spezifisch gemeinwirtschaftlichen Ursprung kennzeichnet.

Für diese Ausnahmetarife gilt ganz eigentlich, was ein Fachmann über die Berührung verschiedener Interessen durch die Tarife ausführt [1]): „Fast jede tarifarische Maßnahme, auch jede Frachtermäßigung, führt zu wirtschaftlichen Verschiebungen. Denn jede wirtschaftliche Stärkung, die der eine hiervon erfährt, bedeutet für den anderen, der mit ihm in Wettbewerb steht, eine Schwächung seiner Stellung. Nur Vorteile und insbesondere gleiche Vorteile bietet ein Tarif selten. Selbst wenn Tarife an sich allgemein gelten, wirken sie doch nicht immer gleichmäßig. Beispielsweise haben Tarife zur Ausfuhr Bedeutung nur für binnenländische Plätze. Die unmittelbar an der Grenze oder an der See ansässige Industrie wird sich durch sie in dem Vorsprunge verkürzt finden, den sie bis dahin von ihrer örtlichen Lage vor der binnenländischen Industrie voraus hatte. Auch Tarifermäßigungen stoßen deshalb regelmäßig auf Widerspruch, ja nicht selten ist die Zahl ihrer Gegner größer als die ihrer Befürworter. Gerade aber weil mehr oder minder jede Tarifermäßigung wirtschaftliche Verschiebungen mit sich bringt, können diese nicht schon für sich allein ausschlaggebend sein oder es wäre überhaupt keine Fortentwicklung der Tarife möglich." Ob es den Verwaltungen der deutschen Staatsbahnen gelungen ist, ihre Tarifmaßnahmen durchwegs so zu gestalten, daß die wirtschaftlichen Vorteile die Verschiebungen ausgleichen und überwiegen, ist eine Frage, die nur durch eine ganz spezielle Untersuchung auf Grund eines überwältigenden, dem Außenstehenden kaum zu beschaffenden Tatsachen-Materiales annähernd zu beantworten wäre. Die Beratung der Staatsbahnverwaltung durch die Beiräte, deren objektives fachkundiges Eindringen in alle Umstände der einzelnen Fälle aus den Niederschriften ihrer Debatten und Beschlüsse erhellt, scheint das wohl in weitem Umfange bewirkt zu haben [2]). Immerhin aber bleibt die Gefahr überwiegender Interessenschädigung bestehen, je mehr die Ausnahmetarifierung sich in Einzelheiten der Wirtschaftsvorgänge, insbesondere auf Förderung einzelner Unternehmungen, einläßt.

Eine Rückwirkung der Differentialtarife auf vorgelegene Stationen ist betriebsökonomisch nur insoweit begründet, als sich durch Umbehandlung in einer Station, welcher der Differentialtarif zugute kommt, ein niedrigerer Beförderungspreis ergibt. Die Auferlegung der Rückwirkung mit Bezug auf gemeinwirtschaftliche Gründe gehört der staatlichen Tarifregelung an. Für den Bahnbetrieb wird es sich im konkreten Falle darum handeln, ob die Folgen der Rückwirkung für die Einnahmen der Bahn dazu bestimmen können, vom Differentialtarife abzusehen, d. h. auf den betreffenden Verkehr zu verzichten.

Wo die Rückwirkung nicht auferlegt wird, bietet sich betriebsökonomisch ein anderes Mittel, den Interessen der Zwischenstationen entgegenzukommen, wenngleich nur in eingeschränktem Maße. Das Mittel besteht in dem sog. „rückwärtigen Anstoß": es wird für die Zwischenstationen der Differentialtarif für den weiter gelegenen Platz mit Zuschlag des Lokaltarifs von diesem bis zur Zwischenstation berechnet. Ein Vorteil für die Verfrachter ergibt sich offenbar nur in dem Falle, daß der Differentialtarif dem Lokaltarif gegenüber einen sehr ermäßigten Satz aufweist. Das ist in den Vereinigten Staaten die Regel und deshalb ist diese Tarifmaßnahme dort auch stark verbreitet (*Basing Point System*). Die Tarife zwischen den großen Knotenpunkten mit Wasserstraßen-

[1]) v. Laury, Art. „Güter- und Vieh-Tarife" in „Deutsches Eisenbahnwesen d. Gegenw.", I. Bd., S. 402.

[2]) Die Denkschrift „Der Preußische Landeseisenbahnrat in den 25 Jahren seiner Tätigkeit 1883—1908" macht wohl auf jeden Eindruck in diesem Sinne.

oder Bahnkonkurrenz weisen diesen Abstand ihrer Höhe auf. Aber auch der andere Fall, der Konkurrenz der Verkehrsgebiete selbst, hat solche Tarife mit sich gebracht, indem größere Industrie- oder Handelsplätze alle Anstrengungen machten, sich die Förderung durch niedrige Bahntarife im Wettbewerb mit anderen Plätzen zu sichern. Die betreffenden Verkehre sind ausgesprochene Massentransporte, nicht selten in geschlossenen Zügen auf weite Entfernungen, haben also im Vergleich mit dem kleinen Verkehre der Zwischenstationen sehr viel geringere Selbstkosten. Daß die Beförderungspreise für Stationen, die über das Geltungsgebiet des Differentialtarifs hinaus liegen, durch Anstoß des Lokaltarifs gebildet werden, ist selbstverständlich, zumal diese Transporte eine Zwischenbehandlung erfordern, und wird auch in Europa in dieser Weise gehandhabt. In diesen Verkehrsverhältnissen hat das „System der tarifbildenden Punkte“ seine Begründung.

Daß im Personenverkehre Differentialtarife unmöglich sind, ist einleuchtend, da jeder Reisende sich die Rückwirkung sichern kann; für Ausnahmetarife im Personenverkehre ergibt die Begriffsbestimmung durch den Gegensatz zu allgemeinen Tarifen einen anderen Inhalt als im Güterverkehre.

Personenverkehr. Zonentarif. Einheitstarif. Im Personenverkehre sind die betriebsökonomischen Erwägungen hinsichtlich des Tarifaufbaues im allgemeinen einfacher als beim Frachtenverkehr. Wert- und Kostengesichtspunkt wurden bereits eingangs mit Bezug auf die Abstufung der Preise nach Klassen gekennzeichnet. Hier tritt aber die Schnelligkeit der Beförderung als ein preisbeeinflussendes Kostenmoment hinzu, indes nur bedingt. Bei allgemein schwachem Verkehre, der für sich eine leichte Anlage gestattet, treten die ungünstigen Wirkungen der wuchtigen Massenwirkung auf den Oberbau in einem Grade zutage, der die Meinung der Kostensteigerung im quadratischen Verhältnisse aufkommen ließ und die Verwaltungen zu einem entsprechend starken Oberbau bewog. Dadurch und im Verein mit seinen Sicherheitsansprüchen wird der Schnellverkehr zu einem selbständigen Kostenfaktor. In einem gewissen Maße wiederholt sich die Notwendigkeit eines stärkeren Oberbaues bei intensiver Verkehrsgestaltung, weil sonst die Bahnerhaltungsarbeiten nur unvollkommen ausgeführt werden könnten. Der Begründung einer Preiserhöhung durch die kostensteigernden Anforderungen des Schnellverkehres kann allerdings entgegengehalten werden, daß die betreffende Beschaffenheit der Anlage den anderen Verkehrsgattungen ebenfalls zugute kommt. Auch haben ja, wie wir wissen, neuere Untersuchungen zum mindesten eine erhebliche Einschränkung des Maßes der gedachten Wirkungen ergeben. Es herrscht also eine Unsicherheit in dem Fragepunkte, die eine allgemeine zweifellose Feststellung nicht — am allerwenigsten über das Maß der Kostenwirkung — gestattet. Diese Sachlage stört indes den Tarifaufbau nicht, weil die Preise keineswegs im Verhältnis zu den Kosten bestimmt werden müssen. Denn auch hier kommt der Wertgesichtspunkt ins Spiel, der eine Abstufung der Preise mit Rücksicht auf die Schätzung der Vorteile dieser Beförderungsart seitens der Reisenden gestattet. Die Preiserhöhung in Form eines festen Zuschlages auf die Personenzugspreise bietet den betriebsökonomischen Vorteil, die Reisenden im Nahverkehr von den Schnellzügen abzuhalten, wird aber dem Verhältnis der Wertsteigerung durch die Entfernung nicht gerecht. Für das Ausmaß des Preisaufschlages sind die konkreten Eisenbahnzustände und die wirtschaftlichen Verhältnisse des Landes entscheidend, haben aber tatsächlich auch die angedeuteten Meinungsverschiedenheiten mitgesprochen.

Im Laufe der Verkehrsentwicklung kommt in Bahngebieten mäßigen Umfangs mit sehr dichter Bevölkerung und zahlreichen Städten eine Zeit, in der ein wesentlicher Unterschied in der Fahrgeschwindigkeit der Züge sich als der Verkehrsabwicklung abträglich erweist. Dann wird es angezeigt, die vielen Züge auf den verhältnismäßig kurzen Strecken mit annähernd gleicher Geschwindigkeit laufen zu lassen. Hier ermöglicht aber die Dichtigkeit des Zugverkehres eine Abkürzung der Fahrzeit für die längeren Strecken in der Weise, daß bestimmte Züge nur an einzelnen Zwischenstationen halten. Kostenunterschiede entstehen nicht, da die Mehrkosten an Kohle bei den Personenzügen sich mit der Ersparnis an Personalkosten bei den Schnellzügen ausgleichen, und es ist dann auch die Aufrechthaltung eines Preisunterschiedes nicht gerechtfertigt. Aber auch da macht sich die Notwendigkeit der in Rede stehenden Zuggattung bald wieder geltend, indem das Verkehrsbedürfnis für Reisen auf sehr große Entfernungen, insbesondere auch im Anschlußverkehre mit anderen Bahngebieten und Ländern, eine weitere Abkürzung der Fahrzeit fordert. Dem wird sohin durch Züge von besonderer Schnelligkeit entsprochen, die überdies wegen des hervorragenden Komforts, den sie erfordern, und mit Rücksicht auf den Wertgesichtspunkt besondere Preise bedingen.

Der Klassenteilung schloß sich Amerika bekanntlich von Anfang nicht an. Mit der Ausbreitung der Eisenbahnen und ihrer Ausdehnung auf die großen Entfernungen im Gebiete der Union drängte sich die Notwendigkeit einer höheren Wagenklasse in der Weise auf, daß diese Schlafgelegenheit für so weite Reisen bieten mußte, was bei den dortigen Privatbahnzuständen zur Einführung durch eine Privatgesellschaft führte. Dazu kamen dann die Expreßzüge auf besonders frequenten Linien zwischen den Hauptplätzen, die mit besonderem Komfort ausgestattet wurden, wie ihn die durch den Aufschwung des Landes entstandene Klasse der Reichen und die Großgeschäftswelt zu zahlen bereit sind. Auf diese Art ist man bis zu vier, in manchen Zügen bis zu fünf Preisstufen gekommen [1]). In den Weststaaten besteht übrigens eine zweite Klasse im Normalverkehr und auch sonst werden Wagen

---

[1]) Hoff und Schwabach, a. a. O., S. 279.

mit geringerer Ausstattung für stark ermäßigte Fahrten (Auswandererzüge, Vergnügungszüge) verwendet.

In Europa waren die längste Zeit im Anschluß an das englische Beispiel drei Klassen im Gebrauch. In Deutschland kam eine vierte hinzu, was jedoch nur vereinzelt Nachahmung fand. In England hat die *Midland*-Gesellschaft i. J. 1872 die zweite Klasse abgeschafft, nachdem vorher bei zwei schottischen Gesellschaften nur zwei Klassen bestanden hatten. Die Maßregel lief, durch Ausstattung der dritten Klasse annähernd gleich der früheren zweiten, auf Herübernahme der amerikanischen Einrichtung hinaus — abgesehen von der Bauart der Wagen —, was in der vorgeschrittenen Demokratisierung der Gesellschaft in England seine Begründung fand, und hatte in Verbindung mit einer Herabsetzung der Fahrpreise einen sehr bedeutenden Aufschwung des Verkehres zur Folge. Drei große Konkurrenzgesellschaften und sämtliche schottischen Bahnen sind dem Beispiel gefolgt [1]).

Die Werttarifierung findet jedoch im Personenverkehre bekanntlich noch anderweitig ein umfangreiches Anwendungsgebiet durch besondere Preisstellung für bestimmte Kategorien von Reisenden. Hierher zählen die Tarife für Vergnügungsreisen, die Rückfahrkarten und Zeitkarten, die Arbeiter-, Schüler- u. dgl. Karten. Welche Ausdehnung diese Preisstellung angenommen hat, ist daraus ersichtlich, daß z. B. i. J. 1913 bei den preußisch-hessischen Staatsbahnen nur 42,33 % aller Reisenden zum Normaltarif befördert wurden, wogegen ausmachten: die Zeitkarten 22,51 %, Arbeiterwochenkarten 16,64 %, Sonntagskarten 1,52 %, Arbeiterrückfahrkarten 1,09 %, Schülerkarten 1,01 %, Gesellschaftsfahrten (zu wissenschaftlichen und belehrenden Zwecken) 0,47 %.

Diese Preisabstufungen stehen zum Teil mit der Kostengestaltung in Widerspruch. Der Vorortverkehr, zu dem die Arbeiter und Schüler ein starkes Kontingent stellen, weist eine ungünstige Ausnutzung der Plätze auf, da die Züge meist in der einen Richtung stark besetzt, in gleichzeitiger Gegenrichtung fast leer zu sein pflegen. Der Wertgesichtspunkt gibt also auch hier wieder den Ausschlag. Immerhin zeigt aber auch der Durchschnitt eine bessere Ausnutzung dieser Züge als die allgemeinen, d. i. eine Verringerung der relativen Tara. Nur in den sog. Vergnügungszügen, Ausflugzügen u. dgl. ist gute Platzausnutzung — bis zu voller Besetzung — die Regel. Gleiches ist der Fall bei den mit besonderen Bequemlichkeiten ausgestatteten Schnellzügen zwischen großen städtischen Knotenpunkten, deren gute Besetzung ein Gegengewicht zu den enormen Kosten dieser Züge bietet, ohne welches die gewöhnlichen und selbst die im üblichen Maße erhöhten Fahrpreise nicht möglich wären.

[1]) Frahm, a. a. O., S. 283.

Zu den Preisen für je einen Platz einer Wagenklasse kommen noch die Fälle, daß Reisende einen Abteil oder einen ganzen Wagen für sich in Anspruch nehmen oder selbst eine eigene Fahrgelegenheit, d. i. einen Sonderzug wünschen. Die betreffenden Preisbestimmungen bedürfen keiner Auseinandersetzung.

Für den Personenverkehr ist insbesondere die Frage eines Übergangs zum Zonentarife im Schrifttum lebhaft erörtert worden, und zwar im Sinne einer sehr weit gehenden Vernachlässigung von Entfernungsunterschieden, also eines Tarifes, der nur wenige und stark fallende Preisstufen aufweist, oder selbst eines Einheitstarifes.

Wohl zu unterscheiden hiervon sind diejenigen „Zonentarife", welche sich in ihrer Wirkung einem Entfernungs- oder einem Staffeltarif mit geringem Preisabfalle sehr nähern, wie z. B. ein solcher mit vielen engen Zonen in einem kleinen Verkehrsgebiete, oder welche gar bloß unter jenem Namen Entfernungstarife darstellen. Hierher gehören die so viel besprochenen ehemaligen ungarischen und österreichischen „Zonentarife" für den Personen- und den Frachtenverkehr. Diese Tarife für den Personenverkehr waren bei der großen Zahl und der Enge der Zonen dem Effekte nach Entfernungstarife, bei welchen nur z. B. für je 15 oder je 25 *km* (bei weiten Entfernungen 50 *km*) die kilometrischen Klassen-Einheitsätze 15 resp. 25 (50) mal gerechnet wurden, auch wenn weniger als 15 resp. 25 (50) *km* gefahren wurde. Das Resultat eines solchen Tarifes ist lediglich, wie aus jedem Eisenbahnkursbuche zu ersehen, daß die Preise, mit der Entfernung steigend, immer je für eine Anzahl aufeinander folgender Stationen gleich bleiben und dann plötzlich einen Sprung machen. Der einzige Vorteil für die Eisenbahnverwaltung ist eine gewisse Verringerung der vorrätig zu haltenden Fahrkarten; daß diese Tarifform für das Publikum keinen Vorteil bietet, ist klar. Lediglich die bedeutende Preisherabsetzung, welche mit dieser Tarifform verbunden wurde, nicht die Form selbst, hat in beiden genannten Ländern die namhafte Steigerung der Personenfrequenz (aber auch der Kosten) herbeigeführt, die seinerzeit so oft gerühmt wurde (in Ungarn insbesondere im Nachbarverkehre wegen äußerster Verbilligung desselben). Die Einnahmeausfälle, welche die Kostensteigerung verursachte, haben in beiden Staaten zur Aufhebung bzw. Umgestaltung der ursprünglichen Tarife veranlaßt. Die Frachttarife der Staatsbahnen beider Länder, die ebenfalls als Zonentarife gerühmt wurden, sind in Wirklichkeit Staffeltarife, bei denen die Bezeichnung „Zonentarif" sich bloß darauf gründet, daß bei der Frachtpreisberechnung die Kilometerzahlen der Transportstrecken behufs Multiplikation mit den kilometrischen Einheitsätzen innerhalb einer Grenze von je 10 *km* abgerundet werden!

Der „eigentliche" Zonentarif (oder gar der Einheitstarif) gehört als allgemeiner Tarif der Kategorie der Projekte an. Namentlich für den Personenverkehr wurden solche bisher periodisch von Schriftstellern entworfen, für den Frachtenverkehr wurde die Idee mit dem reinen Raumtarife in Verbindung gebracht. Alle dergleichen Projekte empfingen die Anregung von der Tarifgestaltung bei Post und Telegraph, übersehen aber eben den durchgreifenden Unterschied, welcher diesen gegenüber sowohl hinsichtlich des Verwaltungsprinzips als hinsichtlich der Selbstkostenverhältnisse bei den Eisenbahnen obwaltet.

Durch diese auf einer falschen Voraussetzung beruhende Begründung erscheinen die Vorschläge der betreffenden Tarifgestaltung hinfällig, sofern nicht für letztere eine andere, zutreffende Begründung zu finden ist. Eine solche könnte nur durch eine Untersuchung darüber gewonnen werden, was aus dem Verhältnis zwischen Wert und Kosten für die Reisen auf die verschiedenen Entfernungen folge.

Die Umstände, welche den Beweggrund zu einer Reise bieten, sind äußerst mannigfaltig und ergeben mithin sehr verschiedene Zweckwertungen und diesen stehen bestimmte Kosten als Gegenpost gegenüber, die je nach dem individuellen Wertstande von einem gewissen Punkte an als Motiv zur Unterlassung einer Reise wirken können. Zu den Reisekosten gehören außer dem Fahrpreise die Nebenauslagen, die teils von der Länge der Reise unabhängig sind, teils zu ihr im geraden Verhältnisse stehen. Die tatsächlichen Gesamtkosten sind es, die der Wertung unterliegen und daher für die Beurteilung als Gegenmotiv in Betracht kommen. Dazu kommt schließlich der äußerst wichtige Umstand, ob und inwieweit den verschiedenen Wirtschaftsubjekten die erforderliche Zeit zur Reise zur Verfügung steht und wie sie diesen Zeitaufwand in ihrer Wirtschaft werten [1]). Es entsteht somit die Frage, wie die individuellen Wertungen der Reisen gegenüber den mit ihrer Weite zunehmenden Kosten sich bei der Gesamtheit der als Reisende in Betracht kommenden Personen stellen, und da diese Gesamtheit eine Summe von Wirtschaftsubjekten mit dem verschiedensten Wertstande und den abweichendsten Lebensverhältnissen ist, so hängt eine Beantwortung der aufgeworfenen Frage davon ab, ob überhaupt ein Durchschnitt aus diesen individuellen Wertungen gezogen werden könne.

Es ist ersichtlich, daß die Massenwirkung dieser so verwickelten individuellen Verumständung nicht anders als nach dem Gesetz der großen Zahlen zu erfassen ist. Das kann in allgemeinen Erwägungen geschehen, die aber eben auch nur eine allgemeine Aussage mit Bezug auf breite Schichten und Klassen der Bevölkerung und auf umfassende Entfernungstufen zulassen. Eine Aussage dieser Art kann nur dahin lauten, daß eine mit der Entfernung vorschreitende Abnahme, und zwar von einem gewissen Punkte an sehr starke Abnahme der weiteren Reisen die Folge jener Wertgestaltung sein muß. Aus der Statistik der Verkehrsbewegung läßt sich nach der erwähnten Methode für konkrete Umstände ein ziffermäßiges Ergebnis ableiten, aber auch dieses bleibt mit der Unsicherheit behaftet, welche eben einem Gesetze dieser Art anklebt [2]).

Ein Schriftsteller hat diesem „Reisegesetz" die Formel gegeben, daß die Reisen im quadratischen Verhältnisse zur Entfernung, auf

---

[1]) Eine recht einleuchtende Analyse der betreffenden Umstände bietet Rank, a. a. O., S. 14, mit rechnungsmäßigen Beispielen.

[2]) Nach Daten von den preußischen Staatsbahnen (1884/85), auf die im folgenden noch zurückzukommen sein wird, ergab sich, daß die Reisen bis zu 25 *km* 72% aller Reisen ausmachten, die Reisen über 25 bis 300 *km* nur mehr 25,67%, über 300 *km* 1,33%, über 400 *km* 0,75%.

welche sie unternommen werden, abnehmen: Ed. Lill[1]) erklärt, indem er dieses Verhältnis genau nimmt, das Reisegesetz durch die Gleichung einer Hyperbel ausgedrückt und zieht daraus bestimmte Schlußfolgerungen. Dieses Verhältnis ist jedoch nur gesetzmäßig in dem Sinne, welcher dem Gesetz der großen Zahlen eigen ist, und es besteht nur bis zu einer gewissen weiteren Entfernung, über die hinaus es seine Geltung verliert, weil die Voraussetzung der Massenerscheinung nicht mehr vorliegt. Somit kann nicht behauptet werden, daß die Schaulinie einer Hyperbel auch auf diese Entfernungen sich erstrecke, kann folglich die Gleichung der Hyperbel überhaupt nicht als zutreffende Prämisse anerkannt werden. Aus der Voraussetzung schließt Lill, daß eine Ermäßigung des Einheitsatzes mit zunehmender Entfernung verfehlt sei. Dieser Schluß beweist vollends die Unhaltbarkeit der Prämisse.

Auf Grund der in der allgemeinen Fassung des Satzes beschriebenen Tatsache ist nun die Frage aufzuwerfen, ob Entfernungstarife oder Staffeltarife (insbesondere solche in Gestalt der Zonentarife) für den Personenverkehr geboten seien.

Auch diese Frage ist allgemein nur bedingt zu beantworten. Es wird nicht zu bezweifeln sein, daß eine Abminderung der Reisekosten durch mit zunehmender Entfernung fallende Preise dazu beitragen muß, einer gesteigerten Anzahl von Personen die weiteren Reisen preiswürdig zu machen, mithin die Zahl der ausgeführten Reisen zu vermehren. Da aber der Fahrpreis eben nur ein Bestandteil der Reisekosten ist und die übrigen Bestandteile sowie die Wirkung des Zeitmomentes durch eine solche Tarifgestaltung nicht berührt werden, so kann die erwähnte Wirkung nur eine mäßige sein. Andererseits kommt der ermäßigte Tarif auch denjenigen zugute, die auch nach dem höheren Tarife die Reise unternommen hätten, und das ergibt die Frage, ob die Preisherabsetzung betriebsökonomisch zulässig sei. Das aber ist eine Frage der konkreten Preishöhe im einzelnen Fall, nicht mehr eine Frage des Prinzips. Das Ergebnis in letzterer Hinsicht ist also, daß von einer unbedingten Notwendigkeit des Staffeltarifes für den Personenverkehr im Tarifaufbaue nicht gesprochen werden könne. Aus dem allgemeinen Satze kann schon ein praktischer Einwand gegen die charakteristischen Tarifvorschläge erhoben werden. Es ist klar, daß die Umstände, welche einen so starken Abfall in der Zahl der weiten Reisen bedingen, eine erhebliche Steigerung derselben keineswegs ermöglichen, auch bei geminderten Fahrpreisen, die Durchschnittsbehandlung aber den Nahverkehr empfindlich verteuern und einschränken würde. Die Wirkung auf die Einnahmen wäre niederschmetternd, da der Nahverkehr (bis 25 *km*), wie erwähnt, rund $^3/_4$ des gesamten Personenverkehres ausmacht. Für den Frachtenverkehr würde die auf die Spitze getriebene Durchschnittsbehandlung denjenigen Einwänden begegnen, welche bereits

---

[1]) „Das Reisegesetz und seine Anwendung auf den Eisenbahnverkehr", 1891, als Ergänzung eines Aufsatzes in der Zeitschrift f. Eisenb. u. Dampfsch. der österr.-ungar. Monarchie 1889, Nr. 35 und 36.

beim Wagenraumtarife angedeutet wurden, nur in noch weit höherem Maße.

Hierher gehörige Vorschläge wurden gemacht: Für den Personenverkehr von Scharling in Dänemark (1867), Brandon in England (1868), Perrot (1869) und Engel (1888) in Deutschland, Hertzka (1888) in Österreich; für den Frachtenverkehr ebenfalls Perrot und in extremstem Sinne Wilhelm (1893). Schlagende Widerlegung von Ulrich, „Personentarifreform und Zonentarif", 1892, ferner von Lehr, „Die Berechtigung des Zonentarifes", 1891, vgl. auch Rank (a. a. O., S. 187ff.) und zahlreiche Artikel in Eisenbahn-Fachzeitschriften. Hiermit soll nicht gesagt sein, daß nicht manche Ausführungen jener Schriften, namentlich kritischer Natur, für ihre Zeit beachtenswert gewesen seien, oder daß nicht die konkreten Tarife derjenigen Eisenbahnen, für welche die Vorschläge gemacht wurden, in der Tat einer „Reform" insbesondere im Sinne einer Ermäßigung mit gutem Erfolge hätten unterzogen werden können.

Eine Durchschnittsbehandlung aller Reisenden lag in der ursprünglich von der alten Postbeförderung übernommenen Einrichtung des Freigepäcks, das jedem bis zu einer bestimmten Höchstgewichtsgrenze gewährt wird. Auf diese Art tragen alle Reisenden ohne Unterschied die Kosten der Gepäckbeförderung und das muß als eine durchschnittliche Erhöhung des Fahrpreises wirken. Bei dem angewachsenen Verkehre kann eine Ermäßigung dadurch stattfinden, daß für das Gepäck gesonderte Beförderungspreise eingehoben werden, welche eben nur diejenigen treffen, die Gepäck mitführen, und in ihrer Gesamtheit die Gesamtkosten decken. Aus diesem Grunde wurde das Freigepäck in den meisten Ländern abgeschafft. Wo es beibehalten wurde, wie in England und den Vereinigten Staaten, kann es eine betriebsökonomische Rechtfertigung durch eine Ausführung derart finden, daß zufolge einer hohen Gewichtsgrenze das Abwägen in den meisten Fällen unterbleibt und ein Abfertigungsverfahren mittels Nummermarken und Gegenmarken (*Checks*) ohne Schreibwerk platzgreift, somit geringe Kosten erwachsen. In den Vereinigten Staaten kommt hinzu, daß die Gepäckaufgabe seitens der Reisenden am Schalter den Ausnahmefall gegenüber der allgemein üblichen Besorgung des Gepäcks durch die Expreßgesellschaften bildet.

Im vorstehenden waren die Bahnen des allgemeinen Netzes Gegenstand der Erörterung. Die Orts-Personenbahnen, seien es Straßenbahnen oder Bahnen mit eigenem Bahnkörper, bieten für den Fragepunkt andere Voraussetzungen. Zu einer Klassenteilung ist bei ihnen in der Regel nicht nur kein Anlaß, sondern es verbietet sich eine solche nachdrücklich durch Rücksichten der Wagenausnutzung und des glatten Betriebes. Nur in Ausnahmefällen kann die Führung von zwei Klassen sich empfehlen, wie z. B. bei Straßenbahnen, die einen lebhaften Verkehr in eine landwirtschaftliche Umgebung haben, der einerseits sehr billig bedient sein will, andererseits die Trennung der Landleute, die mit ihren Geräten und Feldfrüchten die Wagen füllen, von der städtischen

Bevölkerung erfordert. Oder bei solchen Bahnen, die auf den Fremdenverkehr angewiesen sind, der zu höheren Preisen als der heimische Stadtverkehr besorgt wird. Auf der anderen Seite hat das Zonensystem und der Einheitstarif hier ein spezielles Anwendungsgebiet. Der Zonentarif ist geboten, wo sich verschiedene Verkehrskategorien nach örtlichen Grenzen aussondern, die von verschiedener Stärke sind und je hauptsächlich bestimmte Kreise der Bevölkerung umfassen, insbesondere wo sich ein Vorortverkehr scharf vom innerstädtischen Verkehre abhebt. Die praktische Lösung bietet die rechnungsmäßige Erwägung, wenn ein Einheitstarif in der Höhe des Nahverkehres nicht genügenden Ertrag gäbe, um die Kosten der weiteren Strecken zu decken, in höherem Betrage aber dem Verkehrsbedürfnis der engeren Bezirke abträglich wäre. Innerhalb eines großstädtischen Netzes ist der Einheitstarif wegen seiner Vorteile für die Betriebsführung am Platze und er rechtfertigt sich auch für die Bevölkerung durch den Umstand, daß der einzelne abwechselnd verschiedene Linien des Netzes benutzt. Einleuchtend ist überdies, daß Kostenunterschiede auf verschiedene Fahrtlängen in den Preisen für die einzelnen Fahrten nicht zum praktischen Ausdruck gebracht werden können. Der Einheitstarif gestattet überdies jene einfache Erhebung des Fahrpreises, die im Einwurf des in einer Münze bemessenen Fahrgeldes in ein Gefäß beim Betreten des Wagens besteht. Diese Einrichtung hat freilich Voraussetzungen bezüglich des Volkscharakters, die nicht überall erfüllt sind. Bei diesen Personenbahnen findet das vorher über die Preisminderung für bestimmte Kreise der Bevölkerung Bemerkte hervorragend Anwendung.

Tarifbemessung. Beim Tarifaufbau handelt es sich um die Bestimmung der vergleichsweisen Höhe der verschiedenen Beförderungspreise, die Tarifbemessung ist der Wirtschaftsakt, welcher in Festsetzung der absoluten Höhe des Tarifpreises mit Bezug auf den Ertrag des Unternehmens besteht. Wenn wir derart Tarifaufbau und Tarifbemessung auseinander halten, so ist damit nicht gemeint, daß der erstere ohne Rücksicht auf letztere ins Werk gesetzt werde. Vielmehr wird die Klassifikation oder die Tarifstaffelung usw. jeweils im Hinblick auf bestimmte Beförderungspreise durchgeführt. Tarifaufbau und Tarifbemessung sind eben zwei Seiten derselben Wirtschaftshandlung, die in ihrer wechselseitigen Bedingtheit die Bestimmung des einzelnen Preises ergeben, wie wir ja das gleiche Verhältnis im Tarifwesen der Anstalten des Nachrichtenverkehres erkennen. Es erfolgt so eine generelle Tarifbemessung, die sohin in allen einzelnen Fällen zur Anwendung gelangt, soweit nicht eine Abweichung notwendig erscheint. Denken wir uns den Tarifaufbau mit Beziehung auf bestimmte Beförderungspreise erstmals vollzogen, so sehen wir der Verwaltung die Aufgabe erwachsen, im Rahmen desselben die sich fortwährend neu darbietenden Verkehrsakte mit wirtschaftlich richtigen Preisen zu erfassen. Es ergeben sich allerdings im Laufe der Entwicklung Anlässe, am Tarifaufbau Änderungen vorzunehmen, welche dann die tatsächlichen Beförderungspreise beeinflussen, wie z. B. wenn im wirtschaftlichen Charakter bestimmter Güter Änderungen eingetreten sind, die ihre Versetzung aus höheren in niedere Wertklassen oder die Einführung von Wagenladungsätzen erfordern [1]). Einem gegebenen Tarifaufbau gegenüber ist es aber eine wohl zu unterscheidende Verwaltungstätigkeit, fortlaufend für die einzelnen Verkehrsakte den angemessenen Preis zu bestimmen: entweder den generell bestimmten Preis anzuwenden oder eine besondere Preisfestsetzung im einzelnen Falle eintreten zu lassen.

Die Preisbemessung bewegt sich, wie wir wissen, zwischen der Obergrenze des Wertes der Transportleistung für ihren Empfänger und der Untergrenze der Selbstkosten. Auf die Einstellung an einem bestimmten Punkte zwischen den beiden Grenzen können gemeinwirtschaftliche Erwägungen Einfluß nehmen. Die betriebsökonomischen Erwägungen an sich sind in den Satz zu fassen, denjenigen Preis zu finden, welcher nach dem Gesetze der Massennutzung den höchst erzielbaren Beitrag zum Ertrage des Unternehmens liefert. Die generelle Tarifbemessung konnte zur Auffindung der diesen Gesichtspunkten entsprechenden Preise nicht anders als im Wege des Versuches mit Anknüpfung an die bestehenden Verkehrsverhältnisse, d. h. an die Preise der alten Verkehrsmittel, vorgehen, indem für neue Artikel die vergleichsweise Wertgestaltung und Kostenverursachung ins Auge gefaßt wurde. Man konnte dabei nicht vorhinein Kapitalkosten und Betriebskosten im Preise unterscheiden, sondern erst nachträglich durch Abziehen der sich im Betriebe tatsächlich ergebenden Durchschnittskosten der Leistungseinheit die Kapitalkostenquote feststellen, deren bei den mannigfachen Transporten verschiedene Höhe auf der Verschiedenheit der nach dem Wertgesichtspunkte geforderten Preise beruht. Auf diese Weise sind die ersten Eisenbahntarife entstanden, indem Tarifaufbau und Tarifbemessung sich in einem Akte vollzogen. Im weiteren Verlaufe scheiden sich diese beiden Seiten äußerlich und es wird bei der auf Grund des jeweils bestehenden Tarifaufbaues vor sich gehenden Tarifbemessung nunmehr vorhinein mit bestimmten Kosten als Untergrenze für die Beförderungspreise gerechnet, die nach dem Wertgesichtspunkte bemessen werden. Angesichts der jeweils in Geltung stehenden Tarife ergibt sich nun für jeden einzelnen Verkehrsakt die Frage, ob er als ein im Tarife vorgesehener Fall zu behandeln ist oder

[1]) Die Versetzung eines Artikels in eine niedriger tarifierte Klasse (Deklassifikation) kann aber auch eine Art der Tarifbemessung sein, so im Falle einer Güterklassifikation mit feststehenden Tarifsätzen. Bei einer gemeinschaftlichen Klassifikation, an welcher Bahnen mit verschiedenen Einheitsätzen beteiligt sind, tritt die prinzipielle Natur einer Deklassifikation, also als Art des Tarifaufbaues, klar hervor.

ob er eine Ermäßigung des Beförderungspreises erfordere. In dem Punkte weisen der Güterverkehr und der Personenverkehr Abweichungen voneinander auf. Fassen wir zuerst den Güterverkehr ins Auge. Da die Steigerung des Verkehres nebst der Vermehrung der Einnahmen den Kostensatz für die Verkehrseinheit vermindert, so hat die Bahnverwaltung das einleuchtende Interesse, die vorfallenden Verkehrsakte soweit möglich auf Grund der geltenden Tarife zu vollziehen. Für diejenigen Transporte, welche nur durch eine Preisherabsetzung zu gewinnen sind, frägt es sich, mit welchem geringsten Preisnachlasse der Zweck im konkreten Falle zu erreichen sei. Allgemein kann nur die äußerste Grenze bezeichnet werden, also jener Kostensatz, der das Minimum des Preises darstellt. Hier tritt nun die Scheidung der Kosten in feste und veränderliche ins Gesichtsfeld und es wird die Rückwirkung der bei bestimmten Preisen sich ergebenden Verkehrsmengen auf die Kosten insbesondere praktisch. Im gedachten Falle hat die Verwaltung zu berechnen, welchen Preis eine Vermehrung der Frequenz mit sich bringe, die mit dem Preise eine Verkehrseinnahme abwirft, welche größer ist als bei einem anderen Verhältnisse der beiden Faktoren, kurz gesagt: das Maximum ergibt, dieses als Reinertrag nach Abzug der Kosten der Mehrtransporte verstanden. Zufolge der Rückwirkung der Verkehrsleistungen auf die Kosten kann ein höherer Preis mit geringerer Verkehrsmenge minder vorteilhaft sein als ein niedrigerer Preis mit größerer Verkehrsmenge. Nicht selten wird der in Aussicht stehende Neuverkehr in seinem Maße vorhinein mehr oder minder annähernd feststehen und es wird sich daher nur um die Bemessung des Tarifsatzes und den Kostenvergleich handeln.

In dieser Hinsicht ist zunächst der Umstand maßgebend, ob die ins Auge gefaßten Transporte noch innerhalb des Intensitätsmaximums der Anlage ausführbar sind oder nicht, und darnach ergibt sich für die Frage des Minimalpreises eine abweichende Lösung. Innerhalb der gegebenen Leistungsfähigkeit der Anlage sind wieder zwei Fälle zu unterscheiden. Der eine ist, daß die heranzuziehenden Transporte mit dem bestehenden Zugturnus besorgt werden können. In einem solchen Falle erwachsen für die neu hinzugekommenen Transporte nur geringe Spezialkosten, mitunter so gering, daß sie praktisch vernachlässigt werden könnten, wie etwa eine etwas stärkere Inanspruchnahme des Personales oder eine unbedeutende Erhöhung des Bruttogewichts der Züge. Somit ist für einen Preisnachlaß der weiteste Spielraum gegeben. Man wird aber kaum bis an die unterste Grenze zu gehen brauchen: es stellt schon eine bedeutende Preiskonzession dar, wenn die bisher geltenden durchschnittlichen Selbstkosten einer Verkehrseinheit (Tonnenkilometer) als Beförderungspreis in Anrechnung gebracht werden, und selbst das wird vielleicht nicht erforderlich werden.

Fälle der gedachten Art können jedoch nur selten auftreten, weil alsbald mit dem bestehenden Zugturnus nicht mehr das Auslangen zu finden sein wird. Für weiter zuwachsenden Verkehr werden neue Lastleistungen erforderlich (Einlegung neuer Züge oder beträchtliche Vermehrung der Achsenzahl bestehender, welche eine erhebliche Steigerung der Bruttozuglast bewirkt). Die vermehrten Lastleistungen bedingen Spezialkosten im vollen Ausmaße der gleichen bestehenden Leistungen und eine gewisse geringe Steigerung der Abnutzung (Erneuerung), wogegen im übrigen die Generalkosten und die Kapitalkosten nicht berührt werden. Der Beförderungspreis muß folglich jene Betriebskosten decken und überdies einen Ertrag abwerfen, der vom betriebsökonomischen Standpunkte ein Motiv zur Übernahme der betreffenden Transporte abgibt. Da der im geltenden Tarife enthaltene Anteil der General- und der Kapitalkosten größer ist als derjenige Anteil, der sich infolge zuwachsender Transporte berechnet, so kann durch eine Preisminderung gegenüber dem geltenden Tarife, wenn erforderlich, die zur Gewinnung der betreffenden Transporte nötige Preishöhe gefunden werden, deren äußerste Grenze das neue Kostenniveau (Spezialkosten plus geminderter fester Kosten) bildet.

Diese Gesichtspunkte drängen sich den Verwaltungen auch auf, wenn es sich darum handelt, im Wettbewerb bestimmte Verkehrsmengen zu gewinnen oder ihren Verlust an Konkurrenten zu verhindern. Hier wird häufig der erste Fall (Auslangen mit dem bestehenden Zugturnus) vorliegen. Dadurch rechtfertigen sich die oft sehr ermäßigten Tarifsätze im Wettbewerbverkehr.

Nimmt die Steigerung des Verkehres durch die neu zu gewinnenden Frachtmengen einen Umfang an, dem die bestehenden Anlagen mit ihrer sachlichen und persönlichen Ausrüstung nicht mehr genügen, dann bewirken die Kapitalkosten der Erweiterungen zunächst eine Kostensteigerung, die in Rechnung zu stellen ist. Hierher gehört der Fall, daß die betreffenden Transporte Betriebsmittel erfordern, die neu zu beschaffen sind oder dem allgemeinen Verkehre entzogen werden. Die Verzinsung dieser Betriebsmittel ist demnach in die Kosten einzurechnen. Das gleiche kann vielleicht von einzelnen Gleis- oder Lade-Anlagen gelten. Hiermit ist ein Unterschied vom allgemeinen Verkehre bezeichnet. Wenn dieser eine Steigerung erfährt, die neue Kapitalkosten erfordert, so ist es angezeigt, wie schon an früherer Stelle erwähnt wurde, von der bezüglichen Kostensteigerung abzusehen und die Wiederherstellung des früheren Verhältnisses von Kosten und Ertrag von der weiteren Verkehrsentwicklung zu erwarten.

Für die Anwendung des betriebsökonomisch angezeigten Minimalpreises sind zwei Gruppen von Fällen erkennbar. Entweder es handelt sich um neuartige Transporte, welche bisher zwischen bestimmten Stationsverbindungen nicht bestehen konnten und erst infolge des niedrigeren Beförderungspreises möglich werden. Die bezüglichen Tarife fallen unter den Begriff der Ausnahmetarife. Oder es fand bisher bereits ein bestimmter Verkehr auf Grund der geltenden Tarife statt, eine Herabsetzung bewirkt jedoch gleichartigen Verkehr, etwa in anderen Relationen bzw. auf weitere Entfernungen, in einem Maße, daß der Ertrag dieser zuwachsenden Transporte den Entgang an Einnahmen, den die Anwendung des ermäßigten Tarifes auf den bereits vorhandenen Verkehr mit sich bringt, reichlich aufwiegt. In solchen Fällen übergeht der Minimalpreis in eine Herabsetzung des allgemeinen Tarifes [1]).

In der Praxis der Verwaltung wird es wohl selten notwendig sein, mit der Ermäßigung des Beförderungspreises bis zur bezeichneten Kostengrenze herabzugehen und es wird sich das meist schon dadurch verbieten, daß eine zu große Abweichung von den geltenden Tarifen zum Vorschein käme. Vorstehend ist immer an die normale Gestaltung der Eisenbahnverwaltung gedacht. Daß es Ausnahmen gibt, in welcher die Obergrenze der Tarife hinter den Kosten zurückbleibt, wissen wir. Solange das der Fall ist, ist selbstverständlich die erstere allein für die Tarifbemessung entscheidend.

Ob unter Einwirkung gemeinwirtschaftlicher Motive bis zu Verlustpreisen herabzugehen sei, hängt von dem Ergebnisse einschlägiger Erwägungen im einzelnen Falle ab.

Nach diesen Gesichtspunkten sind im Laufe der Entwicklung die Verwaltungen bei der Tarifbemessung in klarer Einsicht oder instink-

[1]) An Erörterung der Frage des Minimaltarifs hat es im Schrifttum nicht gefehlt — es ist in dieser Hinsicht insbesondere auf Nördling, Hadley, Colson hinzuweisen —, doch wird meist nicht mit genügender Schärfe hervorgehoben, daß es sich nicht um neuen Verkehr überhaupt handelt, sondern nur um Transporte, die unter bestimmten Umständen auf Grund der geltenden Tarife nicht zu erlangen wären, und wird davon ausgegangen, daß mit den ausscheidbaren Kosten dieser Transporte der Minimalpreis gegeben sei. Der Minimaltarif wird daher in den Spezialkosten gesucht, da die festen Kosten bereits durch den vorhandenen Verkehr gedeckt seien. Hiermit ist übersehen, daß bei Deckung der Spezialkosten noch kein betriebsökonomisches Motiv zur Übernahme der betreffenden Transporte vorhanden ist. Das bedeutet, daß der Minimaltarif mit der Kostengrenze der Spezialkosten eben in der Regel nicht zusammenfällt. Die Unklarheit in betreff des Unterschiedes von den allgemeinen Tarifen kann zu der Meinung verleiten, daß für jeden neuen Transport der Minimalpreis in Frage käme. Dies gilt insbesondere von amerikanischen Schriftstellern. Manche scheinen zu meinen, daß die freie Tarifbestimmung unter dem Konkurrenzsysteme eben alle Transporte so behandle. In weitem Umfange ist das in der Tat bei der Ausbildung des Tarifsystems in den Vereinigten Staaten der Fall gewesen, hauptsächlich in den Zeiten der geheimen persönlichen Tarifzugeständnisse. Als dies aber nicht mehr anging, vielmehr der Übergang des Minimaltarifs in ermäßigte Normaltarife ins Auge zu fassen war, ergab das eine erhebliche Hemmung und Einschränkung. Nur daß bei den dortigen Entwicklungsmöglichkeiten die Anlässe zur Anwendung von Minimaltarifen immerhin noch häufiger blieben als in Europa. Darauf beschränkt sich schließlich der Unterschied gegenüber den europäischen Tarifzuständen und nur das besagt in ihrer Zuspitzung die bei amerikanischen Schriftstellern vorfindliche Formel: daß das amerikanische System den Minimaltarif bedeute, dagegen das europäische den Normaltarif.

tivem Erfassen vorgegangen. Was wir für die Wirtschaftshandlungen der jeweiligen Gegenwart als Richtschnur erkennen, hat sich in der Tarifgeschichte eben in unzähligen aufeinander folgenden Fällen abgespielt und dadurch sind insbesondere die niedrigen Tarifsätze für die Massengüter wesentlich mit hervorgerufen worden.

Ein Fall genereller Tarifbemessung tritt in diesem vorgeschrittenen Stadium ein, wenn es sich um die Frage einer allgemeinen Tariferhöhung mit Rücksicht auf allgemeine dauernde Steigerung der Betriebskosten handelt. Betriebsökonomisch kommt hier nur die Erwägung in Betracht, inwieweit die erhöhten Frachtpreise voraussichtlich auf den Verkehr, folglich auf die Einnahmen des Unternehmens einwirken würden; ein Fragepunkt, dessen Beantwortung nur auf Grund genauer Kenntnis der konkreten wirtschaftlichen Zusammenhänge erfolgen kann. In der Regel werden aber gemeinwirtschaftliche Gesichtspunkte bei der Entscheidung mitsprechen. Der Punkt betrifft selbstverständlich auch den Personenverkehr.

In ganz hervorragendem Maße ist zu solchem Vorgehen während und infolge des Weltkrieges Anlaß gewesen, wobei noch die wiederholt eintretende Notwendigkeit der Anpassung an die Geldwertänderung eine Verwicklung ergab. Als der einfachste und am schnellsten zum Ziele führende Weg erwiesen sich gleichmäßige Zuschläge auf die bestehenden Tarifsätze; sog. lineare Tariferhöhung, zu welcher auch tatsächlich die Eile der Maßregel nötigte. Dadurch wurden jedoch bei der ins Abnorme gehenden Steigerung der ziffermäßigen Höhe der Tarife auf die verschiedenen Verkehrsarten in Wirklichkeit sehr ungleichmäßige Wirkungen ausgeübt. Daher erkannte man die Notwendigkeit einer gründlichen Umbildung der Tarife mit weitgehender Berücksichtigung der wirtschaftlichen Verhältnisse, wie sie sich eben gerade unter dem Einflusse der politischen Ereignisse herausgebildet haben. In solcher Weise haben sich auch die jüngsten Umgestaltungen der deutschen und österreichischen Tarife vollzogen: es fanden einzelne Änderungen im Tarifaufbau im Hinblick auf bestimmte Preisbemessungen statt.

Für Änderungen einzelner Tarife kommt vom betriebsökonomischen Gesichtspunkte in Betracht, daß eine gewisse Beständigkeit im Ausmaße der Tarife für ihre Anwendung durch das Personal ihre guten Seiten hat. Je geläufiger ein Tarif dem Personal ist, desto rascher und sicherer wird die Rechnung im einzelnen Falle, was in der Gesamtheit der Dienstvrerichtungen sich im Kostenpunkte geltend macht. Daraus leitet sich der Grundsatz ab, mit Tarifänderungen nur bei triftigem Grunde und im allgemeinen zurückhaltend vorzugehen. Weitergehende Beschränkungen werden den Verwaltungen zuweilen durch gemeinwirtschaftliche Rücksichten, je nach deren Würdigung im konkreten Falle, auferlegt.

Schließlich muß eine die Tarifbemessung betreffende Einzelheit angemerkt werden. Es ist mehrfach ausgesprochen worden, die Tarife müßten den Mehrkosten Rechnung tragen, welche durch die Steigungs- und Krümmungsverhältnisse der Bahnlinie entstehen. Zu diesem Behufe wäre die virtuelle Länge der Tarifbemessung zugrunde zu legen [1]). Dem ist entgegenzuhalten, daß diese Erhöhung doch nur die Zugförderungskosten betrifft und daß, wenn schon überhaupt die Selbstkosten nicht für die Tarifbemessung allein entscheidend sind, das um so weniger von einem Bestandteile derselben gelten könne. Naheliegend ist, daß die Forderung nicht für jede einzelne Bahnstrecke erhoben werden kann, sondern nur ein größerer Komplex ins Auge zu fassen wäre. In einem solchen mit abweichender Beschaffenheit der von ihm umfaßten Linien zeigt die durchschnittliche virtuelle Länge in der Regel ein so geringes Ausmaß, daß eine darauf zu gründende verhältnismäßige Tariferhöhung gar nicht praktisch zum Ausdruck gebracht werden könnte. Übrigens ist die tatsächliche Gestaltung der Zugkosten doch in den Ausweisen enthalten und kommt daher zur Wirkung, soweit eine Tarifbemessung auf die konkreten Selbstkosten sich stützt. Nur wenn in einem Gebiete von nicht zu kleiner Ausdehnung eine starke Erhöhung der Zugförderungskosten durch besonders starke und andauernde Steigungen, allenfalls noch unterstützt durch klimatische Verhältnisse, hervorgebracht wird, ist eine Berücksichtigung dieser speziellen Gestaltung im Tarife angezeigt: die Tarifzuschläge in Form einer Anrechnung der virtuellen Länge für solche Bahnstrecken, wie sie gehandhabt wurden, sind daher betriebsökonomisch begründet.

Anschließend sei noch eines theoretischen Satzes Launhardt's gedacht, der, wenn er zuträfe, die Tarifbemessung außerordentlich vereinfachen würde. Launhardt lehrt nämlich auf Grund mathematischer Beweisführung, daß „der höchste Betriebsüberschuß erreicht wird, wenn der Frachtsatz gleich dem $1^1/_2$fachen Betrage der Betriebskosten gehalten wird“ (a. a. O. Heft 1, S. 58). Wäre das richtig, so wäre die Tarifbemessung offensichtlich eine bequeme Sache. Dem Satz kann man zunächst die Rückwirkung einer Verkehrszunahme auf die Selbstkosten entgegenhalten. Wenn wir aber auch die Auslegung gelten lassen wollten, es sei schon derjenige Kostensatz zu verstehen, der sich erst durch den Verkehr ergeben wird (eine Auslegung, von der es zweifelhaft ist, ob sie im Sinne Launhardt's lag), so ist doch durch nichts allgemein zu beweisen, daß ein höherer Frachtsatz als $1^1/_2$ der Betriebskosten nicht ungeachtet eines geringeren Verkehrsquantums, das er ermöglicht, ein höheres Maximum ergeben könne. Der Satz kann in einzelnen Fällen zutreffen: allgemein ist er unhaltbar.

Alles Voranstehende bezog sich auf die Bahnen des allgemeinen Netzes. Für Lokalbahnen (Kleinbahnen) hat die Tarifbestimmung durchaus nach den individuellen Verhältnissen jedes Unternehmens zu erfolgen. Im allgemeinen werden mit Rücksicht auf die Kostengestaltung die Tarife bei Lokalgüterbahnen nicht unerheblich höher sein müssen als auf den Bahnen höherer Ordnung. Schon Nebenbahnen weisen größere Kosten für die Leistungseinheit auf als Hauptbahnen. Einerseits entfallen bei dem schwachen Verkehre größere Anteile der Kapitalkosten auf den einzelnen Verkehrsakt, da die Anlagekosten nicht im Verhältnis des geringeren Verkehres niedriger gehalten werden können. andererseits sind die Betriebskosten höher, schon weil die

---

[1]) So Schübler („Zentralblatt der Bauverwaltung“ 1884, Nr. 29) und Launhardt („Theorie des Trassierens“, 2. Heft).

festen Zugkosten sich auf eine geringe Anzahl Wagenachsen verteilen, aus welchem Grunde sich auch die Generalkosten des Achskilometers höher stellen. Dieses Kostenverhältnis kann jedoch in den Tarifen nicht adäquaten Ausdruck finden, weil der Wertgesichtspunkt entscheidet und überdies die durch die Nebenbahn der Hauptbahn zugeführten Frachten diesen die Einnahmen vermehren und zugleich die Kosten mindern. Ausnahmen treten nur ein, wenn die Nebenbahn ein selbständiges Unternehmen bildet und selbst da erzwingt sich der Wertgesichtspunkt Beachtung. Bei den Lokalbahnen tritt die angeführte Kostengestaltung in noch verstärktem Maße auf. Da sie aber eine Verkehrsvermehrung und Kostenminderung der Hauptbahn an sich nicht bewirken, so entfällt die eben erwähnte Rücksicht — eine Konsequenz des S. 55 festgestellten Unterschiedes von Nebenbahnen — und der Wertgesichtspunkt gestattet mit Rücksicht auf die Frachtersparnis gegenüber der Beförderung mit Straßenfuhrwerk höhere Frachtpreise, die zur Erzielung des Ertrages notwendig sind.

Wenn eine Bahn höherer Ordnung den Betrieb einer Kleinbahn führt und für diesen ihre eigenen Tarife anwendet, so ist dies lediglich ein Akt geschäftlicher Bequemlichkeit. Die Anwendung der allgemeinen Güterklassifikation auf Frachtlokalbahnen ist nicht nur nicht geboten, da für diese immer nur einige wenige Artikel finanzielle Bedeutung haben, ja kann sogar schädlich werden, wenn sie der Verkehrsbedeutung eben dieser wenigen Artikel für die einzelne Unternehmung nicht entspricht. Für diese Güterarten muß durch Sondertarife vorgesorgt werden; nebensächlichere Artikel können mit Vorteil in einer Klasse zusammengefaßt werden. Die Tarifierung nach der Klassifikation einer betriebführenden Bahn wird nur dann praktisch möglich, wenn letztere für kurze Entfernungen relativ hohe Tarifsätze einhebt. Angesichts der Nebensächlichkeit des Personenverkehres auf Lokalgüterbahnen ist gegen die Anwendung des Personentarifes der Anschlußbahn meist nichts einzuwenden. Für Personenlokalbahnen dagegen werden eigene Tarife entsprechend den Ortsverhältnissen erforderlich.

Preisbemessung im Personenverkehre insbesondere. Der Personenverkehr zeigt mehrere für den Fragepunkt maßgebende Unterschiede vom Güterverkehr.

Da der Zugturnus im Personenverkehre ein genauer und regelmäßiger ist, so hängen die Kosten der einzelnen Verkehrsleistungen davon ab, in welchem Verhältnisse durch diese die Räume der Wagen der verkehrenden Züge ausgenutzt sind, und bis zu welchem Ausmaße die Belastung der Züge mit Wagen gesteigert werden kann, um durch Aufteilung der festen Zugkosten die möglich-günstigsten Kosten des Achskilometers zu ergeben. Die Massennutzung kommt so entscheidend zur Geltung. Im Unterschiede vom Güterverkehr kann die Einheitsleistung im allgemeinen Verkehre nicht mit verschiedenen Preisen belegt werden. Die angestrebte Massennutzung ist daher nur durch einen dem Wertgesichtspunkte entsprechenden Preis zu erreichen, der mit der bei ihm zu erzielenden Frequenz das Maximum gibt, ungeachtet einerseits Reisende den Tarif genießen, die einen höheren Preis zu zahlen gewillt wären, und andererseits diejenigen ausgeschlossen sind, deren Wertstand ihnen den Preis verbietet. Derart fällt allgemeiner Preis und Minimalpreis hier zusammen. Diesen Preis zu finden, ist nur durch sorgsame Untersuchung der Lebens- und Einkommensverhältnisse der in Betracht kommenden Bevölkerung möglich und auch hier hat ursprünglich die Anknüpfung an die vordem in Geltung gestandenen Fahrpreise den Anhaltspunkt geboten. Der in solcher Weise bestimmte Preis hat keine direkte Beziehung zu vorhinein berechneten Kosten und nur insoweit er eine Frequenz bewirkt, welche eine Wagenausnutzung in dem Maße ergibt, daß die resultierenden Selbstkosten hinter ihm zurückbleiben, wirft er Ertrag ab. Insoweit es möglich ist, die Selbstkosten der einschlägigen Lastleistungen durch das Maß des Gebotenen zu beeinflussen, hängt es von ihrem Ausmaße einerseits, von den bei dem betreffenden Tarife erzielten Einnahmen andererseits ab, ob ein Ertrag oder ein Verlust zum Vorschein kommt. Wenn die Kapitalkosten in die Selbstkosten eingerechnet sind, ist selbstverständlich der Ertrag schon gegeben, wenn diese erreicht sind[1]).

Der angestrebte Zweck wird durch geeignete Klassenunterschiede mit entsprechenden Preisabstufungen erreicht und es ist die Rechnung für jede Preisstufe durchzuführen.

Vom allgemeinen Preise können Ermäßigungen vorgenommen werden für bestimmte Kategorien von Bahnbenützern oder für Reisen zu bestimmten Zwecken, die sich durch äußerliche Merkmale feststellen und daher vom allgemeinen Verkehre aussondern lassen. Das kann entweder aus gemeinwirtschaftlichen Motiven geschehen oder es kann betriebsökonomisch angezeigt sein in Fällen, in welchen die Anpassung an den Wertstand der Fahrenden den soeben erwähnten Einfluß auf die Kosten ausübt. Dies ist das Gegenbild des Minimalpreises im Güterverkehre. Dabei fallen Tarifaufbau und Tarifbemessung zusammen und daher konnte von diesen Tarifmaßnahmen schon im voranstehenden die Rede sein, nur daß sie beim Tarifaufbau

[1]) Dr. Walter E. Weyl, *The Passenger Traffic of Railways, Publications of the University of Pennsylvania* (1901) zeigt, wie es von der Wohlhabenheit und dem Stande der Kultur einer Bevölkerung abhängt, welche Fahrpreise sie zu zahlen bereit ist, und es sohin von den Fahrpreisen abhängt, welche Transportleistungen die Bahn bieten kann und muß. Wo eine dichte, im ganzen wohlhabende Bevölkerung billige Reisen auf kurze Entfernung braucht und wünscht, kann der Nahverkehr mit niedrigen Tarifen gepflegt werden, wogegen in den Vereinigten Staaten, wo eine über weite Gebiete zerstreute Bevölkerung hauptsächlich weite Reisen ausführt, bei welchen auf Bequemlichkeit Gewicht gelegt wird, der Fernverkehr mit höheren Tarifen platzgreift.

mit Bezug auf das Prinzip, hier in Hinblick auf die Ziffer des Preisbetrages in Betracht kommen.

Die Preise für Sonderverkehre, die ganze Züge oder Teile von solchen füllen, wie z. B. Arbeiterkarten für bestimmte Züge zur Fahrt an die Arbeitstätte und zurück, Vorortzüge zu gewissen Stunden oder Vergnügungszüge, Ferienzüge, können eine weitreichende Ermäßigung gegen den normalen Tarif erfahren, weil nur die Spezialkosten der betreffenden Züge plus den geminderten festen Kosten für die Aufteilung in Rechnung kommen, der Preis also bei ausreichender Frequenz stark sinken kann, bevor er die Kostengrenze erreicht. Bei anderen Sonderpreisen, wie solchen für Rundreisen oder bei den Zeitkarten, von denen die ersteren hauptsächlich dem nicht geschäftlichen Verkehre, die letzteren größtenteils dem Geschäftsreiseverkehr dienen, ist lediglich die Erhöhung der Platzausnutzung in den bestehenden Zügen bezweckt. Sie ist schwer vorhinein festzustellen, aber tatsächlich doch in einem Ausmaße vorhanden, daß sie die vom Wertgesichtspunkte bestimmten Preise auch nach der Seite der Kosten rechtfertigt.

Die Preisbemessung im Hinblick auf die Massennutzung erreicht ihre Zwecke erklärlicherweise nur dann in vollem Maße, wenn den Verkehrsbedürfnissen auch nach Zeit und Schnelligkeit der Züge entsprochen wird. Fahrplan und Tarifierung müssen sich gegenseitig in der Betriebsökonomie unterstützen.

Der Grundsatz, daß im Verkehrswesen die Preise nicht ausschließlich durch die Kosten bestimmt werden, also nicht durch einfache rechnerische Beziehung auf diese zu bemessen sind, ergibt im Personenverkehre Preisbildungen, die zuweilen eine irrige Beurteilung erfuhren. Für die Klassenabstufung der Tarife ist, wie wir wissen, wesentlich der Wertgesichtspunkt maßgebend. Daraus folgt, daß die Tarife keineswegs in demselben Verhältnis zueinander zu stehen brauchen wie die Selbstkosten der verschiedenen Klassen. Die Selbstkosten sind im gegebenen Falle zu berechnen: die Durchschnittskosten eines Achskilometers — angenommen, daß sie annähernd genau zu beziffern sind — werden je nach der Anzahl der auf eine Wagenachse entfallenden Plätze und je nach der tatsächlichen Besetzung der Plätze auf 1 Personenkilometer umgelegt. Die Besetzung der Plätze ist bei den unterschiedenen Klassen, wie schon geeignetenorts zu bemerken war, äußerst ungleich und kann nur für den einzelnen Fall der Preisbemessung durch statistische Daten festgestellt werden. Auf solche Art sind die Selbstkosten eines Personenkilometers für jede Klasse rechnungsmäßig zu bestimmen.

Die *Fahrpreise* der unterschiedenen Klassen brauchen *keineswegs in demselben Verhältnis* zueinander zu stehen wie diese *Selbstkosten*, und es ist daher auch nicht erforderlich, daß der Fahrpreis für alle Klassen in *gleichem* Maße über die Selbstkosten hinausgehe. Es war folglich ein vergebliches Bemühen mancher Fachleute, die Bemessung der Personentarife auf die Selbstkosten gründen zu wollen — prinzipiell und in konkreten Verkehren. Folglich war es auch eine irrige Ansicht, die beispielsweise den Preis der I. Klasse zu billig fand, der einen geringeren Aufschlag über die Kosten zeigte als etwa der Preis der III. Klasse, vorausgesetzt, daß der Preis nach dem Wertgesichtspunkte im gegebenen Falle richtig gegriffen war. Freilich als Untergrenze des Preises werden die Selbstkosten im allgemeinen und auf die Dauer festzuhalten sein.

Die nachstehenden Beispiele von Selbstkostenberechnungen mögen das Dargestellte beleuchten:

Württembergische Staatsbahnen:			
Schnellzug:	I. Kl.	II. Kl.	III. Kl.
Kilometerkosten eines Sitzplatzes Pfg.	2,17	1,54	7,04
Mittlere Besetzung %	8,6	25,8	35,2
Kosten für 1 Personenkilometer Pfg..	25,2	5,96	2,95
Personenzug:			
Kilometerkosten eines Sitzplatzes Pfg.	1,7	1,21	1,82
Mittlere Besetzung %	4,0	10,9	28,2
Kosten für 1 Personenkilometer Pfg..	42,5	11,1	2,9
Sächsische Staatsbahnen:			
Schnellzug:			
Ausnutzung der Plätze %	13,2	24,2	20,4
Kosten für 1 Personenkilometer Pfg..	13,3	4,9	4,66
Personenzug:			
Ausnutzung der Plätze %	11,6	18,3	26,7
Kosten für 1 Personenkilometer Pfg..	17,75	5,63	3,24

Diese so geringe Ausnutzung der Plätze ist eine Erscheinung, die sich bei den Bahnen höherer Ordnung überall zeigt. Sie ist daher keineswegs etwa auf irgendwelche betriebsökonomische Mißgriffe zurückzuführen. Ihr Grund liegt vielmehr, wie schon an früherer Stelle hervorzuheben war, in der ungemein starken Ungleichmäßigkeit des Personenverkehres nach Jahreszeit, Tag und Stunden gegenüber den festen Zugturnus. Eine allgemein gute Ausnutzung wäre hiernach mit zureichender Befriedigung des Verkehrsbedürfnisses nicht vereinbar. Es wirft sich jedoch die Frage auf, ob und inwieweit durch geeignete Preisstellung auf die Stärke der Frequenz und sohin auf die Wagenausnutzung eingewirkt werden könne; eine Frage, die konkret den Inhalt von Tarifstudien der Verwaltungen ausmacht. Über diesen Fragepunkt sind verschiedene Ansichten laut geworden (es handelt sich stets um erheblichere Tarifermäßigungen, da geringe Änderungen wohl die bestehenden Zustände nicht merklich beeinflussen können). Von der einen Seite wurde behauptet, die Bewältigung der zufolge der Tarifermäßigung zu gewärtigenden Verkehrsteigerung würde lediglich durch die bessere Ausnutzung der bestehenden Züge ermöglicht sein: Mehrkosten entstünden somit nicht, sondern die entsprechende Verminderung der Selbstkosten eines Personenkilometers würde bei dem geringeren Preise die gleiche oder vielleicht sogar eine höhere Einnahme ergeben. Dem wurde von anderer Seite widersprochen und die Erfahrung entgegengehalten, daß bisher noch jedesmal eine Verkehrsteigerung mit einer vermehrten Zahl der Züge verbunden gewesen sei, weil sich eben an der Ausnutzung nichts wesentliches ändere, das in der Steigerung zutage tretende Verkehrsbedürfnis also nur durch Einlage neuer Züge zu befriedigen sei. Es ist einleuchtend, daß sowohl die eine wie die andere These als allgemeine Aussage falsch ist. In einem konkreten Falle kann das eine, in einem anderen Falle das andere zutreffen, allgemein aber liegt die Wahrheit wohl in der Mitte. Es wird sich bei einer Anzahl bestehender Züge eine bessere Besetzung der Plätze zeigen, daneben werden neue Züge zu anderen Stunden erforderlich werden, wobei die neuen Züge wieder Anschlußzüge bedingen, die schlecht ausgenutzt sind.

Weil der Wertgesichtspunkt maßgebend ist, so können die Preisabstufungen in mehreren Ländern oder Bahngebieten verschieden sein. Allerdings hat die ziemlich weitgehende Übereinstimmung in den Lebensverhältnissen des festländischen Europa in dieser Hinsicht eine Annäherung zwischen den in Betracht kommenden Gebieten herbeigeführt.

Damit die Abstufung der Klassenpreise ihren betriebsökonomischen Zweck erreiche, muß sie auch zu dem Gebotenen im Verhältnis stehen. Wenn zwischen zwei Klassen so geringe Unterschiede in der Ausstattung gemacht werden, daß viele Reisende den unerheblichen Ausfall an Behagen geringer anschlagen als die Ersparnis am Fahrpreis, so erfolgt eine Abwanderung aus der höheren in die niedere Klasse zuungunsten des Ertrages. Das ist nach Ansicht des Verfassers in Deutschland bezüglich der ersten und zweiten Klasse und vielleicht auch bezüglich der dritten und vierten Klasse in der späteren Ausgestaltung der Fall gewesen.

Schließlich ist die Frage aufzuwerfen, ob und inwieweit eine Verminderung des Preises mit zunehmender Weite der Fahrten einzutreten habe, d. h. im konkreten Falle betriebsökonomisch dadurch begründet sei, daß sie das Maximum in jeder Entfernungstufe bewirke. Die Lösung kann nur auf Grund genauer Kenntnis und Beachtung der wirtschaftlichen, gesellschaftlichen und kulturellen Eigenart der in Betracht kommenden Bevölkerungskreise und der Untersuchung des zahlenmäßigen Verhältnisses der Fahrpreise zu den übrigen Reisekosten gefunden werden. Die Untersuchung muß ergeben, ob und in welchem Maße verringerte Preise bestimmten Volkselementen weitere Reisen als bisher ermöglichen und für solche das Motiv bieten würden. Das Ergebnis ist aber mit großer Unsicherheit behaftet. Ihm steht gegenüber der sichere Ausfall an Einnahmen, der gegenüber den früheren Fahrpreisen eintreten würde. Es ist augenfällig, daß die Abwägung des sicheren Verlustes und des unsicheren Gewinnes vom betriebsökonomischen Standpunkte eine heikle Sache ist, die einen bestimmten Entschluß sehr erschwert. Erleichtert ist die Sachlage bei der Verwaltung eines Staatsbahnnetzes, für welche die gemeinwirtschaftlichen Zwecke, die durch eine solche Tarifmaßnahme zu erreichen sind, den Ausschlag geben können. Einen ausgezeichneten Belegfall bietet der sog. Differentialtarif der italienischen Staatsbahnen: der i. J. 1905 eingeführte Staffeltarif mit stark fallenden Sätzen, der für weite Fahrten in dem langgestreckten Territorium von den nördlichen Grenzstationen bis nach Sizilien eine billige, geradezu verlockende Preisgelegenheit geboten hat. Der hierin gelegene Anreiz für den Fremdenverkehr ergab in dem im Lande wohl verstandenen volkswirtschaftlichen Nutzen dieses Verkehres ein entscheidendes Argument für die Maßregel, selbst im Falle eines Betriebsverlustes, und es kam ihr auch eine politische Bedeutung dadurch zu, daß sie die Beziehungen zwischen den voneinander entlegenen und einander auch teilweise fremd gegenüberstehenden Landesteilen förderte. Durch einen ganz gewaltigen Aufschwung des Fernverkehres hat der Tarif seinen Zweck erreicht: ob er nicht trotzdem verlustbringend war, kann nach der zurückhaltenden Äußerung der Staatsbahnverwaltung nicht beurteilt werden, dürfte aber gerade aus dieser zu folgern sein.

Launhardt hat den interessanten Versuch unternommen, in mathematischer Formulierung aus dem Satze von Wert und Kosten ein „Reisegesetz" für Entfernungstarife abzuleiten, welches mit Zugrundelegung der preußischen Preisverhältnisse die Anwendung auf die Tarifmaßnahmen eben dieser Verwaltung gestatte [1]). Die theoretische Prämisse der Beweisführung — der Ansatz der Gleichung — ist als richtig anzuerkennen und die Vergleichung der Ergebnisse mit der tatsächlichen Verkehrsgestaltung zeigt eine so weitreichende Übereinstimmung, daß auch die von Launhardt zugrunde gelegten Ansätze für die Nebenkosten als zutreffend erscheinen, denn sonst wäre die Übereinstimmung nicht zutage getreten [2]). Eine Folgerung betreffend die Frage des Staffeltarifs läßt sich indes aus dem Ergebnisse nicht ziehen. Launhardt selbst zieht sie nicht, wenngleich er in unbestimmter Weise den Staffeltarif empfiehlt, und hat es auch nicht unternommen, das Gesetz etwa auch für den Fall des Staffeltarifs zu entwickeln: dies offenbar deshalb, weil es nicht möglich war, eine bestimmte rechnerische Beziehung zwischen den Nebenkosten und einem mit der Entfernung relativ abnehmenden, nicht vorhinein feststehenden Tarife aufzufinden. Die erörterte Frage der Tarifbemessung entzieht sich daher einer mathematisch bestimmten Lösung [3]).

[1]) Archiv „Theorie der Tarifbildung", 1880, S. 928ff.

[2]) Lill hat übrigens gegen Launhardt einen mathematischen Einwand erhoben. Er führt aus (a. a. O. S. 7), daß Launhardt zu seiner eigenen Annahme, derzufolge die den ansteigenden Wertschätzungen der Reisen entsprechende Steigerung der Reisezahlen eine stetig zunehmende Reihe ergebe, durch eine rechnerische Schlußfolgerung einen Widerspruch gesetzt habe, indem dieser Schluß nicht eine stetige, sondern eine beschleunigte Zunahme der Reisen bedeute, die Gleichung, welche nach Launhardt das Reisegesetz beinhalte, also nur durch einen Fehlschluß gewonnen sei.

[3]) Über die Formulierung des Reisegesetzes für die Entfernungstarife der preußischen Staatsbahnen hat sich infolge einer Kritik eine Polemik zwischen Launhardt und Offenberg entsponnen (Archiv 1892, Heft 2 und 4), die für den Theoretiker viel des Anziehenden bot. Sie ist jedoch ergebnislos verlaufen, und zwar aus dem Grunde, weil sie auf methodologisch falscher Grundlage abgeführt wurde. Es wurde außer acht gelassen, daß es sich um einen Fall des Gesetzes der großen Zahlen handelt. Offenberg erachtet die Abweichungen, welche die nach dem Gesetze berechneten Zahlen der Reisedichtigkeit von der tatsächlichen Verkehrsgestaltung zeigen, als einen gegen das Zutreffen des Gesetzes sprechenden Umstand, insbesondere die Tatsache, daß solche Abweichungen in verschiedenen Jahren verschieden sind und auf die weiteren Entfernungen größer werden. Das ist eine verfehlte Ansicht. Auch die statistischen Verkehrsdaten würden, von Jahr zu Jahr berechnet, stete, wenngleich geringe Abweichungen in dem Verhältnis der Abnahme der Reisezahlen mit Zunahme der Entfernung aufweisen. Erst ein für eine längere Reihe von Jahren (unter Voraussetzung gleichgebliebener Umstände) gezogener Durchschnitt würde ein Gesetz der großen Zahlen ergeben und

Selbstkostenrechnung für Zwecke der Tarifbemessung. Die Bestimmung der Selbstkosten der Betriebsleistungen im Personenverkehre kann nur auf Grund einer Aufteilung der Gesamtkosten auf den Güter- und den Personenverkehr erfolgen. Eine solche ist nicht dahin zu verstehen, daß sie zu ergeben hätte, was jeder der beiden Verkehrszweige an Kosten aufweisen würde, wenn er allein Gegenstand des Betriebes wäre. Vielmehr kann es sich nur darum handeln, welcher Teil der von den beiden Verkehrszweigen zusammen verursachten Kosten dem einen und dem anderen zuzurechnen sei. Nur die Spezialkosten lassen sich für beide aussondern, teils genau, teils annähernd. Für die übrigen Kostenbestandteile müssen Annahmen gemacht werden, die mehr oder minder zutreffend sein können und auf subjektiven Anschauungen beruhen. Beispielsweise kann man den Anteil an den Bahnerhaltungskosten in einfacher Weise berechnen nach der Zahl der Züge beider Verkehrsgattungen auf Grund der Ansicht, daß die Einwirkungen auf den Oberbau sich ausgleichen durch die größere Geschwindigkeit der Schnell- und Personenzüge einerseits, die größere Belastung der Güterzüge andererseits. Andere Ansichten führten zu umständlicher Berechnung: so verteilt die württembergische Verwaltung die sachlichen Bahnerhaltungskosten zu $^3/_4$ im Verhältnis der Schwere der Züge (der in ihnen

---

mit diesem wären die Ergebnisse des theoretisch abgeleiteten Gesetzes zu vergleichen. Es könnte sich zeigen, daß dann die Abweichungen geringer wären. Sie müssen überdies für die weiteren Entfernungen verhältnismäßig größer sein als für die kürzeren, denn die dem theoretischen Gesetze zugrunde liegenden Ansätze für die Nebenkosten (worunter auch der Zeitverlust als Kostenmoment zum Ausdruck gebracht) können nur Gültigkeit haben für die breiten Schichten der Bevölkerung mit gleichen Lebensverhältnissen, also die unteren und mittleren Einkommensklassen. Es zeigt sich daher, daß die erwähnte weitreichende Übereinstimmung zwischen den statistischen und den theoretischen Ergebnissen nur bis auf eine Reiseweite von etwa 300 *km* reicht. Daß sie darüber hinaus nicht mehr besteht, ist kein Einwand gegen die Formel des Gesetzes. Sonderbarerweise nimmt Launhardt das an und hat deshalb für die weiteren Entfernungen eine Veränderung an der Formel vorgenommen durch Einsetzen einer anderen Konstanten, demzufolge dann wieder eine gewisse Übereinstimmung hergestellt war. Das war aber methodologisch ein Fehler. Denn Launhardt hat offenbar die betreffende Konstante nur dadurch gewonnen, daß er verschiedene ziffermäßige Ansätze versuchsweise in Rechnung stellte und schließlich denjenigen wählte, bei welchem das gewünschte Ergebnis herauskam. Damit hat er aber den zugrunde liegenden Ansatz für die Nebenkosten verleugnet und somit einen Widerspruch mit der Grundlage des Beweisganges begangen. Unnötigerweise, denn es brauchte für diese weiteren Entfernungen gar nicht zu stimmen! Vielleicht wird ein Vergleich noch klarer machen, was mit dem Vorstehenden gesagt sein soll. Man hat bekanntlich berechnet, welche Teile des Einkommens für die verschiedenen Bedürfnisse verwendet werden. Für die unteren Einkommenstufen zeigt sich eine strenge Regelmäßigkeit, ähnlich noch für die Mittelklassen, so daß die Verhältniszahlen für jeden Angehörigen der betreffenden Klassen gelten. Bei den höheren Einkommenstufen greift diese Übereinstimmung nicht mehr Platz, sondern finden individuelle Abweichungen statt zufolge der ermöglichten freien Gestaltung der Lebensführung. Die gleiche Freiheit steht den Wohlhabenden auch bezüglich des Reisebedürfnisses zu, während die minder wohlhabenden Klassen unter dem Zwange der Lebensnotwendigkeiten stehen.

gefahrenen Bruttotonnenkilometer) und des Quadrates der Geschwindigkeit, das letzte Viertel, sowie die Löhne und anderen Kosten nach dem Zeitbedarf für das Tonnenkilometer und nach der Zugkilometerzahl. Die Aufteilung der Verzinsung des Anlagekapitals, wie immer sie vorgenommen wird, kann nach Ausscheidung einzelner bestimmter Anlagebestandteile, die ausschließlich einem der Verkehrszweige dienen, nur eine willkürliche sein. Die Berechnungen, welche von verschiedenen Seiten angestellt wurden, sind daher jeweils der Beanstandung von anderer Seite ausgesetzt[1]). Die übereinstimmende Meinung der Fachwelt hat sich schließlich dahin gebildet, daß die auf solche Art erfolgende Bestimmung der Selbstkosten der Verkehrseinheiten eine zu unsichere sei, um im konkreten Falle die Tarife des Personenverkehrs danach zu bemessen. Dadurch wird jedoch die Tarifbemessung nicht vereitelt. Denn einerseits kommt, da der Wertgesichtspunkt ausschlaggebend ist, ein zu hoher Ansatz der Kosten dem rechnungsmäßigen Ertrage im anderen Verkehrszweige zugute, und andererseits löst sich die Schwierigkeit dadurch, daß bei der Frage einer Tarifänderung unter konkreten Umständen nur der zu erwartende Unterschied der Einnahmen und Ausgaben vor und nach Einführung einer geplanten Neuerung durch vergleichsweise Berechnung festgestellt zu werden braucht, was praktisch auf Rechnung nach den Spezialkosten hinausläuft. Das Verdienst der äußerst minutiösen Selbstkostenrechnungen, welche mehrere deutsche Staatsbahnverwaltungen angestellt haben, besteht in der Bekräftigung der Ansicht, daß die Betriebsökonomie ohne solche auskommt [2]).

---

[1]) Die in Frankreich übliche Rechnungsweise, das Tonnenkilometer und das Personenkilometer in den Kosten gleichzusetzen, ist jedenfalls unrichtig und nur für ganz rohe Vergleiche verwendbar. Die Rechnungen Launhardt's (a. a. O.), denenzufolge die Selbstkosten eines Personenkilometers sich um 84% höher stellen als die eines Tonnenkilometers, dürften ebenfalls nicht zutreffen. Ein mittlerer Ansatz wird der Wirklichkeit am nächsten stehen.

[2]) Das Ausreichen einer der Wirklichkeit nur angenäherten Kostenziffer darf im allgemeinen auch für die Berechnung des Minimaltarifs im Güterverkehre behauptet werden, da der Tarif ja stets die Kosten mehr oder weniger übersteigen soll. Eine solche Näherungsziffer ist durch die hälftige Teilung der Betriebskosten in Spezial- und Generalkosten zu gewinnen. Auf einer anderen Auffassung beruht die im früheren (S. 277) bereits angeführte Selbstkostenrechnung von Dr. Ahlberg und Dr. Norrman im Auftrage und nach den Betriebsergebnissen der Schwedischen Staatsbahnen. Die Genannten haben die Mühe nicht gescheut, durch spezielle Erhebungen, die sich in die geringsten Einzelheiten erstreckten, eine genaue Bezifferung der beiden Kostenbestandteile zu errechnen, und zwar zum Zwecke der Begründung des Minimaltarifs für jene Verwaltung. S. 280 wurde bemerkt, es sei bei manchen Ausgabeposten nicht zu unterscheiden, in welchem Ausmaße sie vom gegebenen Betriebsapparate und in welchem von einer Anzahl bestimmter Betriebsleistungen zusammen veranlaßt sind. Das bezog sich auf den Durchschnittszug. Die Genannten zerlegen die Betriebsleistungen weiter und untersuchen, inwieweit die Kosten der zu unterscheidenden „Betriebseinheiten" von bestimmten Leistungseinheiten abhängen, z. B. die Verschiebekosten von der Anzahl der zu- und abgekuppelten Wagen, die Stationskosten von der Anzahl der verkauften Fahrkarten und der abgefertigten Güter oder deren Gewicht usw. Auf diese Weise gelangen sie im Endergebnis zu einem Verhältnis

Nebengebühren. Den Beförderungspreisen schließen sich Nebengebühren im Sinne der I. Bd., S. 111, für alle Verkehrsmittel gegebenen Charakteristik an. Ihre Einforderung und ihr Ausmaß bestimmen sich durch den Zweck, der durch ihre Auflage erreicht werden soll. Die bezüglichen Zwecke lassen sich auf zwei Gruppen von Fällen zurückführen. Entweder es findet eine nicht zur eigentlichen Beförderung gehörende Leistung der Eisenbahn für einzelne Verkehrsakte statt, die mithin spezielle Kosten verursacht, oder es soll durch Einforderung einer Zahlung ein die Bahn schädigendes Verhalten der Bahnbenützer verhindert bzw. gutgemacht werden. Die Fälle der ersten Art sind also solche des Kostenersatzes, die letzteren solche einer Ordnungstrafe. Fälle des Ersatzes eines der Bahn zugefügten Schadens oder einer von ihr vorausgelegten staatlichen Abgabe treten ebenfalls in Gestalt von Nebengebühren auf, sind aber sachlich doch etwas anderes. Der Umstand, daß in den Fällen der erstgedachten Art es sich um Nebenleistungen handelt, die nicht bei jedem Verkehrsakte, sondern nur für einzelne Bahnbenutzer platzgreifen, unterscheidet die Nebengebühren von den Abfertigungsgebühren, die Leistungen betreffen, welche, obschon auch gegenüber der eigentlichen Beförderung ausscheidbar, bei jedem Verkehrsakt notwendig sind.

Die Nebengebühren müssen dem Zwecke angepaßt werden, auf dem sie im gegebenen Falle beruhen.

Handelt es sich um Nebenleistungen, welche vom Bahnbenützer zu vollziehen sind, so ist zu einer Gebühr nur Anlaß, wenn diese Leistung etwa auf Ansuchen des Bahnbenützers oder zufolge außergewöhnlicher Umstände von der Bahn besorgt wurde; bei Nebenleistungen nach Wahl des Bahnbenützers oder der Bahn, wenn letztere die Leistung vornimmt; beide Male lediglich im Ausmaße der Kostendeckung.

Wenn die Bahn gezwungen ist, Nebenleistungen, die dem Bahnbenützer obliegen, selbst zu vollziehen, wird sie außer den entstandenen Kosten auch den Ersatz eines ihr durch die Unterlassung etwa zugefügten Schadens beanspruchen können. Für Nebenleistungen, die vom Bahnbenützer innerhalb einer bestimmten Zeit zu besorgen sind, wird die Bahnverwaltung überdies die rechtzeitige Durchführung der Leistung

---

der festen gegen die veränderlichen Kosten von 38,2 : 61,8. In die veränderlichen Kosten ist die Verzinsung der Fahrbetriebsmittel eingerechnet, was für den bestimmten Zweck der Untersuchung zulässig und angezeigt erscheint, da diese nur Transporte größeren Umfangs im Auge hat. Bringt man die Verzinsung in Abzug, so bleibt ein Verhältnis der beiden Kostenkategorien, welches dem allgemeinen runden Durchschnittsmaße (S. 285) entspricht. Der Praxis wäre mit einer Rechnung auf dieser Grundlage mit Zuschlag der Verzinsung der Betriebsmittel ausreichend gedient. Dadurch soll jedoch das Verdienst der mühevollen sorgfältigen Arbeit nicht im geringsten geschmälert werden. Im Gegenteile: wir können in ihrem Ergebnisse nur eine Bestätigung unserer allgemeinen Ausführungen erblicken, wenn man eben die Verzinsungskosten als Kapitalkosten zu den festen Kosten rechnet!

in künftigen Fällen durch Einhebung eines Strafbetrages zu sichern anstreben. Bei Leistungen, deren ungenaue oder unrichtige Ausführung seitens des dazu verpflichteten Bahnbenützers der Bahn Schaden verursachen kann, ist die Nichtbeachtung der bezüglichen Vorschriften ebenfalls durch eine Geldstrafe zu ahnden. Wenn es sich um Nichtbeachtung einer durch Gesetz oder behördliche Verfügung erlassenen Vorschrift handelt, ist zu einer Ordnungstrafe Anlaß.

Die einzelnen Fälle der Anlässe zu solchen Nebengebühren dürften mit nachfolgender Übersicht erschöpft sein. Gebühren im Güterverkehre:

1. Für das Ablegen der Güter vom Straßenfuhrwerk und für das Auflegen der Güter auf das Fuhrwerk;
2. für das Aufladen in die Bahnwagen und für das Abladen von den Waggons;
3. für das Überladen der Güter vom Straßenfuhrwerk auf die Eisenbahnwagen bzw. von letzteren auf ersteres (eine Verbindung der Leistungen zu 1 und 2, die bei Massengütern den Bahnbenützern obliegen);
4. für die Benützung eines Hebekrans;
5. für das Wägen der Güter;
6. für Feststellung der Stückzahl aufgegebener Güter;
7. für Ausfertigung von Duplikaten der Aufnahmsdokumente;
8. für das Lagern der Güter, sofern solches durch die Bahnbenützer veranlaßt wird. Bei Gütern, deren Lagerung mit einer Gefahr verbunden ist, kann eine Gefahrprämie und ein als Abfuhrzwang wirkender Zuschlag eingehoben werden;
9. für die Aufbewahrung lebender Tiere;
10. für Beistellung von Wagendecken (Deckenmiete im Ausmaße der Selbstkosten;
11. für Zollabfertigung in Vertretung des Bahnbenützers;
12. für Einziehung von Nachnahmen (Kostenersatz und Provision für die eingeschlossene Geldgebarung);
13. für Leistungen, die anläßlich der Zurücknahme bereits aufgegebener Sendungen entstehen (Kostenersatz, außerdem ein Reugeld für den Rücktritt vom Frachtvertrage oder für Veränderung desselben);
14. für Benachrichtigung des Empfängers von der Ankunft des Gutes und des Versenders vom Eingang aufgelegter Nachnahmen;
15. für Haftung bei nicht rechtzeitiger Lieferung (eine Gebühr für Versicherung des erklärten Interesses an rechtzeitiger Lieferung);
16. für Fütterung und Tränkung des Viehs während der Beförderung und für Desinfektion der Wagen;
17. für Beistellung und Abstempelung von Formular-Papieren.

An solche Gebühren für Leistungen der Eisenbahn reihen sich die Ersatzforderungen bei ungenauer, unrichtiger oder unterlassener Ausführung von Leistungen, welche dem Bahnbenützer obliegen. Hierher gehören:

a) Die Gebühr für das Versäumen der für die Auflieferung der Güter, ferner der für die Beladung oder Entladung der Eisenbahnwagen zugestandenen Zeit;
b) Strafgelder für falsche Inhaltsangaben im Frachtbrief, insbesondere betreffend nicht oder nur bedingungsweise zugelassener Güter, dann für Überlastung der Wagen beim Beladen durch den Versender.

Die Begründung der Gebühr in den aufgeführten einzelnen Fällen erübrigt sich wohl. In den Vereinigten Staaten sind falsche Angaben im Frachtbriefe straflos. Demzufolge wird eine sehr kostspielige Kontrolle des Gegenstandes und insbesondere des Gewichtes der Sendungen durch Stichproben in den Stationen, meist unterwegs, notwendig, um wenigstens die ärgsten Hinterziehungen von Frachtgeldern zu verhindern.

Wettbewerbtarife und Tarifgemeinschaften. Den Abschluß bilden Tarifmaßnahmen, welche in früheren Abschnitten bereits berührt werden mußten, nunmehr aber im Rahmen der Betriebsökonomie im Zusammenhange in Betracht kommen.

Die Entwicklung der Eisenbahnen führt nach einer kurzen Periode, während welcher die Linien je mehrerer Unternehmungen sich zu Verkehrsrelationen von größerer Reichweite zusammenschließen, zur Berührung in Knotenpunkten, und diese wird, wie wir wissen, zuerst als eine feindselige angesehen und gehandhabt: es entsteht der Wettbewerb. Seine für die Volkswirtschaft wie für die Wirtschaft der einzelnen Bahnen so schädlichen Folgen wurden an geeigneter Stelle erörtert. Hier sind sie nur insoweit zu streifen, als sie das Tarifwesen betreffen. Die Nötigung, auf den Tarif der Konkurrenzlinie herabzugehen, bereitet der Tarifhandhabung einer Bahn jedesmal eine Störung und die Gegenseitigkeit solcher Störung artet nicht selten zu förmlichen Tarifkriegen aus, die mit Deklassifikationen, Ausnahmetarifen und anfänglich, bis zum hindernden Dazwischentreten der staatlichen Regelung, mit geheimen Tarifnachlässen und Rückvergütungen geführt werden. In den kleinen Verhältnissen Europas nahmen solche Wettbewerbe und ihre Auswüchse auch nur kleine Dimensionen an, im Verkehrsgebiete der Vereinigten Staaten aber gingen sie ins Große und bildeten so mit den einschlägigen Tarifzuständen durch geraume Zeit geradezu ein Charakteristikum des Eisenbahnwesens der Union. Bei solchen Zuständen fehlt jede Stetigkeit im Tarifwesen, was einsichtige Eisenbahnleiter gerade so beklagen wie die geschädigten Verkehrtreibenden. Die schädlichen Folgen der Konkurrenz führen, wie wir wissen, mit Notwendigkeit zur Verkehrsteilung.

Die Ausdehnung der Verkehrsbeziehungen über die Gebiete mehrerer Bahnunternehmungen brachte auf seiten der Bahnbenützer das Verlangen nach „direktem Verkehr" mit sich. Den Grund dieses Verkehrsbedürfnisses aufzuzeigen, war bereits im früheren Anlaß. Auf seiten der Bahnen ergaben sich betriebsökonomische Vorteile, wie: die Vermeidung der Umladung in den Übergangstationen, die Zusammenziehung der Beförderungspreise für alle durchfahrenen Bahnstrecken in eine Ziffer und die einmalige Abfertigung der Güter in der Aufgabestation für die ganze Transportstrecke. Die hierin gelegene Erleichterung des Verkehres für die Bahnbenützer mußte auch einen Einfluß auf Steigerung des Verkehres ausüben. Auf dieser Grundlage enstehen die Tarifverbände zwischen den Bahnen. Alsbald begegnen sie einander im Wettbewerb, da die Knotenpunkte sich zunächst auf den weiteren Entfernungen bilden. Die erwähnte Entwicklung zur Verkehrsteilung führt sodann zur Verschmelzung kleiner Verbände zu umfassenderen. In jeder Gestalt erfordern sie eine genaue Vereinbarung zwischen den beteiligten Bahnen über die Besorgung des bezüglichen Verkehres, somit über die Tarife: Verbandtarife.

Die einschlägigen Tarifmaßnahmen sind durch den Zweck der Verbände bestimmt. Angesichts der Verschiedenheiten, welche die Tarife der beteiligten Bahnen meist in den Tarifsätzen, mitunter auch im System und in den Tarifbestimmungen aufweisen, kann der „direkte Tarif" kaum jemals einfach durch Summieren der Lokaltarife der beteiligten Bahnen gebildet werden. In der Regel muß für jeden dieser Verkehre ein eigener Tarif geschaffen werden. Wenn Artikeltarife nicht genügen (solches erscheint nur bei gegenständlich sehr beschränkten Verkehrsbeziehungen, also nur ausnahmweise möglich), muß eigens für den Fall eine Klassifikation aufgestellt werden, was mit Rücksicht auf die Abweichungen der Tarifsätze in den Klassen der Verbandbahnen eine mühsame Kombination erfordert. Soweit möglich, müssen die Anteile der beteiligten Bahnen am Gemeinschaftstarife ihren Lokaltarifen entsprechen, notwendige Abweichungen müssen vereinbart werden. Wegen der Abfertigungsgebühren wurde bereits oben das Erforderliche bemerkt. Wenn die Tarifbemessung in dem Sinne erfolgt, daß eine Ermäßigung gegenüber den zusammengestoßenen Tarifsätzen der Verbandbahnen gewährt wird, ist eine Vereinbarung darüber notwendig, in welchem Maße die Tarifkürzung von den beteiligten Bahnen auf ihre Anteile übernommen werden soll. Erstreckt sich der Tarif über Ländergebiete mit verschiedenem Maßsystem und verschiedener Währung, muß eine bestimmte Maßeinheit und eine bestimmte Währung ausgewählt und noch in mancher anderen Hinsicht können eigene Tarifbestimmungen zur Notwendigkeit werden.

Zufolge der selbständigen Tarifbildung im Verbandverkehre ergeben sich Abweichungen dieser Tarife von den Binnentarifen der Bahnen und hierin hat jene Buntheit und Verwickeltheit im Tarifwesen ihren Ursprung, auf welche wegen des Eingreifens der Staatsverwaltung schon an früherer Stelle hinzuweisen war. Aber ein solcher Tarifzustand beschäftigt auch die Betriebsökonomie, was in dem eben erwähnten Zusammenhange ebenfalls schon angedeutet werden mußte.

Bei Beteiligung einer Bahn an zahlreichen Verbänden macht sich die Tarifvielheit einleuchtenderweise als Erschwernis der Verwaltung geltend. Das Auffinden und Berechnen des anzuwendenden Tarifsatzes in jedem einzelnen Falle wird zeitraubend, erfordert also Mehrarbeit. Irrungen werden häufiger, die zum Nachteil der Bahn ausschlagen können, es werden zahlreiche Beanstandungen der Frachtberechnung seitens der Bahnbenützer hervorgerufen, kurz: die Tarifvielheit wirkt kostensteigernd. Dem steht die Tatsache gegenüber, daß mit der allgemeinen Zunahme des Eisenbahnverkehres die Verschiedenheiten in den Verkehrsverhältnissen einer Ausgleichung zustreben, so daß die Abweichungen in den Tarifen für die verschiedenen Verkehrsrichtungen in ihrer Bedeutung für die Einnahmen zurücktreten. Das Kostenmoment drängt daher zur Vereinheitlichung der Tarife und der letzterwähnte Umstand ermöglicht sie. Zunächst ist sie durch Einführung einer gleichen Klassifikation für den Bereich mehrerer und schließlich aller Verbände eines Gebietes erreichbar. Auf diese Weise wird die formale Tarifeinheit betriebsökonomisch herbeigeführt.

Voran gingen in dieser Hinsicht die englischen Bahnen mit der Klassifikation des *Clearing house* für den Verbandverkehr (1850). Der Verkehr war eben schon entwickelt genug, um diese Maßregel der Betriebsökonomie zu erheischen. Auf dem europäischen Festlande waren die Voraussetzungen für dieselbe erst später gegeben. Die bezüglichen Vorgänge in Deutschland wurden oben bei Darstellung des Zustandekommens des „Reformtarif" v. J. 1877 erwähnt (S. 334).

Der nächste Schritt ist die Annahme einer solchen Verband-Klassifikation auch für den Lokalverkehr der Bahnen. Erst geschieht sie vereinzelt, schließlich erfolgt sie von sämtlichen Bahnen eines Verkehrsgebietes. Allerdings spielt hierbei die Absicht mit, den Wünschen der Bahnbenützer hinsichtlich Einfachheit der Tarife entgegenzukommen oder es bewegt der Einfluß der Staatsverwaltung die Bahnen dazu, die mit einer solchen Vereinheitlichung immerhin verbundenen Opfer an Einnahmen auf sich zu nehmen.

In den Vereinigten Staaten gab es und gibt es noch bei der Weite des Verkehrsgebietes eine Menge Verbände engeren Umfangs, sämtlich mit eigenen Klassifikationen, die durch besondere *classification committees* festgesetzt und periodisch revidiert werden. Auch eine Anzahl Staaten haben eine Klassifikation je für den inneren Verkehr aufgestellt. Größere Bahnkomplexe sind an zahlreichen Verbandverkehren beteiligt und hatten es daher früher mit einer ganzen Anzahl von höchst abweichenden Klassifikationen zu tun. Der große Verband der *Trunk lines*, der das Gebiet umfaßt, das im Osten vom atlantischen Ozean, im Süden vom Potomac und Ohio, im Westen vom Missisippi begrenzt wird, wies bis zum Jahre 1887 neben den Lokal-Klassentarifen jeder an ihm beteiligten Bahn folgende Klassifikationen auf: 1. die Klassifikation für den durchgehenden Verkehr in westlicher Richtung, 2. eine solche in östlicher Richtung, 3. die Klassifikation für den Konkurrenzverkehr im Innern des Landes, 4. die Klassifikation für den Verkehr mit den Mittel- und Weststaaten und 5. die Klassifikation für den Verkehr zwischen einzelnen in den Weststaaten östlich vom Mississippi belegenen Plätzen und südlichen Konkurrenzstationen [1]). In dem bezeichneten Jahre wurde für dieses große Gebiet eine einheitliche Klassifikation, die sowohl den Verband- als den Binnenverkehr umfaßt, eingeführt: die sog. *Official Classification*. Ihr folgte bald eine „westliche" Klassifikation und eine „südliche" Klassifikation nach. Die letztere gilt für das nicht im *Trunk lines*-Verbande stehende Gebiet östlich des Mississippi, die westliche für den Rest des Vereinigten Staaten-Gebietes. Dazu kam noch eine vierte, vom *Transcontinental Bureau* in Chicago herausgegebene, die für den Verkehr mit der Pacificküste gilt.

---

[1]) v. d. Leyen, „Die Finanz- und Verkehrspolitik der nordamerikanischen Eisenbahnen", S. 94.

Es wurde wiederholt der Versuch unternommen, eine einheitliche Klassifikation für die ganze Union zustande zu bringen (1887, 1890, 1906). Die Bemühungen sind ohne Ergebnis geblieben, offenbar weil die wirtschaftlichen Verhältnisse der Landesteile, für welche die aufgeführten Klassifikationen berechnet waren, eine durchgreifende Verschiedenheit voneinander aufweisen. Es darf bezweifelt werden, ob für eine einheitliche Klassifikation in dem Riesengebiete überhaupt ein Bedürfnis vorhanden ist.

Ein Schritt in der Richtung materieller Tarifeinheit ist es, wenn für die gemeinsame Klassifikation auch bestimmte Frachtsätze festgesetzt werden. An diese sind dann die beteiligten Bahnen gebunden, derart, daß sie für Fälle, in welchen der Tarif ihren Interessen abträglich ist, zu Ausnahmetarifen greifen. Dieses ist eben der Zustand in den Vereinigten Staaten und es erklärt die große Ausdehnung, welche die Ausnahmetarife eben auch im Tarifwesen der Vereinigten Staaten genommen haben. Wenn die einheitliche Klassifikation für die ganze Union eingeführt wird, sagte ein Experte bei der Beratung, würden wir ein Warenhaus brauchen, um die Ausnahmetarife aufzustapeln.

Man sieht auch hier wieder, wie die freie Vereinbarung unter den Bahnen nach betriebsökonomischen Gesichtspunkten bis zu einem gewissen Maße das gleiche erreichen kann, was andernfalls durch den Eingriff der staatlichen Regelung bewirkt werden muß, wo gemeinwirtschaftliche Bestimmungsgründe hierfür vorliegen.

Allerdings erfolgte die Einführung der drei umfassenden Verbandklassifikationen in den Vereinigten Staaten unter dem Einflusse der *Interstate Commission* alsbald nach ihrer Einsetzung, aber dieser Einfluß war kein Amtsbefehl, sondern ein *officium boni viri* der Tarifbehörde, eine Einwirkung, die als Anregung zu bezeichnen ist. Die Dinge waren eben reif und deshalb kamen die betreffenden Vereinbarungen zustande.

Beurteilung verschiedener Tariftheorien. Es empfiehlt sich, einen Blick auf die wichtigsten der in der Eisenbahnliteratur vertretenen Tariftheorien zu werfen, um es dem Leser zu ermöglichen, sie mit der auf diesen Blättern vorgetragenen zu vergleichen und zuzusehen, inwieweit letztere die vorliegenden Erscheinungen etwa vollständiger oder richtiger erfasse. Zweck ist nicht literarische Polemik, sondern: die Schwierigkeiten der gedanklichen Erfassung der verwickelten Wirtschaftshandlung aufzuzeigen. Dabei soll auf die unzureichenden theoretischen Erkenntnisse, die bereits in den Darlegungen des I. Bandes erledigt wurden, nicht mehr eingegangen werden und sollen auch die auf falscher Grundlage ruhenden Tarifreformprojekte uns nicht weiter beschäftigen, vielmehr können nur durchgebildete Tariflehren in der Darstellung von Fachmännern, welche den Gegenstand beherrschen, uns interessieren, und es handelt sich überdies nicht so sehr um die Schlußergebnisse, über die eigentlich wenig Meinungsverschiedenheit obwalten kann, als um die obersten Prämissen, aus welchen sie abgeleitet werden.

Die Tariftheorien, welche wir im Auge haben, zeigen gemeinsam den Grundzug, daß sie von den Kosten ausgehen und die Tarifbildung in eine bestimmte Beziehung zu der Kostengestaltung bringen. So charakterisiert sich schon die in Deutschland wegen der fachlichen Kompetenz ihres Urhebers am meisten beachtete Theorie: die von Ulrich [1]).

Ulrich unterscheidet einen festen und einen veränderlichen Tarifteil. Der feste Teil entspreche den veränderlichen Kosten, der veränderliche den festen Kosten. Der Grund für diese Unterscheidung liege darin, daß nur die veränderlichen Betriebskosten, die Spezialkosten, von den Taraverschiedenheiten und den anderen Leistungsunterschieden (hauptsächlich Schnelligkeit) beeinflußt werden, die festen Kosten, die Generalkosten des Betriebes und die Kapitalkosten, hingegen nicht. Somit bedingen die Spezialkosten in ihrer tatsächlichen Höhe Preisverschiedenheiten. Die festen Kosten dagegen, durch die Verschiedenheit der Transporte nicht beeinflußt, hängen in ihrer Größe für die Leistungseinheit von der Division der Transportmenge in die gegebene Gesamtsumme dieser Kosten ab, sind also mit der Größe des Verkehrs veränderlich, folglich auch der Preis. Da das eine ganz anders geartete Beziehung zwischen den Kosten und dem Tarif darstellt als die Beziehung zwischen Spezialkosten und Tarif, dieser aber nicht als zugleich von beiden in seiner Gesamtheit bestimmt erklärt werden konnte, so blieb Ulrich ersichtlich nichts übrig als eben diese Bestimmung des Preises durch die Kosten nur für je einen Teil des Tarifes zu behaupten. Das geschieht durch das Wort ungenauen Sinnes „entsprechen".

Genau genommen müßte man folgern, daß der veränderliche Tarifteil sich aus der Division der jeweiligen Verkehrsmenge in die festen Kosten als ein gleicher Quotient für alle Leistungseinheiten ergebe. Daran hält aber die Theorie Ulrich's nicht fest, sondern sie lehrt, daß das mit dem verschiedenen Werte der Transporte für die Verkehrtreibenden und dem Grundsatz der Massennutzung nicht vereinbar wäre. Mit Rücksicht auf diese Gesichtspunkte werde daher dieser Tarifteil nach dem Prinzip der Werttarifierung bestimmt. Hiermit wird ein Element in die Theorie eingefügt, das der obersten Grundlage: der Begründung des Preises auf die Kosten, fremd ist.

Damit offenbart sich sofort ein innerer Widerspruch der Theorie. Sie ruht auf der Beziehung zwischen Kosten und Preis, und sieht sich genötigt, diese Grundlage für einen Teil des Tarifes wieder aufzugeben. Wenn sie aber für einen Teil aufgegeben werden konnte, so ist nicht einzusehen, warum sie gerade für den anderen Teil festgehalten werden müsse. Es ist doch gar nicht ausgeschlossen, daß auch dieser Teil bei den einzelnen Tarifen sich über oder unter die Kosten stellen könne, wenn

---

[1]) In dem S. 317 zitierten Buche, neuestens noch in der Enzykl., 2. Aufl., Art. „Gütertarife".

nur in der Gesamtheit die Kosten eingebracht werden. Damit fällt aber der Grund der Unterscheidung der Tarifteile überhaupt weg.

Die Unterscheidung der beiden Tarifteile findet auch in der Wirklichkeit der Wirtschaftsvorgänge keinen Boden; sie ist eine rein gedankliche Scheidung. Mit dem eben Bemerkten verliert sie aber auch als solche ihre Grundlage und Berechtigung.

Überdies macht die Theorie mit der eben erwähnten Berücksichtigung der Werttarifierung einen logischen Sprung. Dadurch wird der Sinn des „veränderlich“ unversehens vertauscht. Zufolge der Prämisse sollte es bedeuten: höher oder niedriger, je nachdem die in bestimmter Summe gegebenen festen Kosten sich auf eine geringere oder größere Menge von Verkehrsakten verteilen; einen für alle gleichen Quotient, der von einer Betriebsperiode zur andern oder von einer Tarifbildung zur anderen sich ändert. An Stelle dessen wird das „veränderlich“ infolge der Einführung des Wertprinzips mit einem Mal im Sinne von verschieden hohen Tarifsätzen für die verschiedenen Transporte verstanden. So ergibt sich allerdings ein veränderlicher Tarifteil, aber er ist nicht veränderlich in dem Sinne, welcher ursprünglich gemeint war. Das dürfte von den Bekennern der Lehre nicht bemerkt worden sein.

Wollte man in der Theorie die Wirklichkeit zutreffend beschrieben sehen — und das soll ja eine gute Theorie leisten — so müßte man sich das Vorgehen bei der Tarifbildung derart vorstellen, daß einerseits der feste Tarifteil nach den tatsächlichen Spezialkosten angesetzt, anderseits auf Grund der in gewisser Höhe vorausgesetzten Verkehrsmenge und der ebenso bestimmten festen Kosten der veränderliche Tarifteil vorerst als Durchschnitt berechnet und sodann nach den Gesichtspunkten der Werttarifierung für die verschiedenen Transporte nach auf und ab dermaßen variiert werde, daß für die Gesamtheit der Transporte die Gesamtheit der festen Kosten herauskommt, und schließlich die beiden so gefundenen Preissätze zusammengestoßen werden. Nie ist die Tarifbildung in dieser Weise erfolgt. Stets wurde die Werttarifierung nur für den Tarifsatz als ganzen gehandhabt und die Beziehung zu den Kosten der Leistungseinheit nur in der Hinsicht im Auge behalten, daß mit diesen die unterste Grenze bezeichnet ist, bis zu welcher mit Rücksicht auf den Wertgesichtspunkt der Preis ermäßigt werden kann. Die Theorie hätte insbesondere die Konsequenz, daß die Taraverschiedenheit unbedingt in der Größe der Spezialkosten ihren Ausdruck fände. Letzteres ist aber nur ausführbar, insoweit es der Wertgesichtspunkt zuläßt, und bei der Tarifbildung der Wirklichkeit werden in der Tat die Taraverhältnisse nur innerhalb der damit gezogenen Grenze berücksichtigt.

Man muß sich fragen: Wie konnte Ulrich nur dazu kommen, sich eine solche Anschauung, die man doch eigentlich als eine verschrobene bezeichnen muß, zu bilden? Er sah als Praktiker, daß die Tara Kostenverschiedenheiten verursacht, die so bedeutend sind, daß sie nicht einfach nivelliert werden können. Er sah ferner, daß der Preis nach dem Werte der Leistung für den Empfänger berechnet werden muß. Beide Seiten mußten also im Tarif aufgezeigt werden. Da nun Ulrich die Kosten nicht bloß als die unterste Grenze des Preises, sondern als sein Gesamtmaß ansah, so blieb ihm beinahe kein anderer Weg als der, die beiden Seiten auf verschiedene Teile der Kosten zurückzuführen.

Übrigens ist es nicht einmal unbedingt zutreffend, daß nur die Spezialkosten von der Tara beeinflußt würden. Je mangelhafter die Ausnutzung der Fahrzeuge ist, desto mehr solcher werden gebraucht, desto mehr Kosten laufen mithin für Erhaltung und Erneuerung auf und diese sind, wie wir wissen, zum Teil unabhängig vom Verkehr, also Generalkosten. Ferner desto mehr Laderäume und Gleislänge müssen vorhanden sein, so daß das gleiche gilt. Auch die Verzinsung bzw. die Vermehrung der Zinslasten wird beeinflußt. Aber das mag als untergeordneter Umstand außeracht bleiben.

Eine Theorie von so logisch brüchigem Gefüge kann unmöglich für die Ableitung aller Einzelheiten in folgerichtiger Weise die geeignete Grundlage sein. Ulrich unternimmt das auch garnicht, sondern es folgt bei ihm eine treffliche Darstellung des Tarifwesens ohne wirklichen Zusammenhang mit dem theoretischen Ausgangspunkt.

Aber auch die Entwicklung der Einzelheiten leidet unter der Auffassung von betriebsökonomischen Maßnahmen als solche privatwirtschaftlicher Natur, somit im Gegensatz stehend zu gemeinwirtschaftlichen Anforderungen. Da die letzteren maßgebend sein müssen, so entsteht doch die Frage, ob denn betriebsökonomisch angezeigte Tarifmaßnahmen sich mit ihrem Widerpart vereinen lassen. Der Versuch einer solchen Vereinbarung kann auch wieder nur auf Kosten der Logik gehen. Das sehen wir bei Ulrich betreffs eines wichtigen Punktes in folgendem. Er erklärt (S. 6 des zitierten Buches) „die Werttarifierung und die differentielle Tarifgestaltung“ als „die zwei hervorragendsten Erscheinungen der privatwirtschaftlichen Tarifgestaltung“, spricht aber dann (S. 136) bei gemeinwirtschaftlicher Tarifgestaltung nur von einem „Zurückdrängen“, nicht von Aufhebung, und erklärt weiter (S. 151), daß für die gemeinwirtschaftliche Tarifgestaltung „auch die privatwirtschaftlichen Grundlagen insoweit maßgebend sein müssen, als sie den aufgeführten Erfordernissen der gemeinwirtschaftlichen Tarifbildung (wie: Gerechtigkeit, Gleichmäßigkeit usw.) nicht widersprechen oder ihre Vernachlässigung dem Interesse der Gemeinwirtschaft mehr zuwiderlaufen würde, als die gänzliche oder teilweise Beiseitesetzung eines der gemeinwirtschaftlichen Erfordernisse“ (wobei, wie man bemerken wolle, die Möglichkeit zugegeben ist „Erfordernisse“ der Gemeinwirtschaft beiseite zu setzen!). Als solche auch unter der Gemeinwirtschaft fortbestehenden Tarifgrundlagen bezeichnet Ulrich „die Taraklassifikation, ferner diejenigen wesentlichen Verschiedenheiten in den Transportkosten, welche infolge von Leistungsunterschieden der Transporte eintreten (Schnellverkehr)“, ja er sagt: „dieselben werden sogar in der Regel bei gemeinwirtschaftlicher Tarifgestaltung auf mehr Berücksichtigung zu rechnen haben (!) als bei der privatwirtschaftlichen“, und weiter: „daß die Wertklassifikation und differentielle Tarifbildung an sich richtige Tarifgrundlagen darstellen, wurde bereits S. 34 nachgewiesen. Ihre Anwendung in der gemeinwirtschaftlichen Tarifgestaltung erscheint deshalb **durchaus zulässig**." Eine gewundene Argumentation! Was anfänglich eine „privatwirtschaftliche Erscheinung" war, wird schließlich gemeinwirtschaftlich „durchaus zulässig" und man muß doch fragen, wie könne etwas, das „an sich richtig" ist, spezifisch privatwirtschaftlichen Charakter haben [1]).

Geschlossener und innerlich folgerichtiger ist die Theorie von **Rank**, ebenfalls einem Eisenbahnfachmann, aber auch ihre Prämissen bilden keinen befriedigenden Ansatz zur Entwicklung des Tarifaufbaues. Auch **Rank** unterscheidet einen festen und einen veränderlichen Tarifteil, begründet diese Scheidung jedoch in einer von der Theorie **Ulrich's** abweichenden Weise [2]). Er teilt die **gesamten** Betriebskosten auf die Leistungseinheiten auf, wodurch der feste Tarifteil entsteht, setzt an Stelle der Kapitalkosten den von der Bahnunternehmung angestrebten Gewinn, und lehrt, daß zur Erzielung dieses Gewinnes ein je nach der Eigenart der Verkehrsleistungen verschiedener Aufschlag auf die Selbstkosten gemacht werden müsse, der eben einen veränderlichen Tarifteil ergebe. Mit **Rank's** eigenen Worten: „Die für die Beförderungsleistung zu stellenden Forderungen der Bahn zerfallen: 1. in jene, welche die Deckung der mit dieser Leistung verbundenen Auslagen der Eisenbahn (Betriebskosten) bezwecken, 2. jene, welche die Erzielung einer zu Verzinsung und Tilgung des Anlagekapitals dienenden Reineinnahme anstreben." Der die Selbstkosten enthaltende Teil des Tarifs sei für alle Bahnbenützer unter gleichen Umständen gleich. Dagegen könne die Aufteilung des angestrebten Reingewinnes nicht in der Weise erfolgen, „daß jedem Reisenden und jedem Gute ein gleicher Betrag angelastet werde, sondern es müßte auf die Belastungsfähigkeit des

---

[1]) Ein anderer Fachgenosse nimmt die Kostentheorie **Ulrich's** für die Tarifierung auf, mit der Erweiterung, daß er überdies die Kosten des Bahnhofdienstes ausscheidet und sie zur Grundlage eines eigenen Tarifteiles, einer selbständig zur Berechnung gelangenden „Expeditionsgebühr", machen will: **Schübler**, „Über die Selbstkosten und Tarifbildung der deutschen Eisenbahnen", 1879, und Archiv 1887, Heft 2). Derart würde die Expeditionsgebühr eine Stellung im Tarifaufbau erhalten, die sie tatsächlich nicht eingenommen hat. Der Genannte entwirft in diesem Sinne auf Grund der statistischen Daten von den deutschen Eisenbahnen eine Zergliederung des „Reformtarifs" nach den unterschiedenen Tarifteilen mit Erläuterungen betreffend eine Weiterbildung im Sinne der Ermäßigung. Die Ausführungen haben an den maßgebenden Stellen keine Aufnahme gefunden.

Auch in der ersten Auflage der „Verkehrsmittel" findet sich ein Anklang an die Unterscheidung der Tarifteile (II. Bd., S. 405). Es wird dort die „Abstufung der Tarife nach den von den einzelnen Transportarten verursachten Spezialkosten" der „ohne unmittelbare Beziehung auf die Selbstkosten des einzelnen Transportes" erfolgenden individualisierenden Tarifbemessung nach dem Gesichtspunkt der Massennutzung gegenübergestellt, bei welcher die Beziehung auf die Kosten nachträglich „durch die Division der erzielten Menge von Aktivleistungen in die betreffenden Transportkostenteile" vorgenommen werde. „Das erste ergibt **gewissermaßen** den festen, letzteres den beweglichen Teil des Tarifes, wenngleich die beiden Teile in ein Ganzes verschmelzen". Das ist indes, wie der Wortlaut zeigt, nur eine Redewendung, der Gedanke der beiden Tarifteile wird — zum Glück — nicht weiter verfolgt.

[2]) In dem mehrzitierten Werke das „Eisenbahntarifwesen" usw.

Beförderungsobjektes Rücksicht genommen werden." Daß Rank den Begriff der Kapitalkosten nicht aufnimmt, sondern die Verzinsung als Reingewinn charakterisiert, ist ein untergeordneter Punkt, der das Wesentliche des Gedankenganges nicht berührt. Das Wesentliche des Gedankenganges ist die Scheidung der Tarifbildung in eine formelle und eine materielle (S. 177ff.). Die Aufgabe der formellen Tarifbildung besteht darin, „alle Beförderungsobjekte nach ihren Eigenschaften, nach ihren Beziehungen zur Eisenbahnleistung usw. in Gruppen zu bringen und für jede dieser Gruppen die allgemeinen Bestimmungen festzusetzen, die der Eigenheit derselben entsprechen". Nun, die Beziehungen der verschiedenen Beförderungsobjekte zur Eisenbahnleistung bestehen für die Tarifierung in den Kosten, welche die Beförderungsleistungen verursachen. Die formelle Tarifbildung wäre also ein Grundriß des Tarifaufbaues nach der Kostenverursachung der verschiedenen Gruppen von Beförderungsobjekten. Als Aufgabe der materiellen Tarifbildung wird erklärt: „auf der geschaffenen Grundlage für die in den einzelnen Gruppen eingereihten Beförderungsobjekte die Fahr- und Frachtpreise sowie die Nebengebühren ziffermäßig festzustellen." Ziffermäßig feststellen: das ist offenbar die Preisbemessung. In der materiellen Tarifbildung werden nun die Grundsätze behandelt, nach welcher die Belastung der einzelnen Transporte mit Gewinnanteilen zu erfolgen habe. Hören wir, wie diese Gesichtspunkte entwickelt werden (S. 341). Es sei einleuchtend, daß die Aufteilung des angestrebten Reingewinnes nicht in der Weise erfolgen könne, daß jedem Reisenden, jedem Gute ein gleicher Betrag angelastet wird. „Mit Bezug auf die zu befördernden Personen ist vielmehr auf deren Leistungsfähigkeit und Zahlungswilligkeit, insoweit sich diese durch die Einkommensverhältnisse bzw. durch die Inanspruchnahme eines gewissen Maßes von Raum, Sicherheit, Bequemlichkeit und Schnelligkeit der Beförderung offenbart, Rücksicht zu nehmen". „Ähnlich wird es im Güterverkehr auf die Menge des zu versendenden Gutes, auf den Grad, in dem der Wagenraum bzw. das Ladegewicht der Wagen in Anspruch genommen wird, auf den Grad der Sicherheit und Schnelligkeit und endlich auf die Belastungsfähigkeit des Gutes ankommen". Dieser Wortlaut ist wichtig. Die aufgeführten (im Druck hier, nicht von Rank selbst so hervorgehobenen) Umstände, sind doch offenbar Kostenverursachungen. Von Rank selbst ist das an verschiedenen Stellen bemerkt (z. B. S. 147 von der Schnelligkeit, S. 208 bezüglich der Inanspruchnahme von Wagenraum). Somit gelangen die nämlichen Umstände an verschiedener Stelle, also wiederholt zur Erörterung. Das bedeutet eine Zerreißung des Gegenstandes, die die Darstellung verbreitert. Das ist freilich nebensächlich, denn wir haben es nur mit dem Inhalt der Theorie zu tun, nicht mit der Form, in welcher sie vorgetragen wurde. Aber auch sachlich ergibt das einen Mangel. Die betreffenden Umstände kommen hier, wo es sich um die ziffermäßige Feststellung handelt, im Maße ihrer Wirkung in Betracht, d. i. nach den Größenverhältnissen. In dieser Hinsicht hätten sie aber schon bei der formellen Tarifbildung ins Auge gefaßt werden sollen, da das schon zur Gruppenbildung notwendig ist.

In der materiellen Tarifbildung findet erstmals die „Leistungsfähigkeit und die Zahlungswilligkeit" der Bahnbenutzer, d. i. die Werttarifierung, ihren Platz. Das ist die Folge des eingeschlagenen Untersuchungsweges. Zwar erwähnt sie Rank schon in der formellen Tarifbildung (S. 240), dort aber in offenbarem Widerspruch mit der Kennzeichnung der Aufgaben eben dieser. Denn es handelt sich da nicht um Gruppenbildung, sondern um Aufstellung eines jeden Transport ohne Ausnahme betreffenden Grundsatzes. Auch wird sie nur als Werttarifierung im gewöhnlichen Sinne, d. i. als Bemessung des Beförderungspreises „nach dem objektiven Werte" der Güter behandelt, also nur mit Bezug auf die Gütertarife, und sie ist somit nicht dasselbe, was der Grundsatz in seiner Allgemeinheit und in richtiger Formulierung bedeutet. Daß dieser erst in der Tarifbemessung zur Geltung gelangen soll, ist eine bedenkliche Konsequenz der Lehre: er gehört zu den wesentlichen Grundlagen des Tarifaufbaues.

Endlich ist noch ein gewichtiger Einwurf zu machen. Auch die vorgetragene Lehre vermittelt eine Anschauung der Vorgänge des Tarifwesens, welche nicht mit der Wirklichkeit übereinstimmt. Die Darstellung leitet zu der Auffassung, daß die Eisenbahnleiter der Preisbestimmung zuförderst einen mit den Kosten gegebenen Betrag zugrunde legen und weiterhin Erwägungen und Berechnungen anstellen, inwieweit der Wertgesichtspunkt in jedem einzelnen Falle eine Erhöhung des Preises über jenen Betrag gestatte. Schon im früheren wurde eingewendet, daß dies eben so nicht geschehe, vielmehr die Preisfestsetzung erfolgt ohne Rücksicht darauf, welcher Teil des Erlöses von den Kosten absorbiert werde. Ein Vorgehen in jenem Sinne würde auch einschließen, daß von den Eisenbahnen niemals niedrigere Preise eingehoben würden als die Kosten. Die Wirklichkeit zeigt uns aber Eisenbahnleiter, die sich in der Lage befinden, Preise anzusetzen, von denen sie vorhinein wissen, daß sie die Kosten nicht erreichen. Die Tarifierungsvorgänge sind in regelmäßigen und in abnormen Zeiten in ihrem Wesen die gleichen, eine richtige Theorie darf nicht nur die Wirtschaftshandlungen der regelmäßigen Zeitläufte widerspiegeln. Endlich bringt die in Rede stehende Theorie, indem sie von den durch die tatsächlichen Betriebsergebnisse vergangener Betriebsperioden gegebenen Kosten ausgeht, die so wichtige Beziehung zwischen Kosten und Preis im Tarifwesen nicht zum Ausdruck, die dahin führt, die Tarife im Hinblick auf den Einfluß anzusetzen, den sie auf die Kosten der Beförderungsleistungen ausüben werden, für die sie gelten werden.

Somit kommen wir zum Schlußergebnis, daß auch die Theorie

Rank's, ungeachtet ihr das Verdienst zuzuerkennen ist, daß sie als die erste Tarifaufbau und Tarifbemessung auseinanderhält — wenngleich mit ungenügender theoretischer Auswertung — und unbeschadet des anzuerkennenden sachlichen Wertes der Einzelausführungen, den Kernpunkt des ganzen Tarifwesens, der in der Wechselbeziehung der beiden Pole Wert und Kosten besteht, nicht voll erfaßt, und geeignet ist, in gewisser Hinsicht zu einer falschen Auffassung der Wirtschaftsvorgänge zu führen.

Die Beziehung zu den Kosten ist die wahre *crux* für die Amerikaner, sowohl für die Tariftheoretiker im Schrifttum als für die Personen, die es amtsmäßig werden müssen, wie die Mitglieder der *Commissions* für die Dauer ihrer Bestallung und die Richter für die einzelnen Fälle. Die *Interstate Commerce Commission* ist allerdings zu einer abschließenden Tariftheorie noch nicht gelangt (vgl. S. 88). Es liegt das wohl in der Natur ihrer Aufgabe, die Clark[1]) gut mit den Worten charakterisiert: *Not perfect adjustment, but righting of the more considerable maladjustements is the aim of that body.* Es handelt sich immer um Bemessung bestimmter Tarife unter konkreten Umständen. Die verschiedenartigsten Erwägungen sind es, zu denen die *Commission* in dieser Hinsicht sich durch den Leitstern der *reasonableness* veranlaßt sieht, der, wie wir wissen, in der unklaren Begriffsfassung auch das *justum pretium* und — bei elastischer Auslegung — selbst Rücksicht auf besondere gemeinwirtschaftliche Zwecke einschließt, wie das aus einzelnen Entscheidungen ersichtlich ist.

Immerhin aber glaubt Hammond[2]) die mannigfachen Entscheidungen des Tarifamtes auf den leitenden Grundgedanken der Kostentheorie zurückführen zu können. Angesichts der Schwierigkeit, wenn nicht Unmöglichkeit, die genauen Kosten jeder einzelnen Transportleistung zu bestimmen, könne nur ein Vergleich der Transportkosten verschiedener Fälle den Anhaltspunkt für die Tarifbemessung liefern und solche Kostenvergleiche können im weiteren Umfange nicht auf bestimmten Ziffern, sondern auf äußeren Umständen, die mit den Kosten im Zusammenhang stehen, beruhen. In vielen Fällen habe die *Commission* die Angemessenheit eines bestimmten Tarifes dadurch geprüft, daß sie die Kosten des betreffenden Verkehrszweiges mit den Kosten anderer, deren Tarife unangefochten blieben, in Vergleich zog. Wo direkte Vergleiche auf ziffermäßiger Basis nicht durchführbar waren, wurde die Entfernung, also die Transportweite, als Maß der Kosten herangezogen. In anderen Fällen wurde der Grundsatz angewendet, an den tatsächlich bestehenden Tarifvorteilen bestimmter Örtlichkeiten nicht zu rütteln, in der Annahme, daß diese eben in der bestimmten Gestaltung der Transportkosten

---

[1]) *Standard of reasonableness*, S. 133.

[2]) *Railway Rate Theories of the Interstate Commerce Commission.*

gegenüber anderen Örtlichkeiten bestehen. Endlich wurden vielfach die bestehenden Konkurrenzverhältnisse durch die Tarifbemessung aufrecht erhalten, auf Grund der Erfahrungslehre, daß, wenn eine normale Konkurrenz genug lange bestanden hat, sie die Preise auf die Kostenbasis herabdrückt. Da als solche Kostenbasis ein Preis gilt, welcher auch den normalen Unternehmungsgewinn einschließt, so hat die *Commission*, wenn es sich um die Prüfung eines ganzen Tarifsystems bestimmter Bahnen handelte, ihre Entscheidung auf die Untersuchung gegründet, ob die in Frage stehenden oder aufzustellenden Tarife geeignet seien, dieses Ergebnis herbeizuführen. Selbst in den Fällen, in welchen Tarife mit Rücksicht auf den Handelswert der transportierten Güter angegriffen wurden, die Erörterung sich also um den Wert der Güter als Tarifmaßstab bewegte, sei für die *Commission* stets auch der Umstand maßgebend gewesen, daß höherwertige Güter größeres Risiko für Beschädigungen und Verlust bedingen, meist auch höhere Beförderungskosten verursachen (gedeckte Wagen, größere Schnelligkeit). Somit habe sich im großen und ganzen in den Entscheidungen des Tarifamtes eine Richtung auf die Kostentheorie ergeben.

Man kann diese Auffassung, wenn eben lediglich auf die Bemessung bestimmter Tarife im einzelnen Fall im Vergleich mit anderen bezogen, gelten lassen.

Aus einer für die Verwaltungspraxis zurechtgelegten Regel folgt aber noch nichts für eine allgemeine Tariftheorie, die auch den Tarifaufbau einschließen, diesen vor allem betreffen muß. Man müßte die Entscheidungsgründe der *I. C. C.* stets genau darauf hin untersuchen, ob sie im einzelnen Falle nur auf die Beurteilung eines bestimmten Tarifes, insbesondere durch Vergleich mit anderen, Bezug haben oder ob sie allgemeine Sätze im Hinblick auf die Tarifbildung überhaupt enthalten; eine weitwendige Untersuchung, die nach dieser klaren Richtschnur u. W. bisher nicht angestellt wurde.

Ob Hammond in diesem Sinne vorging, ist nicht zu ersehen, doch glaubt er in der Lage zu sein, die in der bezeichneten Richtung zielenden verschiedenen Erwägungen der *Commission* zu einer förmlichen Tariftheorie zusammenfassen zu können, von der er allerdings erklärt, daß sie nicht als solche von dem Amte selbst verstanden, sondern als Auslegung der Entscheidungen des Amtes in ihrer Gesamtheit zu verstehen sei. Das wäre also eine Kostentheorie des Tarifwesens und wir haben somit eine Variante der Tariftheorie vor uns, die einen Gegenstand unseres Interesses und unserer Kritik abgibt. Es erscheint um so mehr angezeigt, die Untersuchung auch auf diese Lehre auszudehnen, als das Schrifttum in den Vereinigten Staaten in neuerer Zeit sich einer Kostentheorie in dieser oder jener Fassung zuzuneigen scheint [1]).

---

[1]) Hinweise in dieser Richtung bei Hammond, a. a. O., S. 191. Auch Clark teilt diesen Standpunkt: er deduziert die Kostengrundlage aus der *relative reaso-*

Hammond formuliert nun seine Theorie in folgenden Sätzen [1]):

1. Die Tarife als Ganzes sollen die gesamten sachlichen und persönlichen Kosten des Betriebes decken, einschließlich des normalen Unternehmergewinnes für das tatsächlich verwendete Anlagekapital sowie der Rücklagen für Entwertung.

2. Hinsichtlich der Bemessung der Tarife für die verschiedenen Güter gilt als Grundsatz, daß jeder Artikel so weit als möglich seinen eigenen Anteil (d. h. offenbar den dem Verhältnisse zu 1 entsprechenden Anteil) nicht nur an den Beförderungs- und Stationskosten, sondern auch an festen Kosten und an der Dividende tragen soll, was sich für die wichtigsten Waren und Handelszweige durch genaue Kostenrechnung feststellen, für andere durch Vergleichung mit den feststellbaren Kosten der ersteren, und in geringer Ausdehnung auch durch Vergleichung des relativen Wertes der Waren annähernd bestimmen lasse.

3. Außerdem bietet die Transportweite unter sonst gleichen Umständen einen Maßstab für angemessene Tarifabstufung, jedoch sei festzuhalten, daß der Einheitsatz mit zunehmender Entfernung abnehmen muß.

In dem Schlusse vom Verhältnisse zwischen Gesamtkosten und Einnahmen auf das Verhältnis zwischen Kosten und Preis jedes einzelnen Verkehrsaktes liegt der Grundirrtum der Lehre.

Wie man sich die Auffindung des so bemessenen Anteils der verschiedenen Transporte an den Kosten zu denken hat, lehrt das von der Eisenbahnkommission des Staates Wisconsin erdachte Tarifsystem, das auf dem eben in Rede stehenden Prinzip aufgebaut ist [2]).

Es müssen zuvörderst die Kostenverschiedenheiten der einzelnen Transportgattungen aufgefunden werden durch Scheidung der Beförderungs- und der Stationskosten und Aufteilung der festen Kosten nach Verhältnis der Spezialkosten, wobei insbesondere die Taraverhältnisse in ihrem Einfluß auf die Kosten zu beachten und durch Zurückführung auf eine Anzahl Klassen zum durchschnittlichen Ausdruck zu bringen sind. Dabei ist der Unterschied zwischen dem Nahverkehr und dem Durchgangsverkehr im Auge zu behalten, der für den ersteren etwa die doppelte Höhe des Kostendurchschnittes einer *ton-mile* ergebe.

Zu dem hiermit gegebenen Tarifteile kommt nun der Anteil an dem Kapitalerträgnisse. Dieser werde gefunden durch einen gleichmäßigen Zuschlag, der sich durch Aufteilung der nach dem für das Kapital zugestandenen Zinsfuß sich bemessenden Ertragsumme auf die Tarifeinnahmen berechnet. Wenn z. B. ein Tarif in der doppelten Höhe der Kosten tatsächlich unter den Umständen des in Wisconsin vorliegenden Falles eine Verzinsung von 8% für das Kapital jener Bahnen abwirft, so ergebe ein Tarif in der Höhe von 75% über den Selbstkosten eine 4% Verzinsung. Je nachdem erstere oder letztere als zulässig angesehen werde, steht der Zuschlag zu den Kosten und damit der Tarif fest.

---

nableness, d. i. Vermeidung der *discrimination* (S. 124), die Formel ist ersichtlich nur die Einkleidung einer *petitio principii*.

[1]) Sie werden hier in der für unsere Zwecke erforderlichen Reihenfolge angeführt, vom Autor sind sie mit anderen vermischt, die nebensächlich oder selbst im Widerspruch oder außer Zusammenhang mit dem leitenden Grundprinzip sind.

[2]) Nach der Darstellung von Clark, a. a. O. S. 149ff.

Das Angeführte genügt schon zur Beurteilung des Systems. Der geschilderte Vorgang ergibt offenbar sehr starre Preissätze mit weiten Durchschnitten. Ein solcher Tarif hätte eine Beziehung zu den Wertunterschieden der Güter nur soweit sie mit der Taraklassifikation zusammenfallen. Da die Taraverhältnisse der wichtigsten Massengüter in wenigen großen Gruppen keine weitreichenden Abweichungen aufweisen, würde ein solcher Tarif für den größten Teil des Güterverkehres annähernde Gleichstellung im Preise mit sich bringen und dadurch, sowie durch den festen Zuschlag, einen Durchschnittspreis ergeben, der alle wirtschaftlichen Nachteile eines solchen Mangels von Anpassung an die Preisverhältnisse der Güter zeigen müßte. Eine reichliche Abstufung, anlehnend an die bestehende Klassifikation, würde aber die Herübernahme des Wertprinzips bedeuten und dann könnte von einem reinen Kostentarif nicht mehr die Rede sein.

Die Abminderung des Einheitsatzes mit zunehmender Entfernung muß, entsprechend dem Grundsatz der Kosten, im Verhältnis dieser und nur nach diesem Verhältnis erfolgen. Auch das bezweckt der Tarif von Wisconsin. Er enthält außer einer Abfertigungsgebühr einen Einheitsatz per *ton-mile* bis zur Grenze des Nahverkehrs und für den darüber hinausgehenden Verkehr einen Einheitsatz in der Höhe der Hälfte jenes des Nahverkehrs. Das gibt einen Staffeltarif mit einer geringfügigen Abminderung des Satzes, insbesondere in den weiteren Relationen, wie sie etwa der Kostengestaltung entsprechen dürfte. Ein solcher Tarif würde der Ausdehnung der Absatzfähigkeit der Güter enge Grenzen ziehen.

Das Kostenprinzip erzeugt also in praktischer Ausführung ein Tarifsystem, dem, wenn rein durchgeführt, die wirtschaftlichen Vorzüge des Wertsystems mangeln.

Der Grund der Vorliebe für ein solches System ist aber in einer nicht zureichenden Erfassung der Werttarifierung zu suchen. Die Amerikaner fassen sie nur als die Wertklassifikation im Güterverkehr auf, die ihnen nur durch Zweckmäßigkeitsrücksichten begründet erscheint und sogar einen inneren Widerspruch enthalte. Wie könne der Handelswert der Güter für die Transportpreise maßgebend sein, da er selbst von den Transportpreisen abhängt? Sie halten sich eben die Entstehung des sog. objektiven Wertes aus den subjektiven Wertungen nicht gegenwärtig. Beim erstmaligen Transport eines Gutes hängt dessen Ausführung davon ab, daß der Käufer der Ware ihr einen Wert für sich zuerkennt, der ihn veranlaßt, den für die Beförderung geforderten Preis zu bewilligen. Der Wert am Bezugort stellt sich dann mindestens auf den Kaufpreis plus Transportpreis, für nachfolgende Transporte ist schon der Beförderungspreis mit der Wertdifferenz gegeben. Diese genetische Erfassung der Wertungsvorgänge behebt doch die Schwierigkeit vollständig, die übrigens für uns nach den Erörterungen des I. Bandes (S. 100) überhaupt nicht besteht. Auch wird eingewendet, die Tarifierung nach dem *value of service* sei gleichbedeutend mit *what the traffic will bear*, und das sei wieder gleichbedeutend mit Preisen, welche den höchsten Monopolgewinn abwerfen. Dabei wird übersehen, daß es sich bei dem Prinzip nur um den betriebsökonomischen Vorgang handelt, welcher unter gemeinwirtschaftlicher Regulierung vor sich geht, die bei Privatbahnen die Freiheit der monopolistischen Preisstellung einschränkt.

Höhe der Tarife. Die wirtschaftlichen Erwägungen im Tarifwesen erstrecken sich auch auf die ziffermäßige Höhe der Tarife zum Zwecke des Vergleiches. Zu solchen Vergleichen ist in Theorie und Praxis mannigfach Anlaß. In der Theorie kann der ziffermäßige Betrag der Tarife nur im Hinblick auf allgemeine Erkenntnisse in Betracht kommen, und zwar in der Richtung, daß festgestellt werde, inwieweit allgemeine Sätze im konkreten ziffermäßigen Bilde ihren Ausdruck und ihre Bestätigung finden, oder in der Richtung, daß die im Vergleich erfaßten Maßverhältnisse den Gegenstand des Interesses bilden. In der Praxis werden solche Vergleiche angestellt, um aus ihnen Schlüsse für Nutzanwendungen zu ziehen. Die Handhabung dieses Behelfes ist indes stets, vornehmlich aber in den letztgedachten Fällen, eine heikle Sache. Da auch für die Beförderungspreise gilt, daß sie im Zusammenhange aller Preise stehen, so kreuzen sich in ihnen die Folgen einer langen Reihe von Ursachen und es ist daher sehr schwer, Unterschiede ihrer Höhe auf bestimmte einzelne Gründe zurückzuführen. Eine sorgsame Untersuchung findet in der Regel einen verwickelten Komplex von Ursachen vor und gelangt sohin zu dem Ergebnisse, daß die Nutzanwendung auf einen bestimmten Zweck ausgeschlossen sei. Nur wo eine Anzahl wichtiger einwirkender Umstände gleich sind, wird der Grund des Unterschiedes mit einiger Sicherheit erkennbar sein. So werden die Tarifverschiedenheiten, welche die Bahnen eines und desselben Landes in einem gegebenen Zeitpunkte aufweisen, die unter gleichen allgemeinen wirtschaftlichen Verhältnissen und dem gleichen Verwaltungssysteme ihre Geschäfte führen, auf Besonderheiten der einzelnen Bahnunternehmungen beruhen, die als solche feststellbar sind. Unterschiede der Tarifhöhe zwischen den Bahnen verschiedener Länder bringen dagegen die Unterschiede in den wirtschaftlichen Zuständen der betreffenden Länder zum Ausdruck und ihre Beziehung zu Umständen, welche der Bahnverwaltung selbst angehören, ist daher im einzelnen Falle fraglich, außer wo eine in die letzten Einzelheiten eingehende Untersuchung solche genau nachweist. Der Nutzen solcher Vergleiche für praktische Zwecke ist somit meist ein geringer, wenn nicht gar Irrungen oder schiefe Ansichten aus ihnen entspringen. So kann es weit ab von der wahren Sachlage führen, wenn man etwa lediglich auf Grund des ziffermäßigen Bildes höhere Tarife des einen Bahnnetzes im Vergleich mit anderen als ein Zeichen unrichtiger ökonomischer Gebarung oder als einen Beweis dafür ansehen wollte, daß jenes Netz den Interessen des Landes in geringerem Maße diene als andere [1]. Nicht

[1] Hierher wäre z. B. der in Deutschland ehedem von Frachtinteressenten eine Zeitlang angezogene Vergleich der Durchschnittstarife der nordamerikanischen Bahnen mit den deutschen zu zählen, der zur Begründung der Forderung einer Tarifänderung dienen sollte. Der Umstand, daß auf den Eisenbahnen der Vereinigten Staaten die durchschnittliche Einnahme für das Personenkilometer (etwa 5,50 Pf.) erheblich höher ist als auf den preußisch-hessischen Staatsbahnen (1909: 2,32 Pf.), während bei den Einnahmen für ein Tonnenkilometer es umgekehrt liegt (Vereinigte

minder irreführend wäre es, aus der vergleichsweisen Höhe der Tarife im allgemeinen Durchschnitt eines Landes gegenüber einem andern etwas auf die Güte des in diesen Ländern befolgten Verwaltungssystems zu schließen.

Das Angeführte zeigt, daß man sich in der Anwendung des in Rede stehenden wissenschaftlichen Hilfsmittels weise Beschränkung auferlegen muß und das gilt vollends dann, wenn der Vergleich mit Durchschnittsdaten durchgeführt werden soll, die an sich schon die Folgen der einschlägigen Umstände mehr oder minder verwischen, wie die Ziffern der Einnahmen für je eine Leistungseinheit, Personen- und Tonnenkilometer.

Für Vergleiche, die den Personenverkehr betreffen, ist diese Durchschnittszahl immerhin anwendbar, weil die höhertarifierten Wagenklassen bekanntlich einen ganz untergeordneten Teil der Einnahme ausmachen. Zwar ist das Verhältnis, in welchem Ausnahmetarife zur Anwendung gelangen, im Vergleich mancher Länder untereinander ein recht abweichendes, aber in diesen Tarifen und ihrem Ausmaße tritt ja eben die Ermäßigung der Preise besonders zutage. Die verhältnismäßig starke Besetzung der ersten Klasse in den wohlhabenden Ländern (England, Frankreich) und durch das Reisepublikum der Schweiz erhöht allerdings die betreffenden Durchschnitte, aber keineswegs in einem Ausmaße, daß dadurch der Vergleich unstatthaft würde, wenn man nur des Umstandes eingedenk bleibt. Für den Güterverkehr dagegen gibt der bezeichnete Durchschnittspreis kein genaues Bild, da das Verhältnis, in welchem die höher tarifierten und die niedriger und niedrigst tarifierten Verkehre in der Gesamtleistung enthalten sind, bei verschiedenen Bahnnetzen ein erheblich abweichendes sein kann. Zu den niedrig tarifierten Verkehren gehören insbesondere auch die auf die weiten Entfernungen, durch deren Vorwiegen in einzelnen Ländern (Rußland, Vereinigte Staaten) ein starker Druck auf den kilometrischen Durchschnitt ausgeübt werden muß. Ein Vergleich auf dieser Grundlage wird daher stets nur mit einem Vorbehalte und für Zwecke, bei denen geringere Genauigkeit genügt, statthaft sein.

Bezüglich der Zwecke kann der Vergleich nach zweierlei Richtung zielen. Entweder es frägt sich um Tarife, die zur selben Zeit bei verschiedenen Netzen oder in verschiedenen Ländern gelten, oder es wird die zeitliche Aufeinanderfolge bestimmter Tarife, also die Entwicklung

---

Staaten ca. 2,16, preußisch-hessische Staatsbahnen 3,54 Pf.), hat die rheinisch-westphälische Industrie veranlaßt, jahrelang immer aufs neue in Schriften und im Landtag eine Tarifreform in der Weise zu fordern, daß die Personentarife wesentlich erhöht, die Gütertarife herabgesetzt würden. Die Verschiedenheit der ökonomischen Grundlagen der Tarife auf beiden Seiten des Ozeans schließt einen solchen Vergleich und die darauf gebaute Konklusion aus, wie das schon von der Leyen, „Die Finanz- und Verkehrspolitik der nordamerikanischen Staaten“, S. 112ff., dargelegt hat. Daß bei näherem Eindringen in die Verkehrs- und Tarifverhältnisse der Abstand zwischen den amerikanischen und den preußischen Gütertarifen sich sehr verringert, zeigt rechnungsmäßig Hoff und Schwabach, a. a. O. S. 227f. Die Personentarife müssen in der Union höher sein, da die Dichte des Personenverkehres (mit 138369 Personenkilometer auf 1 *km* Bahnlänge im Durchschnitt der ganzen Union) nur 23% der Verkehrsdichte Deutschlands (616524) beträgt (1910) und infolge der Bevölkerungsverhältnisse ein Bedürfnis für einen Nahverkehr mit solch billigen Sätzen nicht vorliegt wie in Deutschland.

ins Auge gefaßt. In der erstgedachten Hinsicht hat der ausgleichende Einfluß der Eisenbahnen auf die allgemeinen wirtschaftlichen Verhältnisse die ursprünglich vorhandenen Abweichungen immer mehr abgeschliffen, so daß in den späteren Stadien zwischen den Tarifen in Ländern von nicht zu weit auseinander liegenden Entwicklungsstufen nurmehr Tarifunterschiede von verhältnismäßig geringem Ausmaße bestehen. Die zeitliche Entwicklung in jedem Lande zeigt die tiefgreifende Einwirkung der Eisenbahnen auf die Umgestaltung der Wirtschaft und insbesondere die Preisverhältnisse auch in den eigenen Preisen der Bahnen, die unter der Wechselwirkung mit der allgemeinen wirtschaftlichen Entwicklung stehen.

Im Lichte des Vorstehenden bedürfen die folgenden Angaben keiner weiteren Erläuterung.

Einnahme in Pfennig auf 1 *Pkm* zu Anfang des 2. Jahrzehnts 1900[1]):	
Belgien	1,80
Preußische Staatsbahnen	2,34
Württembergische Staatsbahnen	2,30
Badische Staatsbahnen	2,42
Bayerische Staatsbahnen	2,45
Sächsische Staatsbahnen	2,51
Deutsches Gesamtnetz	2,37
Niederlande	2,64
Ungarische Staatsbahnan	2,77
Österreich	2,81
Frankreich, Hauptnetz	2,77
Schweiz[2])	3,30
Bulgarien	3,75
Spanien	3,92
Rumänien	3,92
Serbien	4,28

Einnahme in Cent. für 1 *tkm* in den 80er Jahren[3]):	
Deutschland	5,18
Belgien	6,55
Niederlande	(?) 4,12
Österreich-Ungarn	6,55
Frankreich	6,68
Schweiz	6,15
Dänemark	6,32
Rußland	6,45
Rumänien	7,35
Schweden	7,95
Norwegen	7,05

Die Gestaltung der Beförderungspreise im Verlaufe der Entwicklung muß auch bei den Eisenbahnen jene Richtung auf **fortschreitende Ermäßigung** zeigen, die wir im Preisgesetze des Verkehres als eine allgemeine Erscheinung erkennen und in ihren Bestimmungsgründen erfassen (I. Bd., S. 94). Es bedarf daher einer Bestätigung der Tatsache durch statistische Daten nicht; diese würden ja auch selbst in gehäufter

---

[1]) Die Daten sind der Enzykl. 2. Aufl., Art. Personenverkehr, entnommen.

[2]) Für England fehlen die statistischen Unterlagen. Da nach Angabe namhafter Fachmänner die tatsächlich eingehobenen Sätze im Durchschnitt etwa dem Tarife der Schweizerischen Bundesbahnen entsprechen, dürfte auch die Schweizerische Durchschnittsziffer annähernd für England gelten. Für das europäische Rußland finden wir die abnorm niedrige Ziffer von 1,68. Sie beruht auf einem Verlust bringenden Tarife, der überdies auf weite Entfernungen einen ungemein starken Abfall zeigt.

[3]) Nach Picard, *Traité des chemins de fer*, Bd. 4, S. 608, dem auch die Verantwortung für die Richtigkeit der Zahlen überlassen bleiben muß. Für 1907 findet sich bei Wehrmann, S. 212 die Einnahme in Pfennig für 1 *tkm* beziffert mit: 4,10 Schweden, 3,83 Österreich, 3,51 Frankreich, 3,50 Ungarn, 3,47 Preußische Staatsbahnen, 3,0 Belgien, 7,33(?) Schweiz, 2,65 Rußland, 1,991 Vereinigte Staaten.

Menge für sich allein nicht hinreichen, die ausnahmelose **Allgemeinheit** der Erscheinung zu **beweisen**. Eine Vergleichung der ziffermäßigen Höhe der Tarife in aufeinanderfolgenden Zeiträumen kann somit nur den Zweck haben, das **Ausmaß** der zeitlichen Senkung des Preisniveaus festzustellen, auf welches, wie wir wissen, nicht nur ein inneres Hemmungsmoment, sondern auch gegenwirkende Umstände von Einfluß sind. Das kann zunächst nur je für bestimmte Verwaltungen und einzelne Länder durchgeführt werden. Aus einer Anzahl solcher Daten wäre dann ein allgemeiner Durchschnitt zu ziehen, der das Maßverhältnis der Entwicklung zum Ausdruck bringen würde. Das würde eine äußerst umfangreiche Rechenarbeit ergeben, die praktisch ohne Nutzen wäre und deren erkenntnistheoretischer Wert außer allem Verhältnis zu ihrem Umfang stünde. Es genügt daher, durch einzelne Beispiele die konkrete Gestaltung aufzuzeigen. Hierbei waltet zwischen Personenverkehr und Güterverkehr ein Unterschied. Er beruht auf der Verschiedenheit der Elastizität der Nachfrage im Verkehre, die wie bei den beiden Verkehrszweigen von Anfang festzustellen hatten (a. a. O., S. 95). Innerhalb des Güterverkehres selbst gilt der nämliche Umstand für die mannigfachen Güter, die in Verkehr gelangen. Je mehr ein Gut nach seiner Beschaffenheit und seinem Tauschwerte dem allgemeinen Verbrauche dient, desto tiefer muß die Wechselwirkung von Preis und Kosten den Beförderungspreis herabdrücken. Das Maß der Senkung des Preisniveau muß aus diesem Grunde für die verschiedenen Güterklassen ein abweichendes sein.

Ein Durchschnittsbild: die erwähnte Einnahme für eine Leistungseinheit, kann einen falschen Eindruck erzeugen, wäre aber immerhin für Vergleiche zwischen verschiedenen Entwicklungen verwendbar.

In letzterem Sinne seien, soweit die spärlichen Quellen es ermöglichen, die Ergebnisse für den Personenverkehr und den Frachtenverkehr bis zur Gegenwart in folgenden Tabellen gegenübergestellt:

Kilometrischer Durchschnittstarif in Frankreich[1]), Cent.:

	Personenverkehr	Gewöhnliche Frachtgüter
1845	6,70	11,12
1855	5,91	7,65
1865	5,53	6,08
1875	5,24	6,06
1885	4,66	5,94
1895	3,83	5,16
1905	3,68	4,52

Preußische Eisenbahnen, Markpfennig:

	für 1 *Pkm*	für 1 *tkm*
1844[2])	4,50	15,—
1849	4,40	10,38
1854	4,50	7,50
1859	3,70	7,33
1864	3,50	5,83
1869	3,40	5,16
1874	3,21	4,66
1879	3,45	4,32
1889	3,09	3,87
1899	2,65	3,62
1909	2,32	3,60

[1]) Nach **Colson**, a. a. O., S. 415.

[2]) Die Zahlen für 1 Personenkilometer bis 1869 wegen Umrechnungen etwas unsicher.

Wir sehen, daß die Ermäßigung der Fahrpreise vom Anfang bis zum Schlusse der Entwicklung geringer ist als die Ermäßigung der Gütertarife (in Deutschland auf 50%, wogegen auf 24% im Güterverkehr), daß die Verbilligung des Personenverkehrs erst im letzten Viertel des vorigen Jahrhunderts in stärkerem Maße erfolgte, die Frachtentarife dagegen schon bis zu diesem Zeitpunkte die weitestgehende Erniedrigung erfuhren und damit einen Stand erreicht hatten, von welchem aus nur mehr ein relativ geringerer Abfall sich vollzog bzw. sich vollziehen konnte. Dies bestätigt auch die offizielle Angabe über die Senkung der Tarife in Frankreich von 1883 bis 1913 [1]). Es verminderte sich die Einnahme im Personenverkehr (*Pkm*) von 4,77 C. auf 2,43 C., d. i. um 49%, dagegen im Güterverkehre (*tkm*) von 5,73 C. auf 4,12 C., d. i. um 28%.

Die auf Kostenerhöhung wirkenden Umstände, die uns an anderem Orte beschäftigt haben (S. 273), hatten mit dem Ende des ersten Jahrzehnts unseres Jahrhunderts die Entwicklung nach der Tiefe vollends zum Stillstand gebracht. Die Revolution durch den Krieg hat eine Sachlage geschaffen, von welcher aus eine neue Entwicklungsreihe anheben muß.

Ein genaues Bild des Entwicklungsganges im Frachtenverkehre ergäbe die geschichtliche Darstellung der Tarife der einzelnen Güter. Hierfür mangelt jedoch für die zurückliegenden Zeitperioden das statistische Material in der erforderlichen Vollständigkeit; ein Mangel, auf den schon Ulrich in einer Abhandlung im Archiv 1885 hingewiesen hat, indes ohne Erfolg. Ulrich selbst hat, begünstigt durch persönliche Umstände, einiges sammeln können und auf Grund desselben eine mit dem Jahre 1890 abschließende Darstellung geboten [2]). Er ist in der Lage, eine Anzahl Frachtpreise, die auf mehreren norddeutschen Bahnen in den Jahren 1853 und 1873 bestanden, mit den Tarifen der preußischen Staatsbahnen 1890 zu vergleichen. Daraus ist die folgende Entwicklung zu entnehmen.

Pfennig für 1 *tkm*	Anfangsfracht der Eisenbahnen	Herabsetzung auf den normalen Tarif 1890	Weitere Ermäßigung in Ausnahmetarifen
Kohle	13—14	2,2	1,25
Roheisen	11,1	2,6 (über 100 *km* 2,2)	1,7
Eisen- und Stahlwaren	·13,4	4,5	3,5 (Spez.-T. II)
Getreide	13,4	4,5	2.

Da die vorher gegebene Durchschnittstabelle von 1889—1899 nur mehr eine äußerst geringe Ermäßigung, für das erste Jahrzehnt 1900

[1]) Bericht des Senates v. J. 1921 über die Neuregelung des Eisenbahnwesens.

[2]) „Die fortschreitende Ermäßigung der Eisenbahntarife", Jahrb. f. Nat. u. Stat. 1891, S. 53ff.

eine geradezu verschwindende nachweist, so erscheint hiermit der Endpunkt bezeichnet.

Vereinzelt sind noch Ausnahmetarife unter 1 Pf. zur Anwendung gelangt, doch nicht unter 0,8 Pf. für das *tkm*. Diese haben die weitere minimale Senkung des Durchschnitts bewirkt.

Die wirtschaftliche Würdigung der eingetretenen Preisänderung wäre indes mit den angeführten Zahlenverhältnissen nicht vollständig zum Ausdruck gebracht, vielmehr kommt für diese die gleichzeitige Steigerung des allgemeinen Preisniveau, insbesondere infolge der Geldwertänderung (noch vor dem Kriege) in Betracht. Mit Rücksicht auf letztere erscheinen die Tarifermäßigungen im Güterverkehre um so bedeutender.

2. Wirtschaftliche Maßnahmen betreffend den Bau und die Betriebsführung.

Die verschiedenen Systeme der Bau-Ausführung. Es gibt drei voneinander wesentlich verschiedene Verfahren der Bau-Ausführung: Regiebau, Bauvergebung nach Einheitspreisen und Pauschal-Akkord. Die Erfahrung gibt eine vergleichende Würdigung dieser Verfahren an die Hand, welche mit den aus der Natur der Sache zu gewinnenden ökonomischen Eigentümlichkeiten der genannten Bausysteme übereinstimmt.

Der Regiebau besteht in der Bauführung durch die Beamten der Bahnanstalt. Es ist leicht erklärlich, daß dieser Vorgang nur dann ökonomisch sein wird, wenn die Beamten erstens hinsichtlich der praktischen Übung des Baufaches Unternehmern nicht nachstehen und zweitens in ihrer Stellung kein Hindernis, vielmehr einen Ansporn finden, die Eigenschaften von Unternehmern zu entwickeln, welche eben zum wirtschaftlichen Erfolge so viel beitragen. Somit werden als Bedingungen wirtschaftlicher Anwendbarkeit des Regiebaues hinzustellen sein: nicht nur entsprechende technische Vorbildung, sondern auch vorausgegangene praktische Betätigung des Personales in der Richtung, sodann möglichste Annäherung der Stellung der bauleitenden Personen an die eines Unternehmers. Letzteres wird erreicht, wenn das Eigeninteresse des Personales in ähnlicher Weise angeregt wird wie dies bei einem Bauunternehmer der Fall ist, also durch Prämien und Tantièmen, in der Art, daß jede Ersparung und Verbesserung gegenüber dem Voranschlage dem Urheber zu pekuniärem Nutzen gereicht. Unter solchen Voraussetzungen — aber auch nur bei ihrem Vorhandensein — und selbstverständlich bei der erforderlichen allgemeinen Qualifikation der bauführenden Techniker ist nicht einzusehen, warum nicht auch der Regiebau, entgegen einem weitverbreiteten Vorurteile, günstige Ergebnisse aufweisen sollte. Ihm sind als Vorzüge eine reichliche Kapitalausstattung der Bauführung, einheitliche Organisation des Baubetriebes, die gesicherte Möglichkeit zweckmäßiger Benützung aller während des Baues sich ergebenden Umstände, Ersparnisse für die Bahnanstalt, Wegfall vieler Weiterungen eigen. Wenn daher während einer längeren Zeitperiode eine Reihe von Bahnbauten der nämlichen Verwaltung durchzuführen ist, wenn also eine Bahngesellschaft die Linien ihres Netzes in wohlberechneter Folge nach und nach ausbaut, oder das gleiche von seiten eines Staates bei Eigenverwaltung des Bahnwesens in seinem Gebiete geschieht, kann die Regie unter den bezeichneten Bedingungen gute Erfolge erzielen. Bei bureaukratischer Organisation des Baudienstes oder bei vereinzelten Bauausführungen wird sie dies freilich nicht vermögen, vielmehr in einer Weise vorgehen, die zu der allgemeinen Meinung, die Regie baue zwar höchst solid, aber auch sehr teuer, geführt hat. Für kleinere Bauausführungen, wie für Zubauten oder Umbauten, die bei den Bahnerhaltungsarbeiten regelmäßig vorkommen, wird der technische Stab der Bahnerhaltung geeignet sein.

Da jene Bedingungen des Regiebaus nur selten erfüllt waren, so erklärt sich die geringere Verbreitung des Regiebaues gegenüber der Bauvergebung an Unternehmer. Diese scheidet sich in die zwei obenbenannten Arten, welche auch als Spezial- und General-Akkord einander gegenübergestellt werden.

Der Bau nach Einheitspreisen oder Spezial-Akkord (*marché sur série de prix*) besteht, wie schon die erstere Benennung gut bezeichnet, in der Übernahme bestimmter Bauausführungen durch Unternehmer auf Grund genauer Pläne und Voranschläge und eines vertragsmäßig festgesetzten Preises je für die Einheit der verschiedenen in jenen verzeichneten Leistungen. Eine genaue Nachmessung der Anzahl der tatsächlich notwendig gewordenen Leistungen ergibt die an den Unternehmer zu leistende Zahlung. Das Risiko des Unternehmers ist also, eine sorgfältige Analyse und Bestimmung der Leistungen vorausgesetzt, auf die Vergütung für die Einheit derselben beschränkt, erstreckt sich jedoch nicht auf deren Menge. Er kann mithin das erreichbar günstigste Angebot stellen, was in der Praxis meist auf die Art geschieht, daß die Bauvergeberin selbst eine Preistabelle für die Leistungseinheiten aufstellt und die Konkurrenz der Unternehmer sich durch Abgebote von jenen Einheitspreisen äußert. Einer etwa im Interesse des Unternehmers gelegenen mangelhaften Beschaffenheit der Leistungen wird durch die von der Bahnanstalt geübte Kontrolle der Bauführung vorgebeugt. Eine Abweichung der tatsächlich sich ergebenden von den in den Plänen und Voranschlägen angenommenen Leistungen reguliert sich unschwer im beiderseitigen Einvernehmen. Sorgsame Abfassung der Akkordbedingnisse ist freilich unumgängliche Bedingung glatter Abwicklung und befriedigenden Erfolges. Namentlich bei Erdarbeiten ist dies keine leichte Aufgabe; es müssen zu dem Behufe die sorgfältigsten

Sondierungen des Bodens vorgenommen werden, weil erklärlicherweise von der Gattung des Terrains die Kosten der Bewegung abhängen und eben dieser Punkt, den man anfänglich nicht ausreichend bedachte, war früher die Ursache vieler Prozesse [1]). Die Notwendigkeit der genauen Vorarbeiten, dann der Baukontrolle, der Nachmessung und der detailliertesten Abrechnung wirkt freilich kostenerhöhend, allein dies wird durch die bezeichneten Vorteile des Systems mehr als aufgewogen. Dasselbe bleibt natürlich auch anwendbar, wenn, z. B. wegen Zeitmangels, keine derart eingehenden Pläne vorliegen. In dem Falle wird jedoch die Abrechnung nicht genau erfolgen können, vielmehr nur durch eine Reihe von Vergleichen möglich sein, wobei das Interesse der bauenden Verwaltung selbstverständlich leidet.

Ein entscheidender Punkt aber zugunsten des Spezialakkordes ist darin gelegen, daß er gestattet, größere Bahnanlagen in eine Anzahl kleinerer Abteilungen (*lots*, „Lose") zu zerlegen und für jede die Konkurrenz der meist in bedeutender Zahl vorhandenen kleineren Bauunternehmer wachzurufen, welche einerseits die örtlichen Verhältnisse besser kennen, sich aber auch mit geringerem Gewinne begnügen als Großunternehmer. Dies führt folgerichtig zu den erreichbar niedrigsten Erstehungspreisen und, sind die Ersteher solide Leute, somit zu den günstigsten Baukosten. Insofern fällt der Bau nach Einheitspreisen oft zusammen mit dem Klein-Akkord. Es klebt letzterem allerdings eine Schattenseite an: die kleinen Unternehmer verfügen zum Teil nicht über ausreichendes Kapital und sind dann unfähig, ihren Verpflichtungen nachzukommen, wenn die Einheitspreise sich als zu niedrig erweisen, sei es, daß die Unternehmer sich verrechneten, oder daß eine Preiskonjunktur die Grundlagen ihres ursprünglich richtigen Kalkuls zerstört. In solchen Fällen entziehen sich die Unternehmer mitunter ihren Verpflichtungen, lassen die Arbeiten „stehen" und die Bahnanstalt ist genötigt, auf andere Weise für die Vollendung zu sorgen, was immer erhöhte Kosten und mannigfache Weiterungen verursacht. Vorsorge hiergegen ist teils durch die Auswahl der Unternehmer zu treffen, indem ganz mittellose Leute zur Übernahme der Arbeiten nicht zugelassen werden und ausreichende Kautionstellung bedungen wird, teils ist die billige Berücksichtigung belangreicher Preisänderungen seitens der Bauvergebung angemessen, da solche sie ja im Falle des Regiebaues auch betroffen hätten. Wo aber eine ausreichende Zahl leistungsfähiger Kleinunternehmer nicht zu finden ist, namentlich auch bei schwierigeren, naturgemäß riskanteren Bauten, wird der Großakkord nach Einheitspreisen angezeigt.

Man identifiziert den Großakkord gewöhnlich mit dem Pauschalakkord (*marché à forfait*), welche Art der Bauvergebung allerdings

[1]) Siehe hierüber die vortreffliche Arbeit Nördlings, „*Étude sur la jurisprudence en matière des marchés de terrassements*", 1869.

häufig in Form des Großakkordes praktisch wird und als solche unter dem Namen „General-Entreprise“ bekannt ist. Allein auch der Kleinakkord kann die auszuführenden Arbeiten für eine Pauschalsumme, bei welcher es unter allen Umständen, wenn nicht eine Änderung der Pläne erfolgt, sein Bewenden hat, übernehmen, nur daß nach dem eben vorhin Erwähnten hierfür ein beschränktes Anwendungsgebiet offen steht. Die Pauschalvergebung hat natürlich den Vorteil einer Festlegung der Bausumme im vorherein, sowie einer sehr leichten und raschen Abrechnung, allein die entgegenstehenden Nachteile sind überwiegend. Das Risiko des Unternehmers ist ein größeres, er muß eine höhere Prämie hierfür ansetzen, um sich vor Schaden zu bewahren. Die Vergebung ist mithin nur im Falle eines Irrtums seitens des Unternehmers vorteilhafter als beim Baue nach Einheitspreisen, aber es frägt sich dann erst wieder, ob auch der Unternehmer die daraus entstehenden Vermögenseinbußen zu tragen vermag. Um ihn überhaupt in den Stand zu setzen, eine Pauschsumme anzubieten, müssen die Pläne eingehender als bei jedem anderen Systeme ausgearbeitet sein. Die summarische Abrechnung führt leicht zu ungenauer Prüfung der fertigen Objekte und während der Bauausführung selbst liegt es im Interesse des Unternehmers, die Baukontrolle möglichst zu täuschen, schon um sich durch unsolide Ausführung für etwaige Nachteile an anderer Stelle schadlos zu halten. Endlich sind Änderungen gegenüber den Voranschlägen, die doch beim Eisenbahnbaue beinahe unvermeidlich erscheinen, leicht erklärlicherweise stets nur mit Opfern des Bauherrn durchzuführen. Aus diesen Gründen wird daher Pauschalvergebung in kleinerem Maßstabe wohl nur für einzelne Teile der Anlage, bei welchen es sich um einfache Konstruktionen nach feststehenden Normalplänen handelt, anwendbar, wie z. B. für kleinere Hochbauten (Wächterhäuser, Güterschupfen, Verwaltungsgebäude auf Nebenstationen), kleinere Brücken und Durchlässe.

Das Pauschsystem im großen Maßstabe, auf ganze Bahnlinien von bedeutender Länge ausgedehnt, hat im Eisenbahnwesen eine markante Rolle gespielt. Es liegt nahe, daß die General-Entreprise die soeben bei der Pauschalierung einzelner Objekte bemerkten Mängel in vervielfachtem Maße aufweisen muß, und sonach große ökonomische Gefahren in sich birgt, die nur durch hervorragende geschäftliche Lauterkeit der sie ausübenden Personen vermieden werden können. Die Sache läge anders, wenn die Vorteile der Großunternehmung sich dabei in so hohem Grade geltend machen würden, daß die ungünstigen Momente: die geringere Konkurrenz, die hohe einzurechnende Risikoprämie usw., aufgewogen würden. Das ist indes nicht der Fall. Die Natur der betreffenden Arbeiten läßt jenes nicht zu, vielmehr finden wir nicht selten, daß die ganze Tätigkeit einer General-Bauunternehmung in der Weitervergebung der Bauarbeiten in Partien an kleine Subunternehmer besteht, sonach in demselben, was die Bahnanstalt für sich hätte tun können, und der hieraus erzielte Gewinn überschreitet häufig weit das Verhältnis zu der damit übernommenen Haftung für die feste Begrenzung der Bausumme und die rechtzeitige Vollendung des Baues.

Nur wenn in letzterer Hinsicht die General-Entreprise im gegebenen Falle wirklich einen entschiedenen Vorteil bietet, wie etwa bei Bauten in sehr schwierigem Terrain, wie z. B. den großen Tunnels, ist sie ökonomisch berechtigt; dies setzt aber sehr kapitalkräftige Unternehmer von höchster Achtbarkeit voraus. Sonst wird der Großunternehmer im günstigsten Falle eine unnütze, einen Teil der Baukosten verschlingende Zwischeninstanz, in anderen Fällen ein Werkzeug der Korruption. In den Vereinigten Staaten waren die Großunternehmer als Strohmänner ein beliebter Behelf der Eisenbahnschwindeleien. Aber auch in Europa waren in Perioden unlauterer Spekulation die General-Bauunternehmungen mitunter nichts anderes als die spanische Wand, hinter welcher die Gründer sich bargen, um den Augen der Welt das erbauliche Schauspiel vorzuenthalten, wie sie als Leiter der betreffenden Bahn sich selbst die Bauausführung übertrugen. Die Art und Weise der Ausführung solcher Anlagen kann man sich vorstellen. Auch politische Dienste wurden durch Übertragung von Eisenbahn-Generalentreprisen belohnt. Die Ausartung des Privatbahnwesens in den Gründungszeiten hätte ohne die Generalentreprise nicht entfernt den Grad erreichen können, welchen die tatsächlichen Vorkommnisse aufwiesen, und daher stammt auch ihr Verbot in Frankreich nach den ungünstigen Erfahrungen, welche man dort in den 40er und 50er Jahren damit gemacht hatte. In Preußen wurde das System folgegemäß bis zur Gründungszeit der 70er Jahre nicht zugelassen; die bekannte Untersuchungskommission hat es aufgehellt, daß erst durch dieses das vordem im ganzen integre Privatbahnwesen in Preußen auf die schiefe Bahn geriet. Die alten gediegenen Bahngesellschaften schließen die Generalentreprise bei ihren Erweiterungsbauten aus, bauen teils in Regie, teils mit Vergebung nach Preislisten. Bei Staatsbahnbauten schwächen sich die Gefahren bedeutend ab, verschwinden aber nicht ganz, wo das öffentliche Leben nicht von exemplarischer Reinheit ist. Um der Wahrheit die Ehre zu geben, muß aber bemerkt werden, daß es überall ehrenhafte Großunternehmer gegeben hat und gibt, deren Geschäftsgeist dem Eisenbahnwesen förderlich gewesen ist.

Sowohl Spezial- als General-Akkord können auf Grund entweder beschränkter oder unbeschränkter Angebotverhandlung abgeschlossen werden. Bei ersterer werden nur gutstehende Unternehmerfirmen zur Konkurrenz zugelassen bzw. aufgefordert, denen die den Bau vergebende Anstalt ihn zu übertragen vorhinein geneigt ist. Es entscheidet, wo die Vorfrage der Leistungsfähigkeit dadurch entschieden, nämlich für alle Bewerber im gleichen Sinne beantwortet ist, ausschließlich das günstigste Angebot. Bei unbeschränkter (und daher stets öffentlicher) Angebotsverhandlung muß die Bauvergeberin sich vorbehalten, ihr wegen nicht genügender Verläßlichkeit nicht passende Bewerber ungeachtet höherer Angebote als seitens anderer auszuscheiden. Der erstgedachte Vorgang, der beschränkten Konkurrenz, bietet eben deshalb den Vorteil des Entfallens jeder Reklamation und größerer Sicherheit, sie ist jedoch nur insoweit anwendbar, als eben die in Betracht kommenden Unternehmer hinlänglich bekannt sind. Der Natur der Sache nach ist das für Erdarbeiten, die in kleineren Partien vergeben werden, ferner bei Hochbauten, um welche nur örtlich bekannte kleinere Leute sich bewerben, nicht der Fall, daher die unbeschränkte Offertverhandlung für diese Bauarbeiten angezeigt.

In sorgfältiger sachgemäßer Abfassung der Verträge liegt bei jedem System ein gutes Stück Ökonomie, das insbesondere in Zeiten des „Eisenbahnfiebers" oft bedenklich vernachlässigt worden ist.

Beschaffung der Ausrüstungsgegenstände und Materialverwaltung. Die technischen Objekte der „Ausrüstung" einschließlich der Eisenkonstruktionen als Erzeugnisse des Hüttenwesens und des Maschinenbaues erfordern andere Maßnahmen der Ökonomie als der Bau, wenngleich im selben Sinne. Bei ihnen handelt es sich um die Beschaffung des fertigen Objektes in strengster Qualitätmäßigkeit von Materialien und Ausführung, entsprechend den technischen Entwürfen und Berechnungen, sonach um zweckdienliche Vertragsbestimmungen bei Beschaffung durch Lieferung und nicht minder genauer Kontrolle bei Anfertigung in eigenen Werken. Die Prüfung der Güte der Baustoffe und der Produkte ist eine technische Angelegenheit, auch im ersteren Falle. Der deutsche Eisenbahnverein hat den technischen Teil durch Aufstellung von Lieferungsbedingnissen für Schienen, Achsen, Radreifen usw. besorgt. Übrigens haben die meisten Staaten Verordnungen über die Vergebung der Lieferungen erlassen. Die Lieferungsbedingungen werden in den Verträgen festgesetzt und die Einhaltung der in dieser Hinsicht eingegangenen Verpflichtungen durch geeignete Mittel (Kaution usw.) gesichert. Der Wettbewerb verschiedener Unternehmungen, welche solche Produkte erzeugen, ist selbstverständlich auch hier zur Erlangung günstigster Abschlüsse auszunutzen, wobei jedoch nicht selten die Spezialität einzelner Fabriken in der Herstellung bestimmter Gegenstände die Auswahl der Bewerber beschränkt oder die Bahn überhaupt an einzelne bestimmte Unternehmer weist. Umfangreiche Eisenbahnnetze, namentlich Staatsbahnen, werden stets in der Lage sein, die Vorteile der Großkundschaft in den Preisen zu genießen, insbesondere durch Dauerbeziehungen zu einzelnen Werken, welche diesen wiederholte, regelmäßige Aufträge bringen.

Es kann auch hier wieder für die Verwaltung sich die Frage aufwerfen, ob nicht die eigene Herstellung dieser Produkte vorzuziehen sei. Einer bejahenden Antwort steht eine Erwägung entgegen, die beinahe allgemeine Geltung hat. Einer eigenen Werkleitung fehlt jener Ansporn des Fortschrittes und unausgesetzten Verbesserungsstrebens, welches Fabriksunternehmungen, die unter Konkurrenz stehen, eigen ist. Ferner sind große Unternehmungen, die eine Anzahl verschiedener Produkte herstellen und nicht bloß Eisenbahnen zur Kundschaft haben, in der Lage, billiger zu erzeugen als ein einzelnes Eisenbahnwerk. Die Anlagen einzelner Bahnen sind meist zu klein, um wirtschaftlich arbeiten zu können. Die Werkanlagen der großen Unternehmungen der Hüttenindustrie sind auch besser ausgestattet und am Laufenden mit allen Neuerungen, als dies eine relativ kleine Anlage sein kann, sie können daher eine solche auch in der Qualität der Lieferung übertreffen. Überdies können die gedachten Spezialitäten, z. B. in Produkten aus bestimmten Stahlsorten, die erst langwierige, sehr teure Versuche und kostspielige Anlagen erfordern, dem einzelnen Werke einer Bahn unerreichbar sein. Es hat denn auch die Erfahrung beinahe überall die Beschaffung der in Rede stehenden Gegenstände durch Bezug von Hütten und Spezialfabriken zur Regel gemacht. In England haben die großen Bahngesellschaften in einem gewissen Umfange die eigene Herstellung bevorzugt, indem sie ihre Betriebs-Werkstätten zugleich mit Einrichtungen zum Walzen von Schienen, Bau von Fahrbetriebsmitteln oder Signalapparaten versahen. Der Staat hat im Interesse der Eisenindustrie des Landes ihnen verboten, Privataufträge auszuführen. Diese Beschränkung hat zur Folge, daß es schwer fällt, die Werkstätten auch in verkehrsarmen Zeiten dauernd zu beschäftigen. Selbst die größten Gesellschaften haben einen zu geringen Lokomotivenstand, um den Bau in den eigenen Werkstätten vorteilhaft erscheinen zu lassen. Es hat sich also gezeigt, daß ein besonderer wirtschaftlicher Nutzen aus dieser Einrichtung nicht entsprang, vielmehr eine gewisse Rückständigkeit gegenüber Deutschland nicht zu leugnen war. Es ist hierin eine Bestätigung des vorangestellten Satzes zu finden. Die Sachlage ist eine andere, wenn irgendwo ausnahmeweise eine Bahngesellschaft zugleich z. B. eine Maschinenfabrik besitzt, welche, wie jede andere, im freien Wettbewerbe steht, wie das in einzelnen kontinentalen Staaten bei Beginn der Eisenbahnära sich aus der Notwendigkeit ergab, mangels einer Industrie im Lande die Beschaffung der betreffenden Produkte selbst in die Hand zu nehmen. Ob in Zukunft, wenn die „Sozialisierung" die Gemeinwirtschaft in den Besitz der Hüttenbetriebe gesetzt haben würde, die dann von selbst gegebene Verbindung mit dem Eisenbahnbetriebe mit ihren wirtschaftlichen Folgen den gegenwärtigen Zustand übertreffen würde, werden diejenigen bezweifeln, die in der Abtötung der individuellen Initiative den größten Schaden für die wirtschaftliche Entwicklung erblicken.

Sowohl bei der Beschaffung durch Bezug von Werken als bei Selbstherstellung ist es ein Gebot der Ökonomie, die Ergänzung nach feststehenden Typen eintreten zu lassen, sobald die technische Entwicklung dies ermöglicht. In dieser Hinsicht sind die amerikanischen Eisenbahnen allen vorangegangen. Das entgegengesetzte Verfahren der Bahnverwaltungen in Europa hat allerdings dem technischen Fortschritte gedient, gegenwärtig ist aber ein Stand erreicht, der es gestattet, nunmehr die Ökonomie zu ihrem Rechte kommen zu lassen. Das Vorgehen der englischen Bahnen ist auch nach dieser Richtung nicht einwandfrei. Die vielen Eisenbahnwerkstätten, mit eigenen Lokomotivingenieuren an der Spitze, führen naturgemäß zu einer Unzahl von Lokomotivbauarten. Das hat freilich die gute Seite, daß eine größere Anzahl tüchtiger Kräfte an der Vervollkommnung der Lokomotiven arbeiten konnte. Jetzt ist es aber wohl an der Zeit, die Summe dieser Ergebnisse zu ziehen. Das Festhalten eines großen Staatsbahnnetzes an einer relativ geringen Anzahl Typen der Schienen, Lokomotiven, Wagen, entspricht ebenso den Interessen der Verwaltung wie denen der Industrie, wobei selbstverständlich kein unbedingter Ausschluß von Änderungen, wohl aber ein weises Maßhalten in solchen gemeint ist. Eine solche Verwaltung muß sich freilich gegen den Vorwurf der Hemmung des Fortschritts durch Willigkeit in der Erprobung neuer Verfahren und Bauarten schützen.

Während die Kosten der Bahnausrüstung aus dem Anlagekapitale und die Kosten der nachfolgenden Umgestaltungen und Erweiterungen aus der zu eben diesem Zwecke einzuleitenden Kapitalvermehrung bestritten werden, erfolgt die Beschaffung der im Betriebe zum Verbrauch gelangenden umlaufenden Kapitalien, der sog. Betriebstoffe, erstmals aus dem Betriebsfonds, mit welchem die Bahnunternehmung ausgestattet sein muß, und in den folgenden Betriebsperioden immer wieder aus den Eingängen des Betriebes. Dieser Betriebsfonds muß zweckmäßigerweise ausreichen, die Personalkosten und die Kosten der Betriebsmaterialien für einen Zeitraum zu bestreiten, bis das aus den regelmäßigen Betriebserträgnissen geschehen kann, also in der Regel auf einige Monate bis etwa ein halbes Jahr. Das Ausmaß eines solchen Betriebsfonds wird $^1/_{20}$—$^1/_{10}$ der gesamten Betriebsausgaben betragen. Bei Staatsbahnen wird in manchen Ländern ein eigenes Betriebskapital nicht ausgeworfen, sondern es treten die Bestände der Staatszentralkasse an dessen Stelle. Die Bahnen nehmen dann die Kassenbestände des Staates nach Bedarf in Anspruch oder sie führen von den Einnahmeüberschüssen nur so viel ab, als sie nicht für Materialkäufe, überhaupt Kassendotierung bedürfen. Die Beschaffung der Betriebstoffe bietet abermals eine ökonomische Aufgabe jeder Verwaltung: sie schließt eine umsichtige Bevorrätigung ein, die derart geleitet sein muß, daß sie, ohne unnötigerweise Kapital zinslos zu binden, jeden auftretenden Bedarf an jeder Stelle befriedigen kann: Materialverwaltung. Theoretisch ist diese mit ein paar Worten zu erledigen, praktisch ist sie von großer Wichtigkeit. Die Vielfältigkeit der benötigten Verbrauchsgegenstände bringt es mit sich, daß sie zum guten Teil als Vertrauenssache in die Hände eines ausführenden Organes gelegt werden muß, gleichwie bei den Schiffahrtsunternehmungen. Voraussetzung einer gedeihlichen Verwaltung ist auf seiten der betreffenden Personen eine gediegene Kenntnis der Erzeugungsvorgänge und Eigenschaften der betreffenden Stoffe sowie ihres kommerziellen Vertriebes, und geschäftliches Geschick der Leitung. Die Beschaffung geschieht durch fallweise Ankäufe und durch Lieferungsabschlüsse, bei welchen die Großkundschaft wieder die Erlangung der günstigsten Bedingungen nach der jeweiligen Preislage ermöglicht. Die Verwaltung hat hier auf Ausnutzung von Preiskonjunkturen das Augenmerk zu richten. Die Frage der Selbstgewinnung kehrt wieder, namentlich für den am meisten ins Gewicht fallenden Betriebstoff: die Kohle. Geschäftlich bietet der Besitz eigener Kohlengruben einer Bahnverwaltung keine Schwierigkeit und es erweist sich ein solcher in der Regel als eine gute Kapitalanlage, die eine erwünschte Nebeneinnahme abwirft. Es ergeben sich aber aus den Beziehungen der Bahn zu den Frachtinteressenten Bedenken gegen solchen Besitz. Der Vertrieb der für den Bahnbetrieb nicht benötigten Kohlenförderung an Privatabnehmer kann kaum anders als durch Agenten vor sich gehen und es ist sehr schwierig, die Vertragsbedingungen mit diesen in einer Weise zu fassen, welche nicht einer Bevorzugung einzelner Kunden Raum gibt oder solchen Agenten eine tatsächliche Monopolstellung zum Schaden der Kohlenhändler verleiht. Dabei ist ganz von dem Falle abgesehen, daß die Bahn selbst unter Umständen sich den Absatz unter Verletzung des Grundsatzes der Gleichbehandlung zu sichern sucht. In der Tat sind in dieser Richtung gegen die Bahnverwaltungen mit eigenen Kohlengruben immer wiederkehrende Beschwerden erhoben worden. Der preußische Staat hat seine fiskalischen Interessen als Bergwerkbesitzer stets mit beispielgebender Beobachtung jenes Grundsatzes zu wahren gewußt. Die skruppellosen amerikanischen Bahnverwaltungen haben dagegen Beispiele des Mißbrauches ihrer Verfügung über die Betriebsmittel gezeigt, die das Eingreifen der Gesetzgebung in der im früheren erwähnten Weise herausforderten und schließlich zu dem prinzipiellen Verbote des Besitzes eigener Unternehmungen an die Bahnen führten.

Gegenseitigkeits- und Gemeinschafts-Verhältnisse im Betriebe. Das einigende Band, welches der Verkehr je um Bahnlinien gesonderter Verwaltung schlingt, veranlaßt Maßnahmen der Betriebsökonomie, deren betriebstechnische Durchführung eigenartige, nicht leichte Aufgaben ergibt.

In erster Linie steht die Verkehrsteilung in den Verbänden: sie erfolgt durch Vereinbarungen, welche den Namen Tarifkartelle führen.

Die Grundfrage in jedem solchen Falle ist selbstverständlich die: unter welche Bahnverwaltungen ein bestimmter Verkehr zu verteilen sei.

Solange Wettbewerb im eigentlichen Sinne herrscht, können die verschiedenen Wege, die zwei Knotenpunkte verbinden, sich den Verkehr streitig machen, soweit die Verwaltungen bei den ermäßigten Tarifen nach den im früheren bezeichneten Gesichtspunkten (S. 370) ihre Rechnung finden. Die Grenze bildet ein Herabgehen bis zu den Selbstkosten [1]). Dabei kommt jedoch die verschiedene Kapitalkraft der wettwerbenden Bahnunternehmungen ins Spiel. Eine kleine oder finanziell ungünstig gestellte Bahn kann durch die gedrückten Tarife einen Ausfall an ihren Einnahmen erleiden, der ihr Erträgnis erheblich schmälert, während eine große oder gutgestellte Bahn einen gleichen Ausfall leicht ertragen mag. Unter solchen Umständen wird die erstgedachte Bahn vom Wettbewerbe abstehen.

Mit der Verdichtung des Netzes nimmt die Anzahl der Wege zwischen je zwei Knotenpunkten fortwährend zu und es können selbst Wege, die gegenüber dem geraden eine sehr erhebliche Mehrlänge aufweisen, an der Konkurrenz teilnehmen, wobei sie jedoch zufolge der höheren Kosten nur einen sehr geringen Ertrag erzielen. Durch den Wettbewerb der letzteren wird den geraden, den „direkten" Wegen rentabler Verkehr entzogen. Nach anderen Richtungen treten diese letzteren Linien aber ihrerseits auf Umwegen wieder als Konkurrenten auf und entziehen mit geringem Nutzen anderen Linien ertragreichen Verkehr. Solches unwirtschaftliche Gebaren zu beseitigen, ist eben der Zweck der Verkehrsteilung.

An sich könnten in die Verkehrsteilung alle Wettbewerblinien einbezogen werden. Das hätte jedoch den Erfolg, daß ein Teil des Verkehres, nämlich derjenige, welcher sich über die weiteren Linien bewegt, zu unnötig hohen Betriebskosten befördert wird. Das übereinstimmende Interesse muß daher schließlich die Verwaltungen dahin führen, diese ungünstigen Wege auszuschließen, also nur solche Linien in die Verkehrsteilung einzubeziehen, die ihn mit geringeren oder den geringstmöglichen Kosten besorgen können. Die in einem solchen Falle ausgeschlossenen Linien sind wieder in einem anderen Falle die vorteilhafteren und finden dadurch einen Ausgleich. Welche Unterschiede in der Wegelänge aus der bezeichneten Rücksicht als äußerste Grenze für die Beteiligung am Verkehre anzusetzen seien, kann nicht allgemein bestimmt werden, sondern hängt von der Beschaffenheit der in Frage

[1]) Die Betriebskosten werden, wie wir wissen, durch ungünstige Steigungs- und Krümmungsverhältnisse einer Linie beeinflußt. Eine Anlage von solcher Beschaffenheit schwächt daher die Mitwerbefähigkeit der betreffenden Bahn. Hier gibt die virtuelle Länge — *caeteris paribus* — einen Maßstab ab.

kommenden Linien und den Umständen des einzelnen Falles ab. In den deutschen Verbänden ist man s. Z. dahin gekommen, Umweglinien bis zu 20 % Mehrlänge als anspruchsberechtigt zur Mitbesorgung des Verkehrs zu erklären. In den Vereinigten Staaten hat es unter der Herrschaft des Konkurrenzgedankens beinahe keine Grenze für die Teilnahme am Wettbewerbe gegeben: Umwege von 60 % sollen nichts Ungewöhnliches gewesen und es sollen solche bis zu 200 % vorgekommen sein. Hierzu trugen wohl auch die Größenverhältnisse des Netzes und die Handelsfreiheit in dem Riesengebiete bei. Es ist aber ersichtlich, wie unwirtschaftlich ein solcher Betrieb war.

An die Feststellung des Kreises der Beteiligten schließt sich die Frage, welcher Anteil an dem betreffenden Verkehre jedem zukomme. Die Antwort kann allgemein nicht anders als mit dem Grundsatze gegeben werden, daß die Verkehrsteilung nach dem Maße zu erfolgen habe, in dem es den einzelnen Wegen möglich ist, die Gesamteinnahme aus dem betreffenden Verkehre durch Frachtnachlässe zu beeinflussen. So einfach die Formel scheint, so schwierig gestaltet sich die Ausführung. Da die einschlägigen Verkehrs- und Machtverhältnisse der anspruchsberechtigten Bahnen nicht nach objektiven Anhaltspunkten unbedingt sicher zu ermitteln sind, so muß in der Regel im Verhandlungswege ein Ergebnis erzielt werden, wobei es häufig auf einen Vergleich durch gegenseitiges Nachgeben herauskommt.

Schließlich steht die Art und Weise der Durchführung in Frage. Diese ist Sache der Betriebstechnik. Sie hat mehrere Verfahren ausgebildet, für die auch wieder ökonomische Erwägungen in Betracht kommen [1]).

Stellen wir zunächst die Fälle voran, in denen es sich um Teilung des Verkehrs einer bestimmten Stationsverbindung handelt, wie beim Verkehre eines großen Platzes mit einem anderen.

Wo das Netz schon sehr verdichtet ist und insbesondere unter dem Obwalten der Konkurrenztheorie die Bahnen getrachtet haben, durch direkte Linien oder durch Mitbenutzung oder Angliederung fremder Linien in einem möglichst ausgedehnten Bereiche den Verkehr nach allen wichtigen Plätzen in die Hand zu bekommen, um die als Knotenpunkte dann Wettbewerb platzgreift, betrifft die aus diesem Wettbewerb hervorgehende Verkehrsteilung eben den Verkehr zwischen solchen großen Plätzen, namentlich der Hauptstadt und den größeren Handels- und Fabriksplätzen im Lande. In der unvollkommensten Gestalt wurde — und wird noch — diese Verkehrsteilung in England

---

[1]) Eingehende Darstellung von E. Rank, dem speziellen Fachmann des Gegenstandes, in den Schriften: „Die Tarifkartelle der österreichisch-ungarischen Eisenbahnen", 1890, und „Grundsätze für den Abschluß von Eisenbahn-Tarifkartellen", 1900, sowie im „Eisenbahn-Tarifwesen" Abschnitte „Verkehrsleitung" und „Einnahmeverteilung".

und den Vereinigten Staaten gehandhabt, und zwar derart, daß der Tarif auf den konkurrierenden Wegen gleichgehalten, es aber jeder Bahn anheimgestellt wird, so viel Verkehr an sich zu ziehen, als sie vermag. Im Personenverkehre geschieht das durch Überbieten in den Leistungen (Ausstattung der Wagen, Schnelligkeit und bequeme Lage der Züge usw.), bis endlich auch in dieser Hinsicht die Notwendigkeit eines Einvernehmens sich den Bahnleitern aufdrängt (Beschränkung der Züge). Im Frachtenverkehre ist für solche gegenseitige Steigerung der Leistungen wenig Raum. Hier besteht noch gegenwärtig in jenen Privatbahnländern die Einrichtung, daß die Bahnen bei der Geschäftswelt durch Agenten sich um Frachten bewerben, obwohl die Tarife nicht unterboten werden (angeblich!); eigentlich eine im Eisenbahnwesen anachronistische Einrichtung.

Die losesten Verbände dieser Art fanden sich in den Vereinigten Staaten, wo die Frachtagenten mehrerer um den Verkehr eines Platzes konkurrierender Linien sich jeweils auf Anrechnung eines bestimmten Frachtpreises unter sich einigten. Um das Einhalten des Übereinkommens war es meist schlecht bestellt. Die Agenten gaben heimlich Frachtnachlässe; sobald die anderen Linien das merkten, brachen sie auch den Vertrag und der Verband war gesprengt, in der Regel abgelöst durch einen mehr oder minder heftigen Tarifkrieg. Etwas fester wurde der Verband, als man aus Vertretern der beteiligten Bahnen eine förmliche Verbandverwaltung einsetzte, die unter dem Lichte der Öffentlichkeit stand. Aber auch in dieser Gestalt waren die Abkommen anfangs nicht von langem Bestande, weil einzelne Verwaltungen immer wieder bei selbständigem Vorgehen besser zu fahren glaubten, bis die großen Verluste durch die wiederkehrenden Tarifkriege endlich doch zu dauernden Verbindungen führten.

Einen in die größten Dimensionen ausgedehnten Fall einer Verkehrsteilung der in Rede stehenden Art bildet die einverständliche Besorgung des Ein- und Ausfuhr-Verkehrs über die großen Nordost-Häfen der atlantischen Küste der Vereinigten Staaten nach und von den landwirtschaftlichen und Industrie-Gebieten des Nordwestens. Diese ganze Verkehrsmasse stellt eine Einheit dar, die in die Teilung kommt. Die betreffenden Hafenstädte mit den sie bedienenden Eisenbahnlinien sind die Konkurrenten auf der einen Seite, die großen Plätze der erwähnten Innengebiete, in welchen sich die Handelsbewegung durch die vielen, in ihnen einmündenden Seitenlinien konzentriert, speziell Chicago, die Konkurrenten auf der Gegenseite. Ein wohl organisierter großartiger Verband hat (seit 1887) diese riesigen Verkehrsbeziehungen durch ein Preiskartell geregelt, bei dem ein einheitlicher Satz für die Relation Chicago—atlantische Seehäfen zugrunde gelegt und nur einem und dem anderen Hafen ein gewisser Frachtvorteil gegenüber New-York insoweit gewährt wurde, als in diesen mit Bezug auf die anschließende Schiffahrt (Umschlag) minder günstige Verhältnisse bestanden, die eine Ausgleichung erheischten. Die interessante Geschichte dieser Verbandsbildung bei Adams (S. 163ff.).

Abgesehen von dem Falle des größten Knotenpunktverkehrs wird es erforderlich, je eine Anzahl von Stationsverbindungen zu einer Verkehrsgruppe zusammenzufassen, die in die Teilung kommt. Die Teilung kann nur in der Art geschehen, daß dem einen Wege das eine, dem anderen ein anderes solches Gebiet zugewiesen wird. Voraussetzung dafür ist offenbar, daß der Verkehr in beiden Gebieten annähernd gleich stark oder gleich ertragreich sei. Ob das eintritt, wird erklärlicherweise nicht leicht zu bestimmen sein, insbesondere für die zukünftige Gestaltung. Es wird daher von dieser kompensatorischen Teilung nur beschränkter Gebrauch zu machen sein. Wo sie nicht anwendbar ist, bietet sich der Ausweg, die Besorgung des Verkehres den beteiligten Linien abwechselnd je für einen gewissen Zeitraum zu übertragen. Die praktischen Schwierigkeiten dieser Verkehrsteilung sind offensichtlich nicht gering, insbesondere wenn bei einer größeren Anzahl beteiligter Wege für jeden nur ein kurzer Zeitraum herauskäme, die Verkehrsleitung also oft gewechselt werden muß.

Wenn jeder der in die Teilung einbezogenen Wege Linien zweier oder mehrerer Verwaltungen einschließt, was bei großen Verbänden in der Regel der Fall ist, so müssen die Anteile der einzelnen Verwaltungen vorhinein durch genaue Berechnung der Anteile an dem bezüglichen Tarife festgestellt sein, was mit der auf Grund derselben vor sich gehenden nachträglichen Abrechnung eine äußerst umständliche und kostspielige Arbeit ist. Es ist wohl zu behaupten, daß bei den kontinentalen Verbänden die bezügliche Genauigkeit häufig die Kosten nicht wert war.

Eine dritte Art der Lösung besteht darin, die Einnahmen aus dem betreffenden Verkehre nach Verhältnis der Anteile zu verteilen. Hier besorgt einer der Teilnehmer die Ausführung des Verkehres bzw. je einer für je einen Teil, wofür ihm die Betriebskosten vergütet werden, und der Reinertrag wird von einer Abrechnungstelle in die Anteile der Verbandsmitglieder zerlegt.

Bei der Abrechnung auf Grund der Verkehrsleistungen ergibt die Multiplikation der Fracht-Anteile mit den gefahrenen Mengen die Einnahme jedes der Teilnehmer. Die Verteilung der Verkehrs-Einnahmen bereitet erhebliche Schwierigkeiten mit Rücksicht auf die verschiedenen Ansprüche der Teilnehmer, die sich eben schließlich auf bestimmte Quoten einigen müssen. Diese Schwierigkeiten umgeht das Verfahren der englischen Abrechnungstelle, welche die Verteilung einfach nach der Streckenlänge vornimmt.

Der vorher erwähnte amerikanische große Verband, Verband der *Trunk lines* genannt, mußte für den Verkehr der Nebenplätze und Zwischenstationen die Verkehrsteilung der letztbezeichneten Art aufnehmen. Das wurde in sinnreicher Weise durchgeführt auf Grund eines Tarifes, der den Tarifsatz New-York—Chicago zum Ausgangspunkt nimmt, diesen = 100 setzt und für alle vorgelegenen oder seitwärtigen Stationen den Tarif mit einem ansteigenden %-Bruchteile bestimmt, über Chicago hinaus einen %-Zuschlag vorsieht ein für allemal. Das gibt einen eigenartigen Zonentarif, auf welchen schon S. 339 hingedeutet wurde [1]).

[1]) Ausführliche Darstellung bei Johnson and Huebner, a. a. O., I. Bd., S. 382 ff.

Die Einzelheiten des Abrechnungsverfahrens gehören in die Betriebstechnik: für die Betriebsökonomie handelt es sich nur um den Kostenpunkt.

Bei den Vereinbarungen über die Verkehrsteilung tritt das Eigeninteresse der beteiligten Verwaltungen in Widerstreit mit einen betriebsökonomischen Grundsatz, der im Binnenverkehre jeder Bahn gehandhabt wird. Es ist ein sich von selbst aufdrängender Betriebsvorgang, wenn für einen Transport mehrere Wege zur Verfügung stehen, die Beförderung auf demjenigen Wege auszuführen, auf dem sie die geringsten Kosten macht. Mit Rücksicht hierauf wird das Gut in der Regel über den kürzesten Weg geleitet. Das wird zuweilen nicht der geographisch, sondern der nach der virtuellen Länge kürzeste Weg sein und es können überdies auch Verkehrsverhältnisse einer längeren Strecke diese als für den gedachten Zweck geeigneter erscheinen lassen, z. B. ohnehin vorhandene Zugfolge. Meist wird aber wohl der „direkte" Weg der ökonomisch beste sein. In einer Verkehrsteilung hat jedoch jede Verwaltung das Interesse, die ihr zufallenden Transporte auf einer möglichst langen Strecke über die eigenen Linien zu befördern, um die entfallenden Transporteinnahmen zu gewinnen. Wenn nun jede der beteiligten Bahnen in diesem Sinne ihr Interesse verfolgt, so muß bei der wechselweisen Besorgung des Verkehres, den Gesamtverkehr ins Auge gefaßt, eine ungenügende Ökonomie in den Betriebskosten die Folge sein. In Erkenntnis dieser Sachlage hat man den Grundsatz angenommen, die Beteiligung am Verkehre von der Ausführung des Verkehres zu scheiden und letztere nur denjenigen in die Verkehrsteilung einbezogenen Bahnen zu übertragen, welche die geringsten Kosten aufweisen. Es wurde daher in neuerer Zeit trotz der Anerkennung eines Verkehrsanspruches in den oben bezeichneten Grenzen die Zulassung zur Verkehrsbedienung (Verkehrsleitung) auf einen engeren Kreis der Teilnehmer eingeschränkt, während in den älteren Kartellen der Kreis der Bahnen, welchen eine Verkehrsberechtigung zustand, meistens mit dem Kreise der zur Verkehrsleitung zugelassenen sich deckte, was bei zahlreichen beteiligten Wegen eine große Zersplitterung, mit einem zuweilen wöchentlichen und selbst noch öfteren Wechsel der Verkehrsleitung zur Folge hatte. In der letzten Zeit, seit 1900, insbesondere in der großen Verkehrsregelung zwischen Österreich-Ungarn auf der einen Seite und Deutschland auf der anderen Seite (1910), ist man dann so weit gegangen, nur einen einzigen Weg zur Verkehrsbedienung zuzulassen. Als „fahrberechtigt" wurde derjenige Weg erklärt, welcher im einzelnen Falle „der günstigste" ist, also in der Regel der kürzeste, aber grundsätzlich doch derjenige, welcher die beste und billigste Verkehrsbedienung ergibt. Den an der Verkehrsleitung nicht teilnehmenden Verwaltungen muß die Entschädigung durch Überweisung einer Geldsumme (der quotenmäßige Reingewinn) geboten werden.

Ein gleicher Verstoß gegen die Wirtschaftlichkeit war die Umwegleitung von Verkehren, welche die preußischen Staatsbahnen gegen auswärtige Bahnkonkurrenzen zur Festhaltung der betreffenden Verkehre auf ihren Linien mittels Ausnahmetarifen ins Werk setzten. Hierher zählt insbesondere die Ablenkung des Durchfuhrverkehres auf die eigenen Linien, wie sie zu Zeiten durch Umgehung Österreichs und Sachsens geübt wurde. Ein solcher Vorgang ist übrigens auch im Verhältnisse der Staatsbahnen eines Bundesstaates untereinander unangebracht. Diesen Rücksichten trug endlich die i. J. 1905 getroffene Vereinbarung der deutschen Staatsbahnverwaltungen über die Verkehrsleitung untereinander Rechnung, nach dem ausschließlich der beste Weg zu wählen und von der Wettbewerbaufnahme grundsätzlich abzusehen war.

Es war hier lediglich vom Güterverkehr die Rede. Im Personenverkehre ist die Durchführung des direkten Verkehrs mit den entsprechenden Einrichtungen eine weit einfachere Sache, auf welche die vorstehenden Ausführungen sinngemäß Anwendung finden.

Das technische Mittel des direkten Verkehres, speziell im Güterverkehre, der Wagenübergang, bedingt eine wirtschaftliche Ordnung der gegenseitigen Wagenbenützung.

Der Kern der bezüglichen Vereinbarungen ist durch die Natur der Sache gegeben: es muß jede Bahn für ihre Wagen, welche auf den Linien einer anderen Verwaltung laufen, eine Vergütung erhalten, die sie für die entgangene Benützung auf der eigenen Linie entschädigt, somit eine Wagenmiete, welche die Abnutzung und Verzinsung der Wagen für die Zeit des Laufes auf fremder Strecke deckt. Außerdem müssen Vorsorgen getroffen sein, daß die Wagen während ihrer Verwendung im fremden Dienste bei Beschädigungen ausgebessert und überhaupt so behandelt werden, daß jeder Schaden für die Eigentümer vermieden wird. Die Angelegenheit wurde in ausgezeichneter Weise durch das Wagenregulativ des Vereines Deutscher Eisenbahnen (erstmals i. J. 1855) geregelt. Das Regulativ unterscheidet Zeitmiete und Laufmiete. Die erstere soll die Verzinsung des Wagenkapitales decken, die sich nach dem Zeitverlauf bemißt, die letztere die Abnutzung, die einleuchtenderweise im Verhältnis zu den durchlaufenen Wegestrecken steht. Die Bemessung der Vergütung nur nach einem von beiden Maßstäben kann offenbar nur eine ungenaue sein.

Die wirtschaftlichen Vorteile dieses Gegenseitigkeitsverhältnisses sind in die Augen springend, ganz abgesehen von seiner Notwendigkeit für den direkten Verkehr. Man braucht sich nur vorzustellen, wie viel mehr eigene Wagen jede Bahn haben müßte, wenn sie den Verkehr innerhalb ihres Gebietsumfanges ausschließlich mit eigenen Wagen betreiben wollte und wie unwirtschaftlich der Betrieb infolge der Umladekosten und der Leerläufe wäre.

Dem Verhältnisse kleben indes auch Unvollkommenheiten an, die selbst durch sorgsamst ausgedachte Vertrags-Bestimmungen nicht ganz zu beseitigen sind. Die eine besteht darin, daß die beteiligten Bahnverwaltungen infolge der Verschiedenheit ihres Netzesumfanges und der Verkehrslage von der Einrichtung in ungleichem Maße betroffen werden:

die einen stets mehr Wagen auf fremden Bahnen laufen haben (in Achskilometer ausgedrückt), als sie Wagen anderer Eigentümer in ihrem Betriebe zu verwenden in der Lage sind. Dadurch ergibt sich eine Ungleichmäßigkeit der Interessen, die zu einer abweichenden Beurteilung des Ausmaßes der Vergütung führt. Ist diese nur knapp gehalten, so legen es manche Verwaltungen, insbesondere kapitalschwächere, darauf an, möglichst viel und lange Zeit fremde Wagen zu benutzen, um mit einem geringeren eigenen Wagenbestande das Auslangen zu finden. Zweitens wünscht jede Verwaltung ihre auf fremde Linien übergegangenen Wagen möglichst bald wieder zurück zu erhalten. Daher muß die Zeitdauer des Ausbleibens geregelt sein und muß die Rücksendung der Wagen in der Richtung, in welcher sie den Hinweg genommen haben, erfolgen. Abweichungen von diesem Laufe sind jedoch ökonomisch geboten, um Leerläufe tunlichst zu vermeiden. Das bedingt, daß Umwege bis zu einer bestimmten Grenze gestattet werden müssen, wenn die betreffenden Wagen beladen werden können. Die Grenzbestimmungen können nicht anders als willkürlich sein und ihnen zufolge sind demnach Leerläufe in immerhin beträchtlichem Umfange unvermeidlich. Die Ausführung muß selbstverständlich durch geeignete Mittel gesichert sein: Geldstrafen darauf, daß ein Wagen länger als die zugelassene Zeit benützt oder in unstatthafter Weise benützt wird, insbesondere wenn er nicht den richtigen Weg gelaufen ist oder in unzulässiger Weise abgelenkt wurde. Außerdem müssen Bestimmungen getroffen sein über die Benützung von Lademitteln, über die Bauart der Wagen, über die Fehler, welche zur Zurückweisung eines Wagens berechtigen, über die Verpflichtung zur Ausbesserung fremder Wagen und die Kostenvergütung hierfür, über die Art und Weise der Beladung u. dgl. In der Gesamtheit dieser Bestimmungen erweist sich ein solches Übereinkommen, insbesondere nach den durch langjährige Erfahrung angezeigten Verbesserungen, als eine äußerst sinnreiche Maßregel der Betriebsökonomie.

Unter dem Schwergewichte des Einheitlichkeitsmomentes ist der Wagenübergang zur Grundlage nicht bloß der direkten Tarife, sondern auch der Einheitlichkeit in der Abfertigung des Verkehres geworden, durch welche die Ökonomie offensichtlich gefördert wird. Vereinbarungen dieser Art haben sich an die Tarifverbände angeschlossen. So ist in Deutschland aus dem umfassenden Tarifverbande des Jahres 1869 der „Verkehrsverband“ hervorgegangen, der seit 1886 durch Beschlüsse mit verbindender Kraft über die Abfertigung der Reisenden und Güter, die Verladung und Behandlung der Güter in den Zügen und den Unterwegstationen Bestimmungen trifft. Einheitliche Abfertigungsvorschriften, ein vereinfachtes Abfertigungsverfahren (lediglich auf Grund der Frachtbriefe) und Beförderungsvorschriften sind durch ihn eingeführt worden. Nach seinen Beschlüssen sind die gesamten Staatsbahnen mit einem Netz von miteinander planmäßig arbeitenden Umladestellen belegt, welche die Stückgüter behufs voller Ausnutzung der Wagen und schneller Beförderung nach den Zielstationen zusammenstellen.

Ergänzend haben sich Vereinbarungen empfohlen, die Vereinfachungen in den Beziehungen zu den Frachtgebern im direkten Verkehre ergeben. So in betreff der Schadenersätze, von welchen gewisse kleine Beträge ohne Rücksicht auf Verschulden und auf die Anzahl der beteiligten Bahnen von der den Schadenersatz leistenden Bahn getragen werden, andere nach einfachen Schlüsseln (Kilometer) verteilt werden und andere nur in besonderen Fällen der am Schaden schuldtragenden Bahn allein zur Last fallen. Im Rückvergütungsverfahren wurden ähnliche Grundsätze vereinbart.

Die dem Wagenübereinkommen anklebenden Mängel haben Bestrebungen angeregt, zu einer höheren Stufe der Gegenseitigkeit zu gelangen, die eine förmliche Gemeinschaft darstellt. Ein solches Verhältnis wurde durch den Staatsbahnwagenverband geschaffen, der zunächst zwischen den preußisch-hessischen, den oldenburgischen und mecklenburgischen Staatsbahnen und den Reichseisenbahnen abgeschlossen und später (1909) durch Hinzutritt von Sachsen und den süddeutschen Staaten zum deutschen Staatswagenverbande erweitert wurde. Das Wesen einer solchen speziellen Betriebsgemeinschaft besteht darin, daß die Güterwagenbestände sämtlicher beteiligten Verwaltungen zusammengelegt und als einheitlicher Wagenpark behandelt werden. Jede Verwaltung kann demnach alle fremden Wagen benützen, wie wenn sie eigene Wagen wären, wobei freilich zum Zwecke einer guten Verteilung der Wagen (Ausgleich des Bedarfes in den verschiedenen Teilgebieten) eine oberste Stelle mit den entsprechenden Vollmachten versehen sein muß. Durch das Wegfallen des Richtungszwanges werden die Leerläufe auf ein gewisses Mindestmaß gebracht, da alle aus den Eigentumsverhältnissen der Wagen entspringenden Leerläufe entfallen. Ferner werden die Interessen der beteiligten Verwaltungen durch Verteilung des im Jahre einkommenden Gesamtwertbetrages nach Verhältnis der von jeder beigestellten Wagenbestände ausgeglichen. Dadurch wird viel Abrechnungsarbeit erspart. Überdies ist ersichtlich, daß eine derartige Nutzungs-Gemeinschaft auf die Erzielung voller Übereinstimmung in den Einzelheiten der Bauart der Wagen hindrängt. Das Wichtigste aber ist, daß sie eben die systematische, von einer obersten Stelle geleitete Wagenverteilung nach dem täglichen Bedarfe innerhalb ihres ganzen Gebietsumfanges mit dem höchsten Nutzeffekte ermöglicht, wie sich dies ja auch beim Staatswagenverbande gezeigt hat. Dennoch wurden die Ergebnisse noch nicht als vollständig befriedigend angesehen. Der Umstand, daß die Wagen wegen der bahnpolizeilichen Untersuchung ihres Zustandes an die Heimatbahn zurückgeschickt werden müssen, hat immerhin noch Leerläufe in gewissem Umfange verursacht; die Abrechnung der Ausbesserungskosten, die noch nicht fallen gelassen werden konnte, blieb nach wie vor umständlich.

Nach dem Übergange der deutschen Staatsbahnen an das Reich gilt im Verkehre mit den Privatbahnen das Vereinswagenregulativ. An diesem wären Verbesserungen im Sinne des bestandenen Staatsbahnwagenverbandes angezeigt: diesbezügliche Anträge sind auch bereits vom Zentralamte gestellt worden.

Bei den Lokomotiven ist ein ähnliches Gegenseitigkeitsverhältnis wie bei den Wagen vom Zwecke nicht erfordert. Wohl aber ist auch bei diesen, wenn sie ihren Turnus in verhältnismäßig kleinen Gebieten zurücklegen, eine Ausdehnung des Streckendurchlaufs erwünscht, da eine solche mit Betriebsersparungen verbunden ist. Dem standen bisher die Abweichungen in der Bauart entgegen, die von den verschiedenen Verwaltungen gepflegt wurden. Eine gewisse Gemeinschaft wäre in dieser Hinsicht somit ebenfalls durch Vereinheitlichung anzustreben.

Die höchste Stufe stellt eine volle Betriebs- und Finanzgemeinschaft dar, wie sie in der preußisch-hessischen Eisenbahngemeinschaft v. J. 1890 geschaffen wurde und sich zum Vorteil der Beteiligten bewährt hat. Während des Krieges strebten Württemberg und Baden den Anschluß an. Es wird durch ein solches Gemeinschaftsverhältnis das gleiche erreicht, was im Privatbahnwesen durch Interessengemeinschaften und Verschmelzungen ins Werk gesetzt wird, die in ihrer schrittweisen Entwicklung bei den englischen Eisenbahnen gleich anfangs unser Interesse erregten (1. Kapitel).

Ein noch umfassenderes, nämlich auf sämtliche deutsche Bahnen sich erstreckendes, aber gegenständlich beschränkteres Gemeinschaftsverhältnis ist nur bis zum Entwurf gediehen [1]). Der Plan ging dahin, eine Vereinheitlichung der deutschen Eisenbahnen bei Erhaltung der Selbständigkeit der einzelnen Verwaltungen mit dem Endziele herbeizuführen, dasselbe zu erreichen (freilich nur annähernd) wie durch vollständige Verschmelzung zu einem Reichsbesitz. Die Gemeinschaft sollte sich erstrecken auf: einheitliche Bedienung und Leitung des Verkehres; gegenseitige Betriebsaushilfe mit Betriebsmitteln und Personal in vorübergehenden Bedarfsfällen und Vornahme von Zugs- und Rangierleistungen lediglich nach Betriebserfordernissen ohne Rücksicht auf die Verwaltungsgebiete; einheitliche Bauart der Güterwagen und allen Zubehörs, auch für Oberbauanordnungen und Signalmittel; gemeinsame Beschaffung von Ausrüstungsgegenständen für das ganze Gemeinschaftsgebiet oder für Teilgebiete; einheitliche Durchbildung der Dienstvorschriften durch besondere Ausschüsse; Beamtenaustausch. Die Durchführung hätte eine eigene Bundesgeschäftstelle und eine Bundeskasse erfordert.

Der bezügliche, von Preußen ausgegangene Entwurf wurde i. J. 1918 durchberaten, wobei Bayern durch Forderung einer Ausnahmestellung die Vereinbarung ihres wirksamen Inhaltes zu entkleiden be-

[1]) Es geschah dies unter dem Wiederaufleben des Bismarckschen Reichseisenbahn-Gedankens, für dessen Verwirklichung in anderer Form insbesondere Kirchhoff Stimmung zu machen suchte in den beiden Schriften: „Die Deutsche Eisenbahngemeinschaft", 1911, und „Vereinheitlichung des Deutschen Eisenbahnwesens", 1911; freilich mit Überschätzung der Vorteile, Übertreibung der Mängel des bestehenden Zustandes und mit Verkennung der Tatsache, daß die bahnbesitzenden Gliedstaaten die Machtstellung, die ihnen aus ihren Eisenbahnen erwuchs, nicht aus der Hand geben wollten.

müht war. Zu einer Beschlußfassung kam es infolge des Kriegsausganges nicht, vielmehr drang der Gedanke der vollständigen Zusammenfassung der deutschen Bahnen in einem Reichsnetze durch.

Dadurch haben aber die dargestellten Gemeinschafts-Einrichtungen keineswegs ihr betriebsökonomisches Interesse verloren. Vielmehr bieten sie solches überall da, wo die Voraussetzungen für sie gegeben sind. Das ist allerorten der Fall, wo die Entwicklung zur Zusammenfassung hindrängt, welche die betriebsökonomischen Gesichtspunkte durch die staatliche Verwaltung zur Geltung bringt.

In den Vereinigten Staaten bestand und besteht ein Übereinkommen zwischen den Bahnen betreffend den Wagenaustausch, welches noch mehr Unvollkommenheiten zeigt als das deutsche Regulativ. Seit 1907 ist ein *Clearing house* in Tätigkeit, das jedoch zunächst nur für die Abrechnung gute Dienste geleistet hat. Ein von ihm ausgegangener Vorschlag eines allgemeinen Wagenverbandes hat zunächst keine Verwirklichung gefunden. Nur die einzelnen großen „Systeme“ haben einen Teil ihres Wagenbestandes zu Wagenkontingenten für den Durchgangsverkehr zusammengelegt, die ähnlich wie der deutsche Wagenverband verwaltet werden. Hier ist also der Ansatzpunkt für die Ausbildung weiterreichender Gegenseitigkeits- und Gemeinschaftsverhältnisse gegeben.

Personalwirtschaft, ihre allgemeine Richtung und ihr Verhältnis zur Organisation. Man kann in der Eisenbahnverwaltung auch von einer Personal-Technik als Zweig der Betriebstechnik sprechen. Hierunter sind die Maßnahmen zu verstehen, die den Menschen lediglich als Arbeitskraft ins Auge fassen und bezwecken, die vom technischen Zwecke der Beförderungsleistung erforderte Wirksamkeit dieser Kraft zu sichern. Hierher gehören: die Anordnungen über die Art der Dienstverrichtungen und das durch sie zu Bewirkende (Dienstvorschriften, Anlernung); Disposition über die Arbeitskräfte in der Richtung, daß sie zur rechten Zeit und am rechten Ort eingesetzt werden; Vorsorgen für ihre den Erfolg verbürgende Beschaffenheit; die Disziplin, die das richtige Zusammenwirken der Arbeitskräfte und die volle geistige und körperliche Eignung der Leistenden während der Arbeit zu sichern bezweckt; die richtige Arbeitsteilung, die schon bei der Organisation als Grundlage der Gliederung des ausübenden Dienstes zu erwähnen war u. a.

Von dieser Seite der die Bediensteten betreffenden Verwaltungstätigkeit ist die wirtschaftliche zu unterscheiden. Was damit gemeint ist, kann nicht zweifelhaft sein. Es handelt sich darum, die Wirksamkeit der Arbeitskräfte nicht nur mit den erreichbar geringsten Kosten herbeizuführen, sondern auch sie bei bestimmtem Aufwande zum höchsten Wirkungsgrade zu bringen. Das bezeichnet den Inhalt der Personalwirtschaft. Sie umfaßt die Motive bestimmter, das Personal betreffender verwaltungstechnischen Maßnahmen oder deren Gestaltung in bestimmter Richtung sowie Maßnahmen spezifisch-wirtschaftlicher Natur. Somit ist Personalwirtschaft der Inbegriff der ökonomischen Gesichtspunkte und Maßnahmen betreffend die Beschaffung und Verwendung der Arbeitskräfte. Bei dem Anteile, welcher von den gesamten

Betriebsausgaben auf die Personalkosten entfällt (s. oben S. 273) ist die finanzielle Bedeutung einer erfolgreichen Personalwirtschaft ohne weiteres einleuchtend. Die betriebswirtschaftliche Bedeutung der Qualität der Leistungen des Personales liegt nicht minder klar zutage, denn der Gesamtaufwand einer Eisenbahn hängt positiv und negativ mit der Güte der Dienstführung zusammen: die Zahl der Bediensteten kann innerhalb gewisser Grenzen um so geringer sein, je tüchtiger jeder einzelne ist.

Die Personalwirtschaft berührt sich mit der Organisation. Während diese die Aufgabe hat, der Gesamtheit der in dem Unternehmen tätigen Personen als solcher die wirtschaftlich höchste Nutzleistung abzugewinnen, verfolgt die Personalwirtschaft das gleiche Ziel in bezug auf jeden einzelnen. Die beiden Seiten der Verwaltungstätigkeit bedingen und ergänzen einander und müssen in Harmonie miteinander stehen: eine ungeeignete Organisation kann die Erfolge der Personalwirtschaft schmälern, während andererseits wieder die Personalwirtschaft die Erfolge der Organisation schmälern oder steigern kann.

Der gesamte Zuschnitt der Personalwirtschaft ist aber von zwei allgemeinen jeweils gegebenen Tatbeständen abhängig. Der eine ist die Intensitätstufe des Unternehmens selbst. Verkehrschwache Bahnen müssen auch in dieser Beziehung anders wirtschaften als voll ausgenutzte, Kolonialbahnen anders als Bahnen in alten Kulturgebieten. Die zweite ist die allgemeine soziale Lage und der Kulturzustand der Bevölkerung eines Landes, insbesondere die Gestaltung des Arbeitsmarktes und des Arbeitsrechtes. Die Personalwirtschaft muß unter der Einwirkung dieser Umstände, trotz Einhaltung desselben Zieles, eine so verschiedene werden, daß man geradezu von verschiedenen Systemen sprechen kann. Die markantesten sind das amerikanisch-englische und das europäisch-festländische. Das erste beruht auf Anwendung des freien Arbeitsvertrages, bei dem sich der eine Teil erreichbar höchsten Lohn, der andere erreichbar höchsten Ertrag durch Austausch von Leistung und Gegenleistung nach den Gesichtspunkten des Warentausches und ohne gegenseitige Bindung sichern will; das zweite zeigt den Ausbau eines nach allen Richtungen geregelten Berufsverhältnisses im Dienste der Allgemeinheit, unter gegenseitiger dauernder Bindung, das den einen Teil mit seiner ganzen Person und Zeit mit dem Unternehmen verknüpft, dem andern die Verpflichtung zur Leistung des standesgemäßen Unterhaltes und ausreichender Wohlfahrtsicherung auferlegt.

Daß bei Anwendung des einen oder des andern dieser Systeme ganz verschiedene Maßnahmen zum Vorschein kommen müssen, ist klar. Ebenso klar aber auch, daß eine Unternehmung nicht in der Lage ist, ein beliebiges System durchzuführen, da eben die erwähnten wirtschaftlichen und kulturellen Verhältnisse sowie der Volkscharakter unabweisbar zur Anwendung eines bestimmten Systems zwingen. Dort, wo das Arbeits- und das Dienstverhältnis allgemein oder vorwiegend vom Standpunkt des möglichst einträglichen, von staatlicher und genossenschaftlicher Regelung möglichst wenig eingeengten Erwerbes beurteilt und gestaltet wird, dort muß auch das Dienstverhältnis der Eisenbahner diesem Brauche entsprechen und kann nur allmählich Änderungen unterzogen werden, wenn solche durch die allgemeine Lage ermöglicht und gefordert sind. Eben dieses aber ist gegenwärtig der Fall. In den Ländern der englischen Zunge sehen wir die Entwicklung des Arbeitsverhältnisses derzeit durch Einführung von allerlei Schutz- und Wohlfahrtsmaßnahmen und durch den Einfluß einzelner mächtiger, zahlreiche Mitglieder zählender Gewerkschaften bestimmter Bedienstetengruppen sich immer mehr nach der Seite staatlicher und genossenschaftlicher Regelung neigen und wir sehen insbesondere im Gefolge der allgemeinen Umwälzungen nach Kriegschluß in Europa die „Verbeamtung" des Arbeitsverhältnisses noch weiter vorschreiten, mit dem Ziele, allen Angestellten einen gewissen, mehr oder minder weit erstreckten, im Wege genau geregelter Vertretungen geltend zu machenden Einfluß auf die Führung des Unternehmens einzuräumen. Das wird auch für die Organisation bedeutsam und es zeigt sich hiermit wieder der Zusammenhang beider Seiten der Verwaltung.

Der bemerkte Unterschied der beiden Systeme wird — abgesehen von dieser sozialen Entwicklung — auch noch durch einen im Wesen des Eisenbahndienstes selbst liegenden Umstand in weitem Maße verwischt. Die Eisenbahn braucht ersichtlich eine Anzahl Gruppen und in diesen eine große Zahl Bediensteter, die fachlich geschult und in ständiger Verwendung sein müssen, also einen Stock von Facharbeitern mit möglichst wenig Wechsel der einzelnen. Dies bringt gewisse Gestaltungen des Arbeitsverhältnisses mit sich, die beides: die fachliche Ausbildung und die Ständigkeit der Bedienstung, gewährleisten; z. B. geregelte Verwendung mit dem Ziele des Aufstieges in schwierigere oder höhere Verwendung, fachliche Prüfungen, längere Kündigungsfristen oder gar unkündbare Anstellung, Krankheits- und Altersversorgung usw. Das Endergebnis ist, daß die ursprüngliche scharfe Scheidung der beiden Systeme sich abschwächt. Es erscheint daher als eine müßige Frage, welches von beiden Systemen vom Standpunkte der Ökonomie den Vorzug verdiene. Man kann wohl sagen, daß das angelsächsische nach der Richtung der Kostensparung, das kontinentale hinsichtlich Erhöhung der Leistungen das wirksamere ist. Letzteres hat jedoch eine Voraussetzung, und zwar die Erfüllung des Personales mit regem Pflichtbewußtsein, das die volle Hingabe an das Interesse der Anstalt mit sich bringt. Bei der Beamtenschaft in Deutschland und Österreich war diese Voraussetzung in reichem Maße gegeben. Bei der in gleiche Stellung aufgestiegenen Arbeiterschaft ist das gegenwärtig noch nicht wahrzunehmen, vielmehr klebt dieser Kategorie von Bediensteten noch vielfach vom gewohnten Klassenkampf her eine feindselige oder mindestens gleichgültige Stimmung gegenüber dem Unternehmen an. Diese Haltung muß die Arbeiterschaft erst ablegen, indem sie durch Selbstdisziplin sich zu gleichem Pflichtgefühl erzieht, wie es den Beamtenkörper seit jeher ausgezeichnet hat. Ob das in erwünschtem Maße und Zeitmaße zu gewärtigen sei, wird von verschiedenen Umständen und Einflüssen abhängen. In der folgenden Darstellung gehen wir von dem gegenwärtig vorhandenen Zustande bei dem in Europa überwiegenden Staatsbahnbetriebe aus.

Zusammensetzung und Kopfzahlbemessung des Personalstandes. Die erste Aufgabe der Personalwirtschaft ist die Lösung der Bedarfsfrage auf Grund der gegebenen betriebstechnischen Voraussetzungen. Sie besteht in der Gewinnung und steten Aufrechterhaltung eines dem Verkehrszwecke und der Verkehrstärke nach Zahl und Zusammensetzung erreichbar genauest entsprechenden Bediensteten-Standes. Die Grundlagen hierfür sind die Kenntnis der Menge und Art der zu bewältigenden Leistungen und die richtige Wertung der Anforderungen, welche diese Leistungen an die Fähigkeiten und Eigenschaften der Bediensteten stellen. Durch die Feststellung und Wertung der Leistungen sind die „Verwendungsgruppen" (vgl. „Organisation"), durch die Menge der Leistungen ist die Zahl der Bediensteten bestimmt. Es ist die Aufgabe, in diesen Hinsichten die wirtschaftliche Grundregel zur Geltung zu bringen.

Aus dem bereits betonten Umstande, daß der Eisenbahndienst größtenteils ständige und geschulte Arbeitskräfte erfordert, ergibt sich vorhinein, daß bei der Eisenbahn eine Anpassung des Personalstandes an wechselnden Bedarf nur in geringem Maße möglich ist. Ausführbar ist es ohne weiteres für Verrichtungen, welche im Eisenbahnbetriebe durch die Beziehung auf diesen keine spezifische Zweckbestimmung annehmen. Im übrigen hat die Personalwirtschaft sich wesentlich auf Bedienstete in dauernder Stellung einzurichten, wobei eine auf eine Reihe von Jahren der Verwaltung vorbehaltene Kündigung in der Hauptsache nur als ein Mittel zur Ausscheidung ungenügend befundener Kräfte bestimmt ist.

In Österreich ist man neuestens unter dem Drucke der sozialistischen Partei dahin gelangt, jedem Arbeiter, der 2 Jahre hindurch bei den Bundesbahnen gearbeitet hat und sich nichts zuschulden kommen ließ, das Recht auf unkündbare, feste Anstellung als „Beamte" einzuräumen. Jederzeit entlassungsfähige Arbeiter wird es also dort, und wo das Beispiel nachgeahmt wird, nur mehr in sehr geringer Anzahl geben. Diese Entwicklung kann vielleicht ihre guten Seiten haben, wenn es gelingen sollte, wozu gegenwärtig freilich nur sehr geringe Aussichten bestehen, alle diese Leute fest mit dem Gedeihen der Verwaltung zu verbinden, so daß sie stets ihr Bestes zu leisten bestrebt sind.

Der Ökonomie erwachsen in der bezeichneten Richtung aus mehreren Umständen gewisse Schwierigkeiten, denen zufolge das Ziel der Wirtschaftlichkeit nur mit einem Grade von Unvollkommenheit erreicht werden kann.

Es genügt, die wichtigsten anzudeuten. Vor allem machen sich die bekannten Schwankungen des Verkehrsumfanges für die Zusammensetzung des Personales und die Höhe des Personalstandes als erschwerend geltend; sowohl diejenigen, welche aus den großen Konjunkturwogen der allgemeinen Wirtschaft hervorgehen, als auch diejenigen, welche mit dem Ablauf des Wirtschaftsjahres, d. i. mit den sich wiederholenden Produktions- und Verkehrsgestaltungen der einzelnen Länder zusammenhängen (Anbau-, Ernte-, Feiertags-, Sommer-, Urlaubs-, Wallfahrerverkehr, Güterversorgungsverkehr im Spätherbst und Frühwinter, Sperrung der Schiffahrt). Einleuchtenderweise muß der Personalstand den Anforderungen der starken Beanspruchung in den Höhepunkten des Verkehrs gewachsen sein. Aber auch für den erhöhten Bedarf bei allgemeiner Verkehrskonjunktur muß vorgesorgt sein mit Rücksicht darauf, daß die erforderlichen Kräfte erst einer fachlichen Ausbildung bedürfen. Beispielsweise nimmt die Ausbildung eines Fahrdienstleiters mindestens 6—9 Monate, eines Lokomotivführers 9—12, eines Zugbegleiters 6, eines Verschiebers etwa 3 Monate in Anspruch. Nach dem Abflauen einer Konjunktur kann eine Verringerung des Personalstandes keineswegs sogleich in entsprechendem Maße erfolgen, außer wenn man sich etwa auf einen starken, jahrelang anhaltenden Niedergang des Verkehrs gefaßt macht. Außer der erwähnten wirken andere Ursachen auf einen relativ hohen Personalstand ein. Einzelne Verwendungsgruppen müssen immer sehr ausreichend besetzt sein, weil sich aus ihnen andere stetig zu ergänzen haben, sei es, daß sie die durch Arbeitsteilung bedingte Unterstufe für höherwertige, d. i. schwierigere oder verantwortungsreichere Verwendungen bilden, wie z. B. die Stationsarbeiter für die Verschiebmannschaften, diese für die Zugbegleiter, die Wechsel- und Stellwerkswärter, sei es, daß sie gewisse handwerksmäßige Fertigkeiten oder besondere, durch eine ausreichende Vorpraxis gefestigte Kenntnisse als unumgängliche Voraussetzung für die Verwendung in bestimmten Fachrichtungen besitzen müssen, z. B. gewisse Werkstättenarbeiter (Schlosser) als Vorstufe für den Lokomotivführerdienst, handwerksmäßig ausgebildete Oberbauarbeiter (wie Maurer) für den Bahnwächter- und Bahnwärterdienst. Ferner: Gewisse Dienstzweige sind so anstrengend und erschöpfend, daß die in ihnen beschäftigten Leute meist nur eine verhältnismäßig kurze Zeit darin aushalten. Man schätzt die Zeit, die ein Mann in der allen Wetterunbilden ausgesetzten und durch die häufigen Nachtdienste aufreibenden, durch die gefahrdrohenden Betriebsvorgänge nervenzerrüttenden Stellung eines Fahrdienstleiters verbleiben kann, auf durchschnittlich 10—12 Jahre; besonders kräftige, widerstandsfähige Leute bringen es manchmal auf 20 Jahre. Lokomotivführer, Heizer, Zugbegleiter, Verschieber nützen sich ebenfalls aus denselben Gründen rasch ab. Diese Bediensteten müssen danach in minder anstrengenden Stellen verwendet werden, ohne eine Verkürzung ihrer Bezüge zu erfahren und mit der Folge, daß diese weniger anstrengenden Dienstzweige durch den Zustrom der vorzeitig Abgenützten überreichlich besetzt werden.

Den angeführten Schwierigkeiten sucht die Ökonomie durch richtige Kopfzahlbemessung in Verbindung mit einem richtigen Stellenplan Herr zu werden. Ein erfolgreiches Vorgehen in diesem Sinne setzt die Kenntnis und Beachtung zweier Sachverhalte voraus: erstens die Kenntnis der, bei durchschnittlich guter Begabung, durchschnittlichem Fleiß und durchschnittlich guter fachlicher Ausbildung der Bediensteten möglichen Leistungsfähigkeit — je nach der Verschiedenheit der zu leistenden Arbeit bemessen nach Tages-Stunden oder Stückeinheiten — zweitens die Kenntnis der zu bewältigenden Arbeit nach Art und Umfang (Menge), wieder nach möglichst einfachen faßbaren Einheiten veranschlagt, z. B. nach zu bewegenden Tonnen, zurückzulegenden Kilometern. In der ersten Richtung hat die Erfahrung für eine erhebliche Anzahl von Dienstverrichtungen „Leistungseinheiten" aufstellen lassen, die natürlich bei den einzelnen Unternehmungen von Land zu Land mehr oder minder voneinander abweichen, da hierfür die allgemeinen Eigenschaften der Bevölkerungskreise, aus welchen die betreffenden Bediensteten stammen, die Ernährungslage u. a. von ausschlaggebendem Einfluß sind. So lassen sich z. B. die in einer Stunde oder in einem Tage zu verladenden oder entladenden Stückgutmengen und Massengüter, zu bewegenden Erdmassen, die für die Bekohlung der verschiedenen Lokomotivarten nötige Zeit usw. ziemlich genau feststellen. Selbst bei mehr geistigen Arbeiten, die sich aber nach Zahl und Art wiederholen, haben sich ähnliche Leistungseinheiten finden lassen, z. B. für die Berechnung der Fracht bei der Güter-Auf- und Abgabe, für die Prüfung der Verrechnung in den Einnahmekontrollen usw. Andere solcher Durchschnittserfassung nicht zugängliche Arbeiten können allerdings nur ziemlich roh nach Zeit geschätzt werden. Für beide Arten von Arbeiten aber ist eine fortwärende Beobachtung und Vergleichung der angenommenen Einheiten und Schätzungen mit der wirklichen Leistung und eine immer wiederkehrende Berichtigung der angenommenen Einheiten und Schätzung erforderlich. Überall, wo Personalvertretungen bestehen, üben diese auf die in Rede stehenden Maßnahmen weitreichenden Einfluß. Die zweite Voraussetzung für die richtige Kopfzahlbemessung, die Kenntnis der maßgebenden Arbeitsmenge, ist eine nicht minder schwierige und nur mit erheblichen Fehlergrenzen lösbare Aufgabe, weil diese Arbeitsmengen wesentlich von dem wechselnden und mit Genauigkeit überhaupt nicht vorauszusehenden Verkehrsumfang abhängen. Die Aufgabe besteht darin, die Größe des Verkehrs im ganzen und die sohin von den einzelnen Dienstzweigen und den einzelnen Dienststellen zu bewältigenden Arbeitsleistungen festzustellen. Die Verkehrsstatistik und genaue Beobachtung des Ganges der Wirtschaft bieten die möglichen Anhaltspunkte. In den letzten Jahren vor dem Weltkrieg hat sich in Mitteleuropa eine, allerdings hie und da unterbrochene, Zunahme des Verkehrs von rund 5% im Jahresdurchschnitt gezeigt, mit der die Verwaltungen bei der Kopfzahlbemessung in der Regel rechnen konnten.

Weiter muß nun die Frage beantwortet werden, welche Leistungen von den einzelnen Dienststellen und Verwendungsgruppen des Personals zu vollziehen sein werden, was genaueste Geschäftskenntnis voraussetzt, und abermals eine Reihe schwieriger Feststellungen, Berechnungen und Schätzungen erfordert. Vorangegangen muß sein von Anfang die prinzipielle Wertung der in Betracht kommenden Dienstposten mit Bezug auf den inhaltlichen Rang der Dienstverrichtungen und die diesem entsprechende Entlohnung, was den Gegenstand besonderer

Erwägungen — und auch im folgenden gesonderter Darstellung — bildet und auf die Anzahl der jeweils in Frage kommenden Bediensteten rückwirkt.

Die bezeichnete Rangordnung der Dienststellen wird allgemein ziemlich übereinstimmend in einer Dreiteilung zum Ausdruck gebracht, die in gewissem Umfange mit dem Unterschiede des leitenden und des ausführenden Dienstes und bloßer Hilfsarbeit zusammenfällt, sich aber nicht völlig damit deckt, und die gesellschaftliche Schichte, aus welcher die betreffenden Personen in der Regel hervorgehen, das Maß ihrer allgemeinen Bildung und fachlichen Ausbildung, sowie die wirtschaftliche Qualifikation und die Lebenshaltung der betreffenden Kreise berücksichtigt. Dabei wird die dritte Kategorie mitunter wieder geschieden in die Klasse der Arbeiter und die ständig angestellten Bediensteten für Hilfsverrichtungen, hauptsächlich im Bureaudienste. Die Namen sind nicht übereinstimmend und überhaupt nebensächlich. In Deutschland wurde für das ständige Personal die hierarchische Gliederung vom Staatsdienste herübergenommen in Gestalt der strengen Scheidung zwischen höheren, mittleren und unteren (niederen) Beamten nach der geforderten Vorbildung: Hochschule, Mittelschule (verschiedener Richtung) und Volksschule bzw. Militärdienst in gewissen Chargen. Die jeder Gruppe zugänglichen Stellen waren fest bestimmt, ebenso der Anfangs- und Endgehalt. Gegen diese feste Abgrenzung, welche die angelsächsischen Länder in gleicher Starrheit nicht kennen, sind allerdings gerade beim Eisenbahndienste Einwendungen zu erheben, indes zeigt sich nach dem Umsturze, der diese hierarchische Gliederung über den Haufen geworfen hat, doch, daß sie auch ihre guten Seiten hatte. Die verschiedenen Verwendungsgruppen trachten jetzt durch alle Mittel der Agitation in möglichst hohe Gehaltstufen eingereiht zu werden und jeder Einzelne wieder so rasch als möglich in höher bezahlte Gruppen aufzusteigen. Die Folgen für die Betriebskosten sind naheliegend.

Auf Grund der bezeichneten Feststellungen ist der erforderliche Personalstand durch einfache Rechnung leicht zu ermitteln. Er ist der rechnungsmäßige Grundbestand. Nach dem Dargestellten ist es aber ersichtlich, daß die Rechnung mit erheblicher Unsicherheit behaftet sein muß, da ja auch rein subjektive Umstände der betreffenden Persönlichkeiten, Rücksichten auf bereits vorhandenes Personal u. dgl. eine nicht unbedeutende Rolle spielen. Es folgt daraus, daß der errechnete Personalstand fortwährend den sich ändernden Verhältnissen angepaßt und die ganze Rechnung von Zeit zu Zeit wiederholt werden muß. Manche Verwaltungen haben dafür bestimmte Zeiträume (3—5 Jahre) angesetzt. Die Rechnung muß ohne Rücksicht darauf wiederholt werden, wenn mehrmals nacheinander nötig werdende Änderungen der Kopfzahlen anzeigen, daß die Berechnungsgrundlagen nicht mehr zutreffen.

Selbst ein solcher mit aller Sorgfalt errechneter Personalstand würde aber zur dauernden Aufrechterhaltung des Betriebes doch nicht ausreichen, da bei ihm gewisse wichtige Umstände noch nicht berücksichtigt sind. Es sind dies folgende: Zunächst erfordert der Ersatz von zeitweisen Abgängen durch Krankheit, Urlaub und ähnliche Anlässe gewisse Zuschläge. Man rechnet in der Praxis mit einem Zuschlage von ungefähr 10—12 v. H. aus diesen Anlässen. Von der so vermehrten Zahl ergeben sich wieder durch Tod, Übertritt in den Ruhestand, Entlassung und Austritt aus dem Dienste dauernde Abgänge, die durch einen ständig zu ergänzenden Nachwuchs gedeckt sein müssen, und zwar insbesondere für die Verwendungsgruppen von Bediensteten, deren fachliche Ausbildung eine gewisse längere Zeit erfordert: Fahrdienstleiter, Rechnungsbeamte, Techniker, Juristen, Beamte des Tarif- und Abfertigungsdienstes. Die Anzahl des erforderlichen Nachwuchses ergibt sich aus der erfahrungsmäßigen Sterblichkeitsziffer und dem voraussichtlichen Abfall aus den übrigen erwähnten Ursachen und durch die notwendigen Versetzungen zu weniger anstrengenden Dienstzweigen. Die preußisch-hessischen Staatsbahnen haben vor dem Kriege mit einem Nachwuchsbedarfe von 4% der durch die erwähnten qualifizierten Beamten eingenommenen Posten gerechnet. Ist eine voraussichtlich länger andauernde aufsteigende Konjunktur vorhanden, so muß darauf auch bei der Nachwuchsvorsorge entsprechend Bedacht genommen werden, allerdings wird dies immer eine „gegriffene" Ziffer sein. Für andere Gruppen von Bediensteten braucht für solchen Nachwuchs nicht gesorgt zu werden, da diese in der Regel jederzeit durch Neuaufnahmen ersetzt werden können.

Der rechnungsmäßige Grundstand samt diesen Zuschlägen bildet den im Jahresvoranschlag als Kostenquelle auszuweisenden, den Dienststellen als Soll bekanntzugebenden Personalstand. Seine Einhaltung muß gesichert werden. (Die Bestellung und Zuweisung der ständigen Bediensteten (Beamten) ist zumeist den leitenden Verwaltungstellen vorbehalten. Die Notwendigkeit und die Zahl der nichtständigen Bediensteten, deren Aufnahme zumeist den Vorständen der Stellen, bei denen sie benötigt werden, zusteht, werden besonders überwacht.) Genaue vergleichende Aufschreibungen über das „Soll" und das „Ist" unter Angabe der die Abweichung verursachenden Gründe sind ein wichtiger Behelf für erforderlich werdende Änderungen und die Neuanlage der Kopfzahlbemessung und damit für die Betriebswirtschaftlichkeit [1]).

[1]) Von Störungen durch äußere Einflüsse, die für die Verwaltung Zwangslagen schaffen und sich dem wirtschaftlichen Kalkül entziehen, ist hier abgesehen. Solche sind bekanntlich im Kriege eingetreten, wie wenn manchmal Hunderte von ausgebildeten Leuten, Lokomotivführer usw., für den Frontverkehr verwendet werden mußten, oder für den Betrieb neubesetzter Linien Leute abgegeben werden mußten, für die dann im Hinterlande in kürzester Zeit, so gut oder so schlecht es ging, Ersatz zu beschaffen war. Nicht minder schädlich hat der Druck politischer Parteien eingewirkt, als nach dem Umsturz viele tausende Arbeiter „untergebracht" werden mußten; in Österreich auch die politische Zwangslage für die Staatsbahnen, tausende aus den sog. Nachfolgestaaten vertriebene deutsche Beamte und Arbeiter aufzunehmen. Auch die während des Krieges unter dem Zwange der Not an Männern durchgeführte Verwendung zahlreicher Frauen und Mädchen zu körperlich und geistig stark anstrengenden Verrichtungen gehört hierher, da die Erfahrung ergeben hat, daß, abgesehen von Ausnahmen, die weibliche Leistungsfähigkeit der des Mannes in solchen Betätigungen

Entlohnung des Personales. Die spezifisch wirtschaftliche Betätigung des in Rede stehenden Verwaltungszweiges betrifft die Entlohnung des Personals. Sie umfaßt die richtige Wahl der Grundlagen für die Entlohnung (Lohnsystem) und die Bestimmung der richtigen Höhe der Bezüge (Lohnhöhe) nach Art und Ausmaß der Leistungen. In letzterer Hinsicht handelt es sich vom Interessenstandpunkte der Verwaltung darum, für eine bestimmte Vergütung das Höchstmaß von Arbeit zu erlangen, das innerhalb der menschlichen Leistungsfähigkeit in bestimmter Zeit erlangbar ist; das bedeutet die rationelle Bemessung der Arbeitszeit. In allen diesen Hinsichten hat die Eisenbahnverwaltung dieselben sozialen Rücksichten zu beobachten und begegnet denselben sozialen Mächten wie die anderen Arbeitgeber. Gegenwärtig erfolgt die Lohnfestsetzung längst im Kollektivvertrage mit der organisierten Arbeiterschaft (im weitesten Sinne des Wortes). Dabei bringen die Bediensteten ihre Sonderinteressen, die richtig oder falsch verstandenen, ohne Rücksicht auf die nationale Ökonomie zur Geltung. Außerdem hat die Eisenbahnverwaltung mit dem allgemeinen Maße der Lohnhöhe (wieder im weitesten Sinne verstanden) in der betreffenden Volkswirtschaft zu rechnen, dem sie sich anpassen muß, da sonst entweder eine Abwanderung der Bediensteten in andere Arbeitszweige oder eine volkswirtschaftlich schädliche Verteuerung des Betriebes anderer Wirtschaftszweige eintreten würde.

Es kann sich hier nur um die, durch die Eigenheiten des Eisenbahndienstes bedingten besonderen Formen der bekannten Lohnsysteme handeln. Als solche, die Lohnformen bedingenden Eigenheiten kommen hauptsächlich in Betracht: die bereits besprochene Mischung von ständigem und nichtständigem Personale, der Bestand der auf der Arbeitsverschiedenheit und der Arbeitsteilung beruhenden „Dienstzweige" und die „Verwendungsgruppen", die Gefährlichkeit, die besonderen Anforderungen einzelner Zweige des Eisenbahndienstes, wie des Fahrdienstes, Verschubdienstes, des Dienstes in langen Tunneln, in Entseuchungsanstalten, und die Notwendigkeit, einen Stock geschulter Bediensteter an das Unternehmen zu fesseln. Schon aus dieser Andeutung ergibt sich, daß das Entlohnungsystem bei den Eisenbahnen nicht einfach und für alle Bediensteten gleich sein kann und daß auch die Einrichtungen der einzelnen Verwaltungen, namentlich der in verschiedenen Ländern bestehenden, nicht gleich sein können, weil die bedingenden Verhältnisse

---

beträchtlich nachsteht. Als eine den Bahnen von außen her bereitete Erschwernis ist auch die unüberlegte Einführung des 8stündigen Arbeitstages zu verzeichnen. Da durch sie die Arbeitsleistung im allgemeinen um $^1/_5$ herabgesetzt wurde, somit im Verhältnis mehr Bedienstete beschäftigt werden mußten, so entstand die Notwendigkeit, zur Bewältigung des mit Macht einsetzenden Friedensverkehres ungenügend ausgebildete Leute in den Lokomotiv- und Fahrdienst usw. einzustellen, durch deren Unerfahrenheit eine starke Vermehrung der Unfälle und erhebliche Schwierigkeiten im Güter- und Rangierdienste verursacht wurden.

überall anders sind. Lohnvergleiche sind daher nur mit der äußersten Vorsicht anzustellen.

Daß die Entlohnung des nichtständigen Personals überwiegend in der Form des Tagelohnes, für einzelne seiner Gruppen auch in der des Stücklohnes (Akkord-, Gedinglohnes) vor sich gehen kann, ist selbstverständlich, sowie daß die Anpassung der Lohnhöhe dieser Arbeiter an die im Lande sonst übliche, abgesehen vom Lohn für Zufallsarbeiten besonders dringlicher Art, am weitesten gehen muß. Eine Schwierigkeit liegt darin, daß gleichzeitig ein angemessenes Verhältnis dieser Löhne zur Höhe der Entlohnung des mindestbezahlten ständigen Personales eingehalten werden muß, da sonst diese und damit die Höhe der Bezahlung aller höheren Verwendungsgruppen unwirtschaftlich gesteigert wird.

Daß die Eisenbahnen auch die in allgemeinen staatlichen Regelungen des Lohnwesens enthaltenen Vorschriften über Löhnungsart, -Zeitraum, Verwendung von jugendlichen oder weiblichen Arbeitern, Kündigung, Krankenversicherung usw. einhalten müssen, soweit sie überhaupt anwendbar und nicht Ausnahmen ausdrücklich gestattet sind, bedarf keiner näheren Ausführung.

Um Willkürlichkeiten in der Lohnbemessung seitens der Leiter der örtlichen Dienststellen hintanzuhalten und die unerlässliche Gleichheit zu wahren, müssen durch „Lohnordnungen“ allgemeine Grundsätze über das Arbeitsverhältnis und Richtlinien über die Lohnhöhe festgesetzt sein; am besten durch örtlich abgestufte „Grundlöhne“, zu denen „Zuschläge“ für gewisse Verwendungen, z. B. für Nachtarbeit, oder „Zulagen“, z. B. an besonders teueren Orten, kommen können.

Für die Wirtschaftlichkeit und die Arbeitsergiebigkeit des Eisenbahnbetriebes ist insbesondere die Form des Akkordlohnes von großer Bedeutung, denn die Bedingungen seiner Anwendbarkeit sind in vielen Fällen vorhanden, namentlich beim Werkstättenbetriebe, beim Ladegeschäft, beim Verschieben der Wagen auf großen Bahnhöfen und Umschlagplätzen, bei der Erdbewegung im Neu- oder Umbau, bei der Schienenlegung, Bekohlung der Lokomotiven, bei vielen Schreib- und Zeichenarbeiten. Es wurden die verschiedensten Berechnungsgrundlagen des Stücklohnes, auch Verbindungen mit dem Zeitlohne versucht, ohne jedoch eine vollkommen befriedigende Form zu finden, so daß in der Arbeiterschaft der Widerstand gegen diese „Lohnform des Kapitalismus *κατ' ἐξοχήν*“, wie der Stücklohn genannt wurde, immer mehr wuchs. Viele Verwaltungen mußten ihn daher aufgeben und schließlich zum Zeitlohn zurückkehren. So die österreichischen Staatsbahnen in der Form der „Stabilisierung“ vieler Arbeitergruppen im Jahre 1895 und später. Die Erfahrungen waren allerdings sehr schlecht: die Leistung der damals stabilisierten Arbeiter ist um 20—30% zurückgegangen. Nach dem Umsturz mußten sogar in Deutschland wie in anderen Ländern unter dem Drucke der zur Macht gelangten Sozialdemokratie die letzten Reste des Stücklohnes beseitigt werden. Die Leistungen gingen nun, allerdings auch unter dem Einfluß einiger anderen Ursachen, derartig zurück (bis auf 60% der letzten Friedensleistungen), daß seither wieder ein Umschwung zu bemerken ist. In den genannten Ländern fängt man an, den Gedinglohn wieder einzuführen und zwar in der Form des „Zeitstücklohnes“, bei dem eine Normalzeit für einzelne Leistungen ausgemittelt und für jede ersparte Stunde eine einvernehmlich festgesetzte Zahlung geleistet wird. Auch bei dieser Form sind bereits mehrere Abarten und auch Kombinationen mit dem Zeitlohn eingeführt worden. Sie scheint bei den Arbeitnehmern mehr Anklang zu finden als die alte Form des Mengenstücklohnes. Für die Verwaltungen bringt sie die große Gefahr des „Hudelns“: der schleuderhaften Arbeit, mit sich.

Daneben hat die Verwaltung Anlaß, die Güte der Leistungen zu steigern durch besondere Entgelte für Leistungen, die in irgend einer Weise einen vom allgemeinen ausscheidbaren Vorteil für die Verwaltung bieten, und es gilt dies nicht nur gegenüber den Arbeitern, sondern auch für das Personal in ständiger Stellung. Hierher gehören vornehmlich die bekannten Prämien. Es gibt bei den Eisenbahnen zahlreiche Arten hiervon, die hauptsächlich im ausführenden Dienste Anwendung finden: Ersparnisprämien für Minderverbrauch von Kohle, von Schmierstoffen, Putzmitteln; Aufmerksamkeitsprämien für rechtzeitige Entdeckung von betriebsgefährlichen Gebrechen an den Fahrbetriebsmitteln, den Gleisen, von Überlastungen der Wagen, falschen Inhaltsangaben, für die Ergreifung von Dieben oder sonstigen Übeltätern an den Eisenbahnanlagen, für die Verhütung von Bränden, Unfällen, Veruntreuungen; Fleißprämien, die dem einzelnen Arbeiter oder in der Regel Arbeitsgruppen für Mehrleistung in gegebener Zeit gewährt werden, hauptsächlich im Werkstätten- und im Verladedienste angewendet (den Akkord-Abmachungen verwandt, die unmittelbar zunächst auf Abkürzung der Zeit der Arbeitsverrichtung zielen). In gewissem Sinne kann man auch die Zulagen für langjährige Dienstzeit im Arbeiterverhältnis zu den Fleißprämien zählen. Gegen Prämien auf Ersparung von Kohlen und Schmierstoffen wurde eingewendet, daß sie den glatten und sicheren Zugverkehr gefährden können, indes ist dem wohl durch Strafmaßnahmen vorzubeugen.

Mit Bezug auf die Beamten dienen dem Zwecke die „Remunerationen“ für den Durchschnitt übersteigende Dienstführung im allgemeinen, die aber freilich sehr vom subjektiven Ermessen des Vorgesetzten abhängig und auch dem Mißbrauch ausgesetzt sind, wenn aber, wie es häufig geschieht, regelmäßig jedem einmal im Jahre gewährt, nichts anderes als eine Gehaltserhöhung sind und also in der in Rede stehenden Hinsicht jede Bedeutung verlieren. Schließlich kommt auch die Gewinnbeteiligung, sei es des gesamten Personals, sei es einzelner

Personen, in Frage. Die erstere wurde bei den ungarischen, dänischen und italienischen Eisenbahnen versucht, eine alle Seiten befriedigende Form wurde jedoch nicht gefunden, da der Einfluß der meisten Leistungen sowohl im ganzen als im einzelnen auf den Ertrag nicht faßbar ist. Für jeden einzelnen Bediensteten würde die Erlangung des Gewinnanteiles als Erfolg gesteigerter Anstrengung davon abhängen, daß auch alle übrigen sich zu solcher bestimmt fänden. Da aber ein solches Verhalten nicht gesichert, vielmehr bei vielen, angesichts des meist geringfügigen Betrages des in Aussicht stehenden Bezuges, ein passives Verhalten zu gewärtigen ist, oder anders ausgedrückt: jeder einzelne sich auf die anderen verläßt, so beruht die allgemeine Gewinnbeteiligung ersichtlich auf einer psychologisch falschen Voraussetzung und ist daher wirkungslos. Sie läuft schließlich auf eine in ihrem Ausmaße unsichere Erhöhung der Bezüge hinaus, die niemand befriedigt, eher zur Unzufriedenheit und zu Mißtrauen gegen die oberste Leitung Anlaß gibt. Nur bei den leitenden Persönlichkeiten, deren Betätigung tatsächlich auf den Ertrag Einfluß nehmen kann, was aber bei der Eisenbahn in geringerem Maße der Fall ist als bei kaufmännischen Unternehmungen, ist die Gewinnbeteiligung (Tantiemen) angezeigt [1]).

Hierher ist auch das Taylor-System zu zählen, da es sich praktisch dahin zuspitzt, daß die gesteigerte Leistung und die darin gelegene volle Ausnutzung der Arbeitszeit sich dem Arbeiter selbst durch höheren Lohnverdienst bezahlt mache. Die Anwendung des Taylorsystems im Eisenbahndienst ist zweifellos vielfach möglich, wie die bereits ausgeführten Versuche amerikanischer Verwaltungen beweisen. Die gegen das System erhobenen Einwände sind wohl hinfällig, nachdem die Sozialgesetzgebung das Gegengewicht gegen die Schäden der mechanisierten Arbeit geschaffen hat.

Eine sehr rohe Form der Prämien sind die „Überstundengelder", die für längere Arbeitszeit ohne Rücksicht auf Menge und Güte der dabei geleisteten Arbeit gezahlt werden. Sie wirken geradezu entsittlichend, wenn sie, wie in neuester Zeit in Österreich, auch für hochqualifizierte Geistesarbeit gewährt werden.

Ein für die Güte und Brauchbarkeit der Lohnformen (aller Art) wichtiges Erfordernis ist die Einfachheit und Durchsichtigkeit ihrer Berechnungsgrundlagen und der Ermittlung des jedem Einzelnen gebührenden Betrages, damit auch der einfache Mann in der Lage ist, sich sein Lohnmaß selbst zu berechnen; da sonst sicher Mißbräuche und damit Unzufriedenheit, selbst Lohnkämpfe entstehen. Daß einfache, klare Formen auch einfache und billige Verrechnung ermöglichen, ist selbstverständlich und ein nicht unwesentlicher finanzieller Vorteil für die Verwaltung.

In Ländern und bei Verwaltungen, wo die Unterscheidung zwischen ständigem und nichtständigem Personal in anderem Sinne gebraucht wird oder wo zwischen „Beamten" und „Arbeitern" unterschieden wird, wobei als Beamte die vorwiegend geistig Beschäftigten angesehen werden, oder wo fast alle gelernte und ungelernte Handarbeit gegen

---

[1]) Eingehende Darstellung in der Enzykl., 2. Aufl., Art. „Akkordlohn" und „Prämien".

Tag- oder Gedinglohn geleistet wird, daher auch die Zahl dieser „Arbeiter" die der „Beamten" (im Sinne von gegen Jahresgehalt angestellten Personen) weit überwiegt, spielt die Frage des „Arbeitslohnes" offenbar eine viel wichtigere Rolle als in Ländern, wo, wie in Deutschland und Österreich und anderen Staaten nach dem Kriege und Umsturz, der größte Teil der Angestellten, einschließlich Handarbeiter, „Beamte" im Sinne von ständig Angestellten geworden ist.

Entsprechend der rechtlichen und wirtschaftlichen Lage der ständigen Bediensteten ist die angemessene Lohnform der von der täglichen Leistung unabhängige Gehalt, der entweder in Jahres- oder Monatssummen bemessen und regelmäßig in Monats- oder auch Vierteljahresraten ausbezahlt wird.

Das gegenwärtige Lohnwesen der ständigen Bediensteten in Deutschland und Österreich stellt eine enge Verbindung des bekannten „Unterhalts"- mit dem sogenannten „Leistungs-Prinzip" dar. Das erste, wenn rein angewendet, ermöglicht ein sehr einfaches, übersichtliches Löhnungssystem, indem in einer Summe der nach den allgemeinen Wirtschaftsverhältnissen zur standesgemäßen Lebensführung für eine, dem üblichen Durchschnitte entsprechende Familie nötige Betrag zusammengefaßt wird, wobei Unterschiede nach Ort und Zeit durch örtliche und nach den Preisverhältnissen verschieden hoch bemessene Teile des „festen Einkommens" in Form eines Wohnungsgeldes, Ortzuschlages, einer Teuerungs-, auch Familienzulage berücksichtigt werden. Dieses Lohnsystem muß jedoch eine Ergänzung finden im Hinblick auf die objektive Verschiedenheit der Dienstverrichtungen: durch das Leistungsprinzip. Letzteres berücksichtigt die ungleiche Wertigkeit der Leistungen je nach den Anforderungen, welche sie an den Leistenden stellen, z. B. je nach der mit der Stellung verbundenen rechtlichen und wirtschaftlichen Verantwortung, der Schwierigkeit, der körperlichen oder geistigen Anstrengung usw. Hier tritt der andernorts bereits angedeutete Zusammenhang zwischen der bei der Organisation für die Entstehung und Bildung der Dienstzweige und Verwendungsgruppen des Personales ausschlaggebenden Arbeitsteilung und Arbeitsvereinigung mit der Entlohnung besonders deutlich in die Erscheinung.

Die Abstufung der Entlohnung nach dem Wertigkeitsgrade der Dienstverrichtungen kommt sohin durch die Bemessung verschieden hoher Grundgehalte für die einzelnen Verwendungsgruppen, durch Erhöhung der Bezüge nach gewissen regelmäßigen Zeitabschnitten und für die bessere Leistung infolge längerer Ausübung, ferner größtenteils durch besondere Zulagen zum Ausdruck: wie für Nachtdienst, Tunnelzulagen, Kilometer- oder Stundengelder für das Fahrpersonal, Betriebszulage für die Verwendung im ausführenden Betriebsdienst, Schwendungsgelder für Kassierer, Funktions- oder Stellenzulagen für die auf besonders schwierigen Posten zu vollziehenden Leistungen u. dgl.

Zufolge dieser „veränderlichen Bezüge“ ist die Höhe der Entlohnung für die einzelnen, selbst für die in gleicher Verwendung stehenden Leute, verschieden. Dieses Lohnsystem ist also ziemlich verwickelt, verursacht daher viele Rechnungs- und Evidenzhaltungsarbeit. Seine Verbindung mit dem Unterhaltsprinzip bedeutet, daß durch eben dieses das Mindestmaß der Entlohnung bestimmt ist. Die Begründung des deutschen Besoldungsgesetzes enthält für die Bemessung der Lohnhöhe in diesem Sinne den Satz, das Einkommen der Bediensteten in seinem Gesamtbetrage sei so zu bemessen, daß es der „allgemeinen wirtschaftlichen Lage und der Lebenshaltung der Volksgesamtheit im allgemeinen entspricht, daneben aber die Art und die Verantwortlichkeit des Amtes, ferner die erforderliche Vorbildung und Ausbildung des Beamten, endlich das Einkommen, das Angehörige freier Berufe für gleichartige Tätigkeit beziehen, berücksichtigt.“

Das Lohnwesen der Eisenbahnen (auch der Post- und Telegraphenverwaltung) hat nach dem Kriege in Mitteleuropa übrigens eine Gestaltung angenommen, die man nicht anders denn als „Verwilderung“ bezeichnen kann. Insbesondere in Österreich hat das „Zulagenwesen“ einen derartigen Umfang erreicht, daß man fast sagen kann, die „festen“ Bezüge werden nur für die Dienstbereitschaft gezahlt, jede wirkliche Arbeitsleistung muß außerdem durch eine besondere „Zulage“ oder Prämie entlohnt werden. Werden nun Prämien in einer Verwendungsgruppe eingeführt, so werden solche sofort auch von anderen verlangt. Daß dies jede Ertragsfähigkeit der Eisenbahnen ausschließt, liegt auf der Hand.

Für die richtige Bemessung der Arbeitszeit findet die Verwaltung in dem je nach Land und Volk tatsächlich üblichen Ausmaß den Anhalt. Dabei scheiden sich, wie bekannt, die durch eine bestimmte Reihe von Tagesstunden fortgesetzten und die mit Unterbrechungen über eine längere Zeit verteilten Verrichtungen und fallen unter die ersteren alle mechanisierten und geistigen Arbeiten, sowie diejenigen, welche eine angespannte Aufmerksamkeit erfordern, die nur durch eine gewisse Zahl von Stunden den Nerven abzugewinnen ist. Die wohlverstandene Ökonomie besteht darin, mit den Anforderungen an die tägliche Leistung nicht weiter zu gehen als bis zu einer Grenze, bei welcher die Leistungsfähigkeit des Personales dauernd erhalten bleibt. Da die richtige Grenze nicht immer eingehalten wurde, insbesondere hinsichtlich der zuletzt erwähnten Art von Leistungen, so daß Übermüdung die Gesundheit des Personales oder die Sicherheit des Betriebes gefährdete, so haben, wie bereits ausgeführt (S. 108), manche Regierungen durch gesetzliche Anordnung bestimmter Ruhezeiten eingegriffen. In den angelsächsischen Staaten hat das Personal selbst durch seine gewerkschaftlichen Vertretungen das gleiche bewirkt, von der Ansicht ausgehend, daß die Regelung durch Gesetz eine zu allgemeine, starre Norm ergebe, die den mannigfachen Abweichungen der persönlichen Umstände nicht entsprechen könne. Es haben aber auch die Organisationen der Bediensteten und die Gesetzgebung, welche sich im Interesse dieser betätigen zu müssen glaubte, Beschränkungen der Arbeitszeit durchgesetzt, welche unter das ökonomisch vom Standpunkt des Unternehmens erforderliche und zulässige Leistungsmaß herabgehen. Wenn die Eisenbahnverwaltungen hiegegen innerhalb der bezeichneten Grenzen Widerstand leisten, so vertreten sie mit dem eigenen zugleich die allgemeinen Wirtschaftsinteressen des Landes. Für die mechanisierte Arbeit ist der Normalarbeitstag, für die geistige Arbeit die in anderen Berufen allgemein übliche Arbeitsdauer als durchschnittliche regelmäßige Arbeitszeit von selbst gegeben. Für andere Arbeiten, die zum Teil lediglich in Bereitschaft oder in durch Zeitintervalle unterbrochenen Verrichtungen bestehen, ist eine gleiche zeitliche Begrenzung unbegründet und wirtschaftsabträglich.

Die mechanische Anwendung des 8-Stunden-Arbeitstages auf den Eisenbahnbetrieb hat das erwiesen. Die Folge der strikten Durchführung war, daß gewisse Arbeitskategorien auf die doppelte, selbst dreifache Anzahl von Köpfen gebracht werden mußten, wodurch die Kosten erheblich anwuchsen und die Ausnutzung der Arbeitskraft noch ungünstiger wurde. Es ist daher in allen Ländern die Erkenntnis durchgedrungen, daß für die Eisenbahnen Ausnahmebestimmungen getroffen werden müssen. Eine andere Seite des Gegenstandes ist es, daß überhaupt die gleichmäßige Stundenzahl für alle Arbeiten ohne Unterschied ein Unding ist, da für einzelne, besonders schwere Arbeitsarten, namentlich solche, die unter ungünstigen äußeren Umständen verrichtet werden müssen, selbst 8 Stunden zu viel sein können, während für leichte Arbeiten ohne Beeinträchtigung des Zweckes der Maßregel eine höhere Zahl von Arbeitstunden angemessen wäre. Dieser Gesichtspunkt ist insbesondere für eine spezielle Regelung betreffend die Eisenbahnen zu beachten.

Aufnahme und Ausbildung des Personals. Wohlfahrtspflege. Die Auswahl der für die Anforderungen des Eisenbahndienstes geistig und körperlich geeigneten Personen, ihre Ausbildung für die speziellen Dienstverrichtungen und die darauf beruhende richtige Verwendung der Arbeitskräfte, sämtlich Maßnahmen, die vom Zweck technisch bedingt und gegeben sind, kommen für die Ökonomie zunächst als Kostenpunkt in Betracht (Kosten der ärztlichen Untersuchung der Bewerber auf das Vorhandensein eines gewissen Mindestmaßes körperlicher Eigenschaften; Aufnahmeprüfungen, soweit nicht die nötige Vorbildung als durch Schulzeugnisse erwiesen angenommen wird; Fachschulen und Kurse für die verschiedenen Gruppen von Bediensteten, bei letzteren Maßnahmen der Gesichtspunkt der Erhöhung der Leistungsfähigkeit der betreffenden Arbeitskräfte im Entgegenhalte zu den Kosten des Unterrichts).

In neuerer Zeit hat man sich namentlich in Deutschland für die Feststellung der Eignung zum Eisenbahndienste viel von der sog. „psychologischen Eignungsprüfung“ versprochen, durch die man z. B. die geistige Eignung zum Lokomotivführer feststellen will, indem durch allerhand Laboratoriumsversuche das Fehlen oder Vorhandensein der besonderen Eigenschaften nachgewiesen werden soll, die für diesen Beruf unerläßlich sind (Geistesgegenwart, Raschheit des Entschlußvermögens u. dgl.).

Man will dadurch sogar herausfinden, für welche Betätigung ein Anstellungswerber besonders geeignet sei. Gegen die Brauchbarkeit der bisher angewendeten Methoden sind allerdings schwere Bedenken erhoben worden [1]). Die Wirtschaft interessiert einzig und allein die Frage, ob das Verfahren sich bewährt. Sollte das der Fall sein, dann würden durch seine Anwendung sicher viele zwecklose Ausbildungskosten erspart, Unfälle oder mindestens schlechte Dienstführung vermieden werden und die Anwendung daher vom Kostenstandpunkte angezeigt sein.

Die englischen und namentlich die amerikanischen Bahnen haben bis in die neueste Zeit nach Schulzeugnissen kaum gefragt, von ihrer Beibringung auch nicht die Anstellung für gewisse höhere Posten abhängig gemacht, sondern die Eignung hierzu durch die Dienstführung selbst erweisen lassen. In Europa hat man sich auf die Schulzeugnisse verlassen. Das Richtige liegt gewiß auch hier in der Mitte.

Die fachliche Ausbildung und Fortbildung betreffend, liegt es auf der Hand, daß sowohl die Güte der Einzelleistung als auch das Zusammenarbeiten der einzelnen wie ganzer Gruppen von Bediensteten und der Dienstzweige, um so besser und rascher sein muß, wenn jeder einzelne für seine Betätigung gut geschult und geübt ist, und jeder über den Zweck seiner Arbeit und ihren Zusammenhang mit anderen vollkommen unterrichtet ist. Und es ist weiter kein Zweifel, daß die Verbesserung der fachlichen Ausbildung vieler Gruppen von Eisenbahnbediensteten durch planvoll geleiteten schulmäßigen Unterricht immer mehr zur Notwendigkeit wird, da der Dienst auf verkehrsreichen Strecken infolge der immer verwickelter werdenden Verhältnisse, Einrichtungen, Maschinen und sonstigen Behelfe, heute die Kenntnis einer Anzahl von Gesetzen, Verordnungen, Tarifen und Dienstvorschriften aller Art, ferner den Besitz einer großen Reihe von Fertigkeiten und Übung in der Handhabung vieler und darunter sehr komplizierter Vorrichtungen erfordert, was alles nicht mehr wie ehemals unter den einfachen Verhältnissen im Dienste selber, also durch allmählich gesammelte Erfahrung, erworben werden kann, sondern eben nur durch Unterweisung und Lehre seitens erfahrener Fachlehrer. Durch den Unterricht ist der Erfolg weitaus rascher und billiger zu erreichen als durch die viele Jahre erfordernde praktische Erfahrung im Dienste allein, wobei überdies alle die vielen und oft recht kostspieligen Schäden und Nachteile vermieden werden, die in der Zeit bis zur Gewinnung der praktischen „Rutine“ durch ungeschickte und fehlerhafte Dienstführung angerichtet werden.

Die europäischen festländischen Eisenbahnen sind schon längst zu dieser Erkenntnis gelangt, haben daher wenigstens für einzelne Bedienstetengruppen Schulen oder Kurse eingerichtet, die allerdings sehr verschieden gestaltet und denen verschiedene Ziele gesteckt sind. Es ist nur eine Konsequenz der Einrichtung und das Mittel für Sicherung des Erfolges, daß den Bediensteten Fachprüfungen abgenommen werden, von deren Bestehen die Zulassung zur selbständigen Ausübung der

[1]) Schackwitz: „Über psychologische Berufseignungsprüfungen für Verkehrsberufe“.

betreffenden Dienstverrichtungen und meist auch der Aufstieg in die entsprechende Gehaltstufe abhängt[1]).

Die englischen und amerikanischen Eisenbahnen haben erst in neuerer Zeit angefangen, einzelne Fachschulen ins Leben zu rufen, nachdem sie vorher ausschließlich — auch heute noch überwiegend — die Aneignung der notwendigen Kenntnisse und Fertigkeiten dem einzelnen durch seine Betätigung im Dienste überließen.

Manche Verwaltungen, z. B. die preußischen Staatsbahnen, haben außerdem für einzelne wichtige Bedienstetengruppen genau geregelte Ausbildungsgänge vorgeschrieben, nach denen diese Bediensteten in bestimmter Reihenfolge und je durch bestimmte Zeiträume alle oder doch die meisten in einem Dienstzweige gemäß der eingeführten Arbeitsteilung vorkommenden Teilbetätigungen auch praktisch erlernen und ausführen müssen, z. B. die Baubeamten. Dadurch erwerben Bedienstete, die infolge ihrer Begabung und sonstigen Eigenschaften für die Bekleidung höherer leitender Stellen in Betracht kommen, die erforderliche Vielseitigkeit und den Überblick über den Zusammenhang der einzelnen Arbeitsgruppen und Dienstzweige. Besonders wichtig ist die planmäßige Ausbildung und Fortbildung für alle Bediensteten, von deren Dienstleistung die Betriebsicherheit wesentlich abhängt, wie die Lokomotivführer, die Fahrdienstleiter, die Bau- und Streckenbeamten, ferner für Beamte des Abfertigungsdienstes, denen die Abschließung und Ausführung des Frachtvertrages obliegt. Zu bemerken ist allerdings, daß bisher weder über die Art und den Umfang noch über die Methode des Fachunterrichtes Übereinstimmung der Anschauungen herrscht. Klar ist aber, daß Sparen in diesem Punkte ganz gewiß Sparen an unrichtiger Stelle ist.

Mit der guten Schulung des Personales hängt auch dessen richtige Verwendung zusammen, diese ist eigentlich erst durch sie ermöglicht, denn während der Schulung werden die Fähigkeiten der einzelnen erkannt.

Einen in seinen geldlichen wie gesellschaftlichen Wirkungen immer wichtiger werdenden Zweig der Personalwirtschaft bilden schließlich die Maßnahmen der Wohlfahrtspflege. Wenn sie einerseits auch durch die sozialen Rücksichten angeregt sind, die das Verhältnis zum Berufspersonale auferlegt, so berühren sie andererseits die Interessen des Unternehmens in der Hinsicht, daß durch sie im Wege unmittelbarer und mittelbarer Ursächlichkeit die Leistungsfähigkeit des Personales erhalten und bis zur natürlich gegebenen Grenze erhöht, seine Arbeitsfreudigkeit gehoben und die Leistungen dadurch qualitativ und quantitativ gesteigert werden. Die Wohlfahrtspflege erstreckt sich auf alle Voraussetzungen, von denen die Arbeitskraft und der Diensteifer abhängen, auf alle Mittel, durch die die Leistungsfähigkeit befördert werden kann, und alle Seiten, die sie bietet. Vom Standpunkt der Wirtschaft aus müssen die erforderlichen Aufwendungen als Betriebselbstkosten betrachtet und der Grundsatz festgehalten werden, daß außer dem Unternehmen das Personal nur dann und in dem Ausmaße beizutragen hat, soweit ihre Wirkungen betreffend die Leistungsfähigkeit über das

---

[1]) Eine ausführliche Darstellung dieses Schul- und Prüfungswesens in der Enzykl., 2. Aufl., die allerdings nicht mehr ganz dem heutigen Stande entspricht.

für den Betrieb selbst nötige Maß hinausgehen. So wird wohl niemand zweifeln, daß die Kosten aller Einrichtungen, welche die Unverletztheit der Bediensteten gegenüber den Gefahren des Betriebes, die Erlangung der nötigen Nahrung und den Schutz vor Wettereinflüssen im Dienste sicherstellen sollen, völlig zu Lasten des Unternehmens gehen, daß dagegen zu Veranstaltungen, die sich als Verbesserung oder Erleichterung der aus dem Lohn zu bestreitenden häuslichen Nahrungsmittelbeschaffung, der Kleidung, der Altersversorgung usw. darstellen, auch die Bediensteten selbst beizutragen haben, wofür das Ausmaß allerdings theoretisch nicht bestimmbar ist.

Es ist denn auch überall zu beobachten, daß die Eisenbahnen schon sehr frühzeitig, anfangs wohl nur nach wenigen Richtungen (z. B. Altersversorgung) hin, aber in neuerer Zeit immer mehr den Einrichtungen der Wohlfahrtspflege ihre Aufmerksamkeit und immer größeren Kosten widmen, freilich öfter gedrängt durch das mehr oder minder stürmisch fordernde Personal, ja selbst durch die Gesetzgebung dazu gezwungen. Je mehr aber bei den Verwaltungen die Erkenntnis durchdrang, daß es sich hierbei um Erhaltungskosten ihres „kostbarsten Materiales" handelt, desto williger und sorgfältiger wurde das Gebiet gepflegt. Beispielgebend sind in dieser Beziehung insbesondere die preußischen und die übrigen deutschen Staatsbahnen vorgegangen. In neuester Zeit hat aber auch dieses Gebiet unter dem Druck der sozialdemokratischen Anschauungen eine Überspannung erfahren, indem den Kosten mancher Einrichtungen, die nach der hier vorgetragenen Ansicht auch die Bediensteten mit zu belasten haben, völlig dem Unternehmen auferlegt wurden, z. B. die gesamten Kosten der Altersversorgung.

Für die Aufbringung der von den Verwaltungen zu tragenden Kosten kommen, ihrer verschiedenen Natur entsprechend, verschiedene Wege in Betracht. Eine große Anzahl ausschließlich im Interesse der Verwaltung gelegener solchen Kosten sind reine Betriebskosten und werden als solche gedeckt und gebucht, z. B. Schutzvorkehrungen gegen Verletzungen in den Werkstätten, Unterkunftsräume für die Fahrmannschaften oder Wächter, und anderes, denn sie betreffen Maßnahmen und Einrichtungen, die zur Ermöglichung der Betriebsleistungen gehören. Für Kosten, die nicht regelmäßig auftreten, z. B. aus Unfällen (Heilungskosten, Unfallrenten), aus Krankheiten und ähnlichen Ursachen entstehen (Ärzte, Heilmittel, Spitalpflege, Krankengelder), wird durch Rücklagen und Beiträge, die auf versicherungstechnischer Grundlage errechnet werden, gesorgt. Kosten außergewöhnlicher Anlagen (z. B. Bedienstetenwohnhäuser) werden zunächst durch Aufnahme von Anleihen gedeckt, zu ihrer Verzinsung und Tilgung werden Beiträge, die auf vielerlei Weise ermittelt werden, von den Teilnehmern erhoben. Den wichtigsten Bestandteil der Fürsorgemaßnahmen bilden die Krankenkassen, die Altersversorgung und die Unfallversicherung in der bekannten verwaltungstechnischen Anlage und Durchführung. Dort wo, wie in Deutschland, die Invaliditätsversicherung eingeführt ist, wird auch diese Form der Versicherung dem Eisenbahnpersonal dienstbar gemacht. Dem gleichen Zwecke dienen schließlich eine Reihe anderer das körperliche sowie geistige Wohl der Bediensteten fördernden Maßnahmen und Einrichtungen, welche in ihren Einzelheiten, die das praktische Leben an die Hand gibt, nicht angeführt werden brauchen und die teilweise auch in ihrer Wirkung einer erhöhten Entlohnung gleichkommen.

Die Finanzwirtschaft. Die Unterlage und das Schlußziel aller Wirtschaftsmaßnahmen der Eisenbahnverwaltung bildet die Finanzwirtschaft: die Planmäßigkeit der Kapitalbindung und -Fruktifizierung in dem konkreten Unternehmen. Die Verwaltung nach dem Unternehmungsprinzipe hat für Staatsbahnen wie für Privatbahnen die gleichen Konsequenzen, doch ergibt der Umstand, daß die Wirtschaft der Staatsbahnen mit der gesamten Finanzgebarung je des betreffenden Staates im Zusammenhang steht, für Staatsbahnen in mancher Hinsicht Besonderheiten.

Dies zeigt sich schon bei der Kapitalbeschaffung: der Heranziehung von Teilen des Volksvermögens zum Bau und im Verlaufe der Entwicklung zur Erweiterung der Anlagen. Die auf Staatsbahnen zu verwendenden Kapitalien werden im Wege der Schuldaufnahme von der Finanzverwaltung des Staates beschafft, bilden mithin einen Teil der Staatschuld und es empfangen daher die bezüglichen Wirtschaftsmaßnahmen von der Finanzlage des bestimmten Landes und den Zuständen seiner Finanzgebarung jeweils ihr Gepräge. Nur in untergeordnetem Maße können Teilbeträge des Anlagekapitals aus allgemeinen Staatseinnahmen oder durch Zurückbehaltung von Einnahmen der Bahnen bedeckt werden.

Die Privatbahnen bringen das erforderliche Kapital zum Teil im Wege der Kapitalbeteiligung am Unternehmen (Aktien), zum Teile durch Schuldaufnahme auf. Die Kapitalbeschaffung erfolgt hier durchaus im Rahmen und in den Formen der privaten Kapitalwirtschaft und hängt ab von dem Vertrauen, welches die Unternehmer genießen, und dem Urteile der Kapitalisten über die Güte und die Ertragsaussichten des Unternehmens. Ein Fragepunkt betrifft hier das Verhältnis, in welchem das Kapital der Bahn sich aus Anteilen und aus Schulden zusammensetzt. Je größer die dem Unternehmen gegen festen Zins geliehenen Kapitalbeträge im Verhältnis zum eigenen Kapitale des Unternehmens sind, desto mehr Aussichten auf Dividende bieten die Aktien; ein Umstand, der bei der Aufbringung des Aktienkapitals von Einfluß sein kann. Andererseits ist eine bedeutende Obligationsschuld für das Unternehmen gefährlich, wenn seine Erträge erheblichen Schwankungen ausgesetzt sind und die Möglichkeit besteht, daß der Ertrag unter die zur Verzinsung der Schuld erforderliche Summe herabsinkt. In solchen Fällen kann die Kapitalbeschaffung für Erweiterungen durch Schuldaufnahme gerade dann ausgeschlossen sein, wenn sie am dringendsten ist, und es kann selbst der Bestand des Unternehmens in Frage kommen. Ein gewisses mittleres Verhältnis zwischen eigenem und fremdem Kapitale der Unternehmung, in dem Ausmaße, daß das Aktienkapital nicht bloß eine günstige Schuldaufnahme für den Bau sichert, sondern auch für den künftigen Geldbedarf zu Erweiterungszwecken immer die Unterlage bietet, ist das wirtschaftlich Richtige, verwerflich dagegen die eine Zeitlang im Schwunge gewesene Finanzierungsmethode amerikanischer Bahnen, bei welcher das Aktienkapital nur nominelle Bedeutung hat, das in der Anlage steckende Kapital eigentlich beinahe nur aus Schuldbeträgen besteht. In Europa hat die Staatsverwaltung durch gesetzliche Vorschriften bzw. die Genehmigung auf Einhaltung jenes richtigen Wirtschaftsvorgehens hingewirkt, in Amerika haben die uns bekannten Kapitalverluste und Schäden der Bahnverwaltung in der fehlerhaften Finanzgebarung, der gegenüber der Staat sich gleichgültig verhielt, ihre letzte Ursache.

Von geradezu fundamentaler Bedeutung für das Gedeihen des Unternehmens ist ein von Anfang richtig bemessener Umfang der Kapitalinvestierung. Ist durch ungeschickte oder unredliche Finanzgebarung in dieser Hinsicht das Unternehmen mit einem zu hohen Kapitale bilanzmäßig belastet, so bedeutet das einleuchtenderweise eine dauernde Schmälerung der Ertragfähigkeit und dadurch ein Hindernis guter Verwaltung, da diese sich eben stets durch die Rücksicht auf die Rente gehemmt fühlt. Was in Gründungszeiten in diesem Punkte gefehlt wurde, hat als schwere Bürde auf den Bahnverwaltungen gelegen. Hierher zählen auch die Machenschaften der amerikanischen Börsenspekulanten, welche durch Aufkauf der Titers von zu verschmelzenden Bahnen, über die sie die Herrschaft erringen wollten, und durch die damit in Verbindung gebrachten Kapitalvermehrungen (Verwässerungen) die finanzielle Basis der neugebildeten Unternehmungen fiktiv verbreitert haben. Wie arg die Zustände in dieser Hinsicht noch in den 80er Jahren waren, ergibt sich daraus, daß nach verläßlicher Quelle [1]) die Eisenbahnen der Union, welche i. J. 1893 bestanden, rund 7 Milliarden Dollar gekostet hatten, in der Statistik aber mit einem Anlagekapitale von $10^1/_2$ Milliarden Dollar erscheinen. Zu welchen verderblichen und selbst betrügerischen Finanzmaßnahmen eine solche Überlastung führt oder verführt, insbesondere wenn nach dem eben vorhin Erwähnten kein wirkliches Grundkapital vorhanden ist, und für Erweiterungen Kapitalbedarf eintritt, hat die zitierte Schrift höchst einleuchtend dargelegt.

---

[1]) v. d. Leyen, „Finanz- und Verkehrspolitik der nordamerikanischen Eisenbahnen“.

Bei Staatsbahnen sind solche finanzielle Verfehlungen ausgeschlossen; es könnte sich höchstens einmal um einen Mißgriff bei Aufnahme einer Eisenbahnschuld handeln. Indes ist neuestens doch ein Fall zu verzeichnen, der in seinen finanziellen Wirkungen den besprochenen Kapitalüberlastungen von Privatbahnen gleichkommt. Die Übernahme der Bahnnetze der deutschen Gliedstaaten auf das Reich erfolgte in einer Weise, die mit den Fusionen durch forcierten Aktienankauf fatale Ähnlichkeit hat: Gesetz betreffend den Staatsvertrag über den Übergang der Staatseisenbahnen auf das Reich vom 1. April 1920. Daß hier lediglich politische Zwecke den Bestimmungsgrund abgaben, versteht sich von selbst, und es liegt auch durchaus nicht in der Kompetenz eines wissenschaftlichen Werkes, über diese und die allfällige Möglichkeit eines anderen Vorgehens ein Urteil abzugeben. Die Eigenartigkeit des Falles aber und seine große finanzielle Tragweite für die Geschicke des Eisenbahnwesens in Deutschland macht es notwendig, ihn zu charakterisieren[1]).

Bei der Kapitalbeschaffung für Staatsbahnen entsteht die Frage, ob eine Rentenschuld — ohne oder mit freiwilliger Tilgung — oder eine Obligationschuld gewählt werden solle. Die Praxis der Staatsbahnländer hat geschwankt, es ist aber wohl zu behaupten, daß bei einer Eisenbahnschuld die Tilgung von ausgesprochener Wichtigkeit ist. Nicht eine kommerzielle Amortisation mit Rücksicht auf die Möglichkeit, daß der technische Apparat durch neue Erfindungen an Wert verlieren könne, sondern eine allmähliche Verminderung des Zinserfordernisses auf Grund der Erwägung, daß die wirtschaftliche Entwicklung allgemein in der Richtung auf Sinken des Zinsfußes geht, und daß eine Minderung der Kapitalkosten in der Zukunft die Voraussetzung für eine richtige Preisstellung bilden könne. Verstärkend können noch allgemeine staatsfinanzielle Gründe wirken, welche eine Verminderung der Staatschuld in einem bestimmten Lande angezeigt erscheinen lassen. In Staaten, in welchen eine regelmäßige Schuldentilgung ohnehin gesetzlich gehandhabt wurde, war das gleiche Vorgehen für die Eisenbahnschuld von selbst gegeben, in anderen war die Einrichtung einer speziellen Tilgung der Eisenbahnschulden geboten. Im Sinne dieser Erwägungen spricht es, wenn der Zeitraum der Tilgung verhältnismäßig kurz gegriffen wird; ein Gesichtspunkt, der neuerdings in der Praxis auch zur Anerkennung gelangt.

Für Privatbahnen schließt die Konzessionsdauer den Zwang zur Tilgung ein. Bei Privatbahnen mit unbeschränkter Dauer würden ähn-

[1]) Dr. Adolf Sarter, „Die Reichseisenbahnen", 1920, gibt eine klare Darstellung der Entstehungsgeschichte des Vertrages mit den Gliedstaaten und des bezüglichen Gesetzes, mit objektiver Würdigung der Faktoren, welche wesentlich auf die Maßnahme eingewirkt haben, und eine erschöpfende Darlegung der finanziellen Einzelheiten.

liche Erwägungen wie für Staatsbahnen in Betracht kommen, soweit nicht ohnehin ihnen gegenüber die bestimmte Tilgung eine Bedingung der Anleihegewährung seitens des Privatkapitals ist.

Für Staatsbahnländer kann die Erwägung, daß sie in der Zukunft die Konkurrenz mit Staaten zu bestehen haben werden, in welchen zufolge des Heimfalls des Bahnnetzes dieses mit Anlagekapital nicht oder nur gering belastet ist, einen Grund mehr für die Tilgung der Eisenbahnschuld abgeben. Infolge des Krieges ist diese Eventualität allerdings in weite Fernen gerückt.

Ein Erfordernis und ein Kennzeichen guter Gebarung ist ein wohlbedachter Wirtschaftsplan, mit Rücksicht auf welchen für je eine Betriebsperiode in einem Voranschlage die notwendigen Aufwendungen und die zu erwartenden Eingänge einander gegenübergestellt und nach Tunlichkeit einander angepaßt werden. Die Einhaltung dieses Planes ist durch Bindung der ausführenden Stellen an seinen Inhalt und durch periodische Berichte dieser Stellen über die auf Grund desselben gemachten Ausgaben sowie über die Verkehrsgestaltung zu sichern. Je sorgfältiger die Vorausberechnung in jeder Hinsicht erfolgt, desto geringer werden die unvermeidlichen Abweichungen vom Voranschlage sein, welche die tatsächliche Gestaltung des Verkehres mit sich bringt. Selbstverständlich ist, daß für Störungen durch unvorhersehbare Ereignungen entsprechende Vorkehrungen zu treffen sind. Privatbahnen sind im Maße und in der Form dieser Planmäßigkeit ihrer Wirtschaft unbeschränkt, soweit sie nicht dem Staate Rechnung zu legen haben. Bei kleinen Netzen und einzelnen Linien ist die Wirtschaftsführung in diesem Sinne meist keine allzu schwierige Aufgabe, je umfangreicher jedoch ein Netz ist, je mehr also sein Verkehr von den verschiedenen Ereignissen im Staatsleben und den Schwankungen der Wirtschaft berührt wird, desto größer sind die Anforderungen, welche in diesem Punkte an die Umsicht und Vorsicht der Eisenbahnleiter gestellt werden.

Für Staatsbahnen ist ein wichtiger Umstand in der Beziehung zur allgemeinen Finanzwirtschaft des Staates gelegen, vermöge welcher ihre Wirtschaftsführung durch die budgetrechtlichen Verfassungsbestimmungen beeinflußt wird. Die Folge dieser Beeinflussung ist bekanntlich, daß der Wirtschaftsplan der Staatsbahnen der vorgängigen gesetzlichen Festlegung in einem Voranschlage unterworfen ist, dem Budget oder Etat, auf dessen Einhaltung von der Verwaltung die äußersten Anstrengungen zu richten sind. Das Maß dieser Bindung hängt davon ab, inwieweit der Voranschlag in die Einzelheiten der Ansätze eingeht. Je ausführlicher der Voranschlag in dieser Hinsicht ist, um so mehr ist die Verwaltung durch ihn gebunden. Budgetrechtliche Vorschriften oder Gepflogenheiten der Finanzpraxis werden hiernach für die Staatsbahnverwaltung bestimmend. Die Natur der Eisenbahnverwaltung erfordert aber eine größere Freiheit der Bewegung, als solche der Wirtschaftsführung in anderen Zweigen der Staatsverwaltung gelassen ist. Diesem Umstande muß in irgend einer Weise Rechnung getragen werden. Zum Teil kann es dadurch geschehen, daß der Verwaltung Übertragungen in mehr oder minder ausgedehntem Maße eingeräumt werden. Ein anderes Mittel ist, daß der Verwaltung zum Ausgleiche von Schwankungen im Kapitalbedarf Fonds zur Verfügung gestellt werden. Am durchgreifendsten aber ist die Maßregel, die Staatsbahnverwaltung überhaupt im Entwurfe und der Durchführung des Wirtschaftsplanes innerhalb der eigenen Mittel selbständig zu stellen, lediglich mit Vorbehalt der allgemeinen Kontrolle von oberster Stelle. Solche Selbständigkeit der Staatsbahnverwaltung findet jedoch ihre Grenzen daran, daß die Aufnahme von Anleihen von der Finanzverwaltung des Staates abhängt, und andererseits in dem Kontrollrechte des Parlamentes, dem es zusteht, Abänderungen am Voranschlage der Staatsbahnverwaltung auf Antrag der Aufsichtsbehörde oder selbst von einzelnen Parlaments-Mitgliedern zu beschließen. Die Vorteile dieser Einrichtung werden durch ihr Gegenbild recht ersichtlich. Wenn der Voranschlag der Eisenbahnverwaltung in Übereinstimmung mit der allgemeinen Finanzverwaltung als Teil des gesamten Staatsvoranschlages behandelt wird, so führt dies leicht zu einer Unklarheit über die finanzielle Lage der Staatsbahnen, da die Ausgaben für diese nicht durchwegs von den allgemeinen Staatsausgaben getrennt erscheinen, und es entsteht mit Rücksicht auf die Verwendung von Überschüssen der Staatsbahnen für Staatszwecke die Gefahr, daß dauernde Staatsausgaben auf die schwankenden Einnahmen der Staatsbahnen gegründet werden und die Eisenbahnverwaltung in den Mitteln zur Fortentwicklung des Unternehmens und zur Erfüllung der Anforderungen des Verkehres zu knapp gehalten wird. Die Erkenntnis dieser bedenklichen Seite des Verhältnisses hat auch bereits dazu geführt, ein Gegenmittel zu suchen. In Preußen hat man ein solches in der Begrenzung des Betrages gefunden, bis zu welchem Überschüsse der Staatsbahnen für allgemeine Staatsausgaben verwendet werden dürfen. Überschüsse, welche darüber hinausgehen, sind sohin für die Zwecke der Eisenbahnverwaltung verfügbar, was dieser ersichtlich eine gewisse Unabhängigkeit von der Finanzwirtschaft des Staates gewährt.

Die Frage, *ob* überhaupt, bzw. die These, *daß* Überschüsse des Staatsbahnbetriebes für allgemeine Staatszwecke verwendet werden dürfen, und die Bedingungen, an welche dies zu knüpfen ist, ist nicht eine betriebsökonomische Frage, sondern ein Punkt des Finanzprinzips der öffentlichen Unternehmung und hat daher bereits bei diesem (S. 64) ihre Erörterung gefunden.

Die Schweiz hat eine gegenteilige Entscheidung getroffen. Überschüsse der Bundesbahnen dürfen nach Gesetz nicht zu allgemeinen Bundeszwecken verwendet, sondern sollen — nach Abzug der zur Verzinsung und Tilgung der Bundesschulden und der für den Reservefonds erforderlichen Beträge — nur im Interesse der Bundesbahnen zur Hebung und Erleichterung des Verkehres, insbesondere zur Herabsetzung der Personen- und Gütertarife und zur Erweiterung des schweizerischen Eisenbahnnetzes gebraucht werden. Das schießt übers Ziel. Zunächst mag die Anordnung für einen gewissen Zeitraum angezeigt sein, solange eben die wirtschaftlichen Voraussetzungen für Herabsetzung von Tarifen und für Erweiterung des Bahnnetzes bestehen. Für eine Zeit aber, in der diese Voraussetzungen nicht mehr bestehen, erscheint jene Bestimmung sachlich verfehlt. Das Verbot solcher Verwendung könnte zu wirtschaftlich unrichtigen Tarifen oder zu unwirtschaftlicher Gebarung in den Ausgaben führen. Gegenwärtig dürfte übrigens die Frage, was mit Überschüssen anzufangen, den Staatsbahnverwaltungen auf längere Zeit hinaus keine Sorge bereiten.

Aufgabe der finanziellen Verwaltung ist es vor allem, die mit dem Kapitale des Unternehmens geschaffenen Anlagen in stets nutzbarem Stande und damit ihre Wertbeständigkeit zu erhalten, wobei insbesondere auch Störungen, die von außen her eintreten können, wirksam zu begegnen ist. Hier tritt neben der schon aus den Anforderungen des Betriebes erwachsenden ordentlichen Erhaltung die Sorge für regelmäßige Erneuerung in den Gesichtskreis. Die Ansammlung von diesem Zwecke gewidmeten Fonds aus den Erträgnissen der Jahre, über die sich die Abnutzungszeit erstreckt, ist eine so naheliegende Maßregel vorsichtiger Gebarung, daß sie schon frühzeitig von gut verwalteten Bahnen für den Oberbau und das Rollmaterial ins Werk gesetzt wurde, nachdem die einschlägigen Erfahrungen vorlagen. Für die übrigen Anlagebestandteile, deren Abnutzung auf sehr lange, fast unbestimmte Zeit hinausreicht, glaubte man mit der laufenden Erhaltung das Auslangen zu finden, ist aber gegenwärtig ebenfalls zu genauer Rechnung übergegangen. Vordem wurden allerdings bei besonders sorgsamer Verwaltung Reservefonds mit offengelassener Bestimmung angelegt, aus welchen vorkommendenfalls für solche Zwecke geschöpft werden konnte.

In manchen Bahngebieten bewirken Naturgewalten in unregelmäßiger Wiederkehr Zerstörungen am Bahnkörper, die namhafte Wiederherstellungskosten mit sich bringen. Diese bilden einen Posten im Erneuerungskalkül, dem durch einen besonderen Ansatz Rechnung zu tragen ist.

Was die richtige Ökonomie von selbst anzeigt, wurde von seiten der Staatsverwaltung vielfach den Privatbahnen als Pflicht auferlegt. Hierzu gab wohl die Erwägung Anlaß, daß schwächere Gesellschaften, um die Betriebsüberschüsse nicht zu sehr zu schmälern, die Durchführung von umfassenden Erneuerungen nicht rechtzeitig im vollen gebotenen Umfange vornehmen würden. Das Ausmaß der betreffenden Rücklagen kann in einer allgemeinen Anordnung nicht festgestellt, sondern muß dem fachlichen Ermessen der Aufsichtsbehörde im einzelnen Falle anheimgegeben werden.

Bei einem großen Staatsbahnnetze, bei welchem alljährlich abwechselnd Erneuerungen der verschiedenen Anlagebestandteile vorfallen, gleichen sich die Kosten zwischen den einzelnen Jahren meist annähernd aus, und es kann daher eine Vereinfachung dadurch herbeigeführt werden, daß die Erneuerungen aus dem Betriebe bestritten werden, von der Ansammlung von Erneuerungsfonds also abgesehen wird.

Daß bei kleineren Bahnnetzen die Folgen von Schädigungen der Anlagen und Betriebsmittel durch Unfälle mittels Versicherung auszugleichen sind, ist ein so naheliegender Gesichtspunkt, daß die Andeutung genügt (Versicherungsverbände).

Für eine nicht absehbare Zeit handelt es sich bei der Eisenbahn nicht bloß um Erhaltung der Anlagen im gegebenen Bestande, sondern um ihre Ausbildung im Sinne der Erweiterung und Verbesserung. Jeder Kapitalaufwand in dieser Richtung wäre, streng genommen, auf Anlagekonto zu buchen. Es wirft sich jedoch die Frage auf, ob nicht regelmäßige Einnahmen des Betriebes bis zu einem gewissen Maße hierzu herangezogen werden können oder sollen. Es fehlt nicht an Gründen, die dafür geltend gemacht werden können. Bei den Erhaltungsarbeiten wird vielfach eine Verbesserung der Anlagen ohne besondere Kosten oder nur mit einem geringen, oft schwer ausscheidbaren Mehraufwande bewirkt. Hier sprechen schon praktische Rücksichten für einfache Rechnung. Aber auch für größere Beträge kann die Bestreitung der Kosten aus den laufenden Einnahmen sich motivieren als eine Belastung der Gegenwart zugunsten der Zukunft, die in dem dauernden Interesse des Kapitals an dem Unternehmen ihre Begründung findet. Insbesondere gilt dies für Bahnen im Besitze des Staates, der ja auch die wirtschaftliche Einheit von Generationen verkörpert. Es kommt schließlich auf die Frage des Maßes hinaus. Es rechtfertigen sich verhältnismäßig geringe Aufwendungen zu Lasten der Gegenwart, welche die Ergebnisse des einzelnen Betriebsjahres nicht stark berühren, in der Häufung ihrer Aufeinanderfolge aber einen erheblichen Vorteil für die künftige Betriebsführung bringen, und es ist zu solchen um so mehr Anlaß, wenn eine Periode ungewöhnlich günstiger Erträge an die Möglichkeit minder günstiger Gestaltung in der Zukunft erinnert.

In Preußen werden Kosten der Ergänzung vorhandener Anlagen, die unter 100 000 Mark betragen, als ordentliche Ausgaben behandelt. Hierbei können, wenn solche Arbeiten in reichlicher Menge zusammentreffen, immerhin recht bedeutende Summen in einem Jahre auflaufen. Ob diese Bestimmung, offenbar unter dem Eindrucke günstiger Ertragsverhältnisse der Bahnen entstanden, auf die Dauer haltbar ist, kann fraglich erscheinen: jedenfalls ist sie streng auszulegen in der Weise, daß Erweiterungen nicht als Ergänzung bestehender Anlagen anzusehen sind.

Ganz verfehlt wäre es, die Kosten von Erweiterungen der Bahn und des Fahrparkes aus den Betriebsfonds zu bestreiten, wie ein Beschluß des preußischen Abgeordnetenhauses verlangte. Das würde bedeuten, daß die Erweiterungen an der jeweiligen Höhe der Betriebsüberschüsse ihre Grenze finden müßten: ein Akt offenliegender Wirtschaftswidrigkeit. Auf dasselbe läuft ein Beschluß hinaus, die Mittel zur Vermehrung der Fahrzeuge auf das Ordinarium zu übernehmen.

Sehr dehnbar ist der Wortlaut des Schweizerischen Eisenbahnrechnungsgesetzes v. J. 1896, demzufolge Kosten der Ergänzungs- und Neuanlagen oder Anschaffung von Betriebsmaterial dem Baukonto nur belastet werden dürfen, wenn dadurch eine Vermehrung oder wesentliche Verbesserung der bestehenden Anlagen und Einrichtungen im Interesse des Betriebs erzielt wird. Welche Verbesserungen, obschon aus Betriebsrücksichten notwendig, nicht als wesentliche, d. h. erhebliche, ‚anzusehen seien, darüber können die Ansichten im einzelnen Falle geteilt sein, es ist somit willkürlicher Auslegung Raum gegeben. Nur in einem Punkte ist eine genaue Bestimmung getroffen, nämlich: daß Ausgaben für die Verbesserung oder Verstärkung des Oberbaues dem Baukonto nicht angelastet werden dürfen. Diese Bestimmung kann für eine gewisse Zeit guten Sinn haben: auf die Dauer ist sie durch nichts stichhaltig begründet.

Erwähnung verdient im Zusammenhange die in Preußen i. J. 1910 eingeführte Bestimmung, daß von den Betriebsüberschüssen der Staatsbahnen jährlich ein Betrag von 1,15% des Anlagekapitals der Verwaltung zum Zwecke des Extraordinariums, das ist tatsächlich zur Verwendung für e r h e b l i c h e Erweiterungen, überwiesen werde. Das bedeutet eine entsprechende Verminderung der Schuldaufnahme für diese Zwecke, ist also eine Maßregel lediglich staatsfinanzieller Natur, welche die Eisenbahnverwaltung nicht berührt. Solche Zuwendungen, wie auch gelegentliche Bewilligung von Extraordinarien aus anderen Staatsmitteln, ergeben eine Vermehrung des Anlagekapitales ohne Steigerung der Eisenbahnschuld, was die Finanzverwaltung im einzelnen Falle als rätlich befinden mag, für die Eisenbahnverwaltung aber gleichgültig ist. Durch die politischen Ereignisse ist jene Maßregel von selbst hinfällig geworden.

Ein wichtiger Gesichtspunkt für die finanzielle Verwaltung der Eisenbahnen ergibt sich aus der Tatsache, daß durch Umstände verschiedener Art in zeitlichen Zwischenräumen erhebliche Schwankungen der Einnahmen und der Ausgaben verursacht werden, deren Eintreten und Ausmaß häufig nicht vorherzusehen ist und die mehr oder minder unerwünschte Störungen in den Erträgnissen des Unternehmens herbeizuführen geeignet sind. Eine planmäßige Wirtschaft rechnet mit solchen Zwischenfällen und schwächt ihre Folgewirkung vorhinein dadurch ab, daß aus den Überschüssen Rücklagen angesammelt werden, welche die Bedeckung der durch die erwähnten Ereignisse entstehenden Ausfälle ermöglichen. Mit Recht werden die derart angesammelten Beträge als Ausgleichsfonds bezeichnet. Dem Zwecke dienten auch zuweilen die Reservefonds zur Zeit des Privatbahnwesens. Da ihre Mittel für die gedachten Fälle zur freien Verfügung der Verwaltung standen, so wurden sie auch Dispositionsfonds genannt. Mehr als des Hinweises bedarf dieser Punkt nicht.

In einem anderen Sinne ist die Bildung eines Ausgleichsfonds staatsfinanziell angezeigt, nämlich, um die Verwendung der Überschüsse von Staatsbahnen für allgemeine Staatsausgaben vor Störungen der erwähnten Art zu bewahren. Die Folge von solchen wäre es, daß in manchen Jahren der Staatsbahnbetrieb keinen oder einen zu geringen Überschuß zeigt, so daß für allgemeine Staatszwecke nichts oder zu wenig erübrigt. Um auch hier die erwünschte Regelmäßigkeit herbeizuführen, ist eben ein Ausgleichsfonds das geeignete Mittel. Auch das ist eine Maßregel, die nicht der Eisenbahnverwaltung an sich zugehört. In Preußen wurde ein Ausgleichsfonds mit dieser Bestimmung geschaffen. Um ihn von dem Ausgleichsfonds für den Bereich der Staatsbahnverwaltung zu unterscheiden, wurde letzterer Dispositionsfonds genannt.

An die bezeichneten speziellen Gesichtspunkte der Finanzwirtschaft schließt sich ihre allgemeine Aufgabe, die sich jeweils bietenden Anwendungsfälle der Betriebsökonomie in ihrer Gesamtheit in Beziehung zu dem Schlußergebnisse, dem Kapitalertrage des Unternehmens, zu setzen. Hierzu kommen sie in ihrem Zusammenhange und nach ihrer Dauerwirkung in Betracht, doch auch unter Bedachtnahme auf die Gestaltung der Einnahmen, welche die Verkehrsentwicklung mit sich bringt. Nach dem Gesamtergebnisse der Erwägungen wird die Entscheidung über bestimmte Maßnahmen getroffen und sie kann unter Umständen eine andere sein als diejenige, welche eine gesonderte Beurteilung anzeigen würde. So mag z. B. einer Tarifermäßigung, die einen Ausfall erwarten läßt, vom finanziellen Standpunkte dennoch zugestimmt werden, wenn etwa gleichzeitig andere Maßnahmen Ersparungen ermöglichen oder eine günstige Verkehrskonjunktur ein Gegengewicht bietet. Von demselben Standpunkte kann eine Kostenminderung das Motiv zu einer Neuordnung der Verwaltung sein und die Einzelheiten der Organisation bestimmen, und das kann im Zusammenhang stehen mit einer Kostengestaltung, welche durch unvermeidliche Maßnahmen der Personalwirtschaft bedingt ist. Das war bei der letzten Organisation der preußischen und der bayerischen Verwaltung der Fall, durch welche die erstere den Beamtenstand der allgemeinen Verwaltung um 16,8% verminderte und die letztere beim Personale des höheren Dienstes eine Minderung um 51%, beim mittleren Dienste eine solche um 42% durch Abgabe von Geschäften vom höheren an das mittlere und von diesem an das untere Personal vorsah. Der Gesichtspunkt ist gegenwärtig wieder aktuell und steht auch bei der geplanten Neuordnung der Verwaltung der Schweizerischen Bundesbahnen im Vordergrunde. Die Finanzwirtschaft erscheint also gegenüber den einzelnen Dienstzweigen als die höhere, alles überschauende Warte, von der aus die Maßnahmen der Betriebsökonomie endgültig entschieden werden.

Betriebsergebnisse als Früchte und Prüfstein der Verwaltung. Betriebszahl und Reinertrag. Wie bei jedem Unternehmen bildet auch bei der Eisenbahn die Feststellung des Erfolges der Geschäftstätigkeit den Abschluß der Wirtschaftsführung in jeder Betriebsperiode. Hiermit verknüpft sich die Prüfung, inwieweit die Betriebsergebnisse in Einnahmen, Ausgaben und Ertrag auf die Betätigung der Geschäftsleitung zurückzuführen sind.

Eine Würdigung der Betriebsergebnisse in diesem Sinne von außenstehender Seite ist nur in sehr bedingter Weise und unsicher möglich. Schon aus der Darstellung der Betriebskosten und Betriebsysteme leuchtet von selbst hervor, wie schwierig es ist, die richtige Handhabung oder den Mangel entsprechender Ökonomie des Betriebes, namentlich der Ökonomie im engsten Sinne, durch Vergleiche der Betriebsergebnisse verschiedener Bahnen prüfen und erweisen zu wollen. Wenn schon so häufig anderswo, so gilt hier im hervorragenden Maße das Wort, daß statistische Ziffern, und vollends Durchschnittsziffern, eher einer Erklärung bedürfen als etwas erklären. Der Grund liegt darin, daß die Betriebsausgaben von einer Reihe äußerer Faktoren mitbestimmt werden, die bei den einzelnen Bahnlinien verschieden gestaltet sind, und es somit einer sorgfältigen, mit Eindringen in alle Einzelheiten geführten Untersuchung bedarf, bis zu welchem Grade ein konkretes Betriebsergebnis von diesen gegebenen Bedingungen abhängt und welchen Anteil eine befriedigende oder unbefriedigende Ökonomie daran habe. Daß die absoluten Zahlen der Betriebskosten für eine Längeneinheit der Bahnlinie an sich so gut wie gar nichts besagen, ist klar. Sie sind verursacht von den Anlageverhältnissen, von der Stärke und Art des Verkehres und von den Preisen der Materialien und den Löhnen. Erst wenn die bezeichneten Momente in ihrer Einwirkung auf den Betrieb feststehen, hat das Urteil über die Ökonomie Spielraum.

Es ist ungemein schwer, diese Momente mit Sicherheit zum rechnungsmäßigen Ausdruck zu bringen, abgesehen davon, daß manche der einschlägigen Umstände in ihrer Wirkungsweise noch nicht zweifellos erforscht sind. Von den *Anlageverhältnissen* ist die Einwirkung der Steigungen und Krümmungen auf die Betriebskosten im großen und ganzen, wie wir wissen, ziemlich genau bestimmt und die virtuelle Länge kann in dieser Hinsicht einen Maßstab für Vergleichung abgeben. Aber damit sind die Einflüsse der Anlageverhältnisse noch nicht erschöpft; um so weniger, wenn wir auch die klimatischen Verhältnisse hierher zählen. Die Beschaffenheit der Materialien, die Güte der Ausführung der Anlage, das Klima in seinen verschiedenen Äußerungen und eine Reihe „kleiner Ursachen" kommen ins Spiel, die natürlich kaum je allgemein ziffermäßig zu bemessen sein werden. Auch bei Vergleichung der Betriebskosten für die Bahnnetze ganzer Länder muß, um genau zu sein, diesen Umständen Rechnung getragen werden, da die Ausgleichung der vernachlässigten Momente im Durchschnitte nicht zutrifft.

Was den Einfluß der Verkehrsgestaltung mit ihrer tiefgehenden Einwirkung auf den Betrieb betrifft, so ist leicht einzusehen, daß, wenn die relativen Betriebskosten (I. Bd., S. 81) unter übrigens gleichen Umständen in umgekehrtem Verhältnisse zur Stärke des Verkehres stehen, das gleiche in betreff ihrer absoluten Ziffer keineswegs der Fall zu sein braucht. Im Gegenteile: das Produkt aus der Menge der Leistungsakte und den Kosten der Einheit ergibt bei den Bahnen mit intensivem Verkehre — immer alles übrige als gleich angenommen — eine größere Zahl als bei Bahnen mit extensivem Verkehre und bei Bahnen zweiter und dritter Ordnung, wobei natürlich in den Mittelstufen (vollends unter dem Einflusse der anderen mitsprechenden Momente) das Produkt sich gleichstellen kann. Es wird daher, so wenig es für sich allein etwas beweist, wenn bei Bahnen mit verschiedener Verkehrstärke die absolute Ziffer der Betriebskosten für das Bahnkilometer die nämliche ist, doch im allgemeinen bei bedeutendem Abstande des Intensitätsgrades diese Betriebskostenziffer bei Bahnen mit starkem Verkehre, wenn nicht die anderen Faktoren entgegenwirken, namhaft höher sein müssen als bei Bahnen mit schwachem Verkehre, und bei letzteren wieder höher als bei Lokalbahnen, wenngleich die relativen Betriebskosten sich umgekehrt verhalten.

In Frankreich z. B. berechneten sich in den 70er Jahren die Betriebskosten für 1 Zugkilometer auf dem alten Netze nur um weniges höher als auf dem neuen und folglich, da die Zahl der Zugkilometer bei letzterem nur die Hälfte von der bei ersterem beträgt, die absoluten Betriebskosten für 1 Bahnkilometer auf etwas mehr als das Doppelte der Betriebskosten der Nebenbahnen. Bei Lokalbahnen kommt, wenn man die damals für mittlere Verhältnisse von verschiedenen Seiten übereinstimmend berechneten Kosten (2 Frcs. das Zugkilometer gegen etwas über 3 Frcs. bei den Bahnen höherer Ordnung) in Vergleich zieht, gegenüber den Betriebskosten des alten Netzes rund $^1/_4$, gegenüber dem Durchschnitte des alten und neuen Netzes $^1/_3$ zum Vorschein. Die relativen Betriebskosten stellten sich hingegen — sämtliche Transporte auf gewöhnliche Frachttransporte zurückgeführt [1]) — für das alte Netz

---

[1]) Nach Ch. Baum: *Resultats de l'exploitation des ch. de fer*, 1877.

auf 66 Cent., für das neue Netz auf 96 Cent. für 1 Tonnenkilometer, waren somit auf den Nebenbahnen (und bei den Lokalbahnen war kein großer Unterschied des Betriebes) um 45% höher, was die allgemeine These treffend beleuchtet.

Da die Zunahme der Verkehrstärke allgemein im Vorschreiten der Zeit erfolgt, so muß sich die erwähnte entgegengesetzte Bewegung der absoluten- und der relativen Betriebskosten auch im Verfolge der zeitlichen Entwicklung zeigen. Dies kann mit Daten, zu denen die preußische Eisenbahn-Statistik das Material liefert, belegt werden. In nachfolgender Tabelle sind im Durchschnitte der gesamten preußischen Bahnen die absoluten und die relativen Betriebskosten einander gegenübergestellt, wobei nur die letzteren einer Erläuterung bedürfen. Sie bezeichnen die auf die Nutzungseinheit und Wegeinheit entfallenden Betriebskosten; die Leistungseinheit begreift in sich Personen- und Tonnenkilometer summiert, was auf der, allerdings nicht genau zutreffenden, aber vielfach für annähernde Kalküle angewendeten Annahme beruht, daß bei der Betriebskostenaufteilung für 1 Personenkilometer beiläufig dieselbe Ziffer sich ergibt wie für 1 Tonnenkilometer Durchschnittsfracht.

Hiernach berechnen sich für das bezeichnete Bahnnetz in Mark

im Jahre	die Betriebskosten für 1 *km*	Leistungseinheiten auf 1 *km*		Betriebskosten für die Leistungseinheit
		Personenkil.	Tonnenkil.	
1844	6,402	192,077	31,071	0,028
1850	6,528	146,324	66,106	0,030
1855	12,372	141,356	177,298	0,038
1860	10,947	160,141	170,705	0,033
1865	14,727	212,693	336,754	0,027
1870	16,389	279,185	374,347	0,025
1875	18,551	241,778	471,648	0,026
1880	15,680	178,911	458,788	0,026
1885	16,907	230,864	510,082	0,023
1890	21,386	300,489	628,346	0,023
1895	19,546	346,191	638,353	0,020
1900[1]	27,081	469,992	828,049	0,021
1905[1]	30,342	553,607	907,131	0,021
1910[1]	38,852	693,921	1037,174	0,022

Der starken Zunahme der absoluten Ziffer der Betriebskosten gegenüber ist also zuerst ein geringeres Ansteigen, dann ein positiver Rückgang der relativen Betriebskosten zu bemerken. Durchschnittsrechnungen für längere Perioden würden natürlich mit der Elimierung der Folgen vorübergehender Konjunkturen eine noch größere Gleichmäßigkeit der Erscheinung zeigen. Selbstverständlich ist auch vorstehender Kosten-Einheitsatz nur eine Durchschnittszahl, die einen über diese Exemplifikation hinausreichenden Wert nicht besitzt.

Zu den Konsequenzen der Verkehrstärke für das Verhältnis zwischen Aktiv- und Passivleistungen kommt der nämliche Einfluß der Art des Verkehres: seiner Bestandteile, seiner Richtungen, seiner Ansprüche. Ergeben derlei Abweichungen in kleinerem Maßstabe leichtere Grade der Betriebsbeeinflussung, so werden sie in großen Verhältnissen zu einem ganz maßgebenden Umstande, was beim Vergleiche einzelner Bahnen wohl zu beachten ist, während im Durchschnitte ganzer Länder die Verhältnisse sich verwischen.

[1]) Vereinigte preußisch-hessische Staatsbahnen.

Daß endlich die Geldpreise der Betriebsmaterialien und der Stand des Arbeitslohnes, somit die gesamten wirtschaftlichen Zustände des Landes, auf die Betriebskosten der Bahnen von bestimmendem Einflusse sind, wird kaum je übersehen werden und bedarf keiner weiteren Auseinandersetzung. Die Ereignisse der jüngsten Vergangenheit sind wohl eindrucksvoll für jedermann und die Eisenbahngeschichte zeigt, in welchem Maße die Betriebsauslagen der Bahnen wiederholt von der Konjunktur in dieser Hinsicht berührt worden sind.

Aus allem dem ergibt sich, mit welcher Vorsicht bei Schlüssen aus den Gesamt-Betriebsauslagen auf die Ökonomie und bei Vergleichen verschiedener Bahnen, verschiedener Bahnnetze und verschiedener Betriebsperioden vorgegangen werden muß.

Auch das Verhältnis der Ausgaben zu den Roheinnahmen des Betriebes gewährt keinen besseren Aufschluß. Es ist dies der viel beachtete Betriebs-Koeffizient, jetzt Betriebszahl genannt. Eine ungünstigere Gestaltung dieser Verhältniszahl gegenüber einem Vergleichsobjekte kann ebensowohl auf unzureichende Ökonomie oder von dieser unabhängige höhere Kosten als auf niedrigere Transportpreise oder geringere Transportmengen zurückzuführen sein. Es ist immer eine Aufgabe, welche die Beherrschung aller Einzelheiten der konkreten Betriebe voraussetzt, eine gegebene Ziffer dieser Art nach den einzelnen mitwirkenden Ursachen sicher zu analysieren. Allgemein ist indes eine Entwicklungstendenz festzustellen. Da sich gesteigerte Intensität des Verkehres und niedrigere Transportpreise wechselseitig bedingen, der Grad dieser Wirkung mit ihrer Dauer und ihrem Fortschreiten aber relativ schwächer wird, da ferner mit zunehmender Verkehrsintensität zwar je innerhalb des relativen Intensitätsmaximums infolge des Gleichbleibens der Generalkosten die Betriebskosten der Lastleistungseinheit abnehmen, die fortschreitende Steigerung des Intensitätsgrades aber die Anlagekosten erhöht, und da bei den höheren Intensitätsgraden des Verkehres mit dem dann erforderlichen Betriebssystem sich wieder Betriebskosten steigernde Momente einstellen, so zeigt das Betriebskostenperzent bei schwachem Verkehre am Beginne der Entwicklung einen hohen Satz, sinkt mit der wachsenden Verkehrsdichte herab und nimmt bei den höheren Intensitätsgraden wieder eine aufsteigende Richtung an. Sowohl in der Geschichte jeder einzelnen Bahn als beim Vergleiche von Bahnen verschiedener Verkehrstärke tritt dieses „Gesetz“ hervor, obwohl vielfach durchbrochen durch die Wirkung jener anderen, hemmend oder bestärkend auftretenden Faktoren. Aus letzterem Grunde ist daher auch auf rein empirischem Wege, d. h. durch Folgerung lediglich aus den Zahlen der Statistik, irgendeine Gesetzmäßigkeit nicht abzuleiten. Vollends bei Durchschnittsziffern für ganze Verkehresgebiete wird durch das Zusammenwerfen von Bahnen verschiedener Entwicklungstufe und verschiedener Klasse das Gesamtresultat bis zu völliger Wertlosigkeit in der bezeichneten Hinsicht beeinträchtigt.

Veränderungen der Betriebszahl (%) in den Ländern, für welche sie am weitesten zurückzuverfolgen ist [1]).

Jahr	Belgien	Deutschland	Frankreich	Großbritannien und Irland	Österreich
1845	72,25	52,3	48,17	—	—
1850	62,68	47,6	46,82	—	—
1855	51,71	51,08	41,90	47,5	53,3
1860	47,57	45,98	47,5	48,0	41,1
1865	51,39	45,0	48,8	49,0	38,2
1870	55,66	53,10	48,2	48,0	39,6
1875	65,75	58,80	50,2	54,0	54,47
1880	60,03	53,93	49,8	51,0	57,07
1885	58,96	56,38	54,4	53,0	60,07
1890	59,83	60,22	51,4	54,0	53,71
1895	59,20	55,99	53,6	56,0	48,80
1900	67,83	63,52	54,3	61,8	55,38
1905	62,6	63,22	52,2	61,75	52,80
1910	66,23	67,01	58,7	62,2	58,92

Nur die Folgen allgemein wirkender Ursachen können erkennbar sein und sind in der Tat erkennbar, z. B. in der übereinstimmenden aufsteigenden Richtung der Betriebszahl infolge der Änderung in den Preisverhältnissen und gleichzeitig des überstürzten Bahnbaus in den 70er Jahren und später wieder des starken Ansteigens der Preise und Löhne von Mitte der 90er Jahre an. Die letzte Steigerung ist um so ausgesprochener, als sie bei gleichzeitigem starken Anwachsen der kilometrischen Verkehrseinnahmen platzgreift.

Dagegen kann allerdings bei einem bestimmten Unternehmen der Vergleich der Betriebsergebnisse aufeinander folgender Jahre einen Anhaltspunkt zur Beurteilung der Geschäftsführung insofern abgeben, als bei gleichbleibenden übrigen Umständen eine Steigerung der Betriebszahl auf irgend eine verfehlte Maßnahme schließen läßt. So wird eine mißglückte Tarifreform oder vielleicht eine ungeschickte Organisation sich in dieser Weise äußern. Man darf aber den Einfluß nicht übersehen, welchen Schwankungen der allgemeinen Geschäftskonjunktur auf die Betriebsergebnisse, unabwendbar von der Verwaltung, ausüben: plötzliche ungewöhnliche Anspannung des Verkehrs mit nachfolgender Abflauung infolge eingetretener Krise. Solche Verkehrskonjunkturen sind in stärkerem Maße in den Jahren 1901, ferner 1907/08 und neuerdings 1912/13 zutage getreten; die letzte allerdings durch die politischen Ereignisse in ihrer Ausreifung unterbrochen. Offenberg hat ihren Verlauf anschaulich geschildert [2]). Sie zeigen eine erhebliche Wirkung auf Einnahmen und Ausgaben, jedoch in der Art, daß die

[1]) Hauptsächlich nach Enzykl., 2. Aufl., Art. „Betriebsergebnisse". Die Zahlen der Jahre 1845 und 1850 für Deutschland gelten für Preußen.

[2]) „Konjunktur und Eisenbahnen", 1914.

Anpassung der Ausgaben den Schwankungen der Einnahmen nachhinkt. Die Betriebsausgaben folgen zunächst der Steigerung der Einnahmen nur langsam, steigen allmählich stärker, werden im letzten Stadium der Hochkonjunktur sogar absolut höher als die Betriebseinnahmen und wachsen trotz des dann eintretenden Rückgangs der Einnahmen zunächst noch weiter, weil sie nicht mit einem Schlage eingedämmt werden können. Bei einer nach Überwindung einer Periode des Stillstands eintretenden neuen Konjunktur wiederholt sich das alte Spiel. Die plötzlich gesteigerten Anforderungen des Verkehres können nur mit äußerster Anspannung des Betriebsapparates erfüllt werden, was an sich höhere Kosten und überdies starken Verschleiß verursacht, den nach geringer gewordenem Verkehre zu beheben besondere Aufwendungen nötig macht. Die Folge ist dann nach der Krise beim Nachlassen des Verkehrs eine erhöhte Betriebszahl, nachdem der aufsteigende Ast der Konjunktur vielleicht eine Verminderung ergeben hat. Eine solche Steigerung des Verhältnisses der Betriebskosten kann der Verwaltung nicht zur Last gelegt werden, außer wenn unterlassen worden wäre, dem erfahrungsmäßig regelmäßigen Ansteigen des Verkehres durch angemessene Stärkung des Betriebsapparates rechtzeitig Rechnung zu tragen; ein Vorwurf, der allerdings gegen die preußische Staatsbahnverwaltung zuletzt, wie es scheint nicht mit Unrecht, erhoben wurde.

Daß es Betriebe gibt, die zufolge eines konstitutionellen Geburtsfehlers unheilbar mit Betriebsabgängen behaftet sind, insbesondere einzelne Linien, die als solche überhaupt nicht lebensfähig sind, hebt die Bedeutung der Betriebszahl in der erörterten Hinsicht ebenso auf wie der Eintritt unabwendbarer äußerer Ereignisse, die gleich den Kriegswirkungen und Kriegsfolgen die Wirtschaftlichkeit ausschließen.

Die nämliche Bedeutung wie die Betriebszahl hat in der Frage der Betriebsüberschuß, in Beziehung zum Anlagekapitale gesetzt, der Reinertrag als Kapitalzins: abermals eine Verhältniszahl, auf welche das Ausmaß des Anlagekapitales maßgebend einwirkt. Hier zeigen sich Verstöße gegen die Wirtschaftlichkeit bei der Anlage dauernd in ihrer Folgewirkung des geminderten Zinsertrages, sei es bei einer einzelnen Verwaltung, sei es in größerem Umfange zufolge von Mängeln in der staatlichen Verwaltung des Eisenbahnwesens, die uns in früheren Abschnitten beschäftigt haben. Man darf aber auch hier wieder nicht allgemeine äußere Umstände übersehen, wie insbesondere die natürliche Beschaffenheit bestimmter Länder, die unvermeidlich höhere Anlagekosten zur Folge hatte, und den gleichen Umstand bei einzelnen Unternehmungen.

Bei Vergleichen der Erträge verschiedener Bahnnetze ist selbstverständlich darauf zu achten, den Reinertrag zum gesamten, in der Anlage verwendeten Kapitale ins Verhältnis zu setzen. Da bei Privatbahnen der Ertrag nur auf das Aktienkapital bezogen wird, so ergäbe sich im Vergleich mit Staatsbahnen ein unrichtiges Bild, wenn nicht auch bei ersteren das im Unternehmen mittätige Schuldkapital einbezogen würde. Ebenso irreführend wäre bei Staatsbahnen die Beziehung des Reinertrages auf die vom Staate für die Eisenbahnen aufgenommene Schuld, die kleiner oder größer sein kann als das wirklich verwendete Baukapital.

Es betrug i. J. 1910 der Betriebsüberschuß in Prozenten des Anlagekapitals in Belgien 4%, Dänemark 1,19, Deutschland 5,79 (Preußen 6,48), Frankreich 3,94, Großbritannien und Irland 3,43, Italien 0,64, Niederlande 3,3, Norwegen 2,07, Österreich 4,84, Rumänien 3,48, Rußland 2,44, Schweden 2,30, Schweiz 3,11, Serbien 3,58, Ungarn 3,27, Vereinigte Staaten 4,69.

Die Verflechtung der Eisenbahnen in den Gesamtorganismus der Volkswirtschaft ergibt in der Höhe der Kapitalverzinsung in ihrer Dauergestaltung den Maßstab für die Wirtschaftlichkeit der Verwaltung als Zweig der Volkswirtschaft. Es ist allerdings bei Beurteilung von Staatsbahnbetrieben nicht außer acht zu lassen, daß mit Rücksicht auf die indirekte Rentabilität der Bahnen eine geringe Rente des Anlagekapitals als Folge von Tarif- und Betriebsmaßnahmen wirtschaftlich gerechtfertigt sein kann. Aber jene Folgewirkungen müssen sicher feststehen und wenigstens teilweise ziffermäßig zu verfolgen sein, mit den beliebten allgemeinen Redewendungen ist nichts bewiesen. Daß das Anstreben solcher volkswirtschaftlicher Wirkungen auch mit Erzielung eines günstigen Ertrages vereinbar ist, haben die Betriebsergebnisse der Staatsbahnnetze der deutschen Staaten, voran Preußen, gezeigt. Aber das ist ja die in gewissen Kreisen so verfehmte kapitalistische Betriebsweise. Nun, man verliere sie nur aus den Augen und man wird einen Führer vermissen, der den Weg der Wirtschaftlichkeit mit Sicherheit weist!

5. Übersicht der Entwicklungsgeschichte des Bahnwesens[1]).

Vorgeschichte und Entstehung der Eisenbahn. Die wirtschaftliche Geschichte der Eisenbahn fällt mit dem vorigen Jahrhundert zusammen, und wenn wir ihre Entwicklung ab ovo in großen Zügen überschauen, so zeigen sich uns bis zur Gegenwart vier wohl unterscheidbare Perioden, deren jede ziemlich genau einem Vierteljahrhundert entspricht. Die erste Periode reicht vom Zustandekommen der ersten, dem öffentlichen Verkehre dienenden Pferdebahn in England, Anfang des Jahrhunderts, bis zur Verwendung von Lokomotiven zu regelmäßigem Zugverkehre auf der Bahn von Stockton nach Darlington i. J. 1825. Am 27. September jenes Jahres fand die Eröffnung der Bahn mit drei von Stephenson gebauten, schon verbesserten Maschinen statt, wobei zum ersten Male die Lokomotive eine verhältnismäßig bedeutende Last mit erheblicher Geschwindigkeit anstandslos beförderte. Die Lokomotive des Eröffnungszuges stand bis zum Jahre 1850 im Dienst, was ihre betriebsökonomische Brauchbarkeit bewies. Es kann daher wohl mit Recht der 27. September 1825 als der Geburtstag der Eisenbahn bezeichnet werden; nicht erst die Eröffnung der Liverpool-Manchesterbahn 1830.

Die technische Entwicklung hat eine längere Geschichte.

Die Eisenbahn ist nicht mit einem Male „erfunden" worden, sondern durch schrittweise Ausbildung der Transportelemente Weg, Fahrzeug und Motor zustande gekommen. Der Schienenweg datiert aus früheren Jahrhunderten, zurückführend bis zu den hölzernen Spurbahnen der Bergwerke. Die Anwendung des Eisens zur Herstellung einer haltbaren glatten Fahrbahn, die allmähliche Verbesserung der betreffenden Konstruktionen, sind das Werk englischer Techniker auf den Bergwerksbahnen aus der zweiten Hälfte des 18. Jahrhunderts und was uns heut-

---

[1]) Gleichwie bei den im II. Bande behandelten Verkehrsmitteln ist auch hier keine vollständige Geschichte des Eisenbahnwesens beabsichtigt, sondern eine Rückschau betreffend die Zeitdaten und äußeren Zusammenhänge der Geschehnisse, die bereits in der theoretischen Darstellung nach ihren inneren Bestimmungsgründen gewürdigt wurden. Die Einzelheiten der Entwicklung in den verschiedenen Ländern dargestellt in den betreffenden Artikeln der Enzyklopädie (indes ungleich an Ausführung und Wert).

zutage eine so einfache Sache scheint: die Herstellung der Schienenbahn, hat die Arbeit vieler Köpfe und viel Zeit gekostet [1]). Von der Gleisweite der Karren (Waggons), welche auf jenen Spurbahnen liefen, leitet sich bekanntlich die Normalspur unserer heutigen Lokomotivbahnen ab. Gegen Ende des 18. Jahrhunderts gelang es, die Fahrzeuge durch Anwendung von auf den beweglichen Achsen festsitzenden Rädern und Versehen der letzteren mit einem Spurkranze für den erstrebten Zweck wesentlich geeigneter zu machen. Mit dem Beginne des 19. Jahrhunderts war die Entwicklung in England so weit gediehen, daß die Einführung der Pferde-Eisenbahnen in das Verkehrsmittelsystem des Landes begann. Die erste Konzession für eine dem öffentlichen Verkehre dienende Pferdebahn wurde i. J. 1801 erteilt: für den Bau einer Linie von Wandsworth nach Croydon, deren Hauptzweck war, Waren und Kohlen von der Themse zu den südlichen Distrikten Londons zu bringen. Das Unternehmen schlug jedoch finanziell fehl, was auf die Kapitalisten abschreckend wirkte, und die bis 1825 gebauten Tramways beschränkten sich daher beinahe ausschließlich wieder auf Bergwerksbahnen oder Seitenbahnen von Fluß- und Kanalhäfen zu lokalen Produktions- oder Verbrauchsplätzen. Allein weiterblickende Männer erkannten die Bedeutung der schon mit den Pferdebahnen sich eröffnenden Verkehrserleichterung und machten Vorschläge zur Anlage eines systematischen Netzes über das ganze Land — so Dr. James Anderson in seinem Werke „*Recreations in Agriculture*", 1800 [2]) — und es unterliegt keinem Zweifel, daß, wenn nicht die Anwendung des mechanischen Motors inzwischen geglückt wäre, von Mitte der 20er Jahre an die allgemeine Einführung der Pferdebahnen in England stattgefunden hätte.

Gleichzeitig waren aber die Bestrebungen entstanden und schon weit gediehen, die Dampfkraft für die Beförderung nutzbar zu machen. Das Problem wurde nur vorübergehend in der Konstruktion von Straßenlokomotiven und alsbald in der Erbauung beweglicher Dampfmaschinen für Spurbahnen zum Ersatze der tierischen Kraft auf solchen zu lösen gesucht. Der erste Erfinder in dieser Richtung, der Vorläufer Stephenson's, war Richard Trevithick, der bereits 1804 eine Lokomotive konstruierte und unermüdet weiter arbeitete, ohne zu einem befriedigenden Ergebnisse zu gelangen. Andere folgten mit Konstruktionen,

---

[1]) Die Entwicklung mit deutscher Gründlichkeit dargestellt von Haarmann, „Das Eisenbahngleis", 1901. Eine gute, auf das allgemeine Verständnis berechnete Darstellung der Entwicklungsgeschichte der Eisenbahn, erläutert durch Abbildungen, von P. F. Kupka im Jubiläumswerke „Geschichte der Eisenbahnen der österreichisch-ungarischen Monarchie", 1898, I. Bd.

[2]) Das ist auch der Inhalt des (früher wiederholt als die Eisenbahnen betreffend zitierten) Buches von Fairbairn, *Economy of Railroads*. Die ganze Vorgeschichte der Eisenbahn vortrefflich und ausführlich mit allen technischen Details von Nicholas Wood, *A practical treatise on railroads etc.*, London, I. Aufl. 1825, II. 1835; Quelle für alle neueren Darstellungen.

deren technische Eigentümlichkeiten anzuführen nicht unsere Sache ist. Stephenson selbst begann seine ersten Versuche i. J. 1813. Bereits anfangs der 20er Jahre wurde von vielen Seiten an dem schließlichen Gelingen des Werkes nicht mehr gezweifelt und die Anwendung des Dampfes neben der und als Ersatz der tierischen Zugkraft für die Schienenstraßen in Aussicht genommen [1]).

Die Pferdebahn von Stockton nach Darlington, 1821 konzessioniert, in deren Dienste Stephenson getreten war, setzte schon den Lokomotivbetrieb neben dem Pferdebetrieb ins Werk und 1824 trat das Gründungskomitee der Liverpool-Manchester Bahn bereits mit bestimmtem Hinblicke auf die Verwendung der Dampfkraft auf der projektierten Bahn zusammen.

Bis zum Jahre 1825 waren in England 29 Tramway-Konzessionen erteilt worden, sämtlich nach dem Muster der erwähnten Akte aus dem Jahre 1801 (der sog. Surry-Bahn) [2]) und das Spekulationsjahr 1825 brachte 59 Projekte neuer Spurbahnen mit sich, die dem vorher erwähnten Ideenkreise entstammten [3]).

Zum Teile in der nachfolgenden Krise wieder fallen gelassen, zum Teile durch das *Canal-Interest*, dem mit ihnen ein gefährlicher Konkurrent entstand, zu Falle gebracht, wurden diese Projekte bald wesentlich verändert durch die Ereignisse, welche sich an eines derselben, die Liverpool-Manchester Bahn, knüpften. Im Jahre 1826 vom Parlamente genehmigt, schrieb die Gesellschaft einen Preis aus auf die Konstruktion einer verbesserten Lokomotive und bei dem bekannten Preisfahren vom 27. Oktober 1829 zeigte sich eine derart technisch und betriebsökonomisch befriedigende Leistungsfähigkeit der Stephensonschen Konstruktion, daß der entscheidende Sieg des Maschinenbetriebs über alle Zweifel und Bedenken errungen war.

Auch außerhalb Englands hatte man mit der Anlage von Pferdebahnen nach englischem Muster begonnen. So in Frankreich mit den Kohlenbahnen von Saint-Etienne nach Andrézieux-Roanne (1823), Saint-Etienne-Lyon (1826), Andrézieux-Roanne (1828); in Österreich mit der Mauthhausen-(später Linz-)Budweiser (1824) und Prag-Pilsner Pferdebahn (1827).

In den Vereinigten Staaten von Amerika waren mehrere solcher Bahnen erbaut worden, und zwar durchaus auf der nämlichen wirt-

---

[1]) Thomas Grey: *Observations on a general iron railway, showing its great superiority, by the general introduction of mechanical power, over all present methods of conveyance*, 1820, schlug vor, eine Dampfeisenbahn über ganz England, sowie eine über Irland zu erbauen; freilich wurde der Mann von manchen als verrückt erklärt.

[2]) Die Bestimmungen der Acte mitgeteilt bei Cohn I, 20.

[3]) Eine Liste derselben bei John Francis, *A history of the English Railway*, 1824—1845, 2 Bände. Abgesehen von der Entstehungsgeschichte des Bahnwesens ist das Buch veraltet.

schaftlichen Grundlage wie in England. Eine dieser Industriebahnen wurde von Friedrich List zur Verbindung der von ihm entdeckten und angekauften Kohlenminen von Tamaqua mit dem Shuylkill-Kanal durch eine von ihm gegründete Aktiengesellschaft i. J. 1827 angelegt, welche übrigens bei ihrer Inbetriebsetzung schon von der Stephensonschen Maschine Gebrauch machen konnte, und List war es auch, der von der neuen Welt aus die Anlage systematischer Eisenbahnnetze dem Kontinente von Europa, insbesondere seinem Vaterlande predigte, zum Teil schon zu einer Zeit, wo zunächst nur erst von Pferdebahnen die Rede sein konnte.

Seinem ganzen Naturell entsprechend, griff er die Sache eminent praktisch an. Er trat zu diesem Ende schon i. J. 1827 mit dem bayerischen Ober-Bergdirektor Bader, welcher seit Jahren ebenfalls bereits in gleichem Sinne gewirkt hatte, in Verbindung, in deren Verfolge die Vorteile eines ganzen Systems von Eisenbahnen für das Königreich Bayern, sowie einer bayerisch-hanseatischen Eisenbahn von List entwickelt und der Öffentlichkeit ans Herz gelegt wurden [1]). Als List sich hierauf in Geschäften der Unionsregierung in Frankreich befand, 1831, benützte er eine zur Anbahnung eines Handelsvertrages zwischen diesem Lande und den Vereinigten Staaten von ihm verfaßte Abhandlung, um auch für Frankreich die Idee eines allgemeinen Eisenbahn- (jetzt freilich schon Lokomotivbahn-)Planes zu entwickeln und durch Klarstellung der Gesamtheit der zu gewärtigenden ökonomischen und staatlichen Vorteile zu propagieren [2]). Im hohen Grade interessant ist neben der klaren, prophetischen Erkenntnis der wirtschaftlichen und immateriellen Folgewirkungen der Eisenbahnen, welche List in dem Schriftstücke offenbart, daß er daselbst schon die Grundlinien des später gebauten französischen Eisenbahnnetzes vorzeichnet, indem er ein Netz annimmt, welches von Paris ausstrahlend die Hauptstadt mit Bordeaux, Nantes, Marseille, Straßburg, Metz, Brüssel, Calais, Havre und Dieppe verbinde, aber auch in betreff der Inslebenführung einen Vorschlag macht, dessen Bedeutung wir nun wohl zu würdigen wissen: Privatbahnen mit 4% Zinsgarantie durch die Regierung gegen Beteiligung an Dividendenüberschüssen über 8%. Im Jahre 1832 als Konsul der Vereinigten Staaten nach Deutschland zurückgekehrt, widmete List sich hier dem Zustandebringen einer Bahn von Leipzig nach Dresden als erstes Glied eines gesamt-deutschen Eisenbahnnetzes [3]) und seine agitatorischen Bemühungen waren nicht nur von dem zunächst erstrebten Erfolge, sondern haben auch durch die Kenntnisse

---

[1]) Beilagen der allgem. Ztg. v. J. 1827, dann „Mitteilungen aus Nordamerika" von Fr. List, Hamburg, 1828 und 1829.

[2]) *Idées sur les réformes économiques et commerciales applicables à la France par F. List*, 1831.

[3]) „Über ein sächsisches Eisenbahnsystem als Grundlage eines allgemeinen deutschen Eisenbahnsystems", von Fr. List, Leipzig, 1833.

von dem Wesen und dem Nutzen der Eisenbahnen, die sie verbreiteten, dem neuen Verkehrsmittel, dem so viele Hindernisse, als: Vorurteile, bedrohte Interessen, Geistesträgheit, Mangel an Unternehmungsgeist usw. in deutschen Landen entgegenstanden, mächtig Propaganda gemacht. Die der zitierten Denkschrift beigeschlossene Karte bezeichnet als Endpunkte des deutschen Eisenbahnsystems die Städte Danzig, Thorn, Breslau, Prag, Chemnitz, Zwickau, München, Lindau, Basel, Köln, Lübeck und als Knotenpunkte Berlin, Dresden, Leipzig, Magdeburg, Hannover, Bremen, Hamburg. List setzte seine auf das Gesamtziel gerichteten Bestrebungen auch nach Zustandekommen der Leipzig-Dresdener Bahn fort und entwarf selbst den Plan einer auf Erbauung eines Kanal- und Pferdebahnnetzes zu gründenden Kolonisation Ungarns [1]). In Österreich hatte Freiherr v. Rothschild auf Anraten von Professor Riepl i. J. 1830 gleichfalls bereits den Plan eines großen zusammenhängenden Eisenbahnnetzes (Dampf- oder Pferdebahnen) gefaßt, dessen Hauptlinien vom Osten Galiziens nach Wien, von da nach Triest und Italien reichen sollten, mit Abzweigungen nach anderen Punkten, wovon zuerst die Linie Wien-Brünn-Bochnia in Angriff genommen werden sollte.

Die Vereinigten Staaten, woselbst i. J. 1828 bereits die Baltimore and Ohio und die Charleston and Hamburg-Bahnen als Tramways für den öffentlichen Verkehr projektiert worden waren, ergriffen mit Hast die Einführung der Lokomotive und bereits i. J. 1831 wurde die erste Maschine jenseits des Ozeans gebaut.

Jugendzeit und Ausreifen in den europäischen Ländern: zweites und drittes Viertel des XIX. Jahrhunderts. Mit dem Erfolge der Liverpool-Manchester-Bahn, der in der ganzen Welt tiefen Eindruck gemacht hatte, beginnt der Siegeszug des neuen Verkehrsmittels; zunächst in England und den Vereinigten Staaten, weiterhin am Festlande Europas, und damit eine Periode, die als die Jugendzeit des Eisenbahnwesens bezeichnet werden kann. Sie umfaßt das zweite Viertel des 19. Jahrhunderts. In diesem Zeitabschnitte werden in den vorgeschrittenen Staaten die Grundlinien des künftigen Bahnnetzes gezogen, während andere, wirtschaftlich oder staatlich zurückstehende Länder sich vorerst abwartend verhalten oder für den Fortschritt noch keinen Boden bieten. Die staatliche Verwaltung nimmt zu der folgenschweren Neuerung Stellung: es erfolgt die allmähliche Ausbildung des Verwaltungssystems, mit mannigfachen Schwankungen und unterlaufenden Mißgriffen. Während dieser Zeit waren vielfache Widerstände zu überwinden und wurden die notwendigen Erfahrungen gesammelt. Bis zur Mitte des Jahrhunderts war die sichere Grundlage gewonnen, auf

[1]) Gesammelte Schriften, II. Bd., S. 299ff.

welcher das Ausreifen der Neugestaltung vor sich gehen konnte, nachdem die wirtschaftlichen Wirkungen des neuen Verkehrsmittels auf den bis dahin gebauten Strecken sich eindrucksvoll zu zeigen begannen und in Wechselwirkung mit der gesamten wirtschaftlichen Entwicklung traten. Zu jener Zeit waren die ersten internationalen Verbindungen zustande gekommen und die zurückgebliebenen Staaten erkannten die Notwendigkeit, das Versäumte nachzuholen. In einigen Staaten haben die politischen Ereignisse jener Jahre und weiterhin haben wirtschaftliche Theorien auf die Entwicklung wesentlichen Einfluß genommen. Die Vervollständigung des Bahnnetzes wurde jetzt überall mit Eifer betrieben und nahm die Verwaltung in hervorragendem Maße in Anspruch. Aber noch immer ging es nicht ohne Irrungen und Zwischenfälle ab. Das währte bis Mitte oder Ende der 70er Jahre. Erst da war ein gewisser Ruhe- und Reifezustand erreicht, auf Grund dessen die endgültige Gestaltung sich in vorgezeichnetem Gleise vollziehen konnte. Bis dahin ist eine zusammenhängende Entwicklung festzustellen, doch mit dem angedeuteten Unterschiede in den beiden Zeiträumen, über welche sie sich erstreckte.

Das Maß der zeitlichen und örtlichen Entwicklung zeigt nachstehende Tabelle:

Kilometerlänge der im Betriebe stehenden Eisenbahnen:

Staaten	1835	1845	1855	1865	1875
Deutsches Reich	6	2 315	8 352	14 762	28 087
Österreich-Ungarn	—	728	2 145	5 858	16 860
Groß-Britannien und Irland	471	3 277	13 411	21 382	26 803
Frankreich	176	883	5 535	13 562	21 547
Italien	—	157	1 211	4 374	7 709
Niederlande und Luxemburg	—	153	314	865	1 407
Schweiz	—	2	210	1 322	1 986
Belgien	20	576	1 349	2 254	3 499
Rußland mit Finland	—	144	1 048	3 940	19 584
Schweden	—	—	—	1 285	3 681
Norwegen	—	—	68	270	549
Dänemark	—	—	30	419	1 266
Spanien	—	—	475	4 823	6 134
Portugal	—	—	37	700	919
Rumänien	—	—	—	—	1 217
Serbien	—	—	—	—	—
Griechenland	—	—	—	—	—
Türkei, Rumelien, Bulgarien	—	—	—	66	1 234
Malta, Jersey, Man	—	—	—	—	—
Europa	673	8 235	34 185	75 882	142 494

Die Entwicklung in den einzelnen Ländern. England. Im Vordergrunde steht England, das mit der Nutzbarmachung des neuen Verkehrsmittels den anderen Ländern voranging, in der inneren Gestaltung jedoch jene Eigenart aufwies, auf welche sogleich eingangs der Erörterungen (1. Kapitel) hinzuweisen war. Sie läßt sich mit dem Satze kennzeichnen: Ungenügende Erfassung der gemeinwirtschaftlichen Aufgaben, die das neue Verkehrsmittel dem Staate stellte, bei hervorragenden Leistungen der Privatunternehmung, welche nur dort ins Unökonomische umschlagen, wo dies die notwendige Konsequenz der Fehler in ersterer Hinsicht ist. Eine unbefriedigende, falsche Eisenbahnpolitik geht daher mit raschester Entwicklung des Bahnnetzes und — soweit nicht (eben durch jene) Ausnahmen in gegenteiliger Richtung herbeigeführt werden — ausgezeichneter Ökonomie der Anlage und des Betriebes zur Seite.

Die Stellungnahme der Staatsverwaltung zu dem neuen Verkehrsmittel ergab sich, wie wir wissen, in natürlicher Anknüpfung an das überkommene Verwaltungsrecht: Systemlose Konzessionierung jeder einzelnen Linie durch eine *Private Act* auf Grund des Ansuchens der betreffenden Unternehmer und der Anhörung der lokalen Interessenten, mit Einschaltung solcher Auflagen und Vorbehalte öffentlichen Interesses, wie sie gerade dem Parlamente bzw. dem Ausschusse *ad hoc* nahelagen. Anfangs wird sogar — allerdings unzulänglich — das Enteignungsrecht und das Aktiengesellschaftsrecht in jeder einzelnen Konstitutivurkunde geregelt, bis später eigene allgemeine Gesetze diese Rechtsnormen kodifizieren. Die Erfahrungen des Wirtschaftslebens geben freilich zu Fortschritten in der Richtung gemeinwirtschaftlicher Regulierung Anstoß, allein teils das die Geister beherrschende *laissez faire*-Prinzip, teils der Einfluß der Eisenbahngesellschaften im Parlamente lassen es nur zu halben Maßregeln kommen, so daß bei der ungemein schnellen Ausbreitung der Bahnlinien über das Land alsbald der Zukunft fast unheilbar vorgegriffen war. Die äußere Entwicklung, in der England allen Ländern voraneilte, nahm folgenden Verlauf.

Vom Jahre 1826 bis 1832 gingen nur einige kleinere örtliche Linien im Parlamente durch. Erst vom folgenden Jahre an gelang es, unter dem Eindrucke der Betriebsergebnisse der Liverpool-Manchester-Bahn das feindliche Kanalinteresse zu besiegen und eine Reihe von größeren Linien (Liverpool-Birmingham, London-Birmingham, London-Southampton, London-Bristol) durchzubringen, was außer den parlamentarischen Kosten große Opfer an die Grundbesitzer verursachte, deren Widerstand durch horrende Entschädigungsummen für Grundabtretung abgekauft werden mußte. Seit der Zeit sind die *Parliamentary and legal Expenses* ein anderwärts unbekannter Posten der Anlagekosten von bedeutender Höhe geblieben.

Im Jahre 1836 hob ein „Eisenbahnfieber" an, das eine sehr beträchtliche Zahl von Konzessionsgesuchen mit sich brachte. Hiervon wurden 25, die ein Kapital von über 21 Mill. Lstr. umfaßten, worunter 14 größere Bahnen, genehmigt. In dieser Parlamentsession tauchten auch einzelne Vorschläge zu einer systematischeren Behandlung der Konzessionen, zur Einsetzung einer technischen Eisenbahnbehörde, Feststellung eines Bahnplanes für das gesamte Land, dementsprechend die einzelnen Linien zuzulassen oder abzulehnen wären, dann auf strengere Regulierung (periodische Tarifrevision, Rückfallsrecht) auf, ohne zu etwas anderem zu führen als zu Einleitungen, um eine größere Übereinstimmung zwischen den Einzelbestimmungen der Acte zu erzielen und zugleich die geschäftliche Behandlung der zahlreichen Konzessionsgesuche zu erleichtern.

Die der Spekulationszeit nachgefolgte Abspannung dauerte bis in die 40er Jahre, während welcher Zeit nur vereinzelte Eisenbahnbills eingereicht wurden. Erst 1844 regte sich die Unternehmungslust wieder, da die erstgebauten Bahnen ungeachtet exorbitanter Anlagekosten doch sehr hohe Dividenden abwarfen, und es kamen 66 Konzessionsgesuche vor das Haus. Sie bezogen sich teils auf neue Linien, teils auf Ausdehnung der bestehenden, zum Teil jedoch bloß Spekulationslinien, welchen die Konkurrenz zum Vorwand diente. Es begann aber auch bereits die Verschmelzung der kleinen Linien zum Ausschluß der Konkurrenz und zur Erzielung größerer Einheit des Betriebes sich anzubahnen, indem erstmals Gesuche um Genehmigung solcher *Amalgamation* vorkamen. Alle diese Ansuchen boten dem Parlamente Gelegenheit, durch Abhängigmachung der zu gewährenden Vollmachten von rückwirkenden Beschränkungen in den früheren Konzessionen Versäumtes nachzuholen. Die Systemlosigkeit der Einzelbewilligungen durch Parlaments-Ausschuß blieb aber fortbestehen, was um so folgenschwerer wurde, als die entfachte Spekulation sich weiter steigerte und in den nächsten Jahren zu einem nie dagewesenen Schwindel ausartete. Im Jahre 1845 kamen 248 Konzessionsgesuche an das Parlament, im folgenden Jahre 815, und es traten, was die Praktiken der Spekulation und die Beteiligung des Publikums an ihr, die Kursbewegung der Aktien und Zeichnungscheine, das progressive Anschwellen der Spekulation und den plötzlichen Umschlag und Niedergang betrifft, damals alle Erscheinungen zutage, die sich später unter ähnlichen Umständen in den kontinentalen Staaten abspielten.

Die in jener Spekulationsperiode vom Parlamente uneingedenk der bereits zum Durchbruch gekommenen Erkenntnis der Hinfälligkeit der Konkurrenzlehre konzessionierten Linien ergaben einschließlich der Erweiterung bestehender Linien i. J. 1844: 57, i. J. 1845: 120, i. J. 1846: 270 Acts und selbst im folgenden Jahre nach einem heftigen Rückschlage, welcher die Unternehmungslust im Frühjahr 1846 betroffen, noch 190 Acts. Da die Geldmittel unter den Nachwirkungen der Handelskrisis von 1857 für einen Teil der Anlagen nicht aufzubringen waren, so mußte eine Verlängerung der Bautermine zugestanden und durch ein Gesetz v. J. 1850 das Aufgeben bewilligter Linien erleichtert werden.

In jenen Jahren sank der Neubau von Linien zu verhältnismäßiger Geringfügigkeit herab und es nimmt die Konzentration der zahlreichen, verschiedenen Eigentümer gehörigen kurzen Strecken zu einheitlichen Netzen entschiedenen Fortgang, nachdem auch die Bedürfnisse des Verkehres das *Clearing house* ins Leben gerufen, das sich seit 1850 rasch entwickelte. Die durch Zusammenlegung entstandenen großen Linien berührten aber mit ihren Endpunkten die nämlichen Orte und es entbrannte die Konkurrenz zwischen ihnen aufs heftigste. Bis gegen Ende der 50er Jahre dauerte dieser Konkurrenzkampf, in welchem auch die Ausdehnung jedes eigenen Netzes durch neue Strecken zur Gewinnung vorteilhafter Endpunkte, Abkürzung des Weges, Übergreifen in das Gebiet einer Nachbarbahn usw. eine hervorragende Rolle spielte, was wieder auf stärkere Vermehrung der Linienlänge des Gesamtnetzes einwirkte. Von jenem Zeitpunkte an begann der vollständige Ausschluß der Linienkonkurrenz durch Abkommen und förmliche Fusion. Auf dem Wege der letzteren sind so bis Mitte der 70er Jahre eine kleine Anzahl großer Netze entstanden, deren hervorragendste, die *London and North Western,* aus 60 Gesellschaften, die *Great Western* aus 40, die *North Eastern* aus 28, die *Great Eastern* aus 26, die *London and South Western* aus 22, die *Midland* aus 17, die *Great Northern* aus 16 Gesellschaften im Laufe der Zeit sich zusammenschweißten. Damals bestanden, nachdem seit den 60er Jahren eine langsame, aber stetige Zunahme des Netzes erfolgt war, in England und Wales noch 93 selbständige Gesellschaften, in Schottland 8 Gesellschaften, doch gehörten damals schon $^5/_6$ des Netzes 11 größeren Gesellschaften, wovon den 4 bedeutendsten allein mehr als die Hälfte der Gesamtlinienlänge. Das Anlagekapital (Aktien und Anlehenskapital) betrug in England 544,8 Mill., in Schottland 82,7 Mill., in Irland 30,6 Mill., zusammen für das Vereinigte Königreich 658,2 Mill. Lstr.

Der Entwicklungsgang der Verwaltung mit seinen kargen Ergebnissen ist durch den Inhalt der aufeinander folgenden Eisenbahnakte gekennzeichnet. Die Akte der Liverpool-Manchester-Bahn entfaltet zwar eine außerordentliche Vorsicht im Interesse der öffentlichen Sicherheit und Bequemlichkeit in einer Reihe technischer Bau-Vorschriften, worunter das Verbot der Niveaukreuzung öffentlicher Straßen, nur fehlte das notwendige fachliche Kontroll-Organ. Aus dem Monopolcharakter zog sie einerseits die Konsequenz von Maximaltarifen, andererseits die Begrenzung der Dividende auf 10 Prozent. Da die Akte die Vorstellung der allgemeinen Benutzung durch Fahrzeuge fremder Eigentümer von den Kanälen auf die Eisenbahn übertrug, was in die folgenden Akts ohne Rücksicht auf entgegenstehende Erfahrungen als leere Phrase überging, so stellte sie Tarifmaxima sowohl für den Fall als auch für die selbst als Frachtführer auftretende Gesellschaft auf, jedoch in letzterer Hinsicht nicht für Personen und Vieh. Die Frachtentarife begreifen nur wenig Artikel und sind sehr dehnbar gehalten. Zur Überwachung ihrer Einhaltung sowie für den Betrieb wird jedoch keinerlei Aufsichts-Instanz geschaffen, wie überhaupt der Betrieb unkontrolliert gelassen. In den Acts der folgenden Jahre wurde die Begrenzung der Dividenden fallen gelassen und wurden Höchsttarife auch für Personen aufgestellt.

Die erste *General Act* für Eisenbahnen kam i. J. 1838 zustande: ein Eisenbahn-Postgesetz, welches die Gesellschaften zur Besorgung der Briefpostsendungen gegen ***reasonable remuneration,*** d. i. eine einverständlich mit dem General-Postmeister oder eventuell durch Schiedsgericht festgesetzte Entschädigung, verpflichtete.

Mit Ende des ersten Dezenniums des Bestandes der Eisenbahnen, als gegen 2000 *km* Bahnen im Betriebe standen, fing man bereits die Hinfälligkeit der Ansichten von der Konkurrenz der Kanäle und der Konkurrenz verschiedener Frachtführer auf einer Linie zu erkennen an (so in dem Berichte des damals eingesetzten ersten parlamentarischen Eisenbahn-Untersuchungs-Ausschusses). Die Folgerungen aber, welche man aus der erkannten Monopoleigenschaft der Eisenbahnen zog, waren keine anderen als das Gesetz vom 10. August 1840 (*an Act for the regulation of railways,* 3 und 4 Vict. Cap. 97), welches dem *Board of Trade* eine gewisse Inspektion des baulichen Zustandes der Eisenbahnen übertrug und eine Kontrolle über den Betrieb einräumte, die sich im wesentlichen auf Einziehung von Informationen, um bei wahrgenommener Verletzung eines allgemeinen Gesetzes oder der Konzessionsbestimmungen durch eine Bahnverwaltung richterliche Hilfe anzurufen, beschränkte! Außerdem enthielt das Gesetz einige bahnpolizeiliche Bestimmungen untergeordneter Art. Die damit gebotene Regelung mußte schon zwei Jahre darauf durch eine „*better regulation*“ ersetzt werden (Gesetz vom 30. Juli 1842, 5 und 6 Vict. Cap. 55), welche Akte die Gesellschaften verpflichtete, vor Eröffnung einer zum Personenverkehr bestimmten Linie Anzeige an das *Board of Trade* zu erstatten, das die Linie durch Inspektoren untersuchen läßt und im Falle ungenügenden Zustandes der baulichen Anlagen in bezug auf die Sicherheit die Hinausschiebung der Eröffnung anordnen kann. (Eine dem entgegen vorgenommene Eröffnung zieht eine durch Klage beim Zivilrichter einzutreibende Geldstrafe von 20 Pfd. für den Tag nach sich!) Die übrigen Bestimmungen des amendierten Gesetzes beziehen sich auf Nebendinge (Einfriedungen, Expropriation usw.) und weichen nur unwesentlich von dem ersten ab. Nur ist darin für Truppenbeförderung eine der Auflage hinsichtlich der Post gleichwertige Vorsorge getroffen.

Im Jahre 1844 wurde auf Antrag Gladstone's ein Enquete-Ausschuß eingesetzt, dessen Bericht über den tatsächlichen Sachverhalt betreffend die Wirksamkeit der Konkurrenz keinen Zweifel übrig läßt indes kam es infolge des Widerstandes der Eisenbahnvertreter zu nichts anderem als einem Gesetze, welches ohne Rückwirkung auf die bereits bestehenden Unternehmungen lediglich einige Punkte, und diese zum Teile nur scheinbar, im Sinne staatlicher Regulierung ordnet. Die Akte 7 und 8 Vict. Cap. 85 gewährt der Regierung nach 21 Jahren des Bestehens einer Bahn das Recht, wenn das Unternehmen während der letzten drei Jahre 10 Prozent abgeworfen, den Tarif, aber nur gegen Garantie eines fortdauernden 10prozentigen Erträgnisses, zu bestimmen, statuiert nach Ablauf der nämlichen Periode ein Rückkaufsrecht der Regierung (gegen 4 Prozent Kapitalisierung der Erträgnisse, eventuell schiedsrichterlich bestimmten Einlösungspreis), verpflichtet die Eisenbahnen zu täglich einem Zuge mit bedeckten Wagen für Passagiere dritter Klasse zu dem niedrigen Tarifsatze von höchstens *1 penny per mile,* präzisiert und mehrt die Verpflichtungen der Gesellschaften hinsichtlich Post- und Truppenbeförderung. Die Klausel in betreff des Rückkaufrechtes wäre nicht gerade unpraktisch gewesen, wenngleich sehr zugunsten der Gesellschaften abgefaßt, allein als die 21 Jahre um waren, fand sich die Gesetzgebung nicht veranlaßt, von ihr Gebrauch zu machen.

Mit Bezug auf den Andrang der Konzessionen weist die gesetzgeberische Tätigkeit nichts weiter auf als die Zusammenfassung der in den einzelnen Acts wiederholten Bestimmungen allgemeiner Natur in allgemeine Gesetze (Konsolidation), wodurch entstanden: die Akte 8 und 9 Vict. Cap. 16, genannt ***Companies clauses act*** (Aktiengesellschaftsrecht), Cap. 18, genannt ***Land clauses act*** (Expropriationsgesetz) und

Cap. 20, *Railway clauses act* (ein paar bau- und betriebspolizeiliche Bestimmungen, worunter die Niveaukreuzungen mit besonderer Sorgfalt behandelt, und betriebsrechtliche Normen, wovon das Prinzip der Gleichbehandlung aller Transportinteressenten das wichtigste). Unter den Bauvorschriften war nicht einmal eine einheitliche Spurweite inbegriffen, die erst unmittelbar nach Erlaß des Gesetzes (8. Mai 1845) mit dem Aufeinanderstoßen der gewöhnlichen und einer von Brunel durchgeführten breiteren Spur als akute Frage auftauchte und auf Grund des Antrages einer über Wunsch des Parlamentes niedergesetzten königlichen Kommission durch Akte 9 und 10 Vict. Cap. 57 (18. August 1846) vorgeschrieben wurde, mit Annahme der Normalspur von 4 Fuß $8^1/_2$ Zoll und Abgrenzung des Bezirkes der breiteren Spur.

Von den Bills des Jahres 1846 betrafen 224 Verschmelzungen, teils bestehender Linien untereinander, teils neu projektierter mit alten Linien, aber auch Verschmelzungen von Kanälen mit Eisenbahnen. Die Bedeutung und die Unaufhaltsamkeit der Entwicklung konnte nicht länger verkannt werden. Ein hierüber niedergesetzter Untersuchungsausschuß verschloß sich auch der Tatsache und ihren Konsequenzen nicht, wenngleich er Maßregeln vorschlug, um die Konkurrenzfähigkeit der Kanäle — durch Vorsichten für allgemeine Offenhaltung u. dgl. — soweit möglich zu erhalten und brachte die Benützung der Fusionsbewilligung für bestehende Bahnen zur Auflage niedrigerer Maximaltarife in Erinnerung. Zugleich wurde von dem Ausschusse mit besonderem Hinblicke auf die Schwierigkeit der richtig unterscheidenden Behandlung der einzelnen einschlägigen Fälle die Wiederaufnahme des bereits einmal gescheiterten Versuches mit einer vorberatenden Regierungsbehörde, die zugleich Exekutiv-Organ des ***Board of Trade*** in dessen einschlägigem Wirkungskreise sein sollte, empfohlen. Die Akte 9 und 10 Vict. Cap. 103 konstituierte die Behörde, da es aber in den folgenden Jahren nicht gelang, ihr entsprechende Vollmachten beim Parlamente zu erwirken, wie wohl einzelne Mitglieder behufs weitergehender Regulierung der Bahnunternehmungen beabsichtigten, so wurde sie, nachdem die Krisis auch ihre begutachtende Tätigkeit gegenstandlos erscheinen ließ, i. J. 1851 wieder aufgehoben.

Die sog. *railway and canal traffic Act* v. J. 1854 (17 und 18 Vict. Cap. 31) bezweckte, die konkurrierenden Gesellschaften zu hindern, durch Chikanen gegeneinander das Publikum zu schädigen, indem sie die Gewährung „jeder billigen Förderung“ des Transportes und die Unterlassung jedes „unbilligen Vorzuges“, insbesondere auch im Anschluß-Verkehre, zur Pflicht macht, allein durch Verweisung der sich beschwert Fühlenden auf den Rechtsweg vor dem Gerichtshofe der ***Common Pleas*** ihren Effekt wieder selbst aufhebt.

Auch weiterhin bis zum Ablauf unserer Zeitperiode betätigte sich die Eisenbahngesetzgebung nur in höchst spärlicher und der gleichen Stückwerksweise wie früher: Unerhebliche Amendierungen der ***Land*** und ***Companies clauses*** (1860, 1863, 1869), unwirksame ***railways construction facilities Acts*** v. J. 1864 (27 und 28 Vict. Cap. 120 und 121), welche unter gewissen Bedingungen das ***Board of Trade*** an Stelle des Parlamentes setzen, ohne daß davon einmal Gebrauch gemacht worden wäre, Gesetz über Sequestration einer Bahn durch deren Gläubiger und Arrangements mit diesen (30 und 31 Vict. Cap. 127—1867). Der ***regulation of railways*** sind nur die beiden Gesetze v. J. 1868 (31 und 32 Vict. Cap. 119) und 1871 (34 und 35 Vict. Cap. 78) gewidmet, von denen das erstere neben einigen anderen Bestimmungen (wovon die Befugniss des ***Board of Trade,*** die Ausführung einer bewilligten Bahn als ***light railway*** zu gestatten, hervorzugeben) mehrere sicherheitspolizeiliche Vorschriften trifft, das andere neuerdings dem ***Board of Trade*** das Recht zur Untersuchung des Zustandes jeder Bahn und stattgehabter Unfälle verleiht, die Gesellschaften zur Vorlage von Berichten über solche, sowie von statistischen Jahresausweisen verpflichtet. Seit der Zeit datieren die jährlichen räsonnierenden Berichte der Inspectors über die Unfälle, welch letztere überhaupt während des ganzen Zeitraumes im Vordergrunde des parlamentarischen Interesses an Eisenbahnfragen standen. Prinzipiell wurde nichts geändert. Zwar saßen zwei Enquete-Kommissionen: eine königliche Kommission, eingesetzt i. J. 1865, zur Feststellung der ökonomischen Tatsachen als der Grundlage künftiger Eisenbahngesetzgebung, im Hinblicke auf den Eintritt des im Gesetze v. J. 1844 angesetzten Zeitpunktes des Rückkaufrechts, und ein parlamentarischer Untersuchungsausschuß 1872, angeregt durch die damals gerade wieder in den größten Dimensionen beabsichtigten Verschmelzungen. Die Arbeiten dieser Kommissionen haben auch eine große Menge höchst wertvollen Tatsachen-Materiales ergeben, welches insbesondere durch Cohn's verdienstvolles Werk der Wissenschaft dienstbar gemacht wurde. Allein die Anträge der königlichen Kommission gipfelten in dem Satze: Es erscheint unzweckmäßig, die bisherige Politik umzustoßen, welche den Bau und den Betrieb der Eisenbahnen der freien Unternehmung unter den für das Gemeinwohl notwendigen Vorschriften überlassen hat, und die Vorschläge des Ausschusses von 1872 führten lediglich zur Einsetzung einer Eisenbahn-Kommission (36 und 37 Vict. Cap. 48, 21. Juli 1873), vorläufig auf 5 Jahre, welche die Befolgung der Normen der *railway and canal traffic Act* v. J. 1854 kontrollieren, diesfalls sowie bei Streitigkeiten der Eisenbahnen und Kanalgesellschaften untereinander als fachliches Spezial-Tribunal fungieren und eine gewisse Überwachung der Bahnen ausüben sollte. Die Kommission ist nur in einer geringen Anzahl von Fällen angerufen worden und es sind daher ihre Vollmachten nach Ablauf der Frist nicht erneuert worden. Indes läßt sich nunmehr doch eine gewisse, wenngleich schüchterne, Hinneigung der öffentlichen Gewalten zu einer Regulierung der Eisenbahngesellschaften nach dem Muster des Kontinentes erkennen. So hat das früher durchaus machtlose und untätige *Board of Trade* die Vollmacht, eine fertige Eisenbahn vor der Eröffnung auf ihre Sicherheit zu untersuchen, zu einer gewissen tatsächlichen Baupolizei dadurch gestaltet, daß es eine Zusammenstellung technischer Bestimmungen bekannt machte, welche erfüllt sein müssen, wenn die Eröffnungsbewilligung seinerseits erfolgen soll [1]).

Hinsichtlich der Sicherheitsmaßnahmen, welche im Betriebe ruhen, blieb die Regierung nach wie vor auf bloße Vorstellungen und Ratschläge bei den Gesellschaften angewiesen, wozu, ungeachtet die letzteren im allgemeinen es an Sorgsamkeit nicht fehlen ließen, immerhin noch Anlaß vorhanden war, wie der Bericht einer i. J. 1874 neuerdings niedergesetzten königlichen Kommission zur Untersuchung der Eisenbahnunfälle zeigte.

Die Anforderungen an Betriebseinheit wurden durch freies Übereinkommen der Eisenbahngesellschaften im Clearinghouse verwirklicht, welches dem Kontinente vielfach als Muster diente.

Unter den Maßnahmen zur Reform des Eisenbahnwesens wurde der Übergang zum Staatsbahnsystem im Laufe der Jahre wiederholt in der Öffentlichkeit angeregt. Daß diese Vorschläge im Parlamente kein Echo fanden, ist erklärlich. Der Ankauf der Telegraphen-

[1]) *D'ou l'on peut inférer que la construction des chemins de fer en Angleterre est aujourd'hui soumise à un véritable contrôle, plus minutieux qu'on ne le suppose généralement chez nous,* Malézieux, a. a. O. S. 16, woselbst die Normalien abgedruckt. Ebenso bei Franqueville, I. 171. Ferner hat das *Board of Trade,* welches die *bye-laws* der Kompagnien nach Art. 3 und 4 Vict. Cap. 47 und 26 und 27 Vict. C. 93 zu genehmigen hat, ein Formular eines auch beinahe allgemein beibehaltenen Betriebsreglements entworfen (Text bei Franqueville, I. S. 184) und dieses i. J. 1874 revidiert.

linien hat dem Gedanken wohl einigen Vorschub geleistet; auch die Motivierung in Gelegenheitschriften ist später eine stichhältigere geworden als jene der ersten Vorschläge dieser Richtung, welche im Zusammenhange mit phantastischen Tarifreformprojekten auftraten, die der Sache nur schadeten. Nichtsdestoweniger „kann man nicht sagen, daß der Gedanke durch die Länge der Jahre zu einem praktischen Plane gereift sei, noch durch die wiederkehrenden Debatten geklärt“ [1]) und es war in England noch lange nicht jene tiefgreifende Wandlung in der wirtschaftlichen Denkweise und der Auffassung des Staatsberufes eingetreten, die vorangehen muß, ehe die Idee Aussicht auf Verwirklichung erlangen könnte.

Einen auffallenden Kontrast zur Entwicklung in England und Schottland bieten die Ereignisse in Irland. Hier finden wir, ähnlich wie bei den alten Verkehrsmitteln, ein unmittelbares Eingreifen der Regierung. Im Jahre 1836, in welchem die Eisenbahn-Frage zum ersten Male zur Sprache kam, wurde eine königliche Kommission eingesetzt, zum Studium eines einheitlichen Netzesplanes. Hinsichtlich der Ausführung empfahl die Kommission entweder Staatsbau oder Subventionierung von Gesellschaften mit geschlossenen Netzen. Der letztere Weg wurde betreten, ohne jedoch auf entsprechende Netzesgestaltung der einzelnen Gesellschaften zu achten. Diesen wurden vom Parlamente zinsfreie oder niedrig verzinsliche Darlehen bewilligt und außerdem in manchen Fällen von den Baronies auch Zinsgarantien auf 23 bis 35 Jahre gewährt, woran die einzelnen Grafschaften im Verhältnis der Linienlänge in ihrem Bereiche sich beteiligten. Unter die Gründe der minder zufriedenstellenden Rentabilität gehört auch die zu bedeutende Höhe der Anlagekosten, welche durch die Wahl einer breiteren Spur mit hervorgerufen wurde. Es ist dieser Vorgang auf technische Ansichten zurückzuführen, die im Widerspruche gegen Stephenson eine breitere Spur, bis zu 6 und 7 Fuß, vorschlugen. Die königliche Kommission des Jahres 1836 schloß sich denselben an und empfahl 6 Fuß. Im Jahre 1846 wurde dann gegenüber der Normalspur ein Mittelweg gewählt und 5 Fuß 3 Zoll vorgeschrieben.

Frankreich [2]) verhielt sich längere Zeit abwartend, beobachtend und überlegend gegenüber dem neuen Verkehrsmittel, und blieb infolgedessen anfänglich nicht nur hinter England, sondern auch hinter kontinentalen Nachbarstaaten in der Anlage von Eisenbahnen zurück.

---

[1]) Cohn, II. 609.

[2]) Audiganne, *Les ch. d. f. d'aujourd'hui et dans cent ans, 1858—62.* Flachat, *Les ch. d. f. en 1862 et en 1863,* Labry, *Annales des p et ch. 1875.* Aucoc, *Conférences, 1876* u. a. Picard, *Les chemins de fer français. Études historiques 1884/85,* 6 Bde. Kaufmann, „Die Eisenbahnpolitik Frankreichs“, 2 Bde., 1896 (das eingehendste deutsche Werk).

Als aber die Zeit des Handelns gekommen war, nahm es von Anfang hinsichtlich der Verwaltung prinzipiell richtige Stellung, so daß es im wesentlichen, wie durch systematische Netzesanlage und entsprechende Regulierung der delegierten Unternehmungen, auf rechtem Wege wandelte, wobei allerdings in manchen einschlägigen Punkten Fehlgriffe unterliefen, die erst auf Grund der Erfahrung, aber noch rechtzeitig, gutgemacht wurden, und der starre Zentralismus der Verwaltung gewisse Schattenseiten in ökonomischer Hinsicht hatte.

Schon die erste Regierungs-Maßregel auf dem Gebiete trug jenes Gepräge an sich: das Gesetz vom 27. Juni 1833, womit ein Kredit von $^1/_2$ Mill. Frcs. zum Behufe von Studien über ein Eisenbahnnetz eröffnet wurde, infolgedessen das *corps des ponts et chaussées* ein wohlgeplantes einheitliches Netz nach genauer technischer und wirtschaftlicher Untersuchung der einzelnen Linien entwarf. Während dies vor sich ging, wurden einzelne lokale Linien, gewissermaßen zum Experimente, von Privatunternehmungen ausgeführt. Hierher gehören insbesondere die Pariser Vergnügungsbahnen (nach St. Germain, konzessioniert 1835 an E. Pereire mit Beteiligung des Staates für die atmosphärische Strecke, nach Versailles, 1836, rechtes Ufer an Pereire, linkes Ufer an Fould). Die hierfür erteilten Konzessionen waren, zum Unterschiede von den bis dahin für Werksbahnen verliehenen, nurmehr zeitliche. Im Jahre 1837 trat dann das Ministerium von 1830 auf Grund der erwähnten Studien mit der Vorlage eines Netzes von Paris nach Orleans, nach Rouen und Havre, an die belgische Grenze, dann Lyon bis Marseille und einige kleinere Linien industriellen Charakters, vor die Kammer, jedoch ohne bestimmte Ansicht über Staats- oder Privatbau und mit bei den einzelnen Linien verschiedenen Modalitäten der Beteiligung des Staates bei Ausführung durch Privatunternehmungen. Es entbrannte ein heftiger Meinungskampf über die großen Prinzipienfragen.

Die einen meinten, es sei Pflicht des Staates, den privaten Unternehmungsgeist, das Assoziationswesen, zu „encouragieren" und nur dann an dessen Stelle zu treten, wenn sich seine Machtlosigkeit einem gegebenen Zwecke gegenüber erwiesen habe. Sie betonten, die durch Staatsbahnen übernommenen Lasten würden für den Staatskredit erdrückend sein, hoben die Verantwortlichkeit hervor, welche der Staat laufe, wenn er das ungeheure Werk mit öffentlichen Mitteln unternehme, befürchteten langsame Ausführung der Arbeiten und insbesondere die Rivalitäten der nach Eisenbahnen rufenden Landesteile und die Reklamationen derjenigen, deren Wünsche nicht sofort befriedigt würden. Dem entgegen behaupteten andere, der Staat habe die Pflicht, Herr so mächtiger Förderungsmittel des Volkswohlstandes zu bleiben und somit das Recht der Tarifbestimmung sich selbst vorzubehalten; sahen die Gesellschaften als zu schwach an, die großen Linien auszuführen, und befürchteten arge Ausartungen der Spekulation. Diesen Meinungsdifferenzen gesellte sich die Gegnerschaft der Abgeordneten der vorläufig nicht bedachten Gegenden sowie die Opposition gegen die gewählten Trassen vom lokalen Standpunkte zu, und das Fazit war eine Vertagung der Schlußfassung über auch nur eine der großen Linien, wogegen man die kleinen Linien, welche keine Subvention verlangten (Mülhausen-Tann, Bordeaux-la Teste, Epinac-Canal du Centre, Alais-Beaucaire und Grand' Combe) und keine Debatte angeregt hatten, votierte. Das Ministerium setzte sohin eine Fachkommission ein, um einen vollständigeren Plan für die nächste Session auszuarbeiten. Legrand, der Direktor des *Corps d. p. et ch.*, war unbedingter Anhänger des Staatsbaues und es gelang ihm auch, seine Meinung zu der der Kommission zu machen. Nach ihren Anträgen wurde der Kammer eine Vorlage in diesem Sinne unterbreitet, bei deren Einbringung der Minister die Anlage der Hauptbahnen durch den Staat hauptsächlich damit begründete, daß dadurch der Regierung die Fakultät geboten werde, die Tarife beliebig niedrig zu stellen und so die verschiedenen Teile des Landes innig miteinander zu verschmelzen. Nur die Nebenbahnen sollten der Privatindustrie überlassen bleiben. Das vorgeschlagene Netz der Hauptlinien aber fällt beinahe genau mit dem später wirklich ausgeführten zusammen; es war ein Netz von 4400 *km* projektiert, wovon die von Paris ausgehenden 4 großen Linien zuerst in Angriff genommen werden sollten. Der Kammer-Ausschuß erklärte sich jedoch, und zwar wesentlich aus politischer Opposition, gegen den Staatsbau, was mit staatsfinanziellen Rücksichten begründet wurde; die Überlassung an Privat-Unternehmungen wurde aber, wenngleich nicht klar ausgesprochen, als Delegation der staatlichen Aufgabe aufgefaßt und daher eine Anzahl strenger Kautelen zur Einschaltung in die Konzessionen empfohlen. Die Debatte des Jahres 1838 im Plenum der Kammer ergab infolge jenes Gegensatzes zwischen Regierungsvorlage und Ausschußbericht sowie infolge des Parteitreibens jener Zeit in der Frage des großen Netzes abermals kein positives Resultat, außer der prinzipiellen Entscheidung, daß in einer Verbindung der Staatsaktion mit der Privat-Initiative die Lösung der Frage anzustreben sei. Zugleich wurden aber einige Linien, für welche sich das Privatkapital interessierte, konzessioniert, worunter eine Bahn von Paris nach Orléans und von Paris an das Meer die bedeutendsten waren. Der Einfluß der *haute finance* brachte dies zuwege, doch wurden durch Legrand ungünstige Konzessionsbedingungen vorgeschrieben (kurze Konzessionsdauer, keinerlei Subvention, strenge Vorschriften in bezug auf Steigungen und Krümmungen, Tarifrevision nach 15 Jahren, Begrenzung der Dividende auf 10%). Bei den ungünstigen Zeitverhältnissen, dem noch vorhandenen Mißtrauen des Publikums gegen Eisenbahnunternehmungen und der in Frankreich wie überall bei den erstgebauten Linien vorgekommenen enormen Überschreitung der Baukostenanschläge war das Geld für die bezeichneten Konzessionen nicht aufzutreiben und fanden sich die beiden in den Jahren 1839 und 1840 einander ablösenden Ministerien bewogen, den Unternehmern durch Erleichterung der Konzessionsbedingungen, den beiden erwähnten größeren Linien überdies durch Zinsgarantie und Subvention, zu Hilfe zu kommen, wonach dann letztere zur Ausführung gelangten (eröffnet 1843).

Das Ministerium v. J. 1839 war an die noch immer schwebende allgemeine Systemfrage nach Ablauf der Parlamentsession durch neuerliche Einsetzung einer Fachkommission herangetreten, die sich für ein *système mixte*, bei welchem der Staat die Erdarbeiten und Kunstbauten, die Gesellschaften den Oberbau und die Betriebsmittel beizustellen hätten, mit der Begründung aussprach, daß dadurch der Privatindustrie dasjenige abgenommen würde, was bei Erbauung von Eisenbahnen das Unsichere, Unbekannte darstelle. Erst i. J. 1842 hielt Thiers den Moment für geeignet, anknüpfend an die Anträge der letzterwähnten Fachkommission der Kammer eine Eisenbahnvorlage zu machen. Sie umfaßte ein vollständiges Netz mit dem Mittelpunkte Paris, und die Kammer nahm, nach äußerst bewegten Debatten, das Prinzip derselben an, unter Erweiterung des Netzes auf mehr als 4000 *km*.

Es war angenommen, daß für 1 *km* den Staat eine Aufwendung von 150 000 Frcs. für 1/3 des Grunderwerbs, dann die Erd-, Kunst- und Hochbauten, die Gesellschaften eine Kapitalbeschaffung von 125 000 Frcs. und die von der Bahn durchzogenen Departements und Gemeinden eine Beisteuer von 13—16 000 Frs., für 2/3 der Grundeinlösung, treffen würde. Die Konzessionierung, oder wie man sich nicht mit Unrecht ausdrückte: die Verpachtung, an Kompagnien und deren Bedingungen wurden späterer Schlußfassung vorbehalten. Nur wurde in das Gesetz eingefügt, daß man Privatgesellschaften nicht ausschließen würde, wenn sich solche unter annehmbaren Bedingungen zur Ausführung der projektierten Linien anbieten sollten. Dieser Passus ermöglichte es, in einzelnen Fällen anstatt unmittelbarer Ausführung der Bauten durch den Staat, Gesellschaften eine Subvention in Geld zu geben und dieselben den gesamten Bau führen zu lassen. Im Jahre 1843 wurden auf Grund des Gesetzes vom 11. Juni 1842 nur die Linien Paris-Lille, Orléans-Tours und Vierzon, dann Marseille-Avignon konzessioniert. Erst 1844 begann die entschiedene Durchführung jenes Gesetzes, indem unter Benutzung der durch dasselbe erklärlicherweise angeregten Unternehmungslust eine bedeutende Anzahl von Linien vergeben wurde. Die Konzessionierung geschah auf Grund einer öffentlichen Konkurrenz der Bewerber, die sich in den Konzessionsbedingungen, namentlich hinsichtlich der Dauer der Konzession, unterboten (Konzessionstermine von 40—27 Jahren!). Was noch erübrigte, wurde 1845 konzessioniert, worunter insbesondere zu nennen: die Nordbahn, Paris-Lyon und Lyon-Avignon. Abermals äußerte sich die Konkurrenz in Herabdrückung der Konzessionsdauer (z. B. Paris-Creil 25 Jahre) und Übernahme steriler Nebenlinien. Im Jahre 1846 wurde schließlich die nordwestliche Gruppe nebst einer Anzahl kleiner Linien konzessioniert. Die konzessionierte Linienlänge, welche Ende 1841 erst 977 *km* betragen hatte, war dadurch auf 4034 *km* gebracht worden.

Mit der Überstürzung, in die man verfiel, als man das durch die lange Überlegung und die parlamentarischen Zwischenfälle Versäumte nachholen wollte, hatte Frankreich seine erste Eisenbahn-Spekulationsperiode. An Stelle des früheren Mißtrauens in die Rentabilität der Eisenbahnen war nun eine zu sanguinische Auffassung der Ertragsaussichten seitens des Publikums getreten; eine allgemeine Beteiligung an der Spekulation in Titeln der neuen Eisenbahngesellschaften griff Platz, mit üppiger Agiotage, die einen Umschlag nach sich ziehen mußte; die Gesellschaften waren Bauverpflichtungen eingegangen, deren Erfüllung ihnen schwer oder unmöglich wurde. So bereitete sich eine Krisis vor, die noch durch ungünstige Zufälle (schlechte Ernte des Jahres 1846) verschärft wurde und bereits i. J. 1847 die Regierung nötigte, einzelne Erleichterungen zuzugestehen. Mitten in diese Schwierigkeiten fiel schließlich die Februarrevolution, womit natürlich ein vollständiger Zusammenbruch und totaler Stillstand in den Eisenbahnbauten eintrat.

Zu erwähnen ist noch die Wiederaufhebung der Beitragspflicht der Departements und Kommunen zur Grundeinlösung (Gesetz vom

19. Juli 1845) und die Zusammenfassung der verschiedenen bahnpolizeilichen Vorschriften in ein allgemeines Reglement (Gesetz vom 15. Juli 1845 und kgl. Ordonnanz vom 15. November 1846).

Das Jahr 1848 hatte die Desorganisation einer Anzahl von Kompagnien zur Folge. Die Regierung der Republik mußte einzelne sequestrieren, mehrere Linien auf Kosten des Staates vollenden, einzelne zurückkaufen, so daß während dreier Jahre ein Staatsbetrieb auf zerstreuten Strecken stattfand, und gewährte anderen mehrfache Erleichterung und Hilfe. Es tauchte selbst vorübergehend der Vorschlag eines allgemeinen Rückerwerbes der Bahnen für den Staats auf. Ende 1851 war die konzessionierte Linienlänge auf 3910 *km* gesunken.

Louis Napoleon erfaßte die hier vorliegende Reorganisations-Aufgabe und vollzog sie mit Geschick, wenngleich sicherlich nicht ohne die Absicht, durch den materiellen Aufschwung des Landes und die Befriedigung der Finanzmächte seine Herrschaft zu festigen. Die erste Maßregel war, die Konzessionsdauer für alle Gesellschaften auf 99 Jahre zu verlängern, welche Konzessionszeit früher nur einigen wenigen gewährt worden war. Schon dadurch in Verbindung mit dem allgemeinen Wiederaufleben des Unternehmungsgeistes infolge der Errichtung des Kaisertums wurde den Eisenbahngesellschaften neues Vertrauen und somit Kapital zugewendet, und es konnten sogar alsbald neue Linien in bedeutender Ausdehnung konzessioniert werden. Zugeich wurde die Fusion der kleinen Gesellschaften in wenige große Unternehmungen eingeleitet, mit dem bestimmten Zwecke, die Konkurrenz neuer Linien auszuschließen, letztere vielmehr den je in die Hände einer Gesellschaft zusammengelegten großen Hauptlinien anzugliedern.

So bildeten sich 1852 die Nordbahn, die Paris-Orléans- und die Lyon-Mittelmeer-Bahn, 1853 die Ost- und die Südbahn; Paris-Lyon nahm mehrere kurze Linien auf; 1855 konstituierte sich die Westbahn; i. J. 1857 erfolgte die Vereinigung der Paris-Lyon- und Lyon-Mittelmeer-Bahn. Auf diese Weise sank die Zahl der Gesellschaften, welche i. J. 1846 33 betragen hatte, bis auf 11 i. J. 1857 herab.

Für einen Teil der neu konzessionierten Linien hatten in den Jahren 1852 und 1853 noch namhafte Subventionen und Garantien gewährt werden müssen. Infolge des Aufschwunges von Ende 1853 an erlangte die Regierung weit günstigere Bedingungen und i. J. 1857 gelang es ihr sogar, 2597 *km* neue Linien den verschiedenen Gesellschaften ohne jede staatliche Beihilfe zu konzessionieren, womit zugleich die Auflage eines neuen *Cahier des charges* verbunden wurde, welches die Verpflichtungen und Leistungen der Bahnen für öffentliche Zwecke steigerte. Die Handelskrisis v. J. 1857 führte zu einer Hemmung der zu lebhaften Bautätigkeit, für welche die Kompagnien von 1852—1857 mehr als 2 Milliarden verwendet hatten. Diese Summe war größtenteils durch Aktien aufgebracht worden, und als man nun das Geld für die weiteren Bauverpflichtungen durch Ausgabe von Obligationen beschaffen wollte, waren die Kapitalisten zurückhaltend geworden und die Situation der Gesellschaften wurde eine schwierigere.

Die Regierung bewies ihnen ein wohlwollendes Entgegenkommen und daraus gingen die Konventionen v. J. 1859 hervor, welche bei den sechs großen Gesellschaften die Unterscheidung des alten und des neuen Netzes mit jener sinnreichen Ordnung der Netzes-Konstitution und der Garantie-Verhältnisse begründeten, deren Bedeutung bereits in der systematischen Erörterung zu würdigen war. Infolgedessen hob sich der gesunkene Kredit der Gesellschaften: sie konnten die Obligationen, mit deren Erlös das neue Netz gebaut werden sollte, leicht begeben; eine rege Bautätigkeit begann wieder und im Laufe der nächsten Jahre konnten durchschnittlich 700 *km* jährlich dem Betriebe übergeben werden. Alle Bauausgaben seit 1859 sind, mit Ausnahme der Orléansbahn, durch Obligationen beschafft worden. Die zugleich allen Kompagnien auferlegten, übereinstimmenden *Cahiers des charges* gewähren der Regierung die im Sinne unserer begrifflichen Erörterungen notwendigen Befugnisse. Wiederholte Ummodelungen der Konventionen fanden dann statt in den Jahren 1863, 1868 und 1869, indem teils zur fortschreitenden Erweiterung des Netzes neue Linien dem alten und neuen Netze hinzugefügt, Linien vom neuen auf das alte Netz übertragen, die finanziellen Vereinbarungen nach den gemachten Erfahrungen abgeändert und die Einzelheiten der Kombination zweckmäßig verbessert wurden.

In letzterer Hinsicht ist insbesondere die Modifikation in der Linienverteilung durch die Konventionen v. J. 1869 bemerkenswert, welche jede Konkurrenz zwischen dem alten und neuen Netze vollends beseitigte. Außer den an die sechs großen Gesellschaften verliehenen Linien wurden einzelne an neu gebildete Gesellschaften vergeben; so 1860/61 an die Charentes- und Vendée-Bahn, 1869 an die Nordostbahn. Die Konzessionierung wurde häufig von der Aufstellung und Genehmigung des Bahnplanes getrennt gehalten; die Klassifikation der Linien erfolgte in speziellen Gesetzen (*lignes décrétées*), gemäß deren sie dann vergeben wurden. Die Victor-Emanuel-Bahn (von der Rhone nach dem Mont-Cenis) wurde von einer früheren selbständigen Gesellschaft der Paris-Lyon-Méditerranée gegen Spezialgarantie übertragen (Konvention von 1866/67).

Das Gesamtnetz, welches Ende 1859 14 760 *km* definitiv und 1685 *km* eventuell konzessionierte Linien umfaßte, war bis Ende 1869 auf 22 057 *km* definitiv konzessionierte, wovon 16 972 *km* im Betriebe, 1507 *km* dekretierte und 882 eventuell konzessionierte Linien angewachsen. Die Lokalbahnen, welche auf Grund des Gesetzes v. J. 1865 entstanden, sind hierbei nicht mitgezählt. Zu dem letztgedachten Gesetze hatte das Vorgehen im Elsaß, woselbst man mit etwas gewaltsamer Auslegung des Vizinalwegegesetzes v. J. 1836 drei Lokalbahnen durch Beiträge der Gemeinden und des Departements zustande gebracht, den Anstoß gegeben.

Der Krieg von 1870 hatte die Verminderung des Netzes um 835 *km* zur Folge. Die Republik ließ sich den Ersatz durch weitere Verdichtung des Netzes angelegen sein, indem durch Verträge mit verschiedenen Gesellschaften neue Linien ihren Netzen angegliedert wurden. Gleichzeitig wurden aber auch Linien an kleinere Gesellschaften konzessioniert. Mit letzterer Maßregel geschah eine Abweichung von dem erprobten Systeme, die sich als folgenschwerer Fehlgriff erwies. Die betreffenden Bahnen, als Konkurrenzlinien gegen die großen Gesellschaften gedacht, scheiterten als solche, und die Regierung sah sich veranlaßt, um den Titresbesitzern wenigstens einen ansehnlichen Teil ihrer Einlagen zu retten und sie dadurch für die Republik günstiger gestimmt zu erhalten, 2615 *km* für den Staat anzukaufen.

Zwei der Gesellschaften waren fallit, andere außerstande den Betrieb fortzuführen; es waren dies beinahe sämtlich Linien zweiter Ordnung und einige Lokalbahnen im Gebiete der Orléansbahn. Ein Gesetzesvorschlag vom 1. August 1876 führte nach einer eingehenden prinzipiellen Debatte, in welcher von einer Seite selbst der Rückkauf sämtlicher Bahnen beantragt worden war, zu dem Beschlusse, wegen Fusion der bezeichneten Linien mit der Orléansbahn gegen gewisse Zugeständnisse seitens dieser zu unterhandeln, im Falle die Unterhandlungen jedoch resultatlos blieben, die Linien für den Staat selbst zu erwerben. Da letztgedachte Voraussetzung eintrat, so wurden i. J. 1877 vom Staate Verträge mit den zehn in Betracht kommenden Gesellschaften, worunter die Charentes- und die Vendée-Bahnen mit ihrem gesamten Netze, abgeschlossen, gemäß welcher 1861 *km d'intérêt général* und 754 *km d'intérêt local* gegen einen Schätzungspreis von 266 Mill. Frcs. übernommen wurden, um vom Staate für eigene Rechnung betrieben zu werden. Nach langwieriger Debatte wurden die Verträge von der Nationalversammlung angenommen (März 1878).

Der Bauten-Minister Freycinet, welcher die Durchführung der Angelegenheit von seinem Vorgänger übernommen hatte, plante ferner eine abermalige Erweiterung des Bahnnetzes in allen seinen Gliedern durch umfangreiche, auf eine lange Reihe von Jahren zu verteilende Neubauten und beantragte, diese Linien wieder den alten Gesellschaften und vielleicht einem oder dem anderen neu zu bildenden großen Netze in derselben Weise wie bei den früheren Netzeserweiterungen und, soweit sie an die neuen Staatslinien anschließen, diesen anzugliedern. Die Nationalversammlung ging noch über den Entwurf des Ministers hinaus. Der Staat sollte nicht nur, wie nach dem Gesetze v. J. 1842, den Unterbau, sondern auch den Oberbau auf seine Kosten ausführen und die Linien sollten den Gesellschaften unter fallweise vertragsmäßig festzusetzenden Bedingungen übertragen werden. Es war also keineswegs der Übergang zum gemischten System in seiner eigentlichen Bedeutung beabsichtigt, sondern der, der Längenausdehnung nach geringe, Staatsbahnbesitz sollte nur ein Betrieb innerhalb des Komplexes der alten Gesellschaften bilden und nach Art derselben verwaltet werden, wovon man sich immerhin einen gewissen Einfluß auf die Gebarung der Privatgesellschaften versprach. Mit diesem Programme, das 181 neue Linien umfaßte und mit einem Kapitalaufwande auf seiten des Staates von $6^1/_2$ Milliarden Frcs. rechnete, war auf lange Zeit hinaus ein Abschluß im Geiste der bisher festgehaltenen Verwaltungsgrundsätze gegeben.

Belgien[1]**. Holland.** Die beiden wirtschaftlich ebenso eigenartigen als hochstehenden Kleinstaaten weisen auch im Eisenbahnwesen eigentümliche Bildungen auf. Belgien ward die Heimat des absoluten Staatsbahnsystemes, indem es gleich bei Beginn des neuen Zeitalters eine mächtige Waffe seiner jungen staatlichen Existenz darin suchte. Die dokumentarischen Akte über die Entstehung des belgischen Staatseisenbahnnetzes lassen keinen Zweifel übrig, daß nicht im engeren Sinne ökonomische, sondern vorwiegend politische Gründe für die Ausführung des Netzes von Staatswegen entschieden.

Schon im Oktober 1830 unterbreitete ein Komitee von Industriellen und Landwirten der provisorischen Regierung ein Memoire, die in Händen Hollands befindliche Wasserkommunikation zwischen Rhein und Schelde durch eine Eisenbahn zu ersetzen, und der Minister des Innern wurde sogleich beauftragt, einen Bericht hierüber zu erstatten. Durch königl. Verordnung vom 24. August 1831 wurden zwei Ingenieure mit der Aufgabe betraut, nach Bereisung Englands ein Projekt für ein Bahnnetz zwischen Schelde, Maas und dem Rhein zu verfassen. Angangs 1832 legten diese das Generalprojekt einer Bahn von Antwerpen nach Köln vor und es wurde die Konzession der Linie bis Lüttich ausgeschrieben. Die Vergebung fand jedoch nicht statt, da Lönig Leopold, die Tragweite des neuen Verkehrsmittels voll erfassend, den Plan als Staatssache betrachtete, um mittels der Eisenbahnen die Glieder des neu erstandenen Staates innig miteinander zu verbinden und zugleich gegen handelspolitische Maßnahmen der Nachbarn, gegen welche ein erklärliches Mißtrauen, namentlich hinsichtlich des wichtigen Transithandels mit Deutschland, obwaltete, gesichert zu sein. Das *Exposé des motifs*, mit welchem die bezügliche Regierungsvorlage am 19. Juni 1833 in der Repräsentantenkammer eingebracht wurde, sprach dies in zwar diplomatisch gefaßten, aber unzweideutigen Worten aus. Über den Antrag entstand in der Kammer eine lebhafte Erörterung, die Systemfrage betreffend, und der Staatsbau ging schließlich mit Mehrheit durch.

Das Gesetz vom 1. Mai 1834 machte die Stadt Mecheln zum Mittelpunkte eines Staatsbahnnetzes, dessen 4 Linien, die eine östlich über Löwen, Lüttich und Verviers zur preußischen Grenze, eine nördlich nach Antwerpen, die dritte westlich über Gent, Brügge nach Ostende und die südliche über Brüssel zur französischen Grenze, 397 *km* umfaßten. Der Bau wurde auch rasch in Angriff genommen und ës wurde bereits im Mai 1835 die Strecke Brüssel-Mecheln, im Mai 1836 die Strecke Mecheln-Antwerpen in Betrieb gesetzt.

Kaum waren diese Linien im Betrieb, so regte sich in allen Provinzen der Wunsch und eine Art Eifersucht, in das Netz der Staatsbahnen einbezogen zu werden, was die Regierung zu einer darauf

[1] A. de Laveley, *Histoire des 25 premières années des ch. d. f. Belges.* Edm. Nicolai, *Les ch. d. f. de l'État en Belgique 1834—84*, Brüssel 1885. Archiv: „Die Eisenbahnen in Belgien, ihre Entstehung und ihre Ergebnisse“, 1886.

gerichteten Vorlage bestimmte, welche i. J. 1837 die Sanktion erhielt und weitere 152 *km* dem Netze hinzufügte. Im Jahre 1844 war dasselbe ausgebaut.

Das Vorgehen hat den deutschen Staaten vielfach als Beispiel gedient, um so mehr als auch die finanziellen Ergebnisse keine ungünstigen waren. Zwar überschritten die Baukosten die Voranschläge bedeutend, allein auch der Verkehr nahm erheblich größere Ausdehnung an, als man erwartet hatte; namentlich der Personenverkehr, auf den man am wenigsten gerechnet.

Bis zur Vollendung des Staatsbahnnetzes waren nur ganz vereinzelte Konzessionen an Private für kurze Strecken, so für die schmalspurige Bahn von Antwerpen nach Gent, erteilt worden. Erst die englische Eisenbahnmanie, welche ihre Wellen auch nach Belgien warf, hatte einige Konzessionen an englische Unternehmer im Gefolge, die mit vorteilhaften Anträgen, meistens Nebenbahnen industriellen Charakters betreffend, an den Staat herangetreten waren, der damals sein Netz für vorläufig abgeschlossen erachtete.

In den fünfziger Jahren jedoch erfolgte ein entschiedener Bruch mit der bis dahin befolgten Eisenbahnpolitik und der Übergang zum gemischten Systeme.

Die Staatsbahnen, „deren Administration, mit penibler Akkuratesse und Disziplin bis ins kleinste Detail hinein schematisiert und egalisiert, dem Publikum Sicherheiten aller Art in bis dahin ungeahntem Umfange gewährte, galten zwar für Muster unübertrefflicher Art. Einzelne Einrichtungen der belgischen Administration, vor allem die Zentralmagazine und Arsenale in Mecheln, welche den militärischen Arsenalen nachgebildet, jeden schadhaften Teil des ganzen Apparates sofort aus ihren immensen, schön gehaltenen Vorräten ersetzten, durch deren Hände die Beschaffung aller Verbrauchsmaterialien im großen ging, erschienen als Meisterstücke der Eisenbahnökonomie und waren es für ihre Zeit in der Tat. Aber gerade in dieser minutiösen Durchbildung des Gesamtmechanismus lag die Gefahr für das System. Bald erschien es widersinnig, die Formen der Konstruktion, Verwaltung und Herstellung, die für die annähernd gleichartigen Prinzipallinien hatten gelten können, auch auf die neuen Strecken auszudehnen, deren Ausbau die öffentliche Wohlfahrt forderte, deren Erträgnis aber, wenn sie nach den Maximen der Verwaltung der Staatsbahnen, die ihrerseits denen der ganzen Staatsadministration konform sein mußten, manipuliert werden sollten, sich mit den Pflichten gegen den Staatschatz nicht mehr vertrug. Das rasche Wachsen der Verkehre, die Vermehrung der Anschlüsse, die Erhöhung der Ansprüche, welche der Durchgangsverkehr erhob usw., ließen den so sorgsam durchgebildeten Organismus der Staatsverwaltung zu konservativ erscheinen. . . . Eine Menge der gepriesenen Administrations-Einrichtungen veralteten schnell . . . zudem überholte der Fortschritt der Eisenbahnkunst bald alle Prinzipien der Uniformität der Betriebsmittel, Materialien und Konstruktionen, auf welche die bewunderten Arsenal-Institute basiert waren“ [1]).

Die Staatsbahnverwaltung hatte sich nicht der Entwicklung des Eisenbahnwesens angepaßt, und die wirtschaftlichen Folgen dieses

---

[1]) M. M. v. Weber: „Nationalität und Eisenbahnpol.“, S. 44.

Sachverhaltes im Verein mit dem Umsichgreifen der Konkurrenzlehre, bewogen die belgische Regierung, die Verdichtung des Netzes den zahlreich sich anbietenden Privatunternehmungen zu überlassen, in der Meinung, daß die finanziellen Folgen verfehlter Spekulationen sie nicht berühren würden. Bereits durch Gesetz vom 20. Dezember 1851 wurde für 9 Linien mit einem Gesamtkapitale von rund 64 Mill. Frcs. Zinsengarantie gewährt; desgleichen wurde ferner den verschiedenen Konzessionsgesuchen (ohne Garantie) willfahrt, die namentlich in den 60er Jahren sich mehrten, so daß im J. 1869 gegen 50 Privatgesellschaften bestanden, die zusammen nicht mehr als 1689 *km*, d. i. 36 *km* Linie auf 1 Gesellschaft, besaßen.

Die finanzielle Lage dieser zersplitterten Unternehmungen war erklärlicherweise im ganzen bald eine wenig befriedigende und man suchte durch eine gewisse Konzentration des Betriebes abzuhelfen. Das Resultat einer langen Reihe von Transaktionen war eine Zusammenfassung der Mehrzahl der Privatlinien in die Gruppen der nordbelgischen, der Bahnen des *Grand Central*, der *Société générale d'exploitation* und des *Grand Luxembourg*, teils bloße Betriebsvereinigung, teils förmliche Fusionen.

Ein Teil der Privatlinien war von Seite der Spekulation wesentlich auf bloße Konkurrenz gegen die Staatsbahnen berechnet worden. Der damals vielgenannte Phillippart ergänzte diese durch Zwischenglieder zu einem zusammenhängenden Netze unter dem Namen des Netzes der Kohlenwerksgesellschaft, so daß durch die Konzentration des Betriebes in der *Société d'exploitation* den Staatsbahnen eine lästige, die Einnahmen schmälernde Linienkonkurrenz erwuchs, die zuletzt von jener Seite lediglich mit Absicht auf den Ankauf durch den Staat geführt wurde (vgl. S. 94). Es erübrigte schließlich aus den Gründen, die hier nicht wiederholt zu werden brauchen, in der Tat nichts anderes und durch Konvention vom 25. April 1870 wurden 601 *km* vom Staate in Betrieb genommen. Die Kammerdebatten, insbesondere die Darstellungen von der Regierungsbank, brachten die Schäden des gemischten Systemes klar an den Tag und dies zeitigte den Vorsatz, das System allmählich zu verlassen. Unter Einwirkung dieses Gedankens kaufte der Staat i. J. 1872 die Linie Pepinster-Spaa, i. J. 1876 die Bahn Dendre-Waes, im Januar 1873 die von der Luxemburger Gesellschaft betriebenen Bahnen (313 *km*) zurück, nachdem eine Übertragung an eine deutsche Bahn von seiten der Gesellschaft in Aussicht genommen worden war. Außerdem erfolgte die Betriebsübernahme mehrerer anderer Linien und die Umwandlung des Betriebsverhältnisses zur Kohlengewerkschaft in einem Kaufvertrag, der zugleich die Ausführung einer Anzahl neuer Strecken ausbedang (1877).

Das Netz der im Betriebe des Staates stehenden Linien, welches 1869 durch Übernahme mehrerer Privatlinien lediglich zur Betriebsführung auf 863 *km* angewachsen war, wurde durch solche Übereinkünfte bis Anfang 1876 auf 2205 *km* gebracht, wovon 655 die ursprünglichen Staatsbahnen. Die Privatbahnen zählten 1876: der *Grand Central* 610 *km*, die *Société gen. d'exploitation* 466 *km*, die nordbelgischen Bahnen 169 *km* und 10 andere Gesellschaften zusammen 468 *km*. Die hochgradige Verschlingung der Netzeslinien in Verbindung mit der geographischen Lage des Landes hat mehrfache Betriebsüberlassung einzelner Strecken an fremde Verwaltungen, dann von Staatsbahnen an Privatbahnen, sowie umgekehrt, auch wo Konkurrenzfälle nicht vorlagen, zur Folge gehabt.

Die Organisation der Staatsbahn-Verwaltung wurde seit der ersten Einrichtung i. J. 1837 im Verordnungswege vielfach umgemodelt. Für Konzessionierung von Privatbahnen galt ursprünglich das allgemeine Gesetz über die *Concessions de péages*, welches indes alsbald teils für einzelne Linien, teils (durch Gesetz v. J. 1843) als für alle dem öffentlichen Verkehre dienenden Eisenbahnen nicht anwendbar erklärt wurde, indem für solche Konzessionen ein Spezialgesetz vorgeschrieben wurde. Das Gesetz vom 10. Mai 1862 erteilte der Regierung das Recht, 99jährige Konzessionen für Kanäle und Eisenbahnen unter 10 *km* Länge zu gewähren. Die Bedingungen der Konzessionswerbung und der Vorgang bei Konzessionserteilung wurden seit 1836 durch verschiedene Reglements geregelt, i. J. 1875 von neuem geordnet. Die Bahn- und Verkehrspolizei, durch Art. 2 des Gesetzes vom 12. April 1835 der Verordnung anheim gegeben, wurde von eben dem Jahre an in zahlreichen Akten gemäß der fortschreitenden Erfahrung ausgebildet; die Aufsicht über die Privatbahnen durch königliche Verordnung vom 25. November 1853 eingerichtet, seit 1866 die Klauseln der *Cahiers des charges* einheitlich geregelt.

In Holland[1]) bestanden bis zum Jahre 1860 fünf, sämtlich von Privatgesellschaften errichtete Eisenbahnen, nämlich die Linie Amsterdam-Haag-Rotterdam der holländischen Eisenbahngesellschaft (1837 begonnen), die Linie Amsterdam-Utrecht-deutsche Grenze, von der niederländischen Rheineisenbahn-Gesellschaft i. J. 1843 begonnen, mit Zweigbahn von Utrecht nach Rotterdam (1855), und 1856 mit den deutschen Eisenbahnen in Verbindung gebracht, die 1853 eröffnete Bahn von Maastricht nach Aachen und die von einer belgischen Gesellschaft erbaute Linie von Antwerpen nach Moerdyk und Breda (1855); i. J. 1859 endlich war die Konzession für eine Bahn von Utrecht nach Zwolle erteilt worden: die niederländische Zentralbahn, welche später bis Kampen ausgedehnt wurde [2]). Die Länge der Linien betrug 337 *km*.

---

[1]) Dr. Jonckers Nieboer, *Geschiedenis der Nederlandsche Spoorwegen*, 1907.

[2]) Die Entstehung der niederländisch-rheinischen Eisenbahngesellschaft ist eine höchst merkwürdige. Im Jahre 1838 hatte die Regierung den Generalstaaten den Bau einer Bahnlinie von Amsterdam nach dem Rheine auf Staatskosten vorgeschlagen, die Vorlage war jedoch verworfen worden. Da ordnete der König, durchdrungen von den Vorteilen, welche das Land von der Ausführung dieser Bahn ziehen mußte, den Bau der Bahn von Amsterdam nach Arnheim an, indem er mit seinem Privatvermögen für die Verzinsung der aufzunehmenden Kapitalien eintrat. Die Linie wurde sohin gebaut und die Betriebsergebnisse machten die

Das Land war also hinter dem rührigen Belgien zurückgeblieben, und das Netz entsprach auch bei weitem nicht den vorhandenen Verkehrsbedürfnissen. Die nordöstlichen Provinzen waren noch gar nicht, die südlichen und südwestlichen nur sehr ungenügend mit Eisenbahnen versehen, und es zeigte auch die Privatunternehmung keinerlei Bereitwilligkeit, die als dringend notwendig erkannte Ergänzung des Netzes auf eigenes Risiko vorzunehmen, da die Mehrzahl der betreffenden Strecken voraussichtlich unrentabel erschien. Da entschloß sich der Staat, dieses Ergänzungsnetz selbst anzulegen und damit das gemischte System zu befolgen. Das Merkwürdige hierbei ist nur, daß man die Anlage der Staatsbahnen. auf eine längere Reihe von Jahren verteilt, aus den laufenden Einnahmen des Staatschatzes, also ohne Aufnahme eines Darlehens, ins Werk setzte; ein Vorgang, der einzig in seiner Art dasteht.

Das nach mehrjährigen Beratungen zustande gekommene Gesetz vom 18. August 1860 stellte einen umfassenden Eisenbahnplan (10 Linien) auf, dessen Ausbau nach und nach vor sich gehen und auch sofort im selben Jahre noch in Angriff genommen werden sollte. Bis Ende 1872 war das geplante Netz von 888 *km* bis auf drei kleine Verbindungstrecken vollendet. Mit Gesetz vom 31. Mai 1873 wurden noch zwei Querlinien in der Länge von 27 *km* hinzugefügt, so daß das Netz 1875 915 *km* in sich schloß. Hierfür waren rund 125 Millionen Gulden verwendet worden und es kam das Kilometer auf über 145 000 Gulden zu stehen. Dieser hohe Anlagekostenpreis erklärt sich durch die zahlreichen Kunstbauten, insbesondere die Brückenbauten von ungewöhnlicher Ausdehnung (die größeren Brückenbauten haben zusammen gegen 19 Millionen gekostet) und die Hafenbauten in Vlissingen mit 15 Millionen Gulden.

Im Jahre 1874 wurden Wünsche nach einer weiteren Ergänzung des Netzes durch verschiedene Nebenlinien laut, welche auch nach mehrfachen Zwischenfällen, wie: gescheiterten Konzessionsverhandlungen mit Privat-Konsortien, zu dem Gesetze vom 10. November 1875 führten, das abermals 9 Linien im beiläufigen Ausmaße von 406 *km* auf Staatskosten in der nämlichen Weise wie die früheren anordnet, nur daß die neuen Linien der Terrainbeschaffenheit und den gesamten Anlageverhältnissen zufolge eine weit billigere Anlage gestatteten.

Eine andere Eigentümlichkeit des holländischen Eisenbahnwesens bildet die Verpachtung des Staatsbahnnetzes auf Grund des Gesetzes vom 3. Juli 1863, nach den S. 145 angegebenen Grundzügen und mit dem eben dort verzeichneten Erfolge. Die hierfür gegründete

Haftung des Königs gegenstandlos. Daraufhin genehmigten die Generalstaaten die Abtretung der Linie an eine Gesellschaft, eben die erwähnte, welche sich überdies zu dem Baue der weiter bezeichneten Linien verpflichtete.

Maatschappy tot exploitatie van Staatsspoorwegen übernahm sämtliche Staatsbahnlinien mit Ausnahme der Linien Haarlem-Niewediep und Amsterdam-Zaanstrecke, welche wegen ihrer Lage der holländischen Eisenbahngesellschaft in analoger Weise zum Betriebe übergeben wurden. Der Pachtbetrieb hat wie für den Staat so auch für die Betriebsgesellschaft nur unbefriedigende finanzielle Resultate gegeben, wobei überdies die Gesellschaft durch den von ihr übernommenen Betrieb der belgischen Lüttich-Limburgschen Linien erhebliche Verluste erlitt. Die ähnlichen Betriebsergebnisse auf den Pachtstrecken der holländischen Gesellschaft waren für letztere nur wegen des steigenden Ertrages ihres konzessionierten Netzes, einer guten Hauptlinie, von keinem Belange. Bei dieser Verwaltungsform verblieb es fortab, nur daß man die Vertrags-Bedingungen durch wiederholte Revision zu verbessern trachtete.

Die Eisenbahngesetzgebung Hollands betätigte sich erstmals mit dem Gesetze vom 21. August 1859 in einem allgemeinen Akte. Hauptzweck dieses Gesetzes war die Sicherung der richtigen Erfüllung der den Eisenbahn-Unternehmern obliegenden Verpflichtungen dem Staate und dritten Personen gegenüber und die Regelung des Verkehrs auf den Eisenbahnen. Zum Behufe der Staatsaufsicht wurde i. J. 1860 der *Raad van toezigt op de Spoorwegdiensten* nach dem Muster anderer Staaten ins Leben gerufen. Die Erfahrung zeigte das Ungenügende der damit gegebenen Regulierung und es wurde i. J. 1871 eine Revision des Eisenbahngesetzes angestrebt, die sich indes mehrere Jahre hinauszog. Das Eisenbahngesetz vom 9. April 1875, eine umfassende Kodifikation mit strenger Regelung, behandelte die Materie nach dem neuesten Standpunkte der Gesetzgebung der Nachbarstaaten und stellt im ganzen eine Verbindung deutscher und französischer Normen und Einrichtungen dar, mit denjenigen Abweichungen, welche teils die neuere Auffassung des Wesens der Eisenbahn, teils die eigentümliche Stellung der Verwaltungen in dem Lande an die Hand gaben; es galt in gleicher Weise für die Privatbahnen wie für die Pächter der Staatsbahnen.

Holland wie Belgien sind wegen des innigen Zusammenhanges ihrer Netze mit den Bahnen Deutschlands vielfach in der Entwicklung unter dem Einflusse der deutschen Eisenbahnen gestanden, was sich auch durch Angehörigkeit eines Teiles ihrer Bahnen zum Deutschen Eisenbahnvereine äußerte.

Preußen[1]). Auch Preußen zögerte anfangs, die weltbewegende Erfindung sich zunutze zu machen, indem hauptsächlich in Regierungskreisen ein Mißtrauen gegen die Eisenbahnen, insbesondere hinsichtlich ihrer Rentabilität, herrschte. Zwar bildeten sich gleich in den ersten 30er Jahren an verschiedenen Orten Komitees aus Kaufleuten und Technikern, welche die Gründung von Eisenbahn-Unternehmungen anstrebten; die Anregungen List's waren auf fruchtbaren Boden gefallen. Allein bei der passiven, ja geradezu ablehnenden Haltung der

[1]) Ziemlich eingehende Darstellung von Schreiber, „Die preußischen Eisenbahnen und ihr Verhältnis zum Staat 1834—1874“, Berlin 1874. v. d. Leyen in der Enzyklopädie, 2. Aufl., Art. „Preußische Eisenbahnen“ (mit reichen statistischen Daten und Literaturangaben).

Regierungskreise gelang es auch nur vereinzelt, das Publikum für die Projekte zu gewinnen, und die Bewilligung der Unternehmung war nur für wenige derselben zu erlangen. (Berlin-Potsdam, Düsseldorf-Elberfeld, Magdeburg-Leipzig und eine Strecke der rheinischen Bahn i. J. 1837 konzessioniert.) Indes nahm die Regierung zu der Frage prinzipielle Stellung durch das von einer Beamten-Kommission entworfene Eisenbahngesetz vom 3. November 1838, welches die Ausführung von Eisenbahnen ausschließlich Aktiengesellschaften überläßt und in einer Reihe von für ihre Zeit bemerkenswerten Bestimmungen, deren wichtigste im Laufe unserer Erörterungen nicht unerwähnt blieben, Konzessionierung, Bau, Betrieb, Privilegien der Bahnen, ihr Verhältnis zur Post und die Rechte des Staates regelte.

Wenn hierfür einerseits die ersten englischen Konzessionsakte das Vorbild abgaben, wie hinsichtlich des Betriebes durch verschiedene Frachtführer, der Begrenzung der Dividende auf 10 Prozent, so wurde andererseits doch die Einflußnahme des Staates entsprechend weitergeführt, sogar dem freien Ermessen des Ministeriums bedeutender Spielraum eröffnet, und es sind die auf Tarifregelung bezüglichen Bestimmungen tatsächlich nur dadurch hinfällig geworden, daß sie sich, ausgehend von dem über die Betriebsweise obwaltenden Irrtume, auf das für die Gestattung des Befahrens der Bahn durch fremde Frachtführer einzuhebende „Bahngeld" bezogen. Besondere Beachtung verdienen die §§ 38—40, welche die Entrichtung einer Abgabe vom Reinertrage unter Vorbehalt späterer Festsetzung ihrer Höhe vorschreiben, mit dem Beifügen, daß diese Abgabe zu keinem anderen Zwecke als zur Entschädigung der Staatskasse für die ihr durch die Eisenbahnen entzogenen Einnahmen und zur Amortisierung des in ihnen angelegten Kapitales verwendet werden, und daß nach vollendeter Amortisierung dem Unternehmen eine solche Einrichtung gegeben werden soll, daß der Ertrag des Bahngeldes die Kosten der Unterhaltung der Bahn und der Verwaltung nicht übersteige — also schon das Gebührenprinzip in Aussicht genommen. Das Verfahren der Konzessionierung regelte der Staatsministerialbeschluß vom 30. November 1838.

Auf Grund dieses Gesetzes wurde i. J. 1839 das Statut der Berlin-Anhaltischen Eisenbahngesellschaft bestätigt, und der Staat unterstützte selbst das Unternehmen durch Beteiligung der Seehandlung an dem Anlehen der Gesellschaft, ein Zeichen des Umschwunges der Ansichten. Eine entschiedene Wendung aber trat mit dem Regierungsantritte Friedrich Wilhelms IV. ein, welcher schon als Kronprinz den Bahnkomitees seine Unterstützung hatte angedeihen lassen.

Es wurden in den Jahren 1840 und 1841 die Berlin-Stettiner, die Berlin-Frankfurter, die Bonn-Kölner, die Oberschlesische und die Magdeburg-Halberstädter Bahn konzessioniert und der erstgenannten eine wertvolle Förderung von seiten des Staates durch Übernahme von $^1/_2$ Mill. 4prozentiger Obligationen zum Parikurse mit Verzicht auf $^1/_2$ Prozent Zins durch sechs Jahre zuteil, nachdem auch der altpommersche Landtag eine gewisse Zinsengarantie für das Aktienkapital übernommen hatte. Energisch und zugleich planmäßig wurde dann im folgenden Jahre (1842) an das Zustandebringen eines vollständigen

Netzes gegangen. Als zu diesem Zwecke zunächst notwendig nahm die Regierung in Aussicht: die Rhein-Weser-Bahn, die Thüringische Bahn, eine Bahn von der Oder zur russischen Grenze über Königsberg, die Bahnstrecke Frankfurt-Breslau und die Fortsetzung der Oberschlesischen Bahn bis zur österreichischen Grenze und eine Verbindung von Posen mit der nach der Provinz Preußen und mit der nach Schlesien führenden Linie, so daß, entsprechend der Gestalt des Landes, ein die Endpunkte des Reiches im Zentrum Berlin verbindendes Bahn-Kreuz zum Vorschein komme. Die finanzielle Förderung der Unternehmungen bestand in Zinsbürgschaft und Beihilfen.

Nachdem der erste Eifer des Publikums angesichts des Umstandes, daß die Betriebsergebnisse der bis dahin gebauten Bahnstrecken nicht sofort die gehegten Erwartungen erfüllten, erkaltet war, der Staatsbau sich durch die Untunlichkeit verbot, ohne Verleihung einer Verfassung eine Staatsanleihe aufzubringen, so erübrigte nur die Gewährung einer Zinsgarantie, die bei der ausnehmend günstigen Lage der Finanzen selbst für den äußersten Fall, daß der Staat den ganzen Zinsenbetrag vorzuschießen habe, leicht aufbringbar erschien. Über diesen Plan forderte die Regierung das Gutachten der durch Verordnung vom 21. Juni 1842 geschaffenen Provinzial-Landtags-Ausschüsse ein, die im Oktober d. J. in Berlin zusammentraten, und erlangte auch die volle Zustimmung der überwiegenden Mehrheit, jedoch erst dann, als sie erklärte, sie sei entschlossen, für jetzt und für die nächste Zukunft Eisenbahnen für Rechnung des Staates nicht zu bauen. Infolgedessen erging am 22. November 1842 die Allerhöchste Kabinettsordre, in welcher für den gedachten Zweck die Belastung der Staatskasse mit einer fortlaufenden Ausgabe, die jedoch den Betrag der auf höchstens 2 Mill. Taler jährlich berechneten Garantiezuschüsse nicht überschreiten dürfe, bewilligt wurde. Ferner wurde der Finanzminister durch Kabinettsordre vom 31. Dezember 1842 ermächtigt, zur Beförderung von Eisenbahnbauten $^1/_2$ Mill. Taler in den Etat der Generalstaatskasse für das Jahr 1843 aufzunehmen und diese Summe alljährlich um den Betrag zu verstärken, um welchen das etatmäßige Einkommen aus dem Salzregal gegen den Voranschlag des Jahres 1843 anwachsen würde, und weiters durch A. h. Ordre vom 28. April 1843 beauftragt, zur Beteiligung an den unter Staatsgarantie zu erbauenden Bahnen 6 Mill. Taler der vorhandenen disponiblen Überschüsse der Finanzverwaltung zu reservieren. Diese unmittelbare Beteiligung am Kapitale der Unternehmungen war zugleich auf eine künftige Erwerbung der Bahnen angelegt, indem die vom Staate übernommenen Aktien nicht in den Verkehr gebracht und die auf sie entfallenden Zinsen und Dividenden zur Amortisation selbst dann verwendet werden sollten, wenn Garantiezuschüsse notwendig sind. (In welch durchdachter Weise die Garantien gewährt wurden, war bereits S. 139 zu erwähnen Anlaß.) Bei dieser Gelegenheit wurde auch die in dem allgemeinen Eisenbahngesetze nicht entsprechend vorgesehene Einflußnahme der Staatsbehörde auf die Tarife festgesetzt, was in gleicher Weise fortan in den Konzessionen geschah.

Die ergriffenen Maßregeln erwiesen sich als wirksam, indem dadurch für die bezeichneten Bahnlinien mit Ausnahme jener von der Oder zur russischen Grenze und von Posen nach Breslau die Kapitalaufbringung gesichert und die baldige Ausführung herbeigeführt wurde. Nebstdem kamen einige andere Linien in jenen Jahren zustande, teils Fortsetzungslinien der bereits bestehenden, teils neue Gesellschaften, denen die Regierung zum Teile gleichfalls Staatsunterstützung gewährte.

Daher datieren die Konzessionen: 1843 der Niederschlesisch-Märkischen (Vereinigung der Berlin-Frankfurter mit der Frankfurt-Breslauer Bahn), der Köln-Mindener, 1844 der Bergisch-Märkischen und Thüringischen, 1846 der Stargard-Posener und der Köln-Minden-Thüringer Verbindungsbahn — diese Bahnen mit Staatsunterstützung —, 1843 der Breslau-Freiburg-Schweidnitzer, 1844 der Niederschlesischen Zweigbahn, der Wilhelmsbahn, 1845 der Berlin-Potsdam-Magdeburger (welche die Berlin-Potsdamer Bahn erwarb), der Berlin-Hamburger und der Prinz Wilhelms-Bahn, 1846 und Januar 1847 Münster-Hamm, Neiße-Brieg, Aachen-Maastricht, Aachen-Düsseldorf, Ruhrort-Krefeld-Gladbach, Magdeburg-Wittenberge — sämtlich ohne Beteiligung des Staates. Letzterer hatte den vorbezeichneten Bahnen nebst der Rheinischen und Oberschlesischen für 31,650 Mill. Taler Anlagekapital $3^1/_2$ Prozent Zinsen garantiert, 6,164 Mill. Taler in Aktien übernommen und für nahezu 7 Mill. Taler Zinspriorität bewilligt. Die Gesamtlänge der bis 1847 konzessionierten Linien betrug 420 Meilen.

Im November 1846 traten die Verwaltungen der preußischen Bahnen in Berlin zu einem „Verband preußischer Eisenbahn-Direktionen" zusammen, welcher schon im folgenden Jahre durch Ausdehnung auf außerpreußische Bahnen in den „Verein deutscher Eisenbahnverwaltungen" umgewandelt wurde.

Die Krisis der Jahre 1846 und 1847, dann die Ereignisse des Jahres 1848 machten dem erwachten Unternehmungsgeiste ein rasches Ende, brachten mehrere der kleinen, auf sich selbst angewiesenen Unternehmungen ins Stocken und ließen die ohnehin geringen Aussichten, für die offenbar für längere Zeit ertraglose Ostbahn Privatkapital zu finden, vollends schwinden. Die Regierung sah sich zu helfendem Eingreifen bei jenen genötigt und faßte den Plan, an Stelle erhöhter Begünstigungen für Privatgesellschaften die Ostbahn als Staatsbau auszuführen. Überhaupt reifte in ihr damals (1848) der Entschluß: „für die Zukunft den Eisenbahnbau, insoweit solches nicht durch besondere in Beziehung auf eine spezielle Bahn obwaltende Rücksichten ausnahmsweise als zweckmäßig erscheinen sollte, ferner nicht mehr der Privatindustrie zu überlassen, sondern die zur Vervollständigung des preußischen Eisenbahnnetzes noch fehlenden und ebenmäßig die etwa künftig als ein Bedürfnis sich herausstellenden Eisenbahnen selbst für Rechnung des Staates zu bauen", und damit war das gemischte System begründet.

Mehreren notleidend gewordenen kleinen Bahnen wurden i. J. 1849 Zinsgarantien gewährt, mit dem Beifügen, daß dies wohl auf längere Zeit die letzten Privatbahnen sein würden, und den Kammern gleichzeitig Gesetzentwürfe wegen des Baues der Westphälischen Bahn (der ins Stocken geratenen Köln-Minden-Thüringer Verbindungsbahn), der Saarbrücker und der Ostbahn auf Staatskosten vorgelegt. Bezüglich letzterer war bereits dem Vereinigten Landtage von 1847 eine Vorlage im bezüglichen Sinne gemacht worden, dieser hatte sich jedoch als inkompetent zur Bewilligung einer Anleihe erklärt, und die Regierung hatte sohin den Bau der Ostbahn, sowie der Saarbrücker Bahn, aus den vorhandenen Mitteln des 1843 gegründeten Eisenbahnfonds beginnen lassen. Die Volksvertretung billigte die Vorlage, ebenso wie später den Bau verschiedener notwendig werdenden Anschluß-, Zweig- und Abkürzungstrecken.

Minister v. d. Heydt war jedoch, als Anhänger des reinen Staatsbahnsystems, darauf bedacht, selbst die bestehenden Privatbahnen mittelbar oder unmittelbar für den Staat zurückzuerwerben, und suchte dieses Ziel auf verschiedene Weise zu erreichen. Die Regierung bedang sich bei den ins Gedränge geratenen Bahnen, welchen sie zu Hilfe kam, die Betriebsführung, Gewinnanteil und das Recht jederzeitiger Erwerbung zum Nennwerte der Aktien aus (Aachen-Düsseldorf, Ruhrort-Krefeld-Kreis Gladbach), ferner übernahm sie in den Jahren 1850—1857 die Verwaltung mehrerer Bahnen, teils in Gemäßheit ihres dahingehenden Rechtes wegen notwendig gewordener höherer Garantiezuschüsse (Niederschlesisch-Märkische und Stargard-Posener Bahn), teils auf Grund von besonderen Übereinkommen, als die Gesellschaften irgendwelche Begünstigung von der Regierung benötigten (hierher zählen die Bergisch-Märkische, 1857 mit der Elberfeld-Düsseldorfer vereinigt, die Köln-Krefelder, die Prinz Wilhelm-, die Rhein-Nahebahn, die Oberschlesische und die Wilhelmsbahn), endlich erwarb sie die Niederschlesisch-Märkische Bahn i. J. 1852 kaufweise gegen eine 4%ige Rente des Anlagekapitales.

Den schrittweisen Erwerb aller Bahnen herbeizuführen, war das Gesetz vom 30. Mai 1853 bestimmt, welches in Ausführung des § 39 des Eisenbahngesetzes v. J. 1838 die Erhebung der Eisenbahnabgabe mit deren Bestimmung zum Aufkauf der Aktien der Privatbahnen regelte. Das Gesetz war nur nach lebhaftem Widerstande gegen die bezeichnete Verwendung der Steuer in der Kammer, in welcher das Privatbahnwesen eine namhafte Zahl von Anhängern hatte, zustande gekommen. Auch in den folgenden Jahren wurden die Versuche wiederholt, die Regierung zum Fallenlassen der gedachten Bestimmung zu bewegen, bis diese endlich, als sie zur Bestreitung der Kriegsrüstungen Geld brauchte, einwilligte, wonach durch Gesetz vom 21. Mai 1859 die Amortisation der Eisenbahnaktien durch den Ertrag der Eisenbahnsteuer wieder aufgehoben wurde.

Konzessionen zu neuen Privatbahn-Gesellschaften waren während der Periode außer der Rhein-Nahe-Bahn, bei welcher der Staat sich von Anfang Bau und Betrieb vorbehielt, nicht erteilt worden. Nur bestehenden Privatbahnen wurden Konzessionen mit Zinsengarantie zu Erweiterungsbauten erteilt, so der Bergisch-Märkischen, der Berlin-Stettiner, der Rheinischen, der Köln-Mindener und der Oberschlesischen Bahn für wichtige Ergänzungsglieder des Netzes.

Mit dem Jahre 1860 trat ein Umschwung ein. Die Lehre von der freien Konkurrenz, der Nichteinmischung des Staates in wirtschaftliche Angelegenheiten, gewann die Oberhand, und die Volksvertretung neigte sich in ihrer Mehrheit der Konzessionierung von Konkurrenzbahnen zu. Die Konfliktsperiode mit der allgemeinen Stockung des Staatslebens ließ vorläufig freilich nur in wenigen Fällen eine Verwirklichung dieser Richtung eintreten.

Es wurden in den Jahren 1860—1866 an neuen Gesellschaften konzessioniert: die Rechte Oder-Ufer-Eisenbahn, die Berlin-Görlitzer, die Ostpreußische Südbahn und die Tilsit-Insterburger Eisenbahn, die beiden zuletzt aufgeführten mit einer fixen Subvention. Wie ein Blick auf die Lage der genannten Linien im Gesamtnetze zeigt, fallen diese als Konkurrenz- oder Zwischenstrecken sämtlich in das Verkehrsgebiet bestehender Bahnverwaltungen. Die übrigen Konzessionen jener Jahre betreffen Ausdehnungslinien älterer Gesellschaften, teils mit, teils ohne Beihilfe des Staates, und es vollzogen sich überdies mehrere Fusionen, indem eine Anzahl älterer und neuerer kleiner Linien in die Bergisch-Märkische Bahn, die Magdeburg-Halberstädter und die Rheinische Bahn aufgingen. Der einzige Fall eines Staatsbahnbaues aus jener Periode ist die Schlesische Gebirgsbahn, welche die Regierung indes mit großer Mühe und nur angesichts des Umstandes, daß sich kein annehmbares Privat-Angebot vorfand, in der Kammer durchsetzte. Die Gesamtsumme der in der Periode 1859—1866 übernommenen Garantien begriff ein Kapital von etwas über 100 Millionen Taler, größtenteils Prioritätsobligationen.

Das Jahr 1866 war für das preußische Eisenbahnwesen im hohen Grade folgenschwer. Einerseits erwarb Preußen in den ihm zugefallenen Gebieten Staatsbahnen von beträchtlicher Ausdehnung, was mehrfache Bauten zu entsprechender Netzesgliederung nach den neu sich ordnenden Verhältnissen forderte und die Ausführung der von den früheren Regierungen bereits begonnenen oder beschlossenen Linien wohl unabweislich machte. Andererseits erzeugte die Umgestaltung der gesamten politischen Verhältnisse die bekannte Belebung der Unternehmungslust, welche nach kurzer Unterbrechung durch den deutsch-französischen Krieg nur zu um so regerem Eifer und schließlich Übereifer sich entfaltete. Die Spekulation machte sich jetzt die Konkurrenzidee nutzbar, überdies in einer Anzahl von Fällen im Verein mit der Generalentreprise, und die Regierung widerstrebte der Strömung nicht. Sie hielt es vielmehr für angezeigt, auch mit ihrem Staatsbahnnetze in den Konkurrenzkampf einzutreten und durch Zubau von Anschluß-, Ergänzungs- und Abkürzungslinien die Macht der Staatsbahnen in der Linienkonkurrenz erheblich zu stärken. Auch die alten Bahngesellschaften konnten demgegenüber nicht müßig bleiben, suchten vielmehr in gleicher Weise ihre Stellung zu kräftigen. Dies bedeutete nichts anderes als die Ausartung des gemischten Systemes, welches bis 1862, soweit bloß das preußische Gebiet in Betracht kommt, lediglich ein indifferentes Nebeneinanderbestehen von Staats- und Privatverwaltungen in verschiedenen Verkehrsgebieten gewesen war. Wir sehen daher von 1867 an eine ungemein lebhafte Bautätigkeit behufs Erweiterung der Staatsbahnen, die Konzessionierung zahlreicher neuer Linien an die älteren Gesellschaften und die Zulassung einer bedeutenden Anzahl neuer Gesellschaften für kleinere Strecken, zum größten Teile Bahnen zweiter Ordnung, die als gesonderte Unternehmungen unrentabel sein mußten.

Die Akte in den beiden ersten Hinsichten sind viel zu zahlreich und zu verwickelt, um hier ins einzelne verfolgt zu werden. Hervorzuheben sind nur die Gesetze vom 25. März 1872, 11. Juni 1873 und 17. Juni 1874, durch welche Staatsbahnbauten im Umfange von 1600 *km* bewilligt wurden, unter welchen die Bahn Berlin-Wetzlar mit ihrer Verlängerung bis zur Reichsgrenze, der Strecke Oberlahnstein-Trier-Sierk, sowohl wegen ihrer strategischen Bedeutung als um dessentwillen besonders zu erwähnen ist, weil durch sie die noch fehlende unmittelbare Verbindung der östlichen und westlichen Staatsbahnkomplexe hergestellt und damit die Gewalt des Staates gegenüber den konkurrierenden Privatbahnen eine ganz überwältigende wird. Bei diesen Bauten ist man keineswegs mit der wünschenswerten Ökonomie und der angemessenen Einschätzung ihrer wirklichen Verkehrsbedeutung vorgegangen. Die älteren Privatbahnen erkannten wohl die Notwendigkeit größerer Konzentration, und als nach dem Falle der politischen Grenzen innerhalb Deutschlands, die bis dahin einer den Verkehrsgebieten entsprechenden Entwicklung der Bahnnetze im Wege gestanden, auch die Verdichtung des Netzes in Norddeutschland regen Anstoß erhielt, trat sofort das Bestreben der älteren Gesellschaften hervor, sich zu größeren Komplexen abzurunden. Diese Bestrebungen haben sich jedoch der Begünstigung der preußischen Regierung nicht in vollem Maße zu erfreuen gehabt — eben wegen des Staatsbahnbesitzes —, vielmehr hat ihre Konzessionspolitik einer ähnlichen Konzentration wie in England oder Frankreich entgegengewirkt. An Stelle dessen wurden zahlreiche Neukonzessionen ohne bestimmten Plan, wie gerade die Gesuche vorlagen, erteilt für verschiedene Linien, die richtigerweise in bestehende Privat- oder Staatsbahnnetze hätten eingefügt werden sollen. Solche Linien waren: Märkisch-Posener, Nordhausen-Erfurt, Hannover-Altenbecken, Halle-Sorau-Guben, Kottbus-Großenhain, Krefeld-Kreis Kempen, Altenburg-Zeitz, Breslau-Warschau, Blankenburg-Halberstadt, Pommersche Zentralbahn, Berliner Nordbahn, Lemförde-Bergheim, Eilenburg-Leipzig, Münster-Enschede, Saal-Unstrutbahn, Öls-Gnesen, Schmalkalden-Wernhausen, Harburg-Kuxhaven, Danzig-Warschau, Posen-Kreuzburg u. m. a.

Die notwendige Folge, wie sie in ähnlichen Fällen überall eingetreten ist, war, daß solche unselbständige Unternehmungen notleidend wurden, und es wurde dies noch verschärft einerseits durch die ausgebrochene allgemeine Krisis, andererseits durch mehrerwähnte Mängel der Konzessionierung, welche die Ausbeutung des Eisenbahnwesens durch das Gründertum zuließen. Unter dem Eindrucke einer das höchste Aufsehen erregenden Rede Lasker's wurde im preußischen Landtage i. J. 1873 eine Untersuchungskommission zur Klarlegung der Mißstände des Konzessionswesens niedergesetzt, deren Bericht sich auf 26 neue Bahnunternehmungen, die durch Generalunternehmer, Baugesellschaften und Baukonsortien ins Leben gerufen worden waren, erstreckte und die hier vorgekommenen Mißgriffe aufdeckte, ohne freilich den prinzipiellen Kern der Frage richtig zu erfassen. Als weitere Folge ergab sich wieder die Notwendigkeit für die Regierung, einige der notleidend gewordenen Bahnen aufzukaufen, was sie in der Weise tat, daß dadurch auch nach denjenigen Richtungen, in welchen bisher nur Privatbahnen bestanden, Staatsbahnlinien sich einschoben, so daß jene von allen Seiten umklammert wurden. Die finanzielle Lage auch der alten wohlfundierten Privatbahnen — durch die Ausdehnungslinien, welche teils dem gemischten System, teils allerdings auch lediglich der Spekulationszeit ihren Ursprung danken, ohnehin schwierig geworden, nachdem die Krisis überdies den Verkehr verminderte — mußte dadurch vielfach zu einer unhaltbaren werden, so daß das gemischte System notwendigerweise seiner Auflösung entgegenging.

Die treibende Kraft einer Umgestaltung war Bismarck, der sich vom gemischten System ab-, dem reinen Staatsbahnsystem zuwandte. Nachdem seine Bemühungen, die programmäßigen Bestimmungen der neuen Reichsverfassung durch ein Reichseisenbahngesetz wirksam auszugestalten, gescheitert waren, trat er mit dem Gedanken der Übertragung des sämtlichen Bahnbesitzes der Gliedstaaten an das Reich hervor: jenem berühmten Reichseisenbahnplane, dessen politische Bedeutung bereits an früherer Stelle zu würdigen war, in dem aber auch zugleich das Mittel der Vereinheitlichung und der Beseitigung der verworrenen Tarifzustände erblickt wurde. Die Mittelstaaten vermochten sich nicht zur Höhe des nationalen Gedankens aufzuschwingen und brachten den Plan zu Falle. Bismarck hatte schon gesetzgeberisch die Einleitung getroffen, den Eisenbahnbesitz Preußens dem Reiche zu überlassen (Gesetz v. J. 1876), sah aber die Ablehnung des Anerbietens voraus und nahm von weiterer Verfolgung der Sache Abstand. In dem bezüglichen Ministerialvotum [1]) kam er zum Schlusse: „Würden die vorbezeichneten Bestrebungen der Regierung Preußens wegen Übertragung des preußischen Bahnbesitzes auf das Reich an dem Widerspruche maßgebender Organe des Reichs scheitern, so könne es nicht zweifelhaft sein, daß alsdann Preußen selbst an die Lösung der gedachten Aufgaben mit voller Energie herantreten und vor allem die Erweiterung und Konsolidation seines eigenen Staatsbahnbesitzes als das Ziel seiner Eisenbahnpolitik zu betrachten haben würde. Den Rücksichten, welche Preußen seinen Bundesgenossen gegenüber obliegen, wäre Genüge geschehen, und nichts würde entgegenstehen, der nachteiligen Zersplitterung des Eisenbahnwesens . . . selbständig entgegenzuwirken. Daß durch die Erweiterung des preußischen Staatsbahnbesitzes — durch die volle Entfaltung des in dem Besitz und der Verwaltung desselben liegenden Einflusses — das Übergewicht der mit den preußischen Bahnen verknüpften Interessen über die Grenzen des preußischen Staatsgebietes hinaus sich fühlbar machen würde, wäre eine wahrscheinliche Folge der alsdann von der preußischen Eisenbahnpolitik notwendig einzuschlagenden Richtung.“ Damit war der künftigen Eisenbahnpolitik Preußens der Weg vorgezeichnet und ein Schritt getan, der den epochemachenden Abschluß der Entwicklungsperiode bildet. Gleichzeitig hatten die Bestrebungen zur Herbeiführung formaler Tarifeinheit in Deutschland, nachdem sie anfangs durch in

[1]) Mitgeteilt von v. d. Leyen, „Die Eisenbahnpolitik des Fürsten Bismarck“, S. 105.

Regierungskreisen aufgekommene Vorliebe für das elsässische Raumtarifsystem durchkreuzt wurden, nach Fallenlassen des letzteren zur Vereinbarung des bekannten „Reformtarifs" 1877 geführt, wodurch auch für dieses wichtige Gebiet der Verwaltung die Entwicklung zum Abschluß gekommen war.

Die übrigen deutschen Staaten[1]) hatten anfänglich im Eisenbahnbaue vor Preußen sogar einen gewissen Vorsprung und verfolgten auch in überwiegender Mehrheit eine konsequentere Eisenbahnpolitik. Die ersteröffnete Eisenbahn Deutschlands war bekanntlich die Nürnberg-Fürther Bahn (Ende 1835). Die von List gegründete Leipzig-Dresdner Eisenbahn folgte mit Betriebseröffnung ihrer Strecken vom Frühjahr 1837 an, und die erste in Norddeutschland nach der Berlin-Potsdamer Bahn dem Verkehre übergebene Bahnstrecke war die Linie Braunschweig-Wolfenbüttel der Braunschweigischen Bahnen (Ende 1838 begründet durch den Finanzdirektor von Amsberg, der schon i. J. 1824 den Plan einer Verbindung der beiden Städte mit den Hansestädten durch eine Pferdebahn angeregt hatte). Im Jahre 1839 folgten die Bayerischen Bahnen und die Taunusbahn mit ihren ersten Strecken. Die Mittel- und Kleinstaaten wandten sich sofort dem Staatsbahnsysteme zu, nachdem der erste Anstoß von Seite der Privatunternehmung gegeben war, welche jedoch in den beschränkten Verhältnissen jener Zeit nicht Kraft genug zur Entfaltung besaß und teilweise wohl auch von den Regierungen aus politischen Gründen nicht gern gesehen wurde.

In Baden war bereits 1832 das Projekt einer Bahn von Mannheim nach Heidelberg angeregt worden; es gelang jedoch nicht, die Unternehmung zustande zu bringen, und der Staat begann i. J. 1838 mit der Anlage der Bahnen. Die Ausführung der Verbindung mit Frankfurt erfolgte von den drei beteiligten Staaten (1842). In Württemberg hatte sich 1836 für das Landesnetz eine Eisenbahngesellschaft gebildet, die sich aber nach zwei Jahren wieder auflöste, wonach sodann der Staat 1842 mit dem Baue des Netzes vorging. Baden und Württemberg haben auch für die Bahnen höherer Ordnung das Staatsbahnsystem beibehalten, dagegen — sehr mit Recht — einige Lokalbahnen als Privatbahnen zugelassen, die von den Hauptbahnen betrieben werden. In Bayern wollte eine 1836 entstandene Gesellschaft eine Bahn von Nürnberg an die sächsische Grenze bauen, und die Linie München-Augsburg ist tatsächlich durch eine derselben Zeit entstammende Gesellschaft angelegt worden. Erstere Gesellschaft wurde 1840 aufgelöst und der Staat baute jene Linie; 1844 kaufte er die zweiterwähnte Strecke zurück, um das Netz allein auszubauen. Nur in dem isolierten linksrheinischen Gebiete Bayerns entstanden die Pfälzischen Bahnen als Privatbahn. Ebenso waren die Nassauischen Bahnen von einer Gesellschaft hergestellt worden, von welcher sie i. J. 1858 an den Staat übergingen.

[1]) Hugo Marggraff, „Die kgl. bayerischen Staatseisenbahnen in geschichtlicher und statistischer Beziehung". Gedenkschrift 1894. — Oscar Jacob, „Die kgl. würtembergischen Staatseisenbahnen in historisch-statistischer Darstellung", 1895. — Müller, „Die badischen Eisenbahnen in historisch-statistischer Darstellung", 1904. — „Geschichte der K. Sächsischen Staatseisenbahnen, herausgegeben von der Generaldirektion der St.-E.-B.", 1889.

Hannover hat von Anfang (1841) an das ausschließliche Staatsbahnsystem befolgt. Hessen und Frankfurt waren Miteigentümer der Kassel-Frankfurter Bahn, 1845 begonnen. Die drei letztbezeichneten Staatsbahnkomplexe fielen infolge der Ereignisse des Jahres 1866 an Preußen, gleich den Schleswigschen Privatbahnen.

Sachsen befolgte anfangs das gemischte System, kaufte aber außer der bestehen bleibenden Leipzig-Dresdner Gesellschaft alsbald die von Privaten erbauten Linien zurück (1847 die Sächsisch-bayerische, 1851 die Chemnitz-Risaer und die Sächsisch-Schlesische Bahn). Braunschweig und Oldenburg hatten von Anfang an nur Staatsbahnen. In Mecklenburg kamen die Bahnen durch eine Privatgesellschaft (1844 gegründet) zustande, wurden jedoch später von dem Großherzog als Privatgut erworben. Infolge der politischen Verhältnisse wurden später sowohl diese Bahnen wie die Braunschweigsche Staatsbahn an Privatgesellschaften verkauft. Von Anfang an waren und blieben Privatbahnen in den Sächsisch-Thüringischen Herzogtümern und in der Pfalz; neben Staatsbahnen blieben solche bestehen im Frankfurtschen und Hessenschen.

Die dem Privatbahnwesen günstige Strömung in Theorie und Verwaltung blieb freilich auch hier nicht ohne Einfluß, derart, daß später vereinzelt neben Staatsbahnen wieder Privatgesellschaften zugelassen wurden; so in Bayern die Ostbahnen (seit 1856), in Sachsen eine Anzahl von Nebenlinien. Die Unzuträglichkeiten der Konkurrenz führten aber auch da wieder zum Aufgeben des gemischten Systems, indem Bayern 1875 die Ostbahnen, Sachsen 1876 die Linien der Leipzig-Dresdner Gesellschaft und die Mehrzahl der zugelassenen kleinen Privatlinien, welch letztere erklärlicherweise krankten, zurückkaufte. Allerdings hat bei Sachsen die Besorgnis vor dem aufgetauchten Reichseisenbahnprojekte mitgewirkt. Der Ankauf der noch verbliebenen fünf Privatlinien in Sachsen wurde i. J. 1878 beschlossen.

Die kleinen Länder haben die Verkehrsbedürfnisse ihres Bereiches wohl befriedigt. Der Bahnbau erfolgte langsam, doch ziemlich gleichmäßig, die ausgezeichnete Finanzwirtschaft der Regierungen ermöglichte die Aufbringung des Kapitales durch Eisenbahnschulden zu sehr niedrigem Zinsfuße. Der Bau wurde mit höchster Solidität — mit ganz vereinzelten Ausnahmen in Regie oder Kleinakkord — geführt. Die innerhalb der gegebenen Grenzen wohl zu handhabende Konzentration des Betriebes ergab ausgezeichnete ökonomische Resultate. Da jedoch jeder Staat zunächst sein eigenes Gebiet im Auge hatte und das Eisenbahnwesen vor Gründung des Norddeutschen Bundes durchaus Landessache war — die Verfassungsartikel v. J. 1849 und 1850 hatten zwar erstmals den Versuch gemacht, die Eisenbahnverwaltung als Bundessache zu regeln, ohne jedoch seitens des wiederhergestellten Bundes aufgenommen zu werden —, so machte sich die Rücksicht auf den Lokalverkehr in der Linienanlage in zu hohem Maße geltend, und die großen Durchgangslinien sind in ersterer Zeit lediglich aus Gliedern solcher Netze örtlicher Natur zusammengewachsen, was später den Bau eigener Abkürzungsstrecken notwendig machte. Bei der Kleinheit der

Netzesgebiete ergaben sich vielfach Linienkonkurrenzen mit ihren Folgen.

Eine spezielle Eisenbahngesetzgebung war beim Staatsbahnsysteme nicht notwendig, außer etwa Expropriationsgesetze und bahnpolizeiliche Bestimmungen. Aber auch soweit Privatbahnen zugelassen wurden, begnügte man sich mit Ordnung der bezüglichen Verhältnisse in den Konzessionsurkunden und konnte man bei den vereinzelten Bahnkonzessionen wohl auch so vorgehen. In solcher Weise wurden (außer in Bayern) auch die Verhältnisse der vereinzelten Lokalbahnen bestimmt.

Die bundesstaatliche Verwaltung des Eisenbahnwesens galt zuerst für die dem norddeutschen Bunde angehörigen Staaten, sodann für das neu erstandene Deutsche Reich, mit der Ausnahme, daß die Art. 42 bis 46 der Reichsverfassung auf Bayern nicht Anwendung fanden. (Die Bahnen in Elsaß und Lothringen wurden bekanntlich als Reichsbahnen verwaltet.) Da eine wirksame Ausgestaltung der bezüglichen Verfassungsbestimmungen nicht gelang, eine organisatorische Einflußnahme des Bundes auf die Verwaltung der Bahnen der Gliedstaaten also nicht platzgriff, so war mit dem beschriebenen Zustande ebenfalls ein Abschluß der Entwicklung gegeben.

Österreich-Ungarn[1]) nimmt in der Entwicklungs-Geschichte der Eisenbahnen einen ehrenvollen Platz ein, indem es nicht nur die ersten Pferdebahnen von bedeutender Ausdehnung auf dem Kontinente aufwies, sondern auch in ähnlicher Weise mit Einführung der Lokomotivbahn vorging. Zu der Linz-Budweiser (1825—1832 erbaut) und der Prag-Pilsner „Holz- und Eisenbahn" (letztere 1828—1831 nur bis Lana ausgebaut) kam i. J. 1832 noch eine Fortsetzung der ersteren von Linz nach Gmunden, 1836 vollendet, so daß die Länge dieser Pferdebahnlinien 255 *km* betrug. Diese Bahnen sind wegen ihrer niedrigen Baukosten gegenüber den englischen Bahnen in Deutschland vielfach als Muster von der Propaganda für die Aufnahme des Eisenbahnbaues hingestellt worden. Der geistige Urheber des erstbezeichneten, die Donau mit der Moldau verbindenden Schienenweges war Fr. R. v. Gerstner, dessen Name überhaupt mit der Einführung der Eisenbahnen in ehrenvollster Weise verknüpft ist[2]). Des umfassenden Riepl-Roth-

[1]) Zum 50jährigen Regierungsjubiläum Franz Josef I. „Geschichte der Eisenbahnen der österreichisch-ungarischen Monarchie", 4 Bde., 1898. — Kupka, „Die Eisenbahnen Österreich-Ungarns 1822—1867", Leipzig 1887.

[2]) Er war 1822 zum ersten Male in England gewesen, um dort die Fortschritte der Spurbahnen zu studieren, erlangte i. J. 1824 das Privilegium auf die bezeichnete Bahn, welche eine seit lange vergeblich (durch eine Kanalanlage) angestrebte Kommunikationserleichterung zwischen den zwei großen Flußsystemen verwirklichte, ging dann nach Rußland (s. später) und von dort nach den Vereinigten Staaten, wo ihn 1841 der Tod inmitten großartiger Eisenbahnpläne überraschte.

schildschen Planes eines ganzen derartigen Bahnnetzes wurde schon oben (S. 445) gedacht. Hinderliche Umstände politischer Natur verzögerten die Konzessionierung der Wien-Brünn-galizischen Bahn bis zum Jahre 1836, welches Intervall für die Annahme des Dampfbetriebes entscheidend wurde. Nach dem Regierungsantritte Kaiser Ferdinands waren jene Hindernisse entfallen und die Erteilung des Privilegiums für die Kaiser Ferdinands-Nordbahn (4. März 1836) bezeichnet die Entstehung der ersten größeren Lokomotivbahn (600 *km*) außerhalb Englands.

Auch in anderen Teilen Österreichs regte sich die von England in jenem Jahre ausgehende Unternehmungslust für Eisenbahnen; so wurde i. J. 1836 von einem Komitee Triester Firmen ein Privilegiumsgesuch an Se. Majestät gerichtet, welches eine Bahn von Mailand, Venedig und Triest nach Wien umfaßte und ebensowohl durch die für seine Zeit riesige Ausdehnung des Projektes wie durch die zugleich entwickelten Ansichten über die notwendigen Fortsetzungs- und Anschlußlinien zum Behufe der Anlage eines vollständigen österreichischen Bahnnetzes sicherlich merkwürdig ist.

Die bis dahin erteilten Eisenbahnprivilegien einschließlich jenes der Nordbahn waren Konzessionen von unbeschränkter Dauer gewesen, da den Unternehmern das Eigentum an der Bahn auch nach Ablauf der 50jährigen Privilegialzeit ausdrücklich zugesprochen war. Solche sollten nun fortan nicht mehr erteilt werden. Vielmehr wurde in den, unterm 27. Dezember 1837 genehmigten „Direktiven über das bei Eisenbahnen anzuwendende Konzessionsverfahren" das Heimfallsrecht nach Ablauf der 50jährigen Konzessionsdauer statuiert, wenngleich im übrigen die Grundzüge des hiermit angenommenen Konzessionssystems noch sehr dürftige waren. In solcher Weise wurden sonach in Österreich konzessioniert: die lombardisch-venetianische Ferdinandsbahn (Mailand-Venedig, 1837), die Wien-Raaber und Wien-Neustadt-Gloggnitzer Eisenbahn (1838) und die Bahn von Mailand nach Monza (1839). Eine staatliche Beihilfe wurde nicht in Aussicht genommen, wie denn überhaupt die Rolle des Staates im Eisenbahnwesen noch nicht entsprechend erkannt war, indem § 2 der erwähnten Direktiven die „Wahl der Richtung und Reihenfolge der zu erbauenden Eisenbahnen den Privaten und ihrer Berechnung des Vorteiles und Ertrages, welchen sie hiervon mit Wahrscheinlichkeit erwarten können", überließ.

Die Regierung änderte indes bald ihre Stellung gegenüber dem Bahnwesen und entschloß sich, die Notwendigkeit einer systematischen Netzesanlage unter ihrer Einflußnahme erkennend, zur Selbstausführung der Hauptbahnlinien. Sie wurde hierin insbesondere auch dadurch bestärkt, daß die Lage der neu entstandenen Unternehmungen infolge namhafter Überschreitung der Bauanschläge eine ungünstige war und die Verwaltungen sich um Hilfe zur Aufbringung neuen Kapitals an die Regierung wandten. Die A. h. Entschließung vom 19. Dezember 1841, das Werk des Hofkammer-Präsidenten Baron Kübeck, ordnete daher zunächst für die Fortsetzung der Nordbahn von Brünn und Olmütz nach Prag und weiter bis an die sächsische Grenze, dann die Fortsetzung der Wien-Gloggnitzer Eisenbahn nach Triest den Staatsbau an, neben welchem für „kleine, kurze Bahnen, Einästungen in Hauptbahnen" die Privatbetriebsamkeit nach wie vor walten gelassen werden sollte.

Während des Fortganges der auch alsbald energisch in Angriff genommenen Bauarbeiten auf den bezeichneten Linien wurde zugleich die Einlösung der bis dahin konzessionierten Bahnen mit Ausnahme der Nordbahn ins Werk gesetzt, da die andauernden finanziellen Verlegenheiten der betreffenden Unternehmungen dies als die angemessenste Abhilfe erscheinen ließen.

Zu den genannten, in Österreich gelegenen waren noch einige Linien in der ungarischen Reichshälfte hinzugekommen. Die erste ungarische Bahn war die bereits 1837 konzessionierte Pferdebahn Preßburg-Tyrnau, die indes bis zum Jahre 1846 nur in einer Länge von 60 *km* bis Szered ausgebaut wurde. Die ersten Lokomotivbahnen auf ungarischem Territorium wurden in den Jahren 1844 und 1845 konzessioniert, nämlich die ungarische Zentralbahn Marchegg-Preßburg-Pest-Debreczin samt Flügelbahnen nach Komorn, Arad, Großwardein und Raconocz, anfangs noch als Pferdebahn projektiert (die vorerwähnte Bahn von Wien nach Raab war wegen der von dem ungarischen Landtage seit 1841 unterstützten Zentralbahn vorläufig aufgegeben worden) und eine Zweiglinie von der Landesgrenze unweit Neustadt nach Ödenburg. Alle diese Bahnen mit Ausnahme der Pferdebahnen und, wie erwähnt, der Nordbahn, welch letztere sich durch eigene Kraft und die in uneigennützigster Weise geübte Patronanz des Hauses Rothschild über die schwierige Situation hinübergebracht hatte, so daß eine Erstreckung des Vollendungstermines für die galizische Strecke genügte, wurden sukzessiv vom Staate eingelöst, nachdem insbesondere die Handelskrisis von 1847, dann das Jahr 1848 mit seinen Folgen ihre Lage vollends ungünstig gestaltet und die Regierung überdies vorerst bis Ende 1848 durch Aktienkäufe im Betrage von nahezu 26 Mill. Gulden sie zu stützen versucht hatte. Es wurden sonach vom Staate im Wege freien Übereinkommens erworben: i. J. 1850 die nur erst teilweise ausgebaute ungarische Zentralbahn, 1851 die Mailand-Monza-Como-Bahn, 1852 die lomb.-venet. Ferdinandsbahn, welche der Staat bereits 1846 im Ausbaue ihrer Linie unterstützt hatte, 1853 die Wien-Gloggnitzer Bahn und 1854 die Neustadt-Ödenburger Bahn.

Nachdem i. J. 1850 auch die von dem ehemaligen Freistaate Krakau konzessionierte Krakau-Oberschlesische Bahn zu dem Zwecke, sie nach Osten als galizische Staatsbahn fortzusetzen, angekauft worden war, entstand zu diesem Zeitpunkte ein systematischer Staatsbahnbetrieb, während die bis dahin fertigen Teilstrecken den Nachbarbahnen, der Nordbahn und der Gloggnitzer, in Pacht gegeben worden waren und die seit 1842 eingesetzte General-Direktion der Staatseisenbahnen eben nur den Bau geführt hatte: eine nördliche Staatsbahn, von den Anschlußpunkten der Nordbahn bis zur sächsischen Grenze bei Bodenbach, seit 1851 mit den sächsischen Bahnen in direkter Schienenverbindung; die östliche Staatsbahn in Galizien, teils mit der Nordbahn in Verbindung gebracht, teils nach Osten zu weiter gebaut; die südliche Staatsbahn, seit Einlösung der Wien-Gloggnitzer und Ödenburger Bahn und der Vollendung des Semmering-Überganges (1854) von Wien bis Laibach, dann in den italienischen Provinzen (Laibach-Triest noch im Bau), endlich die südöstliche Staatsbahn, die vom Staate weiter gebaute ehemalige ungarische Zentralbahn. Zu gleicher Zeit wurde der Bau der Tyroler Bahnen vom Staate begonnen.

An Privatbahnen wurden daneben nur bewilligt: die Fortsetzung der nur bis Bruck gebauten ehemaligen Wien-Raaber Bahn bis Raab und Uj-Szöny (1854), dann die Kohlenbahnen Mohacz-Fünfkirchen (1853 der Donau-Dampfschiffahrts-Gesellschaft konzessioniert und für deren Rechnung vom Staate gebaut) und Brünn-Rossitz (1854). Ende 1854 standen 2617 *km* im Betriebe, darunter 1852 *km* Staatsbahnen, und waren 937 *km* im Bau begriffen.

Durch fallweise Verordnungen aus Anlaß der erwähnten Staatsbahnbauten wurden während der 40er Jahre die wichtigsten sicherheitspolizeilichen Vorkehrungen getroffen und das Expropriationsverfahren geordnet, bis die aus längeren Vorbereitungsarbeiten hervorgegangene Betriebsordnung vom 16. November 1851 die gesamte Bahnpolizei für Staats- und Privatbahnen (einschließlich einzelner regulativer Normen für letztere) systematisch regelte und die fachliche Kontrollbehörde (General-Inspektion) einsetzte. Die weitere Fortbildung der Bahnpolizei in Gemäßheit der im Betriebe gemachten Erfahrungen konnte durch Anordnungen des Handelsministeriums auf Grund jener, für ihre Zeit vortrefflichen Bahnordnung erfolgen.

Doch auch der Staatsbetrieb, der im Geiste des absolutistischen Bureaukratismus geführt wurde, hatte nicht die erwarteten Ergebnisse. Dieser Fehlschlag im Verein mit dem durch die politischen Ereignisse hervorgerufenen Geldbedarfe des Staates und den auf Belebung des Unternehmungsgeistes gerichteten Ideen Bruck's führte gegen Mitte der 50er Jahre wieder zu einem völligen Umschwunge der österreichischen Eisenbahnpolitik, indem man zum Privatbahnwesen zurückkehrte und einen planmäßigen Ausbau des Netzes durch konzessionierte Gesellschaften anstrebte. Diesen Gesellschaften (mit französischem Kapitale) waren die Staatsbahnlinien wegen des drängenden Geldbedarfes mit erheblichem Verluste gegen die Eigenkosten verkauft worden. Den Systemwechsel bezeichnen die A. h. Entschließung vom 8. September und das in Gemäßheit derselben erlassene Konzessionsgesetz vom 14. September 1854, dann die Feststellung eines (am 1. November 1854 genehmigten) Eisenbahnplanes, endlich die auf Grund dieser Akte in den anschließenden Jahren erfolgten Konzessionen.

Das Konzessionsgesetz entwickelte die in den alten Direktiven v. J. 1837 enthaltenen Keime, insbesondere die Scheidung zwischen der Bewilligung zu den Vorarbeiten (Vorkonzession) und der definitiven Konzession, das Expropriations- und Monopolrecht, unter Ausdehnung der Konzessionsdauer auf 90 Jahre. Die Verpflichtungen gegenüber den Anrainern, dann hinsichtlich aller Kommunikationsstörungen beim Baue sowie die öffentlichen Leistungen der Bahnen sind darin schärfer präzisiert, die Unterwerfung unter die Polizeigewalt hinsichtlich der Anlage und des Betriebes ausdrücklich ausgesprochen, der Vorbehalt der Tarifgenehmigung seitens des Ministeriums gemacht, unter Herübernahme der alten Klausel von der Herabsetzung bei mehr als 15 Prozent Ertrag, entsprechende Ordnung des Anschluß-Verkehres vorgesehen.

Der gedachte Eisenbahnplan umfaßte einschließlich der bereits bestehenden Linien ein Netz von ca. 9500 *km*, und zwar drei große Hauptrouten je von Ost nach West und von Nord nach Süd, welche die Monarchie von einem Ende zum anderen durchziehen, die wichtigsten Orte des Reiches untereinander wie mit den Nachbarländern in Verbindung setzen und überhaupt die ökonomischen, politischen und strategischen Interessen des Gesamtstaates gleichmäßig fördern sollten.

Die Reihe der Konzessionen auf dieser Basis eröffnet Anfangs 1855 die der Staatseisenbahngesellschaft, welcher die nördliche und südöstliche Staatsbahn (letztere zum Ausbaue bis Baziasch) käuflich überlassen und zugleich eine Zinsengarantie für das Anlagekapital — der erste Fall einer solchen — gewährt wurde. Unter Ausnutzung des damals erwachten Interesses für Eisenbahnunternehmungen in Österreich wurden ferner konzessioniert und in gleicher Weise mit Zinsgarantie ausgestattet: i. J. 1856 die Kaiserin-Elisabeth-Bahn (Westbahn), die Süd-norddeutsche Verbindungdbahn, die Kaiser Franz Josef-Orientbahn (die heutigen ungarischen Bahnen auf dem rechten Donau-Ufer), die Theißbahn, die Lombardisch-venetianische Eisenbahn unter Übernahme der betreffenden Staatslinien; i. J. 1857 die Kärntnerbahn (die heutige Pustertalbahn und Pontebbaflügel), die galizische Carl Ludwig-Bahn, welche die östliche Staatsbahn von Krakau aus übernahm, während die Teilstrecke bis dahin von der Nordbahn angekauft wurde, die Zittau-Reichenberger Bahn, die Böhmische Westbahn; i. J. 1858 die Südbahn, welche die südliche Staatsbahn bis Triest und die Tiroler Staatsbahnlinien erwarb, ferner die Linien der Franz Josef-Orientbahn und der Kärntnerbahn in sich aufnahm und sich überdies mit der Lombardisch-venetianischen Gesellschaft, die zugleich von den Regierungen von Österreich, Modena, Parma, Toskana und dem Kirchenstaate die Konzession der italienischen Zentralbahn erhalten hatte, fusionierte. Sie Staatseisenbahn- und die Südbahn-Gesellschaft waren von französischen Kreditinstituten und Bankiers gegründet; für manche der anderen angeführten Unternehmungen strömte deutsches Kapital nach Österreich. Ungarantiert wurden damals konzessioniert: die Buschtiehrader Eisenbahn, die Graz-Köflacher und die Aussig-Teplitzer Bahn (Kohlenbahnen).

In jenen Jahren hatte Österreich seine erste Eisenbahn-Spekulationsperiode, die jedoch von Ausschreitungen — abgesehen von Fällen ungünstiger Kapitalbeschaffung — ziemlich frei war. Die Nachwirkungen der 1857er Handels- und Börsen-Krisis, dann die Kriegsereignisse des Jahres 1859 führten die unabwendbare Stockung herbei, so daß von da an bis Mitte der 60er Jahre ein beinahe völliger Stillstand in den Konzessionierungen eintrat. Erst i. J. 1865 begann es sich etwas zu regen, und es datieren aus jenem Jahre mehrfache Konzessionen zur Erweiterung des Bahnnetzes in den böhmischen Industriedistrikten sowie zu Anschlüssen mit deutschen Bahnen.

Mit der Lemberg-Czernowitzer Bahn (1864) trat die General-Entreprise auf den Schauplatz, nachdem sie vordem bei der Böhmischen Westbahn erstmals versucht worden war, und zeigt sich zugleich in den zersplitterten Konzessionen und den Garantiebestimmungen schon das Einlenken in jene schiefe Bahn, welche aus den erörterten Gründen das österreichische Garantiesystem zu so unerfreulichen Resultaten führte. Auch in Österreich hatte die Konkurrenzidee Wurzeln zu schlagen begonnen; man erhoffte die Lösung aller Fragen und überhaupt die Belebung des Eisenbahnwesens von der durch Staatsgarantie ermöglichten Anlegung konkurrierender Hauptbahnen nach allen Verkehrsrichtungen; die Linienkonkurrenz wurde rasch ein Dogma, das man unter dem Drucke jener geschäftlich so ungünstigen Jahre vorerst allerdings nur im Munde führte, nach Beendigung des 1866er Krieges aber energisch in die Tat übersetzte. Infolge der staatsrechtlichen Umgestaltungen des Jahres 1867 sind von da ab die beiden Reichshälften gesondert zu betrachten und gilt das Folgende zunächst von den „im Reichsrate vertretenen Königreichen und Ländern". Der wirtschaftliche Aufschwung der unmittelbar nachfolgenden Jahre reizte dazu, auf dem angedeuteten bedenklichen Wege zu verharren, und brachte noch die Überschwenglichkeiten und Unlauterkeiten der entfesselten wilden Spekulation hinzu, welcher die Regierung, selbst befangen in dem Konkurrenzwahne, nicht Einhalt tat. So entstand die zweite große Eisenbahn-Spekulationsepoche, die mit dem Jahre 1873 ihr jähes Ende fand.

Außer kleinen Fortsetzungs- und Zweiglinien älterer Gesellschaften wurden in dieser Weise konzessioniert: i. J. 1866 das Ergänzungsnetz der Staatseisenbahngesellschaft, die Kaschau-Oderberger Bahn, die Siebenbürger, die Kaiser Franz Josefs-, die Kronprinz Rudolfs-Bahn, 1867 die Umgestaltung der alten Prag-Lanaer Pferdebahn in eine Lokomotivbahn mit mehreren Verbindungsstrecken der Buschtiehrader Bahn, die mährisch-schlesische Nordbahn, die Fortsetzung der Carl Ludwig-Bahn Lemberg-Brody und Tarnopol, Czernowitz-Suczawa (zum Anschluß an die rumänische Bahn), 1868 die Nordwestbahn und die Fortsetzung der Buschtiehrader Bahn bis Eger, 1869 mehrere ungarantierte Nebenbahnen als selbständige Unternehmungen, dann die erste ungarisch-galizische und die Vorarlberger Bahn, 1870 wieder mehrere ungarantierte Konkurrenzbahnen zu garantierten Bahnen und mehrere Anschlüsse und Ergänzungstrecken bestehender Bahnen (insbesondere die Verbindung der Carl Ludwig-Bahn mit den russischen Bahnen), i. J. 1871 und 1872 in größerem Maßstabe dasselbe. Infolge dieser Konzessionen waren dem Betriebe übergeben worden i. J. 1866: 266 *km*, 1867: 180, 1868: 460, 1869: 731, 1870: 863, 1871: 1207, 1872: 1154 *km* und blieben i. J. 1873 noch so viel Linien im Bau, daß im selben Jahre noch 835 *km* zur Vollendung gelangten.

Auch nach der Krisis verließ man nicht sogleich die falsche Bahn, sondern fand sich teils durch das Motiv, durch Bahnbauten Arbeit zu schaffen, teils durch politische Rücksichten bewogen, noch weitere, vorläufig überflüssige Eisenbahnen zu bauen, wobei man zum Teil wieder zum direkten Staatsbau für einzelne isolierte Linien griff, oder Privatunternehmer durch Übernahme von Titeln seitens des Staatsschatzes stützte. Es wurden sogar einige Lokalbahnen auf Staatskosten gebaut! Zufolgedessen kamen in den nachfolgenden Jahren zur Eröffnung: 1874: 333 *km*, 1875: 674, 1876: 443, 1877: 478 *km*. Die Garantieverpflichtungen des Staates wuchsen zu hohen, die Staatsfinanzen schwer belastenden Summen heran. Andererseits gerieten eine Anzahl ungarantierter Bahnen durch unzureichende Erträgnisse und selbst einzelne garantierte Bahnen infolge Überschreitung des festgesetzten Anlagekapitals beim Bau usw. in eine schwierige Lage, aus der es nur den Ausweg einer Kürzung der Zins- oder Dividendenscheine auf Kosten der Prioritätsgläubiger und der Aktionäre gab. Der Staat selbst war hieran mit Schuld, indem er den Standpunkt vertrat, die Zinsgarantieverpflichtung erstrecke sich nur auf den Betrag der Kapitalzinsen, nicht auch auf Deckung eines allfälligen Betriebsabgangs. Dadurch litt der Eisenbahnkredit aufs schwerste: Eisenbahntitel waren nicht anzubringen oder nur zu Tiefkursen, welche jede Kapitalbeschaffung unmöglich machten. Dazu kamen unliebsame Prozesse mit auswärtigen Gläubigern, welche für Zinsen und Rückzahlungsraten, die auf mehrere fremde Währungen nach bestimmtem Wertverhältnis lauteten, die Einlösung in der Goldwährung beanspruchten und auf Grund erwirkter richterlicher Urteile österreichische Waggons im Auslande als Pfand mit Beschlag belegten. Zur Abwendung des tiefsten Verfalls raffte die Regierung sich endlich zu dem Entschlusse auf, den Kupon garantierter Prioritäten nicht notleidend werden zu lassen und erwirkte sie ein Gesetz (14. Dezember 1877), das sie ermächtigte, Betriebsdefizite garantierter Bahnen zu decken, ihr aber auch (im Hinwegsetzen über Bedenken entgegenstehender Konzessionsrechte) die Macht verlieh, den Staatschatz mit Garantien besonders stark belastende Bahnen in Betrieb zu nehmen. Von dieser Sequestration erhoffte man eine durchgehende Besserung der Betriebsergebnisse, was selbstverständlich bei den an sich ungünstig gelegenen Bahnen sich nicht bewahrheiten konnte. Es war jedoch mit diesem Gesetze prinzipiell die Rückkehr zum Staatsbetriebe in einem gemischten System ausgesprochen. Somit endete die Periode mit der Erkenntnis, daß man auf einem falschen Wege gewesen war und die Verwaltung fortab eine andere Richtung einschlagen müsse.

Infolge der staatsrechtlichen Trennung Ungarns von den westlichen Kronländern i. J. 1867 fiel das Eisenbahnwesen in den Ländern der ungarischen Krone von da an der selbständigen Verwaltung des ungarischen Staates anheim, doch sollte diese laut den bezüglichen Vertragsbestimmungen nach mit der westlichen Reichshälfte übereinstimmenden Grundsätzen geführt werden. Gesellschaften, deren Linien sich in beiden Reichshälften befinden, unterstanden fortab in jeder der betreffenden Regierung. Es wurde sohin die Verwaltung in Ungarn i. J. 1868 nach dem Muster der früheren gesamtstaatlichen, jedoch unter einer eigenen Zentralstelle, organisiert (Gesetz über die grundbücherliche Eintragung der Eisenbahnen, Expropriationsgesetz, Verordnung des ungarischen Kommunikations-Ministers vom 7. Mai 1868, betreffend die „Konstruktionsnormen“, „Konzessions-Regulativ“ vom 8. Juli d. J.). Bereits i. J. 1867 war der Entwurf eines Eisenbahnnetzes für Ungarn ausgearbeitet und veröffentlicht worden, welches eine bedeutende Anzahl von neu zu bauenden Linien mit dem Mittelpunkte in Pest-Ofen (3377 *km*) umfaßte, und überdies behufs rascher und erfolgreicher Ausführung der für wichtigst erkannten Projekte der Beschluß gefaßt worden, einige Linien sofort auf Rechnung des Staates in Angriff nehmen zu lassen. Die hierzu erforderlichen Mittel wurden durch ein Spezial-Anlehen beschafft, und zur Oberleitung der Bauten sowie zur

Mitwirkung der Verhandlungen über die im Konzessionswege herzustellenden Bahnen eine eigene Eisenbahn-Baubehörde eingesetzt. Hiermit war das gemischte System angenommen. Der Aufschwung des nationalen Lebens infolge der errungenen politischen Herrschaft, die ungewöhnliche Getreide-Export-Konjunktur der letzten 60er Jahre im Verein mit dem allgemeinen Aufflammen des Unternehmungsgeistes ließen alsbald eine Überschwenglichkeit der Eisenbahnpläne und Eisenbahnbauten in verhältnismäßig noch weit ärgerem Maße entstehen als in den westlichen Ländern. Hierzu kam eine Unlauterkeit der parlamentarischen Verwaltung, welche den Einflüssen einer unsauberen Spekulation, deren Vertreter aus aller Herren Ländern sich alsbald in Pest eingefunden hatten, Spielraum gewährte. Die leicht begreifliche Folge war eine Mißwirtschaft, die nicht nur im Verein mit der sich geltend machenden nationalen Unduldsamkeit die auswärtigen Kräfte, welche anfänglich zur Inswerksetzung des selbständigen Bahnwesens herangezogen worden waren (worunter der hervorragende Fachmann Thommen), vertrieb, sondern auch zu Vorkommnissen führte, welche nicht deutlicher charakterisiert werden können als durch die Tatsache, daß der i. J. 1871 neu ernannte Kommunikationsminister unter seiner Geschäftsführung den Anbruch einer ,,Ära der reinen Hände" öffentlich anzukündigen sich veranlaßt sah. Nach einem kurzen Rückschlage erfuhr der gekennzeichnete Sanguinismus in der Spekulationszeit 1871/72 neue Anregung, bis der Ausbruch der Wiener Börsenkrisis des Jahres 1873 den in neuen Formen auftretenden ,,großartigen Konzeptionen" ein Ende bereitete. Die Konsequenzen zeigten sich in dem darauffolgenden Rückschlage wie anderswo, nur ob der angedeuteten Ausartungen in den Maßverhältnissen auffallender. Es wurde alsbald der Ankauf der Linien einiger fallit gewordener Unternehmungen notwendig.

Folgende Linien danken der selbständigen ungarischen Staatlichkeit den Ursprung (1867). An Staatsbahnen: die nördliche Linie, die Fortsetzung der vom Staate eingelösten Pest-Losonczer Bahn zur Kaschau-Oderberger und der Nordostbahn (Privatbahn), mit einer Verbindungslinie zur Theißbahn und einer Anzahl Nebenlinien, die südliche Linie Zakany-Agram und Karlstadt-Fiume, welche die Donau-Drau-Bahn (Priv.) in Betrieb nahm, endlich die östliche Linie, durch Erwerbung der einer Privatgesellschaft konzessionierten Ostbahn entstanden (zusammen 1677 *km*). An Privatbahnen, außer den ebengenannten, die zwei Karpathenübergangslinien, die Verbindung mit Graz, die Alföldbahn und Fünfkirchen-Barcz (sämtlich garantiert), die Fortsetzung der Linie der Staatseisenbahn-Gesellschaft von Arad nach Orsowa, und die Waagtalbahn. Außerdem einige Lokalbahnen. Gesamter Linienzuwachs von 1867 bis 1876: 16 4513 *km*.

Die Periode zeigt uns also an ihrem Ende ein unsystematisches Nebeneinander von Staats- und Privatbahnen, das eine dauernde Gestaltung nicht bieten konnte.

Italien[1]**. Schweiz.** Als das Königreich Italien begründet wurde, war nach einer amtlichen Zusammenstellung der Zustand des Eisenbahnnetzes auf der apenninischen Halbinsel nachfolgender:

	Kilometer in Betrieb	im Bau	zusammen	bloß konzessioniert
in den subalpinen Provinzen	807	59	866	—
in der Lombardei	200	40	240	180
in der Emilia	33	147	180	276
in den Marken und Umbrien	—	—	—	360
in Toskana	308	16	324	362
in Neapel	124	4	128	128
Im ganzen	1472	266	1738	1308

Von diesen Linien besaß Piemont 269 *km*, betrieb ferner 324 *km*, während es der Gesellschaft Victor Emanuel eine Linie (Mont Cenis) und einige andere Linien kleinen Gesellschaften konzessioniert hatte, die auch von der genannten in Betrieb genommen wurden. In der Lombardei bestand die lombardische und zentralitalienische Gesellschaft (österreichische Südbahn). Die anstoßenden Bahnen gehörten verschiedenen Gesellschaften. Für das projektierte römische Bahnnetz war eine Gesellschaft entstanden. Die kurze neapolitanische Linie war Staatsbahn.

Die erste Sorge der neuen Regierung mußte sein, einigen Zusammenhang und einige Einheitlichkeit in den Betrieb der bestehenden Netzesteile zu bringen und den Ausbau eines dem gesamtstaatlichen Interesse dienenden Netzes zu betreiben (Dekret vom 30. Oktober 1862, welches für die Sicherheit und Regelmäßigkeit des Betriebes sorgte, und Dekret vom 21. Oktober 1863, womit die Oberaufsicht des Staates über Bau und Betrieb geregelt wurde). Der Zustand der Bahnverbindungen ließ eine angestrengte Tätigkeit insbesondere in der letztgedachten Hinsicht angezeigt erscheinen. Die Linien der einzelnen Gebiete waren lückenhaft und es ermangelte des Zusammenhanges zwischen den verschiedenen Netzen. Die lombardischen Bahnen waren nicht entsprechend mit Zentral-Italien verbunden und zeigten nur erst ein sehr unvollständiges Netz. Die toskanischen Linien waren ganz isoliert. Zwischen Bologna und Pistoja, Bologna und Ancona bestand keine Verbindung. Auf päpstlichem Territorium war erst eine kleine Linie von Rom nach Caprano im Betriebe. In den neapolitanischen Staaten waren die Eisenbahnen auf die Nähe Neapels beschränkt; Sizilien und Sardinien entbehrten der Eisenbahn noch vollständig. Unter dem Drucke der politischen Gründe, welche für eine sofortige Vervollständigung des Netzes sprachen, wurden nun mit den verschiedenen Gesellschaften Konzessionsverträge abgeschlossen, die vor allem auf raschen Bau abzielten und

[1]) Carlo F. Ferraris *Ferrovie*, 1911 im Sammelwerke *Cinquanta anni di storia italiana* (1860—1910).

es ihnen zu diesem Ende ermöglichten, gestützt auf staatliche Garantie die erforderlichen Summen schnell zu beschaffen.

Auf diese Weise wurde während der Jahre 1860 und 1861 eine Menge neuer Konzessionen erteilt, ältere bestätigt, namentlich für Ober- und Mittel-Italien. Im Jahre 1862 konzessionierte man die Südbahnen, i. J. 1863 die kalabrisch-sizilischen Bahnen (an die Comp. Vitt. Em.), ferner die sardinischen Bahnen (einer eigenen Gesellschaft), i. J. 1864 endlich wurde mit der lombardischen und zentralitalienischen Gesellschaft ein Vertrag wegen weiterer Vervollständigung ihres Netzes geschlossen, in welchem ihr teils der Bau eigener Zweiglinien, teils bei einer Reihe selbständiger, von Gesellschaften oder Kommunen herzustellender Linien die Subventionierung und die Übernahme des Betriebes unter bestimmten Bedingungen zur Pflicht gemacht wurde. Hierdurch war ein Netz von 7288 *km* sichergestellt.

Aber es zeigten sich auch bald die Schattenseiten des gewählten Vorgehens. Durch die verschiedenen Konzessionen war eine große Besitzeszersplitterung geschaffen worden und man empfand die Notwendigkeit, sie durch eine kleine Anzahl innerlich homogener Bahngruppen zu ersetzen. Zudem waren die Konzessionen sehr voneinander abweichend, im Drange der Eile ungenügend gefaßt und somit eine Quelle steter Streitigkeiten zwischen der Regierung und den Gesellschaften, so daß eine systematische Umformung allerseits gewünscht wurde. Hierauf beruht das Gesetz vom 14. Mai 1865 über das *Riordinamento delle reti ferroviarie del regno*. Im Endergebnisse führte es zur Zusammenfassung der wichtigsten Linien in vier ansehnliche Bahnnetze: die Gesellschaft *alta Italia*, die durch Loslösung von der lombardisch-venetianischen und zentralitalienischen Gesellschaft gebildet wurde, die Gesellschaft der römischen Bahnen, die Südbahn-Gesellschaft, deren Netz schließlich die große Durchzugslinie längs der Adria von Bologna nach Otranto und die Linie Foggia-Neapel umfaßte, und die Gesellschaft Vittorio Emmanuele.

Den ersten Schritt in diesem Sinne unternahm der Staat bereits i. J. 1864, indem er, um fortwährenden Streitigkeiten über die Auslegung der Garantiebestimmungen ein Ende zu machen, von der Comp. Vitt. Em. die Tessinische Linie erwarb (wofür er ihr die erwähnte andere Konzession verlieh). Die dadurch abgerundeten piemontesischen Staatsbahnen wurden dann im folgenden Jahre der lombardischen und zentralitalienischen Gesellschaft verkauft. Ferner wurden die Linien von Bologna nach Ancona von der römischen Gruppe getrennt und der südlichen zugeschlagen, wobei man gleichzeitig das „Garantiesystem *à l'échelle mobile*“ an Stelle der fixen Garantie zur Anwendung brachte, nachdem man dasselbe bei den kalabro-sizilischen Bahnen erprobt hatte. Der römischen Gruppe wurden die Bahnen der Maremmen, des zentral-toskanischen und des livornischen Netzes einverleibt. Gleichzeitig stellte sich aber auch heraus, daß zu viel geschehen war, und die Gesellschaften gerieten in eine schwierige Lage, welche durch den Krieg des Jahres 1866 noch erheblich verschlechtert wurde. Die Folge war, daß die Regierung den Gesellschaften der römischen, der kalabrisch-sizilischen, der Südbahnen und der Linie von Savona durch Vorschüsse zu Hilfe kommen mußte (Ende 1866). Das damalige Ministerium gedachte die kritische Situation der Gesellschaften durch einen vorteilhaften Rückkauf der Bahnen für den Staat auszunützen (Gesetzesvorlage vom Jahre 1867), die Kammer verweigerte jedoch die Zustimmung. Es erübrigte sohin nur eine weitere ausgiebige Unterstützung von seite des Staates, was durch mehrere Konventionen geschah. Der Gesellschaft der römischen Eisenbahnen wurde die ihr i. J. 1865 übertragene Konzession der ligurischen Bahn von Massa bis zur französischen Grenze wieder abgenommen, um die betreffenden Linien als Staatsbahnen auszubauen, ferner die toskanische Linie Massa-Florenz abgekauft. Desgleichen wurden die kalabro-sizilischen Bahnen vom Staate erworben und der Südbahn zum Betriebe übergeben. Endlich erfolgte die im Friedensvertrage mit Österreich bedungene Trennung des oberitalienischen Netzes von der österreichischen Südbahn nach jahrelangen Verhandlungen und verschiedenen parlamentarischen Zwischenfällen durch Rückkauf des ersteren seitens der italienischen Regierung in dem seiner Zeit vielbesprochenen Basler Vertrage. Dieser war das Ergebnis von Verhandlungen, die ein interessantes Ringen starker finanzieller Kämpen darstellen: das neue Italien, das den Schutz Frankreichs genoß, und seine zähen, gewissenhaften Staatsmänner (obenan Sella) auf der einen Seite, das Haus Rothschild, das die Interessen der österreichischen Südbahn-Gesellschaft (und seine eigenen) vertrat, auf der anderen Seite. Die schließliche Einigung fand sich in einem angesichts des Wertes der übernommenen Linien mäßigen Kaufpreise, der in langfristigen Annuitäten immerhin eine nicht unbeträchtliche Last für den italienischen Schatz ergab.

Hier spielt die durchgreifende Wendung, welche sich damals in der inneren Politik vollzog, in die Eisenbahnpolitik hinein. Als Rom die Hauptstadt Italiens geworden war, wollte man neue Wege betreten und steckte sich hohe Ziele. Das Ministerium Minghetti plante den Übergang zum Staatsbahnsystem und schloß zu diesem Ende mit der Gesellschaft der römischen Bahnen und der Südbahnen Rückkauf-Verträge, 1873 und 1875, welchen sich in den folgenden Jahren der Vertrag wegen Ankaufs der Linien der *alta Italia* auf Grund der Trennung von der österreichischen Südbahn anschloß. Zugleich schlug die Regierung vor, die gesamten Linien in zwei große Netze zu verteilen und diese Privatgesellschaften in Betrieb zu geben. Die Kammer aber folgte dem Ministerium auf diesem Wege nicht, sondern die Linke, die zufolge des wirtschaftlichen Glaubensbekenntnisses des Liberalismus auf das Privatbahnsystem eingeschworen war, verwarf den Antrag und dieses Votum erhielt die Mehrheit (18. März 1876). Somit blieb vorläufig alles beim alten und der unfertige Zustand, in dem sich sowohl das Netz als die Verwaltung befanden, stellte die zur Herrschaft gelangte Linke vor neue Aufgaben, die der nächsten Periode angehören.

In den 11 Jahren 1865—1875 hatte der Staat an Garantien und Subventionen an die Gesellschaften über 480 Millionen Lire aufzuwenden gehabt; eine Summe, welche die Fehlgriffe der Verwaltung im Ausbaue des Netzes deutlich ausdrückt. Ende 1877 war das Netz auf 8213 *km* im Betriebe stehende und 486 *km* im Bau begriffene Bahnen angewachsen. Das Gesamtkapital betrug 2449 Mill. Lire = 304 465 L. auf 1 *km*. Die Betriebsergebnisse waren — und sind bis auf den heutigen Tag — wegen schwieriger Anlage- und anderer natürlichen Verhältnisse, geringen Frachtenverkehres infolge der Konkurrenz des Seeweges, so mancher überflüssigen Linien und früher den Gesellschaften von der Regierung aufgezwungenen zu reichlichen Zugverkehres unbefriedigend.

In der Schweiz[1]) gediehen die Bestrebungen zur Anlage von Eisenbahnen selbst während der 40er Jahre nicht weiter als bis zur Anlage der kurzen Strecke Zürich-Baden, die 1847 eröffnet wurde. Verschiedene Projekte waren aufgetaucht, Vorstudien gemacht worden, doch es kam trotz der von den einzelnen Kantonen erteilten Konzessionen nichts zustande. Es ist dies unter der Krisis, welche sich damals in der Eidgenossenschaft vorbereitete, auch leicht erklärlich. Nach Niederwerfung des Sonderbundes und Neukonstituierung des Bundes regte der damit verknüpfte nationale Aufschwung die Aufnahme eines energischen Eisenbahnbaues um so kraftvoller an, und Art. 21 der neuen Bundesverfassung, welcher dem Bunde das Recht einräumte, im Interesse der Eidgenossenschaft oder eines großen Teils derselben auf Kosten der Eidgenossenschaft öffentliche Werke zu errichten oder die Errichtung solcher zu unterstützen, bot die geeignete Grundlage. Im Dezember 1849 wurde sohin der Bundesrat mit den erforderlichen Vorarbeiten, insbesondere der Feststellung eines Netzesplanes sowie eines Expropriationsgesetzes, betraut. Der Netzesplan wurde von den beiden Ingenieuren Swinburne und Rob. Stephenson entworfen, über die vielfachen wirtschaftlichen und finanziellen Fragen wurden umfassende Erhebungen angestellt und Gutachten erstattet. Zur Antragstellung auf Grundlage des so gewonnenen Materiales setzte der Nationalrat Ende 1851 eine eigene Kommission ein, die im Frühlinge des folgenden Jahres ihre Vorschläge einbrachte. Es hatte sich eine tiefgehende Meinungsverschiedenheit über die Frage gebildet, ob der Bau von Bundeswegen durchgeführt oder der Privatunternehmung bzw. den einzelnen Kantonen die Konzessionierung überlassen werden solle. Bei der Schlußfassung gaben verschiedene Gründe gegen den Staatsbau den Ausschlag. Man schreckte davor zurück, den neu begründeten Bundesstaat gleich im Anfang in Staatschulden zu stürzen für ein Unternehmen, dessen Erfolg damals so viele noch bezweifelten. Ebenso wollte man die neugebildete Zentralbehörde nicht allzu stark machen. Ferner sah man von der erwachten Unternehmungslust einen rascheren Fortgang der Bauten voraus, wenn die Dividendenaussichten die Kapitalisten reizen. Endlich kamen auch kleinliche Interessen ins Spiel; jene Gegenden, welche im Stephenson'schen Plane nicht bedacht waren, stimmten gegen den Staatsbau.

Wenngleich die Majorität für die Entscheidung in letzterem Sinne sich zusammenfand, so war damit doch noch keine Nötigung gegeben, wie es tatsächlich geschah, die Konzessionierung den Kantonen zu überlassen (§ 1 des Bundesgesetzes über Eisenbahnen vom 28. Juli 1852). Dem Bund blieb lediglich das Recht vorbehalten, einen Kanton zur Erteilung einer Konzession zu zwingen, wenn er die Erlaubnis zur

[1]) Dietler, Art. „Schweizerische Eisenbahnen" in der Enzyklopädie, 2. Aufl. (mit reichem statistischen Materiale).

Herstellung einer Bahn, die im Interesse der Eidgenossenschaft oder eines großen Teiles derselben liegt, verweigern oder den Bau und Betrieb einer solchen Bahn erheblich erschweren sollte, sowie die Auflage der zur Herstellung der technischen Einheitlichkeit und des Anschlusses im Betriebe dienlichen Bedingungen. Die kantonalen Konzessionen unterlagen der Genehmigung des Bundes, die er nur dann zu verweigern berechtigt sein sollte, wenn die militärischen Interessen der Eidgenossenschaft auf dem Spiele ständen.

Hiermit war man auf einen Irrweg geraten, der für das Eisenbahnwesen des kleinen Gemeinwesens verhängnisvoll wurde. Die Privatunternehmung wendete sich mit Hast dem ihr eröffneten Felde zu und die einzelnen Kantone wetteiferten miteinander in der Konzessionierung der je nach den engsten Kirchturminteressen bemessenen Linien. Was der Kantönligeist, auf das Eisenbahnwesen übertragen, für Früchte hervorbringen mußte, liegt nahe.

Der eine Kanton kümmerte sich nicht um den anderen; es gab Konkurrenzen innerhalb so enger Gebiete; die Betriebseinheit durch entsprechende Anschlüsse zwischen den verschiedenen Linien usw. war nicht genügend hergestellt, selbst als der Bundesrat durch Dekret vom 11. August 1858 etwas bessernd eingriff; die Konzessionsbestimmungen wiesen eine bunte Mannigfaltigkeit auf und waren unzureichend abgefaßt; unrentable Linien wurden gebaut, welche die Kantone teils durch Darlehen zu vorteilhaften Bedingungen, teils durch Übernahme von Aktien unterstützten. Bern und Freiburg bauten auf eigene Rechnung. Die Folgen dieses Vorgehens ließen nicht auf sich warten. Schon i. J. 1861 schrieb Stämpfli[1]): „Die schweizerischen Eisenbahnzustände sind krankhaft. Von dem über 1000 *km* zählenden Netze ist kaum $^1/_5$ in gesunden Verhältnissen. Bei $^4/_5$ des Netzes befinden sich die Gesellschaften in schlimmer Lage. Sie haben große Mühe, die bereits verbauten Kapitalien in definitive Anleihen zu konsolidieren oder die zur Bauvollendung weiter benötigten unter erträglichen Bedingungen aufzunehmen. Bei einem großen Teile des Netzes reicht der Ertrag nicht aus, um die Obligationen zu verzinsen, von Dividenden an die Aktionäre nicht zu reden. Gemeinden und Kantone haben im allgemeinen Eisenbahn-Wettringen und um den Kampf gegen Rivalen zu bestehen, durch Aktien- oder Anlehens-Beteiligungen sich schwer belastet, was in ihren ganzen Haushalt tief eingreift . . . die Netzeszerstücklung, die Verschiedenheit der Konzessionsbestimmungen und der Administrationssysteme führen zu vielen Hemmnissen und Verwicklungen und machen jedes einheitliche schweizerische Auftreten nach außen unmöglich."

Das Heil wurde auch hier nur in einer Konzentration gefunden. Die Mehrzahl der Bahnlinien war so bis 1871 in 4 größere Netze: die Westbahnen (306 *km*), die Zentralbahn (249 *km*), die Nordostbahn (289 *km*) und die vereinigten Schweizer Bahnen (275 *km*) zusammengefaßt worden, neben welchen nur noch ebensoviel kleine Verwaltungen (Bulle-Romont, Jura industriel, die Berner Staatsbahn und die Ligne d'Italie) bestanden, und die Rentabilität hatte sich dadurch wesentlich gehoben, für die Zentralbahn und Nordostbahn sogar zu einer ziemlich hohen gestaltet. Allein die Spekulationsperiode seit 1867 und nach

[1]) „Der Rückkauf der schweizerischen Eisenbahnen."

1870 brachte einen neuen Eisenbahnrummel ganz nach altem Muster, dessen Folgen die mühsam errungene Prosperität wieder erschütterten.

Eine Anzahl selbständiger Gesellschaften entstand für Lokal- und Vergnügungsbahnen, durchweg auf den Fremdenverkehr berechnet, und die alten Gesellschaften dehnten ihr Netz durch vielfache Nebenlinien aus, die bei der Terrainbeschaffenheit des Landes ungewöhnlich hohe Anlagekosten verursachten, zum Teil überhaupt überflüssig oder zeitlich sehr verfrüht erscheinen. Das Netz hatte dadurch bis Ende 1876 eine Linienlänge von 2400 *km* erreicht. Als nun überdies infolge der allgemeinen Krisis der Fremdenverkehr in der Schweiz erheblich nachließ, stellte sich eine Eisenbahnkrisis von einer Schwere ein, wie sie anderwärts nicht vorgekommen. Die Aktien-Kurse der Bahnunternehmungen fielen auf $^1/_3$, einzelne bis auf $^1/_{10}$ des Standes vom Jahre 1872. Einzelne Bahnen kamen in Konkurs und wurden an den Meistbietenden um einen Bruchteil der Anlagekosten veräußert. Sogar die durch gemeinsame Subvention des Bundes, Deutschlands und Italiens ermöglichte Gotthardbahn kam, infolge zu niedriger Voranschläge, in Schwierigkeiten, die nur durch Erhöhung der Subventionen behoben werden konnten.

Mit der Verdichtung des Netzes war auch die Einsicht allgemein geworden, daß die erwähnten Grundlagen der Verwaltung der Eisenbahnen unhaltbar waren, und die Frucht dieser zu späten Erkenntnis ist das Bundesgesetz vom Dezember 1872, welches das Konzessionswesen dem Bunde überträgt und zugleich den Inhalt der Konzessionen, insbesondere die Leistungen für Landesverteidigung, Post und Telegraph, sowie den Bau und Betrieb in einheitlichem Sinne regelt. Die Ausführungsverordnungen blieben dem Bundesrate vorbehalten, ein Eisenbahnpfandrecht, dann ein Gesetz über die Rechtsverhältnisse des Frachtverkehres und über die Haftpficht wurden vom Bundesgesetze in Aussicht gestellt und die betreffenden gesetzgeberischen Arbeiten auch bald darauf ins Werk gesetzt. Damit war das Verwaltungs- und das Privatrecht der Eisenbahnen entsprechend geordnet. Zur Heilung der von früher überkommenen konstitutionellen Gebrechen ökonomischer Natur bedurfte es der Zeit, und zwar entweder einer Konzentration im Wege freiwilligen Übereinkommens durch Betriebsvereinigung oder förmliche Fusion oder des Durchdringens des Verstaatlichungsgedankens. Da letzteres auf Erwerbung der Bahnen durch den Bund hinauskam, standen erhebliche politische Schwierigkeiten entgegen. Über die Wahrscheinlichkeit der letztgedachten Lösung bemerkte Geigy [1]): „In der schweizerischen Bundesversammlung sind die Lokalinteressen sehr mächtig, mächtiger als in den Kammern größerer Staaten. Dieselben sind vielfach mit den neuen Bahnen verknüpft (durch die Gemeinde- und Kanton-Subventionen). Da ein Rückkauf allein die neuen Bahnen vor Bankerott bewahren kann, wird derselbe daher beschlossen werden, wenn einmal die Interessenten ver-

[1]) „Einige Erörterungen über das schweizerische Eisenbahnwesen“, 1874.

bunden mit den Freunden größerer politischer Zentralisation die Mehrheit der Bundesversammlung bilden werden. Die Zentralisten werden den Interessenten helfen, weil diese letzteren die ersteren nur dann bei deren Vorhaben — einer großen Zentralisation — unterstützen werden, falls die Zentralisten gewillt sind, den neuen Bahnen aufzuhelfen, d. h. den Rückkauf zu beschließen.“ Die Periode schloß also mit einem höchst bedenklichen Zustande des schweizerischen Eisenbahnwesens und einer ganz ungeklärten Sachlage, so daß der Zukunft wichtige Aufgaben vorbehalten blieben.

Rußland [1]). Die erste Versuchstrecke wurde schon ziemlich früh mit der Zarskoje-Sselo-Eisenbahn als reines Privatunternehmen angelegt (1835), mit einer Spurweite von 6 Fuß (engl.). Der Erbauer dieser Linie war Gerstner, welcher von Österreich als Pionier des Eisenbahnwesens i. J. 1834 nach Rußland kam, mit dem Plane, ein umfassendes Eisenbahnnetz im Lande anzulegen.

Nach vorgenommenen Trassierungen legte er dem Kaiser Nikolaus im Anfange des Jahres 1835 ein Memorandum vor, in welchem um die Erteilung eines Privilegiums zur Erbauung von Eisenbahnen im russischen Reiche, und zwar von Petersburg nach Moskau, Nishnij-Nowgorod und Kasan, dann von Moskau einerseits nach Odessa, andererseits nach Taganrog gebeten wurde. Durch diese Hauptverkehrsadern und durch eine regelmäßige Dampfschiffahrt auf der Wolga und dem Caspi-See wollte Gerstner den asiatischen Handel Rußlands vollkommen sichern und insbesondere die Konkurrenz Englands lahmlegen. Es gelang ihm jedoch nicht, mit seinen weitaussehenden Plänen durchzudringen, zumal er außer anderen Vorteilen das ewige Eigentumsrecht der zu erbauenden Bahnen und das ausschließliche Recht zum Bahnbaue innerhalb des Reiches auf 20 Jahre verlangt hatte, und er beschränkte daher seine Konzessionswerbung auf die eine genannte Linie, für welche er auch noch gegen Ende 1835 die Konzession erlangte und die er mit Hilfe österreichischer Ingenieure ausführte.

Die mäßigen Erträge der ersten Versuchstrecke, welche den sanguinischen Hoffnungen nicht entsprachen, ließen eine Neigung des Kapitales für weitere Eisenbahnen zunächst nicht aufkommen, und so entschloß man sich, da die Anregungen Gerstners, der bald darauf Rußland verlassen hatte, dort nicht ohne nachhaltige Wirkung geblieben waren, zur Ausführung der notwendigen Linien durch den Staat. Der Ukas vom 1. Februar 1842 ordnete die Anlage einer Bahn von Petersburg nach Moskau an, deren Bau bis Ende 1851 dauerte und für 683 *km* ein Nominalkapital von ungefähr 100 Mill. Rubel kostete. Beinahe gleichzeitig wurde der Bau einer Bahn von Warschau zur Verbindung mit der österreichischen Nordbahn in Angriff genommen, der bis An-

[1]) Enzyklopädie, 2. Auflage, Art. „Russische Staatsbahnen“. — Die Entstehung der einzelnen Linien ausführlich in der russischen Revue 1876, Art. v. S. M. Propper. — Dr. Mertens, „Die russischen Eisenbahnen i. J. 1901 nebst einem Rückblick auf die Entwicklung des Eisenbahnwesens in den Jahren 1882 bis 1901“, Archiv 1904. Derselbe, „Dreißig Jahre russische Eisenbahnpolitik“, Archiv 1917, Nr. 19.

fang 1848 beendet war. Für letztere wurde des Wagenübergangs wegen die Normalspur, für die Petersburg-Moskauer Bahn, die 1855 den Namen Nikolaibahn erhielt, eine breitere Spur von 5 Fuß gewählt, die dann für die nicht im Königreich Polen gelegenen russischen Bahnen allgemein wurde. Von der gleichfalls auf Staatskosten begonnenen Linie Petersburg-Warschau (1851) gelangte bis Ende 1853 nur eine kurze Strecke von Petersburg bis Gatschino zur Vollendung; der ausgebrochene Krieg unterbrach die Arbeiten; es waren damals im ganzen 1040 *km* im Betriebe.

Die Wendung, welche der Krimkrieg auf allen Gebieten des politischen, wirtschaftlichen und geistigen Lebens in Rußland hervorrief, machte sich auch hinsichtlich des Eisenbahnwesens geltend. Allseitig wurde nun die Notwendigkeit eines wohlangelegten Bahnnetzes erkannt, und diese Sachlage benützte eine Gruppe französischer Finanzleute unter Führung der Pereires, um die Konzession zur Anlage eines umfassenden Netzes, ausgestattet mit 5 Prozent Zinsengarantie und zahlreichen Begünstigungen, zu erlangen. Es war dies die bekannte große russische Eisenbahngesellschaft, bestätigt im Januar 1857, welche die Verpflichtung übernahm, in 10 Jahren 4270 *km* Eisenbahnen zu bauen, und zwar von Petersburg (resp. Gatschina) nach Warschau mit einem Flügel zur preußischen Grenze, von Moskau nach Nishnij-Nowgorod, dann von Moskau über Orel und Kursk nach Feodosia und von Orel oder Kursk nach Libau. Die Inslebenführung des Unternehmens erfolgte durchaus im Stile und mit den Praktiken der damals entfachten tollen Börsenspekulation. Unter dem Eindrucke des Erfolges, welcher auf solche Weise erzielt wurde, gelang es der Regierung, an zwei polnische Konsortien i. J. 1857 und 1859 die Warschau-Wiener und die Warschau-Bromberger Eisenbahn zu konsessionieren. Im Jahre 1858 waren außerdem die Riga-Dünaburger und die Wolga-Don Bahn konzessioniert worden.

Die für die Warschau-Wiener Bahn gebildete Gesellschaft übernahm die betreffende Staatsbahnstrecke und verpflichtete sich zum Baue von zwei Flügelbahnen an die preußische Grenze (nach Alexandrowo und Sosnowice) ohne Staatsgarantie; für die Warschau-Bromberger Bahne wurde eine 4prozentige Garantie gegeben und der Betrieb mit der Warschau-Wiener Bahn vereinigt. Während diese beiden einheimischen Unternehmungen ihren Bauverpflichtungen entsprachen, zeigte es sich bald, daß bei der großen ausländischen Gesellschaft die Gründung die Hauptsache gewesen war. Es bezeichnet das Gebaren der Gesellschaft, daß kaum ein Jahr nach der erfolgten Aktien-Ausgabe das gesamte Aktienkapital verbraucht war, obschon die Bauarbeiten nur an einer, der Warschauer Linie im Gange waren. Ebenso wurde das Obligationskapital verbraucht und es sah sich schließlich (1861) die Regierung bestimmt, die Bauverpflichtungen der Gesellschaft auf die Warschauer und die Nowgoroder Linien (1725 *km*) zu beschränken. Die französischen Ingenieure hatten den Bahnbau ganz nach französischem Zuschnitte geführt und die Qualität der Herstellungen war die schlechteste, so daß viele Rekonstruktionen notwendig wurden. (Später wurde die Nikolaibahn der Gesellschaft einverleibt.)

Von da an beginnt eine folgeweise Konzessionierung der einzelnen Glieder des innerrussischen Netzes an einheimische und einige englische Gesellschaften, mit Anwendung der verschiedensten Garantie-Varianten. In den Jahren 1862/63, 1866 und 1868 wurden die je zunächst in Angriff zu nehmenden Netzesglieder festgestellt, auf Grund der Vorschläge des i. J. 1858 eingesetzten Eisenbahn-Komitees. Einige Linien, für welche sich annehmbare Angebote nicht fanden, wurden wieder auf Staatskosten ausgeführt, worunter insbesondere die Odessaer Bahn hervorzuheben, bei welcher man Sträflinge mit gutem Erfolge zum Baue verwendete und zum zweiten Male eine Gruppe österreichischer Ingenieure tätig war.

Am 1. Januar 1870 war das Netz auf eine Länge von 13660 *km* gebracht, wovon 8330 im Betriebe; 1390 *km* waren hiervon Staatsbahnen (Odessa-Balta-Krementschug, Moskau-Kursk, die finnländische Helsingfors-Tavasthusser und die Terespol-Brester Bahn). Im Baue waren 5370 *km*, worunter 1050 *km* Staatsbahnen. Von 26 Bahnen verzeichneten nur 4, darunter die alte Sarskoje-Sselo, keine Staatsgarantie. Die Garantie erstreckte sich 1869 auf ein Jahresertrágnis von 22,492 Mill. Rubel, und wurde für 7,764 Mill. Rubel tatsächlich in Anspruch genommen. Außer den bis dahin aufgelaufenen Vorschüssen samt Zinsen mit 57 Mill. Rubel hatte der Staat verschiedenen Bahnen Subventionen im Betrage von 69,7 Mill. Rubel erteilt.

Immerhin war die bis dahin sichergestellte Linienausdehnung für die ungeheure Weite des Reiches noch eine durchaus unzureichende und die Notwendigkeit einer namhaft gesteigerten Bautätigkeit offenbar. Die zwar ursprünglich geplanten, aber noch nicht ausgeführten Linien gegen Osten und Südosten zur Heranziehung des asiatischen Handels und zur Aufschließung der Montanschätze des Ural, dann die Verbindung des Netzes mit den Häfen der Ostsee und des Azowschen Meeres, endlich die Vervollständigung des Netzes durch strategische Linien, insbesondere nach Südwesten und zum Behufe einer direkten Verbindung Polens mit Moskau und Kiew, erschienen als dringlich und es wurde daher der Ausbau des Netzes nach diesen Richtungen in zwei Perioden beschlossen. Das auswärtige Kapital kam willig entgegen und es begann sohin v. J. 1869 an ein reger Gründungs- und Baueifer, der innerhalb 10 Jahren das Netz auf 23122 *km* brachte, d. i. die Linienlänge des Jahres 1869 nahezu verdreifachte. Unter dem Einflusse dieser Willfährigkeit des Kapitales wurden auch die Staatsbahnlinien wieder an Gesellschaften abgetreten, so daß damals außer den Finnländischen Bahnen (840 *km*) nur mehr zwei kurze Strecken von zusammen 67 *km* als Staatsbahnen übrig waren. Daß das Netz noch immer unzureichend war, zeigte sich im Orientkriege (1877), in dem die Lückenhaftigkeit des Netzes und die mangelhafte Ausrüstung der Linien die einheitliche schnelle Durchführung der kriegerischen Maßnahmen erheblich erschwerten.

In dieser Periode war für die Verwaltung des Eisenbahnwesens das deutsche und österreichische Muster maßgebend. Das Netz wurde vortrefflich angelegt: Moskau bildet das Zentrum, von wo aus die Hauptlinien dem Plane nach radial bis an die Meeresküsten, die großen Ströme und die Landesgrenzen laufen, während Querlinien in entsprechender Entfernung die einzelnen Radien verbinden. Die Bau- und Betriebspolizei ist dem deutschen und österreichischen Muster nachgebildet, soweit nicht die klimatischen und sonstigen Verschiedenheiten technische Abweichungen bedingen. Der erste Entwurf für ein Betriebsreglement sowie für die Betriebsordnung reicht bis 1845 zurück. Die Staatsaufsicht wurde durch eine kaiserliche Inspektion, die administrative und finanzielle Kontrolle der (garantierten) Bahnen durch Regierungs-Direktoren geübt, welche auf Grund eines neuen Konzessionsgesetzes vom 31. März 1873 je für eine oder mehrere Verwaltungen ernannt wurden. Vordem hatte es an einer Kontrolle der Finanzgebarung der Gesellschaften gefehlt, was im Verbande mit der weit verbreiteten Unlauterkeit bei den Gründungen und den bekannten „russischen Zuständen" zu großer Benachteiligung des Staates bei den Garantieverpflichtungen führte. An Garantievorschüssen wurde i. J. 1877 der Betrag von 52 650 000 Silberrubel gezahlt! Eine erhebliche Verminderung der Kursverluste bei Ausgabe der Obligationen wurde dadurch bewirkt, daß ein „Eisenbahnfonds" zur speziellen Sicherung der Garantieverpflichtungen angelegt wurde, den man durch verschiedene Zuflüsse (Ertrag eines Anlehens, Erlös für verkaufte Linien usw.) immer wieder auffüllte und der die Ausgabe der Obligationen für Rechnung des Staates besorgte, während den Gesellschaften zur Ausführung der Bauten Vorschüsse gegeben wurden. Die Wirksamkeit des russischen Eisenbahnvereines beruht auf dem Vorbilde des deutschen Eisenbahnvereines.

Die übrigen europäischen Staaten[1]) stehen schon wegen der absoluten Zahlen ihrer Linienlängen, aber auch zeitlich hinter den besprochenen zurück. Sachlich Interessantes bieten die skandinavischen Länder. In Schweden unternahm der Staat seit 1854 den Bau der Hauptbahnen; er schritt jedoch nur langsam vorwärts. Daneben wurden Privatbahnen, hauptsächlich für Nebenlinien und Lokalbahnen, zugelassen. Seit 1873 ist der Bau von Privatbahnen sehr gefördert worden, so zwar, daß das Gesamtbahnnetz des Landes bis 1876 auf 1591 *km* Staatsbahnen und 40 Privatlinien, von denen 35 von zusammen 2062 *km* Länge, anwuchs. Die Spurweite ist bei einem Teile der letzteren unternormal: 0,89 *m*, 1,067 *m* und 1,22 *m*.

Norwegen begann zur selben Zeit wie Schweden den Bau von Staatswegen. Die erste Linie, nach den Plänen von Stephenson nach englischem Muster erbaut, kam zu hoch zu stehen, als daß bei der Natur des Landes eine Rentabilität für die Nebenlinien zu erwarten gewesen wäre. Man griff daher auf Anregung des Regierungs-Ingenieurs Pihl zur Schmalspur für die übrigen Linien, welche je nur ein enges Gebiet mit der Meeresküste verbinden. Die Baukosten wurden dadurch ungeachtet sehr schwieriger Geländeverhältnisse auf die Hälfte, ja $^1/_3$ jener der ersten Linie herabgedrückt. Im Jahre 1876 bestanden 6 Linien, wovon nur die erstgedachte und die Anschlußlinie an die schwedischen Hauptbahnen normalspurig, die übrigen mit einer Spur-

[1]) Enzyklopädie auf Grund der offiziellen Statistiken. Über Dänemark Archiv 1910, S. 944 ff.

weite von 1,067 *m*. Gesamtlänge 587 *km*; weitere Schmalspurbahnen im Bau.

In Dänemark sind die schleswig-holsteinischen Bahnen von den seeländischen und jütländischen zu scheiden. Die ersteren kamen bereits Mitte der 40er Jahre durch Privatunternehmungen zustande und wurden in ihrer Entwicklung durch die dänische Politik sehr beschränkt, welche eine Längsbahn durch Schleswig nicht gestattete. Nach langem Kampfe kam die wunderliche Idee einer Querbahn von Husum nach Flensburg zur Ausführung, welche die Hauptstadt Schleswig ganz umging, so daß eine eigene Flügelbahn dahin gebaut werden mußte. Erst nach Abtrennung der Herzogtümer von der dänischen Monarchie ist dieser Übelstand durch eine Abkürzungslinie behoben worden. Die seeländischen und jütländischen Bahnen wurden mit Ausnahme einer kurzen Strecke von Kopenhagen nach Korsoer (111 *km*) erst in den 60er Jahren gebaut.

Die iberische Halbinsel bietet mit ihren mangelhaften Eisenbahnzuständen einen unerfreulichen Gegensatz zu diesen nordischen Staaten. In Spanien datieren die Konzessionen für verschiedene, ein vollständiges Netz mit dem Zentrum Madrid bildenden Linien wohl schon aus der Mitte der 40er Jahre, allein die Ausführung ging ungemein langsam vonstatten, weil die Anlagen dem dünnen Verkehre des Landes nicht Rechnung trugen, vielmehr von den (größtenteils auswärtigen) Konzessionären nach dem Stile der englischen und französischen Bahnen (Breitspur 1,67 *m*!) eingerichtet und überdies die Konzessionen, mit staatlicher Subvention in bunter Mannigfaltigkeit, zum Teil lediglich zu „Gründungen" gesucht wurden. Das Eisenbahnwesen blieb in die politischen Wirren verwickelt. Ein Gesetzentwurf löste den anderen ab; frühere Beschlüsse wurden rückgängig gemacht, Konzessionen, meist mit 6% Zinsgarantie ausgestattet, zurückgenommen oder sie verfielen. Ein Vertrag mit einem großen Unternehmer betreffend Ausführung von Staatsbahnlinien, wurde ungültig erklärt. Ein endlich zustandegekommenes Konzessionsgesetz (nach französischem Muster) v. J. 1855 wurde in der Revolution von 1868 umgestoßen, bis dahin erteilte Subventionen aufgehoben. Infolge solcher Zustände war der Ausbau des Netzes vollends ins Stocken geraten, bis endlich das Eisenbahngesetz v. J. 1877, das zu den Grundlagen des Gesetzes von 1855 zurückkehrte, die Verwaltung und den Bau in geordnete Bahnen lenkte. Die Längenausdehnung des Netzes betrug Ende 1875 rund 6000 *km*, die Anlagekosten 296000 Mark 1 *km*; der Staat hatte Ende 1870 an die Gesellschaften über 300 Millionen Mark an Subventionen gezahlt.

In Portugal fanden sich lange keine Unternehmer, so daß die Regierung 1854 mit dem Baue einer kurzen Strecke von der Hauptstadt aus vorging. Erst i. J. 1859 wurde die königliche Gesellschaft der portugiesischen Eisenbahnen organisiert, welche den Bau der beiden

Hauptlinien von Lissabon nach der spanischen Grenze und nach Oporto übernahm. Anfang der 60er Jahre erlangte eine englische Gesellschaft die Konzession zu einer „Südbahn", die indes 1869 von der Regierung rückübernommen wurde. Ende 1877 waren 969 *km* im Betriebe, einschließlich 28 *km* einer schmalspurigen Lokalbahn. Die Spurweite der Hauptbahnen ist gleich der spanischen.

Daß die Balkanhalbinsel am spätesten unter den europäischen Staaten zum Bahnbaue schritt, ist selbstverständlich. In der europäischen Türkei bestanden i. J. 1871 nur zwei von englischen Gesellschaften erbaute isolierte Linien: Küstendsche-Czernawoda (1860) und Rustschuk-Varna (1866). Im Jahre 1869 wurde die Gesellschaft der Ottomanischen Eisenbahnen nach amerikanischem Muster gegründet, welche die Konzession für zirka 2400 *km* erhielt, deren erste Strecken seit 1871 allmählich zur Eröffnung gelangten. In den Donaufürstentümern wurde als erste Strecke die von einer englischen Gesellschaft unternommene Bahn von Bukarest nach Giurgewo i. J. 1869 eröffnet. Im vorausgegangenen Jahre war die Konzession für ein über 1000 *km* umfassendes Netz teils an die anstoßende österreichische Gesellschaft, teils an ein von einem waghalsigen Bauunternehmer und Bahnspekulanten, der sich in Deutschland und Österreich die Sporen verdient hatte, geführtes Konsortium erteilt worden; letztere Gründungen schlimmster Art, die auch das verdiente Ende nahmen. Die Linien und die noch laufenden Bauverpflichtungen wurden von einer einheimischen Gesellschaft vorteilhaft übernommen.

Die Vollreife. Letztes Viertel des vorigen bis in unser Jahrhundert. Diese Periode, in welcher die Entwicklung bis zur Gegenwart vorschreitet, ist in ausgesprochenem Maße charakterisiert durch den Übergang zum Staatsbahnsystem, den die meisten Staaten entweder entschieden vollziehen oder in den Verwaltungsakten oder der öffentlichen Meinung vorbereiten. Soweit das Privatbahnwesen noch bestehen bleibt, wird eine durchgreifende Regulierung in dem Sinne ins Werk gesetzt, dasjenige angemessen vorzukehren, was früher versäumt oder verfehlt wurde. Es werden also die Lehren der Erfahrung genützt und die Konsequenzen der geschaffenen Sachlage gezogen, so daß die Verwaltung nunmehr in der Tat die ausgereiften Früchte der vorausgegangenen Entwicklung pflückt. Auch die Ausgestaltung des Liniennetzes nimmt in gleicher Weise ihren Fortgang. Diejenigen Staaten, in welchen das Netz der Bahnen höherer Ordnung bereits ein dichtes geworden ist, haben nur noch für einzelne Ergänzungs- und Abkürzungslinien sowie für Nebenbahnen zu sorgen und wenden im übrigen der Förderung der Kleinbahnen ihr Augenmerk zu, sei es, daß sie selbst solche erbauen, sei es, daß sie die Privatunternehmung für diesen Zweck, wofür sie sich speziell eignet, heranziehen. Die anderen

Staaten, welche in der Netzesentwicklung noch zurückstehen, holen das noch Ausstehende in rascher Zeitfolge nach; überwiegend durch eigenen Betrieb. Die richtige Netzesbildung wird allseitig im Auge behalten, was in Privatbahnländern zur Fortsetzung der Netzeskonzentration führt. Die Internationalisierung der Verwaltung erweitert sich aus engeren Bereichen zu umfassenden Verbänden. Der Tarifaufbau nimmt im wesentlichen allgemein gleiche Gestalt an und die Ermäßigung der Tarife im Verein mit der eben Mitte der 70er Jahre einsetzenden starken Verbilligung der Seefrachten steigert die Wirkungen für Volks- und Weltwirtschaft auf den höchsten Grad. Die technischen Fortschritte, die bereits seit der Mitte des Jahrhunderts gegenüber dem Zustande der Anfangszeit auf Erhöhung der Qualität und Verbilligung des Transportes zielten, weisen jetzt größere Erfolge auf, so daß sich auch in dieser Hinsicht ein merklicher Unterschied von der früheren Zeitperiode ergibt und der Betriebsökonomie neue Aufgaben erwachsen: vollkommene Blockwerke, die mit den Blocksignalen in mechanischer Abhängigkeit stehen, seit 1874; geräumige Durchgangswagen; Schlafwagen und Speisewagen, in Europa seit 1873 bzw. 1880; durchgehende Bremsen seit derselben Zeit, mit selbsttätiger Wirkung seit den 80er Jahren; ausgiebige Beheizung und Beleuchtung der Personenwagen; Erhöhung des Fassungsraumes und der Tragfähigkeit der Güterwagen für den Massenverkehr usw. Die Reihe schließt die Nutzbarmachung der Elektrizität für die Zugbewegung — die erste betriebsfähige Anlage dieser Art 1879 durch Siemens geschaffen —, wodurch Qualitäts- und betriebsökonomische Fortschritte erzielt wurden, deren volle Auswirkung noch bevorsteht.

Den Fortgang der Vervollständigung des Bahnnetzes in den Staaten Europas zeigt nachstehende Übersicht der Kilometerlänge.

Staaten	1875	1885	1895	1905	1917
Deutsches Reich	28 087	37 572	44 882	56 477	64 987
Österreich-Ungarn	16 860	22 789	29 160	39 918	46 195
Groß-Britannien und Irland	26 803	30 843	33 219	36 447	38 135
Frankreich	21 547	32 491	39 357	46 466	51 431
Italien	7 709	10 484	14 184	16 284	18 245
Niederlande und Luxemburg	1 407	2 804	3 096	3 537	3 925
Schweiz	1 986	2 850	3 415	4 289	5 299
Belgien	3 499	4 409	5 473	7 258	8 814
Rußland mit Finnland	19 584	26 847	33 451	54 974	62 198
Schweden	3 681	6 892	8 782	12 684	14 951
Norwegen	549	1 562	1 612	2 490	3 179
Dänemark	1 266	1 942	2 231	3 288	4 252
Spanien	6 134	8 933	11 435	14 430	15 350
Portugal	919	1 529	2 340	2 571	2 983
Rumänien	1 217	1 682	2 573	3 177	3 843
Serbien	—	385	540	618	1 572
Griechenland	—	323	915	1 241	1 628
Türkei, Rumelien, Bulgarien	1 234	1 394	1 818	3 142	4 731
Malta, Jersey, Man	—	102	110	110	110
Montenegro	—	—	—	—	18
Europa	**142 494**	**195 833**	**238 553**	**309 392**	**351 846**

Die Verstaatlichungen und der Netzesausbau in den betreffenden Ländern. Der kräftigste und nachhaltigste Anstoß zu durchgreifender Aufnahme des Staatsbahnsystems ging von Preußen aus, nachdem die Entscheidung im Sinne Bismarcks gefallen war. Dem Minister Maybach gelang es i. J. 1879 mit vier Bahnen von zusammen 3363 *km* Länge, worunter die wichtige Köln-Mindener Bahn, Verträge wegen Überlassung ihrer Linien an den Staat abzuschließen. Die bezügliche Gesetzesvorlage, welche den Systemwechsel prinzipiell begründet, wurde von der Kammer und der öffentlichen Meinung mit lebhafter Zustimmung aufgenommen. In gleicher Weise gelangten zur Übernahme in den Staatsbesitz: i. J. 1880 vier Bahnen von zusammen 1573 *km*, worunter die Rheinische Eisenbahn, 1882 sieben Bahnen mit 3145 *km*, 1884 zehn Bahnen mit 3766 *km* (worunter zwei kurze Strecken für Schaumburg-Lippe und Bremen), 1885 vier Bahnen mit 947 km, 1887 fünf Bahnen mit 524 km, 1889 zwei Linien mit 62 km, 1890 vier Bahnen mit 448 *km*. Somit erfuhr das preußische Staatsbahnnetz im Dezennium 1880—90 eine Erweiterung (einschließlich Neubauten) von 6049 *km* auf 19877 *km* [1]). Dazu kamen i. J. 1895 noch drei Bahnen mit 378 *km* und in unserem Jahrhundert dreizehn Strecken von zusammen 1019 *km*, wodurch das Staatsbahnnetz (mit Neubauten) bis zum Jahre 1813 auf 37570 *km* anwuchs. Der Vorgang der freien Vereinbarung mit schonender Bedachtnahme auf berechtigte Interessen der Aktionäre, aber auch mit Benutzung günstiger Kaufchancen gegenüber Bahnen in minder befriedigender wirtschaftlicher Lage bewährte sich. Der Kaufpreis betrug insgesamt 4,794 Milliarden Mark. Da viele Strecken der Privatbahnen in verschiedenen Bundesstaaten gelegen waren, so mußten aus Anlaß der Übernahme in den Staatsbesitz auch die Rechtsverhältnisse zwischen Preußen und den betreffenden Staaten geregelt werden.

Als die Erwerbung der hessischen Ludwigsbahn (in der Länge von 1016 *km*) in Frage kam, verständigte sich Preußen mit Hessen nach langen schwierigen Verhandlungen über die Erwerbung der Bahn auf gemeinsame Kosten und über Bildung einer Betriebsgemeinschaft, die sämtliche preußische Staatsbahnen und außer der angekauften Ludwigsbahn die anderen dem hessischen Staate gehörigen Strecken umfaßte (1896). In die Gemeinschaft ist später auch die Main-Neckar-Bahn aufgenommen worden. Die Betriebslänge beträgt 38745 *km*.

In der oben bezifferten Linienlänge sind auch die Nebenbahnen enthalten. Seit 1880 hat in wiederholten Gesetzesvorlagen eine wesentliche Vermehrung derselben stattgefunden, wobei bis zur Erlassung des Kleinbahngesetzes (1892) eine strenge Unterscheidung zwischen Nebenbahnen und Kleinbahnen nicht gemacht wurde. Die wenigen, von der Verstaatlichung ausgenommenen, noch im Privatbetriebe

[1]) L. Wehrmann, „Die Verwaltung der Eisenbahnen", S. 26, Fußnote.

verbliebenen Linien haben beinahe sämtlich auch nur den Charakter von Nebenbahnen.

Die deutschen Mittelstaaten haben wohlbedacht an ihrem Staatsbahnbesitze festgehalten, ja ihn noch ergänzt und sich eine reichliche Ausbildung des Netzes durch Neben- und selbst Lokalbahnen angelegen sein lassen. Nur vereinzelte Lokalbahnen wurden der Privatunternehmung anheimgegeben. Das reine Staatsbahnsystem ist hier am konsequentesten durchgeführt.

Belgien, das bereits in den 70er Jahren sich zu einem Abschwenken vom gemischten System genötigt gesehen hatte, trat nunmehr an entschiedene Ausbildung des Staatsbahnsystems heran, indem es in einer langen Reihe von Verträgen die einzelnen Linien der bestehenden Privatbahnen je nach Lage der Umstände erwarb. Es wurden also die Netze dieser nicht auf einmal, sondern verschiedene ihrer Glieder nach und nach in den Staatsbesitz übergeführt. Auf diese Weise und durch fortgesetzte Neubauten vermehrte sich das staatliche Bahnnetz v. J. 1880 (2586 *km*) bis 1890 um 623 *km*, bis 1900 um 750 *km*, im ersten Dezennium unseres Jahrhunderts um 261 *km*, so daß es i. J. 1910 eine Linienlänge von 4030 *km* erreicht hatte. Von Privatbahnen blieben nur 6 Gesellschaften mit der Gesamtlänge von 387 *km* bestehen, hauptsächlich solche, deren Linien zum Teil auf dem Gebiete benachbarter Länder gelegen sind. Die rege Pflege des Lokalbahnwesens, durch Zusammenwirken von Staat und örtlichen Körperschaften bedarf keiner wiederholten Besprechung. Im Jahre 1910 hatte die Gesamtlänge der bis dahin erbauten 170 Linien die des Hauptbahnnetzes erreicht.

Die weitere Gestaltung des Staatsbahnbetriebes in den Niederlanden ist bereits oben S. 145ff. dargestellt. Die Übernahme der Rheinbahnlinie i. J. 1890 und kleine Ergänzungsbauten erklären die Zunahme des Staatsbahnbesitzes auf 1736 *km* bei geringfügiger Veränderung der Privatlinien (i. J. 1912 nur noch 743 *km* abgesehen von 720 *km* Lokalbahnen).

In Österreich wurde das preußische Vorgehen der Verstaatlichung infolge des geistigen Zusammenhanges beispielgebend, um so mehr, als man im Übergang zum Staatsbahnsystem das Mittel zur Sanierung der unhaltbar gewordenen Zustände erblickte. Die Ausführung entsprach jedoch nicht dem Vorbilde und es blieb wie so häufig in Österreich vorläufig auch wieder nur bei einer halben Maßregel. Die Aufnahme des Staatsbahnbetriebes wurde trotz des entgegenstehenden politischen Bedenkens beschlossen, daß damit dem staatsfeindlichen Nationalismus ein kräftiger Stützpunkt geboten werde, was sich ja später auch tatsächlich gezeigt hat. (Über den unheilvollen Einfluß dieser Tendenzen auf die Organisation des Staatsbahnbetriebes siehe oben S. 191.) Gleichzeitig wurde auch der Bau neuer Linien ins Werk gesetzt; so jener der Arlbergbahn, der böhmisch-mährischen und der galizischen Transversalbahn (diese beiden wesentlich zur Förderung slavischer Interessenten) und einer Anzahl Ergänzungslinien und Nebenbahnen in verschiedenen Provinzen. Der Staatsbetrieb begann zuerst mit Übernahme des Betriebes mehrerer Linien auf Grund des Sequestrationsgesetzes v. J. 1877, bezog dann die von Wien nach Westen und Südwesten durch das Alpengebiet zum Anschlusse an Bayern, die Schweiz und Italien (bei Pontebba) führenden Linien und die Linie Wien-Eger durch Einlösung oder Ankauf der betreffenden Strecken ein. Das staatliche Betriebsnetz wuchs auf diese Weise bis Ende 1884 auf 5103 *km* an. In den nächsten zehn Jahren erfolgte seine Ausdehnung auf 12679 *km* teils durch Einlösung und Erwerb wichtiger Linien in Böhmen, Mähren und Galizien, teils durch Bau zahlreicher Strecken, hauptsächlich im letztgenannten Lande. Die Linien von Wien nach Norden und Nordosten zum Anschluß an Deutschland und Polen, die verkehrsreichsten Glieder des österreichischen Bahnnetzes, blieben vorläufig im Privatbesitz. Die Einlösung der Nordbahn (Wien-Krakau) konnte wegen entgegenstehender Konzessionsrechte zur Zeit nicht durchgeführt werden, der Erwerb der anderen bezeichneten Linien wäre nach Ansicht der in der Eisenbahnverwaltung damals maßgebenden Persönlichkeiten teuerer zu stehen gekommen als bei Abwarten des späteren Zeitpunktes der konzessionsmäßigen Einlösung oder bei Aufschub freihändiger Erwerbung. Das bewahrheitete sich tatsächlich, aber nur infolge der durch die bekannten Ursachen bewirkten unerwarteten Steigerung der Betriebskosten im Anfange unseres Jahrhunderts. Inzwischen blieb jedoch gerade der ertragreichste Teil des Eisenbahnnetzes in Privathänden und es bildeten sich höchst unerquickliche Zustände heraus, die hauptsächlich darin ihren Grund hatten, daß die ihrem nahen Ende entgegensehenden Gesellschaften die äußerste Zurückhaltung im Betrieb mit Anschaffungen und Erweiterungen sich auferlegen mußten, so daß die Bahnen in ihrer betrieblichen Beschaffenheit herabkamen und der Staat späterhin zwar billiger, aber schlechtere Ware kaufte. Es war keine kluge Politik gewesen, die auf diese Art erst in den Jahren 1906—1908 die Linien der K. F. Nordbahn, der Nordwest- und südnorddeutschen Verbindungsbahn, der Staatseisenbahngesellschaft und der böhmischen Nordbahn in den Besitz des Staates brachte. Ende 1913 hat das österreichische Staatsbahnnetz die Linienlänge von 13807 *km* erreicht. Die wenigen noch vorhandenen Privatbahnen (die Kohlenbahnen in Böhmen und die Südbahn internationalen Charakters) blieben späterer Einlösung vorbehalten.

Dem Lokalbahnwesen wurde während dieser ganzen Zeit rege Aufmerksamkeit zugewendet. Teils eigens hierfür gebildete Unternehmungsgesellschaften, teils örtliche Konsortien und öffentliche Körperschaften erwarben die betreffenden Konzessionen, zum größten Teil mit Unterstützung aus Staatsmitteln. Die einschlägige Betätigung der Provinzen wurde im früheren mit Bezug auf ihre nicht unbedenklichen Seiten gewürdigt (S. 123). Die gesamte Länge der Lokalbahnen betrug 1813 rund 9000 *km*.

Auch Ungarn vollzog den Übergang zum Staatsbahnsystem. Zum Teil wirkten hier die auf gleichen Voraussetzungen beruhenden Gründe wie in Österreich, noch mehr aber der politische Gesichtspunkt des Machtmittels für den Staat, d. h. den herrschenden Volkstamm, als Bestimmungsgrund. Es wurden nur noch für wenige Privatlinien Konzessionen erteilt, die auf kurze Dauer berechnet waren, und in den 80er Jahren, nachdem die Regierung sich durch ein Sequestrationsgesetz nach österreichischem Muster eine Handhabe gegen widerstrebende Gesellschaften geschaffen hatte, zielbewußt an die Ausgestaltung der bestehenden Staatsbahnlinien zu einem strahlenförmig von der Hauptstadt aus das Land durchziehenden Liniennetze in der Hand des Staates geschritten. Die bezüglichen Abmachungen mit den zu erwerbenden Privatbahnen erfolgten in zwei Zeitabschnitten, 1884 und 1889, und sie fanden schließlich i. J. 1891 durch den Ankauf der auf ungarischem Gebiete liegenden Linien der österreichischen Staatseisenbahngesellschaft, die wegen der Verbindung mit Wien ein besonders wichtiges Netzesglied bildeten, ihren Abschluß. Es blieben noch einzelne Ergänzungen, insbesondere durch Nebenbahnen, vorzunehmen, was gelegentlich geschah. Zum Ausbaue der Nebenbahnen wurde der Privatunternehmung freier Spielraum gegönnt und sie überdies durch staatliche Unterstützung in verschiedener Form herangezogen, insbesondere durch günstige Betriebsverträge. Unter den betreffenden Linien waren auch einzelne Lokalbahnen inbegriffen; der Mehrzahl nach aber waren es Nebenbahnen im eigentlichen Sinne, so daß die Bezeichnung „Vizinalbahnen" zutreffender erscheint als die ebenfalls gebrauchte „Lokalbahnen". An solchen Unternehmungen hat sich das deutsche Kapital stark beteiligt.

Die Eisenbahnpolitik des Russischen Reiches nach dem Orientkriege zeigt weitreichende Übereinstimmung mit den Vorgängen in Österreich-Ungarn, auf Grund der gleichen Voraussetzungen, wobei jedoch strategische Rücksichten mit Bezug auf die weitsichtigen politischen Pläne Rußlands in bestimmter Richtung sehr nachdrücklich wirkten. Wir sehen daher hier ebenfalls die Rückkehr zum Staatsbahnsystem (seit 1881) und das Bestreben einer strengeren Regulierung der bestehenbleibenden Privatbahnen (Eisenbahngesetz v. J. 1886). Das Netz der Staatsbahnen wurde hauptsächlich durch Erwerb von Privatlinien gebildet, daneben aber auch der Bau neuer Linien, wenngleich nur in mäßigem Umfange in Angriff genommen. In der Zeit von 1881—1894 unter Alexander III. wurde eine ganze Reihe von Linien in einer Gesamtlänge von 16920 Werst = 18053 *km* teils auf Grund der Konzessionsbestimmungen, teils durch Benutzung günstiger äußerer Umstände verstaatlicht. Von Staatsbauten ist der Beginn der Bahnbauten im asiatischen Rußland, insbesondere der Transkaspibahn, zu erwähnen. Während der Regierung des letzten Zars wurde mit der Verstaatlichung in gleicher Weise und gleichem Ausmaße fortgefahren. Dadurch, sowie durch die Bahnbauten in Asien (sibirische, Transbaikalbahn) und die strategischen Linien, für welche Frankreich das Kapital lieferte, wuchs das Staatsbahnnetz um 28450 *km*. Privatbahnen entstanden hauptsächlich in Sibirien und als Neben- und Lokalbahnen (Nährbahnen genannt), letztere jedoch bei dem wirtschaftlichen Charakter des Landes und verfehlter Gesetzgebung im Verhältnis zum Hauptnetze nur in geringer Ausdehnung. Die Gesamtlänge der Privatbahnen wurde durch diese Neubauten annähernd auf der Höhe des Jahres 1881 erhalten. Ende 1914 waren von den 70562 *km* Bahnen 47497 *km* Staats-, der Rest von 23065 *km* Privatbahnen und von letzteren nur 2329 *km* solche von örtlicher Bedeutung.

Der südwestliche Nachbar Rußlands, Rumänien, befolgte das gegebene Beispiel. Er verstaatlichte die Linien der heimischen Privatgesellschaft (1880) und der i. J. 1875 an eine englische Gesellschaft vergebenen Linie Ploesti-Sinaia-Landesgrenze, ferner i. J. 1888 auch die der österreichischen Lemberg-Czernowitz-Bahn auf rumänischem Gebiete konzessionierten Linien, und führte die Ausgestaltung des Landesnetzes in eigener Verwaltung durch. Fast Jahr für Jahr wurden neue Linien hergestellt, so daß das Staatsbahnnetz bis zum Jahre 1913 bis zur Länge von 3549 *km* anwuchs. Nur drei Bahnen örtlicher Bedeutung von zusammen 150 *km* sind Privatunternehmungen.

In Italien entschloß sich die zur Herrschaft gelangte Linke vorerst nicht zu entschiedenem Vorgehen gemäß ihren Prinzipien, vielmehr setzte sie (1878) eine parlamentarische Kommission zur Untersuchung der Frage des Staats- oder Privatbetriebes ein, die i. J. 1881 ihren Bericht im Sinne des letzteren erstattete (Begründung s. S. 168). Während die Kommission beriet, mußte der Staat provisorisch den Betrieb des Netzes der *alta Italia* übernehmen und auf Grund der von früher her bestehenden Sachlage i. J. 1880 die römischen Bahnen zurückkaufen, die er ebenfalls vorläufig in Verwaltung nahm. Mit der Südbahn wurden neue Konzessionsverträge geschlossen und i. J. 1879 gelangte das Gesetz betreffend die Erbauung einer Anzahl von Ergänzungslinien durch den Staat mit Kapitalbeteiligung der Provinzen und Gemeinden zur Annahme, dessen verfehlte Anlage und Fehlschlagen oben S. 121 erörtert wurde. Entgegen den Absichten des Gesetzes mußten für eine Reihe von Linien Privatkonzessionen erteilt werden, wenn man die Vervollständigung des Netzes nicht gänzlich ruhen lassen wollte. „Im ganzen kann man sagen, daß nicht wenig Irrtümer begangen wurden und viel Geld verschleudert wurde. Die Staatsaufsicht war höchst unvollkommen sowohl hinsichtlich der Projekte als hinsichtlich der Bauausführung, aber das hinderte nicht, daß das Netz sich erweiterte, und immer mehr dem wirtschaftlichen Gedeihen und der politischen und militärischen Einheit des Landes diente, so daß Anfang 1885 das Netz, wenngleich noch immer mangelhaft, eine Ausdehnung von über 10 000 *km* erreicht hatte“ (Ferraris, a. a. O. S. 6). Auf Grund der Kommissionsanträge wurden dann Gesetzesvorlagen eingebracht: vom Ministerium des Jahres 1883 und dem des Jahres 1884, die beide nicht zum Ergebnis führten, bis endlich das Gesetz vom 27. April 1885 die Verpachtung an die drei Privatgesellschaften vollzog, eine Maßregel, deren Wesenheit und Nichtbewährung im früheren ausführlich zu würdigen war.

Inzwischen hatte man die Vorgänge und Erfolge der Verstaatlichung in Preußen und den anderen Ländern aufmerksam verfolgt und war in den Erörterungen der Öffentlichkeit über die Anwendbarkeit für Italien ein Umschwung der Stimmung zugunsten des Staatsbahnbetriebes zutage getreten. Als es sich dann nach einmaliger Verlängerung des Pachtverhältnisses um Verlängerung auf eine zweite Zeitperiode handelte, scheinen Regierung und Gesellschaften beiderseits die falsche Rechnung gemacht zu haben, der andere Teil werde schließlich zu einer Vertragserneuerung unter erwünschten Bedingungen sich bereit finden. Da sich ergab, daß keine der beiden Parteien zum Nachgeben entschlossen war, und andere Bewerber um die Pachtung sich nicht eingefunden hatten, so mußte der Staat, als über dem Zuwarten die Lösung dringlichst wurde, halb wider Willen den Betrieb selbst übernehmen und fand hierfür die Zustimmung der öffentlichen Meinung. Der damalige Minister der öffentlichen Arbeiten, Carlo Ferraris, brachte mit kühnem Entschluß am 8. April 1905 einen Gesetzentwurf ein, der die Übernahme des Netzes der drei Gesellschaften im Ausmaße von 10 557 *km* mit Ende Juni des Jahres, dem Tage des Ablaufs der Pachtverträge, in Aussicht nahm und zu diesem Zwecke die im früheren erwähnte Organisation (Verwaltungsrat mit einem Generaldirektor als Exekutivorgan) schuf. Schon am 22. April d. J. war die Vorlage Gesetz geworden. Die Überleitung dieses umfangreichen Netzes mit einem Schlage in die staatliche Verwaltung vollzog sich in bemerkenswert glatter Weise. Im folgenden Jahre kam noch das Netz im eigenen Besitze der Südbahn (Bologna-Otranto-Neapel 2016 *km*) nach mannigfachen Weiterungen durch Ankauf hinzu und wurden die Venezianischen Ergänzungslinien, die einer Gesellschaft in Betrieb gegeben worden waren, in Eigenbetrieb genommen. Die bei der Eile der Einrichtung unvermeidlichen Mängel der Organisation, die eine übermäßig strenge Beurteilung erfuhren, wurden durch ein Gesetz vom nachfolgenden Jahre beseitigt: ob in der Weise, wie es geschah, mit vollem Erfolg, mag eine offene Frage bleiben. Jedenfalls hat der Staatsbetrieb im großen und ganzen den Erwartungen des Landes entsprochen.

Hand in Hand mit des Ordnung des Hauptnetzes ging dessen Vervollständigung durch einzelne Nebenlinien, die mit Konzession (meist an öffentliche Körperschaften) vergeben wurden, und die Förderung des Lokalbahnwesens, hauptsächlich der Straßenbahnen. Eine Reihe von Gesetzen stellte die bezüglichen Bedingnisse und Subventionen fest (insb. Gesetz v. J. 1896) und erhöhte die Subventionen fortschreitend mit zunehmenden Baukosten. Im Gesetz vom 9. Juli 1905 wurde für einige Linien dieser Art auch wieder Staatsbau normiert. Die Gesetzgebung in der erwähnten Richtung hat bis in die jüngste Zeit immer wieder neue Akte zu verzeichnen und wurde auch auf Automobillinien ausgedehnt. Im Jahre 1910 standen 4372 *km* Privatbahnen, 4652 *km* Straßenbahnen und 2915 staatlich unterstützte Autolinien im Betriebe.

Auch die Schweiz gelangte nicht unvermittelt, sondern erst nach einem Zwischenstadium des Schwankens, zu einem Staatsbahnnetze. Zwar die Führer in den öffentlichen Angelegenheiten hatten das Staatsbahnsystem als das unabweisliche Ziel ins Auge gefaßt, im Volke aber drang der Gedanke nur allmählich durch. Die Politiker waren daher auf Gelegenheitsmaßnahmen angewiesen und fanden in der Bevölkerung hemmenden Widerstand. Ein schon mit der Gesellschaft der Zentralbahnen vereinbarter Rückkaufvertrag wurde bei der Volksabstimmung 1891 mit Mehrheit verworfen. Bei dieser Sachlage hatte sich die Bundesregierung darauf beschränkt, einerseits eine strengere Regulierung der Bahnen in finanzieller Hinsicht eintreten zu lassen (Gesetz über das Rechnungswesen der Bahnen 1883) und durch günstigere Gestaltung der Rückkaufbedingungen bei sich darbietenden Gelegenheiten sowie durch Aktienankäufe den künftigen Erwerb vorzubereiten. Solche Gelegenheiten waren die Fusion der beiden westschweizerischen Eisenbahnen zur Jura-Simplon Bahn und die Sanierung der Nordostbahn durch Erstreckung der Baufristen für die von der Gesellschaft gegenüber den subventionierenden Kantonen und Gemeinden übernommenen Bauverpflichtungen betreffend eine Reihe von Ergänzungslinien, vor allem aber die Erhöhung der Subvention für die Gotthardbahn, für welche der Bund sich eine sehr weitgehende Einflußnahme auf die Verwaltung ausbedang. Die einmal angeregte Frage kam indes nicht zur Ruhe. Schon i. J. 1892 wurde sie von der Bundesversammlung wieder aufgegriffen. Die Folge der neuerlichen Anregung war ein neues Rechnungsgesetz (v. J. 1896), das bezweckte, zuverlässige Grundlagen für den konzessionsmäßigen Rückkauf zu schaffen und Streitigkeiten hierüber vor das Bundesgericht zu bringen. Auf dieser Grundlage wurde dann durch das Bundesgesetz v. J. 1897 die Erwerbung der Hauptbahnen in Aussicht genommen und das Gesetz erlangte im folgenden Jahre in der Volksabstimmung die Mehrheit. Nach der rechtzeitigen Ankündigung des Rückkaufs an die Gesellschaften und nach Entscheidung der Prozesse vor dem Bundesgericht war die Möglichkeit gegeben, im

Wege der Vereinbarung in den Besitz der Bahnen zu gelangen, was praktische Vorteile bot. In diesem Sinne sind schon in den Jahren 1900—1902 mit der Zentral-, Nordost-, Vereinigten Jura-Simplon-Bahn, i. J. 1910 mit der Gotthardbahn Rückkaufverträge abgeschlossen worden. Durch Zukauf einiger Ergänzungslinien wurde das Netz abgerundet. Betriebslänge 1912: 2780 *km*. Im Privatbahnwesen entfaltete sich gleichzeitig eine überaus rege Tätigkeit. Ihr Ergebnis ist, daß 1912 an Nebenbahnen und Lokalbahnen bestanden: 42 Gesellschaften mit zusammen 3562 *km* Normalspurbahnen, 61 Schmalspurbahnen mit 1270 *km*, 16 Zahnbahnen (157 *km*), 37 Trambahnen (455 *km*), 48 Seilbahnen (48 *km*). Der elektrische Betrieb fand erklärlicherweise einen besonders günstigen Boden.

Die Länder mit Privatbahnen. Die beiden typischen Privatbahnländer im Westen Europas vollzogen zunächst die Schlußentwicklung auf dem Boden des eingelebten Verwaltungsystems und sind erst in der Gegenwart dazu gelangt, die Frage des Systemwechsels aufzuwerfen. England versuchte endlich an eine entschiedenere Regulierung der Privatverwaltungen heranzutreten; mit einem Ergebnisse, das mehr prinzipielle als praktische Bedeutung hat.

Die *cheap trains-Act* v. J. 1883 gab dem Handelsamte Vollmacht darüber zu wachen, daß im Personenverkehre für das allgemeine Verkehrsbedürfnis mit ausreichender Beförderungsgelegenheit zu dem Satze von 1 p. *per mile* gesorgt werde und Arbeiterzüge zu angemessenen Tarifen eingelegt werden. Das Eisenbahn- und Kanal-Verkehrs-Gesetz v. J. 1888 erweitert die Vollmachten der nunmehr als ständige Einrichtung bestehenden, zugleich umgestalteten *Railway and Canal Commission* und enthält — außer den unwirksamen Bestimmungen betreffend die Kanäle — die Einleitungen zur Herstellung einer allgemeinen Frachtenklassifikation, ferner in Ergänzung des Gesetzes v. J. 1854 die Bestimmung, daß, wenn Beschwerden wegen ungleicher Frachtbemessung erhoben werden, die Bahngesellschaft den Beweis zu führen hat, daß keine ungehörige Bevorzugung vorliege. Da jedoch, wenn das Urteil eine solche erkannte, die Bahn nicht verpflichtet war, den billigeren Frachtsatz auch dem Kläger zu gewähren, sondern die Ungleichheit einfach durch Aufhebung des niedrigeren Satzes beseitigen konnte, so war auch diese Bestimmung des Gesetzes wirkungslos.

Auf Grund des Auftrags der Acte vereinbarte das *Board of Trade* eine einheitliche Klassifikation mit den Bahnen für die Höchstsätze und stellte neue Höchstsätze fest, bezüglich welcher im Gesetze die Weisung erteilt war, daß sie *just and reasonable* sein sollten: ein Echo der amerikanischen Formel! Das Parlament beriet hierauf die bezügliche Vorlage und verlieh ihr durch 35 Nachträge zu den Konzessionen, welche an die Stelle der Bestimmungen der letzteren traten, Gesetzeskraft ab 1. Januar 1893. Die Höchstsätze sind einheitlich für Vieh, auf eigenen Rädern laufende Fahrzeuge, verderbliche Eilgüter und Pakete sowie für Abfertigungs- und Nebengebühren, für die Streckensätze jedoch verschieden bei den einzelnen Bahnen. Da sich bei der Umrechnung der Stationstarife nach den neuen Höchstsätzen unerwartet viele Erhöhungen gegenüber früheren Ausnahmesätzen ergaben, wogegen in der Geschäftswelt heftige Klagen erhoben wurden, so erging 1894 ein neuer *Railway traffic Act*, welcher jedermann das Recht einräumt, gegen solche Tariferhöhungen Beschwerde bei der Eisenbahn-Kommission einzubringen, wobei der Eisenbahn die Rechtfertigung der Erhöhung obliegt; eine Bestimmung, die erklärlicherweise den Beschwerdeführern nicht viel genützt hat [1]). Im Jahre 1913 wurde den Bahnen allgemein die Bewilligung zu einer Tariferhöhung im Ausmaße der durch die Aufbesserung der Bezüge des Personals erwachsenen Kostenerhöhung erteilt.

Bei der vorgeschrittenen Verdichtung des Bahnnetzes war zum Baue neuer Linien nur in geringem Maße Anlaß, allerdings zu Ergänzungs- und Abkürzungslinien mit ganz bedeutenden Kunstbauten von besonderer Kostspieligkeit. Die weitere Entwicklung erfolgte hauptsächlich durch Nebenlinien und *light railways*, für die durch Gesetz v. J. 1896 Unterstützung aus öffentlichen Mitteln vorgesehen wurde, sowie durch städtische und Vorortbahnen, in erster Linie im Weichbilde von London. Dagegen nahm die Konzentration der Betriebe ihren Fortgang. Nach einem mißglückten Versuche, die Bewilligung einer Betriebsgemeinschaft zwischen der *Great Northern* und der *Great Central* durch das Parlament durchzusetzen (1908), haben die genannten, ferner je zwei oder drei andere der großen Gesellschaften sich im freien Übereinkommen zu solchen Betriebsverbänden zusammengeschlossen, die wesentliche Ersparnisse durch Beseitigung der Auswüchse des Wettbewerbs in den Leistungen und durch Vereinheitlichung des Betriebes erstrebten. Dadurch wurden in der Öffentlichkeit Besorgnisse wegen Herausbildung mächtiger Privatmonopole wach und das gab dem Staatsbahngedanken, der in letzter Zeit wiederholt diskutiert worden war, Nahrung. Angeregt hierdurch hat man i. J. 1913 wieder eine große Kommission zur Untersuchung der Eisenbahnverhältnisse eingesetzt und in der Bezeichnung ihrer Aufgabe die Frage des Staatsbahnsystems deutlich durchleuchten lassen.

Frankreich hatte zunächst die Folgen des Überschwangs der 1879er Pläne auszutragen. Man hatte die Neubauten an allen Ecken und Enden des Landes aufgenommen und so überstürzt, daß Mangel der budgetären Mittel eintrat und die Einstellung der Bauten drohte. Dadurch fand man sich genötigt, die Hilfe der alten Gesellschaften zur Ausführung des Bauprogramms anzurufen, indem man ihnen die Bauten und sohin die fertiggestellten Bahnen unter den Bedingungen der Konventionen des Jahres 1883 (s. oben Abschnitt 2 B) als drittes Netz übertrug und nur einige Linien zur Angliederung an das Staatsbahnnetz bestimmte. Dieses kleine Staatsbahnnetz (6,9 % der gesamten Netzeslänge) war ein klägliches Geschöpf. Es war aus Linien von zehn Gesellschaften gebildet worden, die ohne Zusammenhang untereinander standen. Etwas gebessert wurde die Anlage durch die 1883er Verträge,

[1]) Die Geschichte dieser „Tarifreform" bei Acworth, a. a. O., S. 135ff. Jetzt Dr. E. Boehler, „Die englische Eisenbahnpolitik der letzten vierzig Jahre (1882—1922)", Archiv 1922, 1. Heft.

in welchen der Staat eine Anzahl exzentrisch gelegener Linien an die Gesellschaften, hauptsächlich die Orléansbahn, übertrug und dafür von dieser eine Anzahl innerhalb des Staatsbahngebietes gelegener Strecken übernahm, wodurch eine gewisse Abrundung herbeigeführt wurde. Immerhin bestand das Netz noch aus zwei gesonderten Gruppen von Linien, einer nördlichen und südlichen. Erst i. J. 1886 wurde durch Bau von neuen Linien ein Zusammenhang der beiden Netzesteile und ihre Verbindung mit Paris und Bordeaux hergestellt. Erst jetzt war eine selbständige Betriebsführung möglich. Dessenungeachtet spielte dieser Staatsbetrieb bei sehr unbefriedigenden finanziellen Ergebnissen den Privatbahnen gegenüber nur die Rolle der Rute, die als Mahnung für unfügsame Kinder hinterm Spiegel steckt. Ein ernsterer Schritt in der Richtung der Verstaatlichung geschah i. J. 1908. Die Westbahn nahm infolge ihrer ungünstigen Verkehrslage die Staatsgarantie noch immer mit hohen Summen in Anspruch. Durch Übernahme in den Staatsbetrieb erwartete man eine Erleichterung für die Staatsfinanzen zu erzielen. Dieser Zweck wurde allerdings durch die Verstaatlichung nicht erreicht, aber es war doch für einen allfälligen künftigen Eintritt in die Reihe der Staatsbahnländer die Tür geöffnet. Kaum erfolgreicher war die Betätigung auf dem Gebiete des Lokalbahnwesens. Die Mängel des Gesetzes v. J. 1865 wollte man durch Gesetz v. J. 1880 beheben, indem man ohne Rücksicht auf die verschiedene wirtschaftliche Lage der einzelnen Departements einen allgemeinen Staatszuschuß in einer Jahressumme kontingentierte und Straßenbahnen hiervon ausschloß. Das erwies sich als verfehlt, weshalb man i. J. 1913 wieder auf den Grundsatz der ausgiebigeren Unterstützung der schwächeren Departements zurückgriff und den Unterschied zwischen Straßen- und Lokalbahnen beseitigte.

Das Bahnnetz ist v. J. 1880 bis 1910 von 23750 *km* allgemeines Netz und 2187 *km* Lokalbahnen auf 40438 *km* bzw. 8956 *km* angewachsen.

Die übrigen europäischen Staaten konnten erst jetzt eine regere Bautätigkeit entfalten. In hervorragendem Maße gilt dies von den drei nordischen Ländern, die ihr Staatsbahnnetz nunmehr in rascher Zeitfolge ausbildeten, zugleich aber auch für einzelne Gebiete und Nebenbahnen die Privatunternehmung in einsichtiger Weise herangezogen; unter Beibehaltung der Schmalspur für letztere, wo die Ökonomie sie erfordert und gestattet. In dieser Weise hat Dänemark sein Staatsbahnnetz v. J. 1880 bis 1910 von 1230 *km* auf 1945 *km* gebracht, während gleichzeitig die Privatbahnen in einer bedeutenden Anzahl kurzer Linien von 338 *km* auf 1700 *km* anwuchsen. Eine Eigenart des dänischen Verkehrsmittelsystems sind die Dampffähren, die zusammen eine Länge von 120 *km* ausmachen. Das schwedische Eisenbahnnetz entwickelte sich von 1875 bis 1914 von 1513 auf 4784 *km* Staatsbahnen und von

2466 auf 9906 *km* Privatbahnen, letztere zur Hälfte schmalspurig. In Norwegen stehen die Privatbahnen mehr zurück: ihre Längenausdehnung betrug i. J. 1875 nur 65 *km*, i. J. 1913 454,2 *km*, wogegen das Netz der Staatsbahnen in der gleichen Zeit von 480,7 *km* auf 2711 *km* angewachsen ist.

Spanien und Portugal. In Spanien machten sich die Folgen der Ordnung der politischen Verhältnisse und des 1877er Gesetzes in einem regelmäßigen Fortschreiten des Ausbaues des Netzes geltend. Im Jahre 1890 war es auf 10000 *km* Länge gebracht, wovon $^4/_5$ im Besitze von vier großen Gesellschaften.

In Portugal erfolgte die Vervollständigung des Netzes zunächst hauptsächlich durch neue Linien der königlichen Gesellschaft, insbesondere durch einen neuen Anschluß an das spanische Netz, der eine starke Abkürzung des Weges nach Madrid herbeiführen sollte. Die Gesellschaft ging eine Vereinbarung mit den Konzessionären der spanischen Strecke ein, bei welcher sie von diesen sehr übervorteilt wurde. Die Ausbeutung dieses Verhältnisses durch das französische Kapital führte zu skandalösen Vorfällen, die überall Aufsehen erregten. Erst in den 90er Jahren sind die finanziellen Verhältnisse der Gesellschaft endgültig geordnet worden. Im Jahre 1910 betrug ihre Linienlänge 1172 *km*, ungefähr gleichviel die Länge der beiden Staatsbahnnetze. Daneben einige kleinere Privatbahnen, wovon 338 *km* mit Schmalspur.

Auf der Balkanhalbinsel haben die politischen Umwälzungen den Bau von Bahnen mit sich gebracht, und zwar als Staatsbahnen, teils als eigentliche, teils als verkleidete Staatsbahnen, d. h. von Privatunternehmungen auf Kosten des Staates gebaute und betriebene Bahnen. Letztere hatten in ihrer Gründung und Anlage ziemlich orientalischen Charakter.

Als letzter unter den europäischen Staaten hat Griechenland mit dem Baue von Bahnen begonnen, was sich teils durch die geographische Gestaltung des Landes, teils durch seine wirtschaftliche und die frühere politische Lage erklärt. Die Bahnen sind Privatunternehmungen, zum Teil durch die Mittel reicher, im Ausland lebender Griechen ins Leben gerufen. In einigen Fällen hat die Regierung den Grund und Boden beigestellt und kilometrische Zuschüsse zu den Baukosten geleistet. Die i. J. 1869 angelegte Bahn von Athen nach dem Piräus ist eher eine Vorortbahn: die eigentliche Entwicklung des Bahnbaues beginnt mit dem Jahre 1881. Mit dem Anfalle neuer Provinzen wuchsen auch dem Netze neue Glieder zu. Die Bahnen sind schmalspurig und haben wesentlich örtlichen Charakter. Nur die zuletzt in Angriff genommene Linie zur Verbindung Athens mit dem europäischen Bahnnetze ist demgemäß normalspurig angelegt. Die Regierung hat mit englischen und französischen Unternehmern mehrfach unliebsame Erfahrungen gemacht.

Vereinigte Staaten von Amerika. Die große Republik des Nordamerikanischen Festlandes ist eine Welt für sich. „Auch im Eisenbahnwesen gelangt dies in der Eigenartigkeit der Entwicklung zur Erscheinung, während andererseits dasjenige, was wir heutzutage in wirtschaftlicher, politischer und kultureller Beziehung im Begriffe dieses Staatswesens zusammenfassen, durch den Bau der Eisenbahnen erst eigentlich geschaffen worden ist. Dem Werdegang des ganzen Landes entsprechend, sind die Bahnen auf nationaler Grundlage erwachsen und geben wie kaum eine andere Einrichtung des Landes nach vielen Richtungen ein getreues Spiegelbild der Entwicklung der Nation. . . . Die Entwicklung des Landes hat einen etwas ungestümen Verlauf genommen . . . und solches Wachstum muß Schwächen zurücklassen, die erst überwunden werden müssen.... Die Größe der Aufgabe, vor die sich das Land und seine Bewohner gestellt sahen, die großen Mittel, die ihnen zu Gebote standen und zur Zeit noch stehen, brachten großzügige Menschen hervor, die allem Kleinlichen und Kleinen gern den Rücken wenden; gerade hierin sind zum Teil die Gründe für die großen Erfolge zu suchen, die das Land unbestritten auf fast allen Wirtschaftsgebieten zu verzeichnen hat"[1]); nicht zum mindesten gerade auf dem Gebiete des Eisenbahnwesens, was seine Nutzbarmachung für Produktion und Handel und die Ausbreitung des Netzes über alle Teile des weiten Landgebietes betrifft: eine Entwicklung, durch die das Land bei der Hundertjahrfeier der Unabhängigkeit sich im Besitze eines Netzes sah, das vom atlantischen bis zum stillen Ozean und von den großen Seen bis zum Golf von Mexiko reicht.

In der Nutzbarmachung der Erfindung für das Land übertrafen die Vereinigten Staaten sogar ihr Mutterland. Mit der, dem Charakter ihrer Bewohner entsprechenden Energie ergriffen sie das neue Transportmittel und gingen sie an dessen ungesäumte Anwendung. Die einzelnen Staaten erteilten Konzessionen nach europäischem Muster, mit Höchsttarifen und Rückkaufrecht, so daß die Entwicklung durchaus einen mit der europäischen übereinstimmenden Verlauf nehmen zu wollen schien. Die Staaten führten auch teils bedeutende Bahnbauten (zum Teil in Verbindung mit dem Wasserstraßennetze) selbst aus, teils ermutigten sie die Privatunternehmung durch Subventionen und Garantien verschiedener Art, und zwar in einem Maße, daß schon Ende der 30er Jahre eine Überspekulation mit den gewöhnlichen Folgen entstanden war[2]), welche die Finanzen einzelner Staaten zerrüttete, viele Privatunternehmungen gefährdete und auch manche Staaten nötigte, von ihnen garantierte Bahnen selbst zu übernehmen. Dadurch war das Garantiesystem in Mißkredit gekommen, was den Ausdruck fand, daß

[1]) Hoff und Schwabach, a. a. O., S. 357 und 359.

[2]) Gerstner, „Die inneren Kommunikationen der Vereinigten Staaten" usw., 1843, zählt bereits 178 Bahnlinien auf, die er eingehend beschreibt.

in die Verfassungen einzelner Staaten eine Klausel aufgenommen wurde, die ihnen untersagte, für Privatunternehmungen eine Garantie zu übernehmen. Nach Überwindung einer Depressionsperiode lebte indes die Unternehmungslust für Eisenbahnen anfangs der 40er Jahre wieder auf und die einzelnen Staaten überließen nun die in ihrem Besitze befindlichen Linien an Privatgesellschaften. Von da ab hat die Privatunternehmung mit stets wachsendem Eifer, der nur durch die in jedem Dezennium eingetretenen Handelskrisen, dann durch den Bürgerkrieg vorübergehend gehemmt wurde, den Ausbau des Bahnnetzes ins Werk gesetzt. Als geeignete staatliche Unterstützung, welche dem spekulativen Charakter der Unternehmungen zusagte, fand man die *land grants*.

Bis ins Jahr 1850 waren auf solche Weise in den 10 nördlichen Staaten Maine, New-Hampshire, Vermont, Massachusetts, Rhode-Island, New-York, Connecticut, Pennsylvania, New-Jersey und Delaware 10 986 *km* Bahnen entstanden, dagegen in den übrigen Staaten zusammen erst 3715 *km*. Diese Rückständigkeit hat sich jedoch bis zum Jahre 1860, namentlich infolge einer rührigen Agitation, die von der Stadt New-Orleans ausging, durch Nachholen des Versäumten seitens des Südens auf $^1/_3$ verringert.

Daß die amerikanischen Techniker hierbei in der Anpassung des Eisenbahnmechanismus an die Eigentümlichkeiten des Landes und seines Verkehres gleich von Anfang an das Richtige trafen und in dieser Beziehung in wohlbewußten Gegensatz zu England traten, wissen wir. In der Tat haben die Bahnen extensiven Charakters, welche man in Ohio, Georgia usw. in den ersten 50er Jahren baute, nicht mehr als 60 000 Frcs. das Kilometer (in rundem Ansatze), die Bahnen in Florida etwa 20 000 Frcs. gekostet und selbst in New-York und Massachusetts kam das Kilometer nur zwischen 130—140 000 Frcs. zu stehen. Ebenso bekannt ist, daß die Vereinigten Staaten die Pferdebahnen als städtische Lokalbahnen zuerst ausbildeten — New-York 1854 — und in dem Punkte Europa zum Muster dienten (gleichwie später mit den elektrischen Bahnen).

Die Eigenart der politischen und geschäftlichen Geistesbeschaffenheit der Amerikaner bewirkte es, daß die Richtung der Verwaltung von dem eingeschlagenen Wege abbog und zu jener ungezügelten Entfaltung der freien Konkurrenz im Bahnwesen führte, deren schädliche Folgen unsererseits von allem Anfang voranzustellen waren (s. Kap. 1, S. 16), so daß die innere Entwicklung des Bahnwesens einen Kontrast zu dem glänzenden Bilde der äußeren darstellt. Es war schon dort zu erwähnen Anlaß, daß gerade bis zur Mitte des Jahrhunderts diese entscheidende Wendung sich vollzog.

Die in dieser Hinsicht so charakteristischen Bestimmungen des *General Railway Law* des Staates New-York (*an Act to authorise the formation of Railroad Corporations and to regulate the same*, 2. April 1850), die der Gesetzgebung der anderen Staaten vielfach als Muster dienten, sind folgende: Sect. 1 u. 2 behandeln die Konstituierung und Gebarung einer Bahngesellschaft. Zu ihrer Bildung genügt es, wenn für die Meile Bahn mindestens 10 000 Dollar Kapital bestimmt, mindestens 1000 davon gezeichnet und 10% hierauf eingezahlt sind! Sect. 13—21 gewähren und regeln das Expropriationsrecht. Sect. 22 bestimmt, daß ein Plan der Bahntrasse öffentlich bekannt gemacht werde, um Einwendungen dagegen zu hören und zu richterlichem Entscheide zu bringen. Sect. 27 schreibt ein Schienengewicht von mindestens 56 Pf. *per yard* vor, Sect. 28 unterwirft die Personenbeförderung einem Maximaltarife von 3 Cents *per mile*. Verschiedene Sections enthalten einige polizeiliche Bestimmungen über Einfriedungen an gefährlichen Punkten, Wegkreuzungen, Bezeichnung des Personales, Ausgabe von Schecks für das Gepäck, über Abgang und Ankunft der Züge u. dgl. Sect. 31 ordnet die Erstattung eingehender Jahresberichte über Anlage- und Betriebsverhältnisse an mit Strafandrohungen (Sect. 32). Sect. 33 gibt der Legislatur das Recht, die Personen- und (ganz freien) Frachttarife zu ändern oder herabzusetzen, jedoch ohne Einwilligung der Gesellschaft nur dann, wenn der Reinertrag mehr als 10% beträgt, und nicht so weit, daß der Ertrag unter diesen Prozentsatz sinkt. Sect. 46 bestimmt den Konzessionsverfall, wenn nicht der Bau binnen zwei Jahren begonnen und binnen 5 vollendet wird.

In unseren früheren Ausführungen ist dargestellt, wie bei dieser völligen Freiheit der Privatunternehmung mit der Verdichtung des Netzes die Linienkonkurrenz in krasser Gestalt sich entwickelte, eine große Zersplitterung der Linien zum Vorschein kam, die erst einen langwierigen, mit vielen Verlusten verbundenen Aufsaugungs- und Konsolidationsprozeß bedang, und die wilde Spekulation vollen Spielraum zur Gründung überflüssiger, zum Teil betrügerischer Unternehmungen hatte, was die Eisenbahn-Bankrotte in Amerika zu einem ganz gewöhnlichen Vorkommnisse machte [1]). Die Union unterließ es, selbst für das Minimum an notwendiger Einheitlichkeit zu sorgen. Wie an geeigneter Stelle zu bemerken Anlaß war, fehlte es an gesetzlicher Vorkehrung für den direkten Verkehr, der durch das Dazwischentreten eigener Unternehmungen ins Werk gesetzt werden mußte (S. 40) und an der Vorschrift einheitlicher Spurweite (S. 97). An der Inslebenrufung großer für den Gesamtstaat wichtiger Hauptlinien beteiligte sich die Union nur in vereinzelten Fällen, so 1850 an der Illinois Central- und später (1862—1869) an den Pacific-Bahnen; hier mit großartigen Landschenkungen, die der Spekulation Anreiz gaben.

In dieser Weise hat eine lebhafte Bautätigkeit in den Jahren 1850 bis 1860 das Netz auf rund 46 000 *km* gebracht. Es wurden die großen Linien westlich des Hudson gebaut und die Staaten Missouri, Jowa, Kentucky und Tennessee sowie die Länder am Golf von Mexiko mit Bahnen versehen. Im nächsten Dezennium ist ungeachtet des Stillstandes während des Bürgerkrieges, 1860—1865, abermals ein Anwachsen des Netzes um zirka 30 000 *km* zu verzeichnen, wodurch die Gesamtlänge i. J. 1870 rund 79 000 km erreichte. Hierin sind die Linien der ersten Überlandbahn enthalten, die i. J. 1869 in ihren beiden Teilen, der Union- und der Central-Pacific zur Eröffnung gelangte. In den 70er Jahren steigerte sich die Bautätigkeit noch weiter, so daß die

---

[1]) Nach von Franqueville mitgeteilten Daten fallierten bis z. J. 1875 196 Kompagnien, wovon 72 vor dem Jahre 1873. Die Angaben über die Geschehnisse von jenem Zeitpunkte an S. 15.

Durchschnittsziffer der jährlichen Neubauten trotz der Verminderung durch die Folgen der 1873er Krisis über 6000 *km* beträgt. Dadurch wuchs das Netz bis 1880 auf 150 000 *km* an.

Die erwähnten Folgen des Mangels staatlicher Aufsicht, wodurch unsoliden Elementen der Geschäftswelt der freie Zugang zu den Bahnunternehmungen geöffnet war, traten jetzt schon in einer Anzahl krasser Fälle zutage, in welchen große Bahnen zufolge von Leichtsinn oder geradezu betrügerischer Gebarung der durch Aktienbesitz an die Spitze der Verwaltung gelangten Personen in Vermögensverfall und Zahlungsunfähigkeit gebracht wurden, so daß sie der Sequestration und schließlich dem Zwangsverkauf verfielen und einer finanziellen Reorganisation auf Kosten der Aktionäre und selbst der Obligationsinhaber unterzogen werden mußten. So die Erin-Bahn, die Philadelphia- und Reading-, später auch die Baltimore- und Ohio-Bahn, deren finanzielle Schwächung auf die Tarifkriege der 70er Jahre zurückgeht. Bei der Gründung und dem Bau der Union- und der Central-Pacific-Bahn kamen die skandalösesten Machenschaften vor, die erst verspätet durch eine mit Rücksicht auf die Nichterfüllung der Verpflichtungen gegenüber der Bundesregierung angeordnete Untersuchung aufgedeckt wurden [1]). Durch den Bau so vieler Linien in regelloser Besitzeszersplitterung waren die Knotenpunkte von erheblicher Verkehrsbedeutung dermaßen vermehrt worden, daß eine wilde Konkurrenz der Betriebe um sich griff. Während die Tarifkriege früher beschränkten Umfangs waren, brachen sie nunmehr in den Gebieten des größten Verkehres aus, insbesondere auch zwischen den Linien, welche die Haupthäfen der atlantischen Küste mit dem Nordwesten verbinden, den sog. *Trunk lines*. Die Schwere der Folgen regte jetzt auch schon Verbandbildungen größeren Stiles an. Die erste dieser Art war die *Southern Railway and Steamship Association*, die 25 Gesellschaften umfaßte und einem Fachmanne deutschen Ursprungs, dem Colonel Fink, ihr Entstehen dankte (1875). Zufolge des Rufes, den der Genannte dadurch erlangt hatte, wurde ihm i. J. 1877 die Gründung und Leitung des großen Verbandes der *Trunk lines* übertragen, der zwecks endgültiger Vermeidung der ruinösen Tarifkämpfe unter vielen Schwierigkeiten endlich doch geschaffen wurde. In diesen Verbänden gelangten die oben S. 372 erwähnten gemeinschaftlichen Klassifikationen zur Anwendung, die später *Official Classification* genannte bei den *Trunk lines*. Zur Fortbildung der letzteren sowie zur obersten Leitung des Verbandes wurde ein aus Vertretern der Verwaltungen zusammengesetztes *Joint Committee* eingesetzt, das, als später infolge des bundesgesetzlichen Verbotes der *Pools* der Verband in eine losere Form übergeleitet werden mußte, nurmehr mit Ausschluß

[1]) Stuart Daggett, *Railroad reorganisation*, 1908. — v. d. Leyen, „Die Finanz- und Verkehrspolitik amerikanischer Eisenbahnen", 1895, S. 58ff.

der Öffentlichkeit fungieren konnte. Derart kennzeichnet sich die in Rede stehende Zeitperiode als die des Ausreifens, aber eben in der Richtung jener Zustände, welche die Folgen der unbeschränkten Linienkonkurrenz sein mußten.

In diesen Zeitraum fallen aber auch bereits die schüchternen Versuche einer staatlichen Einflußnahme auf den Eisenbahnbetrieb, welche die von einer Anzahl Staaten eingesetzten *Boards of Railway Commissioners* darstellen. Nach dem Vorgange des Staates New-Hampshire, der schon i. J. 1844 eine Eisenbahn-Aufsichtsbehörde errichtet hatte, wurden solche *Commissions* in den 50er Jahren von den Staaten Connecticut, Vermont und Maine eingesetzt, worauf dann von 1867 an eine Reihe von Staaten, und zwar bis 1880 14 die gleiche Einrichtung schufen. In den 80er Jahren folgten noch einige Staaten nach, so daß sie damals im ganzen in 25 Staaten bestand. Insbesondere die i. J. 1869 eingesetzte *Commission* in Massachusetts diente den nachfolgenden Staaten als Muster. Die eigentümliche Beschaffenheit dieser Behörden war im Verfolge unserer Untersuchungen wiederholt Gegenstand der Erwähnung, wobei festzustellen war, daß bei ihrer Wirksamkeit von einer wahrhaft gemeinwirtschaftlichen oder auch nur durchgreifenden polizeilichen Regelung keine Rede sein kann.

Inzwischen waren aber die Zustände unter der Herrschaft des freien Wettbewerbes und der unbedingten Tariffreiheit im Frachtenverkehre dahin gediehen, daß die Notwendigkeit des Eingreifens des Staates dem Lande nachdrücklich zum Bewußtsein kam. Die betreffende Betätigung der Gesetzgebung weist zwei Stadien auf. Das erste bestand in den unter den Einflüssen der *Granger*-Bewegung (S. 17) zustande gekommenen Eisenbahngesetzen in den westlichen Staaten Illinois, Jowa, Michigan, Ohio, Wisconsin, Minnesota und Missouri, welche die weitestgehenden Befugnisse des Staates mit Bezug auf das Tarifwesen enthalten (Maximaltarife, teilweise sogar gleiche Tarife für den ganzen Umfang des Staates, Verbot jeder Art von Ausnahmetarifen, strenge Bestrafung von Übertretungen).

Von den Gesellschaften mit Recht als ihre Charters verletzend angefochten, kam das Vorgehen der erwähnten Staaten vor den *Supreme Court*, welcher die Appellation der Gesellschaften verwarf und den Legislaturen der einzelnen Staaten das Recht angemessene Tarifsätze aufzustellen zusprach, mit der, zwar dem wirtschaftlichen Bedürfnisse, aber gewiß nicht dem strengen Rechte entsprechenden Begründung, daß, wenn Privateigentum öffentlichen Interessen dient, es aufhöre, reines Privatrecht zu sein, den Charakter der Öffentlichkeit erhalte, da der Eigentümer ja in Wirklichkeit dem Publikum gestatte, Anteil daran zu nehmen, und sich folglich der öffentlichen Kontrolle unterwerfen müsse bis zu dem Grade, bis zu welchem das berührte öffentliche Interesse reicht. Hiermit war freilich die Partie für die Gesellschaften verloren und ein Grundsatz ausgesprochen, der allerdings von Anfang an hätte beobachtet werden sollen, *ex post* aber, im Widerspruche mit den Konzessionsbestimmungen oktroyiert, wohl unleugbar mit dem *jus quaesitum* nicht zu vereinen war. Dadurch, daß die Bahnen sich fügten und den

Interessen der Farmer in den Tarifen entgegenkamen, die Staaten andererseits von der undurchführbaren Strenge der Anordnungen abstanden, wurde die Sache beigelegt.

In ein vollkommenes Stadium und zu dauernder Gestaltung gelangte der Umschwung im Verwaltungsystem, wie wir wissen, erst durch die **Bundesgesetzgebung** mit der bundesseitigen Regelung des Tarifwesens durch das *Interstate Commerce Law*, das einen Gegenstand von hervorragendem Interesse für uns gebildet hat [1]).

Seit dem Jahre 1878 datieren die in jeder Tagung des Repräsentantenhauses wieder eingebrachten Anträge auf Erlassung eines Gesetzes im gedachten Sinne, über die wiederholt in beiden Häusern des Kongresses und in Ausschüssen beraten und Sachverständige vernommen, Erörterungen in Presse und Vereinen gepflogen wurden, bis endlich i. J. 1887 im Kompromißwege ein Ergebnis erzielt wurde. Das achte Dezennium des vorigen Jahrhunderts bildet also auch in den Vereinigten Staaten einen Wendepunkt in der Entwicklung des Eisenbahnwesens, so daß auch hier die Gliederung in die wohl unterscheidbaren Perioden, die mit den Jahrhundertvierteln zusammenfallen, platzgreift. Das Gesetz war in seiner ersten Gestalt noch unvollkommen und es ist erst nach und nach der in ihm gelegene Keim einer durchgreifenden Tarifregelung in gemeinwirtschaftlichem Sinne entwickelt worden.

Von Anfang waren die Vollmachten der *Commission* ungenügend gewesen ihre Aufgabe zu erfüllen. Sie wurden daher alsbald in dem Sinne verstärkt, daß sie das Recht der Zeugenvernehmung mit Zeugniszwang und die Hilfe der Gerichte erhielt und das Zuwiderhandeln gegen ihre Entscheidungen mit Strafe belegt wurde. Aber ihre Aufgaben selbst waren anfänglich nicht ausreichend umschrieben und hinsichtlich der Objekte nicht genügend genau bezeichnet, so daß den Bahnen Gelegenheit geboten war, dem Gesetze zu entschlüpfen. Letzterem Mangel wurde durch die *Hepburn*-Akte v. J. 1906 abgeholfen, welche die Gültigkeit des *Interstate*-Gesetzes auch auf Expreß- und Schlafwagen-Gesellschaften sowie überhaupt auf alle von den Eisenbahnen verwendeten Privatwagen und

[1]) Die bezüglichen Verfassungsbestimmung lautet: *The congress shall have power to regulate commerce with foreign nations and among the Several States and with the Indian tribes.* Es kann wohl keinem Zweifel unterliegen, daß in diesem Satze mit den Worten *regulate commerce* dem Kongresse vorbehalten werden sollte, über Zölle und Verbote oder Handelsfreiheit Beschluß zu fassen, was schon durch die Gleichstellung der auswärtigen Staaten mit den Bundesgliedern klar ist, da mit ersteren in anderer Weise als durch zollpolitische Maßregeln eine Regelung des Handels nicht möglich ist. Die Unbestimmtheit des Ausdruckes ermöglichte aber eine Auslegung, die vom objektiven Standpunkte nur als gewaltsam bezeichnet werden kann, wenngleich bereits früher eine (ziemlich belanglose) Anwendung der Verfassungsbestimmung auf Eisenbahnen stattgefunden hat. Ein Gesetz v. J. 1866 ermächtigte die in einem Einzelstaate konzessionierten Eisenbahnen, gegen Entgeld Reisende und Güter im durchgehenden Verkehre von einem Staate zum anderen zu befördern. Als ob es nicht vordem einen durchgehenden Verkehr über die Strecken der Bahnen in den Gliedstaaten gegeben hätte! Ein Gesetz v. J. 1873 trifft Bestimmungen über den zwischenstaatlichen Viehverkehr auf Schiffen und Eisenbahnen, betrifft also eine einheitliche Behandlung des Viehes auf dem Transporte.

auf Petroleum-Röhrenleitungen ausdehnte. Das Recht *reasonable rates* anzuordnen wurde der *Commission* von den Gerichtshöfen anfänglich nur in dem Sinne zuerkannt, daß sie zu erklären befugt sei, ein Tarifsatz sei nicht *reasonable*, aber nicht das Recht hätte, einen Tarifsatz als *reasonable* selbst zu bestimmen. Erst durch die Akte des Jahres 1906 erhielt sie ausdrücklich diese Befugnis; derart, daß sie auf eine erhobene Beschwerde das Recht hat, nach durchgeführter Verhandlung des Falles das Maximum des Tarifes zu bestimmen, der nach 30 Tagen auf zwei Jahre in Kraft tritt. Die Eisenbahn kann an die Gerichte appellieren. Änderungen des Tarifsatzes unterhalb des Maximums seitens der Bahn sind an vorgängige 30tägige Mitteilung gebunden. In derselben Akte wurde der *Commission* das Recht verliehen, Durchgangsätze und die Anteile der einzelnen Bahnen an solchen zu bestimmen. Eine Novelle v. J. 1910, die *Mann Act*, erweiterte den Aufgabenkreis und die Befugnisse der *Commission* ganz wesentlich. In ersterer Hinsicht ist die Ausdehnung auf Telegraphen und Telephon, auch drahtlose, bemerkenswert. Die Entscheidung über Eintreten der Rückwirkungsklausel wurde der *Commission* unbedingt zugesprochen und das Recht der Festsetzung von Durchgangstarifen gegen jede einschränkende Auslegung gesichert. Durch die Akte des Jahres 1913 wurden die Tarifregelungsrechte der *Commission* auch auf den kombinierten Wasserstraßen- und Eisenbahn-Transport ausgedehnt. In demselben Jahre wurde endlich der *Commission* noch eine Aufgabe überwiesen, die darin besteht, Tatsachenmaterial für künftige Eisenbahngesetzgebung zu beschaffen. Sie wurde ermächtigt und beauftragt, den Wert der Anlagen jedes *common carrier*, also die Anlagekapitalien der Eisenbahnen festzustellen, durch Erhebungen der tatsächlichen Aufwendungen in früheren Geschäftsperioden und Abschätzung des gegenwärtigen Wertes nach Abschlag der Abnutzung. Die *Commission* soll in alle Details eingehen, die Anlagen vergleichen und die Ursachen von Verschiedenheiten erforschen, um den wahren Wert jeder Eisenbahn zu bestimmen. Diese überaus schwierige Aufgabe ist der *Commission* zweifellos mit Rücksicht auf eine künftig etwa zu beschließende Verstaatlichung der Bahnen übertragen worden.

Die *Commission* veröffentlicht alljährlich über ihre Wirksamkeit und über die Vorkommnisse im Eisenbahnwesen einen Bericht, gleich den *Commissions* der Gliedstaaten. Von der Einwirkung der in diesen Berichten mitgeteilten Tatsachen und ausgesprochenen Urteile auf die öffentliche Meinung hat man sich eben die Abstellung von Übelständen durch freien Entschluß der Bahnverwaltungen oder im Vereinbarungswege mit den *Commissions* versprochen. Die Eisenbahnen sind verpflichtet, fortlaufend statistische Ausweise über ihre Linien und den Betrieb zu liefern. Die Bundeskommission hat dieses Material zu einer verläßlichen Eisenbahnstatistik verarbeitet, an der es vordem fehlte.

Die Gesetzgebung der Gliedstaaten hat ebenfalls durch die fortgesetzte Erörterung des Themas in der Öffentlichkeit die Anregung empfangen, ihre Einflußnahme auf die Verwaltungen der Eisenbahnen und das Eingreifen ihrer Aufsichtsbehörden wirksamer zu gestalten.

Die Vereinigten Staaten waren auch der Schauplatz der ersten großen Eisenbahnstreiks, die den Verkehr weiter Gebiete auf längere Zeit lahmlegten und mit allerlei Ausschreitungen und Gewalttätigkeiten verbunden waren (1877, 1886 und folgende Jahre). Die Gesetzgebung hat angesichts des öffentlichen Interesses an einer friedlichen Beilegung solcher Streitigkeiten aus dem Arbeitsverhältnisse der Eisenbahnbediensteten die Anordnung einer obligatorischen Einigungs- und Schiedsgerichtsinstanz getroffen.

Gleichzeitig ging die Bautätigkeit in gesteigerter Lebhaftigkeit weiter, leider aber auch mit ihren Auswüchsen — wenngleich geminderten Maßes —, da auf die finanzielle Gebarung der Verwaltungen nach wie vor ein Einfluß nicht genommen war [1]). Die Netzesverdichtung betrug in den 80er Jahren durchschnittlich 11 300 *km*, in den 90er Jahren 4300 *km* jährlich. Eine Krisis hatte ihre verlangsamende Wirkung geübt; erst in unserem Jahrhunderte hat wieder ein neuer Aufschwung eingesetzt. Die gesamte Linienlänge ist so von 268 000 *km* i. J. 1890 auf 311 000 *km* i. J. 1900, auf 396 000 *km* i. J. 1912 und 410 918 *km* i. J. 1914 angewachsen.

Da bei dieser Sachlage die Gründe, welche zur Betriebskonzentration drängen, bestehen blieben, so dauern die bezüglichen Bestrebungen unvermeidlich fort. Das *Interstate C. Law* hat, weil man ein Auswachsen der Bahnverbände zu gefährlichen Monopolen fürchtete, das Verbot von Betriebsgemeinschaften (*pooling*) zwischen konkurrierenden Bahnen ausgesprochen (§ 5), insbesondere solcher Vereinbarungen, die auf Verteilung der gemeinsamen Einnahmen beruhen. Schon diese bei Bestehen einer ausreichenden staatlichen Tarifregelung eigentlich widersinnige Maßnahme hat das Verbandwesen sehr erschwert. Hinzu kam das Antitrust-Gesetz v. J. 1890 (*Sherman Act*), das in gleichem Sinne wirkte. Um nicht mit den Gesetzen in Widerstreit zu geraten, gab es für eine straffere Betriebskonzentration nur den Weg der Verschmelzung, so daß das Gesetz gerade dasjenige herbeigeführt hat, was es hatte verhindern sollen. Wir sehen daher bis zur Gegenwart eine fortgesetzte Zunahme der Fusionen. Der Versuch, eine solche großen Maßstabes in Form einer *Holding Company* durchzuführen, die *Northern Securities Company*, wurde als ungesetzlich angefochten und vom obersten Gerichtshofe als ungesetzlich erklärt. Freilich lagen dieser Gesellschaftsbildung wieder Machenschaften zugrunde, mit einer wilden Agiotage in den betreffenden Aktien, die sie in der Öffentlichkeit als anrüchig erscheinen ließen. Die Fusionen können rationell nur so weit gehen, als je ein geschlossenes, betriebsfähiges Netz zustande kommt. Aber auch da sehen wir diesen Gesichtspunkt dadurch beeinträchtigt, daß manche dieser Zusammenschlüsse wieder zum Zwecke von Effektenspekulationen vom plutokratischen Finanzkapitale ins Werk gesetzt werden. Darüber hinaus haben diese Kapitalmächte je eine Anzahl aneinander schließender Bahnen durch Aktienbesitz in den Kreis ihrer Interessen gezogen, die auf bestimmte Verkehrsziele gerichtet sind. Durch den Aktienbesitz beeinflussen sie die betreffenden Verwaltungen so weit, als es eben ihrem Interesse entspricht. In dieser Art ist gegenwärtig der größte Teil des Bahnnetzes

[1]) In den Jahren 1892—1901 sind 367 Eisenbahnen mit 3421 Mill. Dollars Kapital, in den Jahren 1902—1911 immerhin noch 111 Eisenbahnen mit 515 Mill. Dollars Kapital in Zwangsverkauf gekommen.

der Union unter eine Anzahl von Finanzhäusern aufgeteilt, nach denen auch die „Gruppen“ oder „Systeme“ benannt werden. Im Osten wie im Westen bestehen je drei Hauptgruppen, die wieder aneinander stoßen. Daneben einige kleinere Gruppen, so daß mehr als $^2/_3$ des Bahnnetzes sich in den Händen von zehn Gruppen befinden. So ist die Entwicklung dahin gelangt, daß eine Anzahl Privatmonopole je einen ansehnlichen Bezirk der Union beherrschen, die nur im Tarifwesen einer staatlichen Regelung unterliegen.

Im Anschluß an die Vereinigten Staaten ist Kanada zu nennen. Die in mehreren Hinsichten übereinstimmenden wirtschaftlichen Verhältnisse haben dort die Entwicklung des Bahnwesens ähnlich gestaltet, nur daß der Bau des Netzes später einsetzte und die Regierung in erheblicherem Maße durch Beihilfen unterstützend eingriff (reichliche Darlehen und Zinsbürgschaften neben umfangreichen Landschenkungen). Im Jahre 1850 waren 111 *km*, i. J. 1870 erst 4000 *km* Bahnen vorhanden. Erst von da ab beginnt eine lebhaftere Bautätigkeit, die das Netz bis 1911 auf nahezu 41 000 *km* gebracht hat. In diesem sind 3228 *km* Staatsbahnen enthalten: die Regierung entschloß sich, solche anzulegen, als der private Unternehmungsgeist für weniger verlockende Anlagen noch wenig Willigkeit zeigte. Auch in Kanada hatten sich bei den Privatbahnen ähnliche Mißstände herausgebildet wie in den Vereinigten Staaten. Auf Grund eingehender amtlicher Erhebungen suchte man sie durch das Eisenbahngesetz v. J. 1888, das eine entsprechende Regelung vorsieht, zu bekämpfen (Novelle v. J. 1903). Die oberste Eisenbahnbehörde, kollegial angelegt, seit 1913 *Board of Railway Commissioners*, ist zugleich Aufsichtsbehörde und Gerichtshof für Streitigkeiten der Bahnen untereinander und zwischen diesen und den Bahnbenützern. Der Aufschwung und insbesondere die Besiedlung des Landes durch Einwanderung ist durch die Ausbreitung der Eisenbahnen fast noch augenfälliger befördert worden als in den Vereinigten Staaten.

Die übrigen außereuropäischen Staaten. In den anderen Teilen der Welt begann der Eisenbahnbau erst nach 1850 und auch da nur in einzelnen Ländern mit kurzen Linien, meist Verbindungen der Hauptstadt mit einem Hafen oder einem anderen Platze. Im nächsten Dezennium wagte man sich bereits an etwas längere Strecken, in der Regel solche, die als die Grundlinien des künftigen Netzes gedacht waren, aber immer noch in sehr beschränktem Umfange. Eine Ausnahme bildet die große ostindische Kolonie Englands, wo die Regierung — damals noch die ostindische Kompagnie — bereits i. J. 1853 die Förderung des Baues von Privatbahnen in Aussicht nahm zu dem Zwecke, um durch ein vollständiges Netz die verschiedenen Präsidentschaften miteinander, mit ihren Haupthäfen und mit den großen Städten im Innern des Landes zu verbinden, und i. J. 1860 bereits acht große Gesellschaften bestanden. Die Anregung gibt sonst überall die Privatunternehmung, die ihre Fühler nach Gewinn versprechenden Geschäften ausstreckt, vornehmlich selbstverständlich das englische Kapital, und es sind nicht immer gerade die besten Elemente der Geschäftswelt, die hier als Pioniere auftreten, vielmehr auch solche, die aus der Unerfahrenheit oder anderweitigen Beeinflußbarkeit der Regierungen Nutzen zu ziehen suchen. Später findet sich auch ein Eingreifen des Staates, veranlaßt durch die speziellen Umstände des betreffenden Landes. Auch hier bildet das letzte Viertel des vorigen Jahrhunderts eine unterscheidbare Entwicklungsphase, da mit ihm eigentlich die Aufnahme einer regen Bautätigkeit in den verschiedensten Gebieten zusammenfällt. In unserem Jahrhunderte findet diese im gesteigerten Maße ihre Fortsetzung, es treten jetzt insbesondere die Kolonialbahnen hinzu und Bahnbauten, welche politischen Einflüssen ihre Entstehung danken.

Die nachstehende Tabelle der Kilometerzahlen der im Betriebe befindlichen Linien gibt eine Übersicht:

Staaten	1855	1865	1875	1885	1895	1905	1917
Vereinigte Staaten . . .	29 566	56 452	119 220	207 508	286 183	351 503	418 768
Britisch-Nordamerika . .	1 960	3 590	7 153	16 330	24 172	33 147	49 549
Mexiko	16	142	526	5 600	11 112	19 678	25 492
Neufundland	—	—	—	145	391	1 072	1 407
Mittelamerika	—	—	111	618	1 000	1 916	3 227
Kolumbia	77	77	105	265	420	661	1 139
Venezuela	—	—	90	153	950	2 020	1 020
Brasilien	60	600	1 660	7 062	12 000	16 805	26 646
Argentinische Republik .	—	289	1 887	5 484	13 450	19 971	35 904
Paraguay	—	72	317	72	253	253	468
Uruguay	—	—	991	500	1 800	1 948	2 638
Chile	81	543	1 136	2 100	3 100	4 643	8 069
Peru	13	90	1 309	1 309	1 667	1 907	2 783
Bolivia	—	—	56	70	1 000	1 129	2 418
Ekuador	—	—	60	69	300	300	1 049
Britisch Guyana	—	—	35	35	35	122	167
Niederländisch-Guyana .	—	—	—	—	—	60	60
Kuba, Dominik. Republ., Jamaika, Barbados, Trinidad, Martinique, Haiti, Portorico	644	644	679	1 926	2 736	4 061	6 057
Amerika	32 417	62 534	134 098	249 246	360 415	460 196	586 859

Staaten	1855	1865	1875	1885	1895	1905	1917
Britisch-Indien	350	5 412	10 489	19 308	29 400	46 045	56 773
Ceylon	—	—	146	289	308	751	1 080
Kleinasien	—	77	372	372	1 667	3 575	5 468
Rußland	—	—	—	500	1 511	11 785	15 910
Niederländisch-Indien . .	—	—	261	1 150	1 863	2 373	2 854
Japan	—	—	64	559	3 247	8 922	14 251
Malayische Staaten . .	—	—	—	13	140	719	1 380
China	—	—	—	11	200	3 610	11 004
Cochinchina, Pondichery, Tonkin	—	—	—	83	229	3 781	3 697
Persien	—	—	—	—	—	54	54
Portugiesisch-Indien . .	—	—	—	—	—	82	82
Siam	—	—	—	—	—	718	1 570
Asien	350	5 489	11 332	22 285	38 788	81 421	114 123

Staaten	1855	1865	1875	1885	1895	1905	1917
Ägypten (einschl. Sudan)	144	477	1 494	1 500	1 739	5 388	6 375
Algier, Tunis	—	50	606	2 061	3 193	4 906	6 791
Marokko	—	—	—	—	—	—	1 250
Die Länder der späteren südafrik. Union (Kolonien und Freistaaten) .	—	106	354	2 979	5 842	10 216	18 085
Belg. Kongo-Kolonie . .	—	—	—	—	—	478	1 671
Afrik. Kolonien anderer Staaten insgesamt . .	—	122	122	492	1 610	—	—
insbesondere:							
Deutschland	—	—	—	—	—	1 351	4 176
England	—	—	—	—	—	1 902	3 790
Frankreich	—	—	—	—	—	1 227	3 941
Italien	—	—	—	—	—	76	170
Portugal	—	—	—	—	—	992	1 940
Afrika	144	755	2 576	7 032	12 384	26 616	48 153

Staaten	1855	1865	1875	1885	1895	1905	1917
Neu-Süd-Wales	—	278	703	2 860	4 097	5 553	6 651
Viktoria	38	380	994	2 697	4 787	5 517	6 230
Süd-Australien	—	76	440	1 711	2 933	3 083	4 489
Queensland	—	65	427	2 308	3 828	5 138	7 833
West-Australien	—	—	61	296	1 162	3 636	5 898
Tasmanien	—	—	241	413	752	998	1 128
Nordterritorium	—	—	—	—	—	—	238
Neu-Seeland, Hawai . .	—	26	872	2 662	3 471	4 144	4 926
Australien	38	825	3 738	12 947	21 030	28 069	36 388

Der Anteil, welcher nach dem Stande zu Beginn des zweiten Jahrzehnts unseres Jahrhunderts dem Staatsbesitz an der gesamten Linienlänge zukommt, ist in den Kontinenten und den einzelnen Ländern ein sehr verschiedener.

In Nordamerika herrscht das Privatbahnsystem. Die angeführte verhältnismäßig geringe Linienlänge der kanadischen Staatsbahnen und die Staatsbahn in Neufundland zählen nicht [1]). In Mexiko hat sich die Regierung durch Erwerbung der Mehrheit der Aktien Einfluß auf ein Privatbahnnetz von über 12 000 *km* gesichert, wodurch ein Gebilde entstand, von dem es zweifelhaft sein mag, ob es den Staatsbahnen oder den Privatbahnen beizuzählen sei, was dort von wandelbaren „Umständen" abhängen dürfte. Der Weg nach Süden über die mittelamerikanischen Staaten führt durch Privatbahnländer. Die südamerikanischen Republiken haben teilweise zum Staatsbahnsystem gegriffen oder sind in die Lage gekommen, Privatbahnen zu erwerben. In Chile ist die kleinere Hälfte des Gesamtbahnnetzes Staatsbesitz, in Brasilien besteht das gleiche Verhältnis, in Argentinien betragen die Staatsbahnen etwa den sechsten Teil des Privatnetzes. In Paraguay und Peru überwiegen die Staatsbahnen stark, das letztbezeichnete Land hat freilich dadurch, daß es i. J. 1890 $^2/_3$ seines Staatsbahnbesitzes auf 66 Jahre an eine Privatunternehmung mit weitgehenden Zuwendungen gegen Übernahme der Staatschuld seitens der Gesellschaft verpachtete, einen Betrieb geschaffen, der in seiner Wesenheit und seinem wirtschaftlichen Gebaren sich wohl von einer eigentlichen Privatbahn nicht unterscheidet.

[1]) Das hat sich bis 1920 wesentlich geändert, da Kanada durch Übernahme zweier notleidend gewordenen Gesellschaften seinen Bahnbesitz dermaßen erweitert hat, daß er beiläufig die Hälfte des Bahnnetzes des Landes umfaßt.

In Asien bilden die Kolonien eine Gruppe, für welche spezielle Gesichtspunkte sich geltend machten. England sah sich in Ostindien in die Notwendigkeit versetzt, dem Staatsbahnsystem in den Vasallenstaaten Raum zu geben und hat für Linien, für welche geeignete Bewerber auch bei Staatsgarantie nicht vorhanden waren, selbst zum Staatsbau gegriffen, anfänglich insbesondere zur Bekämpfung der wiederkehrenden Hungersnöte, hat diese Linien jedoch größtenteils an Privatgesellschaften in Pacht gegeben. Damit ist das Staatsbahnnetz auf $^6/_7$ der gesamten Linienlänge des Landes angewachsen, wovon mehr als die Hälfte in Privatbetrieb. Ceylon hat Staatsbahn, in den malayischen Schutzstaaten ist nach wiederholtem Eigentumswechsel der größere Teil der Linien ebenfalls in Staatsbetrieb. In Niederländisch-Indien besteht das Bahnnetz auf Sumatra ganz, auf Java nahezu $^2/_3$ aus Staatslinien. Die französischen Schutzgebiete haben garantierte Bahnen, die kurze Verbindungslinie von Portugiesisch-Indien nach dem englischen Gebiete ist Privatbahn. Daß das russische militärische Imperium für seinen Ausdehnungsdrang nach Osten unter den geographischen, klimatischen und politischen Verhältnissen jener Ländergebiete im Staatsbahnbau allein das geeignete Mittel fand, ist einleuchtend. Japan ergriff nach dem staatlichen Umschwunge mit gleicher Hast wie die übrigen Behelfe der europäischen Zivilisation so auch die Eisenbahnen: zuerst als Staatsbahnen, seit 1880 mit Zulassung von Privatbahnen in einem gemischten System, das i. J. 1906 durch eine Verstaatlichung nach preußischem Muster wieder in das Staatsbahnsystem umgewandelt wurde. Die fünf voneinander getrennten Staatsnetze wurden durch Einbeziehung einer großen Anzahl kleiner Privatlinien mit bedeutendem Vorteil für ökonomischen Betrieb zu einem einheitlichen Verwaltungskörper verschmolzen. Nur eine Anzahl Bahnen rein örtlichen Charakters (zusammen 905 *km*) blieben als Privatunternehmen bestehen. China, das vom Jahre 1878 an zufolge der Initiative Li-Hung-Tschangs Bahnen zu bauen versuchte — mit geringem Erfolg —, gewährte von Mitte der 90er Jahre unter dem Drucke der „Großmächte“ einer Anzahl fremder Unternehmer, die von ihren Regierungen diplomatisch unterstützt wurden, Konzessionen, welchen sich auch solche an einheimische Geschäftshäuser anschlossen, strebte aber bald danach, die von Fremden gebauten Linien in eigenen Besitz zu bringen und selbst wieder Neubauten auszuführen. Auf diese Weise war es zu dem in Rede stehenden Zeitpunkte dahin gelangt, daß von der Linienlänge der fertigen Bahnen bereits 55% in chinesischer Verwaltung standen, und zwar bis auf unerhebliche Strecken als Staatsbahnen. Siam wandte sich nach unliebsamen Erfahrungen mit den ersten Bahnkonzessionen sofort entschlossen dem Staatsbau zu. In der asiatischen Türkei bestehen mit Ausnahme der Bahn von Damaskus nach den mohammedanischen Kultstätten in Arabien (der Hedschas-Bahn, 1468 *km*), welche die Regierung mit Hilfe von milden Spenden aus der ganzen mohammedanischen Welt erbaute, nur Privatbahnen, von welchen die anatolischen Bahnen und die Bagdadbahn für Deutschland besonderes Interesse boten.

Afrika ist als der Kontinent der Kolonialbahnen zu charakterisieren. Zu diesen können vor allem mit Rücksicht auf die Stellung, welche England in Ägypten einnimmt, schon die ägyptischen Staatsbahnen gerechnet werden, neben welchen nur vier Zweigbahnen als Privatbahnen (zusammen 1228 *km*) bestehen. Algier gilt nicht als Kolonie, seine Bahnen sind garantierte Privatbahnen, bis auf 967 *km* Staatsbahnen, die durch Übernahme von einer Privatgesellschaft geschaffen wurden. Die Bahnen von Tunis sind zum größten Teile Eigentum zweier Privatgesellschaften, einige Nebenlinien wurden von der Regentschaft gebaut. Die Bahnen in Britisch-Südafrika sind Staatsbahnen, nur in Rhodesien besteht eine Privatgesellschaft. Die Bahnen der belgischen Kongo-Kolonie sind Privatbahnen, an welchen allerdings der Staat Belgien mit bedeutendem Aktienbesitz beteiligt ist. Die englischen und französischen Kolonien in Ost- und Westafrika haben Staatsbahnen, zum Teil von den Kolonialregierungen hergestellt, in Britisch-Zentralafrika bestehen Privatbahnen. Die portugiesischen Kolonialbahnen sind teils Staats-, teils Privatlinien. Die Bahnen in den deutschen Schutzgebieten waren Reichsbahnen.

Im australischen Weltteile endlich gelangte das Staatsbahnsystem aus der S. 175 bezeichneten Ursache durch Aufkauf der vereinzelt entstandenen notleidenden Unternehmungen, später durch systematischen Staatsbau zur ausschließlichen Herrschaft. Die Bahnen scheiden sich gegenwärtig in Staats- und Bundesbahnen.

Gegenwart und Zukunft. Der Weltkrieg, in dessen weitgedehntem Ursachenkomplex auch die Eisenbahnen eine Stelle einnehmen, hat der Verwaltung des Eisenbahnwesens in denjenigen Staaten, welche von seinen Folgen betroffen wurden, große Aufgaben hinterlassen: die größten denjenigen, welche am Kriege selbst beteiligt waren.

Im allgemeinen sind die Finanzverhältnisse der Eisenbahnen in Verwirrung und Verfall geraten, und zwar in verschiedenem Maße, je nachdem die Bahnanlagen selbst in ihrem Bestande durch den Krieg gelitten haben. In letzter Hinsicht hat die anzustrebende Wiederherstellung des früheren Zustandes den Technikern Aufgaben gestellt, für welche die Finanzwirtschaft ihnen unter den ungünstigsten Umständen die Mittel bieten muß. Am schwierigsten erwies sich die Lage in Deutschland und Österreich, welchen überdies ein sehr bedeutender Teil ihres Eisenbahnmaterials geraubt wurde. Der Zustand der Staatsfinanzen nach dem Kriege und die eingetretenen Preis- und Lohnerhöhungen weisen die Techniker darauf hin, mit dem äußersten Aufgebot von Wirtschaftlichkeit das überhaupt Mögliche zu leisten. Mit voller Erkenntnis und Würdigung der Sachlage sind sie überall ans Werk gegangen. Daneben galt es, die Wiederaufrichtung des Betriebes mit aller Energie in die Wege zu leiten. In Preußen waren die Schnellzüge auf 4%, die Personenzüge bis auf 19% des Friedenstandes zurückgegangen. Es fehlte an Betriebstoffen und die vorhandenen waren von schlechtester Beschaffenheit. Die Fälle waren zahllos, daß Züge wegen der schlechten Kohle auf der Strecke liegen blieben. Das Heißlaufen der Lokomotiven verursachte in einem Jahre eine Ausgabe von 30 Millionen Mark[1]). Die Personalwirtschaft hatte mit jenen Übelständen zu kämpfen, die am betreffenden Orte (S. 414) angedeutet wurden. Mit allen Mitteln mußte dahin getrachtet werden, die Leistungen zu heben, um sie wieder in ein angemessenes Verhältnis zu den Löhnen zu bringen und den durch den Zwang der äußeren Umstände ins Ungemessene angewachsenen Personalstand allmählich dem normalen Stande anzunähern. Diese Sorgen des Augenblicks nahmen alle Aufmerksamkeit und Tatkraft der Verwaltung in Anspruch.

---

[1]) Öser in der Broschüre „Die Verlustwirtschaft der Verkehrsbetriebe“, Flugschriften der Frankfurter Zeitung.

Die Folgen des Krieges in wirtschaftlicher, sozialer und staatlicher Hinsicht haben indes für die staatliche Verwaltung des Eisenbahnwesens weiter reichende Ziele mit sich gebracht in der Richtung, daß mit einfacher Wiederherstellung des früheren Zustandes im Betriebe keineswegs das Genüge gefunden werden konnte. Vielmehr drängte sich mit Macht zunächst die Systemfrage auf. Die große Umwälzung hat sie in den betroffenen Staaten aufgeworfen und da der Staatsbetrieb der Bahnen, der als wesentlicher Teil der Kriegführung bestanden hatte, mit dem Kriege sein Ende fand, so lag auch die Nötigung zu einem raschen Entschlusse vor.

Die drei großen Privatbahnländer haben auch, beinahe ohne Zögern, eine übereinstimmende Entscheidung getroffen. Die Vereinigten Staaten, England und Frankreich sind zum Privatbetrieb zurückgekehrt. Es wäre aber irrig anzunehmen, daß dieses System dort noch so starken Rückhalt in der Bevölkerung hätte, der eine Änderung ausschlösse; waren doch schon vordem Strömungen in der öffentlichen Meinung zugunsten des Staatsbahnsystems vorhanden, die, wenngleich an sich noch nicht von überwältigender Macht, doch durch den Krieg eine Verstärkung so weit erhielten, daß sie die Oberhand für die Entscheidung hätten erlangen können. Es waren also offenbar Gründe der praktischen Staatsraison, welche die Entscheidung in dem bezeichneten Sinne bestimmten. Die Unmasse von schwierigen wirtschaftlichen und politischen Fragen, die als Erbschaft des Krieges die führenden Kreise des Staatslebens allerorten belasten, mußten es ihnen aufs höchste erwünscht machen, diese eine — in der Durchführung eine der schwierigsten — auszuscheiden, wenn die Vertagung der Lösung sich als ausführbar erwies. Auch erschien es bei der kolossalen Verschuldung des Staates den gewiegten Staatsmännern und Finanziers geradezu ausgeschlossen, diese noch durch Übernahme des Eisenbahnkapitals der Nation enorm zu steigern. Zudem hätte die Feststellung des gegen Schuldtitel des Staates zu übernehmenden Kapitalbetrages im Wege der Vereinbarung mit den Bahngesellschaften unter den Umständen der Zeit unüberwindbare Schwierigkeiten geboten. Die Rückkehr zum Privatbetrieb ermöglichte einen Aufschub des endgültigen Entschlusses bis zu einer Zeit, in der das Staatsleben und der Gang der Wirtschaft wieder normale Gestaltung angenommen haben werden.

Aber auch die Rückkehr zum *Status quo ante* verbot sich von selbst. Die Anknüpfung an den früheren Zustand unter dem Pivatbahnsystem konnte nur im Sinne einer Entwicklung zu größerer Vollkommenheit erfolgen und es galt somit, die Keime einer solchen zu erfassen, welche die vorgängige Entwicklung hervorgebracht hatte. Man darf wohl sagen, daß in dieser Hinsicht die gefaßten Entschließungen in den bezeichneten Staaten das Richtige getroffen haben.

Die Konzentrationstendenz hat, wie wir wissen, zur Bildung großer geschlossener Netze und selbst umfassenderer Verbindungen von Privatbahnen geführt und es haben sich Ansätze zu Gegenseitigkeits- und Gemeinschaftsverhältnissen gezeigt, die der ökonomischen Betriebführung und der angemessenen Befriedigung der Verkehrsbedürfnisse dienen. Um in der Richtung des Fortschritts im wesentlichen dasselbe zu erreichen, was durch den Staatsbetrieb angestrebt wird, erschien es angezeigt, über die spontanen Vereinigungen hinausgehend eine organisatorische Zusammenfassung der Unternehmungen im Sinne weiterer Vereinheitlichung und eines Gemeinschaftsbetriebes einzuleiten. Zu diesem Zwecke wurde ein ordnendes Eingreifen des Staates und die Ausstattung seiner Verwaltung mit erweiterten Machtbefugnissen in der erwähnten Richtung erforderlich. In erster Linie steht diesfalls ein verstärkter Einfluß auf die Tarife bis zu vollständigem Vorbehalt der Tarifbestimmung für die Organe des Staates. Über die innere Folgerichtigkeit dieser Konsequenz konnte nicht der mindeste Zweifel herrschen. Diese Maßnahme ist aber, wie sofort ersichtlich, an eine bestimmte Voraussetzung geknüpft. Es kann dem Privatkapital nicht zugemutet werden, sich in solcher Weise völlig in die Hände staatlicher Organe zu geben, ohne daß ihm die Sicherung einer angemessenen Rente, soweit sie tatsächlich durch den Bahnbetrieb zu erzielen ist, geboten werde. In dieser Richtung wurden somit finanzielle Abmachungen notwendig, denen wohl schon die Zeitumstände das Gepräge der Bescheidung mit dem Erreichbaren aufdrücken. Das ist aber wieder nach einer anderen Seite hin bedeutsam. Die Volkselemente, welche als das Personal für den Eisenbahndienst in Betracht kommen, beanspruchen einen Einfluß auf die Betriebswirtschaft, über dessen Ausmaß die Ansichten erst einer Klärung bedürfen. Die Neuordnung kann sich dem vorliegenden Machtgebote nicht entziehen. Mit der erwähnten Sicherung des Kapitales in seinen berechtigten Interessen ist dann aber zu weit gehenden Ansprüchen eine bestimmte Grenze gezogen und es kann auf diese Weise die Verständigung zwischen Arbeit und Kapital auf dem so umfangreichen Gebiete des Wirtschaftslebens, das die Eisenbahnen darstellen, in die Wege geleitet werden. Es sind also ganz bedeutsame Umbildungen, die hier heranreifen. Derart ist in den gekennzeichneten Maßnahmen eine Reform im besten Sinne des Wortes: eine organische Weiterbildung auf gegebenen Grundlagen, zu erblicken — vorausgesetzt, daß sie in diesem Geiste erfaßt und durchgeführt werden.

Die Vereinigten Staaten gingen mit dem Gesetze vom 28. Februar 1920 (*Transportation Act*) voran. Es enthält noch keine, die Einzelheiten endgültig regelnde Neuordnung, sondern nur allgemeine Richtlinien einer solchen; ein Vorgehen, das durch die Schwierigkeiten des Gegenstandes an sich, anderseits aber auch dadurch erklärt ist, daß das Gesetz nur durch Zusammenschweißen mehrerer auf abweichenden, selbst einander entgegengesetzten Anschauungen beruhenden Gesetzesanträge zustande gebracht werden konnte [1]).

[1]) Hierüber sowie über den Inhalt die klare Darstellung von von der Leyen: „Die Eisenbahnpolitik der Vereinigten Staaten bis zum Ende des Weltkrieges“,

Formell tritt das neue Gesetz als Abänderung und Verbesserung des (in ihm wiederholten) *Interstate Commerce Law* auf; es entspricht dies den gesetzgeberischen Gewohnheiten der Union, aber auch der Tatsache, daß die Neuordnung durch Ausbau der vorhandenen Grundlagen ins Werk gesetzt wurde.

Der Kernpunkt ist die beabsichtigte Teilung des gesamten Eisenbahnnetzes des Festlandes der Vereinigten Staaten in eine beschränkte Anzahl organisch gebildeter, in sich geschlossener Gruppen. Über die Gesichtspunkte der Bildung solcher Gruppen herrscht allerdings recht auffällige Unklarheit, wenigstens im Wortlaut des Gesetzestextes. Es ist an die Zusammenlegung homogener Linien gedacht, bei welchen „die Beförderungskosten sowie die Anlagekosten der einzelnen Strecken tunlichst übereinstimmen, so daß in den Netzen einheitliche Frachtsätze für den Wettbewerbverkehr aufgestellt werden können, oder daß im wesentlichen dieselben Erträge des Anlagekapitales unter der Voraussetzung einer guten Betriebsführung herausgewirtschaftet werden" (§ 5, Absatz 4), was, wie kaum zu sagen nötig, nur in recht beschränktem Umfange zu erreichen sein wird. Auch soll „soweit möglich der Wettbewerb bestehen bleiben und sind die bestehenden Verkehrsleitungen tunlichst beizubehalten". Da der Wettbewerb der einzelnen Linien innerhalb der Gruppen ein innerer Widerspruch wäre, so könnte nur ein Wettbewerb zwischen Gruppen gemeint sein, der aber, wenn als Linienkonkurrenz auftretend, den Zweck des Gesetzes vereiteln würde. Somit kann es sich höchstens um Konkurrenz der Märkte an einzelnen Plätzen handeln; eine in bestimmten Fällen sich von selbst ergebende Folge. Die angeführte Wendung ist daher nur als unverbindliche Verbeugung vor dem noch immer nicht ganz überwundenem Konkurrenzdogma aufzufassen, anderenfalls würde sie eine Klippe sein, an der die Absichten des Gesetzes scheitern müßten.

Die Zusammenlegung soll nach einem Plane des Bundesverkehrsamtes erfolgen, es ist aber auch den Eisenbahnen anheimgegeben, sich selbst über die Bildung von Gruppen zu verständigen, vorbehaltlich der Genehmigung durch das Verkehrsamt. Dies dürfte die wirksamste Bestimmung des Gesetzes sein: durch sie ist die Umbildung der vorhandenen großen „Systeme" aus losen in feste Finanz- und Betriebsgemeinschaften, die eben Gruppen von der gedachten Beschaffenheit ergeben, in die Wege geleitet. Es hat auch sofort ein reger Meinungsaustausch über die Anzahl und die Einzelheiten der zu bildenden Gruppen in der Öffentlichkeit eingesetzt. Da eine Frist für die Durchführung nicht bestimmt ist, so kann sich diese unter Umständen recht lange hinausziehen.

Die Bildung solcher Gruppen steht in so schreiendem Widerspruch zu der *Anti-pooling*-Klausel des Gesetzes von 1887, daß deren Aufhebung zur Selbstverständlichkeit wurde. Sie erfolgt jedoch im Gesetze nicht mit klaren Worten, sondern auf einem nur durch die Entstehungsweise des Gesetzes zu erklärendem Umwege, indem es dem Verkehrsamt gestattet wird, wenn es sich davon überzeugt, daß durch die Vereinigungen der Verkehr verbessert wird, daß sie geeignet sind, die Betriebskosten zu vermindern und daß der Wettbewerb dadurch nicht eingeschränkt wird (!), auf Antrag solche Vereinigungen zuzulassen.

Bei der Zusammenlegung setzt das Bundesverkehrsamt den Wert des neuen Gesamtunternehmens fest. Da der Nennwert der Obligationen der einbezogenen Gesellschaften vor Schmälerung zu bewahren ist, so müßte ein allfälliger Minderwert eine Kürzung der Aktienkapitalien zur Folge haben. Die bezügliche Bestimmung des Gesetzes (§ 6 b) leidet ganz besonders an Unklarheit.

Schmoller'sches Jahrb. 1921, Heft 1. Ferner Archiv 1921, Heft 1 mit Abdruck des Wortlautes des die Neuordnung enthaltenden Abschnittes IV des weitwendigen, vom Standpunkt der legislatorischen Technik allerdings höchst mangelhaften Gesetzes.

Über die Tarife der Bahngruppen hat das Bundesverkehrsamt nunmehr praktisch vollständige Verfügungsgewalt und es ist wichtig, daß seine Anordnungen zufolge der neuen Gesetzesbestimmungen nicht mehr durch Tarifmaßnahmen der Gliedstaaten durchkreuzt werden können. Schon durch die Entwicklung der Gesetzgebung bis 1913 (S. 513) war die Ermöglichung eines angemessenen Reinertrages des Anlagekapitales der Bahnen als Richtmaß für die Tarifbestimmung aufgestellt worden. Die Neuordnung gibt es dem Verkehrsamt anheim, von Zeit zu Zeit den Prozentsatz vom Wert des Bahnbesitzes festzusetzen, welcher einen derart angemessenen Ertrag darstellt, und bestimmt diesen Reinertrag zunächst auf zwei Jahre mit 5 ½%. Dieser Ertrag soll aus den vom Verkehrsamt aufgestellten Tarifen den Frachtführern als Ganzes (oder in jeder Tarifgruppe oder jedem Bezirk) zukommen und „für alle vom Amt bezeichneten Tarifgruppen und Bezirke einheitlich sein" (§ 15a3). Wie das zu verstehen, ist einigermaßen rätselhaft[1]).

Es sind weiter Bestimmungen darüber getroffen, was mit einem überschießenden Betrage zu geschehen habe (Verbesserungen, Reservierung). Übersteigt er 6%, so soll ein Teil davon an das Bundesverkehrsamt zur Anlage eines Dispositionsfonds überwiesen werden, aus welchem minder ertragreichen Bahnen Beihilfen aller Art gewährt werden können. Das könnte ein Behelf sein, um die Erträge auch zwischen den Bahngruppen, wenn ihre Verschiedenheit zulässig, in einem gewissen Maße auszugleichen.

Die in den angeführten Bestimmungen gelegene Garantie scheint das Kapital zur Annahme der Reform bewogen zu haben, obschon die bereits von früher angeordnete und jetzt in allen Einzelheiten näher geregelte Erhebung des Wertes der Bahnen durch das Bundesamt nur die tatsächlichen Aufwendungen für die Anlagen in Ansatz bringen, die Aufblähungen des Nennkapitals durch Finanztricks nicht berücksichtigen darf. Die Strenge dieser Anordnung könnte den Interessen der Aktionäre gefährlich werden. Es ist den Bahnen jedoch Einspruch vorbehalten, welcher das Bundesamt zu erneueter Prüfung der Rechnung verpflichtet, und es scheint auch der Weg zu den Gerichten offen zu stehen (§ 19j). Bei der Verwickeltheit der Operation wird es schließlich auf Vereinbarungen mit den Bahnen hinauskommen. Den erwähnten Finanzkünsten ist jetzt auch für die Zukunft durch entsprechende Kontrolle der Kapitalbeschaffung das Handwerk gelegt.

Was die Personalwirtschaft anbelangt, so ist an der freien Regelung des Arbeitsverhältnisses durch Kollektivvertrag zwischen den Bahnen und den Organisationen der Bediensteten nicht gerüttelt worden. Nur die Beilegung von Streitigkeiten durch Schlichtungsämter und durch ein übergeordnetes Eisenbahn-Arbeitsamt ist (im Abschnitt III) angeordnet, jedoch in unzulänglicher Weise[2]). Für die Schiedsprüche müßte bei folgerichtiger Durchführung der Neuordnung der den Bahnen gesicherte Ertrag eine allfällige Begrenzung der Lohnhöhe begründen, auf der anderen Seite aber es ermöglichen, den Ansprüchen des Personals bis zu dieser Grenze stattzugeben. In dem Mangel einer Richtschnur

---

[1]) Das ist jene Unklarheit, auf die schon S. 89 hingedeutet wurde. Die Ausführbarkeit der Gesetzesbestimmung und, wenn sie verwirklicht wird, die Konsequenzen für die Tarifstellung, erscheinen nicht gehörig durchdacht: z. B. wie soll die Konkurrenz der Märkte auf Plätzen, in welchen Linien zweier Gruppen zusammentreffen, aufrecht erhalten werden, wenn um die Ertragshöhe zu erreichen, die Tarife der einen Gruppe wesentlich höher sein müßten als die der andern? Die in Rede stehende Norm ist offenbar ein Auskunftmittel des Augenblicks, das einer endgültigen Regelung Platz machen muß.

[2]) Röhling, „Die Beilegung der Arbeitstreitigkeiten nach dem Transportgesetz vom 28. II. 1920", Archiv 1920, S. 775ff.

liegt wohl zunächst der schwächste Punkt der Reform, das meiste wird hier auf die weitere Entwicklung der sozialen Verhältnisse ankommen.

Zusammenfassend ist zu sagen, daß die Neuregelung dem Bundesverkehrsamte den Bahngesellschaften gegenüber theoretisch Allmacht verleiht, die praktische Ausgestaltung der Neuordnung aber von den realen politischen Machtverhältnissen abhängen wird.

Auch England hat den Reformweg im bezeichneten Sinne beschritten, und zwar offensichtlich unter Einwirkung des amerikanischen Vorgehens als Vorbild. Man hat sich jedoch mehr Zeit zur Entscheidung gelassen. Durch Gesetz von 15. August 1919 war für diese eine zweijährige Frist gesetzt worden, während welcher der Verkehrsminister mit einer förmlichen Diktatur über sämtliche Verkehrsmittel des Landes verfügen konnte und die Vorschläge einer endgültigen Neuordnung vorzubereiten hatte. Das auf Grund dieser Entwürfe und eingehendster Parlamentsverhandlungen zustande gekommene Gesetz vom 19. August 1921 vollzieht sie durch sorgfältig ausgearbeitete Bestimmungen, die nicht mehr bloß Richtlinien darstellen, sondern die wesentlichen Punkte der amerikanischen Reform in einer den englischen Zuständen angepaßten Durchbildung zur Ausführung bringen. Allerdings bleiben noch Zweifel hinsichtlich der Bewährung von Einzelheiten übrig, welche die Möglichkeit von Abänderungen der Einrichtung in der Zukunft nahelegen[1]).

Die Gruppenbildung ist bereits festgelegt: die sämtlichen Bahnen Englands und Schottlands mit Ausnahme der Kleinbahnen werden in 4 große Netze verschmolzen. Diese sind vom Mittelpunkt London aus nach den 4 Richtungen mit der Achse zu den entlegensten Küstenpunkten orientiert und ergeben geschlossene Verkehrsbezirke, die sich nur an verhältnismäßig wenig Stellen berühren. Die je einbezogenen Gesellschaften haben sich über die finanzielle Regelung des Zusammenschlusses zu verständigen und ein eigens für den Zweck eingesetztes Tribunal entscheidet, im Falle eine Einigung nicht erzielt wird. Bei der ohnehin schon vorgeschrittenen Konzentration der Bahnnetze dürften nur die Fälle, in welchen es sich um Ausscheidung einzelner Linien aus einem Besitze zwecks Einbeziehung in eine andere Gruppe handelt, größere Schwierigkeiten bereiten. Den Aktionären und Inhabern der Schuldverschreibungen ist die Genehmigung dieser Verträge vorbehalten, was wohl nur eine Formalität sein kann. Für die Durchführung der Zusammenlegung ist der 1. Juli 1923 als Termin festgesetzt.

Die Tarifbestimmung ist den Gesellschaften entzogen und, zwar nicht dem Ministerium, aber einer vom Staat berufenen Fachinstanz, bestehend aus drei Mitgliedern übertragen. Eines von diesen muß dem Geschäftsleben, eines dem Eisenbahnwesen angehören, das dritte ein erfahrener Rechtsanwalt sein. Zur Stellvertretung eines an der Ausübung seines Amtes verhinderten Mitgliedes und zur Verstärkung des Kollegiums auf fünf Mitglieder in besonderen Fällen werden Personen aus zwei Listen berufen, deren eine aus 30 Vertretern der Verkehrtreibenden und des Personals und die zweite aus 12 Vertretern der Eisenbahnen besteht. Jeder Interessent hat das Recht, sich mit Anträgen an das Amt zu wenden. Es erhält zu seiner Geschäftsführung einen Stab von Beamten, die es ernennt, und entscheidet die angebrachten Fälle im kontradiktorischen Verfahren nach Anhören aller Beteiligten. Für die Berufungen gegen seine Entscheidungen gelten die Bestimmungen der *Railway and Canal traffic Act* v. J. 1888 in gleicher Weise wie bisher für die Berufungen von dem Eisenbahn- und Kanal-Amt. Ob diese Anknüpfung an das Bestehende sich als sachförderlich erweisen wird, bleibt abzuwarten.

Es wird zunächst eine neue allgemeine Güterklassifikation aufgestellt. Das Tarifamt setzt darnach auf Grund von Anträgen der

[1]) Wortlaut des Gesetzes im Archiv 1922, Heft 1 und 2.

Bahnen die Normaltarife für jede Gruppe fest. Daneben sind Ausnahmetarife zulässig, über deren Erstellung und Ausmaß das Gesetz die eingehendsten Bestimmungen enthält.

Die Tarife sollen in der Höhe bemessen werden, daß der Verkehr zusammen mit anderen Einnahmen den Bahnen die Dividenden des Jahres 1913 (die ein günstiges Erträgnis waren) abwirft, mit einem angemessenen Zuschlage für die Verzinsung seither aufgewendeten Kapitales. Zu guter Wirtschaftsführung anzuregen ist eine Bestimmung geeignet, der zufolge von Mehrerträgnissen 20 % den Bahnen zur Aufbesserung ihrer Dividende verbleiben, während 80 % zu Tarifherabsetzungen zu verwenden sind. Die Berechnung dieser Ertragsgarantie scheint mit Schwierigkeiten in den Fällen verbunden, in welchen Netze oder Netzesteile verschiedener Rentabilität zu einer Gruppe vereinigt wurden.

Der Standpunkt, welchen die Arbeiter-Organisationen zu der Reform eingenommen haben, ist dadurch zur Anerkennung gelangt, daß die bereits für den Staatsbetrieb während des Krieges eingesetzten beiden Schiedsgerichte als dauernde Einrichtung beibehalten sind und diesen die Festsetzung der Löhne und anderer Arbeitsbedingungen für die gesamten Bahnen übertragen ist. Ihr Wirkungskreis erstreckt sich auf das ganze Land, was aber die Berücksichtigung örtlicher Verschiedenheiten nicht auszuschließen scheint. Dem Ausmaß der Löhne ist nur die Schranke gezogen, daß, wenn die Bahnen durch die Lohnbestimmungen einen Ausfall am Erträgnisse bis unterhalb der garantierten Dividende erleiden, sie entsprechende Tariferhöhungen zu verlangen berechtigt sind. Was geschieht, wenn gegen solche die Verkehrsinteressenten reagieren? Ob dieses Kräftespiel sich immer im Sinne des Gleichgewichtes der Interessen glatt vollziehen werde und die Arbeiter sich den Schiedsprüchen unweigerlich unterwerfen werden, muß die Zukunft lehren.

Die Kleinbahnen bleiben in ihrer bisherigen Verfassung bestehen, doch können solche von der Hauptbahn mit staatlicher Genehmigung wider ihren Willen erworben werden, die Tarifregelung durch das Tarifgericht erstreckt sich nur auf direkte Tarife. Die Übertragung der Subventionierung an den Verkehrsminister ändert nichts Wesentliches an den Bestimmungen betreffend ihr Zustandekommen.

Dem Verkehrsminister wird eine den kontinentalen Verwaltungszuständen ähnliche Zuständigkeit verliehen, was als notwendige Konsequenz des auf Vereinheitlichkeit gerichteten Grundzuges der Neuordnung erscheint.

In dem Gesetz erfolgt gleichzeitig die Regelung der noch ausständigen Entschädigung für die Kriegsleistungen und der Kostendeckung der aufgeschobenen Erhaltungsarbeiten; ein lediglich tatsächlicher, nicht wesentlicher Zusammenhang mit der Neuordnung.

Frankreich brauchte bei der Größe und Rundung seiner Bahnnetze (einschließlich des staatlichen) und der wohl durchgeführten Regulierung nur die letztere auf das Gebiet der Vereinheitlichung auszudehnen. Es geschah dies durch einen zwischen dem Minister der öffentlichen Arbeiten einerseits und den Gesellschaften Nord, Ost, Paris-Lyon-Mittelmeer, Paris-Orléans, Süd, den Syndikaten der großen und kleinen Ringbahn und den Staatsbahnen anderseits am 30. November 1920 abgeschlossenen, zufolge der Beratungen im Senat am 28. Juni 1921 abgeänderten, durch das Gesetz vom 29. Oktober 1921 genehmigten Vertrag. Es wurde eine „gemeinsame Organisation“ geschaffen, an deren Spitze ein *Conseil supérieur des chemins de fer* und ein Direktionskomitee stehen. Der *Conseil* wird aus Vertretern der Bahnen, des Personals und der „allgemeinen Interessen“ zusammengesetzt, und hat als beratende Körperschaft (in welcher die Vertreter der Gesellschaften in der Minderheit sind) die grundsätzliche Regelung festzustellen. Das Direktionskomitee besteht aus den leitenden Personen der Bahnen und beschließt die gemeinsamen

Verwaltungsmaßnahmen, die sich auf Technik und Wirtschaft, insbesondere auf die Tarife erstrecken, wobei aber nur die Normaltarife gemeinsam sind. Außerhalb dieser gemeinsamen Organisation behält jedes Netz seine eigene und die selbständige Betriebsführung. Die Abgrenzung ist freilich im Gesetz nur in allgemeiner Wortfassung gezogen und wird hauptsächlich von der Praxis abhängen.

Die Bahnen werden in eine enge Finanzgemeinschaft verflochten, durch einen verkünstelten Überweisungsmechanismus, der ihnen den Ertrag sichern, aber auch das Interesse an ökonomischer Betriebführung und somit die Möglichkeit eines höheren Erträgnisses nicht benehmen soll. Das soll durch einen „gemeinsamen Fonds" erreicht werden, in den alle Überschüsse über die Betriebs- und Kapitalkosten eingezahlt werden, der andererseits den Gesellschaften bei Ermangelung von Überschüssen mindestens die Betriebs- und Kapitalkosten garantiert und aus welchem den Gesellschaften „Prämien" gezahlt werden sollen, die mit 3% des Überschusses der Einnahmen gegenüber den Einnahmen des Jahres 1920 und 1% des Fehlbetrages oder des Reinertrages gegenüber dem Jahre 1920 (mit verwickelten Einschränkungen und Nebenbestimmungen) berechnet werden. Die betreffenden ziffermäßigen Ansätze entziehen sich der Beurteilung durch den Außenstehenden. Die Ausführbarkeit dieser Gebarung soll durch entsprechende Erhöhung der Tarife gesichert werden, wenn sich solche als notwendig erweist, und falls dies nicht genügt, wird der Staat durch Vorschüsse an den Fonds einspringen, welche durch Schuldverschreibungen zu decken sind, die von den Kompagnien ausgegeben und vom Staate garantiert werden. Die Tarifänderungen können „nur innerhalb einer durch die wirtschaftliche Lage gegebenen Grenze stattfinden". Diese Grenze scheint aber als sehr dehnbar angesehen zu werden, da erst vom Jahre 1926 an für Tariferhöhungen, welche die **Höchstsätze** der Konzessionen um mehr als 180% für die Güter oder um mehr als 100% für die Personen übersteigen, die Zustimmung des Parlaments vorgesehen ist! Ob dieser Mechanismus auch sicher funktionieren werde? Man könnte allerdings den siegberauschten Politikern Phantastereien zumuten, aber es ist doch wohl nicht anzunehmen, daß die Gesellschaften, wo es sich um ihre ernstesten Interessen handelt, sich nicht die realen Tatsachen vor Augen gehalten haben sollten.

Die gleiche Prämie wie die Bahnen (mit Zuschlägen) erhält das Personal, das dafür im Wege einer Genossenschaft Aktien und Prioritäten der Bahngesellschaften sowie Staatsrenten erwerben kann, zur Hälfte individuell, zur Hälfte für gemeinsame (Pensions- usw.) Zwecke. Das ist ein sozialistischer Einschlag in das Gewebe des Gesetzes; ein roter Streifen zur Verschönerung nach dem Zeitgeschmack. Es wird erlaubt sein, seine Haltbarkeit zu bezweifeln.

Beinahe überflüssig zu sagen, daß die Erledigung von Streitigkeiten über Lohn- und andere Personalfragen einem Schiedsgericht überwiesen ist; ebenso, daß die Vervollständigung des Netzes durch Ergänzungsbauten, die Verrechnung beim Heimfalle und die Entschädigung für die Kriegsfolgen gleichzeitig geordnet wurden.

Ein völlig abweichendes Bild bieten **Deutschland** und **Österreich** in der Gestalt, der politischen Lage und den Finanzverhältnissen, wie sie aus dem Kriege hervorgingen. In Deutschland hat die vollendete Tatsache des Überganges der Staatsbahnen auf das Reich, die als politische Maßnahme einer Kritik auf diesen Blättern entzogen ist, das Aufwerfen der Systemfrage abgeschnitten. Dennoch ist, in sonderbarem Widerspiel hierzu, die Frage erhoben worden, ob nicht durch Übertragung des Reichsbesitzes an das Privatkapital die Sanierung der Eisenbahnfinanzen zu erreichen wäre. Dieser Gedanke war indes mehr Stimmungssache, erzeugt unter dem Eindruck, den das enorme Defizit des Bahnbetriebes auf die Bevölkerung machte. Die Reichsregierung, die in letzter Linie von den Wählern abhängt, schien manchem nicht die Macht zu besitzen, den fortwährend steigenden Ansprüchen des Personals, das bei einem Stande von 1 Million Köpfen schon einen starken politischen Einfluß auszuüben vermag, zu widerstehen. Inzwischen ist aber dieser Anschauung durch die von der Verwaltung der Reichsbahnen in der Richtung auf Abminderung und Beseitigung der Betriebsverluste erzielten Ergebnisse der Boden entzogen worden. Im ersten Jahre des Reichsbetriebes überstiegen die Ausgaben die Einnahmen um 78%, im zweiten Jahre noch um 32%. Die auf Verminderung der Ausgaben gerichteten Anstrengungen in Verbindung mit der, hinter der Preiserhöhung der Waren noch immer zurückbleibenden Tariferhöhung haben bewirkt, daß im Haushaltplane für das Jahr 1922 die Abgleichung von Einnahmen und Ausgaben in Aussicht genommen werden konnte. Für die Wirtschaftsrechnung der Zukunft ist übrigens ein äußerst wichtiger Umstand nicht außer acht zu lassen, das ist die Abbuchung am Kapitalkonto, die sich als selbsttätige Folge der Entwertung der Währung ergeben muß in dem Verhältnis, auf welches die dauernde Entwertung sich einstellen und gesetzlich fixiert werden wird. Wenngleich zur Zeit, in der diese Blätter unter die Presse kommen, niemand imstande ist, über das Ausmaß der schließlich resultierenden Wertrelation eine bestimmte Meinung zu haben, so steht doch eine sehr bedeutende Erleichterung der Finanzwirtschaft für die Zukunft außer Zweifel.

Als ernstlicher Vorschlag war der Gedanke eines Verkaufs der Reichsbahnen ja wohl ohne lange Erwägungen vorhinein abzuweisen. Wie hätte es denn verhindert werden können, daß das auswärtige Kapital, das Kapital der Siegerstaaten, das gegenüber der entwerteten Markwährung leichtes Spiel gehabt hätte, sich der deutschen Bahnen bemächtige? Es genügte, an die Konsequenzen zu denken.

In weiteren Kreisen wurde jedoch der Idee einer Heranziehung des Privatkapitals, und zwar des heimischen, eine andere Richtung gegeben. Man hatte nicht eine Veräußerung des Besitzes von seiten des Reiches im Auge, sondern eine Beteiligung privater Unternehmungen an der Verwaltung der Bahnen. Man glaubte in der „gemischt-wirtschaftlichen Unternehmung“ das Heilmittel gefunden zu haben und hegte die Vorstellung, daß die zur Instandsetzung der Anlagen und zu ihrer Vervollkommnung, insbesondere auch durch Elektrisierung, erforderlichen Mittel eben vom Privatkapital beizustellen wären und sohin eine gemeinsame Verwaltung platzzugreifen hätte. Das scheint plausibel, nur unterläuft dabei die Unklarheit, sich nicht Rechenschaft darüber geben, welcher von beiden Teilen der in der Verwaltung maßgebende sein solle oder sein würde: der Staat oder das beteiligte Privatkapital?

Kann man glauben, daß das Privatkapital geneigt sein würde, seine Interessen dem Belieben der staatlichen Organe anheim zu geben? Könnte man annehmen, wenn wir uns das Anlagekapital etwa durch die deutsche Industrie als Verband aufgebracht vorstellen, daß diese bereit sein würde, sich den Geboten des Staates hinsichtlich der Tarife, der Personalbehandlung, der Berücksichtigung bestimmter Wirtschaftszweige in einzelnen Gebieten, der Aufrechthaltung des Betriebes auf ertragschwachen oder verlustbringenden Linien usw. zu fügen? Oder sollte vielleicht der Staat sich damit bescheiden, daß das Kapital über die Verkehrsleistungen und die Tarife vom Standpunkt seines Vorteiles entscheidet? Die gegenwärtige Gestaltung des Eisenbahnwesens in Holland könnte vielleicht als Beleg für die Ausführbarkeit einer solchen Verwaltung angesehen werden. Die beiden Betriebsgesellschaften bestehen weiter, trotzdem der Staat die Mehrheit der Aktien besitzt. Allein das Beispiel ist nicht beweismachend, ganz abgesehen davon, daß die kleinen und einfachen Verhältnisse des Bahngebietes keinen Schluß auf Deutschland zulassen. Die eingelebten Pachtbestimmungen und die Betriebsweise bestehen fort und solange dies der Fall ist und der Staat sich überhaupt mit Bezug auf das Verhältnis zu den Gesellschaften vom Grundsatz *Quieta non movere* leiten läßt, kann das Verhältnis Bestand haben. Anderenfalls würde sich sofort seine Unhaltbarkeit erweisen und die eigentliche Verstaatlichung notwendig werden, was man auch in weiten Kreisen Hollands annimmt und als das Endziel ansieht. Die gemischt-wirtschaftliche Unternehmung ist ausführbar, wo die Verhältnisse so einfach liegen, daß die beiderseitigen Interessen sich vorhinein in Übereinstimmung bringen und im Laufe des Betriebes unschwer darin erhalten lassen; so bei den Ortspersonenbahnen. Wo aber, wie in der Verwaltung des Bahnnetzes eines großen Landes, die staatswirtschaftlichen Rücksichten zum Teile nur auf Kosten des Kapitalertrages zu befriedigen sind und im Betriebe zahllose Fälle solchen Widerstreites immer von neuem auftauchen, wäre eine gedeihliche Geschäftsführung, die den Ausgleich der einander entgegenstehenden Interessen voraussetzt, ein Ding praktischer Unmöglichkeit. Man war auf dem besten Wege, einem Schlagwort zu verfallen. Gewisse Kreise des Großkapitals bedienten sich seiner zu dem Zwecke, um die Reichsbetriebe in die Hand zu bekommen.

Eine weitere Variante, nämlich die Vorstellung, die privatwirtschaftliche Betriebsweise wäre darin zu suchen, der Staat solle den gesamten Besitz in eine Aktiengesellschaft verwandeln, deren Anteilscheine er selbst behält, und könne dann die verschiedenen leitenden Verwaltungsstellen mittels seiner Aktien in Gesellschaftsform konstituieren, ist doch wohl zu naiv, um nähere Beurteilung zu erfordern.

Die führenden Persönlichkeiten der Eisenbahnverwaltung haben sich lediglich von ihrer fachmännischen Einsicht leiten lassen. Auch die

Beamten und Arbeiter haben sich durch ihre Vertretungen entschieden gegen den Vorschlag eines Privatbetriebes erklärt. Dafür war allerdings die Besorgnis mit maßgebend, daß sie sich bei einem solchen schlechter stehen würden, obschon das keineswegs als ausgemacht gelten kann. Das tatsächliche Ergebnis war der Entschluß, am staatlichen Betriebe der Reichsbahnen unbedingt festzuhalten. Damit war die Systemfrage ausgeschaltet und die Neuordnung folglich auf einen anderen Boden versetzt. Die Organisation ist es, die Organisation der Reichsbahnen-Verwaltung, um die allein es sich in Deutschland handeln kann. Für die Organisation aber sind zwei Umstände maßgebend: einerseits der große Umfang des einheitlichen Bahnnetzes, in das Bahngebiete von sehr verschiedenem Charakter einbezogen wurden, und zweitens die staatlichen und sozialen Kriegsfolgen. Mit Rücksicht hierauf erwuchs den Fachmännern des deutschen Eisenbahnwesens die Aufgabe, eine neue Organisation zu ersinnen, die der Eigenart des Netzes und den Zeitumständen entspricht.

Die künftige Geschichtschreibung wird berichten, daß das Werk nicht leicht war und nicht auf den ersten Wurf gelingen konnte. In seinen Elementen stellt es sich in folgender Weise dar. Drei wesentliche Grundlagen sind es, auf welchen sich sein Aufbau vollziehen muß.

Obenan steht die gesetzliche Anordnung der Weimarer Verfassung, derzufolge die Verwaltung des Reichseisenbahnnetzes ein selbständiges wirtschaftliches Unternehmen zu bilden hat. Wir kennen die Einschränkung in staatsfinanzieller Hinsicht, mit der dieser Grundsatz ausführbar ist. Bei der Größe des Wirkungsfeldes der Unternehmung ist vorhinein eine körperschaftliche Verwaltung angezeigt und damit sind schon die Schwierigkeiten gegeben, diese mit der erforderlichen Aktionsfähigkeit auszustatten. Die uns bekannten Muster, welche die Verwaltung mehrerer Länder liefert, gestatten nur bedingte Anwendbarkeit, die Konsequenzen der demokratischen Verfassung können leicht zu einem auf dem Ehrenamte beruhenden Mischgebilde von Beirat und geschäftführendem Kollegium führen, das weder nach der einen noch nach der andern Richtung seinem Zwecke entsprechen würde.

Für die innere Gliederung der leitenden Verwaltungsstellen wird sodann der Umstand maßgebend, daß der Aufbau auf den überkommenen Grundlagen der bisherigen Verwaltung in den Gliedstaaten vor sich geht. Es handelt sich darum, das Ausmaß von Zentralisation und Dezentralisation, auf dem insbesondere die beiden bewährten Organisationen der preußischen und der bayerischen Staatsbahnen beruhen, den geänderten Verhältnissen anzupassen, wobei in erster Linie die Größe des Rahmens sich geltend macht. Wir wissen, daß die beiden Ausführungsmöglichkeiten der Generaldirektionen und der geschäftführenden oder Oberdirektionen in die Wahl kommen. Nach der Richtung auf Zentralisation kommt es darauf an, daß diese Stellen sich nicht als schädliche Zwischeninstanz einschieben, der Gesichtspunkt der Dezentralisation gebietet, ihnen ein Maß von Selbständigkeit zu verleihen, das sie instand setzt, den Verkehrsbedürfnissen ihres Gebietes mit vollem Erfolge in bezug auf Leistungen und Ökonomie zu dienen.

Drittens ist die Eingliederung der Personal- und insbesondere der Arbeiter-Vertretungen in die Organisation eine unabweisbare Forderung der Zeit, und zwar über dasjenige hinausgehend, was diese Vertretungen in der Personalwirtschaft Ersprießliches leisten können. Es ist die überaus schwierige Aufgabe gestellt, sie an der laufenden Dienstführung mitleitend teilnehmen zu lassen, wobei vieles schon auf die Art und Weise der Bildung dieser Vertretungen ankommt.

In allen diesen Hinsichten von Anfang an eine endgültige Lösung zu finden, erscheint ausgeschlossen, denn zu den inneren Schwierigkeiten der Sache kommen äußere Erschwernisse, die erst die Entwicklung beseitigen kann. Die Frage der Dezentralisation hat eine politische Seite, auf die nach der gegenwärtigen Lage Deutschlands innere und äußere Kräfte einwirken, welche je nach den Machtverhältnissen und unvorherzusehenden politischen Ereignissen höchst bedenkliche Einflüsse üben können. Die Eingliederung des Personales in die Geschäftsführung muß zum Ziele haben, den unter dem suggestiven Einflusse ehrgeiziger Führer gesteigerten egoistischen Klassenbestrebungen die gegen die Gesamtheit gerichtete Spitze abzubrechen und sie den gemeinsamen Interessen dienstbar zu machen. Eine gewisse Hoffnung hierauf besteht freilich, wenn man beobachtet, wie die verantwortliche Mitarbeit der Sozialdemokratie an positiver Staatsbetätigung den Zwang der Parteidogmen abschwächt. Endlich droht die Gefahr einer Neigung zur Überorganisation, für die bereits gewisse Anzeichen und Ansätze zu erkennen sind.

Diese innern und äußern Schwierigkeiten und Hemmungen werden wohl nicht in einem Anlauf, vielmehr in fortgesetzter Reformarbeit zu bewältigen sein.

Die Zustände in Österreich sind ein Abbild der deutschen, nur kleineren Maßstabes und düsterer in der Farbe und Stimmung, und es sind dadurch der Gestaltung des Verkehrswesens die einzuschlagenden Wege vorgezeichnet. Dieses kleine Staatswesen ist aber, eingezwängt mit seinem verstümmelten Bahnnetze in die Gebiete der sog. Nachfolgestaaten, in leidiger Abhängigkeit gegenüber letzteren. In diesen wird zunächst die Politik für Ergänzungen des Netzes, Betriebseinrichtungen und Tarife bestimmend sein, auf die Dauer wird aber auch hier der Zwang einer bestimmten Notwendigkeit sich geltend machen. Durch Zerschlagen eines auf natürlichen Grundlagen beruhenden urwüchsigen Wirtschaftskörpers von einer für Gedeihen und Selbstbehauptung ausreichenden Größe haben Gewalt und Unverstand hier staatliche Gebilde geschaffen, deren jedem die für ein wirtschaftliches Eigenleben genügend breite Basis fehlt. Die Notwendigkeit eines wirtschaftlichen Zusammenschlusses drängt sich unabweisbar auf und das erste Gebot der Staatsklugheit hätte sein müssen, auf dem Gebiete des Verkehrswesens durch einverständliche Verwaltung die Wiederherstellung des früheren Zusammenhanges anzubahnen. Anstatt dessen haben Kleingeister vorerst die Absperrung und Schikanen zum Regierungsprinzip erhoben und Untergebene darin ihren Sport gefunden. Auf diese Art sind Zustände entstanden, an welche die Urheber selbst in späteren Jahren wahrscheinlich nur mit Beschämung zurückdenken werden. Endlich konnte es aber doch nicht ausbleiben, daß die Vernunft durchdringe, und es sind bereits die ersten Schritte einer Rückkehr zu normaler Verkehrsgestaltung geschehen. (Konferenz von Portorose, Winter 1921, unter der klugen Einflußnahme der italienischen Regierung in Wahrung der in Mitleidenschaft gezogenen wirtschaftlichen Interessen ihres Landes.) In weiterer Verfolgung des eröffneten Weges werden sich jene Maßnahmen der internationalen Verwaltung des Eisenbahnwesens nahelegen, auf die gehörigenorts (S. 118) im allgemeinen hingewiesen wurde.

Italien und die Schweiz können in ihrer Verwaltung nach der Unterbrechung durch den Krieg unmittelbar an das letzte Friedensjahr anknüpfen. Die Behebung der finanziellen Schwierigkeiten der Verkehrsanstalten, insbesondere des Staatsbahnbetriebes, wird keine gar zu schwere Aufgabe sein. In beiden Staaten waren Reformen der Staatsbahn-Verwaltung in Vorbereitung: nunmehr konnte die Arbeit wieder aufgenommen werden.

Die Verwüstung Rußlands durch die tollwütigen Horden der Bolschewiken hat in erster Linie die Eisenbahnen betroffen und es bildet daher die Wiederherstellung der Anlagen das dringendste Erfordernis des staatlichen und wirtschaftlichen Wiederaufbaues.

Die übrigen europäischen und die außereuropäischen Staaten, die eigentlich die wahren Kriegsgewinner darstellen, sind in der Lage, nicht nur unbeengt durch finanzielle Rücksichten von den technischen Fortschritten im gesamten Verkehrswesen Gebrauch zu machen, sondern auch insbesondere im Eisenbahnwesen diejenigen wirtschaftlichen Maßregeln zu ergreifen, welche die Gunst der Umstände ermöglicht und der entsprechend gestiegene Verkehr erfordert. Die Richtung dieser Maßnahmen ist in dem Rahmen eingeschlossen, den die theoretischen Ausführungen des vorliegenden Buches umschreiben. In diesen sind auch schon die Gesichtspunkte bezeichnet, nach welchen die Bestrebungen weiterer Vereinheitlichung in Hinsicht auf Tarife, Anlage- und Betriebsverhältnisse, Frachtrecht usw. auf die Gesamtheit der Bahnen umfassender Ländergruppen auszudehnen sind, wenn die Wiederaufrichtung des Wirtschaftslebens, vor allem in Europa, ernstlich in Angriff genommen wird: nur dürfen solche Bestrebungen nicht der Befriedigung einseitiger Einflußgelüste dienstbar gemacht werden.

Ist mit diesen Aussichten die Entwicklung als abgeschlossen anzusehen? Es wäre verwegen das zu behaupten. Schon sind in der „Sozialisierung“ ideologische Gestaltungskräfte am Werke, mit welchen als Tatsachen zu rechnen ist. Im Eisenbahnwesen schlägt hier ein die vorläufig freilich nur vereinzelt erhobene Forderung, die Verwaltung dem Eisenbahnpersonale als Berufsgenossenschaft zu übertragen. Ein wirtschaftlich durchdachter Plan liegt nicht vor. Wenn man ernsthaft dem Vorschlage näher treten will, so könnte das nur unter der Voraussetzung geschehen, daß man die Ausführbarkeit einer allgemeinen Gliederung der Wirtschaft im gleichen Sinne als soziales Entwicklungstadium ins Auge faßt. Eine solche Entwicklung wäre aber unverkennbar an die Bedingung geknüpft, daß vorerst die mutualistisch-altruistischen Antriebe eine erhebliche Verstärkung erfahren, der zufolge der einzelne sich auch in der Wirtschaft fortab als pflichtverbundenes Glied des Ganzen fühlt und in diesem Bewußtsein die Arbeitsmühe mit voller Hingabe auf sich nimmt. Ob eine solche Wandlung in den Geistern und Gemütern zu gewärtigen sei, darüber kann man nach den Erfahrungen über die psychischen Einwirkungen und Folgewirkungen des Krieges sehr verschiedener Meinung sein. Außerdem hinge die Durchführung von einer Organisation der gesamten Wirtschaft ab, über deren Schwierigkeit und Ungenügen im Vergleich mit der privatwirtschaftlichen Güterversorgung das Experiment der Bolschewiken wohl jedermann belehren kann. Wir haben es hier mit einem Inventarstück der soziologischen Zukunftsplanung zu tun, das auf objektiv nicht zu begründenden Voraussetzungen beruht.

6. Wandlungen der Wirtschaft im Zeitalter der Eisenbahnen[1]).

Allgemeine Charakteristik der Entwicklung. Die Einwirkungen der Eisenbahnen auf die Umformung der wirtschaftlichen Verhältnisse lassen sich nicht gesondert betrachten. Erfindung und Entwicklung des neuen Landtransportmittels stehen zeitlich in dem großen Zusammenhang von Erscheinungen, der mit der Anwendung des Dampfes auf das Verkehrswesen gegeben war. Die technische Errungenschaft, Fluß-, See- und Landverkehr gleichmäßig ergreifend, erzeugte dem älteren Zustande gegenüber eine Umgestaltung der wichtigsten Verkehrsträger von Grund auf — ergänzt durch tiefgreifende Fortschritte auf dem Gebiete des Nachrichtenwesens — deren allgemeine wirtschaftliche Wirkungen sich nicht diesem oder jenem Transportmittel zuschreiben, sondern nur als Frucht der angedeuteten Umformung in ihrer Gesamtheit auffassen lassen. Das schließt jedoch nicht aus, daß innerhalb der allgemeinen Entwicklung, die in großen Zügen zu charakterisieren ist, spezielle Errungenschaften auf dem Gebiete des Verkehrs — die Anlage einer Eisenbahn, die Einrichtung regelmäßigen Schiffverkehrs — besondere wirtschaftliche Wandlungen herbeigeführt haben, die sich ursächlich auf diese zurückführen lassen.

Die Verbesserung, die die Anwendung des Dampfes auf den Landtransport brachte, war nicht nur erheblich größer als beim Wasserverkehr, sondern die wirtschaftlichen Wirkungen der Eisenbahnen hatten naturgemäß ein viel breiteres Anwendungsgebiet, sie ließen sich in einer Unzahl von Fällen sinnfällig fassen und erklären; eine Darstellung,

---

[1]) Pflicht des Bearbeiters war es, soviel als möglich von dem ursprünglichen Text stehen zu lassen, da es sich eben um eine Neuauflage handelt. Der Gedankengang ist vollständig in die Neubearbeitung aufgenommen, selbstverständlich vielfach erweitert und durch neues Tatsachenmaterial, wie es in breiter Fülle seit dem Ende der 70er Jahre angewachsen ist, belegt. Wenn ein Paragraph des folgenden Abschnitts sich mehr oder weniger wörtlich an die 1. Auflage anlehnt, so ist er durch den besonderen Hinweis „1. Auflage“ kenntlich gemacht.

die außer den allgemeinen Grundlinien der Entwicklung spezielle Ergebnisse von Wichtigkeit zu geben trachtet, wird deshalb bei der Lösung ihrer Aufgabe der Eisenbahnen am häufigsten gedenken müssen[1]).

Daß wirtschaftliche Wandlungen, wie sie im folgenden genannt sind, ausnahmslos nicht bloß durch die Verkehrsvervollkommnung, sondern auch durch andere Momente mit verursacht waren, ist selbstverständlich; ebenso natürlich ist es, daß sich von dem wirtschaftlichen Zustande eines Landes Wirkungen auf die Vervollkommnung des Transportwesens erstrecken[2]). Im Zeitalter der Eisenbahnen stehen wirtschaftliche Wandlungen und Verkehr in enger wechselweiser Beziehung, und die Tatsachen des ökonomischen Lebens sind recht verwickelte Erscheinungen, die restlos zu analysieren nicht unsere Aufgabe sein kann[3]). Leitender Gesichtspunkt für die Auswahl der wirtschaftlichen Entwicklungsreihen konnte nur sein, daß die Verkehrsvervollkommnung, speziell die Anlage von Eisenbahnen, die Vorbedingung für ihr Dasein gewesen ist.

Es ist aus der „Übersicht der Entwicklungsgeschichte des Bahnwesens“ bekannt, in welche verschiedenen Abschnitte diese zerfällt. Auf die „Jugendzeit“, die das zweite Viertel des 19. Jahrhunderts umschließt, folgte eine Periode des „Ausreifens“ und auf diese die „Vollreife“, die die Entwicklung von der Mitte der 70er Jahre bis in unser Jahrhundert charakterisiert.

Obwohl seit Eröffnung der Liverpool-Manchester Bahn das allgemeine Interesse sich dem neuen Verkehrsmittel zugewandt hatte, standen 1841 doch erst in England 2521 *km*, in Frankreich 269, in Österreich (einschließlich der Pferdebahnen) 538, in Deutschland 627, in Belgien 378, in den Vereinigten Staaten 3500 *km* Bahnen im Betriebe, und erst mit dem Jahre 1845 beginnt der Einfluß des neuen Verkehrsmittels sich allgemeiner geltend zu machen; denn damals waren eben auf dem Festlande von Europa und in Amerika größere Linien von jener Ausdehnung entstanden, um die Wirkungen der Transportvervollkommnung über umfangreichere Landstrecken und nicht mehr vereinzelt zur Erscheinung zu bringen. Um die Mitte des 19. Jahrhunderts kamen in Europa die ersten zwischenstaatlichen Verbindungen zustande, überall wurde an der Vervollständigung des Bahnnetzes gearbeitet, und die kilometrische Länge wuchs zwischen 1845 und 1875 von 8235 auf 142494 *km*. Diese

---

[1]) Es wird in der folgenden Darstellung zwischen „Verkehrsfortschritt“, „Verkehrsvervollkommnung“ usw. einerseits, den „Eisenbahnen“ anderseits unterschieden, je nachdem die wirtschaftliche Erscheinung der Gesamtheit der modernen Verkehrsträger oder dem Schienentransport zuzurechnen ist.

[2]) Zur genauen Formulierung und zum Beweise dieses Satzes Bd. 1, S. 64ff.

[3]) Hierzu Bd. 1, S. 41 Anm.

Periode des Ausreifens der neuen Erfindung brachte eine Vertiefung und ungeahnte Verbreiterung der wirtschaftlichen Wirkungen der Eisenbahnen, eine Umgestaltung des ökonomischen Lebens, die am Ende des genannten Zeitraumes in ihrem Aufbau und ihrer ursächlichen Beziehung bereits deutlich zu erkennen war[1]). Die Entwicklung, die dann einsetzte, gekennzeichnet durch Verstaatlichungen, durch die Verdichtung der Netze, die Internationalisierung der Verwaltung, die Vereinheitlichung der Tarife und technische Vervollkommnung, mußte an sich die Wirkungen des neuen Transportmittels auf die gesamte Wirtschaft ungeheuer steigern; wenn dies dennoch nicht in dem erwarteten Maße geschehen ist, so lag es daran, daß der Übergang zur Schutzzollpolitik in einem Teil der wichtigsten Staaten die Folgen der Verkehrsvervollkommnung abschwächte. Diese Abschwächung, an zahlreichen Tatsachen deutlich erkennbar, bezog sich natürlich nur auf die zwischenstaatlichen Wirkungen der Verkehrsvervollkommnung, während sich im Innern der Länder die erzielten Verbesserungen weiter in das wirtschaftliche Leben umsetzten. Die Abschnürung der Staaten gegeneinander im Weltkriege bedeutet für unser Thema nichts anders als die teilweise Unterbrechung der wirtschaftlichen Folgen des modernen Verkehrs; soweit sie bestand, wirkte sie grundsätzlich nicht anders, als die Umwallung der Staaten durch Schutzzölle seit dem Ausgang der 70er Jahre, nur in ungeheuer gesteigertem Maße.

Die wirtschaftlichen Wandlungen im Zeitalter der Eisenbahnen sind — wie bemerkt — nicht bloß auf den Eisenbahnbau, sondern auf die Verkehrsvervollkommnung im ganzen zurückzuführen. Zwischen der Entfaltung der Bahnnetze und den daran anknüpfenden Folgen seit der Mitte des 19. Jahrhunderts und der Ausbreitung des Dampfbetriebes in der Seeschiffahrt besteht Gleichzeitigkeit und wechselweise Beeinflussung. Etwa seit den 40er Jahren beginnt England die Welt mit einem Netz von Dampferlinien zu umspinnen, von den beiden großen deutschen Gesellschaften ist die eine in den 50er Jahren gegründet worden, die andere in dieser Zeit zum Dampferdienst übergegangen. Ähnlich ist es mit der umfangreicheren Anwendung des Dampfbetriebes auf die Flußschiffahrt, deren Schicksal besonders eng mit der Ausdehnung des Bahnnetzes verknüpft war. Die Entwicklung des modernen Nachrichtenwesens, in größerem Stil einer späteren Zeit angehörig, ist als wesentlicher Bestandteil dieser Entwicklung zum Verständnis des Wandels im Wirtschaftsleben dem Bilde einzufügen.

Hierbei drängt sich die Erinnerung an die bekannte Analyse auf, die Knies über „Die Eisenbahnen und ihre Wirkungen" zu Beginn

[1]) Vgl. zum Beweise den entsprechenden Abschnitt der 1. Auflage, der in jener Zeit geschrieben ist.

der 50er Jahre des vorigen Jahrhunderts gegeben hat. Zum großen Teile kann man heute seine Ausführungen nur bestätigt finden; in manchen Punkten freilich wurde eine Berichtigung und Vervollständigung notwendig, entsprechend dem von ihm selbst ausgesprochenen Wunsche: „es möge von fachlicher Seite dem Fortgange und der großartigen Weiterentwicklung jener Erscheinung, die bei ihrem ersten Auftreten einen so hinreißenden Eindruck hervorgebracht hat, die gebührende Aufmerksamkeit geschenkt werden“. Den Ausgangspunkt einer solchen Untersuchung aber — und damit die allgemeine Charakteristik der Erscheinungen, die den Gegenstand der Beobachtung bilden — hat Knies treffend festgestellt, mit dem Satze: daß es sich eben darum handle, die ökonomischen Wirkungen der Anwendung der Maschinenarbeit mit mechanischem Motor auf dem Gebiete des Transportwesens zu bestimmen, infolge deren bei den Transportmitteln „die Menge und die Eigentümlichkeit der Vorteile erreicht wurde, welche in der industriellen Fabrikation überall dort erzielt wurden, wo die menschliche und tierische Arbeitskraft durch die Arbeit der Maschine ersetzt werden konnte“[1]).

Das Maß der mit der Eisenbahn gegebenen Transportvervollkommnung. Das Maß der ökonomischen Wirkungen wird bestimmt durch den Grad der Transportvervollkommnung, die durch das betreffende Beförderungsmittel erreicht wird. Die Momente, auf die es in dieser Beziehung ankommt, sind bekanntlich: die Verbilligung, die Verminderung der Zeitdauer bei der Ortsveränderung („Schnelligkeit“), die Ausdehnungsfähigkeit der Verkehrsleistungen, ihr regelmäßiger und zeitgerechter Vollzug, endlich die Sicherheit und überhaupt die Beschaffenheit des Transportmittels in seinem Einfluß auf die Transportobjekte. Bei der Eisenbahn werden diese Momente ausnahmslos und gleichmäßig wirksam. In dem Produkte aller dieser Faktoren liegt somit der Gesamtausdruck der mit ihr gegebenen Verkehrsfortschritte. Einzeln herausgegriffen, lassen sie sich in jedem konkreten Falle genauer bestimmen, allgemein und durchschnittlich durch reichlich vorhandene Daten mehr veranschaulichen als beziffern.

Was die Verbilligung anlangt, so war die Entwicklung in allen Ländern dieselbe. Ein vergleichender Rückblick auf die Transportpreise in den Zeiten der alten Verkehrsmittel gegenüber denen der beginnenden Eisenbahnära und der Gegenwart hat überall ungefähr das gleiche Ergebnis.

In England betrugen die Fahrpreise auf den Postwagen zu Anfang des vorigen Jahrhunderts I. Kl. 20—25,6 Pfg., 2. Kl. 12,8—16 Pfg. für das Kilometer. Die Eisenbahnen führten alsbald eine Verminderung der Preise

[1]) „Die Eisenbahnen und ihre Wirkungen“, S. 7. Hierzu Bd. 1, S. 76ff.

um mehr als die Hälfte herbei; um die Wende des neuen Jahrhunderts stellten sie sich auf der Strecke London-Manchester auf 8, 6,3 und 5 Pfg. für das Kilometer[1]). Im Frachtverkehr galten auf den Landstraßen früher die Sätze von 44—56 Pfg., auf den Kanälen ungefähr 11,2—17,6 Pfg. für die Tonne und das Kilometer. Die Eisenbahnen beförderten die Güter, soweit ein Vergleich mit einer Durchschnittsziffer möglich ist, alsbald für etwa 40% der früher bei den Kanälen üblichen Frachtpreise. Ermäßigungen des Massenverbrauchs und zur Ausfuhr wurden mit der Zeit in großer Zahl eingeführt[2]). Das genaue Maß der heute erzielten Preisverminderung zu geben, ist schwierig, da das englische Tarifwesen beim Fehlen eines Normaltarifs ganz undurchsichtig war. Die vor dem Kriege gültigen Höchsttarife ergaben ohne Abfertigungsgebühr bei einer Entfernung von 100 brit. Meilen (= rd. 160 *km*) einen Durchschnittspreis von etwa 3 Pfg. in der untersten Klasse (Erze, Roheisen, Steine usw.), während die höchste Klasse bei der gleichen Entfernung etwa 16 Pfg. zahlte. Einschließlich der gesetzlich festgelegten Höchstsätze der Abfertigungsgebühren stellten sich die Preise in den beiden Klassen auf 4,9 Pfg. für das Tonnenkilometer und auf 26 Pfg. Doch waren die tatsächlich bezahlten Durchschnittspreise zweifellos viel niedriger.

Als es sich um die Anlage eines Eisenbahnnetzes in Frankreich handelte, wurden von der Verwaltung eingehende Erhebungen über den Verkehr auf den Land- und Wasserstraßen, sowie über die Beförderungspreise angestellt. Die Enquête ergab für den Personenverkehr bei den Posten eine Abstufung der Preise je nach der Ausstattung der Plätze von 5,6—12,8 Pfg. für die Person und das Kilometer. Kaufmannsgüter zahlten für Tonne und Kilometer bei gewöhnlicher Geschwindigkeit im Durchschnitt 16, für Eilgüter 28 Pfg., schwere Produkte, die nur zu Wasser auf längeren Strecken transportfähig waren, 4, 4,8, 6,4 —9,6 Pfg. für die Tonne, doch waren diese billigen Preise durch die lange Dauer der Transporte zum guten Teil unwirksam gemacht; ein Transport auf 250 *km* währte zuweilen 3—4 Monate. Für die Eisenbahnen forderten die *Cahiers des charges* im Personenverkehr Höchstsätze von 4,4, 6 und 8 Pfg. für das Kilometer, und im Güterverkehr Höchstsätze für das Tonnenkilometer bei Eilgut 28,8 Pfg., bei Frachtgut 1. Kl. 12,8 Pfg., 2. Kl. 10,8 Pfg., 3. Kl. 8 Pfg., 4. Kl. 6,4—3,2 Pfg., je nach der Entfernung. Die wirklich erhobenen Frachtpreise stellten sich für alle wichtigen Artikel weit niedriger. Bei allen Gesellschaften haben sich die Sätze im Laufe der Zeit stark ermäßigt: bei der Nordbahn im Durchschnitt aller Klassen zwischen 1856 und 1865 von 5,7 Pfg. auf 4,8 Pfg., bei der Orleansbahn von 6 Pfg. auf 5,1 Pfg.[3]).

Die heutigen Tarife sind, so wie der englische Höchsttarif, in den einzelnen Klassen staffelförmig gebildet. Bei den Privatbahnen betrug vor dem Kriege in der untersten Klasse bei einer Entfernung von 100 *km* der tonnenkilometrische Satz durchschnittlich 4 Pfg. ohne die Abfertigungsgebühr und mit dieser 4,8 Pfg., bei weiteren Entfernungen war der Durchschnittssatz für die Tonne und das Kilometer niedriger. Bei der Paris-Lyon-Mittelmeerbahn stellte er sich z. B. einschließlich der Abfertigungsgebühr auf 2,5 Pfg. bei einer Strecke von 1000 *km*. Die zahlreichen Ausnahmetarife enthielten wesentlich billigere Durchschnittssätze. Unter bestimmten Bedingungen gewährte die französische Staatsbahn nach Edwards[4]) einen tonnenkilometrischen Satz von 1,5 Pfg. für Kohlen.

---

[1]) Heinrich, „Einige Bemerkungen über die Personentarife und den Personenverkehr auf den englischen Eisenbahnen“ (Archiv 1902, S. 294).

[2]) 1. Aufl., S. 4.

[3]) 1. Aufl., S. 4f.

[4]) Archiv 1915, S. 615.

Der Kohlentransport auf der Landstraße hatte in Preußen vor dem Bau von Eisenbahnen mit dem Frachtfuhrwerk 40 Pfg. für das Tonnenkilometer gekostet. Er sank in der ersten Zeit der Eisenbahnen auf 13—14 Pfg., betrug späterhin 2,2 Pfg., doch wurde dieser Satz für den sog. Rohstofftarif (beim Versenden von den Erzeugungsstätten) und eine Fülle von Ausnahmetarifen (bis 1,23 Pfg. für das Tonnenkilometer, ohne den Anteil aus der Abfertigungsgebühr) noch erheblich unterboten [1]).

Besser als durch Einzelangaben läßt sich durch wenige summarische Bemerkungen die Tatsache der Verbilligung nachweisen. Unter den verschiedenen Möglichkeiten, die Frachtpreise auf der Schiene zu ermäßigen, waren für Deutschland die Herabsetzung in eine billigere Klasse („Detarifierung") und die Angliederung immer neuer Ausnahmetarife die wichtigsten. Preisverminderungen der ersten Art erstreckten sich nach Einführung des Normaltarifs auf sämtliche acht deutschen Bahnsysteme, die der zweiten waren beschränkt auf den Eisenbahnstaat, der sie eingeführt hatte. Beide Arten von Tarifnachlässen nahmen an Zahl vor dem Kriege ständig zu, und ihre Bedeutung war eine sehr große. Nach Herrmann [2]) betrugen in Prozenten aller gegen Frachtberechnung gemäß dem Normaltarif beförderten Tonnenkilometer die Verkehrsmengen:

	1880	1913
der Klasse B	3,56	2,68
des Spezialtarifs I	6,73	3,75
„ „ II	3,44	3,77
„ „ III	16,92	21,02

Aus dem prozentualen Zuwachs beim Spezialtarif III läßt sich gleichmäßig auf die Zunahme des Massenverkehrs und die erfolgte Deklassifikation von Gütern schließen. Die wachsende Bedeutung der gegenüber dem Normaltarif oft erheblich verbilligten Ausnahmetarife wird klar aus folgender Angabe des gleichen Autors [3]): Vergleicht man den nach den Sätzen des Normaltarifs abgefertigten Verkehr mit dem gesamten frachtpflichtigen Verkehr, so ergibt sich, daß die nach den Sätzen des Normaltarifs beförderten Tonnenkilometer in Prozenten aller gegen Frachtberechnung beförderten Tonnenkilometer betragen haben:

1880 = 43,23; 1890 = 50,79; 1900 = 37,85; 1910 = 37,15.

Absolut und relativ war also der zu Ausnahmetarifen gefahrene Verkehr im Steigen begriffen, woraus der zunehmende Ausbau dieser Tarifart und eine Verkehrsverbilligung gefolgert werden muß.

Diese Entwicklung hat mit dem Kriege nicht nur in Deutschland, sondern auch in anderen Staaten, die von ihm betroffen waren, und in vielen neutralen, ihr vorläufiges Ende erreicht. In Deutschland sind namhafte Tariferhöhungen eingetreten; sie sind schrittweise erfolgt und auch heute hinter der Warenpreissteigerung zurückgeblieben. Die vor dem 1. Dezember 1920 geltenden Frachtsätze haben, abgesehen von der Verkehrsbesteuerung, rund 600 % der Friedenssätze betragen. Der neue durchgestaffelte Normaltarif bedeutete demgegenüber für Stückgut und hochwertiges Wagenladungsgut fast durchweg eine Erhöhung, bei minder wertvollen Gütern überwiegend eine Ermäßigung. Er belastet die nähere Entfernung zugunsten der weiteren [4]). Seitdem

---

[1]) Ulrich, „Die fortschreitende Ermäßigung der Eisenbahngütertarife", Conrad's Jahrb. 1891, S. 53 ff.

[2]) Archiv 1919, S. 350.

[3]) a. a. O. S. 351.

[4]) Vgl. 122. Sitzung der ständigen Tarifkommission der deutschen Eisenbahnverwaltungen.

sind weitere Zuschläge eingetreten. Grundsätzlich ist festzuhalten, daß angesichts der Geldentwertung die Kritik stets die bloß „nominellen" und die „reellen" Preiserhöhungen im Eisenbahnwesen voneinander unterscheiden muß.

Der Verminderung in der Zeitdauer der Ortsveränderung ist praktisch durch die Rücksicht auf die Wirtschaftlichkeit, technisch durch den Zustand der Bahnanlage und der Fahrzeuge sowie durch die Betriebsverhältnisse ein Ziel gesetzt. Für die Bemessung der Geschwindigkeit sind bei der Bahnanlage gewöhnlich Bauart und Festigkeit des Oberbaus, bei den Fahrzeugen ihr Bau und ihr Verhalten gegenüber höheren Fahrgeschwindigkeiten maßgebend. Güterwagen lassen bekanntlich eine viel geringere Geschwindigkeit zu als Personenwagen. Endlich erfolgen Beschränkungen wegen der Betriebsverhältnisse, wenn nämlich die Sichtbarkeit der Signale, die Bremswege, die Bahnüberwachung usw. die Ausnutzung der sonst möglichen Schnelligkeit vereiteln[1]).

Tatsächlich hat die Eisenbahn überall eine ungeheuere, für die Bedarfsbefriedigung, Preisgestaltung, Transportfähigkeit von Gütern folgenreiche Verminderung in der Beförderungsdauer gebracht. Die alten Posten fuhren in England, wo man auf die Schnelligkeit des Verkehrs seit dem Aufblühen der industriellen und kommerziellen Größe des Landes besonderes Gewicht legte, 15—16 *km*, in Frankreich 8—10 *km* in der Stunde, während in England, Frankreich und Deutschland die erreichten Reisegeschwindigkeiten auf der Schiene betrugen:

auf der Strecke:	
London—Plymouth	88,2 *km*
London—Exter	93,1 „
London—Liverpool	86,3 „
auf der Strecke:	
Paris—Calais	89,0 *km*
Paris—Boulogne	89,6 „
Paris—St. Quentin	97,3 „
auf der Strecke:	
Berlin—Hamburg	88,7 *km*
Berlin—Halle	88,2 „

S. v. Jezewski[2]) hat die durchschnittliche Geschwindigkeit aller Schnellzüge des Deutschen Reichs berechnet, indem er nach dem Sommerfahrplan 1914 die Summe aller von Schnellzügen innerhalb des Deutschen Reichs zurückgelegten Kilometer und die dazu nötige Fahrzeit feststellte, wobei die Aufenthalte in den Bahnhöfen abgezogen wurden. Es sollten 1914 im Deutschen Reich in einem Tag 334291 Schnellzugskilometer gefahren werden, also $8^1/_3$ Äquatorlängen der Erde; die dazu erforderliche Gesamtfahrzeit war 5366 Stunden, so daß sich eine mittlere Fahrgeschwindigkeit von 62,3 *km* in der Stunde ergibt. In Frankreich betrug sie nach dem gleichen Autor vor dem Kriege 65,1 *km*/Std.[3]).

Bei dem Bestreben nach einer möglichst hohen Zuglast ist die Schnelligkeit der Güterzüge meist eine geringe. Für den Wagenumlauf spielt das keine Rolle, weil die Fahrgeschwindigkeit sowieso bedeutungslos ist gegenüber dem langen Aufenthalt auf den Stationen. Nur Eng-

[1]) Hierzu Art. „Fahrgeschwindigkeit" in der Enzyklopädie.

[2]) Archiv 1916, S. 103 ff.

[3]) Archiv 1917, S, 20.

land hat rasch fahrende Güterzüge, wie in der Betriebsökonomie des näheren gezeigt wurde. Eine Fahrgeschwindigkeit von mehr als 30—40 *km* in der Stunde kommt auf dem Festlande nur in Ausnahmefällen vor.

Die durch die Eisenbahn ermöglichte Ausdehnungsfähigkeit der Verkehrsleistungen — die Anpassung an das Verkehrsbedürfnis — hat in der modernen Volkswirtschaft zu einer unerreichten Massenhaftigkeit der Transporte geführt. Sie beruht auf der physikalischen Erscheinung, daß die gleiche Zugkraft auf dem glatten Schienenwege bei horizontaler Lage etwa das Zwölffache gegenüber dem Transport auf einer glatten Landstraße leistet und hängt weiter damit zusammen, daß eine Dampfpferdekraft ihren tatsächlichen Arbeitsleistungen nach, ganz abgesehen von der überlegenen Geschwindigkeit, drei lebende Pferde ersetzt.

Die technische Eigenart der Eisenbahn, die auf den Massenverkehr hinwies, wurde in ihrer Wirkung gesteigert durch den Übergang zu Lokomotivtypen immer größerer Leistungskraft, die eine Vergrößerung der Transportgefäße und Erhöhung des Zuggewichts möglich machten. Die ältesten Güterwagen der ersten englischen Gesellschaften hatten meist eine Ladefläche von 7 *qm*, und die zulässige Belastung betrug etwa 4000 *kg*. Die gewöhnlichen zweiachsigen Güterwagen werden heute auf dem europäischen Festlande meist für ein Ladegewicht von 15 *t* (Tragfähigkeit 15,75—16,63 *t*) ausgeführt. Daneben gibt es noch ältere Wagen mit einem Ladegewicht von 10 und 12,5 *t* (auch 12 *t*). Innerhalb des deutschen Wagenparks hatten 1911 72% der bedeckten und 62% der offenen Güterwagen ein Ladegewicht von 15 *t*.

Bei der Beförderung von Kohle, Erz, Rüben, Sand usw. in offenen Wagen machte sich das Bedürfnis nach einer weiteren Erhöhung des Ladegewichts geltend. In Europa begnügte man sich im allgemeinen mit Wagen von 20 *t*, in den Vereinigten Staaten ging man bis zu Typen von 45 *t* und darüber, die 1903 bereits 10% des Bestandes an offenen Güterwagen ausmachten [1]).

Die durch die Eisenbahnen erzielte Massenhaftigkeit der Verkehrsleistungen findet eine interessante Veranschaulichung in einer Berechnung Sombarts [2]), wonach die Gesamtjahresleistung sämtlicher im Zollverein tätigen Pferde auf rund 500 Millionen Tonnenkilometer zu veranschlagen war, während die deutschen Eisenbahnen im Jahre 1913 67000 Millionen Tonnenkilometer, also etwa 130 mal so viel, verfahren haben.

Eine andere Seite des durch Weg und Maschine bewirkten Massentransportes ist die Regelmäßigkeit, mit der diese Mengen bewegt werden. Die Regelmäßigkeit des Eisenbahnverkehrs gleicht der Genauigkeit eines Uhrwerks, und die hier gewonnene Sicherheit in der Berechnung der Verkehrszeiten ist sowohl für das persönliche als für das Güterleben höchst wertvoll, wenn auch der Gewinn sich nicht in Ziffern abschätzen läßt. Natürlich darf hier nicht mit dem anormalen Maß der Verhältnisse in der Kriegs- und Nachkriegszeit gemessen werden.

Im Jahre 1876 verspäteten sich auf den preußischen Eisenbahnen nach der amtlichen Statistik von 1480126 abgefertigten Zügen 1,6%. In Deutschland wurden

---

[1]) Esch, Archiv 1907, S. 399.

[2]) „Der moderne Kapitalismus", 3. Aufl., Bd. II (1), S. 341.

im Jahre	Züge befördert	davon verspäteten sich
1899	5 102 402	50 884 oder 1%
1913	8 866 471	75 844 „ 0,87%.

Berücksichtigt sind Verspätungen bei Schnellzügen von über 10, bei Personenzügen von über 20 Minuten.

Was die Sicherheit von Leib und Leben angeht, so lehren die Zahlen der Statistik Unerwartetes. Während in den Jahren 1846 bis 1855 in Frankreich von den mittels der Post beförderten Reisenden auf 355463 ein Getöteter, auf 29571 ein Verwundeter kam, fiel in dem Zeitraum vom 27. September 1835 bis zum 31. Dezember 1875 bei den französischen Eisenbahnen auf 5 Millionen Reisende ein Getöteter und auf 580 000 Reisende ein Verwundeter. Das bedeutet eine Steigerung der Sicherheit (im Mittel der Tötungen und Verwundungen) auf nahezu das 16fache gegenüber jenem sorgsam überwachten Dienste[1]).

Nach den Angaben Cauer's[2]) kamen nach den jeweils letzten amtlichen Statistiken auf eine Million Reisende Tötungen und Verletzungen:

in Deutschland	0,47	(nur für Vollspurbahnen)
„ der Schweiz	0,91	
„ Frankreich	0,98	(nur die bei Zugunfällen vorgekommenen Tötungen und Verletzungen)
„ Österreich-Ungarn .	2,02	(Voll- und Schmalspurbahnen)
„ England	2,07	(ohne die Reisenden auf Zeitkarten)
„ Belgien	2,65	
„ Vereinigten Staaten .	12,87.	

Unter den Gesichtspunkten des „verschuldeten“ und „unverschuldeten“ Unfalls und der davon betroffenen Gruppe von Personen ist es interessant, die Ergebnisse der deutschen Statistik näher zu prüfen[3]).

Im Jahre 1910 ereigneten sich auf den deutschen Eisenbahnen 366 Entgleisungen, Zusammenstöße 294; sonstige Betriebsunfälle 2605. Die Anzahl der bei allen diesen Unfällen (zusammen 3265) getöteten oder binnen 24 Stunden verstorbenen Personen betrug 926, die der verletzten 2338. Von den Getöteten waren Reisende 97, Bahnbeamte und Bahnarbeiter im Dienst 543, Post-, Steuer- und andere Beamte im Dienst 6, fremde Personen 280. Verletzt wurden: Reisende 672, Bahnbedienstete 1350, Post- usw. Beamte 68, fremde Personen 248. Von den getöteten oder verletzten fremden Personen sind 275 bzw. 203 durch eigene Unvorsichtigkeit umgekommen oder verletzt worden. Auch von den 97 getöteten Reisenden sind nur 6 unverschuldet bei Unfällen getötet, 91 infolge eigener Unvorsichtigkeit beim Benutzen, Besteigen, Verlassen in Bewegung befindlicher Züge. Ebenso ist bei den Bahnbediensteten die große Mehrzahl der Tötungen und Verletzungen durch unvorsichtige Handhabung des Dienstes herbeigeführt. Bei eigentlichen Zugunfällen sind von ihnen nur 14 getötet und 202 verletzt; beim Wagenschieben, Rangieren, An- und Abkuppeln sind zusammen 152 Bahnbedienstete getötet, 414 verletzt.

Im Verhältnis zu den Bahnleistungen war die Zahl der von einem Unfall Betroffenen verschwindend klein. Auf 1 Million beförderter Reisenden kamen 0,06 Tötungen, 0,44 Verletzungen; auf 1 Million durchfahrene *Pkm* kamen bei Ausrechnung auf 2 Dezimalen 0,00 Tötungen,

---

[1]) 1. Aufl., S. 8.,

[2]) „Das deutsche Eisenbahnwesen der Gegenwart“ Bd. 1, S. 337.

[3]) Enzyklopädie, Art. „Deutsche Eisenbahnen“; vgl. auch S. 111. Anm. 1.

0,02 Verletzungen von Reisenden. Auf 1 Million Wagenachs-*km* kamen Tötungen von Bahnbediensteten 0,02, Verletzungen 0,05; auf diese Einheit fielen von sämtlichen Verunglückungen überhaupt 0,12.

Ein Vergleich mit den Vorjahren zeigt, daß alle Verunglückungszahlen mit geringen Ausnahmen sich fast ständig abwärts bewegten. Beispielsweise kamen im Jahre 1905 auf 1 Million beförderter Reisenden 0,11 Tötungen, 0,45 Verletzungen. Auf 1 Million Wagenachs-*km* fielen Tötungen von Bahnbediensteten 0,03, Verletzungen 0,06. Auf die gleiche Einheit kamen an sämtlichen Verunglückungen überhaupt 0,15.

Aber die Sicherheit ist nur das am meisten hervortretende Moment der höheren Qualität des Transportes. Im übrigen äußert sich diese beim Personenverkehr in all dem, wofür der fremdsprachliche Ausdruck „Komfort“ uns geläufig geworden ist, beim Frachtverkehr hauptsächlich in der „Konservierung“ des Transportobjektes, die außer durch die Schnelligkeit der Beförderung durch vollkommeneren Schutz vor Witterungseinflüssen, ruhigen Gang des Fahrzeuges usw. herbeigeführt wird. Wie aber durch die Annehmlichkeit der Fahrt auf den modernen Transportmitteln der Reiseverkehr zwischen entfernteren Gegenden und Ländern die großartige Entfaltung der Neuzeit annehmen konnte, so sind manche Erzeugnisse dadurch überhaupt erst oder doch in höherem Grade als vorher transportfähig geworden (sehr voluminöse und schwere, verderbliche und zerbrechliche Waren).

Bei den Eisenbahnen sei vor allem daran erinnert, wie durch die Einstellung besonderer Wagenarten die Beförderungsfähigkeit von Gütern geschaffen und gesteigert werden kann. Es gibt z. B. auf den preußischen Bahnen für Panzerplatten, Schiffsteven, Bergwerks- und sonstige Anlagen Wagen bis zu 80 *t* Tragfähigkeit, ferner Spezialwagen für die Beförderung von Pferden, Kalk, Glas, leichten Gütern, Obst, Wein, Milch und Butter, und zwar zum Teil mit Kühl- und Erwärmungseinrichtungen [1]).

Es ist in diesem Zusammenhange kurz darauf hinzuweisen, daß bei den Eisenbahnen das Kosten- und Preisgesetz des Verkehrs [2]) in einem Grade wirksam werden, wie es bei den weniger kapitalintensiven Verkehrsmitteln nicht der Fall ist. Die Höhe des in den Eisenbahnen angelegten Kapitals gebietet es wirtschaftlich, die bekannte Wirkung des Preisgesetzes des Verkehrs auf die höchste Stufe zu steigern, so lange bis die Verkehrsintensität eine weitere Verdichtung nicht mehr zuläßt. Wie dies außer durch Ermäßigung der Tarife durch Schaffung besonderer Tarifformen geschieht, ist früher ausgeführt [3]); die Notwendigkeit, solche Tarifformen — etwa die Werttarifierung — in besonders hohem Grade und wohldurchdacht bei den Eisenbahnen anzuwenden, ist hinsichtlich des Maßes der mit ihnen gegebenen Transportvervollkommnung nicht gleichgültig und muß sich in entsprechende Wirkungen umsetzen.

---

1) „Die Verwaltung der öffentlichen Arbeiten in Preußen 1900—1910“, S. 60.
2) Hierzu Bd. 1, S. 76ff. und S. 90ff.
3) Bd. 1, S. 97ff. u. S. 146ff.

Es ist das selbstverständliche Streben der Praxis, durch Anwendung der eben genannten Gesichtspunkte das Maß der Verkehrsverbesserung und damit die ökonomische Wirksamkeit der Eisenbahnen zu steigern. Die Geschichte des deutschen Normaltarifs und der Tarifpraxis in den deutschen Eisenbahnstaaten bietet dafür ein sehr gutes Beispiel; die Verkehrsbedeutung einer solchen Tarifpraxis läßt sich der Geschichte der Ausnahmetarife deutlich entnehmen [1]).

Vervielfältigung der allgemeinen Wirkungen einer Verkehrsvervollkommnung durch die modernen Transportmittel (Entstehung der Weltwirtschaft). Durch die Anwendung des Dampfes auf das Verkehrswesen zu Wasser und zu Lande, besonders durch die Eisenbahnen, sind alle die Erscheinungen, die wir als unmittelbare wirtschaftliche Wirkungen der Verkehrsvervollkommnung kennen gelernt haben [2]), in mächtig verstärktem Grade aufgetreten.

Die Erweiterung der Absatzfähigkeit der Güter, die preisermäßigende und preisausgleichende Wirkung erstreckten sich einmal auf solche Güter, in denen sich schon ein größerer Verkehr entwickelt hatte, und ergriffen fernerhin Waren, die früher gar nicht oder nur in beschränktem Umfange beförderungsfähig gewesen waren. Das Verhältnis zwischen dem Transportpreise und dem Tauschwerte der Güter wurde günstiger bei Waren, deren Preis- und Absatzverhältnisse früher schon davon abhängig waren, und trat neu auf bei zahllosen Güterarten, die zur Zeit des Landfuhrwerks auf jeden Fernabsatz hatten verzichten müssen.

Was die hier berührte Beziehung der hoch- und minderwertigen Güter zu den Eisenbahnen angeht, so wird sie durch folgenden Satz des 1. Bandes (S. 31) charakterisiert: „Die Einwirkung der Verkehrsentwicklung, der Transportkostenminderung, auf die Preis- und Absatzverhältnisse der Güter stehen in umgekehrter Proportionalität zu den Preisen der Güter.“ Oder: die Absatzfähigkeit der hochwertigen Waren mußte durch die Ausbildung des Eisenbahnwesens unbegrenzt wachsen, der Fernabsatz der minderwertigen Waren zum großen Teil erst geschaffen werden und sich — langsamer als bei den hochwertigen Erzeugnissen — bei jeder weiteren Verbesserung stetig ausweiten.

Diese Angabe sagt nicht mehr, als daß die Transportkosten bei den hochwertigen Gütern einen sehr kleinen, bei den minderwertigen einen großen Prozentsatz des Preises ausmachen. Dieses Grundverhältnis hat sich durch die Eisenbahnen nicht verändert, jedoch eine solche Richtung eingeschlagen, daß der Prozentsatz bei den hochwertigen

---

[1]) Über die Wirkung von Ausnahmetarifen im Sinne einer Zunahme der beförderten Gütermengen vgl. für Preußen z. B. die Daten in der Denkschrift „Die Verwaltung der öffentlichen Arbeiten in Preußen 1900—1910“, Anlage 22. Es ist selbstverständlich, daß die dort mitgeteilen Zahlen in jedem Einzelfalle durch den Ablauf der wirtschaftlichen Konjunktur beeinflußt sind.

[2]) Bd. 1, S. 18ff.

Gütern noch kleiner geworden und sich bei minderwertigen so verringert hat, daß diese mehr und mehr in den Rang transportfähiger Güter eingerückt sind [1]). Diese Entwicklung hat sich im Laufe der Zeit durch Staffel- und Ausnahmetarife sowie durch Deklassifikation noch sehr verstärkt.

In das Verhältnis der Fracht zum Preis hoch- und minderwertiger Massenartikel, wie es sich vor dem Kriege stellte, gibt folgende Übersicht einen Einblick:

	Preis im Jahre 1913 für 10 *t* in Mk.	Fracht für die Wagenladung von 10 *t* und bei einer Beförderung auf 500 *km* in Mk.	Prozentuale Verteuerung durch den Eisenbahntransport
Baumwolle (Bremen, Middling Amerik.)	12 950	237	1,830
Kupfer (Berlin, ausländisches)	14 570	312	2,141
Weizen (Durchschnittspreis der deutschen Hauptplätze)	2 147	237	11,04
Roggen (Durchschnittspreis der deutschen Hauptplätze)	1 677	237	14,13
Kartoffeln (Breslau, Speisekartoffeln)	438	122	35,89
Steinkohle (Fettkohle, Essen)	122	Sp.-T. III 122 Rohstoff-T. 105	100 86,06

Die modernen Transportmittel verdichteten zunächst den Verkehr innerhalb der alten Kulturstaaten Europas, faßten mehrere von ihnen zu einheitlichen Verkehrsgebieten zusammen, und führten endlich zu der die bewohnte Erde in sich schließenden Weltwirtschaft, wie sie vor dem Kriege bestanden hat. Diese fand im Verkehrszeitalter ihren charakteristischen Ausdruck darin, daß nicht bloß hochwertige Erzeugnisse, wie in früheren Abschnitten der Wirtschaftsentwicklung, Gegenstand des Weltverkehrs wurden, sondern auch geringwertige Produkte, die früher rein örtlich verbraucht wurden oder nur in kleinen Mengen in den Welthandel flossen. Bei jenen wurde die vorhandene Konkurrenz auf dem Weltmarkt mächtig gesteigert, diese traten nun erst in jenes „Abhängigkeitsverhältnis", bei dem die Gesamttatsachen von Angebot und Nachfrage auf der ganzen Erde die Preisbildung der Teilmärkte beeinflussen, wobei diese einer einheitlichen Bewegung unterliegen.

Bei solchen Erwägungen wird sich jedoch die wissenschaftliche Betrachtung stets der Gradunterschiede bewußt bleiben, in denen dies bei den verschiedenen Gütern der Fall ist, sowie der Ausnahmen, die den Preisbildungsvorgang selbst bei solchen Waren stören, die auf die Bezeichnung Weltmarktgut den ersten Anspruch haben. Die zunehmende

[1]) Vgl. 1. Aufl., S. 14 Anm.

„Weltmarktreife" ist richtig als ein mit der Verkehrsentfaltung eng verbundener Entwicklungsprozeß aufzufassen.

An der Entstehung des Weltmarktgebietes mit einheitlicher Preisbildung auf den verschiedenen Teilmärkten läßt sich der Anteil der Eisenbahnen näher umgrenzen[1]). Sie boten für seine Bildung die Voraussetzung, indem sie die Erzeugungsgebiete — wie sich durch den Zusammenhang zwischen Netzausdehnung einerseits, Produktion und Export andererseits, beweisen läßt — aufschlossen und weiterhin durch ein feines Geäst von Schienen mehr und mehr die gesamte Nachfrage erreichten. Und da bis zum Kriege ein Überangebot von Rohstoffen und Nahrungsmitteln mit einer Nachfrage nach Industrieerzeugnissen räumlich zusammenfiel und umgekehrt, so erfüllten die Eisenbahnen die Doppelaufgabe, beide Güterarten in steigendem Umfang weltmarktreif zu machen.

Bei verhältnismäßig hochwertigen Rohstoffen und Genußmitteln mit relativ beschränktem Erzeugungsgebiet, die früher nur in kleinen Mengen im Welthandel waren, hat das sich verdichtende Schienennetz den Produktionsraum ausgedehnt und die Nachfrage erweitert.

Das gilt z. B. für Genußmittel, wie Kaffee, Kakao, Tee, weiter für nordamerikanische Baumwolle, deren Erzeugung in der „schwarzen Prärie" von Texas und in der Mississippiniederung zwischen 1880 und 1912 von 5,8 Millionen Ballen auf 16 Millionen gestiegen ist; das bebaute Areal vermehrte sich von 1879—1909 von 5,8 Millionen auf 12,8 Millionen *ha*, und das geschah, nachdem seit der Beendigung des Bürgerkrieges ein immer enger werdendes Bahnnetz den Süden der Union zu umspinnen begonnen hatte. Das zweitwichtigste Baumwollerzeugungsgebiet, Ostindien, besaß 1861 2558 *km*, 1871 8166 *km*, 1881 15116 *km*, 1891 27853 *km*, 1901 40814 *km*, 1910 50679 *km* Bahnnetz. Kurz nach den Eingeborenenaufständen von 1857 hatte man begonnen, die großen, das Land von Westen nach Osten durchziehenden Bahnen von Bombay nach Kalkutta und Madras zu bauen, die durch die Haupterzeugungsgebiete hindurchführten. Der Export großen Stils begann infolgedessen in den 60er Jahren, das bebaute Areal hat sich seit den 70er Jahren bis zum Beginn des 20. Jahrhunderts etwa verdoppelt.

„Das amerikanische Petroleum ist über Nacht aus einer kaum beachteten Indianermedizin zu einem der bedeutendsten Artikel des Welthandels geworden." „Von der amerikanischen Ostküste liegt die Petroleumgegend etwa 600—700 *km*, von den Ufern des Eriesees etwa 150 *km* entfernt. Das Öl selbst hatte an Ort und Stelle beinahe gar keinen Wert, sein Verkaufswert wurde fast ausschließlich dargestellt durch die Kosten des Landtransports und der Fässer." „Erst als die Eisenbahnen die Bedeutung des Petroleums als einer vorzüglich für die Beförderung auf den Schienen geeigneten Ware erkannten und demgemäß ihre Schienen bis in die Ölgegend hineinerstreckten, konnte dasselbe ein Artikel des allgemeinen, des Weltkonsums werden"[2]). Ebenso ist es mit der amerikanischen Kupferproduktion, die die erste Stelle in der Welterzeugung einnimmt und die, im Westen der Union: in Montana, Nevada, Utah und Arizona der Hauptsache nach gelegen,

---

[1]) Zum folgenden, besonders zu den Einzelangaben, vgl. die verschiedenen Bände von Andree's Geographie des Welthandels.

[2]) A. v. d. Leyen, „Die nordamerikanischen Eisenbahnen", S. 343f.

in ihrem Wachstum an dle Ausdehnung des Bahnnetzes nach Osten hin gebunden war. Alles das sind nur Beispiele, die sich leicht vermehren ließen.

Fertigerzeugnisse: wie Maschinen und Textilerzeugnisse sind heute schon Weltmarktgüter und werden mit steigender Typisierung und Normalisierung in wachsendem Maße dazu gehören. Während für die Genußmittel und Rohstoffe die Erschließung der Nachfrage durch den Ausbau des europäischen Bahnnetzes der Schaffung von Angebot durch Anlage von Eisenbahnen in den Ländern geringerer Kultur vorangegangen ist, liegt bei den Fertigwaren das Verhältnis umgekehrt. Der Einfluß der Eisenbahnen auf die Entwicklung zu Weltmarktartikeln läßt sich hier nicht durch Einzelbeispiele veranschaulichen, sondern entfaltet sich in der allmählichen Ausdehnung, die das Schienennetz in der Periode der Vollreife genommen hat.

Die weitaus wichtigste, eine den Charakter der Weltwirtschaft tiefgehend verändernde Funktion haben die Eisenbahnen bei der Entwicklung des Getreides zum Weltmarktgut ausgeübt [1]). Im Verhältnis zu den eben genannten Waren ist das Getreide ein minderwertiges Gut mit relativ verbreitetem Erzeugungsgebiet. Speziell Weizen ist Welthandelsartikel *par excellence*. Die Entwicklung, die ihn dazu gemacht hat, war von einer folgenreichen Preisveränderung, einer Umgestaltung der Anbauverhältnisse und einer weittragenden Verschiebung im Aufbau der Gesamtproduktion begleitet. Der Anteil, den innerhalb der Verkehrsentwicklung die Eisenbahnen daran genommen haben, liegt selbstverständlich vorwiegend in der mit erhöhter Transportfähigkeit verbundenen Neuerschließung von Anbauflächen, wo mit geringerem Kapital- und Arbeitsaufwand gewirtschaftet werden konnte.

Für die Vereinigten Staaten brachten die 70er Jahre eine Steigerung des Eisenbahnbesitzes um 65600 *km* oder 77% des Standes von 1870, und in den 80er Jahren wurden sogar 117700 *km* dem alten Netze hinzugefügt. Am Ende des Jahrhunderts kam für das Gesamtgebiet eine durchschnittliche Eisenbahnausstattung von 4 *km* zustande. Den Hauptanteil daran nahmen die Mittel- und Weststaaten, die — den Osten zurückdrängend — der Sitz von Getreidebau und Viehzucht wurden. Die Gesamtausfuhr von Weizen betrug 1901/05 etwa das Dreifache des Durchschnitts 1861/70, wobei es natürlich in den Exportzahlen stets starke Schwankungen gab, die durch Bevölkerungszunahme und Industrialisierung, durch Mißwachs und Welternteergebnisse usw. verursacht waren. Die bebaute Fläche wuchs vom 7. zum 8. und 9. Jahrzehnt von 27 auf 37 und 38,7 Millionen *acres*. Die Art, wie sich das Weizenland ausdehnte, enthüllt den engen Zusammenhang zwischen Eisenbahnbau und Getreideernte. In den Nordoststaaten blieb zwischen 1869 und 1899 der Ertrag fast unverändert, in den östlichen und südwestlichen Mittelstaaten dagegen, wo das 8. Jahrzehnt eine rege Eisen-

---

[1]) Hierzu Wiedenfeld, „Die Entwicklung der Verkehrsmittel und die landwirtschaftliche Konkurrenz des Auslandes im letzten Menschenalter“ (Zeitschr. f. Agrarpol. 1904, S. 1ff.), ferner die Artikel „Getreidehandel“ und „Statistik des Getreidehandels“ im Hdwb. d. Staatsw.

bahntätigkeit gebracht hat, stieg der Ertrag von 1869 auf 1879 sehr beträchtlich, kam jedoch zum Stillstand, seitdem der Nordwesten zwischen 1880 und 1900 ein dichtes Schienennetz erhalten hatte.

Ebenso wie die Union ist Ostindien in den 70er Jahren zuerst auf dem Weltmarkte aufgetreten. Ein dafür entscheidendes Ereignis war eine Verkehrstatsache: die Eröffnung des Suezkanals. Produktion und Export stehen auch hier unzweifelhaft im Zusammenhang mit der Ausdehnung des Bahnnetzes, aber es bestand, jedenfalls bis zum Ende des 19. Jahrhunderts, im Vergleich zu den Vereinigten Staaten ein gewichtiger Unterschied. Während dort mit dem Fallen des Weltmarktpreises ein stetes und rasches Herabgleiten der Preise verbunden war, zeigt der indische Preisstand im Laufe der Zeit eine große Stetigkeit, eine Unabhängigkeit von Ausfuhr und Weltmarkt, die sich auf die Dichte der Bevölkerung, aber auch auf das viel geringer durchgebildete Bahnnetz zurückführen ließ[1]). Damals jedenfalls war bei der Entwicklung zum Weltmarktgut indischer Weizen hinter dem nordamerikanischen zurückgeblieben.

Die charakterisierte Beziehung zwischen Bahnnetz und Erhebung des Weizens zum Welthandelsartikel läßt sich natürlich auch für die anderen Ausfuhrstaaten: Rußland, Australien, Argentinien, Kanada, Sibirien usw. nachweisen, die allmählich in die Weltversorgung eingetreten sind. Nur Argentinien sei kurz erwähnt[2]). Die Entfaltung des Ackerbaues zeigte sich dort abhängig von dem Tempo des Bahnbaues[3]); das Weizenareal hat sich seit der Mitte der 70er Jahre bis zur Jahrhundertwende um das 38fache, das Bahnnetz um das 12fache vermehrt. Das relativ engmaschige Netz der vier Weizenprovinzen hat in fünf Verschiffungsplätzen seine wichtigsten Knotenpunkte, und die Preisentwicklung zeigt sich abhängig vom Weltmarkte.

In dem Gesamtbilde darf weder die Entfaltung des Nachrichtenwesens fehlen, noch die Entwicklung der See- und Flußschiffahrt, speziell das stete Sinken der Frachten seit den 70er Jahren.

Eine bezeichnende Wirkung des modernen Verkehrs — mehr noch des Seeschiffes als der Eisenbahn — ist die zunehmende Weltmarktreife der leicht verderblichen Güter; dieser Ausdruck ist allerdings auf Milch, Butter, Käse, Eier, frisches Fleisch, Fischereiprodukte, Gemüse, Früchte, Blumen mit sehr verschiedener Berechtigung anzuwenden. Die Entwicklung zur Zusammenfassung mehrerer Länder zu einheitlichen Marktgebieten und endlich zum Weltmarkt, wie sie sich besonders bei Butter, Käse und Fleisch angebahnt hat, wäre ohne die qualitative Verkehrsverbesserung ebenso undenkbar wie ohne die Fortschritte, die in der Kunst der „Konservierung" erzielt sind.

Es ist unmöglich, von der Kapital- und Arbeitsersparnis, wie sie mit jeder Verkehrsverbesserung verbunden ist, ein vollständiges Bild zu entwerfen. Die Ersparnis liegt, allgemein gesprochen darin, daß die Menge Kapital und Arbeit, die auf eine Verkehrsleistung fällt, mit der Zeit immer kleiner wird. Eine solche Entwicklung

---

[1]) Engelbrecht, „Die geographische Verteilung der Getreidepreise in Indien von 1861—1905", S. 51ff.

[2]) Becker, „Der argentinische Weizen im Weltmarkte".

[3]) a. a. O., S. 87.

stellte sich bei dem Ausbau der Eisenbahnen nicht sogleich, sondern erst mit zunehmendem Verkehr ein und verschärfte sich besonders unter dem Einfluß einer verfeinerten Technik. Erinnert sei an den Übergang zu immer leistungsfähigeren Lokomotivtypen, zu größeren Transportgefäßen usw.

Eine Berechnung darüber, welchen Aufwand bei den alten Transportmitteln die Bewältigung des heutigen Verkehrs erfordert haben würde, hat deshalb keinen Wert, weil der moderne Massenverkehr ohne die neuen Verkehrsmittel unvorstellbar ist: es sich also gar nicht um eine Ersparnis den älteren Transportmitteln gegenüber handelt, die zu solcher Leistung ihrer Natur nach einfach unvermögend gewesen wären.

Ein Beispiel, wie das folgende, veranschaulicht nur, wie sich die Leistungsfähigkeit des in den Eisenbahnen angelegten Kapitals vermehrt hat. Nach einer Angabe der 1. Auflage bezifferte sich für das Jahr 1864 der Minderaufwand infolge der Eisenbahnen im Personen- und Frachtverkehr für Frankreich auf rund 500 Millionen Frcs., d. h. die Zinsen eines Kapitals von 10 Milliarden, während das Anlagekapital der damals im Betriebe befindlichen französischen Bahnen etwas über 4 Milliarden betrug.

Von der Einwirkung der Eisenbahn auf die verschiedenen Zweige der Produktion kann erst die Rede sein, wenn sie in den folgenden Einzeldarstellungen zu den gesonderten wirtschaftlichen Tätigkeitsgebieten in Beziehung gebracht wird. Daß die Eisenbahnen, wie eine jede Verkehrsvervollkommnung, im Sinne einer starken Entfaltung der Produktion wirken mußten, haben schon die allgemeinen Erörterungen des ersten Bandes gezeigt (S. 31 ff.). Ein sinnfälliger Beweis liegt einmal in dem Vergleich der vor und nach Eröffnung und Ausbreitung der Eisenbahnen bewältigten Verkehrsmassen selber, und zweitens darin, daß der Landstraßenverkehr durch sie in der Gesamtheit seiner Leistungen nicht verringert, sondern vermehrt wurde.

Die Einwirkungen einer Verkehrsverbesserung auf Arbeitslohn, Grundrente und Kapitalzins sind schon im ersten Bande dargestellt worden (S. 46 ff.). Die dort geschilderten Folgen hat man sich bei den Eisenbahnen in sehr verstärktem Maße auftretend zu denken, ohne daß sich das Verhältnis von Ursache und Wirkung in wenigen Ziffern genau, allgemein und anschaulich vorführen ließe. Auf die Beziehung zur Grundrente wird später eingegangen.

Die Einflüsse der modernen Verkehrsmittel erstrecken sich über das Gebiet der Wirtschaft hinaus auf Staat, Gesellschaft, Politik usw. Schon wegen der Wechselbeziehung, in der alle Teile der menschlichen Kultur stehen, konnte kein Einzelgebiet davon unberührt bleiben. Auch hier bedeutet innerhalb einer Folge von Verkehrsverbesserungen das Auftreten der Eisenbahnen den Wendepunkt, an dem alle denkbaren Wirkungen sich mit vervielfältigter Wucht geltend gemacht haben.

Die Einflüsse der modernen Transportträger im besonderen 1. auf die Bodenproduktion. Die Umgestaltungen, die in der Sphäre der Urproduktion unter diesen Einflüssen vor sich gingen, waren die bedeutendsten, und zwar in doppelter Beziehung: einmal insofern als die wichtigsten Erzeugnisse der Urproduktion bei ihren Gewicht-, Volumen- und Wertverhältnissen erst durch die Dampfverkehrsmittel zu Lande auf weitere Entfernungen billig transportabel wurden, während die wertvollen Gewerbeerzeugnisse schon unter den alten Beförderungsmitteln verhältnismäßig leicht zu bewegen waren; und weiter, weil auch die Binnenländer in das Gebiet des modernen Verkehrs und dadurch in eine Entwicklung eintraten, die früher nur für die am Wasserwege gelegenen Gebiete möglich gewesen war. Wie schon einleitend angedeutet, war das Wirkungsgebiet der Eisenbahnen viel breiter als bei den Verkehrsmitteln der Wasserstraße, und bei der Schilderung der Einflüsse des verbesserten Transports auf die Bodenerzeugung stehen jene deshalb im Vordergrunde.

Der Angelpunkt unserer Untersuchung ist folgende Erkenntnis: In der allgemeinen Einbeziehung der Urproduktion — und zwar gerade der für die Völker wichtigsten Zweige — in die Weltwirtschaft durch den Ausbau der Eisenbahnnetze über die Binnenländer liegt das Wesentliche, das Allgemeine aller zugehörigen Erscheinungen [1]). Hierin gipfeln und hieraus ergeben sich alle Einzelheiten, die den Gegenstand unserer Betrachtungen bilden werden.

Die Einzelerörterungen entnehmen die Belege meist dem über Preise, Anbau, Ernte usw. von Weizen vorliegenden Material. Weizen ist, wie schon gesagt, Welthandelsartikel *κατ' ἐξοχήν*. Mit anderen Worten: die einheitliche Wirkung der Verkehrsmittel ist hier am vollkommensten in Erscheinung getreten. Hat man die Entwicklungslinie für die Hauptbrotfrucht mit Schärfe gezeichnet, so erhält man einen sicheren Maßstab für die Beurteilung der schrittweise abweichenden Wirkungen bei den übrigen Erzeugnissen der Bodenbewirtschaftung.

Würde man innerhalb des Abschnittes über die Bodenproduktion nur die Wirkungen des modernen Verkehrs für die landwirtschaftlichen Erzeugnisse untersuchen, so bliebe das Bild unvollständig; man muß notwendig eine zweite Vorstellung hinzugewinnen: der verbesserte Verkehr, speziell die Eisenbahnen, bedeuteten für die Landwirtschaft eine ungeheuere Erleichterung und Verbilligung in der Beschaffung von Arbeitskräften und Kapitalgütern. Man denke an die Entfaltung der Auswanderung, die die neu erschlossenen Erzeugungsgebiete mit Ansiedlern und unselbständigen Arbeitskräften versorgte, an die Wanderarbeiter, weiter an den nationalen und internationalen Austausch von

---

[1]) 1. Aufl. S. 18.

Düngemitteln, der die Fortschritte der Agrikulturchemie über die bewohnte Erde verbreitete, und endlich an den Verkehr in landwirtschaftlichen Maschinen, Zugtieren, Saatgut usw. Diese Entwicklung beförderte eine Ausgleichung in der Betriebstechnik, eine Intensivierung der landwirtschaftlichen Produktion und brachte, soweit das Gesetz vom abnehmenden Bodenertrag es zuließ, eine Verbilligung der Erzeugung — Tatsachen, die im folgenden meist stillschweigend vorausgesetzt werden.

Einwirkung auf die Preise landwirtschaftlicher Erzeugnisse. Die durch den modernen Verkehr unendlich verbesserte Ausgleichung der Vorrats- und Bedarfsmengen — wohl nirgends sinnfälliger als in der verminderten Zahl und Stärke der Hungersnöte — wird eingeleitet und begleitet von einer ebenso vollkommenen *örtlichen Preisausgleichung*, die für jene einen in die Augen fallenden Maßstab abgibt. Während sich die Preisausgleichung früher nur über das Verkehrsgebiet der Wasserwege erstreckte, dehnte sie sich mit den Eisenbahnen über das von ihnen beherrschte Gebiet aus. Dadurch wurde in den Bedarfsplätzen die Neigung zum Sinken, in den Erzeugungsorten die Neigung zum Steigen der Preise landwirtschaftlicher Erzeugnisse hervorgerufen und eine größere Annäherung zwischen beiden Polen der Preisgrenzen herbeigeführt.

Diese Erscheinung ist sowohl bei den Weltmarktgütern zu beobachten, bei denen Erzeugung und Verbrauch oft durch Länder und Meere getrennt sind, als auch in den engeren Kreisen eines jeden staatlichen Wirtschaftsgebietes. Die Industrieländer Mittel- und Westeuropas, die regelmäßig auf die Einfuhr fremder Nahrungsmittel angewiesen sind, können z. B. die benötigten Getreidemengen von allen Seiten: Osteuropa, den Vereinigten Staaten, Argentinien, Kanada, beziehen; der Versand geschieht entweder unmittelbar mit der Bahn bis an den Bestimmungsort oder vollzieht sich nach großen Verschiffungshäfen, in denen der Schienentransport durch den Seedampfer abgelöst wird, an den in Europa wiederum Eisenbahn oder Flußschiff anknüpft. Die Wirkung der vereinigten Verkehrsmittel ist, daß sich an Stelle der örtlichen Marktpreise ein Weltmarktpreis für Getreide allmählich durchsetzt, der die Bewegung auf den Teilmärkten bestimmend beeinflußt.

Der Eisenbahnverkehr gleicht weiter die Preise voneinander nahe gelegenen Gebieten aus, und das geschieht durch ihn in viel höherem Grade als früher, wo der relativ kostspielige Transport mit Fuhrwerk die Anpassung des Angebots an den Bedarf in enge Grenzen bannte. Einige Angaben aus dem überreichen preisstatistischen Material sollen weiter unten folgen.

Natürlich vollzieht sich die Preisausgleichung nicht in demselben Maße bei allen landwirtschaftlichen Erzeugnissen. Sie geschieht in dem gleichen Grade, wie durch die verbesserten Verkehrsmittel die Transportfähigkeit der Güter zunimmt: also — in großen Zügen — zunächst bei den hochwertigen Erzeugnissen allgemeinen Gebrauchs und dann allmählich fortschreitend bei minder wertvollen Waren, für die der Ausgleich von Angebot und Nachfrage im Raume erst im Laufe der Zeit eintrat.

Die Hauptgetreidearten zeigen das Walten jener Tendenz am vollkommensten, vor allem wieder Weizen, der unter den Hauptbrotfrüchten den höchsten Tauschwert, die allgemeinste Produktionsfähigkeit und den allgemeinsten Verbrauch aufweist.

Es betrugen im 10jährigen Durchschnitte die Preise der Tonne Weizen in Mark [1]):

Jahrzehnt	England	Frankreich	Belgien	Preußen	Österreich	Ungarn
1821—30	266,0	192,4	173,4	121,7	108,8	75,3
1831—40	254,0	199,2	192,5	138,3	108,8	83,0
1841—50	240,0	206,6	215,3	167,8	151,9	110,1
1851—60	250,0	231,4	260,0	211,4	202,1	163,5
1861—70	248,0	224,6	248,9	204,6	188,4	174,1
1871—80	226,6	238,6	250,7	223,3	265,8	239,0
1881—90	161,6	199,4	176,3	181,4	198,3	183,7
1891—00	131,2	178,6	139,3	164,7	187,7	174,3
1901—10	143,8	184,6	153,0	183,1	217,3	196,3

Die Ziffern sind ungemein beweiskräftig. Während vor Beginn des Eisenbahnzeitalters ein ganz beträchtlicher Unterschied zwischen den Preisen der drei Westländer und denen der drei mitteleuropäischen Staaten obwaltete, sehen wir seither die Spannung zusammenschrumpfen. Im Vergleich zu dem Jahrzehnt 1821/30 waren die Preise am Ende des 19. Jahrhunderts höher in Preußen, Österreich und Ungarn, niedriger in England, Frankreich und Belgien. Die erwähnte Ausgleichung zwischen den Polen der Preisgrenzen hat sich demnach so vollzogen, daß in den Produktionsländern eine Steigerung, in den Konsumtionsländern ein Preisfall eingetreten ist.

Erst nach der Mitte des 19. Jahrhunderts konnte die Ausgleichung der örtlichen Unterschiede in den Preisen, als Frucht der verbesserten Verkehrsmittel und besonders der Entfaltung der Eisenbahnen, ein rasches Tempo einschlagen. Mit voller Deutlichkeit läßt sie sich den folgenden Angaben entnehmen [2]). Es betrug der Preis für Weizen für die Tonne in Mark:

	1851—60	1891—1900
in England	250,0	131,2
in Ungarn	163,5	174,0
in Rußland	124,0	136,9

[1]) Die Angaben sind den verschiedensten Quellen entnommen (*Statistical Abstract, Annuaire Statistique de France*, der ungarischen Preisstatistik, der preußischen Statistik, dem österreichischen statistischen Handbuch und dem Art. „Getreidepreise“ im Handwörterb. d. Staatsw.). Trotzdem ist es denkbar, daß Irrtümer unterlaufen sind, was keinen Kenner der Sache verwundern wird. Tatsächlich kommt es nicht auf Einzelangaben, sondern auf die Preislinien an, die unzweifelhaft richtig getroffen sind.

[2]) Béla Földes, „Die Getreidepreise im 19. Jahrhundert“ (Conrad's Jahrb. 1905, S. 473f.). Diesem Aufsatz sind die Zahlen für Rußland entnommen.

Der Unterschied zwischen England und Rußland stellte sich in Prozenten des geringeren Preises zu Anfang der zweiten Hälfte des vorigen Jahrhunderts auf 101,6 %. Im letzten Jahrzehnt ist die Differenz gering, die Ausgleichung in den Preisen hat sich vollzogen. In einem Lande wie Ungarn, dessen Weizenpreis im Durchschnitt 1851/60 52,9 % unter dem englischen stand, stellte sich der Preis jetzt um 24,6 % höher: woraus sich sowohl die Preisausgleichung als auch die charakterisierte Preisbewegung in den Erzeugungs- und Verbrauchsländern entnehmen läßt.

Man würde die Preisentwicklung nur höchst unvollständig analysieren, wenn man den Umschwung, der mit den 70er Jahren in einem Teil der europäischen Zollpolitik eingetreten ist, ganz außer acht ließe. Diese hat die Verkehrsverbesserung in ihrer Auswirkung teilweise aufgehoben, indem sie in den zollgeschützten Ländern eine noch weitergehende Angleichung an den Weltmarktpreis unmöglich machte.

Ein Vergleich zwischen England und Deutschland zeigt, daß sich die Berliner Notierung für Weizen mit der Einführung des Zolles von 3 Mk. (1885) über die Londoner emporhebt und die Spannung zwischen beiden Ländern bei den weiteren deutschen Zollerhöhungen größer geworden ist [1]).

Wie sich die Ausgleichung innerhalb kleiner Gebiete vollzogen hat, davon geben Durchschnittspreise für die einzelnen Provinzen Preußens eine Vorstellung. Es betrug der Preis des Weizens für die Tonne in Mark:

	1821—30	1841—50	1880	1910
Preußen	109	150	207	204
Posen	113	157	212	200
Brandenburg . . .	128	166	216	204
Pommern	109	163	215	201
Schlesien	123	155	210	199
Sachsen	115	158	216	202
Westfalen	132	182	227	203
Rheinland	138	195	235	207
Staat	122	168	219	204

Den Durchschnittspreis des Staates = 100 gesetzt, ergibt dies für den Weizenpreis:

	1821—30	1841—50	1880	1910
Preußen	89,3	89,3	94,5	100
Posen	92,6	93,5	96,8	98,0
Brandenburg . . .	104,9	98,8	98,7	100
Pommern	89,3	97,0	98,2	98,5
Schlesien	100,8	92,3	95,9	97,6
Sachsen	94,3	94,1	98,7	99,0
Westfalen	108,2	108,3	103,7	99,5
Rheinland	113,5	116,1	107,3	101,5

Also betrug der größte Unterschied der Durchschnittspreise innerhalb des preußischen Staates im Jahrzehnt 1821—1830 24,2 %, ermäßigte sich 1880 auf 12,8 und stellte sich 1910 auf nicht mehr als 3,9 %.

Interessant ist es, die Preisausgleichung auf dem nordamerikanischen Festlande zu verfolgen. Sie vollzog sich zwischen 1871 und 1900 räumlich in der Art, daß sich durch die sinkenden Bahntransportkosten

[1]) Wiedenfeld, Art. „Getreidepreise" im Wörterb. d. Volksw.

die Getreidepreise in den Gebieten der Ostküste mehr und mehr dem Preisminimum in den fruchtbaren, doch dünn bevölkerten Präriestaaten am mittleren Missouriflusse annäherten. Die Preise fallen von der Küste nach dem Innern zu in ganz regelmäßigen Abstufungen [1]).

Die in früheren Perioden des Eisenbahnwesens am meisten in die Augen springende Tatsache war nicht die hier veranschaulichte allmähliche Ausgleichung des Preisstandes in den einzelnen Landesteilen, sondern die örtliche Preisnivellierung, wie sie — im Gegensatz zu älteren Zeiten — bei einer teilweisen Mißernte, also im Falle einer momentanen außergewöhnlichen Preisspannung, eintrat [2]).

Das Jahr 1817 war ein Teuerungsjahr; der Durchschnittspreis eines Scheffels Weizen im ganzen preußischen Staate war 122 Sgr., eines Scheffels Roggen 85 Sgr. 8 Pf., eines Scheffels Gerste 59 Sgr. 8 Pf. Diese Früchte kosteten aber in der Rheinprovinz 69 Sgr. 5 Pf., 75 Sgr. 8 Pfg und 60 Sgr. mehr als in den Provinzen Preußen und Posen. Trotzdem war es kaum möglich, dem tatsächlichen Mangel der westlichen Provinzen mit den vergleichweise leidlichen Vorräten der östlichen Provinzen abzuhelfen. Im Jahre 1855 waren die Preise jener Früchte nahezu ebenso hoch, teilweise höher als im Jahre 1817. Der Weizen kostete (im Durchschnitt des ganzen Staates) 119 Sgr. 5 Pf., der Roggen 91 Sgr. 7 Pf., die Gerste 65 Sgr. 6 Pf. Der Unterschied zwischen den höchsten und niedrigsten Preisen in den Provinzen war aber nur 17 Sgr. 6 Pf. beim Weizen, 23 Sgr. beim Roggen und 13 Sgr. 1 Pf. bei der Gerste; d. h. die Eisenbahnen haben die früheren Preisunterschiede um 75% ermäßigt.

Ein anderes Beispiel aus Frankreich: Im Jahre 1817, einer Zeit mit ungünstigen Frachtpreisen, betrug der Preisunterschied für das Hektoliter Getreide zwischen Straßburg und den Städten im Innern des Landes bis 40 Frcs. (Landesdurchschnittspreis 36,16 Frcs.), im Jahre 1847, nach der Mißernte des Vorjahres, nur noch 20 Frcs. (Kanäle!), wogegen im Jahre 1861, bei einem Ernteausfalle beinahe wie 1846, zwischen den verschiedenen französischen Märkten nur noch ein Preisunterschied von 6—7 Frcs., und im Jahre 1866, bei teilweiser Mißernte, infolge weiterer Entwicklung des Netzes und Ermäßigung der Tarife, von nur 3—4 Frcs. festzustellen war.

Die Erzeugnisse von Garten- und Hackfruchtbau, von Obstwirtschaft und Viehzucht sind in viel stärkerem Grade als vordem absatzfähig geworden. Einerseits erhöhen Billigkeit und Schnelligkeit sowie die Einstellung geeigneter Beförderungsgefäße die Transportfähigkeit dieser Waren, anderseits wirken die Fortschritte in der Konservierungstechnik (Dörrgemüse, Gefrierfleisch, kondensierte Milch usw.) in der gleichen Richtung; dadurch wird eine verhältnismäßige örtliche Preisausgleichung in gewissen — sehr verschieden weit gesteckten — Grenzen hervorgerufen, die jedoch nirgends so weit geht wie beim Weizen. Die Tatsache, daß sich die Erzeugnisse der Landwirtschaft zum Transport verschieden verhalten, ist von ungeheurer Wichtigkeit, und in einer

[1]) Vgl. Engelbrecht, „Die geographische Verteilung der Getreidepreise in den Vereinigten Staaten von 1862—1900".

[2]) Das folgende nach der 1. Aufl. S. 23.

Zeit, wo sich die Wirkungen der Verkehrsmittel entfaltet haben, in vielen Fällen auf die landwirtschaftliche Entwicklung von bestimmendem Einfluß gewesen.

Bei Erzeugnissen, die „frisch" genossen werden, bleibt stets der örtlichen Produktion ein Vorzug, zumal wenn ihr Tauschwert relativ gering ist (Milch, verschiedene Obst- und Gemüsearten); jedoch konnte der Radius des Kreises der örtlichen Gewinnung ausgedehnt werden und eine Preisausgleichung in engen Gebieten mit den Eisenbahnen erfolgen.

Bei der Milch läßt sich gut beobachten, wie sich das Erzeugungsgebiet um die Großstädte herum mit der Zeit ausgeweitet hat. Das hängt mit der Zunahme der Bevölkerung ebenso zusammen wie mit dem Anwachsen der kleinen — den Milchstrom ablenkenden — Bedarfsplätze in der Umgebung der großen Stadt. Für Leipzig betrug 1895 die Landstraßenzufuhr 49,57%, die Eisenbahnzufuhr 42,16% des Bedarfs, 1910 lauteten die Zahlen 37,61% und 58,03%. Der reine Landstraßentransport der Milch wies 1910 nur Entfernungen bis 17 km auf, während wegen der hohen Beförderungskosten die Eisenbahnzufuhr bei Entfernungen über 70 *km* sehr gering war. Die Landstraße beherrschte die engeren Zonen, die Eisenbahn hatte die weiteren — besonders die Entfernungen zwischen 10 und 25 *km* — teils übernommen, teils neu herangeholt [1]).

Anders lagen die Dinge bei den relativ höherwertigen haltbaren Produkten. In demselben Maße wie Fleisch, Fett, Butter, Käse, Eier und lebendes Vieh durch Verkehr und Konservierungstechnik an Absatzfähigkeit zunahmen, mußte in großen, mehrere Länder umfassenden Gebieten eine relative Preisausgleichung eintreten. Der Transport von Vieh, früher durch den Trieb verhältnismäßig wohlfeil, ist durch die Eisenbahn auf lange Strecken möglich geworden, doch stecken hier die Gewichtsverluste und Einfuhrschwierigkeiten eine Grenze. Der Grad der Beförderungsfähigkeit und das erreichte Maß der Preisausgleichung könnte bei sämtlichen genannten Waren nur durch detaillierte verkehrs-, handels- und preisstatistische Untersuchungen umrissen werden, wobei die Maßnahmen der Handelspolitik wiederum als hemmend zu berücksichtigen wären.

Was leicht verderbliche Güter einerseits, haltbare anderseits in ihrer Produktionsbeziehung zueinander angeht, so ist gewiß, daß sich die durch die Eisenbahnen stark ausgeweitete erste Produktionszone um die großen Bedarfsmittelpunkte mehr auf jene einstellt und die Zufuhr der haltbaren Produkte der räumlich weiter entfernten Erzeugung überläßt. So ist ein Gebiet von 100 *km* um Berlin vor dem Kriege von dem Frischmilchkonsum der Stadt in Anspruch genommen worden; als Butterlieferanten der Hauptstadt traten dagegen entfernte Produktionsgebiete auf: die östlichen preußischen Provinzen, Rußland, Holland, Dänemark, Schweden, Österreich [2]).

---

[1]) Schöne, „Die Milchversorgung der Stadt Leipzig". Schr. d. Ver. f. Sozialp. Bd. 140.

[2]) Jahn, „Die Versorgung Berlins mit Butter". Schr. d. Ver. f. Sozialp. Bd. 140.

Schaut man auf das Problem des Ausgleichs von Angebot und Nachfrage und der Preisausgleichung bei landwirtschaftlichen Erzeugnissen zurück, so ist hervorzuheben, daß es sich hier um Erscheinungen handelt, die durch Krieg, Zwangswirtschaft und Währungszerrüttung zersetzt sind, sich jedoch im Laufe der Zeit wiederherstellen müssen.

Bedeutung dieser Entwicklung für die Gesamtgestaltung der landwirtschaftlichen Verhältnisse (Scheidung in Rohstoff- und Industriestaaten). Die Bedeutung der geschilderten Umgestaltung, die in den Preisen ihren Ausdruck findet, ist eine tiefgehende. Sie hat — zunächst im allgemeinen betrachtet — die Grundverhältnisse der Landwirtschaft gegenüber der Gesamtbevölkerung im Staate wesentlich geändert.

Während früher im großen und ganzen jeder Staat in der Ernährung seiner Bevölkerung, d. h. der Verwertung seiner Bodenerzeugnisse auf sich selbst beschränkt war und nur zwischen Küstenländern und Grenzgebieten ein Lebensmittelverkehr bestand, war vor dem Kriege die Ausgleichung zwischen dem Nahrungsbedarfe und den Erzeugungsmengen an Getreide und tierischen Produkten der ganzen kultivierten Erde mehr oder weniger durchgeführt. Hochentwickelte Staaten sind dadurch hinsichtlich des Nahrungsspielraumes ihrer Bevölkerung weit freier und unabhängiger geworden, und die weniger fortgeschrittenen Länder auf extensiver Wirtschaftsstufe teilten sich in die Versorgung der Industriestaaten durch Abgabe ihres verfügbaren Überschusses. Während unter anderen Umständen die wirtschaftliche Entwicklung eines Industrielandes durch die Begrenzung des Ernährungsfeldes (steigende Getreidepreise) von einem gewissen Punkte an gehemmt gewesen war, ist durch den modernen Verkehr jene Entwicklung von diesem Hindernisse befreit und weit über den eigenen Nahrungsmittelvorrat hinaus möglich geworden. Ebenso ist die Landwirtschaft in Ländern auf extensiver Wirtschaftsstufe von dem Drucke frei geworden, den der Mangel eines örtlichen Bedarfs in bezug auf das volle Maß des möglichen Ertrages bereitete.

In diesen Ländern übersetzten sich die Folgen tatsächlich in eine namhafte Ausdehnung und Steigerung der landwirtschaftlichen Produktion, zu der durch den neu eröffneten Absatz die Anregung gegeben ist. Die ungeheuere Vermehrung der Erzeugnisse des Körnerbaues sowohl in den Staaten mit extensiver als intensiver Wirtschaft ist dafür ein sprechender Beweis, ebenso wie die Steigerung des Ergebnisses einer Durchschnittsernte.

Den Maßstab für diese Entwicklung gibt die landwirtschaftliche Produktionsstatistik an die Hand. Was die Welternte angeht, so ist sie im Jahresdurchschnitt 1878/82 auf 554,5 Mill. *dz* und 1909 auf 955,5 Mill. *dz* geschätzt worden. Hingewiesen sei besonders auf Länder mit ursprünglich extensivster Bodenbewirtschaftung, deren Ertragssteigerung mit der Anlage und Verdichtung des Eisenbahnnetzes aufs engste verknüpft ist. Die Vereinigten Staaten ernteten an Weizen im Jahresdurchschnitt 1871/80 338 Mill. Bush., 1908 665 Mill. Kanada erntete 1901/05 18,2 Mill. *dz* Weizen, 1909 40,6 Mill.; Argentinien 1891/1900 16,9 Mill. *dz*, 1909 42,5 Mill. [1])

Die obigen Ausführungen enthalten die Scheidung in Rohstoff- und Industriestaaten, mithin jenes Problem, das um die Jahrhundertwende unter dem Namen Agrar- oder Industriestaat eine so große theoretische und praktische Bedeutung erlangt hat. Daß die Vereinseitigung in dem Aufbau der Volkswirtschaft aufs engste mit der Entwicklung der Transporttechnik zusammenhängt, ist selbstverständlich. Ebenso wie die Eisenbahnen auf der einen Seite Anbau und Ertrag an Rohstoffen und Nahrungsmitteln enorm steigerten, verstärkten sie auf der andern die Tendenz zur Massenhaftigkeit und Verbilligung der gewerblichen Produktion, den Zug zum Großbetrieb, die Ansaugung von Arbeitskräften aus der Landwirtschaft usw. Von der Seite der Industrieländer aus gesehen, trat mit der vervollkommneten Verkehrstechnik und umwälzenden Veränderungen in landwirtschaftlicher und industrieller Produktion eine Abhängigkeit auf, die sich in zunehmendem Maße nicht nur auf die Nahrungsmittel, sondern auch auf den Rohstoffbedarf der Industrien, ja sogar der Landwirtschaft selber, erstreckte. Die vorzüglich von den Verkehrsmitteln ausgehende Gesamtwirkung war viel zu mächtig, um jemals von der in ihrem Wirkungsbereich beschränkten Zollpolitik — die die Gegner dieser Entwicklung anriefen — voll aufgehoben werden zu können.

Die ganze Textilindustrie, die Elektrizitäts- und Kautschukindustrie, die der Holz- und Schnitzstoffe, die Lederindustrie, die der Öle usw., dazu die Landwirtschaft in ihrem Bedarf an Futter- und Düngemitteln, waren auf ausländische Rohstoffe aufgebaut.

Die durch internationale Arbeitsteilung erzeugte gegenseitige Abhängigkeit, speziell die der Industriestaaten von der überseeischen landwirtschaftlichen Produktion, war so stark, daß der Versuch, den durch diese Entwicklung hervorgerufenen Zustand plötzlich zu ändern: Deutschland während des Krieges in ein autarkes Wirtschaftsgebiet zu verwandeln, scheitern mußte. Vor allem die Folgen, die sich aus der geminderten Bedeutung der eigenen Landwirtschaft für die Gesamtbevölkerung und aus der veränderten Rohstoffbasis ergaben, ließen sich nicht rasch genug ausgleichen. Bedenkt man die Bedeutung, die für die Niederlage Deutschlands seine weltwirtschaftliche Abhängigkeit gehabt hat, so erkennt man die ungeheuere historisch-politische Wichtigkeit, die der Verkehrsvervollkommnung, auf ihre letzten Folgen hin untersucht, innewohnte. Allerdings könnte man einwenden, daß selbst bei einer erfolgreichen handelspolitischen Abschnürung gegenüber den Auswirkungen der verbesserten Verkehrstechnik Deutschland sein Schicksal kaum erspart geblieben wäre wegen der dann eingetretenen industriellen Verkümmerung; aber selbst bei dieser Annahme bliebe wichtig, daß die „Formen" der deutschen wirtschaftlichen Kriegführung tatsächlich durch die weltwirtschaftliche Abhängigkeit, wie sie sich vor dem Kriege ausgeprägt, aufgezwungen waren, und daß diese durch die Entwicklung des modernen Verkehrs mitverursacht worden ist.

Untersucht man weiter die Verkehrsentwicklung in ihrer Bedeutung für die Versorgung der Länder mit Lebensmitteln, so ist an die Tatsache zu erinnern, daß die Getreidepreise, früher abhängig von dem Ausfall der Ernte in einem räumlich begrenzten Gebiet, heute das Ernteergebnis aller produzierenden Staaten zusammen darstellen; auf dieser Grundlage bildet sich der Weltmarktpreis, von dem die Ortspreise nur um Frachtkosten und Zölle abweichen können.

---

[1]) Wiedenfeld, Art. „Getreideproduktion und Getreideverbrauch" im Wörterb. d. Volksw.

Eine Vergleichung der Ernten und Preise in ihren Beziehungen, durchgeführt bei Preußen für den Zeitraum 1850—75 in der Art, daß alle einzelnen Jahrespreise auf den Preisdurchschnitt dieses Zeitraumes = 100, und ebenso alle Ernten auf die für den Zeitraum sich ergebende Mittelernte = 100 bezogen werden, ergibt, daß: während innerhalb der bezeichneten Periode die schlechteren (unter Mittel) Ernten überwiegen, der Ausfall namentlich bei Weizen und Roggen die Preise kaum oder nur prozentual weniger über das Mittel zu erheben vermochte, als die Ernte selbst hinter dem Mittel zurückblieb. Nur innerhalb einzelner Jahre und abgegrenzter Produktionsgebiete war noch eine gewisse Abhängigkeit zwischen Ernte und Preisen zu erkennen, namentlich bei Früchten, die minder dem internationalen Verkehr unterworfen waren: Gerste und Hafer [1]).

Perlmann [2]) hat eine Tabelle aufgestellt, in der er für die Jahre 1889—1902 die Ernten in Deutschland, die Welternten und die Berliner Preise nebeneinander stellt. Die Angaben zeigen eine auffallende Übereinstimmung der Preise mit der Welterzeugung, und die wenigen Abweichungen müssen eher auf Fehler in der Erntestatistik zurückgeführt werden, als daß sie an dem Bestehen der gekennzeichneten Beziehung Zweifel aufkommen ließen.

Während zur Zeit der alten Verkehrsmittel in jedem Lande auf eine gute Ernte niedrige Preise folgten, bei schlechten Ernten die Preise erheblich stiegen, der Landwirtschaft mithin eine gewisse Stabilität des Geldwertes der Erträgnisse eigen war, ist das nun anders geworden. Es hängt heute von dem Zusammentreffen eines universell reichlichen oder spärlichen Ernteausfalles in den Ausfuhrgebieten mit dem gleichen oder entgegengesetzten Ernteergebnis des einzelnen Landes ab, ob dieses niedrigere oder höhere Getreidepreise aufzuweisen hat. Es kann eine reichliche Ernte in den Ausfuhrgebieten zusammentreffen mit einer unterdurchschnittlichen Ernte in einem Einfuhrlande, und dieses wird trotz des unzureichenden eigenen Angebots für die Landwirte ungünstige Getreidepreise haben; eine in der Mehrzahl der Länder ungünstige Ernte wird in den übrigen selbst bei reichlichster eigener Ernte — sofern kein Ausfuhrverbot eintritt — die Getreidepreise erheblich steigern.

Der Geldertrag der Landwirtschaft in einem Lande wird dadurch in höherem Grade variabel, von fremden Einflüssen abhängig, und es kann vorkommen, daß ungünstige und günstige Ertragsjahre miteinander abwechseln, während sich der Landwirt früher, bei unbeeinflußter Preisbildung, in guten Jahren durch die Menge und in schlechten durch die Preise schadlos halten konnte.

Die Verkehrsvervollkommnung hat nicht nur einen örtlichen Preisausgleich, sondern auch einen zeitlichen im Gefolge; der Ausgleich in Angebot und Nachfrage zwischen den einzelnen Ländern mußte dahin führen, daß die Preise von Jahr zu Jahr eine gleichmäßiger verlaufende wellenförmige Linie beschrieben, der Grad des Unterschieds zwischen

[1]) Nach der 1. Aufl. S. 26.

[2]) „Die Bewegung der Weizenpreise und ihre Ursachen". Schr. d. Ver. f. Sozialp. Bd. 139, Teil 3, S. 58f.

den höchsten und niedrigsten Preisen innerhalb eines Jahres sowie innerhalb von Jahrzehnten abnahm und das Eintreten größerer Differenzen sich verminderte. Nur in Ländern, die regelmäßig ausführten, dürften solche Schwankungen, wie in West- und Mitteleuropa im Anfang des vorigen Jahrhunderts, noch vorkommen. Denn solche Staaten, die im allgemeinen einen Getreideüberschuß über die eigene Versorgung hinaus erzeugen, können sich angesichts ihrer gesamten wirtschaftlichen Struktur nicht so rasch umstellen, wie es die veränderte Lage erfordert.

Zum Beweise einige statistische Angaben. Nach Perlmann [1]) war in England im Jahrzehnt 1830/40 der Unterschied zwischen dem höchsten und niedrigsten Jahresdurchschnittspreise 331,1 — 184,3 = 146,8 M. für die Tonne, also 80% des unteren Preises, während im letzten Jahrzehnt des Jahrhunderts der Unterschied 173—107,3 = 65,7 = 61% betragen hat. Nach den Untersuchungen von Béla Földes läßt sich Ähnliches, zum Teil noch schärfer ausgeprägt, für andere europäische Staaten zeigen; hierhin gehören Frankreich, Italien, Preußen, Österreich, Ungarn, Dänemark, Norwegen, Finnland. Für Rußland, ein Exportland, dagegen kam Földes zu dem Ergebnis, daß die „Preisspannung sich kaum verändert und selbst in dem letzten Jahrzehnt sich große Preisdifferenzen geltend gemacht" hätten [2]).

Für die Bevölkerung bedeutet die Abhängigkeit der Preisgestaltung von der Weltproduktion die Befreiung aus der bekannten Regel des Gregory King, die für jene Zeiten örtlich geschlossener Wirtschaft bei einem Ernteausfall von 10, 20, 30, 40, 50% eine Kornpreiserhöhung um 30, 80, 160, 280, 450% erfolgen ließ. Noch Tooke meinte, daß die Berechnung Kings sich nicht sehr weit von der Wahrheit entferne, wenn er auch das Vorhandensein einer ziffermäßig bestimmten Gesetzmäßigkeit bezweifelt. Durch die Verkehrsentwicklung ist der Tatsachenzusammenhang, der dieser Formel zugrunde liegt, überwunden [3]).

Einfluß auf die Höhe der Grundrente. Die Vervollkommnung und Verbilligung des Verkehrs muß eine Erhöhung des Ertrages der landwirtschaftlichen Produktion nach sich ziehen, also auf eine Vergrößerung der Grundrente hinwirken. Gleichzeitig bewirkt jedoch die geschilderte Preisausgleichung eine entsprechende Gestaltung der Grundrente — eine Ermäßigung in den Konsumtions-, ein Anwachsen in den Produktionsländern — und damit ein Sinken oder Steigen des Kapitalwertes der Grundstücke.

Es ergeben sich somit zwei Wirkungsmöglichkeiten ein und derselben Kraft. Einmal kann die durch eine Ertragsvermehrung bewirkte Rentensteigerung eines Grunstücks durch einen nachfolgenden Preisfall wieder aufgesogen werden, und zweitens ist es denkbar, daß das

---

[1]) a. a. O., S. 25.

[2]) a. a. O., S. 513.

[3]) Das geschah allmählich. Ältere Arbeiten von Engel und Kremp kommen zu dem Ergebnis, „daß die Ernten des Inlandes noch immer einen gewissen Einfluß auf die Preisgestaltung ausüben" (nach Perlmann, a. a. O., S. 57).

Anwachsen des Ertrages mit einer Angleichung der Preise nach oben (etwa an den Weltmarktpreis) zusammenfällt; anders ausgedrückt: die beiden Wirkungsmöglichkeiten aus der Verkehrsverbesserung können sich teils beschränken, teils unterstützen.

Um die Rolle der Eisenbahn in der Grundrentenbildung klar zu erkennen, ist es notwendig, beide Wirkungsmöglichkeiten auseinander zu halten. Weder die Behauptung, daß die Eisenbahn Rente und Wert des Bodens beträchtlich erhöhe, noch die entgegengesetzte steht mit den Tatsachen an einzelner konkreter Stelle ausnahmslos im Einklang.

Die Erfahrung lehrt bei jedem Eisenbahnbau aufs neue, daß die „Aufschließung der Bodenschätze" durch das vollkommenere Beförderungsmittel von einer oft sprunghaften Erhöhung der Bodenerträge in dem Verkehrsgebiet der Bahn begleitet ist. Die Möglichkeit vorteilhaften Absatzes in die Ferne verleiht den früher nur örtlich verwertbaren oder über den Bedarf unverwertbaren Produkten höhere Preise, läßt mit sinkenden Produktionskosten die erzeugten Gütermengen anwachsen, steigert mit einem Wort das Geldäquivalent des Naturalertrags, und — weil dieses Verhältnis von Dauer ist — die Grundrente.

Es wird dies in um so höherem Grade der Fall sein, je niedriger die Produktenpreise vorher waren, und je weniger vollkommene Beförderungsmittel dem Gebiete zur Verfügung standen. In schon von Eisenbahnen durchzogenen Gegenden wird das Hinzutreten einer neuen Linie die Grundrente wenig mehr beeinflussen, mit Ausnahme der unmittelbaren Anlieger, denen sie den teueren Achstransport erspart.

Prüft man die Einwirkung einer Verkehrsverbesserung in der Praxis, so muß vorsichtig zu Werke gegangen werden. Die Tatsache steigender Grundrente wird sich in wachsende Pachtsummen und Grundstückpreise umsetzen. Die unten angeführten Zahlen dürfen jedoch in Rücksicht auf den von uns untersuchten Zusammenhang nicht überschätzt werden. Denn nicht bloß die verbesserten Verkehrsmittel, sondern auch andere Ursachen können Pachtsumme und Grundstückspreise anschwellen lassen. Dahin gehört die Vergrößerung des Geldreinertrages durch Verminderung der Produktionskosten — woran mittelbar die Verbesserung des Verkehrs durch Verbilligung des Düngemittelbezuges usw. beteiligt sein kann —, durch Preissteigerung infolge starker Bevölkerungsvermehrung, durch eine vorhandene Monopolstellung, oder einfach sinkender Geldzins.

Die Bodenwerterhöhung, wie sie in bestimmten geschichtlichen Epochen auftritt, ist das Ergebnis verschiedener zusammenwirkender Ursachen. Die Verkehrsverbesserung kann dabei mitbeteiligt sein, läßt sich jedoch in ihrer jeweiligen Tragweite im konkreten Fall nicht abschätzen. Unter dieser Voraussetzung stehen folgende tatsächliche Angaben. Grundrentenbildung und Preissteigerung ländlicher Grundstücke erfolgten in Mittel- und Westeuropa seit den 30er Jahren des 19. Jahrhunderts, besonders stark nach 1850 bis zur Mitte der 70er Jahre, zweifellos beeinflußt durch das sich mächtig ausdehnende festländische Eisenbahnnetz. Genauere Untersuchungen, die sich über weite Zeiträume erstrecken, liegen vor für Mecklenburg und für den Saal- und Merseburgerkreis. In diesen beiden weit auseinander liegenden Gegenden betrug der Grundwert 1861—80 etwa das 2,8fache des Wertes zu Beginn des Jahrhunderts (Lehns- und Allodialgüter des ehemaligen

Großherzogtums und Rittergüter der beiden Kreise.) In Mecklenburg setzte die Steigerung im Zusammenhang mit der Erschließung durch Landstraßen ein und nahm in der Mitte der 40er bis zur Mitte der 60er Jahre einen raschen Verlauf: Der Hufenpreis der Lehnsgüter stellte sich 1830/39 auf 66 136,— M., 1860/64 auf 156 237,— M. Ähnlich verlief die Preisbewegung in der ehemals preußischen Provinz Posen und in Oldenburg. Dort hat sich von 1831/40 auf 1861/70 der Grundpreis etwa verdreifacht, hier ist in der Marsch von 1840—1875 das gleiche Ergebnis eingetreten [1]). Auch in Frankreich sind bis zum Ende der 70er Jahre die Pachten und durchschnittlichen Verkaufspreise beträchtlich in die Höhe gegangen. Diese stellten sich z. B. 1851 auf 38,04 Frcs. für den Hektar, 1879 auf 52,87 Frcs. [2]).

Als wichtigste Ursachen für die Bodenwerterhöhung bis in die 70er Jahre erscheinen die zunehmende Bevölkerung, die Monopolstellung der mittel- und westeuropäischen Landwirtschaft auf dem heimischen Markte — mit Ausnahme Englands — und die Verkehrsvervollkommnung durch Eisenbahnbau. Ihr fiel die besondere Aufgabe zu, immer neue Versorgungsgebiete zu erschließen und so die Steigerung von Grundrente und Bodenwert räumlich gleichmäßig zu gestalten. Wenn auch zweifellos in dieser Periode, wo sich das mittel- und westeuropäische Festland mit einem Bahnnetz bespannte, Grundwertermäßigungen infolge der Erschließung neuer Böden höherer Qualität vorübergehend oft vorgekommen sind, so ist doch im ganzen bei steigender Nachfrage (Bevölkerungsvermehrung!) ein Übergang zu geringeren Bodenarten eingetreten, der unbedingt von Grundrentenerhöhung usw. auf den besseren Böden begleitet sein mußte.

Diese (wie gesagt) gleichmäßig über die nationalen Versorgungsgebiete fortschreitende Entwicklung war eine spezielle Wirkung der Verkehrsverbesserung, wie sie sich zu jener Zeit in einer vollkommneren gegenseitigen Durchdringung aller Teile des nationalen Wirtschaftsgebietes und angrenzender Länder ausprägte, während der große zwischenstaatliche Verkehr und damit die Aufschließung der Getreidekammern in Osteuropa und Übersee erst in den Anfängen standen.

Die Vervollkommnung des Verkehrs wirkt jedoch zweitens in der Richtung einer Preisausgleichung, die in ihren Folgen zu untersuchen ist. Die Entwicklung läßt sich kurz so skizzieren: In einem Verbrauchsgebiete, das bisher in seiner Versorgung mit Bodenerzeugnissen von der näheren Umgebung abhing, wird durch die neue Zufuhrmöglichkeit von entlegeneren Erzeugungsplätzen, die geringere Kosten aufwenden, ein Druck auf die Preise ausgeübt. Die Grundstücke in der Umgebung werden dadurch einen Teil dessen, was sie bei der Anlage einer ihnen dienenden Eisenbahn gewonnen haben oder das Ganze oder sogar mehr verlieren. Die Eigentümer, die die Grundstücke auf der Grundlage der kapitalisierten früheren Rente erworben und für sich noch keine Rente bezogen haben, werden empfindliche Verluste erleiden; ebenso alle, die unter den früheren Verhältnissen Schulden aufgenommen

[1]) Hierzu Paasche, „Die Entwicklung der Kaufpreise des ritterschaftlichen Grundbesitzes in Mecklenburg-Schwerin in der Zeit von 1770—1878", Conrad's Jahrb. 1881, S. 311ff. — Steinbrück, „Die Entwicklung der Preise des städtischen und ländlichen Immobiliarbesitzes zu Halle und im Saalkreis". — Sarrazin, „Die Entwicklung der Preise des Grund und Bodens in der Provinz Posen", Landw. Jahrb. 1897, S. 825ff. — Kollmann, „Die Kaufpreise des Grundeigentums im Großherzogtum Oldenburg von 1866—1893".

[2]) Schr. d. Ver. f. Sozialp. Bd. 27, S. 91ff.

oder zu Geldrenten, etwa auf Grund von Erbteilungen, verpflichtet sind. Ist der Druck auf die Preise stark und von langer Dauer, so werden Zwangsverkäufe überschuldeter Besitzer, rückständige Pachtzinsen und Änderungen in der Produktionsrichtung, wie sie durch die Preisentwicklung aufgezwungen werden, an der Tagesordnung sein.]

So gestaltete sich seit der Mitte der 70er Jahre die Lage in den Einfuhrländern; umgekehrt war es in den ausführenden Staaten, wo die Grundbesitzer aus der Anlage von Eisenbahnen doppelten Nutzen zogen. Die Erhöhung der Bodenrente, die an sich mit einer Verbilligung des Transportes gegeben ist, verband sich mit dem Wachsen der Getreidepreise infolge der Angleichung an den Weltmarktpreis: dabei stufte sich natürlich der Rentenzuwachs gemäß der jeweiligen Entfernung von der Bahnlinie ab.

Die geschilderten Wirkungen waren in den Einfuhrländern Ausdruck jener bekannten Agrarkrise, die Mitte der 70er Jahre einsetzte. Sie steht mit dem Ausbau des Eisenbahnnetzes in den Produktionsländern, dem Sinken der Frachten zu Land und Wasser, im engsten Zusammenhang. Der Stillstand in der Grundwertsteigerung und ihr teilweiser Abbau haben in der Verkehrsverbesserung ihre nächste Ursache, während diese für die frühere Entwicklung ein mitwirkender Faktor unter anderen gewesen ist.

Die Berliner Weizenpreise standen in den 80er und 90er Jahren unter dem Durchschnitt des vergangenen Jahrzehnts. Nach des Untersuchung von Sarrazin für Posen fiel gleichzeitig der Bodenwert beim Groß- und Mittelbesitz. Zwar zeigte sich 1881/85 noch eine durchgängige Preissteigerung; doch ist jetzt der höchste Stand erreicht. Von da an gehen die Grundpreise — den Kleinbesitz ausgenommen — bis in die Mitte der 90er Jahre zurück, wo die Untersuchung abbricht. Die Arbeit Steinbrück's für den Saal- und Merseburgerkreis zeigt für 1881/95 eine Abnahme der Wertsteigerung bei den Rittergütern, dagegen bei den Landgütern mittleren Umfanges ein unvermindertes Anwachsen. In Mecklenburg war der Höchstpreis der Hufe für die Lehns- und Allodialgüter 1860/64 erreicht, das Sinken der Durchschnittspreise bis zum Ende der 70er Jahre, wo das veröffentlichte Material abbricht, erfolgte unausgesetzt. Hier hat anscheinend der starke Wettbewerb überseeischer Wolle mitgewirkt, Rente und Kaufpreis der größeren Besitzungen zu schmälern. Die Grundpreisnotierungen Kollmann's für Oldenburg ergeben einen Rückgang in den 80er Jahren. Zu dem gleichen Ergebnis führt die Untersuchung der Pachtpreise für Neuverpachtungen preußischer Domänen, wo sich eine rückläufige Linie zwischen 1886 und 1904 nachweisen läßt.

Die Aufsaugung der Grundrente, verbunden mit einer Bodenwertminderung, griff mit zunehmender Ausweitung der Liniennetze auf solche Gebiete über, die ursprünglich diesen Vorgang in Europa hervorgerufen und überreichlich daraus Nutzen gezogen hatten. „Es erscheint unzweifelhaft, daß die sog. amerikanische Konkurrenz wohl in kein Gebiet der Welt so erfolgreich eingedrungen ist wie in die östlichen Teile der Vereinigten Staaten selbst“ [1]). In den Oststaaten ging seit den 80er Jahren die Getreide-, Vieh- und Butterproduktion sehr erheblich zurück,

[1]) Levy, „Zur Geschichte der Agrarkrisen, eine Studie über den Verlauf der landwirtschaftlichen Depression in den östlichen Teilen der Vereinigten Staaten“, Conrad's Jahrb. 1904, S. 471 ff.

zunächst ohne anderen Formen der Bodennutzung Raum zu geben: Güter wurden von Landwirten massenhaft aufgegeben und verkauft, und man konnte landwirtschaftliche Besitzungen oft zu Preisen erwerben, die geringer waren als die ursprünglichen Kosten der Wohnhäuser [1]). Der Grund hierfür war die Erschließung der Anbauflächen im Norden und Westen der Vereinigten Staaten.

Das Anschwellen des Bodenwertes infolge der Verkehrsentwicklung sowie der Angleichung an ein höheres Preisniveau und sein Abbau durch die Erschließung neuer Böden höherer Qualität sowie den Preisfall des Getreides wiederholt sich somit an allen Punkten der Erde, wobei mit der Gewinnung immer neuer Anbauflächen und der Ausweitung der Nachfrage — beides eine Folge der Transportvervollkommnung — aus der örtlichen eine nationale und internationale Preisbildung wird.

Die einander entgegengesetzte Bodenpreisentwicklung in den beiden betrachteten Zeitspannen läßt sich kurz darauf zurückführen, daß in der ersten Hälfte die durch die Verkehrsverbesserung verursachte Aufschließung neuen Landes durch die Bevölkerungsvermehrung „überkompensiert" wurde, während das Verhältnis zwischen Angebot und Nachfrage auf dem Weltmarkt in der zweiten Hälfte umgekehrt war.

Es war nach dem Bevölkerungsgesetz von Malthus und dem Gesetz des abnehmenden Bodenertrags außer Zweifel, daß ein solcher Druck auf Grundrente und Bodenpreis „auf die Dauer" vorübergehen mußte, weil seine Voraussetzung: das charakterisierte Verhältnis von Angebot und Nachfrage, vergänglicher Art war. In dem Augenblick, wo Böden höherer Qualität nicht mehr durch den Verkehr erschlossen werden konnten, mußten Rentenbildung und Grundwerterhöhung wieder einsetzen, da die Getreideproduktion unter allmählich steigenden Kosten erfolgte. Es ist theoretisch denkbar, daß eines Tages der Weltmarktpreis durch die höchsten Erzeugungskosten bestimmt wird, wovon die Entwicklung heute noch weit entfernt ist.

Solange die Getreidepreise zurückgehen, wie in der zweiten von uns beobachteten Zeitspanne, stand die Landwirtschaft wegen des Renten- und Grundwertschwundes unter dem Druck sinkender Gelderträge. Diesen durch die Verkehrsfortschritte letzten Endes verursachten Zustand suchte eine Reihe von europäischen Staaten durch die Zollpolitik zu überwinden. Auf diese ist die Rentenbildung und Bodenpreissteigerung in neuerer Zeit zum Teil zurückzuführen. Für unseren Zusammenhang ist die Feststellung wichtig, daß eben wegen der Zollpolitik die Verkehrsverbesserung nicht zur vollen Auswirkung gelangt ist. Der Krieg hat in der teilweisen Unterbrechung des Weltverkehrs in den in autarke Wirtschaftskörper umgewandelten Staaten im Sinne einer ungeheuren Anschwellung von Grundrente und Grundstückpreisen gewirkt — mithin im Gegensatz zur Transportvervollkommnung analoge Folgen ausgelöst, wie vor dem Kriege die Zölle und nachher — in den „valutakranken" Staaten — die auf dem ausländischen Markte viel stärker als auf dem inländischen gesunkene Kaufkraft.

[1]) Levy, a. a. O., S. 474.

In Preußen hoben sich die Güterpreise von 1895/97 auf 1901/03 um 17%, von 1901/03 auf 1907/09 um 33%. „Das ist die Wirkung der Zollerhöhung, die, wenn auch erst 1906 eingetreten, doch, seit 1902 beschlossen worden, ein Steigen der Güterpreise entstehen ließ und dementsprechend, schon bevor das Steigen, von der Konjunktur unterstützt, wirklich eintrat, auf die Bodenpreise gewirkt hat" [1]). Ähnliches wird über Bayern berichtet, wiewohl in den betreffenden Untersuchungen die Einwirkungen der Getreidezölle von 1902/06 überschätzt zu sein scheinen [2]).

Das zweite Mittel, der Bedrohung des landwirtschaftlichen Betriebes wegen zurückgehender Gelderträge entgegen zu wirken, liegt in der Änderung der Produktionsrichtung. Die Krise in den ostamerikanischen Staaten wurde überwunden durch den Übergang zur Erzeugung von Produkten, für die in den rasch anwachsenden Industriemittelpunkten eine steigende Nachfrage entstand, oder die wegen ihrer Transportempfindlichkeit nicht von weither herbeigeschafft werden konnten (Milch, Sahne, Obst, Gemüse usw.). Hier verursachte der Bahnbau also auf die Dauer keine Bodenwertminderung, sondern setzte sich in eine veränderte Landnutzung und ein erneutes Ansteigen der Grundrente um [3]). Auf den äußerst wichtigen Zusammenhang zwischen Transportfähigkeit und Produktionsrichtung ist früher grundsätzlich hingewiesen.

Veränderungen der Anbauverhältnisse [4]). Die dargestellte Verschiebung der Preis- und Rentenverhältnisse verursacht eine entsprechende Umgestaltung in der Bewirtschaftung, die die weltwirtschaftliche Phase der Landwirtschaft gegenüber den früheren geschlossenen Wirtschaftsgebieten auszeichnet. Wenn uns das Thünen'sche Gesetz eine gute theoretische Formel für die Anbauverhältnisse zur Zeit der alten Verkehrsmittel an die Hand gab, so müssen die Wirkungen der modernen Verkehrsmittel am einfachsten durch Anknüpfung hieran auszudrücken sein.

Die Richtung der Veränderung, die die Thünen'schen Produktenzonen durch die Eisenbahnen erlitten, ist eine doppelte. Auf der einen Seite bewirkt die weitreichende Verbilligung des Transportes allgemein eine entsprechende Verlängerung des Durchmessers, also der Ausdehnung der Zonen, wie dies einseitig schon der Wasserweg gegenüber dem Achstransporte im Gefolge hatte. Die Ringe wurden mithin durch die Eisenbahn namhaft und nach allen Richtungen hin mit einer gewissen Gleichmäßigkeit erweitert. Gebiete, die — unter Voraussetzung gleicher Bodenbeschaffenheit — früher in eine vom Mittelpunkte entferntere Zone fielen, sind jetzt mehr hineingerückt; die Zonengrenzen sind weiter vom Mittelpunkte, den Konsumtionsgegenden, her hinausgeschoben. An die Stelle des Kreises der Viehzucht tritt der Getreide-

---

1) Vgl. Rothkegel, „Die Kaufpreise für ländliche Besitzungen im Königreich Preußen 1895—1906" und einen Nachtrag hierzu in Schmoller's Jahrb. 1910. S. 1689ff.

2) Schr. d. Ver. f. Sozialp. Bd. 148 und hierzu A. Skalweit, „Getreidezölle und Bodenpreise", Schmoller's Jahrb. 1916, S. 379ff.

3) Vgl. Levy, a. a. O.

4) 1. Aufl. (bis S. 564 unten).

bau, innerhalb der Zonen des letzteren drängt sich das intensivere Wirtschaftssystem an Stelle des mehr extensiven, und der innerste Ring der freien Wirtschaft, der früher nur rings um jede einzelne Stadt und über zusammenhängende Gebiete nur da sich erstreckte, wo eine Häufung von städtischen Ansiedlungen und Industrieorten sich vorfand, dehnt sich über ganze Provinzen und Länder aus.

Daneben tritt ein zweites. Die Beförderung ist durch die Eisenbahn so billig geworden, daß das beim Straßentransporte maßgebende Moment einer zu großen Verteuerung der Erzeugnisse durch weitere Versendung für alle nicht ganz zu unterst der Tauschwertskala stehenden Erzeugnisse bis zu einem gewissen Grade wegfällt. Das Gebundensein gewisser Produktionen an die Nähe des Verbrauchsortes (Obst-, Gartenkultur, Milchwirtschaft usw.) wird erheblich vermindert. Unterstützend wirkt die qualitative Verbesserung des Transports. Folglich können die betreffenden Produktionen, weniger beschränkt durch die Rücksicht auf die Nähe des Absatzmarktes, leichter solche — auch entlegenere — Erzeugungsplätze aufsuchen, wo natürliche Erzeugungsvorteile ihnen zugute kommen. Und umgekehrt. Produkte, die einen kostspieligen, weiten Transport vertragen, waren früher durch den größten Wirtschaftsvorteil in die äußerste Zone verwiesen (Vieh, Handelspflanzen). Bei der Befreiung der übrigen Produktionen aus dem Banne der inneren Ringe macht sich dies nicht mehr so nachdrücklich geltend; vielmehr werden jene Wirtschaftsformen jetzt auch in inneren Zonen möglich. Der früher erwähnte Umstand weiter reichender relativer Transportvervollkommnung bei Körnerfrüchten gegenüber wichtigen Erzeugnissen der Viehzucht unterstützt diese Umkehr, und daher wird die Viehhaltung, schon wegen des hohen Düngerbedarfes bei intensiver Wirtschaft, in inneren Kreisen stets eine größere Rolle spielen.

Zusammenfassend kann man sagen: durch die Eisenbahnen sind die Produktenzonen einerseits ungemein erweitert, anderseits vielfach durchbrochen worden; die Anbauverhältnisse wurden sowohl durch das Hinausrücken der Kreise, als auch durch den wachsenden Einfluß der günstigsten Produktionsbedingungen namhaft umgestaltet. Die örtliche Lage zum Markte war nicht mehr wie früher maßgebend; die Erzeugungsvorteile gelangten dagegen mehr zur Geltung, und die Rücksicht auf diese bestimmte in erster Linie das Wirtschaftssystem.

In einem Teil der europäischen Staaten mußte der Weizenbau, durch die Zufuhr der billigen Erzeugnisse aus den Ländern extensiver Wirtschaft minder rentabel geworden, einerseits durch möglichst intensive Wirtschaft auf den geeigneten Böden wieder ertragreicher zu machen gesucht, anderseits durch den Anbau von Obst, Gemüse und Handelspflanzen und durch Viehzucht mit darauf gerichtetem Futterbau und künstlicher Graswirtschaft ersetzt werden. Die Einzeluntersuchung ergibt ein Ansteigen des Weizenbaues bis in den Anfang der 70er Jahre in Frankreich, Belgien und Süddeutschland, befördert durch die Verbilligung der Transportkosten, das im Sinne der Thünen'schen

Theorie als eine Verbreiterung der Zonen mit intensivem Wirtschaftssystem aufzufassen wäre. Auf den britischen Inseln und in Dänemark erfolgte dagegen in der gleichen Zeit und weiter bis zur Jahrhundertwende ein Rückgang des Weizenanbaues (teilweise auch des Roggens) und seine Ersetzung durch Futterpflanzen und Ackerweide, eine Umwandlung, die durch die Ausdehnung der Viehhaltung hervorgerufen war. Diese Tatsache beweist die Richtigkeit der Behauptung, wonach bei der Vervollkommnung des Verkehrs die Erzeugnisse einer entfernten Zone, die an sich hohe Transportkosten vertragen, den natürlichen Erzeugungsbedingungen gehorchend, in einen marktnahen Ring verlegt, also die Kreise durchbrochen werden können, zumal da den tierischen Produkten nicht die gleiche Transportfähigkeit innewohnt wie den Körnerfrüchten.

Die mittel- und osteuropäischen Staaten gingen seit den 70er Jahren von extensiver zu mehr intensiver Bewirtschaftung über und stellen in der Richtung von Osten nach Westen den Übergang zu den intensivsten Gestaltungen der Bodenproduktion dar; die fruchtbaren, heute verwahrlosten, Tiefebenen Rußlands verwandelten ihre Weidewirtschaften in Ackergrund und nahmen ein, im Vergleich zu der früheren, nur dem Eigenbedarf genügenden, primitiven Wirtschaftsweise höher stehendes, jedoch immer noch relativ extensives, Betriebssystem an (bezeichnend für den Intensitätsgrad sind die Hektarerträge an Weizen vor dem Kriege: europäisches Rußland 9,1, Deutschland 23,6, Belgien 26 *dz*). Der statistisch leicht erweisbare Fortschritt der deutschen Landwirtschaft, beeinflußt durch das dichter werdende Bahnnetz, prägt sich sinnfällig aus in dem zunehmenden Anbau von Hackfrüchten (Kartoffeln, Zuckerrüben) und Gemüse, und dem Rückgang von Ackerweide und Brache; den höchsten Intensitätsgrad erreichen innerhalb Deutschlands die Provinz Sachsen, und an der Grenze des hier in Frage stehenden Länderkomplexes Belgien und die Niederlande. Diese Entwicklung, die die behauptete Erweiterung der Thünen'schen Kreise in der Richtung auf Ersetzung minder intensiver Landbauzonen durch intensivere veranschaulicht, war bestimmend beeinflußt einmal durch den Ausbau des innereuropäischen Bahnnetzes und weiter durch den Preisdruck der überseeischen Konkurrenz, der teils den Übergang zur Erzeugung anderer (mehr lohnender) Produkte, teils die Vermehrung des Rohertrags durch Intensitätssteigerung (sofern sie ohne allzu große Kostenerhöhung möglich) erzwang. Die Ausdehnung der Getreidebauzonen, als Frucht der Verkehrsentwicklung, gewann einen ungeheueren Umfang, seitdem in Nordamerika, Ostindien, den La Plata-Staaten usw. Neuland unter den Pflug genommen worden; der allmähliche Übergang von extensiver zu intensiver Bewirtschaftung (ev. zu Änderungen in der Produktionsrichtung) im Zusammenhang mit dem Ausbau des Verkehrsmittelsystems läßt sich auch hier nachweisen. Ein besonders interessantes Beobachtungsfeld bildet die neuere Entwicklung in den Vereinigten Staaten.

Diese Einflüsse der modernen vervollkommneten Verkehrsmittel haben natürlich an deren Einflußgebiet ihre Grenze und bis dahin eine abnehmende Stärke. Über ihr Verkehrsgebiet hinaus müssen die alten, auf dem örtlichen Zusammenhange zwischen Produktion und Konsumtion beruhenden Verhältnisse in Geltung bleiben, und an der Grenze muß ein Zusammentreffen beider Gestaltungen eintreten, das höchst verwickelte Erscheinungen nach sich zieht. Wo daher ein Netz von Verkehrslinien nicht so dicht ist, daß sich ihre Verkehrsgebiete berühren, bleiben Zwischenzonen übrig, in denen die Preisgestaltung und die Wirtschaftsverhältnisse sich auf dem örtlichen Zusammenfallen von

Produktions- und Marktgebiet aufbauen; sie stehen neben den großen Gebieten, wo die nationalen und internationalen Verkehrsbeziehungen zum Ausdruck gelangen.

Mit der Entfaltung des Transportsystems, also der allgemeinen Zunahme der Verkehrsintensität, schrumpfen die „stationären Zwischengebiete", gewissermaßen wirtschaftliche Enklaven, immer mehr zusammen und schließen sich die in die weltwirtschaftliche Produktionsweise einbezogenen Gebiete aneinander.

Wie schon ausgeführt, ist die Einwirkung der Verkehrsverbesserung auf die verschiedenen landwirtschaftlichen Produkte verschieden. Bei Gemüse, Milch, Obst z. B. werden die örtlichen Nachfrage- und Angebotsverhältnisse voraussichtlich immer eine große Bedeutung behalten. Die Abhängigkeit der Erzeugung dieser Produkte vom Marktorte wird niemals so von Grund auf verändert werden können, wie es beim Getreide der Fall gewesen ist. Daß heute noch beim Körnerbau in den mittel- und westeuropäischen Staaten eines dichten Eisenbahnnetzes Enklaven in bezug auf Preisbildung und Wahl des Betriebssystems vorkommen, ist wenig wahrscheinlich; doch sind Zwischenzonen in Gebieten, die nicht oder nur unvollkommen erschlossen sind, selbstverständlich heute noch häufig, und es ergeben sich an der Grenze zwischen ihnen und der Weltmarkteinwirkung interessante Bildungen, die einer näheren Untersuchung wohl wert sind.

Ein Beispiel für die allmähliche Auflösung der Zwischengebiete mit örtlicher Preisbildung in die Weltwirtschaft bietet Indien [1]). Aus den gewissermaßen mittelalterlichen Weizenpreisen abgeschlossener Verkehrsgebiete hat sich schrittweise eine allgemeine Ausgleichung der Preise und ein den modernen Verkehrsmitteln entsprechendes, allmähliches Ansteigen nach der Küste zu vollzogen. Eine Abhängigkeit vom Weltmarkte jedoch, ein Aufgehen in diesen, wie etwa bei den Vereinigten Staaten, war jedenfalls um die Jahrhundertwende in Indien noch nicht erreicht. Die Auflösung in die Weltwirtschaft war noch keine vollständige: „im großen und ganzen zeigt die nordindische Ebene . . . nur verhältnismäßig geringe Preisunterschiede, weil eben der Verbrauch im Lande selbst entscheidend ist, nicht der Export ins Ausland; dies wirkt hin auf gleichmäßige Preise und läßt den Einfluß der Transportkosten nach den großen Hafenplätzen zurücktreten" [2]).

Es ist nicht zu leugnen, daß die großartige, durch den modernen Verkehr herbeigeführte Umgestaltung manche fühlbare Härte für die Bodenerzeuger in sich geschlossen hat, daß sie deshalb von den Interessenten, deren Bodenrente zusehends zusammenschmolz, ohne daß sie sich durch die Umstellung des Betriebssystems schadlos halten konnten, auf das Heftigste befehdet worden ist. Daher der Kampf gegen die Differentialtarife in den 70er Jahren, die etwa russischem Getreide billigere Transportpreise nach den deutschen Absatzmärkten verschafften, als bis zur Grenze des eigenen Landes; daher die unausgesetzte Agitation für Erhöhung der Schutzzölle, die laute Kritik an der Handelsvertragspolitik der 90er Jahre, die Abschaffung fast aller Getreideeinfuhr-

---

[1]) Engelbrecht, „Die geographische Verteilung der Getreidepreise in Indien von 1861—1905".

[2]) Engelbrecht, a. a. O., S. 53.

tarife, auch im Verkehr mit den Seehäfen, und daher endlich die Abneigung speziell agrarischer Kreise gegen die Wasserstraßen, die „Einfalltore für fremdes Getreide", und ihre feindliche Stellung gegenüber den Kanälen, die das ausländische Erzeugnis tief ins Binnenland hineintragen. Die Erfolge, die die Haltung jener Kreise gehabt hat, wird man in ihrer Gesamtheit als Schwächung der Wirkungen der Verkehrsverbesserungen auffassen müssen; sie finden in der Zollpolitik ihren bedeutsamsten Niederschlag.

Versuchen wir, das Bild der Umformung durch einige Beispiele der tatsächlichen Gestaltungen unserem Verständnis näher zu bringen[1]).

Zustände der Landwirtschaft in den maßgebenden Staaten. England. An erster Stelle, im Mittelpunkte des Interesses wie der Entwicklung, steht in dieser Beziehung unstreitig England[2]). In keinem Lande ist die Abhängigkeit von dem Weltmarkte in der Versorgung mit Nahrungsmitteln weiter gediehen als dort. Trotz der Erhöhung der Produktionskosten (Arbeitslohn, Pachtzins, lokale Steuern), über die der englische Landwirt in der zweiten Hälfte des 19. Jahrhunderts zu klagen hatte, hat sich die Ermäßigung der Getreidepreise unausgesetzt vollzogen, und erst in neuster Zeit ist eine Gegenbewegung eingetreten. Die Einfuhr fremden Getreides nach England konnte erst seit der Ausbreitung der Eisenbahnen in den Produktionsländern, also seit der Mitte der 40er Jahre, eine dem sich steigernden Bedarf entsprechende Ausdehnung erreichen, unterstützt durch die Aufhebung der Kornzölle, die bekanntlich in jener Zeit erfolgt ist. Verschärft wurde der Druck, der sich auf die englische Landwirtschaft legte, durch die Frachtpolitik der Privatbahnen, die sehr häufig die fremden Erzeugnisse aus den Häfen zu billigeren Sätzen einströmen ließen, als sie die heimischen auf gleichen Strecken beförderten[3]).

Der ziffermäßige Beweis für die Zunahme der Einfuhr der wichtigsten Nahrungsmittel in der zweiten Hälfte des 19. Jahrhunderts ist leicht zu führen[4]). Hier soll nur gezeigt werden, wie innerhalb des Weizenkonsums mehr und mehr die fremde Ware an die Stelle der eigenen

---

[1]) Die folgenden Skizzen versuchen die Einwirkung der Verkehrsentfaltung auf die Landwirtschaft durch Entwicklungslinien und Einzelbeispiele zu klären. Ein vollständiges Bild landwirtschaftlicher Entwicklung in den einzelnen Staaten zu geben, war nicht beabsichtigt.

[2]) Vgl. Nasse, „Agrarische und landwirtschaftliche Zustände in England" (Schriften des Vereins für Sozialpol., Bd. 27). — König, „Die Lage der englischen Landwirtschaft unter dem Drucke der internationalen Konkurrenz und Mittel und Wege zur Besserung derselben". — Levy, „Die Lage der englischen Landwirtschaft in der Gegenwart", Conrad's Jahrb. 1903, S. 721 ff. — Art. „Agrarkrisis" im Hdwb. d. Staatsw.

[3]) König, a. a. O., S. 371ff.

[4]) Ebendort S. 332.

getreten ist. Es betrug nämlich der Weizenverbrauch auf den Einwohner [1]):

Durchschnittlich resp. im Jahre	Kilogramm von eigenem Weizen	Kilogramm von fremdem Weizen	Zusammen
1852—59	103,6	36,7	140,3
1860—67	91,4	60,5	151,9
1881—85	56,6	108,3	164,9
1895	23,8	132,8	156,6
1900	32,2	121,7	153,9
1908	32,0	120,3	152,3

Bis zum Jahre 1845 waren die Hauptbezugsquellen zum weitaus überwiegenden Teile die deutschen Flußniederungen über die holländischen, Hanse- und Ostseehäfen, dann Dänemark und die Küstengebiete Frankreichs, sowie Südrußland. Seit den 50er Jahren ist mit wachsendem Eisenbahnnetz Osteuropa stärker hervorgetreten, dann überseeische Länder, vor allem die Vereinigten Staaten, später Argentinien und Kanada.

Die ergänzende Seite der Erscheinung bildet die Tatsache, daß der Getreidebau in England, unter dem Druck überlegener Konkurrenz, zurückging. Das galt besonders vom Weizen; in Irland und Schottland sank der Anteil des Weizenlandes seit dem Anfang der 50er Jahre bis 1892 von reichlich 12% auf etwa 5% der Getreidefläche. Von 1872 bis 1892 war der Anbau in Wales fast auf die Hälfte herabgegangen, in England von 49,6% auf 37,5% der Getreidefläche. An die Stelle von Weizen und Roggen traten teils Hafer oder Gerste, deren Produktion sich anscheinend in klimatisch begünstigten Landesteilen zusammenzog, teils wurde Ackerland in Grasland verwandelt, die Weidewirtschaft hat sich anstatt des Ackerbaues ausgedehnt [2]).

Irrig ist die Vorstellung, als habe sich Großbritannien im Laufe dieser Entwicklung in einen „Friedhof" verwandelt. Die Kulturfläche hatte sich vielmehr 1894 gegenüber 1871/75 vermehrt, da die Zunahme an ewiger Weide den Verlust an Ackerfläche mehr als ausglich [3]). Versuchen wir, durch Einzelangaben die Wirkung der Verkehrsvervollkommnung noch mehr zu veranschaulichen.

Bei dem Mangel jeglichen Zollschutzes war kein Landwirt so wie der englische dem internationalen Wettbewerb ausgesetzt, der sich unterschiedslos auf die Gesamtheit aller landwirtschaftlichen Produkte bezog. War etwa Argentinien in der Getreideerzeugung, Australien in der Wollzucht, Dänemark in der Butter- und Käseproduktion durch natürliche Bedingungen im Vorteil, so konnte sich diese Überlegenheit auf dem

---

[1]) Art. „Getreidehandel" (Statistik des Getreidehandels in der neuesten Zeit) im Hdwb. d. Staatsw.

[2]) Engelbrecht, „Die Landbauzonen der außertropischen Länder".

[3]) König, a. a. O., S. 5.

englischen Markte auswirken, lediglich beschränkt durch die verschiedene Transportfähigkeit der landwirtschaftlichen Produkte oder durch die unter Umständen höhere Qualität des englischen Erzeugnisses, die in Vieh- und Pferdezucht sowie bei den Molkereiprodukten möglichst zu erhalten und zu steigern war. Gemäß dieser Sachlage und unter peinlicher Berücksichtigung der klimatischen Lage und der Bodenbeschaffenheit mußte sich die Umbildung der englischen Landwirtschaft vollziehen.

Die Entwicklung des landwirtschaftlichen Betriebes bewegte sich in der Richtung auf eine Abnahme von Weizenbau und Schafhaltung und auf Zunahme der Viehwirtschaft in Verbindung mit dem Molkereiwesen [1]). Daneben dehnte sich die Gemüse-, Obst- und Blumenzucht mächtig aus, der *market gardening* und *fruit farming*, deren Erzeugnisse bei verschiedener Beförderungsfähigkeit dem Wettbewerb durch die Welterzeugung in abgestuftem Grade ausgesetzt waren, und die in den englischen Großstädten einen ungeheuer ergiebigen Markt haben [2]). Häufig hingewiesen ist auf den Ring der freien Wirtschaft, der London umschließt und schon gegen Ende des 18. Jahrhunderts Middlesex und Surrey im Westen und Süden beinahe ganz umfaßte.

Die Verkehrsentwicklung mußte in den einzelnen Teilen Englands von verschiedenartigen Wirkungen begleitet sein, entsprechend den verschiedenen natürlichen Bedingungen im Osten und Westen des Landes. Die von den *Agricultural Returns* als „Getreidegrafschaften" (*corn-counties*) bezeichnete östliche Hälfte, wo die Einführung der Viehweidewirtschaft nicht so leicht war, mußte stärker leiden als die westlichen „Weidewirtschaften" (*grazing counties*), die sich auf die veränderte Produktionsrichtung umstellen konnten. Nach König [3]) waren 1894 von einer Kulturfläche von 13,4 Mill. Acres in den Weidegrafschaften 16,9% mit Getreide bebaut und 63,7% ewige Weide, in den Getreidegrafschaften dagegen von 11,5 Mill. Acres 33,6% mit Getreide bestellt und 40% ewige Weide. Der Rest kam auf Futterpflanzen, Klee, Flachs, Hopfen, Beerobst usw.

Frankreich [4]) und Belgien [5]). In Frankreich mußten die im Durchschnitt stabil gebliebenen Weizenpreise bei dem Steigen des Bodenwertes und Pachtzinses, der Arbeitslöhne, dem Anwachsen der Produktionskosten durch den gestiegenen Staatsbedarf, den Druck der ausländischen Konkurrenz, zur Anstrebung höherer Kornerträge drängen, und diese wurden durch bessere Bodennutzung, vermehrte Düngung,

[1]) König, a. a. O., S. 400.
[2]) Nasse, a. a. O., S. 177.
[3]) a. a. O., S. 8.
[4]) Hierzu Reitzenstein, „Die Landwirtschaft und ihre Lage in Frankreich" (Schr. d. Ver. f. Sozialp. Bd. 27). — Art. „Agrarkrisis" im Hdwb. d. Staatsw.
[5]) Hierzu Gaspart, *L'agriculture belge* (*Études sur la Belgique*).

rationellere Wirtschaft mit Kapital, mit einem Worte durch intensiveren Betrieb erreicht. Ende der 70er Jahre läßt sich eine Vermehrung der mit Weizen bebauten Fläche, eine Steigerung des Durchschnittsertrages für den Hektar bei Weizen, Roggen, Mais, Hirse, Hafer feststellen. Daneben stieg die Fleischproduktion von 1856—1877 um ungefähr 50%, verbunden mit einer starken Ausdehnung des Futterbaues; die vermehrte Viehzucht war eine Folge der enormen Zunahme des Fleischverbrauchs im Innern und des wachsenden Exports der Nebenprodukte, besonders von Butter. Gleichzeitig breitete sich die Kultur der Zuckerrübe von Norden her über den Nordwesten, Nordosten, Osten sowie die mittleren Landesteile aus, Obst-, Gemüse- und Maisbau machten sich in weiterem Fortschreiten die günstigen natürlichen Verhältnisse des Landes zunutze. Zusammenfassend kann man sagen, daß die gut rentierende Viehzucht, sowie Wein-, Obst- und Gartenbau, sich in stärkerem Maße ausgedehnt haben als der Körnerbau, wo die Preisentwicklung hinter der Erhöhung der Bewirtschaftungskosten zurückgeblieben ist. Daneben hörte die Kultur von Farbstoffpflanzen auf, der Anbau von Flachs und Hanf ging zurück, dieser unter der Einwirkung des Wettbewerbes baumwollener und wollener Tücher, von Fabrikaten also, die teils aus überseeischen — durch den modernen Verkehr vermittelten — Rohstoffen hergestellt werden.

Die im ganzen zunehmende Intensivierung des Körnerbaues, die vergrößerte Produktion von Fleisch- und Molkereierzeugnissen, die um sich greifende vorstädtische Kultur, die Einstellung des landwirtschaftlichen Betriebsystems auf die natürlichen Vorbedingungen — all das sind Erscheinungen, die zwar durchaus nicht allein auf die Verkehrsentwicklung zurückzuführen sind, die jedoch ohne den Ausbau des Bahnnetzes im Innern und die Verflechtung Frankreichs in die Weltwirtschaft durch die modernen Transportträger unvorstellbar wären. Die zunehmende Einbeziehung in die Weltwirtschaft rief in Frankreich, ebenso wie in anderen europäischen Staaten, eine Krise hervor, die mit den 70er Jahren einsetzte. Auch hier suchte man Schutz in steigenden Zollsätzen.

Belgien bildet ein Mittelglied zwischen England und Frankreich. Es ist bekanntlich ein Land intensivster landwirtschaftlicher Kultur. Mit einem Hektarertrag von 26 *dz* bei Weizen, 20,6 *dz* bei Roggen, 27,1 *dz* bei Gerste und 211 *dz* bei Kartoffeln stand es vor dem Kriege an der Spitze aller Länder. Der Aufbau der Landwirtschaft trägt alle Züge eines stark in den Weltverkehr eingeflochtenen Wirtschaftsgebietes mit stark ausgebautem Verkehrsnetz: intensive Körnerwirtschaft (nicht genug zur Ernährung der eigenen Bevölkerung), ausgedehnter Hackfruchtbau, Anpflanzung von Handelsgewächsen, angelehnt an heimische Industrien, Gemüse- und Obstbau mit Erzeugnissen von teils besonderer Qualität zur Versorgung der Großstädte und zur Ausfuhr, Ausnutzung der natürlichen Produktionsvorteile durch Vieh-, vor allem Pferdezucht. Ungefähr die Hälfte des landwirtschaftlich genutzten Bodens wurde als Weide, Wiese oder zur Gewinnung von Klee usw. verwendet. Trotzdem mußten Futterstoffe zugeführt werden [1]).

Preußen. In Deutschland bietet besonders Preußen in dem Gegensatz seiner Ackerbau- und Industrieprovinzen, im ganzen mit dem Gegensatz von Osten und Westen zusammenfallend, ein Bild, das das *thema probandi* in interessanter Weise beleuchtet. West- und Mitteldeutschland weisen im großen und ganzen Verhältnisse auf, die mit denen Frankreichs und Belgiens in der hier in Frage kommenden Hinsicht verglichen werden können. Dem Tatbestande, daß die Getreidepreise von Osten nach Westen hin — infolge der Zufuhren, die besonders über die großen Rheinhäfen aus Gebieten mit niedrigen Erzeugungskosten einströmen — weniger steigen als die örtlichen Produktionskosten, entstammte die Notwendigkeit, im Westen früher zu einer intensiveren Wirtschaftsweise überzugehen. Seit dem Beginn der 70er Jahre läßt sich für den Osten die gleiche Entwicklung nachweisen. Die Hektarerträge weichen heute nicht mehr so stark von denen des Westens ab, daß sich eine Überlegenheit der dortigen Landwirtschaft behaupten ließe. Der Hackfrucht- und Gemüsebau hat zwischen 1878 und 1900, der Anbaufläche nach, in stärkerem Verhältnis zugenommen als in den westlichen Provinzen [2]). Hier suchte der Landwirt für die sinkenden Gelderträge des Körnerbaues teilweise Ersatz in einer Änderung der Produktionsrichtung, wie sie durch Entstehung und Anwachsen der Großstädte gegeben war, oder durch Verwertung seines Grundbesitzes zu Industrie- und Baugelände, das mit dem Wachstum gewerblicher Erzeugung und der unausgesetzten Erweiterung der städtischen Siedlungen in steigendem Maße begehrt wurde. Diese Entwicklung wäre undenkbar ohne die Verdichtung der Hauptbahnen im Zeitalter der Vollreife, tarifarische Ermäßigungen verschiedenster Art und den Ausbau des Kleinbahnnetzes, das in Preußen nach dem Gesetz von 1892 in der Hauptsache erst geschaffen worden ist [3]). Der Übergang zu höheren Intensitätsgraden ist mit der Entfaltung dieser Art von Bahnen eng verbunden; sie verringern die Kosten der Zu- und Abfuhr im Verkehr mit den großen Transportadern und ermöglichen die rasche Verladung der Ernte, was für die Hackfrüchte von größter Bedeutung ist. Besonders im Osten ist ihr Anteil an der Entwicklung zu intensiveren Betriebssystemen hoch einzuschätzen.

---

[1]) Gaspart, a. a. O., S. 12.

[2]) Meitzen, „Der Boden und die landwirtschaftlichen Verhältnisse des preußischen Staates“, Bd. 7 (1906), S. 89.

[3]) Meitzen, a. a. O., Bd. 8 (1908), S. 162.

Es ist eine Frage für sich, zu untersuchen, inwieweit an der charakterisierten Entwicklung die Zollpolitik des Reiches beteiligt gewesen ist. Die Zölle verursachten eine Steigerung der Produktenpreise, ein Anwachsen des Bodenwertes und eine entsprechende Rückwirkung auf Produktionsrichtung und Intensitätsgrad. Sie schwächten beim Getreide den auf Preissenkung und ihre Folgen hinzielenden Einfluß der Vervollkommnung des zwischenstaatlichen Verkehrs beträchtlich ab. Anders war es bei den Handelsgewächsen, deren Anbau teils wegen der veränderten industriellen Technik (Farbpflanzen), teils wegen der durch die Transportverbesserung gesteigerten übermächtigen Auslandskonkurrenz (Tabak, Ölpflanzen), trotz des Zollschutzes zurückgegangen ist. Das gleiche gilt bei im allgemeinen fortschreitendem Viehbestand von der Schafzucht, die auf einen Bruchteil ihres einstigen Umfanges zusammenschrumpfte.

Scharf prägen sich in Deutschland die Folgen aus, wie sie mit der Verkehrsvervollkommnung im Innern, der Abschwächung der Wirkungen von internationalen Verkehrsverbesserungen durch Zölle gegeben waren. Daß sich die Anbaufläche beim Getreide in Jahrzehnten fast gleich geblieben ist, wird auf die Zollpolitik zurückzuführen sein; daß die Fläche bei Hackfrüchten und Gemüse, bei Futterpflanzen, bei Haus- und Obstgärten gestiegen ist, muß zu nicht geringem Teil durch die Vervollkommnung des inneren Verkehrs erklärt werden. Der Rückgang im Anbau von Handelsgewächsen zeigte den trotz des Zollschutzes überlegenen Auslandswettbewerb bei beförderungsfähigen Gütern, und die großen Zufuhrmengen von Düngemitteln und Futterstoffen waren eine Folge internationaler Transportentfaltung und ein Beweis der weltwirtschaftlichen Abhängigkeit.

Österreich-Ungarn[1], das in dem staatlichen Dualismus einen Gegensatz der landwirtschaftlichen Verhältnisse zwischen Ost und West, ähnlich wie in Deutschland, darstellte, zeigte diesem gegenüber nur jene Abweichungen, die einerseits durch die größere Fruchtbarkeit des Bodens, anderseits durch den beim Beginn der Entwicklung noch niedrigen Zustand extensiver Wirtschaft in Ungarn hervorgebracht werden mußten. Bis in die Mitte der 50er Jahre, wo die rasche Entwicklung der Dampfschiffahrt auf der Donau und die Herstellung der Eisenbahnverbindung des ungarischen Tieflandes mit dem Westen erfolgte[2], waren die Produktions- und Absatzverhältnisse der Landwirtschaft in Österreich-Ungarn von so örtlicher Gestaltung, wie wir solche wiederholt als das Ergebnis des unvollkommenen Transportwesens hervorgehoben haben.

---

[1] Vgl. 1. Aufl. und die dort auf S. 43 zitierte Literatur für die ältere Zeit.

[2] Im Jahre 1850 besaß Ungarn erst 23,47 Meilen Eisenbahnen und die Donauschiffahrtsgesellschaft beförderte auf ihren gesamten Linien nicht mehr als 2,736 Mill. Zentner Güter aller Art, während das ungarische Eisenbahnnetz im Jahre 1860 bereits 183,40 Meilen betrug und die Dampfschiffahrtsgesellschaft im Jahre 1861 schon 17,006 Mill. Zentner Güter, worunter 7,227 Mill. Zentner Getreide, verfrachtete.

Österreich-Ungarn zerfiel damals in großen Umrissen, hinsichtlich der Produktion und Konsumtion von Erzeugnissen der Landwirtschaft, vornehmlich im Getreideverkehr in eine Anzahl von Verkehrsgebieten, die sich nach dem Laufe der schiffbaren Flüsse und ihrer Nebenwässer gebildet und die Gebirge und Hochebenen zwischen den Quellgebieten dieser Gewässer als „natürliche" Grenzen hatten, über die allerdings ein gewisser Nachbarverkehr in engem Raume platzgriff. Solche für normale Zeiten in sich geschlossenen Gebiete waren: Böhmen, Mähren samt Schlesien und dem westlichen Galizien, das östliche Galizien, Niederösterreich, Oberösterreich und Salzburg, Steiermark mit Kärnten und einem Teile von Krain, ferner Tirol, Siebenbürgen. Von Ungarn gehörte ein Teil, nämlich die Landstriche beiderseits der Donau und ihrer Nebenflüsse, zum Verkehrsgebiete von Wien, ein Teil von Kroatien und Slavonien versorgte die Alpenländer, die der Oberlauf ihrer schiffbaren Flüsse durchzieht, der andere Teil jener Länder mit der westlichen Militärgrenze, dem Küstenlande usw. gehörte zum Gebiete der Adria. Nur in Zeiten eines Mißwachses fand ein ausnahmsweiser Getreideverkehr über die umschriebenen Gebiete hinaus, also z. B. über die Karpathen zwischen Galizien und dem nördlichen Ungarn oder zwischen Mähren und dem Herzen von Böhmen, äußerstenfalls sogar nach Sachsen, statt. Das große Konsumtionszentrum Wien versorgte sich in Brotfrüchten aus der Umgebung, insbesondere dem nahen Marchfelde und etwa dem südlichen Mähren, dann aus dem ungarischen Tieflande, soweit das Getreide mit Rücksicht auf die Kosten auf den Fluß gebracht werden konnte. Von da gingen auch kleine Mengen Fracht die Donau aufwärts bis Oberösterreich, ev. bis Bayern, da diese Länder mit dem geringen Überschusse über den eigenen Konsum den regelmäßigen Ausfall in Salzburg und Tirol zu decken hatten. Über die ungarische Zwischenzollinie gingen im Jahrzehnt 1831—40 jährlich etwa 2,3 Mill., 1841—50 jährlich 3 Mill. Ztr. Getreide aller Gattungen nach Österreich. Über jenes Getreideverkehrsgebiet der Wasserstraße hinaus konnte in Ungarn außer dem Getreidebau für den eigenen Bedarf nur die Viehproduktion mittels Weidewirtschaft betrieben werden, was denn auch in großem Umfange geschah, und zwar so, daß also Ungarn den fünften und sechsten Kreis des Thünen'schen Schema gegenüber dem Mittelpunkte Wien bildete. Sein Konkurrent in der Fleischversorgung Wiens war das westliche Galizien, von wo, etwa bis aus dem Tarnower Kreise, das Vieh mittels Triebes nach der Reichshauptstadt gebracht wurde, wobei die Kosten des Zutriebes einschließlich des Verlustes an Gewicht, durch Krummwerden, Fall usw. so bedeutende waren, daß z. B. ein fetter Ochse, der vor den Toren Wiens mit 200 fl. bezahlt wurde, in Galizien nur 120 fl. wertete. Getreide konnte von Westgalizien nur bis nach dem nordöstlichen Mähren gelangen. Ostgalizien war ein ganz selbständiges, weil zu entlegenes Gebiet, was durch preisstatistische Daten auf das zweifelloseste erwiesen ist.

Daß aber in der geschilderten Weise Österreich im großen und ganzen einen Komplex abgeschlossener Wirtschaftsgebiete darstellte, bewies die Tatsache, daß der gesamte auswärtige Verkehr in Getreide aller Art und Mehl, also einschließlich des Importes walachischen Getreides und des Exportes nach Bayern auf der Donau, sowie einschließlich des Exportes über die Seehäfen und des Grenzverkehres über die langgedehnte Reichsgrenze, durchschnittlich jährlich betrug:

in den Jahren	Einfuhr	Ausfuhr
1831—1840	1 158 599	1 418 800 Ztr.
1841—1850	1 594 598	1 395 791 „
1851—1855	5 013 335	1 340 502 „

Während der ungünstigen Erntejahre am Beginne des sechsten Jahrzehnts wurden also relativ belangreiche Mengen vom Auslande eingeführt.

Erst von 1856 an datiert ein Umschwung, der sich wesentlich auf die mit dem Bau des Eisenbahnnetzes beginnende und rasch wachsende Exportfähigkeit ungarischen Getreides stützt und in nachstehenden Ziffern Ausdruck findet:

im Jahre	Österreich-Ungarns Getreide- (und Mehl-) Einfuhr in 1000 Ztr.	Ausfuhr	Mehr-Ausfuhr + Einfuhr —
1856	2 883	4 954	+ 2 071
1857	2 658	4 004	+ 1 346
1858	2 842	2 803	— 0 039
1859	2 798	2 560	— 0 238
1860	2 310	7 775	+ 5 465
1861	2 484	9 555	+ 7 071
1862	3 659	8 466	+ 4 807
1863	2 611	5 188	+ 2 577
1864	3 914	5 122	+ 1 208
1865	2 731	10 924	+ 8 193
1866	2 350	9 896	+ 7 546
1867	2 358	22 785	+20 427
1868	2 701	30 387	+27 686
1869	2 566	20 182	+17 616

Ein- oder Ausfuhrüberschuß an Roggen, Weizen und Mehl entwickelte sich nach 1870 wie folgt [1]:

im Jahre	Einfuhrüberschuß in 1000 Doppelztr.	Ausfuhrüberschuß
1870—1875	—	2 532
1876—1880	—	13 070
1881—1885	—	9 026
1886—1890	—	21 206
1891—1895	—	6 496
1896—1900	6 793	—
1901—1905	—	838
1906—1910	8 502	—
1911	1 847	—
1912	407	—
1913	—	90

Daß Ungarn bis zum Jahre 1870 solche Mengen Getreide auf den Weltmarkt bringen konnte, war nur möglich durch einen raschen Ersatz der Weidewirtschaft durch den Körnerbau, angeregt durch die steigenden Getreidepreise, die die neuen Abzugskanäle mit sich brachten. „Die Weide wich Schritt vor Schritt vor dem Pfluge zurück. Die Viehzucht ward in dem Maße weniger lohnend, als der Getreidebau einträglicher wurde. Und bei alledem fingen noch weiter nach außen gelegene Kreise an, in der Viehzucht erfolgreich der ungarischen Landwirtschaft auf dem europäischen Markte Konkurrenz zu machen, weil in jenen Gegenden wohl noch der Vertrieb von Vieh möglich war, aber noch nicht so leicht die Ausfuhr anderer Produkte. Seitdem Galizien eine Eisenbahn

[1] Eßlen, „Die deutsche Landwirtschaft“ (Schriften d. Vereins f. Sozialpolitik, Bd. 155, S. 202).

besitzt, welche die russischen Provinzen dem westlichen Markte näher bringt, macht das podolische Vieh dem ungarischen eine Konkurrenz, welche das letztere nur schwer ertragen kann. .... Ungarn ist tausend Jahre lang die große europäische Weide gewesen und das Land an sich ist zur Viehzucht nichts weniger als geeignet, und wenn es so lange als Puszta liegen blieb, ehe das Pflugmesser ihm auf die Stirne schrieb, daß es fortan nicht mehr zum trägen Liegenbleiben, sondern zu tätigerer Erzeugung bestimmt sei, so lag dieses lange Zögern neben den Neigungen des Volkes nur darin, daß es bei den früheren Konjunkturen des Marktes nur noch weniger für jede andere Produktion paßte. Nicht die günstigen Verhältnisse der Viehzucht, sondern die noch ungünstigeren des Ackerbaues hielten jene erstere so lange in Vegetation. Und sobald für die übrigen Produkte der Landwirtschaft sich eine etwas günstigere Absatzgelegenheit bot, mußte die Viehzucht zurückweichen[1])." Mit dem Ausbau des Eisenbahnnetzes in Rußland vollzog sich dort die gleiche Entwicklung, was für Ungarn wieder die Notwendigkeit rationellerer Wirtschaft nahelegte und auch in den Zahlen des auswärtigen Getreidehandels Österreich-Ungarns nach 1872 zum Ausdruck gelangte.

Die plötzlich ungeheuer gestiegene Getreideproduktionsziffer Ungarns läßt sich weiter zum Beweise anführen. Während eine Schätzung von 80 Millionen Metzen Getreide aller Art als für die Jahre 1820—1830 zutreffend anerkannt wird und nach 1862 etwa 90 Millionen berechnet wurden, betrug die Erzeugung in den 70er Jahren bei guten Ernten 150, bei mittleren 120, in Mißjahren 100 Millionen Metzen. Im Jahre 1912 hatte der Ernteertrag bei allen Getreidearten, verglichen mit dem Durchschnitt 1870/75, eine weitere sehr erhebliche Steigerung erfahren [2]).

Mit steigender Bevölkerung und zunehmendem Wohlstande stieg der innere Verbrauch des Landes. Und zwar hob sich der Durchschnittskonsum des Weizens von 1900/01 bis 1904/05 auf 1910/11 bis 1912/13 um 20,6 %, während der Roggenverbrauch fast gleich blieb [3]). Dadurch hätte sich Ungarns Ausfuhrüberschuß ständig verringern müssen, wenn nicht durch zunehmende Intensivierung, die wiederum die Verdichtung des Bahnnetzes zur Voraussetzung hatte, für eine Erhöhung der Hektarerträge [4]) gesorgt worden wäre. Das Absatzgebiet für den zur Ausfuhr gelangenden Überschuß der landwirtschaftlichen Erzeugung war vor dem Kriege nahezu ausschließlich der zollfrei zu erreichende Markt Öster-

---

[1]) Zitat nach der 1. Aufl., S. 46f.

[2]) Eßlen, a. a. O., Anlage Nr. 7, S. 240.

[3]) F. Fellner, „Die Landwirtschaft Ungarns und die wirtschaftliche Annäherung zum deutschen Reich" (Schriften d. Vereins f. Sozialpolitik, Bd. 155, S. 282f.).

[4]) Eßlen, a. a. O., Anlage 4, S. 238f.

reichs. Sowohl die Handelspolitik der wichtigsten europäischen Einfuhrländer als auch überlegener Wettbewerb neu aufgetretener Erzeugungsgebiete hatte den ungarischen Export auf den europäischen Märkten seit der zweiten Hälfte der 90er Jahre rasch zurückgedrängt; erinnert sei an die Gerstenzufuhr nach Deutschland, die nach der Aufschließung Rußlands — eines neuen Ringes mit extensiverer Bodenwirtschaft — fast ganz an dieses verloren worden war [1]).

Der Kreis der Viehzucht scheint im ganzen weiter nach Osten gerückt zu sein. Der Rinderbestand Ungarns hat sich jedenfalls von 1895 auf 1911 nur von 6,7 Millionen Stück auf 7,3 Millionen Stück gehoben, und im Außenhandel mit Schweinen überwog die billige serbische Einfuhr die Ausfuhr meist sehr beträchtlich. Auf die Rindviehzucht Ungarns wirkten die Schwierigkeiten, die Deutschland der Einfuhr bereitete, lähmend.

In den nordwestlichen Gebieten des alten Österreichs — hauptsächlich Böhmen, Mähren und Schlesien — gestalteten sich die landwirtschaftlichen Zustände ähnlich wie in dem mittleren und westlichen Deutschland, diese Gebiete teilweise noch übertreffend [2]). Während sich die zehnjährigen Durchschnittserträge auf den Hektar in ganz Österreich bei Weizen und Roggen auf 13,3 und 13 *dz* stellten, betrugen sie in den Nordwestländern 16,8 und 14,8 *dz*. Günstige natürliche Verhältnisse beförderten den Hackfruchtbau, vor allem die Kultur der Zuckerrübe, „dieses empfindlichsten Gradmessers der Intensität" (Strakosch), weiter die Produktion von Handelsgewächsen (wie Leinsamen, Leinfaser, Raps, Rübsen, Mohn und besonders von Hafer). Der Rindviehbestand, verbunden mit intensiver Ackerwirtschaft, gehörte zu den dichtesten Europas. Im übrigen Westen der ehemaligen Monarchie gewährten die Alpenländer die geeigneten Vorbedingungen für Viehzucht, Obst- und Weinkultur, das östliche Vorland (Teile von Krain und Steiermark) war dagegen der Forstwirtschaft günstig. Die vermehrte Absatzfähigkeit der Produkte durch die Eisenbahnen erhöhte noch die Vorteile der natürlichen Standorte und ließ den Wirtschaftsbetrieb mehr als früher darauf aufbauen. Deutlich äußert sich die Einwirkung von Lage und Verkehr, wenn man das östliche Alpenvorland mit dem nördlichen (Teilen von Nieder- und Oberösterreich und von Salzburg) vergleicht. Bei beiden mag die natürliche Fruchtbarkeit im allgemeinen gleich sein. Aber in den ausgedehnten ebenen Flächen des nördlichen Vorlandes konnten sich Bahnnetz und menschliche Siedlungen besser entfalten, und deshalb war hier der Kulturgrad der landwirtschaftlichen Produktion höher [3]).

[1]) Fellner, a. a. O., S. 289f.

[2]) Strakosch, „Die Grundlagen der Agrarwirtschaft in Österreich", S. 41 ff.

[3]) Strakosch, a. a. O., S. 36 ff.

Zu einem anschaulichen Nachweise dieser Umgestaltung eignet sich vielleicht keines der alten Kronländer besser als Mähren, das am frühesten in Westösterreich die Eisenbahnverbindung sowohl mit dem Konsumzentrum Wien als mit dem Auslande erhielt. Eine Gegenüberstellung der Anbauverhältnisse vor der Eisenbahnzeit und nach dem Stande zu Anfang der 70er Jahre muß die Umwälzung bestätigen. Vergleicht man das Jahr 1835 mit 1871, so springt zunächst eine sehr starke Abnahme des Wiesenlandes in die Augen; diese erklärt sich einmal durch eine Veränderung in der Bezeichnung — im zweiten Jahre wurde Grasland dem Weideland zugeordnet —, weiter durch die Umwandlung ertragloser Wiesen in Wald, sodann aber durch die Verwandlung in Kartoffel-, Rübenfelder u. dgl. Daß die Intensität der Wiesenkultur zugenommen hat, ergibt sich daraus, daß 1871 von der verkleinerten Grasfläche nur um ein geringes weniger Heu gewonnen wurde als 1835. Dagegen hatte der Anbau der Körnerfrüchte abgenommen, nur der von Gerste war wegen des Bedarfs an Braugerste vermehrt. Die Futter- und Handelsgewächse jedoch wiesen eine erhebliche Zunahme auf. Die landwirtschaftlichen Industrien Mährens (Zuckerfabriken, Spiritusbrennereien, Mälzereien) hatten sich beträchtlich gehoben, ebenso die Rindviehzucht und der Gemüsebau. Im Sinne des Thünen'schen Schemas war Mähren der Hauptstadt gegenüber immer mehr in den ersten Kreis vorgerückt. Daß die Schafherden in dem beobachteten Zeitraum stark zurückgingen, war dagegen eine in Mittel- und Westeuropa fast allgemeine Erscheinung, die sowohl in dem überseeischen Wettbewerb als in der besseren Ausnutzung der Flächen ihren Grund hatte.

Was für das Verhältnis Mährens zu Wien gilt, hat sich mit der Zeit in Mähren, Böhmen und Schlesien in ihrer Beziehung zu den industriellen Mittelpunkten herausgebildet und weiterhin im Verhältnis zu Deutschland, sofern die Zölle nicht hindernd im Wege standen. Von den Erzeugnissen des Garten- und Hackfruchtbaus, die teilweise bei ihrem Eingang nach Deutschland einen im Verhältnis zum Werte nur geringen Zoll zu tragen hatten, dürfte ein nicht geringer Teil aus den genannten Gebieten des alten Österreichs herstammen.

Die wichtigsten Ausfuhrländer. An Ungarn reihen sich in dem ungefähren Gange der Entwicklung in Europa Rußland und die unteren Donauländer, weiter das ungeheure Gebiet der Vereinigten Staaten, Ostindien, Australien, Argentinien, Kanada. Diese Gebiete mit ihren Lieferungen von Handelsgewächsen, Molkereierzeugnissen, Fleisch, Vieh und Getreide sind für die großen europäischen Märkte in die Ringe des Getreidebaues oder in marktnähere Zonen hineingewachsen: eine Durchbrechung und vor allem eine Ausweitung der Kreise in ungeheurem Maßstabe mußte diese Entwicklung begleiten. Wie früher gesagt, läßt sich der Zusammenhang mit der Entfaltung der Eisenbahnen leicht nachweisen; hierzu noch einige nähere Angaben.

Rußland führte schon vor dem Eisenbahnbau ziemlich bedeutende Mengen an Getreide aus [1]). Transportträger war der Wasserweg: der Hauptsache nach von den Häfen des Schwarzen und Asow'schen Meeres sowie der Ostsee; nur ein kleiner Teil ging über die westliche Landesgrenze. Der Bau der Eisenbahnen begann in den 60er Jahren;

[1]) Jurowsky, „Der russische Getreideexport" (Müchener volksw. Studien 1910, S. 2ff.).

die Netzlänge stieg im europäischen Rußland von 1860 bis 1890 von 1607 *km* auf 31 128 *km*. Die Verbindung der getreidereichsten Landstriche — Mitte und Süden — mit den Ostsee- und Schwarzmeerhäfen wurde in jener Zeit erreicht. Die Ausfuhr an Weizen, Roggen, Hafer und Gerste stieg in der Zeitspanne 1861/65 bis 1885/90 auf das Fünffache: von 1 248 000 auf 6 132 000 Tonnen. In dem Grade, wie Weizen und Gerste im Export führend wurden, verlegte sich das Schwergewicht auf die südrussischen Getreidegebiete und ihre Transportwege über die Häfen des Schwarzen Meeres. Seit der Mitte der 80er Jahre machte sich bei Eisenbahnen und Wasserstraßen die stetig steigende Beteiligung des Binnentransportes an der Gesamtbewegung von Getreide bemerkbar, da die Industrialisierung — selbst eine Frucht des erweiterten Bahnnetzes — Konsummittelpunkte schuf, die immer mehr Nahrungsmittel an sich zogen. Die Einwirkung der Eisenbahnen auf den Anbau wird klar, wenn man sich vergegenwärtigt, daß 1911 gegenüber 1895 die von ihnen bewegte Getreidemenge um 80% gestiegen ist, und daß dieser Zuwachs sich nur durch die Ausdehnung der Zufuhrgebiete der Grenzpunkte und der inneren Märkte erklären läßt [1]).

„Der Getreideverkehr in den Vereinigten Staaten von Amerika ist recht eigentlich ein Kind der Eisenbahnen [2])“. Vor dem Anbruch des Eisenbahnzeitalters waren die Ausfuhrzahlen ganz gering. Im dritten Jahrzehnt, also zu einer Zeit, wo England bereits sehr beträchtliche Getreidemengen bezog, überstieg der Export an Getreide und Mehl im ganzen nicht mehr als 57,15 Mill. Dollars, während in diesen 10 Jahren an Baumwolle schon für 240 Mill. Dollars auf ausländische Märkte gebracht werden konnte. Diese Angabe ist eine gute Veranschaulichung dafür, wie vor der Anwendung des Dampfes auf den Verkehr die hochwertigen Güter schon auf weite Entfernungen beförderungsfähig waren, die minderwertigen sich dagegen in engen räumlichen Grenzen hielten. Die Ausdehnung der Getreideanbauflächen vom Nordosten über die östlichen und südwestlichen Mittelstaaten nach Nordwesten erfolgte in engster Anlehnung an die Bahnen, die in eigenen Speichern die Einlagerung der Ernte übernahmen; die gleiche Zeitspanne brachte einen ungeheuren Aufschwung der Exportziffern. Anders ausgedrückt: der neue Transportträger weitete die Zone des Getreidebaues aus und machte ein verhältnismäßig geringwertiges Erzeugnis im höchsten Grade beförderungsfähig.

Bei dem Mangel an ausreichenden Lagerräumen ergießt sich die Getreideernte Argentiniens vom Januar an wie ein Gebirgsbach auf den Weltmarkt [3]). Bei der Plötzlichkeit der Transporte ist die Beförderungsfrage von tiefgreifender Bedeutung. Das Bahnnetz in den Weizenprovinzen ist sehr gut ausgebaut, seine Rentabilität hängt ganz von der Ernte ab. Der größte Teil der Versendungen wird in Wagen von 30 *t* vorgenommen, den Abladern werden zur schnellen Abfertigung ihrer Dampfer Sonderzüge von 500—1000 *t* angewiesen, enorm leistungsfähige Maschinen, die imstande sind, Züge von 1000 bis 1500 *t* zu ziehen, stehen zur Verfügung.

Argentinien ist weiter einer der ersten Ausfuhrstaaten für Fleisch und Häute. In der Entwicklung seiner Rindviehzucht spiegelt sich die zunehmende Transportfähigkeit der Vieherzeugnisse wieder. Auf eine Periode der reinen Häuteverwertung folgte eine zweite der Salz- oder Dörrfleischgewinnung; daran schloß sich die Ausfuhr von lebendem

---

[1]) Mertens, „Dreißig Jahre russischer Eisenbahnpolitik“ (Archiv 1918, S. 452 ff.).

[2]) Wiedenfeld, „Der Getreideverkehr und die Eisenbahnen in den Vereinigten Staaten von Amerika“ (Archiv 1901, S. 80 ff.).

[3]) Hierzu das von Hellauer herausgegebene Sammelwerk über Argentinien, S. 151, 159 u. 167.

Vieh — schwer getroffen durch die Sperrung der englischen Häfen — und mit den 80er Jahren setzte der Export von Gefrierfleisch in steigendem Maße ein.

In dem Maße, wie die Exportländer mit einem enger werdenden Eisenbahnnetz überzogen wurden, gewannen die Tarife an Wichtigkeit[1]). Führte der Landwirt früher den Kampf um den Bahnanschluß, so später um ermäßigte Frachtpreise, denn diese konnten das Maß der Wirkungen des neuen Transportträgers ungemein steigern. Die Folgen der Transportverbesserung in bezug auf Preise, Grundrente, Anbauverhältnisse in den Exportstaaten nach dem früher Gesagten zu schildern, ist überflüssig; die gegebenen Beispiele waren teils dem für diese vorliegenden Material entnommen, und die gewonnenen allgemeinen Erkenntnisse genügen, um sich durch entsprechende Anwendung von der Entwicklung eine Vorstellung zu bilden.

Forstwirtschaft[2]). Nach dem Thünen'schen Gesetze ist die Forstwirtschaft im zweiten Kreise gelegen. Das besagt, daß zur Zeit der alten Verkehrsträger der Holzbedarf immer nur aus der nächsten Umgebung gedeckt werden konnte. Für große Konsumtionsmittelpunkte mußten daher innerhalb dieses durch die mangelnde Beförderungsfähigkeit der Forsterzeugnisse beschränkten Raumes nicht bloß „absolute Waldböden", sondern auch weniger geeignete Böden zur Holzkultur herangezogen werden. Über den großen Absatzmarkt hinaus war der Ertrag selbst absoluten Waldbodens unverwertbar, soweit er nicht für den örtlichen Bedarf nötig wurde, es sei denn, daß etwa der Wasserweg den Absatz nach einem größeren Konsumtionszentrum vermittelte.

Durch die Ausbreitung des Eisenbahnnetzes ist das gründlich geändert worden. Die allgemeine Erscheinung, daß nun der günstigste Standort entscheidend geworden ist, übersetzte sich in die Tatsache, daß nur noch absoluter Waldboden zur Holzerzeugung verwendet zu werden brauchte, da das, was früher einseitig der Wasserweg hervorbrachte, sich nun allseitig geltend machte: die Absatzmöglichkeit auch von entfernten Punkten zu den Konsumtionszentren. Die Bewirtschaftung von Boden, der zu landwirtschaftlichen Kulturen fähig ist, auf Holzgewinnung ist weggefallen; dafür konnten Ländereien, die diese Eignung besaßen, doch wegen der weiten Entfernung vom Markte früher ihrer Bestimmung nicht hatten zugeführt werden können, jetzt aufgeforstet werden. Ist so das Thünen'sche Gesetz für den Standort der Forstwirtschaft umgestoßen, so lohnt es doch, daran zu erinnern,

[1]) Zur Frachtfrage z. B. Jurowsky, a. a. O., S. 120 f. und Becker, a. a. O., S. 92 ff.

[2]) Dieser und der folgende Paragraph konnten kurzgefaßt werden, da in ihnen die gleichen Gesichtspunkte wie früher auftreten.

was geschehen wäre, wenn bei fortdauernder Zunahme der Bevölkerung in den großen Städten die Eisenbahn nicht zugleich den mineralischen Brennstoff auf weite Entfernung beförderungsfähig gemacht hätte. Dann wäre wohl häufiger und in größerem Maßstabe im zweiten Kreise Boden zur Holzgewinnung herangezogen worden, der dem Ackerbau und der Viehzucht dienen kann.

Die Tatsachen des wirtschaftlichen Lebens bestätigen dies: Rodungen der Wälder in vielen Gegenden neben Aufforstung und umfassender Holzverwertung der Waldbestände entlegener Gebirgsgegenden, wo früher das Holz mangels Absetzbarkeit zugrunde ging. Daher kommt es, daß der Wert solcher Ländereien in dem Verkehrsgebiet der Eisenbahnen um ein Vielfaches gestiegen ist, und ihren Eigentümern Grundrenten von bedeutendem Ausmaße zuwuchsen.

Da Holz im Verhältnis zu Volumen und Gewicht einen relativ geringen Wert hat, also schwer transportabel ist, so hatte Thünen seine Produktion in eine marktnahe Zone verlegt. Nach einer Angabe der 1. Auflage [1]) konnte in der Regel auf eine weitere Entfernung als 5 Meilen kein Holz nach Wien gebracht werden, sofern die Förderung ausschließlich durch tierische Zugkraft erfolgte; Versorgungsgebiet waren die nächste Umgebung oder Landstriche dicht an der Wasserstraße; nach dem Ausbau des Bahnnetzes wurde es die gesamte Monarchie. Nach einer Berechnung aus dem Jahre 1826 [2]) betrugen innerhalb der Kosten eines Holztransportes aus dem Spessart main- und rheinabwärts nach Holland die Ausgaben auf der kurzen Landstrecke bis zum Main (20 *km*) 29% der Gesamtkosten, obwohl die Entfernung vom Binnenhafen nach Holland nahezu 50 mal so weit ist. Das wurde anders durch die Eisenbahnen, zumal da ihre Wirkungen oftmals — so in Deutschland — durch ein verwickeltes System weitreichender Tarifermäßigungen noch gesteigert wurden. Nicht unerwähnt soll bleiben, daß ohne stärkste Tarifnachlässe etwa die reichen Waldbestände des Karpathenstocks mit überseeischen Hölzern am Rhein, in Süddeutschland und Frankreich nicht hätten in Wettbewerb treten können.

Der beste Beweis für die erzielte Beförderungsfähigkeit ist die Zunahme des Binnentransports und des zwischenstaatlichen Verkehrs. Jener läßt sich für Deutschland aus der Güterbewegungsstatistik ablesen, dieser aus den Ziffern des internationalen Handels [3]). Die Erhebung des Holzes zu einem der wichtigsten Transportobjekte durch Eisenbahnen und Fortschritte des Wasserverkehrs hat im Sinne der oben skizzierten Umgestaltung gewirkt.

Auch die innere Ökonomik der Forstwirtschaft wurde weitgehend beeinflußt. Die billige Zufuhr des Holzes aus Urwaldbeständen nach Deutschland hat offenbar den Preis der nur durch längste Umtriebszeit erreichbaren Hölzer auf einem Niveau gehalten, daß die Einstellung des Betriebs auf kürzeren Umtrieb lohnender wurde; dadurch erklärt sich vielleicht zum Teil die Zunahme der mit Nadelholz bestandenen Fläche. Speziell der Westen scheint unter dem Druck fremden Wett-

---

[1]) S. 52 Anm.

[2]) Vanselow, „Die ökonomische Entwicklung der bayerischen Spessartstaatswaldungen 1814—1905“ (Wirtschafts- u. Verwaltungsstudien, herausgegeben von Schanz, Heft 36, S. 114ff.).

[3]) Andree, „Geographie des Welthandels“, Bd. 4, S. 647.

bewerbs zu niedrigen Umtrieben und der Erzeugung schwächerer Hölzer übergegangen zu sein. An geeigneten Standorten mag die Erhöhung des Waldpreises — Preis am Konsumort abzüglich der Beförderungskosten — auf die Anlage besonderer Kulturen hingewirkt haben.

2. Auf den Bergbau. In diesem Zweige der Urerzeugung, der anorganischen, tritt das Moment der durch die Eisenbahn geschaffenen physischen und ökonomischen Beförderungsfähigkeit besonders hervor. Nicht sowohl die Erz- oder Salzgewinnung als hauptsächlich und ursprünglich der Bergbau auf fossile Brennstoffe, Steine und Erden kommt hier in Betracht, und es ist bekannt, daß gerade das Bedürfnis nach besseren Beförderungsmitteln auf diesem Gebiete die „Erfindung" der Eisenbahnen angebahnt hat. Die ersten Bahnen waren Bergwerksbahnen. Die Schienenwege ermöglichten die Verteilung der aus der Erde gewonnenen schweren, wenig wertenden, aber für die gesamte Wirtschaft unendlich wichtigen Produkte über den nahen Umkreis ihrer Fundorte hinaus und führten dadurch zu einer Ausbeute der mineralischen Bodenschätze, die einen der wichtigsten Träger der modernen wirtschaftlichen Entwicklung abgibt. Im Vordergrunde steht die Kohle.

Tatsächlich datiert erst seit der Entstehung der Eisenbahnen, namentlich aber seit ihrer Ausbreitung in den einzelnen Ländern, der riesige Aufschwung des Kohlenbergbaus, der in den gesteigerten Produktionsziffern zum Ausdruck gelangt. Doch ist es viel weniger der eigene — obgleich immerhin sehr bedeutende — Bedarf der Eisenbahnen an Kohlen, der ihren Abbau förderte, als vielmehr der Umstand, daß erst durch die Eisenbahnen die Verwendung der Kohlen für das gewerbliche Leben in großem Stil möglich gemacht wurde; die Rückwirkung, die sich hieraus auf die Schöpfung großer Unternehmungen ergab, liegt klar zutage.

Für die Beziehung zwischen der Ausdehnung des Bahnnetzes und der Zunahme der Kohlenproduktion ist es wesentlich, die Ziffern in der Zeit des Ausreifens und der Vollreife der neuen Erfindung heranzuziehen. Zwischen 1845 und 1875 zeigte sich ein Anwachsen der Kohlenproduktion in Großbritannien, Belgien, den Vereinigten Staaten, Frankreich, Preußen, Österreich-Ungarn, Sachsen im Durchschnitt um 415% und im gleichen Zeitraum eine Vermehrung der Schienenlänge, die die der Kohlenerzeugung um fast das Dreifache übertrifft [1]). Jene Länder, die die höchste prozentuale Ausdehnung der Eisenstraßen nachweisen, haben auch die höchsten relativen Zahlen der Zunahme der Kohlenproduktion. Allerdings hält das verhältnismäßige Anwachsen der Förde-

[1]) 1. Aufl., S. 54.

rung mit dem der Eisenbahnen nicht gleichen Schritt. Das läßt sich zum Teil schon damit erklären, daß die wichtigsten Linien des Eisenbahnnetzes, die den stärksten Frachtverkehr vermitteln, zuerst gebaut sind, die weitere Verdichtung also nicht gleiche Wirkung auf die Produktion ausüben konnte. Dazu kommen die besonderen Verhältnisse in den einzelnen Ländern. Wenn in Frankreich die Verhältniszahlen weit auseinandergehen — die Ziffer für Kohlenvermehrung beträchtlich hinter der für die Netzausdehnung zurückbleibt —, so ist der Grund hierfür in dem alten System von Wasserstraßen zu suchen; das gleiche gilt für Belgien und auch für England, wo die Produktion in dem Ausgangsjahr (1845) schon als Ergebnis der Entwicklung des Eisenbahnwesens anzusehen ist. In Preußen dagegen, dessen Westen kärglich mit Kanälen bedacht war, sowie in dem wasserstraßenarmen Österreich weisen die beiden relativen Zunahmeziffern eine bemerkenswerte Ähnlichkeit auf [1]).

Anders war die Sachlage in der Periode der Vollreife. Diesmal (1875—1912) betrug die Zunahme der Schienenlänge in Deutschland, Österreich-Ungarn, Großbritannien, Belgien, Frankreich, den Vereinigten Staaten im Durchschnitt 132,9%; aber die Steigerung in der Kohlenproduktion war erheblich größer. Das Verhältnis hatte sich also umgekehrt. Besonders deutlich war dieser Tatbestand in Ländern wie Deutschland und den Vereinigten Staaten. In der Union z. B. stellte sich die Vermehrung der Schienenlänge auf das 2,4fache der Ausgangsziffer (1875), während die Vergrößerung bei der Kohlengewinnung über das Fünffache betrug. Die Gründe hierfür sind naheliegend. Das Netz war in seinen wichtigsten Linien ausgebaut, und die steigende Kohlengewinnung war in viel höherem Grade abhängig von der Intensivierung des Verkehrs auf den Hauptstrecken, als von der weiteren Verästelung des Bahnnetzes; die Beziehung zwischen Kohlenproduktion und Eisenbahnen liegt in der Periode der Vollreife in der inneren Entwicklung des Bahnbetriebs (Tarifnachlässen, beschleunigter Abfuhr, größeren Transportgefäßen). Vom Standpunkte der Kohlenerzeugung (und das gilt wohl von den meisten Zweigen der Produktion) hatte die vorangegangene Periode, speziell in den sich jetzt erst rasch zu Industriestaaten umbildenden Ländern, einen Beförderungsmechanismus geschaffen, der einer stetig steigenden Nutzung fähig und unterworfen war.

Um ein Beispiel herauszugreifen, sei auf die Steigerung der Kohlenproduktion im niederrheinisch-westfälischen Steinkohlenbergbau und die Entwicklung des Schienennetzes zwischen Berlin und Paris, Kiel und Straßburg hingewiesen. Zwischen 1845 und 1875 vermehrte sich die Gleislänge um 1110% der Ausgangsziffer, die Kohlenproduktion

---

[1]) Die Prozentziffer für Österreich in der 1. Auflage beruht auf einem Druckfehler.

um 773,6%. Die entsprechenden Zahlen für die Zeitspanne 1875—1900 betrugen 72,4 und 253,3. Die Ziffern decken sich mit unseren Ausführungen und sind leicht zu deuten [1]).

Daß die Renten-schaffende und -erhöhende Wirkung der Eisenbahnen sich auch hier äußern mußte, liegt zutage. Und das um so mehr, als der durch die Verkehrsfortschritte ungeheuer gestiegene Absatz — nicht nur im Kohlenbergbau — lediglich um den Preis wachsender Erzeugungskosten geschehen konnte.

Die Rückwirkung auf die Landwirtschaft durch Ermöglichung der Versendung von mineralischen Düngemitteln wurde schon erwähnt, und es mag in diesem Zusammenhang nicht überflüssig sein zu erwähnen, wie die Eisenbahnen in steinarmen Ebenen durch die Zuführung von Steinmaterial erst die Erbauung von Landstraßen zum Aufschluß der Seitendistrikte möglich machten.

Von viel tiefer greifenden Folgen war die erzielte Beförderungsfähigkeit der mineralischen Brennstoffe für die Industrie, die durch die modernen Verkehrsmittel, und hier wieder besonders durch die die Länder umspannenden Schienenstraßen, grundlegend beeinflußt wurde.

3. Auf die Industrie. Wenn man die Wirkungen der modernen Transportträger, die im besonderen in dem Gebiete der Stoffveredelung hervortreten, näher ins Auge faßt, so mag zunächst als unterscheidend von dem eben Gesagten hervorgehoben werden, daß unter den Ursachen der hier hervorgerufenen Wirkungen die Erleichterung des persönlichen Verkehrs von viel größerer Wichtigkeit ist als bei der Urerzeugung. Während die Fortschritte in der Raumüberwindung bei Personen für die Urproduktion vor allem mittelbar, nämlich durch den Handel, d. h. dessen Träger, wirksam werden, sind sie für die Stoffveredelung, die ihrer ganzen Natur nach viel beweglicher ist, von unmittelbarer Bedeutung. Die persönliche Berührung, der Augenschein, die unmittelbare Verhandlung und Abschließung von Geschäften, die leichte Verschiebung der Arbeitskräfte usw., alles das ist für die Industrie mit ihrem Bezuge der verschiedensten Rohstoffe und dem Absatz in die Ferne, dem Wechsel der Konjunkturen, von hervorragender Wichtigkeit; von den Einflüssen des erleichterten Güterverkehrs seien nur die hervorgehoben, die sich aus den allgemeinen spezieller abheben und insbesondere einen Gegensatz gegen die Gestaltungen im Bereiche der Landwirtschaft bilden. Nicht immer tritt innerhalb der industriellen Entwicklung die Beziehung zwischen verbessertem Gütertransport und wirtschaftlicher Wandlung so deutlich hervor, wie dies bei der Urproduktion zu beobachten ist. Es liegt

[1]) Hierzu die entsprechenden Statistiken in „Wirtschaftliche Entwicklung des niederrheinisch-westfälischen Steinkohlenbergbaues in der zweiten Hälfte des 19. Jahrhunderts“, 1. Teil.

dies teils an überstarken Gegenwirkungen, teils an der sehr großen Zahl von mitwirkenden Ursachen, innerhalb derer die vom Verkehr ausgehenden Folgen mehr zurücktreten; in beiden Fällen ist es richtig, sich darauf zu beschränken, nur die Richtung, in der die Wirkungen liegen müssen, zu skizzieren. Konkrete Angaben sind im ersten Falle nicht beweiskräftig, im zweiten — ohne eingehende Analyse der Erscheinung — dazu geeignet, die bestehende Beziehung in einem falschen Lichte erscheinen zu lassen.

Preisermäßigung der gewerblichen Erzeugnisse[1]. Ein bemerkenswerter Unterschied in der Rückwirkung auf die landwirtschaftliche und industrielle Produktion äußert sich bei der Preisbeeinflussung. Während bei der Landwirtschaft in erster Linie das Moment der Ausgleichung hervortritt, ist bei den gewerblichen Erzeugnissen die Preiserniedrigung durch die modernen Verkehrsträger ausschlaggebend. Erklärt sich jene Erscheinung aus den allgemeinen Verhältnissen der Erzeugung zum Verbrauch an Nahrungsmitteln: dem aus dem Verhältnis der Vermehrung der Nahrungsmittel zum Anwachsen der Bevölkerung abgeleiteten allgemeinen Gesetz einer im Gesamtdurchschnitt steigenden Preistendenz, wobei die entgegengesetzte Wirkung der vervollkommneten Verkehrsmittel (Verbilligung im Rohstoffbezug, Produktion auf neu erschlossenen Böden höherer Qualität) auf die Dauer durch Renten-schaffende Nachfrage wieder ausgeglichen wird, so tritt bei der gewerblichen Erzeugung die preisermäßigende Wirkung der Transportfortschritte in den Vordergrund. Zunächst sind bei den industriellen Produkten die Beförderungskosten ein weit wichtigeres Element der Gestehungskosten des fertigen Erzeugnisses am Produktionsorte als bei der Urerzeugung: Bezug der verschiedenen Maschinen, Roh- und Hilfsstoffe. Die Ermäßigung der Beförderungskosten für diese Kapitalgüter wurde verstärkt durch die Ersparnisse, die die Befreiung von kostspieliger Lagerhaltung im alten Umfang sowie das Wegfallen von Zinsverlusten mit sich brachte, die sich aus der Langsamkeit der früheren Verkehrsmittel bei im Transport befindlichen Produktivgütern ergeben hatten; diese Momente mußten sich in eine Verminderung der Selbstkosten umsetzen. Daß sich die Kostenminderung auf die Marktpreise der Güter übertrug, dafür sorgte das von der Urproduktion verschiedene Verhältnis zwischen Nachfrage und Vermehrbarkeit der Erzeugnisse beim industriellen Herstellungsvorgang. Hier hat man es mit Gütern zu tun, deren Angebot gegenüber gesteigerter Nachfrage einer sehr weitgehenden Ausdehnung fähig ist. Die Vermehrbarkeit der Erzeugnisse, die für die meisten Industrien tatsächlich unbegrenzt ist, wäre nur durch die Erschöpfung der Roh-

[1] 1. Aufl. (bis S. 585 Abs. 1).

stoffe eingeschränkt, durch Güter also, die die Urproduktion darbietet. Hierzu gesellen sich ferner jene Rückwirkungen, die die mit der Erweiterung der Absatzgebiete verschärfte Konkurrenz auf die Warenpreise ausüben[1]); endlich macht sich jene Tatsache geltend, daß die gesteigerte Produktion in weit höherem Grade als bei der Landwirtschaft und bis zu weit hinausliegender relativer Intensitätsgrenze eine Verminderung der Selbstkosten des Produktes mit sich bringt, sowie daß die Biegsamkeit der menschlichen Bedürfnisse die Produzenten von Verbrauchsgegenständen dazu anhält, durch Ermäßigung der Preise und Vergrößerung der Umsätze einen erhöhten Gesamtertrag ihrer produktiven Tätigkeit herasuzuwirtschaften. Das Endergebnis ist und muß sein: eine allgemeine Tendenz der modernen Transportmittel, die Preise der Industrieprodukte mehr oder minder — je nach dem verschiedenen Geltungsverhältnis der angeführten Umstände bei den einzelnen Industriezweigen — zu erniedrigen.

Mit Absicht ist das Wort Tendenz gebraucht. Die Richtung ist angegeben, in der die modernen Verkehrsmittel wirken müssen. Es steht außer Zweifel, daß sie die wirtschaftliche Entwicklung unausgesetzt in diesem Sinne beeinflußt haben, aber die Frage, ob und inwieweit sie sich etwa auftretenden Hemmungen gegenüber tatsächlich und konkret nachweisbar durchgesetzt haben, ist natürlich davon grundverschieden. Einige Angaben aus der Preisgeschichte sollen den Sachverhalt näher veranschaulichen.

Nach einer in der ersten Auflage[2]) wiedergegebenen Berechnung sind Rohprodukte, wie pflanzliche Nahrungsmittel, Erzeugnisse der Jagd und Fischerei, des Waldbaues, der Viehzucht, sowie Kolonialwaren in Hamburg von 1846/50 auf 1851/65 um 24% gestiegen, während sich die Preise von gewerblichen Erzeugnissen, von Bergbau- und Hüttenprodukten nur um 8% im Preise hoben. Nimmt man an, daß die Geldentwertung infolge der kalifornischen und australischen Edelmetallausbeute eine durchschnittliche Preissteigerung aller Waren von rund 19% hervorgebracht hat —, was allerdings theoretisch anfechtbar ist —, so läßt sich die Preisermäßigung für die zweite Warenkategorie, die gewerblichen Erzeugnisse, auf 11% berechnen.

Setzt man beide Warengruppen zur Preissteigerung aller Waren in den drei Jahrfünften 1851—1865 ins Verhältnis, so zeigt sich, daß sich die Preise der ersten Kategorie in wachsendem Maße über dem Durchschnittspreis aller Waren, die der zweiten in zunehmendem Grade darunter bewegt haben. Es ist sicher richtig, diese Preisentwicklung mit den Eisenbahnen in Verbindung zu bringen.

Sieht man von der Geldentwertung ab, so erreicht das Anwachsen der Preise aller Waren seinen Höhepunkt i. J. 1873. Von da an erstreckt sich eine große Preissenkung bis in die Mitte der 90er Jahre; ihre Ursachen erblickt man in den außerordentlichen Fortschritten von Technik und Transport[3]). Von 1896 an wird jedoch die fallende Richtung völlig überwunden, ein zweiter Aufschwung der Preise setzte ein. Zerlegt

[1]) Bd. 1, S. 26ff.

[2]) S. 58f.

[3]) Eulenburg, „Die Preissteigerung des letzten Jahrzehnts", S. 19.

man die beobachteten Waren in einzelne Gruppen, so ergibt sich, daß vor allem tierische Nahrungsmittel, Rohstoffe der Textilindustrie und Metalle von der Preissteigerung erfaßt sind, während die Erhöhung bei Brenn- und Leuchtstoffen sich in mäßigen Grenzen bewegte, und bei Kolonialwaren ein Fallen zu bemerken war. Die Wirkungen der Verkehrsvervollkommnung waren also größtenteils ausgelöscht, jedoch speziell bei der letztgenannten, leicht transportablen Warengruppe noch nachweisbar [1]).

Von Gegeneinflüssen, die die Auswirkung des Verkehrsfortschritts erstickt haben, seien aus der angeführten Schrift Eulenburgs zwei hervorgehoben. Scheinbar ist die Produktion an industriellen Rohstoffen (Erz, Kupfer, Baumwolle usw.) nur noch unter ungünstigeren Bedingungen, also zu höheren Kosten, möglich [2]). Diese Preissteigerung mußte sich auf dem Markte der Industrieerzeugnisse entsprechend fortpflanzen. Dazu ein anderes: die extensive Ausdehnung des Bedarfs durch Einbeziehung immer neuer Märkte [3]). Steigerung der Nachfrage, die tiefer in die Rohstoffvorräte der Welt einzugreifen nötigte, und Produktion mit wachsenden Kosten, beides eng zusammenhängend, verstärkten sich gegenseitig, und diese Momente — nicht die einzigen, die den Verkehrsfortschritt in seiner eben charakterisierten Auswirkung aufhoben — sind deshalb in diesem Zusammenhang wesentlich, weil sie selbst auf der Transportvervollkommnung, speziell dem Ausbau der Eisenbahnen, beruhen. So ist der Verkehrsfortschritt mannigfaltig in die Geschichte der Preisbewegung gewerblicher Erzeugnisse eingeflochten. Eine Parallele hierzu aus der Preisentwicklung landwirtschaftlicher Produkte bietet die Tatsache, daß die Eisenbahnen in den Ausfuhrländern von Getreide zunächst eine Senkung für die dortigen Verbraucher hervorgerufen haben; als jedoch der verbesserte Verkehr diese Gebiete in die Weltwirtschaft einbezogen hatte, trat eine Erhöhung des Preisniveaus ein: um so stärker, je mehr der Übergang zu geringeren Böden nötig wurde.

Stärkung der Tendenz zum Großbetriebe [4]). Die Momente, die die Preisgestaltung der Industrie in der angedeuteten Weise bestimmen, bedeuten zugleich — es bedarf dies wohl keiner weitläufigen Ausführung — eine mächtige Stärkung in der Richtung der heutigen Stoffveredelung, sich zur Großindustrie zu entwickeln, indem die verbesserten Verkehrsmittel durch die ungeheure Erweiterung des Absatzgebietes der Produkte die Voraussetzung einer Erzeugung in großem Maßstabe schaffen und durch die Wechselwirkung des Großbetriebes mit den Preisverhältnissen den stärksten Antrieb zu jener Produktionsweise ausüben.

Sinkende Preise erträgt der Großbetrieb bei sich mindernden Selbstkosten, steigende bieten bei vergrößertem Bedarf erhöhten Anreiz zur Produktion, und selbst die Erzeugung zu wachsenden Kosten bei verteuerten Rohstoffen wird zur Verzinsung und Tilgung des Anlagekapitals eine Notwendigkeit.

Die Richtung zum Großbetrieb war schon durch die Entwicklung des mobilen Kapitals und des Kredits, dann durch die Erfindung der

---

[1]) Eulenburg, a. a. O., S. 26ff.
[2]) a. a. O., S. 34ff.
[3]) a. a. O., S. 45ff.
[4]) 1. Aufl.

Maschinen und die Anwendung der Dampfkraft zu deren Betriebe angebahnt. Die Anwendung des Dampfes auf das Verkehrswesen vervielfältigte die Macht dieser Entwicklungstendenz, wie sie ja schon begrifflich als eine schrittweise Ausbildung jenes volkswirtschaftlichen Gestaltungsmomentes erscheint. Die Folge war eine durchgreifende Änderung in dem Charakter der industriellen Produktion. Wo bereits vor dem Dampfschiffe und der Eisenbahn Ansätze zum Großbetriebe vorhanden waren, dort werden diese rasch und in großem Maßstabe entwickelt. Wo, wie in der Mehrzahl der Stoffverarbeitungen, das Handwerk oder die häusliche Produktion die Güter lieferte, ist die alte Produktionsweise verdrängt und eingeschränkt worden. Es ist dies dem Wesen nach dasselbe wie bei der Bodenkultur der Übergang von extensiver zu intensiver Wirtschaft, nur daß hier der kapitalintensive Betrieb den arbeitsintensiven verdrängt, was bei der Landwirtschaft nicht der Fall ist. Daß eine solche Umgestaltung nicht ohne belangreiche wirtschaftliche und soziale Nebenwirkungen vor sich gehen konnte, ist klar. In diesem Sinne ward die Lokomotive in der Tat des Handwerkers gefährlichster Feind — freilich nicht anders wie die Maschine des Handarbeiters meist gefürchteter Nebenbuhler, der ihn momentan brotlos machte, um ihn in einem anderen Produktionsabschnitt wieder zu beschäftigen [1]).

Hiermit fällt der Übergang von örtlicher zu universeller Wirtschaft auch auf vorliegendem Gebiete zusammen, wo dieser Vorgang fast noch klarer als in der Urproduktion zutage tritt. Der Gegensatz zwischen Handwerk, das für die örtliche Kundschaft, und Fabrik, die für den erweiterten Markt arbeitet, bezeichnet den Umschwung.

Eine tiefere Analyse der Erscheinung des vordringenden Großbetriebs würde noch eine Reihe anderer Ursachen erkennen lassen, die mehr oder weniger unmittelbar mit der Entfaltung des Verkehrs zusammenhängen (örtliche Zusammenziehung und wachsende Einförmigkeit des Bedarfs, große gewerbliche Aufgaben wie Lokomotiven, Dampfkräne, Schnellpressen, Verkümmerung der Produktion im Hause) [2]). Mit dem Hinweis auf die Erweiterung der Absatzgebiete und die Preisverhältnisse wurde eine direkte Beziehung aufgezeigt; das Problem selbst ist damit noch nicht gelöst. Statistische Angaben zum Vordringen des Großbetriebs sind leicht zu finden [3]); hier angefügt wären sie geeignet, die ursächlich höchst verwickelte Erscheinung einfacher hinzustellen als sie ist.

---

[1]) Vorgang der „Arbeitsverschiebung"; hierzu Bücher, „Die Arbeitsteilung" (Die Entstehung der Volkswirtschaft, I).

[2]) Hierzu Bücher, „Der Niedergang des Handwerks" (Entstehung der Volkswirtschaft, I).

[3]) Schwiedland, „Der Wettkampf der gewerblichen Betriebsformen" (Grundriß der Sozialökonomik, Bd. 6, S. 34).

Einfluß auf die Standortsverhältnisse der Industrie[1]. Eine sehr bestimmende Einwirkung auf die Standorte liegt schon darin, daß an Stelle der vielen örtlich verstreuten kleinen Betriebe einzelne große Anlagen treten: in diesem Konzentrationsvorgang lösen sich jene auf oder werden zu Unternehmungen anderer Art (z. B. Handwerke verwandeln sich in Handelsgeschäfte, die die Erzeugnisse der an ihre Stelle getretenen Großindustrie vertreiben usw.). Außerdem wirken jedoch die geänderten Verkehrsverhältnisse auf die wirtschaftlich angezeigte Lage der einzelnen industriellen Anlagen, der von früher überkommenen und nun angewachsenen Fabriken wie der neu entstandenen Großindustrien, in nachdrücklicher Weise ein, so daß eine örtliche Verschiebung Platz greift, die natürlich für die ihr verfallenen Unternehmungen mit mehr oder minder schweren Kämpfen, zuweilen mit empfindlichen Verlusten, verbunden ist. Es kommt hier ein Umstand ins Spiel, dessen bereits früher gedacht wurde, nämlich: daß Versand und Bezug minderwertiger Erzeugnisse der Rohproduktion durch die Eisenbahn eine relativ bedeutendere Erleichterung gegen früher erfuhren als die Beförderung wertvoller Rohstoffe und Fabrikate. Der Industrielle sieht sich also durch die modernen Transportmittel bei dem Bezug der Roh- und Hilfstoffe stärker erleichtert im Vergleich zu den ehemaligen Zuständen als etwa bei der Versendung seiner Erzeugnisse. Während z. B. Kohle, Erze, Hölzer usw. mit den alten Beförderungsmitteln nur in einem sehr beschränkten Umkreise zu Lande in Verkehr gebracht werden konnten, sind gerade diese für die Industrie wichtigsten Roh- und Hilfstoffe auf sehr weite Entfernungen und zu den billigsten Preisen transportfähig geworden. Dagegen konnten z. B. feine Eisenwaren oder überhaupt wertvollere Fabrikate und Rohstoffe schon mit den unvollkommenen Beförderungsmitteln auf den alten Landwegen in ferne Länder gesandt werden. Schon Knies hat diese Tatsache hervorgehoben[2].

Die Vorteile der örtlichen Lage eines Industriezweiges inmitten oder in größerer Nähe von Produktionsorten geringwertiger Rohstoffe erlitten also eine mehr oder minder ausgiebige Abschwächung. Eben dadurch wurde folgerichtig die Bedeutung anderer Produktionsvorteile, z. B. in den Arbeitsverhältnissen, in der Lage zum Absatzmarkte, den örtlichen Steuern, den Bodenpreisen usw., verhältnismäßig gehoben. Eine relative Verschiebung innerhalb der Wirkungen der Standortfaktoren mußte die Folge der Eisenbahnen sein.

Wir sehen demnach auf diesem Gebiete eine ebenso ausgesprochene Beeinflussung und Veränderung der Standorte wie bei der Landwirtschaft und eine Übereinstimmung in der allgemeinen Richtung der

[1]) 1. Aufl. (bis S. 589 Abs. 2).
[2]) a. a. O., S. 95.

eingetretenen Änderung, d. i. der Befreiung von den früheren Verhältnissen größerer Gebundenheit, wodurch die neuen Verhältnisse zugleich verwickelter wurden. Ein Unterschied macht sich jedoch darin bemerkbar, daß bei der Bodenbewirtschaftung die natürliche Gunst der örtlichen Bodenverhältnisse wesentlicher, bei der Industrie dagegen die örtliche Beziehung zu den Bodenschätzen gelockert wurde. Der richtige Standort ist bei den Bodenkulturen in weit höherem Grade ein im eigentlichen Sinne „natürlicher“, bei der Industrie mehr ein „wirtschaftlicher“ geworden.

Hier ist es, wo insbesondere die Tarifbildung bei den Eisenbahnen ihre Bedeutung zeigt. Die Werttarifierung z. B. ermöglichte es, jenem Bedürfnis nach verhältnismäßig größerer Transporterleichterung für die Rohstoffe durch unterschiedliche Behandlung der Beförderungsobjekte gleich von Beginn des Eisenbahnwesens an in einem Grade zu entsprechen, wie es ohne sie unmöglich gewesen wäre, da mit Rücksicht auf den erst der Entwicklung harrenden Verkehr ein allgemein gleicher durchschnittlicher Tarifsatz höher hätte gegriffen werden müssen. Die den Wertunterschieden angepaßte Frachtbildung stellte zudem die Selbstkosten bei den billigeren Versendungen durch die sich ergebende starke Nutzung entsprechend niedriger, während bei Fabrikaten, wo der Frachtpreis minder ausschlagend war, ein niedrigerer Tarif nicht die gleiche Folge ausgelöst hätte. Auf möglichste Steigerung der Beförderungsfähigkeit der Roherzeugnisse, und zwar der minderwertigen, kam es an; durch die diese Forderung erfüllende Werttarifierung haben die Eisenbahnen wesentlich ihren Einfluß auf die Verbilligung der Industrieprodukte, und damit auf Zunahme und Gestaltung der Industrie, geübt.

Die relative Ablösung vom natürlichen Standort — und nur um eine solche kann es sich handeln — infolge der Entfaltung der Bahnnetze war an der zunehmenden Verstreuung der Großindustrie über die Fläche beteiligt. Insbesondere war hierfür die erzielte Versendbarkeit mineralischer Brennstoffe, unterstützt durch erhebliche Tarifnachlässe, von Bedeutung, die die gewerbliche Erzeugung von den alten Betriebsmitteln: Wasserkräften und Holzkohle, loslöste, gleichzeitig jedoch solchen Industrien, die auf veraltete Standortsvorteile aufgebaut waren, den Übergang zur modernen Technik und damit das Weiterbestehen möglich machte. Ohne die Entfaltung der Eisenbahnen hätte es nicht geschehen können, daß die auf Roheisen und Stahl aufgebaute Veredelungsindustrie, die verhältnismäßig gering wertenden Rohstoff und Halbzeug verarbeitet, sich teilweise fernab von ihrer Materialbasis, etwa in der Nähe der Absatzmärkte, ansiedelte; der Übergang zur Qualitätserzeugung mag diesen Vorgang gefördert haben.

Was den Einfluß der Tarifbildung angeht, so sei darauf hingewiesen, daß auf die Abwanderung der Eisenindustrie von den deutschen

Mittelgebirgen zur Kohle in der zweiten Hälfte des 19. Jahrhunderts — neben dem Übergang zur Koksverwendung im Hochofen, der Absatzlage — die Frachtpolitik der Eisenbahnen eingewirkt hat, die durch ihre Tarifgestaltung das geringwertige Erz sehr viel beförderungsfähiger machten als das Halbfabrikat Koks. Diese Ablösung verursachte allerdings um die Wende des neuen Jahrhunderts eine verschärfte Notlage der Eisenverarbeitung in den Mittelgebirgen, die zur Erhaltung des bestehenden Standorts eine verhältnismäßige Verbilligung des Brennstoffbezugs durch die Eisenbahnen hervorrief.

Von dem angespannten Wettbewerb industrieller Produkte auf erweiterten Märkten, der selber erst durch die modernen Transportmittel entstanden war, sind in neuerer Zeit in verstärktem Grade Gegenwirkungen ausgegangen, die auf eine Ersparung an Selbstkosten, also auch an Frachtauslagen, hindrängten. Je größer bei minderwertigen Rohstoffen der Gewichtsunterschied zwischen ihnen und dem hergestellten Produkt, um so stärker wird sich die Tendenz entfalten, den Standort in die Nähe des Materiallagers zu verschieben; andere Standortfaktoren (Lage zum Absatz, zu Hilfsindustrien) können selbstverständlich in dieser Richtung verstärkend (auch hemmend) einwirken. Da die industrielle Erzeugung der Welt in zunehmendem Maße zu Rohstoffen übergehen gezwungen ist, die eine geringere Ausnutzung zulassen, so wird mit jener Verlagerung auch in Zukunft zu rechnen sein.

Allenthalben machte sich die Wanderung der Großindustrie zu den Rohstoffen oder an die Küste und an schiffbare Ströme in der Entwicklung der letzten Zeit bemerkbar. Eisen- und Baumwollindustrie in den Vereinigten Staaten legen von der Annäherung an die Materialbasis ebenso Zeugnis ab, wie die Wanderbewegungen in der deutschen Schwerindustrie; auch die „gemischten Betriebe" — Betriebs-, nicht bloß Unternehmungseinheiten — gehören hierhin. Einer Verschiebung europäischer Exportindustrien an die großen überseeischen Rohstofflager wirkte allerdings bisher der überlegene Arbeitsmarkt der alten Welt erfolgreich entgegen.

Bei solchen Zweigen gewerblicher Produktion, bei denen das Schwergewicht in der Veredelung hochwertiger Rohstoffe beruhte, hatte naturgemäß die skizzierte Ablösung von der Materialbasis niemals eintreten können, weil bei der Standortwahl von vornherein andere Momente den Ausschlag gegeben hatten.

Ausbildung der territorialen Arbeitsteilung. Diese Erscheinung liegt schon in der Tatsache der Weltwirtschaft beschlossen. Die durch den modernen Verkehr herbeigeführte Scheidung in Rohstoff- und Industrieländer, ein Erzeugnis weltwirtschaftlicher Beziehung und zugleich stärkster Zwang zu ihrer Aufrechterhaltung, läßt sich als großartigster Ausdruck internationaler Arbeitsteilung auffassen.

Doch nicht bloß in der Scheidung zwischen Urerzeugung und Stoffveredelung, sondern auch in der industriellen Produktion der einzelnen Länder machte sich eine durch den modernen Verkehr mächtig gesteigerte — durch die Zollpolitik gehemmte — zwischenstaatliche Arbeitsteilung geltend, die im Anschluß an den vorigen Paragraphen als internationale Standortbildung aufgefaßt werden kann.

Der moderne Verkehr hatte auf eine Ermäßigung der Selbstkosten der Industrie und damit der Preise hingewirkt und gleichzeitig die Absatzfähigkeit der Erzeugnisse gesteigert, obwohl der Vorteil, den er in dieser Beziehung brachte, bei der Höherwertigkeit gewerblicher Erzeugnisse nicht so bedeutend war wie bei minderwertigen Rohstoffen. Während diese durch die Transportvervollkommnung überhaupt erst versendungsfähig wurden, konnten jene, indem die Beförderungskosten einen immer geringeren Bruchteil des Preises am Empfangsplatze ausmachten, auf weiteste Strecken verschickt werden. Die Verkehrskosten früherer Jahrhunderte, die — entsprechend der Raumüberwindung ansteigend — der kauffähigen Nachfrage in mehr oder weniger engen Grenzen ein Ziel steckten, waren durch die Transportfortschritte so ermäßigt, daß die Gesamtnachfrage der Erde in vielen Fabrikaten von wenigen Industriemittelpunkten aus befriedigt werden konnte. Dieser Umstand mußte im Sinne einer ungeheuren Intensivierung jener industriellen Zentren wirken.

Dazu kam ein zweites. In dem gleichen Maße, wie die Verkehrskosten zusammenschmolzen, wie die Qualität des Transportes: Geschwindigkeit und Sicherheit, zunahm, die Fertigerzeugnisse aus der größten Entfernung fast ebenso billig und bequem wie aus nächster Nähe herbeigezogen werden konnten, mußte die Bedeutung von Frachtunterschieden für den Bezieher abnehmen. Vom Standpunkt industriellen Wettbewerbs gab die größere Nähe zum Absatzmarkte nicht mehr den Ausschlag; sie konnte durch die entferntere Industrie leicht überholt werden, wenn diese in bezug auf Produktpreis oder Qualität einen — wenn auch geringen — Vorteil aufwies. Es ist klar, wie diese Tatsache im Zeitalter des Verkehrs die internationale Lagerung der stoffveredelnden Erzeugung bei entstehendem Wettbewerb zugunsten des mittel- und westeuropäischen Industriezentrums mit seinen zusammengeballten Standortvorteilen und zuungunsten jüngerer Industrien an anderen Punkten der Erde beeinflussen mußte.

In Verbindung mit dem Schwergewichte der früher untersuchten Momente ergab die internationale Arbeitsteilung zugleich eine enorme Steigerung der Tendenz zu Spezialisierung und Qualitätserzeugung. Jene lag schon in der Preisentwicklung der Produkte und der mit dem Großbetrieb gegebenen schablonenhaften Massenerzeugung, diese konnte mit der Transportentfaltung insofern mittelbar zusammenhängen, als eine ungünstige Verkehrslage häufig den Übergang zur Qualitätsproduktion erzwang. Beide Eigenheiten der modernen Industrieerzeugung mußten durch die volle Entfaltung der Konkurrenz auf dem Weltmarkte mächtig gesteigert werden. Jede Gegend wurde genötigt, solche Produktionszweige speziell und ausschließlich zu pflegen, in denen sie in dem bei der Erzeugung am meisten ausschlaggebenden Punkte die größte Überlegenheit vor anderen Plätzen aufwies. Nicht mehr wie früher war es das Bestreben der Stoffveredelung, aus wenigen Rohmaterialien möglichst zahlreiche Güter zur Befriedigung verschiedenartigster Bedürfnisse zu gewinnen, sondern die Rohstoffzusammensetzung der Industrieprodukte wurde mannigfaltiger nach Qualität und Herkunft und bei vielen Erzeugnissen auf ganz neue Grundlage gestellt. Differenzierung der industriellen Produkte und komplizierte Zusammensetzung der Rohstoffbasis, das zweite durch das erste hervorgerufen, waren beide in ihrer Entfaltung abhängig von dem die gesamte bewohnte Erde umspinnenden Verkehr.

Die Geringfügigkeit der Frachten erlaubt es, sich sogar auf die einzelnen Abschnitte eines Produktionsprozesses zu beschränken, wobei die Herstellung sich in eine Anzahl gesonderter Betriebe teilen kann, die als selbständige Unternehmungen möglicherweise räumlich weit voneinander liegen. Das gilt nicht nur von der oft weit auseinander gelagerten Gewinnung der Rohstoffe und der Erzeugung von Halb- und Fertigfabrikaten, sondern auch von den höheren Stufen der Fabrikation. Erinnert sei an die bedeutenden Zahlen, die die deutsche Handelsstatistik im Veredelungsverkehr aufzeigte (Baumwollgarn, Wollgewebe usw., nach Bearbeitung zur Wiederausfuhr), wie denn überhaupt der nach dem Kriege aufgetauchte Gedanke, die gewerbliche Produktion Deutschlands nach dem Muster der Hausindustrie großen Teils „im Lohn" des Auslandes zu beschäftigen, nur in einer Zeit verwirklicht werden konnte, die die auf den Verkehr gegründete Arbeitsteilung zwischen den Völkern leicht wieder ins Leben zu rufen vermochte. Daß die Steigerung der Beförderungskosten — in einer Goldwährung veranschlagt — hinter dem Anwachsen der Preise für Rohstoffe und Fertigerzeugnisse im ganzen zurückblieb, mag diesen Vorgang unterstützt haben.

In der skizzierten Weise hat sich die Vervielfältigung der räumlichen Arbeitsteilung vollzogen: ihre fortschreitende Überleitung in die internationale, die Weltwirtschaft. Der Drang dieser Entwicklung war so stark, daß ihr zu großem Teil die Aufhebung der älteren, den freien Verkehr hemmenden Einrichtungen zuzuschreiben war; dagegen trat eine teils gewollte, teils ungewollte Gegenbewegung ein in der Zollpolitik seit den 70er Jahren, der Absperrung durch den Weltkrieg und in den Währungsverhältnissen der Nachkriegszeit. Diese letzteren bedeuteten für die valutakranken Staaten eine ungeheure Verteuerung des Rohstoffbezugs, speziell des überseeischen, also eine verhältnismäßige Hemmung des Weltverkehrs in diesen Gütern, dagegen ein Anwachsen des Exports an fertigen Waren, das eine entsprechende Folge für die Verkehrsdichte in Fabrikaten hervorrufen mußte.

Beispiele einzelner Industrien. Da nicht beabsichtigt ist, über die Ökonomik der Industrie *ex professo* zu sprechen, so braucht auch nicht versucht zu werden, die tatsächliche Gestaltung der gewerblichen Tätigkeit einzelner Länder unter den bezeichneten Einflüssen systematisch zu verfolgen; um so weniger, als bei der Stoffveredelung die übrigen mitwirkenden Momente weit zahlreicher und schwerer zu bestimmen sind als bei der Landwirtschaft. Einige Beispiele aber zur helleren Beleuchtung der gewonnenen Ergebnisse dürfen nicht fehlen, wobei jedoch, um nicht auf andere Gebiete abzuschweifen, von den zusammenwirkenden Kräften nur die uns hier speziell interessierenden hervorgehoben, die übrigen nur leicht gestreift werden können.

In den beiden vorigen Paragraphen ist bei der industriellen Standortbildung eine mehr nationale, sich auf verhältnismäßig engem Raume vollziehende, von der internationalen — der Arbeitsteilung zwischen Ländern und Erdteilen — geschieden worden. Wir wenden uns zunächst der internationalen Seite des Problems zu.

Die großen Weltindustrien haben sich an den alten Arbeitsmärkten Mittel- und Westeuropas zusammengezogen, wobei die Nähe von Kohlenlagern ein für die Konzentration großgewerblicher Produktion bestimmender Faktor war [1]). Dort sammelten sich die Rohstoffe aus aller Welt, um veredelt zu werden; im Sinne unserer früheren Behauptung: die erzielte Transportfähigkeit des Rohstoffs zog seine Verarbeitung von den Materiallagern an die europäischen Arbeitsmärkte; die erhöhte Beförderungsmöglichkeit des Produkts dehnte den Absatzmarkt aus, indem sie in gleicher Weise die europäischen Industrien intensivierte und den Wettbewerb anderer Erdteile erschwerte. Erinnert sei an die Zusammenballung so großer Teile der Baumwollindustrie der Erde von ihren natürlichen Standorten in Manchester, am Niederrhein und im Freistaate Sachsen, an die Konzentration der Diamantschleiferei in Amsterdam oder an die großenteils auf ausländischen Rohstoffen aufgebaute, in Deutschland zusammengezogene Elektrizitätsindustrie.

Was die Standortbildung und den Übergang zum Großbetrieb auf dem verhältnismäßig schmalen Raume einer Volkswirtschaft angeht, so weisen vor allem die landwirtschaftlichen Industrien eine gewisse Gleichförmigkeit auf: Brauereien, Spiritusbrennereien, Mühlen u. a.

[1]) Hierzu A. Weber, „Die Standortslage und die Handelspolitik" (Archiv f. Sozialw. u. Sozialpol. 1911, S. 667 ff.). Hinter den gesamten Ausführungen über den Standort stehen Webers Schriften: „Über den Standort der Industrien", 1. Teil, und „Industrielle Standortslehre" (Grundriß der Sozialökonomik, Bd. 6, S. 54 ff.).

Früher waren dies sämtlich kleine Betriebe, weil das Produkt — etwa mit Ausnahme von Spiritus — nicht weit versendet werden konnte. Mit den Eisenbahnen ist das allgemein in das Gegenteil verkehrt worden; durch Zuführung von Roh- und Hilfstoffen (Kohle) und Absatzerweiterung war die Möglichkeit des Großbetriebs und damit einer weitgehenden technischen Umgestaltung und Vervollkommnung eröffnet. Daher wurden die örtlichen Kleinbetriebe in wachsendem Maße von großen fabrikmäßigen Anlagen, die auf weite Versendung ihrer Erzeugnisse gegründet sind, verdrängt. Steuerliche Maßnahmen — etwa die versteckte Zuckerprämie — haben verschiedentlich in diesem Sinne unterstützend gewirkt, allerdings sind von dieser Seite auch Gegenbewegungen eingeleitet worden [1]).

Für die Rübenzuckerfabrikation kommt überdies der Zusammenhang mit der Umgestaltung der Landwirtschaft ins Spiel. Bei dem großen Gewichtsverlust, der in der Produktion eintritt, war zunächst die Nähe des für Rübenbau meist geeigneten Bodens das für den Standort Entscheidende. Da aber der Kohlenverbrauch beim Verdampfungsprozeß groß ist, so wird die Lage in nächster Nähe oder selbst unmittelbare Verbindung mit der Eisenbahn gleich wichtig. Später, mit der technischen Ausbildung des Veredelungsvorgangs, wurden die Arbeitslöhne ein besonders wichtiger Faktor und deshalb bei der zunehmenden Ausdehnung der Anlagen das Vorhandensein einer dichten Bevölkerung und günstige Arbeitsverhältnisse mit ausschlaggebend. Die Eisenbahn machte überdies die Ausdehnung des Umfanges der Fabriken durch billige Rübenzufuhr möglich, während sonst die Anlagen auf die in einem kleinen Umkreis zu bauende Rübenmenge hätten beschränkt bleiben müssen. Die fast regelmäßig von den Rohzuckerfabriken räumlich getrennten Raffinerien suchen außer in günstigen Arbeitsverhältnissen die Bedingungen ihrer Rentabilität in Vergrößerung der Anlage und vorteilhafter Lage zum Absatz.

Die Verarbeitung von Steinen und Erden ist erst durch die Eisenbahnen in den Formen großen fabrikmäßigen Betriebes möglich geworden, wobei aber die Nähe der Rohstoffgewinnung und günstiger Brennstoffbezug für den besten Standort entscheiden. Man denke an die Zement- und Ziegelerzeugung und — im Gegensatz hierzu — an die „arbeitsorientierte“ keramische und Porzellanindustrie, bei denen die erhöhte Absatzfähigkeit der Fertigerzeugnisse den Zug zum Großbetrieb verstärkte.

Von der chemischen Industrie ein zutreffendes Bild in wenigen Worten zu geben, ist bei der ungewöhnlichen Mannigfaltigkeit der Rohstoffe und der daraus gewonnenen Produkte unmöglich. Die Tendenz

---

[1]) Über alle hergehörigen Fragen, besonders die technische Entwicklung, unterrichtet für Preußen das zitierte Werk Meitzen, a. a. O., Bd. 8, S. 1ff.

zum Großbetrieb ist bei ihren wichtigsten Zweigen (Schwefelsäure, Soda, Teerfarben) eine ausgemachte Tatsache, beruhend auf ihrer Kapitalintensität, verstärkt durch verbilligte Absatzmöglichkeit der Fabrikate und wohlfeile Zuführung der Rohstoffe durch die modernen Verkehrsmittel, speziell die Ströme [1]). Die Schwefelsäureindustrie erweist sich als „konsumorientiert", worauf die Tatsache von Einfluß, daß gemäß der Eisenbahntarifierung der für eine Gewichtsmenge Fertigerzeugnis notwendige Transport von Roh- und Hilfstoffen (besonders Kohle und Kiese) sehr viel vorteilhafter ist als die Fabrikatenbeförderung. Die Teerfarbenindustrie ist schon durch den ungeheuren Wasserverbrauch im Herstellungsvorgang an die Ströme gebunden.

Die Eisenindustrie war vor der Anlage von Schienenwegen bei den Fundorten der Erze, also in Deutschland in den Mittelgebirgen, heimisch. Da das Rohprodukt sich durch den Transport sehr verteuerte, die gebrauchsfertige Ware dagegen beförderungsfähiger war, so ward mit der Roheisengewinnung auch die Verarbeitung verbunden. Die Verfeinerung mußte den Sitz der Roheisenerzeugung aufsuchen und war schon dadurch innerhalb der Grenzen eines relativ kleinen Betriebes gehalten. Das ist mit der Eisenbahn weggefallen. In der weiteren Verarbeitung trat hinsichtlich des Standorts eine weitgehende Verstreuung über die Fläche gemäß den Absatzmärkten ein, in der Roheisen- und Stahlgewinnung zunächst ein Zug zum mineralischen Brennstoff. Aber wie in Deutschland, so in den Vereinigten Staaten, setzte sich mit der Zeit in bezug auf den Standort der Hochöfen die Erzbasis stärker durch, da nach dem Verwendungsverhältnis von Erz und Koks die auf die Tonne Roheisen fallenden Selbstkosten bei Ersparung des Erztransportes geringer sind [2]). Die vertikal aufgebauten Riesenbetriebe der Schwerindustrie zogen mehr und mehr die weitere Halbzeugveredelung an sich, Auslandsexport und Bezug fremder Rohstoffe drängten in Deutschland Teile der Industrie an die Küste und an schiffbare Ströme.

Für die Standortbildung innerhalb der deutschen Schwerindustrie war die Tarifbildung bedeutungsvoll, wonach die Eisenbahnen im Verkehr zwischen Rheinland-Westfalen und Lothringen-Luxemburg die Erzbeförderung sehr viel mehr als die vom Koks ermäßigten; dadurch hat sich die natürliche Anziehungskraft der Minette relativ vermindert. Neben solcher künstlichen Beeinflussung trat in der deutschen Tarifpolitik deutlich das Bestreben hervor, durch entsprechende Frachtgestaltung Brennstoff und Erz einander nahe zu bringen — z. B. Oberschlesien und das Siegerland — Maßnahmen, die die Wirkungen des Schienentransports verstärkten und eine Grundlage der Wettbewerbs-

[1]) Christiansen, „Chemische und Farbenindustrie" („Über den Standort der Industrien" von Alfred Weber, Teil II, Heft 2).

[2]) Hierzu Schumacher, „Die Wanderungen der Großindustrie in Deutschland und in den Vereinigten Staaten" (Weltw. Stud. S. 419ff.).

fähigkeit England gegenüber ausmachten, wo beide Rohstoffe räumlich zusammenliegen.

Die Textilindustrie wurde von den Eisenbahnen in ihren inneren Verhältnissen im ganzen relativ wenig berührt, da sowohl ihr Rohmaterial als ihr Produkt schon früher auf verhältnismäßig weite Strecken beförderungsfähig war. Gleichwohl weisen innerhalb Deutschlands die für den Absatz, den Rohstoffbezug und zur Kohle günstig gelegenen Baumwollverarbeitungsgebiete im Freistaate Sachsen und am Niederrhein die höchsten Produktionsziffern und die stärkste Tendenz zum Großbetrieb auf, während die Eisenbahnen speziell bei den im Süden Württembergs, Bayerns und Badens verstreuten, historisch überkommenen Verarbeitungsplätzen die Aufgabe erfüllten, sie durch erleichterte Kohlenzufuhr und tarifarisch stark bevorzugten Baumwollbezug über deutsche Häfen vor der Verkümmerung zu schützen.

Brennpunkt der Baumwollverarbeitung in den Vereinigten Staaten war früher der Nordosten, besonders der Fall-River Distrikt in Massachusetts. Weit entfernt von ihrer Rohstoffbasis bezogen diese Gebiete die Baumwolle auf dem See- und Landwege. Die Eisenbahnen mit ihrer verbilligten Zufuhr werden das Übergewicht des Nordostens zunächst vergrößert, die Anziehungskraft der Rohstoffbasis weiter geschwächt haben; ungefähr seit 1880 ist die Gegenbewegung eingetreten, und die Verarbeitung hat sich in raschem Anwachsen in dem Baumwollgebiete selber zusammengeballt, während die alten Industriedistrikte die Ungunst der Verkehrslage durch Qualitätserzeugnisse auszugleichen trachteten [1]).

Die deutsche Lederindustrie hat teils ihre überkommenen Standorte in den Mittelgebirgen nahe der Lohe bei der Entwicklung zur Großindustrie festgehalten — eine leichte Verlagerung infolge der Eisenbahnen ist möglich —, teils hat sie sich in der Nähe Hamburgs und in einzelnen Rheinkreisen rasch entfaltet, da diese Standorte bei Verwendung ausländischer Häute und Gerbstoffe am günstigsten waren [2]); sie ist also „rein transportorientiert". Die stark ausführende Industrie an Unterelbe und Rhein ist ein Ergebnis internationaler Standortbildung, ihre nach Herkunft und Qualität veränderte Rohstoffgrundlage eine Frucht der Verkehrsentwicklung.

4. Auf den Handel. Es ist selbstverständlich, daß sich die geschilderten Umgestaltungen in der Veränderung des Umfanges, der Gliederung, der Aufgaben und Gegenstände des Handels geäußert haben. Die Ausweitung der Märkte, die Entstehung des Weltmarktes, das Bedürfnis der Rohstoffländer nach Absatz, das der Industrie nach Massen-

---

[1]) Schumacher, a. a. O., S. 425 f. und Oppel, „Die Baumwolle" S. 466 ff.

[2]) Link, „Die Lederindustrie" (a. a. O., Heft 3).

zufuhr, schablonenhafte Erzeugung im Großbetriebe, Spezialisierung, Qualitätsproduktion und Neugründung von Industrien mußten auf den Aufbau und die innere Gestaltung des Handels zurückwirken. Umsatz und Betriebsgröße schnellten empor, die Zahl der Unternehmungen vermehrte sich rasch, der kapitalstarke Betrieb verdrängte den schwachen, die alte Betriebsweise veränderte sich von Grund auf, Art und Menge der umgesetzten Waren mußte sich differenzieren und vergrößern.

Wirkte auf der einen Seite die Umformung aller wirtschaftlichen Verhältnisse, woran die Verkehrsentfaltung mitgestaltend beteiligt war, bestimmend auf den Handel ein, so läßt sich auf der andern zwischen ihm und der Transportentwicklung auch eine direkte Beziehung herstellen. Anders ausgedrückt: einmal müssen die Wandlungen in Landwirtschaft, Bergbau und Industrie in den Ziffern des nationalen und internationalen Güterumsatzes und in der ihm gewidmeten Organisation sinnfällig in Erscheinung treten, ferner aber veranlaßte die Verkehrsentwicklung — Erweiterung, Verbilligung und zunehmende Sicherheit in Absatz und Bezug, Beschleunigung und Vergrößerung des Umsatzes — unmittelbar eine Veränderung in Einzelbetrieb und Gesamtaufbau des Handels, in der Wahl der Handelswege und dem Einfluß der Welthandelsplätze, die in den Hauptzügen kurz zu charakterisieren ist.

Sicherheit und Schnelligkeit des modernen Verkehrs, verbunden mit der Möglichkeit, das Eintreffen am Bestimmungsort genau voraus zu berechnen, verminderten das Risiko der Handelsunternehmungen, ermäßigten die Versicherungskosten und beschleunigten den Kapitalumlauf, was eine verhältnismäßige Verringerung der beteiligten Kapitalien und ihren häufigeren Umschlag zur Folge hatte; hieraus konnte wieder eine Ausdehnung der Handelstätigkeit nach der Menge der umgesetzten Waren und der Entfernung der einbezogenen Märkte, sowie eine veränderte Einstellung des Unternehmers — großer Umsatz, kleiner Nutzen — entspringen.

Gab schon der raschere Kapitalumlauf kleineren Häusern die Möglichkeit, sich in den Fernhandel, speziell den überseeischen, der früher das ausschließliche Betätigungsfeld weniger kapitalstarken Firmen gewesen war, erfolgreich einzudrängen, so wurde diese Entwicklung durch die ökonomische Eigenart von Schiff und Eisenbahn noch gefördert. Das große stehende Kapital, das in den modernen Transportgefäßen angelegt ist, drängt nach voller, unausgesetzter Nutzung; Ladung mußte herbeigeschafft, der Eigentümer von Spezialschiffen aus Mangel an Fracht sogar häufig Händler werden, und die kleine Sendung fand ihren Verfrachter ebenso wie die große. Sammlung und Zusammenstellung von Waren für Bahn und Schiffsgefäß wurden immer mehr wesentlicher Bestandteil einer besonderen gewerblichen Tätigkeit, der des Spediteurs. War diese Entwicklung in der Richtung auf eine Demokratisierung der Handelsstände, besonders in den Hafenstädten, schon mit einer wichtigen Tatsache im Verkehrsleben: der Ausbildung einer selbständigen, frachtsammelnden Reederei gegeben, so wurde sie weiter mächtig angeregt durch die auf dem modernen Nachrichtenwesen beruhende, aus zahllosen Quellen fließende Kenntnis der Marktlage in den überseeischen Gebieten, die — früher ein Geheimnis weniger — nun „Gemeingut des Kaufmannstandes" wurde [1]).

Trägt so der moderne Verkehr die Tendenz in sich, die Zahl der Existenzen im Handel zu vermehren, so wirkt er gleichzeitig im Sinne einer Annäherung der am Anfang und Ende der Gütererzeugung stehenden Erzeuger, einer Verringerung des Abstandes zwischen ihnen: also der Auflösung des selbständigen Zwischenhandels. Auf der einen Seite stehen: Verkehr in die Ferne, Aufnahme direkter Verbindungen, Ermöglichung und verhältnismäßige Verbilligung des Massentransportes, genaueste Berechenbarkeit der Ankunfttermine der Waren, Erleichterung im Personenverkehr, der es möglich macht, ein Heer von Geschäftsreisenden zu unterhalten, sowie in der Nachrichtenübertragung, die die Verbindung aufrecht hält; auf der anderen Seite stehen als Parallelvorgänge: Vernichtung von Handelsfirmen, deren Existenz auf ein örtlich beschränktes, doch unbestrittenes Absatzgebiet begründet war, steigendes Übergewicht solcher Unternehmungen, die in günstiger Lage an der Meeresküste, an schiffbaren Strömen, in großen Industriestädten ansässig waren, Einengung und Herabdrückung des selbständigen Handels zum Kommissionsgeschäft und zur Agentur, endlich Ersetzung durch unselbständige Angestellte, und damit eine Verdrängung und Ausschaltung überkommener Zwischenglieder im Handel. Träger dieses Aufsaugungsprozesses konnte sein: der Handel selber — etwa gegenüber Lieferanten und Abnehmern —, die Urproduktion, besonders die in Ringen zusammengeschlossene, einzelne Stadien der Weiterverarbeitung, der Fertigfabrikant — unter Umständen gegenüber sämtlichen Gliedern der Absatzorganisation — und endlich der Verbrauch. Die Grenzen dieser Entwicklung anzugeben, gehört ebensowenig hierhin, wie die Gegenbewegung zu charakterisieren, die in neuester Zeit ein Wiedererstarken des selbständigen Handels begründet.

Das Problem der Ausschaltung des selbständigen Berufshandels, seiner Natur nach aufs engste verbunden mit der Verlagerung der Handelstätigkeit innerhalb einer Volkswirtschaft und der Ablösung von alten Welthandelsplätzen, hat seine nationale und internationale Seite.

Speziell in der Rohstoffzufuhr, weit weniger im Fabrikatenexport, war die Vereinfachung der Handelsorganisation, die Ausschaltung von Zwischengliedern, vor dem Kriege zu beobachten, vor allem bei „typisierten" Rohstoffen, die von kapitalstarken Industrien aufgenommen

---

[1]) Hierzu die ausgezeichnete Darstellung von Hirsch, „Organisation und Formen des Handels und der staatlichen Binnenhandelspolitik" (Grundriß der Sozialökonomik, Bd. 5, S. 124 ff.).

wurden. Nur ein Beispiel sei aus der großen Zahl herausgegriffen. Vor Anbruch des Eisenbahnzeitalters war in dem kapitalarmen Rußland der binnenländische Großhändler im Getreidegeschäft allmächtig. Er bildete das unumgängliche Mittelglied zwischen dem Hafenexporteur und dem Produzenten. Das wurde anders mit den Eisenbahnen und den modernen Kreditinstituten; beide übernahmen Einlagerung und Versendung an Stelle des früheren Binnengroßhändlers, lombardierten das Getreide bis zu 90 % des Marktwertes und trieben in den Hafenplätzen Kommissionsgeschäfte mit den Exporteuren. Dazu kam, daß die Bahnen es den Abladern an der Küste möglich machten, die Getreideprovinzen mit ihren Aufkäufern zu übersäen, während das Telegraphennetz für stete Verbindung sorgte. Die Entwicklung auf Ausschaltung des Berufshandels führte sogar noch weiter, indem die mittel- und westeuropäischen Einfuhrhändler mit Übergehen der Exporteure unmittelbar den Einkauf an sich zogen [1]).

Aber selbst mit dem Übergreifen des europäischen Importeurs hatte der Aufsaugungsprozeß im Einfuhrhandel sein Ende nicht in allen Fällen erreicht. Häufig genug konnte die verarbeitende Industrie im Binnenlande, mit Überspringen des gesamten selbständigen Handels, den Einkauf durch Angestellte und Agenten betreiben, also eine direkte Beziehung herstellen, die in allen Teilen auf Pünktlichkeit, Schnelligkeit und Massenhaftigkeit der Güterbewegung, auf die Erleichterung der Personen- und Nachrichtenvermittelung aufgebaut war. Verstärkt wurde die Verlagerung der Handelstätigkeit ins Hinterland durch die „Vereinheitlichung der Verkehrsbedingungen zwischen den Staaten“, „Internationalen Frachtbrief“ und „Durchfrachtkonossemente“; auch die „durchgehenden Eisenbahn- und Seefrachttarife“, die in Deutschland vor dem Kriege die Bahnpreise, Zwischenspesen im Hafen und die Seefrachtanteile in einer Summe enthielten, und — allerdings in ihrem Anwendungsgebiet beschränkt — sogar die Spedition ausschalteten, gehören in diesen Zusammenhang [2]).

Speziell die Ausbildung der Linienreederei hatte vor dem Kriege zu einer verhältnismäßigen Ablösung von alten Welthandelsplätzen geführt. Zahlreiche Rohstoffe — wie Baumwolle, Wolle, Jute, Manilahanf, Kautschuk, Harze usw. —, die früher ausschließlich über London (auch Antwerpen) durch den dortigen Zwischenhandel nach Deutschland gegangen waren, lösten sich mit der Ausbildung direkter Verkehrsbeziehungen von diesen Plätzen ab und zogen den direkten Weg vor. Als Umschlagsplatz für „effektive Ware“ hatte London in-

---

[1]) Jurowsky, a. a. O. und Hirsch, a. a. O., S. 76. Zur Frage der Beleihung und des kommissionsweisen Verkaufs vgl. Mertens, a. a. O., Archiv 1918, S. 573.

[2]) Hirsch, a. a. O., S. 136 f.

folge des unmittelbaren Transportes verloren, während die anderen Pfeiler seiner Weltstellung unberührt stehen geblieben waren.

Was die Verlagerung der Handelstätigkeit, die Ausschaltung und Einengung des selbständigen Zwischenhandels innerhalb einer Volkswirtschaft angeht, so sind hieran die Eisenbahnen in erster Linie beteiligt. Sie schufen die nationale Markteinheit, zerstörten also die räumlich beschränkten Märkte und einen Teil ihrer Zwischenglieder und machten gleichzeitig zahlreiche ältere Stapelplätze nebst dem dort entfalteten Handel überflüssig, wie sie sich an den Knotenpunkten des Achs- und Wassertransports gebildet hatten. Diese Umgestaltung wurde in ihren Wirkungen erhöht durch Tarifbildungen, die die weitere Entfernung vor der kürzeren absolut oder relativ bevorzugten. Ähnlich wirkte die verhältnismäßige Verbilligung von Massensendungen fördernd auf eine Zusammenschließung von Produzenten und Verbrauchern in Einkaufs-, Absatz- und Konsumvereinen, die unter Umgehung des Zwischenhandels dieses Transportsvorteils teilhaftig werden wollten.

Der Meßhandel, auf unvollkommenen Verkehrseinrichtungen fußend, die einen Sammelpunkt der Käufer und Verkäufer zu bestimmten Zeiten nötig machten, war in der zweiten Hälfte des 19. Jahrhunderts mit der Ausbildung der Verkehrsnetze ständig an Bedeutung zurückgegangen. Der Musterkoffer des Geschäftsreisenden sowie die Probesendung, verbunden mit der Fähigkeit der Industrie, einen dem Muster genau entsprechenden Artikel herzustellen, hatte den in festen zeitlichen Abständen an bestimmten Plätzen stattfindenden Umsatz in „effektiver Ware“ verdrängt.

Umfaßte der Meßhandel, der in neuester Zeit in der Musterlagermesse eine wesensverschiedene Neubelebung erfahren hat, auch die Fertigfabrikate, so ist dies anders bei den durch den Verkehr an Umfang gewinnenden „Spezialmärkten“ — vor allem den Auktionen im Großhandel —, wo gleiche und zusammengehörige Waren des Massenbedarfs, meist Rohstoffe, die nicht oder nicht völlig vertretbar sind und die vorherige Besichtigung der gesamten Menge durch den Käufer erzwingen, umgesetzt werden: Wolle, Tabak, Häute, Pelze usw. [1]).

Die modernen Börsen — höhere Formen der Spezialmärkte für vertretbare Güter — sind in ihrer Eigenschaft als Preisbildner auf vollkommene Marktübersicht und die vollendete Beweglichkeit der Waren begründet. Der Einfluß von Gesamtangebot und Gesamtnachfrage auf die Preisbildung, eine Funktion des Weltverkehrs, erreicht in ihnen seine höchste Auswirkung. Dabei wird nicht bloß die Bedeutung der Börsen in der Neuzeit, sondern auch die Zahl der börsenfähigen (vertretbaren) Güter, und damit die Differenzierung der Warenbörsen, mit der vervoll-

---

1) Hirsch, a. a. O., S. 97 ff.

kommneten Verkehrsorganisation zusammenhängen, die in der Zentralisierung der Umsätze einen adäquaten Ausdruck findet.

Sehr eng ist der moderne Transport mit jener Bewegung verbunden, die man als Betriebskonzentration im Detailhandel bezeichnet. Hier kommt vor allem das in England, Deutschland und den Vereinigten Staaten verbreitete Versandgeschäftt, sowie das Detailreisegeschäft — etwa die Bielefelder Aussteuerbranche — in Frage, die, auf Stückgut-, Post- und Personenverkehr beruhend, eine Einengung des Tätigkeitsgebietes des Kleinhandels mit sich bringen. Die quantitative Zunahme der Versandgeschäfte hat man geradezu durch das Anwachsen der Nachnahmesendungen darzutun versucht [1]). Das Warenhaus findet den Zusammenhang mit dem Verkehr in der durch ihn ermöglichten Zusammenziehung der Nachfrage in den großen Städten und der Beweglichkeit der Waren und Güter innerhalb der modernen städtischen Siedelung.

Daß mit den Eisenbahnen eine Verlegung der Handelswege gegeben war, versteht sich von selber. Es würde zu weit führen, die großen Überlandbahnen — die zahlreichen nordamerikanischen, die transsibirische, transkontinentale von Buenos-Aires nach Valparaiso usw. — in ihrer Bedeutung für die Richtung, die der Handel eingeschlagen hat, zu schildern. Die Aufgabe ist mehr eine wirtschaftsgeographische als eine sozialökonomische [2]).

Wesentlich für die Struktur des Handels, und zwar besonders in den Seestädten, sowie für die Einrichtung der Häfen selber war die Teilung, die nach dem Ausbau der Eisenbahnen zwischen ihnen und der Binnenschiffahrt in bezug auf den Warenverkehr vor sich gehen konnte. Die Zeit, wo die Schienenwege die Wasserstraßen direkt schädigten, war nur kurz und ist längst durch den allgemeinen Verkehrsaufschwung auf beiden Verkehrsträgern abgelöst worden. Frühere Betrachtung hat gezeigt, daß Massenrohstoffe und wohlfeile Schwergüter im Konkurrenzfall, wenn der Endpunkt der Beförderung dicht oder nahe an der Wasserstraße gelegen ist, meist auf die Binnenschiffahrt fallen, höherwertige Rohstoffe und Fabrikate dagegen auf die Eisenbahnen [3]). Damit entstand innerhalb der vier großen nordwesteuropäischen Welthäfen die charakteristische Erscheinung des „Eisenbahnhafens" (Antwerpen, Bremen), der — auf die zweite Gütergruppe wesentlich angewiesen — in Hafenanlage und Handelstruktur jene besondere Eigenart entfaltete, wie sie sich aus der relativen Stärke des Fabrikatenexports und der Beschaffenheit hochwertiger Rohstoffe, etwa der Baumwolle, ergibt.

---

[1]) Hierzu Hirsch, a. a. O., S. 197 ff.

[2]) Vgl. Andree, a. a. O., Bd. 4, S. 493 ff.

[3]) Bd. II, S. 31 ff.

Vergleichender Rückblick. Von jeher hat man die wichtigste Funktion des modernen Verkehrs in der so unendlich gesteigerten Raumbewältigung gesehen. Ihr Maß sind die früher und jetzt in gleicher Zeitspanne im Personen-, Nachrichten- und Güterverkehr zurückgelegten Entfernungen. Während moderner Erfindergeist durch die Organisation der elektrischen Nachrichtenübertragung die zeiterfordernde Raumüberwindung fast ausgeschaltet hat, stattete er die Zeitersparnis in der Ortsveränderung beim Personen- und Güterverkehr mit den Attributen Billigkeit, Pünktlichkeit, Sicherheit und Massenhaftigkeit aus; dazu kam die qualitative Verbesserung des Transportmittels: seine Anpassung an die Bequemlichkeit des Reisenden und an die Beschaffenheit der Transportgüter.

Die Eigenschaften des modernen Verkehrs stehen in bezug auf die Wirkungen, die sie hervorgebracht, in einem gegenseitigen Abhängigkeitsverhältnis. Die Zeitersparnis in der Ortsveränderung hätte auf Menschenleben und Güterwelt nicht so tiefgehend einwirken können, wäre der Verkehr nicht gleichzeitig pünktlich und sicher geworden, hätte er nicht Massenhaftigkeit der Leistungen zu ermäßigten Preisen in qualitativ vervollkommneten Beförderungsgefäßen gewährleistet.

Diese Eigenschaften, im Wesen der modernen Verkehrsträger begründet, lassen sich sämtlich auf die gesteigerte Raumbewältigung beziehen. Erhält sie ihr Maß in der Schnelligkeit, sind die Formen, in denen sie sich vollzieht, Sicherheit, qualitative Transportverbesserung und Pünktlichkeit, so werden Billigkeit und Massenhaftigkeit dafür entscheidend, in welchem Umfang die Raumverkürzung und ihre Folgen das wirtschaftliche Leben ergreifen.

Wie jedoch die wirtschaftlichen Wandlungen nicht allein auf die Entwicklung der Verkehrsmittel zurückgeführt werden können, so sind die von ihnen ausgehenden Wirkungen nicht auf die Wirtschaft begrenzt. Alles soziale Leben ist an die Fläche gebunden und mußte durch die Verkehrsentfaltung irgendwie unmittelbar beeinflußt werden, ganz abgesehen von den Rückwirkungen, die sich aus den Veränderungen in der Wirtschaft ergeben. Hervorgehoben seien die Verschiebungen in der Bevölkerungsverteilung, die zu einer Zusammenballung in Großstädten und Industrierevieren, wo sich Stadt an Stadt reiht, geführt haben; so schwierig es ist, innerhalb dieses Entwicklungsganges den Anteil der Verkehrsmittel zu charakterisieren, so einfach ist die Erkenntnis, daß solche riesenhaften Gebilde unmittelbar auf den Transportapparat der Neuzeit in der Erschließung des Ernährungsfeldes, das ihrer Versorgung dient [1]), angewiesen sind. Die gewaltige Umgestaltung

---

[1]) Als Beispiel diene Berlin. Ende des 19. Jahrhunderts empfing die Hauptstadt Brotweizen aus Nordamerika und Argentinien, Vieh aus den ostelbischen Provinzen, Eier zu $^9/_{10}$ aus Galizien, Ungarn, Rußland, Italien, Marokko, Petroleum aus den Vereinigten Staaten und Rußland, Kohle von der Ruhr, Oberschlesien

im Transportwesen — mittelbar von der Seite der Wirtschaft her, aber daneben unmittelbar in Familie, Gemeinde und Staat eingreifend — mußte natürlich auch die Inhalte des geistigen Lebens erweitern und umformen: erinnert sei an die Begleiterscheinung der Raumbewältigung im menschlichen Bewußtsein, die Erziehung zu einer neuen Raumanschauung, die „einen der wesentlichsten Vorgänge des geistigen Bildungsprozesses der jüngsten Vergangenheit" (Lamprecht) darstellt [1]).

Von dieser Vielheit der Wirkungen, die von der gesteigerten Raumbewältigung ausgingen, sind im Vorangegangenen nur die auf dem Gebiete der Wirtschaft liegenden geschildert worden. Vergegenwärtigen wir uns kurz die wesentlichsten Züge, indem wir von der räumlichen Erweiterung des Wirtschaftsgebietes, der Massenhaftigkeit der umgesetzten Waren und der Einbeziehung immer neuer Güter ausgehen, die einen geringeren Rang auf der Tauschwertskala einnehmen.

Unter diesen Gesichtspunkten muß der Weltmarkt als der vollkommenste Ausdruck für die vom modernen Verkehr ausstrahlenden Wirkungen gelten. Aus dieser Erscheinung, die die höchste, auch vor dem Kriege längst nicht überall erreichte Stufe für den Güterumsatz darstellt, lassen sich Phänomene wie: Ausgleichung von Angebot und Nachfrage, Ausgleichung und Ermäßigung der Preise, entsprechende Gestaltung der Grundrente, internationale Arbeitsteilung, ohne Schwierigkeit ableiten. Und auch die Vermehrung der Leistungen in allen Zweigen wirtschaftlicher Tätigkeit hängt mit dem erweiterten Marktgebiete aufs engste zusammen. Die Formen, unter denen diese Mehrleistung vor sich ging, waren entsprechend den ökonomischen Bedingungen verschieden: bei der Urproduktion geschah sie durch Neuerschließung von Bodenkräften und Intensivierung, bei der Stoffveredelung hauptsächlich durch Konzentration in großen Betrieben, beim Handel sowohl

---

und England. Man vergleiche die Ausweitung des Versorgungsgebietes der modernen Großstadt mit der Bannmeile der mittelalterlichen Stadt, aus der diese ihre Nahrungsmittel und den größten Teil der Rohstoffe zog. Über Berlin vgl. die Denkschrift „Berlin und seine Eisenbahnen 1846—1896", Bd. II.

[1]) Die Raumüberwindung im Reiseverkehr, auf die es in diesem Zusammenhang wesentlich ankommt, wird in der modernen geographischen Forschung ausgezeichnet durch die sog. „Isochronenkarten" veranschaulicht. „Isochronen sind Linien, welche jene Orte verbinden, die man von einem Mittelpunkte aus unter Benützung der schnellsten .... Verkehrsmittel auf dem am schnellsten zum Ziele führenden Wege in gleicher Reisezeit erreichen kann." Nimmt man als Ausgangspunkt Berlin und vergleicht das Jahr 1812 mit 1912, so liegt innerhalb des Kreises der „5 Tage-Isochrone" für 1812 ganz Dänemark, Südschweden von Gotenburg bis Norrköping, Libau, Warschau, Iwangorod, Tarnow, Wien, Linz, München, Augsburg, Stuttgart, Heidelberg, Mannheim, Utrecht, Amsterdam; dagegen für 1912: Tanger, Tripolis, Suez, Ende der Bagdadbahn im Norden des Taurus, Tiflis, Nowonikolajewsk (Ob) an der transsibirischen Bahn, Hammerfest. Hierzu Hossinger, „Erläuterungen zu den Isochronenkarten des Weltreiseverkehrs von Berlin aus um 1812 und 1912", Andree, a. a. O., Bd. 4, S. 419ff.

durch Steigerung der Betriebsgröße als auch durch ziffermäßige Vermehrung der Unternehmungen. Dieser Mehrleistung ging die Abwanderung zu „günstigeren“ Standorten parallel; sie vollzog sich unter dem Drucke ungemein verschärften Wettbewerbes auf vergrößertem Markte und ließ sich in Landwirtschaft, Industrie und Handel beobachten, wobei für den letzteren die Vereinfachung der Organisation, die Ausschaltung von Zwischengliedern, eigentümlich war. Sucht man nach abstrakten Ausdrücken für die Wirkungen des modernen Verkehrs, die allerdings ohne die Darstellung der konkreten Lebensformen tot bleiben, so wird man sie in den Worten Intensivierung und Rationalisierung gefunden haben.

Sachverzeichnis.

E. B. = Eisenbahn oder Eisenbahnen.

Abfertigungsgebühr 335, 338.
Abfertigungsverfahren, betriebsökon. Ausbildung des 302, 401.
— Vereinheitlichung 404.
Abnutzungsquote 272.
Abrechnung in Verbänden 461.
Abschreibungen 271, 274.
Achskilometer s. Wagenachskilometer.
Adhäsion s. Reibungsbahnen.
Adjudication publique bei E. B.-Konzessionen 13.
Agrar- und Industriestaat, als Frucht der Verkehrsentwicklung 556.
Akkord, General- und Spezialakk. in der Bauausführung 290.
Akkordlöhnung 416.
Amalgamation 11.
Amerika s. Vereinigte Staaten.
Amortisation s. Abschreibungen.
Anbauverhältnisse, ihre Veränderung im Zeitalter der E.B. 563 ff.
Angebotverhandlung, beschränkte oder unbeschränkte 393.
Anlage, allgemeines Verhältnis zum Betriebe 215.
— — Folgerung hieraus für die Ökonomie der Verwaltung 219.
— Gestaltung der nach den wirtschaftlichen Verhältnissen des Bahngebietes 226.
— Kostenbestandteile der 231.
— ökonomische Meßbestimmung der 229.
Anlagekosten verschiedener Bahngattungen und Bahngebiete 263, 268.
Antinomien, ökonomische im Betriebe 297.
Arbeitsrecht, maßgebend für die Personal-Verwaltung 408.
Arbeitsteilung im E.B.-Betriebe 196.
Arbeitsvereinigung zu besonderen Dienstzweigen 197.
Arbeitszeit, Bemessung der 420.
Argentinien, Getreideernte und E.B. 578 f.
Aufnahme des Personales 421.
Aufsichtsbehörden 179.
— amerikanische s. *Commissions*.
Ausbildung des Personales 411, 422.
Ausdehnungsfähigkeit der Verkehrsleistungen durch die E. B. 540.
Ausgleichsfonds 423.
Ausnahmetarife im Güterverkehre 67, 83, 343.
„Ausrüstung“ der Anlagen, unterschieden vom „Bau“ 233.
Ausrüstungsgegenstände, Beschaffung der 394.
Außereuropäische Länder, Entwicklung der E. B. in diesen 515.
Autonomie der Staatsbahnverwaltung 182.

Bahnhofanlagen, ökonomische Gesichtspunkte für die 244.
Bahnpolizei, Vorschriften der für Bau und Betrieb 107.
Bankrotte von E. B. in den Vereinigten Staaten 15, 500, 514.
Basing Point System der amerik. Gütertarife 345.
Battle of the field-Theorie 12.
Bau, amerikanische Bauweise am Anfange der Entwicklung 253, 508.
— ökonomische Gesichtspunkte für die Bau-Technik 234.
Bau-Ausführung, die verschiedenen Systeme der 389.
Baupläne, betreffend die Netzesanlage 90.
Bayern, Lokalbahnen und Sekundärbahnen 160, 258, 263, 276.
— Organisation der Staatsbahnen 185, 191, 204.
— Staatliches Sonderrecht 114, 406.
Bedienstete, Unterscheidung in Arbeiter und Beamte 418.

Begriff der E.B. 1.
Behörden, staatliche, zur Verwaltung des Eisenbahnwesens und ihr Wirkungskreis 177.
Beiräte in der Staatsbahn-Verwaltung 188.
Belgien, erstes Staatsbahnland 460.
— Eindringen des gemischten Systems 461.
— Schäden und Verlassen des gemischten Systems 152, 462.
— seine Landwirtschaft unter dem Einfluß der Verkehrsentwicklung 570 f.
— vollständige Herrschaft des Staatsbahnsystems und rege Pflege des Lokalbahnwesens 497.
— Verwaltung 164, 463.
Bergbau, unter dem Einfluß der E.B. 581 ff.
Besoldung der Beamten, Grundsätze für das Ausmaß der 419.
Betrieb, elektrischer 311.
— im engeren und im weiteren Sinne 181.
Betrieb und Verkehr, Bedeutung dieser Namen und Wechsel der Bedeutung 198.
Betriebsergebnisse als Früchte und Prüfstein der Verwaltung 434.
Betriebsfonds 295.
Betriebsgemeinschaften 103.
— neueste Entwicklung der Privatbahnen zu 407.
— preußisch-hessische 406.
Betriebsgestaltung der verschiedenen Bahngattungen 303, 306.
Betriebskoeffizient s. Betriebszahl.
Betriebskosten, absolute und relative, in gegensätzlicher Entwicklung 436.
— Erhaltungs- und Leistungskosten 271, 274.
— Kapitalkosten und Betriebskosten i. e. S. 275.
— persönliche und sachliche 273.
— Spezial- und Generalkosten 278.
— veränderliche und feste 287.
Betriebsökonomie, Ableitung ihrer Grundlinien aus den Kostenverhältnissen 293.
Betriebsräte, Einführung der in der E. B.-Verwaltung 210.
Betriebstoffe, Beschaffung der 396.
Betriebsystem s. Betriebsgestaltung.
Betriebsübernahme fremder Bahnen als Mittel der Betriebsvereinigung oder der Förderung von Lokalbahnen 149.
Betriebszahl 437.
Bodenproduktion, ihre Beeinflussung durch die modernen Transportträger 549 ff.
Bureaukratismus in der staatlichen Verwaltung des Bahnwesens 162.

Chemische Industrie unter dem Einfluß der modernen Verkehrsmittel 594 f.
Commissions als Aufsichts- und Tarifämter in den Vereinigten Staaten 18, 72, 83, 87, 135, 179, 373, 511.
Commodities Clause im amerik. Bundesverkehrsgesetz 72, 397.
Common law, Verpflichtungen der Frachtführer nach dem angelsächsischen 58, 86, 164.
Consolidation 11.
Controlling interest bei einem Bahn-Konzern 213.

Dänemark, E.B.-Geschichte 493, 505.
Dauer des Oberbaues und der Brücken 245, 247.
Demurrage-Gesetze in den Vereinigten Staaten 302.
Deutsche Klein- und Mittelstaaten, anfängliches Vorwiegen des Staatsbahnsystems 473.
— Eindringen und Wiederaufgeben des gemischten Systems 474.
— reines Staatsbahnsystem 497.
Deutschland, Aufnahme der Konkurrenztheorie des E. B.-Wesens 18.
— Regelung der Verwaltungszuständigkeit in der Verfassung v. J. 1871 114.
— Reichsbahnplan Bismarcks 46, 472.
— seine Landwirtschaft unter dem Einfluß der Verkehrsentwicklung 572.
— Tarifeinheit und Tarifsystem 80, 84, 332, 334.
— Übergang der E.B. an das Reich 427.
— vorbereitete und zukünftige Organisation der Reichsbahnen 528.
Dezentralisation der Verwaltung 186.
Dezernenten in der preußischen Staatsbahnverwaltung 202.
Dichte des Verkehres, Abstufungen der 227, 230.
Dienststellen in der Organisation, ausführende 199.
— — leitende und ihre innere Gliederung 201.
— — Rangordnung der 413.
Differentialtarife als Mittel der Konkurrenz zwischen den E.B. 23.

Differentialtarife, betriebsökonomische Begründung 340.
mit Bezug auf den Grundsatz der Gleichbehandlung 72.
Direkter Verkehr, seine Bedeutung und seine Anforderungen an die Verwaltung 98, 370.
Direktionen als Mittelglieder in der Organisation der Staatsbahnverwaltung 183.
— örtliche Abgrenzung der Direktionsbezirke 193.
Direktorialsystem in der Verwaltungsorganisation 204.
Droit de péage und *d. d. transport* in den französischen E. B. - Konzessionen 30, 31.
due and reasonable facilities, Klausel im ngl. E.B.-Recht 58, 59, 86.
Durchgehende Bremsen 253, 306, 311.
Durchgehender Verkehr im Verhältnis zum Eigenverkehr 80, s. auch direkter Verkehr.
Durchschnittseinnahmen für 1 *km* in verschiedenen Ländern 386.

Eignungsprüfung, psychologische 421.
Eilgut, tarifarische Behandlung von 320, 326.
Einfachheit der E.B.-Tarife 77.
Einheitlichkeit der Anlage und des Betriebes 95.
— im Bau der Betriebsmittel 100, 236.
— — technische internationale 116.
— der Tarife 78.
Einheitspreise, Bau nach Einheitspreisen 390.
Einheitstarif 81, 349, 353.
Einnahmen für die Leistungseinheit, Abnahme in der Entwicklung 387.
— und Ausgaben, finanzielle Vorsorgen mit Bezug auf Schwankungen der 432.
Eisenbahnpolitik 43, 178.
— Verhältnis zur Zollpolitik 68, 167.
Eisenbahnsystem 45, 124.
Eisenbahnvereine 101.
Eisenindustrie unter dem Einfluß der E.B. 595 f.
Elektrischer Betrieb, allgemeine betriebsökonomische Kennzeichnung 311.
— von Vollbahnen 315.
England, Anlage- und Betriebsverhältnisse 240, 242, 243, 252, 301, 305, 327.
— Entstehung der E. B. in 441.
England, erste Entwicklung 446.
— *Clearing house* 79, 84, 101, 102, 372.
— Konzessionierung auf Grund freier Konkurrenz und Schäden des Systems 9, 447.
— landwirtschaftliche Entwicklung im Zeitalter der E.B. 567 ff.
— Netzeskonzentration 11, 449.
— neuere Entwicklung seit 1880 503.
— Reform von 1921 524.
— Spurweite 96, 453.
— Verwaltungsmaßnahmen 58, 59, 75, 100, 110, 131, 449, 503.
Entlohnung des Personales, Grundsätze der 415.
Entwicklungsgeschichte der E. B. 441.
Erfolghaftung im E.B.-Betriebe 105 109.
Erhaltung und Erneuerung, Verhältnis ihrer Kosten 272, 274.
Erneuerung, finanzielle Vorsorge für regelmäßige 430.
Ertragsgarantie für Privatbahnen s. Zinsbürgschaft.
Erweiterungen (Ergänzungen, Verbesserungen) der Anlagen, finanzielle Behandlung der 431.
Europäische Staaten, Entwicklung der Eisenbahnnetze von 1835 bis 1875 446.
— — von 1875 bis zur Gegenwart 495.
Expeditionsgebühr s. Abfertigungsgebühr.
Express-Companies 40.
Expreßgut 320.
Extensiver und intensiver Wirtschaftscharakter der Bahngebiete mit seinem Einflusse auf die Bahnanlagen 226, 237, 253, 508.

Fahrbetriebsmittel, Steigerung ihrer Leistungsfähigkeit mit der Entwicklung des Verkehres 248, 539.
Fahrtgeschwindigkeit als Kostenmoment in der Tarifierung 346.
— betriebsökonomische Erwägungen betreffend 307.
Fahrverkehr 37.
Feste und veränderliche Kosten als Einteilung der Gesamtselbstkosten 287.
Finanzielle Beteiligung des Staates an Privatbahn-Unternehmungen 125.
Finanzprinzip der E. B.-Verwaltung 60.
Finanzwirtschaft, Hauptgesichtspunkte der 425.

Forstwirtschaft unter dem Einfluß der E.B. 579 ff.
Frachten, gewöhnliche, tarifarische Behandlung 320.
Frachtrecht, Grundzüge des nach den Gesichtspunkten der Verwaltung 103.
— internationales 117.
Frankreich, anfängliches Schwanken in betreff des Systems 454.
— Annahme des Konzessionssystems mit Bausubvention 1842 91, 455.
— Fusion der kleinen Gesellschaften und Ordnung der Netzeskonstitutionen auf Grund von Zinsgarantien 137, 140, 457.
— Konventionen von 1859, 1869 und 1883 458, 504.
— landwirtschaftliche Entwicklung im Zeitalter der E.B. 570.
— teilweiser Staatsbetrieb 162, 459, 505.
— Verwaltungsmaßnahmen 13, 30, 70, 76, 99, 105, 133, 134, 139, 142, 505.
— Zusammenschluß der E. B. durch die Reform von 1921 525.
Freigepäck 352.
Funktionsteilung unter den Bahnen 313.
Fusionen der E. B.-Unternehmungen s. Verschmelzungen.

Garantiesystem, französisches, preußisches, österreichisches und russisches 137, 139, 141, 492.
Gebührenprinzip in der E. B.-Verwaltung 62.
Gedinglohn s. Akkordlöhnung.
Gehalt, Bemessung nach dem Leistungs- oder dem Unterhalt-System 419.
Geheime Frachtabkommen 70.
Geldertrag der Landwirtschaft im Zeitalter der E.B. 557.
Gemeinschaftsbetrieb, das Gegenteil von Konkurrenz 36.
Gemeinwirtschaft, grundsätzliche Einbeziehung der E.B. in die 7.
Gemeinwirtschaftliche Preisbildung, Gesichtspunkte und Mittel der Durchführung 66.
Gemischtes System als Verwaltungsmaßnahme 149, 461, 470.
— der Tarifierung 327, 333.
Gemischt-wirtschaftliche Unternehmung, geeignet für Ortsbahnen 152, 528.
General- und Spezialkosten der Lastleistungen 278.
Generaldirektion oder Gruppen- oder geschäftsführende Direktion in der Staatsbahnverwaltung 190, 192.
Generalentreprise, Bau in 392.
Gepäcktarif in Form des Zonentarifs 339.
Geschichte der E.B. s. Entwicklungsgeschichte.
Gesetz der großen Zahlen im Reiseverkehre 350, 365.
Getreidepreise, abhängig von der Welterzeugung im Zeitalter der E.B. 556 f.
Gewinnbeteiligung des Personales 417.
Gleichbehandlung der Bahnbenützer, Grundsatz der 55, 58.
— — tarifarische 66, 70.
Gleisweite s. Spurweite.
Griechenland, E.B.-Geschichte 506.
Granger-Bewegung gegen die E.B.-Mißbräuche 15, 17, 18, 85, 511.
Großbetrieb, industrieller, unter der Einwirkung der E.B. 586 f.
Größenverhältnisse der Anlagen (eingleisige und mehrgleisige Bahnen) 238.
Grundbesitzer, Heranziehung zu den Anlagekosten 123.
Grundrente, ihre Entwicklung im Zeitalter der E.B. 558 ff.
Güterwagen, Zunahme ihrer Ladefähigkeit 250, 539.

Handel, unter dem Einfluß der modernen Verkehrsmittel 596 ff.
Handelswege, ihre Verlegung durch die E.B. 601.
Hauptbahnen in ihrem Verhältnis zu Nebenbahnen 47.
Hauptdienstzweige, Verhältnis ihrer Kosten 272.
Höchsttarife der E.B.-Konzessionen 67, 132.
— gesetzliche, bei den Schweizerischen Bundesbahnen 70.
Holland, Ausgang vom Privatbahnsystem 463.
— Bau eines Ergänzungsnetzes von seiten des Staates 464.
— Verpachtung der Staatsbahnen 1863, wiederholte Veränderungen der Pachtbedingnisse 145, 464.
— Zusammenschluß der Betriebsgesellschaften 163, 526.

Individualisierung, Grundsatz der bei der Anlage 225.
Industrie, unter dem Einfluß des modernen Verkehrs 583 ff.

Inspektion, Kontrollorgan der Bahnpolizei 110.
Inspektionen als Verwaltungsorgane des Betriebes 193.
Instanzen, Ein- oder Mehr-Instanzensystem in der Verwaltung 187.
Intensiver Verkehr, Anforderungen des an die Anlage 238ff.
— — an den Betrieb 394.
Intercontinental Railway in Amerika 116.
Internationalität, Richtung der Verwaltung auf 115.
Interstate Commerce Law 17, 72, 512.
— theoretische Bedeutung dieses Bundesverkehrsgesetzes 85.
Isochronenkarten 603 Anm. 1.
Italien, erste Ordnung des Bahnwesens im neuen Königreiche 483.
— *Riordinamento delle reti ferr.* i. J. 1865 484.
— Staatsbahnplan des Ministeriums Minghetti 485.
— Umschwung der Ansichten 500.
— Verpachtung der drei Netze 146.
— Verstaatlichung 1905 501.
— Verwaltungsmaßnahmen 84, 92, 117, 127, 142, 502.

Just and reasonable als Kriterien für die Tarifregelung in den Vereinigten Staaten 85.

Kanada, Geschichte des Bahnwesens 515.
Kapitalbeihilfen des Staates für Privatbahnen 135.
Kapitalbeschaffung für Privat- und Staatsbahnen 425.
— s. auch Mittelbeschaffung.
Kapitalkosten, Verhältnis zu den Betriebskosten 275.
Kings Regel 558.
Klarheit und Übersichtlichkeit der E. B.-Tarife 77.
Klassifikation der E. B. nach ihrer Verkehrsbedeutung 46ff.
— nach Größenunterschieden und den entsprechenden Abmessungen der Anlagebestandteile 225.
— im Güterverkehre 319, 323, 372.
— im Personenverkehre 319, 347, 362.
Kleinbahnen 50, 51.
— Gesichtspunkte der Anlage-Ökonomie 260.
Kohle, Zusammenhang zwischen Förderung und Ausdehnung der E.B. 581 ff.
Kollegialsystem in der Verwaltungsorganisation 204.
Konjunkturen im E.B.-Betriebe 411, 438.
Konkurrenz auf der Schiene in den ersten E.B.-Gesetzen 9, 30, 31.
— durch Benützung einer Linie von mehreren Betriebsverwaltungen 35.
— in den Knotenpunkten 10, 21ff.
— der Märkte 28, 342.
— verschiedener Frachtführer auf einer Linie 28.
— Zustände der E.B.-Konkurrenz und ihre Folgen in England 8.
— — in Deutschland und Österreich 20, 469, 479.
— — in den Vereinigten Staaten 13, 508.
Konkurrenzbetrieb 32, 36.
Konkurrenztheorie, Spielarten der 19ff.
Kontrolle als Bestandteil der Organisation 208.
Konzessionen für Privatbahnen, Inhalt der 124.
Kopfzahlbemessung des Personalstandes 410.
Kosten der Nutzleistungen 289.
— s. auch Betriebskosten.
Kostengestaltung als Grundlage der Betriebsökonomie 271.
Krieg, Folgen des Weltkriegs für die Verwaltung 519.
Kriegsbetrieb, Einheitlichkeit im 101.

Ladefähigkeit der Güterwagen 250.
— — erreichbare Ausnutzung der 299.
Ladeverfahren und Zugbildung, wirtschaftliche Ausbildung 302.
Landschenkungen der Vereinigten Staaten an E. B. 141, 508, 509.
Landwirtschaftliche Industrien unter dem Einfluß der E.B. 593 f.
Lastleistungen im Gegensatz zu Nutzleistungen 278.
— Anpassung nach Art und Menge an die Nutzleistungen 293.
Lastzüge, ökonomische Bestimmung ihrer Fahrgeschwindigkeit 310.
Lederindustrie, unter dem Einfluß der modernen Verkehrsmittel 596.
Lieferzeit, angemessene oder gesetzliche 57, 106.
Light railways 53, 142, 504.
List, sein Wirken für die Entwicklung der E. B. 444.
Lohnordnungen 416.
Lohnsysteme 415, 417, 419.
Lokalbahnen s. auch Kleinbahnen.
— Betriebsweise der 306.

Lokalbahnen, Staatsbeiträge für 142.
Lokomotivbau, wirtschaftliche Gesichtspunkte im 236, 240, 248.

Manipulationsgebühr s. Abfertigungsgebühr.
Massennutzung, Grundsatz der in der Betriebsökonomie 293.
Maßstab der Anlagen, Abstufungen nach der Verkehrstärke 223.
Materialverwaltung 394.
Mechanismen zum Ersatz der Menschenkraft im Betriebe 253.
Minimaltarif 355, 357, 367.
Ministerialverwaltung der Staatseisenbahnen 189.
Mitinteressierung einzelner Landesteile an bestimmten Linien und ihre Heranziehung zur Mittelbeschaffung 49, 92, 121.
Mittel, Beschaffung der für die Bahnanlagen 119.
Monopoleigenschaft der E. B., Konsequenzen der 55.
Monopolrecht der E. B. mit Bezug auf die Netzesverdichtung 93.

Nebenbahnen, allgemeine Charakteristik der 47.
— Betriebsweise der 305.
— Gesichtspunkte für ihre ökonomische Anlage 257.
Nebengebühren 368.
Neuordnung der E.B.-Verwaltung als Kriegsfolge 520.
New-York, erste allgemeine Eisenbahnakte des Staates 13, 508.
— Untersuchung über Mißstände im E. B.-Wesen 17.
Niederlande s. Holland.
Niveauübergänge, wirtschaftliche Gesichtspunkte für Vermeidung oder Anwendung 252, 256.
Normalisierung der Abmessungen der Anlagebestandteile 98, 225.
Norwegen, Daten der E.B.-Geschichte 492, 506.
Nutzleistungen, Kostenberechnung der 289.

Oberbau, Einflüsse auf Abnutzung des 281.
— eiserner 245.
— wachsende Stärke und Kosten des mit gesteigertem Verkehre 244, 247.
Öffentliche Unternehmung als Finanzprinzip der E. B. - Verwaltung 60.
Öffentlich-rechtliche Preisfeststellung seitens der E. B. - Verwaltung 66.
Öffentlichkeit der E. B. -Tarife 74.
Ökonomie im engeren Sinne als Gesichtspunkt der Verwaltung 296.
Ökonomik der Bau- und Betriebstechnik 215.
Österreich, bahnbrechend durch die ersten kontinentalen Pferdebahnen und seine erste Dampfbahn 443, 445, 475.
— Direktiven über das Konzessionsverfahren 1837 476.
— erstmalige Aufnahme des Staatsbaues 477.
— landwirtschaftliche Entwicklung im Zeitalter der E.B. 572 ff.
— Rückkehr zum Privatbahnsystem in den 50er Jahren 478.
— Spekulationsperiode der 60er Jahre, genährt durch das fehlerhafte Garantiesystem 480.
— Verstaatlichung und Bau neuer Staatsbahnen seit Ende der 70er Jahre 497.
— Staatsbahn-Organisation 179, 185, 189, 191, 196, 201, 204, 210.
— Tarifwesen 72, 74, 77, 80, 84.
— Verwaltungsmaßnahmen 56, 57, 91, 95, 96, 102, 105, 110, 112, 122, 139, 141, 476, 478, 481.
Ordnung der Bahnen nach ihrer Verkehrsbedeutung 46.
— Bahnen höherer Ordnung 51.
— Bahnen untergeordneter Bedeutung 52.
Organisation der staatlichen Verwaltung des Eisenbahnwesens im allgemeinen 176.
— der Staatsbahnverwaltung im besonderen 181.
Organisationsformen 187.

Parabolischer Staffeltarif 338.
Paritätsklausel im zwischenstaatlichen Verkehre 112.
Pauschal-Akkord bei Bau-Ausführungen 391.
Personalkosten, Steigerung seit 1900 274.
— Verhältnis zu den sachlichen Betriebskosten 273.
Personalwirtschaft, allgemeine Richtung der 407.
— die für sie maßgebenden Eigentümlichkeiten des E. B.-Betriebes und ihre Einzelheiten 411.

Personenbahnen des Ortsverkehrs 49.
— Tarife der 352.
— Verwaltungsformen 152.
Personentarife, Aufbau im allgemeinen 346.
— ihre Bemessung im besonderen 360.
Pferdebahnen als E. B. extensiver Gestaltung und Vorstufe der Dampfbahnen 2.
— in England 442.
— in Frankreich, Österreich und den Vereinigten Staaten 443, 445, 508.
Planmäßigkeit der Netzesbildung 90.
— Störung durch Lokalbahnen 94.
Polizeiliche Regelung von Bau und Betrieb 108.
Politik im Eisenbahnwesen, zum Unterschiede von Eisenbahnpolitik 44.
Pools, Verbot der in den Vereinigten Staaten 103, 514.
Portugal, E.B.-Geschichte 493, 506.
Preisausgleichung bei verschiedenen landwirtschaftlichen Erzeugnissen im Zeitalter der E.B. 550 ff.
Preise landwirtschaftlicher Erzeugnisse, ihre Beeinflussung durch die E.B. 550 ff.
Preisermäßigung der gewerblichen Erzeugnisse unter dem Einfluß der E.B. 584 ff.
Preußen, anfängliches Privatbahnsystem auf Grund des Gesetzes v. J. 1838 466.
— finanzielle Förderung der Bauten in den 40er Jahren 467.
— grundsätzliche Aufnahme von Staatsbauten seit 1848 468.
— Konkurrenztheorie und gemischtes System bis zur Krise der 70er Jahre 469.
— landwirtschaftliche Entwicklung im Zeitalter der E.B. 571 f.
— Reichseisenbahnplan und nach Scheitern Übergang zum reinen Staatsbahnsystem 472, 496.
— Organisation 186, 189, 191, 193, 202.
— Tarife 67, 75, 83.
— Verwaltungsmaßnahmen 30, 91, 94, 96, 109, 124, 139, 142, 164, 168, 466, 467, 469, 496.
Privatanschlußgleise 52, 58.
Privatbahnen, Organisation der 211.
Privatbahnsystem 124.
— fehlerhafte Handhabung des 130.
Public Utilities Commissions 18.

Qualität des Transportes, erhöht durch die E.B. 542.

Refaktien s. Rückvergütung.
Reformtarif, deutscher 334.
Reformtarifprojekte für den Personenverkehr 352.
Regelmäßigkeit des Verkehrs durch die E.B. 540 f.
Regiebau 389.
Reibungsbahnen im Verhältnis zu E. B. anderer technischer Art 6, 267.
Reichseisenbahnplan des Fürsten Bismarck 44, 406.
Reinertrag als Verhältnis des Betriebsüberschusses zum Anlagekapital 439.
Reisen, Einfluß von Wert und Kosten auf das 350.
— gesetzmäßige Abnahme nach der Entfernung (Reisegesetz) 351, 365.
Richtungsfeststellung s. Trassierung.
Rücklagen für Erneuerung und Ausgleichung der Erträge 430, 433.
Rückvergütung von Frachten 70.
— — Verbot geheimer 71.
Rückwirkung bei Differentialtarifen 73, 345.
Running powers 30, 35.
Rumänien, Daten der E.B.-Geschichte 494, 500.
Rußland, Anlage von Staatsbahnen auf Grund des Gerstnerschen Netzesplanes 489.
— Aufnahme des Konzessionssystems nach dem Krimkrieg 490.
— Getreideverkehr unter dem Einfluß der E.B. 578.
— infolge des Orientkrieges Rückkehr zum Staatsbahnsystem durch Erwerb von Privatbahnen und Neubau 499.
— Verwaltungsmaßnahmen 84, 97, 117 462.

Sammelladungen 326, 330.
Schienen, wirtschaftliche Gesichtspunkte für die Konstruktion der 235.
Schienenstärke, Steigerung der 247.
Schmalspursystem, allgemeine ökonomische Kennzeichnung 217, 224.
— bei Kleinbahnen 264,
Schnelligkeit, ihre Steigerung im Personenverkehr durch die E.B. 539 f.
Schnellzüge, Kostenvergleich mit Personenzügen 308.
Schweden, Geschichtliches 492, 505.
Schweiz, Ablehnung des Staatsbaues bei Einführnng der E.B., kantonale Konzessionen 486.
— Konzessionserteilung durch den Bund seit 1850 115, 488.

Schweiz, Übergang zum Staatsbahnsystem 488, 502.
— Verwaltungsmaßnahmen 70, 76, 105, 116, 117, 127, 187, 431, 432, 503.
Seilbahnen 2, 267.
Sekundärbahnen, begreift Nebenbahnen und Kleinbahnen 52, 258.
Selbstgewinnung von Betriebstoffen 397.
Selbstkostenrechnung für Zwecke der Tarifbemessung 366.
Sicherheit des Betriebes als wesentlicher Gesichtspunkt der polizeilichen Regelung 111.
— des Verkehrs durch die E.B. 541 f.
Spanien, E.B.-Geschichte 493, 506.
Spekulationsperioden im E.B.-Bau 10, 14, 447, 456, 470, 479, 486, 491, 507.
Spurweite, Einheit der 95, 224.
— Normalspur 96, 451.
— Übernormal-(Breit-) und Schmalspur 97.
Staatsbahnsysten, Gründe für und wider 154.
— Übergang zum (Verstaatlichung) 172.
Staatsbeiträge für Lokalbahnen 142.
Stabilität der Kunst- und Hochbauten, Bemessung nach wirtschaftlichen Umständen 242, 255.
Staffeltarife 334, 338, 364.
Standortsverhältnisse der Industrie, beeinflußt durch die E. B. 588 ff.
Stations- und Streckenkosten 335.
Statistische Daten über Anlagekosten 234, 263, 268, 270.
— — Betriebskosten 274, 275, 276, 438.
— — Betriebszahl und Ertrag 436, 440.
— — Dichte des Verkehres 231.
— — Höhe der Tarife 386.
— — Linienlänge der Bahnnetze aller Länder 446, 495, 516.
— — Zugfrequenz 306.
Steigungen und Krümmungen der Bahnlinie, Bemessung nach wirtschaftlichen Gesichtspunkten 241, 255.
Steine und Erden, ihre Verarbeitung unter dem Einfluß der E.B. 594.
Stetigkeit der E.B.-Tarife 76, 358.
Subventionen s. Kapitalbeihilfen.
Systemfrage der Verwaltung: Staats- oder Privatbahnen = unmittelbare oder delegierte Verwaltung 46.
— Einzelheiten der Kontroverse 158.
Tantiemen s. Gewinnbeteiligung.
Tara-Verhältnisse in ihrer Bedeutung für die Tarifierung 319.
Tarif, Aufbau, allgemeiner 317.
— Berücksichtigung der Kostenverursachung (Tara) 319.
— — von Leistungsunterschieden 323.
— — der Transportdistanz 322.
— s. auch Ausnahmetarife, Differentialtarife, Einheitstarif, Klassifikation, Minimaltarif, Personentarife, Staffeltarife, Verbandtarife, Wagenraumtarif, Werttarifierung, Wettbewerbtarife, Zonentarif.
Tarifbemessung 353.
— nach dem Grundsatze des *just and reasonable* 86.
Tarifbildung, Unterscheidung der betriebsökonomischen und der gemeinwirtschaftlichen 59.
Tarife, fortschreitende Ermäßigung der 387, 538.
— Höhe der 384.
— Vervollkommnung durch Öffentlichkeit, Stetigkeit, Einfachheit und Einheitlichkeit 74.
Tarifeinheit, formale und materielle 78, 81, 82, 372.
Tarif-Erhöhung, allgemeine 76, 358.
Tarifsystem des Staates Texas 324.
— der *trunk lines* 339, 401.
— von Wisconsin 382.
Tariftheorien 373.
Tarifverbände 370, 510.
Tarifzuschläge 359.
Taylor-System 418.
Technik, allgemeines Verhältnis zur Wirtschaft 4.
Territoriale Arbeitsteilung unter dem Einfluß der modernen Verkehrsmittel 590 ff.
Textilindustrie unter dem Einfluß der E.B. 596.
Thünen'sche Kreise, Erweiterung und Durchbrechung im Zeitalter der E.B. 563 ff.
Tilgung des Anlagekapitales 427.
Tränkung der Holzschwellen 235.
Transkontinentale Tarife in den Vereinigten Staaten 342, 372.
Transportation Companies 40.
Transportluxus 298.
Transportzwang 55, 57.
Transvaal-Konvention v. J. 1905 118.
Trassierung, Aufgaben der in ökonomischer Hinsicht 220.
Trennung der Traktion von der Spedition s. Fahrverkehr.

Triebwagen 263, 306, 314.
Trunk lines, Verband der und Verkehrsteilung 400, 401.
— Verbands-Klassifikation 372, 510.
Türkei, E.B.-Geschichte 494, 506.
Typen, Bau nach im Oberbau und bei den Betriebsmitteln 237, 396.

Überschüsse des E.B.-Betriebes, Verwendung für allgemeine Staatsausgaben 64, 429.
Ungarn, Einrichtung der eigenen E.B.-Verwaltung nach der staatsrechtl. Trennung von Österreich 481.
— gemischtes System 482.
— landwirtschaftliche Entwicklung im Zeitalter der E.B. 574 ff.
— Übergang zum Staatsbahnsystem seit 1884 498.
Umwege, Verkehrsleitung über 399, 403.
Unfallstatistik 111, 528.
Unfälle, fachliche Untersuchung der Ursachen 14, 110, s. auch *Commissions*.
Unvollkommenheiten der Konzessionssysteme 130.

Verbände 102.
— internationale 116.
Verbandtarife 371.
Verbilligung der Beförderung durch die E.B. 536 ff.
Vereinigte Staaten von Amerika, anfängliche Entwicklung der E. B. 445.
— Anlage- und Betriebsverhältnisse 97, 231, 251, 254, 306, 508.
— freie Konkurrenz und ihre Folgen 13, 509.
— Getreideverkehr unter dem Einfluß der E.B. 578.
— Reaktion der Bevölkerung bis zur Anrufung der Bundesgesetzgebung 17, 511.
— Tarifregelung durch das Bundesgesetz v. J. 1887 und die Gesetze der Gliedstaaten 85, 512.
— Verwaltungsmaßnahmen und endgültige Reform 1920 58, 72, 75, 100, 302, 512, 521.
— s. auch *Interstate Commerce Law*, Tarifsystem.
Verkehrsbedeutung, Abstufung der E.B. nach ihrer — 46ff.
— E.B. örtlicher 49.
— — Unterschied von Nebenbahnen 54, 259.
— — Zuständigkeit der Verwaltung 50.
— s. auch Kleinbahnen.
Verkehrsgebiet, engeres und weiteres, mit Bezug auf seitliche Wirkung der E.B. 48.
Verkehrsleitung 402.
Verkehrstärke, Abstufungen der in statistischer Darstellung, Vergleich europäischer und amerikanischer Bahnen 229.
Verkehrsteilung in den Verbänden 398.
Verpachtung des Betriebes als Verwaltungsystem 142.
Verschmelzungen von E.B. 11, 102.
Verstaatlichung, Entwicklung zur in den europäischen Ländern 172, 496.
— — in außereuropäischen Ländern 517.
Verwaltung, Bedeutungen des Wortes 43.
Verwaltungsform, Privatbahnen und Staatsbahnen als Verwaltungsform 46.
Verwaltungsrat, Geschäftsführung der Staatsbahnen durch einen 187.
— bei Privatbahnen 211.
Verwirrung im Tarifwesen 78.
Virtuelle Länge als Behelf für die Trassierung 222.
— — als Behelf im Tarifwesen 359.
— — in der Verkehrsteilung 398.
Vizinalbahnen s. Sekundärbahnen.
Voranschlag, gesetzliche Feststellung des bei Staatsbahnen 182, 428.
Vorgeschichte und Entstehung der E. B. 441.

Wagen, ökonomische Ausnutzung der 299.
Wagenachskilometer als Leistungseinheit zur Berechnung der Selbstkosten 284.
Wagenbenützung, wechselseitige (Wagenregulativ) 403.
Wagenraumtarif als Mittel der Konkurrenz 41.
— betriebsökonomische Kriterien 328.
Wagenverband der deutschen Staatsbahnen 405.
Weizen, Entwicklung zum Weltmarktgut durch die E.B. 546 f.
Weizenpreise, Entwicklung im Zeitalter der E.B. 551 ff.
Welthandelsplätze unter dem Einfluß des modernen Verkehrs 599 f.
Weltwirtschaft, Entfaltung durch die modernen Transportmittel 543 ff.
Werttarifierung im Güterverkehr 318.
— im Personenverkehre 347, 348.

Wettbewerbtarife 370.
Wettbewerbverkehr 398.
Wirtschaftsplan als Erfordernis der Finanzgebarung 428.
Wohlfahrtspflege in der Personalwirtschaft 423.

Zahnradbahnen 242.
Zeit, Ausnutzung der im E.B.-Betriebe 301, 303.
Zeitstücklohn 417.
Zentralämter in der Staatsbahnverwaltung 190.
Zentralisation und Dezentralisation in der Organisation der Verwaltung 185.
Zinsbürgschaft von seiten des Staates für Privatbahnen 135.
Zollpolitik, ihre Rückwirkung auf die Folgen der Verkehrsvervollkommnung 535, 562 f., 567, 570, 572, 591, 592 f.
— Verhältnis der Tarifpolitik zur 68.
Zonentarif 339, 349, 353.
Zugfrequenz, Abstufung der täglichen 306.
Zugkilometer als Leistungseinheit zur Berechnung der Selbstkosten 279.
Zugkosten, feste 284.
Zukunft, in Frage stehende Gestaltungen der 531.
Zulagen in der Entlohnung des Personales 416, 417, 419.
Zuständigkeit der Verwaltung nach Verkehrsbedeutung der E. B. 48.
— — Ordnung der in Bundesstaaten 113.
Zuständigkeitsordnung der Dienststellen 207.
Zwischenhandel, selbständiger, seine Auflösung durch den modernen Verkehr 598 f.
Zwischenstaatliche Verwaltung, Gesichtspunkte und Entwicklung 112.
Zwischenzonen, ihr Verschwinden durch die Verkehrsentwicklung 566.

Verlag von Julius Springer in Berlin W 9

Die Verkehrsmittel in Volks- und Staatswirtschaft

Von Dr. Emil Sax, o. ö. Professor der politischen Ökonomie i. R. Zweite, neubearbeitete Auflage

[illegible]